国家电网公司

生产技能人员职业能力培训专用教材

电气试验

国家电网公司人力资源部　组编

张晓惠　主编

中国电力出版社
CHINA ELECTRIC POWER PRESS

内容提要

《国家电网公司生产技能人员职业能力培训教材》是按照国家电网公司生产技能人员模块化培训课程体系的要求，依据《国家电网公司生产技能人员职业能力培训规范》（简称《培训规范》），结合生产实际编写而成。

本套教材作为《培训规范》的配套教材，共72册。本册为专用教材部分的《电气试验》，全书共8个部分34章117个模块，主要内容包括电力油务应用技术，电工常用材料，规程规范及标准，电气试验理论基础，仪器仪表及常用工具，试验方案及作业指导书编写，电缆的运行维护，电气试验。

本书可作为供电企业电气试验工作人员的培训教学用书，也可作为电力职业院校教学参考书。

图书在版编目（CIP）数据

电气试验/国家电网公司人力资源部组编. —北京：中国电力出版社，2010.10（2023.5重印）
国家电网公司生产技能人员职业能力培训专用教材
ISBN 978-7-5123-0835-0

Ⅰ. ①电… Ⅱ. ①国… Ⅲ. ①电气设备–试验–技术培训–教材 Ⅳ. ①TM64–33

中国版本图书馆CIP数据核字（2010）第174649号

中国电力出版社出版、发行
（北京市东城区北京站西街19号 100005 http://www.cepp.sgcc.com.cn）
三河市百盛印装有限公司印刷
各地新华书店经售
*
2010年10月第一版 2023年5月北京第十五次印刷
880毫米×1230毫米 16开本 33印张 1026千字
印数33501—34500册 定价130.00元

《国家电网公司生产技能人员职业能力培训专用教材》

编 委 会

前　　言

为大力实施“人才强企”战略，加快培养高素质技能人才队伍，国家电网公司按照“集团化运作、集约化发展、精益化管理、标准化建设”的工作要求，充分发挥集团化优势，组织公司系统一大批优秀管理、技术、技能和培训教学专家，历时两年多，按照统一标准，开发了覆盖电网企业输电、变电、配电、营销、调度等34个职业种类的生产技能人员系列培训教材，形成了国内首套面向供电企业一线生产人员的模块化培训教材体系。

本套培训教材以《国家电网公司生产技能人员职业能力培训规范》（Q/GDW 232—2008）为依据，在编写原则上，突出以岗位能力为核心；在内容定位上，遵循“知识够用、为技能服务”的原则，突出针对性和实用性，并涵盖了电力行业最新的政策、标准、规程、规定及新设备、新技术、新知识、新工艺；在写作方式上，做到深入浅出，避免烦琐的理论推导和验证；在编写模式上，采用模块化结构，便于灵活施教。

本套培训教材涵盖34个职业的通用教材和专用教材，共72个分册、5018个模块，每个培训模块均配有详细的模块描述，对该模块的培训目标、内容、方式及考核要求进行了说明。其中：通用教材涵盖了供电企业多个职业种类共同使用的基础、专业基础、基本技能及职业素养等知识，包括《电工基础》、《电力安全生产及防护》等38个分册、1705个模块，主要作为供电企业员工全面系统学习基础理论和基本技能的自学教材；专用教材涵盖了单一职业种类专用的所有专业知识和专业技能，按照供电企业生产模式分职业单独成册，每个职业分为Ⅰ、Ⅱ、Ⅲ等3个级别，包括《变电检修》、《继电保护》等34个分册、3313个模块，可以分别作为供电企业生产一线辅助作业人员、熟练作业人员和高级作业人员的岗位技能培训教材，也可作为电力职业院校的教学参考书。

本套培训教材的出版是贯彻落实国家人才队伍建设总体战略，充分发挥企业培养高技能人才主体作用的重要举措，是加快推进国家电网公司发展方式和电网发展方式转变的迫切要求，也是有效开展电网企业教育培训和人才培养工作的重要基础，必将对改进生产技能人员培训模式，推进培训工作由理论灌输向能力培养转型，提高培训的针对性和有效性，全面提升员工队伍素质，保证电网安全稳定运行、支撑和促进国家电网公司可持续发展起到积极的推动作用。

本套教材共72个分册，本册为专用教材部分的《电气试验》。

本书中第一部分电力油务应用技术，由天津市电力公司卢立秋编写、上海市电力公司陈曦编写；第二部分电工常用材料，由吉林省电力有限公司孙兴成编写；第三部分规程规范及标准，由天津市电力公司陈沛然、辽宁省电力有限公司韩芳、江苏省电力公司毕玉修、四川省电力公司扬帆、陕西省电力公司刘超、王森编写；第四部分电气试验理论基础，由陕西省电力公司张晓惠和王森、天津市电力公司陈沛然编写；第五部分仪器仪表及常用工具，由陕西省电力公司刘超、四川省电力公司扬帆编写；第六部分试验方案及作业指导书编写，由陕西省电力公司刘超编写；第七部分电缆的运行维护，由天津市电力公司陈其三编写；第八部分电气试验，由四川省电力公司扬帆、天津市电力公司陈沛然、陕西省电力公司王森、江苏省电力公司毕玉修、辽宁省电力有限公司韩芳、陕西省电力公司刘超编写。全书由陕西省电力公司张晓惠担任主编，山东电力集团公司郭志红担任主审，国家电网公司生产技术部毛光辉和山东电力集团公司谭立成、胡铁军参审。

由于编写时间仓促，本套教材难免存在疏漏之处，恳请各位专家和读者提出宝贵意见，使之不断完善。

国家电网公司
生产技能人员职业能力培训专用教材

目　录

第四部分　电气试验理论基础

第五部分　仪器仪表及常用工具

第六部分　试验方案及作业指导书编写

第七部分　电缆的运行维护

第八部分　电　气　试　验

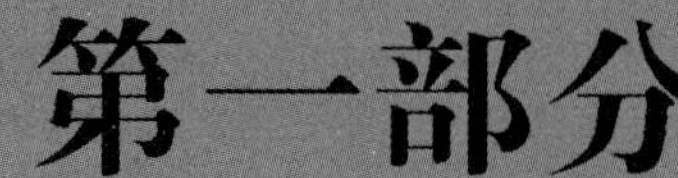

第一部分

电力油务应用技术

第一章 电力用油（气）的特性及质量控制

模块1 绝缘油（ZY1500201001）

【模块描述】本模块介绍绝缘油。通过要点归纳，掌握绝缘油的分类、性能及其作用。

【正文】

一、绝缘油概述

在变压器、电抗器、互感器、套管、油断路器等充油电气设备中，起绝缘、散热冷却、灭弧和保护设备等作用的油品，统称为绝缘油。

绝缘油是由石油通过一系列的精加工处理后的产品，绝缘油必须满足使用环境条件的要求，尤其是在低温环境的恶劣条件（如–40℃左右）下，绝缘油都应具有良好的低温特性，比如凝点、倾点、运动黏度等，确保低温时流动性能良好。

二、绝缘油分类

（一）按抗氧化添加剂含量分类

绝缘油根据抗氧化添加剂含量的不同，可以分为以下三个品种：

（1）不含抗氧剂油，用U表示。

（2）含微量抗氧剂油，用T表示。

（3）含抗氧剂油，用I表示。

（二）按用途分类

绝缘油按照用途不同，分为绝缘油和低温开关油两大类：

（1）绝缘油。按最低冷态投运温度（LCSET）分为0℃、–10℃、–20℃、–30℃和–40℃五种油。

（2）低温开关油。低温开关油只有–40℃一种油。

（三）结构族组成

绝缘油化学结构组成复杂，有2900余种烃类成分，烃类主要有烷烃、环烷烃和芳香烃，其化学元素主要由碳（C）和氢（H）组成。结构族组成（碳型结构），就是将组成复杂的基础油简单看成是由芳香环、环烷环和烷基侧链三种结构组成的单一分子，分别用C_A、C_N、C_P表示上述三种碳原子分布的百分数，其中C_A值是指芳香环上的碳原子占整个分子总碳数的百分数，C_N值是指环烷环上的碳原子占整个分子总碳数的百分数，C_p值是指烷链上的碳原子占整个分子总碳数的百分数。

按照加工精制所用石油组成的成分不同，绝缘油分为环烷基、石蜡基和中间基油三种。一般采用碳型结构来区分绝缘油的基属，通常的区分是：C_p＜50%为环烷基油；C_p=50%～56%为中间基（混合基）油；C_p＞56%为石蜡基油。

石蜡基油与环烷基油的区别如下：

1. 残炭杂质的沉降速度

在油浸断路器（开关）设备中，在开断电流能量的作用下，绝缘油会分解产生残炭。石蜡基油产生的残炭，其沉降速度较缓慢，导致设备内的关键区域绝缘强度降低，可能造成设备对地的闪络。而环烷基油在开断后生成的残炭沉降速度很快，不会影响设备的绝缘。

2. 低温性能

石蜡基油在较低的温度（0℃以下）下，会有蜡的结晶析出。由于蜡在油中呈溶解状态时对绝缘无不良影响，但当蜡从油溶液中沉析出来以后，蜡本身是一种不良的绝缘体，既影响到设备的绝缘，又妨碍传热。而环烷基的油即使在–40℃时，它都可以正常工作而不会影响绝缘性能，低温性能好是环烷基油的最显著的特性。

3. 酸的生成

正常情况下，石蜡基油比环烷基油更容易劣化分解而生成各种类型的酸性物质。

4. 气体的析出

石蜡基油在高电场作用下，油质劣化分解从油中释放出氢气；环烷基油在高电场作用下，C–H 不饱和键在电场能量的作用下，吸收氢气分子形成 C–H 饱和键，从而形成化学结构更稳定的环烷基，这种特性对超高压设备用油具有十分重要的意义。

5. 闪点

环烷基油的挥发性要比石蜡基油的高，因此石蜡基油的闪点比环烷基油的闪点高。

6. 密度

绝缘油的密度通常不高于 0.895g/cm^3，环烷基油的密度通常为 0.875g/cm^3，而石蜡基油的密度要低于 0.875g/cm^3。

三、绝缘油性能

绝缘油要求具有优异的物理、化学和电气性能，既要发挥良好的绝缘、冷却散热和保护设备作用，又要保证使用中不会对人身健康带来危害，对周边环境带来污染等。

（一）功能特性

1. 黏度

黏度是液体流动时内摩擦力的量度，在一定温度范围内黏度随温度的升高而降低。标准规定在指定温度下用运动黏度评价变压器油，单位是 mm^2/s。用黏度的上限值作为对冷却效果的保证。

随着温度升高油黏度下降，下降的速率取决于油的化学组分。通常，用黏度指数来表示油品黏度随温度变化的特性，黏度指数高表明油品的黏度随温度变化较小。在变压器正常的工作温度下，环烷基油的黏度指数 VI（Viscosity Index）低于石蜡基油，用环烷基油比用石蜡基油更有利于变压器的冷却。

2. 倾点（和凝点）

（1）倾点：在规定条件下，被冷却的试样能流动的最低温度，单位为℃。

（2）凝点：试样在规定条件下冷却至停止流动的最高温度，单位为℃。

理论上，对同一油品两者是一致的，而实际上由于测定方法和条件不同，两者之间有一定的差别，还因油品的组分和性能不同，其差值也有所不同，一般约差 2～3℃。显然油的凝点不是一般意义上的物理常数，其值与油的化学组分有关。石蜡基油的凝点高于环烷基油，这往往是由石蜡结晶引起的。凝点高的油不宜在寒冷地区使用，不宜采用添加抗凝剂降低变压器油的凝点。

3. 含水量

水在油中的溶解度随温度的升高而增大（采用真空热油循环干燥变压器的原理），油溶解水的能力还随芳香烃含量的增加而增加，这也是芳香烃含量过高的油的水分含量很难被处理到规定值的原因。

油中游离水的存在或在有溶解水的同时遇到有纤维杂质时，将会降低油的电气强度。将油中含水量控制在较低值，一方面是防止温度降低时油中游离水的形成，另外也有利于控制纤维绝缘中的含水量，还可降低油纸绝缘的老化速率。

4. 击穿电压

在规定的试验条件下，绝缘体或试样发生击穿时的电压。

通常标准规定的均指油在工频电压作用下的击穿电压值。它表征油耐受电应力的能力，该值与油的组成和精制程度等油本质因素关系不大，而油中杂质影响很大，温度对其也有影响。影响最大的杂质是水分和纤维，特别是两者同时存在时。油品经净化处理后，不同油的击穿电压值都可得到很大提高。因此，从某种意义上说，击穿电压值不是油品本身的电气特性，而是对油物理状态的评定。

5. 密度

在规定温度下，单位体积内所含物质的质量数，单位为g/mL。由于油的密度受温度影响较大，标准规定的密度是指20℃时的值。

油品的密度与炼制中切割馏分的温度及其化学组分有关。要求油的密度尽量小一些，使油中水分和生成的沉淀物能尽快下沉到油箱的底部。标准规定油的密度不大于 0.895g/mL，是为了即使在极低温度下因游离水凝结成冰也不致漂浮在油层表面而影响绝缘。

油密度发生变化，可能是轻馏分的蒸发或受到重质油的污染使密度增大，或混入了轻质油使密度降低，在油的处理过程中需要注意。

6. 介质损耗因数（DDF）

在工频电压作用下，利用电桥测定标准试油杯中流过油的有功电流与无功电流的无量纲的比值，是检验油的电气性能的方法之一。

它是由于介质电导和介质极化的滞后效应，在其内部引起的能量损耗，取决于油中可电离的成分和极性分子的数量，同时还受到油精制程度的影响。介质损耗因数增大，表明油受到水分、带电颗粒或可溶性极性物质的污染。它对油处理过程中的污染非常敏感，对变压器而言，内部的清洁度是至关重要的。

7. 苯胺点

苯胺点是指油品在规定条件下和等体积的苯胺完全混溶时的最低温度，单位为℃。试验方法按GB/T 262，利用油分子结构中各种烃类组分与苯胺的临界溶解温度不同（苯胺点最高的是石蜡烃，依次为环烷烃和芳香烃），可较简单地测定油的大致结构组分。

（二）精制与稳定性

1. 酸值

酸值是在规定条件下，中和1g试油中的酸性组分所消耗的氢氧化钾毫克数。

新油的酸值可以达到十分低的程度，除非受到污染。油经氧化试验后的酸值是评定该油氧化安定性的重要指标之一。它是反映油早期劣化阶段的主要指标，因此也是运行性能指标。

2. 界面张力

界面张力是指油与纯水（不相容且极性强）之间的界面分子力的作用。表现为反抗其本身的表面积增大的力。用来表征油中含有极性组分的量，单位为N/cm或mN/cm。

该指标对油的运行性能没有影响，但可用于判断油处理过程中是否受到污染和油经运行一段时间后的老化程度。

3. 总硫含量

油中存在多种有机硫化物，它与原油的产地及油的精制工艺质量有关。油在精制（脱硫）过程中大量硫化物已被清除，但仍会有极少量的硫化物存在。因此，对总硫含量的测试也是对油的精制工艺和质量的检验。特别应对产自高硫产地原油的制品提出相应指标要求。

4. 腐蚀性硫

腐蚀性硫是指存在于油品中的腐蚀性硫化物（包括游离硫）。

某些活性硫化物对铜、银（开关触头）等金属表面有很强的腐蚀性，特别是在较高温度下，能与铜导体化合形成硫化铜侵蚀绝缘纸，从而降低绝缘强度。因此，变压器油中不允许存在腐蚀性硫。

5. 抗氧化剂

抗氧化剂是在油品中加入少量的可以抑制其氧化的添加剂。例如，添加2，6–二叔丁基对甲酚（代号：T501）抗氧化剂，我国自20世纪60年代开始在变压器油中添加，已积累大量运行经验。

6. 糠醛

糠醛是指用目前测试方法测到的呋喃化合物中的主要成分。

在新油中表征某些油在炼制过程中经糠醛精制后的残留量，与油性能无关。运行中的油则可由糠醛含量了解变压器中纤维绝缘的老化程度。限制新油中的含量是为了尽量避免对运行中绝缘老化程度判断的干扰。

（三）运行性能

1. 氧化安定性

氧化安定性表征油抵抗大气（或氧气）的氧化作用而保持其性质不发生永久变化的能力，是变压器油的一项重要的性能指标。

油的氧化安定性与油的精制程度及组分有关。原“超高压油”为提高析气性能，在油中添加浓缩芳烃，结果使油的氧化安定性变差，从油的长期运行稳定性出发是不可取的。

标准规定油的氧化安定性，是由油经过规定条件下的氧化试验后油中的总酸值、沉淀物和介质损耗因数等指标来确定的。IEC 60296 根据油中是否添加抗氧化剂和添加量的不同，规定了不同的氧化试验时间。

2. 析气性

析气性是指绝缘油在电应力作用下烃分子被电离的情况下吸收或释放气体的特性。在标准规定的试验条件下，当吸收气体量大于释放气体量时，析气速率的表示值（L/min）为“负”，反之为“正”。析气速率值小的油析气性能相对较好。

油在电场作用下吸收气体的实质是，在高电场的作用下使油含有的芳香烃中的芳环被电离后打开双键，并与游离的氢离子多次相结合，最终形成稳定的新环烷烃。析气性所体现的是油的“吸氢”（实际为吸收氢离子）能力和油被裂解形成的烃类气体（部分溶在油中）在油面反映出的压力变化的综合效应，吸氢使油面压力降低，裂解出的气体使油面压力升高，其结果是油中芳烃含量逐渐减少，环烷烃含量增加，部分饱和烃被裂解。

显然，芳香烃含量越多，可被打开的苯环双键就多，吸气效果越好。如果少油设备内部存在极低能量的局部放电（以裂解出氢离子为主要特征），油中芳香烃多时，因不易形成氢气气泡，会起到对“放电”的抑制作用。但对于变压器，由大量的油中气体分析数据可知，内部有“放电”故障时除产生氢外，还有烃类气体和一氧化碳等，只靠芳烃吸氢是无法抑制“放电”的，还有可能使潜伏的放电性故障延时发现。更何况人为添加含有很多多环芳香烃的添加剂会带来氧化安定性和绝缘相关的性能变差的问题。

因此认为选用变压器油时，不应片面追求高的析气性指标。

3. 带电度（或称带电倾向）（ECT）

带电度表征变压器油在一定外界条件下流过固体绝缘表面时产生电荷的能力。它被定义为单位体积的变压器油所产生电荷的总数，单位为 $\mu C/m^3$ 或 pC/mL，现场测试方法标准见 DL/T 1095。影响油带电度的因素是油的组分、精制程度，油中电离物质等。对于新油其值应该较低，但在处理过程中也可能受污染。引起变压器中油流带电以及是否会导致静电放电的因素很多，特别是油的流速，与油的带电度也有关系。

（四）健康、安全和环境

1. 闪点（闭口）

在规定的条件下，加热油品所逸出的蒸汽和空气组成的混合物与火焰接触发生瞬间闪火时的最低温度。闭口闪点是用规定的闭口杯闪点测定器所测得的闪点，单位为℃。

作出油闪点不能过低的初衷是为了防止变压器油在正常呼吸过程中因蒸发使油过分耗散导致油量快速减少使油位过低，降低油的对流循环冷却作用，甚至使铁芯和绕组露出油面，影响安全运行。这种情况基本上只适用于不带储油柜的配电变压器，对一般变压器这种情况已不存在。目前，主要是从“防火”的角度考虑，不希望闪点过低。

闪点的降低主要受轻组分油的污染或油中溶解有可燃气体。曾用闪点的降低判断变压器内部存在故障，现早已用油中气体分析替代了这一功能，运行中油可不测闪点。

2. 多环芳香烃（PCA）含量

通常将两个苯环及以上的芳香烃称为多环芳香烃或稠环芳香烃。

某些多环芳香烃被认为有致癌作用，因此作为控制指标。从绝缘性能看，多环芳香烃对油的冲击击穿电压有降低作用、易吸潮、易产生油流静电及对抗氧化性能不利等。

3. 多氯联苯（PCB）含量

在联苯分子中两个或两个以上的氢原子被氯原子取代后，得到的一些同分异构物和同系物混合而成的绝缘液体。

PCB是一种有毒化合物，会对肝脏、神经和内分泌系统等造成损伤，也是致癌物质，因此被严格控制。但由于其电气性能良好、燃点高，过去曾被一些国家作为绝缘介质使用，在我国曾有少量电容器使用过。由原油精制而成的矿物绝缘油不含任何多氯联苯，为防止矿物绝缘油受到污染而被列入控制指标。

（五）补充的试验项目

1. 冲击击穿电压

按标准规定的试验方法，油在冲击电压作用下发生击穿时的峰值电压称为冲击击穿电压，其试验方法按DL 418进行。

它与工频击穿电压相反，其值与油的组分密切相关，而与油中的水分和其他杂质关系不大。油中芳烃含量，特别是多环芳烃、胶质等含量增多使冲击击穿电压峰值明显降低。因此它是评定油品本身电气性能的指标。

对结构族组分相对稳定的油，其耐受冲击电压性能基本不变，当使用的抗氧添加剂改变或添加其他物质时需要重新测试，运行中的油无需测试。

2. 颗粒度

存在于单位体积油品内不同粒径固体微粒的数目，其试验方法按DL/T 432进行。

通常在100mL油中以过滤器的最大直径（如5μm）作为颗粒杂质的最小直径，对等于和大于该直径的颗粒作分级计数，以控制油的纯净度。

过高的要求往往难以达到，过低的要求对绝缘不利，特别是特高压设备油的纯净度十分重要，因此对不同设备应有不同要求。

3. 气体含量

气体含量是指溶解在油中的气体（主要是永久性气体）的含量，其试验方法按DL/T 423或DL/T 450、DL/T 703进行。

运行中的变压器有的因密封良好，含气量很低（如小于1%），敞开式变压器油中含气量接近饱和值（10%）。

控制油中含气量（即氧含量）可减缓油、纤维绝缘的氧化速度。低的含气量说明变压器密封状态好，可防止潮气渗入变压器内部，它与变压器油的结构组成和性能无关。

四、绝缘油的作用

（一）绝缘作用

在电气设备中，绝缘油可将不同电位（势）的带电部分隔离开来，油浸入固体绝缘纤维内部提高了固体绝缘的绝缘强度，而纸（板）对油的屏障作用又提高了油隙的绝缘强度，因而提高了变压器整体的绝缘性能。

随着精制工艺水平的不断提高，绝缘油的电气性能指标越来越稳定可靠，绝缘油能够承受多种电压的作用，包括长期的工作电压和短时过电压以及操作、雷电等冲击电压作用，对直流输电系统中用的换流变压器（平波电抗器）还需承受高的直流和极性反转电压的作用。

（二）冷却散热作用

变压器在带电运行过程中，由于绕组有电流通过，导致绕组发热。随着绕组热量的积累，使得绕组和铁芯内积蓄的热量越积越多，从而使铁芯内部温度升高，过高的热量和温度，会损坏绕组外部包覆的固体绝缘材料，最终导致绕组短路烧毁。在绝缘油吸热作用下，绕组以及铁芯内部的热量，被绝缘油吸收，通过绝缘油的循环流动，在油箱壁和冷却器的散热片上将热量散发到周围环境中，降低了设备的运行温度。设备内部绝缘油的冷却方式有自然循环冷却、自然风冷、强迫油循环风冷和强迫油循环水冷等方式，一般大容量的变压器大部分采用强迫油循环的冷却方式。

（三）灭弧作用

在开关设备中，绝缘油主要起灭弧作用。当油浸断路器在最初开断而受到电弧作用时，由于高温会使油发生剧烈的热分解，而产生大量的氢气，由于氢的导热系数较大，氢气就可以吸收大量的热，将此热量传导至油中，实现触头冷却作用，从而达到了消弧的目的。

（四）间接状态信息载体作用

绝缘油是充油设备的“血液”，通过不同方法检验，能反映设备内正常与否的运行状态信息。如油中气体成分异常是反映设备内部潜伏性故障的征兆；绝缘老化反映在油中水分、酸值、糠醛等含量的增加；油中含气量的增加显示了设备密封上的缺陷等。

（五）保护作用

油能起到使铁芯和绕组等组件与空气和水分隔离的作用，避免锈蚀和直接受潮。

对纤维绝缘材料，由于油充填在纤维空隙之中，因此可将易于氧化的纤维素所吸收的氧含量减少到最低限度。绝缘油与混入设备中的氧首先起氧化作用，从而延缓了氧对纤维绝缘材料等的氧化作用。

【思考与练习】

1. 绝缘油的结构族组成的划分标准是什么？
2. 绝缘油按用途分为哪几种？
3. 绝缘油在电力设备中的作用是什么？

模块 2　SF_6 气体（ZY1500201002）

【模块描述】本模块介绍 SF_6 气体。通过要点归纳，熟悉 SF_6 气体的分子结构、物理性能、化学性能和电气性能，了解 SF_6 气体的合成工艺过程。

【正文】

一、SF_6 气体的概述

SF_6 具有优良的绝缘性能，使用它可将设备内部绝缘间距离大大缩小，使变电站设备占地面积和空间体积大大缩小。在 20 世纪 60 年代出现的金属封闭组合式电器，可将除变压器外的其他变电站设备如母线、断路器、电流互感器、电压互感器、隔离开关、接地开关、高压套管、避雷器等全部封闭在一个接地的充满 SF_6 气体的大金属壳内，进行相间和相对地的绝缘，使变电站占地面积大大减少，非常适合大城市和工业密集区变电站的建设。

后来 SF_6 气体作为绝缘介质，广泛应用于电缆、电流互感器、电压互感器、套管、电力变压器、避雷器等电力设备中，并逐步由低中电压等级向高电压等级，由低中容量向高容量电气设备发展，由于 SF_6 的广泛应用，使传统输变电设备面貌发生了重大变化，越来越引起电力行业人们的重视。

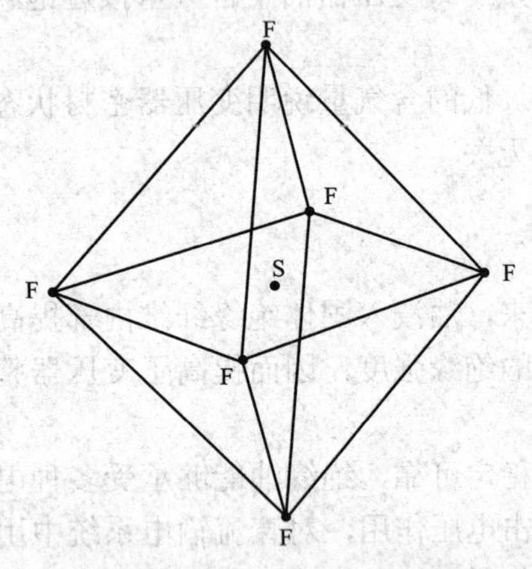

图 ZY1500201002-1　SF_6 分子结构示意图

SF_6 由卤族元素中最活泼的氟原子与硫原子结合而成。分子结构是 6 个氟原子处于顶点位置而硫原子处于中心位置的正八面体（见图 ZY1500201002-1），S 与 F 原子以共价键连接，键距是 1.58×10^{-10}m。

二、SF_6 气体的合成工艺

（一）气体氟制取

通常用电解法，以 KF 和 HF 为电解质，放入专用的氟电解槽中，用无定形碳作阳极，碳钢作阴极，板间用隔膜隔开，电解制取气态氟。

（二）SF_6 合成

工业上普遍采用的 SF_6 气体的制备方法是单质硫和过量气态氟直接化合，反应式为

$$S+3F_2 \longrightarrow SF_6+Q$$

氟硫直接化合成 SF_6 气体的方法很多，化工行业主要采取使硫磺保持在熔融状态（120～140℃），通入气态氟反应的方法，来制备 SF_6 气体。

（三）净化

制取 SF_6 时产生的副产物有硫的低氟化物和氟、硫、氧的化合物。杂质含量取决于工艺和原料的纯度。在电解制取氟时可能带入 HF 和 CF_4 等杂质；氟硫反应时可能生成 S_2F_2、SF_2、SF_4、S_2F_{10} 等低氟化物，若原料含有水分和空气时，还能生成 SOF_2、SO_2F_2、SOF_4、SO_2 等，杂质含量可高达 5%。

工业化生产的 SF_6 气体粗品必须进行一系列的净化精制才能用于 SF_6 气体绝缘电气设备。

净化工艺一般可分为热解、水洗、碱洗、吸附、干燥等流程。副产物中的某些可水解氟化物（如 S_2F_2、SF_4、SF_2 等）和 SO_2、HF 均可用水洗、碱洗除去。低氟化物水解产生酸性物质为

$$2SF_2+3H_2O \longrightarrow H_2SO_3+4HF+S$$

$$SF_4+3H_2O \longrightarrow H_2SO_3+4HF$$

$$2S_2F_2+3H_2O \longrightarrow H_2SO_3+4HF+3S$$

水解产生的酸性产物可采用碱中和，一般采用 KOH 溶液中和

$$H_2SO_3+2KOH \longrightarrow K_2SO_3+2H_2O$$

$$HF+KOH \longrightarrow KF+H_2O$$

SF_6 气体中微量的极毒物 S_2F_{10} 在室温下不与水和碱液作用，一般采用热解的方法清除。其主要热解产物为 SF_6 和 SF_4，反应如下

$$S_2F_{10} \xrightarrow{\Delta} SF_6 + SF_4$$

而 SF_4 可经水洗、碱洗除去。

经过洗涤后的 SF_6 气体，还需再经吸附净化处理。常用的干燥剂和吸附剂有硅胶、活性氧化铝和合成沸石、活性炭等。它们可以吸附 SF_6 中残余的有毒气体如 SOF_2、SO_2F_2、SOF_4 等。这些吸附剂对水分也具有吸附作用。

经过干燥吸附处理后，SF_6 气体中残留的空气和 CF_4 可以采用加压冷冻或低温蒸馏的方法去除。生产的 SF_6 气体经过这一系列的净化处理，才可以得到纯度在 99.8%以上的产品。

三、SF_6 气体的物理性能

（一）基本物理性质

SF_6 气体在常温常压下，其物理化学性能比较稳定，纯净的 SF_6 气体是一种无色、无味、无毒、不燃的气体。

SF_6 气体的相对分子质量是 146.07，空气相对分子质量是 28.8。SF_6 气体的密度是 6.16g/L（20℃，101 325Pa 时），约为空气密度（1.29g/L）的 5 倍。因此，GIS 等密闭的开关房间内，设备中 SF_6 气体泄漏到空气中，将沉降至房间底部的地面上，造成房间底部缺氧。

通常情况下，将 SF_6 气体冷却到−63.8℃时，SF_6 气体可由气态转变成无色的固体物质（升华点），其三相点参数为：t=−50.8℃，p=0.23MPa。

1. 溶解度

SF_6 在极性和非极性溶剂中的溶解度如表 ZY1500201002-1 所示。实验测得 SF_6 在水中的溶解度比氦（He）、氖（Ne）、氙（Xe）、氩（Ar）等惰性气体在水中的溶解度低得多，见表 ZY1500201002-2。

表 ZY1500201002-1　　SF_6 在极性和非极性溶剂中的溶解度（摩尔分数）

溶剂	溶解度	溶剂	溶解度	溶剂	溶解度	溶剂	溶解度
H_2O	0.05×10^{-4}	$N-C_7H_{16}$	100.55×10^{-4}	C_7H_{16}	224.4×10^{-4}	$(C_4F_9)_3N$	731×10^{-4}
HF	1.3×10^{-4}	$i-C_8H_{18}$	153.5×10^{-4}	CCl_4	65.54×10^{-4}	$N_2H_3CH_3$	2.11×10^{-4}
C_6H_6	26.4×10^{-4}	$C_6H_5CH_3$	33.95×10^{-4}	$C_2Cl_3F_3$	278.6×10^{-4}	N_2O_4	93.48×10^{-4}
C_6H_{12}	53.91×10^{-4}	$C_6H_{11}CH_3$	70.15×10^{-4}	CS_2	9.245×10^{-4}	CH_3NO_2	10.0×10^{-4}

注　t=25℃；p=0.1MPa。

表 ZY1500201002-2 SF_6与氦、氖、氙、氩在水中的溶解度（体积分数）

物　质	溶　剂	溶解度	物　质	溶　剂	溶解度
六氟化硫	H_2O	5.5×10^{-3}	氙	H_2O	118×10^{-3}
氦	H_2O	9×10^{-3}	氩	H_2O	34×10^{-3}
氖	H_2O	16×10^{-3}			

2. 热传导性

表 ZY1500201002-3 表示 SF_6 气体与空气传热性能的比较。

表 ZY1500201002-3 SF_6气体与空气传热性能的比较

性　能	单　位	SF_6	空　气	比　值
导热系数	W/（m・K）	0.014 1	0.024 1	0.66
摩尔质量定压热容	J/（mol・K）	97.1	28.7	3.4
表面传热系数	W/（m^2・K）	15	6	2.5

与空气相比，SF_6气体的热传导性能较差，但其摩尔质量定压热容是空气的 3.4 倍，其对流散热能力比空气大，另外 SF_6 气体的表面传热系数比空气和氢气大，因此 SF_6 气体的实际散热能力比空气好。

（二）状态参数

SF_6气体和许多气体一样，在不同温度和压力下存在三态。若 SF_6气体在一定容器内不流动时，可用三个状态参数来代表它所处的状态，即压力（p）、密度（ρ）、温度（T）。因气体的大量分子是处在无规则的热运动之中，气体的状态参数是大量分子运动状态的平均参数。

1. 理想气体状态方程

一定量的气体（质量 m，相对分子质量 M_r，）一般可以用下列三个量来表征：气体所占的体积（V），气体的体积是气体分子所能达到的空间，与气体分子本身体积的总和完全不同；压强（p），指气体作用在容器器壁单位面积上的正交压力；温度 t 或 T。这三个表征气体状态的量，p、V、T 称为气体的状态参数。

理想气体状态方程式为

$$pV=\frac{m}{M_r}RT \qquad \text{(ZY1500201002-1)}$$

式中 m——气体质量，g；

p——气体压强，MPa；

T——温度，K；

V——气体体积，L；

M_r——气体摩尔质量，g/mol；

R——摩尔气体常数，R=0.008 2MPa・L/（K・mol）。

上述的理想气体状态方程也可以表示为

$$p=\rho R'T \qquad \text{(ZY1500201002-2)}$$

其中

$$\rho=\frac{m}{V} \qquad \text{(ZY1500201002-3)}$$

$$R'=\frac{R}{M_r} \qquad \text{(ZY1500201002-4)}$$

式中 ρ——气体密度；

R'——气体常数。

由上述状态方程可以看出，SF_6 气体在等温压缩（或等温膨胀）时，压力与密度成正比。

2. SF_6 气体状态参数曲线

由于 SF_6 气体分子质量大，分子之间相互作用显著，与理想气体的特性存在偏离。图ZY1500201002-2 给出在温度不变（20℃）的条件下，SF_6 气体压力随着体积压缩而变化的情况。当压力高于 0.3～0.5MPa 时，实际的气体压力变化特性，与按理想气体变化的压力特性之间的偏离也愈来愈大。按照理想气体定律推导出来的各种关系式用来计算 SF_6 参数会产生较大的误差。

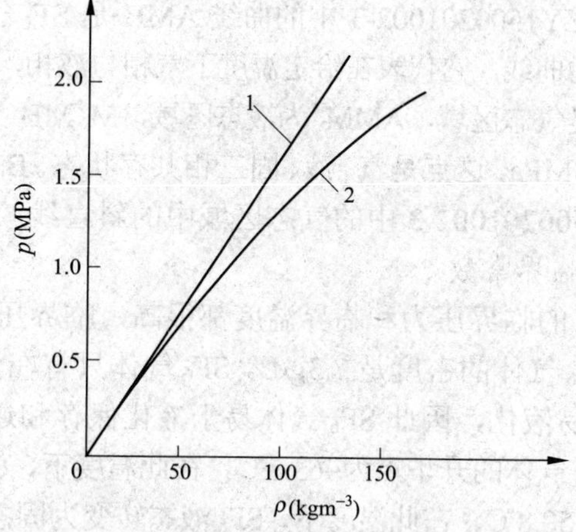

图 ZY1500201002-2　理想气体与 SF_6 气体的压力与密度变化关系（t=20℃）

1—按理想气体变化 $p=\rho R'T$；2—SF_6 气体压力变化

在实际使用中，为较准确地计算 SF_6 的状态参数常采用下面的经验公式为

$$p=[0.58\times10^{-3}\rho T(1+B)-\rho^2 A]\times10 \quad \text{(ZY1500201002-5)}$$

$$A=0.764\times10^{-3}(1-0.727\times10^{-3}\rho) \quad \text{(ZY1500201002-6)}$$

$$B=2.51\times10^{-3}\rho(1-0.846\times10^{-3}\rho) \quad \text{(ZY1500201002-7)}$$

式中　p——SF_6 气体的压力，MPa；

ρ——SF_6 气体的密度，kg/m³；

T——SF_6 气体的温度，K。

为了使用方便，把它们的关系绘成一组状态参数曲线图。SF_6 的状态参数曲线图见图ZY1500201002-3。

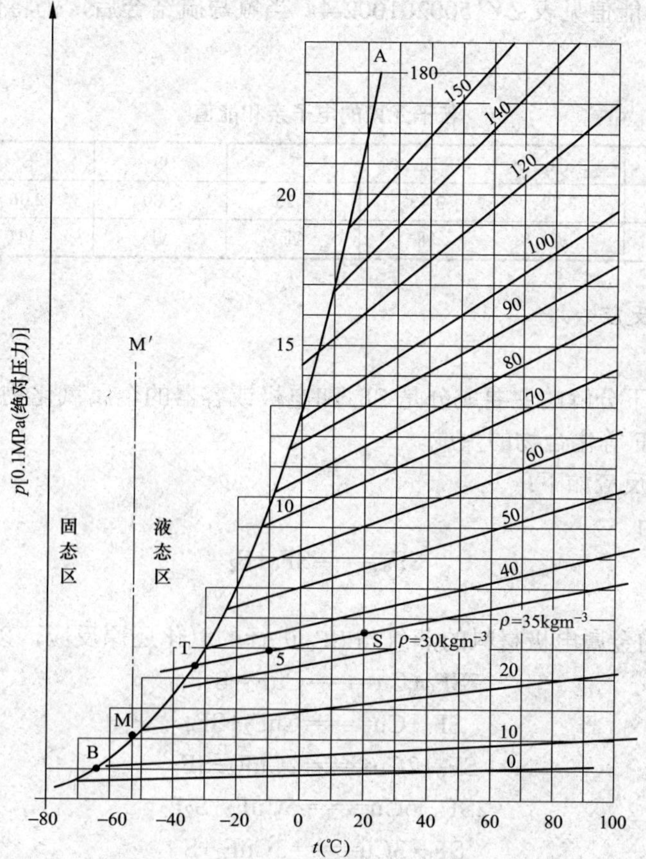

图 ZY1500201002-3　SF_6 的状态参数曲线

M—熔点，t_M=−50.8℃，p_M=0.23MPa，B—沸点，t_B=−63.8℃，p_B=0.1MPa

图 ZY1500201002-3 中的曲线 AMB 是 SF_6 气体由气态转化为液态和固态的临界线，也称 SF_6 的饱和蒸汽压力曲线。它代表在给定温度下气相与液相，气相与固相处于平衡状态时的压力（饱和压力）值。曲线之右侧是气态区域，AMM′为液态区域，M′MB 为固态区域。M 点为 SF_6 的熔点，其参数为 t_M=−50.8℃，p_M=0.23MPa，这点是气、液、固三相共存状态。B 点为 SF_6 沸点，t_B=−63.8℃，饱和蒸汽压 p_B 等于 0.1MPa。图 ZY1500201002-3 中的气态区域中的斜直线簇所表示的就是经验公式中所表示的 $p-\rho-t$ 的关系。

3. 临界常数

SF_6 的临界压力和临界温度都很高，临界压力 3.9MPa，临界温度为 45.6℃。在临界压力和临界温度下 SF_6 气体的密度是 7.3g/L。SF_6 气体只有在温度高于 45.6℃条件下，才能恒定保持气态，通常条件下很容易液化，因此 SF_6 气体易于液化保存和运输，但不适于在低温、高压下使用。

SF_6 气体的升华点为–63.8℃，在此温度下，0.1MPa 的压力可使 SF_6 气体直接转变为固体。SF_6 气体的熔点为–50.8℃，在此温度下，SF_6 液态转变为固态，在 0.23MPa 压力下，SF_6 气体也可以直接转变成固体。

四、SF_6 气体的化学性能

（一）一般化学性质

SF_6 气体的化学性质极为稳定，在常温和较高的温度下一般不会发生化学分解反应，其热分解温度为 500℃。SF_6 在室温条件下与大多数化学物质不发生化学作用。

1. 热稳定性

在温度低于 800℃时，SF_6 为惰性气体，不燃烧。在赤热的温度下，它与氧气、氢气、铝以及其他许多物质不发生作用。但在高温下则与许多金属发生反应，而且与碱金属在 200℃左右即可反应。

2. 负电性

SF_6 是负电性气体。负电性是指分子（原子）吸收自由电子形成负离子的特性。SF_6 气体的这一性质主要是由氟元素确定的。氟元素的最外层有 7 个电子，很容易吸收一个电子形成稳定的电子层（8 个电子）。当分子或原子与电子结合时会释放出能量，该能量称为电子亲和能。

若干元素的电子亲和能值见表 ZY1500201002-4。当氟与硫结合后，仍将保留此特性。SF_6 的电子亲和能是 3.4eV。

表 ZY1500201002-4　　若干元素的电子亲和能值

元　素	F	Cl	Br	I	O	S	N	SF_6
电子亲和能（eV）	4.10	3.78	3.43	3.20	3.80	2.06	0.04	3.4
周期族	Ⅶ	Ⅶ	Ⅶ	Ⅶ	Ⅵ	Ⅵ	Ⅴ	

（二）高温电弧分解反应

1. 分解反应

SF_6 气体在电弧作用下分解的主要成分是 SF_4 和电极或容器的金属氧化物。在有水分、氧存在时，则会有 SOF_2、SO_2F_2、HF 等化合物的生成。

SF_6 气体分解的主要反应如下：

（1）自身分解反应为

$$SF_6 = SF_4 + F_2$$

（2）氧化还原反应。

断路器因电弧产生的金属电极材料的蒸气与 SF_6 进行的氧化还原反应，以铜电极为例反应为

$$2SF_6 + Cu = CuF_2 + S_2F_{10}$$

$$SF_6 + Cu = CuF_2 + SF_4$$

$$SF_6 + 2Cu = 2CuF_2 + SF_2$$

$$2SF_6 + 5Cu = 5CuF_2 + S_2F_2$$

$$SF_6 + 3Cu = 3CuF_2 + S$$

（3）非均化反应。

生成的低氟化物主要是 SF_4、S_2F_2、SF_2，很少有发现 S_2F_{10}，而且所生成的氟化物中 S_2F_{10}、SF_2、

S_2F_2 在受热时均会发生如下的非均化反应

$$S_2F_{10}=SF_4+SF_6$$

$$2SF_2=SF_4+S$$

$$2S_2F_2=SF_4+3S$$

（4）水解反应。

在气体中如果有水分存在时，则很容易发生水解反应生成 H_2SO_3 和 HF，并会导致设备内部绝缘性能劣化和腐蚀。因此，应严格控制断路器内的水分含量。

1）当水分含量低时会引起下述的部分水解反应

$$SF_4+H_2O=SOF_2+2HF$$

$$SOF_2+H_2O=SO_2+2HF$$

$$2SF_2+H_2O=SOF_2+2HF+S$$

$$2S_2F_2+H_2O=SOF_2+2HF+3S$$

2）当水分含量高时则会发生完全的水解反应为

$$SF_4+3H_2O=H_2SO_3+4HF$$

$$2SF_2+3H_2O=H_2SO_3+4HF+S$$

$$2S_2F_2+3H_2O=H_2SO_3+4HF+3S$$

$$SOF_2+2H_2O=H_2SO_3+2HF$$

2. 分解产物性质

（1）四氟化硫（SF_4）。

在常温下为无色气体，有类似 SO_2 的刺激臭味。在空气中能与水汽形成烟雾。SF_4 与水猛烈反应生成 SOF_2 和 HF，与碱液反应生成氟化物和亚硫酸盐，遇浓硫酸会发生分解并放热。SF_4 易溶于苯，可用碱液或活性氧化铝吸收。SF_4 对肺有侵害作用，影响呼吸系统，其毒性与光气并列。西德和美国规定空气中允许浓度为 0.1×10^{-6}L/L。

（2）氟化硫（S_2F_2）。

在常温下为无色、有类似 SCl_2 嗅味之气体；遇水蒸气能在 30～40s 内完全水解形成 S、SO_2 和 HF；90℃开始分解，200～250℃反应加快；常温下不与 Fe、Al、Si、Zn 反应，与水和碱激烈反应，与氨作用生成 NH_4F。S_2F_2 易被活性氧化铝吸收。S_2F_2 为有毒的刺激性气体，对呼吸系统有类似光气的破坏作用。

（3）二氟化硫（SF_2）。

极不稳定，受热后更加活泼，易水解生成 S、SO_2、HF，可用碱液或活性氧化铝吸收。其毒性与 HF 近似，美国毒性基准规定为 5×10^{-6}L/L。

（4）十氟化二硫（S_2F_{10}）。

为五氟化硫的二聚物，在常温常压下为易挥发性液体，无色、无嗅、无味，化学上极稳定；在水和浓碱液中分解极慢，且不溶于其中；在 200～300℃时即完全分解生成 SF_4 和 SF_6。S_2F_{10} 是一种剧毒物质，其毒性超过光气，主要破坏呼吸系统，空气中含 1×10^{-6} 能使白鼠 8h 死亡。美国和西德规定 S_2F_{10} 在空气中之允许浓度为 0.025×10^{-6}L/L。

（5）氟化亚硫酰（SOF_2）。

SOF_2 为无色气体，有窒息性嗅味，化学上很稳定，在红热温度下仍不活泼，如在 125℃时不与 Fe、Ni、Co、Hg、Si、Ba、Mg、Al、Zn 以及氯、溴、一氧化氮等物质反应。SOF_2 可发生水解反应，并能在碱的酒精溶液中分解。它与水的反应在 0℃时进行缓慢，然而它与溶于 HF 中的水可瞬时反应。SOF_2 为剧毒气体，可造成严重肺水肿，刺激黏膜，当空气中含有 1×10^{-6}～5×10^{-6}L/L 时即可觉察出刺激嗅味，并会引起呕吐。

（6）氟化硫酰（SO_2F_2）。

无色无嗅气体，化学上极稳定，加热至 150℃亦不与水和金属反应。SO_2F_2 被 KOH、NH_4OH 缓慢吸收，但不易被活性氧化铝吸收。苏打石灰（CaO+NaOH）可吸收 SO_2F_2。SO_2F_2 是一种导致痉挛的有毒气体，可引起全身痉挛并麻痹呼吸器官、肌肉使其失去正常功能而造成窒息。我国规定空气中最高

允许浓度为 5×10^{-6}L/L。

（7）四氟化硫酰（SOF_4）。

SOF_4 与水反应生成 SO_2F_2，并放出大量热，能被碱液吸收，对肺部也有侵害作用。

（8）氟化氢（HF）。

HF 对皮肤、黏膜有强刺激作用，并可引起肺水肿、肺炎等，对设备材质也有腐蚀作用。

（9）二氧化硫（SO_2）。

SO_2 属于强刺激性气体，会损害黏膜及呼吸系统，还可引起胃肠障碍、疲劳等症状。

在空气中，SF_6 气体及其毒性分解产物的容许含量，见表 ZY1500201002-5。

表 ZY1500201002-5　　空气中 SF_6 气体及其毒性分解产物的容许含量

名　称	容许含量（L/L）	名　称	容许含量（L/L）
SF_6	1000×10^{-6}	SiF_4	2.5mg/m^3
SF_4	0.1×10^{-6}	HF	3×10^{-6}
SOF_4	2.5mg/m^3	CF_4	2.5×10^{-6}
SO_2	2×10^{-6}	CS_2	10×10^{-6}
SO_2F_2	5×10^{-6}	AlF_3	2.5mg/m^3
S_2F_{10}	0.025×10^{-6}	CuF_2	2.5mg/m^3
SOF_{10}	0.5×10^{-6}	Si（CH_3）$_2F_2$	1mg/m^3

3. 分解产物和水分对设备的影响

在大电流开断时由于强烈的放电条件，SF_6 会解离生成离子和原子团（基），而在放电过程终了时，其中大部分又会重新复合成 SF_6。但是，其中一部分会生成有害的低氟化物。这些物质的反应能力极强，当有水分和氧气存在时，这些分解产物又会与电极材料、水分等进一步反应生成组分十分复杂的多种化合物，将造成设备内部有机绝缘材料的性能劣化或金属的腐蚀，致使设备绝缘性能下降。

当设备中的水分含量较高时，在温度高于 200℃时就可能发生水解反应，生成 SO_2 和 HF。SO_2 可进一步与 H_2O 反应生成亚硫酸。氢氟酸和亚硫酸都具有腐蚀性，可严重腐蚀电气设备。

SF_6 气体中的水分，会加剧低氟化物的水解。电弧高温可达 5000～10 000℃以上，在这样的高温下，SF_6 可分解成原子态 S 和 F。电弧熄灭后，S、F 原子重新又结合成 SF_6，但其中仍有一部分结合不完全而生成低氟化物。由于水分的存在，低氟化物可进一步水解生成氟化亚硫酰。

在 SF_6 被电弧分解成原子态 S、F 的同时，触头蒸发出大量的金属铜和钨蒸气，该蒸气与 SF_6 在高温下会发生反应，生成金属氟化物和低氟化物。同时，生成的 WO_3 和 CuF_2 将呈粉末状况沉积在灭弧室内。

由于气体中的水分以水蒸气的形式存在，在温度降低时，可能在设备内部结露，附着在零件表面，如电极、绝缘子表面等，容易产生沿面放电（闪络）而引起事故。

五、SF_6 气体的电气性能

（一）绝缘特性

在电气设备中作为绝缘介质使用的气体统称绝缘气体。SF_6 气体是一种高电气强度的绝缘气体介质。在均匀电场下，它的电气强度为同一气压下空气的 2.5～3 倍。在 0.3MPa 气压下 SF_6 气体的电气强度与绝缘油相同。图 ZY1500201002-4 所示的为 SF_6 气体和空气、变压器油在工频电压下击穿电压的比较。

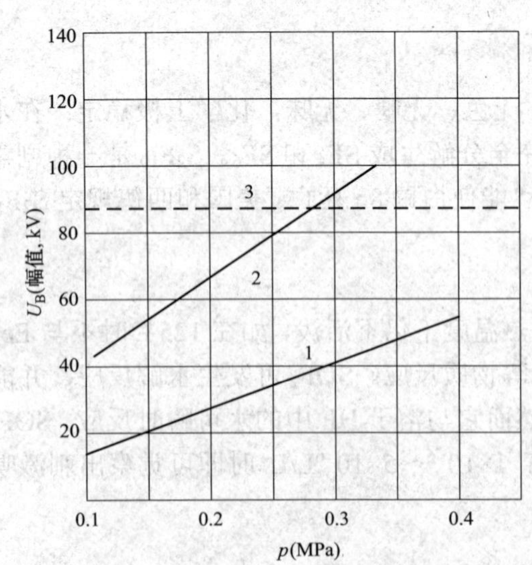

图 ZY1500201002-4　SF_6 气体和空气、变压器油在工频电压下击穿电压的比较

1—空气；2—SF_6；3—变压器油

SF_6气体绝缘的特点是：电场均匀性对击穿电压的影响，在 0.1MPa 气压下远比空气的为大，而在高气压下和空气的击穿特性相近。SF_6 气体与空气相比，它们中的电子等带电质点随电场强度加大而增长的速度，以前者的为大，而电晕的自屏蔽效应以前者的为弱，故 SF_6 在极不均匀电场中的击穿电压比均匀电场中的要低得更多，即电场的均匀程度对 SF_6 击穿电压的影响要比对空气的击穿电压的影响大，如表 ZY1500201002-6 所示。

表 ZY1500201002-6　　SF_6气体绝缘与空气绝缘比较

类　别		空　气　绝　缘	SF_6气体绝缘
电场结构		长间隙不均匀电场	短间隙稍不均匀电场
极性效应		正极性击穿电压低	负极性击穿电压低
冲击特性	冲击系数	约 1.0～1.1	约 1.1～1.3
	放电时延		同样电场结构下，放电时延比空气长
	波　形	操作冲击波下，随着波头时间的改变，击穿电压有极小值	击穿电压随波头时间增加而减小
气体压力		击穿电压随气压增大而增加，但有饱和的趋势	同空气
电极表面状况与导电粒子		无影响	有影响

（二）灭弧特性

SF_6气体是一种优良的灭弧介质。

作为良好的灭弧介质，首先要在对灭弧具有决定作用的温度范围内，具有良好的导热性，能快速冷却电弧。在电流过零时，能迅速地去游离，使弧隙的介质强度能迅速恢复。在 SF_6 气体中，对交流电弧的熄灭起决定作用的是 SF_6 气体的负电性，以及 SF_6 气体独特的热特性和电特性。SF_6 气体与空气介质比较见表 ZY1500201002-7。

表 ZY1500201002-7　　SF_6气体与空气介质比较

项　目	SF_6	空　气
弧芯平均温度（K）	12 000～14 000	10 000～11 000
电弧时间常数（μs）	10^{-2}	1

1. SF_6气体独特的热特性和电特性在熄弧中的作用

由于气体的分解和离解都要消耗能量，分解和离解加剧时，气体就要大量吸收热量。通常称 3000K 以上的区域，即主要的通过电流的区域为“弧芯区”，外面温度较低的区域为“弧焰区”。由于 SF_6 气体在 2000K 附近的热传导高峰，使 SF_6 电弧在弧芯区边界上有很高的热传导能力，传导散热很强烈，温度降低得很快，因此形成陡峭的温度下降的边界，造成高温导电区域内具有高导电率和低热导率。因此，SF_6 电弧电流几乎全部流经电弧高温的中心部分，可见 SF_6 气体中的电弧是由细而辉度高的弧芯部分和低温的外焰部分组成。而且 SF_6 气体中的电弧直至小电流都有维护细直径、高辉度的特性。SF_6 电弧弧芯的高温结构可以维持到电流很接近零点。

SF_6 气体这种独特的热特性和电特性形成 SF_6 电弧弧芯的导电率高，因而电弧电压低，电弧功率小，有利于电弧熄灭。同时由于 SF_6 弧柱在电流很小时还维持弧芯导电机构，弧芯的热体积小，在电流零点时的残余弧柱体积小，造成 SF_6 弧柱介质恢复特性好。由于弧芯结构可以维持到电流零点附近，这使 SF_6 电弧不会造成电流截断，在开断感性小电流时不会出现高的截流过电压，而且弧芯的高温可以通过很陡峭的温度特性效应进行散发，可快速冷却电弧。

2. SF_6气体的负电性在熄弧中的作用

电弧在 SF_6 气体中燃烧时，在电弧的高温作用下，电弧空间的 SF_6 气体几乎全部分解为单原子态的氟和硫。在电弧电流过零的瞬间，由于氟和硫都具有很强的负电性，大量地吸附和捕捉自由电子，形成负离子，使 F^- 在电流过零时急剧增多，这些负离子的重量都很大，是电子的几千倍。在电流过零后极性相反时，这些负离子移动缓慢，导致与正离子结合的概率大为增加，使负离子大量复合，所以弧隙的介质强度恢复大为加快。

3. SF_6气体的电弧时间常数

反映灭弧介质最重要的特性之一的参数就是流过电弧的电流在自然过零时弧柱电导变化的时间常数，其值越小越好。SF_6气体电弧时间常数小，SF_6气体优良的灭弧性能与其电弧时间常数小是分不开的。在进行小电流试验中，SF_6电弧时间常数仅为空气的电弧时间常数的1/100，即SF_6的灭弧能力是空气的100倍。由大电流电弧试验表明，SF_6的开断能力约为空气的2～3倍。

【思考与练习】

1. 简述SF_6气体的分子结构。
2. 简述SF_6气体的电气性能。

模块3 绝缘油质量标准（ZY1500201003）

【模块描述】本模块介绍绝缘油的质量标准。通过要点归纳，掌握绝缘油新油选用标准和运行中绝缘油的质量标准。

【正文】

绝缘油作为电力设备内的绝缘介质，其品质的好坏，直接关系到电力设备的安全问题。为了确保电力设备的安全运行，我国有关部门参照IEC和ASTM等标准制定了我国的绝缘油质量标准。我国绝缘油质量标准按照油品的使用状态，划分为新油和运行中的油两种。新油质量控制指标见表ZY1500201003-1，运行中变压器油和断路器油监控指标分别见表ZY1500201003-2和表ZY1500201003-3。

一、概述

早期我国参照IEC标准将绝缘油分为变压器油（适用于330kV及以下设备使用）和超高压变压器油（适用于500kV的变压器和有类似要求的电气设备中）两种，对应的质量标准为《变压器油》（GB 2536—1990）和《超高压变压器油》（SH 0040—1991）。

目前石油化工研究院参照《电工流体变压器和开关用的未使用过的矿物绝缘油》（IEC 60296—2003）标准，对《变压器油》（GB 2536—1990）标准进行了修订，新标准中将各项监控指标划分为功能特性、精制稳定特性、运行特性、健康安全和环保特性等4种特性，每一种特性都规定了详细的控制内容。

IEC 60296—2003变压器油标准，删除了原来的变压器油牌号的定义，改为按抗氧化剂含量、最低冷态投运温度、适用对象（通用或者特殊，即一般变压器或者超高压变压器）等3个条件来划分。

二、新油选用标准

《电力变压器用绝缘油选用指南》（DL/T 1094）填补了我国在超高压变压器等电力设备如何选择合适的绝缘油方面的空白，弥补了《超高压变压器油》（SH 0040—1991）标准在当前电力设备发展应用方面的不足。

（一）选用通用要求原则

（1）要求绝缘油生产厂家具有十分稳定的油源、成熟工艺、良好口碑、油品性能稳定等。

（2）查看厂方的检测报告是否符合选用要求。

（3）依据绝缘油的倾点值比所在地的最低室外温度小的原则（一般要至少小10℃）选择，或者依据绝缘油的最低冷态投运温度来确定选用合适的变压器油，一般按最低冷态投运温度比所在地的最低室外温度小5℃的原则来选用变压器油。

（4）要求厂家在油源、炼制工艺和添加剂等发生变化时，要及时通知用户。

（二）普通变压器油的选用原则

经过检测化验分析，各项指标应符合IEC 60296—2003标准中的通用技术要求。

（三）超高压变压器油的选用原则

（1）经过检测化验分析，各项指标应符合IEC 60296—2003标准中的特殊技术要求。

（2）尽量选用环烷基油，并且要求添加抗氧化剂等。

（3）要求油品的氧化安定性好，并且含硫量低等。

（4）在验收和出厂时，除了按照第（1）条中的项目检测外，还应进行脉冲击穿电压、碳型结构、颗粒度等项目的分析。

表 ZY1500201003-1 新油质量控制指标（IEC 60296—2003）

项目		质量指标											试验方法
		通用					特殊					开关油	
1. 功能特性[1]													
最低冷态投运温度[2]（℃）		0	−10	−20	−30	−40	0	−10	−20	−30	−40	−40	—
倾点[3]（不高于，℃）		−10	−20	−30	−40	−50	−10	−20	−30	−40	−50	−60	GB/T 3535
运动黏度（40℃，mm²/s）		≤12					≤12					≤3.5	
运动黏度（不大于，mm²/s）		0	−10	−20	−30	−40	0	−10	−20	−30	−40	−40	GB/T 265
		1800				—	1800				—	400	
		—				2500	—				2500		IEC 61868
水分[4]（不大于，mg/kg）		30/40					30/40					30/40	GB/T 7600
击穿电压（kV）	未处理	≥30					≥30					≥30	GB/T 507
	处理后[5]	≥70					≥70					≥70	
密度[6]（20℃，kg/m³）		≤895.0					≤895.0					≤895.0	GB/T 1884、GB/T 1885
介质损耗因数（90℃）		≤0.005					≤0.005					≤0.005	GB/T 5654[7]、IEC 61620
苯胺点（℃）		—					报告					—	GB/T 262
2. 精制/稳定特性[8]													
外观		清澈透明、无沉淀物和悬浮物											目测[9]
酸值［mg（KOH）/g］		≤0.01					≤0.01					≤0.01	GB/T 264、IEC 62021—1
界面张力（mN/m）		≥40					≥40					≥40	GB/T 6541
总硫含量（%）		无通用要求					≤0.15					无通用要求	GB/T 11140、ISO 14596、SH/T 0253、SH/T 0689[10]
腐蚀性硫		非腐蚀性					非腐蚀性					非腐蚀性	ASTM D 1275 B[11]
抗氧化剂含量（质量分数，%）	U	检测不出					—					检测不出	SH/T 0802[12]，SH/T 0792
	T	≤0.08					—					≤0.08	
	I	0.08–0.40					0.08–0.40					0.08～0.40	
2–糠醛（mg/kg）		≤0.1					≤0.1					≤0.1	IEC 61198，DL/T 984
3. 运行特性[13]													
氧化稳定性（120℃）							（I）含抗氧化剂油						
试验时间：（U）不含抗氧化剂油：164h（T）含微量抗氧化剂油：332h（I）含抗氧化剂油：500h	总酸值［mg（KOH）/g］	≤1.2					≤0.3					≤1.2	IEC 61125（方法 C）
	油泥（质量分数，%）	≤0.8					≤0.05					≤0.8	
	介质损耗因数（90℃）	≤0.500					≤0.050					≤0.500	GB/T 5654、IEC 61620
析气性（μL/min）		无通用要求					报告					无通用要求	GB/T 11142，IEC 60628
带电倾向（pC/mL）		—					报告					—	DL/T 1095

续表

项目	质量指标			试验方法
	通用	特殊	开关油	
4. 健康安全和环保特性[14]				
闭口闪点（℃）	≥135	≥135	≥100	GB/T 261
PCA（质量分数，%）	≤3	≤3	—	IP346
PCB（质量分数，%）	检测不出[15]	检测不出	—	SH/T 0803

① 对绝缘和冷却有影响的性能。
② 变压器油的标准最低冷态投运温度（LCSET）为-30℃，比 GB 1094.1 中规定的户外式变压器最低使用温度低 5℃。其他 LCSET 可依据每个地区气候条件的不同，由供需双方协商确定。
③ 倾点应比最低冷态投运温度至少低 10℃。
④ 当环境湿度不大于 50%时，水含量不大于 30mg/kg 适用于船舱交货；水含量不大于 40mg/kg 适用于桶装或 IBC 交货。当环境湿度大于 50%时，水含量限值由供需双方协商确定。
⑤ 处理后油指在 60℃下通过真空（压力低于 2.5kPa）过滤流过一个孔隙度为 4 的烧结玻璃过滤器的油。
⑥ 有争议时，以 GB/T 1884、GB/T 1885 测定结果为准。
⑦ 有争议时，以 GB/T 5654 测定结果为准。
⑧ 受精制深度和类型及添加剂影响的性能。
⑨ 将样品注入 100mL 量筒中，在 20±5℃下目测。有争议时，按 GB/T 511 测定机械杂质含量为无。
⑩ 有争议时，以 SH/T 0689 测定结果为准。
⑪ 由供需双方协商确定是否采用该方法进行检测。
⑫ 有争议时，以 SH/T 0802 测定结果为准。
⑬ 在使用中和/或在高电场强度和温度影响下与油品长期运行有关的性能。
⑭ 与安全和环保有关的性能。
⑮ PCB 含量的单峰检出限为 0.1mg/kg，检测不出即为 PCB 含量小于 0.1mg/kg。

三、运行中绝缘油质量标准

《运行中变压器油质量标准》（GB/T 7595）中规定了运行中的变压器油和断路器油的质量指标以及监督检测周期等。发电机用油可以参照执行，而电缆油和电容器油则不适用该标准。

（一）变压器油的质量标准

《运行中变压器油质量标准》（GB/T 7595）中的质量指标分为“投运前”和“运行中”，即“交接试验”和“预防性试验”两种，其中针对超高压设备增加了带电倾向和颗粒度等项目，详见表 ZY1500201003-2。

表 ZY1500201003-2　　运行中变压器油监控指标

序号	项目	质量指标			试验方法
		电压等级（kV）	投运前	运行中	
1	外状		清澈透明、无沉淀物和悬浮物		目测
2	水溶性酸（pH 值）		＞5.4	≥4.2	GB/T 7598
3	酸值［mg（KOH）/g］		≤0.03	≤0.1	GB/T 264
4	闭口闪点（℃）		≥135	≥135	GB/T 261
5	水分（mg/L）	330～1000	≤10	≤15	GB/T 7600
		220	≤15	≤25	
		110 及以下	≤20	≤35	
6	界面张力（mN/m）		≥35	≥19	GB/T 6541
7	介质损耗因数（90℃）	500～1000	≤0.005	≤0.02	GB/T 5654
		330 及以下	≤0.010	≤0.04	
8	击穿电压（kV）	750～1000	≥70	≥60	GB/T 507 或 DL/T 429.9
		500	≥60	≥50	
		330	≥50	≥45	
		66～220	≥40	≥35	
		35 及以下	≥35	≥30	

续表

序号	项　目	质量指标			试验方法
		电压等级（kV）	投运前	运行中	
9	体积电阻率（Ω·m）	500～1000	≥$6×10^{10}$	≥$1×10^{10}$	GB/T 5654 或 DL/T 421
		330 及以下		≥$5×10^{9}$	
10	油中含气量（%）	750～1000	<1	≤2	DL/T 423 或 DL/T 450 DL/T 703
		330～500		≤3	
		电抗器		≤5	
11	油泥与沉淀物（%）		<0.02		GB/T 511
12	析气性（μL/min）	≥500	报告		GB/T 11142 或 IEC 60628（A）
13	带电倾向（pC/mL）		报告		DL/T 1095
14	腐蚀性硫		非腐蚀性		SH/T 0304 或 ASTM D 1275 B
15	颗粒度（≥5μm 的颗粒数，个/100mL）	≥500	交流变压器（热油循环后）≤2000 直流变压器（热油循环后）≤1000	交流变压器（含大修后）≤3000	DL/T 432

变压器有载调压箱内的油，根据调压次数或者运行时间，进行水分和击穿电压检测工作，具体内容参见《有载分接开关运行维护导则》（DL/T 574）中的规定。

为分析变压器内固体绝缘纸的老化情况，通常还定期进行糠醛检测，控制标准参见《电力设备预防性试验规程》（DL/T 596—1996）。

（二）断路器中油的质量标准

运行中断路器油监控指标，见表 ZY1500201003-3。

表 ZY1500201003-3　　运行中断路器油监控指标

项　目	质量指标			试验方法
	电压等级	投运前/大修后	运行中	
外状	清澈透明、无游离水分、无杂质和悬浮物			目测
水溶性酸（pH 值）		≥4.2		GB/T 7598
击穿电压（kV）	>110kV	≥40	≥35	GB/T 507 DL/T 429.9
	≤110kV	≥35	≥30	

（三）试验周期

运行中变压器油、断路器油的检验周期和检验项目，详见表 ZY1500201003-4。

表 ZY1500201003-4　　运行中变压器油、断路器油检验周期和检验项目

设备名称	设备规范	检验周期	检验项目
变压器、电抗器，所、厂用变压器	330～1000kV	设备投运前或大修后	1～10
		每年至少一次	1、5、7、8、10
		必要时	2、3、4、6、9、11、12、13、14、15
	66～220kV 8MVA 及以上	设备投运前或大修后	1～9
		每年至少一次	1、5、7、8
		必要时	3、6、7、11、13、14 或自行规定
	<35kV	设备投运前或大修后	自行规定
		三年至少一次	

续表

设备名称	设备规范	检验周期	检验项目
互感器、套管		设备投运前或大修后	自行规定
		1～3年	
		必要时	
断路器	>110kV ≤110kV 油量60kg以下	设备投运前或大修后	1～3
		每年至少一次	3
		三年至少一次	3
		三年一次，或换油	3

注 1. 变压器、电抗器、厂用变压器、互感器、套管等油中的“检验项目”栏内的1、2、3…为表ZY1500201003-2的项目序号。
2. 断路器油“检验项目”栏内的1、2、3…为表ZY1500201003-3的项目序号。
3. 对不易取样或补充油的全密封式套管、互感器设备，根据具体情况自行规定。

【思考与练习】

1. 变压器油标准中将所有的检测指标划分成哪些特性种类？
2. 选用变压器油应遵循什么原则？
3. 变压器油中的水分指标在新油、交接和运行中有何不同？

模块4
ZY1500201004

模块4 SF_6气体质量标准（ZY1500201004）

【模块描述】本模块介绍SF_6气体的质量标准。通过要点归纳，掌握新SF_6气体和设备内SF_6气体的质量标准。

【正文】

一、新SF_6气体质量标准

SF_6气体根据生产工艺的不同，分为工业SF_6和电子工业用SF_6。工业SF_6是硫与氟反应并经过精制而成；电子工业用SF_6是硫与氟反应并经过精制和纯化而成。因此，电子工业用SF_6是高纯度气体，其纯度比工业SF_6高，其具体指标内容可以参见《电子工业用气体 六氟化硫》（GB/T 18867）。

（一）分析项目与指标

工业SF_6质量指标，见表ZY1500201004-1。

表ZY1500201004-1 工业SF_6指标要求

项目		指标	项目	指标
SF_6质量分数（纯度）		≥99.9%	酸度（以HF计）质量分数	≤0.000 02%，即0.2μg/g
空气含量（质量分数）		≤0.04%	可水解氟化物（以HF计）质量分数	≤0.000 1%，即1μg/g
四氟化碳CF_4质量分数		≤0.04%	矿物油质量分数	≤0.000 4%，即4μg/g
水分	水分含量（质量分数）	≤0.000 5%，即5μg/g	毒性	小白鼠生物试验无毒
	露点（101 325Pa）	≤-49.7℃		

（二）抽样验收原则

1. 关于批次的规定

同一来源稳定充装的工业SF_6构成一批，每批产品的质量不超过5t。

2. 抽样

工业SF_6采样气瓶数按表ZY1500201004-2规定从每批产品中随机选取。每瓶SF_6构成单独的样品。取样瓶上黏贴标签，注明产品名称、批号、生产厂名和取样日期。样品分析项目参见表ZY1500201004-1。

表 ZY1500201004-2　　随机抽取采样气瓶数

每批气瓶数	选取的最少气瓶数	每批气瓶数	选取的最少气瓶数
1	1	41～70	3
2～40	2	≥71	4

3. 验收结果处理原则

（1）抽取的瓶数中有一项指标不符合表 ZY1500201004-1 中的要求，应重新按照 2 倍的抽检数量进行复验工作，如果复验结果同样有一项指标不符合标准要求，则整批产品不合格。

（2）整批产品都应进行水分检测工作。

（3）检测结果按照 GB/T 1250 规定的修约值比较法来判断是否符合表 ZY1500201004-1 中的质量标准要求。

二、设备内的 SF_6 气体质量标准

（一）变压器

变压器中的 SF_6 气体分析项目与指标，见表 ZY1500201004-3。

表 ZY1500201004-3　　变压器中的 SF_6 气体分析项目与指标

项　目	交接时、大修后	运　行　中	运行中检测周期
湿度（20℃，101 325Pa，露点温度，℃）	箱体和开关应≤−40 电缆箱等其余部位≤−35	箱体和开关应≤−35 电缆箱等其余部位≤−30	1 次/年
年泄漏率（‰）	≤1（可按照每个检测点泄漏值不大于 30μL/L 执行）	≤1（可按照每个检测点泄漏值不大于 30μL/L 执行）	日常监控，必要时
空气（N_2+O_2 质量分数，%）	≤0.1	≤0.2	1 次/年
四氟化碳（CF_4 质量分数，%）	≤0.05	比原始测定值大 0.01%时应引起注意	1 次/年
纯度（体积分数，%）	≥97	≥97	1 次/年
有关杂质组分（CO_2、CO、HF、SO_2、SF_4、SOF_2、SO_2F_2，μg/g）	有条件时报告（记录原始值）	报告（监督其增长情况）	1 次/年
矿物油（μg/g）	—	≤10	必要时
可水解氟化物（以 HF 计，μg/g）	—	≤1.0	必要时

（二）开关和 GIS 等设备

开关和 GIS 等设备 SF_6 分析项目及质量指标，见表 ZY1500201004-4。

表 ZY1500201004-4　　SF_6 分析项目及质量指标（具体应用可参照新版 GB 8905）

项　目	周　期	投运前、交接时	运　行　中
湿度（20℃，μL/L）	投运前 运行中：1～3 年/次	灭弧室≤150 非灭弧室≤500	灭弧室：≤300 非灭弧隔室：≤1000
年泄漏率（%）	投运前 必要时	≤0.5	≤0.5
酸度（以 HF 计，μg/g）	必要时	≤0.3	≤0.3
四氟化碳（CF_4 质量分数，%）	必要时	≤0.05	≤0.1
空气（N_2+O_2 质量分数，%）	必要时	≤0.05	≤0.2
可水解氟化物（以 HF 计，μg/g）	必要时	≤1.0	≤1.0
矿物油（μg/g）	必要时	≤10	≤10
纯度（体积分数，%）	必要时	≥97	≥97
气体分解产物	必要时	≤50μL/L 全部，或≤12μL/L（SO_2+SOF_2）、≤25μL/L　HF	注意设备中的分解产物变化增量

【思考与练习】

1. 工业 SF_6 的分析项目和指标有哪些？
2. 工业 SF_6 检验结果处理原则是什么？
3. 开关和 GIS 等设备内气体湿度控制标准是多少？

模块 5 变压器油中溶解气体的来源（ZY1500201005）

【模块描述】本模块介绍变压器油中溶解气体的几种可能来源。通过要点归纳，了解气体溶于变压器油中的成因，掌握变压器不同运行状态下油中产生气体的主要的原因和特征。

【正文】

正确分析变压器油中溶解气体的来源是判断设备有无故障的重要手段，本节简要介绍变压器油中溶解气体的来源及不同来源气体的组分特点。

变压器油中溶解气体的主要来源于以下几个方面：

一、空气的溶解

变压器油中溶解气体的主要成分是氧和氮，它们都是来源于空气。变压器油在炼制、运输和储藏等过程中都会与大气接触，空气会溶解在油中。在 101.3kPa、25℃时，空气在油中溶解的饱和含量约为 10%（体积比），由于氧气在变压器油中的溶解度比氮气大，油中溶解的空气中氮气约为 71%，氧气约为 28%，其他气体约为 1%。

二、变压器类设备正常运行下产生的气体

1. 新投运的变压器

油浸式电力变压器的绝缘材料主要是变压器油和固体绝缘材料，如绝缘纸、层压板、绝缘漆等。变压器油在未投运之前，虽经干燥、脱气，但仍不彻底，有残留气体存在。

油与设备内材料接触，设备中某些油漆醇酸树脂在某些不锈钢的催化下甚至可能生成大量的氢，某些改型的聚酰亚胺型的绝缘材料也可生成某些气体而溶解于油中。

在制造厂干燥，浸渍及电气试验过程中，绝缘材料受热和电应力的作用产生的气体被多孔性纤维材料吸附，残留于线圈和纸板内，而后溶解在油中。

由于制造工艺或所用绝缘材料材质等原因，部分变压器运行初期往往有 H_2 增加较快的现象，但增长到一定的极限含量后会逐渐稳定。

安装时，热油循环处理过程中也会产生也一定量的 CO_2 气体，有时甚至会产生少量 CH_4。

另外，部分变压器在制造或安装过程中，未采用真空注油或排气未排净，会导致变压器油中空气含量较高。

2. 运行中的变压器

正常运行时，充油电气设备内部的绝缘油和有机固体绝缘材料，由于受到电场、热、氧等的作用，会逐渐老化和分解，产生一些非气态的劣化产物、氢、各种低分子烃类气体及一氧化碳、二氧化碳等，这些气体首先溶入油中，达到饱和后便从油中析出。所产生的气体具有以下特征：

（1）H_2 和烃类气体：正常运行的变压器，油中氢含量一般低于 150μL/L，C_1～C_2 总烃含量一般低于 150μL/L。有资料表明，在油中溶解气体产气速率正常的情况下，若油中 H_2 和烃类气体不超过表 ZY1500201005-1 所列的含量，则认为变压器运行正常。

表 ZY1500201005-1 油中溶解气体正常值 单位：μL/L

气体组分	H_2	CH_4	C_2H_6	C_2H_4	C_2H_2		总烃
正常极限值	100	45	35	55	设备电压等级≥330，1	设备电压等级≤330，5	100

（2）碳的氧化物：油中 CO、CO_2 含量与设备运行年限有关，如 CO 产气速率，国外提出与运行年限关系的经验公式为

$$CO（\mu L/L）=374\lg 4Y \quad （ZY1500201005-1）$$

式中　Y——运行年限（年）。

式（ZY1500201005-1）适用于一般密封式变压器；对于开放式国产变压器，一般 CO 含量多在 300μL/L 以下。

CO_2 含量变化的规律性不强，除与运行年限有关外，还与变压器结构、绝缘材料性质、运行负荷以及油保护方式等有密切关系。

三、故障运行下产生的气体

变压器内部存在过热或放电等故障时，由于在热、电和机械应力的作用下，绝缘材料发生裂解会产生的大量的可燃性气体。

1. 绝缘物的热分解

当变压器内部发生各种过热性故障时，由于局部温度较高，可导致热点附近的绝缘物发生热分解，析出气体。

变压器油的烃分子约在 300～400℃开始断链，并逐步生成低分子的饱和气态烃和 CO_2 等；随着热解温度升高，油品产生低分子烃的不饱和度不断增加，有烯烃和炔烃生成，各种烃类和 H_2 的含量也逐步增加见表 ZY1500201005-2。据实验表明，随着热解温度升高，热解气体各组分出现的顺序为：烷烃→烯烃→炔烃。受热时间愈长，气体的相对含量愈大。

表 ZY1500201005-2　　局部加热变压器油的产气组分　　单位：mL/g

加热温度（℃）	230	300	400	500	600
CH_4			0.042	4.258	5.848
C_2H_6				0.045	2.601
C_2H_2				0.017	3.247
C_3H_8			0.042	0.118	0.208
C_4H_{10}			0.055	0.326	0.697
CO_2	0.017	0.022	0.219	0.067	0.028
H_2				0.152	0.320
其他				0.096	0.225

注　表中数据为无氧时，将油加热 10min 后所测得的数据。

变压器内的油浸绝缘纸，在空气中加热分解的主要产物是 CO_2 和 CO，其次是 H_2 和气态烃，如表 ZY1500201005-3 所示。绝缘纸开始热解时产生的主要气体是 CO_2，随温度的升高，产生 CO 的量增多，继而 CO/CO_2 比值升高，直至 800℃左右可高达 2.5。其他固体绝缘材料的热解气体主要是 CO 和甲烷，其次为少量的低分子气态烃。

表 ZY1500201005-3　　油浸绝缘纸的热解（O_2 存在）产气组分　　单位：%

热解温度及时间		175℃（3h）	220℃（3h）
产气组分（%）	CO	10	17
	CO_2	88	82
	H_2	1	0.3
	气态烃	1	0.7
烃类气体组成（%）	CH_4	55	52
	C_2H_6	39	40
	C_2H_4	6	8
产气量（μL/L）		9600	40 300

2. 绝缘物的放电分解

绝缘物的放电能量对变压器油分解时产生的气体组分有一定影响。一般情况下，放电能量较低时，产气中 H_2 含量较多，其次为 CH_4、C_2H_4 等低分子气态烃。随着放电能量的增高，有 C_2H_2 产生，其含量将不断增大，如表 ZY1500201005-4 所示。此外，不同的固体绝缘物，放电时产生的气体和含量也有所不同，如表 ZY1500201005-5 所示。

表 ZY1500201005-4　　绝缘物在不同放电能量时的产气组分　　单位：%

绝缘物	放电能量（C）	H_2	CH_4	C_2H_4	C_2H_2	CO	CO_2
油	10^{-10}	100					
	10^{-9}	97	1	1	1		
	8×10^{-8}	85	2	2	10	1	0
油/油浸纸	10^{-10}	100					
	10^{-9}	100					
	2×10^{-8}	95	2	2	1		
	10^{-7}	65	3	3	25	3	1

表 ZY1500201005-5　　不同绝缘物在放电时的产气组分　　单位：%

绝缘物	H_2	CO	CO_2	CH_4	C_2H_6	C_2H_4	C_2H_2	O_2
油	60	0.1	0.1	3.3	0.05	2.1	25	2.4
油/电缆纸	52	14	0.2	3.8	0.05	8	12	3
油/层压板	48	27	0.4	5		5	6	2
油/醇酸漆	55	20	0.2	4		5	8	2.4
油漆/聚氨基甲酸乙酯	60	1	0.1	9		11	10	2
油/白布带	55	11	4	8		8	5	

从上述可知，不同绝缘物或不同的故障类型，其特征气体各不相同，加之产生的气体故障有双重性或多重性（两种或多种类型的故障同时存在），因此，产气组分会出现复杂、多变的情况，有时其规律性不强，在判断故障时应注意综合分析，否则不能得出符合实际的结论。

四、气体的其他来源

变压器油中溶解气体的另一些组分如 CO_2、H_2 等，有时可能是空气或其他原因由外面带入的（如新装充氮变压器所用氮气含污染杂质等）。

有些气体可能不是设备故障造成的。例如，油中含有水可以与铁作用生成氢气；过热的铁芯层间油膜裂解也生成氢；新的不锈钢部件中也可能在钢加工过程中或焊接时吸附氢而又慢慢释放到油中；油在阳光照射下也可以生成某些气体；设备检修时暴露在空气中的油可吸收空气中的其他气体等。

另外，某些操作也可生成故障气体，如有载调压变压器中切换开关油室的油向变压器主油箱渗漏；或极性开关在某个位置动作时悬浮电位放电的影响；设备曾经有过故障而故障排除后绝缘油未经彻底脱气，部分残余气体仍留在油中或留在经油浸渍的固体绝缘中；设备油箱带油补焊；原注入的油就含有某些气体等。

此外，还应注意油冷却系统附属设备（如潜油泵）的故障产生的气体也会进入到变压器的本体油中。

这些气体的存在一般不影响设备的正常运行，但当利用气体分析结果判断设备内部是否存在故障及其严重程度时，由于上述原因产生的特征气体会对判断故障造成干扰，因此要注意加以区分，在判断设备内部故障时应首先考虑排除上述因素的可能。

【思考与练习】

1. 变压器等设备正常运行下产生的气体有哪些？

2. 变压器等设备故障运行下产生的气体有哪些？

3. 变压器油中气体的其他来源有哪些？

模块 6　故障下热解产气的理化过程（ZY1500201006）

【模块描述】本模块介绍故障下热解产气的理化过程。通过图文结合和要点归纳，掌握绝缘油的分解、固体绝缘材料的分解、气体的溶解和扩散的理化过程。

【正文】

变压器油中溶解的可燃性气体，如果产生的气量大、产气速率快，大都是设备存在故障时导致绝缘材料裂解而产生的。变压器在故障下产生的气体在其内部会有一个传质过程。掌握这些知识对于充油电气设备故障分析和判断是必不可少的。

一、绝缘油的分解

绝缘油是由许多不同分子量的碳氢化合物组成的混合物。由于电或热故障的结果可以使某些 C—H 键和 C—C 键断裂，伴随生成少量活泼的氢原子和不稳定的碳氢化合物的自由基，这些氢原子或自由基通过复杂的化学反应重新化合，形成氢气和低烃类气体，如甲烷、乙烷、乙烯、乙炔等，也可能生成碳的固体颗粒及碳氢聚合物（X–蜡）。故障初期，所形成的气体溶解于油中；当故障能量较大时，也可能聚集成游离气体，碳的固体颗粒及碳氢聚合物则沉积在设备的内部。

1. 绝缘油热解的化学反应产生故障气体的机理

绝缘油在热能和电能作用下产生故障气体可用自由基链反应学说来解释，链反应包括链引发、链发展和链终止三个步骤。通过链反应过程、油分子长链便会发生断裂，最终产生低分子烃类和氢等气体以及其他分解产物，例如

$$\text{链引发}\ CH_4(\text{或}C_2H_6\text{等烃类})\xrightarrow{\text{过热或放电}}CH_3\cdot(\text{或}C_2H_5\cdot\text{等})+H\cdot$$

$$\text{链发展}\left\{\begin{array}{l}CH_3\cdot+C_nH_{2n+2}\rightarrow \dot{C}H_4+\dot{C}_nH_{2n+1}\\ \cdot H+C_nH_{2n+2}\rightarrow H_2+\dot{C}_nH_{2n+1}\\ \quad\cdots\cdots\end{array}\right.$$

$$\text{链终止}\left\{\begin{array}{l}C_2H_5\cdot+\dot{C}_nH_{2n+1}\longrightarrow C_2H_4+C_nH_{2n+2}\\ 2\dot{C}_nH_{2n+1}\longrightarrow C_nH_{2n+1}+C_nH_{2n}\\ \quad\cdots\cdots\end{array}\right.$$

经上述过程生成的低分子烃在电场作用下还可进一步分解，生成活性自由基或低分子烃。在高能电弧作用下，油品烃分子可裂解生成 H_2、C_2H_2 和焦炭等。不饱和烃在电场作用下也可发生聚合、缩合反应，生成油泥、蜡状物等。

一种链反应过程的开始即链的引发与产生自由基总是需要一定能量的，这种能量就是活化能，不同的分子具有不同的活化能，一种分子在不同温度下的活化能也不相同。一般说，绝缘油热解时的活化能约为 209kJ/mol，纸纤维热解时的活化能约为 41.9～125.6kJ/mol（与含水量有关）。总之，绝缘油、纸热解时所需的能量主要取决于它们活化能的大小，而它们热解速度的快慢又主要取决于热解温度的高低。

根据实验结果，绝缘油热解时的化学反应速度随温度的增高而加快，一般油温每升高 10℃，反应速度增加约 2～4 倍。

2. 热解产气特征与变压器油的化学结构的关系

矿物绝缘油的化学组成是碳氢化合物，分子中含有 CH_3^*、CH_2^*和 CH^*化学基团，分子结构上有不同类型的化学键，如 C—H、C—C 等，碳与碳的化学键又分为单键（C—C）、双键（C═C）与叁键（C≡C）三种，分别叫做烷键、烯键与炔键，其中烯键与炔键都属于不饱和键。这些化学键都具有不同的键能（见表 ZY1500201006-1）。键能反映化学键原子间结合的强度，键能越高，分子越稳定。因

此，化学键的键型和键能是决定物质性质的一个关键因素。

表 ZY1500201006-1　　有关键能的数值　　单位：kcal/mol

化学键	键能	化学键	键能
H—H	104.2	C≡C	194
C—H	94～102	C—O	84
C—C	71～97	C=O	174
C=C	147	O—H	110.6

由于具有不同化学键结构的碳氢化合物分子在高温下的不同稳定性，使得油在热解产气时的一般规律是：所产生的烃类气体的不饱和度随裂解能量密度（温度）的增加而增加，即随热解温度增高过程，裂解产物的出现次序是：烷烃→烯烃→炔烃→焦炭。

二、固体绝缘材料的分解

固体绝缘材料包括纸、层压板或木块等，其化学组成的主要成分为纤维素等，这些固体绝缘材料分子内含有大量的无水右旋糖环和弱的C—O键及葡萄糖甙键，它们的热稳定性比油中的碳氢键要弱，并能在较低的温度下重新化合。聚合物裂解的有效温度高于105℃，完全裂解和碳化高于300℃，在生成水的同时，生成大量的CO和CO_2及少量烃类气体和呋喃化合物，同时被油氧化。CO和CO_2的形成不仅随温度而且随油中氧的含量和纸的湿度增加而增加。

三、气体的溶解和扩散

1. 气体在油中的溶解度

在一定温度和压力下，变压器等设备内产生的气体将逐步溶解于油中，当气体在油中的溶解速度等于气体从油中析出的速度时，则气、油两相处于动态平衡（气体在油中达到饱和状态），此时一定量油中溶解的气体量，即为气体在油中的溶解度。在故障气体的分析中，溶解度有较大的实用意义。

应注意，气体在油中的溶解度是指气体在油中处于静态时的平衡溶解度，而运行变压器油中的溶解气体往往受到循环流动、机械振动和电场作用等影响，使其溶解度减小。分析油中溶解的故障气体时对此特性应予以充分注意。

不同气体在油中的溶解度各不相同，气体在油中的溶解度符合亨利定理和气体分压定理。因此，在一定温度下可由式（ZY1500201006-1）计算气体组分在油中的浓度，即

$$C_{i0}=K_iP_{ig} \qquad (ZY1500201006\text{-}1)$$

式中 C_{i0}——某气体组分i在油中的浓度；

K_i——气体组分的溶解系数，见表ZY1500201006-2；

P_{ig}——气体组分在油面上的分压。

表 ZY1500201006-2　　气体在油中的溶解度系数

标准	温度（℃）	H_2	N_2	O_2	CO	CO_2	CH_4	C_2H_2	C_2H_4	C_2H_6
GB/T 17623—1998①	50	0.06	0.09	0.17	0.12	0.92	0.39	1.02	1.46	2.30
IEC 60599—1999②	20	0.05	0.09	0.17	0.12	1.08	0.43	1.20	1.70	2.40
	50	0.05	0.09	0.17	0.12	1.00	0.40	0.90	1.40	1.80

① 国产油测试的平均值。

② 这是从国际上几种最常用的牌号的变压器油得到的一些数据的平均值。实际数据与表中的这些数据会有些不同，然而可以使用上面给出的数据，而不影响从计算结果得出的结论。

2. 影响油中气体溶解度的主要因素

影响油中气体溶解度的主要因素是压力和温度，当故障气体在运行变压器油中已达到饱和状态时，若温度或压力发生变化，则两相失去平衡，气体有可能进一步溶解或析出。

（1）压力。当其他条件相同时，气体在油中的溶解度随压力的变化而变化，即压力增大时，气体

溶解度增大；反之，则减小。

（2）温度。温度的变化对气体的溶解也有一定影响。但温度改变时，对不同气体的溶解度产生不同的影响，CO、N_2、O_2 和随温度的升高气体的溶解度增大，大部分烃类气体的溶解度随温度的升高而减小，如图 ZY1500201006-1 所示。

3. 哈斯特气体分压—温度关系

当充油电气设备存在故障时，生成少量烃类气体和其他气体。烃类气体的产气率和油裂解的程度依赖于故障温度（故障所释放出的能量）。在模拟试验中，假定每种生成物与其他产物处于平衡状态，应用相关分解反应的平衡常数，用热动力学模拟可计算出每种气体产物的分压作为温度函数的关系，哈斯特（Halsterd）用热动力学平衡理论计算出在热平衡状态下形成的气体与温度的关系，如图 ZY1500201006-2 所示。

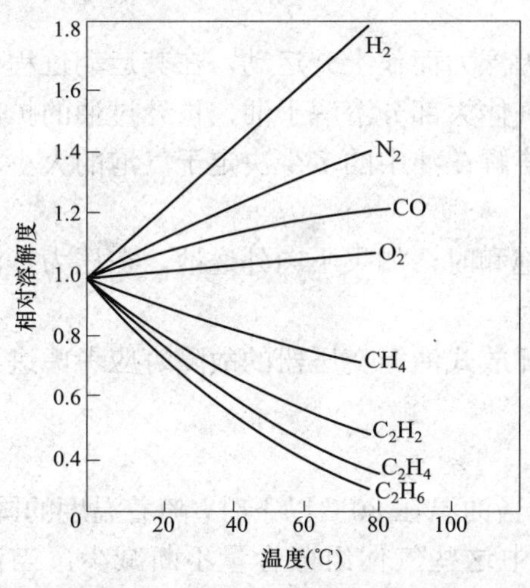

图 ZY1500201006-1　温度对气体相对溶解度的影响

（假设每种气体在 0℃时的溶解度为 1）

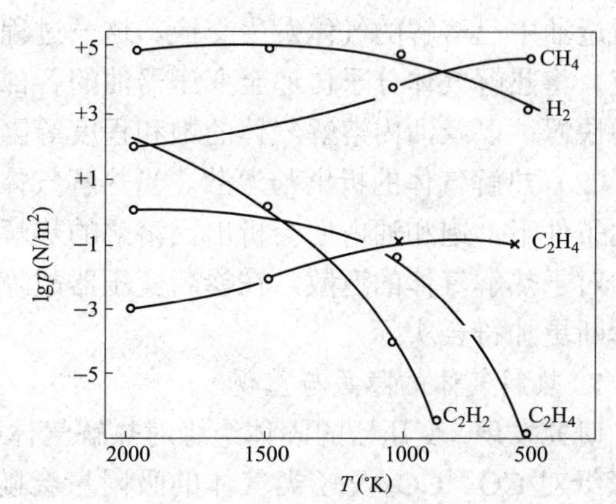

图 ZY1500201006-2　哈斯特气体分压—温度关系图

由图 ZY1500201006-2 可见：

（1）五种气体中，氢生成的量最多，而与温度相关性不明显。

（2）明显可见的乙炔在接近 1000℃时生成。

（3）甲烷、乙烷和乙烯有各自唯一的依赖温度。

热动力学建立的是一种平衡状态下理想化的情况，而在故障情况下，故障周围不存在等温的平衡状况。然而它揭示了设备故障与热动力学模拟的某些相关性。对利用某些气体组分和某些组分的比值作为某种故障的特征，估计设备内部故障的温度是有价值的。

4. 气体在油中的扩散与交换

运行的变压器类设备油中会溶解一部分气体，变压器在故障下产生的热解气体，将逐步向油中扩散，溶解度较大的故障气体组分，会将原来油中溶解度较小的气体组分（氢气、空气等）从油中“挤”出来，并与油中未溶解的气体混合。分解出的气体形成气泡，在油中经流、扩散，不断地溶解在油中。由此反复交换，若油—气接触时间较长，可使所有气体组分达到饱和状态。这种交换作用从故障气体与油接触开始，到气体从油面或气体继电器中析出为止的整个过程中均在进行，由此造成了油中溶解气体与油面上析出气体的组分和含量有所不同，如表 ZY1500201006-3 所示。

表 ZY1500201006-3　　两台故障变压器油中气体与气体继电器内气体比较　　单位：μL/L

气体名称	变压器 A		变压器 B	
	油中气体	气体继电器内气体	油中气体	气体继电器内气体
氢气 H_2	217	155 714	1373	16 196
甲烷 CH_4	5.5	26.5	340.4	2492.2
乙烷 C_2H_6	7.2	3.1	17.6	21.3

模块6 ZY1500201006

续表

气体名称	变压器A		变压器B	
	油中气体	气体继电器内气体	油中气体	气体继电器内气体
乙烯 C_2H_4	5.1	3.6	581	1580.6
乙炔 C_2H_2	0.1	0.1	918.2	3540.7
总烃 ΣCH	17.9	33.4	1857.2	7634.8
一氧化碳 CO	554	2886	1833	17 808
二氧化碳 CO_2	1495	1400	5496	5972

热解气体在其内部会有一个传质过程，包括热解气体气泡的运动与交换、气体从油中析出与向外逸散等。

（1）热解气体气泡的运动与交换。故障点产生的气泡会因浮力而作上升运动，在其运动过程中会与附近油中已溶解的气体发生交换。这一过程中，故障热解气体大部分溶解于油，再经过油的扩散与对流，将热解气体分子传递至变压器油的各部分。热解气体溶解在油中的多少决定于气泡的大小，运动的快慢，以及油内溶解气体的饱和程度等因素。

（2）热解气体的析出与逸散。当热解气体溶解于油达到饱和时，如果不向外逸散，在压力、温度变化条件下，饱和油内便会析出已溶解的热解气体而形成气泡。

对于热解气体的逸散，在诊断变压器故障，特别是具有开放式油箱变压器的故障时应考虑进去，使诊断更加符合实际。

5. 热解气体的隐藏与重现

研究发现：变压器的固体绝缘对热解气体存在吸附现象。当油温在80℃以下时，随着温度的降低，绝缘纸对CO、CO_2及烃类气体的吸附量会随之增加，使油中这些气体组分含量不断减少。当油温＞80℃后，吸附现象消失，绝缘纸中吸附的气体又会重新释放出来。因此，在对变压器故障的发展进行追踪观察时，应密切注意变压器的油温、负荷等运行状况。

【思考与练习】

1. 绝缘油热解的化学反应产生故障气体的机理是什么？
2. 影响油中气体溶解度的主要因素有哪些？
3. 气体在油中的扩散与交换过程是怎样的？

模块7 变压器等设备产生故障类型及其油中气体的特征（ZY1500201007）

【模块描述】本模块介绍变压器等设备常见故障类型以及变压器内的产气故障。通过要点归纳，熟悉变压器等设备的常见故障，掌握设备过热、放电故障产生的原因、部位、危害及其产气特征。

【正文】

一、变压器等设备常见故障类型

变压器故障涉及面较广，故障类型的划分有多种方式，如按回路划分主要有电路故障、磁路故障和油路故障；按变压器的主体结构划分，可分为绕组故障、铁芯故障、油质故障和附件故障；根据常见的故障易发区位划分，又可分为绝缘故障、铁芯故障、分接开关故障等。下面就变压器常见故障中的短路故障、放电故障、绝缘故障、铁芯故障，按各自故障的成因、影响等，分别进行描述。

（一）短路故障

变压器短路故障主要指变压器出口短路、内部引线或绕组间对地短路、相与相之间发生的短路而导致的故障。

变压器正常运行中由于受出口短路故障的影响，遭受损坏的情况较为严重。在这类故障中，变压器低压出口短路时形成的故障一般要更换绕组，严重时可能要更换全部绕组，从而造成十分严重的后果和损失。出口短路故障对变压器的影响，主要包括以下两个方面：

1. 短路电流引起绝缘过热故障

变压器突发短路时，其高、低压绕组可能同时通过为额定值数十倍的短路电流，它将产生很大的热量，使变压器严重发热，造成变压器绝缘材料严重受损，导致变压器绝缘击穿及损毁事故。

2. 短路电动力引起绕组变形故障

变压器受短路冲击时，如果短路电流小，继电保护正确动作，绕组变形将是轻微的；如果短路电流大，继电保护延时动作甚至拒动，变形将会很严重，甚至造成绕组损坏。对于轻微的变形，应及时检修，采取必要的措施，如恢复垫块位置，紧固绕组的压钉及铁轭的拉板、拉杆，加强引线的夹紧力等；否则，在多次短路冲击后，由于累积效应也会使变压器损坏。因此，诊断绕组变形程度、制订合理的变压器检修周期是提高变压器抗短路能力的一项重要措施。

（二）放电故障

根据放电的能量密度的大小，变压器的放电故障常分为局部放电、火花放电和高能量放电三种类型。

1. 放电故障对变压器绝缘的影响

放电对绝缘有两种破坏作用：一种是使局部绝缘受到破坏并逐步扩大，使绝缘击穿；另一种是放电产生的热、臭氧等活性气体的化学作用，使局部绝缘受到腐蚀，最后导致热击穿。

2. 放电故障的类型与特征

（1）变压器局部放电故障。在电压的作用下，绝缘结构内部发生非贯穿性的放电现称为局部放电，局部放电是一种低能量的放电。

（2）变压器火花放电故障。发生火花放电时放电能量密度大于 10^{-6}C 的数量级。

1）悬浮电位引起火花放电。悬浮放电可能发生于变压器内处于高电位的金属部件，如调压绕组，当有载分接开关转换极性时的短暂电位悬浮，套管均压球和无载分接开关拨叉等电位悬浮；也可能发生在处于地电位的部件，如硅钢片磁屏蔽和各种紧固用金属螺栓等，与地的连接松动脱落，导致悬浮电位放电。

2）油中杂质引起火花放电。杂质由水分、纤维质等构成。因为纤维的介电常数比油大，使纤维端部油中的电场加强，导致这部分油开始放电，油在高场强下游离而分解出气体，使气泡增大，使整个油间隙在气体通道中发生火花放电。所以，火花放电可能在较低的电压下发生。

（3）电弧放电。电弧放电是高能量放电，常以绕组匝层间绝缘击穿为多见，其次为引线断裂或对地闪络和分接开关飞弧等故障。

电弧放电故障放电能量密度大，产气急剧，使绝缘纸穿孔、烧焦或炭化，使金属材料变形或熔化烧毁，严重时会造成设备烧损，甚至发生爆炸事故，这种事故一般事先难以预测，也无明显预兆，常以突发的形式暴露出来。

综上所述，三种放电的形式既有区别又有一定的联系，局部放电是其他两种放电的前兆，而后者又是前者发展后的一种必然结果。由于变压器内出现的故障，常处于逐步发展的状态，同时大多不是单一类型的故障，而是几种类型同时出现，因此，需要认真分析，具体对待。

（三）绝缘故障

油浸变压器的使用寿命是由绝缘材料的寿命所决定的，变压器的绝缘材料主要是绝缘纸、绝缘纸板和绝缘油。绝缘故障主要包括绝缘材料的老化和绝缘受潮。

1. 绝缘材料的老化

绝缘材料的老化，是指这些材料受温度和氧的作用引起老化、发生分解，降低或丧失了绝缘强度，所产生的老化产物大都对电气设备有害，会降低绝缘纸的绝缘性能，腐蚀设备中的金属材料。老化的程度取决于温度和氧的持续时间。

（1）固体绝缘老化。固体绝缘材料包括绝缘纸和绝缘纸板，它的电气、机械和化学特性随老化程度而改变，虽然固体绝缘老化对于绝缘强度降低不很明显，但老化所引起的机械强度的改变，使得变压器绕组对短路电动力作用下引起的绕组的位移非常敏感，绝缘已经老化的变压器，可能在变压器短路时出现的匝间绝缘损坏而发生短路。老化后的绝缘材料的抗拉强度会降低到最初值的几分之一。

判断固体绝缘性能可以设法取样测量纸或纸板的聚合度，或利用高效液相色谱分析技术测量油中糠醛含量。一般新纸的聚合度为1300左右，当下降至250左右，其机械强度已下降了一半以上，极度老化致使寿命终止的聚合度为150～200。绝缘纸老化后，其聚合度和抗拉强度将逐渐降低，并生成水、CO、CO_2，其次还有糠醛（呋喃甲醛）。固体绝缘具有不可逆转的老化特性，其机械和电气强度的老化降低都是不能恢复的。

（2）绝缘油老化。绝缘油是各种烃和其他杂质的混合物，在氧气、温度、电场及光作用下会不断地氧化，正常情况下绝缘油的氧化过程进行的很缓慢，如果维护得当甚至使用20年还可保持应有的质量。但混入油中的金属、杂质、气体等会加速氧化的发展，使油的性质劣化，如酸值、密度和黏度有所增大，产生水溶性酸，导致变压器油和设备的电气性能明显下降，严重者，有可能造成重大设备事故。

2. 绝缘受潮

由于冷却器、储油柜、各连接部位等的渗漏原因，造成变压器进水，使绝缘受潮。

（四）铁芯故障

变压器铁芯和绕组是传递、交换电磁能量主要部件，铁芯质量好坏是决定变压器正常运行的关键。铁芯故障主要由两个方面原因引起：一是施工工艺不良造成短路；二是由于附件和外界因素引起多点接地。铁芯的故障模式可分为铁芯多点接地、铁芯接地不良和铁芯片间短路。

铁芯多点接地是铁芯故障中较常见的故障。大中型变压器铁芯，通常经套管引至油箱外部进行接地。如果铁芯由于某种原因在某位置出现另一点接地时，则正常接地的引线上就会出现感应环流，这就是铁芯多点接地故障。

1. 铁芯多点接地的原因

（1）安装变压器竣工后，未将油箱顶盖上运输的定位销翻转过来或去除掉，构成多点接地。

（2）由于铁芯夹件肢板距芯柱太近、铁芯叠片因某种原因翘起后，触及到夹件肢板，形成多点接地。

（3）铁轭螺杆的衬套过长，与铁轭叠片相碰，构成了新的接地点。

（4）铁芯下夹件垫脚与铁轭间的绝缘纸板脱落或破损，使垫脚铁轭处叠片相碰造成接地。

（5）具有潜油泵装置的大中型变压器，由于潜油泵轴承磨损，金属粉末进入油箱中，淤积油箱底部，在电磁力作用下形成桥路，将下铁轭与垫脚或箱底接通，形成多点接地。

（6）油浸变压器油箱盖上的温度计座套过长，与上夹件或铁轭、旁柱边沿相碰，构成新的接地点。

（7）油浸变压器油箱中落入了金属异物，这类金属异物使铁芯叠片和箱体接通，形成接地。

（8）下夹件与铁轭阶梯间的木垫块受潮或表面不清洁，附有较多的油泥，使其绝缘电阻值降为零时，构成了多点接地。

2. 铁芯多点接地产气特征

总烃含量超过注意值（150μL/L），其中乙烯（C_2H_4）和甲烷（CH_4）占较大比重，乙炔（C_2H_2）含量低或不出现，即未达到导则规定注意值（5μL/L）。三比值编码为022，故障点温度为700～1000℃。

3. 铁芯多点接地危害

变压器铁芯多点接地，会造成铁芯局部过热及轻瓦斯保护频繁动作，严重时会造成铁芯局部烧损，酿成更换铁芯硅钢片的重大故障，影响系统安全运行。

二、变压器内的产气故障

（一）变压器内的产气故障的分类

运行变压器内常发生的气体故障主要有过热性故障和放电故障两大类。

1. 过热性故障的分类

（1）按故障温度分类，变压器的过热性故障可分为四种，详见表ZY1500201007-1。

表 ZY1500201007-1　　变压器的过热性故障按故障温度分类

故障温度（℃）	类　别	故障温度（℃）	类　别
＜150℃	轻微热点故障	300～700℃	中温热点故障
150～300℃	低温热点故障	＞700℃	高温热点故障

（2）按产生故障的部位分类，可分为裸金属过热故障和介入绝缘的裸金属故障。

2. 放电故障的分类

（1）根据放电的能量密度分类，放电故障可分为局部放电故障、火花放电、电弧放电故障。局部放电是指液体和固体绝缘材料内部形成桥路的一种放电现象，故障的能量密度较小，一般约小于 10^{-6}C，而火花放电、电弧放电等的能量密度较大，一般约大于 10^{-6}C。

（2）变压器局部放电故障的分类。

1）按绝缘部位分为固体绝缘介质空穴放电、电极尖端放电、油中沿固体表面放电、油角间隙放电、油—隔板式绝缘中的油隙放电。

2）按放电能量密度分为低能量密度放电（约＜10^{-9}C）和高能量密度放电（约为 10^{-9}～10^{-6}C）。

3）按绝缘介质分为气泡放电和油中局部放电。

（二）产生故障的原因

运行变压器产生故障的原因很复杂，与设备的设计、使用的材质、加工和安装工艺、运行维护方式等因素有关。

1. 产生放电故障的原因

（1）设备的设计不良。变压器的线路结构在电磁方面不对称；绕组匝绝缘裕度不够或局部绕组电场强度过高造成绝缘弱点。

（2）使用的材质不良。变压器中使用的材料存在某些缺陷，如固体绝缘材料中存在空腔或小空隙，其内有气体；变压器油中有气体和极性杂质，都可能造成放电故障。

（3）加工和安装工艺不符合要求。部件加工不良，存在尖角、毛刺等（容易导致尖端放电）；引线间距离太近，引起相间短路；变压器高压套管端部接触不良，形成悬浮电位而引起火花放电；金属部件或导体之间电气绝缘不良；绕组浸漆工艺不良，出现漆瘤，其内有气体等情况；都会导致放电故障。

（4）运行维护不良。由于雷击、操作过电压；过负荷运行或外部多次短路等引起分接开关和绝缘损伤；变压器密封不良，导致绝缘材料受潮，甚至油中进水；铁芯接地不良等，都可能造成放电故障。

2. 产生热点故障的原因

变压器的热点是指设备局部过热。它与正常运行时的发热有显著区别，是由故障引起，超过正常运行的温度。导致变压器热点的原因很多，大体可归纳为以下两种：

（1）热点连接不良。载流导线和接头不良引起过热故障，如分接开关动静触头接触不良、引线接头虚焊、绕组股间短路、引线过长或包扎绝缘损伤引起导线相接触产生环流发热，超负荷运行、绝缘材料膨胀、油道堵塞而引起的散热不良，都易引起局部过热故障。

（2）磁路故障。铁芯多点接地造成循环电流发热，铁芯片间短路、铁芯与穿心螺钉短路造成涡流发热，漏磁引起的油箱、铁芯夹件、压环等局部过热。

应注意，变压器运行时出现内部故障的原因往往不是单一的，一般存在热点的同时还有局部放电，而且故障是在不断发展和转化的，局部过热可进一步发展成局部放电，乃至击穿，由此又加剧了高温过热。因此，在判断故障原因时，应特别注意综合分析。

（三）故障的危害性

1. 火花放电与电弧放电的危害

一般来说，火花放电不致很快引起绝缘击穿，主要反映在油色谱分析异常、局部放电量增加或轻瓦斯保护动作，比较容易被发现和处理，但对其发展程度应引起足够的认识和注意；电弧放电故障产气急剧，能量密度高，固体绝缘材料、金属材料等将受到严重破坏，所产生的大量气体含有较多的可燃气体，若不及时处理，严重时会造成设备烧损，甚至发生爆炸事故。

2. 局部放电的危害

局部放电会破坏绝缘物的分子结构，如纤维被局部破坏、油被分解，可使油分解产生沉积物，若不及时处理将导致绝缘特性恶化、散热能力降低，易造成局部过热和其他故障。

3. 过热故障的危害

过热故障可加速绝缘物的老化、分解，产生各种气体。裸金属热点的危害较大，可使热点附近的金属部件烧坏，严重时将造成设备的损坏；虽然过热故障危害不如放电故障严重，但低温热点往往会发展成高温热点，使热点附近的绝缘物被破坏并导致故障扩大。

（四）故障的产气特征

1. 过热故障产生气体的特征

（1）热点不涉及固体绝缘的裸金属过热性故障，产生的气体主要是低分子烃类，甲烷（CH_4）与乙烯（C_2H_4）是特征气体，一般两者之和常占总烃的80%以上。当故障点温度较低时，甲烷占的比例大，随着热点温度的升高（500℃以上），乙烯、氢组分急剧增加，比例增大。当严重过热（800℃以上）时，也会产生少量乙炔（C_2H_2），但其含量不超过乙烯量的10%。

（2）涉及固体绝缘的过热性故障时，除产生上述低分子烃类气体外，还产生较多的CO、CO_2。随着温度的升高，CO/CO_2 比值增大。对于只限于局部油道堵塞或散热不良的过热性故障，由于过热温度较低，且过热面积较大，此时对绝缘油的热解作用不大，因而低分子烃类气体不一定多。

2. 放电故障产生气体的特征

（1）放电产生的气体，由于放电能量不同而有所不同。如放电能量密度在 10^{-9}C 以下时，一般总烃不高，主要成分是氢气（H_2），其次是甲烷，氢气占氢烃总量的约 80%～90%；当放电能量密度为 10^{-8}～10^{-7}C 时，则氢气相应降低，而出现乙炔，但乙炔这时在总烃中所占的比例常不到2%，这是局部放电区别于其他放电现象的主要标志。

（2）电弧放电又称高能量放电。这种故障气体的特征是乙炔和氢占主要部分，其次是乙烯和甲烷，如果涉及固体绝缘，瓦斯气和油中气的一氧化碳（CO）含量都比较高。出现电弧放电故障后，气体继电器中的 H_2 和 C_2H_2 等组分常高达每升几千微升，变压器油也炭化而变黑。

（3）低能量放电一般是火花放电，是一种间歇的放电故障。其主要的气体成分也是乙炔和氢，其次是甲烷和乙烯，但由于故障能量较小，总烃一般不会太高。

（4）局部放电产气特征是氢组分最多（占氢烃总量的85%）以上，其次是甲烷。当放电能量高时，会产生少量乙炔。

3. 大量氢气

另外，在设备内部进水受潮时，则会产生大量的氢气。

4. 不同故障时产生的不同特征气体

综上所述，故障点产生气体的特征随故障类型、故障严重程度及其涉及的绝缘材料的不同而不同，从大量统计数据可以看出，变压器内部故障发生时产生的总烃中，各种气体的比例在不断变化，随着故障点温度的升高，CH_4 所占比例逐渐减少，而 C_2H_4 和 C_2H_6 所占比例逐渐增加，严重过热时将产生一定量的 C_2H_2。其特点是故障点局部能量密度越高产生的碳氢化合物的不饱和度越高，即故障点产生烃类气体的不饱和度与故障源的能量密度之间有密切关系。不同故障类型产生的特征气体，详见表ZY1500201007-2。

表 ZY1500201007-2　　不同故障类型产生的气体

故障类型	主要气体组分	次要气体组分
油过热	CH_4，C_2H_4	H_2，C_2H_6
油和纸过热	CH_4，C_2H_4，CO，CO_2	H_2，C_2H_6
油纸绝缘中局部放电	H_2，CH_4，CO	C_2H_2，C_2H_6，CO_2
油中火花放电	H_2，C_2H_2	

续表

故　障　类　型	主要气体组分	次要气体组分
油中电弧	H_2，C_2H_2	CH_4，C_2H_4，C_2H_6
油和纸中电弧	H_2，C_2H_2，CO，CO_2	CH_4，C_2H_4，C_2H_6

注　进水受潮或油中气泡可能使氢气含量升高。

【思考与练习】

1. 变压器常见故障类型有哪些？
2. 变压器内的产气故障的分类有哪些？
3. 产生放电故障的原因是什么？
4. 产生过热故障的原因是什么？
5. 过热故障的产气特征是什么？
6. 放电故障的产气特征是什么？

第二部分

电工常用材料

第二章 绝缘材料

模块1 绝缘材料的概述（ZY1400201001）

【模块描述】本模块介绍绝缘材料的概念、作用、分类、电气性能、耐热性能与老化、理化性能和绝缘材料的机械性能。通过定义讲解、要点归纳，掌握绝缘材料的基本特性。

【正文】

一、绝缘材料的概念、作用及分类

1. 绝缘材料的概念

绝缘材料又称电介质，它是电阻率很大（大于 $1\times10^{7}\Omega\cdot m$）、导电能力很差物质的总称。在直流电压作用下，只有极其微弱的电流通过，一般情况下可忽略绝缘材料微弱的导电性，而把它看成理想的绝缘体。

2. 绝缘材料的作用

绝缘材料是用来隔离带电体或不同电位的导体，以保证电气安全。

3. 绝缘材料的种类

绝缘材料种类繁多，一般按照材料的物理形态分为气体绝缘材料、液体绝缘材料和固体绝缘材料。

二、绝缘材料的电气性能

1. 绝缘材料的导电特性

绝缘材料并非绝对不导电，当对绝缘材料施加一定的直流电压后，绝缘材料中会流过极其微弱的电流。在固体绝缘材料中，它由以下三部分组成。

（1）瞬时充电电流。这时的绝缘材料相当于一个电容器，在开始施加直流电瞬间，电容器相当于短路，电流初始值较大，随时间增加而逐渐衰减为零。

（2）吸收电流。由电介质极化等原因产生，随时间增加而衰减为零。

（3）泄漏电流。由材料内部带电质点导电而产生，是一个流过电介质稳定不变的电流。

2. 绝缘材料的电阻率

泄漏电流由沿电介质表面流过的电流和由电介质内部流过的电流两部分组成，电阻率也相应分为表面电阻率和体积电阻率两部分。

表面电阻率反映电介质表面的导电能力，其值较小，易受环境影响。

体积电阻率反映电介质内部的导电能力，其值较大，通常所说电阻率是指体积电阻率。

影响绝缘材料电阻率的因素主要有温度、湿度、杂质和电场强度。

3. 电介质的极化与相对介电系数

（1）电介质的极化。电介质在无外电场作用时，不呈现电的极性，而在外电场作用下，电介质沿场强方向在两端出现了等量的不能自由移动的束缚电荷，我们把这种现象称之为电介质的极化。

（2）相对介电系数。设电容器极板间以真空为介质时的电容为 C_0，极板间填充某种电介质时，其电容为 C，则电容 C 与 C_0 的比值叫做电介质的相对介电系数ε_r，即$\varepsilon_r=C/C_0$。

影响绝缘材料相对介电系数ε_r的主要因素有频率、温度和湿度。

4. 电介质的介质损耗和介损因数

（1）介质损耗。在交流电压作用下，电介质把部分电能转变成热能，这部分能量叫电介质的介质损耗，简称介损。它主要由两部分组成：一部分是由泄漏电流引起的电阻损耗；另一部分是极化过程中，介质分子交变定向排列时相互碰撞而引起的极化损耗，介质损耗使介质发热，如介损过大，将产生高温，易削弱介质的绝缘性能，缩短使用寿命，甚至导致热击穿，所以要尽量降低绝缘材料的介损。

（2）介损因数。对电介质施加电压，流过电介质的电流和电压的相角差的余角δ称为介损角，其正切 tanδ称为介损因数。

在电气设备的绝缘预防性试验中，对某些设备中介质的 tanδ测试是主要的测试项目之一，介质的 tanδ越小，介损就越小，品质就越好。

（3）影响介损的主要因素。影响介损的主要因素有频率、温度、湿度、场强。

5. 电介质的击穿和击穿强度

当施加于电介质的电场强度高于临界值时，会使通过电介质的电流急剧增加，使电介质完全失去绝缘性能，这种现象称为电介质的击穿。电介质发生击穿时的电压称为击穿电压，电介质发生击穿时的电场强度称为击穿强度，单位为 kV/mm。

影响电介质击穿的因素很多，在工程上常用以下方法来提高固体介质的击穿强度：

（1）通过精选材料、改善工艺、真空干燥、强化浸渍等方法，清除固体介质中的杂质、气泡、水分，并使电介质尽量均匀密实。

（2）改进绝缘设计，采用合理的绝缘结构，改善电极形状及表面粗糙度，尽量使电场分布均匀。

（3）用液体电介质浸渍固体绝缘材料，这样既能改善电场分布，又可以改善散热条件。

（4）改善运行条件，注意防潮、防污、加强散热冷却等。

三、绝缘材料的耐热性能与老化问题

1. 绝缘材料的耐热性

绝缘材料的耐热性是指绝缘材料及其制品承受高温而不致损坏的能力。绝缘材料过热时，介质电导增加，绝缘强度降低，介损加大。因此，绝缘材料的耐热性对产品设计、制造及使用特性具有重要意义和影响。

绝缘材料的耐热性按其在长期正常工作条件下的最高允许工作温度（极限工作温度）可分为 Y、A、E、B、F、H、C 等级别，具体见表 ZY1400201001-1。

表 ZY1400201001-1　　绝缘材料的耐热等级及极限工作温度

极限工作温度（℃）	相应的耐热等级	极限工作温度（℃）	相应耐热等级
90	Y	155	F
105	A	180	H
120	E	180 以上	C
130	B		

2. 绝缘材料的老化

电气设备中的绝缘材料在运行过程中，由于各种因素的长期作用，会发生一系列不可逆的物理、化学变化，从而导致其电气性能和机械性能的下降，通称为老化。

影响绝缘材料老化的因素很多，主要有热、电、光照、氧化、机械作用、辐射、微生物等。绝缘材料的老化过程十分复杂，主要的老化形式有环境老化、热老化与电老化三种。

3. 绝缘材料的防老化措施

（1）在绝缘材料制作过程中加入防老化剂，一般常用的为酚类和胺类，其中酚类使用的更为普遍。

（2）户外使用的绝缘材料，可添加紫外线吸收剂，以吸收紫外线，或用隔层隔离，以避免强阳光直接照射。

（3）在湿热带使用的绝缘材料，可加入防霉剂。

（4）加强高压电气设备的防电晕、防局部放电措施。

导致老化的各个因素是互相联系、彼此影响的，在实际工作中要具体问题具体分析，分清主次，采取相应措施，以延缓绝缘材料的老化过程。

四、绝缘材料的机械性能

1. 硬度

硬度是指材料抵抗其他更硬物体压入其表面的能力。对于涂层和漆膜，让标准重锤从规定的高度落到材料的涂层或漆膜上，由重锤回弹的高度表示硬度的大小；对于柔韧和可塑材料（如沥青），以针入度的多少作为硬度指标。针入度是对标准针施加一定的压力，使它在规定时间内刺入材料，刺入深度称为针入度。

2. 抗拉、抗压、抗弯强度

抗拉、抗压、抗弯强度分别表示在静态下单位面积的固体绝缘材料，承受逐渐增大的拉力、压力、弯矩直到破坏时的最大负荷。

3. 延伸率

延伸率表示材料受力后，开始断裂时的最大伸长与原长之比的百分数，它是衡量材料塑性好坏的一个重要指标。

4. 抗劈强度

抗劈强度是指层压制品材料的层间黏合的牢固程度。抗劈强度高的材料，不易开裂、起层，可加工性好。

5. 抗冲击强度

抗冲击强度表示材料承受冲击载荷的能力。抗冲击强度大的材料称为韧性材料，抗冲击强度小的材料称为脆性材料。

五、绝缘材料的理化性能

1. 熔点、软化点

熔点是指材料由固体状态变为液体状态的温度值。有些材料没有显著的熔化温度，它们是由固体状态逐渐转变为液体状态的，因此无法测出它们的熔点，把它们开始变软的温度称为软化点。在选用绝缘材料时，一般要求其具有较高的熔点或软化点，以保证绝缘结构的强度和硬度。

2. 固体含量

固体含量表示树脂溶液、绝缘漆、涂料中的溶剂或稀释剂挥发后遗留下来的物质质量。固体含量还代表漆基的实际质量。

3. 灰分

灰分表示绝缘材料内部所含不燃物的数量。

4. 黏度

黏度是液体绝缘材料和各种绝缘漆、胶类材料的重要性质之一，它表示液体流动的难易程度，在绝缘漆、胶类材料中，黏度还用来表示其适用性及工艺特性。黏度的计量方法有许多，常采用以下几种：

（1）相对黏度。是指某种液体在相同温度下与水黏度的比值。

（2）条件黏度。是指在规定的条件下，测定某液体在标准容器内，流经规定孔眼所需要的时间来表示黏度的大小，单位 s。绝缘漆、胶类材料多用这种表示方法。

（3）绝对黏度。又叫动力黏度，由测量液体分子间的摩擦力来确定。

（4）运动黏度。是指液体的绝对黏度与其密度之比，单位 m^2/s。

5. 吸湿性

绝缘材料在潮湿的空气中或多或少都有吸湿现象，这是因为水分子尺寸和黏度都很小，对绝缘材料几乎是无孔不入，水分子能渗入各种绝缘材料的缝隙、毛细孔和针孔，溶解于各种绝缘油、绝缘漆中，所以吸湿现象是非常普遍的。

材料的吸湿性是指材料在温度 20℃和相对湿度为 97%～100%的空气中的吸湿程度。实际工作中以材料放在底部有水、相对湿度接近 100%，温度 20℃的严密封闭的容器中，24h 后所增加质量的百分数，作为吸湿性的指标。

6. 吸水性

吸水性表示材料在 20℃的水中浸没 24h 后，材料质量增加的百分数。

7. 耐油性

耐油性表示绝缘材料耐受变压器油和其他矿物油浸蚀的能力。

8. 流动性

流动性是表示材料在压模内加热、加压下，能够流动并充填模内空隙的能力，在压制外形复杂和壁高而薄的绝缘零部件时，应采用流动性好的材料。

9. 溶解度

溶解度表示在一定温度和压力下，物质在一定量的溶剂中所溶解的最大量。固体或液体溶质的溶解度，常以在0.1kg溶剂中所溶解的溶质克数表示。气体的溶解度，常以每毫升溶剂中所溶解的气体毫升数表示。

10. 化学稳定性

化学稳定性表示材料抵抗和它接触的物质（如氧、臭氧及酸、碱、盐溶液等）浸蚀的能力。也就是材料在这些介质中，其表面颜色、质量和原有特性不发生或只有轻微变化的性质。

11. 酸值

酸值是指单位质量或体积的酸或碱性溶液中所含有的酸或碱的量（质量或体积分数）。

【思考与练习】

1. 什么是绝缘材料？影响绝缘材料电阻率的主要因素有哪些？
2. 什么是相对介电系数？
3. 什么是电介质的介质损耗？影响介质损耗的主要因素有哪些？
4. 绝缘材料分哪几个耐热等级？极限温度各为多少？
5. 什么是绝缘材料的老化？影响绝缘材料老化的主要因素有哪些？

模块2 气体和液体绝缘材料（ZY1400201002）

【模块描述】本模块介绍常用气体绝缘材料和液体绝缘材料。通过定义讲解、要点归纳，掌握气体绝缘材料和液体绝缘材料的特性。

【正文】

一、气体绝缘材料

在通常情况下，常温、常压的干燥气体一般都具有良好的绝缘性能，空气就是最常见的气体绝缘材料，它存在于载流裸导体周围，起着绝缘的作用。在高压电器中工作的气体则要求具有的特点为：较高的电离强度和击穿强度，并且击穿后能迅速自动恢复绝缘性能；化学稳定性好、不燃、不爆、不老化，在放电过程中不易被分解；对电气设备中的金属和其他绝缘材料不腐蚀、无毒性，对人体无害或不需要复杂的防护措施；热稳定性好、热容量大、导热性好、流动性好等。

1. 空气

空气是一种混合气体，主要由氮气（占78.09%）、氧气（占20.95%）、氩气（占0.93%）、二氧化碳（占0.03%）和少量的尘埃、水蒸气等组成。在电力工业中，空气是一种最常用的气体绝缘材料。

空气具有良好的绝缘性能，击穿后绝缘性能可瞬时自动恢复，电气、物理性能稳定，空气的击穿电压相对来说较低，特别是在不均匀电场中，由于电极各部分电场强度不同，空气在电场强度最大处出现放电而击穿。另外，电极尖锐，电极距离较近，电压波形陡，空气温度高、湿度大等均可降低其击穿电压。增加气体压力可提高空气的击穿电压（如压缩空气断路器）；降低空气的压力其击穿电压也可大大提高，且介质恢复快，设备体积小，动作快，无燃烧与爆炸危险，适宜频繁操作（如真空断路器）。所以，真空绝缘在电气、电子工业中得到广泛应用。

2. SF_6气体

正常工作状态下，SF_6是一种无色无臭、不燃不爆的惰性气体。SF_6具有优良的绝缘性能和灭弧性能，SF_6具有较高的热稳定性和化学稳定性，其具体性能见SF_6气体性能模块。

二、液体绝缘材料（绝缘油）

1. 液体绝缘材料的分类及应用

液体绝缘材料主要有矿物绝缘油、合成绝缘油和植物绝缘油，其中矿物绝缘油使用最广泛。绝缘油主要用于以下电气设备：

（1）用于电力变压器，起绝缘和冷却的双重作用。

（2）用于少油断路器，起灭弧和冷却触头的作用。

（3）用于高压电缆，起填充、浸渍作用，以清除电缆内部的气体，提高绝缘能力。

（4）用于油浸纸电容器，用油浸润电容纸，填充绝缘间隙，提高绝缘强度和电容量。

2. 电气设备对液体电介质的要求

电气设备对液体电介质的要求是电气性能好、闪点高、凝固点低，在氧、高温、强电场作用下性能稳定，无毒、无腐蚀性。除变压器外，其他电气设备还要求其黏度小，且不随温度而明显变化；油断路器还要求其灭弧性能好，在电弧作用下分解出来的炭粒少；电容器还要求其相对介电系数较大。

3. 常用绝缘油

（1）矿物绝缘油。矿物绝缘油是从石油原油中经不同程度的精制提炼而得到的一种中性液体，呈金黄色，具有很好的化学稳定性和电气稳定性。按其用途分为断路器油、变压器油、电容器油和电缆油等。

1）断路器油。断路器油的主要作用是用作油断路器的灭弧介质和绝缘介质，具有电流断开时能有效地灭弧、化学性能稳定、在电弧作用下生成的炭粒少且沉降快，在保证闪点要求的情况下黏度小、凝点低等特点。

2）变压器油和超高压变压器油。变压器油和超高压变压器油是以石油为原料精制而成，变压器油有 10 号、25 号和 45 号三个牌号，适用于 300kV 及以下的变压器和有类似要求的设备。超高压变压器油有 25 号和 45 号两个牌号，适用于 500kV 变压器和有类似要求的电气设备。10 号油常用于平均气温低于–10℃的地区，25 号油用于寒区，45 号油用于寒区和严寒区。

3）电容器油。国产电容器油有 1 号和 2 号两个牌号，1 号电容器油为电力电容器油，适用于高、低压移相电容器、中频电容器、串联电容器和直流电容器；2 号电容器油为电信电容器油，用于电信工业用纸质电容器。

4）电缆油。国产矿物质电缆油分为高压充油电缆油和 35kV 电缆油。高压充油电缆油主要用于 330kV 以下自容式充油电缆。35kV 电缆油用作实芯电缆的浸渍剂，使用时混入松香。

（2）合成油。合成油是指用化学合成方法制成的一类绝缘油，常用的有十二烷基苯、硅油、聚异丁烯和三氯联苯等。

1）十二烷基苯。十二烷基苯具有很好的热稳定性和介电稳定性，介损因数很小，击穿强度较高，在强电场作用下，不但不放出气体，而且还能吸收气体。十二烷基苯来源广，价格低，毒性小，特别适用于自容式充油电缆。

2）硅油。硅油的耐热性好、闪点高、不易燃，长期工作温度可达 200℃，对酸、碱、盐的作用稳定，不腐蚀金属；黏度随温度的变化小；耐电弧、电晕，相对介电系数和介损因数稳定不变。此外，还具有挥发性小、凝固点低、导热性好、无毒性等特点，硅油可用于移相电容器、串联电容器和高温工作的电子设备等。

3）聚异丁烯。聚异丁烯的特点是高温下的电气性能好，相对介电系数随温度变化很小，介损因数很小，抗析气性好，主要用作电容器、钢管式充油电缆和压力电缆的浸渍介质。

4）三氯联苯。三氯联苯的特点是相对介电系数大，化学稳定性和抗析气性好，但它有毒，高温时对金属和许多有机材料腐蚀性较大，使用时应有严密的防毒措施，用于直流电场时需加稳定剂，三氯联苯可用于电容器。

（3）植物绝缘油。作为液体电介质使用的植物油主要是篦麻油，适用于作为直流和脉冲电容器的浸渍剂。

【思考与练习】

1. 液体绝缘材料有哪几类？

2. 绝缘油主要用于哪些电气设备？

3. 变压器油和超高压变压器油有哪些牌号？各适用于什么条件？

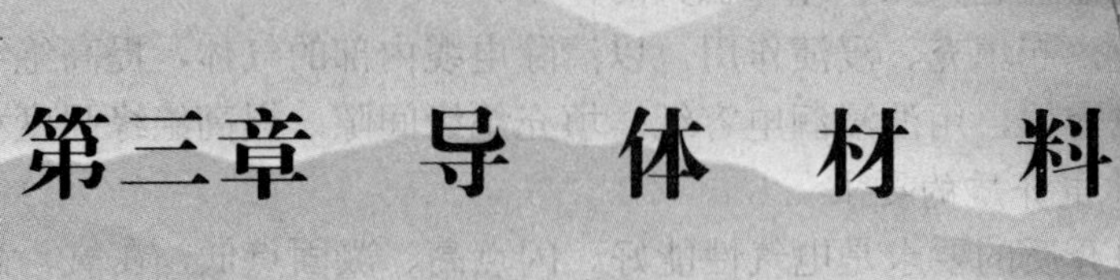

第三章 导 体 材 料

模块1 导体材料（ZY1400202002）

【模块描述】本模块介绍铜、铝、复合金属导体、电热材料、触头材料和熔体材料的基本性能及主要用途。通过概念描述、要点讲解、图表归纳，掌握铜、铝和复合金属导体特性，熟悉电热材料、触头材料和熔体材料的特性。

【正文】

金属材料在电力工业中应用广泛，主要用来制作导线、电刷、电阻材料、电热材料、触头材料、熔体材料和仪器仪表等。导电金属是指专门用于传导电流的金属材料。依据电气工程的实际需要，导电金属应具有电导率高、力学强度高、不易氧化和腐蚀、容易加工和焊接等特性。同时还价格便宜、资源丰富。最常用的导电金属是铜和铝，其他金属只用于特殊用途。本模块主要对电力工业中经常使用的导体材料进行介绍。

一、铜

在电力工业中铜是应用最广泛的导电材料，它具有很好的导电性和导热性，足够的力学强度，良好的耐蚀性，无低温脆性，便于焊接，易于加工成型特性。导电用铜一般选用含铜量（质量分数）大于99.90%的工业纯铜。

1. 导电用铜的品种、成分和主要用途

导电用铜材的主要品种有普通纯铜、无氧铜和无磁性高纯铜。

（1）一号铜。含铜量为99.95%，各种电线电缆用导体。

（2）二号铜。含铜量为99.9%，用于开关和一般导电零部件。

（3）一号无氧铜。含铜量为99.97%，用于电真空器件、电子管和电子仪器零件，以及真空断路器触头等。

（4）二号无氧铜。含铜量为99.95%，用于电真空器件、电子管和电子仪器零件，以及真空断路器触头等。

（5）无磁性高纯铜。含铜量为99.95%，作无磁性漆包线的导体，用于制造高精密电器仪表的动圈。

2. 影响铜性能的主要因素

（1）杂质。铜的导电性能与铜的纯度有关，熔于铜的杂质能不同程度地降低铜的导电性和导热性，可提高铜的强度和硬度，但对塑性影响不大。其中，磷对铜的导电性能影响最显著；几乎不熔于铜的杂质可使铜产生热脆性，如铅、锑、铋等。各种杂质对铜电导率的影响，如图ZY1400202002-1所示。

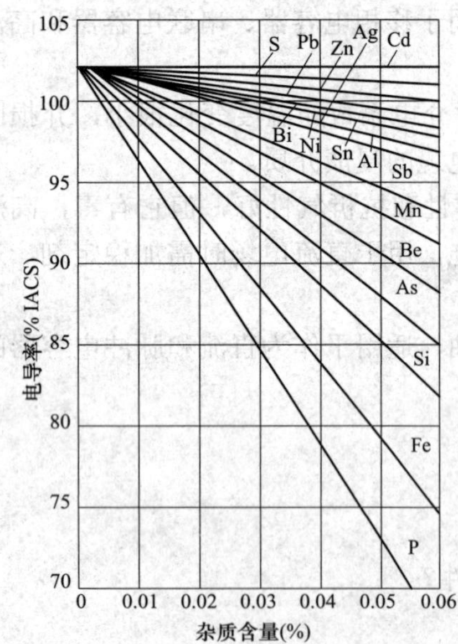

图ZY1400202002-1　杂质对铜导电率的影响

（2）冷变形。铜受冷变形后，会产生冷作硬化现象，冷变形度在90%以上时，抗拉强度可提高80%，电导率仅降低2.5%，被称之为硬铜，适用作输电线、整流子片和开关零件等。经450～600℃退火后的铜，称为软铜，适用作各种电线、电缆的线芯。

（3）温度。在熔点以下，铜的电阻率随温度升高而增加，

当温度降低时，其抗拉强度、延伸率等随之增高，铜无低温脆性，适用作低温导体。铜的长期工作温度不宜超过 110℃，短期工作温度不宜超过 300℃。

（4）耐蚀性。在室温干燥的空气中，铜几乎不氧化，100℃时表面生成黑色氧化铜膜，为防止氧化可在铜导体上镀一层锡、铬、镍等金属。在大气中铜的耐蚀性也很好，它与大气中的硫化物作用生成一层绿色的保护膜能降低腐蚀速度，但在含有大量二氧化硫、硫化氢、硝酸、氨和氯等气体的场合腐蚀较为强烈，其中氯的腐蚀尤为严重。

3. 铜合金

导电用铜合金不但具有良好的导电性能，而且某些铜合金，还具有独特的特性，可用于不同要求的场合，如接触导线、换向器、集电环、刀开关和导电嘴等。常用导电铜合金的品种及用途，见表 ZY1400202002-1。

表 ZY1400202002-1　　常用导电铜合金的品种及用途

品种	主 要 用 途
银铜	换向器片、点焊电极、电机绕组、通信线、引线、导线、高热应力下焊低碳钢用电极轮
镉铜	电阻焊电极、零件、架空导线、高强度绝缘线、通信线、滑接导线
镧铜	电机换向器、导线
锆铜	高速电机换向器、深井油井电缆芯、二极管引线、导线、开关零件
铬铜	电阻焊电极、电极支撑座、开关零件、凸焊的大型模具
镍硅铜	闪光焊焊块、电极握杆、轴、臂、滑环、衬套、导电弹簧、输电线路耐蚀紧固件
镍锡铜	继电器、电位器、微动开关、接插件、传感器敏感元件
镍磷铜	导电弹簧、接线柱、接线夹、高强度导电零件
铁铜	电真空器件结构材料、电器接触触桥

二、铝

铝是一种广泛推广使用的导电材料，铝的导电性仅次于铜，力学强度为铜的一半，密度为铜的 30%，导热性和耐蚀性好，易于加工，无低温脆性，资源丰富，价格便宜。

1. 导电用铝的品种、成分和主要用途

制造电线电缆等导电用铝，其铝的含量（质量分数）必须在 99.5%以上。特 1 号铝（含铝量≥99.7%）用于特殊要求用铝。特 2 号铝（含铝量≥99.6%）用于电线电缆、导电体，一号铝（含铝量≥99.5%）用于电线电缆、导电体。

2. 影响铝性能的主要因素

（1）杂质。铝的导电和机械性能与纯度有关，铁和硅是导电用铝的主要杂质，其含量和相对比例能显著影响铝的性能，如使铝的电导率、塑性和耐蚀性降低，抗拉强度增加等。

（2）冷变形。铝经冷变形后，也会产生冷作硬化现象，当冷变形度在 90%以上时，抗拉强度可提高到 176.5MPa，而电导率只降低约 1.5%IACS（百分比电导）。

（3）温度。温度对铝的影响与铜相似，在熔点以下，铝的电阻与温度呈近似线性关系。在低温时，抗拉强度、疲劳强度、硬度、弹性模量、延伸率和冲击值都能升高，无低温脆性，因此，铝适用作低温导体。但铝的热稳定性差，蠕变极限和抗拉强度受温度影响大。因此，长期使用时的工作温度要控制在 90℃以下，短时使用时的工作温度不宜超过 120℃。

（4）耐蚀性。铝在大气中有良好的耐蚀性，在室温下，铝的表面易生成一层极薄的氧化膜，能阻止继续氧化。但如大气中含有大量的二氧化硫、硫化氢、酸或碱等气体，在潮湿的条件下，铝表面易形成电解液，引起电化学腐蚀。此外，铝的纯度对耐蚀性的影响也较为显著，其中铜和铁的影响最大。

3. 铝合金

在铝中添加镁、硅、铁、铬、铜、锆等元素制成的导电铝合金，可在很少降低电导率的前提下，提高其耐热性和力学强度。常用于制造导线和电工产品的导电铸件及外壳、极板等，如耐热铝合金及高强度耐热铝合金导线，用于大容量和远距离的架空电力线路。常用导电铝合金的品种和用途，见表ZY1400202002-2。

表 ZY1400202002-2 常用导电铝合金的品种和用途

类别	名称	状态	主要特征及用途
热处理型	铝镁硅	硬	高强度，用于架空线
非热处理型	铝镁	硬	中强度，用于架空线和接触线；软线也可用于电线电缆的线芯
	铝镁铁 铝镁铁铜 铝镁硅铁	软	电线电缆线芯和电磁线
	铝锆	硬	耐热，用于架空线和汇流排
	铝硅	硬	加工特性好，可拉制成特细线，用于电子工业连接线
	铝稀土	硬	普铝中加入少量稀土，以满足电工铝性能要求

4. 铝和铝合金的焊接

铝及铝合金表面因形成氧化膜而不易焊接，常用的焊接方式有氩弧焊、气焊、冷压焊和钎焊等。铝和铜的焊接易形成脆性 $CuAl_2$ 化合物，其焊接可采用电容储能焊、冷压焊、摩擦压接焊和钎焊等。

三、复合金属导体

复合金属导体是两种或多种金属，采用热轧、冷轧、爆炸复合、粉末冶金、喷涂等工艺方法复合而成的具有耐热、耐蚀、高导电或高强度等特性的金属导体，有线、棒、带、板、片等各种型材。常用复合金属导体的品种和用途，见表 ZY1400202002-3。

表 ZY1400202002-3 常用复合金属导体的品种和用途

分类	品种	主 要 用 途
高强度	铝包钢线	输配电线、载波避雷线、通信线、大跨越架空导线
	钢铝接触线	接触线
	铜包钢线	高频通信线，大跨越及特殊地区架空导线
	镀锡铜包钢线	高频通信线，大跨越及特殊地区架空导线
	铜包钢排	小型电机整流子片、直流电机电刷弹簧、汇流排、拦条等
耐高温	铅覆铁	电子管阳极
	铝黄铜覆铜	高温大电流导体（如电炉配电用汇流排）
	镍包铜	400～650℃范围高温导线
	镍包银	400（10%镍层）～650℃（20%镍层）范围高温导线
	耐热合金包银	650～800℃范围高温导线
高导电	铜包铝线和排	高频通信线和屏蔽配电线、电视电缆、电磁线；整流子片导电排等
	银覆铝	航空导线、波导管
耐腐蚀	银包或镀银铜线	高温导线线芯及线圈、雷达电缆用编织导体
	镀银铜包钢线	射频电缆及高温导线线芯
	镀锡铜包钢线、镀锡铜线	橡皮绝缘电线电缆、仪器仪表连接线、编织线和软接线等
高弹性	铜覆铍铜	导电弹簧

四、电热材料

电热材料在电气设备中能将电能转变成热能，既可以是金属材料（纯金属或合金），也可以是非金属材料，广泛应用于各种工业加热电炉和家用电器中，其主要性能有：耐热性好，能承受冷热变化；在高温下抗氧化性好，强度高；电阻率高，电阻温度系数小且稳定；不与炉衬反应，耐腐蚀性能好，能在不同的环境中使用。

1. 电热合金

电热合金的性能是由其成分决定的，按成分电热合金可分为镍铬系合金、镍铬铁系合金、铁铬铝系合金和铜基合金等，其主要性能如下：

（1）镍铬系电热合金。主要牌号有Cr20Ni80和Cr30Ni70两种。它们无磁性，不生锈，高温强度优于其他系列，高温使用后，其常温力学性能不发生大变化，适用于移动加热设备。

（2）镍铬铁系电热合金。主要牌号有Cr15Ni60、Cr20Ni35和Cr20Ni30等。它们基本无磁性，加工性能良好，电阻率比镍铬系大，适用于1000℃以下的中低温加热设备和家用电器。

（3）铁铬铝系电热合金。主要牌号有1Cr13A14、0Cr13A16Mo2、0Cr21A16、0Cr25A15和0Cr27A17Mo2等。它们有磁性，易生锈，与镍铬系合金相比，电阻率和抗氧化性均较高，但加工性能稍差，高温强度低，且用后发脆，适用于加热温度高的固定加热设备。

（4）镍铁系电热合金。主要牌号有Ni45Fe和Ni55Fe两种。它们的电阻率属中等范畴，有弱磁性，电阻温度系数较大，具有功率自控作用，抗腐蚀性较差。漆覆绝缘层的镍铁系电热合金适用于电热编织物作低温发热元件或用于快热式设备中。

（5）铜基合金。多数为中低电阻合金，加工性能相当好。常用牌号有BZn15～20（锌白铜），主要用于电热毯及其他柔性电热器具。

2. 其他电热材料

电热材料除电热合金外，还有少数纯金属、非金属以及某些半导体材料。

（1）高熔点纯金属材料（如钨、钼）。它的工作温度比合金高，但需在一定的保护条件下应用，而且价格很高，主要适用于实验室及特殊要求的设备。

（2）非金属电热材料。主要是硅碳棒和硅钼棒，适用于电热合金不能达到的高温炉（1300℃以上）。

（3）半导体电热材料。它也称热敏垫子材料，常作为新型电热元件应用于家用电器中。

五、触头材料

触头材料是指电器开关、仪器仪表等的接触元件接触处所使用的材料。在各类开关、继电器中，有大量的应用。

1. 触头材料的基本要求

触头是电器中的重要元件，其性能的好坏对电器整体性能起着关键的作用。为此，对触头材料的基本要求如下：

（1）触头材料的电阻率要小，硬度适中，能承受较大的接触压力以减小接触电阻。

（2）触头材料的化学性质要稳定，表面不易生成化合物，耐电弧性能好，触头分合时由放电引起的磨损变形小。

（3）应尽量选用熔点高或升华性好的材料，以防止触头闭合时因高温而导致熔焊。

2. 常用触头材料的品种、性能及用途

（1）银基合金和银氧化物触头材料。

1）纯银触头材料。银具有良好的导电、导热性能及韧性，室温下不易氧化，但易硫化，抗熔焊能力差，硬度低，不耐磨等特性，广泛使用于小电流电器。

2）银基合金触头材料。在银中添加其他金属制成银基合金可改善其性能，如细晶银（AgNi）的力学强度与耐热性能都优于纯银，可在较高工作温度下取代银作为触头材料，银铜合金的力学强度、耐磨性、抗熔焊性都比纯银好，广泛用作继电器与开关触头、极化继电器的簧片、微电机的换相器和旋转开关的滑动触头等。

3）银氧化物触头材料。在银中添加少量的氧化镉、氧化铜等氧化物，可制成各种性能不同的银氧化物触头材料，如银氧化镉触头材料比纯银触头材料的灭弧性能好，抗熔焊性能和抗电磨损性能强，使用寿命是纯银的5倍。

（2）粉末冶金触头材料。

粉末冶金触头材料是采用粉末冶金工艺方法制作的触头材料。材料中含有两种或两种以上不相容的金属（并不合金化，只是一种机械混合物），其中各元素物质可根据要求比例组合，且分布均匀。粉末冶金触头材料综合了各纯组元的特性。根据不同的性能要求，可制造各种粉末冶金触头材料。

（3）其他触头材料。

1）真空断路器用触头材料。真空断路器触头是一种特殊性能的强电触头，应有足够高的耐电压强度、较小的截止电流和极低的含气量，抗熔焊性要特别好。主要品种有铜铋铈合金、铜铋银合金等，适用于10kV的真空断路器。

2）滑动触头材料。滑动触头为机械滑动接触，要求触头材料的耐磨性和滑动性好。常用的材料有贵金属合金等。

3）双金属触头材料。它是一种把贵金属触头材料和廉价金属材料结合成一体的复合触头材料，这种材料可十分方便地冲裁成各种触头元件。

六、熔体材料

熔体是熔断器的主要部件，当通过熔断器的电流大于规定值时，熔体熔断，自动断开电路，从而达到保护电力线路和电气设备的目的。

熔体的熔断时间不仅与电流的大小有关，还与熔体材料的特性有关。高熔点的熔体，熔断时间短，称为快速熔体，如银线熔体，快速熔体常用作短路保护；低熔点的熔体熔断时间长，称为慢速熔体，如铅锡合金熔体，慢速溶体一般用作电机的过载保护；将快速熔体与慢速熔体串联起来，组成复合熔体，如银、铜和锡所制成的熔体互相串联在一起，制成的复合熔体可用作延时熔断器的熔体，它兼有短路保护和过载保护的双重作用。

1. 常用熔体材料的品种、特性及用途

熔体材料基本上可分为纯金属熔体材料和合金熔体材料两大类。

（1）纯金属熔体材料。

1）银。具有电导率和热导率高、耐腐蚀、机械加工性和焊接性好等优点，可制成尺寸精确和外形复杂的熔体。从性能上讲，银是最好的熔体材料，但价格昂贵，多用作电力及通信系统中的高质量、高性能熔断器的熔体。

2）铜。具有力学强度高，熔化时间短，金属蒸气少，易于灭弧等优点，但熔断特性不稳定，高温下易氧化，主要用作要求不高的一般电力线路保护用熔断器的熔体。

3）铝。具有熔断特性稳定、不易氧化等特点，在某些场合可部分代替纯银作熔断器的熔体，是用得较多的一种熔体材料，适用作一般线路保护用熔断器的熔体。

4）铅、锌和锡。具有力学强度较低、热导率小、熔化时间长等特点，适用作保护小型电机等用的慢速熔体，也可焊在银或铜丝上做成复合熔体用于延时熔断器。

（2）合金熔体材料。

1）铅合金熔体材料。一般多制成低压熔丝，如铅锡合金丝等，广泛应用于照明及其他小容量、低压用电场合。

2）低熔点合金熔体材料。由铅、锡、铋、镉等组成的不同成分的低熔点合金，对周围温度变化反应敏感，常用作锅炉或电热设备过热保护的温度熔断器的熔体。

2. 熔体的选用

熔体选用是由电器的电压高低、负荷性质和负荷电流大小及熔断器类型等多种因素共同确定的，通常按电气工程的实际要求选择。选择的一般原则是：当通过熔体的电流等于或低于额定电流时，熔体将长期工作而不熔断；当电流超过电气设备正常值时，在规定时间内，熔丝应熔断；在电气设备正常短时过电流时，熔丝则不应熔断（如电机启动）。

常用的熔体选择实例如下：

（1）照明及电热设备线路上的熔体选择。装在线路上总熔丝的额定电流应等于电能表额定电流的0.9～1倍，且熔丝额定电流稍大于或等于所有用电器具的额定电流之和。装在支路上的熔丝额定电流应等于支线上所有电气设备额定电流之和。

（2）交流电机线路上的熔体选择。单台电机线路上熔丝的额定电流等于1.5～2.5倍该电机额定电流。多台电机线路上熔丝的额定电流，等于线路上最大一台电机额定电流的 1.5～2.5 倍，再加上其余电机额定电流之和。

（3）交流电焊机线路上的熔体选择。单台电焊机熔体额定电流按电焊机功率（kW）数估算：电源电压 220V 时，熔体额定电流等于电焊机功率（kW）数值的 6 倍；电源电压 380V 时，熔体额定电流等于电焊机功率（kW）数值的 4 倍。

【思考与练习】

1. 铜和铝的主要特性有哪些？影响其性能的主要因素是什么？
2. 电热材料的主要作用是什么？电热合金有哪几种？各适用于什么场合？
3. 对触头材料的基本要求是什么？
4. 常用的触头材料有哪些？各有何特点？
5. 常用的熔体材料有哪些品种？各有何特点？

第四章　磁 性 材 料

模块 1　磁性材料（ZY1400202003）

【模块描述】本模块介绍磁性材料的基本特性、分类、影响磁性能的外在因素、软磁材料、硬磁材料。通过概念描述、要点讲解，掌握软磁材料和硬磁材料的特性。

【正文】

一、磁性材料的基本特性和分类

磁性是物质的一种基本属性，在外磁场的作用下，各种物质都呈现不同的磁性。按其在外磁场中表现的不同磁性可分为顺磁物质、反磁物质和铁磁物质。顺磁物质的相对磁导率稍大于 1，如空气、铝、锡等；反磁物质的相对磁导率小于 1，如铜、银等；铁磁物质的相对磁导率远远大于 1，如铁、镍、钴等。铁磁物质为强磁物质，工程上用的磁性材料，均系指铁磁物质而言。磁性材料按矫顽力的大小分为软磁材料、硬磁材料和特殊性能的磁性材料三大类。

二、影响磁性能的外在因素

影响磁性能的外在因素很多，其中温度和频率是最主要的。

1. 温度

温度对磁性材料的磁性能影响特别显著，一般金属类磁性材料的磁导率和饱和磁感应强度随温度的升高而降低。当温度超过某一数值时，磁性材料将失去磁性，而成为顺磁物质。磁性材料失去磁性的这一临界温度，被称为居里温度（或居里点），如铁的居里点为 770℃，镍为 358℃等。居里温度的应用实例之一是家用电饭煲的温度控制。

2. 频率

频率的变化对磁性能也有一定影响，频率升高会使材料的导磁性能降低，铁芯损耗增加。此外，磁性材料的磁性能，不仅取决于其化学成分，还与机械加工的方法和热处理条件有关。在对金属磁性材料进行机械加工时会产生内应力，此力能使材料的磁导率下降、矫顽力加人和损耗增加，为消除应力、恢复磁性，必须进行退火处理。

三、软磁材料

（一）软磁材料的特点及分类

软磁材料是指磁滞回线很窄、矫顽力 $H_c \leqslant 10^3$A/m 的铁磁材料。它具有磁导率高、剩磁和矫顽力低、容易磁化和去磁、磁滞损耗小等磁特征，在工程上主要用来减小磁路磁阻和增大磁通量，适于制作传递、转换能量和电信号的磁性零部件或器件。

通常软磁材料分为金属软磁材料和铁氧体软磁材料两大类，其中金属软磁材料的品种主要包括电工用纯铁、电工用硅钢片、铁镍合金、铁铝合金和铁钴合金等；金属软磁材料与铁氧体软磁材料相比，具有饱和磁感应强度高、矫顽力低、电阻率低等特点。

（二）在不同条件下对软磁材料的性能要求

1. 强磁场条件下的性能要求

在强磁场下使用的软磁材料应具有低的铁损和高的磁感应强度，在一定的频率和磁感应强度下，低铁损可降低设备的总损耗，提高设备的效率。在一定的磁场强度下，高的磁感应强度可缩小铁芯的体积，降低设备质量，或者节约导线，减少导体电阻引起的损耗，如用作发电机、变压器、电动机等各种电气设备的铁芯材料。

2. 弱磁场条件下的性能要求

在弱磁场下使用的软磁材料应具有高的磁导率和低的矫顽力等磁性能。高的磁导率，可在绕组匝数一定时，通以较小的激磁电流产生较高的磁感应强度。材料的矫顽力低，磁滞回线的面积小，铁损就小。因此，利用高磁导率、低矫顽力的材料制成的铁芯有助于缩小产品的体积，如用作高灵敏度继电器、电工仪表、零序电流互感器、小功率变压器等各种电器中电磁元件铁芯材料。

3. 高频条件下的性能要求

在高频条件下使用的软磁材料，除要求具有磁导率高和矫顽力低之外，还应具有高的电阻率，以降低涡流损耗。如用作电视机的中周变压器、短波天线棒、调谐电感电抗器以及磁饱和放大器等的磁芯材料。

4. 特殊条件下的性能要求

在某些特殊条件下使用的软磁材料，应满足其不同的特殊要求。如恒导磁软磁材料要求在一定的磁感应强度范围内，材料的磁导率基本保持不变，可用作恒电感和脉冲变压器的铁芯材料；矩磁材料要求在很小的外磁场作用下，就能被磁化，并达到饱和，当撤销外磁后，磁性仍然与饱和一样，可用作制造计算机存贮元件中的环形磁芯材料。

（三）常用软磁材料简介

1. 电工用纯铁

电工用纯铁是一种纯度在98%以上、含碳量不大于0.04%、具有优良磁性能的软铁。它具有饱和磁感应强度高、磁导率高和矫顽力低等优良的软磁特性，是可在恒定磁场中工作的优质软磁材料。但因其电阻率很低，在交变磁场中的涡流损耗很大，故不适用于交流场合。

电工用纯铁可分为原料纯铁、电子管纯铁和电磁纯铁三种，其中在电气工业中应用最广的是电磁纯铁。电磁纯铁的磁化特性优良，具有饱和磁感应强度高、磁导率高、矫顽力低、居里温度高、冷加工性好等特点。但电阻率太低，在交流磁场中，铁损太大，因此只适宜作直流磁路的材料，主要用作电磁铁、直流电动机和小型异步电动机的导磁材料，继电器铁芯和直流磁屏蔽材料等。

2. 电工用硅钢片

电工用硅钢片是一种含硅量为0.5%～4.8%的铁硅合金板材和带材，它与电工用纯铁相比，磁导率明显升高，电阻率增大，磁滞损耗减小，磁老化现象也得到显著改善。但其饱和磁感应强度和导热系数降低，硬度升高，脆性增大。适用作工频交流电磁器件，如电机、变压器、互感器、继电器等的铁芯，是电工产品中应用最广、用量最大的磁性材料。

电工用硅钢片按其制造工艺的不同可分为热轧和冷轧两种，按晶粒取向分为取向硅钢片和无取向硅钢片两大类。

（1）热轧硅钢片。热轧硅钢片是一种磁性能在板材平面上呈各向同性的硅钢片，有以下两种：

1）低硅钢片。硅的含量为1%～2%，具有饱和磁感应强度高、力学性能好等特点。厚度一般为0.5mm，主要用于发电机和电动机的转动部件，又称热轧电机硅钢片。

2）高硅钢片。硅的含量为3%～5%，具有损耗低、磁导率高等特点。厚度多为0.35mm，主要用于变压器铁芯材料，又称为变压器硅钢片。

（2）冷轧硅钢片。冷轧硅钢片有无取向硅钢片和取向硅钢片两种。

1）冷轧无取向硅钢片。硅的含量为0.5%～3.0%，经冷轧达到成品厚度，然后通过冷轧与热处理的相互配合，破坏其晶粒取向，使材料基本上各向同性。由于含硅量低于取向硅钢片，其饱和磁感应强度更高，材料厚度有0.35mm和0.5mm两种，主要用于电机铁芯，又称为冷轧电机硅钢片。

2）冷轧取向硅钢片。含硅量为2.5%～3.5%，具有磁导率高、磁感应强度高、铁损低且磁性具有方向性等特点。主要用作电力变压器和大型变流发电机的铁芯。

硅钢片的分类及用途，见表ZY1400202003-1。

表 ZY1400202003-1　　　　　　　　　　　硅钢片的分类和用途

<table>
<tr><th colspan="3">分　类</th><th>牌　号</th><th>厚度（mm）</th><th>应 用 范 围</th></tr>
<tr><td rowspan="11">热轧硅钢片</td><td rowspan="7" colspan="2">热轧电机钢片</td><td>DR1200–100，DR740–50</td><td rowspan="2">1.0
0.50</td><td rowspan="2">中小型发电机和电动机</td></tr>
<tr><td>DR1100–100，DR650–50</td></tr>
<tr><td>DR610–50，DR530–50</td><td rowspan="2">0.5</td><td rowspan="2">要求损耗小的发电机和电动机</td></tr>
<tr><td>DR510–50，DR490–50</td></tr>
<tr><td>DR440–50，DR400–50</td><td>0.5</td><td>中小型发电机和电动机</td></tr>
<tr><td>DR360–50，DR315–50</td><td rowspan="2">0.5</td><td rowspan="2">控制微电机、大型汽轮发电机</td></tr>
<tr><td>DR290–50，DR265–50</td></tr>
<tr><td rowspan="4" colspan="2">热轧变压器钢片</td><td>DR360–35，DR320–35</td><td>0.35</td><td>电焊变压器、扼流圈</td></tr>
<tr><td>DR360–50，DR320–35</td><td rowspan="3">0.35
0.50</td><td rowspan="3">电抗器和电感线圈</td></tr>
<tr><td>DR315–50，DR290–35</td></tr>
<tr><td>DR280–35，DR250–35</td></tr>
<tr><td rowspan="11">冷扎
硅钢片</td><td rowspan="5">无取向</td><td rowspan="2">电机用</td><td>DW530–50，DW470–50</td><td>0.50</td><td>大型直流电机、大中小型交流电机</td></tr>
<tr><td>DW360–50，DW330–50</td><td>0.50</td><td>大型交流电机</td></tr>
<tr><td rowspan="3">变压器用</td><td>DW530–50，DW470–50</td><td>0.50</td><td>电焊变压器、扼流圈</td></tr>
<tr><td>DW360–50，DW330–50</td><td rowspan="2">0.35
0.50</td><td rowspan="2">电力变压器、电抗器</td></tr>
<tr><td>DW310–35，DW270–35</td></tr>
<tr><td rowspan="6">单取向</td><td rowspan="4">电机用</td><td>DQ350–50，DQ320–50</td><td rowspan="4">0.35
0.50</td><td rowspan="4">大型发电机</td></tr>
<tr><td>DQ290–50，DQ260–50</td></tr>
<tr><td>DQ230–35，DQ200–35</td></tr>
<tr><td>DQ170–35，DQ151–35</td></tr>
<tr><td rowspan="4">变压器用</td><td>DQ230–35，DQ200–35</td><td rowspan="2">0.35</td><td rowspan="2">电力变压器、高频变压器</td></tr>
<tr><td>DQ170–35，DQ151–35</td></tr>
<tr><td></td><td></td><td>DQ290–35，DQ260–35</td><td rowspan="2">0.35</td><td rowspan="2">电抗器、互感器</td></tr>
<tr><td></td><td></td><td>DQ230–35，DQ200–35</td></tr>
</table>

3. 铁镍合金

铁镍合金通常称为坡莫合金，一般指含镍量为 30%～90%的二元或多元铁镍合金。它具有起始磁导率和最大磁导率都非常高、矫顽力小、低磁场下磁滞损耗相当低、电阻率比硅钢高等特点，其磁性能可以通过改变其组成成分及热处理工艺等进行调整，易加工成薄带、细丝或薄膜。可用作在弱磁场下要求具有很高磁导率的铁芯材料和磁屏蔽材料，也可用作要求低剩磁和恒磁导率的脉冲变压器材料，还可用作各种矩磁合金、热磁合金以及磁致伸缩合金等。

（1）铁镍二元坡莫合金。铁镍合金的磁性能与含镍量有关，按含镍量的多少分为以下三种。

1）含镍量为 36%左右的铁镍合金软磁材料。具有饱和磁感应强度和磁导率低、电阻率很高、膨胀系数极低等特点，且价格较低，适用于继电器、高频变压器和电感器等。

2）含镍量为 50%左右的铁镍合金软磁材料。具有饱和磁感应强度很大、磁导率高、耐腐蚀性好等特点，并且在直流磁场极化的很大范围内磁导率增量高，适用于扼流圈、继电器和小型电机等。

3）含镍量为 80%左右的铁镍合金软磁材料。具有磁导率极高、矫顽力小、饱和磁感应强度低等特点，主要适用于小型化和轻量化的场合，如弱磁场下使用的高灵敏度小型继电器、小功率变压器、扼流圈等。

（2）多元坡莫合金。具有电阻率特别高、饱和磁感应强度低等特点，主要用于灵敏继电器、脉冲和宽频带变压器等。

4. 铁铝合金

铁铝合金是一种含铝量约为6%～16%的铁合金，具有较高的起始磁导率和很高的电阻率，硬度高、耐磨性好、矫顽力较低、磁滞损耗比硅钢片低，性能接近低镍含量的铁镍合金，价格低、抗振动、抗冲击等特点，在某些场合可以替代铁镍合金。但加工性能较差，当含铝量超过10%时，合金变脆，塑性降低。主要用来制作在弱磁场中工作的音频变压器、脉冲变压器、灵敏继电器、磁放大器和电机的磁屏蔽等。

软磁材料一般是在交变磁场下使用，选择时应考虑的主要因素有工作磁通密度、磁导率、损耗及价格等。在强磁场下，最常用的软磁材料是硅钢片，在低频弱磁场下，常选用铁镍合金、铁铝合金及冷轧单取向硅钢薄带，在高频下一般选用铁氧体软磁材料。

四、硬磁材料

（一）硬磁材料的特点及分类

硬磁材料又称永磁材料，是一种磁滞回线很宽、矫顽力 $H_c > 1\times10^4$A/m 的铁磁材料，特点是必须用较强的外磁场才能使其磁化，经强磁场饱和磁化后，具有较高的剩磁和矫顽力，即使将外磁场去掉，在较长时间内仍能保持强而稳定的磁性。永磁体均在开路状态下使用，作为磁场源和动作源，能在一定的空间内形成一定强度的磁场。常制成永久磁铁，广泛用于磁电系测量仪表、扬声器、永磁发电机及通信装置中。

硬磁材料按制造工艺和应用特点，可分为铸造铝镍钴系永磁材料、粉末烧结铝镍钴系永磁材料、铁氧体永磁材料、稀土钴永磁材料和塑性变形永磁材料等。

（二）常用硬磁材料简介

1. 铝镍钴合金

铝镍钴合金是一种由A1、Ni、Co和Fe组成的金属硬磁材料，优点是组织结构稳定，剩磁较大，磁感应温度系数小，居里点高，其矫顽力和最大磁能积值在永磁材料中居中等水平。但材质脆硬，不易加工成形状复杂、尺寸精确的磁体。铝镍钴合金是电机、电器、仪器、仪表等工业中应用较多的永磁材料。按制造工艺可分为铸造铝镍钴合金和粉末烧结铝镍钴合金两类。

（1）铸造铝镍钴合金。由铸造法制备而成，其生产工艺简单，产品性能好，目前绝大部分铝镍钴合金均属铸造铝镍钴合金。按合金成分的不同，分为铝镍型、铝镍钴型和铝镍钴钛型三类。按结构形态的不同又分为各向同性、各向异性和定向结晶各向异性合金三种。

（2）粉末烧结铝镍钴合金。采用粉末冶金工艺方法制造铝镍钴合金，可制成体积小、几何形状复杂的永磁体。它的优点是尺寸精确、表面光洁较好，加工量小且磁性均匀，力学强度高，主要用于制作小型仪表或精密电器中复杂形状的永磁体。

2. 铁氧体硬磁材料

它是铁与二价重金属钡或锶的氧化物的混合物，属非金属硬磁材料，它与铝镍钴合金相比，具有矫顽力高、磁性和化学稳定性好、剩磁感应强度小、温度系数大、时效变化小、电阻率高、密度小、不含镍和钴元素、制造简单、原料丰富、价格便宜等特点，常用于微电机、微波器件、磁疗片和拾音器、扬声器、电话机等电信器件。

3. 稀土钴硬磁材料

稀土钴硬磁材料是钴与稀土元素的金属间化合物。在现有产品中该类材料的磁性能较高，常见的材料主要有钐钴、镨钴、镨钐钴和铈钴铜等，其特点是剩磁与铝镍钴合金相当，矫顽力是铁氧体的3～4倍，不易受外磁场的影响，主要用于微电机、传感器和磁性轴承等。

4. 塑性变形硬磁材料

塑性变形硬磁材料主要有永磁钢、铁钴钼型、铁钴钒型、铂钴、铜镍铁和铁铬钴型等合金，是一种金属硬磁材料。该材料经过适当的热处理之后，具有良好的塑性，易于进行机械加工，可加工成棒、带或薄板材、线材，适用于对磁性和机械性能有特殊要求及特殊形状的永磁体。

【思考与练习】

1. 影响磁性能最主要的外在因素有哪些？各有什么影响？
2. 在不同使用条件下对软磁材料的性能有哪些要求？
3. 硬磁材料有什么特点？常用硬磁材料分哪几大类？
4. 举出软磁材料和硬磁材料在电气设备中应用的例子各两个。

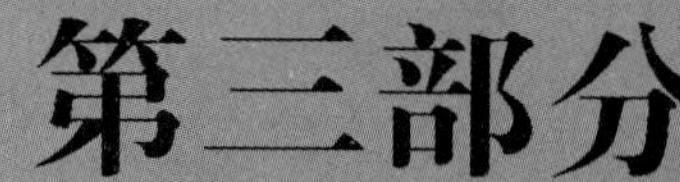

第三部分

规程规范及标准

第五章　电力安全生产规程规范

模块 1　国家电网公司电力安全工作规程（ZY1800101001）

【模块描述】本模块介绍保证电力安全生产的各种规定、要求、方法和措施。通过对国家电网公司电力安全工作规程的学习，掌握电力安全生产的各种规定、要求、方法和措施。

【正文】

对每一位电力工作者来说，工作的第一件事情就是学习《国家电网公司电力安全工作规程（变电部分）、（线路部分）》（以下简称《安规》），第一次考试就是《安规》考试。《安规》主要是规范电力职工的工作行为，以保证电网、设备和人身安全。

《国家电网公司电力安全工作规程》文号为国家电网安监［2009］664 号，是企业标准。

为了便于电气试验人员学习、了解和运用本规程，以下主要对《国家电网公司电力安全工作规程（变电部分）》分章节进行整理归纳，但不作规程条文解释，具体内容参见《国家电网公司电力安全工作规程（变电部分、电力线路部分）》原文。

一、总则

本章主要介绍了制定本规程的原则和本规程制定的依据，明确了作业现场、作业人员的基本条件、教育和培训要求、违反《安规》时应采取的措施、试验和推广新技术、新工艺、新设备、新材料的要求、电气设备的高压和低压的定义以及本规程的适用范围等。

二、高压设备工作的基本条件

本章从一般安全要求、高压设备的巡视、倒闸操作、高压设备上工作等四个方面详细规定了在高压设备上工作的基本条件。

三、保证安全的组织措施

本章首先介绍了电气设备上安全工作的组织措施应包含的条款，然后分别阐述了工作票制度、工作许可制度、工作监护制度、工作间断、转移和终结制度等各个条款具体操作范围和要求。

四、保证安全的技术措施

本章就保证安全的技术措施［停电、验电、接地、悬挂标示牌和装设遮栏（围栏）］做了明确的规定和要求。

五、线路作业时变电站和发电厂的安全措施

本章规定了线路作业时停、送电的具体要求。

六、带电作业

本章主要规定了带电作业的范围、条件和一般安全技术措施，并就等电位作业、带电断、接引线、带电短接设备、带电水冲洗、带电清扫机械作业、感应电压防护、高架绝缘斗臂车作业、保护间隙、带电检测绝缘子、低压带电作业、带电作业工具的保管、使用和试验等十一个方面进行了详细的规定和要求。

七、发电机、同期调相机和高压电动机的检修、维护工作

本章主要对在发电机、同期调相机和高压电动机所进行的检修、维护工作中工作票的办理、所采取的措施等进行了规定。

八、在六氟化硫（SF_6）电气设备上的工作

本章对装有 SF_6 电气设备的场所防止对人员伤害必须采取的措施、工作人员在 SF_6 电气设备上工作应注意的事项进行了规定。

九、在停电的低压配电装置和低压导线上的工作

本章对在停电的低压配电装置的低压导线上的工作应填用的工作票、安全措施和注意事项进行了规定。

十、二次系统上的工作

本章对在继电保护、安全自动装置、仪表、通信系统以及自动化等二次系统上工作，根据现场工作的不同情况应采用第一、二种工作票以及二次工作安全措施票办理进行了规定，并对遇到异常情况的处理、工作前的准备、带电互感器二次回路工作应采取的措施、工作结束进行了规定。

十一、电气试验

本章对高压试验应采用的工作票、试验负责人要求、试验现场措施的布置以及试验过程中、变更试验接线、试验结束后的基本要求进行了规定，并分别就使用携带型仪器测量工作、使用钳形电流表的测量工作以及使用绝缘电阻表测量绝缘的工作应填用的工作票、安全措施和注意事项进行了规定。

十二、电力电缆工作

本章对电力电缆工作应填用的第一种和第二种工作票范围、电力电缆资料等的基本要求进行了规定，并对电力电缆进行施工、运行巡视、试验等作业时的安全措施进行了详细规定。

十三、一般安全措施

本章主要对进入生产现场人员的安全措施，工作场所照明和事故照明要求，在户外变电站和高压室使用和搬动梯子、管子要求及所采取的措施进行了规定，并对电气设备着火处理原则、各类工具使用以及焊接、切割工作要求和动火工作票的办理、管理级别划定及职责进行了规定。

十四、起重与运输

本章主要对起重与运输设备使用时的一般安全注意事项，各式起重机、起重工器具、人工搬运的基本要求及所应采取的措施进行了规定。

十五、高处作业

本章主要对高处作业的定义、作业安全带系挂原则及注意事项进行了要求，并对使用梯子和在阀厅的工作要求及所采取的措施进行了规定。

十六、附录

本章通过给出附录 A～附录 Q，具体是变电站（发电厂）倒闸操作票格式、变电站（发电厂）第一种工作票格式、电力电缆第一种工作票格式、变电站（发电厂）第二种工作票格式、电力电缆第二种工作票格式、变电站（发电厂）带电作业工作票格式、变电站（发电厂）事故应急抢修单格式、二次工作安全措施票格式、标示牌式样、绝缘安全工器具试验项目、周期和要求、带电作业高架绝缘斗臂车电气试验标准表、登高工器具试验标准表、常用起重设备检查和试验的周期及要求、变电站一级动火工作票格式、变电站二级动火工作票格式、动火管理级别的划定、紧急救护法等《安规》涉及内容的执行格式进行了规范和统一。

【思考与练习】

1.《国家电网公司电力安全工作规程》中规定的作业现场的基本条件有哪些？

2. 发现有违反《安规》的情况，应该怎么办？

3. 对作业人员的《安规》考试应多长时间进行一次？

4. 运用中的电气设备指的是什么？

模块 2 国家电网公司重特大生产安全事故预防与应急处理暂行规定（ZY1800101002）

【模块描述】本模块介绍国家电网公司重特大生产安全事故预防与应急处理的暂行规定。通过对重点内容及提纲的概述，掌握预防重特大生产安全事故与应急处理的措施。

【正文】

为了防止和减少重特大生产安全事故及对社会有严重影响事故的发生，建立紧急情况下快速、有效的事故抢险、救援和应急处理机制，保证国家经济建设、社会稳定和人民生命财产安全，国家电网公司组织制定了《国家电网公司重特大生产安全事故预防与应急处理暂行规定》，国家电网公司总经理工作部于 2003 年 9 月 26 日印发，该规定在国家电网公司系统内执行。《国家电网公司重特大生产安全事故预防与应急处理暂行规定》文号为国家电网生［2003］389 号，是企业标准。

为了便于学习、了解和运用本规定，以下分章节对该规定进行整理归纳，但不作一一解释，具体内容参见《国家电网公司重特大生产安全事故预防与应急处理暂行规定》原文。

一、总则

本章主要介绍了为什么制定本规定和规定制定的依据。

二、组织保障

本章要求国家电网公司系统建立自上而下的生产安全事故应急处理组织机构和各级应急处理指挥部的主要职责。同时建立自上而下的安全生产保证体系，成立专门的领导组织机构，研究领导国家电网公司系统抢险、救灾、处置突发性事件工作。

本章指出各级电网调度机构是电网事故处理的指挥中心，国家电网公司、各网省公司、各级电网调度机构、输变电、供电、发电企业结合生产管辖范围和电网调度管辖范围，分层次组织制订生产安全事故应急救援与处理预案，建立应急救援与处理体系。同时指出，公司系统在制订事故应急救援与处理预案时，应将并网发电厂及用户作为电网的重要组成部分统一考虑。

本章最后提出发生重特大生产安全事故时的应急处理，尽最大努力减小事故造成的损失。

三、技术保障

本章从技术保障层面作出如下规定：

国家电网公司系统在制订事故应急救援与处理预案时，应覆盖事故发生、发展、处理的全过程。结合事故类型和事故规律，制订并落实防止重特大事故发生的预防性措施、限制事故影响范围及防止事故扩大的紧急控制措施，以及减少事故损失并尽快恢复正常秩序的恢复控制措施。

为了防止电网大面积停电事故，省级及以上电网调度机构，有针对性地组织联合反事故演习，并要求并网发电厂参加，并网发电厂要积极配合电网落实事故处理预案。

为了防止电网大面积停电事故，电网运行管理部门和电网调度机构要根据有关要求，制定相关方案，落实必要的技术措施。电网运行管理部门和电网调度机构组织开展电网恢复控制研究，统筹考虑系统恢复方案和恢复策略，组织编制适合本网实际的电网黑启动预案，并印发相关单位予以落实。

规定了防止地震、台风、洪水、暴风雪等自然灾害造成电力设施大面积受损和电网大面积瘫痪的相关措施。

为了防止重要变电站、发电厂全停事故，要求国家电网公司系统各单位提出相应反事故措施，制订预防事故处理预案，并印发相关单位。

为了保证重要用户的安全可靠供电，国家电网公司系统各单位要制订并落实各类重要用户的保电措施。

为了防止重大人员伤亡事故，对存有或使用化学有毒物质、易燃易爆物品、锅炉压力容器以及进行重大施工作业等重大危险环境，制订事故预防和应急处理预案。

为了防止水电厂大坝垮塌，有关单位要认真做好电力防汛和大坝安全工作。

四、事故调查

本章对发生重特大生产安全事故后的事故调查处理作出了相应规定。

五、其他

本章规定发生严重自然灾害及公司系统外特大安全事故时，公司系统各单位要坚决服从地方政府的统一调度和指挥。

【思考与练习】

1. 电网事故处理的指挥中心是公司的什么部门？
2. 发生重特大生产安全事故后的事故调查处理是如何规定的？

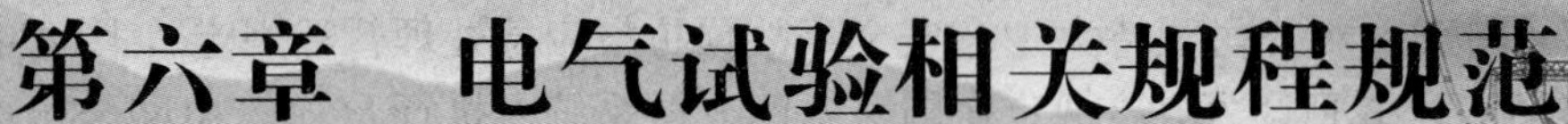

第六章　电气试验相关规程规范

模块 1　电气装置安装工程电气设备交接试验标准（ZY1800102001）

【模块描述】本模块介绍电气装置安装工程电气设备交接试验标准。通过对重点内容及提纲的概述，掌握电气设备交接试验的项目、标准和要求。

【正文】

《电气装置安装工程　电气设备交接试验标准》（GB 50150—2006）共分 27 章和 7 个附录，主要内容包括：总则；术语；同步发电机及调相机；直流电动机；中频发电机；交流电动机；电力变压器；电抗器及消弧线圈；互感器；油断路器；空气及磁吹断路器；真空断路器；SF_6 断路器；SF_6 断路器封闭式组合电器；隔离开关、负荷开关及高压熔断器；套管；悬式绝缘子和支柱绝缘子；电力电缆线路；电容器；绝缘油和 SF_6 气体；避雷器；电除尘器；二次回路；1kV 及以下电压等级配电装置和馈电线路；1kV 以上架空电力线路；接地装置；低压电器。

为了帮助大家学习、运用本标准，现对本标准作一简单概括和总结，不作标准解释，标准的具体内容可直接参见《电气装置安装工程　电气设备交接试验标准》（GB 50150—2006）。

一、总则

本章介绍了《电气装置安装工程　电气设备交接试验标准》的使用范围、常规试验要求、进口设备的交接试验要求等。

《电气装置安装工程　电气设备交接试验标准》适用于 500kV 及以下电压等级新安装的、按照国家相关出厂试验标准试验合格的电气设备交接试验，但不适用于安装在煤矿井下或其他有爆炸危险场所的电气设备。对于继电保护、自动、远动、通信、测量、整流装置以及电气设备的机械部分等的交接试验，应分别按有关标准或规范的规定进行。

二、术语

本章介绍了《电气装置安装工程　电气设备交接试验标准》（GB 50150—2006）中的相关术语。

三、同步发电机及调相机

本章介绍了同步发电机及调相机交接试验项目、试验标准。

四、直流电动机

本章介绍了直流电动机交接试验项目、试验标准。

五、中频发电机

本章介绍了中频发电机交接试验项目、试验标准。

六、交流电动机

本章介绍了交流电动机交接试验项目、试验标准。

七、电力变压器

本章介绍了电力变压器交接试验项目、试验标准。

八、电抗器及消弧线圈

本章介绍了电抗器及消弧线圈交接试验项目、试验标准。

九、互感器

本章介绍了互感器交接试验项目、试验标准。

十、油断路器

本章介绍了油断路器交接试验项目、试验标准。

十一、空气及磁吹断路器

本章介绍了空气及磁吹断路器交接试验项目、试验标准。

十二、真空断路器

本章介绍了真空断路器交接试验项目、试验标准。

十三、SF_6 断路器

本章介绍了 SF_6 断路器交接试验项目、试验标准。

十四、SF_6 断路器封闭式组合电器

本章介绍了 SF_6 断路器封闭式组合电器交接试验项目、试验标准。

十五、隔离开关、负荷开关及高压熔断器

本章介绍了隔离开关、负荷开关及高压熔断器交接试验项目、试验标准。

十六、套管

本章介绍了套管交接试验项目、试验标准。

十七、悬式绝缘子和支柱绝缘子

本章介绍了悬式绝缘子和支柱绝缘子交接试验项目、试验标准。

十八、电力电缆线路

本章介绍了电力电缆线路交接试验项目、试验标准。

十九、电容器

本章介绍了电容器交接试验项目、试验标准。

二十、绝缘油和 SF_6 气体

本章介绍了绝缘油和 SF_6 气体交接试验项目、试验标准。

二十一、避雷器

本章介绍了避雷器交接试验项目、试验标准。

二十二、电除尘器

本章介绍了电除尘器交接试验项目、试验标准。

二十三、二次回路

本章介绍了二次回路交接试验项目、试验标准。

二十四、1kV 及以下电压等级配电装置和馈电线路

本章介绍了 1kV 及以下电压等级配电装置和馈电线路交接试验项目、试验标准。

二十五、1kV 以上架空电力线路

本章介绍了 1kV 以上架空电力线路交接试验项目、试验标准。

二十六、接地装置

本章介绍了接地装置交接试验项目、试验标准。

二十七、低压电器

本章介绍了低压电器交接试验项目、试验标准。

【思考与练习】

1. 当电气设备进行交接试验时，若电气设备的额定电压与实际使用的额定工作电压不同，应如何确定试验电压的标准？

2. 多绕组设备进行绝缘试验时，非被试绕组应如何处理？

3. 在测量绝缘电阻时，采用绝缘电阻表的电压等级，在《电气装置安装工程 电气设备交接试验标准》未作出特殊规定时，应如何选择？

4. 对进口设备进行交接试验时，应按什么标准执行？

模块 2　电力设备预防性试验规程（ZY1800102002）

【模块描述】本模块介绍电力设备预防性试验规程。通过对重点内容及提纲的概述，掌握电力设备预防性试验的项目、标准和要求。

【正文】

预防性试验是电力设备运行和维护工作中的一个重要环节，是保证电力系统安全运行的有效手段之一。《电力设备预防性试验规程》（DL/T 596—1996）是电力系统绝缘监督工作的主要依据。

《电力设备预防性试验规程》（DL/T 596—1996）共分 20 章和 7 个附录，主要内容包括：范围；引用标准；定义、符号；总则；旋转电机；电力变压器和电抗器；互感器；开关设备；套管；支柱绝缘子和悬式绝缘子；电力电缆线路；电容器；绝缘油和 SF_6 气体；避雷器；母线；二次回路；1kV 及以下的配电装置和电力布线；1kV 以上的架空电力线路；接地装置；电除尘器。

为了帮助大家学习、运用本规程，现对本规程作一简单概括和总结，不作规程解释，规程的具体内容可直接参见《电力设备预防性试验规程》（DL/T 596—1996）。

一、范围

本章介绍了《电力设备预防性试验规程》（DL/T 596—1996）的使用范围。

该规程适用于 500kV 及以下的交流电力设备，不适用于高压直流输电设备、矿用及其他特殊条件下使用的电力设备，也不适用于电力系统的继电保护装置、自动装置、测量装置等电气设备和安全用具。从国外进口的设备应以该设备的产品标准为基础，参照本规程执行。

二、引用标准

本章介绍了《电力设备预防性试验规程》（DL/T 596—1996）的引用标准。

三、定义、符号

本章介绍了电气试验的有关定义和符号含义。

四、总则

本章介绍了《电力设备预防性试验规程》（DL/T 596—1996）中的常规试验要求。

五、旋转电机

本章介绍了旋转电机预防性试验的项目、周期和要求。

六、电力变压器和电抗器

本章介绍了电力变压器和电抗器预防性试验的项目、周期和要求。

七、互感器

本章介绍了互感器预防性试验的项目、周期和要求。

八、开关设备

本章介绍了开关设备预防性试验的项目、周期和要求。

九、套管

本章介绍了套管预防性试验的项目、周期和要求。

十、支柱绝缘子和悬式绝缘子

本章介绍了支柱绝缘子和悬式绝缘子预防性试验的项目、周期和要求。

十一、电力电缆线路

本章介绍了电力电缆线路预防性试验的项目、周期和要求。

十二、电容器

本章介绍了电容器预防性试验的项目、周期和要求。

十三、绝缘油和 SF_6 气体

本章介绍了绝缘油和 SF_6 气体预防性试验的项目、周期和要求。

十四、避雷器

本章介绍了避雷器预防性试验的项目、周期和要求。

十五、母线

本章介绍了母线预防性试验的项目、周期和要求。

十六、二次回路

本章介绍了二次回路预防性试验的项目、周期和要求。

十七、1kV 及以下的配电装置和电力布线

本章介绍了 1kV 及以下的配电装置和电力布线预防性试验的项目、周期和要求。

十八、1kV 以上的架空电力线路

本章介绍了 1kV 以上的架空电力线路预防性试验的项目、周期和要求。

十九、接地装置

本章介绍了接地装置预防性试验的项目、周期和要求。

二十、电除尘器

本章介绍了电除尘器预防性试验的项目、周期和要求。

【思考与练习】

1. 预防性试验规程中若无说明，绝缘电阻值均指加压多长时间的测得值？
2. 预防性试验时充油设备的静置时间如无制造厂规定，则应依据设备的额定电压满足哪些要求？
3. 预防性试验时，试验结果应如何进行全面分析后作出判断？

模块 3　现场绝缘试验实施导则（ZY1800102003）

【模块描述】本模块介绍现场绝缘试验实施导则。通过对重点内容及提纲的概述，掌握现场绝缘试验的方法、试验过程、试验分析及注意事项。

【正文】

为了满足电力系统的发展，一些新绝缘材料、新结构的一次设备大量运用到系统中，对电气试验提出更高的要求。目前使用的《现场绝缘试验实施导则》由五个部分组成，详见表 ZY1800102003-1。

表 ZY1800102003-1　现场绝缘试验实施导则组成部分

序号	名　称
1	DL 474.1—2006《现场绝缘试验实施导则　绝缘电阻、吸收比和极化指数试验》
2	DL 474.2—2006《现场绝缘试验实施导则　直流高电压实验》
3	DL 474.3—2006《现场绝缘试验实施导则　介质损耗因数 tanδ 试验》
4	DL 474.4—2006《现场绝缘试验实施导则　交流耐压实验》
5	DL 474.5—2006《现场绝缘试验实施导则　避雷器试验》

为了更好地学习、理解和使用《现场绝缘试验实施导则》，对“导则”进行一定的整理和归纳，但不作“导则”解释，具体内容可直接参见相关“导则”。

1.《绝缘电阻、吸收比和极化指数试验》（DL 474.1—2006）

本导则介绍了绝缘电阻、吸收比和极化指数试验所涉及的绝缘电阻表电压、容量选择、绝缘电阻表的负荷特性、试验方法、注意事项、影响因素及测量结果的判断等一系列技术细则。实际工作中按相关国家标准及国家能源局制定的相应规定、标准执行。

2.《直流高电压实验》（DL 474.2—2006）

本导则介绍了现场直流高电压绝缘试验所涉及的试验电压的产生、试验接线、主要元件的选择、试验方法、测量方式、注意事项、影响因素等一些技术细则。在实际工作中，按相关国家标准及国家能源局制定的相应规定、标准执行。

3.《介质损耗因数 tanδ 试验》（DL 474.3—2006）

本导则介绍了变压器、套管、互感器等设备的结构、介质损耗因数 tanδ 和电容的试验方法、试验接线、判断标准、注意事项，并且详细阐述了现场测量中的电场干扰、磁场干扰及其他影响因素，分析可能产生误差的原因和减少误差的技术措施。在实际工作中，按相关国家标准及国家能源局制定的相应规定、标准执行。

4.《交流耐压实验》（DL 474.4—2006）

本导则介绍了高压电气设备交流耐压试验所涉及的试验设备的选择、现场试验接线、试验方法、注意事项，详细阐述了变压器感应耐压试验的方法、"容升效应和电压谐振"的产生等。在实际工作中，按相关国家标准及国家能源局制定的相应规定、标准执行。

5.《避雷器试验》（DL 474.5—2006）

本导则介绍了阀型避雷器［包括炭化硅普通阀型（FZ 和 FS）、炭化硅磁吹阀型（FCZ 和 FCD）以及金属氧化物等避雷器］绝缘电阻的测量、电导电流和直流 1mA 下的电压 U_{1mA} 的测量、外施电压下交流泄漏电流、阻性电流分量和工频参考电压的测量的具体试验方法、技术要求、测量方式，介绍了带电监测金属氧化物避雷器泄漏电流的方法和设备以及试验中的注意事项。实际工作中按相关国家标准及国家能源局制定的相应规定、标准执行。

【思考与练习】

1. 为什么每次测量变压器的绝缘电阻、吸收比和极化指数要选用相同的绝缘电阻表？
2. 直流高电压试验中滤波电容器如何选取？
3. 为什么测量电容型电流互感器介质损耗因数 $\tan\delta$ 要采用"正接线"？
4. 交流耐压试验中试验设备有哪些？其保护电阻如何选取？
5. 什么是避雷器工频参考电压？如何测量？

模块 4　高压电气设备绝缘配合规定（电气试验部分）（ZY1800102004）

【模块描述】本模块介绍高压电气设备绝缘配合规定的电气试验部分。通过对重点内容及提纲的概述，掌握高压电气设备绝缘配合的有关规定。

【正文】

《高压输变电设备的绝缘配合》标准编号为 GB 311.1—1997，属于国家标准，由国家技术监督局 1997–07–03 批准，1998–05–01 实施。本标准是非等效国际电工委员会 IEC 71—1：1993《绝缘配合　第 1 部分：定义、原理和原则》对 GB 311.1—1983《高压输变电设备的绝缘配合》进行修订的。

为了便于学习、了解和运用本标准，对标准进行了整理归纳，但不作一一解释，具体内容参见原标准。

一、标准的主题内容与适用范围

本章节主要阐述了该标准的主题内容、标准适用和不适用的范围，主要内容如下：

1. 主题内容

该标准规定了三相交流系统中的高压输变电设备的相对地绝缘、相间绝缘和纵绝缘的额定耐受电压的选择原则，并给出了供通常选用的标准化的耐受电压值。

在制定各设备标准时，应根据该标准的要求，规定适合于该类设备的额定耐受电压和试验程序。

2. 本标准适用范围

标准适用于设备最高电压大于 1kV 的三相交流电力系统中使用的下列户内和户外输变电设备。

（1）变压器类有电力变压器、并联电抗器、消弧线圈和电磁式电压互感器；

（2）高压电器有断路器、隔离开关、负荷开关、接地短路器、熔断器、限流电抗器、电流互感器、封闭式开关设备、封闭式组合电器、组合电器等；

（3）组合式（箱式）变电站；

（4）电力电容器有耦合电容器（包括电容式电压互感器）、并联电容器、交流滤波电容器；

（5）高压电力电缆；

（6）变电站绝缘子、穿墙套管；

（7）阀式避雷器绝缘外套。

3. 本标准不适用范围

（1）安装在严重污秽或带有对绝缘有害的气体、蒸汽、化学沉积物的场合下的设备；

（2）相对湿度较高且易出现凝露场合的户内设备。

二、引用标准

本章节主要介绍了该标准修订所引用的标准，具体引用的标准如下：

GB 156—1993《标准电压》

GB/T 16927.1—1997《高电压试验技术　第一部分：一般试验要求》

GB/T 16927.2—1997《高电压试验技术　第二部分：测量系统》

GB 11032—1989《交流无间隙金属氧化物避雷器》

GB 7327—1987《交流系统用碳化硅阀式避雷器》

GB 2900.19—1994《电工术语　高电压试验技术和绝缘配合》

GB 311.7—1988《高压输变电设备的绝缘配合使用导则》

三、标准主要内容

本章节是标准的核心部分，具体规定了电力设备的使用条件、绝缘配合的基本原则、绝缘水平和试验规定。通过本章节的学习可以掌握如下规定和内容：

（一）使用条件

规定了设备的标准参考大气条件、正常使用条件和超出正常使用条件换算和校正，以及设备适用的电力系统中性点的接地方式。

（二）绝缘配合基本原则

本章节主要介绍了绝缘配合、设备上的作用电压、设备最高电压 U_m 的范围、绝缘试验、绝缘配合方法的选择、持续工频电压和暂时过电压下和雷电过电压下的绝缘配合。内容如下：

1. 绝缘配合

绝缘配合是考虑电力系统所采用的过电压保护措施后，决定设备上可能的作用电压，并根据设备的绝缘特性及可能影响绝缘特性的因素，从安全运行和技术经济合理性两方面确定设备的绝缘水平的基本原则。

2. 设备上的作用电压

本章节介绍了设备上的作用电压的种类和波形，如持续工频电压、暂时过电压、缓波前（操作）过电压、快波前（雷电）过电压、陡波前过电压和联合过电压。

3. 设备最高电压 U_m 的范围

本章节规定了设备最高电压 U_m 分为范围Ⅰ（$1kV \leq U_m \leq 252kV$）和范围Ⅱ（$U_m > 252kV$）。

4. 绝缘试验

本章节介绍了绝缘试验类型和绝缘试验类型的选择。

5. 绝缘配合方法的选择

本章节主要介绍绝缘配合方法［确定性法（惯用法）、统计法、简化统计法］和各种方法的应用选择，同时强调应考虑可能降低运行中绝缘强度的所有因素，保证安装设备的寿命期间满足绝缘耐受电压，为此应考虑大气校正系数、安全校正系数和绝缘配合因数等。

6. 持续工频电压和暂时过电压下和雷电过电压下的绝缘配合

通过持续工频电压和暂时过电压下的绝缘配合的学习，可以明确对范围Ⅰ的设备所规定的短时工频耐受电压，一般均能满足在正常运行电压和暂时过电压下的要求。为检验设备老化对内绝缘性能、污秽对外绝缘性能的影响所进行的长时间工频试验，应在有关设备标准中规定。标准仅给出了应遵循的一般规则。

对雷电过电压下的绝缘配合，规定在所有情况下，进行绝缘配合时应考虑：设备安装点的预期过电压值、系统与设备的电气特性、类似的系统的运行经验以及所有保护装置的限压效果，特别指出设备的相对地绝缘的额定耐受电压是确定设备的相间绝缘和纵绝缘额定耐受电压的基础。

（三）绝缘水平

本章节规定了绝缘水平包括额定短时工频耐受电压的标准值（有效值）、额定冲击耐受电压的标准值（峰值），以及高压输变电设备的额定绝缘水平。

规定了范围Ⅰ的设备的绝缘水平：在此电压范围内选取设备的绝缘水平时，首先应考虑雷电冲击作用电压，和每一设备最高电压相对应，给出了设备绝缘水平的两个耐受电压，即额定雷电冲击耐受电压和额定短时工频耐受电压。

规定了范围Ⅱ的设备的绝缘水平：应考虑额定雷电冲击耐受电压和额定操作冲击耐受电压，和每一设备最高电压相对应，也给出了设备绝缘水平的两个耐受电压，即额定雷电冲击耐受电压和额定操作冲击耐受电压。

对各类输变电设备的绝缘水平也作出了规定，可取与变压器相同的或高一些的绝缘水平。

（四）试验规定

本章节提出试验规定的目的在于验证设备是否符合决定其绝缘水平的额定耐受电压。本章节还提出相间绝缘和纵绝缘的联合电压耐受试验规定和型式试验、出厂试验、验收试验的规定。

【思考与练习】

1. 电气设备在运行中可能受到的作用电压有哪几种？
2. 什么是短时工频耐受电压试验？

模块 5　高电压试验技术（电气试验部分）（ZY1800102005）

【模块描述】本模块介绍高电压试验技术的电气试验部分。通过对重点内容及提纲的概述，掌握高电压试验技术的一般试验要求及测量系统要求。

【正文】

高电压技术的研究对象是各种形态的高电压和各种性能的介质，需要有各种高电压的测试设备来研究各种介质在各种高电压下的物理现象。由于试验技术对高电压技术如此重要，以及它所使用的一些手段的特殊、内容的丰富和技术的复杂，已成为高电压技术领域中的一个重要方面。

目前采用的《高电压试验技术（电气试验部分）》为国家标准，包括两个部分，详见表ZY1800102005-1。

表 ZY1800102005-1　　高电压试验技术

序号	名　　称
1	GB/T 16927.1《高电压试验技术　第一部分：一般试验要求》 eqv IEC 60–2《高电压试验技术　第一部分：一般试验要求》
2	GB/T 16927.2《高电压试验技术　第二部分：测量系统》 eqv IEC 60–2《高电压试验技术　第二部分：测量系统》

GB/T 16927.1 和取代的版本比较，技术上吸取现代高电压技术工作者对放电机理的研究成果，修改了大气校正因数。增加了人工污秽试验，增加了标准附录 B《人工污秽试验程序》和标准附录 C《用棒—棒间隙校核未认可的测量装置》。GB/T 16927.2 和取代的版本比较，保留了传统的测量系统参数，如刻度因数、阶跃波响应及参数等，又引进了认可的测量系统概念，提出了性能试验、性能记录及标准测量系统，比对测量等。

另外，相关标准包括：

GB 311.2《高电压试验技术　第一部分：一般试验条件和要求》

GB 311.3《高电压试验技术　第二部分：试验程序》

GB 311.4《高电压试验技术　第一部分：测量装置》

GB 311.5《高电压试验技术　第二部分：测量装置及使用导则》

GB 311.6《高电压试验技术　第五部分：测量球隙》

GB/T 2900.19 《电工术语　高电压试验技术和绝缘配合》

1.《高电压试验技术　第一部分：一般试验要求》(GB/T 16927.1)

本标准介绍了试验程序和试品的一般要求，试验电压和电流的产生，试验方法，试验结果的处理方法和试验是否合格的判据。适用于最高电压 U_m 为 1kV 以上设备的下列试验：

（1）直流电压绝缘试验；

（2）交流电压绝缘试验；

（3）雷电冲击电压绝缘试验；

（4）操作冲击电压绝缘试验；

（5）上述电压联合的绝缘试验；

（6）冲击电流试验。

试验程序在满足设备标准规定的同时，还考虑试验结果的准确度、被观测现象的随机性和被测特性与极性的关系以及重复施加电压引起逐渐劣化的可能性；试品的一般要求包括试品布置、干试验及湿试验的条件和要求、大气条件的校准及校正因数的选取和人工污秽试验的分类（即盐雾法和固体污层法）及通用导则。

高压试验部分介绍了各项试验的试验要求、试验方法、试验实现的回路、试验数据的测量、试验程序等整个试验过程的各项要求，从而为高压试验人员提供参考，使试验顺利完成并有据可依，按此标准进行验收。如交流电压试验介绍了有关定义［峰值、方均根（有效）值、试验电压值］，试验电压的要求（电压波形、容许偏差），试验电压的产生（一般要求、对试验回路的要求、串联谐振回路），试验电压的测量，试验程序（耐受电压试验、破坏性放电电压试验、确保放电电压试验）等完整试验过程。

另外高压试验部分还介绍了试验结果的统计评价方法、污秽试验的程序和具体实施方法以及用棒一棒间隙校核未认可的测量装置的方法。

2.《高电压试验技术　第二部分：测量系统》(GB/T 16927.2)

本标准介绍了测量系统所用到的术语及其定义、测量系统应满足的要求、测量系统及其组件的认可和校核方法以及系统被证实满足要求的程序，适用于直流电压、交流电压、雷电和操作冲击电压、冲击电流以及联合和合成试验中测量电压和电流的测量系统及其组件。《高电压试验技术　第一部分：一般试验要求》中的各项试验中参数的测量都是依照本部分进行的。

在对每一种高压试验种类测量时，都包含对认可的测量系统的要求、认可的测量系统组件的验收试验、性能试验、性能校核和标准测量装置五部分，并根据具体试验种类对这五部分进行了详细要求说明，对所使用的标准测量系统也给出了应满足的要求、校准方法及鉴定的有效周期。

另外，还介绍了标准测量系统国家认证系统的情况、性能记录表格要求、阶跃波响应实现的回路、电阻温升测量的计算公式、标准测量系统和冲击电压比对测量的文献、应对测量系统进行的试验和测量系统组件选择以及参数测量时的注意要点。

【思考与练习】

1.《高电压试验技术　第一部分：一般试验要求》(GB/T 16927.1）中对试验试品的总体布置有什么要求？

2. 如何将试验条件下的闪络电压换算到标准参考大气条件下的电压？

3. 人工污秽试验分哪两类？简要介绍试验方法。

4. 联合电压试验和合成电压试验的区别是什么？为什么要进行开关联合电压试验？

5. 幅一频响应、刻度因数和总不确定度的定义是什么？

6. 认可的雷电冲击测量系统的一般要求是什么？

模块 6 国家电网公司十八项重大反事故措施（ZY1800102006）

【模块描述】本模块介绍国家电网公司十八项重大反事故措施。通过对重点内容及提纲的概述，掌握十八项重大反事故措施中电气试验专业相关的反事故措施要求。

【正文】

《国家电网公司十八项重大反事故措施》（以下简称《十八项反措》）是国家电网公司通过总结分析公司系统发生的重大事故的特征，在原国家电力公司《防止电力生产重大事故的二十五项重点要求》的基础上，为规范和促进国家电网公司反事故措施的制订、实施工作，实现事故预防与控制，确保人身、电网和设备安全组织制订的。

反事故措施具有阶段性和特殊性，内容主要包括典型事故、重要缺陷和多发缺陷的预防、改进措施，针对不同设备、不同运行环境的相应事故防范措施，在暂时不能对有关规程、规定进行修编的前提下，对部分已不能满足当前安全运行要求的内容的修改和补充，对部分重要规程、规定的强调和重申。

《十八项反措》主要由防止人身伤亡事故、防止系统稳定破坏事故、防止发电机组与电网协调事故、防止多发的输变电设备事故、防止电气误操作事故等电网重大事故防范措施组成。在电网规划、设计、基建、运行、维护、检修、技术改造等各个生产环节均必须全面落实各项反事故措施。

《十八项反措》适用于国家电网公司系统的电网生产、基建及规划设计的全过程。供电企业电气试验人员应当全面了解《十八项反措》的要求，需要重点掌握的有关专业技能方面的内容主要有防止输变电设备污闪事故、防止大型变压器损坏事故、防止互感器损坏事故、防止开关设备事故、防止接地网和过电压事故等。对于有直流输电设备的地区，电气试验人员还应掌握防止直流输电和换流设备事故的相关内容。

一、防止输变电设备污闪事故（《十八项反措》中第7条）

本条分别从设计、基建及运行阶段对设备防污闪提出要求。设计与基建阶段要求输变电设备的外绝缘配置以污区分布图为基础，对设备选型提出建议。对运行阶段重点要求加强防污闪管理工作，及时修订污区分布图，定期开展盐密测试，尤其是饱和盐密的测试。要求定期开展瓷绝缘子的零值检测，对复合绝缘子要设置一定数量的“憎水性监测点”，定期检测绝缘子憎水性，对于严重污秽地区的复合绝缘子进行表面电蚀损检查，定期抽样对复合绝缘子做全面性能试验，对于机电性能不良的产品批次及时更换。

二、防止大型变压器损坏事故（《十八项反措》中第9条）

本条要求加强变压器的全过程管理，不仅包含了选型、监造、验收、试验的内容，还重点提出对变压器的运行管理要求，对重要的分接开关、套管等附件也提出要求。

1. 加强变压器的全过程管理

本条要求变压器投运前应注重选型、订货、验收及投运管理，220kV及以上电压等级的变压器应赴厂监造和验收。

2. 相关试验要求

本条重点强调变压器局放试验及绕组变形试验。出厂试验重点强调110kV及以上变压器出厂时应进行局部放电试验并给出了局放量的判断标准。交接试验强调220kV及以上电压等级或120MVA及以上容量的变压器在新安装时必须进行现场局部放电试验；110kV电压等级的变压器在新安装时，如有条件宜进行现场局部放电试验。220kV及以上电压等级变压器进行涉及变压器绝缘部件或线圈的大修后，应进行现场局部放电试验。110kV及以上电压等级变压器在出厂和投产前，应用频响法测试绕组变形或做低电压短路阻抗测试以留原始记录。

3. 防止变压器绝缘事故

本条强调对薄绝缘、铝线圈及运行超过20年的变压器应加强技术监督工作，每年至少进行一次红外成像测温检查，加强变压器油的质量控制。

4. 防止分接开关事故

本条强调无励磁分接开关在改变分接位置后，必须测量使用分接的直流电阻和变比，有载分接开关的动作次数达到制造厂规定值时，应进行检修，并对开关的切换时间进行测试。

5. 加强变压器保护管理

本条强调变压器的本体及有载分接开关的重瓦斯保护应投跳闸。瓦斯继电器应定期校验。当气体继电器发出轻瓦斯动作信号时，应立即检查，及时取气样检验，判明气体成分，同时取油样进行色谱分析，查明原因及时排除。

6. 防止变压器出口短路

本条强调在技术和管理上采取有效措施，改善变压器运行条件，最大限度地防止或减少变压器的出口短路。110kV 及以上电压等级变压器在遭受出口短路、近区多次短路后，应做低电压短路阻抗测试或用频响法测试绕组变形，并与原始记录进行比较，同时应结合短路事故冲击后的其他电气试验项目进行综合分析。

7. 防止套管事故

本条着重于套管的运行维护。套管安装就位后，带电前须静放，要防止套管的污闪和雨闪，定期进行红外测温。对水平放置保存期超过 1 年的 110kV 及以上套管，当不能确保电容芯子全部浸没在油面以下时，安装前应进行局放试验、额定电压下的介损试验和油色谱分析。

三、防止互感器损坏事故（《十八项反措》中第 10 条）

本条强调加强对互感器类设备从选型、订货、验收到投运的全过程管理，分别对油浸式互感器、SF_6 互感器从选型原则、试验要求、检修维护提出了全面细致的要求。电气试验人员对本条内容应全面理解掌握，本模块只对试验部分方面的内容着重提出，对部分反事故措施要求作出解释说明。

（一）油浸式互感器

1. 选型原则

提出电容式电压互感器的中间变压器高压侧不应装设避雷器，原因是由于避雷器并不是防止中间电磁单元铁磁谐振过电压或其他过电压发生的根本措施，同时避雷器的击穿容易引起设备事故。

2. 试验要求

110～500kV 互感器在出厂试验时，应逐台进行全部出厂试验，包括高电压下的介损试验、局部放电试验、耐压试验。电容式电压互感器出厂时应进行 $0.8U_n$、$1.0U_n$、$1.2U_n$ 及 $1.5U_n$ 的铁磁谐振试验。电磁式电压互感器在交接试验和投运前，应进行 $1.5U_m/\sqrt{3}$（中性点有效接地系统）或 $1.9U_m/\sqrt{3}$（中性点非有效接地系统）电压下的空载电流测量，其增量不应大于出厂试验值的 10%。已安装完成的互感器若长期未带电运行（110kV 及以上大于半年；35kV 及以下一年以上），在投运前应按照规程进行预防性试验。

3. 检修及运行维护

《十八项反措》中对互感器的检修尤其是老旧的互感器如何检修提出指导意见，对如何加强巡视、维护和缺陷处理进行了说明。应及时处理或更换已确认存在严重缺陷的互感器。对怀疑存在缺陷的互感器，应缩短试验周期进行跟踪检查和分析查明原因。对于全密封型互感器，油中气体色谱分析仅 H_2 单项超过注意值时，应跟踪分析，注意其产气速率，并综合诊断：如产气速率增长较快，应加强监视；如监测数据稳定，则属非故障性氢超标，可安排脱气处理；当发现油中有乙炔大于 1×10^{-6}μL/L 时，应立即停止运行。对绝缘状况有怀疑的互感器应运回实验室从严进行全面的电气绝缘性能试验，包括局部放电试验。当采用自激法测试电容式电压互感器的电容分压器 C_1 和 C_2 的电容量和介损时，必须严格按照制造厂家说明书规定进行。本条目的在于部分厂家不建议现场进行自激法试验，以防止中压端子对地加压过高，造成绝缘击穿，一般试验时应控制中压端子对地不超过 2.5kV。

（二）110～500kV SF_6 绝缘电流互感器

1. 出厂及交接时的试验

出厂试验时，各项试验包括局部放电试验和耐压试验必须逐台进行。

进行安装时，密封检查合格后方可对互感器充 SF_6 气体至额定压力，静置 1h 后进行 SF_6 气体微水测量。气体密度表、继电器必须经校验合格。

气体绝缘的电流互感器安装后应进行现场老练试验。老练试验程序为：预加 $1.1U_n$ 持续 10min，然后下降至零；施加 $1.0U_n$，持续 5min，接着升压到 $1.73U_n$，持续 3min，然后电压降低到零。老练试验后应进行耐压试验，试验电压为出厂试验值的 90%。条件具备且必要时还宜进行局部放电试验。

2. 运行维护

运行中补气较多（表压小于 0.2MPa）时，应进行工频耐压试验（试验电压为出厂试验值的 80%～90%）。运行中 SF_6 气体含水量不应超过 300×10^{-6}（体积比），若超标应尽快退出运行。

设备故障跳闸后，应先使用 SF_6 分解气体快速测试装置对设备内气体进行检测，以确定内部有无放电。

四、防止开关设备事故（《十八项反措》中第 11 条）

本条对开关类设备全寿命管理过程的各个方面提出反事故措施，具体有选型、新装和检修后的技术措施，预防运行操作、断路器拒动与误动、断路器灭弧室绝缘子爆炸、开关设备载流回路过热、设备机械损伤等措施，有防止断路器分合时间、控制回路及二次回路引发故障的措施，有预防隔离开关、高压开关柜故障的措施及 SF_6 及 GIS 故障的措施。

高压电气试验人员在了解相关措施的同时，需重点掌握的是：新装及检修后的开关设备必须严格按照《电气装置安装工程　电气设备交接试验标准》、《电力设备预防性试验规程》、产品技术条件及有关检修工艺的要求进行试验与检查，不合格者不得投运。积极开展真空断路器真空度测试，预防由于真空度下降引发的事故。在交接试验和预防性试验中，应严格按照有关标准和测量方法检查接触电阻。定期用红外线测温设备检查开关设备的接头部分、隔离开关的导电部分（重点部位为触头、出线座等），特别是在重负荷或高温期间，加强对运行设备温升的监视。新安装或检修后的隔离开关必须进行回路电阻测试。

五、防止接地网和过电压事故（《十八项反措》中第 12 条）

本条对接地装置从设计、施工及运行维护等方面提出了要求，对防止系统可能出现的各种过电压提出了具体措施。

1. 防止接地网事故

本条强调应对接地装置的热稳定容量进行校核，强调变压器中性点、重要设备及架构等应有两根接地引下线与主网不同干线连接，每根引下线均应符合热稳定要求，接地装置的改造要结合地区短路容量及接地装置的腐蚀程度。发电厂、变电站和架空线路杆塔的接地装置，必须按《交流电气装置的接地》（DL/T 621—1997）以及其他有关规定要求进行设计、施工和验收。强调了接地装置的设计、施工流程和施工工艺方面的重点要求，对 220kV 及以上重要变电站可能存在引起钢质材料严重腐蚀的，提出宜采用铜质材料的建议。对设备引下线的导通测试及周期提出要求，并要根据历次测试情况进行比较，决定是否需开挖处理。

2. 防止过电压事故

防止雷电过电压事故着重于输电线路的防雷措施。变压器中性点过电压事故重点提出：投切 110kV 及以上有效接地系统中性点不接地的空负荷变压器时，应先将变压器中性点临时接地。对 110～220kV 不接地变压器的中性点过电压保护应采用棒间隙保护方式，必要时应并联金属氧化物避雷器。防止谐振过电压事故着重于电磁式电压互感器在运行中发生铁磁谐振过电压的措施，对中性点非直接接地系统应选用在 $1.9U_m/\sqrt{3}$ 电压下，铁芯磁通不饱和的电压互感器。对中性点不接地的 6～35kV 系统，提出测试系统电容电流以及安装消弧线圈的要求。对已安装手动消弧线圈的系统，需按规定周期进行调谐试验。

对于防止避雷器事故，本条提出应逐步淘汰 110kV 及以上电压等级普阀避雷器。对氧化锌避雷器要按规程要求进行带电试验。35kV 及以上电压等级金属氧化物避雷器可用带电测试替代定期停电试验，但对 500kV 金属氧化物避雷器应 3～5 年进行一次停电试验。

【思考与练习】

1. 气体绝缘的电流互感器安装后在现场进行老练试验的加压程序是怎样要求的？

2.《国家电网公司十八项重大反事故措施》中对防止谐振过电压事故提出哪些具体措施？

模块 7　防止电力生产重大事故的二十五项重点要求 (ZY1800102007)

【模块描述】本模块介绍防止电力生产重大事故的二十五项重点要求。通过对重点内容及提纲的概述，掌握防止电力生产重大事故的二十五项重点要求。

【正文】

《防止电力生产重大事故的二十五项重点要求》（以下简称《二十五项反措》）是2000年国家电力公司通过总结分析发供电企业发生重大事故的特征，为消除生产中存在的各种不安全因素，提出的防止电力生产重大事故的措施，这些措施是保证电力系统安全稳定经济运行的重要条件，要求制造、设计、安装、调试、生产等各个电力相关企业对《二十五项反措》必须认真落实。

为了便于学习、了解和运用《二十五项反措》，对《二十五项反措》进行了整理归纳，但不作一一解释，具体内容参见《防止电力生产重大事故的二十五项重点要求》。

《二十五项反措》中包含了防止发电企业的锅炉、发电机、压力容器等设备事故、防止供电企业输变电站设备事故、防止系统稳定破坏、防止继电保护事故、电气误操作、防止电厂及枢纽变电站全停事故、防止火灾、交通、人身及重大环境污染等事故的措施。涉及电力系统可能发生重大事故的各个方面。

《二十五项反措》中供电企业电气试验人员需要重点掌握的有关专业技能方面的内容主要有防止大型变压器损坏和互感器爆炸事故、防止开关设备事故、防止接地网事故、防止污闪事故等项要求。

一、防止大型变压器损坏和互感器爆炸事故（《二十五项反措》中第15条）

本条重点要求是：应对变压器进行全过程管理，包括入厂监造、出厂验收、现场的交接验收等，对变压器类设备的订货技术要求、赴厂监造和验收、局放试验标准、变压器附件、交接验收、运输等内容进行了明确。局部放电量是考核电气设备制造工艺、产品质量的重要技术指标，因此本条提出了比国家标准更严格的变压器局部放电量指标。强调要对220kV及以上变压器出厂时进行局部放电试验并给出了试验合格标准，220kV及以上电压等级和120MVA及以上容量的变压器在新安装时必须进行现场局部放电试验，220kV及以上电压等级变压器在大修后，必须进行现场局部放电试验。

本条要求关注运行中变压器的抗短路冲击能力，要求对110kV及以上电压等级变压器在出厂和投产前做低电压短路阻抗测试或用频响法测绕组变形以保留原始记录。变压器在遭受近区突发短路后，应做低电压短路阻抗测试或用频响法测绕组变形，并与原始记录比较，通过这种判断方法，能够为专业人员对经受短路的变压器判断故障程度提供有价值的参考依据。

本条明确了液体浸渍、固体型式绝缘的互感器类设备的局部放电标准，并要求对220kV及以上电压等级互感器出厂时应进行高电压下的介质损失试验。对套管试验的要求着重提出对保存期超过1年的110kV及以上套管，安装前应进行局部放电试验、额定电压下的介质损失试验和油色谱分析。

本条还提出对220kV及以上设备的红外测温工作应每年进行一次。

二、防止开关设备事故（《二十五项反措》中第16条）

本条对开关类设备从运行维护管理、设备选型、预防性试验、检修项目、机构操作试验、SF_6气体的监测等方面提出要求。要求开关柜必须有完善的"五防"功能，开关应进行安装地点的短路容量及开断能力的校核，应预防套管、支持绝缘子和绝缘提升杆的闪络、爆炸事故。绝缘提升杆的问题主要是内绝缘问题。要防止开关本体进水，充油断路器易发生进水受潮问题，如果预防性试验中发现泄漏电流增大或油简化试验发现异常要及时处理。大修时对绝缘提升杆进行工频耐压试验，也能有效地发现绝缘提升杆的受潮现象。另外强调，未开展状态检修工作的开关及隔离开关的检修应按周期进行，要结合预防性试验加强对隔离开关的操动机构及各部件的检查。

三、防止接地网事故（《二十五项反措》中第17条）

本条重点要求应对接地装置的热稳定容量进行校核，强调变压器中性点、重要设备及架构等应有两根接地引下线与主网的不同点连接，每根引下线均应符合热稳定要求，接地装置的改造要结合地区短路容量及接地装置的腐蚀程度。发电厂、变电站和架空线路杆塔的接地装置，必须按《交流电气装置的接地》（DL/T 621—1997）以及其他有关规定要求进行设计、施工和验收，强调了接地装置的设计、施工流程和施工工艺方面的重点要求。对接地装置腐蚀比较严重的枢纽变电所，提出宜采用铜质材料的建议。要求必须对设备引下线的导通情况进行测试，防止设备失地运行，根据历次测试情况进行比较，决定是否需要开挖处理。

四、防止污闪事故（《二十五项反措》中第18条）

本条重点要求加强防污闪管理工作，对绝缘子的质量进行全过程监督，做好绝缘子的零值检测工作，定期监测盐密，设备的外绝缘配置应以污区图为基础，运行设备外绝缘爬距应与所处地区污秽分级相适应，不满足要求的要采取涂刷防污涂料、加辅助伞裙等措施，必要时应调整设备外绝缘爬距。对复合绝缘子的监督应按《合成绝缘子使用指导性意见》执行，除加强定期巡视维护外，还应做定期抽检的相关试验。

【思考与练习】

1.《防止电力生产重大事故的二十五项重点要求》中对变压器出厂局放试验的标准是如何规定的？
2. 变压器发生近区短路后，应做哪些试验来判断变压器是否发生了绕组变形？

模块8 输变电设备状态检修试验规程（ZY1800102008）

模块8

ZY1800102008

【模块描述】本模块介绍输变电设备状态检修试验规程。通过对重点内容及提纲的概述，掌握输变电设备状态检修试验的项目、标准和要求。

【正文】

长期以来，《电力设备预防性试验规程》（DL/T 596—1996）一直是电力生产实践和科学试验中的一本重要的试验规程，该规程为我国电力设备的安全运行发挥了积极的作用。随着时代的发展，社会对供电可靠性的要求越来越高，同时电力设备现场试验和检测新的方法和手段不断出现，DL/T 596—1996 已不能完全满足生产的实际需要，国家电网公司为了适应新的形势，规范、指导系统内状态检修工作的开展，组织编制出版了《输变电设备状态检修试验规程》。

制定本规程的目的在于，在保证设备安全的基础上，为开展状态检修工作的单位和设备提供一个明确的试验依据，一方面改变以往无法顾及设备状态，停电试验周期短、项目多，设备可用率低等现状，缓解设备数量急剧增加和试验人员数量有限之间的矛盾；另一方面，可以明确设备的状态及采取的措施，更好地保证设备的安全运行。本规程的制定将为国家电网公司系统输变电设备状态检修工作的开展提供强有力的技术保证。

《输变电设备状态检修试验规程》标准编号为 Q/GDW 188—2008，是企业标准。

为了便于电气试验人员学习、了解和运用本规程，以下主要对《输变电设备状态检修试验规程》分章节进行整理归纳，但不作规程条文解释，具体内容参见《输变电设备状态检修试验规程》（Q/GDW 188—2008）原文。

一、前言

本章说明了制定《输变电设备状态检修试验规程》的原因、提出部门、解释部门、归口部门、起草单位、起草人等基本信息，并明确指出：对于开展状态检修的单位和设备，执行本规程；对于没有开展状态检修的单位和设备，仍然执行《电力设备预防性试验规程》（DL/T 596—1996），开展预防性试验。

二、范围

本章介绍了《输变电设备状态检修试验规程》的使用范围。

本规程适用于66～750kV的交流和直流输变电设备，35kV及以下电压等级设备由各单位自行规定。

三、规范性引用文件

本章介绍了《输变电设备状态检修试验规程》的引用标准。

四、定义、符号

本章介绍了输变电设备状态检修试验的有关定义和符号含义。对比DL/T 596、参考国外相关标准和借鉴国内运行经验提出了许多新名词，如警示值、轮试、家族缺陷、不良工况、例行试验和诊断性试验等，需要认真学习和理解。

五、总则

本章介绍了《输变电设备状态检修试验规程》中的状态检修试验分类、设备状态评价和处置原则、新提出两种辅助分析方法（显著性差异分析法和纵横比分析法）及基于设备状态的周期调整原则要求等内容，是本标准的核心内容。

六、交流设备

本章具体介绍了油浸式电力变压器、SF_6气体绝缘电力变压器、电流互感器、电磁式电压互感器、电容式电压互感器、高压套管、SF_6断路器、气体绝缘金属封闭开关设备（GIS）、少油断路器、真空断路器、隔离开关和接地开关、耦合电容器、高压并联电容器和集合式电容器、金属氧化物避雷器、电力电缆、接地装置、串联补偿装置、变电站设备外绝缘及绝缘子、输电线路、旋转电机等19类交流输变电设备巡检及例行试验、诊断性试验项目、基准周期和要求。

和DL/T 596—1996差异在于依据新的研究成果或借鉴国外相关标准，对一些重要试验项目分析标准进行了改进，如变压器绕组绝缘电阻注意值标准、复合绝缘子评估等；同时又增加目前普遍使用的新设备和试验项目，如SF_6绝缘电磁式电压互感器和电流互感器、红外热像检测、现场污秽度评估等。对运行的新设备的现场试验有了依据，增加的一些新的试验项目，在诊断设备缺陷、确保电网安全运行方面是有效的。

七、直流设备

本章具体介绍了换流变压器、平波电抗器、油浸式电力变压器和电抗器、SF_6气体绝缘电力变压器、电流互感器、电磁式电压互感器、电容式电压互感器、光电式电流互感器、直流分压器、高压套管、SF_6断路器、气体绝缘金属封闭开关设备、直流断路器、隔离开关和接地开关、耦合电容器、交、直流滤波器及并联电容器组、中性线母线电容器、金属氧化物避雷器、电力电缆、直流接地极及线路、接地装置、晶闸管换流阀等22类直流输变电设备巡检及例行试验、诊断性试验项目、基准周期和要求。和DL/T 596—1996相比，这章是新加内容。

八、绝缘油试验

本章专门介绍了绝缘油例行试验和诊断性试验项目、要求和方法。

九、SF_6气体湿度和成分检测

本章介绍了SF_6气体湿度和成分分析的周期、要求和方法，SF_6气体成分分析是一种新的配合事故分析和预防的方法。

十、附录

本章通过给出附录A、附录B和附录C，分别就状态量显著性差异分析法、变压器线间电阻到相绕组电阻的换算方法以及直流设备状态量化评价法进行了介绍。

试验数据分析中的状态量显著性差异分析法是本规程新提出的分析方法，有前提条件，可作为辅助分析手段。对无法测量变压器相间电阻的，应参照给出的公式进行线间电阻到相绕组电阻换算，以便准确判断。直流设备状态量化评价法是根据设备状态量及其发展趋势、经历的不良工况以及家族缺陷等信息，对设备状态进行量化分级的新方法，可作为调整检修和试验周期的参考。

另外本规程在编制说明中用了34节比较大的篇幅对国家电网公司编制《输变电设备状态检修试验规程》的目的和意义、与DL/T 596—1996的主要差异和改进、新增设备和试验项目、规程涉及的新名词解释、试验数据的分析方法、常用试验注意事项以及电力变压器、电流互感器、输电线路、直流断路器、绝缘油试验等24类交直流设备的例行试验和诊断性试验项目和内容进行了比较详细的解释说明，对规程的进一步理解和有效执行有很大的帮助。

【思考与练习】

1. 什么是例行试验？什么是诊断性试验？

2.《输变电设备状态检修试验规程》（Q/GDW 188—2008）中例行试验的基准周期是多少？调整后最多可达规程中的基准周期的多少倍？

3. 设备的注意值和警示值区别是什么？

第四部分

电气试验理论基础

第七章　高电压试验设备

模块 1　调压器的结构及原理（ZY1800201001）

【模块描述】本模块介绍电气试验用的调压器。通过原理介绍，熟悉自耦调压器、移圈调压器、感应调压器的结构及原理。

【正文】

工频试验变压器输出电压的调节和控制，是由调压器实现的。调压器的种类很多，常用的有自耦调压器、移圈调压器和感应调压器。调压器的输出波形，应尽可能接近正弦波，为改善电压波形可在调压器输出端并联一台电感、电容串联的滤波器。

一、自耦调压器

自耦调压器原理接线如图 ZY1800201001-1 所示，它实际上就是可调式自耦变压器，其原绕组和副绕组间除了有磁的联系外，还有电的联系，其工作原理与普通变压器的工作原理基本相同。只是它的二次测抽头不是固定的，而是用一个滑动碳刷触头或滚动触头沿着绕组移动，成为可调的。改变滑动碳刷触头或滚动触头的位置就可以改变二次测绕组的匝数，从而改变调压器输出电压 U_2 的值。

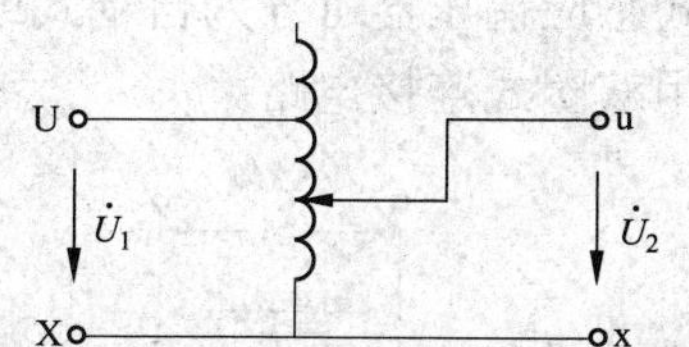

图 ZY1800201001-1　自耦调压器原理接线图

自耦调压器价格便宜、漏抗小、输出电压波形较好，所以使用较广泛。使用滑动触头调压，其调压过程易产生火花，因此容量受限制，适用较小容量试验变压器的调压。而使用滚动触头调压，其调压过程不产生火花，容量较大，输出电压在 50%额定电压以上时阻抗电压较低，输出电压波形畸变小，适用较大容量试验变压器的调压。

二、移圈调压器

移圈式调压器的原理接线如图 ZY1800201001-2（a）所示，结构示意如图 ZY1800201001-2（b）所示。图 ZY1800201001-2 中绕组 C 和 D 的匝数相等而绕向相反，两绕组互相串联。绕组 K 是一个短路绕组，其匝数与 C 和 D 相同，套在绕组 C 和 D 之外，可以上下移动，因此可起调节电压的作用。

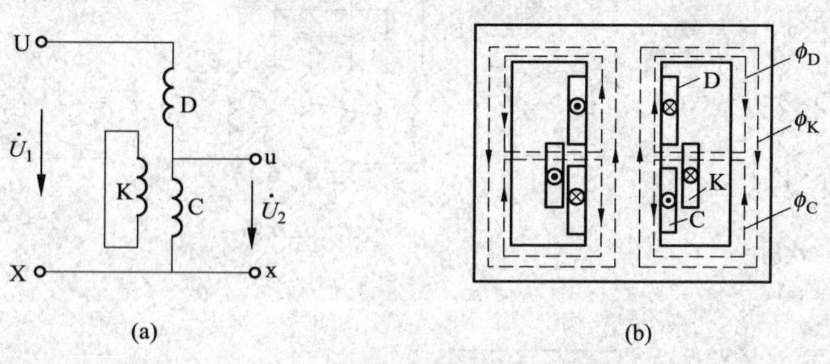

图 ZY1800201001-2　移圈式调压器原理接线及结构示意图

（a）原理接线；（b）结构示意

在 U–X 端加电源电压 $\dot{U}_1$ 后，假若不存在短路绕组 K，绕组 C 和 D 各为 $\dot{U}_1/2$ 的压降。由于 C 和 D 的绕向相反，它们所产生的主磁通 ϕ_C 及 ϕ_D 的方向也相反，如图 ZY1800201001-2（b）所示。现在存在一短路绕组 K，主磁通 ϕ_C 和 ϕ_D 分别在 K 中产生方向相反的电动势，并在 K 中形成短路电流，此电流在铁芯中产生闭合磁通 ϕ_K，ϕ_K 又在绕组 C 和 D 中产生感应电动势，此感应电动势的大小和方向随 K 的位置而改变。例如，当 K 处于最下端时，可以认为 K 产生的 ϕ_K 与 ϕ_C 大小相等而方向相反，ϕ_K 在

C 中产生的感应电动势与 C 中的原电动势大小相等而方向相反。因此，这时在 C 中几乎没有电压降落，电源电压$\dot{U}_1$几乎全部降落在绕组 D 上，由图 ZY1800201001-2（a）中可见，这时调压器输出端 u–x 上的电压$\dot{U}_2 \approx 0$；同理，当 K 处于最上端时，ϕ_K将在绕组 D 中产生一个与绕组 D 的原电动势大小相等而方向相反的感应电动势，于是电源电压$\dot{U}_1$又几乎全部降落在绕组 C 上，输出端 u–x 间的电压$\dot{U}_2 \approx \dot{U}_1$。若绕组 K 处于 C 与 D 的正中央时，由于$\phi_C$与$\phi_D$在 K 中产生的感应电动势大小相等而方向相反，K 中不存在短路电流，所以不会产生ϕ_K，此时如同不存在 K 的情况一样，输出端 u–x 上的电压$\dot{U}_2=\dot{U}_1/2$。由上述过程可见，当将短路绕组 K 由最下端连续平稳地移动到最上端时，u–x 端上的输出电压$\dot{U}_2$也将由零逐渐上升到电压的最大值$\dot{U}_1$，即可起调节电压的作用。

移圈调压器没有滑动触头，因此容量可以造得较大，从几十千伏安到几兆伏安。不过这种调压器体积较大、漏抗也很大、空负荷电流大、效率低、在低电压和接近额定电压下使用时波形易发生畸变，并且其短路电抗不是固定的，它随短路线圈 K 的位置不同而在很大范围内变化，即短路电抗随调压值而变化，这可能使调压过程中整个试验回路系统发生串联谐振，由此而形成过电压事故。故现场最好少使用移圈调压器调压。

三、感应调压器

感应调压器的结构与绕线式异步电动机相似。但它的转子是处于制动状态，因此作用原理又与变压器相似。单相和三相感应调压器的原理接线如图 ZY1800201001-3 和 ZY1800201001-4 所示。根据接线方式感应调压器可分为自耦式或双圈式两种连接电路。当调压器输入电源为高压而输出为低压时，则采用双圈式连接电路。

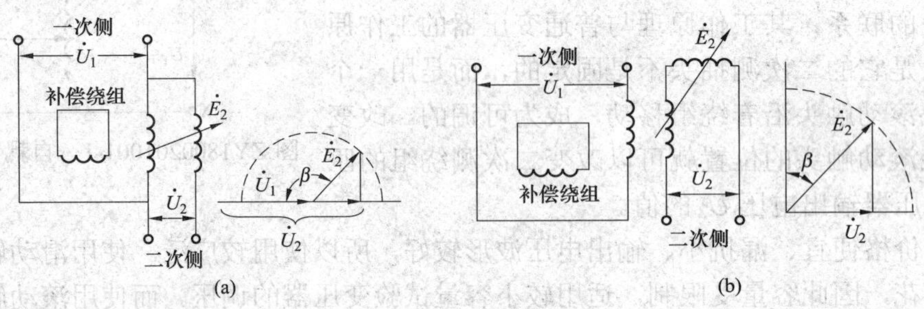

图 ZY1800201001-3　单相感应调压器的原理接线图

（a）自耦式连接；（b）双圈式连接

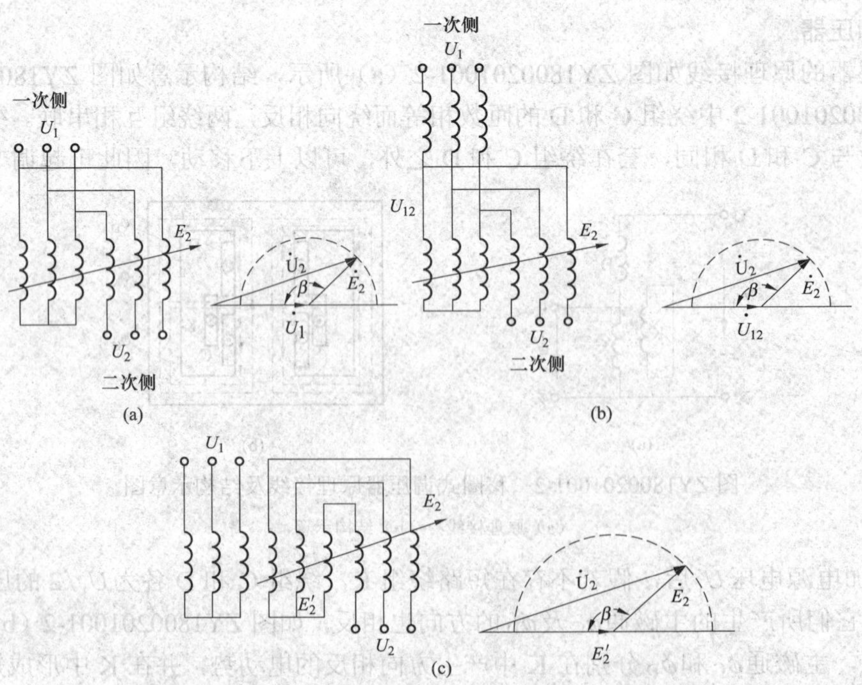

图 ZY1800201001-4　三相感应调压器的原理接线图

（a）自耦式连接一；（b）自耦式连接二；（c）双圈式连接

感应调压器转子与定子之间的相对位置可以利用调压器上的蜗轮传动机构进行调节。对于单相感应调压器来说，定子与转子绕组之间的交链磁通随转子的位置而改变，因此二次侧输出电压也随之发生改变。单相调压器中，与一次侧绕组排列在一起的还有补偿绕组（又叫短路绕组），它用来补偿负荷电流产生的磁动势，以减小负荷时的电压降落。对于三相感应调压器来说，随着转子位置的变化，转子（或定子）绕组的感应电动势相位发生改变，因此二次侧输出电压也随之发生变化。

在图 ZY1800201001-3 和图 ZY1800201001-4 中，U_1 为输入电压，可以加到定子绕组，也可以加到转子绕组；E_2 或 E_2' 为二次侧感应电动势；U_2 为空负荷输出电压；β 为定子和转子绕组之间的相对角位移。

感应调压器的输出电压可以平滑无级调节，且容量可以相当大，但其电压波形有较大的畸变。

【思考与练习】

1. 简述自耦调压器的结构原理。
2. 移圈调压器的特点是什么？
3. 简述感应调压器的结构原理。

模块 2　工频试验变压器的结构及原理（ZY1800201002）

【模块描述】本模块介绍工频试验变压器。通过要点讲述、原理介绍、结构图形展示，了解试验变压器与一般电力变压器的不同，熟悉几种常见试验变压器结构原理，掌握串级高压试验变压器结构原理及优缺点。

【正文】

工频试验变压器的作用是产生工频高电压，使之作用在被试电气设备绝缘上，以考验绝缘的耐电强度，此外工频试验变压器也是产生其他各种高电压或大电流的基本设备。所以工频试验变压器是高压电气试验中不可缺少的重要设备。

一、试验变压器

试验变压器在原理上与一般的电力变压器相同，但在结构上有许多特点：

（1）试验变压器电压高而容量小。由于电压高，高压绕组要采用较厚的绝缘及较宽的油间隙距离，因此试验变压器的漏磁通较大，短路电抗值也较大。

（2）试验变压器不会受到大气过电压及操作过电压的侵袭，因而绝缘可采用较小的安全系数。

（3）通常试验变压器的持续工作时间较短，不会过热，不必采用复杂的冷却系统。正是由于试验变压器允许温升较低，故在额定电压和额定功率下只能短时运行。

（4）试验变压器的短路电流较小，不必考虑绕组的短路机械强度。

（5）由于电压波形影响试验结果，试验变压器的波形畸变应尽可能小。因此，应采用优质的铁芯和较低的磁通密度。

（6）为了减少对局部放电试验的干扰，试验变压器本身的局部放电电压应足够高。因此，应采用合理的绝缘结构和完善的绝缘处理工艺。

试验变压器都是做成单相的，有油浸式和干式等。高压的大多采用油浸式，按其外壳材料的不同，油浸式试验变压器可以分为金属壳和绝缘壳两类。金属壳类又可以分为单套管和双套管两种。

（一）金属壳试验变压器

1. 单套管式试验变压器

图 ZY1800201002-1 所示为油浸式单套管金属外壳试验变压器，其高压绕组一端 U 经绝缘套管引出，另一端 X 与铁芯及外壳相连。但为了测量上的方便，常把 X 端不直接与铁芯及外壳相连，而经一个小套管引到外面来再与外壳一起接地，如有必要时可经过仪表再与外壳接地。

单套管试验变压器结构简单，制造方便，但在绝缘利用上很不合理，高压绕组从 U 到 X 的绝缘都按最高输出电压决定，实际上高压绕组各部分的电位是不相同的（U 点最高，X 点最低），因此这种结构绝缘材料用得多，外形尺寸大。

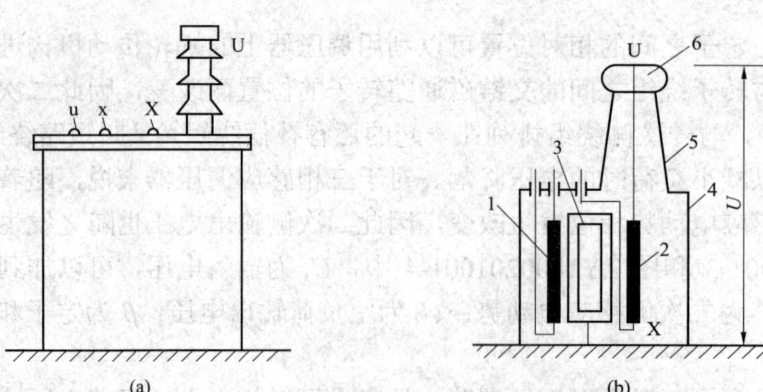

图 ZY1800201002-1 油浸式单套管金属外壳试验变压器

（a）外形图；（b）内部结构图

1—低压绕组；2—高压绕组；3—铁芯；4—外壳；5—高压套管；6—屏蔽电极

2. 双套管式试验变压器

图 ZY1800201002-2 所示为油浸式双套管金属外壳试验变压器，其高压绕组 U—X 分成匝数相等的两部分，分别绕在铁芯的左右两柱上，高压绕组的中点与铁芯及外壳相连，而外壳与地绝缘（用绝缘子支撑）。高压绕组的一端 U 经一个套管引出，另一端 X（接地端）与低压绕组均由另一套管引出。低压绕组绕在具有 X 出线端的高压绕组的外面。这样外壳和铁芯以及两个套管都承受 $U/2$ 的电位（U 为最高输出电压额定值）。

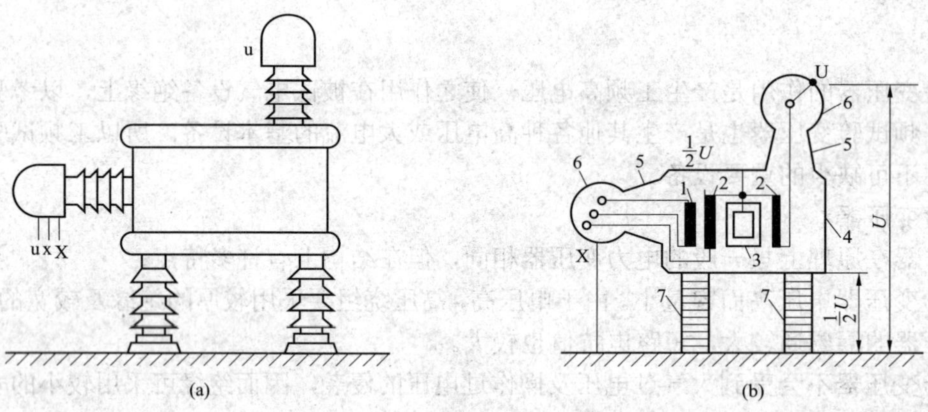

图 ZY1800201002-2 油浸式双套管金属外壳试验变压器

（a）外形图；（b）内部结构图

1—低压绕组；2—高压绕组；3—铁芯；4—外壳；5—高压套管；6—屏蔽电极；7—支柱式绝缘子

双套管试验变压器由于变压器内部电位差已降为输出电压的一半，绝缘利用率比较合理，因此能减小尺寸、减轻重量。

（二）绝缘壳试验变压器

图 ZY1800201002-3 所示为油浸式绝缘外壳试验变压器。其高压绕组 U—X 分成匝数相等的两部分，分别绕在铁芯的上下两柱上，高压绕组的中点与铁芯相连。高压绕组的高压端 U 与金属上盖连在一起，接地端 X 以及低压绕组的 u、x 两端从底座引出。低压绕组绕在高压绕组下半部的外面。绕组与铁芯间最大电位差为最高输出电压的一半，铁芯也带有输出电压一半的电位，所以铁芯用绝缘支架撑起。外壳采用绝缘体（通常为环氧玻璃布筒或瓷套）。

绝缘壳试验变压器的绝缘利用比较合理，而且省去引出套管，故尺寸较小，质量较轻，但散热没有金属外壳的好，所以额定电流比金属外壳的要小一些。

二、串级高压试验变压器

单台试验变压器的电压更高时，其制造费用随电压的上升而迅速增加，同时在机械结构和绝缘上都有困难，此外对于运输与安装也有困难。所以，目前单台试验变压器的额定电压很少超过 750kV。

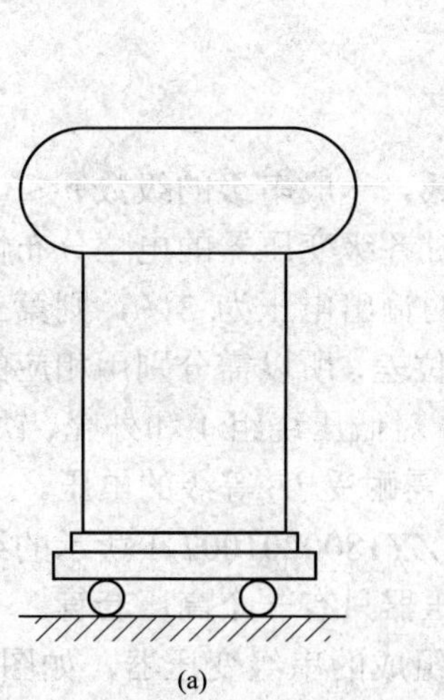

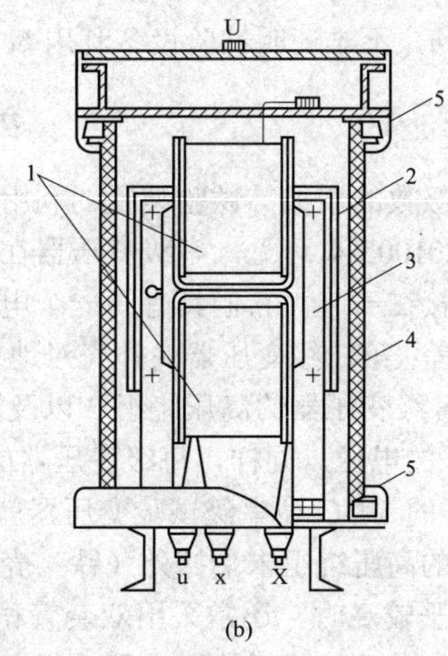

图 ZY1800201002-3 油浸式绝缘外壳试验变压器

（a）外形图；（b）内部结构图

1—绕组；2—铁芯；3—绝缘支架；4—绝缘筒；5—屏蔽罩

为了获得比较高的电压，往往采用变压器的串级线路，就是将几台试验变压器的绕组串接起来，使它们的电压互相叠加，从而获得更高的电压，并且使单台试验变压器的绝缘结构大为简化。

串级试验变压器可分为具有绝缘变压器的串级线路和具有激磁绕组变压器的串级线路两种类型，目前最常用的是具有激磁绕组变压器的串级线路。因此，本模块主要介绍具有激磁绕组变压器的串级线路。

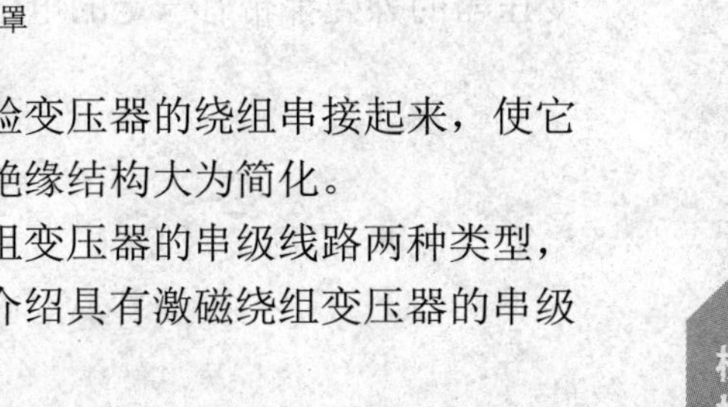

具有激磁绕组变压器的串级线路也称为自耦式串级变压器。图 ZY1800201002-4 所示为具有激磁绕组供电的、由 3 台单套管试验变压器组成的串级变压器示意图。整个串级装置由第一台变压器 T1 的低压绕组供电，后一级变压器的激磁电流由前一级变压器来供给。前一级变压器除供给后一级变压器高压绕组容量外，还供给后一级变压器的激磁容量。设最后一级变压器 T3 的高压侧绕组额定电压为 U_2，额定电流为 I_2，变压器 T3 的额定容量为 U_2I_2，则中间一台变压器 T2 的额定容量为 $2U_2I_2$，第一台变压器 T1 的额定容量为 $3U_2I_2$。所以每级变压器的容量是不相同的，越接近电源的变压器，其容量越大。当串级数为 3，则串级变压器输出的额定容量为 $3U_2I_2$，而串级变压器整套设备的装置总容量应为各变压器容量之和，即为 $6U_2I_2$，故试验装置利用率为

$$\eta = 3U_2I_2/6U_2I_2=0.5$$

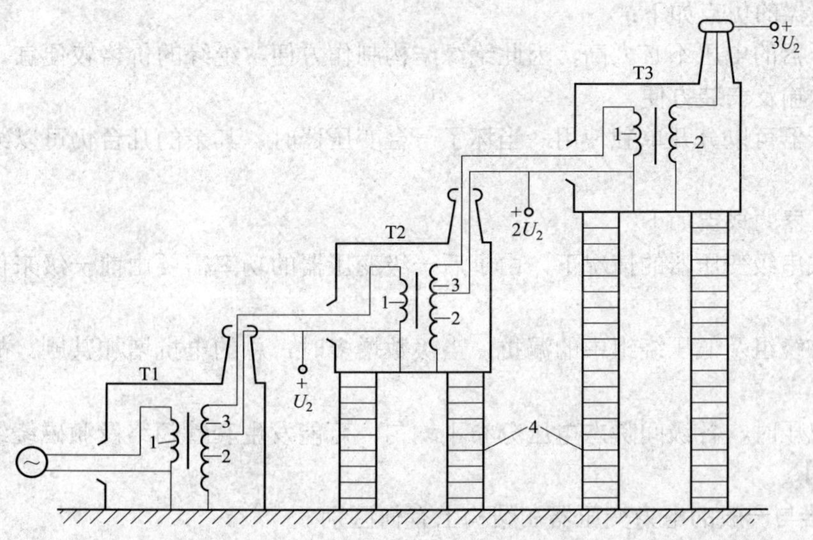

图 ZY1800201002-4 具有激磁绕组供电的、由 3 台单套管试验变压器组成的串级变压器

1—低压绕组；2—高压绕组；3—激磁绕组；4—支持式绝缘子

如果串级数为 n，不难证明试验设备利用率

$$\eta=\frac{2}{n+1}$$

所以，随串级级数的增加，试验装置的利用率显著降低。一般串级的级数 $n\leqslant3\sim4$。

由图 ZY1800201002-4 可见，串级变压器在稳态工作时各级变压器的电位分布情况。各级变压器的铁芯和它的外壳接在一起，它们具有同一个电位。最终的输出电压为 $3U_2$，则第三级变压器的外壳对地有 $2U_2$ 的电位差；第二级变压器的外壳对地有 U_2 的电位差，所以需分别用相应的支持绝缘子把它们对地绝缘起来。各级变压器的高压绕组 2 以及激磁绕组 3 对低压绕组 1 和外壳、铁芯之间的主绝缘，只需要耐受 U_2 水平的电压。同样，每级变压器的套管也只需耐受 U_2 等级的电压。

国产 3×250kV 的 YDC 型串级试验变压器就是采用图 ZY1800201002-4 所示的结构和接线，它的特点是每级变压器的高压绕组末端接外（铁）壳，每级变压器只有一个高压套管。

在试验电压水平较高时，还常采用双套管试验变压器组成的串级变压器，如图 ZY1800201002-5 所示。显然，其优点是可以降低绝缘水平。每个高压套管引出端对外壳和铁芯的电压是高压绕组总电压的一半。因此，高压套管以及内部主绝缘的绝缘水平只要能耐受每级电压的一半就可以了。每一级变压器的外壳都带有一定的电位，所以每一级变压器都需要相应的支持绝缘子把它们对地绝缘起来。

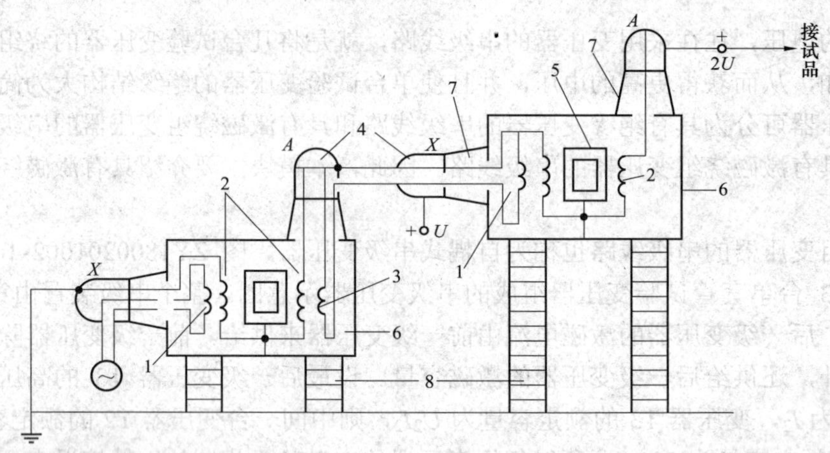

图 ZY1800201002-5 具有激磁绕组供电的由 2 台双套管试验变压器组成的串级变压器

1—低压绕组；2—高压绕组；3—激磁绕组；4—屏蔽帽；5—铁芯；6—外铁壳；7—高压套管；8—支持式绝缘子

注：本图未画出平衡绕组（平衡绕组又称补偿绕组，其作用是为了减小变压器的短路电抗）。

串级试验变压器的优点如下：

（1）单个变压器的电压不必太高，因此绝缘结构制作方便，绝缘的价格较便宜，每台变压器的重量也不会过重，运输及安装方便。

（2）每台变压器可以分开单独使用，当坏了一台变压器时，其余的几台仍可以继续使用，损失相对可减小。

串级试验变压器的缺点如下：

（1）在自耦式串级变压器的情况下，由于后一级变压器的功率需要由前一级来供给，故整个装置的利用率低。

（2）由于激磁绕组及低压绕组中的漏抗，当级数增多时，总的电抗增加甚剧。故一般认为串级数不应超过四级。

（3）发生过电压时，各级间瞬态电压分布不均匀，可能发生套管闪络及激磁绕组中的绝缘故障。

【思考与练习】

1. 试验变压器与一般的电力变压器在结构上有何区别？
2. 单套管金属外壳试验变压器、双套管金属外壳试验变压器、绝缘壳试验变压器各有何特点？
3. 串级试验变压器的优、缺点是什么？

模块 3　串联谐振装置结构及原理（ZY1800201003）

【模块描述】本模块介绍串联谐振装置。通过要点讲述、原理介绍、图例分析，熟悉串联谐振装置的基本结构原理、主要技术参数，掌握串联谐振装置主要部件结构及其原理、作用。

【正文】

随着电网容量的逐渐扩大，大容量、高电压设备进行交流耐压试验所需的试验设备容量也越来越大，如采用常规工频耐压装置，试验设备的容量往往不能满足现场试验的要求。故大容量、高电压设备交流耐压和局部放电试验广泛采用串联谐振成套试验装置。

一、串联谐振装置的结构及原理

串联谐振装置是指通过调整电感或电源频率，使串联电感与电容达到谐振状态的试验装置。串联谐振成套试验装置采用调感或调频调压方式，运用串联谐振原理，利用较小容量的供电电源可完成等效于供电电源 15～150 倍容量的试验，大大减小了现场试验电源和试验设备体积。

（一）调感式串联谐振装置

调感式串联谐振装置主要由控制台、调压器、励磁变压器、可变电感、电容分压器等组成。

调感式串联谐振装置工作在工频状态下，通过调整串联电抗器的铁芯间隙来改变电感，当感抗等于容抗时电路发生谐振，回路呈纯阻性，回路电流最大，感抗和容抗的压降最高，此时电源只提供有功功率，大大减小了试验装置的体积和重量。调感式串联谐振装置原理接线，如图 ZY1800201003-1 所示。

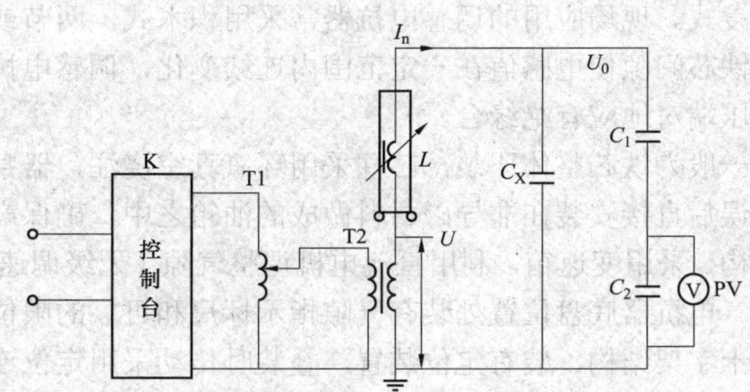

图 ZY1800201003-1　调感式串联谐振装置原理接线图

K—控制台；T1—调压器；T2—励磁变压器；L—可变电感；C_X—被试品；C_1、C_2—电容分压器高、低压臂电容；U—励磁电压；PV—电压表；U_0—谐振时电感或电容两端的电压

（二）变频式串联谐振装置

变频式串联谐振装置主要由变频电源、励磁变、谐振电抗器、电容分压器等组成。

变频式串联谐振装置，通过变频电源将工频电源变为频率和电压可调的电源，采用调频调压方式，通过调节电源的频率使感抗等于容抗，电路发生串联谐振，使电感或电容两端获得一个高于励磁电压 Q 倍的电压。变频串联谐振装置由于频率调节比较精细，回路谐振时幅频特性曲线较陡，回路的品质因数 Q 值更高。变频式串联谐振装置原理接线如图 ZY1800201003-2 所示。

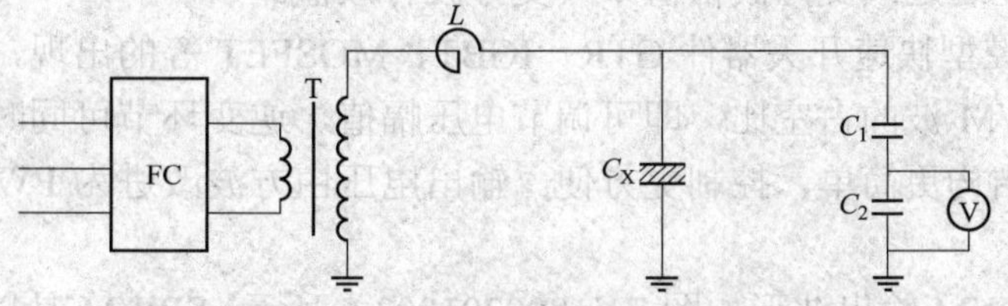

图 ZY1800201003-2　变频式串联谐振装置原理接线图

FC—变频电源；T—励磁变压器；L—谐振电抗器；C_X—被试品电容；C_1、C_2—电容分压器高、低压臂电容

二、串联谐振装置主要技术参数

（1）装置工作地海拔≤1000m；

（2）使用环境温度范围为–25～＋45℃；

（3）工作环境湿度≤80%RH；

（4）装置输入电压，电源输入电压（有效值）单相220V，三相380V；

（5）装置输出频率范围，调感式谐振装置额定频率为50Hz，调频式谐振装置额定频率为30～300Hz；

（6）装置额定电压为谐振电抗器的高、低压电极间的电压值（有效值）；

（7）装置额定容量为额定频率或最低频率下谐振电抗器的容量，kvar；

（8）谐振装置工作制为谐振装置的满负荷允许工作时间和50%负荷的允许工作时间，用T1/T2表示；

（9）被试电容范围为装置的最小可试电容到最大可试电容的范围；

（10）额定电感为谐振电抗器的电感值，它可是一个电感值，也可是一个电感值范围；

（11）准确级为装置电容分压器的测量准确级；

（12）品质因数，容量小于100kvar的装置品质因数应不小于15，容量在100～400kvar的装置品质因数应不小于30，容量大于400kvar的装置品质因数应大于40；

（13）装置的谐波要求谐振装置输出电压的谐波因数应不大于5%。

三、串联谐振装置主要部件

（一）调感电抗器

调感电抗器一般为油浸式。现场应用的调感电抗器常采用积木式，两节或两节以上串联使用，通过调整串联调感电抗器的铁芯间隙使电感值在一定范围内连续变化，调感电抗器变化范围应满足被试电容范围，调感电抗器低压端对地应有绝缘台。

调感电抗器结构设计一般为铁芯整体压装，芯柱采用环氧真空浇注，器身整体固定在非导磁材料框架中，各种尺寸校核无误后直接安装在非导磁材料做成的油箱之中，确保产品的垂直度和平行度。

传动采用蜗轮蜗杆结构，采用变速箱，利用直流电机调整气隙（无级调速），气隙移动平稳，确保调谐时电感值无漂移现象。电抗器底盘位置处装有气隙指示标尺和可靠的限位开关，采用机械和电子双重限位保护，底盘采用十字架结构，装有定位装置，叠装时传动采用定位连轴器。

（二）变频电源

串联谐振成套试验装置中的变频电源是将工频电源转变为可连续调整频率和电压的电源，为谐振回路提供电源。

变频电源广泛应用电子和计算机技术，系统具有人工智能，由高性能数字信号处理器进行控制，采用多重快速保护，确保控制的实时性、测量的准确性及安全的可靠性。系统的测试、控制、保护、显示等全部功能为一体化设计，系统对被试品电压、波形等信号进行全面测量和监控，并具有各种保护措施，确保试验人员、试品、设备的安全可靠。

1. IGBT开关变频电源

（1）非纯正弦输出的变频电源调频调压控制技术。

1）PAM方式：变频电源调频调压控制技术早期多采用PAM方式，变频电源逆变器输出的交流电压波形只能是方波，只能通过改变方波幅值来改变方波有效值。

2）PWM方式：全控型快速开关器件GTR、IGBT、MOSFET等的出现，调频调压控制技术发展为PWM方式。调节PWM波的占空比，即可调节电压幅值，逆变环节可同时完成调压和调频任务，整流器无需控制，设备结构更简单，控制更方便。输出电压由方波改进为PWM波，降低了输出电压的低次谐波含量。

3）SPWM方式：SPWM输出波形如图ZY1800201003-3所示。SPWM是以正弦波V_T作为调制波，用一列等幅的三角波V_Z与调制正弦波相比较产生PWM波的控制方式。当基准正弦波高于三角波时，使相应的开关器件导通；当基准正弦波低于三角波时，使相应的开关器件截止，各脉冲面积与该区间正弦波下的面积成比例。这种脉冲波经过低通滤波后可得到与调制波同频率的正弦波（含高次谐波），正弦波幅值和频率由调制波的幅值和频率决定。

（2）IGBT 开关变频电源特点。非纯正弦输出的变频电源工作在硬开关状态，其中存在多次的开通和关断，在这些开通和关断的同时产生大量的高次谐波和高频干扰，虽然在回路达到串联谐振时，这些高次谐波和高频干扰得到抑制，并且通过滤波器进一步减弱，但回路中的局部放电量很难控制在 10pC 以下，不能满足要求比较高的局部放电试验。

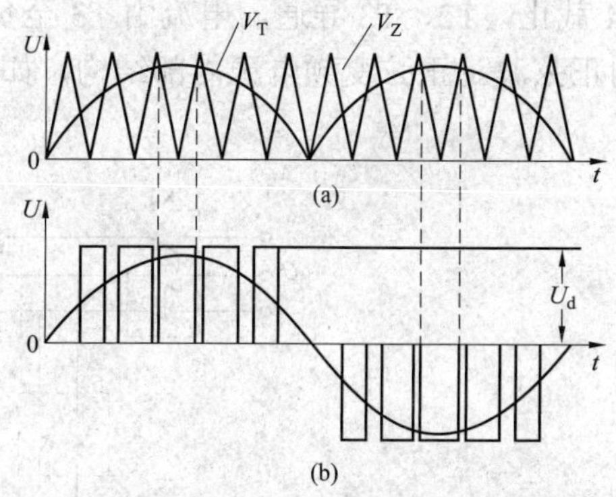

图 ZY1800201003-3　SPWM 输出波形

（a）正弦波和三角波；（b）变频电源逆变器输出波形

IGBT 开关变频电源设备体积小、质量轻，同样容量的电源，较模拟式纯正弦波电源体积更小、重量更轻，适用于现场测试。IGBT 变频电源对供电电源要求低，在额定电压−10%～+20%的范围内均可满足试验要求。IGBT 变频电源工作在开关状态，发热小、工作效率高，最高可达 98%。

（3）IGBT 开关变频电源内部结构。IGBT 变频电源内部结构主要包括整流器、IGBT 逆变器和控制器三大部分。整流器主要作用是将装置输入电源交流电压转换为直流电压；逆变器主要作用是将直流电压转换为频率、幅值可调节的交流电压；控制器用于协调各部分安全可靠的工作，包括整流器、逆变器工作的实现，试品电压的测量，系统参数的显示，外部输入指令的接收以及系统各种保护的实现。IGBT 变频电源内部结构，如图 ZY1800201003-4 所示。

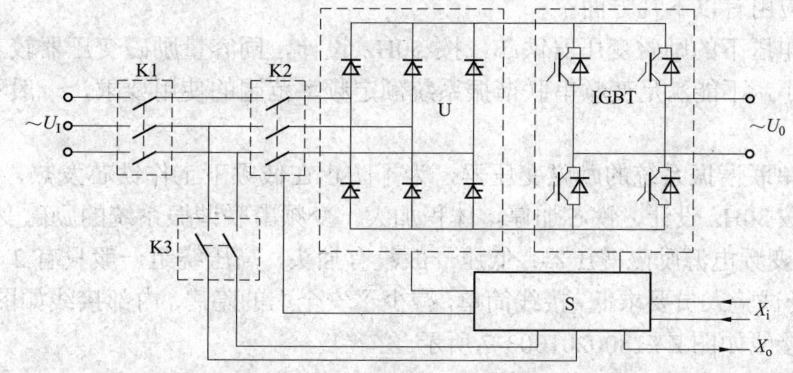

图 ZY1800201003-4　IGBT 变频电源内部结构图

U_1—输入电源电压；K1—电源开关；K2—主回路电源开关；K3—控制器电源开关；U—整流器；IGBT—逆变器；U_0—输出电压；S—控制器；X_i—输入信号；X_o—输出信号

2. 模拟（纯正弦）变频电源

（1）模拟（纯正弦）变频电源工作原理：模拟（纯正弦）变频电源装置是由低频大功率晶体管组成的线性矩阵放大网络，大功率晶体管工作在线性放大区，从而获得与信号源一致的标准正弦波形。

（2）模拟（纯正弦）变频电源特点：由于其内部没有任何工作在开关状态下的电路，因此不产生严重的干扰信号，装置可以作到在额定电压下局部放电量≤5pC，更适合作为局部放电试验的电源。同时，采用纯正弦波变频电源作为串联谐振的励磁电源，由于波形损耗小可使回路 Q 值提高。

（3）模拟（纯正弦）变频电源内部结构：变频电源内部结构主要包括整流器、功率放大器和控制器三大部分。交流供电电源为变频电源提供工作电源，经过流和速断保护送入桥式整流电路，变为脉动直流，经滤波电路将脉动直流变为平滑的直流电源供给功放电路。控制器控制信号发生器提供性能稳定的正弦波调频信号推动前置放大器电路，推动大功率桥式功放电路。由大功率晶体管 T1～T4 组成的桥式功率放大电路有 4 个桥臂，每个桥臂由众多晶体管并联组成，功放部分采用强迫风冷散热。T1～T4 为 4 个等效晶体管，正半周时，模拟信号推动 T1、T4 晶体管的基极，T2、T3 截止；T1、T4 导通，电流由 T1 至负荷再到 T4 形成正弦波的正半周。负半周时模拟信号推动 T2、T3 的基极，T1、

T4 截止，T2、T3 导通，电流由 T3 至负荷再至 T2 形成正弦波的负半周，从而在负荷上构成一个完整的正弦波。正弦变频电源内部结构，如图 ZY1800201003-5 所示。

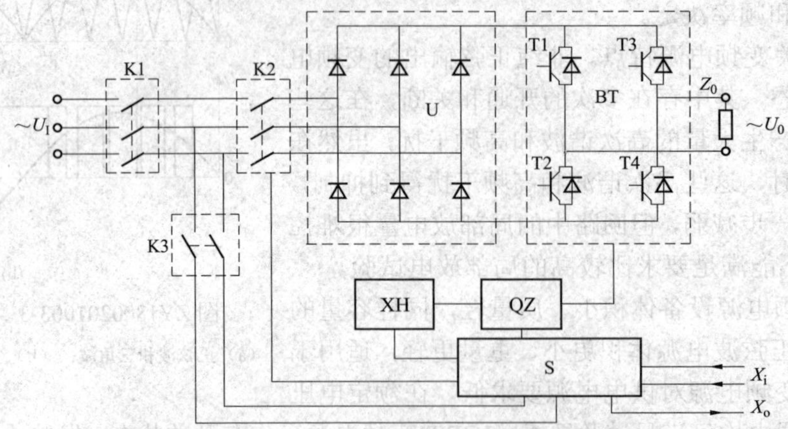

图 ZY1800201003-5　正弦变频电源内部结构图

U_1—输入电源；K1—电源开关；K2—主回路电源开关；K3—控制器电源开关；U—整流器；BT—大功率桥式功放；U_0—输出电压；XH—正弦信号发生器；QZ—前置放大器；S—控制器；Z_0—负荷阻抗；X_i—输入信号；X_o—输出信号

（三）励磁变压器

励磁变压器是给电感、电容谐振系统提供励磁能量的变压器，它将变频电源的输出电压升高到合适的数值，同时起到隔离作用。

励磁变压器的应用有以下几方面：

（1）用于工频电压下的励磁变压器铁芯，按 50Hz 设计，同容量励磁变压器较工作在变频电压下的励磁变压器体积小，不能满足变频串联谐振系统额定频率范围的使用要求，一般不能用于变频串联谐振系统。

（2）用于变频串联谐振系统的励磁变压器，为了防止在低频下工作铁芯发热，一般铁芯按 50Hz 以下设计，如有的按 30Hz 设计，铁芯加厚，体积加大。变频串联谐振系统的励磁变压器分以下两种：

1）用于 IGBT 变频电源励磁变压器：低压一般没有抽头，高压绕组一般只有 2 个绕组，没有复杂的计算配置，对现场试验人员要求低，接线简单，减少了安全上的隐患。内部接线如图 ZY1800201003-6 所示，外部串联时接线如图 ZY1800201003-7 所示。

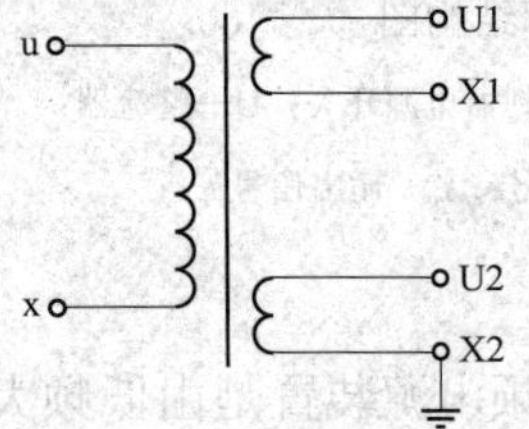

图 ZY1800201003-6　励磁变内部接线图

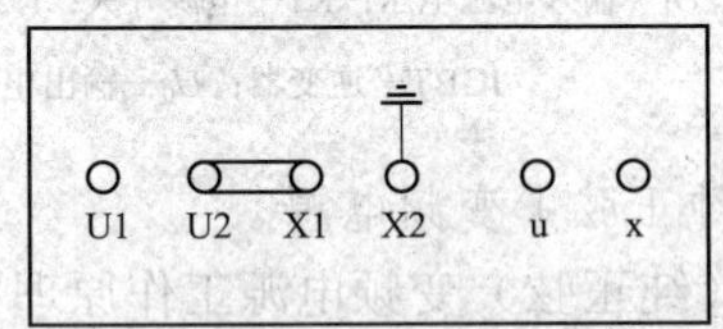

图 ZY1800201003-7　外部接线串联时接线图

2）用于模拟（纯正弦）变频电源励磁变压器：由于大功率晶体管工作特性，变频电源输出与励磁变匹配很好才能获得更大输出，所以要求励磁变低压侧和高压侧有更多的抽头和绕组，便于试验时组合，如输出电流、电压不能满足试验要求，应反复调整励磁变低压抽头和高压侧绕组的不同组合，使变频电源输出电压最高为止，变频电源输出电压最好不低于额定输出电压的 50%。内部绕组接线如图 ZY1800201003-8 所示，外部端子两并一串时连接如图 ZY1800201003-9 所示。

（四）谐振电抗器

谐振电抗器分为油浸式和干式两种，采用空芯式结构或铁芯式结构，绕组为铜导线。

谐振电抗器是变频谐振成套试验装置的一个重要部件，在励磁电源激励下电抗器与试品电容、补偿电容、电容分压器发生串联谐振，实现以较小容量的供电电源完成 30～150 倍供电电源容量的试验。油浸铁芯式谐振电抗器结构，如图 ZY1800201003-10 所示。

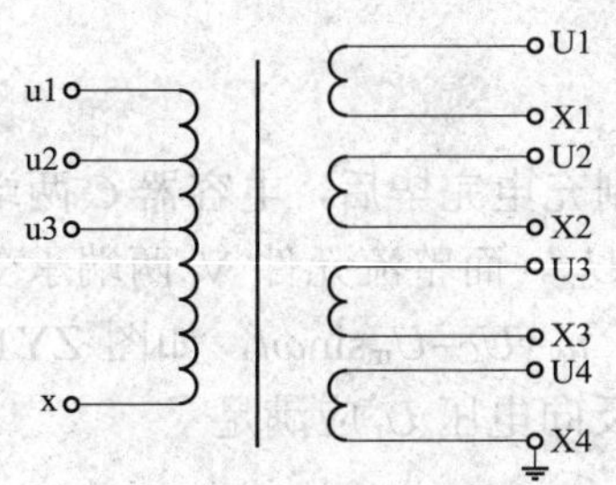

图 ZY1800201003-8　内部绕组接线图

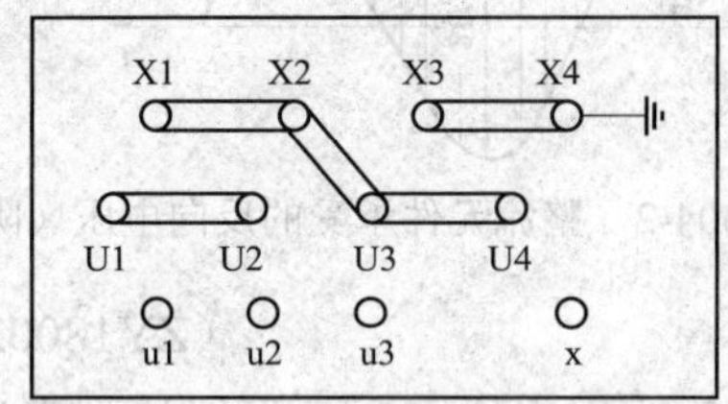

图 ZY1800201003-9　外部端子两并一串时连接图

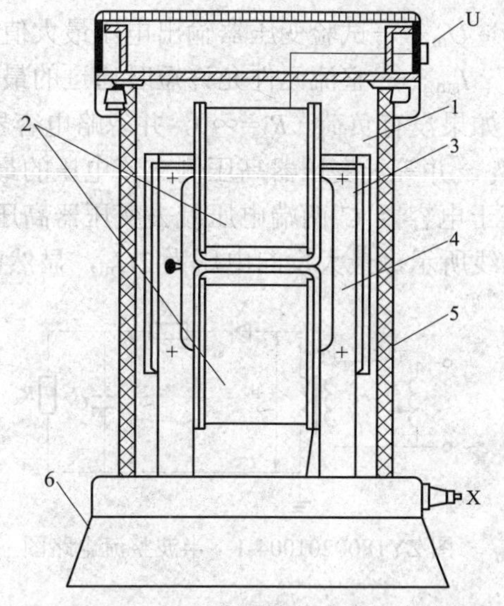

图 ZY1800201003-10　油浸铁芯式谐振电抗器结构图

U—电抗器高压端；1—浸渍剂；2—电抗器绕组；3—铁芯；4—绝缘支架；5—绝缘筒；6—绝缘底座；X—电抗器低压端

为满足不同电压等级、不同容量被试品的试验要求，谐振电抗器一般由 2～4 节组成，根据需要各节电抗器可并联也可串联，但必须同时满足：组合后的电抗器额定电压不小于试验电压，电抗器与试品的谐振频率在系统规定的工作频率范围内，电抗器低压端对地应有绝缘底座。

（五）电容分压器

电容分压器由高压臂电容 C_1 和低压臂电容 C_2 组成，通过与其连接的电缆信号线，将试品电压信号送到变频电源，实现对试品电压的监控。

（六）补偿电容器

补偿电容器用于调节系统谐振频率，配置适当的谐振电容可以使系统的谐振频率落在预先设定的频率范围内，补偿电容器额定电压应满足试验要求。

【思考与练习】

1. 变频式串联谐振装置主要由哪些部件组成？
2. 纯正弦变频电源输出电压最好不低于额定输出电压的多少？
3. 串联谐振装置常用的调谐方法有哪两种？

模块 4　直流高压发生器的结构及原理（ZY1800201004）

【模块描述】本模块介绍直流高压发生器。通过原理介绍、图例分析，熟悉直流高压发生器的结构及原理。

【正文】

电气设备绝缘常常需要进行直流高电压试验；此外一些高电压试验设备，如冲击电压发生器、冲击电流发生器等，需用直流高电压作为充电电源。直流高电压通常是由直流高压发生器产生的，因此直流高压发生器是进行高电压试验的基本试验设备之一。

一、直流高压发生器的原理

直流高电压大多利用整流元件将交流高电压整流而得，常用的整流电路有以下几种：

（一）半波整流电路

图 ZY1800201004-1 所示为常用最基本的半波整流电路，其中调压器 T1 用以调节和控制电压；高压试验变压器 T2 用以获得交流高电压；高压整流元件（硅堆）V 可将交流高电压整流为脉动高电压；保护电阻（又称限流电阻）R 限制起始充电电流或短路故障电流不超过整流元件的允许值；高压滤波电容 C 可将整流电压中的脉动分量滤掉；R_x 为负荷电阻。保护电阻 R 的数值可按下式确定

$$R \geqslant U_m / I_{sm} \quad (ZY1800201004\text{-}1)$$

式中　U_m——试验变压器输出电压最大值；

I_{sm}——整流元件允许短时通过的最大电流。

如果没有负荷（$R_x=\infty$），并忽略电容器 C 的泄漏电流，则充电完毕后，电容器 C 两端维持恒定电压 U_C，并等于变压器高压侧交流电压的最大值 U_m，即 $U_C=U_m$。而整流元件 V 两端承受的反向电压 u_v 等于电容器 C 两端电压减去变压器高压侧的交流电压，即 $u_v=U_C-U_m\sin\omega t$，如图 ZY1800201004-2 阴影线所示，最大反向电压为 $2U_m$，显然整流元件能承受的反向电压 U_r 应满足

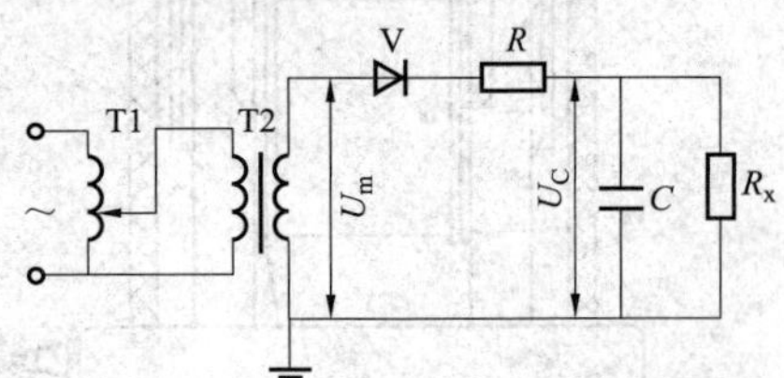

图 ZY1800201004-1　半波整流电路图

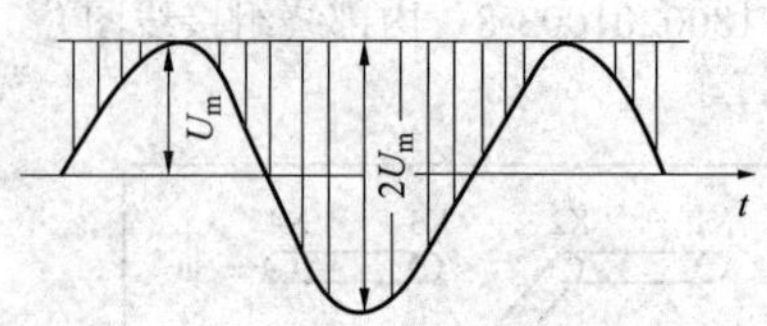

图 ZY1800201004-2　整流元件承受的反向电压（阴影线）

$$U_r > 2U_m \qquad \text{(ZY1800201004-2)}$$

接上负荷以后，由于充电电路的电压降落，电容器两端的输出电压 U_C 不可能达到交流电压的幅值 U_m，而且也不可能是一个完全恒定的电压，而是具有一定的脉动，如图 ZY1800201004-3 所示，其中 U_{max} 为输出电压最大值；U_{min} 为输出电压最小值；U_{av} 为输出电压平均值，其值为

$$U_d \approx (U_{max}+U_{min})/2 \qquad \text{(ZY1800201004-3)}$$

δU 为输出电压脉动值，其大小为

$$\delta U = (U_{max}-U_{min})/2 \qquad \text{(ZY1800201004-4)}$$

δU 与 U_{av} 的比值 S 称为电压脉动系数，即 $S=\delta U/U_{av}$。

由图 ZY18002004-3 可见，在 t_2 期间内，电容器 C 通过负荷放掉的电荷为

$$Q = I_{av}t_2 \qquad \text{(ZY1800201004-5)}$$

式中　I_{av}——流过负荷的平均电流。

由于 $t_2 \gg t_1$，于是有 $t_2 \approx T$，所以

$$Q \approx I_{av}T = I_{av}/f \qquad \text{(ZY1800201004-6)}$$

式中　T、f——充电电源的周期和频率。

电容 C 因放掉电荷 Q 而产生的电压脉动为 $2\delta U = Q/C \approx I_{av}/fC$，故

$$\delta U \approx I_{av}/2fC \qquad \text{(ZY1800201004-7)}$$

电压脉动系数为

$$S=\delta U/U_{av} \approx I_{av}/2fCU_{av} \qquad \text{(ZY1800201004-8)}$$

可见，电压脉动是随负荷电流的增加而增加，增大电容量 C 或提高充电电源的频率 f 可以成比例地减少电压脉动。通常要求电压脉动系数 S 不大于 3%。

（二）倍压整流电路

半波整流电路能获得的最高直流电压等于变压器高压侧交流电压的最大值 U_m，为了得到更高的直流电压可采用倍压电路，如图 ZY1800201004-4 所示。变压器一端接地，另一端对地绝缘为 U_m。这种电路的优点是便于得到更高的直流电压，只要增加串接的级数，即可组成串级直流高压发生器。

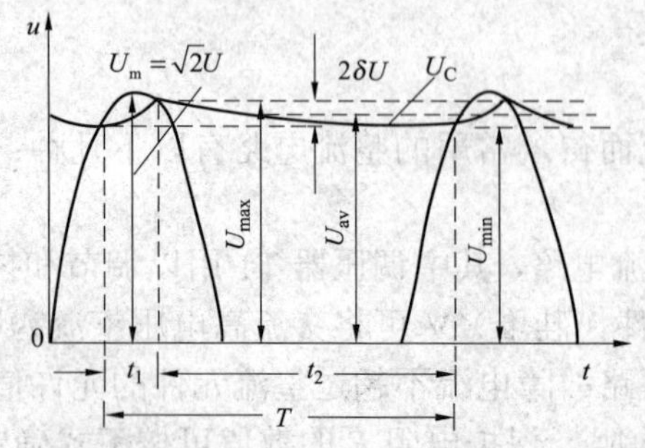

图 ZY1800201004-3　半波整流电路输出电压波形图

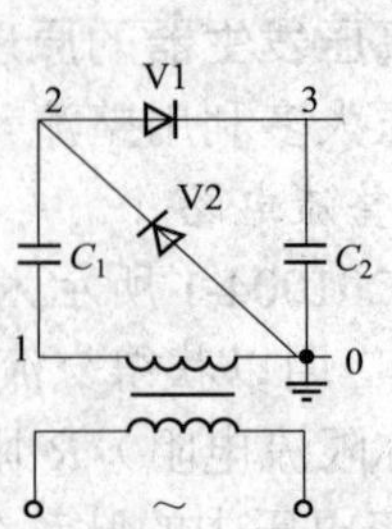

图 ZY1800201004-4　倍压电路图

分析图 ZY1800201004-4 倍压电路的工作原理。如果没有负荷，当变压器高压端为负半波时，电源经整流元件 D_2 向电容器 C_1 充电达电源电压幅值 U_m；高压端为正半波时，电源与 C_1 串联，电源电压叠加上 C_1 的电压，经整流元件 D_1 向电容器 C_2 充电，使电容器 C_2 两端的直流输出电压达变压器输出电压幅值的两倍（$2U_m$）。

图 ZY1800201004-5 中 u_1、u_2、u_3 分别表示图 ZY1800201004-4 倍压电路在空负荷时点 1、2、3 对地电位的波形。由图 ZY1800201004-5 可见，u_1 为一正弦交流电压；u_2 在 0～$2U_m$ 范围内脉动；u_3（即 C_2 输出电压）保持 $2U_m$。图 ZY1800201004-5 阴影线表示整流元件承受的反向电压。可见，V1 和 V2 承受的最大反向电压相同，皆为 $2U_m$。

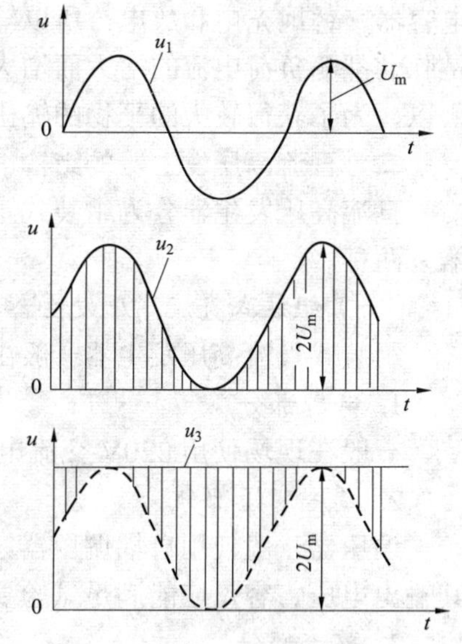

图 ZY1800201004-5 倍压电路空载时各点电压波形图

当图 ZY1800201004-4 所示倍压电路接上负荷以后，电容 C_2 对负荷放电，其电压 u_3 按指数曲线下降，而且是脉动的，如图 ZY1800201004-6 所示，其中虚线为空负荷时点 2（见图 ZY1800201004-4）对地电压波形。由图 ZY1800201004-6 可见，倍压电路接上负荷后，输出电压 u_3 不仅具有电压脉动 $2\delta U$，而且还有电压降落ΔU。

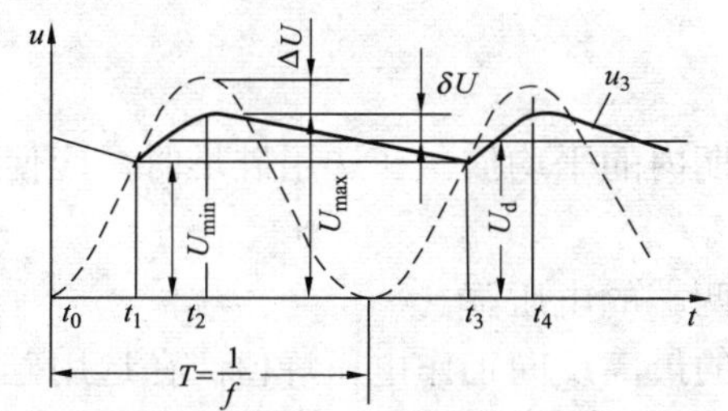

图 ZY1800201004-6 倍压电路输出电压波形图

（三）串级整流电路

串级整流电路的基本单元电路即图 ZY1800201004-4 所示的倍压电路。根据所需直流电压的高低，把不同级数的倍压电路串接起来，便组成串级整流电路，如图 ZY1800201004-7 所示。

从前面的分析可知，当无负荷时，图 ZY1800201004-7 中点 n 的电位 u_n 为 $2U_m$，点 n' 的电位 u'_n 则在 0～$2U_m$ 之间变动。当 $u'_n<2U_m$ 时，电容 C_n 可经 D'_{n-1} 向 C'_{n-1} 充电，一直到 C'_{n-1} 上的电压达到 $2U_m$，这样点$(n-1)'$的电位 u'_{n-1} 将在 $2U_m$～$4U_m$ 之间变动。

当 $u'_{n-1}>2U_m$ 时，电容 C'_{n-1} 即可经 D_{n-1} 向电容 C_{n-1} 充电，直到 C_{n-1} 上的电压达到 $2U_m$，那么点（n–1）的电位 u_{n-1} 将达到 $4U_m$。同理，电容 C_{n-1} 还可向电容 C'_{n-2} 充电。依此类推，最后可使点 1 处的电位 u_1 为 $2nU_m$。各点的电位如图 ZY1800201004-8 所示。

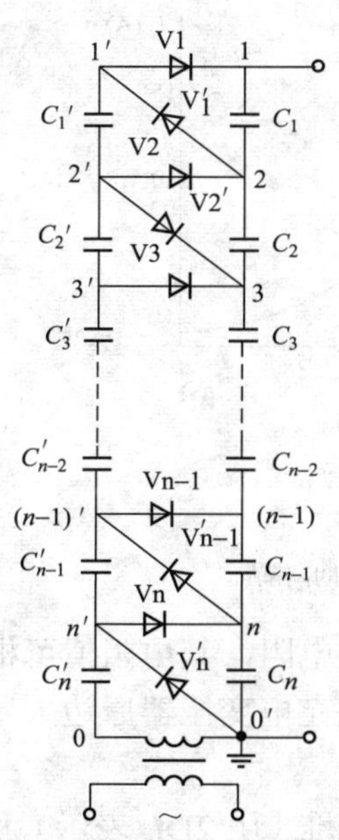

图 ZY1800201004-7 串级整流电路图

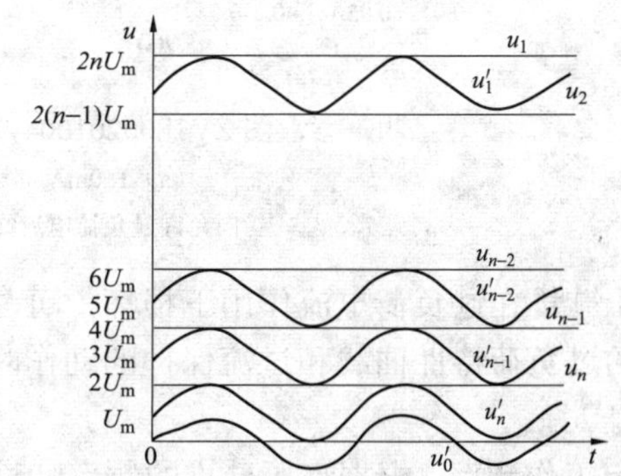

图 ZY1800201004-8 串级整流电路无负荷时各点的电位图

当串级整流电路有负荷时，则输出电压会因内部压降而降低（ΔU），即达不到 $2nU_m$。另外，由于电容器交替地充电和放电，所以输出电压是脉动的。可以通过进一步地分析和计算知道，无论压降还是脉动都随负荷电流的增大而增大，随级数 n 的增加而迅速上增；随电容及电源频率的增大而减小。所以，为了获得较大的平稳的输出电压，应限制负荷电流及级数，并增大电容及电源频率值。

二、直流高压发生器的结构

直流高压发生器分为组装式直流高压发生器和成套直流高压发生器（又称中频串级直流高压发生器）两种。

（一）组装式直流高压发生器

组装式直流高压发生器一般由电源部分、调压变压部分、整流部分、保护部分、测量部分等组成。

1. 电源部分

一般在现场使用 220V 交流电源，电源的容量应能满足试验要求。

2. 调压变压部分

调压器一般使用自耦调压器，从零起升压，能实现连续、平稳调压。变压器使用单相试验变压器，其输出电压、容量应能满足试验要求，一般现场选用 5kVA/50kV 单相试验变压器。

3. 整流部分

高压整流回路中，重要的元件是整流元件。现在整流元件多为高压硅堆。高压硅堆是由若干个硅整流二极管串联后，再用环氧树脂浇铸封装而成。环氧树脂可起绝缘和固定作用。高压硅堆具有体积小、质量轻、机械强度高、使用方便、无射线辐射等优点。

高压硅堆的基本技术参数如下：

（1）额定整流电流：指的是通过硅堆的正向电流在一个周期内的平均值。在选用硅堆时，应使额定整流电流大于实际通过硅堆的平均电流。

（2）正向压降：当硅堆通过的正向电流为额定值时在硅堆两端的电压降。

（3）额定反峰电压：当硅堆截止时，在硅堆两端允许出现的最高反向工作电压峰值。在选用硅堆时，应使额定反峰电压至少大于变压器输出电压峰值的两倍［参见图 ZY1800201004-2 及式（ZY1800201004-2）］，否则硅堆可能出现反向击穿。

（4）反向平均电流：在最高反向工作电压作用下，流过硅堆的反向电流平均值。

（5）额定过负荷电流：在负荷发生击穿或闪络情况下，硅堆能够允许的短时过负荷电流平均值，其值与过负荷时间有关，过负荷电流越大，允许的过负荷时间越短，通常可根据硅堆的过负荷特性曲线确定。图 ZY1800201004-9（a）、（b）分别为 150mA 和 0.5A 硅堆的过负荷特性曲线。

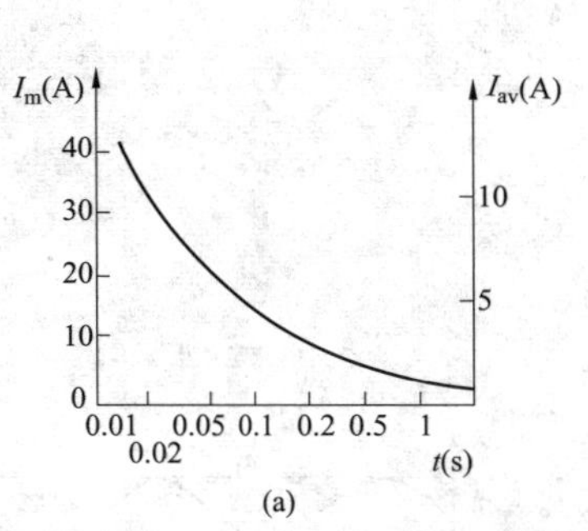

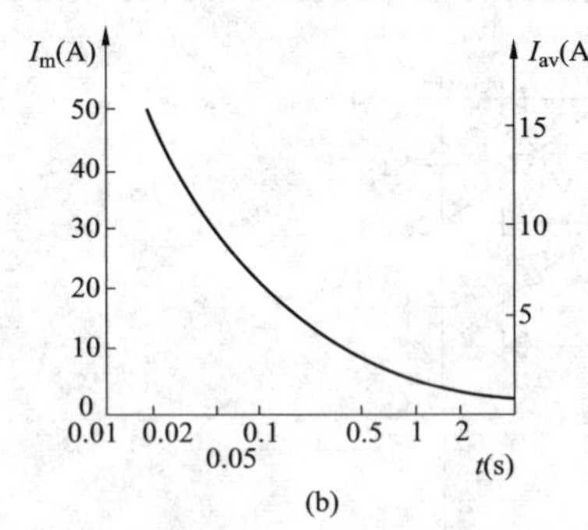

图 ZY1800201004-9　硅堆过载特性曲线

（a）150mA 硅堆；（b）0.5A 硅堆

I_m、I_{av}—正向允许过负荷电流峰值、平均值；t—过负荷时间间隔

为了防止硅堆在过负荷电流作用下损坏，可与硅堆串联一只限流电阻，其电阻值可根据制造厂家提供的硅堆的过负荷特性曲线和过流保护的动作时间来确定，也可在充电变压器原边采用可控硅等快速保护装置。

（6）额定工作频率：根据高压硅堆的频率特性可分为工频高压硅堆（用 2DL 表示）和高频高压硅堆（用 2DGL 表示）。工频高压硅堆工作频率在 3kHz 以下，高频高压硅堆工作频率可在 3kHz 以上。选用硅堆时，应使额定工作频率高于整流电源的频率。

4. 保护部分

一般使用保护电阻（又称限流电阻）R，限制起始充电电流或短路故障电流不超过整流元件的允许值，其值可按式（ZY1800201004-1）确定。

5. 测量部分

可在试验变压器低压侧进行测量，试验电压 U_S 约等于试验变压器低压侧的测量值乘以试验变压器的变比 K，再乘以 $\sqrt{2}$ 。也可采用分压器在试品处直接进行测量。

（二）成套直流高压发生器

由于串级整流接线太多，因而现场一般采用成套直流高压发生器。成套直流高压发生器采用脉冲宽度调制（PWM）方式调节直流高压，这是目前较新的直流电压调节方式，其工作原理框图如图 ZY1800201004-10 所示。

成套直流高压发生器能直接显示直流高压的电压值及泄漏电流值，常由多节构成 60～600kV 等多种电压等级，适合于现场进行各种高压设备的直流试验。

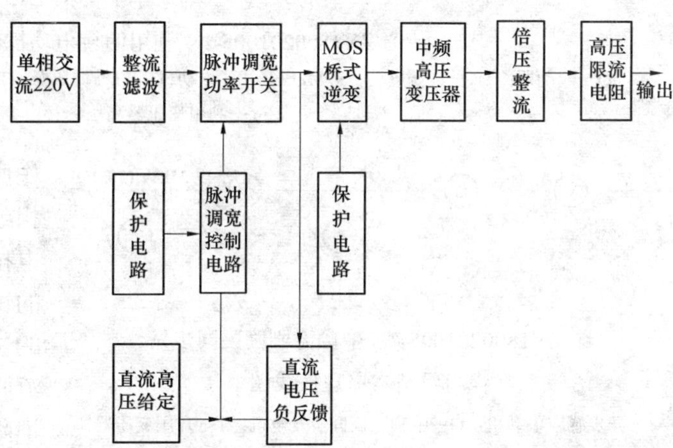

图 ZY1800201004-10　成套直流高压发生器工作原理框图

【思考与练习】

1. 什么是输出电压脉动值δU？什么是电压脉动系数 S？电压脉动与什么有关？

2. 在用硅堆整流的半波整流电路中，已知低压侧电压为 100V（有效值），试验变压器变比为 10 000/100，高压侧未接负荷。试问：所选用的硅堆的额定反峰电压至少应大于何值？

3. 组装式直流高压发生器一般由哪几部分组成？

模块 5　倍频试验装置的结构及原理（ZY1800201005）

【模块描述】本模块介绍三倍频试验装置。通过原理介绍、图例分析，熟悉三倍频试验装置的结构和原理。

【正文】

变压器、电磁式电压互感器等绕组类电气设备进行工频耐压试验只能检验其绕组的主绝缘，即绕组与绕组之间、绕组对箱壳和铁芯等接地部分的绝缘，而绕组的匝间、层间和段间的纵绝缘部分未能受到考核。随着电压等级的提高，线圈类电气设备的匝间绝缘相对比较薄弱，于是对匝间绝缘的考验就显得极其重要，因为在额定频率下，施加 1.2 倍的额定电压时，铁芯磁通将达到饱和，励磁电流将急剧增加。故给铁芯施加 1.3 倍额定值以上的工频激磁电压是行不通的，只有提高励磁电源频率来提高绕组匝间电压，才能达到预期的电压。一般感应耐压试验频率为 100、150、200Hz，是工频的整数倍，故称为倍频感应耐压。

一、倍频试验装置的原理

（一）利用两台电动机组取得倍频电源

接线如图 ZY1800201005-1 所示，先启动鼠笼式电动机 M1 至额定转速，然后用与鼠笼式电动机相序相反的三相电源，经调压器 T1 对绕线式异步电动机 M2 定子励磁，便在定子中产生与其转子旋转方向相反的旋转磁场。由于驱动绕线式异步电动机转子的速度与旋转磁场的速度接近，但旋转方向相反，于是便在绕线式异步电动机转子绕组中感应出 2 倍于系统频率的电压，其数值大小可由调压器调整定子励磁电压而定。该电机输出的倍频电压，经升压后便可作 100Hz 的两倍工频电源，进行感应耐压试验。

（二）中频无刷励磁同步发电机组

接线如图 ZY1800201005-2 所示，中频电源主要由三相异步电动机和无刷励磁的中频同步发电机组成中频发电机组，再配以补偿电抗器、中间升压变压器以及必要的控制、测量和保护系统构成。工

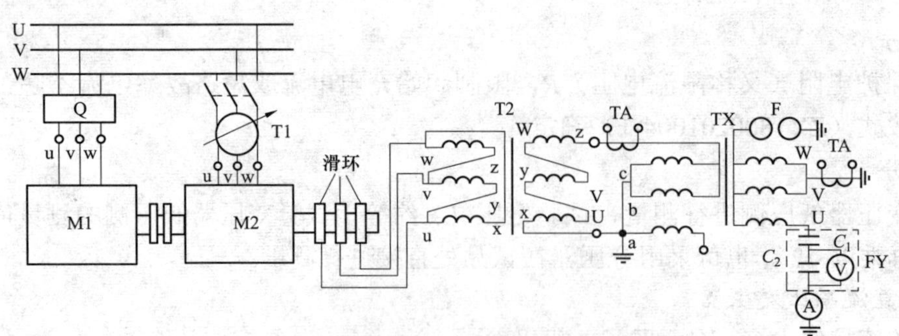

图 ZY1800201005-1 利用两台电动机组取得倍频电源的原理接线图

Q—起动器；M1—鼠笼电动机；M2—绕线式电动机；T1—调压器；T2—升压变压器（其中 W 相反接，使三相电压相量相加）；FY—利用变压器高压套管电容构成的分压测量系统

作原理为：中频发动机发出一定频率（250Hz）的单相或三相交流电能，经中间变压器升压，同时用补偿电抗器来调整补偿被试品的电容性电流，以获得所需的试验电压。这种工作原理和方式可以得到所需频率的试验电压，电网电源仅用来驱动发电机组和提供直流励磁电源，使试验电源与电网电源实现隔离，从而消除了试验回路来自电网系统的干扰，无刷励磁方式也大大降低了电源本身的干扰水平，因此在做感应耐压的同时，也可进行局部放电测量。

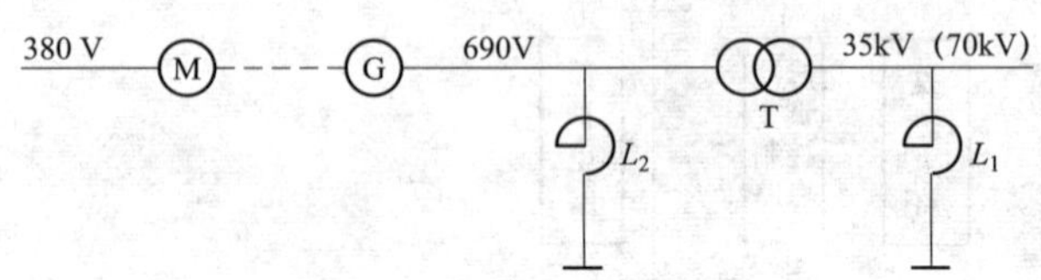

图 ZY1800201005-2 中频无刷励磁同步发电机组基本原理接线图

M—异步感应电动机；G—中频无刷同步发电机；T—升压变压器；L_1—铁芯电抗器；L_2—空心电抗器（可用阻波器代替，用于增大补偿电抗的容量）

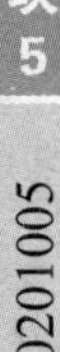

（三）大功率晶体管变频电源

1. IGBT 开关变频电源

现有的变频电源大多采用 SPWM 调制方波，经过解调后获得近似正弦波电源。SPWM 是以正弦波作为基准波（调制波），用一列等幅的三角波（载波）与基准正弦波相比较产生 PWM 波的控制方式，这种脉冲波经过低通滤波后可得到与调制波同频率的正弦波（含高次谐波），正弦波幅值和频率由调制波的幅值和频率决定。变频电源集电源、保护、测量于一体。具有 IGBT 保护、过流保护、过压保护、放电保护、进线保护等可靠的保护功能，保证试验人员和试品的安全。

2. 正弦波变频电源

正弦波变频电源是由低频大功率晶体管组成的线性矩阵放大网络，工作状态在线性放大区，获得与激励信号一致的标准正弦波形，其内部没有开关状态下的电路，因此不产生严重的干扰信号，适合作为局部放电试验的电源。

正弦波变频电源由大功率晶体管组成桥式正弦波功率放大电路，每个桥臂由众多晶体管并联组成，同时采用均流措施和保护措施。功放电路应用负反馈技术，保证波形畸变率小。功放部分通过计算机实时控制，减小输出电压随温度的升高而产生的漂移，使输出电压更加稳定。

大功率晶体管变频电源能满足大容量设备交流耐压、感应耐压要求，正弦波变频电源同时能满足局部放电试验要求。

（四）三倍频变压器装置

将单台三相五柱式变压器或三台单相变压器的一次侧接成星形，二次侧接成开口三角形，如图 ZY1800201005-3 所示。在变压器一次侧（星形侧）施加一过励磁的工频正弦电压，则在铁芯中形成了平顶波的主磁通，如图 ZY1800201005-4 所示，它可分解为基波和高次谐波。3 次以上的高次谐波分量所占比例很小，可忽略不计，在接成开口三角形的二次绕组中，就有基波和 3 次谐波电压产生，由于三相基波电压相量互差 120°，在开口三角形中其和为零，而 3 次谐波是同相的，故得到三相三次谐波的相量和，于是在开口三角形侧便可得到三倍频电压 U_3。目前三倍频试验装置主要用于电压互感器等小容量设备的感应耐压试验。

三倍频变压器输出能力与铁芯中磁通密度有极大关系。因为 3 次谐波的产生是由于铁芯磁化曲线的非线性所致，只有磁通密度工作在曲线弯曲部分以上才会产生较大的三倍频分量。当磁通密度超过

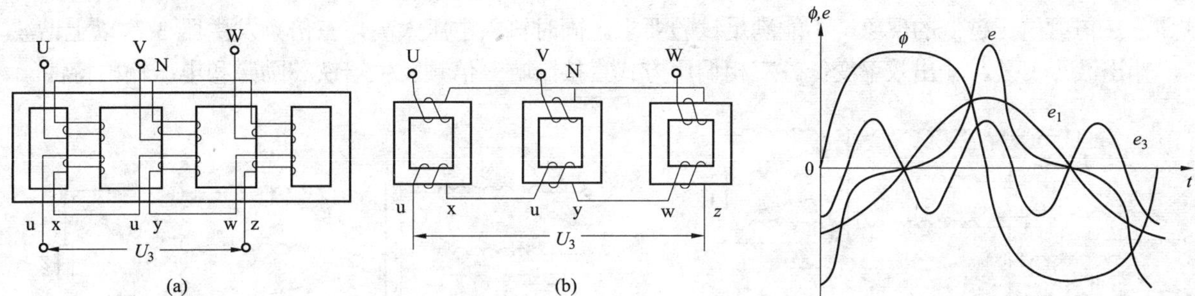

图 ZY1800201005-3　三倍频变压器原理接线图

（a）三相五柱式变压器；（b）三台单相变压器组

图 ZY1800201005-4　三倍频变压器组工作时波形图

e—励磁电压波形；ϕ—主磁通波形；e_1—基波；e_3—三倍频波形

磁化曲线弯曲点以后，铁芯的导磁率μ值急剧下降，三倍频发生器内阻抗X_3急剧减小，因而有较大的3次谐波电压和3次谐波电流的输出。过激磁越深，3次谐波分量输出越大，但达到一定程度以后，导磁率μ值变化不大，内阻抗X_3减小的速度也平缓了，3次谐波输出增长也平缓了。

一般地说，过激磁的下限没有限制，只要能满足电压和功率要求便可。过激磁的上限要考虑到两点：一是避免过深的激磁引起9次和15次的高次谐波增大；二是避免三倍频变压器匝间绝缘承受过高的电压而引起故障，一般不超过2倍额定电压为限。在1.73倍过激磁时，变压器的三次谐波电压约为1.1倍额定电压，而且没有明显高次谐波分量。

二、三倍频试验装置的结构

三倍频试验装置由三倍频变压器组、电压调整装置、无功功率补偿装置、测量保护装置和被试品五部分构成，如图 ZY1800201005-5 所示。

1. 三倍频变压器组

三倍频变压器组可用单台三相五柱式变压器，也可用3台单相变压器组成。但3台变压器的铁芯材料、结构、绕组绕制和参数应该相同，否则会产生基波的零序分量，叠加于3次谐波，影响三倍频变压器的输出特性。三倍频变压器组不可采用普通三相三柱式结构的变压器，必须用单台三相五柱式变压器或3台同规格的单相变压器组成，给零序磁通在铁芯中提供闭合的磁回路。

目前三倍频变压器组多采用输出端调压方式，为保证三倍频变压器组工作在过励磁状态，一次侧绕组采取抽头方式，如图 ZY1800201005-6 所示。装置额定输入电压一经设定，使用中不允许改变。

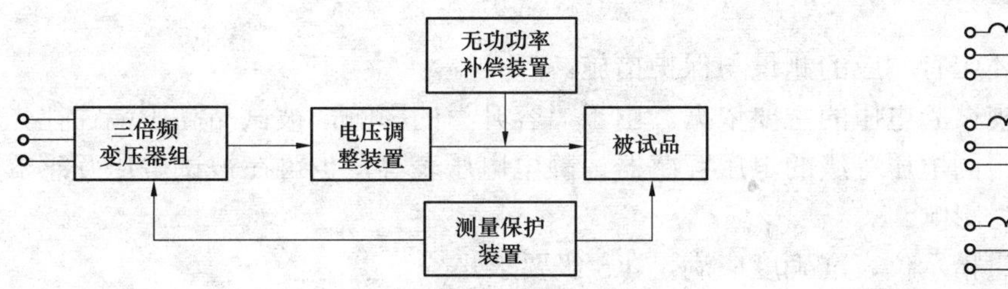

图 ZY1800201005-5　三倍频试验装置结构框图

图 ZY1800201005-6　三倍频变压器组一次侧绕组采取抽头的接线图

三倍频变压器组基本工作条件为：变压器要过励磁，使铁芯饱和；变压器零序磁通的磁路能在铁芯中闭合；变压器一次侧接成Y，不能有中性点零线，避免零序电流削弱零序磁通；变压器二次侧接成Y，令基波电压互相抵消，3次谐波电压叠加输出。

2. 电压调整装置

电压调整装置是将三倍频电压调整到所需要的试验电压。三倍频装置在使用中，根据调压器的工作方式可分为三相输入调压和单相输出端调压方式两种。

三相输入调压方式的原理接线如图 ZY1800201005-7（a）所示。大多数三倍频电源其内阻抗大于电压互感器输入端阻抗，所以三倍频电源输出侧回路性质呈感性，感性负荷电流起去磁作用。输入电压太低时，铁芯欠饱和，三倍频发生器输出3次谐波含量低，导致输出电压低；随着三倍频电源输入电压的升高，三倍频发生器内阻抗X_3急剧减小，铁芯进一步饱和，使去磁作用进一步加强，产生三倍频电压调不上去，输入电压越高，三倍频电压越低的现象，不能满足试验要求。同时输入电压太高，三倍频发生器 3 次以上谐波含量高，输出波形变差，输出效率变低。三相调压方式直接影响三倍频发生器铁芯励磁和电压输出特性。

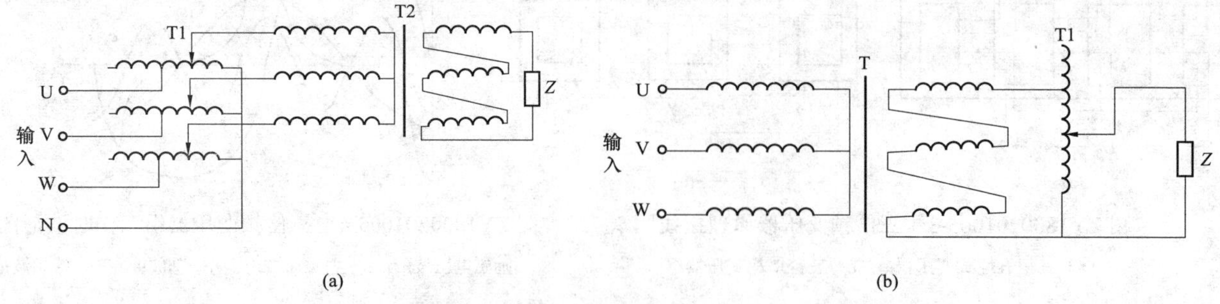

图 ZY1800201005-7　调压器的工作方式接线图

（a）三相输入调压方式原理接线；（b）单相输出端调压方式原理接线

单相输出端调压方式的原理接线如图 ZY1800201005-7（b）所示。由于三倍频变压器漏抗大，输出端空负荷电压与额定负荷下的电压相差甚大，为控制输出电压，宜在三倍频发生器输出与负荷之间接入一自耦调压器，使负荷阻抗增大，回路呈容性状态，可避免回路发生串联谐振。由于负荷电流为电容性，起助磁作用，有利于提高三倍频发生器输出电压。单相输出端调压方式对铁芯励磁特性影响较小，电压调整方便。三倍频电源大多采用单相输出端调压方式。

3. 无功功率补偿装置

在电压互感器三倍频感应耐压试验中，为了减少三倍频电源的体积、质量，改善三倍频输出电压波形，常采用在电压互感器二次侧一个绕组加压，另一绕组加补偿电感的方式进行补偿。补偿装置为一带铁芯的电感线圈，电感线圈有多个抽头以改变电感量。

在三倍频电压作用下，被试品通常呈容性负荷，其功率因数可小到 0.1，在这种负荷情况下，三倍频发生器的效率极低。为了提高设备效率，需要进行无功功率补偿。补偿功率不宜过大，过分地补偿，中间设备的非线性元件将引起倍频电压的波形畸变，通常以功率因数 $\cos\varphi=0.7$ 左右为宜。这就是说，补偿到使得有功功率和无功功率基本相等的程度为宜。例如，被试品容性无功功率为 Q，有功损耗为 P，则补偿感性无功功率 Q_b 取值为

$$Q_b=Q-P$$

4. 测量与保护装置

除主设备外，在试验时还应有相应的测量与保护措施。

被试品高压端电压是监视试验电压的主要依据。由于“容升”的影响，被试品高压端往往先达到试验电压值。测量装置可采用同电压等级的电压互感器、静电电压表等，也可在被试电压互感器二次侧测量，此时应考虑“容升”影响。

用于装置工况监视的测量指示仪表准确度应满足 1.5 级要求。

测量指示仪表设置至少应有输入和输出电流、电压参数显示，并设置输出回路功率因数表或相位计，必要时还应监测输出电压波形。

为防止试验过程中发生谐振和被试品放电时扩大故障，在回路中还必须设置过电压和过电流保护装置以及其他限位保护措施。

5. 被试品

三倍频发生装置的电压和功率输出与负荷阻抗的性质和负荷阻抗是否匹配关系极大。若负荷阻抗与三倍频发生装置的内阻抗在数值上以及阻抗角相等，而符号相反，则可得到最大输出。被试品与三倍频发生装置连接后并加入补偿装置，回路应呈容性状态。

【思考与练习】

1. 电力系统倍频电源的获取都有哪些方式？
2. 三倍频试验装置由哪几部分组成？
3. 三倍频装置电压调整方式有哪两种？

第八章 高电压试验理论

模块 1 绝缘电阻和吸收比试验（ZY1800202001）

【模块描述】本模块介绍绝缘电阻和吸收比试验的基本知识。通过原理介绍、要点归纳，掌握绝缘电阻和吸收比试验的目的和基本原理、试验接线及试验步骤、试验结果的分析判断，以及影响试验结果的因素；熟悉绝缘电阻表的负荷特性。

【正文】

测量电气设备的绝缘电阻，是检查设备绝缘状态最简便和最基本的方法。在现场普遍使用绝缘电阻表测量绝缘电阻。

一、试验目的和原理

绝缘介质在直流电压的作用下要产生极化、电导等物理过程。

绝缘介质的极化和电导都要形成电流。由电子式极化、离子式极化所形成的电流，通常叫充电电流，也叫电容电流。由于这两种极化过程极为短暂，可以看成是瞬间完成的。因此电容电流在加直流电压后很快就衰减为零，如图 ZY1800202001-1（b）中曲线 i_1 所示。其电流回路在等值电路中用一个纯电容 C_1 表示，如图 ZY1800202001-1（a）所示。

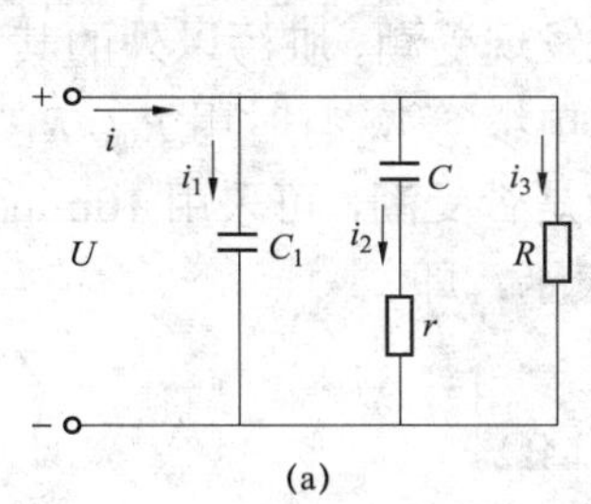

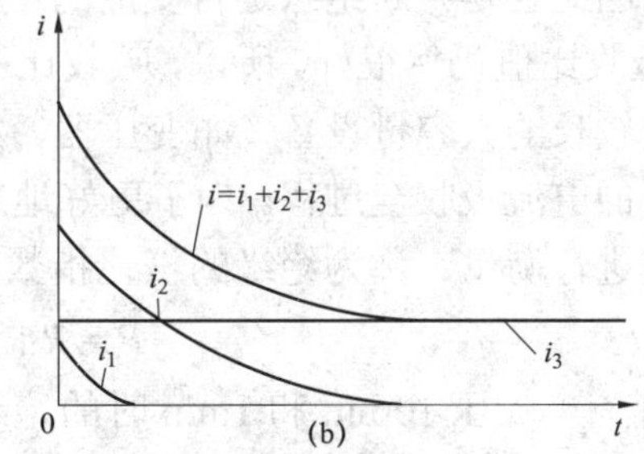

图 ZY1800202001-1 直流电压下绝缘介质中电流的构成

（a）绝缘介质的等值电路；（b）直流电压下通过绝缘介质的电流

绝缘介质中的偶极子，在直流电压作用下要发生转动，即发生偶极式极化，形成电流；另外，如果绝缘是由不同材料复合而成，或者绝缘材料是不均匀的，那么在不同绝缘材料或不均匀材料的交界面上还会产生夹层式极化，形成电流。由偶极式极化和夹层式极化形成的电流叫吸收电流。吸收电流随时间的增加而衰减。由于偶极式极化的过程较长，夹层式极化的过程更长，所以吸收电流比电容电流衰减的慢得多，如图 ZY1800202001-1（b）中曲线 i_2 所示。其电流回路在等值电路中用一个电容 C 和电阻 r 串联表示，如图 ZY1800202001-1（a）所示。

此外，绝缘介质中还有极少数带电质点（主要是离子），在电场的作用下发生定向移动，形成电流，这部分电流叫电导电流，又叫泄漏电流，它在加电压以后很快就趋于恒定，如图 ZY1800202001-1（b）中曲线 i_3 所示。在等值电路中电流回路用一个纯电阻 R 表示，如图 ZY1800202001-1（a）所示。

绝缘介质在直流电压作用下的上述三种电流的总和如图 ZY1800202001-1（b）中曲线 i 所示，即 $i=i_1+i_2+i_3$。在直流电压作用下流过绝缘介质的总电流 i 随时间变化的曲线，通常称为吸收曲线。

从吸收曲线可以看出，电容电流 i_1 和吸收电流 i_2 经过一段时间后趋近于零，因此 i 趋近于 i_3。所谓绝缘电阻就是指加于试品上的直流电压与流过试品的泄漏电流之比，即

$$R=U/i_3 \qquad \text{(ZY1800202001-1)}$$

式中　R——试品的绝缘电阻，MΩ；

U——加于试品两端的直流电压，V；

i_3——对应于电压 U 流过试品中的泄漏电流，μA。

由式（ZY1800202001-1）可知，在一定的直流电压下，流过绝缘的电流与其绝缘电阻成反比。绝缘电阻越大，则流过绝缘的电流越小。良好洁净的绝缘，无论绝缘体内或是表面的离子数都很少，电导电流很小，绝缘电阻值很大。如果绝缘存在贯通的集中性缺陷，如开裂、脏污，特别是绝缘受潮以后，绝缘的导电离子数急剧增加，电导电流明显上升，绝缘电阻明显下降。所以，根据绝缘电阻的大小，可以了解绝缘的状况，能有效地发现设备局部或整体受潮和脏污，以及绝缘击穿和严重过热老化等缺陷。

绝缘电阻有体积绝缘电阻和表面绝缘电阻之分，人们真正关心的是体积绝缘电阻。当绝缘受潮或有其他贯通性缺陷时，体积绝缘电阻降低。因此，体积绝缘电阻的大小标志着绝缘介质内部绝缘的优劣。在现场测量中，当测量得到的试品绝缘电阻低时，应采取屏蔽措施，排除表面绝缘电阻的影响，以便测得真实准确的体积绝缘电阻值。

对大容量试品（如变压器、发电机、电缆等），吸收曲线 i 随时间衰减较慢，其中尤其是吸收电流 i_2 随时间衰减较慢。所以通常要求在加压 1min（或 10min）后，读取绝缘电阻表指示的值，作为被试品的绝缘电阻值。另外对大容量试品，还要求测量吸收比和极化指数。

吸收比是指 60s 和 15s 时绝缘电阻的比值，用 K 表示，即

$$K=R_{60s}/R_{15s} \qquad (ZY1800202001\text{-}2)$$

式中　R_{60s}、R_{15s}——加压 60s 和 15s 时的绝缘电阻，MΩ。

测量吸收比的试验叫做吸收比试验，它仅适用于电容量较大的设备（如变压器、发电机、电缆等），对其他电容量小的设备，因吸收现象不明显，故无实用价值。绝缘良好时吸收比应大于 1.3。绝缘受潮后吸收比值降低，因此它是判断绝缘是否受潮的一个重要指标。有时绝缘具有较明显的缺陷（如绝缘在高压下击穿），吸收比值仍然很好。所以，吸收比不能用来发现受潮、脏污以外的其他局部绝缘缺陷。

对于吸收过程较长的大容量设备（如变压器、发电机、电缆等），有时用 R_{60s}/R_{15s} 的吸收比值尚不足以反映绝缘介质的电流吸收全过程。为了更好地判断绝缘是否受潮，可采用 10min 和 1min（即 60s）时绝缘电阻的比值进行衡量，称为绝缘的极化指数，用 P 表示，即

$$P = R_{10min}/R_{1min} \qquad (ZY1800202001\text{-}3)$$

式中　R_{10min}、R_{1min}——加压 10min 和 1min 时的绝缘电阻，MΩ。

极化指数测量加压时间较长，其值与温度无关。根据规程规定，极化指数一般不小于 1.5。

二、绝缘电阻表的负荷特性

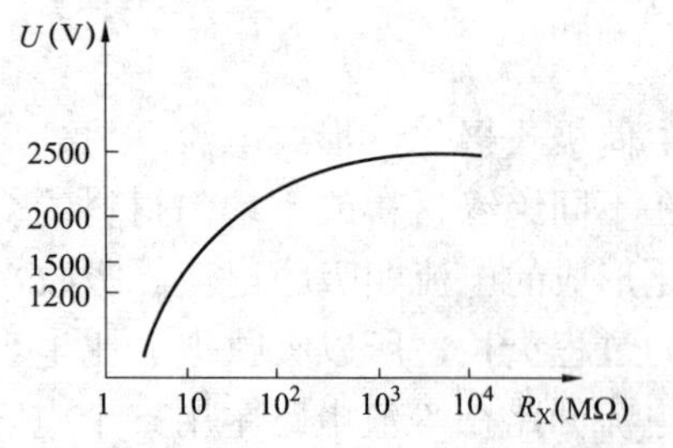

图 ZY1800202001-2　绝缘电阻表的负荷特性

绝缘电阻表的负荷特性是指绝缘电阻表所测的绝缘电阻值和端电压的关系曲线，如图 ZY1800202001-2 所示。当被试品绝缘电阻过低时，绝缘电阻表的端电压将显著下降。端电压剧烈下降时，测得的绝缘电阻值就不能反映绝缘的真实情况。因此，当绝缘电阻表的容量较小，测得的大容量设备的绝缘电阻准确性就较低。不同类型的绝缘电阻表，其负荷特性不同。因此对同一被试品用不同型号的绝缘电阻表，测量结果就有一定差异。所以，在测量绝缘电阻、吸收比和极化指数时，应选择最大输出电流 2mA 以上、在测量绝缘电阻范围内负荷特性平稳的绝缘电阻表，并且同类设备尽量采用同一型号的绝缘电阻表，这样才能得到正确的结果。

三、试验接线和步骤

（一）试验接线

测量时，绝缘电阻表的线路端子“L”接于被试设备的高压导体上，接地端子“E”接于被试设备的外壳或地上，屏蔽端子“G”接于被试设备的屏蔽环上，以消除表面泄漏电流的影响。被试品上的屏蔽环应接近加压的高压端而远离接地部分，减少屏蔽对地的表面泄漏，以免造成绝缘电阻表过负荷。

模块 1　ZY1800202001

屏蔽环可用熔丝或软铜线紧缠几圈而成。

（二）试验步骤

1. 选择绝缘电阻表

绝缘电阻表按其额定电压可分为 500V、1000V、2500V、5000V 等几种，因此应根据被试品的额定电压来选择绝缘电阻表，绝缘电阻表的额定电压过高，可能在测试中损坏被试品绝缘。

2. 检查绝缘电阻表

使用前应检查绝缘电阻表是否完好。

手摇式绝缘电阻表的检查方法是：将绝缘电阻表水平放置，当绝缘电阻表转速尚在低速旋转时，用导线瞬时短接“L”和“E”端子，指针应指“0”。再将“L”和“E”端子开路，驱动绝缘电阻表达额定转速（约 120r/min），指针应指“∞”。

指针式电动绝缘电阻表的检查方法是：将绝缘电阻表水平放置，当绝缘电阻表“L”和“E”端子开路时，合上电源开关，调整“∞”旋钮，其指针应指“∞”。再将绝缘电阻表“L”和“E”端子短路，合上电源开关，调整“0”旋钮，其指针应指“0”，断开电源开关。

数字式电动绝缘电阻表的检查方法是：先将绝缘电阻表水平放置，当绝缘电阻表“L”和“E”端子开路时，合上电源开关，其数字应显示最大值。然后将绝缘电阻表“L”和“E”端子短路，合上电源开关，其数字应显示“0”，断开电源开关。

如果绝缘电阻表的指示不对，则需调换或修理后再使用。

3. 对被试品断电和放电

对运行中的设备进行试验前，应确认该设备已断电，再对地进行充分放电。对电容量较大的被试品（如发电机、电缆、大中型变压器、电容器等），放电时间不少于 5min。放电时应用绝缘棒等工具进行，不得用手碰触放电导线。

4. 清洁被试品

用干燥清洁柔软的布擦去被试品外绝缘表面的脏污，必要时用适当的清洁剂洗净。

5. 接线

按上述的接线方法进行接线。接线中，由绝缘电阻表到被试品的连线应尽量短。

6. 测量绝缘电阻、吸收比和极化指数

接好线后，驱动绝缘电阻表达额定转速或接通绝缘电阻表电源，待指针稳定后（或 60s），读取绝缘电阻值。

测量吸收比和极化指数时，先驱动绝缘电阻表至额定转速，待指针指“∞”时，用绝缘工具将端子“L”立即接至被试品上，同时记录时间，分别读出 15s 和 60s（或 1min 和 10min）时的绝缘电阻值。

读数完毕以后，先断开接至被试品高压端的连接线，然后停止摇转，否则有可能由于被试品电容电流反充电而损坏绝缘电阻表。在试验大容量设备时更要注意这一点。

若测得的绝缘电阻值过低或三相不平衡时，应进行分解试验，查明绝缘不良部分。

7. 对被试品放电

测量结束后，被试品对地还应进行充分放电，对电容量较大的被试品，其放电时间同样不应少于 5min。

8. 记录

记录的内容包括被试品的名称、编号、铭牌规范、运行位置，被试绝缘的温度，试验现场的湿度，天气情况，试验日期，试验人员，使用仪表以及测量被试品所得的绝缘电阻、吸收比和极化指数值等。

四、影响因素

影响绝缘电阻的因素主要有以下几类：

1. 温度的影响

温度对绝缘电阻的影响很大，一般绝缘电阻是随温度上升而减小的。因为当温度升高时，绝缘介质中的极化加剧，电导增加，使绝缘电阻值降低。

2. 湿度和脏污的影响

湿度对表面泄漏电流的影响较大。绝缘表面吸附潮气，瓷套表面形成水膜，常使绝缘电阻显著降低。此外，由于某些绝缘材料有毛细管作用，当空气中的相对湿度较大时，会吸收较多的水分，电导增加，使绝缘电阻值降低。

绝缘表面的脏污也使其表面电阻大大降低，绝缘电阻显著下降。

3. 放电时间的影响

每测完一次绝缘电阻后，应将被试品充分放电，放电时间应大于充电时间，以便将剩余电荷放尽。否则，在重复测量时，由于剩余电荷的影响，其充电电流和吸收电流将比第一次测量时小，因而造成吸收比减小，绝缘电阻值增大的虚假现象。

4. 感应电压的影响

由于带电设备与停电设备之间的电容耦合，使停电设备带有一定电压等级的感应电压，感应电压对绝缘电阻测量的影响很大。当感应电压强烈时，可能损坏绝缘电阻表或造成指针乱摆，得不到真实的测量值；必要时应采取电场屏蔽等措施克服感应电压的影响。

五、对试验结果的分析判断

1. 绝缘电阻、吸收比和极化指数的数值

所测得的绝缘电阻、吸收比和极化指数的数值不应小于一般允许值（参照相关规程）。若低于一般允许值，应进一步分析，查明原因。

对电容量较大的高压电气设备的绝缘状况，主要以吸收比和极化指数的大小作为判断的依据。如果吸收比和极化指数有明显下降者，说明绝缘受潮或油质严重劣化。

2. 试验数值的相互比较

将所测的绝缘电阻、吸收比和极化指数，与该设备出厂、交接、历年、大修前后和耐压前后的数值进行比较，与其他同类设备比较，同一设备各相间比较，比较结果均不应有明显的降低或较大的差异，否则应引起注意，对重要的设备必须查明原因。

3. 应排除温度、湿度、脏污的影响

由于温度、湿度、脏污等条件对绝缘电阻的影响很明显，所以在对试验结果进行分析判断时，应排除这些因素的影响，特别应考虑温度的影响。应设法将不同温度下所测得的绝缘电阻换算到同一温度的基础上再进行比较。温度的换算可参考下式进行

$$R_2 = R_1 \times 1.5^{(t_1 - t_2)/10} \quad \text{（ZY1800202001-4）}$$

式中 R_1、R_2——温度为 t_1、t_2 时的绝缘电阻值，MΩ。

【思考与练习】

1. 什么叫绝缘电阻？什么叫吸收比？什么叫极化指数？测量绝缘电阻、吸收比和极化指数有何意义？

2. 什么叫绝缘电阻表的负荷特性？为什么在测量绝缘电阻、吸收比和极化指数时，同类设备应尽量采用同一型号的绝缘电阻表？

3. 影响绝缘电阻的因素有哪些？

4. 对绝缘电阻、吸收比和极化指数试验的结果，如何进行分析判断？

模块 2 直流泄漏及直流耐压试验（ZY1800202002）

【模块描述】本模块介绍直流泄漏及直流耐压试验的基本知识。通过原理讲解、要点归纳，掌握直流泄漏及直流耐压试验的目的和基本原理，试验接线及试验步骤，试验结果的分析判断，以及影响试验结果的因素。

【正文】

一、试验目的和原理

由绝缘电阻和吸收比试验可知，对于良好的绝缘，在直流电压作用下泄漏电流很小；同时，在同一

直流电压下，通过绝缘的电流随加压时间的延长而减小。

图 ZY1800202002-1 所示为发电机泄漏电流实测曲线。由图 ZY1800202002-1 可知，良好的绝缘，随外施直流电压的增加，由于离子运动速度加快，泄漏电流增加，但在不太高的电压范围内，泄漏电流随外施电压的增加成直线关系，而且上升较小，如图 ZY1800202002-1 曲线 1 所示；绝缘受潮以后，泄漏电流随外施电压上升很大，如图 ZY1800202002-1 曲线 2 所示；绝缘存在贯通的集中性缺陷时，当外施电压升高到一定的数值以后，泄漏电流激增，如图 ZY1800202002-1 曲线 3 所示；绝缘的集中性缺陷越严重，出现泄漏电流激增点的电压将越低，如图 ZY1800202002-1 曲线 4 所示。

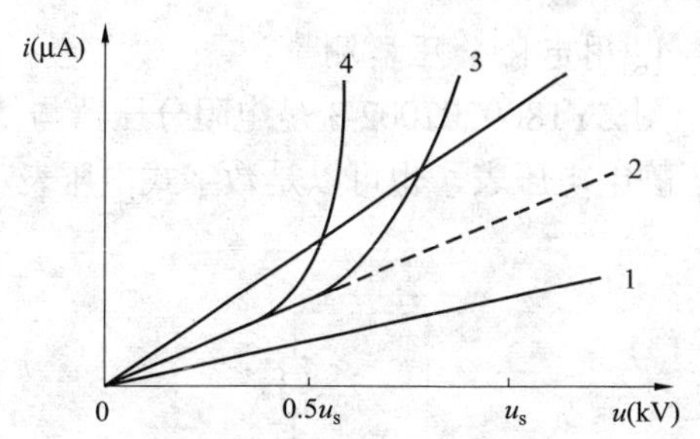

图 ZY1800202002-1　发电机典型泄漏电流曲线图

1—绝缘良好；2—绝缘受潮；3—绝缘中有集中性缺陷；4—绝缘中有危险的集中性缺陷；u—直流电压；u_s—直流耐压试验电压；i—泄漏电流

泄漏电流试验是指在一定的直流试验电压范围内，对绝缘施加不同数值的直流电压，并测量通过绝缘的相应泄漏电流，由电流的大小及电流与电压的关系曲线，就可以分析和判断绝缘的性能。

由上述得知，泄漏电流试验的原理与绝缘电阻试验是一致的。不过泄漏电流试验与绝缘电阻和吸收比试验相比较，具有下列优点：

（1）泄漏电流试验所用的直流试验电压是由高压整流设备供给，电压数值比绝缘电阻表的高，并且可以调节。对一定电压等级的设备绝缘可以施加相应的试验电压，这样绝缘本身的弱点就更容易显示出来。

（2）泄漏电流试验是用微安表来指示泄漏电流值，灵敏度高，读数比绝缘电阻表精确。

（3）根据泄漏电流测量值可以换算出绝缘电阻值，而用绝缘电阻表测出的绝缘电阻值，一般不能换算出泄漏电流值。这是因为根据绝缘电阻表的负荷特性，绝缘电阻表输出的端电压与被试品绝缘电阻值大小有关，不一定是绝缘电阻表铭牌标准电压。

（4）泄漏电流试验可以绘制出泄漏电流与加压时间的关系曲线和泄漏电流与所加电压的关系曲线，通过这些曲线可以判断绝缘状况。

总之，泄漏电流试验对于发掘绝缘的缺陷比绝缘电阻试验更为灵敏和有效。

直流耐压试验是对电气设备绝缘施加高出它的额定工作电压一定值的直流试验电压，并持续一定的时间，观察绝缘是否发生击穿或其他异常情况。直流耐压试验与泄漏电流试验的原理、接线与方法相同，故多同步进行。但两者作用不同，直流耐压试验是考验绝缘的耐电强度，其试验电压较高；直流泄漏电流试验是检查绝缘状况，试验电压较低。因此，直流耐压试验对于发现某些局部缺陷更有特殊意义。

二、直流高压的测量

直流高压的测量方法一般有以下几种：

1. 在试验变压器低压侧测量

当试验电源为正弦波时，可根据试验变压器的变比，将低压测电压的有效值折算到高压侧的有效值，然后乘以 $\sqrt{2}$，即为被测的直流高压值。

这种测量方法由于忽略了被试品的泄漏电流及保护电阻的压降等，精度不高。在对直流高压精度要求不高时可采用。

2. 用高压静电电压表测量

对不同范围的直流高压选用不同量程的高压静电电压表，可以直接测出直流高压值。

这种测量虽精度较高，但由于现场使用不便，一般在室内试验时采用。

3. 用高压电阻串联微安电流表测量

用高压电阻 R 串联微安电流表测量直流高压的接线如图 ZY1800202002-2 所示，其测量原理就是根据欧姆定律。

这种方法的优点是高压直接测量，测量范围很广，能测量数千伏至数万伏的电压。并且高电阻经过严格校定以后，精度也可以保证。

4. 用电阻分压器测量

图 ZY1800202002-3 是电阻分压器与低压电压表组成的测量系统的原理接线图。图上的电压表可以是低压静电电压表，也可以是数字式电压表。由低压电压表 PV 的指示值 U_2 可得到被测电压 U_1 的值，即

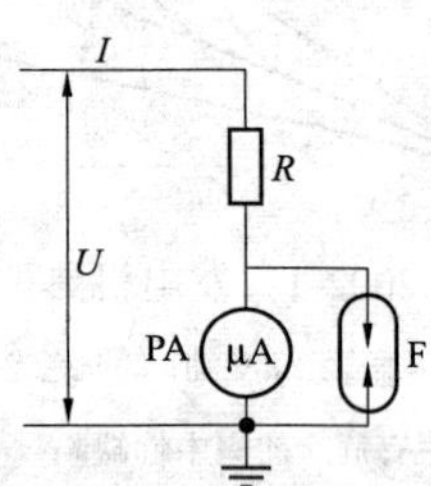

图 ZY1800402001-2 高压电阻串联微安电流表测量直流高压的接线
F—保护微安电流表的放电管；R—高压电阻

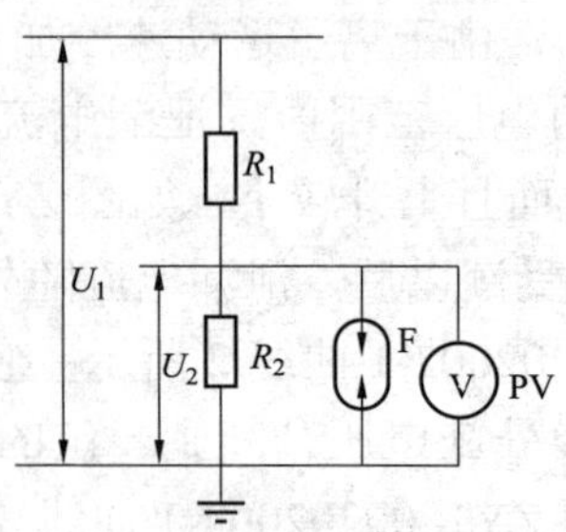

图 ZY1800202002-3 用电阻分压器测量直流高压的接线

$$U_1 = \frac{R_1 + R_2}{R_2} U_2 \qquad (ZY1800202002\text{-}1)$$

式中，R_1 和 R_2 分别为电阻分压器的高压臂电阻和低压臂电阻，此低压臂电阻 R_2 中包含低压电压表的输入电阻。如果低压电压表是静电电压表或者是高输入电阻的数字式电压表，则其输入电阻的影响可以忽略。为安全起见，可在 R_2 两端并联一低压放电管。

5. 用球隙测量

用球隙测量直流高压的方法与测量交流高压的方法基本相同。一般在直流电压很高时采用这种测量方法。

球隙测量装置结构简单，容易自制，但球隙测量准确度不高，一般精度可达±3%，用于室外时受强气流、灰尘等影响，使得放电较分散，测量较费时间，所以不宜在现场使用。

三、直流泄漏电流的测量

1. 直流泄漏电流的测量

当直流电压加至被试品的瞬间，流经试品的电流有电容电流、吸收电流和泄漏电流。电容电流是瞬时电流，吸收电流也在较长时间内衰减完毕，最后逐渐稳定为泄漏电流。故一般在试验时，先把微安电流表短路 1min，然后打开进行读数。对具有大电容的设备，在 1min 还不够时，可取 3～10min，或 直到电流稳定才记录。但不管取哪个时间，在对前后所得结果进行比较时，必须是相同的时刻。

2. 微安电流表的保护

严格说来，试验电压总是脉动的。脉动成分加在被试品上，就有交流分量通过微安电流表，因而使微安电流表指针摆动，难于读数，甚至使微安电流表过热烧坏（因它只反映直流数值，实际上交流数值也流经线圈）。试验过程中，被试品放电或击穿都有不能容许的脉冲电流流经微安表，因此需对微安电流表加以保护。常用的微安电流表保护接线如图 ZY1800202002-4 所示，其中电容 C 用以旁路交流分量，特别是高频冲击电流；S 是短路微安电流表的开关，读数时断开；放电管 F 用以保证在回路中出现不容许的大电流时，迅速放电而保护微安电流表，当大电流流经与微安电流表串联的增压电阻 R_1 时，其压降足以使放电管 F 动作，电阻 R_1 的数值为

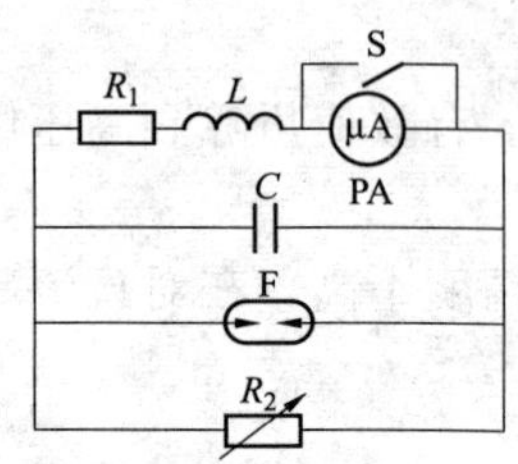

图 ZY1800202002-4 微安电流表保护接线图

$$R_1 = \frac{U_F}{I_{\mu A}} \times 1.2 \quad (M\Omega) \qquad (ZY1800202002\text{-}2)$$

式中 U_F——放电管实际的放电电压，V；

$I_{\mu A}$——微安电流表的满刻度电流值，μA。

限流电感线圈 L 的作用是当被试品击穿时，限制冲击电流并加速放电管的动作，通常取 L 值为几

十毫亨至 1H。

图 ZY1800202002-4 中的滤波电容 C 可用油浸纸电容（CZY），其电容量为 0.5～5μF。R_2 用以扩大量程，可用碳膜或金属膜电阻。微安电流表在高压侧时，短路开关可用尼龙拉线开关。

四、试验接线和步骤

（一）试验接线

泄漏电流试验的接线有多种方式，但按微安电流表所处位置的不同可以分为微安电流表处于低压侧和微安电流表处于高压侧的接线两种。

1. 微安电流表处于低压侧的接线

图 ZY1800202002-5 所示为微安电流表处于低压侧的试验接线。这种接线的优点是读数安全、切换量程方便。若采用图 ZY1800202002-5（a）的接线，由于回路的高压引线等对地的杂散电流以及高压试验变压器对地的泄漏电流等都经过微安电流表，使微安电流表的读数中包含了被试绝缘内部泄漏电流以外的电流，造成测量误差。虽然可以采用接入被试品前后、在同一数值试验电压下、读取 2 次泄漏电流值，然后用 2 次读数之差求得被试绝缘的泄漏电流，但仍存在一定的误差。因此在实际测试中，如果被试品的接地端可以打开，则微安电流表可接在被试品与地之间，如图 ZY1800202002-5（b）所示，需对从被试品到微安电流表的一段引线以及微安电流表采用屏蔽措施。如果被试品一端已直接接地，则可采用微安电流表处于高压侧的接线。

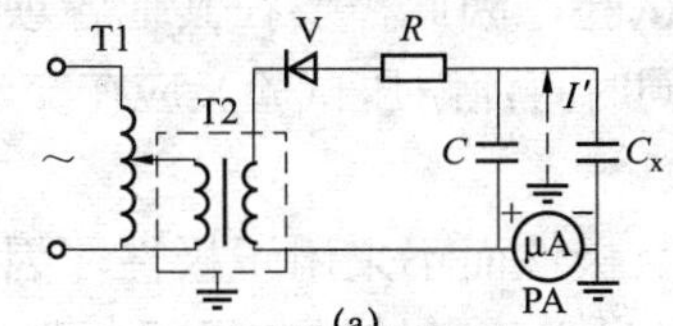

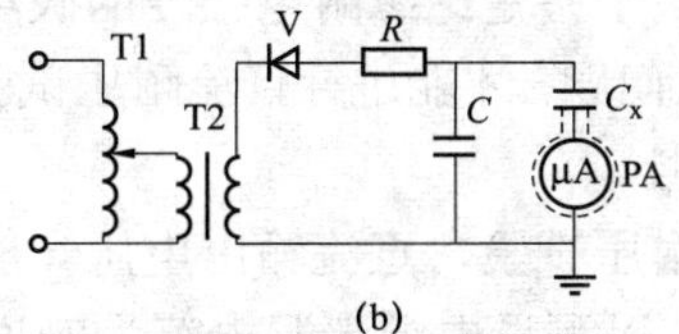

图 ZY1800202002-5　微安电流表接在低压侧的原理接线图

（a）被试品直接接地；（b）被试品对地绝缘

T1—调压器；T2—试验变压器；V—高压硅堆；R—保护电阻；C—滤波电容；C_x—被试品

2. 微安电流表处于高压侧的接线

图 ZY1800202002-6 所示为微安电流表处于高压侧的试验接线。这种接线由于高压试验变压器对地的泄漏电流不经过微安电流表；如果微安电流表以及从微安电流表到被试品的一段引线采用屏蔽措施（图 ZY1800202002-6 中均用虚线画出），则高压引线的杂散电流也不经过微安电流表，微安电流表所指示的即为流经被试绝缘的泄漏电流，因此测量比较准确。这种接线的缺点是：读数不方便；微安电流表必须有足够的绝缘，而且操作人员在试验过程中切换微安电流表的量程时，应采取相应的绝缘安全措施（如用绝缘棒），所以操作比较麻烦。

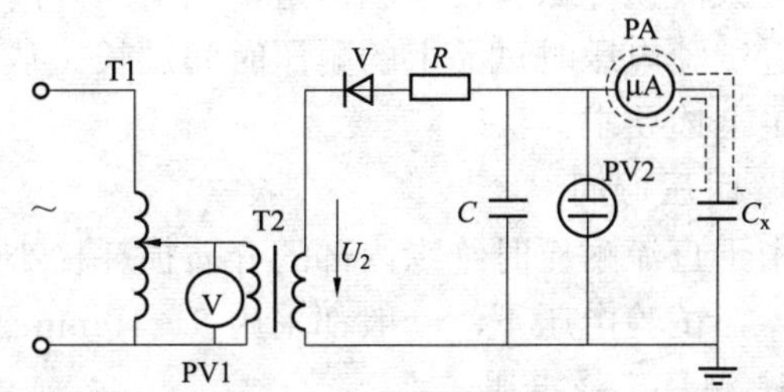

图 ZY1800202002-6　微安电流表接在高压侧的原理接线图

U_2—试验变压器二次输出电压；PV1—低压电压表；

PV2—高压静电电压表；PA—微安电流表

（二）试验步骤

1. 确定试验电压值

根据被试设备绝缘的情况，按照有关标准的规定，确定试验中应施加的直流试验电压值。如果泄漏电流试验结合直流耐压试验进行，则应施加的最高试验电压，应是直流耐压试验电压值。

2. 选择试验设备及试验接线方式

根据试验电压的大小、现有试验设备的条件，选择合适的试验设备及试验接线方式，并正确绘出试验接线图。

3. 现场布置和接线

对选择好的试验设备，结合试验现场情况，进行合适的布置，而后按接线图进行接线。接线完毕，应由第二人认真检查各试验设备的位置、量程是否合适，调压器指示应在零位，所有接线应正确无误。

4. 逐级升压和读取泄漏电流值

可按直流试验电压值的25%、50%、75%、100%等几个阶段逐级升压，每升高到一级电压时，停留一定时间（通常为 1min），待微安电流表指示稳定后，读取此级电压下的泄漏电流值。当电压升高到直流试验电压全值时，持续时间不得超过直流耐压规定的时间。

5. 降压、断电及放电

上述试验结束后，降压，切断高压电源，待被试品上的电压降至 1/2 试验电压以下时，将被试品经放电电阻接地放电，最后直接接地放电。对电容量较大的被试品，放电时间不应少于 5min。

在施加电压过程中，若发生击穿、闪络现象或微安表指示大幅度摆动等异常情况，应立即降低电压到零，断开电源，充分放电，而后分析查明原因。

6. 整理记录并绘制泄漏电流对电压的关系曲线

记录的内容包括被试设备的名称、编号、铭牌规范、运行位置，被试绝缘的温度，试验现场的湿度；试验过程中所施加的直流电压值和测量到的相应泄漏电流值等。将记录整理后，还应绘制泄漏电流对所施加的直流电压的关系曲线 $I=f(U)$。

五、直流耐压试验注意事项

1. 试验程序

直流耐压试验是属于鉴定绝缘耐电强度的破坏性试验，因此需要在其他各项非破坏性试验进行之后，并且没有发现什么问题，才能进行直流耐压试验。同时直流耐压试验又应在交流耐压试验之前进行。

2. 试验电压的极性

直流泄漏及直流耐压试验，直流输出电压一般为负极性而不采用正极性，因为直流输出电压的极性对试验结果有影响。以测量电缆泄漏电流为例说明：如果正极接缆芯导线，则绝缘中如有水分存在，将会因电渗透性作用使水分移向铅包，泄漏电流偏小，结果使缺陷不易发现。另外，负极性直流电压的击穿电压比正极性直流电压的击穿电压高，对绝缘的考核更严格。

3. 升压速度

对试验大电容的被试品（如电缆、电机、电容器等），电压的升高应以缓慢的速度进行，以免充电电流过大而损坏试验设备。但是，当电压升高到接近试验电压时，升压速度不能过于缓慢，以免造成在接近试验电压时试品上的耐压时间过长。从试验电压值的 75%开始，以每秒 2%的速度上升，通常能满足上述要求。

4. 耐压时间

由于直流耐压时绝缘内部的介质损耗极小，绝缘内部的局部放电不易发展，因此要求耐压的时间较长，在试验电压下，一般都采用 5～10min 耐压时间，有的可达 15min。

5. 测量绝缘电阻

直流耐压试验的前后，均应测量被试品的绝缘电阻，以了解耐压前后绝缘的变化情况。

六、影响因素

1. 温度的影响

温度升高，绝缘电阻下降，泄漏电流增大。不同材料、不同结构的试品，其变化特性不同。最好在被试品温度为 30～80℃时做试验，因为在这样的温度范围内泄漏电流变化较明显，而低温时变化较小。

2. 湿度和脏污的影响

当空气湿度大时，表面泄漏电流远大于体积泄漏电流，被试品表面脏污易于吸潮，使表面泄漏电流增加，所以必须擦净表面，并应用屏蔽电极。若采用高压侧测量，则屏蔽电极靠近高压端；若采用低压侧测量，则屏蔽电极靠近低压端，最好采用高压侧测量。

3. 残余电荷的影响

被试品绝缘中的残余电荷是否放尽，直接影响泄漏电流的数值。残余电荷极性与直流输出电压同极性时，泄漏电流有偏小误差；极性相反时，有偏大误差。因此，在试验前对被试品必须进行充分放电。

4. 高压连接导线的影响

由于与被试品连接的导线通常暴露在空气中（不加屏蔽时），被试品的加压端也暴露在外，所以周围空气有可能发生游离，产生对地的泄漏电流，尤其在海拔高、空气稀薄的地方，更容易发生游离，这种对地泄漏电流将影响测量的准确度。用增加导线直径、减少尖端或加防晕罩、缩短导线、增加对地距离等措施，可减少对测量结果的影响。

七、对试验结果的分析判断

对泄漏电流试验结果的分析判断与绝缘电阻和吸收比试验相类似，应着重从以下几方面进行：

1. 泄漏电流值

泄漏电流试验中所测得的泄漏电流值不应超出一般允许值（见相关规程）。若有明显超出，应查明原因。

2. 试验数值的相互比较

将泄漏电流数值与被试设备历次试验相应数据比较，同一设备各相间互相比较，与其他同类设备比较，都不应有显著的差异。否则应尽可能查明原因，并设法消除。同时在泄漏电流试验中，每一级试验电压下，泄漏电流不应随加压时间的延长而增大，否则说明绝缘存在一定的缺陷。

3. 分析泄漏电流对时间以及泄漏电流对电压变化的关系曲线

对于重要设备（如主变压器、发电机等），可作出泄漏电流对时间变化的关系曲线 $I=f(t)$和泄漏电流对电压变化的关系曲线 $I=f(U)$进行分析。

在耐压过程中，若泄漏电流随耐压时间的增长而上升，常常说明绝缘存在缺陷，如绝缘分层、松弛、受潮等。对于电缆一类绝缘，发现泄漏电流随耐压时间而上升时，通常还应再适当延长耐压时间，以进一步观察绝缘是否被击穿。

如果泄漏电流随电压增长较快或急剧上升，则表明绝缘不良或内部已有缺陷。

4. 应排除温度、湿度、脏污的影响

在对泄漏电流试验结果进行分析判断时，和绝缘电阻试验一样，应排除温度、湿度、脏污等因素的影响。最好在以往试验相近的温度条件下进行测量，以便于进行分析比较。

5. 耐压前后绝缘电阻值的变化

如果耐压以后的绝缘电阻值比耐压前的显著降低，则说明绝缘有问题，甚至已在试验电压下击穿。

【思考与练习】

1. 什么是泄漏电流试验？什么是直流耐压试验？两者有何异同？
2. 直流高压的测量方法一般有哪几种？
3. 直流泄漏电流测量时应注意哪些问题？
4. 画出微安电流表处于低压侧和微安电流表处于高压侧的泄漏电流和直流耐压试验的接线，并说出其特点。
5. 影响泄漏电流试验的因素有哪些？

模块 3　介质损耗角正切值 tanδ 试验（ZY1800202003）

【模块描述】本模块介绍介质损耗角正切值 tanδ试验的基本知识。通过原理讲解、要点归纳，掌握介质损耗角正切值 tanδ试验的目的和基本原理，试验接线及试验步骤，试验结果的分析判断，以及影响试验结果的因素；熟悉西林电桥的基本工作原理。

【正文】

介质损耗角正切值 tanδ试验，习惯上简称介损试验，介质损耗角正切值 tanδ简称介损值，也称为介质损耗因数。在绝缘预防性试验中，介损试验是一种使用较多，而且是判断绝缘性能较为有效的方法。

一、试验目的和原理

在交流电压的作用下，流过介质的电流由无功电流 I_C 和有功电流 I_R 两部分组成。对一定尺寸结构的电介质，在一定的电压下，tanδ的大小反映了介质损耗的大小。

当电气设备的绝缘普遍受潮、脏污或老化以及绝缘中有气隙发生局部放电时，流过绝缘的有功电流分量 I_R 将增大，tanδ也增大。这样通过测量绝缘的 tanδ值，可以反映出整个绝缘的分布性缺陷。

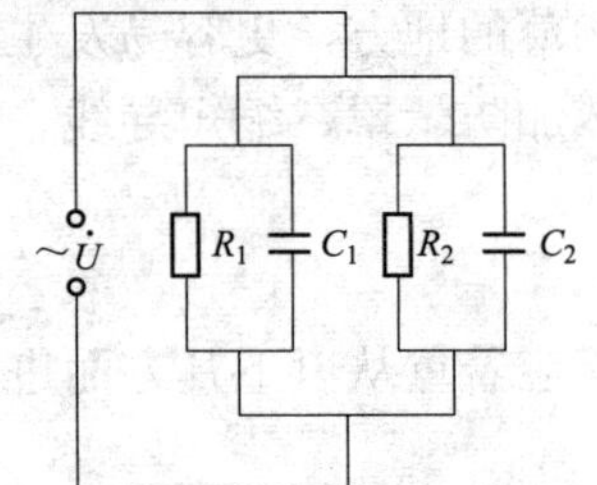

图 ZY1800202003-1 介质的并联等值电路图

如果绝缘内的缺陷不是分布性的，而是集中性的，则测量 tanδ的方法有时反映就不很灵敏。被试绝缘的体积越大，就越不灵敏。对此可以作如下的论证：

带有集中性缺陷的绝缘是不均匀的，可以把它看成由两部分介质并联组成的绝缘，如图 ZY1800202003-1 所示，其中 R_1、C_1 表示无缺陷部分；R_2、C_2 表示有缺陷部分。其整体的介质损耗为这两部分的介质损耗之和，即

$$P=P_1+P_2$$

即

$$\omega CU^2\tan\delta=\omega C_1U^2\tan\delta_1+\omega C_2U^2\tan\delta_2$$

$$\tan\delta=\frac{C_1\tan\delta_1+C_2\tan\delta_2}{C}=\frac{C_1}{C}\tan\delta_1+\frac{C_2}{C}\tan\delta_2 \qquad \text{(ZY1800202003-1)}$$

当整体绝缘的体积很大，而有缺陷部分的体积很小时，即 $C\gg C_2$，于是 $\frac{C_2}{C}\tan\delta_2$ 就很小，在测整体的 tanδ时很难发现。只有绝缘缺陷部分的体积越大，C_2 越大，$\frac{C_2}{C}\tan\delta_2$ 才会越大，其整体的 tanδ 才会反映明显。

因此，对电机、电缆这类电气设备的绝缘，因为运行中的缺陷多为集中性的，加之整体绝缘体积较大，tanδ法反映缺陷的效果较差，所以在预防性试验中通常不做这项试验。而对于套管绝缘，因为整体体积小，tanδ不仅可以反映套管绝缘的全面情况，而且有时可以检查出其中的集中性缺陷，所以对于套管绝缘，tanδ法就是一项必不可少的有效试验。此外，测量 tanδ对于检查电力变压器、互感器、电力电容器等设备的绝缘缺陷也有一定的效果。

也正是由于缺陷部分在整体绝缘中所占体积越大，tanδ测量法越容易反映绝缘的缺陷，所以对于可以分解为各个部分的被试品，常先将其分解后，再采用 tanδ测量法，以更有效地发现缺陷。

二、西林电桥的工作原理

目前测量介损使用较普遍的仪器有西林电桥、不平衡电桥（M 型介质试验器）和数字式自动介损测试仪等。本模块主要介绍西林电桥的工作原理。

如图 ZY1800202003-2 所示，西林电桥主要由 CA、CB、AD、BD 四个桥臂组成：CA 为被试品的等值电路（C_x、R_x 并联电路）；CB 为无损空气电容器 C_N（其 tan$\delta\approx0$）；AD 为无感可变电阻 R_3；BD 由无感电阻 R_4 和可变电容 C_4 并联组成。此外在对角线 AB 上接入检流计 G。外施交流电压一般为几千伏到 10kV。

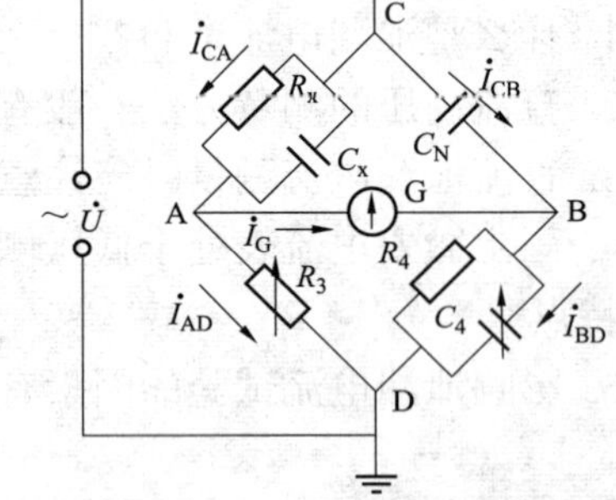

图 ZY1800202003-2 西林电桥的原理接线图

如果电桥不平衡，那么检流计 G 中有电流流过，即 $I_G\neq0$；调节 R_3、C_4，使电桥达到平衡，即通过检流计的电流 $I_G=0$，于是桥臂的阻抗关系为

$$Z_{CA}Z_{BD}=Z_{CB}Z_{AD} \qquad \text{(ZY1800202003-2)}$$

经推导可得

$$\tan\delta=\frac{1}{\omega C_xR_x}=\omega C_4R_4 \qquad \text{(ZY1800202003-3)}$$

$$C_x=\frac{R_4C_N}{R_3}\cdot\frac{1}{1+\tan^2\delta}\approx\frac{R_4C_N}{R_3}(\text{当}\tan\delta\ll1) \qquad \text{(ZY1800202003-4)}$$

当电源频率 f=50Hz 时，$\omega=2\pi f=100\pi$。为便于计算和读数，在电桥制造时，即将 R_4 的数值取为 10 000/π= 3184（Ω），于是

$$\tan\delta=\omega R_4C_4=10^6C_4$$

模块 3 ZY1800202003

如果 C_4 的单位以μF 表示，当调节西林电桥达到平衡时，C_4 的数值（微法数）就等于被试品的 $\tan\delta$ 值。在电桥面板的分度盘上，C_4 的数值直接以 $\tan\delta$（%）来表示，读取数值极为方便。

测量被试品的电容量 C_x，有时对于判断其绝缘状况也是有价值的。例如，对于电容型套管，如果 C_x 明显增加，常表示内部电容层间有短路现象，或是有水分浸入。如果 C_x 明显减小，常表示内部渗油严重或层间有断线，C_x 可按式（ZY1800202003-4）求得。

三、试验接线和步骤

（一）试验接线

用西林电桥测量 $\tan\delta$ 时，常用的接线方式有正接线和反接线两种。

1. 正接线

图 ZY1800202003-3（a）所示为西林电桥正接线原理图；图 ZY1800202003-3（b）所示为 QS1 型西林电桥正接线示意图。正接线时，交流高电压由被试品 Z_x 的一端加入，电桥处于低压端，操作比较安全方便，而且电桥内部不受强电场干扰，所以准确度较高。采用这种接线，被试品一端接高压，另一端接至电桥的低压端，被试品必须与地绝缘。现场对有“末屏”的电气设备（如电流互感器、电容式电压互感器、套管、耦合电容器等），都采用正接线进行测量。

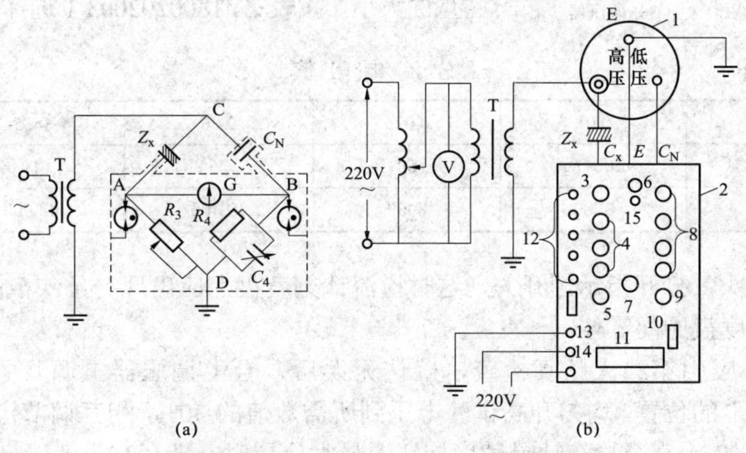

图 ZY1800202003-3　西林电桥正接线图

（a）西林电桥正接线原理图；（b）QS1 型电桥正接线示意图

1—标准电容器；2—电桥面板；3—分流器；4—C_4 调节旋钮；5—极性开关；6—检流计频率调节旋钮；7—滑线电阻；8—R_3 调节旋钮；9—检流计灵敏度调节旋钮；10—指示灯开关；11—检流计；12—低压法测量接线柱；13—接地端钮；14—电源插头；15—检流计调零旋钮

2. 反接线

图 ZY1800202003-4（a）所示为西林电桥反接线原理图；图 ZY1800202003-4（b）所示为 QS1 型

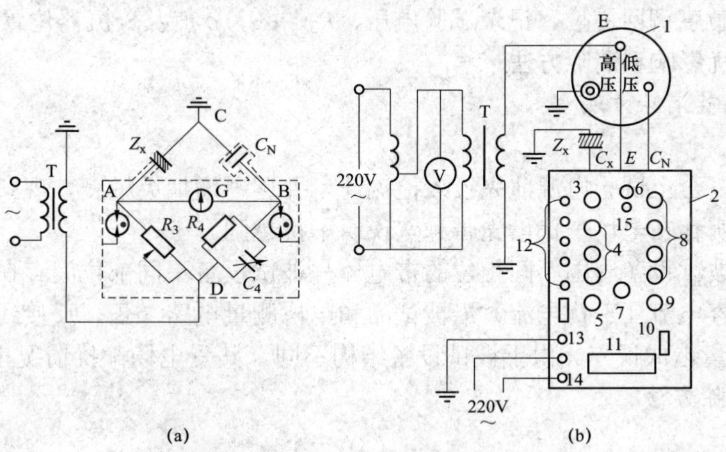

图 ZY1800202003-4　西林电桥反接线图

（a）西林电桥反接线原理图；（b）QS1 型电桥反接线示意图

注：图注同图 ZY1800202003-3。

西林电桥反接线示意图。反接线时，交流高压从电桥的“D”端加入，被试品一端接电桥测量端，另一端接地。反接线在现场一般用于被试品无“末屏”的电气设备（如变压器、分级绝缘的电压互感器等）。但是这种接线，标准电容器外壳和电桥内 R_3、C_4 均处于高压下，所以为了保证安全，必须采取相应的安全措施，操作者应站在绝缘垫上进行操作，电桥外壳必须可靠接地。

（二）试验步骤

西林电桥各种接线方式测量 $\tan\delta$ 的操作步骤基本相同，下面介绍用 QS1 型西林电桥测量 $\tan\delta$ 的一般操作步骤：

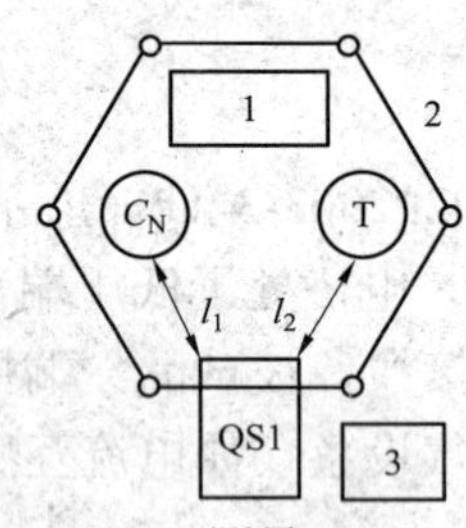

图 ZY1800202003-5 测量 $\tan\delta$ 的设备布置图

1—被试品；2—可移式围栏；3—调压器

（1）根据现场试验条件、试品类型选择合适的接线方式，合理安排试验设备、仪器仪表及操作人员位置和安全措施。一般接线设备布置如图 ZY1800202003-5 所示。标准电容 C_N 和试验变压器 T 离 QS1 电桥的距离 l_1、l_2 应不小于 0.5m。

（2）将 C_4、检流计灵敏度等调节旋钮置于零位，R_3 不能小于 50Ω、极性开关置于“断开”位置。根据被试品电容量的大小，按表 ZY1800202003-1 选择电桥分流器的位置。

表 ZY1800202003-1　　分 流 电 阻 值

分流位置	0.01	0.025	0.06	0.15	1.25
分流电阻（Ω）	100+R_3	60	25	10	4
可测最大电容值（pF）	3000	8000	19 400	48 000	40 000

（3）合上电源插头，打开指示灯开关，这时检流计刻度盘上应出现一条狭窄的光带，用检流计调零旋钮将光带调到刻度盘中间零位。

（4）接好线后，应由第二人认真检查，确认无误后，合上调压器电源开关，把极性开关旋到“+$\tan\delta$”、“接通 1”的位置，均匀升高试验电压到所需数值的 30%，相互调节检流计频率调节旋钮、检流计灵敏度旋钮及 R_3，直至检流计灵敏度旋钮置最大位置时（即“10”），光带放置最大。然后降压，断开调压器电源，将检流计灵敏度旋钮置最小位置。

（5）合上调压器电源开关，将电压升至试验电压，调节检流计灵敏度，使狭窄光带放大扩宽，直到占据总刻度的 1/3～1/2 为止。

（6）调节 R_3，使光带缩小，再调节 C_4，使光带进一步缩小；增大检流计灵敏度，再反复调节 R_3 和 C_4，直到检流计灵敏度调到最大位置（即“10”）；再进一步细调 R_3、C_4 以及滑线电阻 ρ，直至光带缩小到最窄（通常不超过 4mm），这时称电桥达到平衡。

（7）将检流计灵敏度调回零位。记录试验电压、R_3、C_4、ρ 值及分流器位置。

四、电磁场的干扰影响和消除方法

（一）电场干扰及其消除方法

1. 电场干扰

电桥接线完成后，合上试验电源前先投入检流计，并逐渐增加灵敏度，观察检流计。如果检流计光带明显扩宽，则证明存在电场干扰，光带越宽说明干扰越强。

电场干扰是由于被试设备周围不同相位的带电体与被试设备不同部位间存在耦合电容引起的。这些不同部位的耦合电容电流（干扰电流）沿被试品和电桥测量电路（正、反接线）流过，形成电场干扰，对现场 $\tan\delta$ 的测量造成误差。由于被试设备结构不同，其受电场干扰情况也不同。

2. 电场干扰的消除方法

（1）屏蔽法。

在部分停电的现场，对可能受到邻近带电物体电场影响的被试品，特别是直接与电桥连接的暴露的被试品电极，在可能条件下用内侧有绝缘层的金属罩、铝箔等加以屏蔽，屏蔽罩（箔）接地，以减少电场干扰的影响。此方法仅适用于体积较小的设备（如套管、互感器等）。由于现场屏蔽费工、费时，且对测量结果有影响，一般不采用。

（2）选相倒相法。

利用选相倒相法可以通过计算的方法消除干扰电流对被试品从高压端、中间电容屏或末端电容耦合的影响。一般情况下，测量时将电源正、反倒相各测一次即可，若作反接线测量，且测得的 tanδ≥15%时，应将电源另选一相测试，使 tanδ≤15%为止。

1）当 tanδ＜10%时，实际 tanδ_x 可简略地按下式计算

$$\tan\delta_x = \frac{R_{32}\tan\delta_1 - R_{31}\tan\delta_2}{R_{31}-R_{32}} \qquad \text{(ZY1800202003-5)}$$

$$C_x = \frac{C_N R_4}{2}\times\frac{R_{32}+R_{31}}{R_{31}R_{32}} \qquad \text{(ZY1800202003-6)}$$

式中　tanδ_1、tanδ_2——倒相前、后的介质损耗角的正切值；

R_{31}、R_{32}——倒相前、后的电阻 R_3 值。

应用选相倒相法所引起的误差应在一般高压电桥允许的误差范围内。

2）当 tanδ出现一正、一负情况时，实际 tanδ_x 可简略地按下式计算。

先将负 tanδ（即 tanδ_2）进行换算

$$-\tan\delta_2 = \tan\delta_2\times\omega\times(R_3+\rho)\times10^{-6} \qquad \text{(ZY1800202003-7)}$$

再用下式计算实际 tanδ_x

$$\tan\delta_x = \frac{\tan\delta_1 - |-\tan\delta_2|}{2} \qquad \text{(ZY1800202003-8)}$$

$$C_x = \frac{C_1+C_2}{2} \qquad \text{(ZY1800202003-9)}$$

3）当 tanδ出现两负情况，可以将电源换相、倒相测试，直至出现上述 1）、2）情况，再采用相应公式进行换算以得到实际 tanδ_x 值。

除了以上两种方法外，电场干扰的消除方法还有移相法、干扰平衡法等。随着技术的发展，测试设备抗干扰能力有了很大的提高，一些新技术不断应用在现场工作中，如异频分析等。

（二）磁场干扰及其消除方法

1. 磁场干扰

当电桥靠近大电流母线、电抗器、阻波器等漏磁通较大的设备时，可能会受到磁场干扰。磁场干扰通常是由于磁场作用于电桥测量回路所引起的。进行现场测试时，可将西林电桥检流计的极性转换开关放在“断开”位置，观察光带扩展的宽度，宽度较大即说明有磁场干扰。磁场干扰将造成 tanδ值的测量误差。

2. 磁场干扰的消除方法

为了消除磁场干扰的影响，一般可将电桥移动位置，即可移到磁场干扰较小或影响范围以外。若不可能，则在检流计极性转换开关处于两种不同位置时，调节电桥平衡，求得每次平衡时的 tanδ及电容值。然后再求取两次的平均值，以消除磁场干扰的影响。

五、影响因素

绝缘介质的 tanδ值除受试品本身的绝缘状况、结构、介质材料、有无分布性缺陷以及电磁场干扰等影响外（不考虑频率的影响，是因为外加电压频率基本不变），还受到以下因素的影响。

1. 温度的影响

温度对 tanδ测量影响较大，影响的程度随试品绝缘材料、结构及本身绝缘状况的不同而异。一般情况下，tanδ是随温度上升而增加的。现场试验时，设备温度是变化的，为便于比较，应将不同温度下测得的 tanδ值换算到 20℃，其换算公式为

$$\tan\delta_{20℃}=K\tan\delta \qquad \text{(ZY1800202003-10)}$$

式中 $\tan\delta_{20℃}$、$\tan\delta$——20℃时和不同测量温度时的介质损耗角正切值的实测值；

K——温度换算系数。

应当指出，由于被试品真实的平均温度是很难准确测定的，换算系数也不是十分符合实际，故换算后往往有很大误差，仅在10～30℃时进行换算才比较准确。

有些绝缘材料在温度低于某一临界值时，其 $\tan\delta$ 可能随温度的降低而上升；而潮湿的材料在0℃以下时水分冻结，$\tan\delta$ 会降低。所以过低温度下测得的 $\tan\delta$ 不能反映真实的绝缘状况，容易导致错误的结论。因此测量 $\tan\delta$ 应在不低于5℃时进行。

2. 湿度和脏污的影响

$\tan\delta$ 与湿度的关系很大。介质受潮脏污后，表面泄漏增大，还会出现夹层极化，因而 $\tan\delta$ 将大为增加。这对于多孔的纤维性材料（如纸等）以及极性电介质，效果特别显著。

消除影响的方法可采用加屏蔽环、即用软裸铜线紧贴在被试品表面缠绕成屏蔽环，并与电桥的屏蔽连接，使表面泄漏电流不经桥臂直接引回电源或由电源供给。这种方法会改变被试设备表面电场分布，其测量的 $\tan\delta$ 值及 C_x 值与实际的有误差。最好将被试品表面清洁、干燥来消除湿度和脏污的影响。

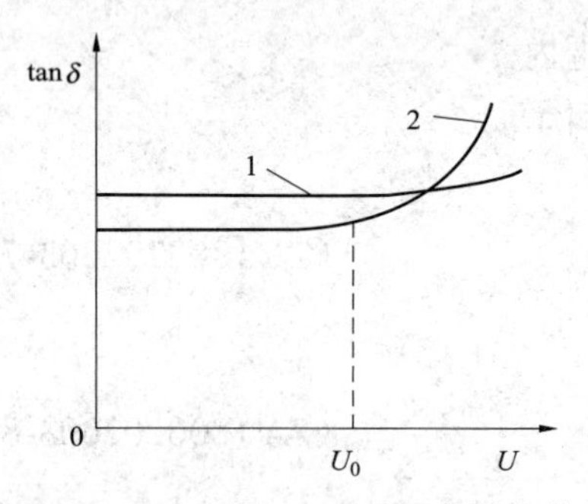

图 ZY1800202003-6 $\tan\delta$ 与电压的关系

3. 试验电压的影响

良好绝缘的 $\tan\delta$ 不随电压的升高而明显增加。若绝缘内部有缺陷，则其 $\tan\delta$ 将随试验电压的升高而明显增加，如图ZY1800202003-6所示。

图ZY1800202003-6中曲线1是绝缘良好的情况。在击穿电压以下，随电压升高，在有功电流 I_R 增加的同时，无功电流 I_C 也成正比地增加，因此 $\tan\delta$ 几乎不随电压的升高而增加。

图ZY1800202003-6中曲线2是绝缘老化，或内部有分层、裂缝以及其他原因使绝缘中含有气体时的情况。气体的游离电压较低，当外施电压高于气体的游离电压 U_0 时，气体发生游离放电，有功电流 I_R 增加，损耗增加，$\tan\delta$ 会迅速增大。

4. 被试品电容的影响

对电容量较小的设备（如套管、互感器、耦合电容器等），测 $\tan\delta$ 能有效地发现局部集中性的和整体分布性的缺陷。但对电容量较大的设备（如大中型变压器、电力电缆、电力电容器、发电机等），测 $\tan\delta$ 只能发现绝缘的整体分布性缺陷。因为局部集中性缺陷所引起的损耗增加只占总损耗的极小部分而被掩盖，这和被试品电容量有关，见式（ZY1800202003-1）。因此，当进行现场测试时，能分解试验的尽量分解试验，通过减小整体绝缘的体积（即减小被试品的电容量），提高反映局部缺陷的灵敏度。

六、对试验结果的分析判断

对介损试验中所测出的 $\tan\delta$ 值进行判断时，与绝缘电阻和泄漏电流试验的判断相类似，应着重从以下几方面进行。

1. $\tan\delta$ 值的判断

测得的 $\tan\delta$ 值不应超出有关标准的规定。若有超出，应查明原因，必要时应对被试品进行分解试验，以便查出问题所在，并进行妥善处理。

2. 试验数值的相互比较

将所测得的 $\tan\delta$ 值与被试设备历次所测得的 $\tan\delta$ 值相比较；与其他同类型设备相比较；同一设备各相间比较。即使 $\tan\delta$ 未超出标准规定，但在上述比较中，有明显增大时，同样应加以重视。

3. 测试 $\tan\delta$ 对电压的关系曲线

必要时可通过测量 $\tan\delta$ 与外施电压的关系曲线，即 $\tan\delta=f(U)$ 曲线，观察 $\tan\delta$ 是否随电压上升，用以判断绝缘内部有无分层、裂缝等缺陷。

4. 应排除温度、湿度、脏污的影响

在对 $\tan\delta$ 进行分析判断时，应充分考虑温度、湿度、脏污的影响，特别是温度的影响。在有关规程标准中，一般都规定了一定温度下的 $\tan\delta$ 标准数值。例如，对额定电压为110kV及以上的变压器绕组连同套管一起的 tanδ标准为：大修后所测得的数值，在 20℃时不得大于 1.5%；30℃时不得大于 2%；40℃时不得大于 3%等。所以，若条件许可，最好能在标准规定的相同或相近温度下进行试验。在相互比较时，也应在相同温度的基础上进行。

【思考与练习】

1. 为什么介损试验对大体积绝缘中的集中性缺陷反映不很灵敏？
2. 画出西林电桥的正、反接线，并比较其特点。
3. 简述用 QS1 型西林电桥测量 tanδ的操作步骤。
4. 影响介质损耗角正切值 tanδ的因素有哪些？

模块 4　工频交流耐压试验（ZY1800202004）

【模块描述】本模块介绍工频交流耐压试验的基本知识。通过原理讲解、要点归纳，了解交流耐压试验的意义和特点、交流高压的测量，熟悉交流耐压时的“容升”现象及消除方法、串联补偿法、并联补偿法及串并联补偿法，掌握工频交流耐压试验的试验接线和试验步骤、试验结果的分析判断。

【正文】

一、交流耐压试验的意义和特点

工频交流耐压试验是对电气设备绝缘施加高出它的额定工作电压一定值的工频试验电压，并持续一定的时间（一般为 1min），观察绝缘是否发生击穿或其他异常情况。交流耐压试验对绝缘的考验是相当严格的，通过这项试验，可以发现很多绝缘缺陷，尤其是对集中性绝缘缺陷的检查更为有效；可以鉴定电气设备的耐电强度，判断电气设备能否继续运行。交流耐压试验是保证电气设备绝缘水平，避免发生绝缘事故的重要手段。

此外，由于分层介质在交、直流电压下的电压分布是不相同的，交流电压是按介质的电容成反比分布，直流电压是按介质的电阻成正比分布。因此，交流耐压试验符合设备绝缘实际运行情况，能更有效地发现绝缘缺陷。所以说，交流耐压试验在电气设备绝缘的各项试验中，是一项具有决定意义的试验。

但交流耐压试验有一重要的缺点，即对于固体有机绝缘，在较高的交流电压作用时，会使绝缘中的一些弱点更加发展（而在耐压试验中还未导致击穿），这样交流耐压试验本身会引起绝缘内部的累积效应（每次试验对绝缘所造成的损伤迭加起来的效应）。因此，恰当地确定试验电压值是一个重要的问题。所施加的试验电压，一方面要求能有效地发现绝缘中的缺陷，另一方面又要避免试验电压过高而引起绝缘内部的损伤。实际上，根据各种设备的绝缘材料和可能遭受的过电压倍数，在有关规程中已规定了相应的工频交流耐压试验值。

二、交流耐压时的“容升”现象及消除方法

交流耐压时，由于试验变压器具有较大的漏抗，在电容性负载的情况下将会产生明显的“容升”现象。即实际作用到试品上的电压值会超过按变比换算到试验变压器高压侧所输出的电压值。试品的电容及试验变压器的漏抗越大，则“容升”现象越明显。

试验变压器对被试品进行耐压时的简化等值电路及相量图如图 ZY1800202004-1 和图 ZY1800202004-2 所示。其中，R 为变压器的电阻，X_L 为变压器的漏抗，X_C 为被试品容抗，$\dot{U}$ 为交流电源电压，$\dot{U}_C$ 为被试品上的电压。在通常情况下，$X_C > X_L$，回路呈容性状态，被试品上的电压 U_C 将大于电源电压 U。而且被试品的电容量越大，则被试品上电压 U_C 较电源电压 U 升高的越多。

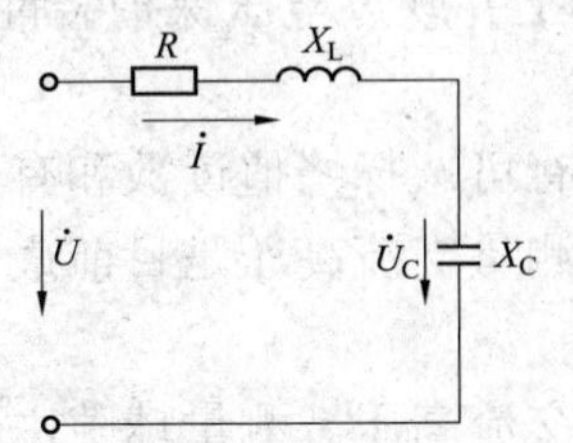

图 ZY1800202004-1　简化等值电路图

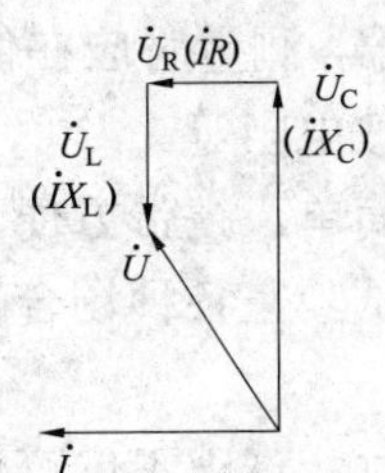

图 ZY1800202004-2　“容升”现象的电压相量图

对于大容量被试品，为了避免“容升”现象给试验带来的影响，在试验时应尽量在高压侧直接测量，以克服试验电压的测量误差。

三、交流高压的测量

交流高压的测量方法可分为低压侧测量和高压侧测量两类。被试品电容量较小时，如油断路器、瓷绝缘子、绝缘用具等，试验电压可在低压侧测量；而当被试品的电容量较大及对电压幅值及波形要求较高时，试验电压必须在高压侧测量。

对试验电压波形的正弦性有怀疑时，可测量试验电压的峰值与有效（方均根）值之比，此比值应在$\sqrt{2}\pm0.07$的范围内，则认为试验结果不受波形畸变的影响。因此，当波形较好时，可用有效值表计测量，而当波形畸变时，宜采用测峰值的表计进行测量。

1. 在试验变压器低压侧测量

对于一般瓷绝缘子、断路器、绝缘用具等，可测取试验变压器低压侧的电压，再通过变比换算至高压侧电压。

这种方法测量简便，但测量准确度不高。不论用什么方法测量电压，都应在低压侧同时测量，这是为了监测和对比升压过程是否正确。

2. 用高压静电电压表测量

将高压静电电压表与被试品并联，即可直接测量出交流高压的有效值。

目前国产的有 30、100、200kV 的静电电压表，对于 100kV 及以上的静电电压表，电极都暴露在外面，测量时受外界电磁场的影响较大。在一般使用时，在静电电压表接入测量回路之前，先将电压升到略小于试验电压的数值，观察静电电压表有无指示，如有指示，说明有电磁场干扰，应设法屏蔽或避开强电磁场区域。因此，这种测量方法多用于试验室内，现场不宜采用。

3. 用电压互感器测量

将电压互感器的一次侧（即高压侧）并联在被试品的两端，在其二次侧（即低压侧）接电压表测量电压，根据测得的电压和电压互感器的变比计算出高压侧的电压。

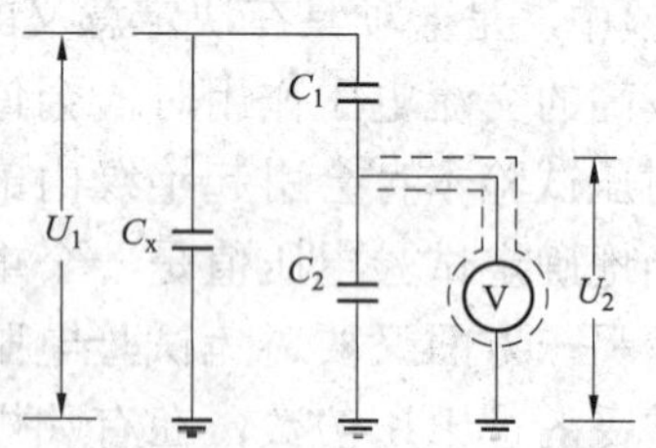

图 ZY1800202004-3 电容分压器测量原理接线图

这种方法测量简单，准确度高，但测量电压不宜太高。否则，要求电压互感器的一次电压高，电压互感器体积大，成本高，且不易携带。

4. 用电容分压器测量

电容分压器测量原理接线如图 ZY1800202004-3 所示，由高压臂电容 C_1 与低压臂电容 C_2 串联组成分压器，用电压表测量 C_2 上的电压 U_2，然后按分压比算出被侧高压 U_1。此分压器的分压比 K_U 为

$$K_U=\frac{U_1}{U_2}=\frac{C_1+C_2}{C_1}$$

$$U_1=K_U U_2=\frac{C_1+C_2}{C_1}U_2 \qquad \text{(ZY1800202004-1)}$$

当 $C_2 \gg C_1$ 时有

$$U_1\approx\frac{C_2}{C_1}U_2$$

为了保护测量仪器，测量时应在低压臂电容 C_2 上或测量仪器上并联过电压保护装置，如适当电压的放电管或氧化锌压敏电阻等。

电容分压器结构简单，携带方便，精度较高，有的分压器具有可选择峰值读数和有效值读数的选择键，适合于现场和试验室各种场合使用。所以，用电容分压器测量交流高压是目前最常用的方法。

5. 用球隙测量

在交流耐压试验时，球隙不仅可作过电压保护用，还可测量交流高压。测量球隙由一对相同直径的铜球构成。球隙测量高压的原理是在一定的大气条件下，一定直径的铜球，球隙间的放电电压决定

于球隙距离。因此，可以用球隙直接测量交流高压、直流高压、冲击高压的峰值。

用球隙测量高压时，只有当球隙放电时，才能从球隙放电电压表中查得电压。球隙距离 d 和球的直径 D 应保持 $0.05D \leqslant d \leqslant 0.5D$，才能保证准确度，且球表面应清洁、光滑、干燥，在正式测量之前，应进行几次预放电，以使放电电压稳定。在球隙周围不应有其他任何物体。每次放电必须跳闸，放电时可能产生振荡，也可能引起过电压，所以球隙测量电压不大方便。常用球隙来校定别的测量仪器的测量结果，即做校定曲线。有了校定曲线，就可从仪表的指示读数，随时知道升压过程中的电压值。

球隙测量装置结构简单，容易自制，但球隙测量准确度不高，用于室外时受强气流、灰尘等影响，放电较分散，测量较费时间，所以不宜在现场使用。

四、试验接线、步骤和注意事项

（一）试验接线

图 ZY1800202004-4 所示为交流耐压试验的原理接线。实际的试验接线应根据被试品的要求（电压、容量）和现有试验设备条件来确定。当被试品击穿，通过电流表 A2 的电流一般会急剧地上升，此时试验变压器低压侧的电流也要上升，若过流继电器的整定值合适，电磁开关 K2 要断开。

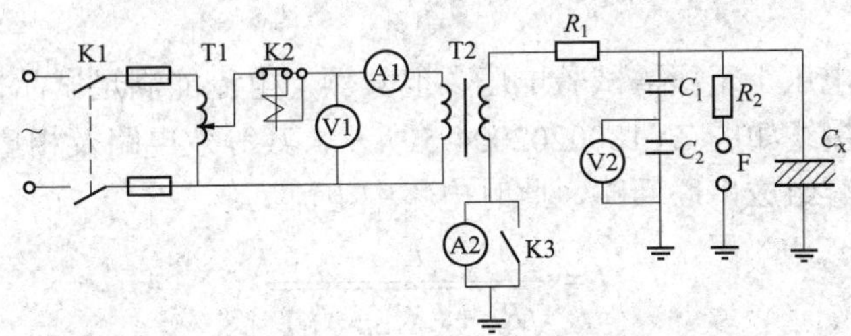

图 ZY1800202004-4 交流耐压试验原理接线图

K1—隔离开关；T1—调压器；K2—电磁开关；V1、V2—电压表；A1、A2—电流表；T2—试验变压器；K3—短路开关；R_1、R_2—保护电阻；C_1、C_2—电容分压器高、低压臂电容；F—保护球隙；C_x—被试品

（二）试验步骤和注意事项

由于交流耐压试验会使绝缘中的一些缺陷更加发展，对绝缘有一定的破坏，所以必须在做了其他各项试验（包括直流耐压试验）之后，并查明通过其他各项试验，设备绝缘没有发现什么问题，才能进行交流耐压试验。若通过其他项目的试验，认为设备绝缘存在问题，应查明原因，并加以消除，否则不应轻率地决定作交流耐压试验。

进行交流耐压试验的步骤和注意事项主要有以下几点：

1. 确定试验电压值

根据被试设备情况，按照有关标准的规定，恰当地确定交流耐压试验电压值。

2. 选择试验设备及绘出试验接线图

根据被试设备的参数、试验电压的大小和现有试验设备的条件，选择合适的试验方法及试验设备。例如，工频试验变压器的额定电压、电流、容量，各测量仪器的量程，都应满足试验的要求。根据试验的要求和选择好的试验设备，正确绘出试验接线图。

3. 现场布置和接线

根据试验现场的情况，对选择好的试验设备进行合适的现场布置，然后按试验接线图进行接线。在进行现场布置和接线时，应注意高压部分对地保持足够的距离，高压部分与试验人员应保持足够的安全距离。高压引线应连接牢靠，并尽可能短，非被试相及设备外壳应可靠接地。接线完毕，应由第二人进行认真全面地检查。例如，各试验设备的容量、量程、位置等是否合适，调压器指示应在零位，所有接线应正确无误等。

4. 调整保护球隙

不接试品均匀缓慢地升压，调整保护球隙距离，使其放电电压为试验电压的 1.1～1.2 倍。重复 3 次，取平均值。然后将电压降到零，断开电源开关。

5. 进行耐压

将高压引线牢靠地接到试品上，接通电源，开始升压进行试验。试验电压的上升速度，在试验电压的 75%以前可以是任意的；其后应以每秒钟 2%的试验电压连续升到试验电压值，开始计时并读取试验电压。时间到后，迅速均匀降压到零（或 1/3 试验电压以下），然后切断电源，放电、挂接地线。试验中如无破坏性放电发生，则认为通过耐压试验。

注意：升压必须从零开始，不可冲击合闸。同时在升压和耐压过程中，应密切观察各种仪表的指示有无异常、被试绝缘有无闪络、冒烟、燃烧、焦味、放电声响等现象。若发生这些现象，应迅速均匀地降低电压到零，断开电源开关，将被试物接地，进行分析判断。

6. 耐压后的检查

耐压以后，应紧接着对被试物进行绝缘电阻的测试，以了解耐压后的绝缘状况。对有机绝缘，经耐压并断电、接地后，试验人员还应立即用手进行触摸，检查有无发热现象。

五、串联补偿法、并联补偿法及串并联补偿法

对于大型发电机、变压器、GIS、交联电缆、长输电线路等电容量较大的被试品的交流耐压试验，需要较大容量的试验设备和电源。现场往往难以满足，即使有试验设备，也需动用大型机具，费时费力。在此情况下，可根据具体情况分别采用串联、并联或串并联补偿的方法来解决试验设备容量不足的问题。

1. 串联补偿法

当试验变压器的额定电压小于所需试验电压，但其额定电流能满足试品试验电流的情况下，可用串联补偿法进行试验，其接线如图 ZY1800202004-5 所示，其等效电路及相量图如图 ZY1800202004-6 所示。补偿电抗及试品电容组成串联回路，此时电路中电流为

$$I = \frac{U}{\sqrt{R^2 + (X_L - X_C)^2}} \quad \text{(ZY1800202004-2)}$$

式中 U——试验变压器的输出电压，kV；

R、X_L——电抗器的等效电阻及感抗，Ω；

X_C——被试品的容抗，Ω。

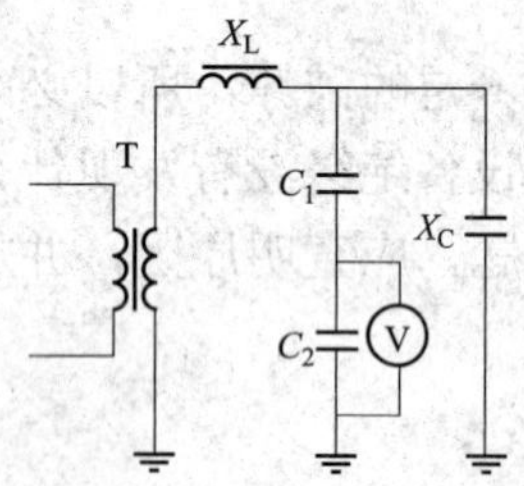

图 ZY1800202004-5 串联补偿接线图

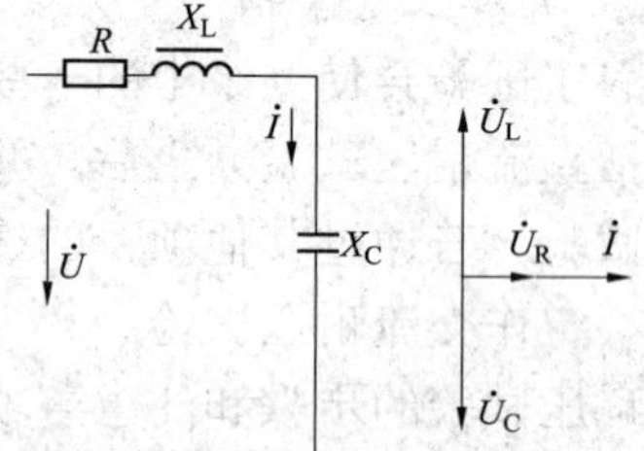

图 ZY1800202004-6 串联补偿的等效电路及相量图

2. 并联补偿法

当试验变压器的额定电压能满足试验电压的要求，但电流达不到被试品所需的试验电流时，可采用并联补偿法对电流加以补偿，以解决容量不足的问题，其接线如图 ZY1800202004-7 所示，其等效电路及相量图如图 ZY1800202004-8 所示。试验变压器的输出电流 $\dot{I}$ 等于补偿电流 $\dot{I}_L$ 与电容电流 $\dot{I}_C$ 之和，即 $\dot{I} = \dot{I}_L + \dot{I}_C$。由于 $\dot{I}_L$ 与 $\dot{I}_C$ 方向相反，所以变压器的输出电流值 $I = |I_L - I_C|$。

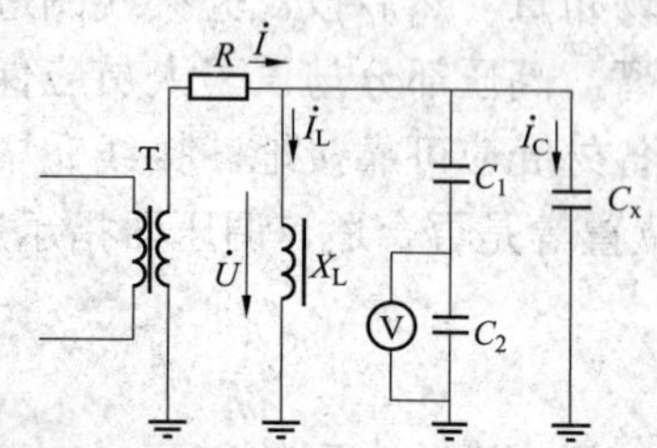

图 ZY1800202004-7 并联补偿接线图

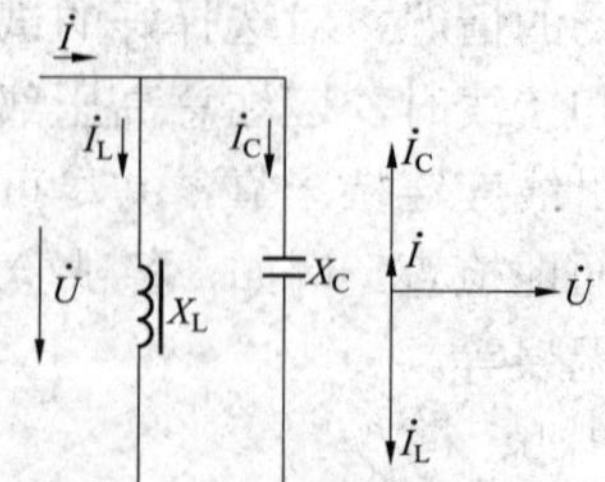

图 ZY1800202004-8 并联补偿的等效电路及相量图

3. 串并联补偿法

除了以上的串联、并联补偿外，当试验变压器的额定电压和额定电流都不能满足试验要求时，可

同时运用串、并联谐振电路，通称串并联补偿法，其接线如图 ZY1800202004-9 所示。

图 ZY1800202004-9 中，用 L_2 对 C_x 进行欠补偿，即并联后仍呈容性负荷，再与 L_1 形成串联补偿，这样能同时满足试验电压和电流的要求。对要求试验电压高、电容量大的被试品，常采用图 ZY1800202004-9 的接线。

图 ZY1800404001-9　串并联补偿法接线图

T—变压器；R_1、R_2—保护电阻；L_1、L_2—串、并联电感；C_x—被试品电容；F—保护球隙

4. 采用串联补偿法、并联补偿法及串并联补偿法的注意事项

（1）回路电阻 R_1 要有足够的热容量，并保持稳定。

（2）试验电压直接在被试品两端测量。

（3）电感线圈应满足电流和绝缘强度的要求。

（4）对于串联补偿法，当被试品击穿时，回路中的电流减小电压降低，所以除了正常的过流保护外，还应有欠压保护措施。

（5）对于并联补偿法，当被试品击穿，试验变压器有过流的可能。因此要求过流速断保护能可靠动作。

（6）采用串联补偿法、并联补偿法及串并联补偿法时，应注意避免产生谐振。一般应在欠补偿状态下进行试验。

六、对试验结果的分析判断

（1）被试物在交流耐压试验中，一般以不发生击穿为合格，反之为不合格。被试物是否发生击穿可按下列情况进行分析。

1）表计的指示。如果接入试验线路的电流表指示突然大幅度上升，一般情况下则表明被试物击穿。另外，在高压侧测量试验电压时，其电压表指示突然明显下降，一般情况下也表明被试物击穿。

2）电磁开关的动作情况。若接在试验线路上的过流继电器整定值适当，则被试物击穿时电流过大，过流继电器要动作，电磁开关跟着跳开。所以，电磁开关跳开时，表示被试物有可能击穿。当然，若过流继电器整定值过小，可能在升压过程中并非被试物击穿，而是被试物电容电流过大，造成电磁开关跳开；若整定值过大，即使被试物放电或小电流击穿，电磁开关也不一定跳开。所以，应正确整定过流继电器的动作电流，一般应整定为被试品额定试验电流的 1.3 倍左右。

3）升压和耐压过程中的其他异常情况。被试物若在升压和耐压过程中发现闪络、冒烟、燃烧、焦味、放电声响等现象，则表明绝缘击穿，或者存在其他问题。

（2）对有机绝缘，耐压试验以后经试验人员触摸，若出现普遍的或局部的发热，都应认为绝缘不良（如受潮），需进行处理（如干燥）。

（3）对综合绝缘的设备，或者有机绝缘，其耐压后的绝缘电阻与耐压前的比较不应明显下降，否则须进一步查明原因。

（4）在试验过程中，若由于空气湿度、温度、被试品表面脏污等影响，引起被试品表面沿面闪络或空气放电，则不应认为被试品的内绝缘不合格，须经清洁、干燥处理后，再进行试验。当排除外界的影响因素后，在耐压中仍然发生沿面闪络或局部有火红现象，则说明绝缘存在问题，如老化、表面损耗过大等。

【思考与练习】

1. 什么是交流耐压时的“容升”现象？如何克服“容升”现象对交流高压测量的影响？
2. 交流高压的测量方法有哪些？
3. 画出交流耐压试验的原理接线。
4. 对交流耐压试验的结果如何进行分析判断？

模块 5　串联谐振试验（ZY1800202005）

【模块描述】本模块介绍串联谐振试验的基本知识。通过原理讲解、要点归纳，熟悉串联谐振试验

的主要设备及其作用，掌握串联谐振试验的目的及基本原理，试验接线和方法，试验注意事项以及对试验结果的分析判断。

【正文】

高电压、大容量设备进行交流耐压试验所需的试验设备容量越来越大，常规工频耐压试验往往不能满足现场试验的要求，而串联谐振试验装置具有试验设备体积小、试验电源电压低、功率小（仅需提供试验回路中的有功功率）、试验电压波形好的特点，因此串联谐振试验广泛应用于现场橡塑电缆、气体绝缘组合电器（GIS）、大型发电机组、大型电力变压器、耦合电容器等高电压、大容量电力设备的交流耐压、感应耐压、局部放电等试验。

一、试验目的和原理

大容量、高电压被试品的交流耐压试验运用串联谐振的原理，利用励磁变压器激发串联谐振回路，通过调节电感或改变电源的输出频率，使回路中的感抗和容抗相等，回路呈谐振状态，回路中无功趋于零，此时回路电流最大，即

$$I_{\mathrm{m}}=\frac{U}{\sqrt{R^{2}+(X_{\mathrm{L}}-X_{\mathrm{C}})^{2}}}=\frac{U}{R} \qquad \text{(ZY1800202005-1)}$$

式中 I_{m}——谐振时回路最大电流，A；
R——回路等效电阻（一般主要为电抗器的内阻），Ω；
U——励磁变压器高压侧的输出电压，V；
X_{L}——回路中感抗，Ω；
X_{C}——回路中容抗，Ω。

（一）调感式串联谐振

调感式串联谐振原理接线如图 ZY1800202005-1 所示。调感式串联谐振装置采用铁芯气隙可调节的高压串联电抗器，由于被试品的电容量是一定的，通过调节电感使回路发生工频串联谐振。谐振时，回路呈纯阻性，回路电流等于励磁电压 U 除以回路的等效电阻 R，此时回路电流最大。电感和电容两端的电压为

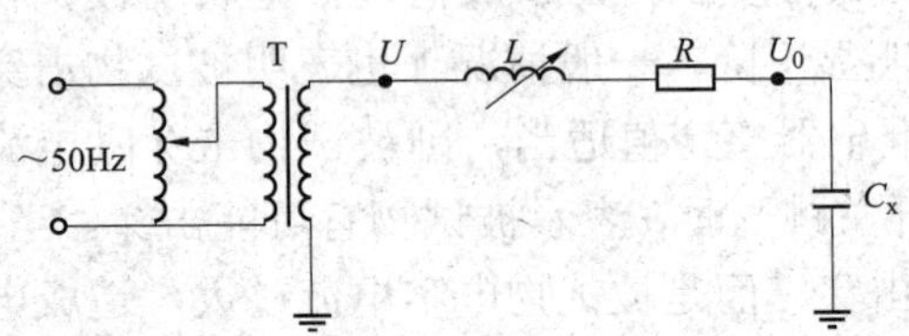

图 ZY1800202005-1 调感式串联谐振原理接线图

T—励磁变压器；L—可调电感；C_{x}—被试品；U—励磁电压；R—回路等效电阻；U_0—谐振时被试品两端的电压

$$U_{0}=I_{\mathrm{m}}\left(\frac{1}{\omega C_{\mathrm{x}}}\right)=I_{\mathrm{m}}(\omega L)=\left(\frac{U}{R}\right)\omega L \qquad \text{(ZY1800202005-2)}$$

式中 U_0——谐振时被试品两端的电压，V；
L——可调电抗器电感，H；
C_{x}——被试品电容量，F；
ω——角频率；
I_{m}、U、R 意义同式（ZY1800202005-1）。

电路谐振后电感或电容两端的电压 U_0 等于 Q 倍的励磁电压 U，即

$$U_{0}=QU \qquad \text{(ZY1800202005-3)}$$

式中 Q——回路品质因数。

工频串联谐振回路品质因数 Q 一般可达 40～80，其计算式为

$$Q=\frac{100\pi L}{R} \qquad \text{(ZY1800202005-4)}$$

工频串联谐振试验系统在实际应用中是通过调整串联电抗器的铁芯间隙来改变电抗的，所以在调整电压的时候，由于机械结构的惯性，电压有时较难控制，因此工频串联谐振耐压装置现场试验时，应合理选择品质因数。试验电压较高时，通过电容和电感的合理匹配，如并联电抗或加补偿电容，使回路等效电阻尽量小，提高回路品质因数，以减小现场试验时需要的电源容量；试验电压较低时，为

了准确平稳控制试验电压，品质因数可选择较低水平，能满足试验要求即可。

谐振时串联电抗器的电感计算式为

$$L = \frac{1}{(100\pi)^2 C} \qquad (ZY1800202005\text{-}5)$$

（二）变频式串联谐振

变频式串联谐振原理接线如图 ZY1800202005-2 所示，变频式串联谐振交流试验装置的特点是：调谐电抗器的质量小，结构简单，更适合大容量设备现场试验。

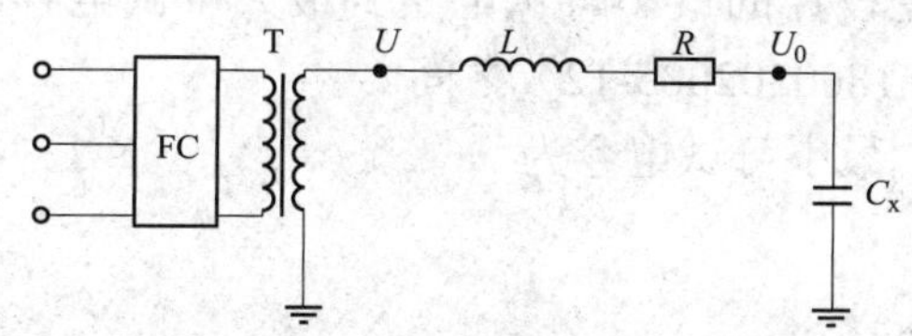

图 ZY1800202005-2　变频式串联谐振原理接线图

FC—变频电源；T—励磁变压器；L—电感；R—回路等效电阻；C_x—被试品；U—励磁电压；U_0—谐振时被试品两端的电压

变频串联谐振试验运用串联谐振原理，采用调频调压方式。当交流电压的频率改变时，电路中的感抗、容抗随之而变，电路中的电流也随之而变，通过调节电源的频率使感抗等于容抗，电路发生串联谐振，回路中的无功几乎为零，此时电流最大，且与输入电压同相位，使电感或电容两端获得一个高于励磁电压 Q 倍的电压。

变频串联谐振试验回路品质因数 Q 值一般可达 50～150，其计算式为

$$Q = \frac{\omega L}{R} = \frac{U_L}{U} = \frac{U_C}{U} \qquad (ZY1800202005\text{-}6)$$

式中　U_L——谐振时电感两端电压，V；

U_C——谐振时电容两端电压，V。

（1）谐振频率的计算：根据电感和电容计算频率，频率计算式为

$$f_0 = \frac{1}{2\pi\sqrt{LC}} \times 10^3 \qquad (ZY1800202005\text{-}7)$$

式中　f_0——谐振频率，Hz；

L——电抗器电感量，H；

C——被试品和分压器电容，μF。

（2）电感和电容中的电流计算：串联谐振电路中流过电感的电流等于流过电容的电流，电流计算式为

$$I_L = I_C = \omega C_x U \times 10^{-3} \qquad (ZY1800202005\text{-}8)$$

式中　I_L、I_C——流过电感和电容的电流，A。

二、串联谐振系统的主要特点

（1）适用范围广，体积小、质量轻，试验容量大、试验电压高。

（2）安全可靠性高，操作简洁方便，试验等效性好。

（3）串联谐振装置对高次谐波分量回路阻抗很大，所以试品上的电压波形好；同时若在耐压试验过程中发生闪络、击穿，因失去了谐振条件，高电压立即消失，从而使电弧立即熄灭。

（4）恢复电压建立过程较长，很容易在再次达到闪络电压之前控制电源跳闸. 避免重复击穿，恢复电压并不产生任何过冲所引起的过电压。

三、串联谐振系统及主要元件

1. 电源

交流输入电源为串联谐振系统提供激励能量，为保证串联谐振系统正常工作，必须保证电源的容量能满足试验要求。试验容量较大时必须采用三相交流电源。电源的输出电流大于励磁变压器或变频电源的输入电流，励磁变压器或变频电源的输入电流计算式为

单相

$$I_I = \frac{P}{U_I} \qquad (ZY1800202005\text{-}9)$$

三相

$$I_I = \frac{P}{U_I\sqrt{3}} \qquad (ZY1800202005\text{-}10)$$

模块5 ZY1800202005

式中 I_I——励磁变压器或变频电源的输入电流，A；

P——励磁变压器或变频电源的容量，W；

U_I——励磁变压器或变频电源的输入电压，V。

2. 可变电感

可变电感一般工作在工频状态下，是在一定范围可连续调整电感值的电抗器，其电感值变化范围满足设计的最小可试电容到最大可试电容的范围，可试电容的范围在式（ZY1800202005-11）和式（ZY1800202005-12）之间。

最小可试电容为

$$C_{min}=\frac{1}{\omega^2 L_{max}}\times 10^6 \quad \text{（ZY1800202005-11）}$$

式中 C_{min}——最小可试电容，μF；

L_{max}——可变电感的最大值，H。

最大可试电容为

$$C_{max}=\frac{1}{\omega^2 L_{min}}\times 10^6 \quad \text{（ZY1800202005-12）}$$

式中 C_{max}——最大可试电容，μF；

L_{min}——可变电感的最小值，H。

在这一范围内可变电抗器输出电流应大于回路谐振时的电流才能满足试验要求。

3. 变频电源

变频电源是在一定范围可连续调整频率的电源，变频电源分正弦波调频电源和方波变频电源。变频电源输出功率应满足试验要求，一般大于或等于励磁变压器的输出容量。谐振装置工作制应满足试验方式的要求，谐振装置工作制是指设计谐振装置的满负荷允许工作时间和50%负荷的允许工作时间。

4. 励磁变压器

励磁变压器直接为串联谐振系统提供激励电压，励磁变压器将交流电源或变频电源由低电压升至较高的励磁电压，以满足谐振系统试验电压的要求，同时起到高、低压隔离的作用。励磁变输出容量应满足试验容量的要求。

励磁变压器容量可按下列情况进行计算：

（1）按试验容量估算。试验容量 P_0 等于电感或电容两端的试验电压乘以流过它们的电流，计算式为

$$P_0=U_L I_L=U_C I_C \quad \text{（ZY1800202005-13）}$$

根据式（ZY1800202005-6）可导出，谐振时系统的输入容量比试验容量小 Q 倍，所以可以根据试验容量 P_0 估算出励磁变压器容量 P，计算式为

$$P=\frac{P_0}{Q} \quad \text{（ZY1800202005-14）}$$

Q 值的选择。容量小于100kVA时品质因数应不小于15，容量在100～400kVA时品质因数应不小于30，容量大于400kVA时品质因数应大于40。

（2）按回路谐振时的电流计算，计算式为

$$P=I_m U_N \quad \text{（ZY1800202005-15）}$$

其中
$$U_N \geqslant \frac{U_0}{Q}$$

式中 P——励磁变压器容量，VA；

I_m——试验回路谐振时电流，A；

U_N——励磁变压器高压侧额定电压，V；

U_0——试验回路谐振时电抗器或电容两端电压，$U_0=U_L=U_C$。

5. 谐振电抗器

谐振电抗器用于与试验回路中的电容进行谐振，以获得高电压。谐振电抗器与可变电感比较，由于没有机械系统，所以容量可以做的比较大。在试验频率范围内，可试电容范围在式（ZY1800202005-16）和式（ZY1800202005-17）之间。谐振电抗器的额定电压应满足试验电压的要求，其额定容量应满足试验容量的要求。

最小可试电容为

$$C_{\min}=\frac{1}{(2\pi f_{\max})^2 L}\times 10^6 \qquad (ZY1800202005\text{-}16)$$

式中　$C_{\min}$——最小可试电容，μF；

$f_{\max}$——最高试验频率，Hz；

L——电抗器电感值，H。

最大可试电容为

$$C_{\max}=\frac{1}{(2\pi f_{\min})^2 L}\times 10^6 \qquad (ZY1800202005\text{-}17)$$

式中　$C_{\max}$——最大可试电容，μF；

$f_{\min}$——最低试验频率，Hz。

6. 电容分压器

电容分压器直接测量高压侧电压并提供保护信号，谐振系统计算各参数时应考虑电容分压器的电容量。

7. 电容补偿器

电容补偿器用于补偿试验回路电感，使试验回路满足谐振条件和试验要求，电容补偿器额定电压应满足试验要求。

8. 各部件的连接与匹配

（1）电源线的选择和连接。电源线截面一定要满足要求，连接牢固并尽量短。

（2）根据试验电压和 Q 值选择励磁变低压侧和高压侧抽头，以满足试验要求，励磁变输出电压可用高压绝缘导线与串联电抗连接。

（3）采用正弦波变频电源时，由于采用晶体管模拟电路，输出与负荷很好的匹配才能获得最大输出。在接线时，反复调整励磁变低压侧和高压侧抽头，使变频电源输出电压最高为止，变频电源输出电压最好不低于晶体管电路工作电压的一半。

四、试验接线和步骤

（一）调感式串联谐振试验

1. 试验接线

调感式串联谐振试验接线，如图 ZY1800202005-3 所示。

2. 试验步骤

（1）对被试品进行充分放电并接地，做好相关安全措施，拆除对外所有引线。

（2）测量被试品绝缘电阻，其值应正常。

（3）合理布置试验设备，并检查试验设备是否安放稳固。

（4）按图 ZY1800202005-3 进行接线，并检查接线和分压器档位是否正确。检查试验电源的容量应符合试验要求，先合上试验电源开关，再合上控制回路电源，检查和传动调压器电机升、降压和可变电感机械系统是否正常，然后将电感量指示器调至中间位置。检查调压器零位，合上主回路开关。

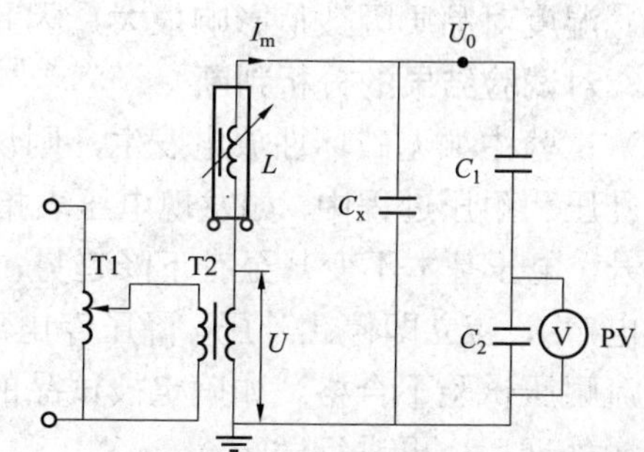

图 ZY1800202005-3　调感式串联谐振试验接线图

T1—调压器；T2—励磁变压器；L—可变电感；C_x—被试品；C_1、C_2—电容分压器高、低压臂电容；PV—电压表；U—励磁电压；U_0—谐振时电感或电容两端的电压

（5）适当调节调压器输出电压，使高压回路电压达到试验电压的3%～5%。仔细调节电感至谐振点，使试品两端电压最高。按要求均匀调节电压至试验电压，升压过程中应密切监视高压回路，监听被试品有无异响，到达试验时间后，迅速将电压降到零，切断主回路和控制回路开关，拉开试验电源开关，对被试品进行充分放电，试验结束。

注意：试验结束后应将两节可调电感的铁芯间隙调至最小位置，便于以后试验的拼装，同时避免运输时拉动铁芯。

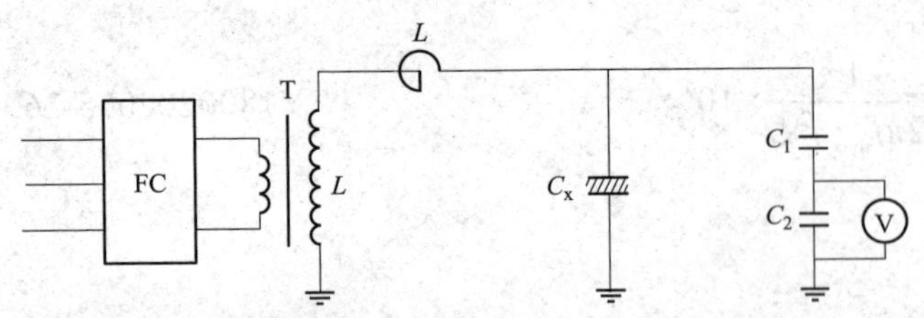

图 ZY1800202005-4　变频式串联谐振试验接线图

FC—变频电源；T—励磁变压器；L—谐振电抗器；C_x—被试品；C_1、C_2—电容分压器高、低压臂电容

（二）变频式串联谐振试验

1. 试验接线

变频式串联谐振试验接线，如图ZY1800202005-4所示。

2. 试验步骤

（1）对被试品进行充分放电并接地，做好相关安全措施，拆除对外所有引线。

（2）测量被试品绝缘电阻，其值应正常。

（3）合理布置试验设备，检查谐振电抗器是否安放稳固。将励磁变、谐振电抗器和被试设备的外壳及分压器接地端接地。

（4）按图 ZY1800202005-4 进行接线，并检查接线和分压器档位。检查试验电源的容量应符合试验要求，先合上试验电源开关，再合上变频电源的控制电源和工作电源开关，稳定后合上变频电源主回路开关，设定保护电压为试验电压的1.1～1.2倍。

（5）开始升压，必须按规定的升压速度从零开始均匀地升压，先旋转电压调节旋钮，把输出功率比调节到2%或试验电压的3%～5%，通过旋转频率调节旋钮改变系统频率的大小，观察励磁电压和试验电压的数值。当励磁电压为最小、同时试验电压为最大时，这个时候的频率就是系统的谐振频率。

系统谐振后，按要求均匀调节电压至试验电压，升压过程中应密切监视高压回路，监听被试品有无异响，到达试验时间后，将电压降到零，切断主回路、控制回路和工作电源开关，拉开试验电源开关，对被试品进行充分放电，试验结束。

注意：纯正弦变频电源输出与负载匹配很好才能获得最大输出。试验时若输出电流、电压不能满足试验要求，应反复调整励磁变低压侧和高压侧抽头，使变频电源输出电压最高为止。变频电源输出电压最好不低于额定输出电压的50%。

五、试验注意事项

（1）试验电源的容量必须满足试验要求。

（2）为减小电晕损失，提高Q值，高压引线宜采用大直径金属软管，并尽量短。

（3）试验装置的过流、过压保护必须灵敏可靠，励磁变高压侧应装避雷器。

（4）试验时必须在较低电压下调整谐振频率，然后才可以升压进行试验。

（5）湿度对品质因数值影响很大，因此试验应在干燥的天气情况下进行。

六、对试验结果的分析判断

（1）试验中如无破坏性放电发生，则认为通过耐压试验。

在升压和耐压过程中，如发现电压表指针摆动很大，电流表指示急剧增加，电压往上升方向调节，电流上升、电压基本不变甚至有下降趋势，被试品冒烟、出气、焦臭、闪络、燃烧或发出击穿响声（或断续放电声），应立即停止升压，降压停电后查明原因。这些现象如查明是绝缘部分出现的，则认为被试品交流耐压试验不合格。如确定被试品的表面闪络是由于空气湿度或表面脏污等所致，应将被试品清洁干燥处理后，再进行试验。

（2）被试品为有机绝缘材料时，试验后应立即触摸表面，如出现普遍或局部发热，则认为绝缘不良，应立即处理后，再做耐压试验。

【思考与练习】

1. 变频串联谐振试验时，如何调整谐振频率？

2. 常用的串联谐振试验调谐方式有哪几种？分别是什么方式？

3. 变频串联谐振试验时，如何计算谐振频率？

4. 串联谐振试验时为什么高压引线宜采用大直径金属软管，并要求尽量短？

模块 6　局部放电试验（ZY1800202006）

【模块描述】本模块介绍局部放电试验的基本知识。通过原理讲解、要点归纳、图表示例，熟悉局部放电试验的基本概念、试验的目的及意义；掌握局部放电试验的各类测试方法、试验接线、步骤和注意事项、对试验结果的分析判断以及局部放电的干扰识别方法。

【正文】

一、局部放电试验的基本概念

（一）局部放电的定义及产生原因

局部放电是指发生在电极之间但不完全连通两个电极的放电。一般是由于绝缘体内部或绝缘表面局部电场特别集中引起的，即因为电气设备绝缘内部存在弱点或设备生产过程中造成的缺陷引起的。通常这种放电表现为持续时间小于 1μs 的脉冲，常伴随有声、光、热和化学反应等现象。这种放电的能量是很小的，所以它的短时存在并不影响电气设备的绝缘强度，但介质一旦发生局部放电，这些微弱的放电将产生累积效应会使绝缘的介电性能逐渐劣化并使局部缺陷扩大，最后导致绝缘击穿。

（二）局部放电相关参数解释

（1）局部放电视在放电量 q。是指在试品两端注入一定电荷量，使试品端电压的变化量和局部放电时端电压变化量相同。此时注入的电荷量即称为局部放电的视在放电量，以 pC（皮库）表示。实际上，视在放电量与试品实际点的放电量并不相等，后者不能直接测得。试品放电引起的电流脉冲在测量阻抗端子上所产生的电压波形可能不同于注入脉冲引起的波形，但通常可以认为这二个量在测量仪器上读到的响应值相等。

（2）放电脉冲的重复率 N。是指在选定的时间间隔内，所测得的每秒钟局部放电脉冲的平均数。实际上，仅能考虑超过一值或在规定量值范围内的脉冲，其结果有时以局部放电量的累积频率分布曲线表示。

（3）局部放电的试验电压 U。是指在规定的试验程序中施加的规定电压，在此电压下，试品不呈现超过规定量值的局部放电。

（4）规定的局部放电量值 Q。是指在某一规定的电压下，对某一给定的试品，在标准或规范中规定的局部放电量的数值。

（5）局部放电起始电压 U_i。当施加于试品的电压从某一观察不到局放的较低值开始逐渐增加到初次观察到试品中产生重复性局放时的电压。实际上，起始电压 U_i 是局部放电脉冲参量幅值等于或超过某一规定的低值时的最低施加电压。

（6）局部放电熄灭电压 U_e。当施加于试品的电压从某一观察到的局部放电脉冲参量的较高值逐渐减小直到试品中停止出现重复性局放时的电压。实际上，熄灭电压 U_e 是当所选的局部放电脉冲参量幅值等于或小于某一规定的低值时的最低施加电压。

（三）局部放电产生机理

绝缘内部的局部放电由气泡和气隙所产生，采用如图 ZY1800202006-1 所示的电介质局部放电等值电路图，其中杂质气泡可等效为电容和间隙并联；C_0 是气泡的等效电容；g 表示放电间隙；C_1 为与气泡串联的绝缘部分的电容；C_2 为其余完好部分绝缘电容；Z 相当于气隙放电脉冲频率的电源阻抗。

U 为外施电压，U_g 是加在 C_0 上的电压，当外加电压达到某一瞬时值 U_t 时，间隙上的电压 $U_g=C_1\times U_t/(C_1+C_0)$，假定这时恰好能引起间隙 g 的放电。C_0 通过间隙 g 放电，使 U_g 迅速下降，同时 C_2 通过间隙 g 对 C_1 充电，使 C_1 上的电压 U_1 迅速上升，从而 C_2 上的电压即电极间的电压要下降一个 ΔU。当 U_g 下降到较小的剩余电压 U_s 时，通过间隙 g 的放电电流已接近于零，放电火花熄灭，由于外施电压继续存在，它通过 Z 对电容 C_0、C_1 充电，间隙上的电压达 U_g，便又开始放电，这种充放电继续下去就形成脉冲状的电流，两极间的电压也产生脉冲状的变化，如图 ZY1800202006-2 所示。脉冲频率约 10^3～10^4Hz，在火花放电的同时还伴有高频电磁辐射波产生。

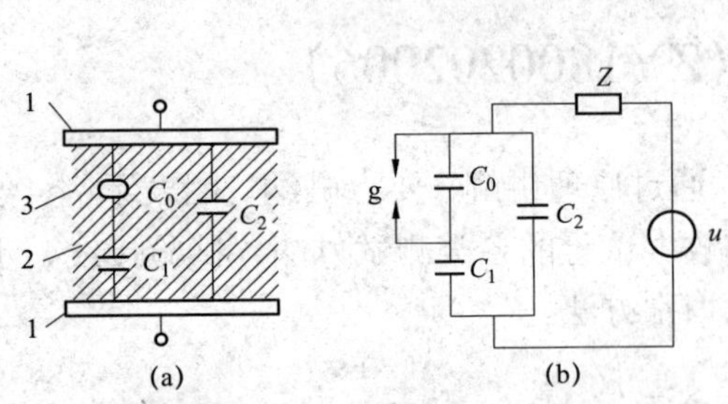

图 ZY1800202006-1　电介质局部放电的等值电路图

（a）介质中有气泡的情况；（b）等值电路

1—电极；2—绝缘介质；3—绝缘介质中的杂质；

u—施加在绝缘介质两端的电压；g—放电间隙

图 ZY1800202006-2　气隙放电时的电压和电流波形图

于是，在被试品上加交流电压并在电路中接入局部放电的指示仪器，测量局部放电的放电脉冲波形、峰值、次数、放电量、平均电流值就可以判断绝缘中的故障情况。

（四）局部放电的分类

局部放电可能出现在固体绝缘的空穴中，也可能在液体绝缘的气泡中，或不同介电特性的绝缘层间，或金属表面的边缘尖角部位。所以，局部放电可分为绝缘材料内部放电、表面放电及高压电极尖端放电（电晕放电）。

1. 内部放电

如绝缘材料中含有气隙、杂质、油隙等，可能会出现介质内部或介质与电极之间的放电，其放电特性与介质特性及夹杂物的形状、大小及位置都有关系。

2. 表面放电

如在电场中有一平行于介质表面的场强分量，当分量达到击穿场强时，则可能出现表面放电。这种情况可能出现在套管法兰处、电缆终端部，也可能出现在导体和介质弯角表面处，如图 ZY1800202006-3 所示。内介质与电极间的边缘处，在 *r* 点的电场有一平行于介质表面的分量，在电场足够强时则产生表面放电。

表面局部放电的波形与电极形状有关，如电极为不对称时，则正负半周的局部放电幅值是不相等的，如图 ZY1800202006-4 所示。当产生表面放电的电极处于高电位时，在负半周出现的放电脉冲较大、较稀；正半周出现的放电脉冲较密、但幅值小。

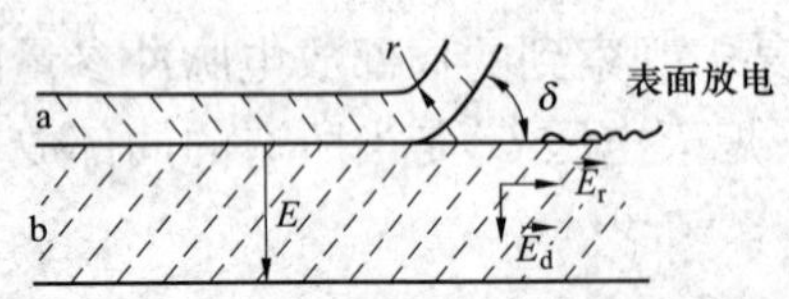

图 ZY1800202006-3　介质表面出现的局部放电

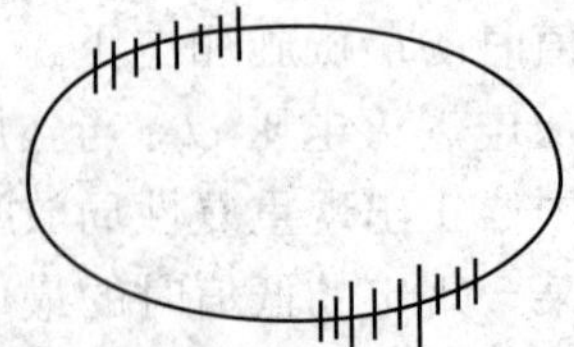

图 ZY1800202006-4　表面局部放电波形图

3. 电晕放电

电晕放电常发生在不均匀电场中电场强度很高的区域内，如高压导线的周围，带电体的尖端附近。

在导体壳的曲率半径小的地方，特别是尖端，其电荷密度很大。在紧邻带电体表面处，电场与电荷密度成正比，故在导体的尖端处场强很强，所以在空气周围的导体电势升高时，这些尖端之处便有可能产生电晕放电。

二、局部放电试验的目的及意义

局部放电试验的目的是发现设备结构和制造工艺的隐形缺陷，以便消除这些缺陷，防止局部放电对绝缘造成破坏。例如，绝缘内部局部电场强度过高；金属部件有尖角；绝缘混入杂质或局部带有缺陷，内部金属接地部件之间、导电体之间电气连接不良等。

局部放电并不引起绝缘立即击穿，电极之间未发生放电的完好绝缘仍能承受所加的电压。每一次局部放电对绝缘介质都会有一些影响，轻微的局部放电对电气设备绝缘的影响较小，绝缘强度的下降较慢；而强烈的局部放电，则会使绝缘强度很快下降。长时间加压过程中局部放电的延续和发展，最终可能会导致击穿，这是高压电气设备绝缘损坏的一个重要因素。因此，对运行中的设备要加强监测，当局部放电超过一定程度时，应将设备退出运行，进行检修或更换。

目前采用的绝缘试验方法，1min交流耐压试验不仅属于破坏性试验，而且很难发现局部放电缺陷。局部放电试验采用的电压较低（一般略高于最大工作电压），对绝缘没有破坏性的作用。1min交流耐压试验配以十分灵敏的局部放电试验，能有效地发现绝缘内部的固有缺陷或者是由雷电冲击或操作波冲击试验所造成的局部隐患。因此，要保证设备长期运行的可靠性，局部放电试验是必不可少的。

三、局部放电试验的测试方法

标准的试验加压顺序中常常包括了一个短时间升高电压的预加电压过程，这是考虑到在实际运行中局部放电往往是由过电压激发的。例如，其熄灭电压低于运行电压，则局部放电就会长期存在于绝缘之中。

局部放电可以采用电气、化学、机械、光学或温度等方法进行测量，以下介绍目前电气设备常用局部放电的检测方法。

（一）电测法

局部放电最直接的现象即引起电极间的电荷移动。每一次局部放电都伴有一定数量的电荷通过电介质，引起试样外部电极上的电压变化。另外，每次放电过程持续时间很短，在气隙中一次放电过程在10ns量级；在油隙中一次放电时间也只有1μs。根据Maxwell电磁理论，如此短持续时间的放电脉冲会产生高频的电磁信号向外辐射。局部放电电测法即是基于这两个原理。常见的电测法有脉冲电流法、介质损耗分析法、超高频检测法、无线干扰电压法等。目前电测法仍是局部放电检测中最重要的手段。

1. 脉冲电流法

脉冲电流法是一种应用最为广泛的局部放电测试方法，它是利用局部放电伴有一定数量的电荷通过电介质，引起试样外部电极上的电压变化产生脉冲电流，通过脉冲电流的检测来反映局部放电。国际电工委员会（IEC）专门对此方法制定了相关标准（IEC–270）。该标准规定了工频交流下局部放电的测试方法，同时此方法也适合于直流条件下的局部放电测量。

脉冲电流法已经很成熟，由于其检测灵敏度很高，且容易进行放电量校准，采用高频检测阻抗还可准确再现局部放电脉冲波形，故在进行局部放电机理研究、实验室测试中占主导地位。但由于其易受到外界环境的电磁干扰，使其灵敏度大大下降，故在现场应用中受到一定的限制。

2. 无线电干扰电压法（RIV）

电晕放电会发射电磁波，通过无线电干扰电压表可以检测到局部放电的发生，这种方法就叫无线电干扰电压法（RIV）。在国内也采用射频传感器检测放电，又叫射频检测法。常用的射频传感器有电容传感器、罗氏（Rogowski）线圈电流传感器和射频天线传感器等。

此方法能定性检测局部放电是否发生，甚至可以根据电磁信号的强弱对电机线棒和没有屏蔽层的长电缆进行局部放电定位。采用罗氏线圈传感器也能定量检测放电强度，由于结构简单、安装方便，检测灵敏度高、频带宽（1～30MHz）等优点，在大型发电机、变压器、GIS等设备的在线监测中均有少量应用。

3. 超高频（UHF）局部放电检测法

放电脉冲会向外辐射频带达到几吉赫的高频电磁信号，在此频带下，噪声信号衰减剧烈，可有效的实现噪声抑制，且可以基本无损的再现局部放电脉冲。

这种方法是近年发展起来的新型局部放电检测方法，具有频带高、灵敏度好、抗电磁干扰能力强等显著优点。但是此种方法获取信号的判别和标准还处于不断研究和完善之中。

超高频检测又分为超高频窄带检测和超高频宽带检测。前者中心频率在 500MHz 以上，带宽十几兆赫或几十兆赫；后者带宽可达几吉赫。由于超高频宽带检测技术有噪声抑制比高、包含信息多等优点受到人们的关注，通常所说的超高频检测技术即指超高频宽带检测。

用于超高频局部放电检测的传感器主要为微带天线传感器。微带天线传感器已在检测大型电力变压器、GIS、电力电缆等设备的局部放电上有相关应用。但是微带天线传感器目前还在研究之中，制造工艺要求甚高，技术尚不成熟。

4. 介质损耗分析法（DLA）

局部放电对绝缘材料的破坏作用与局部放电消耗的能量直接相关，放电消耗功率的测量能反映局部放电量。在大多数绝缘结构中，随着电压的升高，绝缘中气隙（或气泡）的数目将增加，此外局部放电的现象将导致介质的损坏，从而使得 $\tan\delta$ 大大增加。因此，可以通过测量 $\tan\delta$ 的值来反映局部放电量。

但是，介质损耗分析法只能定性的测量局部放电是否发生，基本不能检测局部放电量的大小，这限制了该方法的运用。

（二）非电测法

局部放电发生时，常伴有光、声、热和化学反应等现象的发生，局部放电检测技术中也相应出现了光测法、声测法、红外热测法和化学检测法等非电量检测方法。较之电测法，非电测法具有抗电磁干扰能力强、与试样电容无关等优点。

1. 光测法

介质中发生局部放电时，其瞬时会释放出光，通过测量光能量的大小反映局部放电的方法称为光测法。但是，由于光传感器必须埋入设备，且设备透光性能不好或者根本不能透光，因此只能测试表面放电和电晕放电。

近年来，将光纤技术和声测法相结合提出了声—光测法。该方法采用光纤传感器，局部放电产生的声波压迫使光纤性质改变，导致光纤输出信号改变，从而可以测得放电。例如，将光纤传感器伸入到变压器内部测量局放，当变压器内部发生局部放电时，超声波在油中传播，这种机械压力波挤压光纤，引起光纤变形，导致光折射率和光纤长度的变化，从而光波将被调制，通过适当的解调器即可测量出超声波，可实现放电定位。

2. 声测法

介质中发生局部放电时，其瞬时释放的能量将放电源周围的介质加热使其蒸发，此时放电源如同一个声源，向外发出声波，这种通过测量声波反映局部放电的方法称为声测法。由于放电持续时间很短，所发射的声波频谱很宽，可达到数兆赫。要有效检测声信号并将其转化为电信号，传感器的选择是关键。常用的声传感器有用于气体中的电容麦克风、电介质麦克风和动态麦克风；用于液体中类似于声纳的所谓水中听诊器；用于固体中的测震仪和声发射传感器。

在声—电传感器中，工作频带和灵敏度是两个最为重要的指标。若传感器工作频带过窄，脉冲相应时间过长容易造成信号混叠，必须保证传感器具有一定的工作频带。而在宽频传感器中，要求传感器几何尺寸必须小于声波波长，但是减小传感器体积会导致传感器测量面积减小，进而降低测试灵敏度；反之，若为了增大灵敏度而增大传感器几何尺寸又会导致传感器工作频带减小。因此在实际设计中，往往结合现场条件，折中考虑这两方面的要求。

较之电测法，声测法在复杂设备电源定位方面有独到的优点。但是，由于声波在传播途径中衰减、畸变严重，声测法基本不能反映放电量的大小，这使得实际中一般不独立使用声测法，而将声测法和电测法结合起来使用。

3. 化学检测法

当电力设备绝缘中发生局部放电时，各种绝缘材料会发生分解破坏，产生新的生成物，通过检测生成物的组成和浓度，可以判断局部放电的状态。化学检测方法一般检测气体、液体绝缘介质，已在GIS、变压器等设备上得到应用。

在 GIS 中，局部放电会使 SF_6 气体分解，主要生成 SOF_2 和 SO_2F_2。用气体传感器检测这两种气体的含量即可检测有无局部放电产生。下列具体方法已有一定的运行经验：

（1）气体分析法：用红外分光仪、质谱仪、气相色谱仪或核磁共振仪对气体进行分析，其中以气相色谱仪应用得最普遍。

（2）酸度检查仪：这种方法很适合于现场测量。

（3）电阻型薄膜敏感元件：是 SF_6 电弧生成物遇水形成导电的氢氟酸，使绝缘表面电流剧增。

在电力变压器中，油色谱分析（DGA）方法是一种简单、经济、有效的在线监测方法。它通过色谱柱、气体传感器分离、检测出变压器油中各种可溶性气体的含量，并由此判断变压器绝缘状况。

在众多非电测法中，声测法和化学检测法受到人们普遍关注。声测法能够有效地定位放电源，化学检测法在气体、液体绝缘介质中应用广泛。但非电测法较之电测法，灵敏度不高且很难或者不能对放电性质、放电强度和位置进行判断，故常和电测法结合应用，作为电测法的辅助检测手段。

除以上方法外，非电测法还有机械法、温度法和磁场法，但由于目前还不成熟，故没有推广应用。

四、试验接线、步骤和注意事项

目前国际电工委员会推荐脉冲电流法为局部放电测试的通用方法，并且有相关判定标准。

（一）试验接线

试验接线按照原理有直接法（并联、串联）和平衡（桥式）法两种接线方式。

1. 直接法试验接线

直接法的两种基本测试电路接线如图 ZY1800202006-5（a）和（b）所示，目的都是使被试品 C_x 局部放电时产生的脉冲电流作用到检测用的 Z_m 阻抗上，然后把 Z_m 上的电压经放大后送到测量仪表 M 中去。根据 Z_m 上的电压可推算出局部放电电荷量的大小。

图 ZY1800202006-5（a）串联测试法是将 Z_m 直接与 C_x 串联，如果被试品具有较大的感抗，阻塞高频脉冲电流的流通，还需另加耦合电容 C_k，为脉冲电流提供低阻抗通道，并且 C_k 必须无局放。C_x 值不很大时，最好使 C_k 不小于 C_x。为了防止电源噪音流入测量回路，同时为了防止被试品局部放电的电流脉冲分流到电源中去，在电源回路中串入一低通滤波器 Z 来阻塞高频电流。

图 ZY1800202006-5（b）并联测试法是将图 ZY1800202006-5（a）中的 C_k 和 C_x 的位置相互对调。两者对高频脉冲电流的回路是相同的，理论上两者的灵敏度也是相同的。但实用上并联法优点有：① 允许被试品一端接地；② 对 C_x 值较大的被试品，可以避免较大的工频电容电流流过 Z_m。

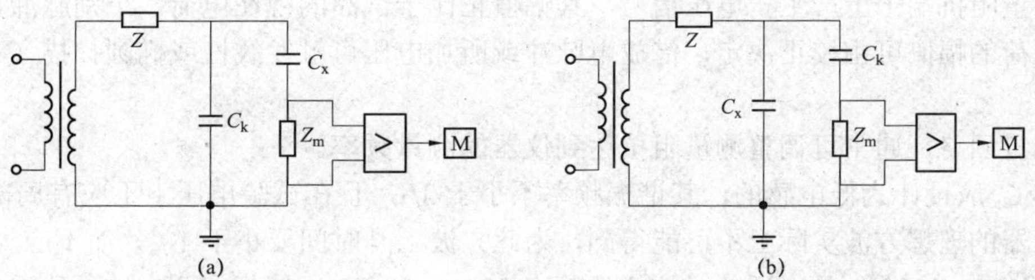

图 ZY1800202006-5　直接法测试局部放电的测试电路接线图

（a）串联法；（b）并联法

图 ZY1800202006-5（a）用于试品电容量较小时，可提高其灵敏度；图 ZY1800202006-5（b）用于试品电容量较大或与地分解不开，或试品可能击穿时的情况。

直接法的缺点是抗干扰性能较差。

2. 平衡（桥式）法试验接线

为了提高抗干扰能力，可采用电桥平衡原理来检测局部放电，如图 ZY1800202006-6 所示。由于外来干扰的频率分布很广，如要求桥路对很宽的干扰频率都能平衡，最方便的办法是用与被试品 Z_x 完全相同的元件作辅助试品 Z'_x。于是 Z_m 与 Z'_m 也应取得相同。理论上此时电桥对所有频率都能平衡，实际上即使型号规格完全相同的两个元件，其阻抗值 Z_x 和 Z'_x 不可能在所有频率下均相等。即使这样，平衡法也能使外来干扰大大降低，是一种抗干扰性能较好的方法。

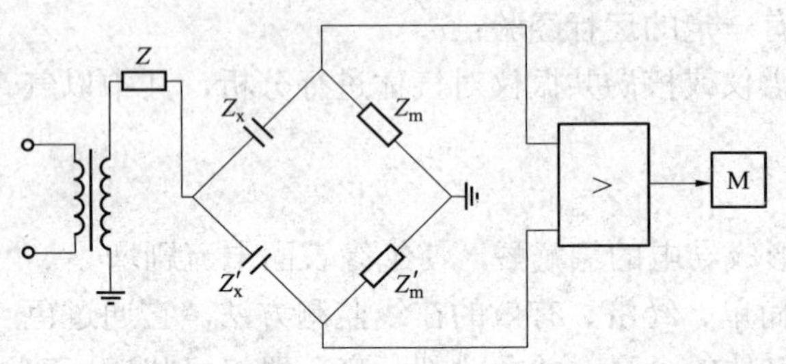

图 ZY1800202006-6　平衡法测试局部放电的电路图

当被试品 Z_x 发生局部放电时，平衡被破坏，通过检测电路即可测出不平衡脉冲电压。同样，Z'_x 发生局部放电时，也会反映到检测系统中，所以要选择局放起始电压和熄灭电压高的作为辅助试品。

（二）试验步骤和注意事项

局部放电试验是一项受背景噪声影响较大的试验项目，因此如何尽可能消除背景干扰是试验中应该特别注意的。

进行局部放电试验的步骤和注意事项主要有以下几点。

1. 选取局部放电测量仪器

（1）测量回路及仪器的参数。

按测量频率范围，测量回路及仪器可分为宽带与窄带。测量回路及仪器的特性用如下参数表示：

1）截止频率上下限 f_2 与 f_1。以一定数值正弦波电压输入，对宽带 f_1 与 f_2 处比峰值下降 3dB，对窄带 f_1 与 f_2 处则下降 6dB。

2）谐振频率 f_0。表示窄带回路或仪器的谐振频率。

3）带宽 Δf。$\Delta f = f_2 - f_1$，宽频带仪器的 Δf 与 f_2 有同一数量级；窄频带仪器 Δf 的数量级小于 f_2 的数量级。

4）脉冲分辨时间。指 2 次相邻脉冲时间，其脉冲重叠误差小于 10%的最小时间间隔。

（2）局部放电测量仪器的要求。

现场进行局部放电试验时，可根据环境干扰水平选择相应的仪器。当干扰较强时，一般选用窄频带测量仪器，如 f_0=30～200kHz，Δf=5～15kHz；当干扰较弱时，一般选用宽频带测量仪器，如 f_1=10～50kHz，f_2=80～400kHz。对于 f_2=1～10kHz 的很宽频带的仪器，具有较高的灵敏度，适用于屏蔽效果好的试验室。

局部放电的测量仪器按所测定参量的不同可分为不同类别。目前有标准依据的是测量视在放电量的仪器，这种仪器的指示方式，通常是示波屏与峰值电压表（pC）或数字显示并用，用示波屏是必须的。示波屏上显示的放电波形有助于区分内部局部放电和来自外部的干扰。而放电脉冲通常显示在测量仪器示波屏上的李沙育（椭圆）基线上。测量仪器的扫描频率应与试验电源的频率相同。局部放电电流脉冲在测量阻抗端子上产生一电压信号，其幅值正比于试品的视在电荷。个别脉冲显示在示波器屏上，视在电荷的幅值可由校正决定，借放电脉冲或所加电压可触发线性或椭圆扫描（与试验电压同步）显示。

对窄带测量回路，通常可调整测量阻抗达到仪器的测量频率。

耦合电容 C_k 应设计为低电感的，其谐振频率不小于 $3f_2$，且在试验电压下不应有局部放电。

方波发生器的理想方波实际上不可能得到，为此方波上升时间要小于 $1/f_2$，而不应大于 0.1μs，方波下降时间为 100～1000μs 是合适的。这样选频率 2000～500Hz，使相邻两方波不致重叠。此外方波的结构要小，以减少杂散电容带来的影响。

用 T 和 T' 表示方波周期和 Z_m 上输出脉冲时间常数，不重叠时要求 $T'/2 > 2.5T$，可得到此频率范围。

（3）检测阻抗的选取。

电测法检测回路中的检测阻抗是将试品中产生的脉冲电流转换成电压进行测量，因此依据检测阻抗的不同分为 RC 阻抗回路和 RLC 阻抗回路，即局部放电回路中的 Z_m，如图 ZY1800202006-7 所示。

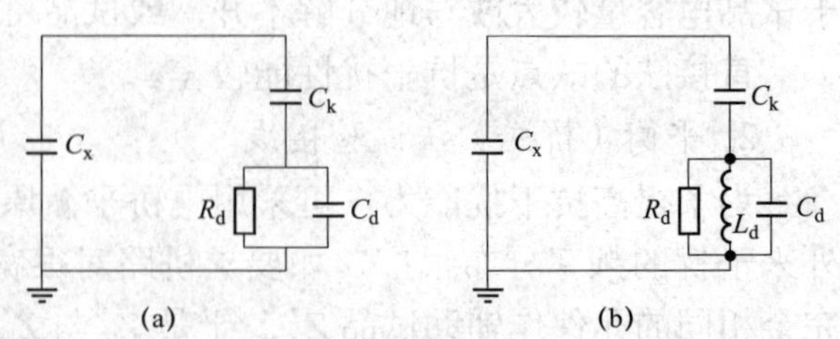

图 ZY1800202006-7　并联法检测阻抗回路图
（a）RC 阻抗回路；（b）RLC 阻抗回路

检测阻抗可以是电阻 R 或电感 L 的单一元件，也可以是电阻电容并联或电阻电感并联的 RC 和 RL 电路，也可以由电阻、电感、电容组成 RLC 调谐回路。调谐回路的频率特性应与测量仪器的工作频率相匹配，具有阻止试验电源频率进入仪器的频率响应。连接检测阻抗和测量仪器中的放大单元的连线，通常为单屏蔽同轴电缆。

2. 选择试验加压设备及绘出试验接线图

根据被试设备的类型、参数、试验电压的大小和现有试验设备的条件，选择合适的试验方法及试验设备。例如，当被试设备为变压器时，根据变压器的实际参数和施加压的类型（频率在 100Hz 以上），计算加压设备的试验容量，所有连接线不出现电晕等，保证满足局部放电测试的试验要求。根据试验的要求和选择好的试验设备，正确绘出试验接线图。

3. 使现场满足局部放电的试验条件

（1）局部放电试验前被试设备完成全部常规试验，结果合格；

（2）被试设备附近的围栏、油箱等可能电位悬浮的导体均应可靠接地，防止因杂散电容耦合而产生悬浮电位放电；

（3）被试设备周围的电气施工尽可能停止，特别是电焊作业，以减少试验干扰；

（4）为消除地网中杂散电流对测试的影响，应检查地线连接，使局部放电试验测试回路一点接地；

（5）短接被试品 TA 二次端子。

4. 校准测试回路

在局部放电测量中，校正是必不可少的环节。由于校正准确与否直接关系到检测结果的准确性，因此对校正脉冲的要求较严格。影响校正准确度的因素很多，如脉冲上升沿时间、脉冲持续时间、内阻及杂散电容等。

局部放电脉冲电流在检测阻抗 Z_m 上的压降 U_2 与视在电荷 q_0 成正比，其比例系数决定于试品电容量 C_x、检测阻抗入口电容 C_d、杂散电容 C_s、耦合电容 C_k 的大小。现场局部放电试验一般不知道这些电容量的大小，必须对测试回路进行校正。通过校正可以得到指示读数与视在放电量之间的定量关系，即刻度因数。

测试校正回路如图 ZY1800202006-8 所示，其中使用的校正小电容 C_0、方波电压 U_0（峰值）可以准确测出，从而能得到准确的刻度因数。

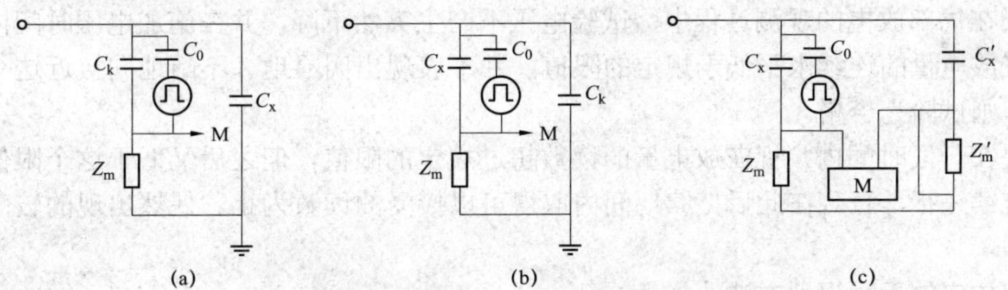

图 ZY1800202006-8　测试校正回路图

（a）并联测试校正回路；（b）串联测试校正回路；（c）平衡测试校正回路

注入脉冲是用一个方波发生器和一个电容器串联，注入电荷量 $q_0=U_0C_0$，其中 U_0 是电压的跃变幅值，方波上升时间应小于 0.1μs。图 ZY1800202006-8（a）是并联测试回路的校正回路，已知脉冲信号电压 U_d 和试品的视在放电量 q_a 成正比，即 $U_d/q_a=A$。在校正回路中，在 $C_0 \ll C_x$ 的条件下，同样有 $U'_d/q_0=U'_d/(U_0C_0)=A$，其中 A 是回路常数，随着测试回路中各元件参数而变，对于一定的测试回路，各元件参数固定后，A 是定值。使局部放电脉冲电压 U_d 与校正脉冲电压 U'_d 相等，那么 $q_a=q_0=U_0C_0$。对于其他类型的测试回路和校正回路也存在同样关系。

由此可以知道，若局部放电信号和校正信号在检测阻抗 Z_m 上所产生的脉冲电压相等，则放电时的视在放电量 q_a 与校正时注入的 q_0 是相等的。

局部放电检测仪示波图上的脉冲高度或放电量表的指示格数 H 与检测阻抗 Z_m 上的信号压降 U_2 成正比，刻度因数 K 计算式为

$$K=U_0C_0/H \qquad (ZY1800202006\text{-}1)$$

式中　K——刻度因数，pC/mm 或 pC/格；

H——单位为 mm 时表示脉冲高度，单位为格时表示放电量表指示格数。

实际加压试验时，放电量表的指示值 H' 乘以刻度因数 K，就可得出试品的视在放电量，即

$$Q_a=KH' \qquad (ZY1800202006\text{-}2)$$

式中　Q_a——视在放电量，pC；

K——通常定为3～10pC/格。

校正小电容 C_0 在选择时应满足 $C_0 \ll C_x$ 的条件。但是，考虑到方波发生器对地和高压引线杂散电容的影响，C_0 又不能选的太小，通常可按下式选取

$$10pF \leqslant C_0 \leqslant 0.1C_x$$

5. 进行局部放电测量

按照相关标准的规定，对被试设备加压，加压过程严格按照标准规定执行。施加试验电压时，接通电源并增加至局放测量电压，持续 5min，读取放电量值；无异常再增加电压至耐受电压，进行耐压试验，耐压时间为（120×50/f）s；然后，立即将电压从耐受电压降低至局放测量电压，保持 30min 或 60min（按标准规定），进行局部放电观测，在此过程中，每 5min 记录一次放电量值；降压，当电压降低到 0 时切断电源，试验完毕。对于变压器类设备局部放电试验，一般还要增加 1.1 倍额定电压下的局放测量作为参考，保持 5min，加压程序台阶如图 ZY1800202006-9 所示。

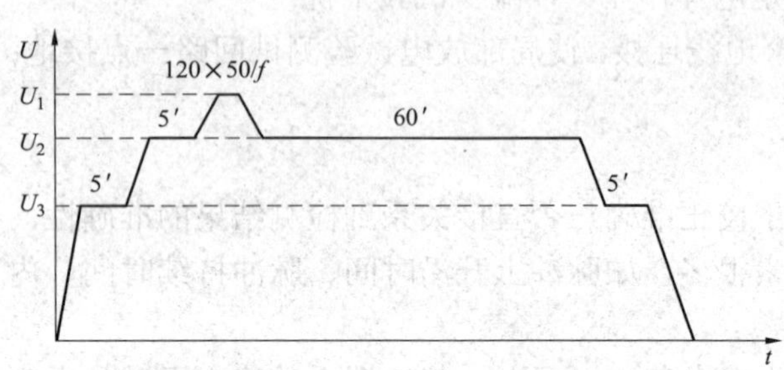

图 ZY1800202006-9　加压程序台阶示意图

U_1—耐压（预加）电压；U_2、U_3—测量电压

6. 局部放电测量后的工作

对试验回路充分放电后拆线，恢复被试设备到试验前状态。

五、对试验结果的分析判断

（1）如果在局部放电的观测过程中，试验电压不产生突然下降，并在施加电压时间内，所有测量端子上的视在放电量的连续水平低于规定的限值，并不表现出明显地、不断地向接近这个极限方向增长的趋势时，则试验为合格。

（2）如果在一段时间内，视在放电量的读数超过规定的限值，但之后又低于这个限值，则试验不必中断仍可连续进行，直到在此后持续期间内取得可以接受的读数为止。偶然出现的较高的脉冲可忽略不计。

六、局部放电的干扰识别方法

（一）干扰和抗干扰

干扰可分为未供电时干扰和供电时干扰两类。未供电时干扰产生于其他回路，如开关操作、电机整流、邻近高压试验和无线电传输等；供电时干扰（不应发生在试品上）随电压增加而增大。它们可能是试验变压器的高压引线或套管（非试品的一部分）的局部放电，邻近物体接地不良的火花放电，高压连接不良，如高压线对屏蔽罩放电，测量仪器频带内在试验电压下的高次谐波，低压供电中的局部放电或接触放电经试验变压器或其他连线传到测量回路。

这些干扰可借助平衡回路、改变电源极性、选频滤波、仪器开窗、现代信号均值技术予以消除、躲过或降低。干扰量无定值，一般说来有数百皮库的个别干扰在无屏蔽的工业区，特别在大尺寸的试验回路中可能遇到，用平衡回路可使其显著地降低。对屏蔽试验室，采取电源预防措施之后，局放最低测量值可到 1pC。

在现场有许多不同类型的干扰，给设备做局部放电测量带来一些问题。这些外部干扰源包括以下几类：

（1）电力系统的局部放电和电晕（在线试验中）能直接耦合到试品，或（在线或离线的试验中）以辐射形式耦合到试品。

（2）在电场中，由于一些部件与周围金属部件间产生电弧，对地或高压部分接触不良。

（3）通过大电流时接触不良的触点产生的电弧。

（4）旋转电机中的滑环和轴的接地电刷产生的电弧。

（5）电弧焊。

（6）电力线载波通信系统。

（7）可控硅开关。

（8）无线电传输。

上述的最后 3 个干扰源有特殊的频率成分，通过适当的滤波可很容易地被消除，如干扰发生在交流频率的固定位置上，则使用适当的电子窗即可避开干扰。因而克服这 3 种干扰并不困难。其他的干扰源会造成局部放电检测方面的极大困难，因为它们与被测设备的局部放电有许多共同的特性。前面的干扰源涉及流过电流短气隙的短暂脉冲，就像固体介质内空穴中的局部放电。

在实验室或离线试验中，对环境的控制常常能直接消除这些干扰来源。例如，正确连接金属部件、采取屏蔽措施、对试验变压器的交流电采取滤波等。在发电厂和变电站中，通过控制环境来消除局部放电源是比较困难的，因此必须把试品上的局部放电脉冲从这些电干扰中区分出来。

（二）区分局部放电和干扰的方法

从局部放电和干扰的特征差异上，提出几种区分局部放电和干扰的可能方法，从而促进局部放电的测量。

1. 频率成分（脉冲形状）法

试品的局部放电和外部干扰产生的频率成分或脉冲形状有时是不同的。如果局部放电探测器非常靠近试品，这种差别就特别有用，这样高频衰减能够加大频率成分的差别。

2. 相位法

由于局部放电具有众所周知的极性和相位相关性，这点能被用来区分试品局部放电和电弧类型的干扰源。如果干扰是由于外部的局部放电造成的，这种方法就没有用了。这种技术本身很少被用作减少干扰。

3. 局部放电图形识别法

这是相位研究的一种更复杂的形式。用这种方法在示波器上显示相对于交流相位的脉冲信号。由于局部放电伴有集中在 45° 和 225° 相位宽范围的脉冲幅度，能从电弧源中区分出局部放电、电弧放电两者有不同的相位，较小范围的脉冲幅度和常常是不同的脉冲形状（频率分量）。图形识别被广泛地用于离线试验。由于在线试验中会遇到大量不同的干扰源，可能超过局部放电信号，要完成图形识别则有更多的困难。

（1）局部放电的基本图谱，如表 ZY1800202006-1 所示。

表 ZY1800202006-1　　局部放电的基本图谱

类型	放电模型	典型放电响应波形	放电量与试验电压的关系
1	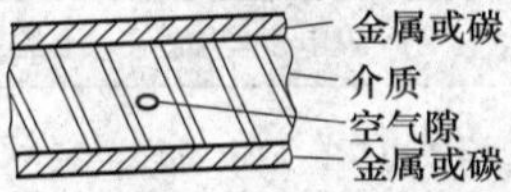 金属或碳 介质 空气隙 金属或碳	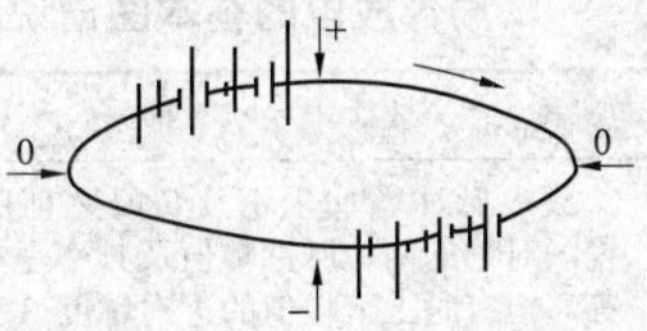 + 0　0 −	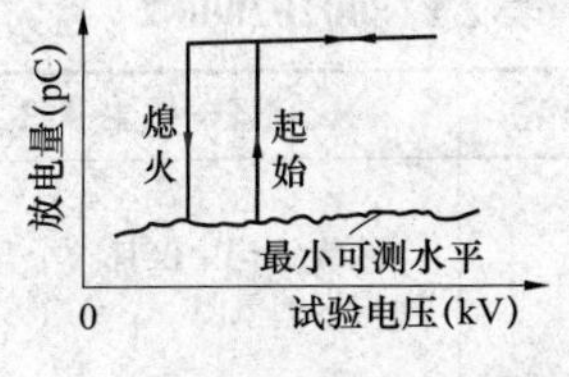 放电量(pC) 熄火　起始 最小可测水平 0　试验电压(kV)
2	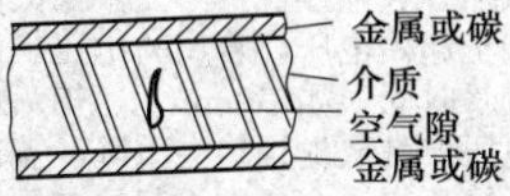 金属或碳 介质 空气隙 金属或碳	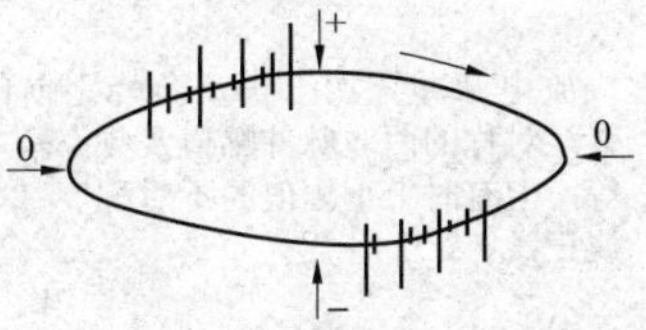 + 0　0 −	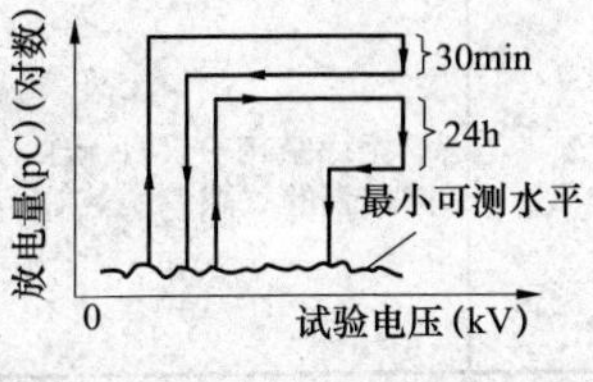 放电量(pC)(对数) 30min 24h 最小可测水平 0　试验电压(kV)

续表

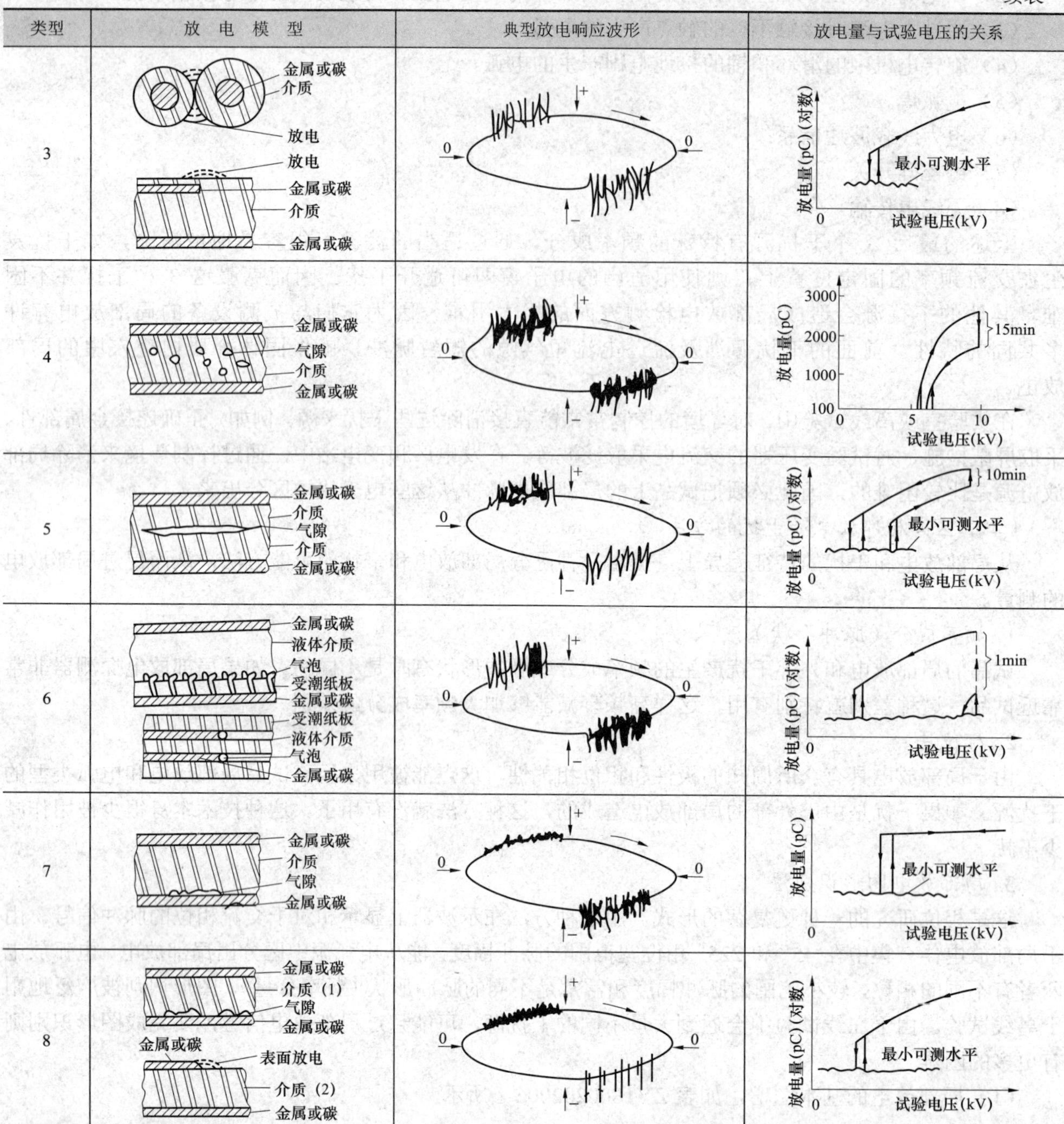

类型	放电模型	典型放电响应波形	放电量与试验电压的关系
3	金属或碳；介质；放电；放电；金属或碳；介质；金属或碳	+；0；0；−	放电量(pC)(对数)；最小可测水平；0；试验电压(kV)
4	金属或碳；气隙；介质；金属或碳	+；0；0；−	放电量(pC)；3000；2000；1000；100；15min；0；5；10；试验电压(kV)
5	金属或碳；介质；气隙；介质；金属或碳	+；0；0；−	放电量(pC)(对数)；10min；最小可测水平；0；试验电压(kV)
6	金属或碳；液体介质；气泡；受潮纸板；金属或碳；受潮纸板；液体介质；气泡；金属或碳	+；0；0；−	放电量(pC)(对数)；1min；0；试验电压(kV)
7	金属或碳；介质；气隙；金属或碳	+；0；0；−	放电量(pC)；最小可测水平；0；试验电压(kV)
8	金属或碳；介质（1）；气隙；金属或碳；金属或碳；表面放电；介质（2）；金属或碳	+；0；0；−	放电量(pC)(对数)；最小可测水平；0；试验电压(kV)

（2）表 ZY1800202006-1 基本图谱说明，如表 ZY1800202006-2 所示。

表 ZY1800202006-2　　局部放电的基本图谱说明

类型	放电模型	放电响应	放电量与试验电压的关系
1	绝缘结构中仅有一个与电场方向垂直的气隙	放电脉冲叠加于正及负峰之前的位置，对称的两边脉冲幅值及频率基本相等，但有时上下幅值的不对称度 3:1 仍属正常	起始放电后，放电量增至某一水平时，随试验电压上升放电量保持不变。熄灭电压基本相等或略低于起始电压
2	绝缘结构中仅有一个与电场方向垂直的气隙	放电脉冲叠加于正及负峰之前的位置，对称的两边脉冲幅值及频率基本相等，但有时上下幅值的不对称度 3:1 仍属正常	起始放电后，放电量增至某一水平时，随试验电压上升放电量保持不变。熄灭电压基本相等或略低于起始电压，若试验电压上升至某一值并维持较长时间（如 30min），熄灭电压将会高于起始电压，且放电量将会下降；若试验电压维持达 1h，熄灭电压会更大于起始电压，并且高于第一次（30min 时）的值，放电量也进一步下降

续表

类型	放　电　模　型	放　电　响　应	放电量与试验电压的关系
3	（1）两绝缘体之间的气隙放电； （2）表面放电	放电脉冲叠加于正及负峰之前的位置，对称的两边脉冲幅值及频率基本相等，但有时上下幅值的不对称度 3:1 仍属正常。放电刚开始时，放电脉冲尚能分辨，随后电压上升，某些放电脉冲向试验电压的零位方向移动，同时会出现幅值较大的脉冲，脉冲分辨率逐渐下降，直至不能分辨	起始放电后，放电量随电压上升而稳定增长；熄灭电压基本相等或低于起始电压
4	绝缘结构内含有各种不同尺寸的气隙（多属浇注绝缘结构）	放电脉冲叠加于正、负峰之前的位置，对称的两边脉冲幅值及频率基本相等，但有时上下幅值的不对称度为 3:1 仍属正常。放电刚开始时，放电脉冲尚能分辨，随后电压上升，某些放电脉冲向试验电压的零位方向移动，同时会出现幅值较大的脉冲，脉冲分辨率逐渐下降，直至不能分辨	若试验电压上升或下降速率较快，起始放电后，放电量随试验电压上升而稳定增长，熄灭电压基本相等或略低于起始放电电压。如在某高电压下维持一定时间（如 15min），放电量会逐渐下降，熄灭电压会略高于起始电压（因浇注绝缘局部放电会导致气隙内壁四周产生导电物质）
5	绝缘结构内仅含有一个扁平的气隙（多属电机绝缘）		起始放电后，放电量随试验电压上升稳定增长。如电压上升及下降速率较快，熄灭电压等于或略低于起始电压；如在某高电压下持续一段时间（如 10min），熄灭电压和起始电压的幅值会降低，幅值略有上升
6	绝缘结构为液体与含有潮气的纸板复合绝缘。电场下，纸板会产生气泡，导致放电，进一步使气泡增多		如在某一高电压下持续 1min，放电量迅速增长，若立即降压，则熄灭电压等于或略低于起始电压；若电压维持 1min 以上再降压，放电量会随电压逐渐下降。如放电熄灭后立刻升压则起始放电电压幅值将大大低于原始的起始及熄灭电压。若将绝缘静止一天以上，则其起始、熄灭电压将会复原
7	绝缘结构中仅含有一个气隙，位于电极的表面与介质内部气隙的放电响应不同	放电脉冲叠加于电压的正及负峰值之前，两边的幅值不尽对称，幅值大的频率低，幅值小的频率高。两幅值之比通常大于 3:1，有时达 10:1。总的放电响应能分辨出	放电一旦起始，放电量基本不变，与电压上升无关。熄灭电压等于或略低于起始电压
8	（1）一簇不同尺寸的气隙，位于电极的表面，但属封闭型； （2）电极与绝缘介质的表面放电，气隙不是封闭的	放电脉冲叠加于电压的正及负峰值之前，两边幅值比通常为 3:1 有时达 10:1；随电压上升，部分脉冲向零位方向移动，放电起始后，脉冲分辨率尚可；继续升压，分辨率下降，直至不能分辨	放电起始后，放电量随电压的上升逐渐增大，熄灭电压等于或略低于起始电压。如电压持续时间在 10min 以上，放电响应会有些变化

（3）干扰波的基本图谱如表 ZY1800202006-3 所示。

表 ZY1800202006-3　　干扰波的基本图谱

类型	干　扰　源	典型干扰波形	干扰波形的电压特性
9	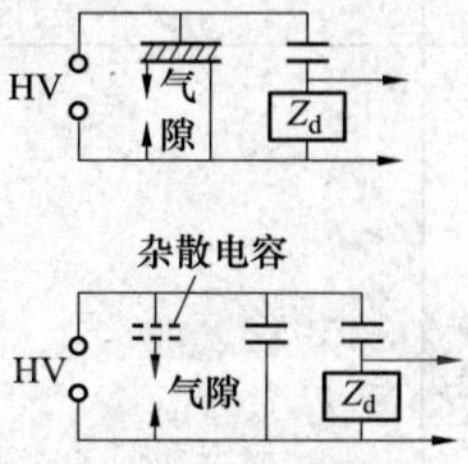 HV　气隙　Z_d 杂散电容 HV　气隙　Z_d	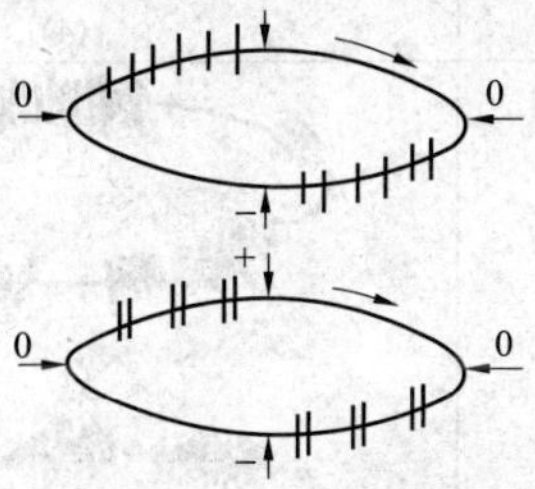 0　0　+　− 0　0　+　−	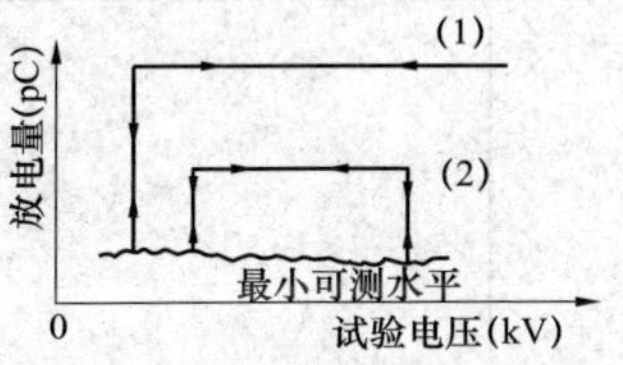 放电量(pC)　(1)　(2)　最小可测水平　0　试验电压(kV)
10	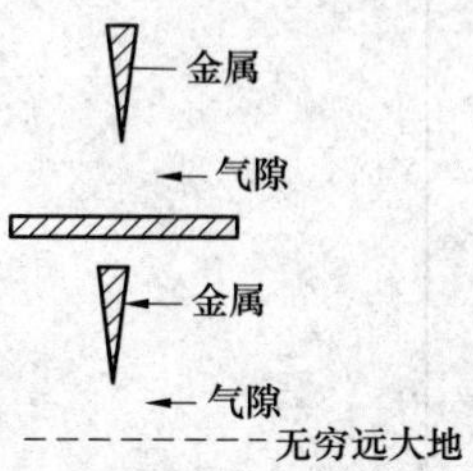 金属　气隙 金属　气隙　无穷远大地	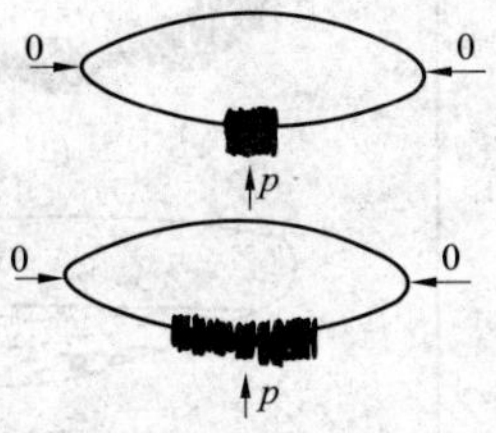 0　0　p 0　0　p	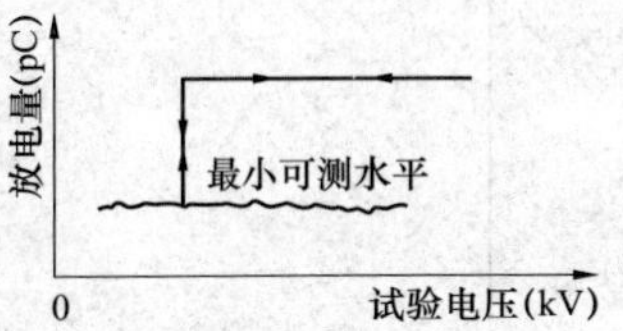 放电量(pC)　最小可测水平　0　试验电压(kV)

续表

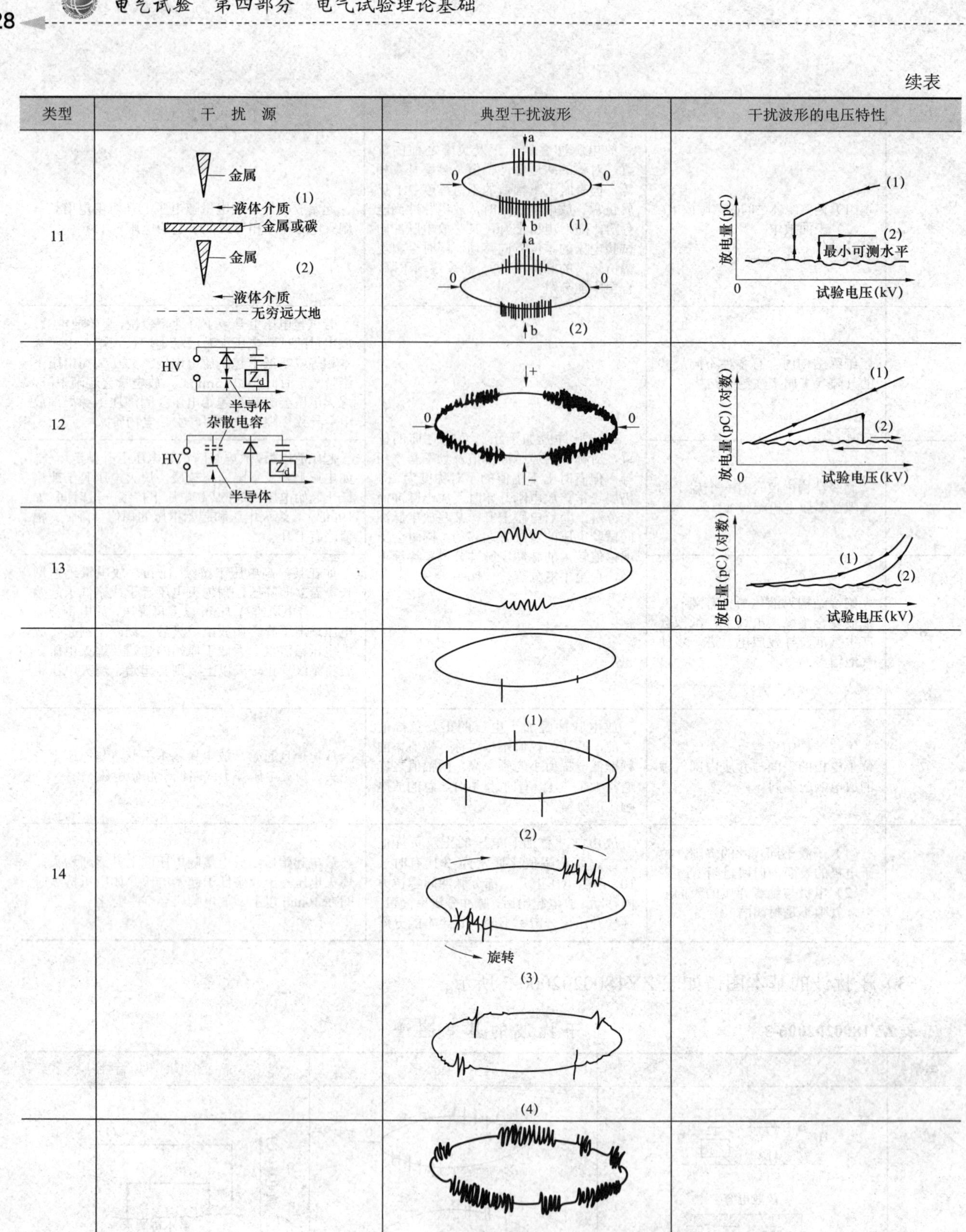

类型	干　扰　源	典型干扰波形	干扰波形的电压特性
11	金属 液体介质 (1) 金属或碳 金属 (2) 液体介质 无穷远大地	a 0　0 b (1) a 0　0 b (2)	放电量(pC) (1) (2) 最小可测水平 0 试验电压(kV)
12	HV Z_d 半导体 杂散电容 HV Z_d 半导体	+ 0　0 −	放电量(pC)(对数) (1) (2) 0 试验电压(kV)
13			放电量(pC)(对数) (1) (2) 0 试验电压(kV)
14		(1) (2) 旋转 (3) (4)	
15		(1) (2) (3)	

（4）表 ZY1800202006-3 基本图谱说明，如表 ZY1800202006-4 所示。

表 ZY1800202006-4　　干扰波的基本图谱说明

类型	干 扰 源	放 电 响 应	放电量与试验电压的关系
9	悬浮电位放电： 在电场中两悬浮金属物体间，或金属物与大地间产生的放电	波形有以下两种情况： （1）正负两边脉冲等幅、等间隔及频率相同； （2）两边脉冲成对出现，对与对间隔相同，会在基线往复移动	起始放电后有以下三种类型： （1）放电量保持不变，与电压有关，熄灭电压与起始电压完全相等； （2）电压继续上升，在某一电压下放电突然消失；电压继续上升后再下降，会在前一消失电压下再次出现放电； （3）随电压上升，放电量逐渐减小，放电脉冲随之增加
10	针尖对平板或大地的气体介质	较低电压下产生电晕放电，放电脉冲总叠加于电压的峰值位置。如位于负峰值处，放电源处于高电位；如位于正峰处，放电源处于低电位。这可帮助判断电压的零位	起始放电后电压上升，放电量保持不变，惟脉冲密度向两边扩散、放电频率增加，但尚能分辨；电压再升高，放电脉冲频率增至逐渐不可分辨
11	针尖对平板或大地的液体介质	较低电压下产生电晕放电，放电脉冲总叠加于电压的峰值位置。如位于负峰值处，放电源处于高电位；如位于正峰处，放电源处于低电位。这可帮助判断电压的零位。 一对脉冲对称的出现在电压正或负峰处，每一簇的放电脉冲时间间隔均各自相等。但两簇的幅值及时间间隔不等，幅值较小的一簇幅值相等、较密	一簇较大的脉冲起始电压较低，放电量随电压上升增加；一簇较小的脉冲起始电压较高，放电量与电压无关，保持不变；电压上升，脉冲频率密度增加，但尚能分辨；电压再升高，逐渐变得不可分辨
12	试品内部、试验回路中导电部分的接触不良	两簇脉冲位于试验电源零位的不规则的干扰脉冲，基本等幅，与电压成比例	放电量与电压成比例，有时接触处完全导通时会使干扰自行消除
13	回路中设备的铁芯磁饱和产生的干扰，其原因如下： （1）磁密过高； （2）与回路的电容发生谐振； （3）检测仪频带在低限下频率的不稳定性	带有低频振荡的脉冲出现于时间基线上，振荡周期大于检测仪的分辨率	干扰脉冲幅值随电压上升，电压回零，脉冲即消失，与电压持续时间无关
14	（1）单个可控硅干扰脉冲； （2）6 极水银整流器干扰； （3）旋转电机干扰； （4）荧光灯产生的干扰	响应特性的范围很宽，常有： （1）波形的位置上可以完全不规则或间断； （2）一个电压周波可出现 1、2、3、4、6 或 12 根间断彼此相等的单独脉冲； （3）试验电压与仪器电源的周波不很同步，干扰脉冲会在椭圆基线作定向等速移动	放电量与电压无关，电压降为零时，脉冲依然存在。受电源切断、短路、叠加负荷的影响，具有严格的时间对应关系，但不规则
15	调制或非调制的干扰波形有： （1）与无线电波调制； （2）调幅高频； （3）与检测频段相近的超声波干扰	通常来源于高频设备，如感应加热器、超声波发生器等	

4. 脉冲电流辨别

在实验室局部放电试验中，以“Kreuger”电桥为基础的零值检测法能用于减少某些外部干扰的影响。在由接地试品和无局部放电的电容器构成的桥路中 Black 发展了这一原理，来判断脉冲的对地极性。尽管有困难，但这种消除干扰的方法已被用于变电站的在线试验。

5. 传输线传播

局部放电脉冲产生以特殊的速度沿导体传播的电磁波，有时还会有衰减。因为局部放电脉冲的基本上升时间小于几个纳秒，用现代示波器测量 1ns 内沿导体的传播时间是可能的。如果局部放电脉冲发生在设备内，设备形成有良好高频率传输线的传输体，诸如气体绝缘变电站的母线管道和固体介质电缆，局部放电能够根据脉冲传播方向或脉冲到达时间与干扰区分开来。另外，如果外部干扰只能在通过损耗介质后来干扰试品，会造成重大衰减和脉冲形状畸变，又能获得抗干扰性。

6. 自相关和互相关

这是一种行程时间变化的传播技术。它一般应用于有良好传输特性的设备上，例如电缆。由于高频率局部放电脉冲会沿电缆传播，电缆两端无特性阻抗，会发生反射。用单个探头检测多次重复放电的电磁波，电缆内部的局部放电在恒定时间内偏移加强，这可用来定位（自相关），平均数千次局部放电脉冲的响应，宽带自干扰被极大地减弱。因为前者的位置相应于电缆终端。外部干扰从局部放电中区分出来，由于两个探头信号的互相关能够起到减少传播损耗的作用，而使用两个或更多的局部放电探头。

【思考与练习】

1. 什么叫局部放电？局部放电产生的原因是什么？局部放电分为哪几类？
2. 目前电力设备常用的局部放电电测法有哪些？简要说明各自的优缺点。
3. 为什么非电测法常和电测法结合应用？
4. 局部放电测试的通用方法是什么？简述其试验方法和回路。
5. 检测阻抗的作用是什么？为什么必须进行测试回路的校准？
6. 区分局部放电和干扰的方法有哪些？

第五部分

仪器仪表及常用工具

国家电网公司 STATE GRID CORPORATION OF CHINA

国家电网公司
生产技能人员职业能力培训专用教材

第九章 数字式仪表

模块 1 数字式自动介损测试仪（ZY1800301001）

【模块描述】本模块介绍数字式自动介损测试仪。通过结构讲解、图例分析，熟悉数字式自动介损测试仪的结构原理，掌握数字式自动介损测试仪的使用方法和使用注意事项。

【正文】

数字式自动介损测试仪由于引入计算机控制技术，实现了测量过程自动化，且使用方便，测量数据人为影响较小，精度及可靠性高，故目前得到普遍应用。

一、数字式自动介损测试仪的基本原理和结构

（一）基本原理

目前数字式自动介损测试仪的测量原理大多应用矢量电压法，其原理接线如图 ZY1800301001-1 所示，即利用 2 个高精度电流传感器，把流过标准电容器 C_n 和试品 Z_x 的电流信号 I_{Cn} 和 I_x 转换为计算机测量的电压信号 U_n 和 U_x，经过模数转换，A/D 采样将模拟信号变为数字信号，通过数字运算，分别求出 2 个电压信号的实部和虚部分量，从而得到被测电流信号 I_{Cn} 和 I_x 的基波分量及夹角，进一步求出试品的电容量 C_x 和介损 $\tan\delta$。

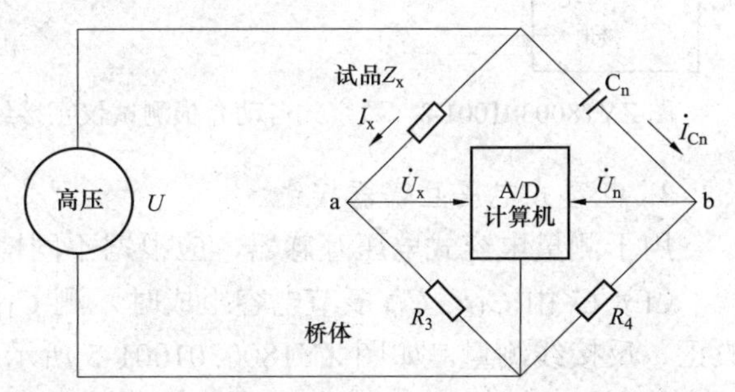

图 ZY1800301001-1 数字式自动介损测试仪原理接线图

（二）基本结构

数字式自动介损测试仪基本结构大致相同，下面以某型号数字式自动介损测试仪为例做简单介绍，其原理结构框图如图 ZY1800301001-2 所示。

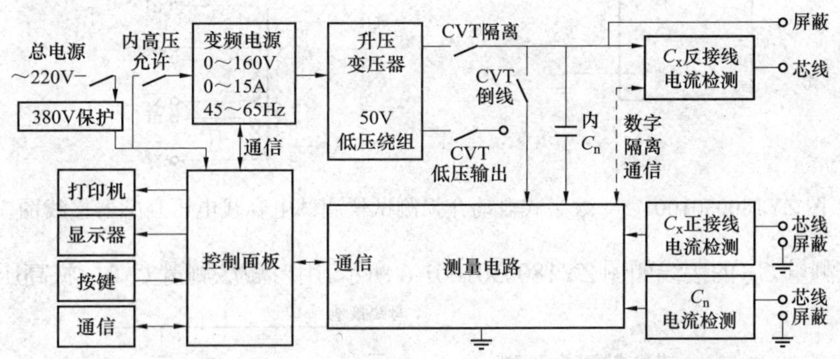

图 ZY1800301001-2 数字式自动介损测试仪原理结构框图

测量电路：傅里叶变换、复数运算等全部计算和量程切换、变频电源控制等；

控制面板：打印机、键盘、显示和通信中转；

变频电源：采用 SPWM 开关电路产生大功率正弦波稳压输出；

升压变压器：将变频电源输出升压到测量电压；

标准电容器：内 C_n，测量基准；

C_n 电流检测：用于检测内/外标准电容器电流；

C_x 正接线电流检测：只用于正接线测量；

C_x 反接线电流检测：只用于反接线测量；

反接线数字隔离通信：采用精密 MPPM 数字调制解调器，将反接线电流信号送到低压侧。

二、数字式自动介损测试仪测试接线

用数字式自动介损测试仪测量 tanδ时，常用的接线方式有以下几种：

1. 正接线方式

如图 ZY1800301001-3 所示，测量时介损仪测量回路处于地电位，操作安全方便，因不受被试品对地寄生电容的影响，测量准确。适用于被试品对地绝缘（如电容式套管、耦合电容器、带末屏的电流互感器等）的测量。

2. 反接线方式

如图 ZY1800301001-4 所示，测量时介损仪测量回路处于高电位，操作不安全、不方便，因被试品接地，故现场应用较广（如变压器、不带末屏的电流互感器 tanδ的测量）。

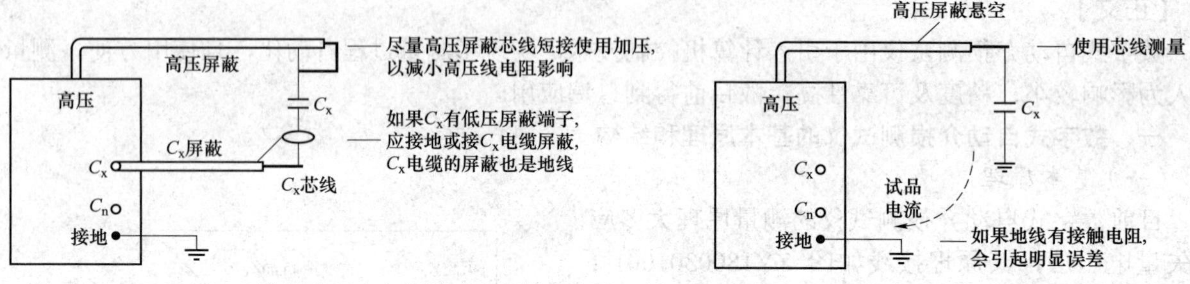

图 ZY1800301001-3 数字式自动介损测试仪正接线方式 图 ZY1800301001-4 数字式自动介损测试仪反接线方式

3. 电容式电压互感器接线

用于测量电容式电压互感器，应根据不同情况进行接线。

（1）C_1 由 C_{11}～C_{14} 多节电容组成时，测 C_{11} 可用高压屏蔽，屏蔽其他电容。中间几节电容可用一般正、反接线测量，如图 ZY1800301001-5 所示。

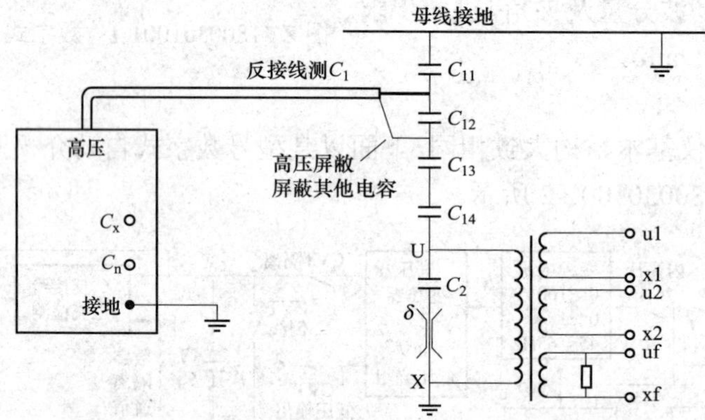

图 ZY1800301001-5 数字式自动介损测试仪测试电容式电压互感器接线图

（2）用自激法测量 C_{12} 的接线如图 ZY1800301001-6 所示。用自激法测量 C_2 时，将高压芯线与 C_x 线对调。

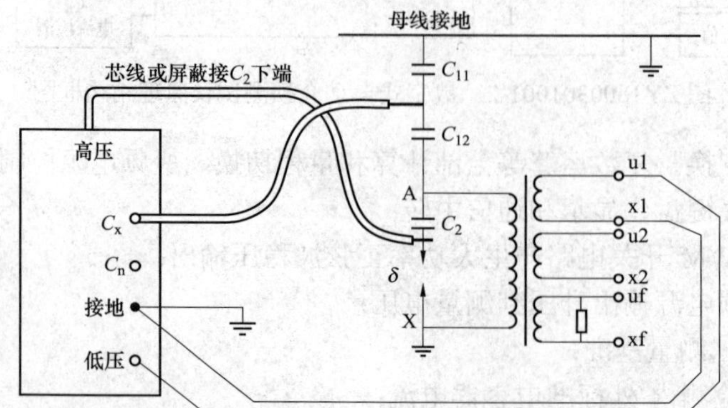

图 ZY1800301001-6 数字式自动介损测试仪测试电容式电压互感器自激法测 C_{12} 接线图

三、操作步骤及注意事项

（一）操作步骤

（1）仔细阅读仪器使用操作说明书，对各类现场接线和操作方法必须掌握后方可使用，必要时请厂家技术人员现场指导。

（2）使用前对介损仪进行必要的检查。包括仪器带电自检、测试高压电缆线、信号线及各接线端口的外观检查，特别注意对高压电缆线的检查，必要时进行绝缘或耐压测试。

（3）根据现场试验条件、试品类型，正确选择接线方式，选择内高压标准电容器及外高压标准电容器。在选择外高压标准电容器时，正确输入外高压标准电容器各项参数，并合理安排布置试验设备、仪器仪表及操作人员位置和安全措施。

（4）严格按照介损仪操作说明进行操作。

（5）测量完毕后，仪器自动降压，切断高压后，再读取测试数据。

（二）测量注意事项

目前各类介损测量仪品种繁多，接线、使用各不相同，但都应注意以下几点：

（1）试验应在良好的天气，试品及环境温度不低于+5℃的条件下进行。

（2）因介损测试仪内有高压部分，禁止现场工作人员擅自打开仪器外壳，若有故障建议返厂或请专业人员进行维修。

（3）为保证测量数据准确及测试人员安全必须将仪器可靠接地，接地不良会引起仪器保护或数据严重波动。

（4）测试接线必须牢固、可靠，测试过程中虽高压线可拖地使用，但人员应禁止在高压线旁或高压线上下。

（5）数字式介损仪若使用变频法消除干扰时，可选择 45/55Hz 自动变频。

【思考与练习】

1. 简述数字式自动介损测试仪的基本原理，其优点有哪些？
2. 使用数字式自动介损测试仪的注意事项有哪些？

第十章 静电电压表

模块 1 静电电压表的使用（ZY1800302001）

【模块描述】本模块介绍静电电压表。通过原理讲解、要点归纳，熟悉静电电压表的结构原理，掌握静电电压表的使用方法及使用注意事项。

【正文】

一、静电电压表的基本原理和结构

静电电压表的输入阻抗极高，电源频率、大气条件、外界磁场干扰等对其测量几乎没有影响。

静电电压表是根据两电极间电场力的平均值来指示电压的。静电电压表的形式较多，结构也有所不同，但其基本工作原理大致相同。现以图 ZY1800302001-1 所示的 Q4-V 型静电电压表为例说明其测量原理。

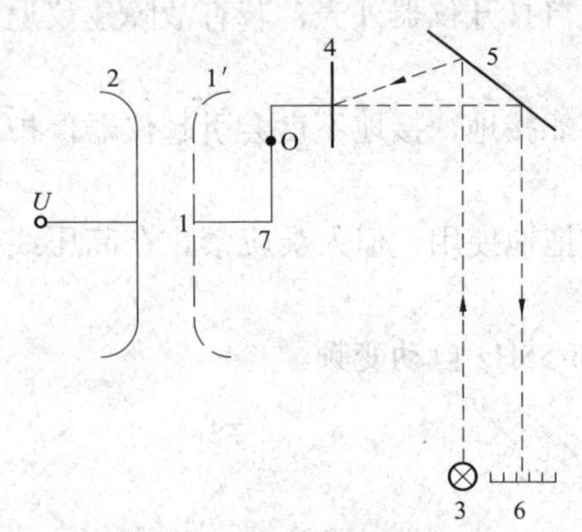

图 ZY1800302001-1 Q4-V 型静电电压表测量原理图

1—可动电极；2—固定电极；1′—保护电极；3—灯泡；4—可动反光镜；5—固定大反光镜；6—标尺；7—曲杆；O—转轴

图 ZY1800302001-1 中所示静电电压表主要由一个可动电极 1 和另一个固定电极 2 组成。可动电极 1 安置在保护电极 1′中部的小窗口处，与其另一端的可动反光镜 4 通过曲杆 7 相连，并都固定在扭动时有弹性的张丝上（图 ZY1800302001-1 中未画出）。可动电极与可动反光镜可以绕转轴 O 转动。

当固定电极与可动电极间加上电压 U 时，由于静电引力的作用，可动电极发生移动，带动可动反光镜 4 绕转轴 O 转动，且电压越高，电极间电场越强，静电引力越大，可动电极移动的距离越大，从而带动反光镜 4 转动的角度也越大。当张丝制动力矩和可动电极的力矩达到平衡时，通过固定大反光镜 5 反射到标尺 6 上的光线也就稳定下来，这样通过标尺上的反射光线位置，就可直接读得试验电压值（标尺上直接标出不同位置所反映的测量电压大小）。

由于静电电压表是通过可动电极的机械移动反映测量电压大小的，因此它只能测量电压有效值或平均值。静电电压表可测量直流高压和交流高压。

二、静电电压表量程的选择

根据现场测量需要，可选取不同准确等级和测量范围的静电电压表，通常它的测量电压范围为 7.5～300kV，准确度为 1 级。

三、使用方法及注意事项

（1）使用前应将静电电压表放置平稳，调成水平位置，将反射光线调在刻度尺的零位，并牢固地竖立在平整的地面上，防止倾倒。

（2）检查电源电压是否满足光源电压的切换位置，以免烧坏光源灯泡。

（3）静电电压表标尺刻度不均匀，应准确选用表计的量程，使被测电压值在刻度尺的一半左右，并严禁超压使用，以免将仪器损坏，并注意表面的清洁和干燥。

（4）注意防止现场杂散电场、微小振动、风吹等因素带来的误差。

（5）将静电电压表底座良好接地。

（6）将被测高压引线与静电电压表顶端均压球牢固连接，并与接地线保持足够的安全距离。

（7）检查各部位接线无误后，即可进行测量。如测交流电压，将测量表计档位置于交流电压档；如测量直流电压，将测量表计置于直流电压档。

（8）加载高压，严格注意操作安全距离，确保操作安全，并记录数据。

（9）测量完毕后，降压直到仪表显示为零，放电后方可拆除试验线路。

（10）静电电压表极间电容很小，为5～50pF，测量大电容的被试品及在低频电压下使用，准确度较高；当被试品电容量较小或在高频、冲击电压的情况下测量时有一定误差。

【思考与练习】

1. 简述静电电压表的基本结构和原理。

2. 静电电压表的使用方法和注意事项是什么？

第十一章　红　外　检　测

模块 1　红外热成像的测试与分析（ZY1800303001）

【模块描述】本模块介绍红外热成像的测试与分析。通过测试工作流程的介绍，掌握红外热成像的原理、测试前的准备工作和相关安全、技术措施、测试方法、技术要求及测试数据分析判断。

【正文】

一、红外热成像的原理及测试目的

（一）红外热成像的原理

红外热成像是利用红外探测器、光学成像物镜接收被测目标的红外辐射信号，经过光谱滤波、空间滤波使聚焦的红外辐射能量分布图形反映到红外探测器的光敏源上，对被测物的红外热像进行扫描并聚焦在单元或分光探测器上，由探测器将红外辐射能转换成电信号经放大处理转换成标准视频信号，通过电视屏或监视器显示红外热像图，并推断被测目标表面温度的一种技术。

（二）测试目的

红外热成像技术引入电力设备故障诊断后，为电力设备状态维护提供了有力的技术支持。它能在不影响电力设备正常运行的情况下，准确有效地检测运行设备的温度状况，从而判断设备运行是否正常。它有着高效、快捷、准确、不受外界干扰正常运行等诸多优点。

二、测试仪器、设备的选择

对红外热像仪主要参数选择如下：

（1）不受测量环境中高压电磁场的干扰，图像清晰，稳定，具有图像锁定、记录和必要的图像分析功能。

（2）具有较高的像素，一般不小于 240×340。

（3）测量时的响应波长，一般在 8～14μm。

（4）空间分辨率应满足实测距离的要求，一般对变电站内电气设备实测距离不小于 500m，对输电线路实测距离不小于 1000m。

（5）具有较高的测量精确度和合适的测温范围，一般精确度不小于 0.1℃，测温范围为−50～600℃。

三、危险点分析及控制措施

1. 防止人员误触电

应注意与带电设备的安全距离，移动测量时应小心行进，避免跌碰。红外检测人员在测量过程中不得随意进行任何电气设备操作或改变、移动、接触运行设备及其附属设施。当需要打开柜门或移开遮栏时，应在变电站站长（专责）监护下进行。

2. 防止仪器损坏

强光源会损伤红外成像仪，严禁用红外成像仪测量强光源物体（如太阳、探照灯等）。检测时应注意仪器的温度测量范围，不能把摄温探头随意长时间对准温度过高的物体。

四、测试前的准备工作

1. 了解测量现场情况及试验条件

搜集需监测变电站内设备或线路的负荷周期，选择高峰负荷时段进行红外监测，查阅相关技术资料、相关规程等，了解缺陷情况。

2. 测试仪器、设备准备

检查红外成像仪存储卡空间是否足够，电池电能是否足够，并查阅测试仪器检定证书的有效期。

3. 办理工作票并做好试验现场安全和技术措施

进入试验现场后，办理工作票并做好试验现场安全措施。并向其余试验人员交代工作内容、带电部位、现场安全措施、现场作业危险点，以及明确人员分工。

五、现场测试步骤及要求

（1）开机后设备自检正常，根据环境温度调整仪器背景温度（记录环境温度）。

（2）在仪器上调整受检目标发射率，按表 ZY1800303001-1 进行，并设置色标温度量程。

表 ZY1800303001-1　　常用材料发射率的参考值

材　料	温度（℃）	发射率近似值	材　料	温度（℃）	发射率近似值
抛光铝或铝箔	100	0.09	棉纺织品（全颜色）	—	0.95
轻度氧化铝	25～600	0.10～0.20	丝绸	—	0.78
强氧化铝	25～600	0.30～0.40	羊毛	—	0.78
黄铜镜面	28	0.03	皮肤	—	0.98
氧化黄铜	200～600	0.59～0.61	木材	—	0.78
抛光铸铁	200	0.21	树皮	—	0.98
加工铸铁	20	0.44	石头	—	0.92
完全生锈轧铁板	20	0.69	混凝土	—	0.94
完全生锈氧化钢	22	0.66	石子	—	0.28～0.44
完全生锈铁板	25	0.80	墙粉	—	0.92
完全生锈铸铁	40～250	0.95	石棉板	25	0.96
镀锌亮铁板	28	0.23	大理石	23	0.93
黑亮漆（喷在粗糙铁上）	26	0.88	红砖	20	0.95
黑或白漆	38～90	0.80～0.95	白砖	100	0.90
平滑黑漆	38～90	0.96～0.98	白砖	1000	0.70
亮漆（所有颜色）	—	0.90	沥青	0～200	0.85
非亮漆	—	0.95	玻璃（面）	23	0.94
纸	0～100	0.80～0.95	碳片	—	0.85

（3）再将仪器测量距离调至较远（根据变电站大小或线路远近调整），进行大范围的一般检测，寻找可疑的发热点。

（4）将背景温度和测量距离调整至适当值，对可疑发热点做精确检测，以区分是电压或电流引起的发热及综合致热。

（5）对可疑发热点进行拍摄时，应有设备整体成像、发热点的局部成像以及可供参考的同类正常设备的对比成像。

（6）成像后应记录成像设备的编号、相别以及发热点的方位，并与图像编号相对应。

（7）收集发热设备的实时负荷情况及最高负荷情况。

六、测试注意事项

（1）应尽量选择在阴天或夜间进行测量，晴天时应选择在背光面进行测量，强日照天气严禁测量。晴天测试时阳光在设备表面形成反射（尤其是绝缘子表面），红外成像仪会误测反射表面温度（通常会在 200℃以上）。室内检测宜闭灯进行，被测物应避免灯光直射。

（2）测量时环境的温度不宜低于 5℃，空气湿度不宜大于 85%。不应在有雷、雨、雾、雪及风速超过 5m/s 的环境下进行检测。

（3）针对不同的检测对象选择不同的环境温度参照体。

（4）测量设备发热点、正常相的对应点及环境温度参照体的温度值时，应使用同一仪器相继测量。

（5）应从不同方位进行检测，测出最热点的温度值。

（6）记录异常设备的实际负荷电流和发热相、正常相及环境温度参照体的温度值。

七、测试结果分析及测试报告编写

（一）测试结果分析

1. 测试标准及要求

根据《带电设备红外诊断技术应用导则》（DL/T 664—2008）规定：

（1）对电流致热设备判断见 DL/T 664—2008 附录 A。

（2）对电压致热设备判断见 DL/T 664—2008 附录 B。

（3）高压开关设备和控制设备各种部件、材料和绝缘介质的温度和温升极限判断见 DL/T 664—2008 附录 C。

2. 测试结果分析

一般来说运行设备发热可分为：电流通过导体引起发热（如电气设备与金属部件的连接、金属部件与金属部件的连接的接头和线夹等）、运行设备在电压下绝缘受潮或劣化引起发热（如电流互感器、电压互感器、耦合电容器、移相电容器、高压套管、充油套管、氧化锌避雷器、绝缘子、电缆头等）、涡流引起设备金属表面发热（变压器、电抗器等）等三大类。

（1）表面温度及温升判断法：温升是指被测设备表面温度和环境温度参照体表面温度之差。一般用于电流或电磁效应引起的发热，根据测得的设备表面温度值，及环境气候条件、负荷大小结合 DL/T 664—2008 附录 C 进行分析判断。凡温度（或温升）超过标准者可根据设备温度超标的程度、设备负荷率的大小、设备的重要性及设备承受机械应力的大小来确定设备缺陷的性质。

（2）温差判断法：温差值是指不同被测设备或同一被测设备不同部位之间的温度差。对与电压致热的设备（如电压互感器、耦合电容器、避雷器等），根据同类设备的正常及异常状态的热成像图，结合 DL/T 664—2008 附录 B 进行分析判断。必要时可配合色谱及电气试验结果综合分析，确定缺陷的性质及处理意见。一旦温差值超过标准，视为危急缺陷。

（3）相对温差判断法：对电流致热型设备，若发现设备的导流部分热态异常，应按式（ZY1800303001-1）算出相对温差值，再按 DL/T 664—2008 附录 A，进行分析判断，即

$$\delta_t=\frac{\tau_1-\tau_2}{\tau_1}\times 100\%=\frac{T_1-T_2}{T_1-T_0}\times 100\% \qquad (ZY1800303001\text{-}1)$$

式中　τ_1、T_1——发热点的温升和温度；

τ_2、T_2——正常相对应点的温升和温度；

T_0——环境参照体的温度。

（4）同类比较判断法：是根据同组三相设备、同相设备之间及同类设备之间对应的温差，结合温差判断法、相对温差判断法进行比较分析、判断。

（5）档案分析判断法：对同一设备不同时期的温度场进行分析，找出设备致热参数的变化，判断设备是否正常。

（6）实时分析判断法：在一段时间内连续检测被测设备，找出被测设备温度随负荷、时间等因素的变化。

（7）在现场测量时由于环境温度不断变化，当环境温度高于 40℃时，DL/T 664—2008 附录 C 中所列“温升”作为参考值，以“温差”作为判断值。

（8）某些设计制造不合理的电气设备用导磁材料作外壳，而且没有采取限制磁通的措施，因涡流损耗大而发热。对涡流引起设备金属表面发热在分析时，可用表面温度判断法进行分析判断。

（9）在现场测量时，根据表 ZY1800303001-2 中所列的现象，判断风速的大小，以便进行一般检测和精确检测。

表 ZY1800303001-2　　风级、风速与表象

风　级	风速（m/s）	地　面　现　象
0	0～0.2	静烟直上
1	0.3～1.5	烟能表示风向，树叶略有摇动

续表

风　级	风速（m/s）	地　面　现　象
2	1.6～3.3	人脸感觉有风，树叶有微响，旗开始飘动
3	3.4～5.4	树叶和很细的树枝摇动不息，旗展开
4	5.5～7.9	能吹起地面的灰尘和纸张，小树枝摇动
5	8.0～10.7	有叶的小树摇摆，内陆水面有水波
6	10.8～13.8	大树枝摆动，电线有呼呼声，举伞困难
7	13.9～17.1	全树摆动，迎风步行不便

一般检测时环境温度一般不低于 5℃，相对湿度一般不大于 85%，天气以阴天、多云为宜，最好在夜间进行，在室内或晚上检测应避开灯光直射，宜闭灯检测。风速一般不大于 5m/s，应尽量避开视线中的封闭遮挡物。检测电流致热设备，最好在高峰负荷下进行。否则，一般应在不低于 30%的额定负荷下进行，同时应充分考虑小负荷电流对测试结果的影响。

精确检测时除了满足上述要求外，还应满足；风速一般不大于 0.5m/s；设备通电时间不小于 6h，最好在 24h 以上；检测期间天气为阴天、夜间或晴天日落 2h 后；被检测设备周围应具有均衡的背景辐射，应尽量避开附近热辐射源的干扰，在某些设备被检时还应避开人体热源等的红外辐射；避开强电磁场，防止强电磁场影响红外热像仪的正常工作。

（二）测试报告编写

测试结束后应对图片进行分析处理，形成报告。测试报告内应包含测量时环境条件（包括风速、环境温度、湿度）、日期、时间、发热设备整体热图、发热局部热图、可对比的成像热图，还应有热成像仪的编号、测试距离等，发热设备的编号、相别、发热位置的方位以及所在线路的实时负荷、最高负荷和额定负荷情况，试验人员等。

八、案例

某变电站 2 号主变压器 110kV 侧避雷器三相红外成像图如图 ZY1800303001-1 所示，其中从前至后分别为 W、V、U 相，U 相 26.5℃，V 相 25.6℃，W 相 25.5℃。

通过分析，其 U 相与 V 相“相间温差”是 0.9℃，与 W 相“相间温差”是 1.0℃，接近或等于 DL/T 664—2008 附录 B 中的规定值（0.5～1.0），立即通过带电监测发现，V、W 相总泄漏电流及阻性分量均正常，U 相总泄漏电流略有增长，但阻性电流达 1700μA，严重超出避雷器阻性电流规定值，立即进行了更换。

图 ZY1800303001-1　避雷器三相红外成像图

【思考与练习】

1. 如何选择红外成像测试的时间？
2. 红外成像测试报告中应包含哪些信息？
3. 解释温差、温升的含义。

第六部分

试验方案及作业指导书编写

第十二章 试验方案编写

模块 1 试验方案编写（ZY1800401001）

【模块描述】本模块介绍电气试验方案编写。通过要点讲述、案例介绍，了解电气试验方案编写的目的和一般原则，掌握电气试验方案编写步骤及应注意问题。

【正文】

对涉及主要设备、新产品及一些特殊项目的试验，试验负责人应组织编写试验方案。

一、试验方案编写目的

为了使试验相关方熟悉试验内容，保证试验项目能够安全、顺利地完成，并在试验中体现科学性、先进性、合理性、针对性，使实际试验工作有据可依、易于操作，需在试验工作开始前编制试验方案。

二、试验方案编写的原则及步骤

（一）试验方案编写的一般原则

（1）方案中必须明确安全措施、组织措施和技术措施。

（2）方案的主要内容一般包括试验目的、试验内容及依据、试验日期、试验仪器及设备、试验接线、试验步骤等。

（3）方案的制定要遵守国家、行业的有关标准和规定。

（4）方案编制要合理，并有针对性，安全可靠，易于操作和实施。在满足安全、质量和进度的前提下努力降低成本。

（5）试验方案应由技术负责人或单位技术主管部门批准。

（二）试验方案编写步骤

（1）接受试验任务，并对试验任务进行熟悉、了解，必要时进行现场勘探。

（2）查阅相关图纸、资料、技术合同，确定试验依据的标准和试验方法。

（3）组织试验人员对试验仪器、方法、危险点等内容进行讨论、确定。

（4）试验负责人根据讨论结果起草试验方案。

（5）履行相应审批程序。

三、编写过程中应注意的问题

（1）试验方案要按具体设备、具体试验方法进行编制，必须具备针对性和可操作性。

（2）试验方案必须简单明了，必要时绘制试验接线图。

（3）试验方案必须明确各项目负责人、试验进度、危险点及控制措施、应急预案等内容。

（4）试验方案应由参与试验的主要人员集体讨论后确定。

（5）试验方案必须符合有关试验标准、规程及技术合同的相关技术要求。

四、编写举例

以下以“某变电站 220kVGIS 交流耐压试验方案”为例说明编写试验方案的要点，见附录ZY1800401001-1。

附录 ZY1800401001-1:

某变电站220kVGIS交流耐压试验方案

批准：×××

审核：×××

编制：×××

××××年××月××日

一、试验目的

检查GIS设备的检修及安装质量，考核GIS设备的绝缘强度。

二、试验依据

《72.5kV及以上气体绝缘金属封闭开关》（GB 7674—1997）；

《气体绝缘金属封闭开关设备现场交接试验规程》（DL/T 618—1997）；

《气体绝缘金属封闭开关设备现场耐压及绝缘试验导则》（DL/T 555—2004）。

三、试品参数

型号ZF9-252；额定电压252kV；额定频率50Hz；额定电流2000A；额定短时耐受电流40kA；额定短时工频耐受电压395kV；SF_6气体额定压力（20℃表压）：断路器、电流互感器0.5MPa，其他气室0.4MPa；制造厂为西安高压开关厂。

四、试验标准

耐受电压按制造厂出厂值395kV的80%即316kV，时间为1min，耐压方式为相对地的方式。

五、试验方法

（1）GIS设备在146kV电压下老练5min，再将试验电压升至252kV下老练3min，时间到后将电压继续升至316kV耐受1min，即耐压程序为：146kV：5min；252kV：3min；316kV：1min。

（2）本次试验原则上按下列步骤进行：

1）将1号主变压器V相与GIS连接的油气套管拆开，在拆开处GIS端安装试验套管。

2）合上25013隔离开关，分开2501断路器，断开220kV正、副母线隔离开关25011、25012，由安装的试验套管端部加压试验。

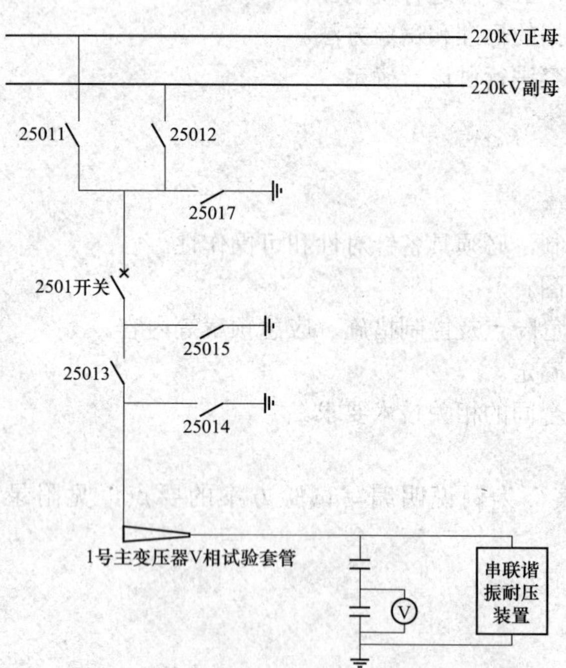

图 ZY1800401001-1 GIS交流耐压试验接线图

六、试验设备及试验接线图

（1）GIS加压试验部分长度约35m，根据估算电容量约2000pF。采用调频式串联谐振耐压装置（型号：YDGK–240/400，试验电压400kV，电流0.6A，谐振电容量：1000～5000pF）。

（2）GIS交流耐压试验接线，如图ZY1800401001-1所示。

七、组织技术措施

（1）试验现场工作负责人由×××担任，负责解决现场工作的安排和工作的协调及配合。

（2）现场工作负责人应制定试验现场的安全措施，试验现场设置遮拦，悬挂“止步，高压危险”，防止非试验人员进入试验区，并指定现场安全员。

（3）试验时可根据试验现场情况调整加压方式，试验现场应指定试验工作范围，并设置安全遮拦，悬挂警告牌。

（4）GIS设备应该具备完好的试验带电条件，试验设备与被测设备的连接与断开，应在试验电源明显断开并且试验设备接地的状态下进行，并确保被试设备无人工作，设备的外接地全部完成，内部气压符合要求。

（5）GIS 所有电气试验项目确认完成且合格后，方可进行主绝缘耐压试验。试验时应有专人对被试设备进行观察，发现异常立刻停止试验，由试验负责人会同有关人员进行分析处理。试验设备和测量仪器必须经过校验并在有效期内。

（6）试验完成后及时清理现场。

【思考与练习】

1. 试验方案编制的一般原则及步骤是什么？
2. 试验方案编制过程中应注意哪些问题？

第十三章 作业指导书编写

模块1 作业指导书编写（ZY1800402001）

【模块描述】本模块介绍作业指导书编写。通过要点讲述，了解作业指导书编写的目的和一般原则，掌握作业指导书编写步骤及应注意问题。

【正文】

一、作业指导书编写的目的

作业指导书编写的目的是为了保证现场高压试验工作的安全，使高压试验工作始终处于可控之下，做到“有章可循，有据可依”，实现作业现场、试验标准、试验项目、作业安全的标准化。

二、作业指导书编写的原则及步骤

（一）作业指导书编写的一般原则

（1）使用简单，实际可行，可操作性强，能迅速地遵照其进行试验工作。

（2）体现对现场试验作业的全过程控制，体现对设备及人员行为的全过程管理，包括试验仪器、试验方法、试验程序、危险点分析、反事故措施和人员行为要求等内容。

（3）试验作业指导书编制注重量化、细化、标准化每项作业内容。做到作业有程序、安全有措施、质量有标准、考核有依据。

（4）应体现分工明确，责任到人，编写、审核、批准和执行应签字齐全。

（5）围绕安全、质量两条主线，实现安全与质量的综合控制。优化作业方案，提高效率。

（6）一项工作任务编制一份作业指导书。

（7）应结合现场实际由专业技术人员编写，由相应的主管部门审批。

（二）作业指导书编写步骤

试验作业指导书编写一般分准备阶段、作业阶段、结束阶段、附件等四部分组成。

（1）准备阶段包含准备工作、召开准备会、填写并签发工作票。

1）准备工作。应按照作业内容进行的现场调查，了解、熟悉试验任务，进行危险点的辨识，明确准备试验所需仪器仪表的时间和要求等。

2）召开准备会。在准备会应明确分工、参加试验人员的人数，并进行技术交底，着重进行危险点分析。

3）填写并签发工作票。填写工作票，并经工作票签发人进行审核，保证工作票的正确。

（2）作业阶段包含开工、试验内容及试验要求、竣工三部分内容，也是作业指导书的核心。

1）开工。应包含由工作负责人联系运行人员办理开工手续，列队宣读工作票，逐项交代工作内容及现场安全措施。

2）试验内容及试验要求。应根据试验项目编写试验方法、接线、安全措施、注意事项、试验结果判据。

3）竣工内容。应拆除的试验接线、清理现场，填写试验记录并交代的试验情况和试验结论。

（3）结束阶段包含全部作业结束后的注意事项，如清理工作现场、关闭试验电源、清点工具、恢复试验现场的初始状态，结束工作票，填写试验记录结果，对试品作出整体评价，记录存在问题及处理意见，整理试验报告并归档。

（4）附件包含试验设备清单、工器具清单、试验人员分工。

1）试验设备、工器具、仪器仪表清单。应填写相应作业项目所需主要试验设备、工器具名称及其规格型号、数量等内容。

2）试验材料清单。应填写相应作业项目所需主要材料名称及其规格型号、数量等内容。

三、编写过程中应注意的问题

（1）作业指导书必须符合本单位和现场实际工作，并符合国家、行业相关标准。

（2）随着试验新方法、仪器的推广使用，作业指导书应不断完善、评估和修改。

（3）新编作业指导书使用前应严格履行相关审批手续。

（4）作业指导书在工作前应在工作人员中形成共识，并组织学习。

（5）作业指导书作为程序文件应由企业统一编号并纳入文件管理。

【思考与练习】

1. 作业指导书编写的一般步骤是什么？

2. 作业指导书编写的原则和应注意的问题是什么？

第七部分

电缆的运行维护

第十四章　电缆故障测寻及处理

模块 1　常用电缆故障测寻方法（GYDL00303003）

【模块描述】本模块包含电缆线路常见故障测距和精确定点。通过方法介绍，掌握利用电桥法和脉冲法进行电缆线路常见故障测距的原理、方法和步骤，掌握电缆故障点精确定点方法。

【正文】

电缆线路的故障寻测一般包括初测和精确定点两部分，电缆故障的初测是指故障点的测距，而精确定点是指确定故障点的准确位置。

一、电缆故障初测

根据仪器和设备的测试原理，电缆故障初测可分为电桥法和脉冲法两大类。

（一）电桥法

用直流单桥测量电缆故障是测试方法中最早的一种，目前仍广泛应用。尤其在较短电缆的故障测试中，其准确度仍是最高的。测试准确度除与仪器精度等级有关外，还与测量的接线方法和被测电缆的原始数据正确与否有很大的关系。电桥法适用于低阻单相接地和两相短路故障的测量。

（1）单相接地故障的测量。

测试单相接地故障原理接线，如图 GYDL00303003-1 所示。当电桥平衡时（同种规格电缆导体的直流电阻与长度成正比），则有

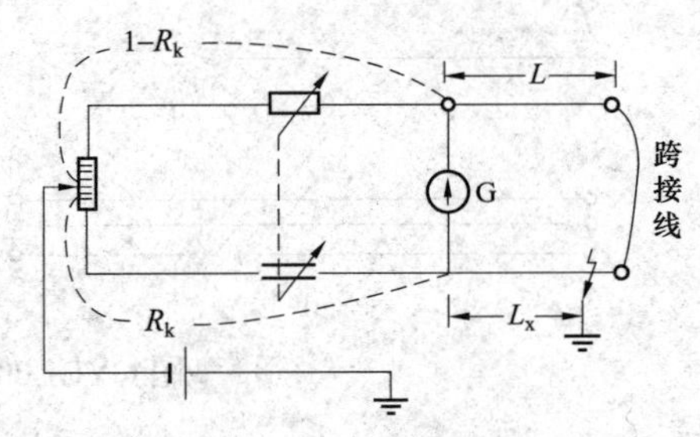

图 GYDL00303003-1　测试单相接地故障原理接线图

$$\frac{1-R_k}{R_k}=\frac{2L-L_x}{L_x} \qquad \text{(GYDL00303003-1)}$$

简化后得

$$L_x=R_k\times 2L \qquad \text{(GYDL00303003-2)}$$

式中　L_x——测量端至故障点的距离，m；

L——电缆全长，m；

R_k——电桥读数。

（2）两相短路故障的测量。

在三芯电缆中测量两相短路故障，基本上和测量单相接地故障一样，其接线如图 GYDL00303003-2 所示。与测量接地故障不同之处，就是利用两短路相中的一相作为单相接地故障测量中的地线，以接通电桥的电源回路。如为单纯的短路故障，电桥可不接地，当故障为短路且接地故障时，则应将电桥接地。其测量方法和计算方法与单相接地故障完全相同。

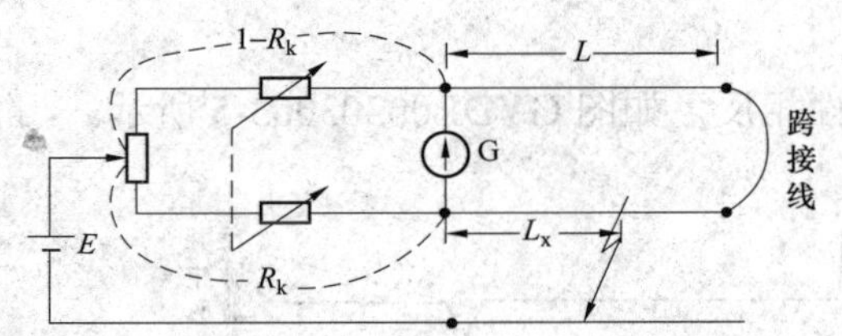

图 GYDL00303003-2　测量两相短路故障原理接线图

（二）脉冲法

脉冲法是应用行波信号进行电缆故障测距的测试方法，它分为低压脉冲法、闪络法（直闪法、冲闪法）、二次脉冲法。

1. 测试原理

在测试时，从测试端向电缆中输入一个脉冲行波信号，该信号沿着电缆传播，当遇到电缆中的阻抗不匹配点（如开路点、短路点、低阻故障点和接头点等）时，会产生波反射，反射波将传回测试端，被仪器记录下来。假设从仪器发射出脉冲信号到仪器接收到反射脉冲信号的时间差为Δt，也就是脉冲信号从测试端到阻抗不匹配点往返一次的时间为Δt，如果已知脉冲行波在电缆中传播的速度是 v，那么根据公式 $L = v\Delta t/2$ 即可计算出阻抗不匹配点距测试端的距离 L 的数值。

行波在电缆中传播的速度 v，简称为波速度。理论分析表明波速度只与电缆的绝缘介质材质有关，而与电缆的线径、线芯材料以及绝缘厚度等几乎无关。油浸纸绝缘电缆的波速度一般为 160m/μs，而对于交联电缆，其波速度一般在 170～172m/μs 之间。

2. 低压脉冲法

（1）适用范围。

低压脉冲法主要用于测量电缆断线、短路和低阻接地故障的距离，同时还可用于测量电缆的长度、波速度和识别定位电缆的中间头、T 形接头与终端头等。

（2）开路、短路和低阻接地故障波形。

1）开路故障波形。

一是，开路故障的反射脉冲与发射脉冲极性相同，如图 GYDL00303003-3 所示。

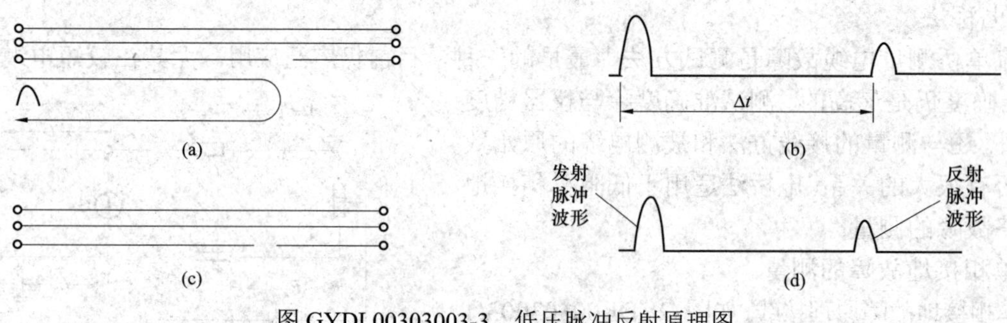

图 GYDL00303003-3 低压脉冲反射原理图

（a）、（c）电缆；（b）、（d）波形

二是，当电缆近距离开路，若仪器选择的测量范围为几倍的开路故障距离时，示波器就会显示多次反射波形，每个反射脉冲波形的极性都和发射脉冲相同，如图 GYDL00303003-4 所示。

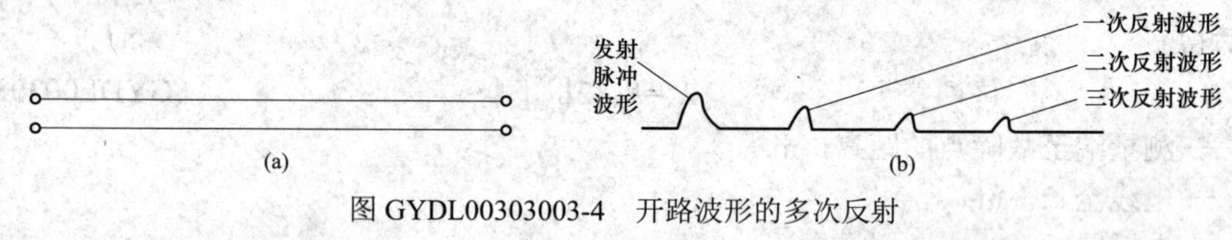

图 GYDL00303003-4 开路波形的多次反射

（a）电缆；（b）波形

2）短路或低阻接地故障波形。

一是，短路或低阻接地故障的反射脉冲与发射脉冲极性相反，如图 GYDL00303003-5 所示。

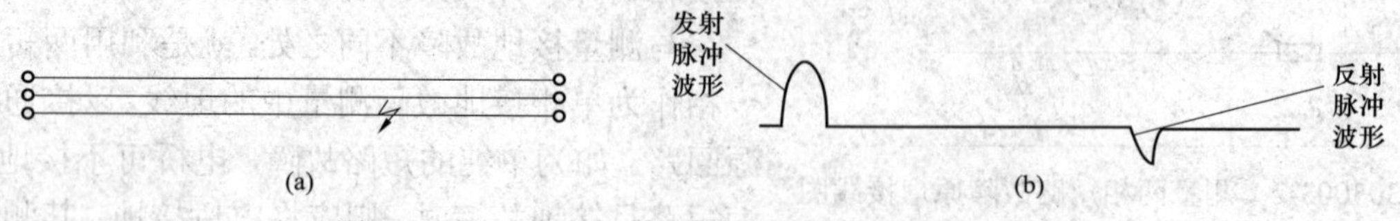

图 GYDL00303003-5 短路或低阻接地故障波形图

（a）电缆；（b）波形

二是，当电缆发生近距离短路或低阻接地故障时，若仪器选择的测量范围为几倍的低阻短路故障距离，示波器就会显示多次反射波形。其中第一、三等奇数次反射脉冲的极性与发射脉冲相反，而二、四等偶数次反射脉冲的极性则与发射脉冲相同，如图 GYDL00303003-6 所示。

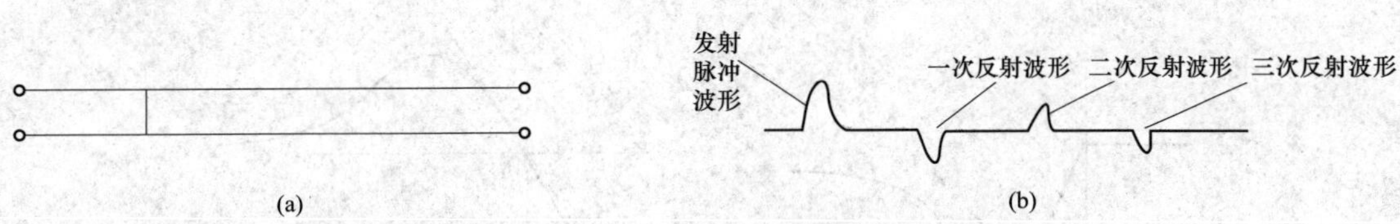

图 GYDL00303003-6　近距离低阻短路故障的多次反射波形图

（a）电缆；（b）波形

（3）低压脉冲法测试示例。

1）图 GYDL00303003-7 所示的是低压脉冲法侧得的典型故障波形。这里需要注意的是当电缆发生低阻故障时，如果选择的范围大于全长，一般存在全长开路波形；如果电缆发生了开路故障，全长开路波形就不存在了。

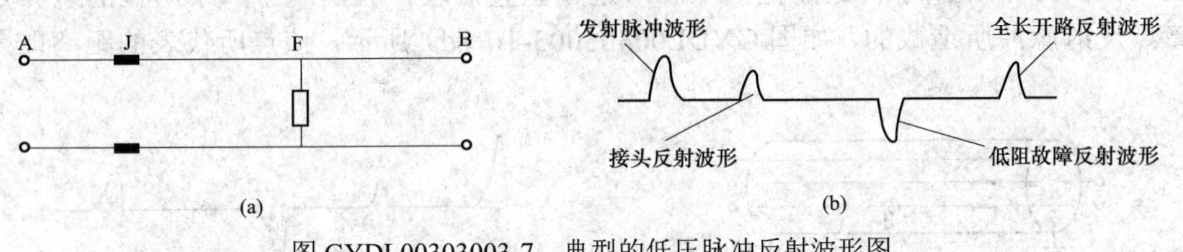

图 GYDL00303003-7　典型的低压脉冲反射波形图

（a）电缆结构；（b）波形

2）图 GYDL00303003-8 所示的是采用低压脉冲法的一个实测波形。从这个波形上可以看到，在实际测试中发射脉冲是比较乱的，其主要原因是仪器的导引线和电缆连接处是一阻抗不匹配点，看到的发射脉冲是原始发射脉冲和该不匹配点反射脉冲的叠加。

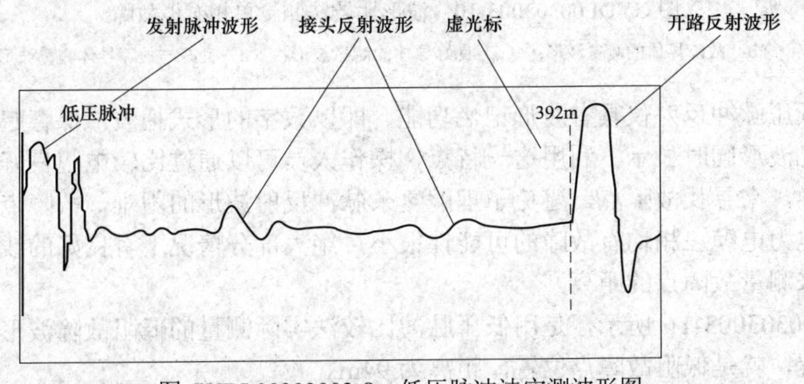

图 GYDL00303003-8　低压脉冲法实测波形图

3）标定反射脉冲的起始点。如图 GYDL00303003-8 所示，在测试仪器的屏幕上有两个光标，一个是实光标，一般把它放在屏幕的最左边（测试端），设定为零点；二是虚光标，把它放在阻抗不匹配点反射脉冲的起始点处，在屏幕的右上角，就会自动显示出该阻抗不匹配点距测试端的距离。

一般的低压脉冲反射仪器依靠操作人员移动标尺或电子光标，来测量故障距离。由于每个故障点反射脉冲波形的陡度不同，有的波形比较平滑，实际测试时人们往往因不能准确地标定反射脉冲的起始点，而增加故障测距的误差，所以准确地标定反射脉冲的起始点非常重要。

在测试时，应选波形上反射脉冲造成的拐点作为反射脉冲的起始点，如图 GYDL00303003-9（1）虚线所标定处；亦可从反射脉冲前沿作一切线，与波形水平线相交点，可作为反射脉冲起始点，如图 GYDL00303003-9（2）所示。

（4）低压脉冲比较测量法。

在实际测量时，电缆线路结构可能比较复杂，存在着接头点、分支点或低阻故障点等，特别是低阻故障点的电阻相对较大时，反射波形相对比较平滑，其大小可能还不如接头反射，更使得脉冲反射波形不太容易理解，波形起始点不好标定，对于这种情况可以用低压脉冲比较测量法测试。如图 GYDL00303003-10（a）所示，这是一条带中间接头的电缆，发生了单相低阻接地故障。首先通过故

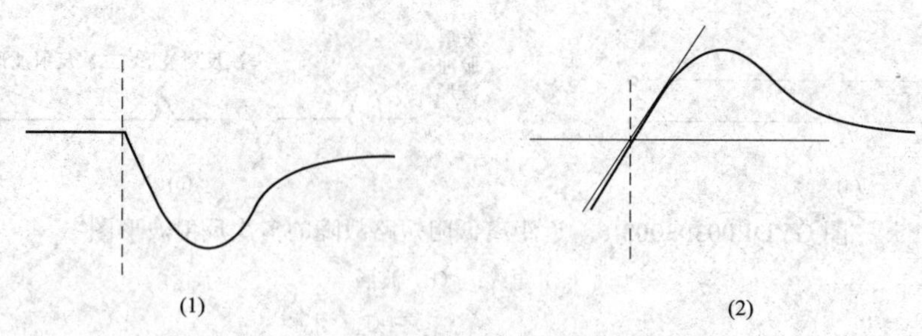

图 GYDL00303003-9　反射脉冲起始点的标定

障线芯对地（金属护层）测量得一低压脉冲反射波形，如图 GYDL00303003-10（b）所示；然后在测量范围与波形增益都不变的情况下，再用良好的线芯对地测得一个低压脉冲反射波形，如图 GYDL00303003-10（c）所示；最后把两个波形进行重叠比较，会出现了一个明显的差异点，这是由于故障点反射脉冲所造成的，如图 GYDL00303003-10（d）所示，该点所代表的距离即是故障点位置。

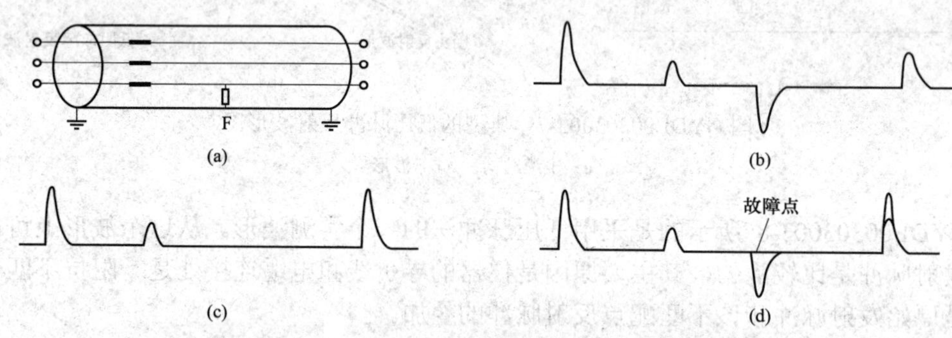

图 GYDL00303003-10　波形比较法测量单相对地故障

（a）故障电缆；（b）故障导体的测量波形；（c）良好导体的测量波形；（d）良好与故障导体测量波形相比较的波形

现代微机化低压脉冲反射仪具有波形记忆功能，即以数字的形式把波形保存起来，同时可以把最新测量波形与记忆波形同时显示。利用这一特点，操作人员可以通过比较电缆良好线芯与故障线芯脉冲反射波形的差异，来寻找故障点，避免了理解复杂脉冲反射波形的困难，故障点容易识别，灵敏度高。在实际中，电力电缆三相均有故障的可能性很小，绝大部分情况下有良好的线芯存在，可方便地利用波形比较法来测量故障点的距离。

如图 GYDL00303003-11 所示，是用低压脉冲比较法实际测量的低阻故障波形，虚光标所在的两个波形分叉的位置，就是低阻故障点位置，距离为 94m。

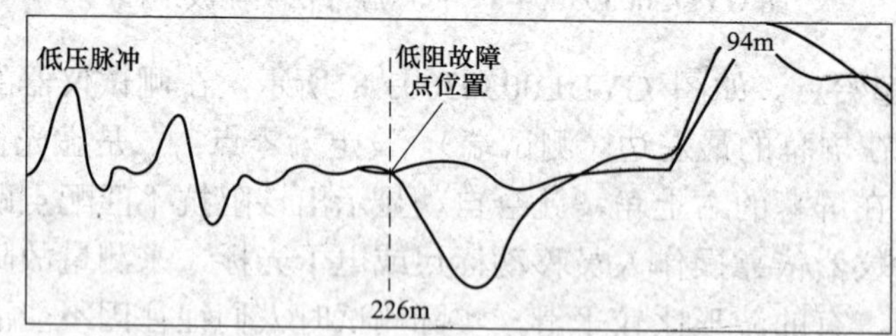

图 GYDL00303003-11　低压脉冲比较法实际测量的低阻故障波形图

利用波形比较法，可精确地测定电缆长度或校正波速度。由于脉冲在传播过程中存在损耗，电缆终端的反射脉冲传回到测试点后，波形上升沿比较圆滑，不好精确地标定出反射脉冲到达时间，特别当电缆距离较长时，这一现象更突出。而把终端头开路与短路的波形同时显示时，二者的分叉点比较明显，容易识别，如图 GYDL00303003-12 所示。

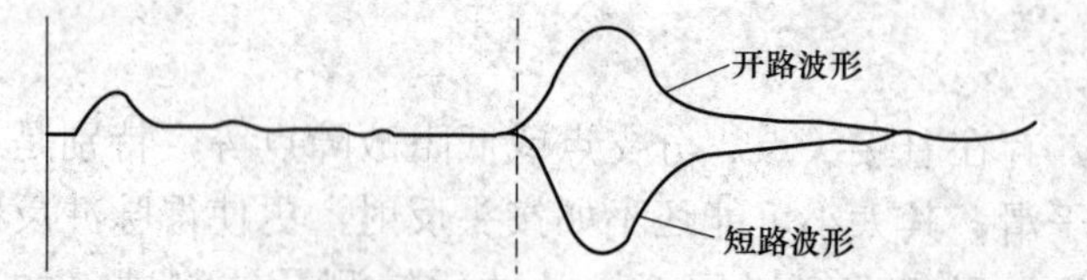

图 GYDL00303003-12　电缆终端开路与短路脉冲反射波形比较

3. 闪络法

对于闪络性故障和高阻故障，采用闪络法

测量电缆故障，可以不必经过烧穿过程，而直接用电缆故障闪络测试仪（简称闪测仪）进行测量，从而缩短了电缆故障的测量时间。

其基本原理和低压脉冲法相似，也是利用电波在电缆内传播时在故障点产生反射的原理，记录下电波在故障电缆测试端和故障之间往返一次的时间，再根据波速来计算电缆故障点位置。由于电缆的故障电阻很高，低压脉冲不可能在故障点产生反射，因此在电缆上加上一直流高压（或冲击高压），使故障点放电而形成一突跳电压波，此突跳电压波在电缆测试端和故障点之间来回反射。用闪测仪记录下两次反射波之间的时间，用 $L=v\Delta t/2$ 这一公式来计算故障点位置。

电缆故障闪络测试仪具有三种测试功能。其一是用低压脉冲测试断线故障和低阻接地、短路故障，其二是测闪络性故障，其三是能测高阻接地故障。下面对其后两种功能作一简单介绍。

（1）直流高压闪络法。

简称直闪法，这种方法能测量闪络性故障及一切在直流电压下能产生突然放电（闪络）的故障。采用如图 GYDL00303003-13 所示的接线进行测试。在电缆的一端加上直流高压，当电压达到某一值时，电缆被击穿而形成短路电弧，使故障点电压瞬间突变到零，产生一个与所加直流负高压极性相反的正突跳电压波。此突跳电压波在测试端至故障点间来回传播反射。在测试端可测得如图 GYDL00303003-14 所示的波形，反映了此突跳电压波在电缆中传播、反射的全貌。图 GYDL00303003-15 为闪测仪开始工作后的第一个反射波形，其中 t_0–t_1 为电波沿电缆从测量端到故障点来回传播一次的时间，根据这一时间间隔可算出故障点位置，即

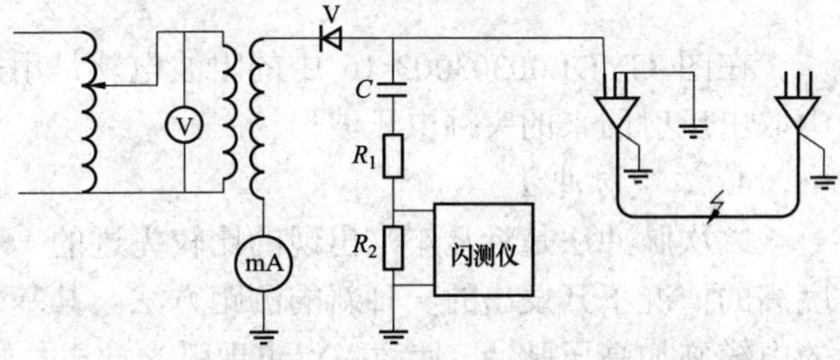

图 GYDL00303003-13　直流高压闪络法测量接线图

C—隔直电容≥1μF，可用 6～10kV 移相电容器；

R_1—分压电阻 15～40kΩ电阻；

R_2—分压电阻 200～560Ω

$$L_x=v\Delta t/2=160\times10/2=800\text{（m）}$$

式中：v 为波速，160m/μs；$t=t_0-t_1=10$μs。

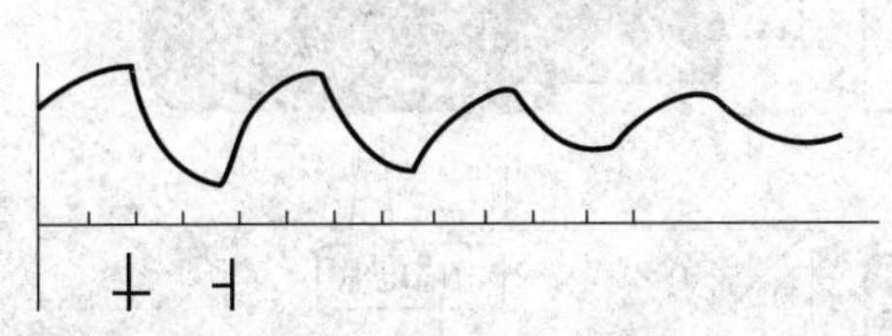

图 GYDL00303003-14　直闪法波形全貌

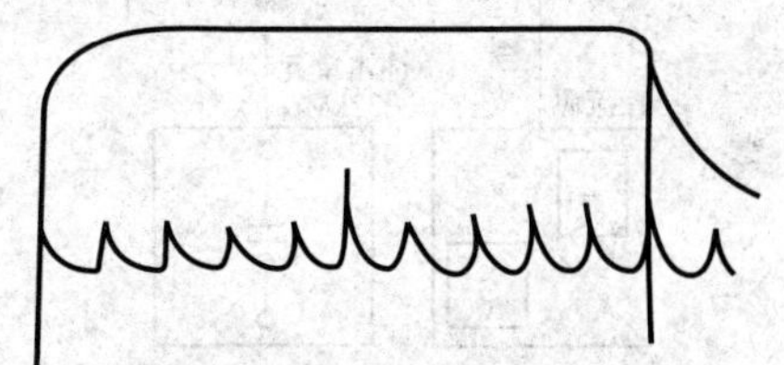

图 GYDL00303003-15　直闪法波形

本接线仅适于测量闪络性故障，且比冲击高压闪络法准确。当出现闪络性故障时，应尽量利用此法进行测量，一旦故障性质由闪络变为高阻时，测量将比较困难。

（2）冲击高压闪络法。

简称冲闪法，这种方法能用于测量高阻接地或短路故障，其测量时的接线如图 GYDL00303003-16 所示。

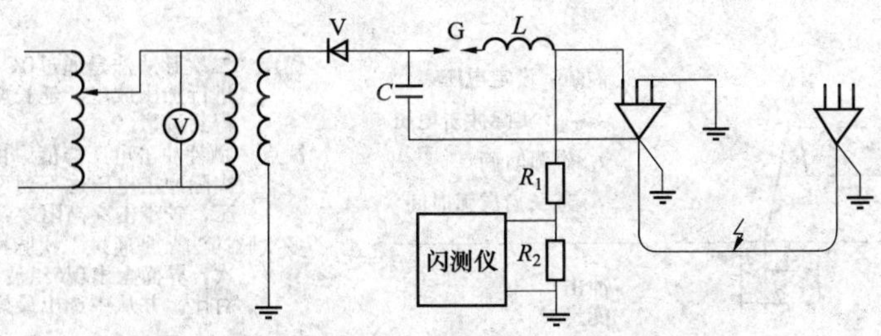

图 GYDL00303003-16　冲击高压闪络法测量接线图

C—储能电容 2～4μF，6～10kV 移相电容器；L—阻波电感 5～20μH；R_1—分压电阻 20～40kΩ；

R_2—分压电阻 200～560Ω；G—放电间隙

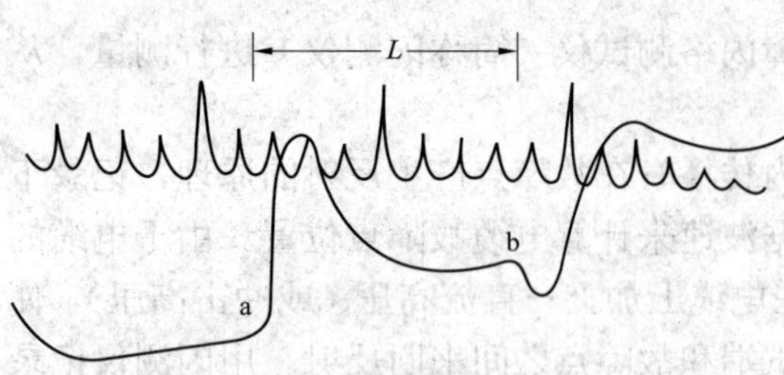

图 GYDL00303003-17 冲闪法波形图

由于电缆是高阻接地或短路故障，因此采用图 GYDL00303003-16 的接线，用高压直流设备向储能电容器充电，当电容器充电到一定电压（此电压由放电间隙的距离决定）后，间隙击穿放电，向故障电缆加一冲击高压脉冲，使故障点放电，电弧短路把所加高压脉冲电压波反射回来。此电波在测量端和故障点之间来回反射，其波形如图 GYDL00303003-17 所示，测量两次反射波之间的时间间隔（图 GYDL00303003-17 中 a、b 两点间的时间差），即可算出测试端到故障点的距离为

$$L_x=\frac{1}{2}vt=\frac{1}{2}\times160\times7=560\text{（m）}$$

在图 GYDL00303003-16 中的阻波电感是用来防止反射脉冲讯号被储能电容短路，以便闪测仪从中取出反射回来的突跳电压波形。

4. 二次脉冲法

二次脉冲法是近几年来出现的比较先进的一种测试方法，是基于低压脉冲波形容易分析、测试精度高的情况下开发出的一种新的测距方法。其基本原理是：通过高压发生器给存在高阻或闪络性故障的电缆施加高压脉冲，使故障点出现弧光放电，如图 GYDL00303003-18、图 GYDL00303003-19 所示。由于弧光电阻很小，在燃弧期间原本高阻或闪络性的故障就变成了低阻短路故障。此时，通过耦合装置向故障电缆中注入一个低压脉冲信号，记录下此时的低压脉冲反射波形（称为带电弧波形），则可明显地观察到故障点的低阻反射脉冲；在故障电弧熄灭后，再向故障电缆中注入一个低压脉冲信号，记录下此时的低压脉冲反射波形（称为无电弧波形），如图 GYDL00303003-20 所示。此时因故障电阻恢复为高阻，低压脉冲信号在故障点没有反射或反射很小。把带电弧波形和无电弧波形进行比较，两个波形在相应的故障点位上将明显不同，波形的明显分歧点离测试端的距离就是故障距离。

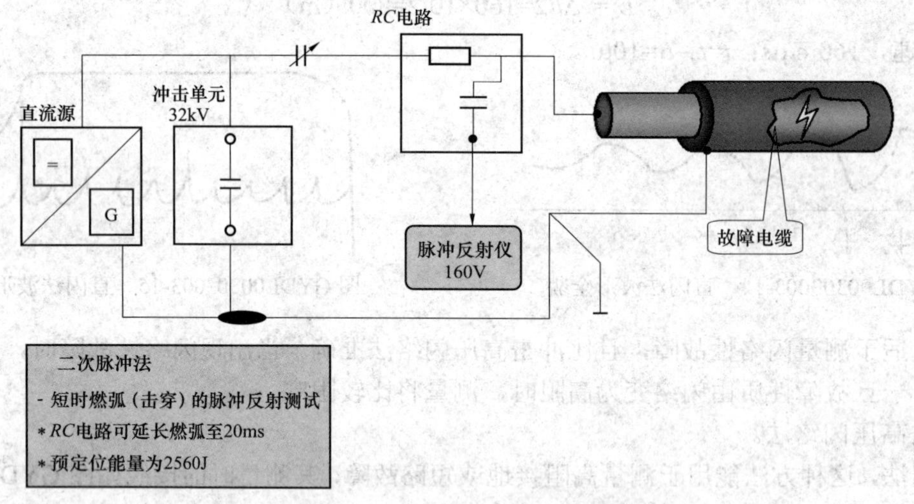

图 GYDL00303003-18 二次脉冲原理图

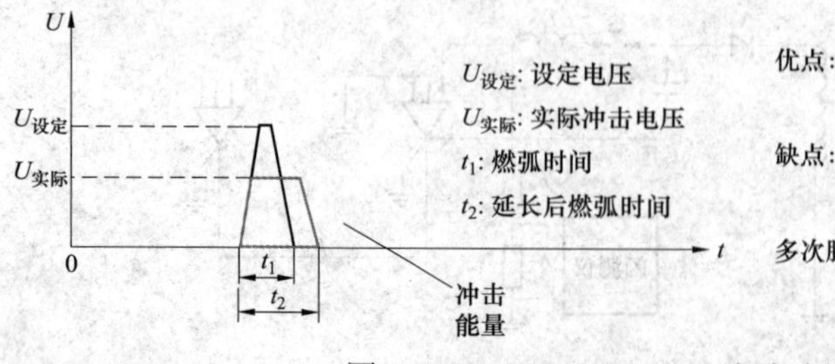

图 GYDL00303003-19 二次脉冲效果图

使用这种方法测试电缆故障距离需要满足的条件有：一是故障点处能在高电压的作用下发生弧光放电；二是测量装置能够对故障点加入延长弧光放电的能量；三是测距仪器能在弧光放电的时间内发

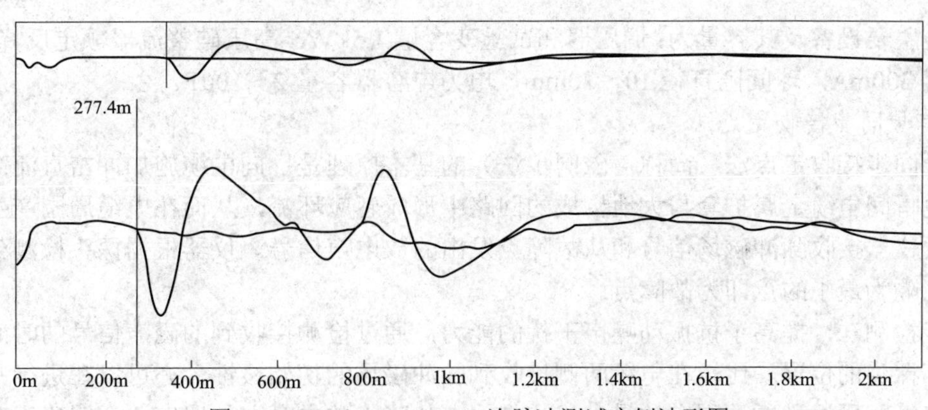

图 GYDL00303003-20　二次脉冲测试实例波形图

注：故障电缆运行电压 20kV；电缆长度约 740m。

出并能接收到低压脉冲反射信号。在实际工作中，一般是通过在放电的瞬间投入一个低电压大电容量的电容器来延长故障点的弧光放电时间，或者精确检测到起弧时刻，再注入低压脉冲信号，来保证能得到故障点弧光放电时的低压脉冲反射波形。

这种方法主要用来测试高阻及闪络性故障的故障距离，这类故障一般能产生弧光放电，而低阻故障本身就可以用低压脉冲法测试，不需再考虑用二次脉冲法测试。

二、电缆故障精确定点

电缆故障的精确定点是故障探测的重要环节，目前比较常用的方法是冲击放电声测法、声磁信号同步接收定点法、跨步电压法及主要用于低阻故障定点的音频感应法。在实际应用中，往往因电缆故障点环境因素复杂，如振动噪声过大、电缆埋设深度过深等，造成定点困难，成为快速找到故障点的主要矛盾。

1. 冲击放电声测法

冲击放电声测法（简称声测法）是利用直流高压试验设备向电容器充电、储能，当电压达到某一数值时，球间隙击穿，高压试验设备和电容器上的能量经球间隙向电缆故障点放电，产生机械振动声波，用人耳的听觉予以区别。声波的强弱，决定于击穿放电时的能量。能量较大的放电，可以在地坪表面辨别，能量小的就需要用灵敏度较高的拾音器（或“听棒”）沿初测确定的范围加以辨认。

声测试验的接线图，按故障类型不同而有所差别。图 GYDL00303003-21 是短路（接地）、断线不接地和闪络三种类型故障的声测试验接线图。

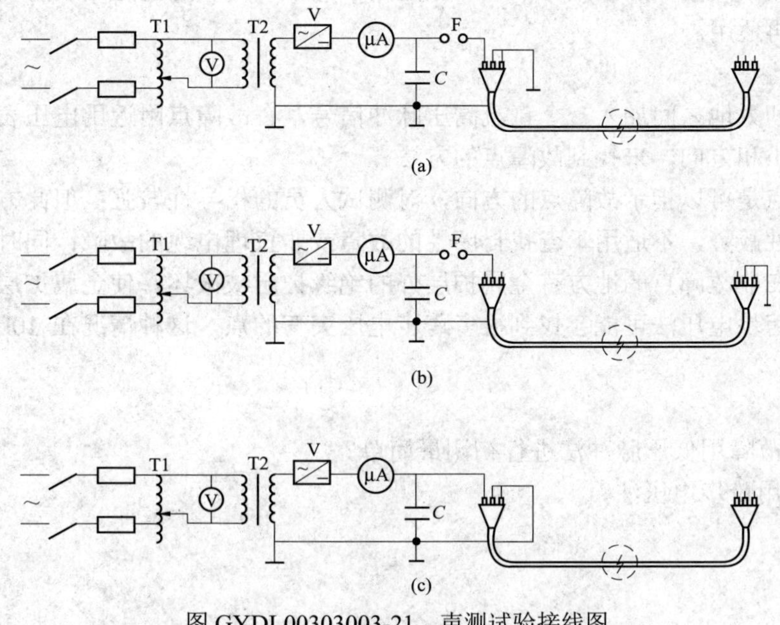

图 GYDL00303003-21　声测试验接线图

（a）短路（接地）故障；（b）断线不接地故障；（c）闪络故障

T1—调压器；T2—试验变压器；V—硅整流器；F—球间隙；C—电容器

声测试验主要设备及其容量为：调压器和试验变容量 1.5kVA，高压硅整流器额定反峰电压 100kV，额定整流电流 200mA，球间隙直径 10～20mm，电力电容器容量 2～10μF。

2. 声磁信号同步接收定点法

声磁信号同步接收定点法（简称声磁同步法）的基本原理是：向电缆施加冲击直流高压使故障点放电，在放电瞬间电缆金属护套与大地构成的回路中形成感应环流，从而在电缆周围产生脉冲磁场。应用感应接收仪器接收脉冲磁场信号和从故障点发出的放电声信号。仪器根据探头检测到的声、磁两种信号时间间隔为最小的点即为故障点。

声磁同步检测法，提高了抗振动噪声干扰的能力，通过检测接收到的磁声信号的时间差，可以估计故障点距离探头的位置。比较在电缆两侧接收到脉冲磁场的初始极性，亦可以在进行故障定点的同时寻找电缆路径。用这种方法定点的最大优点是，在故障点放电时，仪器有一个明确直观的指示，从而易于排除环境干扰，同时这种方法定点的精度较高，信号易于理解、辨别。

声磁同步法与声测法相比较，前者的抗干扰性较好。图 GYDL00303003-22 为电缆故障点放电产生的典型磁场波形图。

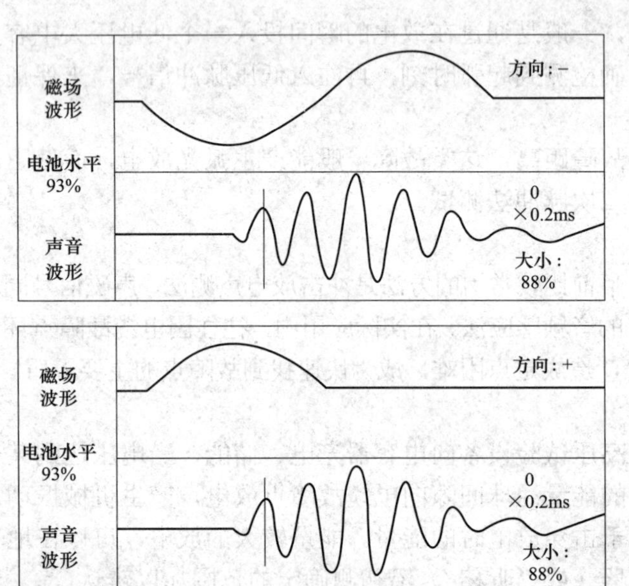

图 GYDL00303003-22　电缆故障点放电产生的典型磁场波形图

3. 音频信号法

此方法主要是用来探测电缆的路径走向。在电缆两相间或者相和金属护层之间（在对端短路的情况下）加入一个音频电流信号，用音频信号接收器接收这个音频电流产生的音频磁场信号，就能找出电缆的敷设路径；在电缆中间有金属性短路故障时，对端就不需短路，在发生金属性短路的两者之间加入音频电流信号后，音频信号接收器在故障点正上方接收到的信号会突然增强，过了故障点后音频信号会明显减弱或者消失，用这种方法可以找到故障点。

这种方法主要用于查找金属性短路故障或距离比较近的开路故障的故障点，对于故障电阻大于几十欧姆以上的短路故障或距离比较远的开路故障，这种方法不再适用。

4. 跨步电压法

通过向故障相和大地之间加入一个直流高压脉冲信号，在故障点附近用电压表检测放电时两点间跨步电压突变的大小和方向，来找到故障点的方法。

这种方法的优点是可以指示故障点的方向，对测试人员的指导性较强；但此方法只能查找直埋电缆外皮破损的开放性故障，不适用于查找封闭性的故障或非直埋电缆的故障；同时，对于直埋电缆的开放性故障，如果在非故障点的地方有金属护层外的绝缘护层被破坏，使金属护层对大地之间形成多点放电通道时，用跨步电压法可能会找到很多跨步电压突变的点，这种情况在 10kV 及以下等级的电缆中比较常见。

【思考与练习】

1. 为什么断线故障用低压脉冲法进行初测最简单？

2. 什么情况适用跨步电压法？

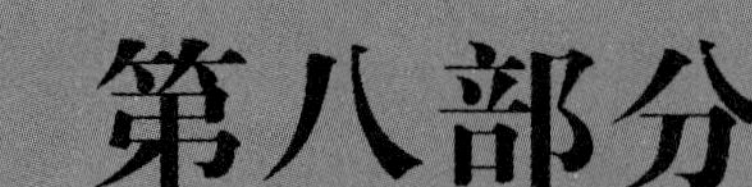

第八部分

电气试验

第十五章　测量绝缘电阻、吸收比

模块 1　变压器绝缘电阻、吸收比（极化指数）的测试（ZY1800501001）

【模块描述】本模块介绍变压器绝缘电阻、吸收比（极化指数）的测试方法和技术要求。通过测试工作流程的介绍，掌握变压器绝缘电阻、吸收比（极化指数）测试前的准备工作和相关安全、技术措施、测试方法、技术要求及测试数据分析判断。

【正文】

一、测试目的

测量变压器绕组绝缘电阻、吸收比（极化指数）能有效地检查出变压器绝缘整体受潮、部件表面受潮或脏污以及贯穿性的集中性缺陷，如绝缘子破裂、引线靠壳、器身内部有金属接地、绕组围裙严重老化、绝缘油严重受潮等缺陷。

二、测试仪器、设备的选择

（1）测量变压器绕组连同套管对地绝缘电阻时，若变压器额定电压在 10kV 及以下，额定容量在 4000kVA 及以下，宜采用 2500V/2500MΩ的绝缘电阻表；若额定电压在 35kV 以上，额定容量在 4000kVA 及以下，宜采用 2500V/5000MΩ的绝缘电阻表；若额定电压在 35kV 以上，额定容量在 4000kVA 以上，宜采用 5000V/10 000MΩ的绝缘电阻表；若额定电压在 220kV 以上，额定容量在 120 000kVA 以上，宜采用 5000V/100 000MΩ的绝缘电阻表。

（2）测量变压器铁芯对地绝缘电阻时，变压器进行预防性试验宜采用 1000V 的绝缘电阻表。交接或大修后试验宜采用 2500V 的绝缘电阻表。

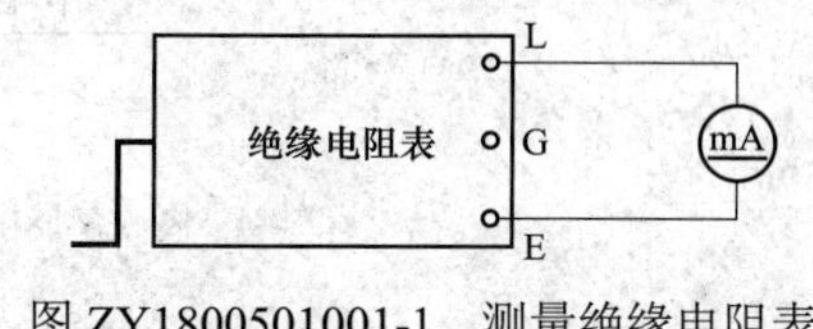

图 ZY1800501001-1　测量绝缘电阻表最大输出电流的接线图

对用于测量变压器绝缘电阻、吸收比（极化指数）的绝缘电阻表，应选用最大输出电流为 3mA 及以上的绝缘电阻表，以得到较准确的测量结果。通过图 ZY1800501001-1 接线可以测得绝缘电阻表的最大输出电流。

三、危险点分析及控制措施

1. 防止高处坠落

应使用变压器专用爬梯上下，在变压器上作业应系好安全带。对 220kV 及以上变压器，需解开高压套管引线时，宜使用高处作业车，严禁徒手攀爬变压器高压套管。

2. 防止高处落物伤人

高处作业应使用工具袋，上下传递物件应用绳索拴牢传递，严禁抛掷。

3. 防止工作人员触电

拆、接试验接线前，应将被试设备对地充分放电，以防止剩余电荷、感应电压伤人及影响测量结果。测试前与检修负责人协调，不允许有交叉作业，试验接线应正确、牢固，试验人员应精力集中。试验人员之间应分工明确，测量时应配合默契，测量过程中要大声呼唱。

四、测试前的准备工作

1. 了解被试设备现场情况及试验条件

查勘现场，查阅相关技术资料，包括该设备出厂试验数据、历年试验数据及相关规程等，掌握该

设备运行及缺陷情况。

2. 测试仪器、设备准备

选择合适的绝缘电阻表、温（湿）度计、测试线、放电棒、接地线、安全带、安全帽、电工常用工具、试验临时安全遮栏、标示牌等，并查阅测试仪器、设备及绝缘工器具的检定证书有效期、相关技术资料、相关规程等。

3. 办理工作票并做好试验现场安全和技术措施

向其余试验人员交代工作内容、带电部位、现场安全措施、现场作业危险点，明确人员分工及试验程序。

五、现场测试步骤及要求

（一）测试接线

变压器绝缘电阻测试项目，见表 ZY1800501001-1。

表 ZY1800501001-1　　电力变压器绝缘电阻测试项目

序号	双绕组		三绕组	
	被测部位	接地部位	被测部位	接地部位
1	低压	高压、铁芯、外壳	低压	高压、中压、铁芯、外壳
2			中压	高压、低压、铁芯、外壳
3	高压	低压、铁芯、外壳	高压	中压、低压、铁芯、外壳
4	铁芯	外壳	铁芯	外壳

以三绕组变压器中压侧绝缘电阻测试为例，测试接线如图 ZY1800501001-2 所示。

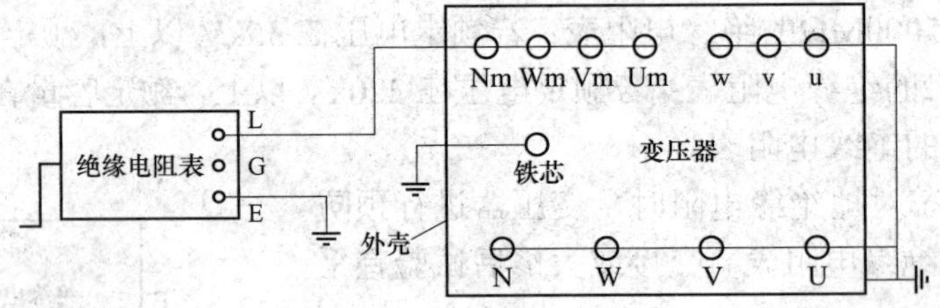

图 ZY1800501001-2　变压器绝缘电阻测试接线图

（二）测试步骤

1. 变压器绕组连同套管对地绝缘电阻的测试步骤

（1）断开变压器有载分接开关、风冷电源，退出变压器本体保护等，将变压器各绕组接地放电，对大容量变压器应充分放电（5min 以上），放电时应用绝缘工具进行，不得用手碰触放电导线。拆除或断开变压器对外的一切连线。

（2）检查绝缘电阻表是否正常。若正常，将绝缘电阻表的接地端与被试品的地线连接，绝缘电阻表的高压端接上测试线，测试线的另一端悬空（不接试品），再次驱动绝缘电阻表，绝缘电阻表的指示应无明显差异。然后将绝缘电阻表停止转动。

（3）变压器按表 ZY1800501001-1 测试项目并参考图 ZY1800501001-2 进行接线，经检查确认无误后，驱动绝缘电阻表达额定转速或接通绝缘电阻表电源后，再将测试线搭上测试部位，分别读取 15s、60s、10min 绝缘电阻值，并做好记录。

（4）读取绝缘电阻后，应先断开接至被试品高压端的连接线，然后将绝缘电阻表停止运转，以免变压器在测量时所充的电荷经绝缘电阻表放电而损坏绝缘电阻表。

（5）对变压器测试部位放电接地，并按表 ZY1800501001-1 测试项目依次进行测试。

（6）吸收比、极化指数测试。将分别在 15s、60s、10min 读取的绝缘电阻值 R_{15s}、R_{60s}、R_{10min}，并用下列公式进行计算

$$吸收比=R_{60s}/R_{15s} \quad (ZY1800501001\text{-}1)$$

$$极化指数=R_{10min}/R_{60s} \quad (ZY1800501001\text{-}2)$$

2. 变压器铁芯对地绝缘电阻的测试步骤

（1）将铁芯引出小套管的接地线打开。

（2）将绝缘电阻表“L”端接小套管，“E”端接变压器外壳，进行测量，时间不得小于 60s。

（3）测量完成后，用放电棒对铁芯进行放电，观察有无放电声音或火花，并恢复铁芯接地线。

六、测试注意事项

（1）每次试验应选用相同电压、相同型号的绝缘电阻表。

（2）测量时宜使用高压屏蔽线。若无高压屏蔽线，测试线不要与地线缠绕，应尽量悬空。

（3）非被测部位短路接地要良好，不要接到变压器有油漆的地方，以免影响测试结果。

（4）测量应在天气良好的情况下进行，且空气相对湿度不高于 80%。若遇天气潮湿、套管表面脏污，则需要进行“屏蔽”测量。测量常用屏蔽的接线，如图 ZY1800501001-3 所示。

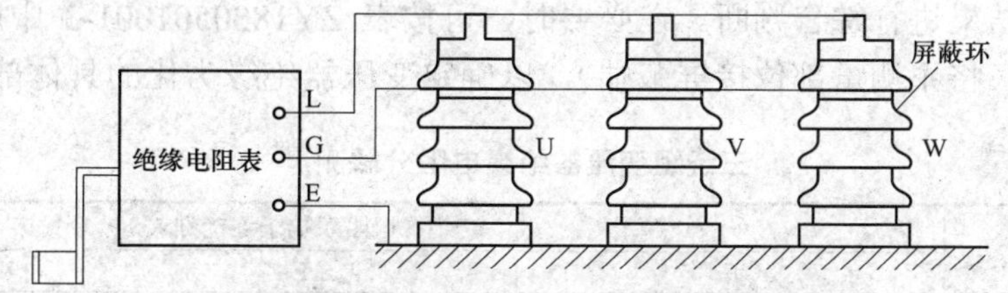

图 ZY1800501001-3　测量采用屏蔽的接线图

（5）由于残余电荷会直接影响绝缘电阻及吸收比的数值，故变压器接地放电时间至少 5min 以上。

（6）变压器测试的外部条件（指一次引线）应与前次条件相同，最好能将变压器一次引线解脱进行测试。

（7）禁止在有雷电或邻近高压设备时使用摇表，以免发生危险。

（8）在测量变压器铁芯绝缘电阻，将铁芯引出小套管的接地线解开时要注意，不能使小套管漏油或渗油。另外，有些变压器铁芯引出后经小套管、胶木绝缘子沿变压器外壳，在变压器本体底部接地。因此在测量变压器铁芯绝缘电阻时，应在铁芯引出小套管处进行测量，以免胶木绝缘子绝缘不良而带来测量误差。对铁芯没有接地引出线的变压器进行预防性试验时不进行此项试验。

七、测试结果分析及测试报告编写

（一）测试结果分析

1. 测试标准及要求

根据《电力设备预防性试验规程》(DL/T 596—1996)、《电气装置安装工程　电气设备交接试验标准》(GB 50150—2006) 及《输变电设备状态检修试验规程》(Q/GDW 188—2008) 的规定：

（1）绝缘电阻换算至同一温度下，与出厂试验值或前一次测试结果相比，绝缘电阻值不低于 70%，其换算公式为

$$R_2 = R_1 \times 1.5^{(t_1-t_2)/10} \quad (ZY1800501001\text{-}3)$$

式中　R_1、R_2——分别为温度为 t_1、t_2 时的绝缘电阻值，MΩ。

（2）测量温度以变压器上层油温为准，尽量在油温低于 50℃时测量，使每次测量温度尽量相同。

（3）变压器电压等级为 35kV 及以上，且容量在 4000kVA 及以上时，应测量吸收比。吸收比与产品出厂值相比应无明显差别，在常温下应不小于 1.3；当 R_{60s} 大于 3000MΩ时，吸收比可不作考核要求。

（4）变压器电压等级为 220kV 及以上，且容量为 120MVA 及以上时，宜用 5000V 绝缘电阻表测量极化指数。测得值与产品出厂值相比应无明显差别，在常温下不小于 1.3；当 R_{60s} 大于 10 000MΩ时，极化指数不作考核要求。

（5）当变压器无出厂试验报告及前一次测试结果，其绝缘电阻参照表 ZY1800501001-2 执行。

表 ZY1800501001-2 油浸电力变压器绕组绝缘电阻的最低允许值 (MΩ)

高压绕组电压等级（kV）	温度（℃）								
	5	10	20	30	40	50	60	70	80
3～10	675	450	300	200	130	90	60	40	25
20～35	900	600	400	270	180	120	80	50	35
63～330	1800	1200	800	540	360	240	160	100	70
500	4500	3000	2000	1350	900	600	400	270	180

（6）测量铁芯绝缘电阻，应与以前测试结果相比无显著差别。在交接或大修后，应采用2500V绝缘电阻表测量铁芯对地的绝缘电阻，持续时间1min，无闪络及击穿现象。

（7）对电压等级为10kV，且容量在4000kVA以下的配电变压器，可以不测吸收比、极化指数，其绝缘电阻以R_{60s}值为准。

2. 测试结果分析

（1）将测试数据换算到相同温度下，与前一次测试结果相比，或参照同一设备历史数据，并结合规程标准及其他试验结果进行综合判断。在必要时，可按表ZY1800501001-3中所列项目，对变压器各部位进行分解测量（将不测量部位接屏蔽端），以确定变压器绝缘劣化的具体部位。

表 ZY1800501001-3 三绕组变压器绝缘电阻分解测量

测试部位	绝缘电阻表端子连接方式		
	L	E	G
高压—低压	高压	低压	中压、外壳及地
高压—中压	高压	中压	低压、外壳及地
中压—低压	中压	低压	高压、外壳及地
高压—地	高压	中压、低压	外壳及地
中压—地	中压	高压、低压	外壳及地

（2）测量变压器铁芯绝缘电阻时，绝缘电阻表无充电现象、放电时无声音或火花，则表明铁芯引线已断裂。

（二）测试报告编写

测试报告填写应包括测试时间、测试人员、天气情况、环境温度、湿度、变压器的运行编号、变压器型号及技术参数、变压器上层油温、测试数据、测试结论、试验性质（交接试验、预防性试验、检查、施行状态检修的应填明例行试验或诊断试验）、绝缘电阻表型号、出厂编号等。备注栏写明其他需要注意的内容，如是否拆除引线等。

测试结果应包括表ZY1800501001-1中所列测试项目。

八、案例

某变电站一台SFZ11–40000/110变压器，2005年12月22日绝缘电阻进行测试，发现该变压器高、低压侧吸收比＜1.3，而低压侧绝缘电阻值与前一次试验结果相比偏小，高压侧绝缘电阻值与前一次试验结果相比基本相等。2次测试条件：2003年11月20日，天气阴、气温15℃、湿度58%、变温48℃；2005年12月22日，天气阴、气温11℃、湿度62%、变温45℃。测验结果比较（已进行温度换算）如表ZY1800501001-4所示。

表 ZY1800501001-4 变压器2次测试结果比较

试验日期	2003年11月20日		2005年12月22日	
测试部位	绝缘电阻（MΩ）	吸收比	绝缘电阻（MΩ）	吸收比
低压—高压及地	18 000	1.35	8000	1.05
高压—低压及地	35 000	1.37	32 000	1.10

现场分析发现该变压器高、低压侧的引线未解，低压侧连接10kV母线桥，高压侧连接110kV隔离开关（已断开）。将变压器高、低压侧的引线解开后测试，低压侧绝缘电阻值达16 000MΩ，吸收比

模块1 ZY1800501001

1.31，高压侧吸收比 1.34。

【思考与练习】

1. 写出三绕组变压器预防性试验时，测量绝缘电阻的部位。

2. 一台 SFZ11–40000/110 变压器，在变温 50℃时测得高压绝缘电阻为 13 000MΩ，换算为变温 10℃时的绝缘电阻值是多少?

3. 测量变压器铁芯绝缘电阻时应注意哪些问题，变压器在大修后铁芯绝缘电阻的判断标准是什么？

模块 2　互感器绝缘电阻的测试（ZY1800501002）

【模块描述】本模块介绍电流互感器、串级式电压互感器、电容式电压互感器的绝缘电阻测试方法及技术要求。通过测试工作流程的介绍，掌握上述互感器绝缘电阻测试前的准备工作和相关安全、技术措施、测试方法、技术要求及测试数据分析判断。

【正文】

一、测试目的

测试互感器的绝缘电阻能有效地发现其绝缘整体受潮、脏污、贯穿性缺陷，以及绝缘击穿和严重过热老化等缺陷。末屏对地绝缘电阻的测量能有效地监测电容型电流互感器进水受潮缺陷。

二、测试仪器、设备的选择

（1）测量电流互感器主绝缘、末屏、二次绕组之间及地、一次绕组段间绝缘电阻在大修或交接试验及预防性试验时，宜采用 2500V 及以上的绝缘电阻表。

（2）测量串级式、电容式电压互感器一次绕组绝缘电阻，在大修或交接试验及预防性试验时，宜采用 2500V 绝缘电阻表。

（3）测量串级式、电容式电压互感器二次绕组绝缘电阻，在大修或交接试验时，宜采用 2500V 绝缘电阻表。在预防性试验时，宜采用 2500V 或 1000V 绝缘电阻表。

（4）测量电容式电压互感器的中间变压器绝缘电阻，在大修或交接试验及预防性试验时，宜采用 2500V 绝缘电阻表。

三、危险点分析及控制措施

1. 防止高处坠落

试验人员在拆、接互感器一次引线时，必须系好安全带。测量互感器一次绕组的绝缘电阻时，应尽量使用绝缘杆。使用梯子时，必须有人扶持或绑牢。在解开 220kV 及以上互感器一次引线时，宜使用高处作业车，严禁徒手攀爬互感器。

2. 防止高处落物伤人

高处作业应使用工具袋，上下传递物件应用绳索拴牢传递，严禁抛掷。

3. 防止人员触电

拆、接试验接线前，应将被试互感器对地充分放电，以防止剩余电荷、感应电压伤人及影响测量结果。在测量电容式电压互感器主电容 C_1、分压电容 C_2 及中间变压器的绝缘电阻后，要进行多次放电，以避免剩余电荷伤人及影响其他试验结果。

四、测试前的准备工作

1. 了解被试设备现场情况及试验条件

查勘现场，查阅相关技术资料，包括该设备出厂试验数据、历年试验数据及相关规程等，掌握该设备运行及缺陷情况。

2. 测试仪器、设备准备

选择合适的绝缘电阻表、温（湿）度计、测试线、放电棒、接地线、安全带、安全帽、电工常用工具、试验临时安全遮栏、标示牌等，并查阅测试仪器、设备及绝缘工器具的检定证书有效期。

3. 办理工作票并做好试验现场安全和技术措施

向其余试验人员交代工作内容、带电部位、现场安全措施、现场作业危险点，明确人员分工及试验程序。

五、现场测试步骤及要求

将被试品各绕组接地放电，放电时应用绝缘工具进行，不得用手碰触放电导线，并检查绝缘电阻表是否正常，然后根据被试品的测试项目分别进行接线和测试。

（一）测量电流互感器的绝缘电阻

1. 测量电流互感器一次绕组的绝缘电阻

（1）测试接线。

以 110kV 电流互感器为例，测量电流互感器一次绕组绝缘电阻的接线如图 ZY1800501002-1 所示。

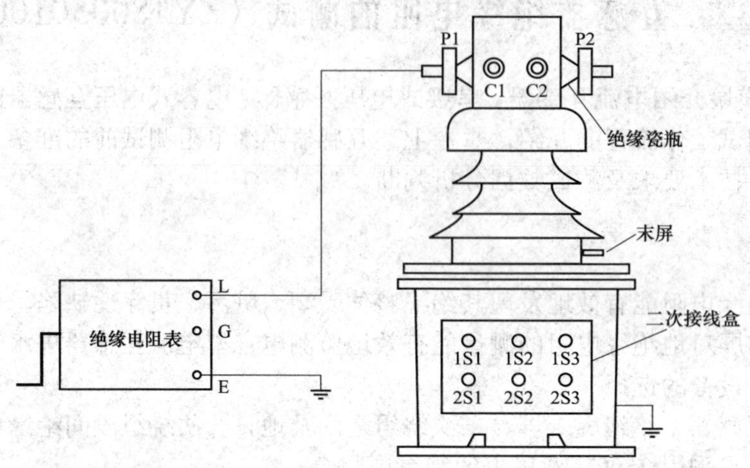

图 ZY1800501002-1 测量电流互感器一次绕组绝缘电阻的接线图

（2）测试步骤。

将电流互感器一次绕组端子 P1、P2 短接后接至绝缘电阻表“L”端，绝缘电阻表“E”端接地，电流互感器的二次绕组及末屏短路接地。接线经检查无误后，驱动绝缘电阻表达额定转速，将“L”端测试线搭上电流互感器高压测试部位，读取 60s 绝缘电阻值，并做好记录。完成测量后，应先断开接至被试电流互感器高压端的连接线，再将绝缘电阻表停止运转，对电流互感器测试部位短接放电并接地。

2. 测量电流互感器末屏绝缘电阻

将电流互感器末屏接地解开，绝缘电阻表“L”端接电流互感器“末屏端”，“E”端接地，接线经检查无误后，驱动绝缘电阻表达额定转速，将“L”端测试线搭上电流互感器“末屏端”，读取 60s 绝缘电阻值，并做好记录。完成测量后，应先断开接至电流互感器“末屏端”的连接线，再将绝缘电阻表停止运转，对电流互感器“末屏端”测试部位短接放电并恢复接地。

3. 测量电流互感器二次绕组对地及之间的绝缘电阻

将电流互感器二次绕组分别短路，绝缘电阻表“L”端接测量绕组，“E”端接地，非测量绕组接地。检查无误后，驱动绝缘电阻表达额定转速，将绝缘电阻表“L”端连接线搭接测量绕组，读取 60s 绝缘电阻值，并做好记录。断开绝缘电阻表“L”端至测量绕组的连接线，再将绝缘电阻表停止运转，对所测二次绕组进行短接放电并接地。

电流互感器二次绕组有几组，每组都要分别进行测量，直至所有绕组测量完毕。

4. 测量电流互感器一次绕组段间的绝缘电阻

解开电流互感器的一次绕组间所有连接片（串、并联使用），对 110kV 及以上电流互感器还应解开一次绕组间的避雷器。将绝缘电阻表“L”端接电流互感器一次绕组的“P1”端，“E”端接电流互感器一次绕组的“P2”端。接线经检查无误后，驱动绝缘电阻表达额定转速，将“L”端测试线搭上电流互感器“P1”端，“E”端测试线搭上电流互感器一次绕组的“P2”端，读取 60s 绝缘电阻值，并做好记录。完成测量后，应先断开接至被试电流互感器“P1”端的连接线，再将绝缘电阻表停止运转。对所测一次绕组进行短接放电并接地。恢复所有连接片及避雷器的接线。

（二）测量串级式电压互感器的绝缘电阻

1. 测量串级式电压互感器一次绕组的绝缘电阻

（1）测试接线。

测量串级式电压互感器一次绕组绝缘电阻的接线，如图 ZY1800501002-2 所示。

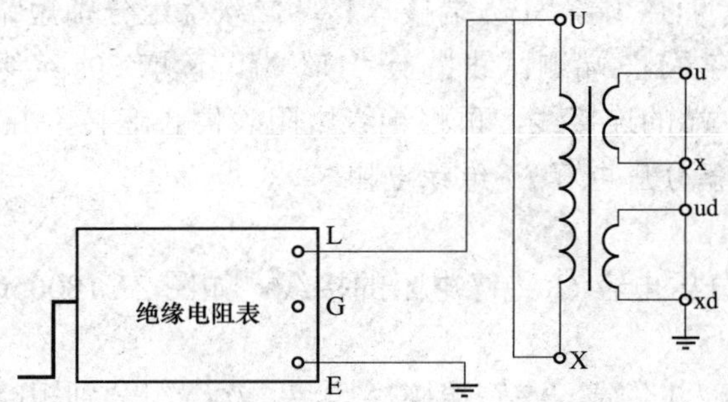

图 ZY1800501002-2　测量串级式电压互感器一次绕组绝缘电阻的接线图

（2）测试步骤。

将电压互感器一次绕组末端（即“X”端）与地解开，并与“U”短接。绝缘电阻表“L”端接电压互感器一次绕组首端（即“U”端），“E”端接地，二次绕组短路接地。接线经检查无误后，驱动绝缘电阻表达额定转速，将“L”端测试线搭上电压互感器一次绕组“U”端或“X”端，读取 60s 绝缘电阻值，并做好记录。完成测量后，应先断开接至电压互感器一次绕组的连接线，再将绝缘电阻表停止运转。对电压互感器一次绕组放电接地。

2. 测量串级式电压互感器二次绕组的绝缘电阻

将电压互感器一次绕组短路接地，二次绕组分别短路，绝缘电阻表“L”端接测量绕组，“E”端接地，非测量绕组接地。检查接线无误后，驱动绝缘电阻表达额定转速，将绝缘电阻表“L”端连接线搭接测量绕组，读取 60s 绝缘电阻值，并做好记录。断开绝缘电阻表“L”端至测量绕组的连接线，再将绝缘电阻表停止运转，对所测二次绕组进行短接放电并接地。

电压互感器二次绕组有几组，每组都要分别进行测量，直至所有绕组测量完毕。

（三）测量电容式电压互感器的绝缘电阻

1. 测量电容式电压互感器主电容 C_1 绝缘电阻

（1）测试接线。

测量电容式电压互感器主电容 C_1 绝缘电阻的接线，如图 ZY1800501002-3（a）所示。

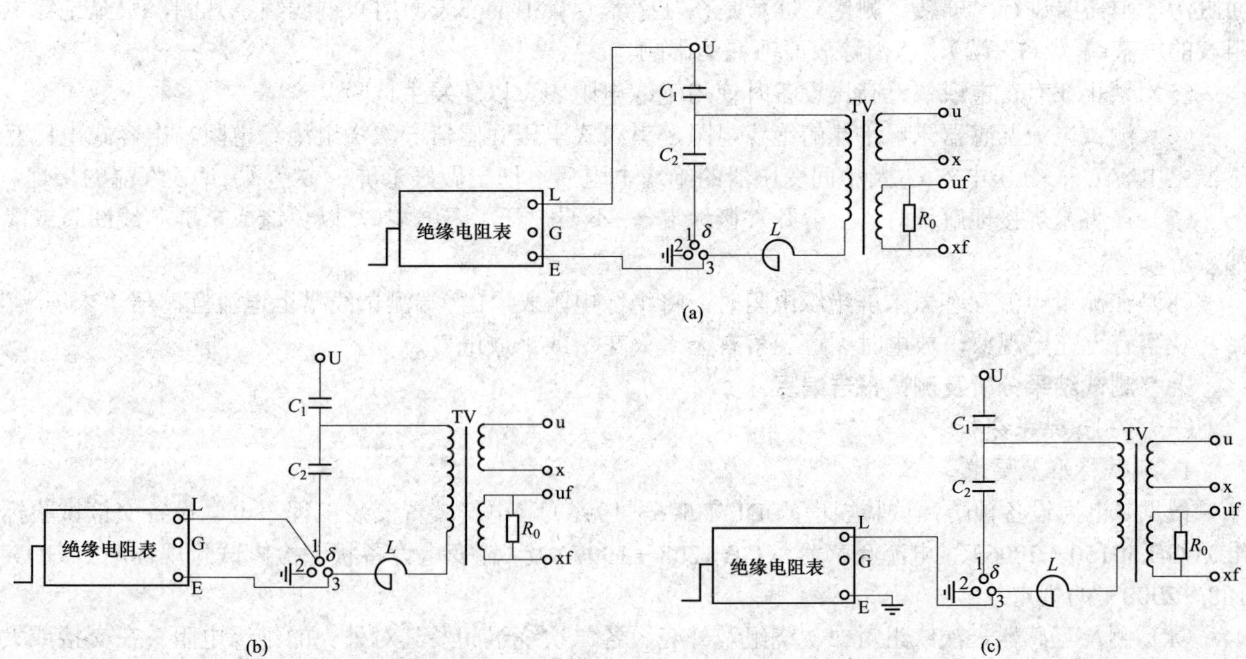

图 ZY1800501002-3　测量电容式电压互感器绝缘电阻的接线图

（a）测量主电容 C_1 的绝缘电阻；（b）测量分压电容 C_2 的绝缘电阻；（c）测量中间变压器的绝缘电阻

C_1—主电容；C_2—分压电容；L—电抗器；TV—中间变压器；R_0—阻尼电阻

（2）测试步骤。

将绝缘电阻表“L”端接“U”端，“E”端接“3”，二次绕组分别短路接地。接线检查无误后，驱动绝缘电阻表达额定转速，将“L”端测试线搭上“U”端，读取60s绝缘电阻值，并做好记录。完成测量后，应先断开接至“U”端的连接线，再将绝缘电阻表停止运转，并对测试部位短路放电。

2. 测量电容式电压互感器分压电容 C_2 绝缘电阻

（1）测试接线。

测量电容式电压互感器分压电容 C_2 绝缘电阻的接线，如图ZY1800501002-3（b）所示。

（2）测试步骤。

将绝缘电阻表“L”端接“1”端，“E”端接“3”，二次绕组分别短路接地。接线检查无误后，驱动绝缘电阻表达额定转速，将“L”端测试线搭上“1”端，读取60s绝缘电阻值，并做好记录。完成测量后，应先断开接至“1”端的连接线，再将绝缘电阻表停止运转，并对测试部位短路放电。

3. 测量中间变压器的绝缘电阻

（1）测试接线。

测量中间变压器绝缘电阻的接线，如图ZY1800501002-3（c）所示。

（2）测试步骤。

将绝缘电阻表“L”端接“3”端，“E”端接地，二次绕组分别短路接地。接线检查无误后，驱动绝缘电阻表达额定转速，将“L”端测试线搭上“3”端，读取60s绝缘电阻值，并做好记录。完成测量后，应先断开接至“3”端的连接线，再将绝缘电阻表停止运转，并对测试部位短路放电。

4. 测量电容式电压互感器二次绕组的绝缘电阻

测量电容式电压互感器二次绕组的绝缘电阻与测量串级式电压互感器二次绕组的绝缘电阻相同。

六、测试注意事项

（1）每次试验应选用相同电压、相同型号的绝缘电阻表。

（2）测量时宜使用高压屏蔽线且屏蔽层接地。若无高压屏蔽线，测试线不要与地线缠绕，应尽量悬空。测试线不能用双股绝缘线和绞线，应用单股线分开单独连接，以免因绞线绝缘不良而引起误差。

（3）试验人员之间应分工明确，测量时应配合默契，测量过程中要大声呼唱。

（4）测量时应在天气良好的情况下进行，且空气相对湿度不高于80%。若遇天气潮湿、互感器表面脏污，则需要进行“屏蔽”测量，屏蔽是在互感器套管中上部表面用软铜线缠绕几圈，引至绝缘电阻表的屏蔽端（“G”端），以消除表面泄漏的影响。

（5）禁止在有雷电或邻近高压设备时使用绝缘电阻表，以免发生危险。

（6）测试电流互感器末屏绝缘的绝缘电阻、串级式电压互感器一次绕组绝缘电阻、电容式电压互感器主电容 C_1、分压电容 C_2 及中间变压器的绝缘电阻后，切记做好末屏、“X”端、“δ”端的接地。

（7）在将末屏接地解开时，应解开“接地端”，不要解开“末屏端”，以免造成末屏芯线断裂或渗油。

（8）在测量电流互感器末屏绝缘电阻时，将绝缘电阻表“L”端测试线搭上电流互感器“末屏端”后，观察有无充电现象，放电时注意观察有无“火花”或“放电”声。

七、测试结果分析及测试报告编写

（一）测试结果分析

1. 测试标准及要求

根据《电力设备预防性试验规程》（DL/T 596—1996）、《电气装置安装工程　电气设备交接试验标准》（GB 50150—2006）、《电流互感器》（GB 1208—1997）及《输变电设备状态检修试验规程》（Q/GDW 188—2008）的规定：

（1）测量互感器一次绕组对二次绕组及外壳、各二次绕组间及其对外壳的绝缘电阻；在交接或大修，用2500V绝缘电阻表进行测量，其绝缘电阻值不宜低于3000MΩ。在预防性试验中，其绝缘电阻值与初始值比较，不应大于50%。

（2）测量电流互感器一次绕组段间的绝缘电阻，绝缘电阻值不宜低于1000MΩ，但由于结构原因无法测量时可不进行。

（3）测量电容式电流互感器的末屏对外壳的绝缘电阻，用 2500V 绝缘电阻表进行测量，绝缘电阻值不宜小于 1000MΩ。若末屏绝缘电阻小于 1000MΩ，应测量末屏对地的 tanδ 值。

（4）当电流互感器无出厂试验报告及前一次测试（初始值）结果，其一次绕组对二次绕组及外壳的绝缘电阻参照表 ZY1800501002-1 执行。

表 ZY1800501002-1　20℃时各电压等级电流互感器一次绝缘电阻极限值

电压等级（kV）	绝缘电阻（MΩ）	电压等级（kV）	绝缘电阻（MΩ）
0.5	120	20～35	600
3～10	450	60～220	1200

（5）测量串级式电压互感器一次绕组对二次绕组及外壳、各二次绕组间及其对外壳的绝缘电阻；在交接或大修，用 2500V 绝缘电阻表进行测量，其绝缘电阻值在同等或相近测量条件下，应无显著降低。在预防性试验中，其绝缘电阻值与初始值比较，不应大于 50%。

（6）测量串级式电压互感器二次绕组绝缘电阻；在交接或大修，用 1000V 绝缘电阻表进行测量，其绝缘电阻值应≥10MΩ。

（7）测量电容式电压互感器分压电容的极间绝缘电阻时，在交接或大修，用 2500V 绝缘电阻表进行测量，其绝缘电阻值不小于 5000MΩ。在预试中，其绝缘电阻值与初始值比较，不应大于 50%。二次绕组绝缘电阻与串级式电压互感器相同。

2. 测试结果分析

（1）在《电力设备预防性试验规程》（DL/T 596—1996）及《输变电设备状态检修试验规程》（Q/GDW 188—2008）中，对电流互感器的绝缘电阻没有说明温度换算，因此每次的试验条件要基本相同。试验数据应与前一次或初始值测试结果相比，或参照同一设备历史数据，并结合规程标准及其他试验结果进行综合判断。

（2）在测量末屏绝缘电阻时，若没有充电现象，而绝缘电阻值很高，放电时无“火花”或“放电”声，可能末屏引线发生断裂，需用其他试验来进行综合判断。

（3）在测量末屏绝缘电阻时，若没有充电现象，而绝缘电阻值很低，放电时无“火花”或“放电”声，可能电流互感器末屏受潮。这是因为电容型电流互感器一般由 10 层以上电容串联。进水受潮后，水分一般不易渗入电容层间或使电容层普遍受潮，因此进行主绝缘试验往往不能有效地监测出其进水受潮。但是水分的密度大于变压器油，所以往往沉积于套管和电流互感器外层（末层）或底部（末屏与法兰间），而使末屏对地绝缘水平大大降低。因此，规程要求，当末屏对地绝缘电阻小于 1000MΩ 时，以超过“状态检修”的要求，要引起注意，应在测量一次绕组对末屏主绝缘的 C_x 和 tanδ值的同时，测量末屏对地的 C_X 和 tanδ 值。

（4）在测量串级式电压互感器一次绕组的绝缘电阻时，由于末端（“X”端）的小套管脏污、受潮、破裂或支持小套管及二次端子的胶木板脏污、受潮，会影响一次绕组的绝缘电阻值。

（二）测试报告编写

互感器绝缘电阻测试报告一般与互感器介损及其他试验共用一份试验报告，填写试验报告应包括测试时间、测试人员、天气情况、环境温度、湿度、使用地点、互感器型号及参数、测试数据、测试结论、试验性质（交接试验、预防性试验、检查、施行状态检修的填明例行试验或诊断试验）、绝缘电阻表的型号、出厂编号，备注栏写明其他需要注意的内容，如是否拆除引线等。

八、案例

某变电站对 110kV 电容型电流互感器进行预防性试验，在测量末屏绝缘电阻时，观察绝缘电阻表，发现指针来回晃动，对末屏进行放电，无“火花”或“放电”声，初步判断电流互感器末屏内部接触不良。在测量一次绕组对末屏主绝缘电容量（C_x）和介损（tanδ）时，其电容量（C_x）与铭牌电容量

（C_N）的误差及介损（tanδ）值均超过标准。将电流互感器解体，发现电流互感器末屏与末屏套管连接处已“碳化”。分析原因，在每次预试测量末屏绝缘电阻和介损时，将末屏接地解开都是解开“末屏端”，长期这样导致末屏套管穿芯螺杆松动，内部引线扭曲变形，末屏与末屏套管接触不良。将电流互感器修理后进行试验，其末屏绝缘电阻、电容量（C_x）和介损（tanδ）均合格。

【思考与练习】

1. 简述互感器绝缘电阻测试的目的及标准。
2. 将电容型电流互感器末屏接地解开时，应注意哪些问题？
3. 画出测量电容式电压互感器绝缘电阻的接线图。

模块3 高压断路器绝缘电阻测试（ZY1800501003）

【模块描述】本模块介绍高压断路器绝缘电阻测试的方法和技术要求。通过测试工作流程的介绍，掌握高压断路器绝缘电阻测试前的准备工作和相关安全、技术措施、测试方法、技术要求及测试数据分析判断。

【正文】

一、测试目的

高压断路器的主要绝缘部件有瓷套、拉杆和绝缘油。测量高压断路器的绝缘电阻应分别在合闸状态和分闸状态下进行。在合闸状态下主要是检查拉杆对地绝缘；在分闸状态下，主要是检查各断口之间的绝缘，通过测量可以检查出内部消弧室是否受潮或烧伤。

二、测试仪器、设备的选择

测试仪器主要是绝缘电阻表，绝缘电阻表的电压等级应按以下规定选择：

（1）测试断路器辅助回路及控制回路绝缘电阻，一般采用500V 1000MΩ或1000V 2000MΩ的绝缘电阻表。

（2）测试10 000V以下至3000V的电气设备或回路绝缘电阻，采用2500V 10 000MΩ及以上的绝缘电阻表。

（3）测试10 000V及以上的断路器整体、断口及绝缘提升杆的绝缘电阻，采用2500V或5000V 10 000MΩ及以上的绝缘电阻表。

三、危险点分析及控制措施

1. 防止高处坠落

使用梯子应有人扶持或绑牢，在断路器上作业应系好安全带。

2. 防止高处落物伤人

高处作业应使用工具袋，上下传递物件应用绳索拴牢传递，严禁抛掷。

3. 防止工作人员触电

拆、接试验接线前，应将被试设备对地放电。加压前应与检修负责人协调，不允许有交叉作业。工作人员应与带电部位保持足够的安全距离。试验仪器的金属外壳应可靠接地，仪器操作人员必须站在绝缘垫上，测试时使用绝缘杆进行操作。

四、测试前的准备工作

1. 了解被试设备现场情况及试验条件

查勘现场，查阅相关技术资料，包括该设备历年试验数据及相关规程等，掌握该设备运行及缺陷情况。

2. 测试仪器、设备准备

选择合适的绝缘电阻表、测试线、温（湿）度计、放电棒、接地线、梯子、安全带、安全帽、电工常用工具、试验临时安全遮栏、标示牌等，并查阅测试仪器、设备及绝缘工器具的检定证书有效期。

3. 办理工作票并做好试验现场安全和技术措施

向其余试验人员交代工作内容、带电部位、现场安全措施、现场作业危险点，明确人员分工及试验程序。

五、现场测试步骤及要求

（一）测试接线

（1）三相对地及相间绝缘电阻测试时，应分别测量每相对地的绝缘电阻，其余两相均接地。

（2）断路器每个断口间绝缘电阻测试时，测试导线分别接至每个断口间。

（3）绝缘拉杆（提升杆）两端绝缘电阻测试时，测试导线分别接至绝缘拉杆（提升杆）两端。

（4）分、合闸线圈及控制回路间对地绝缘电阻测试时，测试导线分别接至分、合闸线圈与外壳（地）、控制回路与外壳（地）之间。

（二）测试步骤

（1）断开被试品的电源，将被试品接地放电，对电容量较大者（如 GIS 等），应充分放电（至少持续 5min）。放电时应用绝缘棒等工具进行，不得用手碰触放电导线。拆除或断开被试品对外的一切连线。

（2）用干燥清洁柔软的布擦去被试品外绝缘表面的脏污，必要时用适当的清洁剂洗净。

（3）检查绝缘电阻表是否正常。若绝缘电阻表正常，将绝缘电阻表的接地端与被试品的地线连接，绝缘电阻表的高压端接上测试线，测试线的另一端悬空（不接试品），再次驱动绝缘电阻表，绝缘电阻表的指示应无明显差异，然后将绝缘电阻表停止转动。

（4）驱动绝缘电阻表达额定转速或接通绝缘电阻表电源，将测试线搭上测试部位，待指针稳定（或 60s）后，读取绝缘电阻值，并做好记录。

（5）断开接至被试品高压端的连接线，然后将绝缘电阻表停止运转。在测试大容量设备时更要注意，以免被试品的电容在测量时所充的电荷经绝缘电阻表放电，而使绝缘电阻表损坏。

（6）断开绝缘电阻表后，对被试品短接放电并接地。

六、测试注意事项

（1）试验应选用相同电压、相同型号的绝缘电阻表。

（2）测量时宜使用高压屏蔽线且屏蔽层接地。若无高压屏蔽线，测试线不要与地线缠绕，应尽量悬空。

（3）测量一般应在试品温度为 10～40℃之间、天气良好的情况下进行，且空气相对湿度不高于 80%。若相对湿度大于 80%时，应在引出线瓷套上装设屏蔽环（用细铜线或细熔丝紧扎 1～2 圈）接到绝缘电阻表屏蔽端子。常用的接线如图 ZY1800501003-1 所示。屏蔽环应接在靠近绝缘电阻表高压端所接的瓷套端子，远离接地部分，以免造成绝缘电阻表过负荷，使端电压急剧降低，影响测量结果。

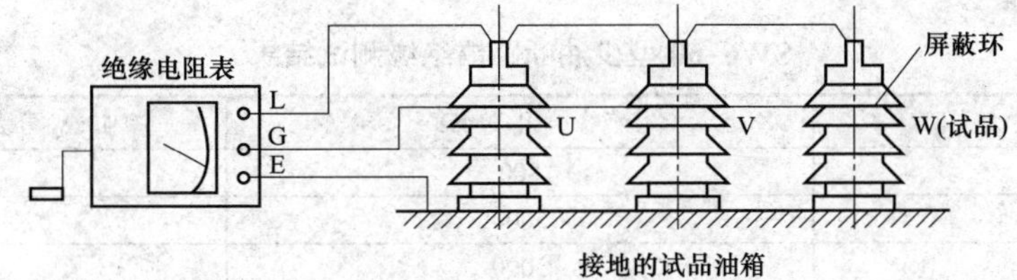

图 ZY1800501003-1　测量绝缘电阻时屏蔽环的位置

七、测试结果分析及测试报告编写

（一）测试结果分析

1. 测试标准及要求

根据《电气装置安装工程　电气设备交接试验标准》（GB 50150—2006）、《电力设备预防性试验规程》（DL/T 596—1996）、《现场绝缘试验实施导则》（DL/T 474—2006）及《输变电设备状态检修试验规程》（Q/GDW 188—2008）的规定：

（1）电气设备交接及预防性试验规程均未对断路器整体绝缘电阻允许值作出规定，因此，绝缘电阻测试数值一般参照制造厂规定。预防性试验时，断口和用有机物制成的拉杆绝缘电阻一般不应低于表 ZY1800501003-1 中所列数值，交接试验时绝缘拉杆绝缘电阻一般不应低于表 ZY1800501003-2 中所列数值。

表 ZY1800501003-1　预防性试验时断口和有机物制成的拉杆绝缘电阻最小允许值　(MΩ)

试验类别	额定电压（kV）			
	＜24	24～40.5	72.5～252	363
大修后	1000	2500	5000	10 000
运行中	300	1000	3000	5000

表 ZY1800501003-2　交接试验时绝缘拉杆绝缘电阻最小允许值　(MΩ)

额定电压（kV）	3～15	20～35	63～220	330～500
绝缘电阻值（Ω）	1200	3000	6000	10 000

（2）对于空气断路器，只测量支持瓷套的绝缘电阻，测量时使用 2500V 的绝缘电阻表，其量程不小于 10 000MΩ，测得的绝缘电阻值应大于 5000MΩ。

（3）采用 500V 或 1000V 绝缘电阻表测量断路器辅助回路和控制回路绝缘电阻，其值应大于 2MΩ（交接试验为不低于 10MΩ）。

（4）作为参考，正常情况下断路器的绝缘电阻一般可达：

1）220kV 对地绝缘电阻为 10 000MΩ以上；

2）110kV 对地绝缘电阻为 5000MΩ以上；

3）一个断口（油断路器铝帽—三角箱）绝缘电阻为 2500MΩ以上。

2. 测试结果分析

测得的绝缘电阻值很低，试验人员认为该设备的绝缘不良外，在一般情况下，试验人员应将同样条件下的不同相绝缘电阻值，或以同一设备历次试验结果，结合其他试验结果进行综合判断。需要时，对被试品各部位分别进行分解测量（将不测量部位接屏蔽端，便于分析缺陷部位）。

（二）测试报告编写

测试报告填写应包括设备运行编号、参数、测试时间、测试人员、天气情况、环境温度、湿度、测试结果、测试结论、试验性质（交接试验、预防性试验、检查、施行状态检修的应填明例行试验或诊断试验）、试验仪器的型号、出厂编号，备注栏写明其他需要注意的内容，如是否拆除引线等。

八、案例

某变电站一台 SW6–60 型少油断路器，预防性试验中测试绝缘电阻和泄漏电流，测试结果如表 ZY1800501003-3 所示。

表 ZY1800501003-3　SW6–60 型少油断路器绝缘测试结果

相别	绝缘电阻（MΩ）	40kV 直流下泄漏电流（μA）
U	800	7
V	5000	1
W	5000	1

由表 ZY1800501003-3 可见，U 相泄漏电流为 7μA，未超过要求值 10μA。但比 V、W 相明显增大，绝缘电阻较低，故采取缩短试验周期的措施，运行 6 个月后检测泄漏电流已高达 40μA。检查发现油中有水，绝缘拉杆受潮，经干燥处理和换油后，绝缘正常。

【思考与练习】

1. 在断路器分、合闸状态下测试绝缘电阻，分别是检查断路器哪些部分的绝缘状况？
2. 对 10 000V 以上高压断路器主回路和二次控制回路测试绝缘电阻时，如何选用绝缘电阻表？

模块 4　套管绝缘电阻测试（ZY1800501004）

【模块描述】本模块介绍套管绝缘电阻的测试方法和技术要求。通过测试工作流程的介绍，掌握套管绝缘电阻测试前的准备工作和相关安全、技术措施、测试方法、技术要求及测试数据及分析判断。

【正文】

一、测试目的

测试套管的绝缘电阻能有效地发现其绝缘整体受潮、脏污、贯穿性缺陷，以及绝缘击穿和严重过热老化等缺陷。

二、测试仪器、设备的选择

（1）测套管主绝缘的绝缘电阻时，采用2500V及以上的绝缘电阻表。

（2）测套管末屏绝缘电阻时，采用2500V绝缘电阻表。

三、危险点分析及控制措施

1. 防止高处坠落

试验人员在拆、接套管一次引线时，必须系好安全带。测量套管主绝缘的绝缘电阻时，应尽量使用绝缘杆。使用梯子时，必须有人扶持或绑牢。在解开220kV及以上高压套管引线时，宜使用高处作业车，严禁徒手攀爬高压套管。

2. 防止高处落物伤人

高处作业应使用工具袋，上下传递物件应用绳索拴牢传递，严禁抛掷。

3. 防止人员触电

拆、接试验接线前，应将被试套管对地充分放电，以防止剩余电荷、感应电压伤人及影响测量结果。

四、测试前的准备工作

1. 了解被试设备现场情况及试验条件

查勘现场，查阅相关技术资料，包括该套管历年试验数据及相关规程等，掌握该套管运行及缺陷情况。

2. 测试仪器、设备准备

选择合适的绝缘电阻表、测试线、温（湿）度计、放电棒、接地线、梯子、安全带、安全帽、电工常用工具、试验临时安全遮栏、标示牌等，并查阅测试仪器、设备及绝缘工器具的检定证书有效期。

3. 办理工作票并做好试验现场安全和技术措施

向其余试验人员交代工作内容、带电部位、现场安全措施、现场作业危险点，明确人员分工及试验程序。

五、现场测试步骤及要求

（一）测试接线

（1）纯瓷套管：将套管的一次侧（导电杆）接入绝缘电阻表的“L”端，法兰（接地端）接入绝缘电阻表的“E”端。

（2）电容套管主绝缘：将套管的一次侧（导电杆）接入绝缘电阻表的“L”端，末屏接入绝缘电阻表的“E”端。

（3）电容套管末屏绝缘：将套管的末屏接入绝缘电阻表的“L”端，外壳及地接入绝缘电阻表的“E”端。

（二）测试步骤

（1）将套管接地放电，放电时应用绝缘棒等工具进行，不得用手碰触放电导线。拆除或断开套管对外的一切连接线。

（2）检查绝缘电阻表是否正常。若绝缘电阻表正常，将绝缘电阻表的接地端与被试品的地线连接，绝缘电阻表的高压端接上测试线，测试线的另一端悬空（不接试品），再次驱动绝缘电阻表，绝缘电阻表的指示应无明显差异。然后将绝缘电阻表停止转动。

（3）进行接线，经检查无误后，驱动绝缘电阻表达额定转速，将“L”端测试线搭上套管高压测试部位，读取60s绝缘电阻值，并做好记录。

（4）读取绝缘电阻后，应先断开接至被试套管高压端的连接线，再将绝缘电阻表停止运转，以免绝缘电阻表反充电而损坏绝缘电阻表。

（5）对套管测试部位短接放电并接地。

六、测试注意事项

（1）历次试验应选用相同电压、相同型号的绝缘电阻表。

（2）测量时宜使用高压屏蔽线且屏蔽层接地。若无高压屏蔽线，测试线不要与地线缠绕，应尽量悬空。测试线不能用双股绝缘线和绞线，应用单股线分开单独连接，以免因绞线绝缘不良而引起误差。

（3）试验人员之间应分工明确，测量时应配合默契，测量过程中要大声读数。

（4）测量时应在天气良好的情况下进行，且空气相对湿度不高于80%。若遇天气潮湿、套管表面脏污，则需要进行“屏蔽”测量。测量常用屏蔽的接线如图ZY1800501004-1所示。

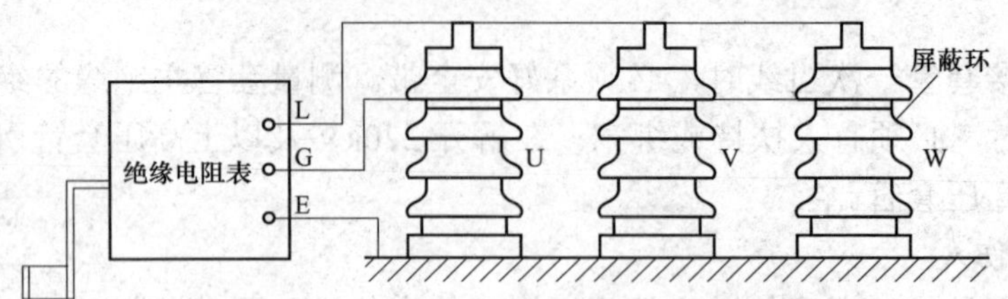

图ZY1800501004-1　测量采用屏蔽的接线图

（5）禁止在有雷电时或邻近高压设备时使用绝缘电阻表，以免发生危险。

（6）测试电容套管末屏绝缘的绝缘电阻后，切记做好末屏接地，以防末屏在运行中放电。

七、测试结果分析及测试报告编写

（一）测试结果分析

1. 测试标准及要求

根据《电力设备预防性试验规程》（DL/T 596—1996）、《电气装置安装工程　电气设备交接试验标准》（GB 50150—2006）及《输变电设备状态检修试验规程》（Q/GDW 188—2008）的规定：20℃套管主绝缘的绝缘电阻值不应低于10 000MΩ，末屏对地的绝缘电阻不应低于1000MΩ。

2. 测试结果分析

将所测得的试验数据换算到相同温度下，与前一次测试结果相比，或参照同一设备历史数据，并结合规程标准及其他试验结果进行综合判断。

（二）测试报告编写

套管绝缘电阻试验报告一般与套管介损或主设备（变压器）共用一份试验报告，填写试验报告时应包括测试时间、测试人员、天气情况、环境温度、湿度、使用地点、套管参数、测试结果、测试结论、试验性质（交接试验、预防性试验、检查、施行状态检修的应填明例行试验或诊断试验）、绝缘电阻表的型号、出厂编号，备注栏写明其他需要注意的内容，如是否拆除引线等。

八、案例

某变电站 110kV 电容型套管末屏绝缘电阻测量为 600MΩ（温度为 30℃，小于标准规定值1000MΩ），在仔细观察后发现此套管末屏小瓷套上散布有小水珠，用干布进行擦拭，并用吹风机进行干燥处理，随后测量绝缘电阻值为1300MΩ（大于标准值），现场人员并未急于下结论，而使将其与上次试验结果2000MΩ（温度为25℃）进行比较，在考虑温度、湿度等因素影响后，发现两次结果接近，故判断此套管合格。

【思考与练习】

1. 简述套管绝缘电阻测试的目的、接线及标准。

2. 如何对套管绝缘电阻的测试结果进行分析判断？

模块5　绝缘子绝缘电阻测试（ZY1800501005）

【模块描述】本模块介绍绝缘子绝缘电阻的测试方法和技术要求。通过测试工作流程的介绍，掌握绝缘子绝缘电阻测试前的准备工作和相关安全、技术措施、测试方法、技术要求及测试数据分析判断。

【正文】

一、测试目的

测量绝缘子绝缘电阻是检查绝缘子绝缘状态最简便和最基本的方法，它能有效地发现绝缘子贯穿性裂纹或有裂纹（龟裂）以及湿气、灰尘及脏污入侵后造成的绝缘不良。

二、测试仪器、设备的选择

对绝缘子而言，一般选取 2500V 及以上的绝缘电阻表进行测量。

三、危险点分析及控制措施

1. 防止高处坠落

人员在拆、接绝缘子一次引线时，必须系好安全带。测量绝缘电阻时，应尽量使用绝缘杆。使用梯子时，必须有人扶持或绑牢。

2. 防止高处落物伤人

高处作业应使用工具袋，上下传递物件应用绳索拴牢传递，严禁抛掷。

3. 防止人员触电

拆、接试验接线前，应将被试绝缘子对地充分放电，以防止剩余电荷、感应电压伤人及影响测量结果。禁止在有雷电时或邻近高压设备时使用绝缘电阻表，以免发生危险。

四、测试前的准备工作

1. 了解被试设备现场情况及试验条件

查勘现场，查阅相关技术资料，包括该设备历年试验数据及相关规程等，掌握该设备运行及缺陷情况。

2. 测试仪器、设备准备

选择合适的绝缘电阻表、测试线、温（湿）度计、放电棒、接地线、梯子、安全带、安全帽、电工常用工具、试验临时安全遮栏、标示牌等，并查阅测试仪器、设备及绝缘工器具的检定证书有效期。

3. 办理工作票并做好试验现场安全和技术措施

向其余试验人员交代工作内容、带电部位、现场安全措施、现场作业危险点，明确人员分工及试验程序。

五、现场测试步骤及要求

（一）测试接线

（1）单元件绝缘子：将绝缘电阻表的“L”端、“E”端分别接入绝缘子的两端金具或法兰。

（2）多元件绝缘子：在分层胶合处缠绕铜线，并接入绝缘电阻表的“L”端、“E”端。

（二）测试步骤

（1）将绝缘子接地放电，放电时应用绝缘棒等工具进行，不得用手碰触放电导线。拆除或断开被试绝缘子对外的一切连线。

（2）检查绝缘电阻表是否正常，若绝缘电阻表正常，将绝缘电阻表的接地端与被试品的地线连接，绝缘电阻表的高压端接上测试线，测试线的另一端悬空（不接试品），再次驱动绝缘电阻表，绝缘电阻表的指示应无明显差异，然后将绝缘电阻表停止转动。

（3）进行接线，经检查无误后，驱动绝缘电阻表达额定转速，将测试线搭上测试部位，读取 60s 绝缘电阻值，并做好记录。

（4）读取绝缘电阻后，应先断开接至被试品高压端的连接线，再将绝缘电阻表停止运转，以免绝缘电阻表反充电而损坏绝缘电阻表。

（5）对绝缘子测试部位短接放电并接地。

六、测试注意事项

（1）宜选用相同电压、相同型号的绝缘电阻表。

（2）测量时宜使用高压屏蔽线且屏蔽层接地。若无高压屏蔽线，测试线不要与地线缠绕，应尽量悬空。测试线不能用双股绝缘线和绞线，应用单股线分开单独连接，以免因绞线绝缘不良而引起误差。

（3）试验人员之间应分工明确，测量时应配合默契，测量过程中要大声读数。

（4）测量时应在天气良好的情况下进行，且空气相对湿度不高于 80%。若遇天气潮湿、绝缘子表面脏污，则需要进行“屏蔽”测量。测量采用屏蔽的接线如图 ZY1800501005-1 所示。

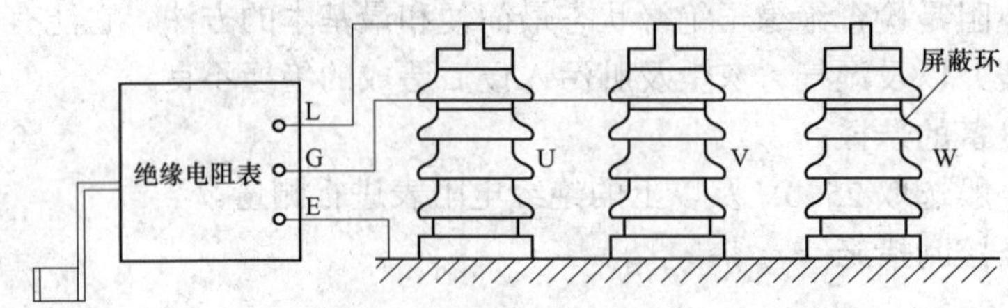

图 ZY1800501005-1 测量采用屏蔽的接线图

七、测试结果分析及测试报告编写

（一）测试结果分析

1. 测试标准及要求

根据《电力设备预防性试验规程》（DL/T 596—1996）、《电气装置安装工程 电气设备交接试验标准》（GB 50150—2006）及《输变电设备状态检修试验规程》（Q/GDW 188—2008）的规定：多元件支柱绝缘子的每一元件和每片悬式绝缘子的绝缘电阻不应低于 300MΩ，330kV 及以上每片悬式绝缘子不应低于 500MΩ。

2. 测试结果分析

将所测得的试验数据换算到相同温度下，与前一次测试结果相比，或参照同一设备历史数据，并结合规程标准及其他试验结果进行综合判断。在必要时，可以对绝缘子各部位分别测量。

（二）测试报告编写

测试报告填写应包括测试时间、测试人员、天气情况、环境温度、湿度、使用地点、绝缘子参数、测试结果、测试结论、试验性质（交接试验、预防性试验、检查、施行状态检修的应填明例行试验或诊断试验）、绝缘电阻表的型号、出厂编号，备注栏写明其他需要注意的内容，如是否拆除引线等。

八、案例

某供电局对支持绝缘子测量绝缘电阻，预试中多次发现低绝缘电阻绝缘子，及时加以更换。

（1）10kV 开关柜测得 U 相和 W 相的绝缘电阻分别为 20MΩ、50MΩ（应大于 300MΩ），经检查为断路器支持绝缘子裂纹，不合格，予以更换。

（2）35kV 中置式开关柜中爬电严重，紧急停电后测得 U、V、W 三相绝缘电阻均为 100MΩ，交流耐压只能加到 35kV，经检查为小车开关柜支持用有机绝缘子沿面受潮，环境湿度 90%，经除湿机干燥处理后合格。

【思考与练习】

1. 简述绝缘子绝缘电阻测试的目的、接线及标准。
2. 测量绝缘子绝缘电阻时应注意哪些问题？

模块 6 架空线路绝缘电阻测试和核对相位（ZY1800501006）

【模块描述】本模块介绍架空线路绝缘电阻测试和核对相位的测试方法和技术要求。通过测试工作流程的介绍，掌握架空线路绝缘电阻测试和核对相位测试前的准备工作和相关安全、技术措施、测试方法、技术要求及测试数据分析判断。

【正文】

一、架空线路绝缘电阻测试和核对相位目的

架空线路敷设完成后，为确保线路两侧变电站同相相连，检查架空线路对地绝缘状况，须对架空线路进行绝缘电阻测试和核对相位。绝缘电阻测量合格是开展线路参数测试的一个先决条件。

二、测试仪器、设备的选择

架空线路一般选用 2500V 绝缘电阻表进行绝缘电阻测试和核对相序工作。

三、危险点分析及控制措施

1. 防止试验时伤及工作人员

在开工前必须确认线路无人作业，方能进行试验工作。

2. 防止线路感应电压伤人

在测量感应电压后，将测得数据报线路对侧（短路侧）配合人员，以做好相应防护措施。在变更试验接线前应将架空线路接地充分放电，以防止剩余电荷、感应电压伤人及影响测量结果。

3. 防止测量时伤及试验人员

在测量过程中，应由工作负责人统一指挥，试验点和线路对侧（短路侧）配合人员应保持通信畅通，对侧（短路侧）配合人员的工作，应得到工作负责人许可后方可进行。

严禁在雷雨天气进行线路参数测量，若在测量过程中沿线路有雷阵雨发生，则应立即停止测量。

4. 防止高处坠落

试验人员登高处接线时，应系好安全带。

5. 防止高处落物伤人

高处作业应使用工具袋，上下传递物件应用绳索拴牢传递，严禁抛掷。

四、测试前的准备工作

1. 了解被试设备现场情况及试验条件

在测量前进行现场查勘，知晓被测线路与相邻其他运行线路情况，并查阅相关技术资料及相关规程。

2. 测试仪器、设备准备

选择合适的绝缘电阻表、温（湿）度计、高压屏蔽线、接地线、放电棒、梯子、安全带、安全帽、电工常用工具、试验临时安全遮栏、标示牌、绝缘杆等，并查阅测试仪器、设备及绝缘工器具的检定证书有效期。

3. 办理工作票并做好试验现场安全和技术措施

进入试验现场后，办理工作票并做好试验现场安全措施，并向其余试验人员交代工作内容、带电部位、现场安全措施、现场作业危险点，以及明确人员分工及试验程序。

4. 测量前与施工方确认

测量前在现场会同施工方，再次对线路进行确认。

五、现场测试步骤及要求

1. 测试接线

测量架空线路绝缘电阻及核对相序的接线如图 ZY1800501006-1 所示，在核对架空线路相序的同时进行绝缘电阻测量。在核对架空线路相序时，是利用大地作为回路，对线路两端进行测量。

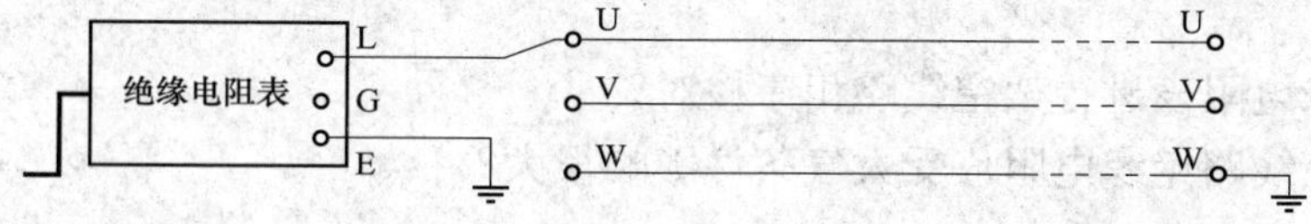

图 ZY1800501006-1　架空线路绝缘电阻测量及核对相序接线图

2. 测试步骤

（1）将架空线路两端的线路接地开关拉开，三相线路全部悬空，线路对侧一相接地，按图 ZY1800501006-1 进行接线。

（2）将高压屏蔽线一端接绝缘电阻表“L”端，另一端接绝缘杆，绝缘电阻表“E”端接地。

（3）通知对侧人员将被试线路其中一相接地，另两相空负荷断开，试验人员驱动绝缘电阻表达额定转速后，将绝缘杆搭接线路，分别测量线路三相绝缘电阻。其中对侧接地相的绝缘电阻为零，另两相待绝缘电阻表指针稳定后读取绝缘电阻值。

（4）完成上述操作后，试验人员通知对侧试验人员将接地线，接在线路另一相，重复上述步骤（3），直至对侧三相均有一次接地。

（5）记录对侧接地相测量端绝缘电阻为零的相的对应情况及线路绝缘电阻值。

六、测试注意事项

（1）在测量线路绝缘电阻、核对相序之前，必须进行感应电压测量。

（2）当线路感应电压超过绝缘电阻表输出电压时，应选用电压等级输出更高的绝缘电阻表。

（3）在测量过程必须保证通信的畅通，对侧配合的试验人员必须听从试验负责人指挥。

（4）绝缘电阻测试过程应有明显充电现象。

七、测试结果分析及测试报告编写

1. 测试标准及要求

根据《电气装置安装工程 电气设备交接试验标准》（GB 50150—2006）及《输变电设备状态检修试验规程》（Q/GDW 188—2008）的规定：

架空线路绝缘电阻：330kV 及以下，不低于 300MΩ；500kV，不低于 500MΩ。相序核对应与线路两端所接系统相序准确无误。

2. 测试结果分析

（1）架空线路绝缘电阻受大气条件影响非常大，若线路经过的地区有浓雾、暴雨其绝缘电阻可能从正常的数千降至几百甚至几十个兆欧。因此对架空线路绝缘电阻值的判断应在了解其经过区域气候条件的基础上进行。

（2）由于有的架空线较长电容量较大，而测量时间过短，易引起对试验结果的误判断。

3. 编写测试报告

测试报告填写应包含被试品型号、线路编号、测试日期、环境温、湿度、测试人员、测试数据、测试结论等，若测试过程中存在特殊天气应写明情况。

八、案例

某架空线路进行绝缘电阻和核相工作，测量试验结果见表 ZY1800501006-1。

表 ZY1800501006-1　　架空线路绝缘电阻和核相试验结果

相别 / 对侧接地相	架空线路绝缘电阻（MΩ）		
	U	V	W
U	0	140	160
V	190	0	170
W	210	160	0

分析上述数据，线路相序正确，但整体绝缘水平很低。后通过线路架设施工单位了解，该线路穿越山区，山区内绝大多数时候都为浓雾缭绕，为该线路绝缘电阻低的主要原因。

【思考与练习】

1. 如何利用绝缘电阻表进行架空线路相序核对？

2. 为什么说架空线路绝缘电阻值受大气条件影响很大？

模块 7　电缆线路绝缘电阻测试和核对相位（ZY1800501007）

【模块描述】本模块介绍电缆线路绝缘电阻测试和核对相位的试验方法和注意事项。通过对测试工作流程的介绍，掌握电缆线路绝缘电阻测试和核对相位的试验的准备工作和相关安全、技术措施及测试数据分析判断。

【正文】

一、电缆线路绝缘电阻测试和核对相位的目的

电缆线路敷设完成后，为确保电缆线路两侧变电站同相相连，检查电缆主体绝缘是否良好、敷设过程中是否存在电缆绝缘层被破坏的情况，就必须对电缆线路进行绝缘电阻测试和核对相序。电缆线路绝缘电阻测试合格是开展电力电缆现场交接交流耐压试验以及电缆线路参数测试的一个先决条件。

二、测试仪器、设备的选择

（1）0.6/1kV 电缆用 1000V 绝缘电阻表。

（2）0.6/1kV 以上电缆用 2500V 绝缘电阻表。

（3）6/6kV 及以上电缆也可用 5000V 绝缘电阻表。

（4）橡塑电缆外护套、内衬层的测量用 500V 绝缘电阻表。

三、危险点分析及控制措施

1. 防止高处坠落

高处作业应系好安全带。

2. 防止高处落物伤人

高处作业应使用工具袋，上下传递物件应用绳索拴牢传递，严禁抛掷。

3. 防止人员触电

开工前必须确认电缆线路工作已完成，线路及两侧均无工作人员后方能进行该相试验工作。电缆线路对侧应有专人配合，两侧人员在试验过程中保持通信畅通。试验完毕或换相前，必须对被试电缆多次放电并挂接地线后，方能进行拆接引线、搭接地线的工作。

4. 若试验需要将线路电压互感器一次绕组末端接地解开，恢复时必须检查

四、测试前的准备工作

1. 了解被试设备现场情况及试验条件

查勘现场，查阅相关技术资料，包括该设备历年试验数据及相关规程等，掌握该设备运行及缺陷情况。

2. 测试仪器、设备准备

选择合适的绝缘电阻表、温（湿）度计、接地线、放电棒、万用表、电源线（带剩余电流动作保护器）、绝缘杆、二次连接线、安全带、安全帽、电工常用工具、试验临时安全遮栏、标示牌等，查阅测试仪器、设备及绝缘工器具的检定证书有效期，并要求线路施工方提供线路施工完毕、人员已撤离的确认函。

3. 办理工作票并做好试验现场安全和技术措施

向其余试验人员交代工作内容、带电部位、现场安全措施、现场作业危险点，明确人员分工及试验程序。

五、现场测试步骤及要求

（一）测量三相电缆芯线对地及相间绝缘电阻

1. 测试接线

一般在电压等级 10kV 及以下的电缆基本上是三相电缆，测量芯线绝缘电阻的接线如图 ZY1800501007-1 所示，应分别在每一相上进行。对一相进行试验或测量时，其他两相导体、金属屏蔽或金属护套（铠装层）应一起接地。

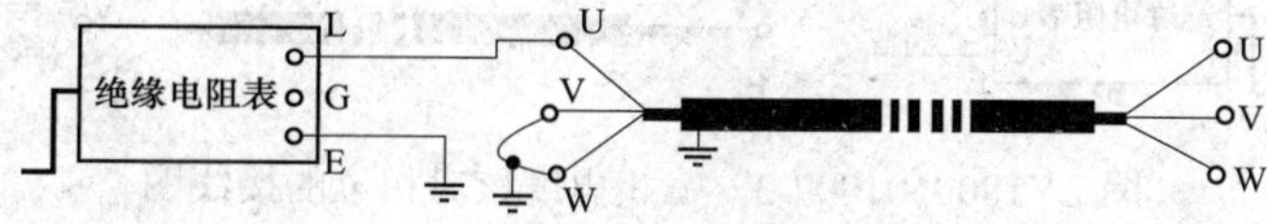

图 ZY1800501007-1 三相电缆芯线绝缘电阻测试接线图

2. 测试步骤

（1）将电缆两端的线路接地开关拉开，对电缆进行充分放电。

（2）按图 ZY1800501007-1 进行接线，对侧三相全部悬空，将测量线一端接绝缘电阻表“L”端，另一端接绝缘杆，绝缘电阻表“E”端接地。

（3）通知对侧试验人员准备开始试验（以 U 相为例）。试验人员驱动绝缘电阻表达额定转速后，将绝缘杆搭接电缆 U 相，待绝缘电阻表指针稳定后读取 1min 绝缘电阻值并记录。完毕后，将绝缘杆脱离电缆 U 相，再停止绝缘电阻表转动，并对 U 相进行放电。

（4）按表 ZY1800501007-1 中所列测量部位，分别测量 V、W 相绝缘电阻。

表 ZY1800501007-1　　测量电缆芯线绝缘电阻

测量部位	短路接地	测量部位	短路接地
U	VW	W	UV
V	UW		

（二）测量三相电缆外护套、内衬层的对地绝缘电阻

1. 测试接线

测量三相电缆外护套（绝缘护套）、内衬层的对地绝缘电阻测试接线如图 ZY1800501007-2 所示，应将“金属护层”、“金属屏蔽层”接地解开。

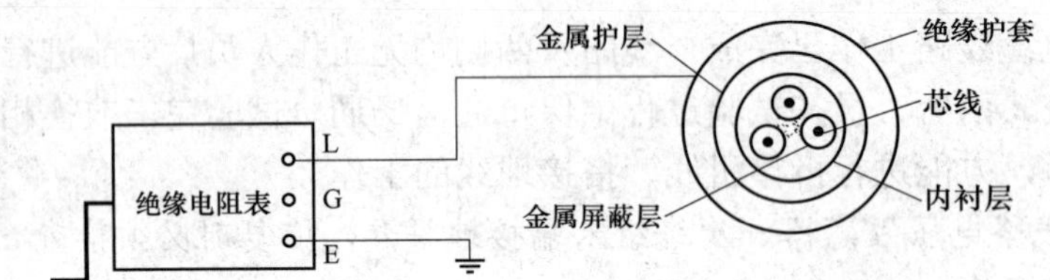

图 ZY1800501007-2　三相电缆外护套、内衬层的对地绝缘电阻测试接线图

2. 测试步骤

（1）测量外护套的对地绝缘电阻。

将“金属护层”、“金属屏蔽层”接地解开。将测量线一端接绝缘电阻表“L”端，另一端接绝缘杆，绝缘电阻表“E”端接地。驱动绝缘电阻表达额定转速后，将绝缘杆搭接“金属护层”，待绝缘电阻表指针稳定后读取 1min 绝缘电阻值并记录。完毕后，将绝缘杆脱离“金属护层”，再停止绝缘电阻表转动，并对“金属护层”进行放电。

（2）测量内衬层（内护层）的对地绝缘电阻。

将“金属护层”接地，将测量线一端接绝缘电阻表“L”端，另一端接绝缘杆，绝缘电阻表“E”端接地。驱动绝缘电阻表达额定转速后，将绝缘杆搭接“金属屏蔽层”，待绝缘电阻表指针稳定后读取 1min 绝缘电阻值并记录。完毕后，将绝缘杆脱离“金属屏蔽层”，再停止绝缘电阻表转动，并对“金属屏蔽层”进行放电。

（三）核对三相电缆相位

1. 测试接线

核对三相电缆相位的接线如图 ZY1800501007-3 所示，应分别在每一相上进行。对一相进行测量时，其末端应短路接地。

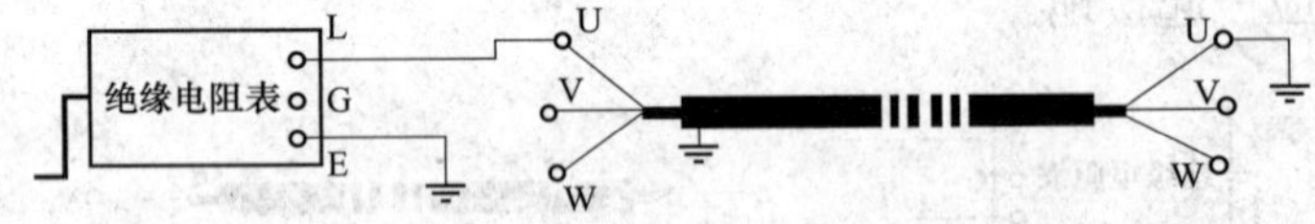

图 ZY1800501007-3　三相电缆核对相位的接线图

2. 测试步骤

（1）将电缆两端的线路接地开关拉开，对电缆进行充分放电。对侧三相全部悬空，将测量线一端接绝缘电阻表“L”端，另一端接绝缘杆，绝缘电阻表“E”端接地。

（2）通知对侧人员将电缆其中一相接地（以 U 相为例），另两相断开，试验人员驱动绝缘电阻表达额定转速后，将绝缘杆搭接线路，分别测量电缆三相绝缘电阻，其中对侧接地相（U 相）绝缘电阻为零，另两相（V、W）绝缘电阻表指针指示有绝缘电阻值。完毕后，将绝缘杆脱离电缆 U 相，再停止绝缘电阻表转动，进行放电并记录。

（3）完成上述操作后，通知对侧试验人员将接地线，接在线路另一相，重复上述步骤（2）操作，

直至对侧三相均有一次接地。

（四）测量单相电缆芯线对地绝缘电阻

一般在电压等级 110kV 及以上的电缆基本上是单相电缆，有部分 35kV 电缆是单相的。而 110kV 及以上的电缆两端基本上都是与 GIS 相连，因此在测量电缆芯线对地绝缘电阻时，要从 GIS 套管上进行测量。若是电缆套管与电气设备相连，则从电缆套管上进行测量。

1. 测试接线

单相电缆芯线对地绝缘电阻测试接线如图 ZY1800501007-4 所示，应分别在每一相上进行。对一相进行试验或测量时，其金属屏蔽或金属护套（铠装层）一起接地。

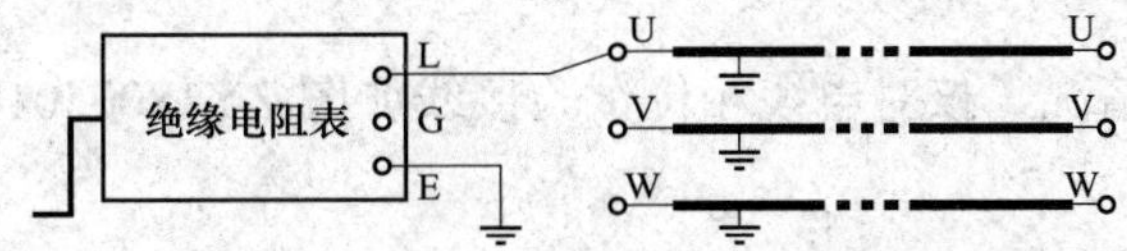

图 ZY1800501007-4　测量单相电缆芯线对地绝缘电阻的接线图

2. 测试步骤

（1）将电缆两端的线路接地开关拉开，对电缆进行充分放电。对侧三相全部悬空，将测量线一端接绝缘电阻表“L”端，另一端接绝缘杆，绝缘电阻表“E”端接地。

（2）通知对侧试验人员准备开始试验（以 U 相为例），试验人员驱动绝缘电阻表达额定转速后，将绝缘杆搭接电缆 U 相，待绝缘电阻表指针稳定后读取 1min 绝缘电阻值并做好记录。完毕后，将绝缘杆脱离电缆 U 相，再停止绝缘电阻表转动，并对 U 相进行放电。

（3）分别测量 V、W 相绝缘电阻。

（五）测量单相电缆外护套（金属护套或铠装层）对地绝缘电阻

1. 测试接线

对于电压等级在 110kV 及以上的单相电缆一般只有外护套，其测试接线如图 ZY1800501007-5 所示。

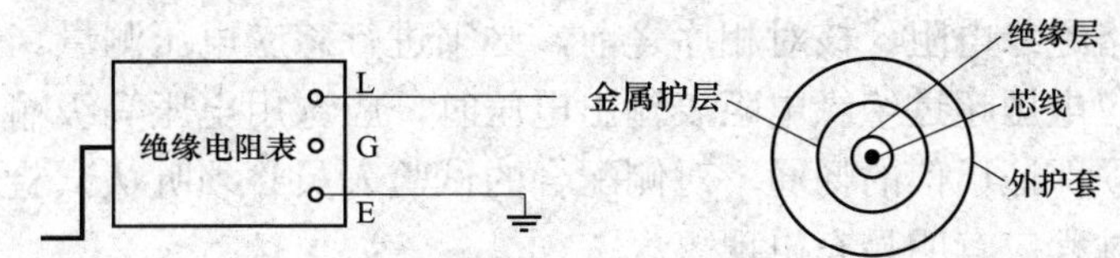

图 ZY1800501007-5　测量单相电缆外护套的对地绝缘电阻接线图

2. 测试步骤

（1）将电缆“金属护层”接地解开，并解开电缆所有的护层保护器，在互联箱中将各段电缆金属护层连接，使绝缘接头及“连板”绝缘也能结合在一起进行试验。

（2）将测量线一端接绝缘电阻表“L”端，另一端接绝缘杆，绝缘电阻表“E”端接地。驱动绝缘电阻表达额定转速后，将绝缘杆搭接“金属护层”，待绝缘电阻表指针稳定后读取 1min 绝缘电阻值并记录。完毕后，将绝缘杆脱离“金属护层”，再停止绝缘电阻表转动，并对“金属护层”进行放电。

（六）核对单相电缆相位

1. 单根电缆核对相位

（1）测试接线。

核对单相电缆相位的接线如图 ZY1800501007-6 所示，应分别在每一相上进行。对一相进行测量时，其末端应短路接地。

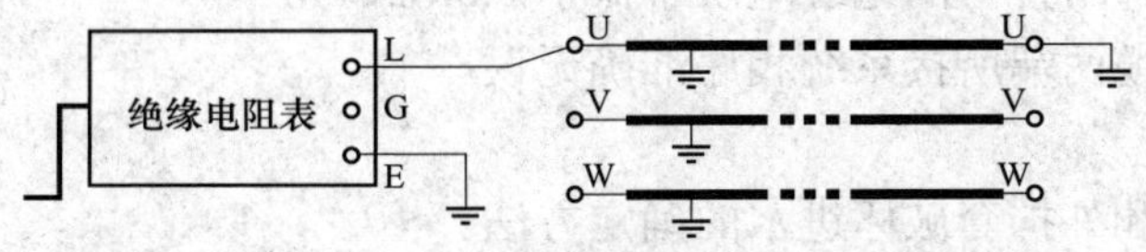

图 ZY1800501007-6　单相电缆核对相位的接线图

（2）测试步骤。

将电缆两端的线路接地开关拉开，对电缆进行充分放电。对侧三相全部悬空，将测量线一端接绝缘电阻表“L”端，另一端接绝缘杆，绝缘电阻表“E”端接地。

通知对侧人员将电缆其中一相接地（以 U 相为例），另两相断开，试验人员驱动绝缘电阻表达额定转速后，将绝缘杆搭接线路，分别测量电缆三相绝缘电阻，其中对侧接地相（U 相）绝缘电阻为零，另两相（V、W）绝缘电阻表指针指示有绝缘电阻值。完毕后，将绝缘杆脱离电缆 U 相，再停止绝缘电阻表转动，进行放电并记录。

2. 并联电缆核对相位

（1）测试接线。

对三相电缆并联运行的情况，核对电缆相位试验接线如图 ZY1800501007-7 所示。

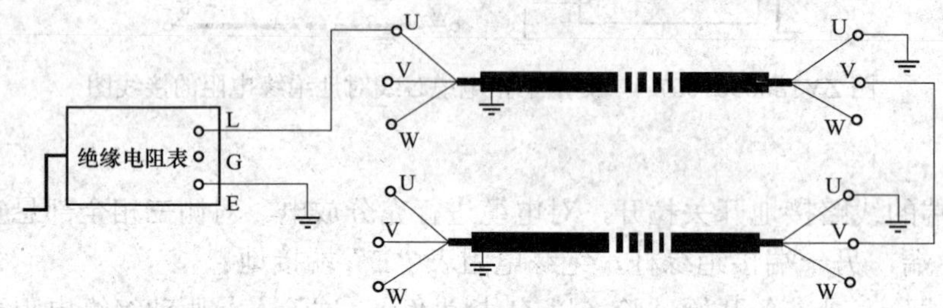

图 ZY1800501007-7 并联电缆核对相位试验接线图

（2）测试步骤。

通知对侧人员将两根电缆 U 相接地，V 相连接，W 相“悬空”，如图 ZY1800501007-7 所示。试验人员将测量线一端接绝缘电阻表“L”端，另一端接绝缘杆，绝缘电阻表“E”端接地，驱动绝缘电阻表达额定转速后，将绝缘杆分别搭接线路。出现的情况有：① 绝缘电阻为“零”，判定是 U 相；② 绝缘电阻不为“零”，且两相相通，判定是 V 相；③ 绝缘电阻不为“零”，且两相不通，判定是 W 相。

六、测试注意事项

（1）在测量电缆线路绝缘电阻、核对相序之前，必须进行感应电压测量。

（2）当电缆线路感应电压超过绝缘电阻表输出电压时，应选用电压等级输出更高的绝缘电阻表。

（3）在测量过程必须保证通信的畅通，对侧配合的试验人员必须听从试验负责人指挥。

（4）绝缘电阻测试过程应有明显充电现象。

（5）电缆电容量大，充电时间较长，测量时必须给予足够的充电时间，待绝缘电阻表指针完全稳定后方可读数。

（6）电缆两端都与 GIS 相连，在测量“电缆芯线对地绝缘电阻”、“核对电缆相位”时，若连接有串级式电压互感器，则将电压互感器的一次绕组末端接地解开，恢复时必须检查。

七、测试结果分析及测试报告编写

（一）测试结果分析

1. 测试标准及要求

根据《电力设备预防性试验规程》（DL/T 596—1996）、《电线电缆电性能试验方法 绝缘电阻》（GB/T 3048.5—2007）、《电气装置安装工程 电气设备交接试验标准》（GB 50150—2006）及《输变电设备状态检修试验规程》（Q/GDW 188—2008）的规定：

（1）电缆线路绝缘电阻应在进行交流或直流耐压前后进行，分别测量耐压试验前后，绝缘电阻测量应无明显变化。

（2）橡塑电缆外护套、内衬套的绝缘电阻不低于 0.5MΩ/km。

（3）相序核对应与电缆两端所接系统相序准确无误。

2. 测试结果分析

（1）橡塑电缆内衬层和外护套破坏进水的确定方法。

直埋橡塑电缆的外护套，特别是聚氯乙烯外护套，受地下水的长期浸泡吸水后，或者受到外力破坏而又未完全破损时，其绝缘电阻均有可能下降至规定值以下，因此当外护套或内衬层破损进水后，用绝缘电阻表测量时，每千米绝缘电阻值低于 0.5MΩ时，用万用表的“正”、“负”表笔轮换测量铠装层对地或铠装层对铜屏蔽层的绝缘电阻，此时在测量回路内由于形成的原电池与万用表内干电池相串联，当极性组合使电压相加时，测得的电阻值较小；反之，测得的电阻值较大。因此，在上述 2 次测得的电阻值相差较大时，表明已形成原电池，就可判断外护套和内衬层已破损进水。

35kV 及以下电压等级的三相电缆（双护层）外护套破损不一定要立即修理，但内衬层破损进水后，水分直接与电缆芯接触并可能会腐蚀铜屏蔽层，一般应尽快检修，35kV 及以上电压等级的单相或三相电缆（单护层）电缆外护套破损一定要立即修复，以免造成金属护层多点接地形成环流。

（2）由于电缆电容量大，在绝缘电阻测试过程测量时间过短，“充电”还未完成下读数，易引起对试验结果的误判断。

（3）测得的芯线及护层绝缘电阻都应达到上述规定值，在测量过程中还应注意有无明显的充电过程以及试验完毕后的放电是否明显。而无明显充电及放电现象，其绝缘电阻值正常，应怀疑被试品未接入试验回路。

（二）测试报告编写

测试报告填写应包括测试时间、测试人员、天气情况、环境温度、湿度、使用地点、电缆型号、线路编号、测试结果、测试结论、试验性质（交接试验、预防性试验、检查、施行状态检修的应填明例行试验或诊断试验）、绝缘电阻表的型号、出厂编号，备注栏写明其他需要注意的内容，如是否拆除引线等。

八、案例

某电缆线路在进行绝缘电阻和核相工作，测量试验结果见表 ZY1800501007-2。

表 ZY1800501007-2　　电缆绝缘电阻和核相试验结果

相别 / 对侧接地相	电缆芯线绝缘电阻（MΩ）		
	U	V	W
U	0	0	80 000
V	90 000	0	80 000
W	90 000	0	0

分析上述数据，线路核对相位基本正确，但 V 相芯线有接地现象。通过巡线发现，在电缆敷设过程中 V 相某位置受挤压破损，芯线与护层通过进入破损点的杂质与地联通。

【思考与练习】

1. 如何测量电缆外护套、内衬层的对地绝缘电阻？
2. 画出 10kV 三相电缆绝缘电阻测试接线图，在测量过程中应注意哪些事项？

模块 8　电容器绝缘电阻测试（ZY1800501008）

【模块描述】本模块介绍电容器绝缘电阻的测试方法和技术要求。通过测试工作流程的介绍，掌握电容器绝缘电阻测试前的准备工作和相关安全、技术措施、测试方法、技术要求及测试数据的分析判断。

【正文】

一、测试目的

电容器是全密封设备，如密封不严或不牢固造成渗漏油现象，使空气和水分以及杂质都可能进入油箱内部，使绝缘电阻降低，甚至造成绝缘损坏，危害极大，因此电容器是不允许渗漏油的。电容器绝缘电阻测试可以发现电容器由于油箱焊缝和套管处焊接工艺不良，密封不严造成绝缘降低的故障，同时可发现电容器高压套管受潮及缺陷。

二、测试仪器、设备的选择

（1）测量电容器主绝缘电阻，如测量高压并联电容器双极对地绝缘电阻、断口电容器极间绝缘电阻、耦合电容器极间绝缘电阻和集合式高压并联电容器相间及对地绝缘电阻，应采用2500V绝缘电阻表。

（2）测量耦合电容器小套管对地绝缘电阻，应使用1000V绝缘电阻表。

三、危险点分析及控制措施

1. 防止高处坠落

在电容器上作业应系好安全带。对220kV及以上的电容器，需解开引线时，宜使用高处作业车，严禁徒手攀爬电容器套管。

2. 防止高处落物伤人

高处作业应使用工具袋，上下传递物件应用绳索拴牢传递，严禁抛掷。

3. 防止工作人员触电

拆、接试验接线前，应将被试设备对地充分放电，以防止剩余电荷、感应电压伤人及影响测量结果。测试前与检修负责人协调，不允许有交叉作业，试验接线应正确、牢固，试验人员应精力集中。

四、测试前的准备工作

1. 了解被试设备现场情况及试验条件

查勘现场，查阅相关技术资料，包括该设备历年试验数据及相关规程等，掌握该设备运行及缺陷情况。

2. 测试仪器、设备准备

选择合适的绝缘电阻表、测试线、温（湿）度计、放电棒、接地线、梯子、安全带、安全帽、电工常用工具、试验临时安全遮栏、标示牌等，并查阅测试仪器、设备及绝缘工器具的检定证书有效期。

3. 办理工作票并做好试验现场安全和技术措施

向其余试验人员交代工作内容、带电部位、现场安全措施、现场作业危险点，明确人员分工及试验程序。

五、现场测试步骤及要求

（一）耦合电容器极间及小套管对地绝缘电阻测试

1. 测试接线

测试耦合电容器极间绝缘电阻时，耦合电容器高压端接绝缘电阻表的“L”端，耦合电容器的下法兰和小套管接地，绝缘电阻表的“E”端接地。表面潮湿或脏污时应在靠近耦合电容器高压端1～2瓷裙处加装屏蔽环，屏蔽环接于绝缘电阻表的“G”端。其测试接线如图ZY1800501008-1所示。

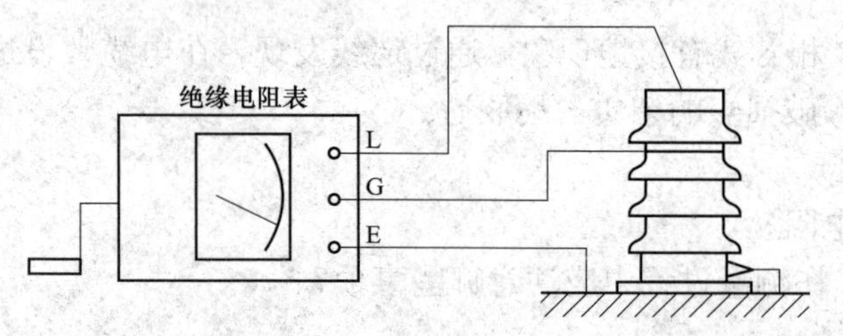

图ZY1800501008-1　耦合电容器极间绝缘电阻测试接线图

测试耦合电容器小套管对地绝缘电阻时，耦合电容器的小套管接绝缘电阻表的“L”端，耦合电容器的法兰接地。

2. 测试步骤

测试前首先对电容器充分放电，拆除与电容器的所有接线，表面脏污时应进行擦拭。

测量极间绝缘电阻时，法兰和小套管接地，测试前首先检查绝缘电阻表是否正常。耦合电容器高压端接绝缘电阻表的“L”端，绝缘电阻表的“E”端接地，读取1min或稳定后的绝缘电阻值。读取数据后断开“L”端与电容器的连接线，停止或关断绝缘电阻表，使用放电棒对电容器进行充分放电。

测试小套管对地绝缘电阻时，先拆除小套管的连接线，检查法兰是否接地，耦合电容器高压端不接地，耦合电容器小套管接绝缘电阻表的“L”端，绝缘电阻表的“E”端接地，读取1min的绝缘电阻值。读取数据后断开“L”端与电容器的连接线，停止或关断绝缘电阻表，试验后将小套管对地放电。

（二）断路器电容器极间绝缘电阻测试

1. 测试接线

测试时，断路器电容器一端接绝缘电阻表的“L”端，另一端接绝缘电阻表的“E”端。

2. 测试步骤

交接试验时，断路器电容器绝缘电阻应在安装前测试，可以减少断路器灭弧室的影响。预防性试验时应检查断路器是否在开断状态，如测试的绝缘电阻过低，可拆下断路器电容器进行测试，以判断故障部位。测试前使用放电棒对电容器放电，放电时电容器一端接地，另一端通过放电棒短接放电。测试前首先检查绝缘电阻表是否正常，断路器电容器一端接绝缘电阻表的“L”端，另一端接地和兆欧表的“E”端，读取 1min 或稳定后的绝缘电阻值。读取数据后断开“L”端与电容器的连接线，停止或关断绝缘电阻表，使用放电棒对断路器电容器进行充分放电。

（三）高压并联电容器双极对地绝缘电阻测试

1. 测试接线

测试高压并联电容器双极对地绝缘电阻时，电容器两电极之间用裸铜线短接后接绝缘电阻表的“L”端，外壳可靠接地，绝缘电阻表的“E”端接地。其测试接线如图 ZY1800501008-2 所示。

2. 测试步骤

测试前首先对电容器进行充分放电，拆除与电容器的所有接线，清洁电容器套管，电容器外壳应可靠接地，测试前首先检查绝缘电阻表是否正常，然后被试电容器极间短接后接绝缘电阻表的“L”端，绝缘电阻表的“E”端接地，读取 1min 或稳定后的绝缘电阻值。读取数据后断开“L”端与电容器的连接线，停止或关断绝缘电阻表，使用放电棒对电容器进行充分放电。

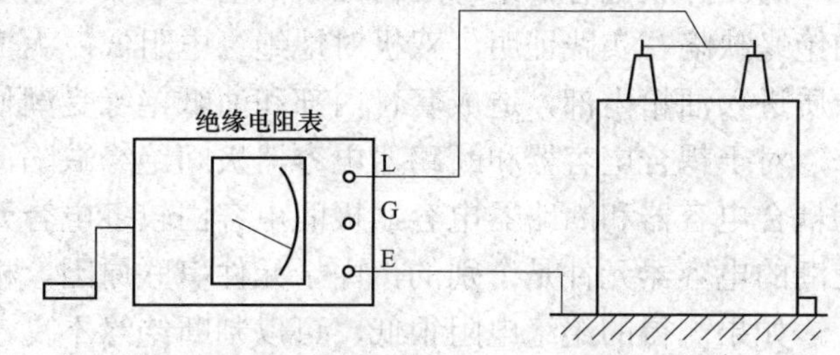

图 ZY1800501008-2　高压并联电容器双极对地绝缘电阻测试接线图

（四）集合式高压并联电容器相间及对地绝缘电阻测试

1. 测试接线

测试集合式高压并联电容器相间及对地绝缘电阻时，各相极间应短接，测试相接绝缘电阻表的“L”端，非测试相接地，电容器外壳应可靠接地，绝缘电阻表的“E”端接地。其测试接线如图 ZY1800501008-3 所示。

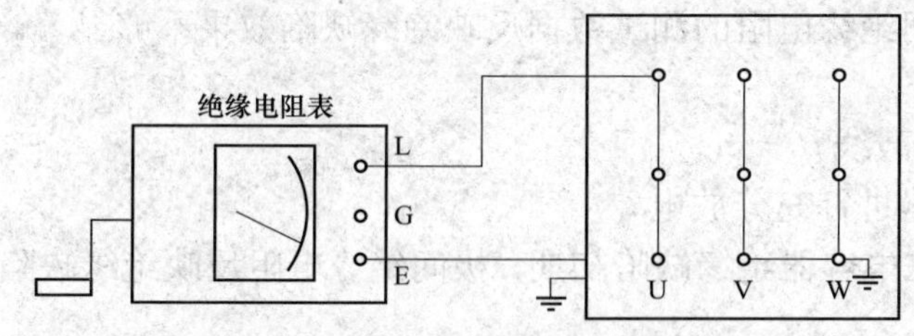

图 ZY1800501008-3　集合式高压并联电容器相间及对地绝缘电阻测试接线图

2. 测试步骤

测试前对电容器进行充分放电，拆除与电容器的所有接线，清洁电容器套管，电容器外壳应可靠接地，被试电容器各相极间短接，绝缘电阻表的“E”端接地，测试前首先检查绝缘电阻表是否正常。被试电容器 U、V、W 三相分别与绝缘电阻表的“L”端连接，非被试相接地，测试各相对地及相间绝缘电阻，读取 1min 或稳定后的绝缘电阻值，读取数据后断开“L”端与电容器的连接线，停止或关断绝缘电阻表，测试后使用放电棒对电容器进行充分放电。

六、测试注意事项

（1）为了克服测试线本身对地电阻的影响，绝缘电阻表的“L”端测试线应尽量使用屏蔽线，芯线与屏蔽层不应短接。在测量时，绝缘电阻表“L”端的测试线应使用绝缘棒与被试电容器连接。

（2）运行中的电容器，为克服残余电荷影响测试数据，测试前应充分放电。电容器不仅极间放电，极对地也要放电。并联电容器应从电极引出端直接放电，避免通过熔丝放电。

（3）放电时应使用放电棒，放电后再直接通过接地线放电接地。

（4）正确使用绝缘电阻表，注意操作程序，防止反充电。

（5）避免测试并联电容器极间绝缘电阻。因并联电容器极间电容较大，操作不当将造成人身和设备事故。

七、测试结果分析及测试报告编写

（一）测试结果分析

1. 测试标准及要求

电容器绝缘电阻不作规定。一般高压并联电容器双极对地绝缘电阻应大于 2000MΩ，耦合电容器极间和断路器电容器极间绝缘电阻大于 5000MΩ。

2. 测试结果分析

电容器绝缘电阻值与出厂值和原始值比较不应有较大变化，同时测试数据应和同类型、同规格电容器比较，不应有较大差异。

对电容量较大的电容器测试数据变化较大时，为克服残余电荷的影响应检查测试前放电是否充分，必要时可放电 5min 以上，然后重新测量。

电容器电容量比较大时，充电时间比较长，测量时应读取 1min 或稳定后的数据，便于以后的分析比较。

高压并联电容器绝缘结构比较简单，双极对地电容较小，绝缘电阻能有效地反映瓷套管和极对壳的绝缘缺陷。实践证明，双极对地绝缘电阻低，大部分是电容器密封不严或不牢固使空气和水分以及杂质进入油箱内部，造成套管内部和油纸绝缘受潮使绝缘电阻降低。

对于耦合电容器和断路器电容器极间绝缘缺陷，极间绝缘电阻的测试数据反映效果不够显著。因为耦合电容器和断路器电容器极间电容由较多电容元件串联组成，电容器绝缘缺陷初期，绝缘劣化和受潮的电容器元件是个别的，由于元件串联原因，极间绝缘电阻变化不是很显著。

如果测得的绝缘电阻很低，可以判断绝缘不良，但大多数情况下应结合其他测量参数综合判断。

（二）测试报告编写

测试报告填写应包括测试时间、测试人员、天气情况、环境温度、湿度、使用地点、电容器参数、测试结果、测试结论、试验性质（交接试验、预防性试验、检查、施行状态检修的应填明例行试验或诊断试验）、绝缘电阻表的型号、出厂编号，备注栏写明其他需要注意的内容，如是否拆除引线等。

八、案例

一台新安装 110kV 耦合电容器，型号：OWF−110 $\sqrt{3}$ −0.01，铭牌电容量 0.009 980μF，交接试验数据为：绝缘电阻 50 000MΩ，$\tan\delta$=0.30%，电容量=0.011 2μF。从数据中可见，极间绝缘电阻较大，但 $\tan\delta$ 和电容量均超标。所以说，耦合电容器极间绝缘电阻的测试数据反映绝缘缺陷效果不够显著。

【思考与练习】

1. 绝缘电阻表的“L”端测试线为什么使用屏蔽线？

2. 测试电容器绝缘电阻前，为什么要对电容器进行充分放电？

3. 为什么对于耦合电容器和断路器电容器，在电容器绝缘缺陷初期，极间绝缘电阻反映绝缘缺陷不是很显著？

模块 9　避雷器绝缘电阻测试（ZY1800501009）

【模块描述】本模块介绍氧化锌避雷器及阀型避雷器绝缘电阻的测试方法和技术要求。通过测试工作流程的介绍，掌握避雷器绝缘电阻测试前的准备工作和相关安全、技术措施、测试方法、技术要求及测试数据分析判断。

【正文】

一、测试目的

当避雷器密封良好时，其绝缘电阻很高，受潮以后，则绝缘电阻下降很多，因此测量避雷器绝缘电阻对判断避雷器是否受潮是很有效的一种方法。对带并联电阻的阀型避雷器，还可检查并联电阻是否老化或通断及接触是否良好。对金属氧化物避雷器，测量其绝缘电阻可检查出是否存在内部受潮或瓷套裂纹等缺陷。对带放电计数器的避雷器应进行底座绝缘电阻测试，其目的是检查底座绝缘是否受潮或瓷套出现裂纹等，保证放电计数器在避雷器动作时能够正确计数。

二、测试仪器、设备的选择

测量避雷器绝缘电阻的仪器一般可选择电动绝缘电阻表、手摇式绝缘电阻表、数字式绝缘电阻表等，对35kV及以下的用2500V绝缘电阻表；对35kV及以上的用5000V绝缘电阻表。

三、危险点分析及控制措施

1. 防止高处坠落

人员在拆、接避雷器一次引线时，必须系好安全带。在测量绝缘电阻时，应尽量使用绝缘杆。在使用梯子时，必须有人扶持或绑牢。

2. 防止高处落物伤人

高处作业应使用工具袋，上下传递物件应用绳索拴牢传递，严禁抛掷。

3. 防止人员触电

拆、接试验接线前，应将被试绝缘子对地充分放电，以防止剩余电荷、感应电压伤人及影响测量结果。禁止在有雷电时或邻近高压设备时使用绝缘电阻表，以免发生危险。

四、测试前的准备工作

1. 了解被试设备现场情况及试验条件

查勘现场，查阅相关技术资料，包括该设备历年试验数据及相关规程等，掌握该设备运行及缺陷情况。

2. 测试仪器、设备准备

选择合适的绝缘电阻表、测试线、温（湿）度计、放电棒、接地线、梯子、安全带、安全帽、电工常用工具、试验临时安全遮栏、标示牌等，并查阅测试仪器、设备及绝缘工器具的检定证书有效期。

3. 办理工作票并做好试验现场安全和技术措施

向其余试验人员交代工作内容、带电部位、现场安全措施、现场作业危险点，明确人员分工及试验程序。

五、现场测试步骤及要求

（一）测试接线

绝缘电阻表上的接线端子“L”是接高压端的，“E”是接被试品的接地端的，“G”是接屏蔽端的。如被试品带有放电计数器，应将放电计数器前端作为接地端，采用屏蔽线连接。例如，被试品表面泄漏电流较大，还需接上屏蔽环。

（二）测试步骤

（1）将避雷器接地放电，放电时应用绝缘棒等工具进行，不得用手碰触放电导线。拆除或断开被试避雷器对外的一切连线。

（2）检查绝缘电阻表是否正常，若绝缘电阻表正常，将绝缘电阻表的接地端与被试品的地线连接，绝缘电阻表的高压端接上测试线，测试线的另一端悬空（不接试品），再次驱动绝缘电阻表，绝缘电阻表的指示应无明显差异，然后将绝缘电阻表停止转动。

（3）进行接线，经检查无误后，驱动绝缘电阻表达额定转速，将测试线搭上测试部位，读取60s绝缘电阻值，并做好记录。

（4）读取绝缘电阻后，应先断开接至被试品高压端的连接线，再将绝缘电阻表停止运转，以免绝缘电阻表反充电而损坏绝缘电阻表。

（5）对避雷器测试部位短接放电并接地。

（6）接有放电计数器的避雷器应测试避雷器的底座绝缘电阻。拆除放电计数器的上端引线，按上述步骤（3）～（5）所述的测试方法对避雷器的底座进行绝缘电阻测试。

六、测试注意事项

（1）宜选用相同电压、相同型号的绝缘电阻表。

（2）测量时宜使用高压屏蔽线且屏蔽层接地。若无高压屏蔽线，测试线不要与地线缠绕，应尽量悬空。测试线不能用双股绝缘线和绞线，应用单股线分开单独连接，以免因绞线绝缘不良而引起误差。

（3）试验人员之间应分工明确，测量时应配合默契，测量过程中要大声读数。

（4）测量时应在天气良好的情况下进行，且空气相对湿度不高于 80%。若遇天气潮湿、绝缘子表面脏污，则需要进行“屏蔽”测量。测量采用屏蔽的接线如图 ZY1800501009-1 所示。

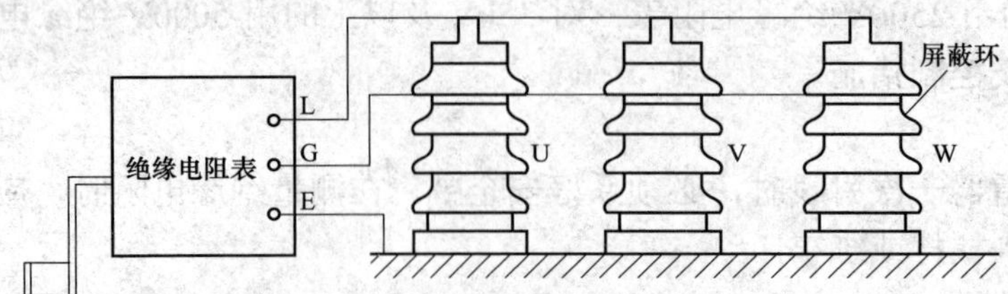

图 ZY1800501009-1 测量采用屏蔽的接线图

七、测试结果分析及测试报告编写

（一）测试结果分析

1. 测试标准及要求

根据《电力设备预防性试验规程》（DL/T 596—1996）、《电气装置安装工程 电气设备交接试验标准》（GB 50150—2006）及《输变电设备状态检修试验规程》（Q/GDW 188—2008）的规定：

（1）FS 型避雷器绝缘电阻应不低于 2500MΩ。

（2）FZ（PBC.LD）、FCZ 和 FCD 型避雷器的绝缘电阻自行规定，但与前一次或同类型的测量数据进行比较，不应有显著变化。

（3）金属氧化物避雷器：35kV 以上，不低于 2500MΩ；35kV 及以下，不低于 1000MΩ。

（4）避雷器的底座绝缘电阻不低于 5MΩ。

2. 测试结果分析

将所测得的试验数据结合温（湿）度情况，与同一设备历史数据或同类型的测量数据相比，并结合规程标准及其他试验结果进行综合判断。

（二）测试报告编写

测试报告填写应包括测试时间、测试人员、天气情况、环境温度、相对湿度、使用地点、避雷器参数、测试数据、测试结论、试验性质（交接试验、预防性试验、检查、施行状态检修的应填明例行试验或诊断试验）、绝缘电阻表的型号、出厂编号，备注栏写明其他需要注意的内容，如是否拆除引线等。

八、案例

某变电站一只 10kV 型号为 HY5WZ–17/45 型氧化锌避雷器，在预防性试验中绝缘电阻为 100MΩ，历年数据在 10 000MΩ以上，对其进行泄漏电流测试，75%U 1mA 下的泄漏电流为 200μA，判断该避雷器不合格，予以更换。

【思考与练习】

1. 避雷器绝缘电阻的测试目的是什么？

2. 当避雷器绝缘电阻测试值与历年相比降低较多时，应采取哪些措施来进一步分析判断？如果需要屏蔽，应如何进行？

3. 避雷器绝缘电阻值的测试标准是什么？

第十六章　直流泄漏及直流耐压试验

模块1　变压器泄漏电流测试（ZY1800502001）

【模块描述】本模块介绍变压器泄漏电流测试的方法和技术要求。通过对测试工作流程的介绍，掌握变压器泄漏电流测试前的准备工作和相关安全、技术措施、测试方法、技术要求及测试数据分析判断。

【正文】

一、测试目的

测量变压器的泄漏电流能灵敏地反映变压器瓷质绝缘的裂纹、夹层绝缘的内部受潮及局部松散断裂、绝缘油劣化、绝缘的沿面炭化等缺陷。在判断局部缺陷上，测量泄漏电流比测量绝缘电阻更有特殊意义。

二、测试仪器、设备的选择

根据不同试品的要求，试验电压应能满足试验的极性和电压值，还必须具有充分的电源容量，因此需对直流高压成套设备的主要参数进行选择。

（1）电源的额定输出电流应使试品电容在相当短的时间内充电。当变压器电容很大时，电源（包括储能电容）还应能供给泄漏电流和吸收电流，其电压降不应超过10%。

（2）若试验持续时间不超过60s时，在整个试验过程中试验电压测量值应保持在规定电压值的±1%以内；若试验持续时间超过60s时，在整个试验过程中试验电压测量值应保持在规定电压值的±3%以内。

（3）为了防止变压器外绝缘的闪络和易于发现绝缘受潮等缺陷，通常采用负极性直流电压。

三、危险点分析及控制措施

1. 防止高处坠落

应使用变压器专用爬梯上下，在变压器上作业应系好安全带。对220kV及以上变压器，需解开高压套管引线时，宜使用高处作业车，严禁徒手攀爬变压器高压套管。

2. 防止高处落物伤人

高处作业应使用工具袋，上下传递物件应用绳索拴牢传递，严禁抛掷。

3. 防止人员触电

拆、接试验接线前，应将被试设备对地充分放电，以防止剩余电荷、感应电压伤人及影响测量结果。试验仪器的金属外壳应可靠接地，仪器操作试验人员必须站在绝缘垫上或穿绝缘鞋操作仪器，并与带电部位保持足够的安全距离。测试前应与检修负责人协调，不允许有交叉作业，试验人员之间应分工明确，在测量时应配合默契，测量过程中要大声读数。

四、测试前的准备工作

1. 了解被试设备现场情况及试验条件

查勘现场，查阅相关技术资料，包括该设备历年试验数据及相关规程等，掌握该设备运行及缺陷情况。

2. 测试仪器、设备准备

选择合适的直流高压成套设备、温（湿）度计、高压屏蔽线、接地线、放电棒、短路用裸铜丝、万用表、电源线（带剩余电流动作保护器）、绝缘棒、安全带、安全帽、电工常用工具、试验临时安全遮栏、标示牌等，并查阅测试仪器、设备及绝缘工器具的检定证书有效期。

3. 办理工作票并做好试验现场安全和技术措施

向其余试验人员交代工作内容、带电部位、现场安全措施、现场作业危险点，明确人员分工及试验程序。

五、现场测试步骤及要求

（一）测试接线

变压器直流泄漏试验项目见表 ZY1800502001-1。

表 ZY1800502001-1　　油浸式电力变压器直流泄漏试验项目

序号	双绕组		三绕组	
	被测绕组	接地部位	被测绕组	接地部位
1	低压	高压、外壳	低压	高压、中压、外壳
2	—	—	中压	高压、低压、外壳
3	高压	低压、外壳	高压	中压、低压、外壳

以三绕组变压器中压侧泄漏电流测试为例，测试接线如图 ZY1800502001-1 所示。

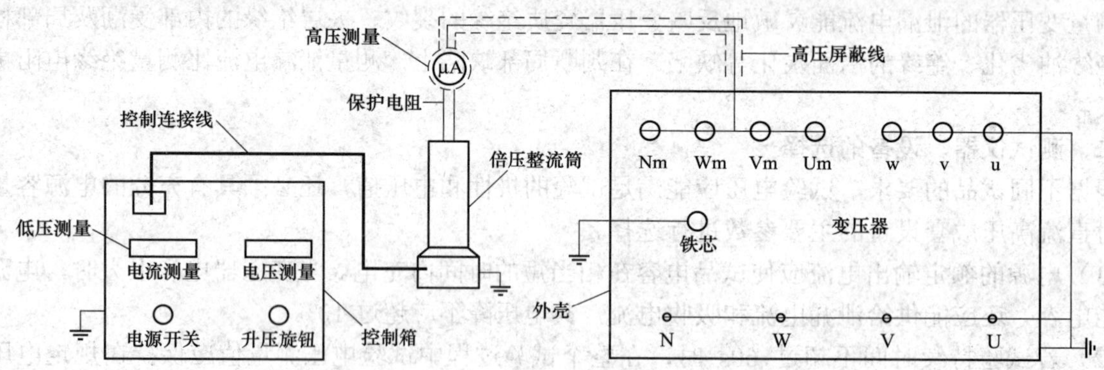

图 ZY1800502001-1　变压器泄漏电流测试接线图

（二）测试步骤

（1）断开变压器有载分接开关、风冷电源，退出变压器本体保护等，将变压器各绕组接地放电，对大容量变压器应充分放电（5min 以上），放电时应用绝缘工具进行，不得用手碰触放电导线。拆除或断开对外的一切连线。

（2）按表 ZY1800502001-1 试验项目并参考图 ZY1800502001-1 进行接线，将高压屏蔽线的屏蔽层接地。

（3）检查确认接线无误后，通知其他人员离开被试变压器，并提醒试验人员要开始加压试验。

（4）在不接试品的情况下进行“空负荷试验”，合上控制箱“电源开关”，将“升压旋钮”从零开始均匀地升至试验电压，记录试验电压下流过微安电流表的杂散电流值 I_1。“空负荷试验”结束后，降低电压为零，断开控制箱“电源开关”，并对滤波电容器进行充分放电。

（5）合上控制箱“电源开关”，将“升压旋钮”从零开始均匀缓慢地升高电压，同时观察“电压测量”窗口。但也不必升压太慢，以免造成在接近试验电压时试品上的耐压时间过长。从试验电压值的 75%开始，以每秒 2%的速度上升，直至升到表 ZY1800502001-2 规定的试验电压，待 1min 后读取泄漏电流值 I_2。对大容量（120 000kVA 及以上）变压器，升到规定的试验电压，待 2～3min 后读取泄漏电流值比较准确。

（6）降低电压为零，断开控制箱“电源开关”，用专用放电棒对测试部位进行充分放电（放电时间不得少于 5min）。

（7）最后进行其他绕组的泄漏电流测量。

六、测试注意事项

（1）非被测部位短路接地要良好，不要接到变压器有油漆的地方，以免影响测试结果。

（2）使用成套直流高压装置测量变压器泄漏电流，它分为“高压测量”及“低压测量”。为保证测量的准确，一般应在高压侧测量泄漏电流。

若使用"线芯"与"屏蔽层"绝缘良好，耐压≮80kV，而"屏蔽层"与"地"有一定绝缘的高压屏蔽线时，高压屏蔽线可以放在地上使用，屏蔽层应接地，屏蔽线的芯线端与屏蔽层端应有一定距离，且不小于 0.4m。

若使用"线芯"与"屏蔽层"绝缘一般、耐压＜10kV、而"屏蔽层"与"地"有较小绝缘电阻的高压屏蔽线时，高压屏蔽线不能放在地上使用，屏蔽层不能接地，其与地及其他物体保持一定的距离，不应小于 2m，应尽量悬空。

（3）测量应在天气良好时进行，且空气相对湿度不高于 80%。若遇天气潮湿、套管表面脏污，则需要进行"屏蔽"测量。

在高压侧测量泄漏电流时，"屏蔽"测量常用的接线如图 ZY1800502001-2 所示。高压屏蔽线应尽量悬空，"屏蔽层"接在变压器引出线瓷套上的屏蔽环（用细铜线或细熔丝紧扎 1～2 圈）。而屏蔽环应装设在瓷套靠近加压的位置，远离法兰部分。

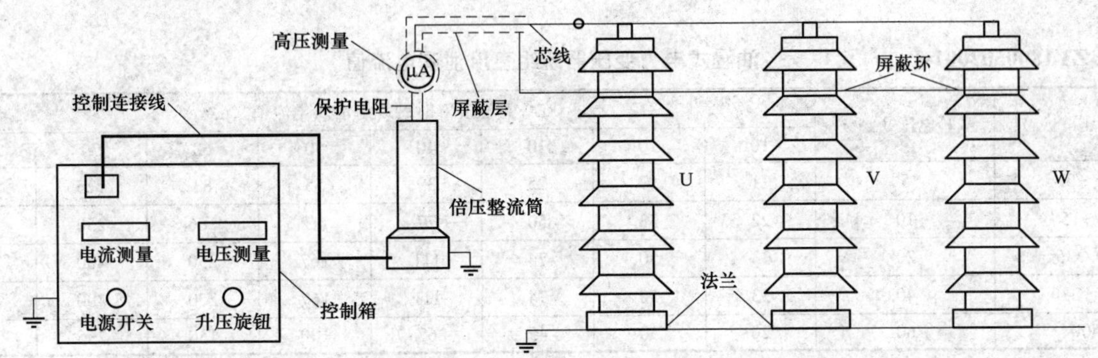

图 ZY1800502001-2　在高压侧测量泄漏电流时进行"屏蔽"测量常用的接线图

在低压侧测量泄漏电流时，"屏蔽"测量常用的接线如图 ZY1800502001-3 所示。低压屏蔽线应采用"线芯"与"屏蔽层"绝缘良好，耐压≮80kV，而"屏蔽层"与"地"有一定的绝缘的屏蔽线。"屏蔽层"接在变压器引出线瓷套上的屏蔽环（用细铜线或细熔丝紧扎 1～2 圈）。而屏蔽环应装设在瓷套靠近法兰的位置，远离加压部分。以免造成直流高压设备过负荷，使端电压急剧降低，影响测量结果。

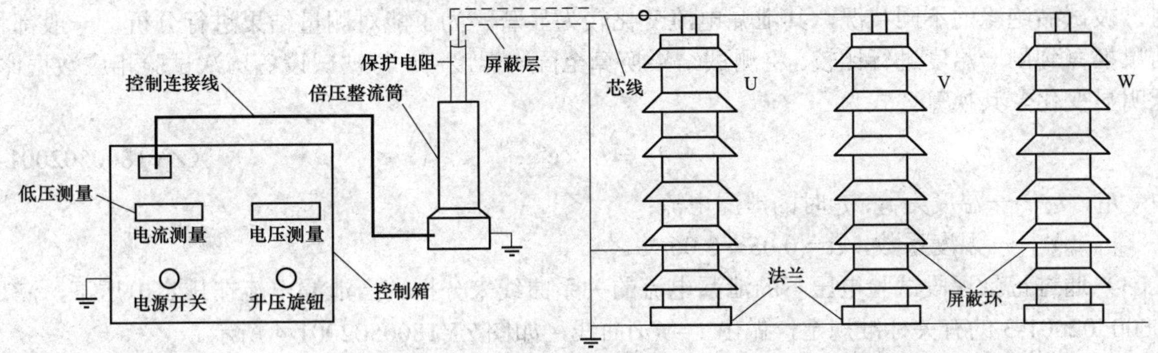

图 ZY1800502001-3　在低压侧测量泄漏电流时进行"屏蔽"测量常用的接线图

（4）由于残余电荷会直接影响泄漏电流的数值，故变压器接地放电时间至少 5min 以上。

（5）在试验时，由于泄漏电流存在吸收过程，包括一定的电容电流和吸收电流，故加压速度对泄漏电流测量结果有一定影响。因此加压应从零开始缓慢均匀地升高电压。

（6）试验结束后，必须先经适当的放电电阻对试品进行放电。如果直接对地放电，则可能产生频率极高的振荡过电压，对变压器的绝缘有危害。

七、测试结果分析及测试报告编写

（一）测试结果分析

1. 测试标准及要求

根据《电力设备预防性试验规程》（DL/T 596—1996）、《电气装置安装工程　电气设备交接试验标准》（GB 50150—2006）及《输变电设备状态检修试验规程》（Q/GDW 188—2008）的规定：

（1）当变压器电压等级为35kV及以上，且容量在10 000kVA及以上时，应测量直流泄漏电流。

（2）试验电压标准应符合表ZY1800502001-2的规定。当施加试验电压达1min时，在高压端读取泄漏电流值。

表ZY1800502001-2　油浸式电力变压器直流泄漏试验电压标准

绕组额定电压（kV）	3	6～10	20～35	63～330	500
直流试验电压（kV）	5	10	20	40	60

（3）绕组额定电压为13.8kV及15.75kV时，按10kV级标准；当为18kV时，按20kV级标准。

（4）分级绝缘变压器仍按被试绕组电压等级的标准，但不能超过中性点绝缘的耐压水平。

（5）油浸式电力变压器绕组在各试验电压及不同温度时的直流泄漏电流值，见表ZY1800502001-3所示。

表ZY1800502001-3　油浸式电力变压器绕组直流泄漏电流值

额定电压（kV）	试验电压（kV）	在下列温度℃时的绕组泄漏电流值（μA）							
		10	20	30	40	50	60	70	80
2～3	5	11	17	25	39	55	83	125	178
6～15	10	22	33	50	77	112	166	250	356
20～35	20	33	50	74	111	167	250	400	570
63～330	40	33	50	74	111	167	250	400	570
500	60	20	30	45	67	100	150	235	330

2. 测试结果分析

（1）由于出厂试验一般不进行直流泄漏测量，因此油浸式电力变压器直流泄漏值应符合表ZY1800502001-3有关标准规定。

（2）温度对泄漏电流影响很大，当温度升高时，泄漏电流将按指数规律上升，而且每次测量又难以在同一温度下进行，因此泄漏电流测量最好在被试品温度为30～80℃范围内进行。因为在此温度范围内，被试品绝缘的不同状况，其泄漏电流变化较为显著，为了能对测量结果进行分析，一般都将测量结果换算到同一温度进行比较。将测试结果换算至同一温度下，与被试设备历次试验相应数据比较，应无明显变化。其换算公式为

$$I_{t2}=I_{t1}\times e^{\alpha(t_2-t_1)} \quad (ZY1800502001\text{-}1)$$

式中　I_{t1}、I_{t2}——温度为t_1、t_2时的泄漏电流；

α——温度系数，α= 0.05～0.06/℃。

（3）通过记录逐段试验电压下的泄漏电流的关系曲线来分析。当泄漏电流在规定电压下，满足表ZY1800502001-3的有关标准规定，做出$i=f(u)$曲线，如图ZY1800502001-4所示。

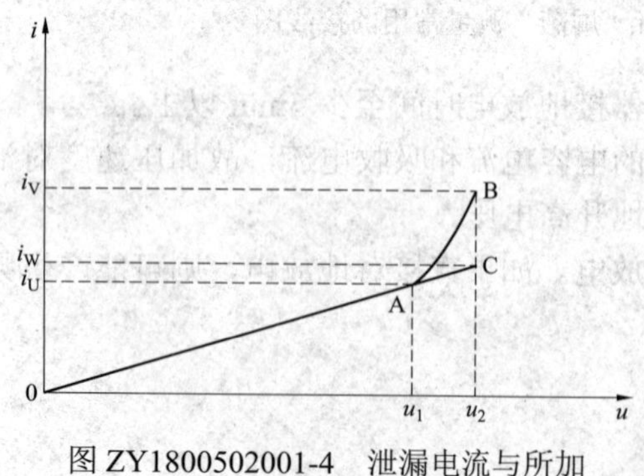

图ZY1800502001-4　泄漏电流与所加电压的关系曲线图

在图ZY1800502001-4中，i_W是规定的试验电压u_2下的泄漏电流，i_U是试验电压u_1下的泄漏电流。在绝缘良好的状态下，电流与电压基本呈一条直线（见图ZY1800502001-4中0AC）。当绝缘有缺陷时，电流与电压不呈一条直线（见图ZY1800502001-4中0AB），因此，可以通过绘制$i=f(u)$曲线来分析判断，以发现某些局部缺陷。

（4）试验前在不接试品的情况下升压“空负荷试验”，记录试验电压下流过微安电流表的杂散电流值。因此，被试变压器泄漏电流I_x按式（ZY1800502001-2）计算，即

$$I_x = I_1 - I_2 \qquad (ZY1800502001\text{-}2)$$

式中　I_1、I_2——“空负荷试验”时和试验时读取的泄漏电流值。

（二）测试报告编写

测试报告填写应包括测试时间、测试人员、天气情况、环境温度、湿度、使用地点、变压器的运行编号、变压器型号及参数、变压器上层油温、测试数据、测试结果、测试结论、试验性质（交接试验、预防性试验、检查、施行状态检修的应填明例行试验或诊断试验）、直流高压成套设备的型号、出厂编号，备注栏写明其他需要注意的内容，如是否拆除引线等。

八、案例

某变电站对一台额定电压为 110kV 、额定容量为 40 000kVA 的双绕组变压器进行泄漏电流及主体介损试验，其测试数据如表 ZY1800502001-4 所示。

表 ZY1800502001-4　　双绕组变压器测试数据

试验时间 / 试验部位	2001 年 3 月变温 35℃预防性试验		2004 年 8 月变温 38℃预防性试验	
	泄漏电流（μA）	主体介损（tanδ%）	泄漏电流（μA）	主体介损（tanδ%）
高压～低压及地	11	0.38	52	0.41
低压～高压及地	5	0.33	7	0.34

分析：高压对低压绕组及地主体介损 tanδ%值与上年比较无明显差异，并未超标，但泄漏电流值却由上年的 11μA 增长至 52μA，虽仍在合格范围内但增长明显。随后进行高压套管介损测量，发现其 V 相套管 tanδ%值超标，经检查发现该相套管主屏受潮。

【思考与练习】

1. 写出三绕组变压器测量泄漏电流的部位。
2. 写出油浸式电力变压器直流泄漏试验电压标准。
3. 变压器泄漏电流试验与绝缘电阻试验有什么不同？

模块 2　40.5kV 及以上少油断路器的泄漏电流测试（ZY1800502002）

【模块描述】本模块介绍 40.5kV 及以上少油断路器的泄漏电流测试的方法和技术要求。通过测试工作流程的介绍，掌握少油断路器泄漏电流测试前的准备工作和相关安全、技术措施、测试方法、技术要求及测试数据分析判断。

【正文】

一、测试目的

测量泄漏电流是 40.5kV 及以上少油断路器的重要试验项目之一。它能比较灵敏地发现断路器外表带有的危及绝缘强度的严重污秽、拉杆及绝缘油受潮、少油断路器灭弧室受潮劣化和碳化物过多等缺陷。

二、测试仪器、设备的选择

40.5kV 及以上少油断路器泄漏电流的测试仪器主要有成套直流高压发生器和由试验变压器、电容器、硅堆等元件构成的组合式直流高压发生器。目前现场普遍使用的是成套直流高压发生器，选用相应电压等级的成套直流高压发生器即可。

三、危险点分析及控制措施

1. 防止高处坠落

使用梯子应有人扶持或绑牢，在断路器上作业应系好安全带。

2. 防止高处落物伤人

高处作业应使用工具袋，上下传递物件应用绳索拴牢传递，严禁抛掷。

3. 防止工作人员触电

拆、接试验接线前，应将被试设备对地放电。加压前应与检修负责人协调，不允许有交叉作业。工作人员应与带电部位保持足够的安全距离。试验仪器的金属外壳应可靠接地，仪器操作人员必须站在绝缘垫上。

四、测试前的准备工作

1. 了解被试设备现场情况及试验条件

查勘现场，查阅相关技术资料，包括该设备历年试验数据及相关规程等，掌握该设备运行及缺陷情况。

2. 测试仪器、设备准备

选择合适的成套直流高压发生器、绝缘电阻表、测试线、温（湿）度计、放电棒、接地线、梯子、安全带、安全帽、电工常用工具、试验临时安全遮栏、标示牌等，并查阅测试仪器、设备及绝缘工器具的检定证书有效期。

3. 办理工作票并做好试验现场安全和技术措施

向其余试验人员交代工作内容、带电部位、现场安全措施、现场作业危险点，明确人员分工及试验程序。

五、现场测试步骤及要求

（一）测试接线

对于少油断路器可以在三角箱加压，断口外侧接地来测量整个单元的泄漏电流。断路器应在分闸位置按图 ZY1800502002-1 所示的接线进行测量，即图 ZY1800502002-1 中断路器灭弧室两端 A、A′接地，试验电压施加在 P 点。当泄漏电流数值超过标准值时，可进行分解试验，检查各部件绝缘是否符合标准。

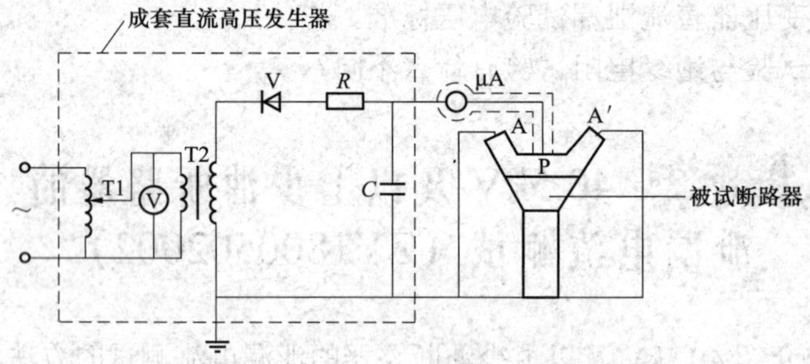

图 ZY1800502002-1　少油断路器测量泄漏电流的原理接线图

（二）测试步骤

（1）将被试断路器接地放电，拆除或断开断路器两端的一次连接线。

（2）测试绝缘电阻，其值应正常。

（3）按图 ZY1800502002-1 进行接线，检查接线正确后，合上试验电源，开始升压。对试品施加电压时，应从足够低的数值开始，然后缓慢地升高电压，一般从试验电压值的 75%开始，以每秒 2%的速度升压至试验电压值，读取 1min 的泄漏电流值。

（4）试验完毕，降压、切断高压电源。一般需待试品上的电压降至 1/2 试验电压以下，将被试品经电阻放电棒接地放电，最后直接接地放电。

六、测试注意事项

（1）试验宜在干燥、良好的天气条件下进行。

（2）试品表面应擦拭干净，试验场地应保持清洁，试品和周围的物体必须有足够的安全距离。

（3）高压引线应采用较大直径导线，且高压引线应尽可能短，以减小杂散电流对泄漏电流的影响。

（4）在对 110kV 及以上少油断路器进行测试时，有时会出现负值现象，即空载泄漏电流比同样电压下测量的少油断路器泄漏电流大。产生这种现象的主要原因是高压试验引线的影响，当测试中出现负值时，可采取下列措施予以消除。

1）对引线端头采取均压措施，如用小铜球或光滑的无棱角的小金属体来改善线端头附近的电场强度，可减小电晕损失。

2）在高压侧可采用屏蔽、清洁设备、使接线头不外露、增加引线线径、尽量缩短高压引线等措施。

七、测试结果分析及测试报告编写

（一）测试结果分析

1. 测试标准及要求

根据《电气装置安装工程　电气设备交接试验标准》（GB 50150—2006）、《电力设备预防性试验规程》（DL/T 596—1996）、《现场绝缘试验实施导则》（DL/T 474—2006）及《输变电设备状态检修试验规程》（Q/GDW 188—2008）的规定：

（1）预防性试验时，每一元件的试验电压按表 ZY1800502002-1 的规定。

表 ZY1800502002-1　　预防性试验时每一元件的试验电压

额定电压（kV）	40.5	72.5～252	≥363
直流试验电压（kV）	20	40	60

泄漏电流一般不大于 10μA，252kV 以上少油断路器提升杆（包括支持瓷套）的泄漏电流大于 5μA 时，应引起注意。

（2）交接试验时，35kV 以上少油断路器支持瓷套（包括绝缘提升杆）以及灭弧室每个断口的直流泄漏电流试验电压应为 40kV，并在高压侧读取 1min 时的泄漏电流值不应大于 10μA，220kV 以上的不宜大于 5μA。

2. 测试结果分析

（1）温度对泄漏电流的影响是极为显著的，因此最好在以往试验相近的温度条件下进行测量，以便于进行分析比较。

（2）泄漏电流的数值不仅和绝缘的性质、状态有关，而且和绝缘的结构、设备的容量等也有关，因此不能仅从泄漏电流的绝对值泛泛地判断绝缘是否良好，重要的是观察其温度特性、时间特性、电压特性及长期以来的变化趋势来进行综合判断。

（3）除与有关标准规定值比较外，还应与历年值相比较、与同类设备比较、同一设备各相间比较，观察其变化。根据设备的具体情况，有时即使数值仍低于标准，但增长迅速，也应引起充分注意，并结合其他试验结果进行综合判断。

（二）测试报告编写

测试报告填写应包括设备运行编号、设备参数、测试时间、测试人员、天气情况、环境温度、湿度、使用地点、测试结果、测试结论、试验性质（交接试验、预防性试验、检查、施行状态检修的应填明例行试验或诊断试验）、使用仪器名称型号及出厂编号，备注栏写明其他需要注意的内容，如是否拆除引线等。

八、案例

某变电站一台 SW6-220 型少油断路器，在预防性试验中测得绝缘电阻和泄漏电流的数据，见表 ZY1800502002-2。

表 ZY1800502002-2　　SW6-220 型少油断路器绝缘测量结果

相　　别	绝缘电阻（MΩ）	40kV 直流下泄漏电流（μA）
U	10 000	2
V	5000	7
W	10 000	1

由表 ZY1800502002-4 可见，V 相的泄漏电流为 7μA，比 U、W 两相大，且绝缘电阻低，投入运行 9 个月后，V 相发生爆炸，原因是由于密封不良，瓷套内油中有水，绝缘拉杆受潮。油的击穿电压已降低到 16kV。

【思考与练习】

1. 为什么测量 110kV 及以上少油断路器的泄漏电流时，有时出现负值？如何消除？
2. 断路器内绝缘拉杆受潮的原因是什么？

模块 3 电力电缆直流耐压和泄漏电流测试（ZY1800502003）

【模块描述】本模块介绍油纸绝缘电力电缆直流泄漏和直流耐压试验的测试方法和技术要求。通过测试工作流程的介绍，掌握油纸绝缘电力电缆直流泄漏和直流耐压试验前的准备工作和相关安全、技术措施、测试方法、技术要求及测试数据分析判断。

【正文】

一、测试目的

电力电缆直流耐压和泄漏电流测试主要用来反映油纸绝缘电缆的耐压特性和泄漏特性。直流耐压主要考验电缆的绝缘强度，是检查油纸电缆绝缘干枯、气泡、纸绝缘中的机械损伤和工艺包缠缺陷的有效办法；直流泄漏电流测试可灵敏地反映电缆绝缘受潮与劣化的状况。

电缆在直流电压的作用下，绝缘中的电压按电阻分布，当电缆绝缘存在着有发展性局部缺陷时，直流电压将大部分施加在与缺陷绝缘串联的未损坏的绝缘部分上，所以直流耐压试验比交流耐压试验更容易发现电缆的局部缺陷。

二、测试仪器、设备的选择

可选择成套中频串级直流高压发生器或工频组装式直流高压发生器。

（一）成套中频串级直流高压发生器

1. 对试验电压的要求

直流高压发生器的输出电压应为单极性持续电压，用极性、平均值和脉动因数表示。要求使用负极性直流电压，脉动因数小于 3%。测试时应保证电压相对稳定，当测试时间维持在 60s 以内时，输出电压波动保持在±1%以内；当测试时间超过 60s 时，输出电压波动保持在±3%以内。

2. 直流高压发生器电压和容量的选择

（1）直流电压选择。根据电缆的电压等级选择测试设备，如 10kV 电压等级电缆，可选择 60kV 直流高压发生器；35kV 电压等级电缆，可选择 200kV 直流高压发生器。

（2）直流高压发生器应有足够的容量。根据电缆长度，高压侧电流可选 1～5mA 或更高，电缆长度较长时，应选用容量大的设备以减少充电时间。

（二）工频组装式直流高压发生器

1. 保护电阻

保护电阻的阻值可按式（ZY1800502003-1）选取

$$R=(0.001\sim0.01)\frac{U_{\mathrm{d}}}{I_{\mathrm{d}}} \qquad (ZY1800502003\text{-}1)$$

式中 R——保护电阻，Ω；

U_{d}——直流试验电压值，V；

I_{d}——试品电流，A。

I_{d} 较大时，为减少 R 的发热，可取式中较小的系数。R 的绝缘管长度应能耐受幅值为 U_{d} 的冲击电压，并留有适当裕度。

保护电阻也可参照表 ZY1800502003-1 所列的数值选用。高压保护电阻通常采用水电阻器，水电阻管内径一般不小于 12mm。采用其他电阻材料时应注意防止匝间放电短路。

表 ZY1800502003-1　　保护电阻参数

直流试验电压（kV）	电阻值（MΩ）	电阻器表面绝缘长度（不小于，mm）
60 及以下	0.3～0.5	200
140～160	0.9～1.5	500～600
500	0.9～1.5	2000

保护电阻的值应选取合适。若其值太大，则当电缆端部发生沿其表面闪络放电或内部击穿时，不能保证在 0.02s 内断电。

2. 高压硅堆

硅堆的反峰电压应大于最高直流试验电压的 2 倍，并有 20%的裕度。在多个硅堆串联时，应并联均压电阻，阻值可选 1000MΩ。

3. 放电棒和放电电阻的选择

放电电阻 R =200～500Ω/kV，电阻长度＞200mm，放电棒绝缘部分长度应≥1000mm，同时注意放电电阻的容量。

三、危险点分析及控制措施

防止工作人员触电：试验前后应将被试电缆对地充分放电，以防止剩余电荷、感应电压伤人及影响测量结果。测试前与检修负责人协调，不允许有交叉作业，试验接线应正确、牢固，试验人员应精力集中，电缆测试时对端应有专人监护，测试设备外壳应可靠接地。

四、测试前的准备工作

1. 了解被试设备现场情况及试验条件

查勘现场，查阅相关技术资料，包括该设备历年试验数据及相关规程，掌握该设备运行及缺陷情况等。

2. 测试仪器、设备准备

选择合适的中频高压直流发生器一套，如采用工频现场组装的直流发生器，应准备带保护装置的调压控制箱，相应电压等级升压变压器，电压表、高压测量装置，限流电阻，高压硅堆，带屏蔽罩微安电流表，测试用屏蔽线、温湿度计、放电棒、接地线、梯子、安全带、安全帽、电工常用工具、试验临时安全遮栏、标示牌等，并查阅测试仪器、设备及绝缘工器具的检定证书有效期。

3. 办理工作票并做好试验现场安全和技术措施

向其余试验人员交代工作内容、带电部位、现场安全措施、现场作业危险点，明确人员分工及试验程序。

五、现场测试步骤及要求

（一）测试接线

1. 微安电流表接在高压侧的接线

微安电流表接在高压侧的原理接线如图 ZY1800502003-1 所示。微安表外壳屏蔽，高压引线采用屏蔽线，将屏蔽掉高压对地杂散电流，同时电缆终端头采取屏蔽措施，屏蔽掉电缆表面泄漏电流的影响，此时的测试电流等于电缆的泄漏电流，测量结果较准确。

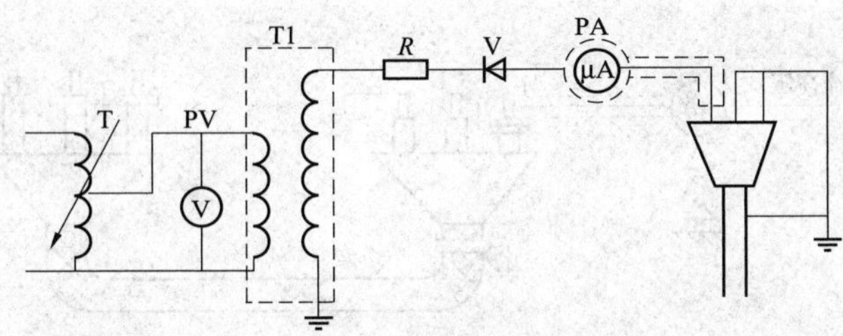

图 ZY1800502003-1　微安电流表接在高压侧的原理接线图

T—调压器；T1—试验变压器；R—保护电阻；V—高压硅堆；PV—电压表；PA—微安电流表

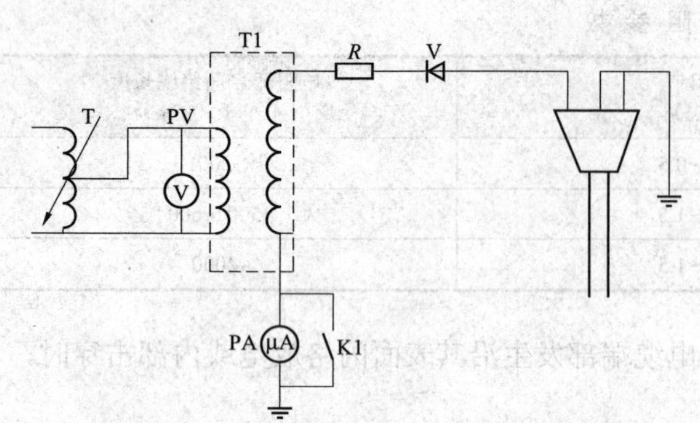

图 ZY1800502003-2 微安电流表接在低压侧的原理接线图

K1—短路开关；其他字母符号含义同图 ZY1800502003-1

2. 微安电流表接在低压侧的接线

微安电流表接在低压侧的原理接线如图 ZY1800502003-2 所示。由于高压对地杂散电流及高压电源本身对地杂散电流的影响，使测量结果偏大，电缆较长时可使用此接线，同时这种接线便于短接微安电流表。实际应用中可分别测量未接入电缆及接入电缆时的电流，然后两者相减求出电缆的泄漏电流。

3. 克服电缆终端头对地杂散电流和表面泄漏电流影响的方法和接线

（1）消除电缆终端头对地杂散电流的影响。室内终端头之间距离较近，测量时电场较强，加压相易产生电晕，电晕现象严重时会影响泄漏电流的测量，此时可在加压相电缆终端头与地之间加绝缘隔离板或在加压相终端头套绝缘物，在加压相与地及非加压相终端头之间形成电场屏障以消除电缆终端头杂散电流的影响。

（2）克服电缆终端头表面泄漏电流的影响。

1）电缆终端头两端同时测量泄漏电流。其测试接线如图 ZY1800502003-3 所示，I_1 为加压侧屏蔽掉表面泄漏电流和杂散电流后的测量电流，同时包括电缆另一侧的表面泄漏电流和杂散电流 I_2，电缆的泄漏电流值 I_C 可按下式计算，即

$$I_C = I_1 - I_2 \qquad \text{(ZY1800502003-2)}$$

式中 I_C——电缆泄漏电流，μA；

I_1——电缆泄漏电流及电缆非加压侧的表面泄漏电流和杂散电流，μA；

I_2——电缆非加压侧的表面泄漏电流和杂散电流，μA。

实际测量时可采用多股裸铜线在电缆两侧终端头上部紧密缠绕 2 圈作为屏蔽环，屏蔽环与金属屏蔽帽连接后与高压测量线屏蔽层连接，测量线屏蔽层注意与微安电流表输入端相连接。

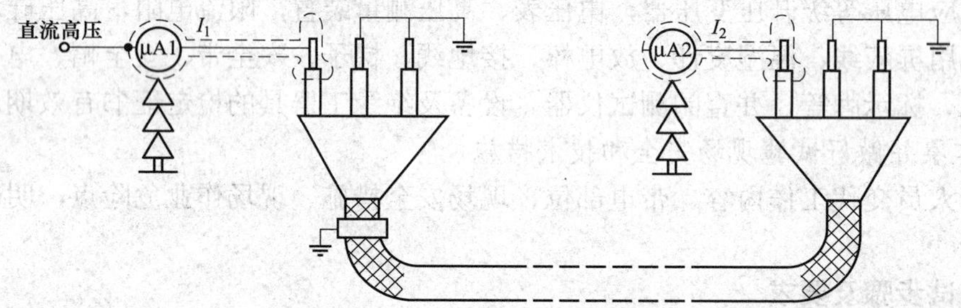

图 ZY1800502003-3 电缆终端头两侧同时测量泄漏电流的测试接线图

2）利用非试验相为屏蔽连线屏蔽表面泄漏电流。其测试接线如图 ZY1800502003-4 所示，此测试方法能够屏蔽加压相两侧表面泄漏电流和杂散电流，但对三相统包电缆测量时缺少作为屏蔽相的缆芯泄漏电流，同时每相对地承受两次直流耐受电压，对测试数据的判断和被试电缆不利。

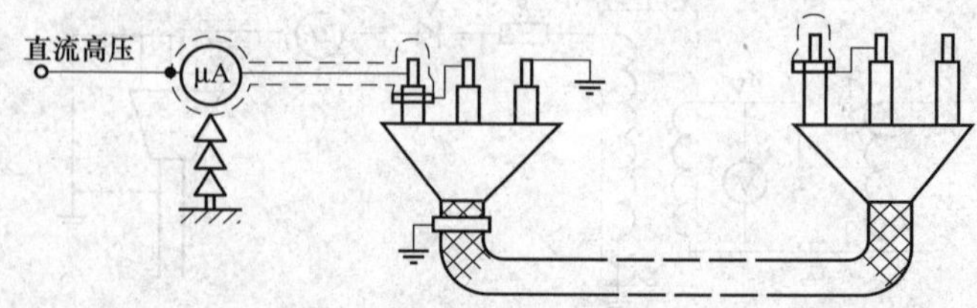

图 ZY1800502003-4 利用非试验相为屏蔽连线屏蔽表面泄漏电流的测试接线图

（二）测试步骤

（1）对电缆进行充分放电，拆除电缆两侧终端头与其他设备的连接线。

（2）选择合适的接线方式，将直流高压发生器高压端引出线与电缆被试相连接（三相依次施加电压），加压相对地应有足够距离。电缆金属铠甲及铅护套（三相分包）和非试验相可靠接地。检查各试验设备的位置、量程是否合适，调压器指示应在零位，所有接线应正确无误。

（3）合上电源开关开始升压，应从足够低的数值开始缓慢地升高电压。

直流耐压试验和泄漏电流测试一般结合起来进行，即在直流耐压的过程中随着电压的升高，分段读取泄漏电流值，最后进行直流耐压试验。试验时，试验电压可分4～6个阶段均匀升压，每阶段停留1min，打开微安表短路开关读取各点泄漏电流值，如电缆较长电容大，可取3～10min。从试验电压值的75%开始，应以每秒2%的速度升到试验电压值，持续相应耐压时间。

（4）试验结束后，应迅速均匀地降低电压，不可突然切断电源。调压器退到零时切断电源，当电缆上的电压降到1/2试验电压后进行放电。试验完毕必须使用放电棒经放电电阻放电，多次放电至无火花时，再直接通过地线放电接地。

六、测试注意事项

（1）试验宜在干燥的天气条件下进行，脏污时应将电缆终端头擦拭干净，以减少泄漏电流。温度对泄漏电流测试结果的影响较为显著，环境温度应不低于5℃，空气相对湿度一般不高于80%。

（2）试验场地应保持清洁，电缆终端头和周围的物体必须有足够的放电距离，防止被试品的杂散电流对试验结果产生影响。

（3）电缆直流耐压和泄漏电流测试应在绝缘电阻和其他测试项目测试合格后进行。

（4）高压微安电流表应固定牢靠，注意倍率选择和固定支撑物的影响。

（5）试验设备布置应紧凑，直流高压端及引线与周围接地体之间应保持足够的安全距离，与直流高压端邻近的易感应电荷的设备均应可靠接地。

七、测试结果分析及测试报告编写

（一）测试结果分析

1. 测试标准及要求

新敷设的电缆线路投入运行3～12个月，一般应做1次直流耐压试验，然后按正常周期试验。

试验结果异常，但根据综合判断允许在监视条件下继续运行的电缆线路，其试验周期应缩短，如在不少于6个月时间内，经连续3次以上试验，试验结果无明显变化，则可以按正常周期试验。

（1）试验电压值

1）油纸绝缘电缆直流耐压试验电压：

统包绝缘电缆试验电压 U_s 可采用下式计算，即

$$U_s = 5\times\frac{U_0+U}{2} \qquad \text{(ZY1800502003-3)}$$

式中 U_s——直流耐压试验电压，kV；

U_0——电缆导体对地额定电压，kV；

U——电缆额定线电压，kV。

分相屏蔽绝缘电缆试验电压 U_s 可采用下式计算，即

$$U_s = 5\times U_0 \qquad \text{(ZY1800502003-4)}$$

现场试验时，试验电压值按表ZY1800502003-2的规定。

表ZY1800502003-2　　油纸绝缘电缆试验电压值

电缆额定电压 U_0/U	1.8/3	2.6/3	2.6/6	6/6	6/10	8.7/10	21/35	26/35
直流试验电压（kV）	12	17	24	30	40	47	105	130

模块3 ZY1800502003

2）充油绝缘电缆直流试验电压按表 ZY1800502003-3 的规定。

表 ZY1800502003-3　　充油绝缘电缆直流试验电压

电缆额定电压 U_0/U	直流试验电压（kV）
48/66	165
	175
64/110	225
	275
127/220	425
	475
	510

电缆额定电压 U_0/U	直流试验电压（kV）
190/330	585
	650
290/500	710
	775
	835

直流耐压试验标准与 U_0 有关，测试中不但要考虑相间绝缘，还要考虑相对地绝缘是否合乎要求，以免损伤电缆绝缘。特别应注意 U_0/U 的值，如 10kV 和 35kV 电缆分普通绝缘和加强绝缘两种，10kV 电缆额定电压分为 6/10kV 和 8.7/10kV；35kV 电缆额定电压分为 21/35kV 和 26/35kV 等。

（2）交接试验耐压时间为 15min；预防性试验耐压时间为 5min。耐压 15min 或 5min 时的泄漏电流值不应大于耐压 1min 时的泄漏电流值。油纸绝缘电缆泄漏电流的三相不平衡系数（最大值与最小值之比）不应大于 2。当 6/10kV 及以上电缆的泄漏电流小于 20μA 和 6kV 及以下电压等级电缆泄漏电流小于 10μA 时，其不平衡系数不作规定；电缆泄漏电流值见表 ZY1800502003-4。

表 ZY1800502003-4　　油纸绝缘电缆泄漏电流值

系统额定电压（kV）	泄漏电流值（μA/km）	系统额定电压（kV）	泄漏电流值（μA/km）
6 及以下	20	10 及以上	10～60

2. 测试结果分析

（1）如果在试验期间出现电流急剧增加，甚至直流高压发生器的保护装置跳闸，或被试电缆不能再次耐受所规定的试验电压，则可认为被试电缆已击穿。

（2）泄漏电流值和不平衡系数只作为判断绝缘状况的参考，不作为是否能投入运行的判据，应结合其他测试参数综合判断。

（3）电缆的泄漏电流具有下列情况之一，电缆绝缘可能有缺陷，应找出缺陷部位，并予以处理。

1）泄漏电流很不稳定。

2）泄漏电流随试验电压升高急剧上升。

3）泄漏电流随试验时间延长有上升现象。

（4）测试结果不仅看试验数据合格与否，还要注意数值变化速率和变化趋势。应与相同类型电缆的试验数据和被试电缆原始试验数据进行比较，掌握试验数据的变化规律。

（5）在一定测试电压下，泄漏电流作周期性摆动，说明电缆可能存在局部孔隙性缺陷或电缆终端头脏污滑闪。应处理后复试，以确定电缆绝缘的状况。

（6）如果电缆泄漏电流的三相不平衡系数较大，应检查电缆相间及对地距离是否满足要求。

（7）如果电流在升压的每一阶段不随时间下降反而上升，说明电缆整体受潮。泄漏电流随时间的延长有上升现象，是绝缘缺陷发展的迹象。绝缘良好的电缆在试验电压下的稳态泄漏电流值随时间的延长保持不变，电压稳定后应略有下降。如果所测泄漏电流值随试验电压值的升高或加压时间的增加而上升较快，或与相同类型电缆比较数值增大较多，或者和被试电缆历史数据比较呈明显的上升趋势，应检查接线和试验方法，综合分析后，判断被试电缆是否能够继续运行。

（二）测试报告编写

测试报告填写应包括被试设备运行编号、测试时间、测试人员、天气情况、环境温度、湿度、使用地点、电缆参数、测试结果、测试结论、试验性质（交接试验、预防性试验、检查、施行状态检修的应填明例行试验或诊断试验）、试验仪器表的型号、出厂编号，备注栏写明其他需要注意的内容，如是否拆除引线等。

八、案例

（1）某站 6kV 油浸纸电缆在不同电压极性作用下泄漏电流的测量结果，见表 ZY1800502003-5。

表 ZY1800502003-5　　6kV 运行中油浸纸电缆在不同电压极性作用下的泄漏电流测量结果

试验电压（kV）	I_U		I_V		I_W	
	+DC	−DC	+DC	−DC	+DC	−DC
10	0.15	1.05	0.40	0.75	0.10	0.80
15	0.20	4.20	1.20	4.80	0.65	3.50
20	0.40	9.00	4.90	11.0	2.90	9.00
25	1.30	14.00	7.00	15.00	4.45	13.00
30	3.40	19.80	11.60	20.20	7.40	18.30

（2）案例分析。从表 ZY1800502003-5 可以看出，试验电压极性对运行电缆泄漏电流的测量结果有明显的影响。油纸绝缘受潮越严重，负极性电压与正极性电压测量结果的差别越显著，所以用负极性试验电压进行泄漏电流测量较为严格，易于发现油纸绝缘的绝缘缺陷。

【思考与练习】

1. 电缆直流耐压和直流泄漏电流测试的目的是什么？
2. 微安电流表接在高压侧和微安表接在低压侧对泄漏电流测量有什么影响？
3. 简述在加压相电缆终端头与地之间加电场屏障的目的是什么？

第十七章　介质损耗角正切值 tanδ的测试

模块 1　变压器介质损耗角正切值 tanδ的测试（ZY1800503001）

【模块描述】本模块介绍变压器介质损耗角正切值 tanδ的测试方法和技术要求。通过对测试工作流程的介绍，掌握变压器介质损耗角正切值 tanδ测试前的准备工作和相关安全、技术措施、测试方法、技术要求及测试数据分析判断。

【正文】

一、测试目的

测试变压器绕组连同套管的介质损耗角正切值 tanδ的目的主要是检查变压器整体是否受潮、绝缘油及纸是否劣化、绕组上是否附着油泥及存在严重局部缺陷等。它是判断变压器绝缘状态的一种较有效的手段，近年来随着变压器绕组变形测试的开展，测量变压器绕组的 tanδ及电容量可以作为绕组变形判断的辅助手段之一。

二、测试仪器、设备的选择

（1）选用 QS1 型西林电桥或数字式自动介损测试仪。

（2）选用额定电压为 50kV、高压侧额定电流为 0.1A 以上工频试验变压器。

（3）选用 220V、2kVA 及以上单相接触式调压器。

（4）选用 250V、0.5 级交流电压表。

（5）选用额定电压为 30kV 的静电电压表。

三、危险点分析及控制措施

1. 防止高处坠落

应使用变压器专用爬梯上下，在变压器上作业应系好安全带。对 220kV 及以上变压器，需解开高压套管引线时，宜使用高空作业车，严禁徒手攀爬变压器高压套管。

2. 防止高处落物伤人

高处作业应使用工具袋，上下传递物件应用绳索拴牢传递，严禁抛掷。

3. 防止工作人员触电

拆、接试验接线前，应将被试设备对地放电。加压前应与检修负责人协调，不允许有交叉作业。工作人员应与带电部位保持足够的安全距离。试验仪器的金属外壳应可靠接地，仪器操作人员必须站在绝缘垫上。

四、测试前的准备工作

1. 了解被试设备现场情况及试验条件

查勘现场，查阅相关技术资料，包括该设备历年试验数据及相关规程等，掌握该设备运行及缺陷情况。

2. 测试仪器、设备准备

选择合适的 QS1 型西林电桥（或数字式自动介损测试仪）、试验变压器、试验控制台、静电电压表、万用表、测试线、温（湿）度计、绝缘电阻表、放电棒、接地线、梯子、安全带、安全帽、绝缘垫、电工常用工具、试验临时安全遮栏、标示牌等，并查阅测试仪器、设备及绝缘工器具的检定证书有效期。

3. 办理工作票并做好试验现场安全和技术措施

向其余试验人员交代工作内容、带电部位、现场安全措施、现场作业危险点，明确人员分工及试验程序。

五、现场测试步骤及要求

（一）测试接线

电力变压器介质损耗角正切值 tanδ 的测试项目见表 ZY1800503001-1。在测试时，应按表 ZY1800503001-1 的顺序要求依次进行。

表 ZY1800503001-1　　电力变压器 tanδ 测试项目

顺序	双绕组变压器		三绕组变压器	
	加压绕组	接地部位	加压绕组	接地部位
1	低压	高压和外壳	低压	高压、中压和外壳
2	高压	低压和外壳	中压	高压、低压和外壳
3			高压	中压、低压和外壳
4	高压和低压	外壳	高压和中压	低压和外壳
5			高压、中压和低压	外壳

注　表中 4、5 两项只对 16 000kVA 及以上的变压器进行测试，试验时高、中、低三绕组各端部应短接。

1. QS1 型西林电桥

由于变压器外壳在运行中直接接地，所以现场测试时采用 QS1 型西林电桥反接法。为避免绕组电感和励磁损耗给测试带来误差，测试时需将测试绕组各相短路，非被试绕组各相短路接地或屏蔽。以双绕组变压器高压绕组对低压绕组和外壳 tanδ 测试为例，其接线如图 ZY1800503001-1 所示。

2. 数字式自动介损测试仪

用数字式自动介损测试仪测试变压器 tanδ 的接线，如图 ZY1800503001-2 所示。

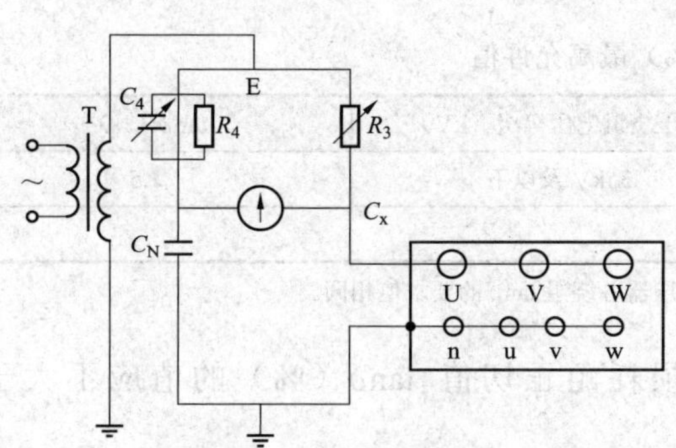

图 ZY1800503001-1　用 QS1 西林电桥测变压器 tanδ 的接线（反接线）图

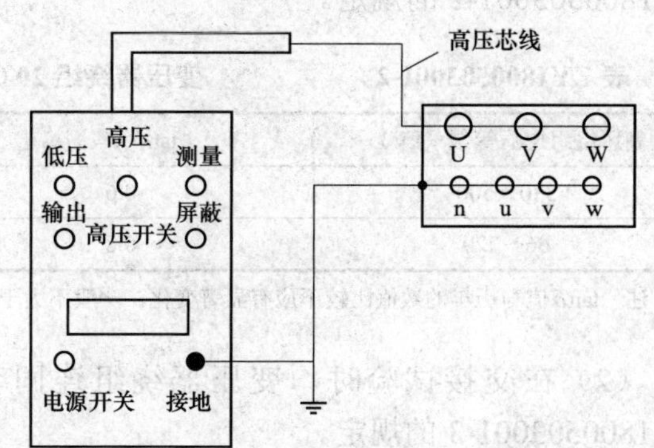

图 ZY1800703001-2　用数字式自动介损测试仪测变压器 tanδ 的接线（反接线）图

（二）测试步骤

（1）将变压器各绕组接地放电，对大容量变压器应充分放电（5min 以上）。放电时应用绝缘工具进行，不得用手碰触放电导线。拆除或断开变压器对外的一切连线。在测量 tanδ 前，测试变压器各侧绕组及绕组对地间的绝缘电阻，应正常。

（2）用万用表测量试验电源电压，应为 220V。

（3）将接地线一端接在地网上，另一端可靠地接于仪器面板的接地螺栓上，且地网的接地点应具有良好的导电性，否则会影响测量的正确性，甚至危及人身安全。

（4）按图 ZY1800503001-1 或图 ZY1800503001-2 进行接线，被试变压器的测试端三相用裸铜线短接，非被试端三相短路与变压器外壳连接后接地。确认接线无误后，开始试验，将电压升至试验电压，严格按照测试仪器操作步骤进行。

（5）测量结束后，用放电棒对试品加压部位进行放电。

六、测试注意事项

（1）测试应在天气良好、试品及环境温度不低于＋5℃，湿度 80%以下的条件下进行。

（2）必要时可对被试变压器外瓷套表面进行清洁或干燥处理。

（3）测量温度以变压器上层油温为准，尽量使每次测量的温度相近。且应在变压器上层油温低于50℃时测量，不同温度下的tanδ值应换算到同一温度下进行比较。

（4）当测量回路引线较长时，有可能产生较大的误差，因此必须尽量缩短引线。

（5）试验时被试变压器的每个绕组各相应短接。当绕组中有中性点引出线时，也应与三相一起短接，否则可能使测量误差增大，甚至会使电桥不能平衡。

（6）在使用QS1电桥时，反接线时三根引线都处于高电位，必须将导线悬空，导线及标准电容器对周围接地体应保持足够的绝缘距离。标准电容器带高电压，应放在平坦的地面上，不应与有接地的物体的外壳相碰。为防止检流计损坏，应在检流计灵敏度最低时，接通或断开电源。在灵敏度最高时，调节R_3和C_4，以避免数值的急剧变化。

（7）现场测量存在电场和磁场干扰影响时，应采取相应措施进行消除。

（8）试验电压的选择。变压器绕组额定电压为10kV及以上者，施加电压应为10kV；绕组额定电压为10kV以下者，施加电压为绕组额定电压。

七、测试结果分析及测试报告编写

（一）测试结果分析

1. 测试标准及要求

根据《电力设备预防性试验规程》（DL/T 596—1996）、《电气装置安装工程　电气设备交接试验标准》（GB 50150—2006）、《现场绝缘试验实施导则》（DL/T 474—2006）及《输变电设备状态检修试验规程》（Q/GDW 188—2008）的规定：

（1）在预防性试验时，变压器绕组连同套管介质损耗角正切值 tanδ（%）的值应不大于表ZY1800503001-2的规定。

表 ZY1800503001-2　　变压器绕组20℃时tanδ（%）最高允许值

高压绕组电压等级（kV）	tanδ（%）	高压绕组电压等级（kV）	tanδ（%）
330～500	0.6	35kV及以下	1.5
66～220	0.8		

注　tanδ值与历年的数值比较不应有显著变化，一般不大于30%，同一变压器各绕组tanδ的要求值相同。

（2）在交接试验时，变压器绕组连同套管介质损耗角正切值 tanδ（%）的值应不大于表ZY1800503001-3的规定。

表 ZY1800503001-3　　油浸式电力变压器绕组连同套管介质损耗角正切值tanδ（%）最高允许值

高压绕组电压等级（kV）	温　度（℃）							
	5	10	20	30	40	50	60	70
35kV及以下	1.3	1.5	2.0	2.6	3.5	4.5	6.0	8.0
35～220	1.0	1.2	1.5	2.0	2.6	3.5	4.5	6.0
330～500	0.7	0.8	1.0	1.3	1.7	2.2	2.9	3.8

2. 测试结果分析

（1）测试结果应换算到同一温度下进行比较，其值应不大于出厂试验值的1.3倍。一般可按下式进行换算，即

$$\tan\delta_2 = \tan\delta_1 \times 1.3^{(t_2-t_1)/10} \qquad \text{(ZY1800503001-1)}$$

式中　tanδ_1、tanδ_2——温度t_1、t_2时的tanδ值。

（2）测试数据应与规程规定的标准、被试品历年测试的数据、同一台变压器各相绕组测试的数据、相同类型变压器测试的数据相比较，进行综合分析判断。

（二）测试报告编写

测试报告填写应包括设备运行编号、设备参数、测试时间、测试人员、天气情况、环境温度、湿

度、使用地点、测试结果、测试结论、试验性质（交接试验、预防性试验、检查、施行状态检修的应填明例行试验或诊断试验）、测试仪器名称型号及出厂编号，备注栏写明其他需要注意的内容，如是否拆除引线等。

八、案例

案例 1：某变电站变压器（额定容量 31.5MVA，额定电压 66kV），预防性试验时用 QS1 西林电桥测量的 tanδ数值见表 ZY1800503001-4。

表 ZY1800503001-4　　某变压器 tanδ（%）测试值

绕组	tanδ（%）	变压器温度
高压	1.05	18℃
低压	1.12	

将 tanδ换算到 20℃时，即 $\tan\delta_{20℃}=\tan\delta_{18℃}\times1.3^{(20-18)/10}=1.05\times1.3^{1/5}=1.107\%$大于预防性试验规程规定的 0.8%时，则可判断为绝缘受潮。经过干燥处理后再测试，均小于 0.8%，符合规程规定。

案例 2：某变电站使用 QS1 型西林电桥对一台双绕组变压器（型号为 SJL–6300/60）进行预试，测试结果见表 ZY1800503001-5。高压绕组对低压绕组及地的泄漏电流值高达 42μA，较上年测试值约增长 5 倍，但 tanδ为 0.2%，和上年相同。分解试验后，测高压侧套管的 tanδ，发现 V 相 tanδ值达 5.3%，明显不合格。

表 ZY1800503001-5　　变压器绝缘电阻、泄漏电流、tanδ（%）测试值比较

<table>
<tr><th rowspan="2">项别</th><th rowspan="2">部　　位</th><th rowspan="2">绝缘电阻
（MΩ）</th><th colspan="2">泄漏电流（μA）</th><th colspan="2">tanδ（%）</th></tr>
<tr><th>10kV</th><th>40kV</th><th>绕组</th><th>高压侧套管</th></tr>
<tr><td rowspan="2">2006 年 5 月
（28℃时）</td><td>高压对低压、地</td><td>—</td><td>—</td><td>8.0</td><td>0.2</td><td rowspan="2">N 相 0.6
U 相 0.6
V 相 0.6
W 相 0.6</td></tr>
<tr><td>低压对高压、地</td><td>5000/3000</td><td>2.0</td><td>—</td><td>0.2</td></tr>
<tr><td rowspan="2">2007 年 6 月
（28℃时）</td><td>高压对低压、地</td><td>1100/900</td><td>—</td><td>42.0</td><td>0.2</td><td rowspan="2">N 相 0.4
U 相 0.5
V 相 5.3
W 相 0.4</td></tr>
<tr><td>低压对高压、地</td><td>—</td><td>2.0</td><td>—</td><td>0.2</td></tr>
</table>

【思考与练习】

1. 测试变压器绕组连同套管的介质损耗角正切值 tanδ时，施加的电压有何规定？

2. 220kV 电压等级变压器进行预防性试验时，绕组连同套管的介质损耗角正切值 tanδ在 20℃时的允许值为多少？

模块 2　电流互感器介质损耗角正切值 tanδ的测试（ZY1800503002）

【模块描述】本模块介绍电流互感器介质损耗角正切值 tanδ的测试方法和技术要求。通过测试工作流程的介绍，掌握电流互感器介质损耗角正切值 tanδ测试前的准备工作和相关安全、技术措施、测试方法、技术要求及测试数据分析判断。

【正文】

一、测试目的

电流互感器介质损耗角正切值 tanδ的测试能灵敏地发现油浸链式和串级绝缘结构电流互感器绝缘受潮、劣化及套管绝缘损坏等缺陷，对油纸电容型电流互感器由于制造工艺不良造成电容器极板边缘的局部放电和绝缘介质不均匀产生的局部放电、端部密封不严造成底部和末屏受潮、电容层绝缘老化及油的介电性能下降等缺陷，也能灵敏地反映。所以介质损耗角正切值 $\tan\delta$ 是判定电流互感器绝缘介质是否存在局部缺陷、气泡、受潮及老化等的重要指标。

二、测试仪器、设备的选择

$\tan\delta$ 的测试可选用 QS1 型高压西林电桥或数字式自动介损测试仪。所选仪器必须符合《高压介质损耗测试仪通用技术条件》（DL/T 962）要求，并按期进行校验，保证其测量准确性。

三、危险点分析及控制措施

1. 防止高处坠落

应使用专用绝缘梯上下，在电流互感器上作业应系好安全带。对 220kV 及以上电流互感器，需解开高压引线时，宜使用高处作业车（或高处检修作业架），严禁徒手攀爬电流互感器。

2. 防止高处落物伤人

高处作业应使用工具袋，上下传递物件应用绳索拴牢传递，严禁抛掷。

3. 防止人员触电

拆、接试验接线前，应将被试设备对地充分放电，以防止剩余电荷、感应电压伤人及影响测量结果。试验仪器的金属外壳应可靠接地，仪器操作试验人员必须站在绝缘垫上或穿绝缘鞋操作仪器。测试前应与检修负责人协调，不允许有交叉作业。

四、测试前的准备工作

1. 了解被试设备现场情况及试验条件

查勘现场，查阅相关技术资料，包括该设备历年试验数据及相关规程等，掌握该设备运行及缺陷情况。

2. 测试仪器、设备准备

选择合适的 QS1 型高压西林电桥、标准电容、操作箱、10kV 升压器（或数字式自动介质损耗测试仪）、测试线、温（湿）度计、放电棒、接地线、梯子、安全带、安全帽、电工常用工具、试验临时安全遮栏、标示牌等，并查阅测试仪器、设备及绝缘工器具的检定证书有效期。

3. 办理工作票并做好试验现场安全和技术措施

向其余试验人员交代工作内容、带电部位、现场安全措施、现场作业危险点，明确人员分工及试验程序。

五、现场测试步骤及要求

（一）油浸链式和串级式电流互感器电容量及 $\tan\delta$ 的测试

链式结构电流互感器一次和二次绕组互相垂直，一次和二次绕组上都包着油—纸绝缘，一、二次绕组绝缘各占主绝缘的一半，绝缘包扎不能保证连续性，易产生间隙，使电场不均匀，故主要适用于 35kV 的互感器。链式结构电流互感器一、二次绕组之间和对地电容较小，所以高压对地电容对测量影响较大。链式电流互感器结构，如图 ZY1800503002-1 所示。

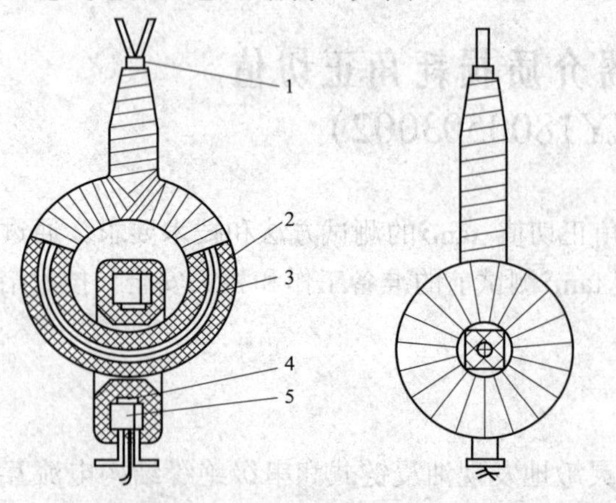

图 ZY1800503002-1　链式电流互感器绝缘结构图

1—一次引线支架；2—主绝缘I；3—一次绕组；4—主绝缘II；5—二次绕组

1. 测试接线

油浸链式和串级结构电流互感器现场测试时，可按一次对二次绕组采用高压电桥正接线测量，也可按一次对二次绕组及外壳采用高压电桥反接线测量。

采用正接线时，桥体处于低压，屏蔽接地，对地寄生电容影响小，测量准确，操作安全方便，适用于电流互感器一、二次间绝缘测量和判断。在测量时，一次短接后接高压，二次短接后接电桥 C_x 端，电流互感器外壳接地。采用正接线测试 $\tan\delta$ 的原理接线如图 ZY1800503002-2 所示。

采用反接线时，桥体处于高压，高压电极及引线对地寄生电容影响大，尤其对电容较小的试品。反接线可以反映电流互感器一次对二次及地的绝缘状况，对电流互感器套管内外壁和绝缘支架的绝缘状况反映也较灵敏。测量时一次绕组短接后接电桥 C_x 端，二次各绕组短接后接地，电流互感器外壳接地。采用反接线测试 tanδ 的原理接线如图 ZY1800503002-3 所示。

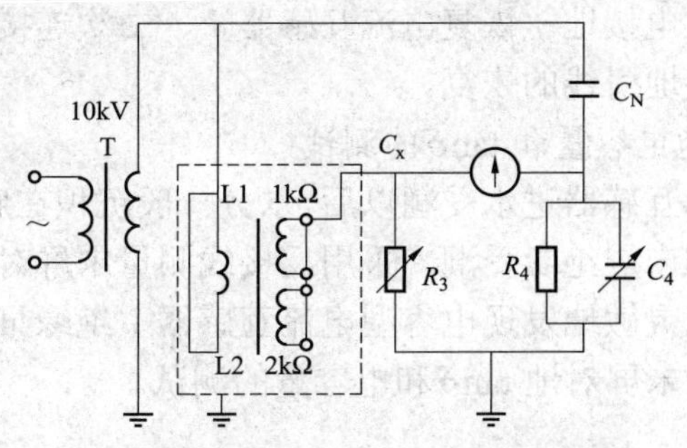

图 ZY1800503002-2　电流互感器采用正接线测试 tanδ 的原理接线图

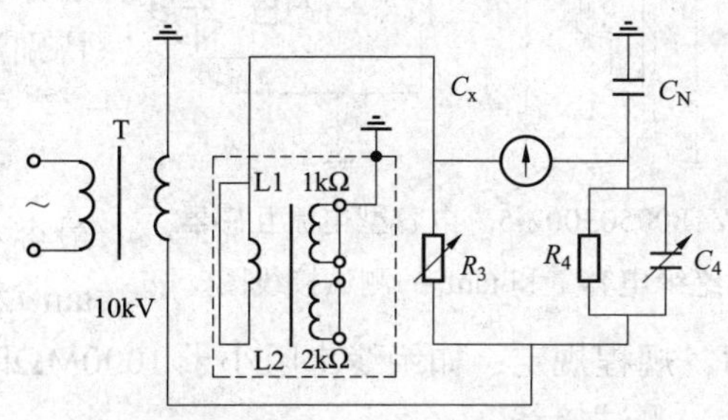

图 ZY1800503002-3　电流互感器采用反接线测试 tanδ 的原理接线图

2. 测试步骤

将电流互感器外壳接地，使用放电棒对电流互感器绕组放电接地，拆除一次、二次连接线，一次、二次绕组分别短接。

按图 ZY1800503002-2 或图 ZY1800503002-3 进行接线。检查 C_x 芯线和屏蔽层是否相碰、检查高压引线对地距离、电桥是否可靠接地。如使用 QS1 西林电桥还应检查分流器、检流计、灵敏度和 R_3 挡位和状态。如使用自动电桥应检查接线方式、测试电压、频率等的设置是否正确。

检查接线无误后，从零升至测试电压进行测试，测试完毕后，对数字式电桥应先将高压降到零，断开高压开关，读取测试数据，切断电桥电源，对被试品放电接地。对 QS1 西林电桥，测试完毕后先将高压降到零，立即切断电源，读取测试数据，对被试品放电接地。

恢复电流互感器一、二次连接线。

（二）电容型电流互感器电容量和 tanδ 的测试

电容型电流互感器一次绕组有 U 型和吊环型（倒立式）两种，主要适用于 110kV 及以上的电流互感器。U 型主绝缘包在一次绕组，倒立式相反。U 型地电屏（也称末屏）在最外层，倒立式相反。主屏层数随电压增高而增加，110kV 一般 6 层，220kV 10 层，对高电压电流互感器，为了均匀电场，主屏之间设置端屏，500kV 一般为 4 个主屏、30 个端屏。电容型电流互感器结构原理，如图 ZY1800503002-4 所示。

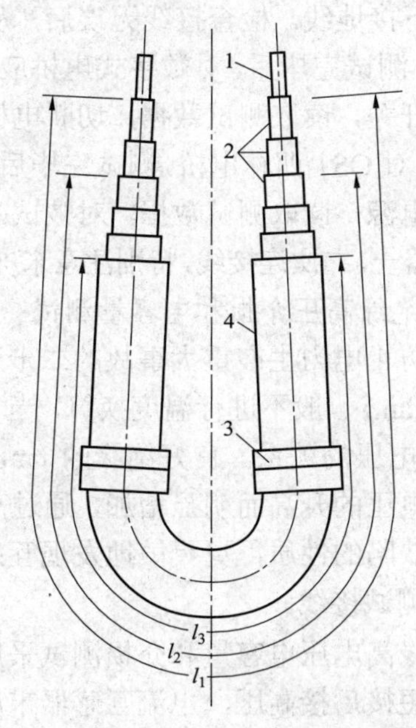

图 ZY1800503002-4　电容型电流互感器结构原理图

1—一次绕组；2—电容屏；3—二次绕组及铁芯；4—末屏

1. 主绝缘电容量和 tanδ 的测试

（1）测试接线。

电容型电流互感器主绝缘测量一般采用正接线，测试一次绕组和末屏之间的 tanδ 和电容量。在测试时，一次绕组短接后接高压，电流互感器末屏接电桥 C_x 端，二次绕组短接后接地，电流互感器外壳接地。测试电压为 10kV。主绝缘电容量和 tanδ 的测试接线，如图 ZY1800503002-5 所示。

（2）测试步骤。

将电容型电流互感器外壳接地，对互感器绕组放电接地，拆除一次连线，一次绕组短接，二次绕组短接后接地，打开末屏接地线，将电桥 C_x 端与末屏相连接，高压引线接至一次绕组，取下接地线。

模块 2　ZY1800503002

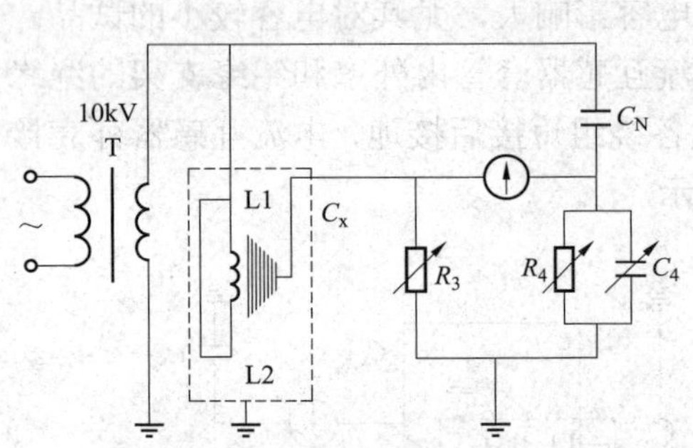

图 ZY1800503002-5 电容型电流互感器主绝缘电容量和 tanδ的测试接线图

检查接线无误后，从零升至测试电压进行测试，测试完毕后，对数字式电桥应先将高压降到零，断开高压开关，读取测试数据，切断电桥电源，对被试品放电接地。对 QS1 西林电桥，测试完毕后先将高压降到零，立即切断电源，读取测试数据后，将被试品放电接地。恢复电流互感器一、二次连接线，特别注意末屏接地引线的恢复。

2. 末屏对地电容量和 tanδ的测试

电容型电流互感器进水受潮以后，水分一般沉积在底部，最容易使底部和末屏绝缘受潮。采用反接线测量末屏对地的 tanδ和电容量能灵敏地发现电容型电流互感器主绝缘早期受潮故障。规程规定：如绝缘电阻小于 1000MΩ时，应进行末屏对地 tanδ和电容量的测试。

（1）测试接线。

采用反接线测量末屏对地的 tanδ和电容时，在末屏与油箱座之间加压，测试时施加电压一般可取 2～2.5kV。打开末屏接地线，将电桥 C_x 端与末屏相连接，将一次绕组短接后接到电桥的“E”端屏蔽，二次绕组短接后接地。末屏对地电容量和 tanδ的测试接线如图 ZY1800503002-6 所示，其中 C_Z 为主绝缘；C_d 为末屏对地绝缘；δ为末屏引出线。

（2）测试步骤。

将互感器外壳接地，电流互感器一次绕组对地放电接地，一次绕组短接后并接到电桥的“E”端屏蔽，二次绕组短接后接地，打开末屏接地线，将电桥 C_x 端与末屏相连接。取下接地线。检查接线无误后，从零升至测试电压进行测试，测试完毕后，对数字式电桥应先将高压降到零，断开高压开关，读取测试数据，切断电桥电源，对被试品放电接地。对 QS1 西林电桥，测试完毕后先将高压降到零，立即切断电源，读取测试数据，对被试品放电接地。恢复电流互感器一、二次连接线，特别注意末屏接地引线的恢复。

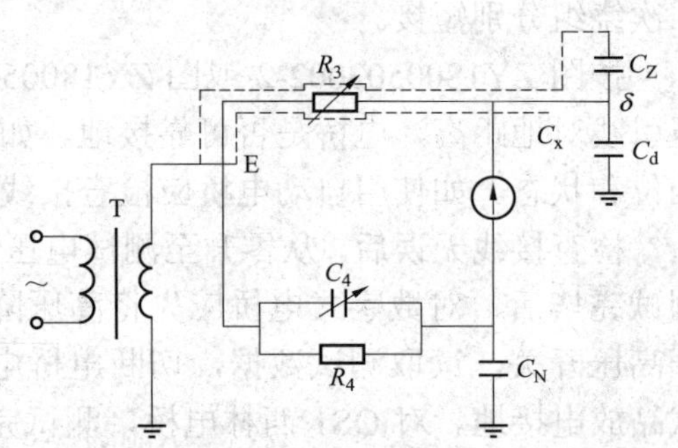

图 ZY1800503002-6 电容型电流互感器末屏对地电容量和 tanδ的测试接线图

3. 主绝缘高压介损和电容量测试

在《防止电力生产重大事故的二十五项重点要求》中，要求进行电流互感器的高压介损测量。油纸电容型 tanδ一般不进行温度换算，当 tanδ值与出厂值或上一次试验值比较有明显增长时，应综合分析 tanδ与电压的关系。良好绝缘的 tanδ不随电压的升高而明显增加，若绝缘内部有缺陷，则其 tanδ将随试验电压的升高而明显增加，通过高压电容量和介损测试可绘制 tanδ与电压的曲线，以便进一步分析绝缘缺陷的性质，更灵敏地发现互感器绝缘内部的缺陷。

（1）测试接线。

主绝缘高电压电容量和介损测试采用正接线，测试一次绕组和末屏之间的 tanδ和电容量。测试时一次绕组短接后接高压，电流互感器末屏接电桥 C_x 端，二次绕组短接后接地，电流互感器外壳接地，标准电容 C_N 采用外附高压标准电容，一般高压标准电容电容量远大于低压标准电容电容量，因为测试电压为 10kV～$U_m/\sqrt{3}$，为保证 Z_4 桥臂的压降小于 1V，并能承受流过标准电容的电流，故在 Z_4 桥臂并联一无感电阻 R_b 以减少 Z_4 桥臂的阻抗，并联 R_b 后 Z_4 桥臂标准电阻为 R_{4b}，R_{4b} 的阻值一般为 1000/π 或 100/π，其测试接线如图 ZY1800503002-7 所示。

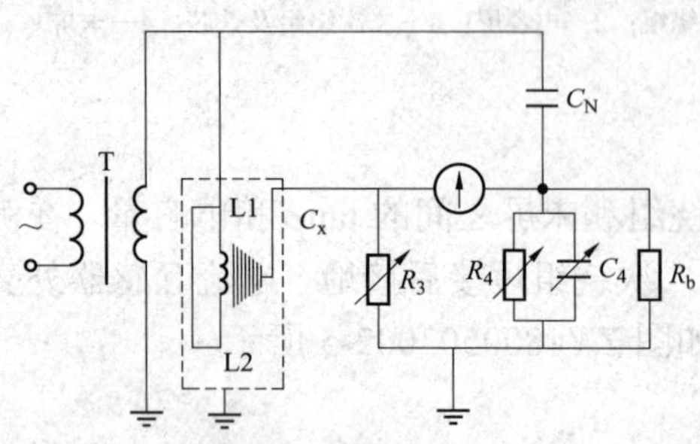

图 ZY1800503002-7 主绝缘高压电容量和介损测试接线图

（2）测试步骤。

将电容型电流互感器外壳接地，对互感器绕组放电接地，拆除一次连线，一次绕组短接，二次绕组短接后接地，打开末屏接地线，将电桥 C_x 端与末屏相连接，高压引线接至一次绕组和标准电容高压端，标准电容下法兰接地。采用 QS1 西林电桥测试，应在标准电容低压端和地之间接入并联电阻 R_b，取下接地线。检查接线无误后，从零升至测试电压进行测试，测试电压为 10kV～$U_m/\sqrt{3}$，升压过程中在多点电压下测试 tanδ 值，读取测试数据；降压过程中在相应各点电压下测试 tanδ 值，读取测试数据。测试完毕后，将高压降到零，立即切断电源，将被试品放电接地。恢复电流互感器一、二次连接线，特别注意末屏接地引线的恢复。

4. 变频谐振升压法主绝缘高电压电容量和介损测试简介

主绝缘高电压电容量和介损测试，除以上工频试验变压器升压法外，便携式变频谐振升压法在现场也得到应用，解决了电流互感器现场高压介损测量电源的问题。

变频谐振升压法利用电流互感器与电抗器阻抗的不同性质，利用串联谐振原理获得高电压，使高压电源体积大大减小。现场应用时，电抗器 L 采用多抽头方式，感抗尽量接近互感器的容抗，以便回路尽量工作在 50Hz 左右。变频谐振升压法原理接线如图 ZY1800503002-8 所示。

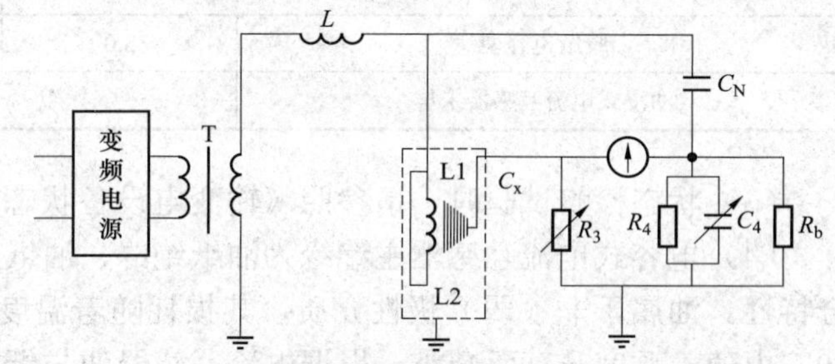

图 ZY1800503002-8　变频谐振升压法原理接线图

六、测试注意事项

（1）测试应在良好的天气，湿度小于 80%，互感器本体及环境温度不低于+5℃的条件下进行。

（2）互感器表面脏污、潮湿时，应采取擦拭和烘干等措施以减少表面泄漏电流的影响。互感器电容量较小时，加屏蔽环会影响电场分布，不宜采用。

（3）测试前，应先测试被试品的绝缘电阻，其值应正常。

（4）互感器附近的木梯、架构、引线等所形成的杂散损耗，会对测量结果产生较大影响，应予拆除。高压引线与被试互感器的角度应尽量大，尽量远离被试品法兰，有条件时高压引线最好自上部向下引到试品，以免杂散电容影响测量结果，同时注意电场、磁场干扰。

（5）电桥本体用截面较大的裸铜导线可靠接地。被试电流互感器外壳可靠接地，电桥本体应直接与被试互感器外壳或接地点连接且尽量短。

（6）在测量电流互感器末屏介质损耗和电容量时，所加电压不得超过该末屏的承受电压。

七、测试结果分析及报告编写

（一）测试结果分析

1. 测试标准及要求

（1）交接试验时，对电压等级为 35kV 及以上的电流互感器进行介质损耗角正切值 tanδ 测试，应符合下列规定：

1）电流互感器绕组 tanδ 的测试电压应为 10kV，tanδ 值不应大于表 ZY1800503002-1 中数据。当对绝缘性能有怀疑时，可采用高压法进行试验，电压在（0.5～1）$U_m/\sqrt{3}$ 范围内，tanδ 变化量不应大于 0.2%，电容变化量不应大于 0.5%。

2）电容式电流互感器的末屏对外壳（地）的绝缘电阻小于 1000MΩ时，应测量末屏 tanδ。测量电压为 2kV，tanδ 值不应大于表 ZY1800503002-1 中数据。

表 ZY1800503002-1　　交接试验时电流互感器 tanδ（%）限值

额定电压 / 设备种类	20～35kV	66～110kV	220kV	330～500kV
油浸式电流互感器	2.5	0.8	0.6	0.5
注硅脂及其他干式电流互感器	0.5	0.5	0.5	—
油浸式电流互感器末屏	0.2			

注　此表主要适用于油浸式电流互感器。SF_6 气体绝缘和环氧树脂绝缘结构电流互感器不适用，注硅脂等干式电流互感器可以参照执行。

（2）预防性试验时，电流互感器 tanδ（%）值不应大于表 ZY1800503002-2 中的数值，且与历年数据比较，不应有显著变化。

表 ZY1800503002-2　　预防性试验时电流互感器 tanδ（%）限值

设备种类＼额定电压	20～35kV	66～110kV	220kV	330～500kV
油纸电容型	—	1.0	0.8	0.7
充油型	3.5	2.5	—	—
胶纸电容型	3.0	2.5	—	—
油浸式电流互感器末屏	0.2			

（3）状态检修试验时，请参照《输变电设备状态检修试验规程》（Q/GDW 188—2008）执行。

（4）电容式电流互感器主绝缘为油纸绝缘，油纸绝缘的介质损耗与温度的关系取决于油与纸的综合特性。油属于非（弱）极性介质，其损耗随着温度升高而增大。纸属于极性介质，其损耗在−40～60℃内随着温度升高而减小。根据电流互感器油与纸的综合特性，介质损耗变化很小，所以一般不进行温度换算。但是，当受潮时电流互感器介质损耗随着温度升高而明显增大。

2. 测试结果分析

tanδ和电容量不应超过规程规定值，测试数据与原始值相比不应有显著变化，一般应小于 30%（复合外套干式电容型 TA、SF_6TA 的介损值参考制造厂）。

（1）油浸链式和串级式电流互感器。

由于电流互感器等效电容很小，易于受电场干扰，利用倒相法等方法测得的数据应进行计算分析。判断绝缘状况时应采用正接线测试值，因为

$$P = U^2 \omega C \tan\delta \quad (ZY1800503002\text{-}1)$$

式中　P——功率损耗，W；

U——测试电压，V；

ω——角频率；

$\tan\delta$——介质损耗角正切值；

C——被试品等效电容，F，即

$$C = \varepsilon \frac{S}{d} \quad (ZY1800503002\text{-}2)$$

式中　ε——介电系数，F/m；

S——电容器极板面积，m^2；

d——电容器极间距离，m。

根据式（ZY1800503002-1）和式（ZY1800503002-2），得出

$$P = U^2 \omega \frac{S}{d} \varepsilon \tan\delta \quad (ZY1800503002\text{-}3)$$

人们一般将$\varepsilon\tan\delta$称作损耗因数。功率损耗 P 的大小直接与介质的ε和 tanδ的乘积成正比。在反接线时，因互感器的等效电容很小，高压对地电容影响较大，高压对地主要是空气，空气的介电系数ε近似为 1，空气的 tanδ≈0.1，$\varepsilon\tan\delta \approx 0.1$ 损耗因数很小，可称作小损耗因数。在小损耗因数影响下，根据式（ZY1800503002-4）可以看出，由于 C_1 的存在且 $C_1\tan\delta_1$ 的乘积很小，所以分子增加很少，测得的 tanδ偏小，不能准确反映互感器一次对二次的 $\tan\delta_2$，即

$$\tan\delta = \frac{C_1 \tan\delta_1 + C_2 \tan\delta_2}{C_1 + C_2} \quad (ZY1800503002\text{-}4)$$

式中　C_1——互感器一次对空气等效电容，pF；

$\tan\delta_1$——互感器一次对空气介质损耗角正切值；

C_2——互感器一次对二次等效电容，pF；

模块 2　ZY1800503002

$\tan\delta_2$——互感器一次对二次介质损耗角正切值。

正接线测试时屏蔽接地，一次杂散电容 C_1 被屏蔽掉，消除了小损耗因数的影响，所以分析和判断时，应采用正接线测量更容易发现绝缘故障。

（2）电容型电流互感器。

1）电容型电流互感器受潮缺陷。电容型电流互感器因结构原因受潮后，水分容易沉积在底部，随着受潮程度的加深，水分逐渐沿着主绝缘表面往上部和内部发展，根据受潮程度不同表现如下：

一是，电流互感器轻度受潮时，主屏介质损耗变化小，末屏对地绝缘电阻较低、末屏对地介质损耗增大。

二是，电流互感器严重进水受潮时，末屏绝缘电阻进一步降低、末屏介质损耗进一步增大。主屏介质损耗变化不明显，如水分渗透到端屏，主屏介质损耗变化较明显。

三是，电流互感器深度受潮时，主屏介质损耗增大，末屏绝缘电阻更低、末屏介质损耗更大。

2）利用 $\tan\delta$ 与电压的关系曲线分析判断电流互感器绝缘状况。GB 50150—2006 规定：当对电流互感器绝缘性能有怀疑时，可采用高压法进行试验，试验电压在 $(0.5\sim1)U_m/\sqrt{3}$ 范围内。在进行电容型电流互感器 $\tan\delta$ 分析时，不仅要看绝对值，还要看不同试验电压下的 $\tan\delta$ 变化值。

电流互感器绝缘良好时，在一定电压范围内 $\tan\delta$ 一般随着电压升高变化很小，如图 ZY1800503002-9（a）所示。

绝缘有缺陷时 $\tan\delta$ 变化则较显著，绝缘受潮介质损耗增加使绝缘温度增高，造成 $\tan\delta$ 迅速加大，电压下降时由于介质损耗增大导致介质发热，使损耗增加而不能回到原来响应电压下的 $\tan\delta$ 数值，如图 ZY1800503002-9（b）所示。

在绝缘产生局部放电时，$\tan\delta$ 不随电压升高，当达到局部放电起始电压时 $\tan\delta$ 急剧增加，当电压下降到局放熄灭电压时，曲线重合。熄灭电压越低，绝缘局部缺陷越严重。绝缘产生气隙局部放电的 $\tan\delta=f(U)$ 曲线如图 ZY1800503002-9（c）所示。

电流互感器主绝缘含有离子型杂质会造成随着试验电压升高 $\tan\delta$ 下降的情况，在交流电场下，随着电场的加强，离子运动速度加快，离子在纸层间或油中的迁移被阻拦，表现在电流上为有功分量波形畸变，有功电流波形畸变后超前电压一个角度，使 $\tan\delta$ 减小。一般为制造和检修质量问题，多为干燥不彻底，潮气浸入绝缘内部，或油被污染等情况造成的，如图 ZY1800503002-9（d）所示。

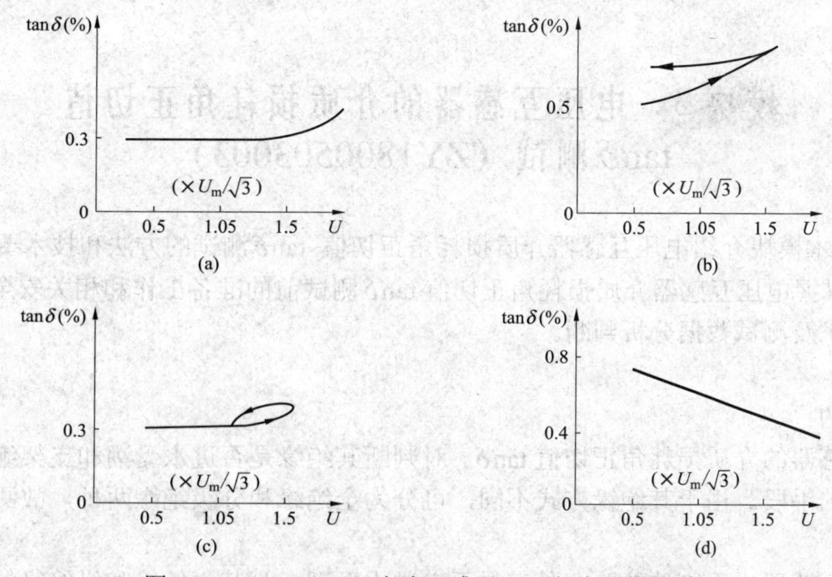

图 ZY1800503002-9　电流互感器 $\tan\delta$ 与电压的关系

（a）绝缘良好时的 $\tan\delta=f(U)$ 曲线；（b）绝缘受潮时的 $\tan\delta=f(U)$ 曲线；（c）绝缘气隙局部放电时的 $\tan\delta=f(U)$ 曲线；（d）主绝缘含有离子型杂质时的 $\tan\delta=f(U)$ 曲线

（3）高压电容量和介质损耗测试时并联电阻 R_b 和 $\tan\delta$ 及电容量 C_x 的计算。

扩大量程 10 倍（$n=10$）时，$R_{4b}=1000/\pi$，R_b、$\tan\delta$ 及电容量 C_x 的计算式为

$$R_b = R_4/(n-1) = 3184/(10-1) = 353.8\ (\Omega) \qquad (ZY1800503002\text{-}5)$$

$$\tan\delta = \tan\delta_b/n$$

$$C_x = C_{xb}/n$$

式中 R_4——Z_4桥臂标准电阻（10 000/π），Ω；

R_{4b}——R_4与R_b并联后的阻值，Ω；

$\tan\delta_b$——并联电阻后的介损值，%；

C_{xb}——并联电阻后的电容值，pF。

（4）电流互感器 tanδ综合判断。

将测试值和规程值比较、与被试品历年数据比较、与同类设备测试数据比较，并观察测试数据变化趋势、观察测试数据变化速率、观察电容量变化，必要时测量介质损耗与电压变化曲线，若测试数据变化明显，应配合其他试验进行综合判断。

（二）测试报告编写

测试报告填写应包括测试设备运行编号、测试时间、测试人员、天气情况、环境温度、湿度、使用地点、电流互感器参数、测试结果、测试结论、试验性质（交接试验、预防性试验、检查、施行状态检修的应填明例行试验或诊断试验）、测试设备的型号、出厂编号，备注栏写明其他需要注意的内容，如是否拆除引线等。

八、案例

一台电流互感器型号为 LCWD–110，使用 QS1 电桥测量 tanδ和电容量，采用反接线测试时，一次对地杂散电容C_1=25pF，$\tan\delta_1$= 0.1；一次对二次及地C_2= 57pF，一次对二次$\tan\delta_2$= 3.3%。采用反接线测量时 $\tan\delta = (C_1\tan\delta_1+C_2\tan\delta_2)/(C_1+C_2)$ =2.3%；采用正接线测量时，此时一次对二次等效电容C=50pF，测得 tanδ= 3.3%。可见，采用正接线测量更容易发现互感器绝缘故障。

【思考与练习】

1. 测试油浸链式电流互感器介质损耗角正切值时，正接线和反接线各反映互感器哪部分绝缘？

2. 测试电容型电流互感器主绝缘和末屏介质损耗角正切值时，各采用什么接线方式？

3. 为什么测试末屏对地介质损耗角正切值更容易发现电容型电流互感器轻度受潮故障？

4. 如何根据主绝缘、末屏对地介质损耗角正切值和绝缘电阻值来判断电容型电流互感器的受潮程度？

模块 3 电压互感器的介质损耗角正切值 tanδ测试（ZY1800503003）

【模块描述】本模块介绍电压互感器介质损耗角正切值 tanδ测试的方法和技术要求。通过测试工作流程的介绍，掌握电压互感器介质损耗角正切值 tanδ测试前的准备工作和相关安全、技术措施、测试方法、技术要求及测试数据分析判断。

【正文】

一、测试目的

测量电压互感器的介质损耗角正切值 tanδ，对判断其绝缘是否进水受潮和支架绝缘是否存在缺陷是一个比较有效的手段。由于其绝缘方式不同，可分为全绝缘和分级绝缘两种，故测量方法和接线也不同。

串级式电压互感器由于制造缺陷，易密封不良进水受潮，且其主绝缘和纵绝缘的设计裕度较小。进水受潮时其绝缘强度将明显下降，致使运行中常发生层、匝间和主绝缘击穿事故。同时，固定铁芯用的绝缘支架由于材质不良，易分层开裂，内部形成气泡，在电压作用下，气泡发生局部放电，进而导致整个绝缘支架的闪络。因此，测量其介质损耗角正切值 tanδ的目的，是为了反映其绝缘状况，防止互感器绝缘事故的发生。

二、测试仪器、设备的选择

（1）选用 QS1 型西林电桥（或数字式自动介损测试仪）。

（2）选用额定电压为 50kV，高压侧额定电流不小于 0.1A 的工频试验变压器或 10kV 电压互感器。

（3）选用额定输入电压 220V，额定容量不小于 2kVA 的单相自耦式调压器。

（4）选用额定电压为 30kV 的静电电压表。

（5）选用最大量程为 10A、0.5 级的交流电流表。

（6）选用最大量程为 250V、0.5 级的多量程交流电压表。

三、危险点分析及控制措施

1. 防止高处坠落

使用梯子应有人扶持或绑牢，高处作业应系好安全带。

2. 防止高处落物伤人

高处作业应使用工具袋，上下传递物件应用绳索拴牢传递，严禁抛掷。

3. 防止工作人员触电

拆、接试验接线前，应将被试设备对地放电。加压前应与检修负责人协调，不允许有交叉作业。工作人员应与带电部位保持足够的安全距离。试验仪器的金属外壳应可靠接地，仪器操作人员必须站在绝缘垫上。

四、测试前的准备工作

1. 了解被试设备现场情况及试验条件

查勘现场，查阅相关技术资料，包括该设备历年试验数据及相关规程等，掌握该设备运行及缺陷情况。

2. 测试仪器、设备准备

选择合适的 QS1 型西林电桥（或数字式自动介损测试仪）、试验变压器（或升压用的电压互感器）、试验控制台（或单相调压器）、静电电压表、交流电流表、交流电压表、绝缘垫（或绝缘鞋）、万用表、测试线、温（湿）度计、放电棒、接地线、梯子、安全带、安全帽、电工常用工具、试验临时安全遮栏、标示牌等，并查阅测试仪器、设备及绝缘工器具的检定证书有效期。

3. 办理工作票并做好试验现场安全和技术措施

向其余试验人员交代工作内容、带电部位、现场安全措施、现场作业危险点，明确人员分工及试验程序。

五、现场测试步骤及要求

（一）电磁式全绝缘电压互感器

1. QS1 型西林电桥法

（1）测试接线。

对一般电磁式全绝缘电压互感器，采用 QS1 型西林电桥时，可以采用将一次绕组短路加压、二次及二次辅助绕组短路接西林电桥“C_x”点的正接法来测量 tanδ 及电容值；也可以采用将一次绕组短路接西林电桥的“C_x”点、二次及二次辅助绕组短路直接接地的反接法进行测试。常用反接法测试。电磁式全绝缘电压互感器 tanδ 及电容值测试顺序如表 ZY1800503003-1 所示。

表 ZY1800503003-1　　电磁式全绝缘电压互感器 tanδ 及电容值测试顺序

测试顺序	电磁式全绝缘电压互感器	
	加压绕组	接地部位
1	低压	高压和外壳
2	高压	低压和外壳

用 QS1 型西林电桥反接法测试电磁式全绝缘电压互感器 tanδ 的接线，如图 ZY1800503003-1 所示。

（2）测试步骤。

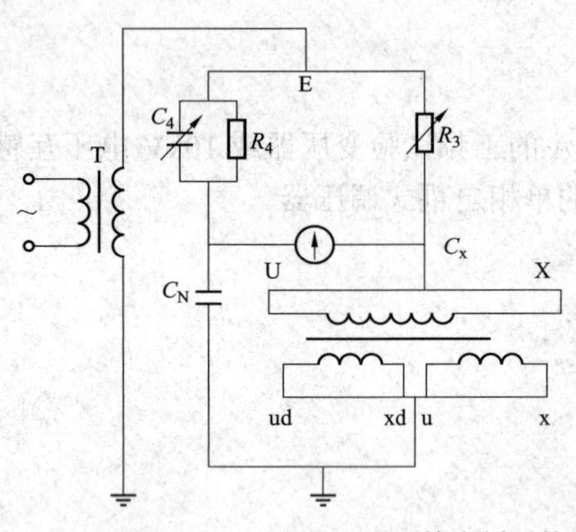

图 ZY1800503003-1 用 QS1 型西林电桥反接法测电磁式全绝缘电压互感器 tanδ的接线图

1）用万用表测量电源电压，应为 220V。按仪器使用说明书，布置好各试验仪器位置。

2）将接地线一端接在地网上，另一端可靠地接于面板的接地螺栓上，且地网的接地点应具有良好的导电性，否则会影响测量的正确性，甚至危及人身安全。

3）按图 ZY1800503003-1 进行接线，被试品“U”、“X”端用裸铜线短接，其二次绕组和辅助绕组均短路接地。

4）确认接线无误后，开始测试，QS1 型西林电桥操作方法见《产品使用说明书》。测试结束降下试验电压，断开试验电源。记录分流器挡位、R_3 和 C_4 的数值。

5）用绝缘工具对试品加压部位进行放电。

2. 数字式自动介损测试仪法

（1）测试接线。

用数字式自动介损测试仪（反接法）测试电磁式全绝缘电压互感器 tanδ 的接线，如图 ZY1800503003-2 所示。

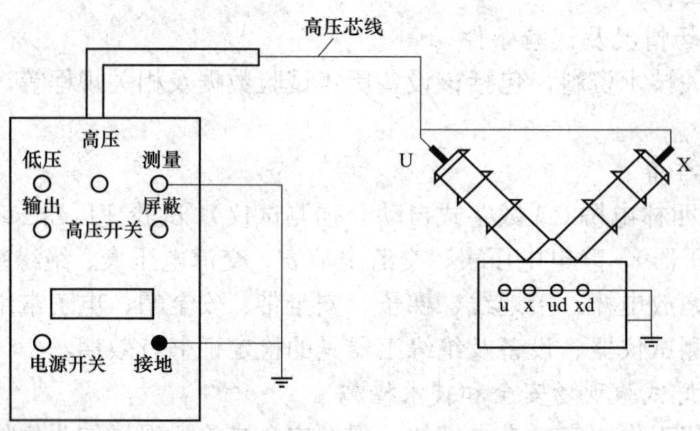

图 ZY1800503003-2 用数字式自动介损测试仪（反接法）测电磁式全绝缘电压互感器 tanδ的接线图

（2）测试步骤。

1）用万用表测量电源电压，应为 220V。

2）将接地线一端接在地网上，另一端可靠地接于面板的接地螺栓上，且地网的接地点应具有良好的导电性，否则会影响测量的正确性，甚至危及人身安全。

3）按图 ZY1800503003-2 进行接线，被试品“U”、“X”端用裸铜线短接，其二次绕组和辅助绕组均短路接地。

4）确认接线无误后，打开仪器电源开关，选择试验电压及试验方法，进行测试，数字式自动介损测试仪操作步骤见《仪器使用说明书》。测试结束，读取试验数据，关闭电源开关。

5）用绝缘工具对试品加压部位进行放电。

（二）分级绝缘电压互感器或串级式电压互感器

220kV 串级式电压互感器原理接线，如图 ZY1800503003-3 所示。一次绕组分成 4 段，分别绕在上下两个铁芯上；两个铁芯被支撑在绝缘支架上，上下铁芯对地电位分别为 3U/4 和 U/4，一次绕组最末一个静电屏（共有 4 个静电屏）与末端“X”相连接，“X”点运行中直接接地。末电屏外是二次绕组 ux 和二次辅助绕组 udxd。“X”点与 ux 绕组运行中的电位差仅为 $100/\sqrt{3}$ V，它们之间的电容量约占整体电容量的 80%。110kV 串级式电压互感器的绕组及结构布置与 220kV 的相类似，一次绕组共分 2 段，只有一个铁芯，铁芯对地电位为 1/2 的工作电压（即 U/2）。

测量串级式电压互感器tanδ和电容的主要方法有末端加压法、末端屏蔽法、常规试验法和自激法。末端加压法应用较广，它的优点是电压互感器“U”点接地，抗电场干扰能力较强，不足之处是存在二次端子板的影响，且不能测量绝缘支架的 tanδ值。末端屏蔽法“X”点接屏蔽，能排除端子板的影响，能测出绝缘支架的 tanδ值。

末端屏蔽法测绝缘支架的tanδ值有间接法和直接法两种方法，由于支架的电容量很小（一般为10～25pF），按直接法测量的灵敏度很低，在强电场干扰下往往不易测准，规程建议使用间接法。自激法抗干扰能力差，一般较少采用。

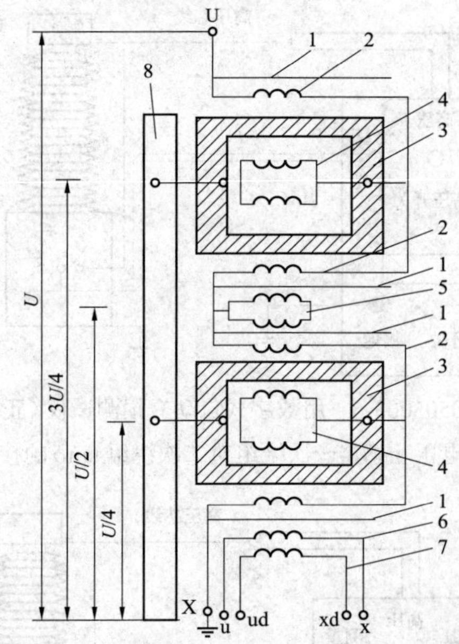

图 ZY1800503003-3　220kV 串级式电压互感器原理接线图

1—静电屏蔽层；2—一次绕组（高压）；3—铁芯；4—平衡绕组；5—连耦绕组；6—二次绕组；7—二次辅助绕组；8—支架

1. 测试接线

（1）末端加压法测量一次绕组对二次绕组及二次辅助绕组 tanδ的接线。

末端加压法测量一次绕组对二次绕组及二次辅助绕组 tanδ的接线如图 ZY1800503003-4 所示。QS1 型电桥采用常规正接线，端子“x”、“xd”与“C_x”端连接，“X”端加 2～3kV 电压，“U”端接地，“ud”、“u”端悬空，电压互感器底座接地。

（2）末端加压法测量一次绕组对二次辅助绕组端部 tanδ的接线。

末端加压法测量一次绕组对二次辅助绕组端部 tanδ的接线，如图 ZY1800503003-5 所示。QS1 型电桥采用常规正接线，端子“xd”与“C_x”端连接，“X”端加 2～3kV 电压，“U”、“x”端接地，“ud”、“u”端悬空，电压互感器底座接地。

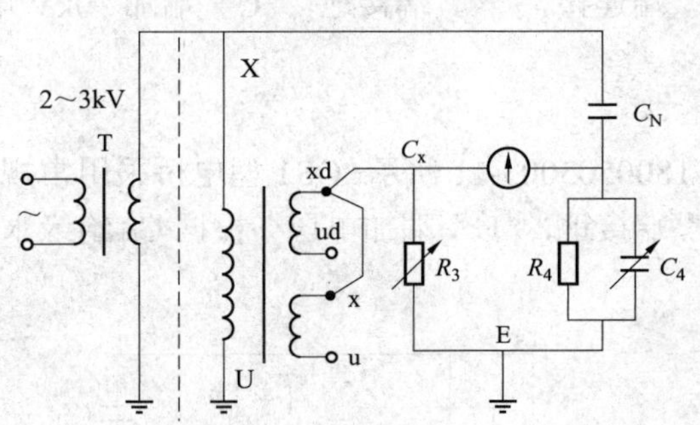

图 ZY1800503003-4　末端加压法测量一次绕组对二次绕组及二次辅助绕组 tanδ的接线图

T—试验变压器；U、X—高压绕组端子；u、x—二次绕组端子；ud、xd—二次辅助绕组端子；C_x—西林电桥端子；E—电桥接地端子；R_3—电桥可调电阻；R_4—电桥固定电阻；C_4—电桥可调电容；C_N—标准电容

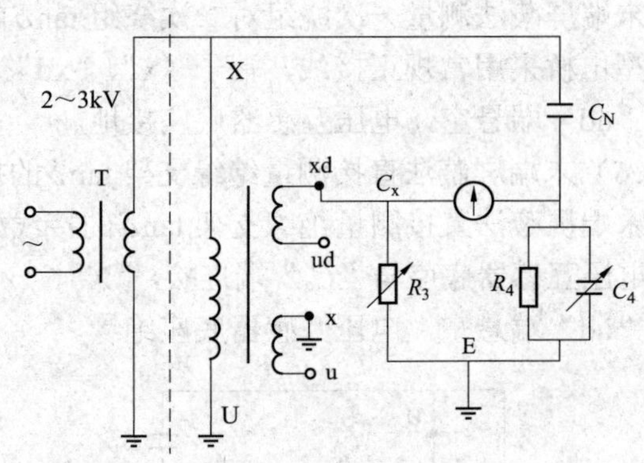

图 ZY1800503003-5　末端加压法测量一次绕组对二次辅助绕组端部 tanδ的接线图

注：各符号含义同图 ZY1800503003-4。

（3）用数字式自动介损测试仪测试串级式电压互感器 tanδ的接线。

用数字式自动介损测试仪测串级式电压互感器 tanδ的测试接线，如图 ZY1800503003-6～图 ZY1800503003-8 所示。

（4）末端屏蔽法测量一次绕组对支架与二次绕组并联的 tanδ的接线。

末端屏蔽法测量一次绕组对支架与二次绕组并联的 tanδ的接线如图 ZY1800503003-9 所示，测出 C_1 及 $\tan\delta_1$。QS1 型电桥采用常规正接线，端子“x”、“xd”与底座和“C_x”端相连接，“X”端接地，“U”端加电压（根据 C_N 绝缘水平），“u”、“ud”端悬空，电压互感器底座绝缘。

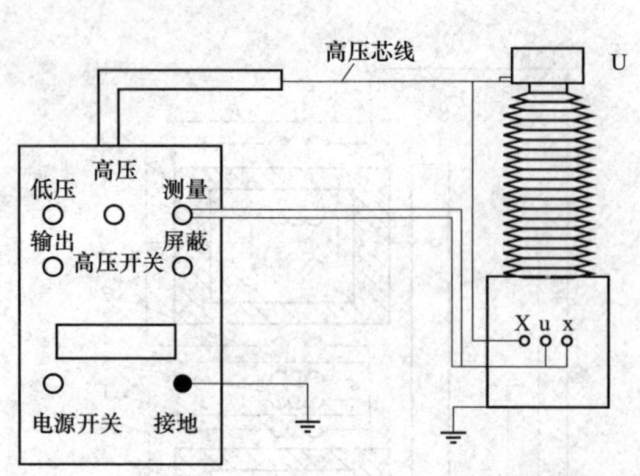

图 ZY1800503003-6 用数字式自动介损测试仪（正接法）测串级式电压互感器一次绕组对二次绕组 tanδ的接线图

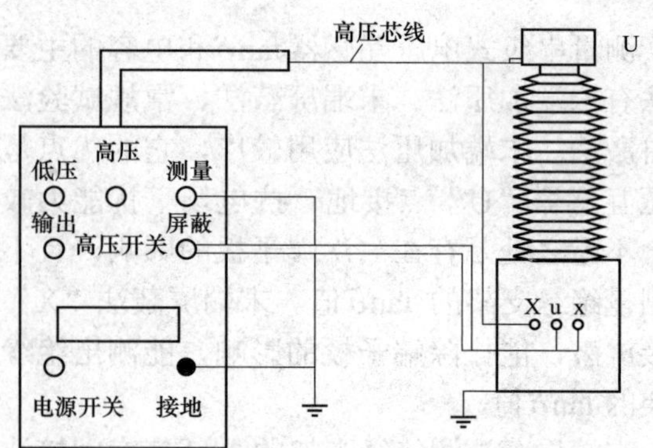

图 ZY1800503003-7 用数字式自动介损测试仪（反接法）测串级式电压互感器一次绕组对地的 tanδ接线图

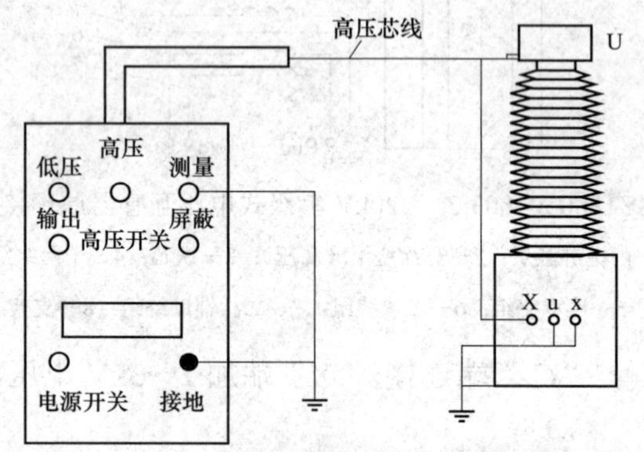

图 ZY1800503003-8 用数字式自动介损测试仪（反接法）测串级式电压互感器一次绕组对二次绕组及地的 tanδ接线图

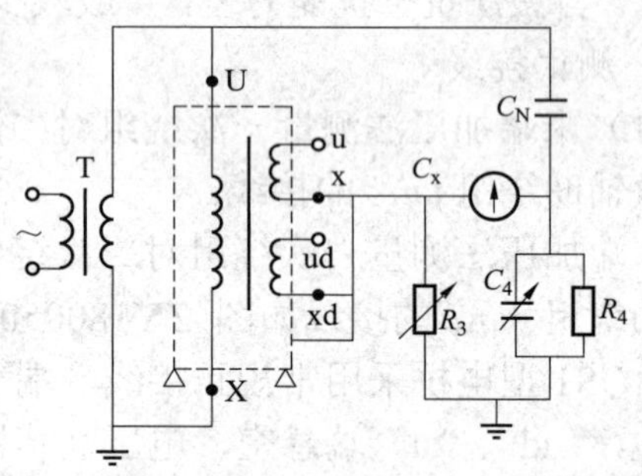

图 ZY1800503003-9 末端屏蔽法测量一次绕组对支架与二次绕组并联的 tanδ的接线图

（5）末端屏蔽法测量一次绕组对二次绕组 tanδ的接线。

末端屏蔽法测量一次绕组对二次绕组 tanδ的接线如图 ZY1800503003-10 所示，测出 C_2 及 tanδ_2。QS1 型电桥采用常规正接线，端子“x”、“xd”与“C_x”端连接，“X”端接地，“U”端加 10kV 电压，“u”、“ud”端悬空，电压互感器底座接地。

（6）末端屏蔽法直接测量绝缘支架 tanδ的接线。

末端屏蔽法直接测量绝缘支架 tanδ的接线如图 ZY1800503003-11 所示。QS1 型电桥采用常规正接线，电压互感器底座与“C_x”端连接，“X”、“x”、“xd”端接地，“U”端加电压（根据 C_N 绝缘水平），“u”、“ud”端悬空，电压互感器底座绝缘。

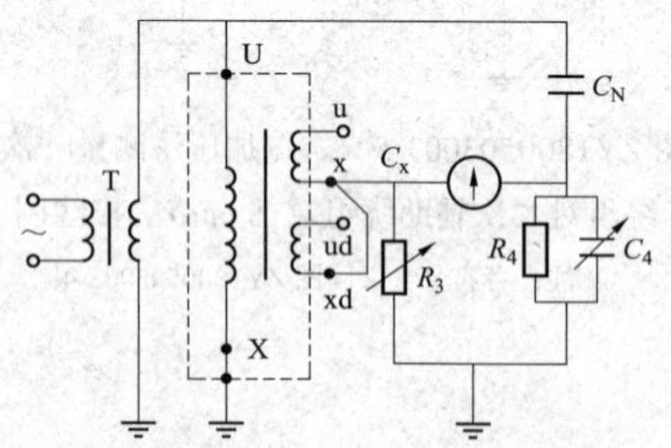

图 ZY1800503003-10 末端屏蔽法测量一次绕组对二次绕组 tanδ的接线图

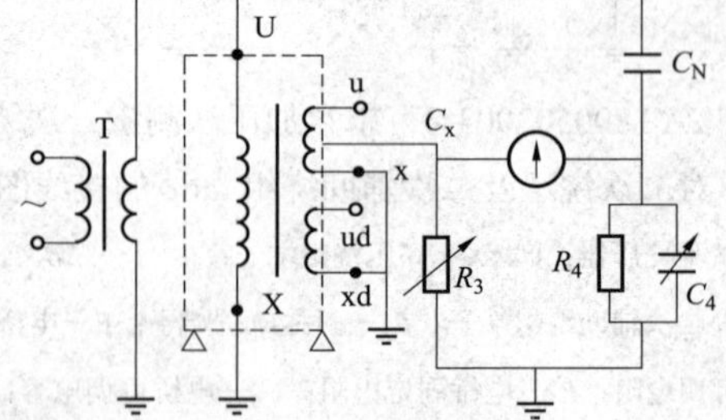

图 ZY1800503003-11 末端屏蔽法直接测量支架 tanδ的接线图

2. 测试步骤

用 QS1 型电桥或数字式自动介损测试仪测试分级绝缘电压互感器或串级式电压互感器 tanδ的步骤请参考电磁式全绝缘电压互感器测试 tanδ的步骤。

（三）电容式电压互感器

电容式电压互感器由电容分压器、电磁单元（包括中间变压器和电抗器）和接线端子盒组成，其原理接线如图 ZY1800503003-12 所示。有一种电容式电压互感器是单元式结构，电容分压器和电磁单元分别为一个单元，可在现场组装。另有一种电容式电压互感器为整体式结构，电容分压器和电磁单元合装在一个瓷套内，无法使电磁单元同电容分压器两端断开。

图 ZY1800503003-12　电容式电压互感器原理接线图

C_1—主电容；C_2—分压电容；δ—C_2分压电容低压端；J—载波耦合装置；K—接地开关；L—电抗器；F—保护间隙；T1—中间变压器；XT—中间变压器低压端；ux—中间变压器二次测量绕组；uf、xf—中间变压器二次电压辅助绕组；R_0—阻尼电阻

1. QS1 型西林电桥法

（1）测试接线。

测量主电容的 $\tan\delta_1$ 和 C_1 的接线如图 ZY1800503003-13 所示。QS1 型电桥采用常规正接线，由中间变压器 T1 励磁加压（一般选择额定输出容量最大的二次绕组加压），“XT”点接地，分压电容 C_2 的“δ”点接高压电桥的标准电容器高压端，主电容 C_1 高压端接高压电桥的“C_x”端。由于“δ”点绝缘水平所限，“δ”点接一块 3kV 静电电压表，监视试验电压不超过 2kV。此时 C_2 与 C_N 串联组成标准支路。一般 C_N 的 $\tan\delta\approx0$，而 $C_2\gg C_N$，故不影响测量结果。

测量分压电容的 $\tan\delta_2$ 和 C_2 的接线如图 ZY1800503003-14 所示。QS1 型电桥采用常规正接线，由中间变压器 T1 励磁加压。“XT”点接地，分压电容 C_2 的“δ”点接高压电桥的“C_x”端，主电容 C_1 高压端与标准电容 C_N 高压端相连接。试验电压 10kV，应在高压侧测量。此时，C_1 与 C_N 串联组成标准支路。

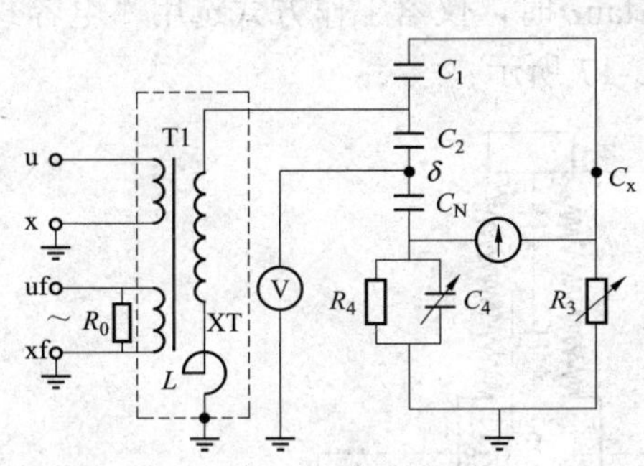

图 ZY1800503003-13　测量主电容 $\tan\delta_1$、C_1 的接线图

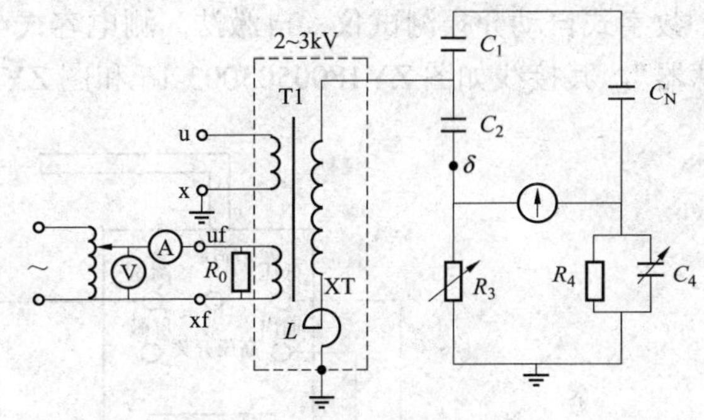

图 ZY1800503003-14　测量分压电容 $\tan\delta_2$、C_2 的接线图

在测量 C_2 和 $\tan\delta_2$ 时，C_2 和中间变压器 T1 绕组及补偿电抗器 L 的电感会形成谐振回路，从而出现危险的过电压，因此应在加压绕组间接阻尼电阻 R_0。

测量中间变压器的 C 和 $\tan\delta$ 用 QS1 电桥反接线法。将 C_2 末端δ与 C_1 首端相连，XT 悬空，中间变压器各二次绕组均短路接地按 QSI 电桥反接线测量。由于δ点绝缘水平限制，外加交流电压 2kV，试验接线与等值电路如图 ZY1800503003-15 所示。

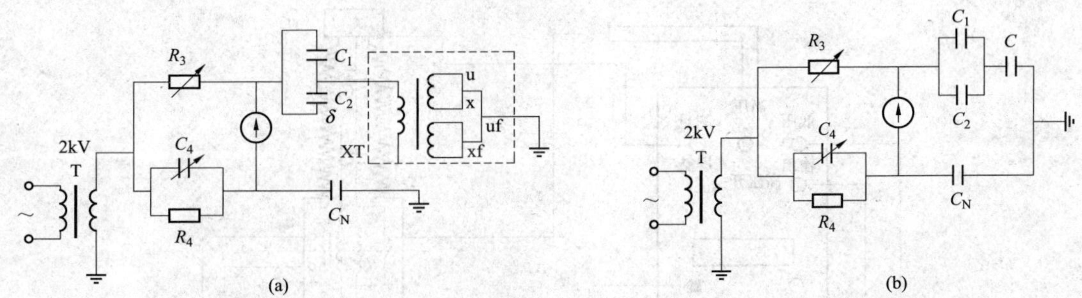

图 ZY1800503003-15　用 QS1 电桥反接线法测量中间变压器的 C 和 $\tan\delta$ 的试验接线与等值电路图

（a）试验接线；（b）等值电路

（2）测试步骤。

1）将球隙间隙打开（见图 ZY1800503003-12），“δ”端子与地的接地开关（或连片）打开，电容

式电压互感器金属外壳、二次绕组 ux 的引出端子“x”、中间变压器 T1 的“XT”点及西林电桥外壳可靠接地。

2）测量“δ”端子对地的绝缘电阻，其值应大于 50MΩ。

3）按图 ZY1800503003-13 进行接线，测量 C_1 及 $\tan\delta_1$。静电电压表接“δ”端子。电桥分流器置 0.025A 挡，检查调压器应在零位。

4）开始均匀缓慢升压，仔细观察静电电压表指示，注意控制“δ”端子电压小于 3kV。

5）调节 QS1 型电桥至平衡，灵敏度旋钮回零位，降压为零，切断电源，读取 R_{31} 及 $\tan\delta_1$ 的值。对加压部位进行放电。

6）按图 ZY1800503003-14 进行接线，测量 C_2 及 $\tan\delta_2$。电桥分流器置 0.15A 挡。调压器输出端接一块电流表。

7）开始缓慢升压，仔细观察励磁电流的大小，使其不超过额定电流的 2 倍。

8）调节 QS1 型电桥至平衡，灵敏度旋钮回零位，降压为零，切断电源，读取 R_{32} 及 $\tan\delta_2$ 的值。对加压部位进行放电。

9）按图 ZY1800503003-15 进行接线，测量中间变压器 C_T 及 $\tan\delta_T$，将 C_2 末端δ与 C_1 首端相连，XT 悬空，中间变压器各二次绕组均短路接地，按 QS1 电桥反接线测量。注意控制“δ”端子电压小于 3kV。

10）测量结束后，恢复电压互感器端子箱接线，恢复球隙间隙（调整为 0.5mm）。

2. 数字式自动介损测试仪法

（1）测试接线。

数字式自动介损测试仪（自激法）测电容式电压互感器 $\tan\delta$时，仪器工作方式选用“电容式电压互感器”，其接线如图 ZY1800503003-16 和图 ZY1800503003-17 所示。

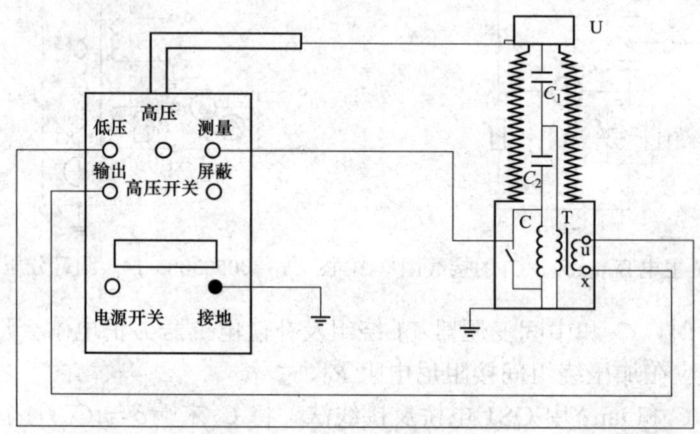

图 ZY1800503003-16 用数字式自动介损测试仪（自激法）测量 C_2 的接线图

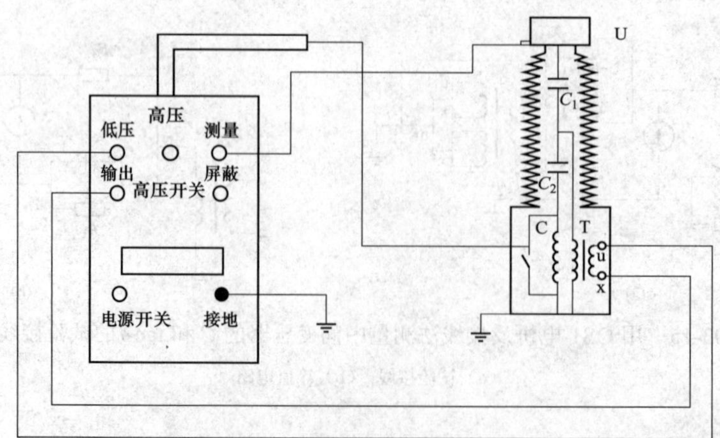

图 ZY1800503003-17 用数字式自动介损测试仪（自激法）测量 C_1 的接线图

（2）测试步骤。

用数字式自动介损测试仪测试电容式电压互感器 tanδ 的步骤请参考用数字式自动介损测试仪测试电磁式全绝缘电压互感器 tanδ 的步骤。

六、测试注意事项

1. 总则

（1）测试应在天气良好、且试品及环境温度不低于+5℃，相对湿度不大于 80%的条件下进行。

（2）测试前应先测量被试品绝缘电阻。

（3）必要时可对试品表面（如外瓷套、或电容套管分压小瓷套、二次端子板等）进行清洁或干燥处理。

（4）无论采用何种接线方式，电桥本体、被试品油箱必须良好接地。

（5）在使用 QS1 电桥反接线时三根引线都处于高电位，必须将导线悬空。导线及标准电容器对周围接地体应保持足够的绝缘距离。标准电容器带高电压，应放在平坦的地面上，不应与有接地的物体的外壳相碰。为防止检流计损坏，应在检流计灵敏度最低时，接通或断开电源；在灵敏度最高时，调节 R_3 和 C_4，以避免数值的急剧变化。

（6）现场测量存在电场和磁场干扰影响时，应采取相应措施进行消除。

（7）试验电压的选择。电压互感器绕组额定电压为 10kV 及以上者，施加电压应为 10kV；绕组额定电压为 10kV 以下者，施加电压为绕组额定电压。

2. 串级式电压互感器 tanδ 测试注意事项

（1）测试绝缘支架 tanδ 时，注意底座绝缘垫必须良好，其绝缘电阻应大于 1000MΩ。否则会出现介质损耗角测试正误差。

（2）尽量减小高压引线对互感器的杂散电容。高压引线与瓷套的角度尽量大一些，一般高压引线与瓷套的角度应大于 90°。

（3）采用末端加压法和末端屏蔽法试验时，串级式电压互感器二次端子不能短接，“u”、“ud”端应悬空。

（4）由于电压互感器电容量较小，一般不宜用数字式自动介损测试仪测试。当使用数字式自动介损测试仪测量的数据与西林电桥测量数据差异较大时，以西林电桥测量数据为准。

3. 电容式电压互感器 tanδ 测试注意事项

（1）测量 C_1 及 $\tan\delta_1$ 时，将静电电压表接到“δ”端，监测其电压不超过 3kV，以免损伤绝缘及保护装置。

（2）测量 C_2 及 $\tan\delta_2$ 时，由于 C_2 较大，励磁回路电流较大，注意缓慢升压，并密切观察励磁电流的大小，以免励磁电流过大而引起电容式电压互感器损坏。

（3）用数字式自动介损测试仪测电容式电压互感器 tanδ 时，仪器工作方式应选用“电容式电压互感器”。

七、测试结果分析及测试报告编写

（一）测试结果分析

1. 测试标准及要求

根据《电力设备预防性试验规程》（DL/T 596—1996）、《电气装置安装工程　电气设备交接试验标准》（GB 50150—2006）、《现场绝缘试验实施导则》（DL/T 474—2006）及《输变电设备状态检修试验规程》（Q/GDW 188—2008）的规定：

（1）预防性试验时串级式（分级绝缘）电压互感器的 tanδ（%）值。

1）绕组绝缘 tanδ（%）不应大于表 ZY1800503003-2 中数值。

表 ZY1800503003-2　　预防性试验时串级式（分级绝缘）电压互感器的 tanδ（%）值

温　度（℃）		5	10	20	30	40
35kV 及以下	大修后	1.5	2.5	3.0	5.0	7.0
	运行中	2.0	2.5	3.5	5.5	8.0

续表

温　度（℃）		5	10	20	30	40
35kV 以上	大修后	1.0	1.5	2.0	3.5	5.0
	运行中	1.5	2.0	2.5	4.0	5.5

2）支架绝缘 tanδ一般不大于 6%。串级式电压互感器的 tanδ试验方法，建议采用末端屏蔽法。其他试验方法与要求自行规定。

（2）交接试验时电压互感器的 tanδ值应不大于表 ZY1800703003-3 的规定。

表 ZY1800503003-3　　　　交接试验时电压互感器 tanδ（%）值

种类 \ 额定电压（kV）	20～35	66～110	220	330～500
油浸式电压互感器绕组	3	2.5		—
串级式电压互感器支架	—	6		—

（3）导则对串级式（分级绝缘）电压互感器 tanδ值的试验标准，如表 ZY1800503003-4 所示。

表 ZY1800503003-4　　　串级式（分级绝缘）电压互感器 20℃时测量 tanδ值的试验标准

电压等级	试　验　方　法		交接及大修后（%）	运行中（%）
66～220kV	常规试验法		2.0	2.5
	末端加压法	按图 ZY1800503003-4 接线	2.5	3.5
		按图 ZY1800503003-5 接线	3.5	5.0
	末端屏蔽法	本体按图 ZY1800503003-11 接线	3.5	5.0
		绝缘支架按图 ZY1800503003-9、图 ZY1800503003-10 或图 ZY1800503003-11 接线	6.0	6.0
	自　激　法		2.5	3.5

（4）预防性试验时，电容式电压互感器每节电容值偏差不超出额定值的−5%～+10%范围；电容值大于出厂值的 102%时应缩短试验周期；一相中任两节实测电容值相差不超过 5%，电容式电压互感器中间变压器 tanδ试验判断标准按表 ZY1800503003-3 规定。

（5）10kV 电压下电容式电压互感器的分压电容器 tanδ值不大于下列数值：

油纸绝缘　　　　　　　　0.005

膜纸复合绝缘　　　　　　0.002

（6）电容式电压互感器的电容分压器的电容值与出厂值相差超出±2%范围时，或电容分压比与出厂试验实测分压比相差超过 2%时，准确度为 0.5 级及 0.2 级的互感器应进行准确度试验。

（7）交接试验对 35kV 电压互感器绕组的 tanδ规定为：当对绝缘性能有怀疑时，可采用高压法进行试验，在（0.5～1）$U_m/\sqrt{3}$的范围内进行。tanδ变化量不应大于 0.2%，电容变化量不应大于 0.5%。末屏测量电压为 2kV。

（8）交接试验时，电容式电压互感器电容分压器电容量和介质损耗角正切值 tanδ的测试结果：电容量与出厂值比较其变化量超过−5%或+10%时要引起注意，tanδ不应大于 0.5%；条件许可时测量单节电容器，在 10kV 至额定电压范围内，电容量的变化量大于 1%时判为不合格。

2. 测试结果分析

（1）串级式电压互感器由于 C_x 值很小，为便于测量而在电桥 R_4、C_4 臂上并联电阻 3184Ω或 1592Ω。根据图 ZY1800503003-9～图 ZY1800503003-11 末端屏蔽法测量的结果按表 ZY1800503003-5 进行计算。

表 ZY1800503003-5　　串级式电压互感器电容量及 tanδ 计算

额定电压（kV）	原始公式	R_4 上并联电阻=3184（Ω）	R_4 上并联电阻=1592（Ω）
220	$C_{实}=\frac{4R_4}{R_3}C_N$ $\tan\delta_{实}=\tan\delta_{测}$	$C_{实}=\frac{2R_4}{R_3}C_N$ $\tan\delta_{实}=\frac{1}{2}\tan\delta_{测}$	$C_{实}=\frac{4}{3}\times\frac{R_4}{R_3}C_N$ $\tan\delta_{实}=\frac{1}{3}\tan\delta_{测}$
110	$C_{实}=\frac{2R_4}{R_3}C_N$ $\tan\delta_{实}=\tan\delta_{测}$	$C_{实}=\frac{R_4}{R_3}C_N$ $\tan\delta_{实}=\frac{1}{2}\tan\delta_{测}$	$C_{实}=\frac{2}{3}\times\frac{R_4}{R_3}C_N$ $\tan\delta_{实}=\frac{1}{3}\tan\delta_{测}$

（2）间接法测试串级式电压互感器绝缘支架电容量和 tanδ 的计算。图 ZY1800503003-9 测量的是电压互感器一次绕组对支架与二次绕组并联的等值电容和 tanδ，其中一次绕组对底座包括瓷套、绝缘油和四根绝缘支架（仅下铁芯对底座部分）等部分。这几部分中以支架的电容量最大，因此近似认为下铁芯对底座的电容和介质损耗角正切值为支架的电容量和介质损耗角正切值。设图 ZY1800503003-9、图 ZY1800503003-10 测得的值分别为 C_1、$\tan\delta_1$、C_2、$\tan\delta_2$，则支架（四根并联）的电容量为

$$C_Z = C_1 - C_2$$

支架（四根并联）的介质损耗角正切值为

$$\tan\delta_Z = \frac{C_1\tan\delta_1 - C_2\tan\delta_2}{C_1 - C_2}$$

（3）电压互感器的电容量及 tanδ 的测试结果，除应与有关标准、规程规定值比较外，还应与被试品历年试验值相比较，观察其发展趋势。根据设备的具体情况，有时即使数值仍低于标准，但增长迅速，也应引起充分注意。此外，还应与同类设备比较，看是否有明显差异，并结合其他试验结果进行综合分析判断。

（二）测试报告编写

测试报告填写应包括试品运行编号、试品参数、测试时间、测试人员、天气情况、环境温度、湿度、测试结果、测试结论、试验性质（交接试验、预防性试验、检查、施行状态检修的应填明例行试验或诊断试验）、使用仪器型号、出厂编号，备注栏写明其他需要注意的内容，如是否拆除引线等。

八、案例

案例 1：对一台串级式电压互感器绝缘支架进行预防性试验（JCC2–110 型），用 QS1 西林电桥。测试结果为 tanδ= 6.2%（36℃），已大于预防性规程要求值 6%，对该互感器进行了吊芯检查，发现支架上有多处放电点，支架上有 20mm 左右的分层开裂裂缝。又进行油色谱分析，H_2、C_2H_2 和 C_1+C_2 均超过规定值，乙炔达 11.9cm。说明有必要对支架绝缘引起足够的重视。

案例 2：某变电站的一台 TYD110/$\sqrt{3}$–0.01 型电容式电压互感器，在 2008 年 7 月某日（晴、33℃）测得主电容的 tanδ 为 0.2%，电容量与历年相同；分压电容的 $\tan\delta_2$ 却达 3.2%，C_2 的测量点δ端子的绝缘电阻只有 600MΩ。而 2006 年 6 月某日（晴、29℃）投产测量结果是 $\tan\delta_2$ 为 0.2%，绝缘电阻为 6000MΩ，2007 年 7 月某日（晴、32℃）测得的 $\tan\delta_2$ 为 0.1%，绝缘电阻为 8000MΩ。对照前两年的测量结果，$\tan\delta_2$ 和绝缘电阻变化都很大，该互感器不能投入运行。又测量了二次绕组和辅助二次绕组的绝缘电阻，也为 600MΩ，分析以上情况，考虑二次出线板可能受潮。实际上，在试验前的两天里，天气一直在下雨，由于电容式电压互感器的出线端子箱是不密封的，潮气可以从出线洞口和端子箱门缝进入端子箱，加上固定的δ端子、二次绕组端子及辅助二次绕组端子的出线板是用玻璃钢板制作的，容易受潮，受潮后又不能短时间内自然干燥，所以一下雨，出线板就很快受潮，使δ端子、二次绕组及辅助二次绕组的绝缘电阻随之变小。

【思考与练习】

1. 如何测试电磁式全绝缘电压互感器的电容量及 tanδ 值？

2. 测量串级式电压互感器绝缘支架 tanδ和电容量的方法主要有哪些？

3. 如何测试串级式电压互感器绝缘支架的 tanδ和电容量？

模块 4 40.5kV 及以上非纯瓷套管 tanδ和多油断路器的介质损耗角正切值 tanδ测试（ZY1800503004）

【模块描述】本模块介绍 40.5kV 及以上非纯瓷套管 tanδ和多油断路器的介质损耗角正切值 tanδ测试的方法和技术要求。通过测试工作流程的介绍，掌握 40.5kV 及以上非纯瓷套管 tanδ和多油断路器的介质损耗角正切值 tanδ测试前的准备工作和相关安全、技术措施、测试方法、技术要求及测试数据分析判断。

【正文】

一、测试目的

测量 40.5kV 及以上非纯瓷套管 tanδ和多油断路器的介质损耗角正切值 tanδ的目的，主要是检查套管的绝缘状况，同时也检查其他绝缘部件，如灭弧室、绝缘拉杆、油箱绝缘围屏、绝缘油等的绝缘状况。

二、测试仪器、设备的选择

（1）选用西林电桥（QS1 电桥）或数字式自动介损测试仪。

（2）选用一次电压不小于 10kV，电流不小于 0.1A 的工频试验变压器。

（3）选用单相自耦调压器，其容量不小于 2kVA。

（4）选用量程为 75～600V、0.5 级交流电压表。

（5）选用 2500V 及以上的绝缘电阻表。

三、危险点分析及控制措施

1. 防止高处坠落

使用梯子应有人扶持或绑牢，在断路器上作业应系好安全带。

2. 防止高处落物伤人

高处作业应使用工具袋，上下传递物件应用绳索拴牢传递，严禁抛掷。

3. 防止工作人员触电

拆、接试验接线前，应将被试设备对地放电。加压前应与检修负责人协调，不允许有交叉作业。工作人员应与带电部位保持足够的安全距离。试验仪器的金属外壳应可靠接地，仪器操作人员必须站在绝缘垫上。

四、测试前的准备工作

1. 了解被试设备现场情况及试验条件

查勘现场，查阅相关技术资料，包括该设备历年试验数据及相关规程等，掌握该设备运行及缺陷情况。

2. 测试仪器、设备准备

选择合适的试验变压器、调压器、电压表、QS1 型西林电桥（或数字式自动介损测试仪）、测试线、绝缘垫、绝缘电阻表、温（湿）度计、放电棒、接地线、梯子、安全带、安全帽、电工常用工具、试验临时安全遮栏、标示牌等，并查阅测试仪器、设备及绝缘工器具的检定证书有效期。

3. 办理工作票并做好试验现场安全和技术措施

向其余试验人员交代工作内容、带电部位、现场安全措施、现场作业危险点，明确人员分工及试验程序。

五、现场测试步骤及要求

（一）测试接线

1. QS1 西林电桥法

用 QS1 西林电桥测试 40.5kV 及以上非纯瓷套管 tanδ和多油断路器的介质损耗角正切值 tanδ的接

线，如图 ZY1800503004-1 所示。

2. 数字式自动介损测试仪法

用数字式自动介损测试仪测试 40.5kV 及以上非纯瓷套管 tanδ和多油断路器的介质损耗角正切值 tanδ的接线，如图 ZY1800503004-2 所示。

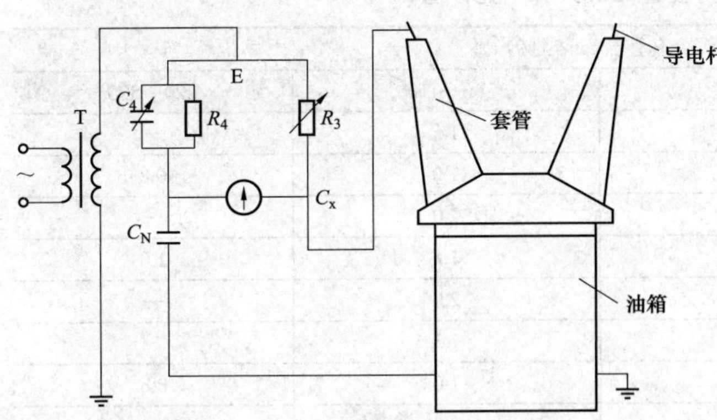

图 ZY1800503004-1　用西林电桥测试 40.5kV 及以上非纯瓷套管 tanδ和多油断路器的介质损耗角正切值 tanδ的接线图

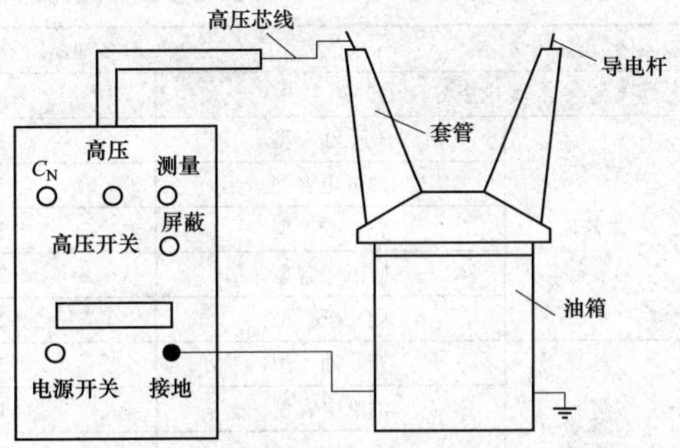

图 ZY1800503004-2　数字式自动介损测试仪测试 40.5kV 及以上非纯瓷套管 tanδ和多油断路器的介质损耗角正切值 tanδ的接线图

（二）测试步骤

（1）拆除断路器套管上的引线，测量 40.5kV 及以上非纯瓷套管及多油断路器的介质损耗角正切值 tanδ前，测试绝缘电阻应正常。

（2）在合闸状态分别测量每相整体（包括灭弧室、绝缘提升杆和套管）的 tanδ和电容值（该项测量一般在需要时进行）。

（3）多油断路器在分闸状态下，连同套管一起进行测量，测量时采用“反接线”，分别测量多油断路器的 U1、U2、V1、V2、W1、W2 相，共计 6 次。测试时，1 只套管加压测试，其余 5 只套管均接地，按图 ZY1800503004-1 或图 ZY1800503004-2 进行接线（如果套管是电容式套管，则按 QS1 西林电桥正接线测试套管本身 tanδ及电容量），确认接线无误后，进行升压，严格按照仪器操作步骤进行（由于油箱内部绝缘对整体 tanδ值的影响是建立在套管标准的基础上，因此，“标准”规定在 20℃时非纯瓷套管断路器 tanδ允许比同型号的单独套管增大一些，见 DL/T 596—1996 规定）。

当测得的 tanδ值超出试验标准或与以前比较显著增大时，应进行分解试验，查找原因，分解试验步骤如下：

1）落下油箱（油箱无法落下者，可放去油箱内绝缘油）使灭弧室露出油面，进行测试。如 tanδ明显下降者，则可能是绝缘油和油箱绝缘围屏绝缘不良。

2）测试结果，如 tanδ无明显下降变化，则应擦净油箱内瓷套表面再试，如 tanδ明显下降则可能是套管脏污。

3）如测试结果，tanδ仍无明显变化，则可卸去灭弧室的屏罩再试，如 tanδ明显下降，则可能是屏罩受潮，否则应拆卸灭弧室再进行测试（即测试单独套管的 tanδ）。

4）如拆卸灭弧室后测试，tanδ明显降低，则说明灭弧室受潮，否则说明套管绝缘不良。

六、测试注意事项

（1）试验应在良好的天气，试品及环境温度不低于+5℃、湿度在 80%以下的条件下进行。

（2）如测量单套管时宜采用正接法，这样受干扰小，测量结果较为准确，操作安全方便。使用反接法时，应尽量排除干扰。

（3）无论采用何种接线方式，电桥本体必须良好接地。

七、测试结果分析及测试报告编写

（一）测试结果分析

1. 测试标准及要求

根据《电气装置安装工程　电气设备交接试验标准》（GB 50150—2006）、《电力设备预防性试验规程》（DL/T 596—1996）及《现场绝缘试验实施导则》（DL/T 474—2006）的规定：

（1）大修后、运行中，20℃多油断路器的非纯瓷套管的 tanδ（%）允许值见表 ZY1800503004-1 所示。

表 ZY1800503004-1　　20℃多油断路器的非纯瓷套管 tanδ（%）允许值

20℃时多油断路器的非纯瓷套管的 tanδ（%）值				
电压等级（kV）		20～35	66～110	220～500
大修后	充油型	3.0	1.5	—
	油纸电容型	1.0	1.0	0.8
	充胶型	3.0	2.0	—
	胶纸电容型	2.0	1.5	1.0
	胶纸型	2.5	2.0	—
运行中	充油型	3.5	1.5	—
	油纸电容型	1.0	1.0	0.8
	充胶型	3.5	2.0	—
	胶纸电容型	3.0	1.5	1.0
	胶纸型	3.5	2.0	—

（2）预防性试验时，20℃非纯瓷套管断路器的 tanδ（%）值，可比表 ZY1800503004-1 中相应的 tanδ（%）值增加下列数值，如表 ZY1800503004-2 所示。

表 ZY1800503004-2　　相应的 tanδ（%）增加值

额定电压（kV）	≥126	＜126	40.5（DW1-35、DW1-35D）
tanδ（%）值的增加数	1	2	3

1）油纸电容型套管的 tanδ（%）一般不进行温度换算，当 tanδ（%）与出厂值或上次测试值比较有明显增长或接近表 ZY1800503004-1 数值时，应综合分析 tanδ（%）与温度、电压的关系。当 tanδ（%）随温度增加明显增大或试验电压由 10kV 升到 $U_m/\sqrt{3}$ 时，tanδ（%）增量超过±0.3%，不应继续运行。

2）20kV 以下纯瓷套管及与变压器油联通的油压式套管不测 tanδ（%）。

3）电容型套管的电容值与出厂值或上次试验值的差别超出±5%时，应查明原因。

4）带并联电阻断路器整体 tanδ（%）可相应增加 1。

（3）交接试验时，测量 20kV 及以上非纯瓷套管的主绝缘介质损耗角正切值 tanδ（%）和电容值应符合以下规定：

1）在室温不低于 10℃的条件下，套管的介质损耗角正切值 tanδ(%)不应大于表 ZY1800703004-3 的规定。

2）电容型套管的实测电容量值与产品铭牌数值相比，其差值应在±5%范围内。

表 ZY1800503004-3　　交接试验时套管的主绝缘介质损耗角正切值 tanδ（%）的标准

套管主绝缘类型		tanδ（%）最大值
电容式	油浸纸	0.7
	胶浸纸	0.7（对 20kV 及以上老产品可为 2 或 2.5）
	胶粘纸	1.0（66kV 及以下电压等级套管为 1.5，对 20kV 及以上老产品可为 2 或 2.5）
	浇铸树脂	1.5
	气体	1.5
	有机复合绝缘	0.7（介质损耗角试验宜在干燥环境下进行）
非电容式	浇铸树脂	2.0
	复合绝缘	由供需双方商定
其他套管		由供需双方商定

2. 测试结果分析

对 tanδ值进行判断的基本方法除应与有关“标准”规定值比较外，还应与历年值相比较，观察其发展趋势。根据设备的具体情况，有时即使数值仍低于标准，但增长迅速，也应引起充分注意。此外，还可与同类设备比较，看是否有明显差异。在比较时，除 tanδ值外，还应注意 C_x 值的变化情况。如发生明显变化，可配合其他试验方法，如绝缘油的分析、直流泄漏电流试验或提高测量 tanδ值的试验电压等进行综合判断。

(二) 测试报告编写

测试报告填写应包括设备运行编号、设备参数、测试时间、测试人员、天气情况、环境温度、湿度、使用地点、测试结果、测试结论、试验性质（交接试验、预防性试验、检查、施行状态检修的应填明例行试验或诊断试验）、使用仪器名称及型号、出厂编号，备注栏写明其他需要注意的内容，如是否拆除引线等。

八、案例

案例 1：某变电站对 DW1–35、DW8–35 型多油断路器分解测试 tanδ，结果如表 ZY1800503004-4 所示。

表 ZY1800503004-4　　多油断路器分解测试 tanδ结果

断路器		试验情况	折算到 28℃时的 tanδ（%）	试验温度（℃）	判断结果
DW1–35	1	（1）分闸状态、一支套管； （2）落下油箱； （3）去掉灭弧室	7.9 6.2 5.7	27 24.5 24.5	（1）需解体试验； （2）油箱绝缘筒良好，需再解体； （3）灭弧室良好，套管不合格
	2	（1）分闸状态、一支套管； （2）落下油箱； （3）去掉灭弧室	8.4 3.5 0.7	23 25 26	（1）需解体试验； （2）油箱绝缘筒不良，还有不良部位，需解体； （3）灭弧室受潮，套管良好
DW8–35	1	（1）分闸状态、一支套管； （2）落下油箱； （3）去掉灭弧室	8.2 6.3 5.4	30 29 28	（1）不合格，需解体试验； （2）油箱绝缘筒良好，需再解体； （3）灭弧室良好，套管不合格
	2	（1）分闸状态、一支套管； （2）落下油箱； （3）去掉灭弧室	9.3 4.1 0.9	20 22 23	（1）不合格，需解体试验； （2）油箱绝缘筒不良，需再解体； （3）灭弧室受潮、套管良好

案例 2：某变电站多油断路器 DW2–35 型预防性试验时发现 tanδ异常，U1 相整体试验 tanδ= 6.1%，卸去油箱及灭弧室测得 tanδ分别为 3.3%及 1.5%；V2 相整体试验 tanδ= 6.1%，卸去油箱及灭弧室测得 tanδ分别为 3.8%及 1.6%；W2 相整体试验 tanδ= 6.9%，卸去油箱及灭弧室测得 tanδ分别为 4.6%及 3.8%（26℃，湿度 60%）；W2 相整体 tanδ>6%，说明该断路器已受潮，卸去油箱及灭弧室时 tanδ>3.0%，说明套管有问题。后经更换不合格套管，对所有灭弧室、隔板进行 24h 的烘烤及真空滤油，重新组装。测试 tanδ，U1 为 4.9%，V1 为 5.0%，U2 为 5.0%，V2 为 5.1%，W1 为 5.1%，W2 为 5.2%（阴天，24℃，湿度 66%）试验合格，但总体水平不高，绝缘水平下降。

【思考与练习】

1. 测量 40.5kV 及以上非纯瓷套管 tanδ和多油断路器的介质损耗角正切值 tanδ的目的是什么？
2. 如何查找多油断路器的绝缘缺陷？

模块 5　套管介质损耗角正切值 tanδ和电容量测试（ZY1800503005）

【模块描述】本模块介绍电容型套管介质损耗角正切值 tanδ和电容量的测试方法和技术要求。通过测试工作流程的介绍，掌握电容型套管介质损耗角正切值 tanδ和电容量测试前的准备工作和相关安全、技术措施、测试方法、技术要求及测试数据分析判断。

【正文】

一、测试目的

套管介质损耗角正切值 tanδ 和电容量测试是判断套管是否受潮的一个重要试验项目。根据套管介质损耗角正切值 tanδ 和电容量的变化可以较灵敏地反映出套管绝缘劣化、受潮、电容层短路、漏油和其他局部缺陷。

二、测试仪器、设备的选择

（1）选用西林电桥（QS1 电桥）或数字式自动介损测试仪，所选仪器必须符合《高压介质损耗测试仪通用技术条件》（DL/T 962）要求。

（2）选用一次电压不小于 10kV，电流不小于 0.1A 的工频试验变压器。

（3）选用单相自耦调压器，其容量不小于 2kVA。

（4）选用量程为 75～600V、0.5 级交流电压表。

三、危险点分析及控制措施

1. 防止高处坠落

工作人员在进行套管拆、接线时，必须系好安全带。使用梯子必须有人扶持或绑牢。对 220kV 及以上套管，需解开高压引线时，宜使用高处作业车（或高处检修作业架），严禁徒手攀爬套管。

2. 防止高处落物伤人

高处作业应使用工具袋，上下传递物件应用绳索拴牢传递，严禁抛掷。

3. 防止人员触电

拆、接试验接线前，应将被试设备对地充分放电，以防止剩余电荷、感应电压伤人及影响测量结果。试验仪器的金属外壳应可靠接地，仪器操作试验人员必须站在绝缘垫上或穿绝缘鞋操作仪器。测试前应与检修负责人协调，不允许有交叉作业。

四、测试前的准备工作

1. 了解被试设备现场情况及试验条件

查勘现场，查阅相关技术资料，包括该套管历年试验数据及相关规程等，掌握该套管运行及缺陷情况。

2. 测试仪器、设备准备

选择合适的 QS1 型高压西林电桥、标准电容、操作箱（调压器及保护装置）、10kV 升压器（或数字式自动介损测试仪）、带剩余电流动作保护器的电源接线板、放电棒、接地线、安全带、安全帽、电工常用工具、试验临时安全遮栏、标示牌、万用表、温（湿）度计、电源线轴等，并查阅测试仪器、设备及绝缘工器具的检定证书有效期。

3. 办理工作票并做好试验现场安全和技术措施

向其余试验人员交代工作内容、带电部位、现场安全措施、现场作业危险点，明确人员分工及试验程序。

五、现场测试步骤及要求

（一）测试接线

1. 测量不带末屏的套管

对单独套管，采用正接线方式。将套管垂直放置在支架上，中部法兰用高电阻的绝缘垫对地绝缘。将电桥高压线接至套管导电杆，测量线“C_x”接至法兰，如图 ZY1800503005-1 所示。

已安装于电力设备上的高压套管，采用反接线方式。将套管的一次引线拆除，测量线“C_x”接至套管导电杆，套管法兰与设备金属外壳直接连接并接地，如图 ZY1800503005-2 所示。断路器套管进行测试时，应将断路器断开。

2. 测量带末屏的套管 tanδ 值

测量带末屏套管的主绝缘 tanδ 值采用正接线方式，接线如图 ZY1800503005-3 所示。将套管中部法兰直接接地，将高压线接至套管导电杆，测量线“C_x”接至末屏小套管。

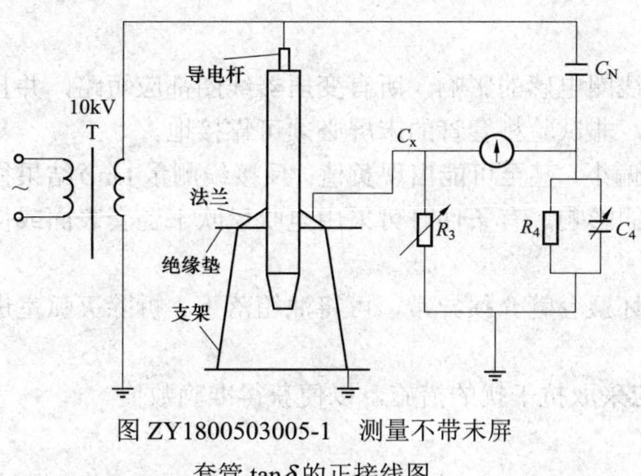

图 ZY1800503005-1　测量不带末屏套管 $\tan\delta$ 的正接线图

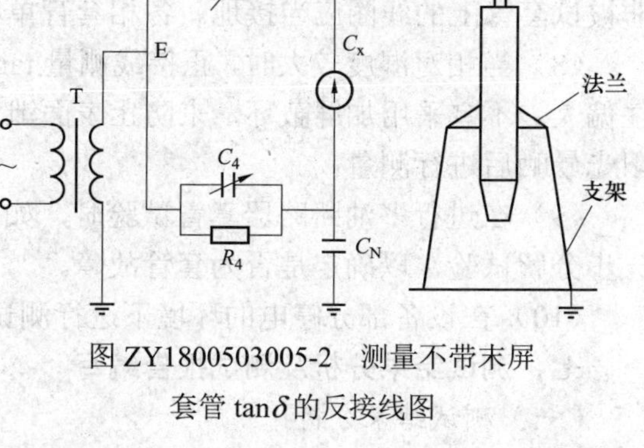

图 ZY1800503005-2　测量不带末屏套管 $\tan\delta$ 的反接线图

测量套管末屏的 $\tan\delta$ 值采用反接线方式，接线如图 ZY1800503005-4 所示。将套管中部法兰直接接地，测量线“C_x”接至末屏小套管，导电杆接电桥屏蔽。

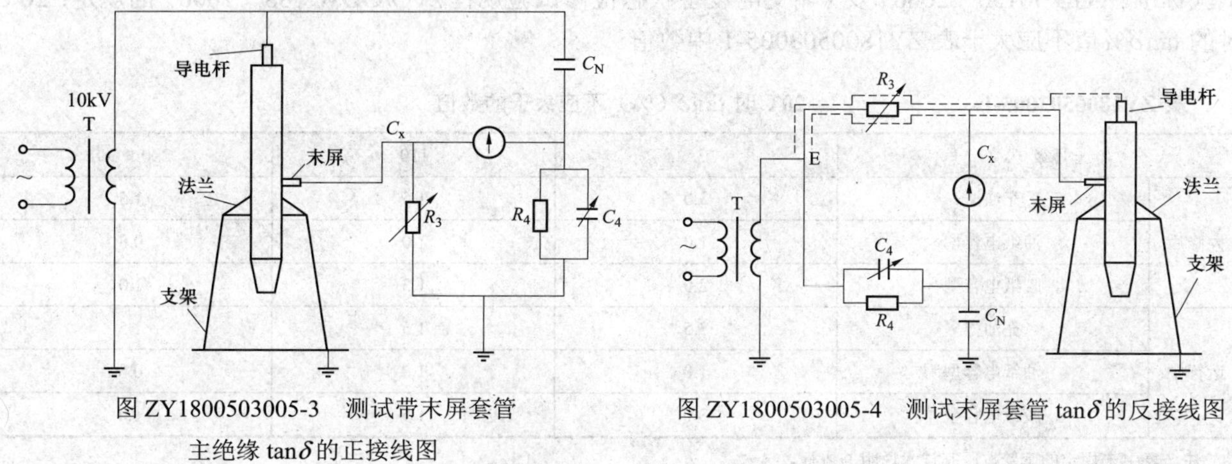

图 ZY1800503005-3　测试带末屏套管主绝缘 $\tan\delta$ 的正接线图

图 ZY1800503005-4　测试末屏套管 $\tan\delta$ 的反接线图

（二）测试步骤

（1）对套管接地放电并拆除引线。用干燥清洁柔软的布擦去被试套管外绝缘表面的脏污，必要时用适当的清洁剂洗净。

（2）进行接线，检查接线无误后，从零升至测试电压进行测试，测试完毕后，对数字式电桥应先将高压降到零，断开高压开关，读取测试数据，切断电桥电源，对被试品放电接地。对 QS1 西林电桥，测试完毕后将高压降到零，立即切断电源，读取测试数据，对被试品放电接地。

（3）恢复套管连接线，特别注意末屏接地引线的恢复。

六、测试注意事项

（1）测试应在良好的天气，湿度小于 80%，套管本身及环境温度不低于 5℃的条件下进行。

（2）测试前，应先测试被试品的绝缘电阻，其值应正常。

（3）在拆除套管一次引线时要采用正确方法，选用合适的工具进行，严防工具打滑损坏套管瓷套。拆除套管末屏接地时，注意防止末屏小套管漏油或小套管内接线转动、松脱。试验完毕应可靠恢复末屏接地，防止运行中末屏放电。

（4）油套管试验前要观察其油位是否正常，不得在套管无油的状态下进行试验。

（5）测量独立的电容型套管介损时，由于其电容小，当套管位置放置不同时，因高压电极和测量电极对周围的物体存在杂散阻抗，会对套管的实测结果有很大影响，不同的放置位置测试结果不同。因此，在测量高压电容型套管的介损时，要求垂直放置在接地的套管架上，不应把套管水平放置或吊起任意角度进行测量。

（6）测量时，应使高压引线与试品夹角接近或大于 90℃。因为套管的电容量一般不大，在测量介损时高压引线与试品的杂散电容对测量的影响较大，尤其是瓷套表面存在脏污并受潮时，所以应尽量减小高压引线与试品间的杂散电容。

（7）在测量变压器套管时，为了安全以及减少线圈电感的影响，所有变压器线圈都应短路，并且非被试套管上的线圈应当接地。各相套管单独试验，非试验相套管的末屏必须可靠接地。

（8）当相对湿度较大时，正接线测量 tanδ结果偏小，甚至可能出现负值；反接线测量 tanδ结果往往偏大。不宜采用加屏蔽环，来防止表面泄漏电流的影响。有条件时可采用电吹风吹干瓷套表面或待阳光暴晒后进行测量。

（9）在进行多油断路器套管试验时，如发现或怀疑套管介损异常，可将油箱落下、拆除灭弧室进一步分解试验，以确定是否为套管故障。

（10）在设备部分停电的环境下进行测试时，应采取抗干扰的措施，以便获得准确数值。

七、测试结果分析及测试报告编写

（一）测试结果分析

1. 测试标准及要求

（1）根据《电力设备预防性试验规程》（DL/T 596—1996）、《电气装置安装工程 电气设备交接试验标准》（GB 50150—2006）及《输变电设备状态检修试验规程》（Q/GDW 188—2008）的规定：20℃时的 tanδ%值不应大于表 ZY1800503005-1 中数值。

表 ZY1800503005-1　　20℃时 tanδ（%）不应大于的数值

电压等级（kV）		35	110	220～500
大修后	充油型	3.0	1.5	1.5
	油纸电容型	1.0	1.0	0.8
	胶纸电容型	2.0	1.5	1.0
运行中	充油型	3.5	1.5	1.5
	油纸电容型	1.0	1.0	0.8
	胶纸电容型	3.0	1.5	1.0

注　表中未规定的套管按厂家技术说明书执行。

（2）当电容型套管末屏对地绝缘电阻小于 1000MΩ时，应测量末屏对地 tanδ，其值不大于 2%。

（3）在测量套管的介损时，可同时测得其电容值。电容型套管的电容值与出厂值或上一次测量值的差别超出±5%时，应查明原因。

（4）在室温不低于 10℃的条件下，测量 20kV 及以上非纯瓷套管的主绝缘介质损耗角正切值 tanδ和电容值，套管的介质损耗角正切值 tanδ，应符合表 ZY1800503005-2 中数值。

表 ZY1800503005-2　　套管主绝缘介质损耗角正切值 tanδ（%）的标准

套管主绝缘类型		tanδ（%）最大值
电容式	油浸纸	0.7（500kV 套管 0.5）
	胶浸纸	0.7
	胶黏纸	1.0（66kV 及以下电压等级套管 1.5）
	浇铸树脂	1.5
	气体	1.5
	有机复合绝缘	0.7
非电容式	浇铸树脂	2.0
	复合绝缘	由供需双方商定
其他套管		由供需双方商定

注　1. 所列的电压为系统标称电压。
2. 对 20kV 及以上电容式充胶或胶纸套管的老产品，其 tanδ（%）值可为 2 或 2.5。
3. 有机复合绝缘套管的介损试验，宜在干燥环境下进行。

2. 测试结果分析

（1）由于油纸电容型套管的介损取决于油与纸的综合性能。良好绝缘套管在现场测量温度范围内，其介损基本不变或略有变化，且略呈下降趋势。因此油纸电容型套管的 tanδ一般不进行温度换算。

（2）当 tanδ与出厂值或上一次测量值比较有明显变化或接近上述限值时，应综合分析 tanδ与温度、电压的关系，必要时进行额定电压下的测量。当 tanδ随温度升高明显变化，或试验电压由 10kV 升到 $U_m/\sqrt{3}$，tanδ增量超过±0.3%时不应继续运行。

（3）与历史数据相比 tanδ变化量超过±0.3%时，建议取油进行分析。

（4）套管电容量分析，有以下两种情况：

1）若套管的电容量比历史数据增大，一般存在两种缺陷：① 设备密封不良，进水受潮；② 电容型少油套管内部游离放电，烧坏部分绝缘层，导致电极间的短路。

2）若套管的电容量比历史数据减小，此时主要是漏油造成设备内部进入部分空气。

（二）测试报告编写

套管介损、电容量试验报告一般与套管其他试验或主设备（变压器）共用一份试验报告，填写试验报告时应包括使用地点、套管参数、试验时间及人员、试验环境温度、相对湿度、试验仪器型号、测试结果、试验性质、试验结论等。备注栏写明其他需要注意的内容如是否拆除引线等。

八、案例

案例 1：某供电局 110kV 主变 U 相套管（型号 BRL2 W–110/600 油纸电容式套管，1975–08 出厂，电容量为 280pF），在试验中介损为 0.9%，电容量 293pF，末屏对地绝缘电阻为 1600MΩ，虽然介损、电容量和套管末屏绝缘电阻均未超出规程规定（tanδ＜1.0%，末屏绝缘电阻＞1000MΩ），但与上次试验结果（tanδ：0.15%，电容量：286pF，末屏对地绝缘电阻：2500MΩ）相比，变化已非常明显。综合分析主要原因是由于套管密封不良受潮引起的。现场决定对套管进行烘干处理，经过解体对套管电容芯进行烘干处理后测量 tanδ为 0.14%，电容量为 281pF，末屏对地绝缘电阻为 10 000MΩ。套管绝缘性能恢复正常。

案例 2：某支 220kV 套管，投运前发现储油柜漏油，添加 50kg 合格绝缘油后才见到油位，其测试结果如表 ZY1800503005-3 所示。

表 ZY1800503005-3　　220kV 套管测试结果

测试部位	tanδ（%）	绝缘电阻（MΩ）
主绝缘	0.33	50 000
末屏对地	6.3	60

从表 ZY1800503005-3 可见，若只测量主绝缘 tanδ，则可判断绝缘无异常；但若测量末屏对地的 tanδ，说明外层绝缘已严重受潮。由于外层绝缘受潮也将导致主绝缘逐渐受潮，只是在测量时尚未达到严重程度而已。

【思考与练习】

1. 电容型套管的电容量与出厂值或上一次测量值有明显差别时，可能的原因有哪些？

2. 测量 110kV 电容型套管主绝缘 tanδ和末屏对地的 tanδ，接线有何区别？标准是什么？

模块 6　电容器介质损耗角正切值 tanδ 的测试（ZY1800503006）

【模块描述】本模块介绍耦合电容器和断口电容器极间介质损耗角正切值 tanδ的测试方法和技术要求。通过测试工作流程的介绍，掌握电容器介质损耗角正切值 tanδ测试前的准备工作和相关安全、技术措施、测试方法、技术要求及测试数据分析判断。

【正文】

一、测试目的

电容器介质损耗角正切值 tanδ和电容器绝缘介质的种类、厚度、浸渍剂的特性以及制造工艺有关。

电容器 $\tan\delta$ 的测量能灵敏地反映电容器绝缘介质受潮、击穿等绝缘缺陷，对制造过程中真空处理和剩余压力、引线端子焊接不良、有毛刺、铝箔或膜纸不平整等工艺的问题也有较灵敏的反应，所以说电容器介质损耗角正切值 $\tan\delta$ 是电容器绝缘优劣的重要指标。

二、测试仪器的选择

$\tan\delta$ 的测试可选用 QS1 型高压西林电桥和数字式自动介损测试仪。

三、危险点分析及控制措施

1. 防止高处坠落

在电容器上作业应系好安全带。对 220kV 及以上电容器，需解开引线时，宜使用高处作业车，严禁徒手攀爬互感器套管。

2. 防止高处落物伤人

高处作业应使用工具袋，上下传递物件应用绳索拴牢传递，严禁抛掷。

3. 防止工作人员触电

拆、接试验接线前，应将被试设备对地充分放电，以防止剩余电荷、感应电压伤人及影响测量结果。测试前与检修负责人协调，不允许有交叉作业，试验接线应正确、牢固，试验人员应精力集中，试验设备外壳应可靠接地。

四、测试前的准备工作

1. 了解被试设备现场情况及试验条件

查勘现场，查阅相关技术资料，包括该设备历年试验数据及相关规程等，掌握该设备运行及缺陷情况。

2. 测试仪器、设备准备

选择合适的 QS1 型高压西林电桥、标准电容、操作箱、10kV 升压器或数字式自动介损测试仪、测试线、温（湿）度计、放电棒、接地线、梯子、安全带、安全帽、电工常用工具、试验临时安全遮栏、标示牌等，并查阅测试仪器、设备及绝缘工器具的检定证书有效期。

3. 办理工作票并做好试验现场安全和技术措施

向其余试验人员交代工作内容、带电部位、现场安全措施、现场作业危险点，明确人员分工及试验程序。

五、现场测试步骤及要求

（一）耦合电容器测试

1. 测试接线

耦合电容器 $\tan\delta$ 的测量一般采用正接线，分析比较时采用反接线测量。正接线测试接线如图 ZY1800503006-1（a）所示，反接线测试接线如图 ZY1800503006-1（b）所示。采用正接线测量时，耦合电容器高压电极接测试电压，法兰接地，耦合电容器低压电极小套管接电桥 C_x 端，若被试品没有小套管，C_x 端与法兰连接并垫绝缘物测量。采用反接线时，耦合电容器高压电极接电桥 C_x 端，法兰和小套管接地。

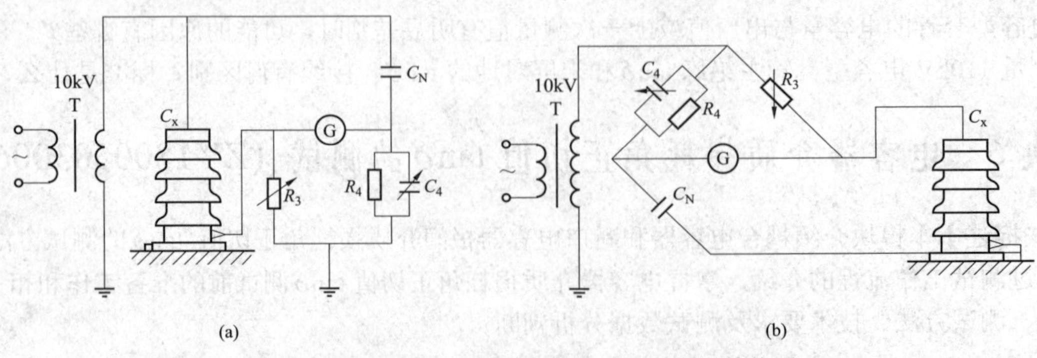

图 ZY1800503006-1 耦合电容器 $\tan\delta$ 的测试接线图

（a）正接线；（b）反接线

T—试验变压器；G—检流计；C_x—被试品；R_3、R_4—标准电阻；C_N、C_4—标准电容

2. 测试步骤

耦合电容器 tanδ测量采用正接线测量时，先将被试电容器对地放电并接地，拆除被试电容器对外所有一次连接线，电容器法兰接地，打开小套管接地线并与电桥 C_x 端相连接，高压引线接至电容器高压电极，取下接地线，检查接线无误后，通知其他人员远离被试品并监护。合上试验电源，从零开始升压至测试电压进行测试，测试电压为 10kV。测试完毕后先将电压降到零，然后读取测量数据，切断电源，对被试品进行放电并接地，拆除测试引线。特别注意小套管接地引线的恢复。

采用反接线测量时，电桥 C_x 端接电容器高压电极，低压电极接地。测量下节耦合电容器时下法兰和小套管接地，采用反接线测量时，桥体接地应直接与被试品接地点直接连接，测试电压为 10kV。

（二）断路器电容器测试

1. 测试接线

断路器电容器 tanδ测量通常采用正接线，如图 ZY1800503006-2 所示，测量时被试电容器一端接测试电压，另一端接电桥 C_x 端。如断口电容器在安装前测试，应注意测量端要垫绝缘物。

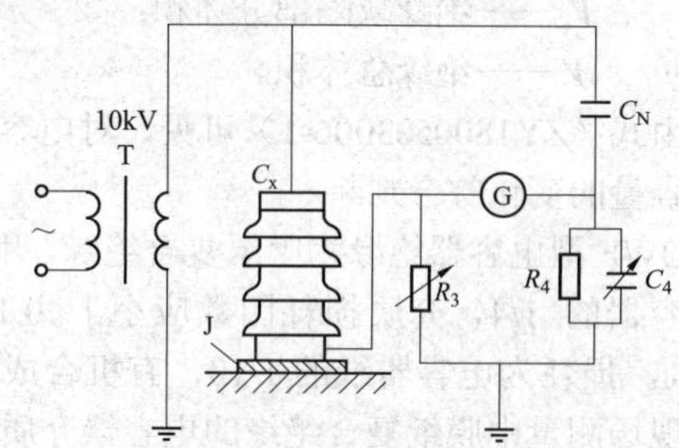

图 ZY1800503006-2　断口电容器 tanδ测量接线图

T—试验变压器；J—绝缘物；G—检流计；C_x—被试品；R_3、R_4—标准电阻；C_N、C_4—标准电容

2. 测试步骤

交接时断口电容器的 tanδ应在安装前测试，主要是避免断路器灭弧室的影响。测试前先将被试电容器对地放电并接地，高压引线接至断路器电容器一端电极，电容器另一端接电桥 C_x 端。取下接地线，检查接线无误后，通知其他人员远离被试电容器。合上试验电源，从零开始升压至测试电压进行测试，测试电压为 10kV。测试完毕后将电压降到零后读取测量数据，然后切断电源，对被试品进行放电并接地。

预防性试验时，如果测试数据偏大，可将电容器拆下进行测试。

六、测试注意事项

（1）测试应在良好的天气下进行，电容器本身及环境温度不低于+5℃，电容器表面脏污、潮湿时，应采取擦拭和烘干等措施减少表面泄漏电流的影响，必要时加屏蔽环屏蔽表面泄漏电流。

（2）采用反接线测量时，电桥本体用截面较大的裸铜导线可靠接地，接地点应直接与被试品接地点直接连接。注意电桥 C_x 端对地距离应足够大，引线不能过长，以减少对地电容的影响。

（3）接线紧凑、布置合理，注意电场、磁场干扰。测试现场如有电场或磁场干扰应采用移相法、倒相法或变频法等抗干扰法进行测量。

（4）高压引线连接应紧密牢靠，否则接触电阻会对膜纸复合绝缘电容器 tanδ带来误差。

（5）测试前必须检查电容器是否漏油。如漏油，则电容器应退出运行，不必进行测试。

七、测试结果分析及测试报告编写

（一）测试结果分析

1. 测试标准及要求

根据《电力设备预防性试验规程》（DL/T 596—1996）、《电气装置安装工程　电气设备交接试验标准》（GB 50150—2006）及《输变电设备状态检修试验规程》（Q/GDW 188—2008）的规定，测量耦合电容器的介质损耗角正切值 tanδ，应符合下列要求：

（1）交接试验测得的介质损耗角正切值 tanδ应符合产品技术条件的规定。

（2）预防性试验数值：油纸绝缘耦合电容器 tanδ（%）不大于 0.5，复合绝缘耦合电容器 tanδ（%）不大于 0.2；油纸绝缘断路器电容器 tanδ（%）不大于 0.5，复合绝缘断路器电容器 tanδ（%）不大于 0.25。

2. 测试结果分析

电容器 tanδ值不应超过规程规定值和产品技术条件的规定，测试数据与原始值相比不应有显著变化，一般应小于 30%。

电容器 tanδ测量通常采用正接线。如果检查瓷套绝缘状况，可使用反接线测试，反接线能反映瓷套裂纹及内壁受潮的绝缘缺陷。

电容器内部元件为串、并联结构，特别是耦合电容器等电容器串联元件较多，个别元件短路、开路或劣化，tanδ反应并不是很灵敏，因为tanδ与缺陷部分体积大小有关，其关系为

$$\tan\delta = \tan\delta_1 + \frac{V_2}{V}\tan\delta_2 \quad (ZY1800503006\text{-}1)$$

式中 tanδ_1——绝缘良好部分介质损耗角正切值；

tanδ_2——绝缘缺陷部分介质损耗角正切值；

V_2——绝缘缺陷部分体积；

V——绝缘总体积。

由式（ZY1800503006-1）可见，对电容量较大的试品，tanδ反应绝缘缺陷并不是很灵敏，还要结合电容量的变化综合判断。

OWF 型电容器绝缘为膜纸复合绝缘，用聚丙烯薄膜与电容器纸复合，有功损耗较低，约为油纸绝缘电容器的 1/4，介质损耗因数应小于 0.1%，因为其中聚丙烯粗化膜电容器的介质损耗因数只有 0.01%，损耗为电容器纸的 1/10，有机合成浸渍剂的介质损耗因数也只有 0.03%。

现场测量中膜纸复合绝缘的电容器介质损耗 tanδ一般小于 0.2%，但有少部分介质损耗超过 0.2，应具体分析判断，不能轻易判断不合格。现场测量中应使用分辨率高、误差小的交流电桥或数字式自动介损测试仪测试。如果使用 QS1 电桥测试，电桥 Z_4 臂可并联一电阻 R_b 以提高分辨率，如将 QS1 电桥分辨率提高至 0.01%，并联电阻计算式为

$$R_b = \frac{R_4}{N-1} = \frac{3184}{10-1} = 353.8(\Omega) \quad (ZY1800503006\text{-}2)$$

式中 R_b——外加并联电阻，Ω；

R_4——电桥 Z_4 桥臂标注电阻，Ω；

N——分辨率提高倍数。

电桥 Z_4 臂并联电阻后提高了分辨率 N 倍，并联电阻后的 tanδ_b 的计算式为

$$\tan\delta_b = \frac{\tan\delta}{N} \quad (ZY1800503006\text{-}3)$$

式中 tanδ——测量值，%。

电桥 Z_4 臂并联电阻后电容量扩大了 N 倍，并联电阻后的 C_{xb} 的计算式为

$$C_{xb} = \frac{C_x}{N} \quad (ZY1800503006\text{-}4)$$

式中 C_x——电容量测量值，pF。

电容器 tanδ的综合判断如下：

（1）与规程值比较；

（2）与产品技术条件比较；

（3）与历年数据比较；

（4）与同类设备测试数据比较；

（5）观察测试数据变化趋势；

（6）观察测试数据变化速率；

（7）观察电容量变化；

（8）必要时测量温度与 tanδ的关系曲线。

（二）测试报告编写

测试报告填写应包括被试设备运行编号、测试时间、测试人员、天气情况、环境温度、湿度、使用地点、电容器参数、测试结果、测试结论、试验性质（交接试验、预防性试验、检查、施行状态检修的应填明例行试验或诊断试验）、测试设备、仪器的型号、出厂编号，备注栏写明其他需要注意的内容，如是否拆除引线等。

八、案例

一台型号 OY–110/$\sqrt{3}$–0.01 的耦合电容器，原始 tanδ测试数据是 0.2%，电容量 0.009 980μF，测试环境温度 29℃，本次测试数据 0.3%，电容量 0.011 00μF，测试环境温度 30℃，tanδ增大，电容量增长明显，仔细检查发现耦合电容器上法兰与瓷套结合处渗油。分析认为耦合电容器密封不严进水受潮，导致绝缘劣化。因为良好的油纸绝缘的 tanδ在 10～30℃范围内是稳定的或变化很小的，只有绝缘劣化 tanδ变化才会明显，电容量增大显著，说明电容器进水受潮，因为水的介电系数比电容器油要高。

【思考与练习】

1. 耦合电容器 tanδ测试接线通常采用哪种接线？
2. 目前常用的耦合电容器绝缘介质主要有哪几种？
3. 进行断路器电容器 tanδ交接试验，有什么要求？
4. QS1 电桥提高分辨率时并联电阻 R_b 和 tanδ_b 如何计算？

第十八章　工频交流耐压试验

模块 1　互感器外施工频耐压试验（ZY1800504001）

【模块描述】本模块介绍互感器的外施工频耐压试验方法及技术要求。通过对试验工作流程的介绍，掌握互感器的外施工频耐压试验前的准备工作和相关安全、技术措施、试验方法、技术要求及测试数据分析判断。

【正文】

一、试验目的

为考核电流互感器和全绝缘电压互感器的主绝缘强度和检查其局部缺陷，电流互感器和全绝缘电压互感器必须进行绕组连同套管一起对外壳的交流耐压试验。电流互感器和全绝缘电压互感器外施工频耐压试验一般在交接、大修后或必要时进行。串级式电压互感器及分级绝缘的电压互感器，因高压绕组首末端对地电位和绝缘等级不同，不能进行外施工频耐压试验，只能用倍频感应耐压试验来考核其绝缘。

二、试验仪器、设备的选择

（1）由于互感器要求的试验电源容量相对较小，因此只要有相应电压等级的试验变压器即可方便地进行该项试验。

（2）选用接触式单相调压器，容量与试验变压器相适应。

（3）保护电阻 R_1 一般取 0.1～0.5Ω/V，并应有足够的热容量和长度。与保护球隙串联的保护电阻 R_2，其电阻值通常取 1Ω/V，长度按表 ZY1800504001-1 选取。

表 ZY1800504001-1　　保护电阻器最小长度

试验电压（kV）	电阻器长度（mm）	试验电压（kV）	电阻器长度（mm）
50	250	150	800
100	500		

（4）选用数字式、多量程峰值电压表。试验电压的测量一般应在高压侧进行。由于互感器电容较小，交流耐压试验可在低压侧测量，并根据变比进行换算。电压表量程要满足测量要求，准确度等级不小于 0.5 级。

（5）选用相应电压等级的电容分压器。

三、危险点分析及控制措施

1. 防止高处坠落

使用梯子应有人扶持或绑牢，在互感器上作业应系好安全带。

2. 防止高处落物伤人

高处作业应使用工具袋，上下传递物件应用绳索拴牢传递，严禁抛掷。

3. 防止工作人员触电

拆、接试验接线前，应将被试设备对地放电。加压前应与检修负责人协调，不允许有交叉作业。工作人员应与带电部位保持足够的安全距离。试验仪器的金属外壳应可靠接地，仪器操作人员必须站在绝缘垫上。

四、试验前的准备工作

1. 了解被试设备现场情况及试验条件

查勘现场，查阅相关技术资料，包括该设备历年试验数据及相关规程等，掌握该设备运行及缺陷情况。

2. 试验仪器、设备准备

选择合适的试验变压器及控制台、保护电阻器、球隙、电容分压器、峰值电压表、绝缘电阻表、放电棒、绝缘操作杆、接地线、梯子、安全带、安全帽、电工常用工具、试验临时安全遮栏、标示牌等，并查阅测试仪器、设备及绝缘工器具的检定证书有效期。

3. 办理工作票并做好试验现场安全和技术措施

向其余试验人员交代工作内容、带电部位、现场安全措施、现场作业危险点，明确人员分工及试验程序。

五、现场试验步骤及要求

（一）试验接线

电流互感器及全绝缘电压互感器外施工频耐压试验接线，如图 ZY1800504001-1 所示。试验时，将一次绕组短接加压，二次绕组短路与外壳一起接地。

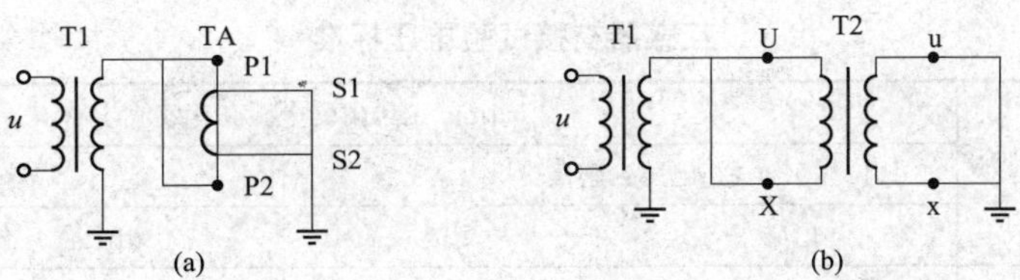

图 ZY1800504001-1　电流互感器和全绝缘电压互感器外施工频耐压试验原理接线图

（a）电流互感器外施工频耐压试验原理接线；（b）全绝缘电压互感器外施工频耐压试验原理接线

T1—试验变压器；TA—被试电流互感器；T2—被试电压互感器

（二）试验步骤

（1）将互感器各绕组接地放电，拆除或断开互感器对外的一切连线。

（2）测试绝缘电阻，其值应正常。

（3）将一次绕组短接加压，二次绕组短路与外壳一起接地，进行接线，并检查试验接线正确无误、调压器在零位，试验回路中过电流和过电压保护应整定正确、可靠。

（4）合上试验电源，开始升压进行试验。升压速度在 75%试验电压以前，可以是任意的，自 75%电压开始应均匀升压，约为每秒 2%试验电压的速率升压。升至试验电压，开始计时并读取试验电压。时间到后，迅速均匀降压到零（或 1/3 试验电压以下），然后切断电源，放电、挂接地线。试验中如无破坏性放电发生，则认为通过耐压试验。

（5）测试绝缘电阻，其值应正常（一般绝缘电阻下降不大于 30%）。

六、试验注意事项

（1）交流耐压是一种破坏性试验，因此耐压试验之前被试品必须通过绝缘电阻、tanδ 等各项绝缘试验且合格。充油设备还应在注油后静置足够时间（110kV 及以下，24h；220kV，48h；500kV，72h）方能加压，以避免耐压时造成不应有的绝缘击穿。

（2）进行绝缘试验时，被试品温度应不低于+5℃，户外试验应在良好的天气进行，且空气相对湿度一般不高于 80%。

（3）试验过程中试验人员之间应口号联系清楚，加压过程中应有人监护并呼唱。

（4）升压必须从零（或接近于零）开始，切不可冲击合闸。

（5）升压过程中应密切监视高压回路、试验设备、测试仪表，监听被试品有何异响。

（6）有时耐压试验进行了数十秒钟，中途因故失去电源使试验中断，在查明原因恢复电源后，应重新进行全时间的持续耐压试验，不可仅进行“补足时间”的试验。

七、试验结果分析及试验报告编写

（一）试验结果分析

1. 试验标准及要求

根据《电气装置安装工程 电气设备交接试验标准》（GB 50150—2006）、《电力设备预防性试验规程》（DL/T 596—1996）、《现场绝缘试验实施导则》（DL/T 474—2006）及《输变电设备状态检修试验规程》（Q/GDW 188—2008）的规定：

（1）互感器预防性试验电压标准，见表 ZY1800504001-2。

表 ZY1800504001-2　　互感器预防性试验电压标准

1）一次绕组按出厂值的 85%进行。出厂值不明的按下列电压进行试验：							
电压等级（kV）	3	6	10	15	20	35	66
试验电压（kV）	15	21	30	38	47	72	120
2）二次绕组之间及末屏对地为 2kV（也可用 2500V 绝缘电阻表测绝缘代替）							
3）全部更换绕组绝缘后，应按出厂值进行							

（2）互感器交接试验电压标准，见表 ZY1800504001-3。

表 ZY1800504001-3　　互感器交接试验电压标准

额定电压（kV）	最高工作电压（kV）	1min 工频耐受电压（有效值，kV）			
		电压互感器		电流互感器	
		出厂	交接	出厂	交接
3	3.6	25（18）	20（14）	25	20
6	7.2	30（23）	24（18）	30	24
10	12	42（28）	33（22）	42	33
15	17.5	55（40）	44（32）	55	44
20	24.0	65（50）	52（40）	65	52
35	40.5	95（80）	76（64）	95	76
66	69.0	140/185	112/148	140/185	112/148
110	126	200/230	160/184	200/230	160/184
220	252	395/460	316/368	395/460	316/368
330	363	510/630	408/504	510/630	408/504
500	550	680/740	544/592	680/740	544/592

注 1. 表中电气设备出厂试验电压参照现行国家标准《高压输变电设备的绝缘配合》（GB 311.1）。
2. 括号内的数据为全绝缘结构电压互感器的匝间绝缘水平。
3. 斜杠上下为不同绝缘水平取值，以出厂（铭牌）值为准。
4. 交接试验时按出厂试验电压的 80%进行。
5. 二次绕组之间及其对外壳的工频耐压试验电压标准应为 2kV。
6. 电压等级 110kV 及以上的电流互感器末屏及电压互感器接地端（N）对地的工频耐压试验电压标准应为 3kV。

2. 试验结果分析

互感器耐压试验后，可结合其他试验，如耐压前后的绝缘电阻测试、绝缘油的色谱分析等测试结果，进行综合判断，以确定被试品是否通过试验。

耐压试验过程中出现的现象同样是判断被试品合格与否的重要根据。现将常见绝缘缺陷可能引发的试验异常现象归纳成以下几点：

（1）主绝缘或匝绝缘击穿。发生这类放电时，表计指针摆动、电流上升、电压下降、试验回路过电流保护动作，重复试验时，则故障愈加发展。

（2）油间隙或油中气泡放电。这类放电时表计指针摆动，器身内并有响声。但油隙放电电流突变而电压下跌不大，并在再次加压时电压并不明显下降，其放电响声清脆。而气泡放电响声轻微断续，表计指示抖动，摆动不大，再次加压时放电响声消失，转为正常试验。

（3）悬浮物放电或固体绝缘爬电。这种类型放电响声混沌沉闷，电流突增，再次试验时异常现象不消失，且电压下跌，电流增大。

（二）试验报告编写

试验报告填写应包括设备的运行编号、设备参数、试验时间、试验人员、天气情况、环境温度、湿度、使用地点、试验结果、试验结论、试验性质（交接试验、预防性试验、检查、施行状态检修的应填明例行试验或诊断试验）、使用仪器名称型号及出厂编号，备注栏写明其他需要注意的内容，如是否拆除引线等。

八、案例

某变电站新更换一台 LMZ-10 型电流互感器，进行外施工频耐压试验，当试验电压升至 32.5kV（按规程规定：交接试验电压应为 33kV）时，互感器一次绕组对二次及地间发生击穿，经解体检查发现环氧浇铸绝缘部分有气泡。

【思考与练习】

1. 串级式电压互感器及分级绝缘的电压互感器，为什么不能进行外施工频耐压试验？

2. 互感器耐压试验时，如何根据试验中的异常现象判断主绝缘或匝绝缘击穿？

模块 2　绝缘子、套管交流耐压试验（ZY1800504002）

【模块描述】本模块介绍绝缘子、套管交流耐压试验的方法和技术要求。通过试验工作流程的介绍，掌握绝缘子、套管交流耐压试验前的准备工作和相关安全、技术措施、试验方法、技术要求及测试数据分析判断。

【正文】

一、试验目的

绝缘子、套管的交流耐压试验是鉴定其绝缘强度最直接的方法，它对于判断绝缘子、套管能否投入运行具有决定性的意义，也是保证绝缘子、套管绝缘水平，避免发生绝缘事故的重要手段。交流耐压试验符合设备实际运行情况，因此能有效地发现绝缘缺陷。

二、试验仪器、设备的选择

1. 试验变压器

（1）电压的选择。根据被试品的试验电压，选用电压合适的试验变压器，还应考虑试验变压器低压侧电压是否和试验现场的电源电压及调压器相符。当试验电压较高时，可采用串级式试验变压器。

（2）电流的选择。试验变压器的额定电流，应能满足流过被试品的电容电流和泄漏电流的要求，计算式为

$$I=\omega C_x U \qquad (ZY1800504002\text{-}1)$$

式中　I——试验变压器高压侧应输出的电流，mA；

ω——角频率，$\omega=2\pi f$；

C_x——被试品电容量，μF；

U——试验电压，kV。

其中，C_x 对于绝缘子一般为 100pF 以下，对于高压套管为 50～600pF。

（3）容量的选择。一般按式（ZY1800504002-2）计算，在试验时，按计算值选择变压器容量，一般不得超负荷运行。对采用电压互感器做试验电源时，容许在 3min 内超负荷 3.5～5 倍，即

$$P=\omega C_x U^2\times10^{-3} \qquad (ZY1800504002\text{-}2)$$

式中　P——试验变压器容量，kVA；

其他符号含义同式（ZY1800504002-1）。

2. 对于绝缘子和套管耐压尽量采用自耦调压器

要求：① 波形畸变小和阻抗电压低；② 从零起升压，能实现连续、平稳调压；③ 容量计算式为

$$P_0=(0.75\sim1)P$$

式中　P_0——调压器容量，kVA；

P——试验变压器容量，kVA。

3. 保护电阻 R_1 和 R_2

保护电阻 R_1 一般取 0.1～0.5Ω/V，并应有足够的热容量和长度。与保护球隙串联的保护电阻 R_2，其电阻值通常取 1Ω/V。

4. 电压表和电流表

电压表、电流表的量程应满足测量要求，准确度等级不小于 0.5 级。分压器应满足测量要求，分压比应稳定在±1%之内。

三、危险点分析及控制措施

1. 防止高处坠落

登高作业要正确使用安全带，使用梯子时要绑扎牢固或有人扶持；使用高处作业车进行作业时，要检查作业兜的门锁是否牢固及作业车定位闭锁是否完好；在夏季要避开高温时段进行高处作业，防止工作人员高温中暑引起高处坠落。

2. 防止高处落物伤人

高处作业应使用工具袋，上下传递物件应用绳索拴牢传递，严禁抛掷。工作人员进入现场必须正确佩戴安全帽，高处作业下方不得站人。

3. 防止人员触电

试验仪器金属外壳必须可靠接地，试验人员应站在绝缘垫上操作；电容型套管试验前后必须对其进行充分放电后，方可进行换线操作；试验前设好临时围栏，停止被试设备上所有工作，并设专人进行监护；试验结束或换线前，必须将试验设备高压部分可靠接地后方可进行。

四、试验前的准备工作

1. 了解被试设备现场情况及试验条件

查勘现场，查阅相关技术资料，包括该设备历年试验数据及相关规程等，掌握该设备运行及缺陷情况。

2. 测试仪器、设备准备

选择合适的试验变压器、调压器、电源箱、升压控制箱、电压表、电流表、分压器、保护电阻、温（湿）度计、放电棒、接地线、电源线、梯子、安全带、常用工具、试验临时安全遮栏等，并查阅测试仪器、设备及绝缘工器具的检定证书有效期。

3. 办理工作票并做好试验现场安全和技术措施

向其余试验人员交代工作内容、带电部位、现场安全措施、现场作业危险点，明确人员分工及试验程序。

五、现场试验步骤及要求

（一）试验接线

绝缘子和套管交流耐压试验原理接线，如图 ZY1800504002-1 所示。

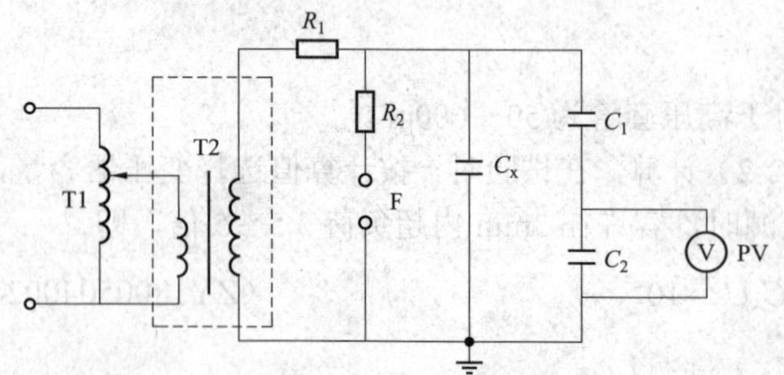

图 ZY1800504002-1　绝缘子和套管交流耐压试验原理接线图

T1—调压器；T2—试验变压器；R_1—限流电阻；R_2—球隙保护电阻；F—球间隙；C_x—被试品电容；C_1、C_2—电容分压器高、低压臂电容；PV—电压表

1. 套管交流耐压接线

套管主绝缘耐压时，将套管的一次侧接入交流耐压装置的高压部分，法兰及末屏接地。

末屏对地耐压时，将套管末屏接入耐压装置的高压部分，法兰接地，末屏对地耐压严格按产品说明书要求进行。

运行中设备的套管耐压一般随设备整体进行耐压，按组合设备最低试验电压进行。

2. 绝缘子交流耐压接线

单元件绝缘子耐压时，将交流耐压装置的高压端接入绝缘子的金具或法兰一端，另一端接地。

多元件绝缘子耐压时，在绝缘子分层胶合处缠绕铜线并接入高压，并将其两端分别接地，其接线如图 ZY1800504002-2 所示。

图 ZY1800504002-2　多元件绝缘子交流耐压接线图

（二）试验步骤

（1）对被试品接地放电并拆除引线。

（2）用干燥清洁柔软的布擦去被试品外绝缘表面的脏污，必要时用适当的清洁剂洗净。

（3）测试绝缘电阻，绝缘电阻应为正常值。

（4）合理布置试验设备，并将试验设备外壳和被试品外壳可靠接地。进行接线，并检查试验接线正确无误、调压器在零位，试验回路中过电流和过电压保护应整定正确、可靠。

（5）将球间隙的放电电压整定在 1.2 倍额定试验电压所对应的放电距离。

（6）将高压引线接上试品，接通电源，开始升压进行试验。升压速度在 75%试验电压以前，可以是任意的，自 75%电压开始应均匀升压，约为每秒 2%试验电压的速率升压。升至试验电压，开始计时并读取试验电压。时间到后，迅速均匀降压到零（或 1/3 试验电压以下），然后切断电源，放电、挂接地线。试验中如无破坏性放电发生，则认为通过耐压试验。

（7）测试绝缘电阻，其值应正常（一般绝缘电阻下降不大于 30%）。

六、试验注意事项

（1）在进行交流耐压试验前，应先进行其他绝缘试验，合格后才能进行耐压试验。

（2）充油套管经运输或注油后，交流耐压试验前还应将试品按规定静置足够的时间，以排除内部可能残存的空气。

（3）被试品按试验电压要求与带电或其他设备保持足够安全距离。

（4）升压过程中应密切监视高压回路、试验设备、测试仪表，监听被试品有何异响。

（5）有时耐压试验进行了数十秒钟，中途因故失去电源使试验中断，在查明原因恢复电源后，应重新进行全时间的持续耐压试验，不可仅进行“补足时间”的试验。

七、试验结果分析及试验报告编写

（一）试验结果分析

1. 试验标准及要求

根据《电气装置安装工程　电气设备交接试验标准》（GB 50150—2006）、《电力设备预防性试验规程》（DL/T 596—1996）、《现场绝缘试验实施导则》（DL/T 474—2006）及《输变电设备状态检修试验规程》（Q/GDW 188—2008）的规定：

（1）套管预防性交流耐压值一般为出厂值的 85%，可参照表 ZY1800504002-1。

表 ZY1800504002-1　　套管交流耐压值　　单位：kV

额定电压（kV）		3	6	10	15	20	35	110	220	500
最高工作电压（kV）		3.6	7.2	12	18	24	40.5	126	252	550
变压器/电抗器套管（油纸电容型）		23	27（18）	38（25）	50	59	85	180	356	612
穿墙套管	纯瓷或纯瓷充油	25	30（20）	42（28）	55	65	85	180	360	630
	固体有机绝缘	23	27（18）	38（25）	50	59	85	180	356	612

注　1. 括号内为低电阻接地系统。
2. 110kV 及以上电压等级的套管如果现场不具备条件，可不进行耐压试验。

（2）支柱绝缘子交流耐压值一般为出厂值的 85%，可参照表 ZY1800504002-2。

表 ZY1800504002-2 支柱绝缘子的交流耐压值 单位：kV

额定电压（kV）	最高工作电压（kV）	交流耐压试验电压（kV）			
		纯瓷绝缘		固体有机绝缘	
		出厂	交接及大修	出厂	交接及大修
3	3.5	25	25	25	22
6	6.9	32	32	32	26
10	11.5	42	42	42	38
15	17.5	57	57	57	50
20	23.0	68	68	68	59
35	40.5	100	100	100	90
44	50.6		125		110
60	69.0	165	165	165	150
110	126.0	265	265（305）	265	240（280）
154	177.0		330		360
220	252.0	490	490	490	440
330	363.0	630	630		

注 括号中数值适用于小接地短路电流系统。

（3）35kV 针式支柱绝缘子交流耐压试验电压值：两个胶合元件者，每元件 50kV；三个胶合元件者，每元件 34kV。

（4）机械破坏负荷为 60～300kN 的盘形悬式绝缘子，交流耐压试验电压值均取 60kV。

（5）35kV 及以下纯瓷穿墙套管可随母线绝缘子一起交流耐压。

2. 试验结果分析

（1）试验中如无破坏性放电发生，则认为通过耐压试验。

（2）被试品为有机绝缘材料时，试验后应立即触摸表面，如出现普遍或局部发热，则认为绝缘不良，应处理后，再进行耐压试验。

（3）对 35kV 穿墙套管及母线支持绝缘子进行交流耐压试验时，有时在瓷套表面发生较强烈的表面局部放电现象，只要不发生线端对地的闪络或击穿，可认为耐压合格。

（4）试验中如发现电压表指针摆动很大，电流表指示急剧增加，调压器往上升方向调节，电流上升、电压基本不变甚至有下降趋势，被试品冒烟、出气、焦臭、闪络、燃烧或发出击穿响声等，应立即停止升压，在高压侧挂上地线后，查明原因。这些现象如查明是绝缘部分出现的，则认为被试品交流耐压试验不合格。如确定被试品的表面闪络是由于空气湿度或表面脏污等所致，应将被试品清洁干燥处理后，再做耐压试验。

（二）试验报告编写

绝缘子、套管交流耐压试验报告一般与其他设备共用一份试验报告，试验报告中应写明被试品的型号、安装位置、运行编号、出厂日期、试验时间、天气情况、环境温度、湿度、试验人员、试验结论、使用仪器名称及型号、出厂编号等。

【思考与练习】

1. 套管和绝缘子交流耐压时的注意事项有哪些？
2. 35kV 套管及绝缘子交流耐压的标准是什么？

模块 3 变压器的外施工频耐压试验（ZY1800504003）

【模块描述】本模块介绍变压器外施工频耐压试验方法及技术要求。通过对试验工作流程的介绍，掌握变压器外施工频耐压试验前的准备工作和相关安全、技术措施、试验方法、技术要求及测试数据分析判断。

【正文】

一、试验目的

工频耐压对考核变压器的主绝缘强度，检查主绝缘有无局部缺陷具有决定性的作用。它是检查验证变压器设计、制造和安装质量的重要手段。变压器外施工频耐压试验，用于全绝缘变压器或分级绝缘变压器的中性点耐压及低压绕组的耐压试验。

二、试验仪器、设备的选择

进行变压器耐压试验的设备，可根据情况采用工频试验变压器或串联谐振耐压装置。

（一）工频试验变压器的选择

1. 工频试验变压器

（1）电压选择。根据被试品的试验电压，选用具有合适电压的试验变压器。试验电压较高时，也可采用多级串接式试验变压器，并检查试验变压器所需低压侧电压是否与现场电源电压、调压器相配。

（2）电流选择。电流按下式计算

$$I=\omega C_xU \quad \text{（ZY1800504003-1）}$$

式中　I——试验变压器高压侧应输出的电流，mA；

ω——角频率，$\omega=2\pi f$；

C_x——被试品电容量，μF；

U——试验电压，kV。

其中，C_x可从测 $\tan\delta$ 中得到或按表 ZY1800504003-1、表 ZY1800504003-2 选取。

表 ZY1800504003-1　　35～60kV 全绝缘电力变压器绕组间电容

电容类型＼变压器容量（kVA）	630	2000	3150	6300	8000	16 000
高压–地+低压（pF）	2700	4100	4600	5900	7000	8200
低压–地+高压（pF）	4200	6600	7900	10 000	11 000	15 300

表 ZY1800504003-2　　110kV 中性点半绝缘电力变压器绕组电容

电容类型＼变压器容量（kVA）	50 000	31 500	20 000	10 000	5600	3150
高–中+低+地（pF）	14 200	11 400	8700	6150	4200	3200
中–高+低+地（pF）	24 800	11 800	13 200	9600	—	—
低–高+中+地（pF）	19 300	19 300	12 000	9400	6800	14 800

（3）容量选择。相应求出试验所需电源容量

$$P=\omega C_xU^2\times10^{-3} \quad \text{（kVA）} \quad \text{（ZY1800504003-2）}$$

试验时，按 P 值选择试验变压器容量，一般不得超负荷运行。

2. 调压器

选用接触式调压器，要求：① 波形畸变小和阻抗电压低；② 从零起升压，能实现连续、平稳调压；③ 容量计算式为

$$P_0=(0.75\sim1)P$$

式中　P_0——调压器容量，kVA；

P——试验变压器容量，kVA。

3. 保护电阻

保护电阻 R_1 一般取 0.1～0.5Ω/V，并应有足够的热容量和长度。与保护球隙串联的保护电阻 R_2，其电阻值通常取 1Ω/V，长度按表 ZY1800504003-3 选取。

模块3　ZY1800504003

表 ZY1800504003-3　　保护电阻器最小长度

试验电压（kV）	电阻器长度（mm）	试验电压（kV）	电阻器长度（mm）
50	250	150	800
100	500		

4. 电压表

选用数字式、多量程峰值电压表。由于“容升”的影响，被试变压器高压端往往先达到试验电压值。因此，被试变压器高压端电压是监视试验电压的主要依据。测量试验电压必须在高压侧测量，并以峰值表为准（峰值表读数除以$\sqrt{2}$）。

5. 分压器

选用相应电压等级的电容分压器。

（二）串联谐振装置的选择

1. 调感式串联谐振耐压试验装置

调感式串联谐振耐压试验装置原理接线，如图 ZY1800504003-1 所示。

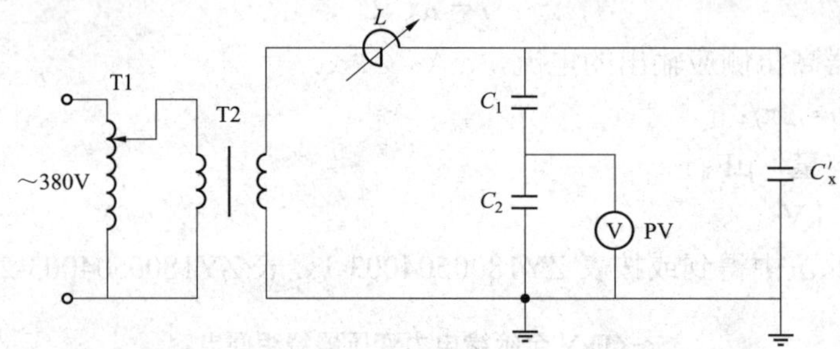

图 ZY1800504003-1　调感式串联谐振耐压试验装置原理接线图

T1—调压器；T2—励磁变压器；L—可调电抗；C_1、C_2—电容分压器高、低压臂电容；C'_x—被试品

图 ZY1800504003-1 中，被试变压器的等值电容C'_x和分压器的等值电容C之和为C_x，L是电抗器的电感量。当调节电抗器使$\omega L=\dfrac{1}{\omega C_x}$时，电抗上的压降在数值上等于电容上的压降，即

$$U_L=U_{C_x}=U \quad \text{(ZY1800504003-3)}$$

试验回路电流为

$$I_X=U\omega C_x=\frac{U}{\omega L} \quad \text{(ZY1800504003-4)}$$

励磁变压器 T2 供给的电压大小U_T由回路品质因数$Q\left(Q=\dfrac{\omega L}{R}\right)$值确定，其值为

$$U_T=\frac{U_{C_x}}{Q}=\frac{U}{Q} \quad \text{(ZY1800504003-5)}$$

串联谐振耐压试验电源容量应大于下式

$$S=\frac{U^2\omega C_x}{Q} \quad \text{(ZY1800504003-6)}$$

上四式中，字母含义同式（ZY1800504003-1）。

2. 变频串联谐振耐压试验装置

变频串联谐振耐压试验装置频率一般在 30～300Hz，但通过电抗器的组合和电容量的调节，试验频率可以控制在 45～55Hz 频率范围内，大部分可以控制在 49～51Hz 频率范围内，其原理接线如图 ZY1800504003-2 所示。当调节变频柜输出电压频率达到谐振条件，即$f=\dfrac{1}{2\pi\sqrt{LC}}$时，其余各参数同样应满足式（ZY1800504003-3）～式（ZY1800504003-6）及试验要求。

图 ZY1800504003-2　变频串联谐振耐压试验装置原理接线

T1—输入变压器（隔离变压器）；FC—变频电源柜；T2—输出变压器（励磁变压器）；

L—固定高压电抗器；C_1、C_2—电容分压器高、低压臂电容；C_x—被试品

变频串联谐振装置原理与工频串联谐振装置基本相同，其主要区别是电压调节方式不同。

根据被试变压器试验电压值及电容量选择串联谐振耐压试验装置、电抗器及试验电源。

三、危险点分析及控制措施

1. 防止高处坠落

应使用变压器专用爬梯上下，在变压器上作业应系好安全带。对 220kV 及以上变压器，需解开高压套管引线时，宜使用高处作业车，严禁徒手攀爬变压器高压套管。

2. 防止高处落物伤人

高处作业应使用工具袋，上下传递物件应用绳索拴牢传递，严禁抛掷。

3. 防止工作人员触电

拆、接试验接线前，应将被试设备对地放电。加压前应与检修负责人协调，不允许有交叉作业。工作人员应与带电部位保持足够的安全距离。试验仪器的金属外壳应可靠接地，仪器操作人员必须站在绝缘垫上。

四、试验前的准备工作

1. 了解被试设备现场情况及试验条件

查勘现场，查阅相关技术资料，包括该设备历年试验数据及相关规程等，掌握该设备运行及缺陷情况。

2. 试验仪器、设备准备

选择合适的试验变压器及控制台、串联谐振耐压装置、保护电阻、球隙、电容分压器、数字式多量程峰值电压表、绝缘电阻表、高压导线、测试线、温（湿）度计、放电棒、接地线、梯子、安全带、安全帽、电工常用工具、试验临时安全遮栏、标示牌等，并查阅测试仪器、设备及绝缘工器具的检定证书有效期。

3. 办理工作票并做好试验现场安全和技术措施

向其余试验人员交代工作内容、带电部位、现场安全措施、现场作业危险点，明确人员分工及试验程序。

五、现场试验步骤及要求

（一）试验接线

（1）单相变压器耐压试验原理接线，如图 ZY1800504003-3 所示。这时高压绕组整体对地电位相等，整个低压绕组电位为零，高、低压绕组绝缘间承受试验电压。

（2）三相变压器外施高压试验时，被试绕组所有出线套管应短接后加电压，非加压绕组所有出线也应短接并可靠接地。三相变压器的交流耐压试验项目见表 ZY1800504003-4。试验时应按表 ZY1800504003-4 的顺序要求依次进行。

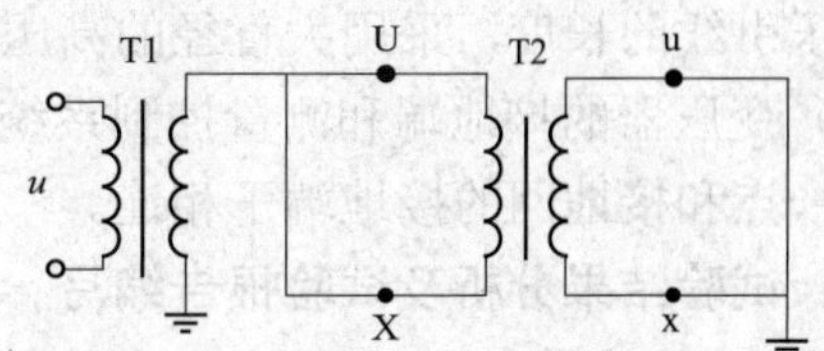

图 ZY1800504003-3　单相变压器耐压试验原理接线图

T1—试验变压器；T2—被试变压器

表 ZY1800504003-4 三相变压器交流耐压试验项目

顺序	双绕组变压器		三绕组变压器	
	加压绕组	接地部位	加压绕组	接地部位
1	低压	高压和外壳	低压	高压、中压和外壳
2	高压	低压和外壳	中压	高压、低压和外壳
3			高压	中压、低压和外壳

（二）试验步骤

（1）将变压器各绕组接地放电，对大容量变压器应充分放电（5min）。放电时应用绝缘棒等工具进行，不得用手碰触放电导线。拆除或断开变压器对外的一切连线。

（2）进行接线，检查试验接线正确无误、调压器在零位。被试变压器外壳和非加压绕组应可靠接地，瓦斯保护应投入，试验回路中过电流和过电压保护应整定正确、可靠。油浸变压器的套管、升高座、入孔等部位均应充分排气，避免器身内残存气泡的击穿放电。变压器本体所有电流互感器二次短路接地。

（3）合上试验电源，不接试品升压，将球隙的放电电压整定在 1.2 倍额定试验电压所对应的放电距离。

（4）断开试验电源，降低电压为零，将高压引线接上试品，接通电源，开始升压进行试验（当采用串联谐振试验装置时，试验电压的频率应为 45～65Hz，全电压下耐受时间为 60s。试验时，应在较低的激磁电压下调谐电感或频率找谐振点，当被试品上电压达到最高时，即达到试验回路的谐振点，可以开始升压进行试验）。

（5）升压必须从零（或接近于零）开始，切不可冲击合闸。升压速度在 75%试验电压以前，可以是任意的，自 75%电压开始应均匀升压，约为每秒 2%试验电压的速率升压。升压过程中应密切监视高压回路和仪表指示，监听被试品有何异响。升至试验电压，开始计时并读取试验电压。时间到后，迅速均匀降压到零（或 1/3 试验电压以下），然后切断电源，放电、挂接地线。试验中如无破坏性放电发生，则认为通过耐压试验。

（6）测试绝缘电阻，其值应正常（一般绝缘电阻下降不大于 30%）。

六、试验注意事项

（1）交流耐压是一项破坏性试验，因此耐压试验之前被试品必须通过绝缘电阻、吸收比、绝缘油色谱、tanδ 等各项绝缘试验且合格。充油设备还应在注油后静置足够时间（110kV 及以下，24h；220kV，48h；500kV，72h）方能加压，以避免耐压时造成不应有的绝缘击穿。

（2）进行耐压试验时，被试品温度应不低于+5℃，户外试验应在良好的天气进行，且空气相对湿度一般不高于 80%。

（3）试验过程中试验人员之间应口号联系清楚，加压过程中应有人监护并呼唱。

（4）加压期间应密切注视表计指示动态，防止谐振现象发生；应注意观察、监听被试变压器、保护球隙的声音和现象，分析区别电晕或放电等有关迹象。

（5）有时耐压试验进行了数十秒钟，中途因故失去电源，使试验中断，在查明原因、恢复电源后，应重新进行全时间的持续耐压试验，不可仅进行“补足时间”的试验。

（6）谐振试验回路品质因数 Q 值的高低与试验设备、试品绝缘表面干燥清洁及高压引线直径大小、长短有关，因此试验宜在天气晴好的情况下进行。试验设备、试品绝缘表面应干燥、清洁。尽量缩短高压引线的长度，采用大直径的高压引线，以减小电晕损耗。提高试验回路品质因数 Q 值。

（7）变压器的接地端和测量控制系统的接地端要互相连接，并应自成回路，应采用一点接地方式，即仅有一点和接地网的接地端子相连。

七、试验结果分析及试验报告编写

（一）试验结果分析

1. 试验标准及要求

根据《电气装置安装工程　电气设备交接试验标准》（GB 50150—2006）、《电力设备预防性试验规程》(DL/T 596—1996)、《现场绝缘试验实施导则》(DL/T 474—2006)及《输变电设备状态检修试验规程》(Q/GDW 188—2008)的规定：

（1）变压器预防性试验时，油浸变压器（电抗器）试验电压值按照表 ZY1800504003-5（定期试验按部分更换绕组电压值）。干式变压器全部更换绕组时，按照出厂试验电压值；部分更换绕组和定期试验时，按出厂试验电压值的 0.85 倍。

表 ZY1800504003-5　　电力变压器预防性试验电压值

额定电压（kV）	最高工作电压（kV）	线端交流试验电压值（kV）		中性点交流试验电压值（kV）	
		全部更换绕组	部分更换绕组	全部更换绕组	部分更换绕组
<1	≤1	3	2.5	3	2.5
3	3.5	18	15	18	15
6	6.9	25	21	25	21
10	11.5	35	30	35	30
15	17.5	45	38	45	38
20	23.0	55	47	55	47
35	40.5	85	72	85	72
66	72.5	140	120	140	120
110	126.0	200	170 （195）	95	80
220	252.0	360 395	306 336	85 （200）	72 （170）
330	363.0	460 510	391 434	85 （230）	72 （195）
500	550.0	630 680	536 578	85 140	72 120

注　括号内数值适用于不固定接地或经小电抗接地系统。

（2）变压器交接试验时，试验电压值按表 ZY1800504003-6、表 ZY1800504003-7 的规定。

表 ZY1800504003-6　　电力变压器交接试验电压标准

系统标称电压（kV）	设备最高电压（kV）	交流耐受电压（kV）	
		油浸式电力变压器	干式电力变压器
≤1	≤1.1	—	2.5
3	3.6	14	8.5
6	7.2	20	17
10	12	28	24
15	17.5	36	32
20	24	44	43
35	40.5	68	60
66	72.5	112	—
110	126	160	—
220	252	316（288）	—
330	363	408（368）	—
500	550	544（504）	—

表 ZY1800504003-7　　110kV 及以上电力变压器中性点交接耐压试验电压标准

系统标称电压（kV）	设备最高电压（kV）	中性点接地方式	出厂耐受电压（kV）	交接耐受电压（kV）
110	126	不直接接地	95	76
220	252	直接接地	85	68
		不直接接地	200	160
330	363	直接接地	85	68
		不直接接地	230	184
500	550	直接接地	85	68
		经小阻抗接地	140	112

2. 试验结果分析

变压器交流耐压试验后应结合其他试验，如变压器耐压前后的绝缘电阻测试、局部放电测试、空载特性的测试、绝缘油的色谱分析等测试结果，进行综合判断，以确定被试品是否通过试验。

试验时主要是根据监视仪表指示和听声音，并辅以试验经验来判断。一般根据以下情况对故障性质进行判断。

（1）在进行外施交流耐压试验中，仪表指示不跳动，被试变压器无放电声音，这说明耐压试验合格。当电流表指示突然上升，同时被试变压器有放电声，有时还伴随着球隙放电时，很明显证明变压器耐压试验不合格。

（2）当被试变压器击穿时，试验中电流表的变化是由试验变压器的电抗和被试变压器的容抗比值决定的。当容抗与感抗之比等于 2 时，虽然变压器击穿，但电流表的指示没有变化；当比值大于 2 时击穿，电流必然上升；当比值小于 2 时击穿则电流下降，此情况一般在被试变压器容量很大或试验变压器容量不够时，有可能出现。

（3）在外施耐压试验中的升压阶段或持续阶段，被试变压器若发出很清脆的“铛”、“铛”的很像金属东西碰击油箱的放电声音，且电流表突然变化，则这种声音的放电往往是引线距离不够或者油中的间隙放电所造成的。当重复试验时，放电电压下降不明显。这种故障放电部位比较好找，故障也容易排除。

（4）放电声音很清脆，但比前一种声音小，仪表摆动不大，重复试验时放电现象消失，这种现象是变压器内部气泡放电。为了消除和减少油中的气泡，对 110kV 及以上变压器，应抽真空注油，静放时间应满足标准要求。

（5）放电声音如果是“哧……”、“吱……”，或者很沉闷的响声，电流表指示立即增大，这往往是固体绝缘内部放电。当重复试验时，放电电压明显下降。这种放电部位寻找困难，有时需借助超声定位来判断故障部位，或进行解体检查。

（6）在加压过程中，变压器内部有如炒豆般的响声，电流表的指示也很稳定，这是悬浮金属放电的声音，如夹件接地不良或变压器内部有金属异物以及铁芯悬浮等，都有可能产生这种放电声音。

（二）试验报告编写

测试报告填写应包括设备运行编号、设备参数、试验时间、试验人员、天气情况、环境温度、湿度、使用地点、试验结果、试验结论、试验性质（交接试验、预防性试验、检查、施行状态检修的应填明例行试验或诊断试验）、使用仪器名称型号及出厂编号，备注栏写明其他需要注意的内容，如是否拆除引线等。

八、案例

有 2 台变压器，容量为 8000kVA，电压为 35kV。已知其高压对低压及地（外壳）的电容为 7000pF。要对其进行工频交流耐压试验，请选择试验变压器。

解：根据规程要求：35kV 变压器预防性试验按部分更换绕组电压值，即 72kV 考虑，计算如下

$$I = U\omega C_x = 72\times10^3\times314\times7000\times10^{-12} = 158\times10^{-3}\text{（A）}$$

$$P = 100 \times 10^3 \times 158 \times 10^{-3} = 15.8\text{（kVA）}$$

选择100kV原因是考虑35kV系统的其他高压设备也可以使用，按上述计算可选用YD–20/100型试验变压器。

【思考与练习】

1. 画出单相变压器耐压试验接线图。
2. 变压器等大电容量试品的耐压试验，为什么要在高压侧监视试验电压？

模块4　电容器交流耐压试验（ZY1800504004）

【模块描述】本模块介绍耦合电容器、断口电容器、高压并联电容器及集合式电容器交流耐压试验方法和技术要求。通过试验工作流程的介绍，掌握电容器交流耐压试验前的准备工作和相关安全、技术措施、试验方法、技术要求及测试数据分析判断。

【正文】

一、试验目的

《电气装置安装工程　电气设备交接试验标准》（GB 50150—2006）只对并联电容器交流耐压试验进行了规定，并联电容器极对地交流耐压试验的目的是考核其绝缘的电气强度，主要检查电容器内部极对外壳的绝缘、电容元件外包绝缘、浸渍剂泄漏引起的滑闪和套管以及引线故障。有些规程对耦合电容器交接和必要时进行极间交流耐压也作了规定，试验的目的是考核极间绝缘的电气强度，检查绝缘沿面和贯穿性击穿故障。电极对油箱的绝缘强度一般是比较高的，但由于生产工艺的缺陷，如在焊接过程中烧伤了元件与油箱间的绝缘纸板，引线没包绝缘，油量不足，采用短尾套管绝缘距离不够，瓷套质量不良等，在试验过程中都可能及时发现。

二、试验仪器、设备的选择

电容器交流耐压主要应用试验变压器、操作箱、交流分压器及保护球隙等，系统准确等级1.5级以上。

试验变压器的选择：试验变压器高压侧电流应按下式计算

$$I = \omega C_x U_s \tag{ZY1800504004-1}$$

式中　I——试验变压器高压侧电流，mA；

ω——角频率；

C_x——被试电容器电容量，μF；

U_s——试验电压，kV。

试验变压器的容量按下式选取

$$P = U_N^2 \omega C_x \times 10^{-3} \tag{ZY1800504004-2}$$

式中　P——试验变压器容量，kVA；

U_N——试验变压器高压侧额定电压，kV。

注明：试验变压器容量选择时应使用额定电压计算，否则有可能出现高压输出电流不能满足试验要求的情况。

三、危险点分析及控制措施

1. 防止高处坠落

在电容器上作业应系好安全带。对220kV及以上的电容器，需解开引线时，宜使用高处作业车，严禁徒手攀爬电容器套管。

2. 防止高处落物伤人

高处作业应使用工具袋，上下传递物件应用绳索拴牢传递，严禁抛掷。

3. 防止工作人员触电

拆、接试验接线前，应将被试设备对地充分放电，以防止剩余电荷、感应电压伤人及影响测量结果。测试前与检修负责人协调，不允许有交叉作业，试验接线应正确、牢固，试验人员应精力集中，注意被试品应与其他设备有足够的安全距离，必要时应加绝缘板等安全措施。试验设备外壳应可靠接地。

四、试验前的准备工作

1. 了解被试设备现场情况及试验条件

查勘现场，查阅相关技术资料，包括该设备历年试验数据及相关规程等，掌握该设备运行及缺陷情况。

2. 试验仪器、设备准备

选择合适的试验变压器、操作箱、分压器、保护球隙、测试线、温（湿）度计、放电棒、接地线、梯子、安全带、安全帽、电工常用工具、试验临时安全遮栏、标示牌等，并查阅测试仪器、设备及绝缘工器具的检定证书有效期。

3. 办理工作票并做好试验现场安全和技术措施

向其余试验人员交代工作内容、带电部位、现场安全措施、现场作业危险点，明确人员分工及试验程序。

五、现场试验步骤及要求

（一）耦合电容器极间和小套管交流耐压

1. 试验接线

试验时耦合电容器高压端与试验变压器高压引线相连，耦合电容器的下法兰和小套管接地，原理接线如图 ZY1800504004-1 所示。

在小套管耐压试验时，法兰接地，小套管处施加 10kV 电压。

2. 试验步骤

耦合电容器极间交流耐压试验应在其他试验合格后进行。

对电容器进行充分放电并接地，做好相关安全措施，拆除所有引线并注意距离，耦合电容器的下法兰和小套管接地。

合理布置试验设备，试验设备外壳应可靠接地。按图 ZY1800504004-1 进行接线，检查接线是否正确，调整、检查操作箱保护装置，调整保护球隙的放电电压为试验电压的 1.2 倍。

检查调压器零位，合上电源开关，从零（或接近于零）开始升压。试验过程中观察电流表和电压表的变化情况，一般在 50%试验电压下打开电流表短路开关读取电流，然后合上电流表短路开关。升至试验电压后（试验电压为出厂值的 75%），开始计时，60s 时打开电流表短路开关读取电流值后，迅速均匀降压到零（或接近于零），然后切断电源，使用放电棒对电容器进行充分放电并接地，拆除高压引线，试验结束。

小套管耐压试验步骤同第 1 条。

（二）高压并联电容器极对地交流耐压试验

1. 试验接线

试验时两电极短接后接高压，电容器外壳接地，试验接线如图 ZY1800504004-2 所示。

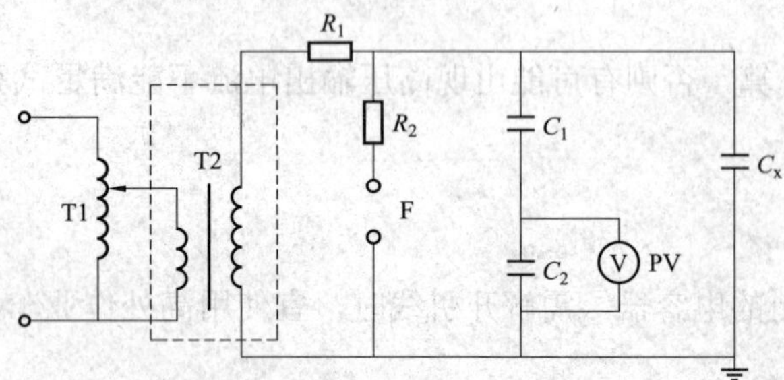

图 ZY1800504004-1　耦合电容器极间交流耐压试验原理接线图

T1—调压器；T2—试验变压器；R_1—限流电阻；R_2—球隙保护电阻；F—球隙；C_1、C_2—分压电容器高、低压臂电容；PV—电压表；C_x—被试电容器

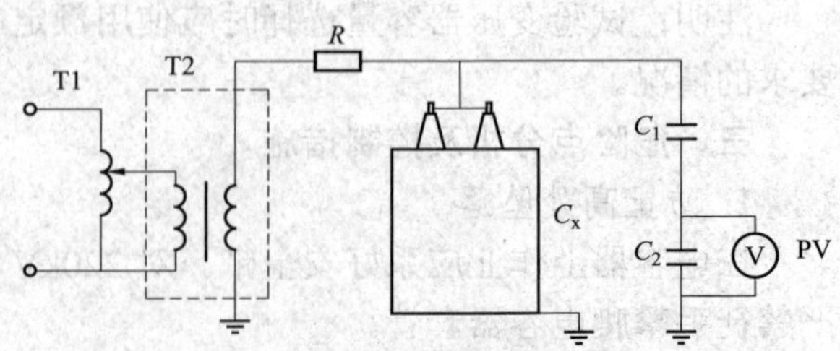

图 ZY1800504004-2　高压并联电容器极对地交流耐压试验接线图

2. 试验步骤

对电容器进行充分放电并接地，做好相关安全措施，拆除所有引线和外熔丝。试验时取下接地线，电容器双极短接后接高压引线，高压引线应连接牢固，引线尽量短，必要时使用绝缘物支撑或扎牢，注意高压引线对周围非试验设备的安全距离，电容器外壳接地，周围非试验设备接地。高压并联电容器极对地交流耐压试验电压为出厂值的75%，试验步骤同耦合电容器。

（三）集合式高压并联电容器相间及对地交流耐压试验

1. 试验接线

试验时各相极间短接，试验相短接后接高压，非试验相短接后接地，外壳接地，三相分别施加试验电压，试验接线如图ZY1800504004-3所示。

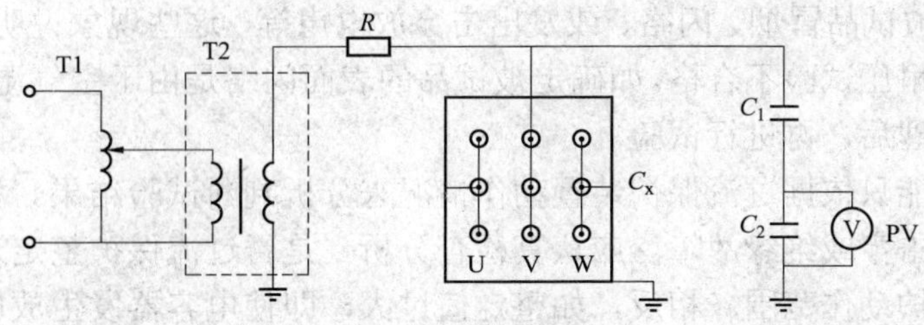

图ZY1800504004-3　集合式高压并联电容器相间及对地交流耐压试验接线图

2. 试验步骤

对电容器进行充分放电并接地，做好相关安全措施，拆除所有引线和外熔丝。试验时取下接地线，电容器各相电极间短接，外壳接地，试验相接高压引线，非试验相接地，U、V、W 三相分别施加试验电压，集合式高压并联电容器相间及对地交流耐压试验电压为出厂值的75%，试验步骤同耦合电容器。

六、试验注意事项

（1）耐压试验前首先检查其他试验项目是否合格，合格后才可进行交流耐压试验。

（2）试验前后应对电容器进行充分放电，应从电极引出端直接放电，避免通过熔丝放电，以免放电电流熔断熔丝。

（3）注意容升和电压谐振。试验电压应在耦合电容器两端或并联电容器极对地之间测量，耦合电容器因试验电压较高，为防止电压谐振，还应与被试品并接球隙进行保护。

（4）试验回路必须装设过电流保护装置且动作灵敏可靠，动作电流可按试验变压器额定电流的1.5～2倍整定。

（5）试验时注意电压波形。为防止电压畸变，应避免移圈式调压器在高端或低端使用。电源电压应采用线电压。为克服电源干扰，可在试验变压器低压侧加滤波装置。

（6）防止冲击合闸及合闸过电压。应从零（或接近于零）开始升压，切不可冲击合闸。必要时在调压器与试验变压器之间加装隔离开关，先合调压器电源开关，再合上隔离开关。试验过程中，如发现试验设备或被试品异常，应停止升压，立即降压、断电，查明原因后再进行下面的工作。

七、试验结果分析及试验报告编写

（一）试验结果分析

1. 试验标准及要求

根据《电气装置安装工程　电气设备交接试验标准》（GB 50150—2006）、《电力设备预防性试验规程》（DL/T 596—1996）、《现场绝缘试验实施导则》（DL/T 474—2006）及《输变电设备状态检修试验规程》（Q/GDW 188—2008）的规定：

耦合电容器交流耐压试验标准为出厂试验电压的75%。

并联电容器施加电压部位是双极对外壳之间，集合式并联电容器施加电压部位是极对外壳及相间。并联电容器交流耐压标准见表ZY1800504004-1。当电容器出厂试验电压不符合表ZY1800504004-1的规定时，交接试验电压应为电容器出厂试验电压的75%。

表 ZY1800504004-1 并联电容器交流耐压标准

额定电压（kV）	<1	1	3	6	10	15	20	35
出厂试验电压（kV）	3	6	18/25	23/30	30/42	40/55	50/65	80/95
交接试验电压（kV）	2.25	4.5	18.76	22.5	31.5	41.25	48.75	71.25

注 斜线下的数据为外绝缘的干耐受电压。

2. 试验结果分析

电容器在交流耐压试验前后应测量绝缘电阻，绝缘电阻不应有明显变化。耐压试验前后电容量变化应小于±2%。试验中如无破坏性放电发生，则认为通过耐压试验。

在试验过程中，如发现电压表指针摆动很大，电流表指示急剧增加，升压时电流上升、电压基本不变甚至有下降趋势，被试品冒烟、闪络、或发出击穿放电声等，这些现象说明是绝缘部分出现故障，则认为被试电容器交流耐压试验不合格。如确定被试品的表面闪络是由于空气湿度或表面脏污等所致，应将被试品清洁干燥处理后，再进行试验。

在试验过程中，不能只依据过流保护装置动作情况来分析判断试验结果。如过流保护装置动作，不应简单认为是电容器击穿或绝缘故障，应认真检查分析，是否过流保护整定过小，或被试电容器电容电流超出试验设备保护动作范围。相反，如整定值过大，即使电容器发生放电或局部小电流击穿，过流保护装置不一定动作。所以，应结合被试品和试验设备具体分析判断。

（二）试验报告编写

试验报告填写应包括被试设备运行编号、试验时间、试验人员、天气情况、环境温度、湿度、使用地点、电容器参数、试验结果、试验结论、试验性质（交接试验、预防性试验、检查、施行状态检修的应填明例行试验或诊断试验）、测试设备、仪器的型号和名称、出厂编号，备注栏写明其他需要注意的内容，如是否拆除引线等。

模块4 ZY1800504004

八、案例

对一台型号为 OY−110/$\sqrt{3}$−0.0066 的耦合电容器进行交流耐压试验，铭牌电容量为 0.006 550μF，试验电压 138.8kV，求流过被试品的电容电流和试验变压器的容量？

根据式（ZY1800504004-1）可得

$$I = \omega C_x U_s = 314\times0.006\,550\times138.8=285.5\text{（mA）}\approx286\text{mA}$$

故通过试品的电容电流为 286mA。

根据式（ZY1800504004-2）可得

$$P = U^2\omega C\times10^{-3} = 150^2\times314\times0.006\,550\times10^{-3} = 46.3\text{（kVA）}$$

故可选用额定容量为 50kVA、额定电压为 150kV 的高压试验变压器。

试验变压器高压侧输出额定电流为

$$I_N = \frac{P_N}{U_N} = \frac{50}{150} = 0.333\text{（A）}$$

可见试验变压器容量为 50kVA 时，其高压输出电流满足试验要求。

【思考与练习】

1. 耦合电容器和并联电容器交流耐压时，试验电压各施加在什么部位？
2. 并联电容器放电时，为什么要直接在电极引出端放电？
3. 为什么不能只依据过流保护装置动作情况来分析判断试验结果？
4. 高电压、大容量的试品交流耐压试验时，为什么使用球隙保护？

第十九章　电缆串联谐振试验

模块1　橡塑绝缘电力电缆变频谐振耐压试验（ZY1800505001）

【模块描述】本模块介绍橡塑绝缘电力电缆变频谐振试验方法和技术要求。通过试验工作流程的介绍，掌握橡塑绝缘电力电缆串联谐振试验前的准备工作和相关安全、技术措施、试验方法、技术要求及测试数据分析判断。

【正文】

一、试验目的

为了检验和保证橡塑电缆的安装质量，在投运前对交联电缆进行耐压试验是十分必要的。传统的直流耐压试验具有试验设备轻便、容量小等优点，对于油纸绝缘电缆应用效果很好。但对于橡塑绝缘电缆，无论从理论上还是实践上都证明了不宜采用直流耐压的方法。

橡塑绝缘电力电缆进行直流耐压试验的缺点：

（1）直流耐压试验不能模拟橡塑电缆的实际运行工况。

（2）在很多情况下，直流耐压试验无法像交流耐压试验那样可以迅速地检测出交联电缆存在机械损伤等明显缺陷。

（3）交联电缆在直流电压作用下会产生“记忆”效应，积累单极性残余电荷，需要很长时间才能将直流电压释放。电缆如果在直流残余电荷未完全释放之前投运，直流偏压便会叠加在交流电压的峰值上，使得电缆上的电压超过其额定电压，从而有可能导致电缆绝缘击穿。

（4）直流耐压试验时，会有电子注入到聚合物介质内部，形成空间电荷，使该处的电场强度降低，从而难于发生击穿。

（5）橡塑绝缘电缆绝缘易产生水树枝，一旦产生水树枝，在直流电压下会迅速转变为电树枝，并形成放电，加速了绝缘劣化，以至于运行后在工频电压作用下形成击穿。

二、试验仪器、设备的选择

串联谐振成套装置选择如下：

1. 谐振频率的计算

根据所选电抗器的电感值与被试电缆对地电容计算谐振时的频率。谐振频率应符合试验频率要求范围，橡塑电缆交流耐压频率范围为20～300Hz。谐振频率按下式计算

$$f_0 = \frac{1}{2\pi\sqrt{LC_x}} \times 10^3 \qquad \text{(ZY1800505001-1)}$$

式中　f_0——谐振频率，Hz；

L——电抗器电感量，H；

C_x——被试品和分压器电容，μF。

2. 高压试验回路电流计算

$$I = I_L = I_C = \omega C_x U_s \times 10^{-3} \qquad \text{(ZY1800505001-2)}$$

式中　I——高压试验回路电流，A；

ω——谐振时角频率，$\omega = 2\pi f_0$；

C_x——被试电缆和分压器电容量，μF；

U_s——试验电压，kV。

3. 励磁变容量的选择

（1）按试验容量估算。根据串联谐振原理，谐振时系统的输入容量比试验容量小 Q 倍，所以可以根据试验容量估算励磁变压器容量。

试验容量 P_0 等于电感或电容两端的试验电压乘以流过它们的电流，即

$$P_0 = U_L I_L = U_C I_C \qquad (ZY1800505001-3)$$

式中 U_L、U_C——电感或电容两端的试验电压，V；

I_L、I_C——流过电感或电容的电流，A。

根据试验容量 P_0 估算励磁变压器容量 P，即

$$P = \frac{P_0}{Q} \qquad (ZY1800505001-4)$$

式中 Q——品质因数。

Q 值的选择：试验装置容量小于 100kvar 时品质因数应不小于 15，试验装置容量在 100～400kvar 时品质因数应不小于 30，试验装置容量大于 400kvar 时品质因数应大于 40。

（2）按高压试验回路电流 I 计算

$$P = IU_N \qquad (ZY1800505001-5)$$

其中

$$U_N \geqslant \frac{U_0}{Q}$$

式中 P——励磁变压器容量，VA；

I——试验回路电流，A；

U_N——励磁变高压侧额定电压，V；

U_0——试验回路谐振时电抗器或电缆两端电压，$U_0=U_L=U_C$。

4. 变频电源输出功率的选择

变频电源输出功率应满足试验要求。变频电源输出功率一般等于励磁变压器的输出容量。

5. 谐振电抗器的选择

谐振电抗器用于与试验回路电容进行谐振，以获得高电压。谐振电抗器的额定电压应满足电缆试验电压的要求。根据试验电压和电缆的对地电容选取谐振电抗器。

谐振电抗器的电感值可根据电缆对地电容和试验频率选取，电感值按下式计算

$$L = \frac{1}{(2\pi f)^2 C_x} \times 10^6 \qquad (ZY1800505001-6)$$

式中 L——谐振电抗器的电感值，H；

f——试验时频率下限，Hz。

谐振电抗器的额定容量应满足试验容量的要求。

6. 电容分压器

电容分压器的额定电压应满足试验电压要求，精度 1.5 级及以上。

7. 电容补偿器

当电缆较短，试验回路谐振频率低于试验频率下限时，可采用电容补偿器进行补偿，其额定电压应满足试验要求。

8. 电源容量的选择

交流供电电源为串联谐振系统提供激励能量，为满足电缆交流耐压试验的要求，试验前必须对电源的容量进行计算。供电电源可以是单相或三相，试验容量较大时应采用三相交流电源。交流电源的输出电流应大于变频电源的输入电流，变频电源的输入电流按下式计算

单相

$$I_1 = \frac{P}{U_1}$$

$$(ZY1800505001-7)$$

三相

$$I_1 = \frac{P}{U_1\sqrt{3}}$$

式中　I_1——变频器输入电流，A；

P——变频电源输入功率，VA；

U_1——变频电源输入电压，V。

三、危险点分析及控制措施

1. 防止工作人员触电

拆、接试验接线前，应将被试设备对地充分放电，以防止剩余电荷、感应电压伤人及影响测量结果。测试前与检修负责人协调，不允许有交叉作业。试验接线应正确、牢固，试验人员应精力集中。试验设备外壳应可靠接地，被试电缆两侧应有专人监护。

2. 防止设备损坏和人身事故

电抗器应安放稳固。

四、试验前的准备工作

1. 了解被试设备现场情况及试验条件

查勘现场，查阅相关技术资料，包括该设备历年试验数据及相关规程等，掌握该设备运行及缺陷情况。

2. 试验仪器、设备准备

选择合适的变频电源、励磁变、电抗器、电容分压器、专用连接线、带剩余电流动作保护器的电源接线板、放电棒、接地线、安全带、安全帽、电工常用工具、试验临时安全遮栏、万用表、温（湿）度计、三相电源线轴、标示牌等，并查阅测试仪器、设备及绝缘工器具的检定证书有效期。

3. 办理工作票并做好试验现场安全和技术措施

向其余试验人员交代工作内容、带电部位、现场安全措施、现场作业危险点，明确人员分工及试验程序。

五、现场试验步骤及要求

1. 试验接线

现场试验常采用变频串联谐振试验接线。

（1）电缆变频串联谐振试验原理接线如图 ZY1800505001-1 所示。在试验时，应将试验设备外壳接地。变频电源输出与励磁变输入端相连，励磁变高压侧尾端接地，高压输出与电抗器尾端连接，如电抗器两节串联使用，注意上下节首尾连接，然后电抗器高压端采用大截面软引线与分压器和电缆被试芯线相连，非试验相、电缆屏蔽层及铠装层或外护套接地。

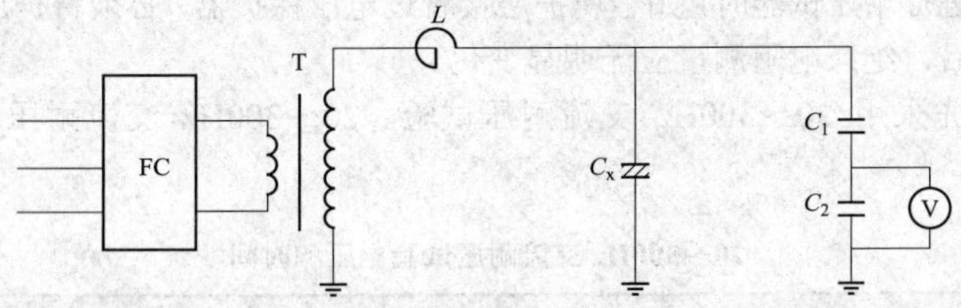

图 ZY1800505001-1　电缆变频串联谐振试验原理接线图

FC—变频电源；T—励磁变压器；L—谐振电抗器；C_x—被试电缆等效电容；

C_1、C_2—电容分压器高、低压臂电容

（2）当被试电缆电容较大时，可以采用串—并联谐振法。电缆串—并联谐振试验原理接线如图 ZY1800505001-2 所示。被试交联电缆两端并联电抗器，以补偿被试电缆的部分容性电流，从而降低对电抗器及励磁变压器容量的要求。但由于并联了电抗器，试验回路的品质因数 Q 会受到一定的影响。因为随着并联电抗器数目的增加，会导致整个回路所需的有功损耗增加，品质因数 Q 随之降低。

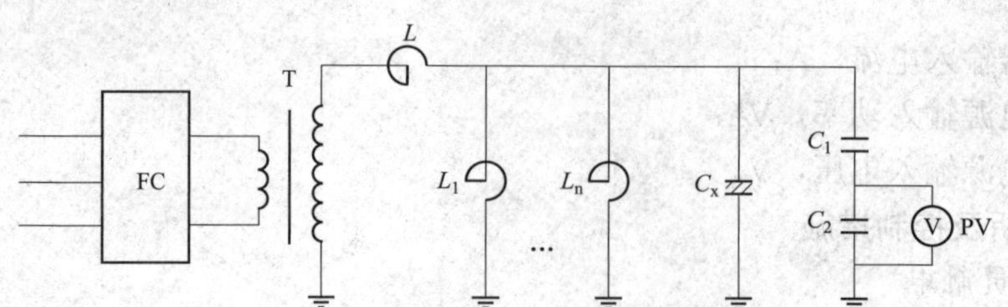

图 ZY1800505001-2 电缆串一并联谐振试验原理接线图

L_1、L_n—并联电抗器；其他字母符号含义同图 ZY1800505001-1

2. 试验步骤

试验前充分对被试电缆放电，拆除被试电缆两侧引线，测试电缆绝缘电阻。检查并核实电缆两侧是否满足试验条件。根据电缆电容量和试验装置容量大小按图 ZY1800505001-1 或图 ZY1800505001-2 接线。检查接线无误后开始试验。

按说明书进行操作。按升压速度要求升压至耐压值，记录电压和时间。

升压过程中注意观察电压表和电流表及其他异常现象，到达试验时间后，降压，切断变频电源开关，对电缆进行充分放电并接地后，拆改接线，重复上述操作步骤进行其他相试验。

电缆耐压试验结束后，应测试电缆绝缘电阻。

六、试验注意事项

（1）试验应在干燥良好的天气情况下进行。

（2）为减小电晕损失，提高试验回路 Q 值，高压引线宜采用大直径金属软管。

（3）合理布置试验设备，尽量缩小试验装置与试品之间的接线距离。

（4）试验时必须在较低电压下调整谐振频率，然后才可以升压进行试验。

七、试验结果分析及试验报告编写

（一）试验结果分析

1. 试验标准及要求

根据《电气装置安装工程 电气设备交接试验标准》（GB 50150—2006）、《电力设备预防性试验规程》（DL/T 596—1996）、《现场绝缘试验实施导则》（DL/T 474—2006）及《输变电设备状态检修试验规程》（Q/GDW 188—2008）的规定：

（1）对电缆的主绝缘进行耐压试验时，应分别在每一相上进行。对一相电缆进行试验时，其他两相导体、屏蔽层及铠装层或金属护层应一起接地。

（2）电缆主绝缘进行耐压试验时，如金属护层接有过电压保护器，必须将护层过电压保护器短接。

（3）耐压试验前后，绝缘电阻测量应无明显变化。

（4）橡塑电缆优先采用 20～300Hz 交流耐压试验。20～300Hz 交流耐压试验电压和时间见表 ZY1800505001-1。

表 ZY1800505001-1　　20～300Hz 交流耐压试验电压和时间

额定电压 U_0/U（kV）	试验电压（kV）	试验时间（min）
18/30 及以下	$2.5U_0$（或 $2U_0$）	5（或 60）
21/35～64/110	$2U_0$	60
127/220	$1.7U_0$（或 $1.4U_0$）	60
190/330	$1.7U_0$（或 $1.3U_0$）	60
290/500	$1.7U_0$（或 $1.1U_0$）	60

2. 试验结果分析

试验中如无破坏性放电发生，则认为通过耐压试验。

（二）试验报告编写

试验报告填写应包括被试电缆运行编号、试验时间、试验人员、天气情况、环境温度、湿度、被试电缆参数、运行编号、使用地点、试验结果、试验结论、试验性质（交接试验、预防性试验、检查、施行状态检修的应填明例行试验或诊断试验）、试验装置名称、型号、出厂编号，备注栏写明其他需要注意的内容，如是否拆除引线等。

八、案例

某型号为 YJY22–26/35 的交联聚乙烯绝缘电缆，采用串联谐振法进行交流耐压试验。电缆长度为 2km，电容量 0.175μF/km。电抗器额定电压 70kV、电感量 70H、额定容量 350kVA。求谐振时的频率和试验电压下电缆的电流及试验容量是多少？

解：试验电压 U_s 等于 $2U_0$：$U_s=2\times26=52$（kV）

电缆的电容量：$C=0.175\times2=0.35$（μF）

谐振时的频率 f_0 为

$$f_0=\frac{1}{2\pi\sqrt{LC}}\times10^3=\frac{1}{6.28\sqrt{70\times0.35}}\times10^3=32\,(\text{Hz})$$

试验电压下电缆的电流 I_C 为

$$I_C=\omega C_x U_s\times10^{-3}=6.28\times32\times0.35\times52\times10^{-3}=3.66\,(\text{A})$$

试验容量 P_0 等于试验电压 U_s 和电流 I_C 的乘积，即

$$P_0=U_sI_C=52\times3.66=190.3\,(\text{kVA})$$

【思考与练习】

1. 橡塑绝缘电力电缆为什么宜采用交流耐压？
2. 橡塑绝缘电力电缆采用交流耐压时，如何计算试验回路电流和谐振频率？
3. 画出橡塑绝缘电力电缆串联谐振耐压试验的原理接线。

模块 2　0.1Hz 超低频耐压试验（ZY1800505002）

【模块描述】本模块介绍橡塑绝缘电力电缆 0.1Hz 超低频耐压试验方法和技术要求。通过试验工作流程的介绍，掌握橡塑绝缘电力电缆 0.1Hz 超低频耐压试验前的准备工作和相关安全、技术措施、试验方法、技术要求及测试数据分析判断。

【正文】

一、试验目的及应用

（一）试验目的

0.1Hz 超低频试验能有效地检验橡塑电缆、发电机、变压器等设备的生产质量和安装质量，考核发电机、变压器的主绝缘、电缆终端头和中间接头的绝缘强度，较灵敏地发现机械损伤等明显缺陷。

（二）为什么使用 0.1Hz 超低频测试系统

0.1Hz 超低频耐压试验仍属于交流耐压试验，可以有效地发现容性设备存在的缺陷，实践证明使用超低频时电缆的击穿电压与使用工频交流所得到的电压值是相当的。串联谐振试验方法的等效性好，在现场电缆的交流耐压试验中得到广泛采用，但调感式或变频谐振试验装置费用高，体积大，运输困难，而 0.1Hz 超低频测试系统输入功率小、体积小，比较适合中压容性设备的交流耐压试验，还可作为局部放电、介质损失测量的电源。

（三）0.1Hz 超低频耐压试验的特点和局限性

0.1Hz 超低频电压波形主要有正弦波和余弦波两种。0.1Hz 超低频耐压试验的特点和局限性主要有：

（1）在超低频系统中，所需功率非常低。与 50Hz 系统相比，理论上讲，0.1Hz 系统要小 500 倍，所以设备体积小、质量轻，成本接近直流测试系统。

（2）用于局部放电测量时，可抑制 50Hz 交流的干扰。

（3）由于原理和结构的原因，目前 0.1Hz 超低频耐压装置的输出电压较低，一般只应用于 35kV 及以下橡塑电缆和其他电容性电气设备的试验。

二、试验仪器、设备的选择

0.1Hz 超低频试验装置的容量由被测试设备的电容电流和试验电压来确定。

（1）电容电流的计算。当试验频率为 0.1Hz 时，被试设备的电容电流计算式为

$$I_{C0.1}=2\pi f_{0.1}C_xU_s\times 10^{-3} \qquad (ZY1800505002\text{-}1)$$

式中 $I_{C0.1}$——试验频率为 0.1Hz 时流过被试设备的电容电流，A；

$f_{0.1}$——试验频率，Hz；

C_x——被试品电容量，μF；

U_s——试验电压，kV。

（2）试验容量的计算。试验容量应大于下式计算值，即

$$P=U_s^2 2\pi f_{0.1}C_x \qquad (ZY1800505002\text{-}2)$$

式中 P——试验装置容量，VA。

三、危险点分析及控制措施

防止工作人员触电：拆、接试验接线前，应将被试设备对地充分放电，以防止剩余电荷、感应电压伤人及影响测量结果。测试前与检修负责人协调，不允许有交叉作业，试验接线应正确、牢固，试验人员应精力集中，注意被试品应与其他设备有足够的安全距离，必要时应加绝缘板等安全措施。试验设备外壳应可靠接地。

四、试验前的准备工作

1. 了解被试设备现场情况及试验条件

查勘现场，查阅相关技术资料，包括该设备历年试验数据及相关规程等，掌握该设备运行及缺陷情况。

2. 试验仪器、设备准备

选择合适的 0.1Hz 超低频耐压装置、测试线、温（湿）度计、放电棒、接地线、梯子、安全带、安全帽、电工常用工具、试验临时安全遮栏、标示牌等，并查阅测试仪器、设备及绝缘工器具的检定证书有效期。

3. 办理工作票并做好试验现场安全和技术措施

向其余试验人员交代工作内容、带电部位、现场安全措施、现场作业危险点，明确人员分工及试验程序。

模块2 ZY1800505002

五、现场试验步骤及要求

（一）试验接线

0.1Hz 超低频电缆试验接线，如图 ZY1800505002-1 所示。

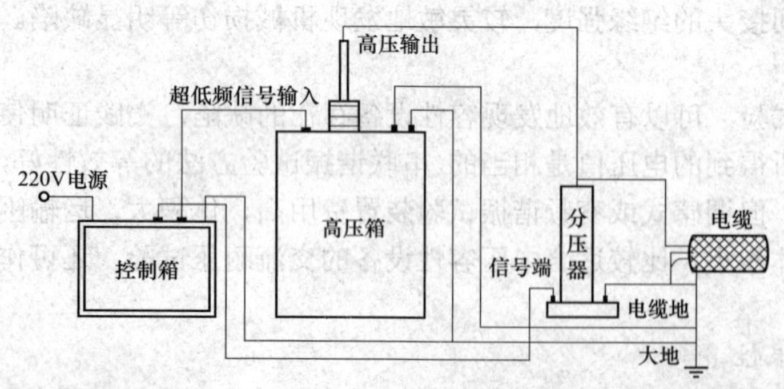

图 ZY1800505002-1 0.1Hz 超低频电缆试验接线图

在试验时，控制箱、高压箱、分压器和被试品非加压部分接地。高压输出端接被试品试验部位，控制箱输出电缆与高压箱连接，分压器高压端与高压箱高压输出端连接，信号端与控制箱连接。

（二）试验步骤

（1）对被试品进行充分放电，拆除被试品对外所有连接线。

（2）用 2500～10 000V 绝缘电阻表对被试品进行绝缘电阻试验。

（3）按图 ZY1800505002-1 进行接线，检查接线无误后，合上电源，设定好试验频率、时间和电压以及高压侧的过流保护值、过压保护值。

（4）按升压要求开始升压试验，升压过程中应密切监视高压回路，监听电缆有无异常响声。当升至试验电压时，开始记录试验时间并读取试验电压值。

（5）试验时间到，即将电压降到最低后切断电源，对被试品进行充分放电。

（6）重复上述步骤进行其他部位试验。

六、试验注意事项

（1）绝缘电阻试验合格后，方可进行低频耐压试验。

（2）试验设备外壳和被试品非加压部分必须接地。

（3）在升压和耐压过程中，如发现输出波形异常畸变，而且电流异常增大，电压不稳，被试品发生异味、烟雾、异常响声或闪烙等现象，应立即停止升压，降压、断电后，查明原因。

七、试验结果分析及试验报告编写

（一）试验结果分析

1. 试验标准及要求

现行国家标准和 IEC 标准均无 0.1Hz 超低频试验标准，国内使用经验也不多，依据尚不充分，试验经验与判据均不成熟，其主要参考标准如下：

（1）橡塑电缆 0.1Hz 交流耐压试验标准参考见表 ZY1800505002-1。

表 ZY1800505002-1　　橡塑电缆 0.1Hz 交流耐压试验标准参考

试验电压和时间 / 额定电压	试验电压峰值（kV）	试验时间（min）
35kV 及以下	$3U_0$	60

注　U_0——电缆对地电压。

（2）发电机 0.1Hz 交流耐压试验标准为

$$U_{0.1}=1.2\sqrt{2}\,U_{50} \qquad \text{(ZY1800505002-3)}$$

式中　$U_{0.1}$——0.1Hz 交流耐压试验电压，kV；

　　U_{50}——50Hz 交流耐压试验电压，kV。

注意“容升”效应和电压谐振现象如下：

在 0.1Hz 超低频耐压试验时，由于被试品为容性负荷，容性电流在超低频高压发生器绕组上产生压降，造成实际作用在被试品上的电压值较高，超过按变比计算的高压侧所输出的电压值而产生“容升”效应。由于被试品电容与超低频高压发生器阻抗形成串联回路，当被试品电容与超低频高压发生器的漏抗相等或接近时，极易发生串联谐振，造成被试品端电压显著升高，危及试验设备和被试品绝缘，因此需在电压输出端接适当阻值的阻尼电阻，以削弱谐振程度。

现场较多使用有效值电压表测量试验电压，应改用峰值电压表在被试品高压端直接测量试验电压值。

2. 试验结果分析

在耐压过程中，若无异常声响、气味、冒烟以及数据显示不稳定等现象，可以认为被试品绝缘耐受住试验电压的考验。

（二）试验报告编写

试验报告填写应包括试验时间、试验人员、天气情况、环境温度、湿度、使用地点、被试品参数、试验结果、试验结论、试验性质（交接试验、预防性试验、检查、施行状态检修的应填明例行试验或诊断试验）、绝缘电阻表的型号、出厂编号，备注栏写明其他需要注意的内容，如是否拆除引线等。

八、案例

一条型号为 YJY22–8.7/10 的 10kV 交联聚乙烯电力电缆，用 0.1Hz 超低频法进行交流耐压试验。电缆额定电压为 10kV，对地电压 U_0 = 8.7kV，电缆截面 240mm^2，对地等效电容 0.339μF/km，电缆长度 3.5km，问试验电压有效值和峰值各是多少？试验时电缆对地电流是多少？试验设备容量应大于多少？

解：试验电压有效值：$U_s=3U_0=3\times8.7=26.1$（kV）

试验电压峰值：$U_{sp}=U_s\sqrt{2}=26.1\sqrt{2}=36.9$（kV）

电缆对地电流：$I_{C0.1}=2\pi f_{0.1}C_xU_s\times10^{-3}=6.28\times0.1\times3.5\times0.339\times26.1\times10^{-3}=0.019$（A）

试验设备容量：$P=U_s^2 2\pi f_{0.1}C_x=26.1^2\times6.28\times0.1\times3.5\times0.339=507$（VA）

【思考与练习】

1. 0.1Hz 超低频测试系统有什么优点？
2. 如何计算 0.1Hz 超低频试验被试品对地电流的大小？
3. 0.1Hz 超低频试验的注意事项是什么？

第二十章 感应耐压试验

模块 1 电压互感器感应耐压试验（ZY1800506001）

【模块描述】本模块介绍电压互感器感应耐压试验方法和技术要求。通过试验工作流程的介绍，掌握电压互感器感应耐压试验前的准备工作和相关安全、技术措施、试验方法、技术要求及测试数据分析判断。

【正文】

一、试验目的

电压互感器感应耐压试验的目的主要是考核电压互感器对工频过电压、暂时过电压、操作过电压的承受能力，检测外绝缘和层间及匝间绝缘状况，检测互感器电磁线圈质量不良（如漆皮脱落、绕线时打结）等纵绝缘缺陷。电压互感器感应耐压试验主要应用于分级绝缘电压互感器，由于分级绝缘电压互感器末端绝缘水平很低，一般为 3～5kV 左右，不能与首端承受同一耐压水平，而感应耐压试验时电压互感器末端接地，从二次侧施加频率高于工频的试验电压，一次侧感应出相应的试验电压，电压分布情况与运行时相同，且高于运行电压，达到了考核电压互感器纵绝缘的目的。

二、试验仪器、设备的选择

（一）三倍频发生器

1. 试验电源频率的选择

在电压互感器感应耐压试验时，施加在互感器绕组上的试验电压高于运行电压数倍，要满足试验要求使铁芯不过励磁，只能提高试验电源频率，工程中选择三倍频变压器一般就可以满足电压互感器感应耐压试验的要求。近年来，变频发生器得到广泛应用，通过调节电压的频率满足试验要求，也很方便实用。

2. 三倍频发生器输入电压的选择

三倍频发生器输入电压高低很关键。输入电压太低，三倍频发生器输出 3 次谐波含量低，导致输出电压低；输入电压太高，三倍频发生器 3 次以上谐波高，输出波形变差，输出效率变低。当输入电压不合适时，可使用三相调压器调节合适的励磁电压。在一般输入电压高时，选择匝数多的抽头。

3. 试验电压的选择

电压互感器感应耐压试验时，试验电压频率较高，被试互感器为容性负荷，为了避免“容升”的影响，一般要求试验电压在高压侧测量。若在低压侧测量，应考虑“容升”问题，此时低压侧施加的试验电压应按下式计算，即

$$u_s = \frac{u_x}{k(1+k')} \quad \text{(ZY1800506001-1)}$$

式中 u_s——低压侧试验电压，V；
u_x——高压侧试验电压，V；
k——电压互感器变比；
k'——容升修正系数。

分级绝缘电压互感器感应耐压试验容升修正系数，见表 ZY1800506001-1。

表 ZY1800506001-1 分级绝缘电压互感器感应耐压试验容升修正系数

电压互感器电压等级（kV）	35	66	110	220
容升修正系数（%）	3	4	5	8

（二）补偿电感

由于电压互感器感应耐压试验时呈容性负荷状态，为减少试验设备容量、避免倍频谐振，故应根据电压互感器不同电压等级在其二次绕组或辅助绕组接入补偿电感。补偿电感的选择原则是在试验频率下，被试电压互感器仍呈容性。

为了有目的地选择补偿电感，试验前应对电压互感器辅助绕组加 150Hz 电压至额定电压 100V，读取电流 i_{udxd}，确定加压线圈的输入容抗值，然后按经验公式选择补偿量，使补偿达到预期的效果。输入容抗值应按下式计算，即

$$x_C = \frac{u_{udxd}}{i_{udxd}} \times \frac{1}{k^2} = \frac{u_{udxd}}{3i_{udxd}} \qquad \text{(ZY1800506001-2)}$$

式中　x_C——输入容抗值，Ω；

u_{udxd}——辅助绕组额定电压，V；

i_{udxd}——辅助绕组电流，A；

k——辅助绕组与二次绕组额定电压比值，$100/57.7=\sqrt{3}$。

补偿电感的感抗值 x_L 应按下式选取

$$x_L = x_C + (0.5\sim2) \qquad \text{(ZY1800506001-3)}$$

然后，按式（ZY1800506001-4）将感抗值 x_L 换算为补偿电感量 L，即

$$L = \frac{x_L}{2\pi f_s} \times 10^3 \qquad \text{(ZY1800506001-4)}$$

式中　L——补偿电感的电感量，mH；

f_s——试验频率，Hz。

根据计算出的电感量 L 选择补偿电抗器的抽头，然后接入被测互感器的 ux 绕组。将倍（变）频电压升至 100V，测量被测互感器加压的辅助二次绕组处的 $\cos\varphi$ 值。如果 $\cos\varphi$ 在 0.7～0.9 的范围内，则补偿量合适。如 $\cos\varphi$ 过大，应增加 0.5～1Ω的补偿电抗。如 $\cos\varphi$ 过小，则减少补偿电抗 0.5～1Ω。

三、危险点分析及控制措施

1. 防止高处坠落

在互感器上作业应系好安全带。对 220kV 及以上互感器，需解开引线时，宜使用高处作业车，严禁徒手攀爬互感器套管。

2. 防止高处落物伤人

高处作业应使用工具袋，上下传递物件应用绳索拴牢传递，严禁抛掷。

3. 防止工作人员触电

拆、接试验接线前，应将被试设备对地充分放电，以防止剩余电荷、感应电压伤人及影响测量结果。测试前与检修负责人协调，不允许有交叉作业，试验接线应正确、牢固，试验人员应精力集中。试验设备外壳应可靠接地，且电压互感器一次线圈末端接地需良好。

四、试验前的准备工作

1. 了解被试设备现场情况及试验条件

查勘现场，查阅相关技术资料，包括该设备历年试验数据及相关规程等，掌握该设备运行及缺陷情况。

2. 试验仪器、设备准备

选择合适的三倍频变压器（或变频发生器）、补偿电抗、调压器、电流互感器、分压器（或静电电压表、测量用电压互感器）、测试线、温（湿）度计、放电棒、接地线、梯子、安全带、安全帽、电工常用工具、试验临时安全遮栏、标示牌等，并查阅测试仪器、设备及绝缘工器具的检定证书有效期。

3. 办理工作票并做好试验现场安全和技术措施

向其余试验人员交代工作内容、带电部位、现场安全措施、现场作业危险点，明确人员分工及试验程序。

五、现场试验步骤及要求

（一）试验接线

试验时，电压互感器外壳、铁芯、二次绕组、辅助绕组及一次绕组尾端接地。一般 35kV 电压互感器可从二次绕组加压，110kV 及以上电压互感器可从辅助绕组施加电压，在辅助绕组加压所需的试验容量比从二次绕组加压时要小，同时电压互感器容量大时可利用二次绕组加补偿电感，也可将二次绕组和辅助绕组串起来加压效果会更好。分级绝缘电压互感器三倍频感应耐压试验原理接线，如图 ZY1800506001-1 所示。

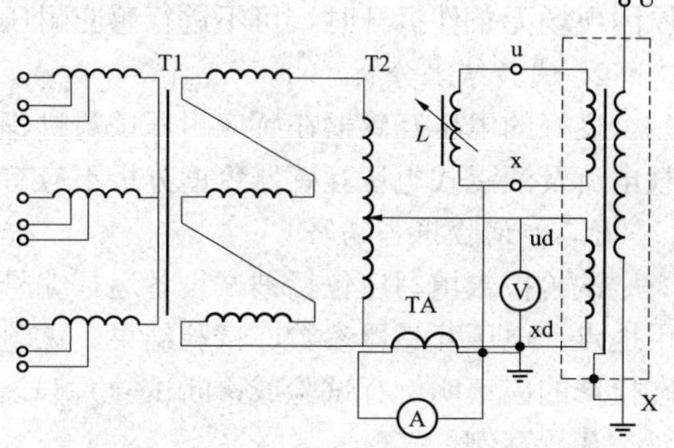

图 ZY1800506001-1　分级绝缘电压互感器三倍频感应耐压试验原理接线图

T1—三倍频发生器；T2—调压器；TA—电流互感器；L—补偿电感；V—电压表；A—电流表

（二）试验步骤

（1）对电压互感器进行放电，将其高压端接地，拆除所有引线。合理布置试验设备，试验设备外壳应可靠接地。油浸式电压互感器外壳、干式电压互感器铁芯须接地。

（2）按图 ZY18005025-1 进行接线，接线完毕后，认真检查接线，调整、检查操作箱保护装置，用万用表测量三相电压。根据三相输入电压的大小，合理选择三倍频变压器输入端抽头。必要时，在三倍频变压器输出端使用示波器监视波形。

（3）接通三相电源，合上电源开关，从零（或接近于零）开始升压。试验过程中密切观察电流表和电压表的变化情况，观察电压波形是否平滑。升压速度在 75%试验电压以前可以是任意的，自 75%试验电压开始应以每秒 2%试验电压的速率连续升至试验电压，开始计时。感应耐压时间按有关规定。

（4）耐压结束后，迅速均匀降压到零（或接近于零），然后切断电源。使用绝缘棒对被试电压互感器放电，拆除试验接线，试验结束。

六、试验注意事项

（1）被试电压互感器各绕组末端、座架、箱壳（如果有）、铁芯均应接地。

（2）使用三倍频变压器时，因装置铁芯采用过励磁原理，使用时间最好不超过 1h。

（3）使用变频发生器时，上限频率不应超过 300Hz，以免电压互感器铁芯过热。

（4）采用补偿电感时，补偿后试品必须呈容性，以免发生谐振。

（5）试验现场常采用电压互感器测量一次电压，其各线圈尾端须接地。

七、试验结果分析及试验报告编写

（一）试验结果分析

1. 试验标准及要求

感应耐压试验，试验电压频率可以比额定电压频率高，以免铁芯饱和。感应耐压时间应为 1min。若试验频率超过两倍额定频率时，其试验时间可少于 1min，并按下式计算，最少为 15s，即

$$t=\frac{2f_{\mathrm{n}}}{f_{\mathrm{s}}}\times 60\,(\mathrm{s}) \qquad \text{(ZY1800506001-5)}$$

式中　t——试验时间，s；

f_{n}——额定频率，Hz；

f_{s}——试验频率，Hz。

电磁式电压互感器（包括电容式电压互感器的电磁单元）在遇到铁芯磁密较高的情况下，宜按下列规定进行感应耐压试验。

（1）感应耐压试验电压应为出厂试验电压的 80%。

（2）感应耐压试验前后，应各进行一次额定电压时的空载电流测量，两次测得值相比不应有明显差别。

（3）对 66kV 及以上的油浸式电压互感器，感应耐压试验前后，应各进行一次绝缘油的色谱分析，两次测得值相比不应有明显差别。

（4）对电容式电压互感器的中间变压器进行感应耐压试验时，应将分压电容拆开。由于产品结构原因现场无条件拆开时，可不进行感应耐压试验。

2. 试验结果分析

良好的电压互感器在感应耐压试验过程中，应无击穿、放电等异常现象，试验前后绝缘电阻、空载电流及油浸式电压互感器色谱分析不应有明显变化。

（二）试验报告编写

试验报告填写应包括被试设备运行编号、试验时间、试验人员、天气情况、环境温度、湿度、使用地点、电压互感器参数、试验结果、试验结论、试验性质（交接试验、预防性试验、检查、施行状态检修的应填明例行试验或诊断试验)、试验设备的型号、出厂编号，备注栏写明其他需要注意的内容。

八、案例

一台型号为JCC2–110型串级式电压互感器，其额定电压为$110/\sqrt{3}/0.1/\sqrt{3}/0.1$kV，出厂试验电压是230kV。现要求采用三倍频进行感应耐压试验，试验时在辅助绕组施加电压，问实际施加在辅助绕组上的试验电压为多少伏才能满足试验要求？

解：（1）确定高压侧试验电压。根据规程规定试验电压应为出厂试验电压的80%，即

$$u_x = 230\times80\%=184\text{（kV）}$$

（2）计算变比K为

$$K=110/\sqrt{3}/0.1=635$$

（3）不考虑“容升”时辅助绕组应施加的电压为

$$u_s = 184\ 000/635=289.76\text{（V）}$$

（4）考虑“容升”时辅助绕组实际应施加的电压。根据式（ZY1800506001-1）和表ZY1800506001-1可计算得出

$$u_s=\frac{u_x}{k(1+k')}=\frac{184\ 000}{635(1+0.05)}=276\text{（V）}$$

故在辅助绕组实际施加276V电压时，电压互感器高压侧便感应出184kV的电压。

【思考与练习】

1. 为什么分级绝缘电压互感器要进行感应耐压试验？感应耐压试验时间是怎样确定的？
2. 电压互感器感应耐压试验时，补偿电感的选择原则是什么？试验电压最好在什么部位测量？
3. 如何判断电压互感器感应耐压试验结果？

模块2　变压器感应耐压试验（ZY1800506002）

【模块描述】本模块介绍变压器感应耐压试验方法和技术要求。通过试验工作流程的介绍，掌握变压器感应耐压试验前的准备工作和相关安全、技术措施、试验方法、技术要求及测试数据分析判断。

【正文】

一、试验目的

变压器的绝缘可分为主绝缘和纵绝缘，其中主绝缘主要包括变压器绕组的相间绝缘、不同电压等级绕组间绝缘和相对地绝缘；纵绝缘则是指变压器同一绕组具有不同电位的不同点和不同部位之间的绝缘，主要包括绕组匝间、层间和段间的绝缘性能。

变压器交流外施耐压试验，只考验了全绝缘变压器主绝缘的电气强度，而倍频感应耐压试验是考核全绝缘变压器纵绝缘的电气强度；对中性点是半绝缘的变压器来说，其主绝缘、纵绝缘都可由感应耐压试验进行考核。国家标准和国际电工委员会（IEC）标准中规定的“变压器感应耐压试验”是专门用于检验变压器纵绝缘性能的测试方法之一。

二、试验仪器、设备的选择

进行感应耐压所需的主要设备包括试验电源、中间变压器、补偿电抗器、高压分压器、支撑变压

器及电压、电流测量设备等。

（一）试验电源

1. 试验电源频率的选择

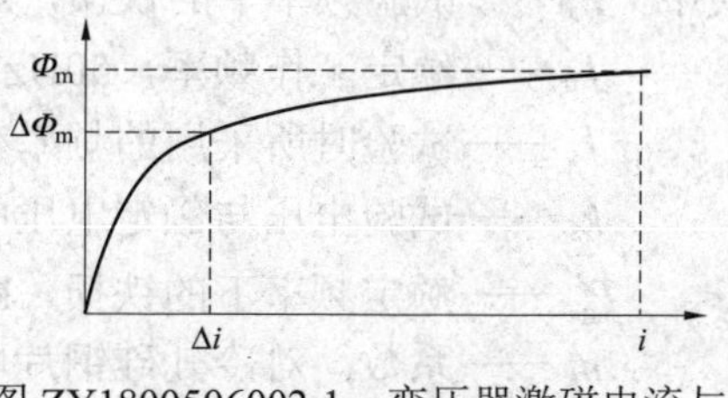

图 ZY1800506002-1　变压器激磁电流与主磁通振幅的关系

变压器感应耐压试验时，施加在变压器绕组上的试验电压高于运行电压数倍。因为变压器的激磁电流 i 与主磁通振幅 Φ_m 的特性曲线一般设计在额定频率和额定电压下接近弯曲饱和部分，如图 ZY1800506002-1 所示。

根据电磁感应定律

$$U=E=4.44Wf\Phi_m \quad \text{(ZY1800506002-1)}$$

式中　U——电源电压，V；

E——感应电势，V；

f——频率，Hz；

W——绕组匝数，n；

Φ_m——铁芯主磁通，Wb。

变压器施加 2 倍以上的额定电压必然会导致铁芯严重饱和，主磁通 Φ_m 增大 $\Delta\Phi_m$，激磁电流 i 会急剧增加，致使变压器发热烧毁。为了使变压器在施加 2 倍以上额定电压时铁芯不饱和，就需要提高试验电源的频率至 2 倍频以上。

感应耐压试验电源频率一般为 100～300Hz，大容量变压器感应试验时，常用 100～250Hz。

2. 现场常用的试验电源

（1）中频发电机组。

中频发电机组由一台电动机和一台中频同步发电机组成。中频发电机组的频率不能调节，机组选定后只能在某一频率下进行试验。在现场试验中，由于发电机试验电源容量有限，需要感性电抗补偿。

（2）变频电源。

变频电源广泛应用电子和计算机技术，系统具有人工智能，由高性能数字信号处理器进行控制，采用多重快速保护，确保控制的实时性、测量的准确性及安全的可靠性。

有两种方式：一种是开关型脉冲调制方式（IGBT 变频电源），一种是线性放大方式［模拟（纯正弦）变频电源］。由于开关型脉冲调制变频电源装置的变频输出信号是经过 PWS 脉冲调制后再由大功率模块放大后实现的，因此不可避免地含有大量的、多类型的高次谐波，不适于变压器局放试验，而感应耐压一般是与局放同时进行，所以感应耐压选择线性放大方式。线性放大方式是由低频大功率晶体管组成的线性矩阵放大网络，大功率晶体管工作在线性放大区，从而获得与信号源一致的标准正弦波形。

此种电源由于设备可靠，运输方便，需用的电抗器较少，有时可不用补偿电抗器，在目前现场试验中较多采用。

（3）三倍频（150Hz）发生装置。

三倍频发生装置输入电压高低很关键。输入电压太低，装置输出 3 次谐波含量低，导致输出电压低；输入电压太高，装置 3 次以上谐波高，输出波形变差，输出效率变低。输入电压不合适时，可使用三相调压器调节合适的励磁电压。一般输入电压高时，选择匝数多的抽头。三柱式铁芯不能做三倍频变压器。

3. 试验电源容量的选择

进行感应耐压试验所需容量是由被试变压器的铁损（有功）、励磁无功功率、绕组间和对地电容的充电容量三者所决定。

（1）铁损 P_0 的估算。

变压器的铁损与电源频率和磁通密度的变化有一定的比率关系，根据试验结果，其铁损 P_0 与额定频率下的铁损 P_0' 的关系可用下式表示

$$P_0=\left(\frac{f_s}{f_n}\right)^m\left(\frac{f_n}{f_s}k_s\right)^n P_0' \quad \text{(ZY1800506002-2)}$$

式中 P_0——试验频率下的铁损，kW；

f_n——额定工作频率，50Hz；

f_s——试验时所采用的频率，Hz；

k_s——试验电压与额定电压的比值；

P_0'——额定频率下的铁损，kW；

m——系数。对冷轧硅钢片取 1.6，对热轧硅钢片取 1.3；

n——系数。对冷轧硅钢片取 1.9，对热轧硅钢片取 1.8。

计算时应注意，在分相进行三相变压器感应耐压试验，非被试相系半压励磁，也应按所加电压进行铁损的计算，则总的铁损为三者之和。

（2）励磁无功功率 Q_m 的估算。

因为变压器励磁无功功率与磁通密度对应的磁场强度有关，故计算式为

$$Q_m = Q_m' \frac{H}{H'} \quad \text{（ZY1800506002-3）}$$

其中
$$Q_m' = \sqrt{(U_n I_0)^2 - (P_0')^2}$$

式中 Q_m'——额定频率和额定电压下变压器的励磁功率，kvar；

U_n——额定励磁电压，kV；

I_0——额定励磁电流，A；

P_0'——额定频率下的铁损，kW。

求出额定励磁功率 Q_m' 后，由磁化曲线查出对应于 B_m' 和 B_m 的磁场强度 H' 和 H，因而可以求出试验频率下的励磁无功功率。三相变压器分相试验时，非被试两相为半压励磁，磁通密度仅为试验相的1/2，同样也需要根据其磁通密度大小查出对应的磁场强度，确定励磁无功功率。变压器的总励磁无功功率为三者之和。

（3）电容无功功率的估算。

知道了变压器的等效电容即可按一般计算电容无功功率的方法求出容性无功功率，即

$$Q_C = \omega_s C U_s^2 \quad \text{（ZY1800506002-4）}$$

其中
$$\omega_s = 2\pi f_s$$

式中 Q_C——容性无功功率，kvar；

f_s——试验频率，Hz；

U_s——试验电压，kV；

C——变压器等效电容，pF。

估算出上述功率后即可确定试验所需的容量，即

$$S_T = \sqrt{(P_0)^2 + (Q_m - Q_c)^2} \quad \text{（ZY1800506002-5）}$$

采用三倍频装置为试验电源时效率很低（20%～30%），因此试验装置的总容量（kVA）应不小于被试品需要容量的 3 倍以上。对于发电机组可按 1.73 倍 S_T 选定。

（二）中间变压器

在感应耐压试验中，电源的输出电压往往不能满足试验电压的要求，因此需要中间变压器将电源的输出电压升高至所需试验电压。中间变压器的容量和电压选择要进行电压分布的计算。

1. 变比计算

感应耐压时，将被试变压器高、中压侧分接开关调至 1 档，使全部线匝绝缘都受到考验。此时高、中、低压绕组的电压分别为 U_H、U_m 和 U_L，变比计算如下

高低压间变比
$$K_1 = \frac{U_{H相}}{U_{L相}} \quad \text{（ZY1800506002-6）}$$

中低压间变比
$$K_2 = \frac{U_{m相}}{U_{L相}} \quad \text{（ZY1800506002-7）}$$

2. 电压分布计算

根据试验电压标准和试验加压接线和方法（见图 ZY1800506002-12），计算各级电压分布（以 U 相试验为例）。

被试相高压端对地及相间电压　$U_{UD}=U_{UV}=U_{UW}$

被试相高压端绕组两端电压　$U_{UN}=\frac{2}{3}U_{UD}$

被试相中压端对地及相间电压　$U_{UmNm}=U_{UmVm}=U_{UmWm}$

高压绕组中性点对地电压　$U_{ND}=\frac{1}{3}U_{UD}$

低压绕组外施电压　$U_{uw}=\frac{U_{UN}}{K_1}$

升压变压器测量绕组电压　$U_{mn}=\frac{U_{uw}}{k}$

式中　k——升压变比。

中间变压器的变比和电压按照 U_{uw} 和 U_{mn} 选择，中间变压器的容量应大于或等于电源的容量，且阻抗应尽可能小，以减小试验电流在中间变压器上的电压变化（偏离空载电压比）。理想情况是使中间变压器的一次侧电压等于试验电源的额定输出电压，二次侧电压等于被试品的试验电压。为适应不同试验电压的需要，中间变压器的变比应在一定范围内可调，而且中间变压器的空载电流应小到不影响电源电压的波形。

（三）补偿电抗器

当电源采用中频发电机组，被试变压器呈容性时，必须使用补偿电抗器，使负荷呈感性，以避免发生谐振和发电机自励磁过电压。电抗器的补偿容量与被试变压器的电容量和试验电源频率有关。

当电源采用变频电源或三倍频电源时，根据谐振频率范围的要求，可不用补偿电抗器或经计算选择补偿电抗器。

补偿电抗器的选择原则如下：

（1）按照变压器入口电容选择并联电抗器，使谐振频率在 100Hz 以上；

（2）也可固定加压频率在 100～200Hz，在电源和中间变压器容量满足的条件下，可不用补偿电抗器；或者按照电源和中间变压器容量的参数，选择补偿电抗器。

（四）分压器

用于高压试验电压的测量，耐受电压应满足试验电压的要求。

（五）支撑变压器

支撑变压器是为感应耐压试验专门设计的变压器（如果现场试验条件可满足试验要求，可不采用），通常为单相，具有多种组合的变压比，相邻变压比之间差别不大但整个调压范围很宽，以满足不同支撑电压与被试品感应电压同相位，因此支撑变压器和中间变压器通常采用同一电源。

三、危险点分析及控制措施

1. 防止高处坠落

在变压器上作业系好安全带，使用变压器专用爬梯上下。

2. 防止高处落物伤人

高处作业应使用工具袋，上下传递物件应用绳索拴牢传递，严禁抛掷。试验人员在装卸、起吊试验设备时，必须认真检查确保钢丝绳、U 型环完好合格。挂稳、吊平，缓慢升降，严禁吊臂下站人。

3. 防止工作人员触电

拆、接试验接线前，应将被试设备对地充分放电，以防止剩余电荷、感应电压伤人及影响测量结果。注意保持与带电体的安全距离。试验现场周围必须有明显标志，防止误入试验现场。

4. 防止被试设备损坏

在试验回路并接保护球隙，避免施加过高电压。

四、试验前的准备工作

1. 了解被试设备现场情况及试验条件

查勘现场，查阅相关技术资料、变压器历年试验数据及相关规程等，掌握该变压器运行及缺陷情况，编写作业指导书及试验方案。

2. 测试仪器、设备准备

参照试验标准和变压器类型、型号、参数，确定加压试验方法和试验电压值；对被试变压器所需的试验功率、感性无功、容性无功进行估算，确定试验电源容量是否满足要求；进行试验回路参数的估算，包括试验电源工作点估算、电抗器补偿容量估算及配置方案；中间升压变压器变比的选择，若有支撑变压器，进行变比选择。根据计算结果选择合适的试验电源、中间变压器、补偿电抗、电流互感器、分压器、带漏电保护器的电源接线板、放电棒、接地线、安全带、安全帽、电工常用工具、试验临时安全遮栏、标示牌、万用表、温（湿）度计、电源线轴、清洁布、绝缘塑料带等，并查阅测试仪器、设备及绝缘工器具的检定证书有效期。

3. 办理工作票并做好试验现场安全和技术措施

向其余试验人员交代工作内容、带电部位、现场安全措施、现场作业危险点，明确人员分工及试验程序。

五、现场试验步骤及要求

（一）试验要求和方法

1. 试验方法

（1）自身励磁。在被试变压器低压侧施加较高的励磁电压，在高压侧感应出所需要的试验电压。这种方法对电力变压器进行试验时，当绕组端部对地试验电压达到要求时，则匝间试验电压将超过规定值，所以一般变压器很少单独采用。

（2）自耦支撑连接。即以电压较低的绕组或以同电压等级的非被试相来支撑被试的高压绕组，绕组出线端对地试验电压较易达到要求，同时又可使绕组匝间电压不超过规定值，并使绕组端部与相邻绕组最近点和高压相间也能符合试验要求。

（3）采用外加支撑变压器法。可以调节支撑电压以便更好地满足试验要求。一般制造厂专门备有各种电压抽头的支撑变压器作为感应耐压之用，电力部门在现场进行试验时要临时选择电压适当的支撑变压器，存在一定困难。

2. 试验分类

感应耐压试验分为短时感应耐压试验（ACSD）和长时感应耐压试验（ACLD），长时感应耐压试验是在整个试验期间，一直进行局部放电测量。对于某些等级的变压器而言，其长时感应试验的试验接线与短时感应耐压试验的接线方式有所不同。本篇只介绍短时感应耐压试验，长时感应耐压试验在变压器局放测量中介绍，具体接线方式按照相关章节进行。

短时感应耐压试验（ACSD）电压数值和加压顺序，如图 ZY1800506002-2 所示。

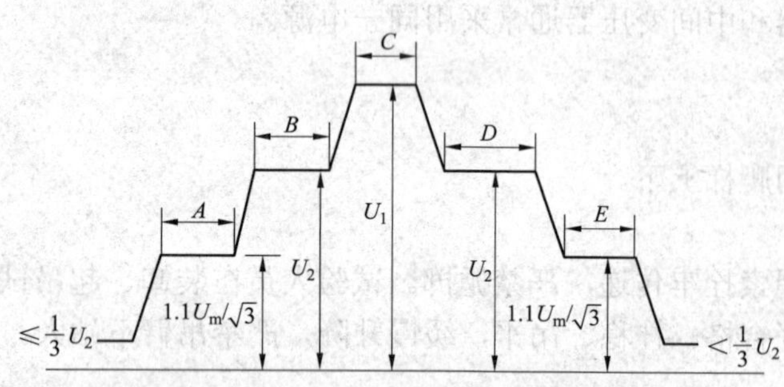

图 ZY1800506002-2 短时感应耐压试验（ACSD）对地施加试验电压和时间顺序

A=5 min；B=5 min；C=试验时间；D≥5 min；E=5 min

$U_2=1.3U_m/\sqrt{3}$（相对地电压）；$U_1=U_m$（U_m为系统最高运行线电压）

图 ZY1800506002-2 所示的施加电压的时间顺序说明如下（以下电压为对地电压）：

（1）在不大于 2/3U 的电压接通电源；

（2）上升到 $1.1U_m/\sqrt{3}$，保持 5min；

（3）上升到 U_2，保持 5min；

（4）上升到 U_1，其试验时间按第（3）条规定；

（5）试验后立刻不间断地降低到 U_2，保持时间大于 5min；

（6）降低到 $1.1U_m/\sqrt{3}$，保持 5min；

（7）当电压降低到 1/3U_2 以下时，方可切断电源。

试验持续时间与试验频率无关，但电压 U_1 下的试验时间除外。

3. 试验时间

当试验电压频率等于或小于 2 倍额定频率时，全电压下试验时间为 60s；当试验电压频率大于 2 倍额定频率时，全电压下试验时间 t 按下式计算

$$t=120\times(f_1/f_2) \quad \text{(ZY1800506002-8)}$$

式中　t——试验电压持续时间；

f_1——额定频率，Hz；

f_2——试验电压频率，Hz。如果试验电源的频率大于 400Hz，试验电压持续时间不应小于 15s。

（二）试验接线及步骤

1. 试验接线

（1）全绝缘变压器。

对于 110kV 级及以下的全绝缘的变压器，一般为三相变压器，采用三相对称的交流电源，在试品的低压绕组（或其他绕组）线端施加 2 倍以上频率的 2 倍额定电压，其他绕组开路。试品绕组星形连接的中性点端子接地，无中性点引出或非星形连接的绕组，也应选择合适的线端接地，或者使中间变压器某点接地，以避免电位悬浮。其试验接线如图 ZY1800506002-3 所示。这种接线只能满足线间达到的试验电压，由于中性点对地的电压很低，因此对中性点和线圈还需进行一次外施高压主绝缘耐压试验。纵绝缘是否承受住了感应耐压，这需要根据试验后的空载损耗测试，与试验前的测量值进行比较才能判断。

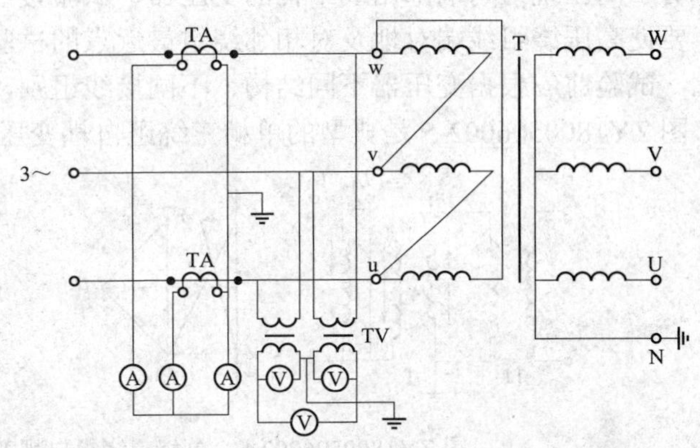

图 ZY1800506002-3　全绝缘变压器感应耐压试验接线图

T—被试变压器；TA—电流互感器；TV—电压互感器；A—电流表；V—电压表

（2）分级绝缘变压器。

我国对 110kV 级及以上的电力变压器，通常采用分级绝缘方式，即中性点的绝缘水平低于线端绝缘水平。例如，110kV 级变压器中性点绝缘水平为 35kV 级；220、330kV 级变压器中性点绝缘水平为 35kV 或 110kV 级；500kV 级变压器中性点绝缘水平为 35kV 或 63kV 级等。

对于分级绝缘变压器，外施电压只能考核中性点的绝缘水平。由于分级绝缘变压器高压均为星形连接，若采用全绝缘变压器的感应耐压试验方法，当线端对地达到试验电压时，相间电压已达到线端对地电压的 $\sqrt{3}$ 倍，已超出绝缘耐受水平。因此，只能采用单相感应的方法。

1）单相分级绝缘变压器的直接励磁法。

单相变压器大多是电压比较高的分级绝缘变压器。此种变压器采用直接励磁法是合适的。绕组具有并联回路，且在中部出现的单相变压器的试验接线及相量图如图 ZY1800506002-4 所示。

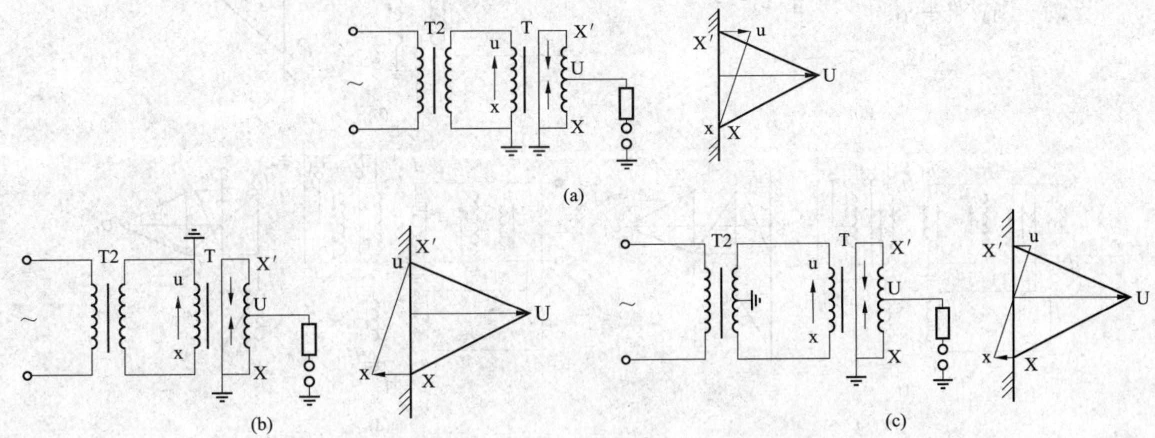

图 ZY1800506002-4　中部出现单相变压器试验接线及相量图

在图 ZY1800506002-4 中，被试绕组线端对地及对相邻绕组最近点的试验电压差不多，一般能满足试验要求，但此时感应电压的倍数大都超过 2 倍。若设计允许大于 2 倍额定电压时，采用进行感应耐压是最简便的。

在图 ZY1800506002-4（a）中，高压绕组 U 对 1/2 低压绕组处的试验电压比对地电压低 $U_{ux}/2$；而在图 ZY1800506002-4（b）中，高压绕组 U 对 1/2 低压绕组处的试验电压比对地电压高 $U_{ux}/2$。因此，为使被试绕组线端对地及对相邻绕组最近点的电压达到试验电压，最理想的试验方法是采用图 ZY1800506002-4（c）的接线，此时高压绕组 U 对 1/2 低压绕组处的试验电压与对地试验电压相等。该试验线路要求选用的中间变压器若为单相时，高压绕组的首、末端与绕组中部必须全部引出；若为三相，星形连接要有中性点引出。

对于高压绕组为端部出线结构的变压器，试验接线及电位分布图如图 ZY1800506002-5 所示。

要使高压绕组线端对地及对相邻绕组最近点的试验电压同时满足要求，接地点的选择至关重要。因此，试验前应根据变压器不同结构、不同接线组别，正确选择试验设备和接线方式。

图 ZY1800506002-5 是典型的单相三绕组自耦变压器两种感应耐压试验线路及电位分布图。

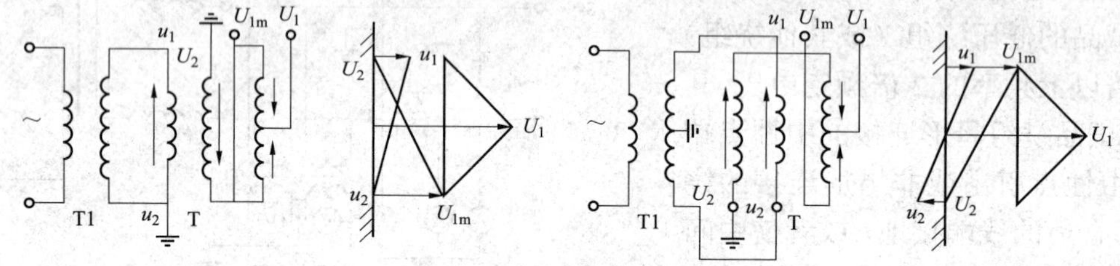

图 ZY1800506002-5 单相三绕组自耦变压器的试验接线及电位分布图

2）单相分级绝缘变压器的支撑法。

单相变压器感应耐压试验时，采用直接励磁法并不很多，主要有两个原因：一个是由于变压器的感应试验电压值为相电压的 2 倍甚至 3 倍以上。因此，要使被试绕组线端达到试验电压，感应倍数也要相应提高至相同水平，如此高的感应倍数可能使低压绕组超过其试验电压。另一个是对三绕组和自耦变压器，通常要求中压绕组（或公共绕组）线端和高压绕组（或串联绕组）线端同时达到试验电压，直接励磁法往往难于满足。因此，在大多数情况下，要借助于被试品的其他绕组或支撑变压器来完成感应耐压试验，这就是通常所说的支撑法。其原理是利用被试绕组感应电动势相位相同或相反的其他绕组或支撑变压器提高或降低被试绕组的对地电位，图 ZY1800506002-6 是采用支撑法进行单相变压器感应耐压的四种典型情况。

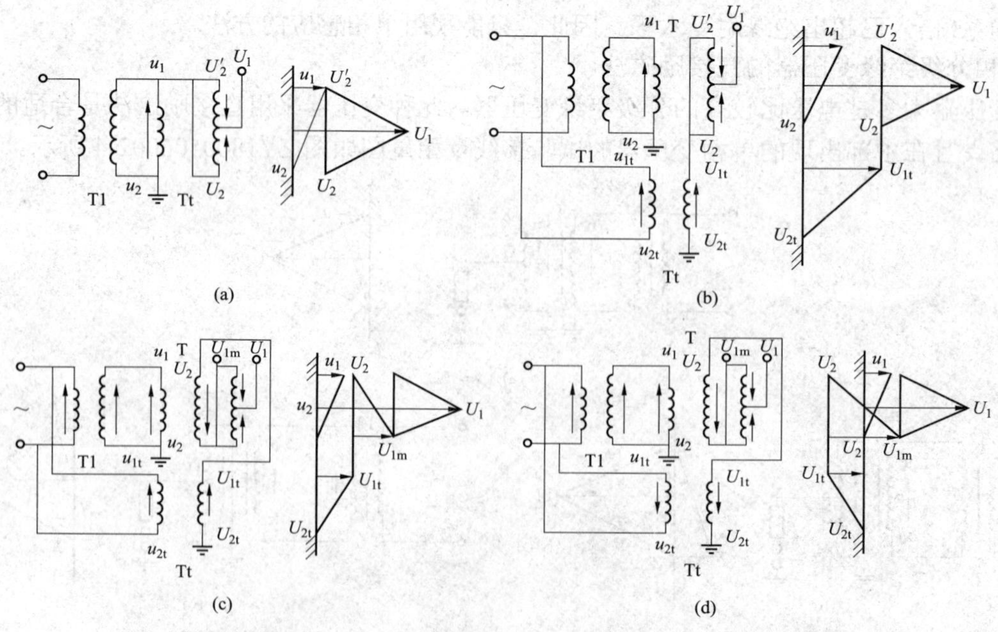

图 ZY1800506002-6 用支撑法进行单相变压器感应耐压试验图

模块 2 ZY1800506002

图 ZY1800506002-6（a）是利用被试品低压绕组首端与高压绕组中性点端相连，使整个高压绕组的对地电位提高了一个低压绕组的电压，以满足高压绕组线端对地试验电压的要求。图 ZY1800506002-6（b）将支撑变压器低压绕组与中间变压器低压绕组的同名端相连，使支撑变压器与被试变压器的感应电动势相位一致，将支撑变压器的输出端接至被试变压器高压绕组的中性点上，从而提高被试变压器高压绕组线端对地试验电压。

图 ZY1800506002-6（c）和（d）为单相自耦变压器利用支撑变压器进行正、反支撑，正支撑即将支撑变压器低压绕组与中间变压器低压绕组的同名端相连；反支撑即将支撑变压器低压绕组与中间变压器低压绕组的异名端相连。后者使被试线端对地电压降低，以达到提高相邻绕组间电压的目的。

3）三相分级绝缘变压器。

感应电压通常是采用施加单相电压来逐项进行。图 ZY1800506002-7 是国际电工委员会推荐的几种接线。

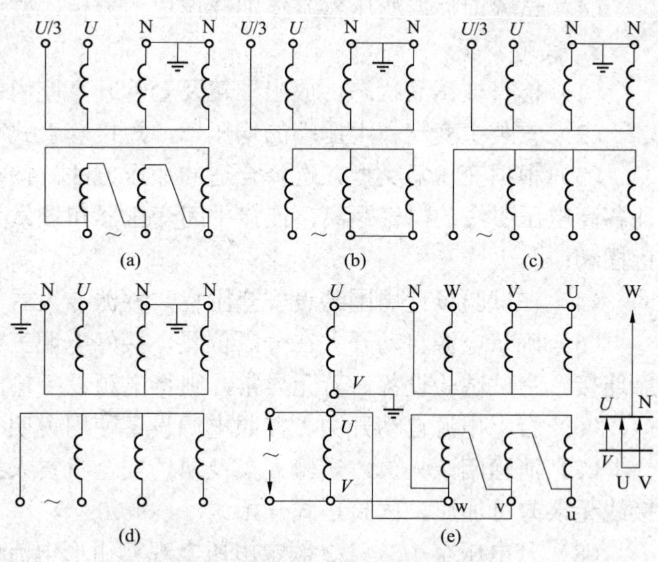

图 ZY1800506002-7　分级绝缘变压器感应耐压试验接线图

当中性点的试验电压高于被试线端的试验电压的 1/3 时，可采用图 ZY1800506002-7（a）～（c）的试验接线；如果变压器铁芯是三相三柱，则采用图 ZY1800506002-7（b）和（c）接线；三相五柱式变压器（或壳式变压器）采用图 ZY1800506002-7（a）线路。图 ZY1800506002-7（d）适用于高低压绕组均为Y连接的三相五柱变压器。当被试变压器为三相三柱自耦变压器，其中性点试验电压低于线端的试验电压的 1/3 时，可采用图 ZY1800506002-7（e）接线，被试相的励磁绕组与支撑变压器的低压绕组并联。

当试验设备不满足正常的试验要求或试验线路绝缘不允许时，可采用非被试相励磁的试验方法，典型试验线路如图 ZY1800506002-8 所示。图 ZY1800506002-8（a）是接线组别为 YNyn0，励磁电压仅为被试相励磁电压的一半。图 ZY1800506002-8（b）是接线组别为 YNd11，励磁电压也仅为被试相励磁电压的一半。图 ZY1800506002-8（c）是被试变压器高压侧非被试相励磁的试验线路，适用于无法在低压绕组直接进行励磁的场合。

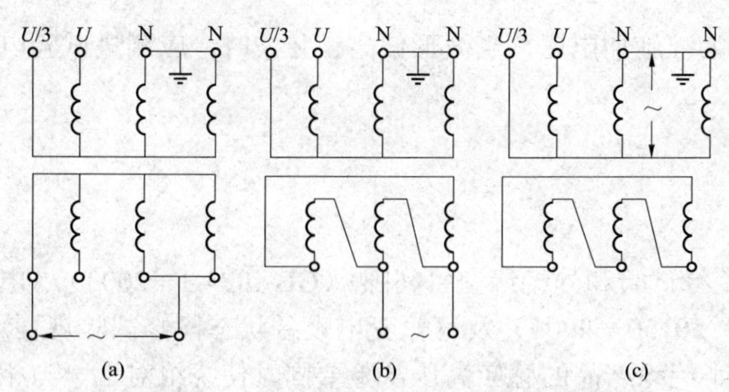

图 ZY1800506002-8　非被试相励磁的感应耐压典型试验线路图

对分级绝缘变压器的感应耐压试验没有统一的接线方式。图 ZY1800506002-9 和图 ZY1800506002-10 是在现场常用的两种接线方式。图 ZY1800506002-9 采用两相非被试相支撑被试相，中性点电位为 1/3 试验电压；图 ZY1800506002-10 采用一相非被试相支撑被试相，中性点电位为 2/3 试验电压。

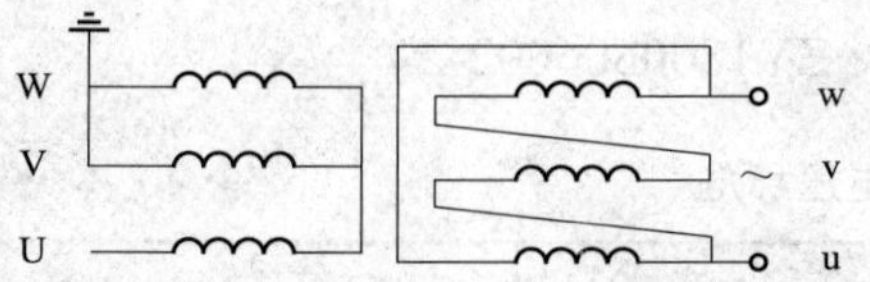

图 ZY1800506002-9　两相非被试相支撑被试相

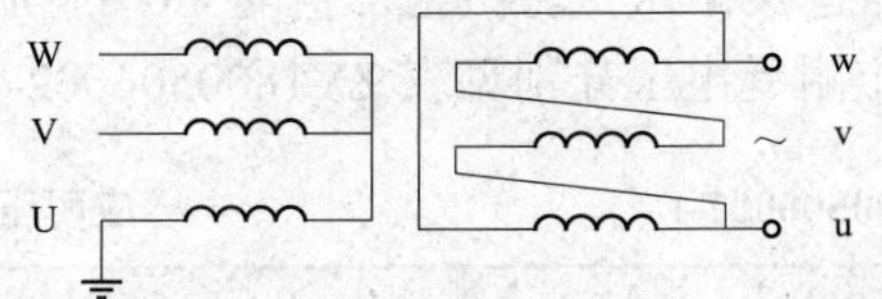

图 ZY1800506002-10　一相非被试相支撑被试相

2. 试验条件

（1）变压器的常规绝缘试验应全部合格。

（2）变压器真空注满油后，按照电压等级参照相关标准静置相应时间，并于试验前将各套管法兰处沉积的气体排除，防止气泡放电。

（3）试验前应将套管式 TA 的二次全部端子短路接地，防止感应高压和悬浮电位放电。

（4）试验前后取变压器本体油样作色谱分析，并对比其结果应无明显变化。

3. 试验步骤

（1）检查被试品状态，放出油箱及套管升高座内的残留气体，检查油箱和绕组的接地是否正确；

（2）安装主变高、中压端的均压罩，短接套管式 TA 二次端子，将试验设备吊装到位；

（3）根据变压器类型，选择合适的加压方法，按相应试验接线图接好各试验设备以及仪表，并保证各高电压引线的电气距离，连接中间变压器和被试变压器低压套管端头的导线应用绝缘带固定，防止摆动；

（4）在试验场地周围装设安全围栏，并派专人看守；

（5）确认电源自动开关在分断位置，接好电源三相 380V 端子，使用合适截面的导线，并注意可靠连接。空试试验设备，若无异常，则将电源设备输出两端分别接到被试变压器的低压侧。

（6）合上电源自动开关。按照电源设备使用说明书进行操作。

（7）清除闲杂人员，试验人员及现场安全负责人到位，加压前由试验负责人复核试验接线，确保接线无误方可加压，试验正式开始。

（8）升电压至 1/3～1/2 额定电压，观察钳形电流表及分压器数值，确认试验回路各部分正常后，升至试验电压，持续相关标准规定的时间。

（9）试验结束后，迅速降低试验电压至零，切断电源。将被试变压器接地充分放电后拆线。

六、试验注意事项

（1）对于大型电力变压器（电压在 110kV 及以上），当用 150Hz 及以上电源进行试验时，被试变压器的试验电流呈容性。在试验中，中频发电机组要注意自励磁现象。

（2）因为感应耐压试验为破坏性试验，所以试验前应保证变压器常规试验都必须合格。

（3）试验应在小于 1/3 试验电压下合闸，将电压尽快升至试验电压，随时监视试验电源及被试品的电压和电流有无异常变化，变压器内部有无异常声响。若有异常，应立即降压断电检查。

（4）被试变压器高、中压侧分接开关应尽量调至 1 档，使全部线匝绝缘都受到考验。

（5）由于分级绝缘变压器绕组对地电容较大，“容升”现象严重，因此试验电压的测量需用分压器在设备高压端直接测量。

（6）试验电压的波形应为正弦波，以有效值为准施加电压，当波形偏离正弦波时，应测量试验电压的峰值。

七、试验结果分析及报告编写

（一）试验结果分析

1. 试验标准及要求

按照《电力变压器　第 3 部分　绝缘水平、绝缘试验和外绝缘空气间隙》（GB 1094.3—2003）、《电气装置安装工程　电气设备交接试验标准》（GB 50150—2006）及《输变电设备状态检修试验规程》（Q/GDW 188—2008）相关条款执行。对中性点半绝缘产品的感应高压试验要同时使绕组对地、与相邻绕组最近点间、匝间和两相间的绝缘都能受到试验，并尽可能达到规定的试验电压值。

现场短时感应耐压试验按出厂值的 80%施加。感应耐压试验耐受电压标准和分级绝缘变压器中性点端子的额定耐受电压分别见表 ZY1800506002-1 和表 ZY1800506002-2。

表 ZY1800506002-1　　感应耐压试验电压标准

额定电压（kV）	最高工作电压（kV）	额定短时感应或外施耐受电压（kV）	
		出厂	交接
10	12	35	28
35	40.5	85	68

续表

额定电压（kV）	最高工作电压（kV）	额定短时感应或外施耐受电压（kV）	
		出厂	交接
110	126	200	160
220	252	360	288
		395	316
330	363	460	368
		510	408
500	550	630	504
		680	544

注　对同一设备最高电压，220kV 以上给出了两个额定电压是考虑到电网结构及过电压水平、过电压保护装置的配置及其性能、设备类型及绝缘特性、可接受的绝缘故障率等。

表 ZY1800506002-2　　　　分级绝缘变压器中性点端子的额定耐受电压

额定电压（kV）	最高工作电压（kV）	中性点接地方式	额定短时感应或外施耐受电压（kV）	
			出厂	交接
110	126	不直接接地	95	76
220	252	直接接地	85	68
		不直接接地	200	160
330	363	直接接地	85	68
		不直接接地	230	184
500	550	直接接地	85	68
		经小电抗接地	140	112

2. 试验结果分析

在感应耐压试验的持续时间内，如果试验电源或被试品的电压和电流不发生变化，被试品内部没有放电声，并且感应耐压试验前后的空负荷试验数据无明显差异，则认为被试品承受住了感应电压的考核，试验合格；如果被试品内部有轻微的放电声，但在复试中消失，也视为试验合格；如果被试品内部有较大的放电声，但在复试中消失，应吊芯检查，寻找放电部位，并根据检查结果及放电部位决定是否复试。

如果耐压试验过程中途因故失去电源，造成试验中断，则在恢复电源后应重新进行全时间的持续耐压试验。而不能仅进行“补足时间”的试验。

纵绝缘是否承受住了感应耐压，需要根据试验后的空负荷损耗与试验前的测量值进行比较来判断。

（二）试验报告编写

试验报告填写应包括试验单位、委托单位、试验时间、试验人员、天气情况、环境温度、湿度、变压器的运行编号、变压器型号、变压器上层油温及相关技术参数、试验结果、试验结论等。

报告附页应注明试验所依据的规程，记录所使用的测试仪器、仪表的名称、型号、制造厂、出厂序号、输出电压和容量、准确等级和校验日期等。

八、案例

案例 1：三相分级绝缘变压器感应耐压试验。

试品型号为 SFPS7–120000/220；容量为 120000/120000/120 000kVA；电压为 230±2×2.5%/121/38.5kV；接线组别为 YNyn0dl1。

以 U 相为例，感应耐压试验接线如图 ZY1800506002-11 所示。

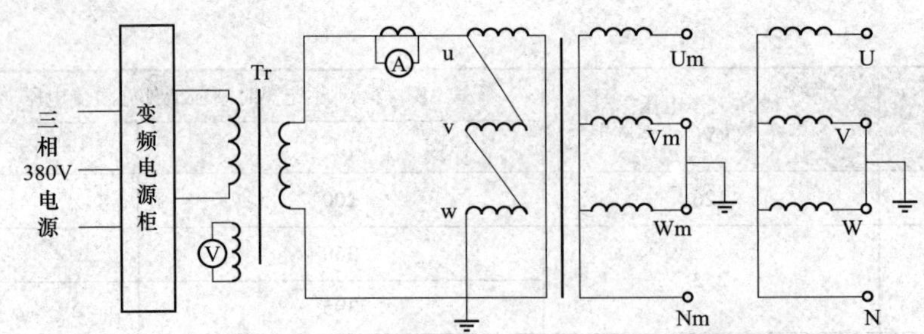

图 ZY1800506002-11　被试相低压侧励磁感应耐压试验接线图

试验电压如下：

高压线端 399.5kV（三相分接开关均在 I 分接），中压线端 200kV。

匝间电压感应倍数为

$$k=[399.5\times(2/3)]/(230\times1.05/\sqrt{3})=1.91$$

各部电压计算如下

$$U_{uw}=38.5\times1.91=73.5\text{（kV）}$$

$$U_{vw}=U_{uv}=(1/2)U_{uw}=36.8\text{（kV）}$$

$$U_{Um-地}=(121/\sqrt{3})\times1.91\times1.5=200\text{（kV）}$$

$$U_{Nm-地}=(1/3)U_{Um-地}=66.7\text{（kV）}$$

$$U_{U-地}=(230\times1.05/\sqrt{3})\times1.91\times1.5=399.5\text{（kV）}$$

$$U_{N-地}=(1/3)\ U_{U-地}=133.2\text{（kV）}$$

被试相低压励磁需要中间变压器 Tr 输出 73.5kV 电压，此时可满足试验电压要求。

案例 2：三相分级绝缘变压器感应耐压试验。

（1）被试变压器铭牌参数。

试品型号为 SFSZ–20000/110；额定容量为 20MVA；额定电压为 110±2×2.5%/38.5±2×2.5%/11kV；接线组别为 YNyn0dl1。

（2）试验电压与耐压时间。

110kV 变压器出厂试验时，高压端对地和高压绕组相间的试验电压均为 200kV，中性点对地的试验电压为 95kV。因此这次感应耐压试验的试验电压标准为：

高压绕组相间试验电压：$200\times0.80=160$（kV）

高压中性点对地的试验电压：$95\times0.80=76$（kV）

耐压时间与试验电压的频率有关。这次试验采用 250Hz 电源装置提供试验电压，其耐压时间为

$$t=2\times60\times\frac{50}{250}=24\text{（s）}$$

（3）试验接线。

为了使高压端对地和高压绕组相间的试验电压相同，同时对中性点绝缘也进行适当考验，这次感应耐压试验采用将非试验相接地、中性点支撑加压的接线方式。其 U 相试验的接线如图 ZY1800506002-12（a）所示。

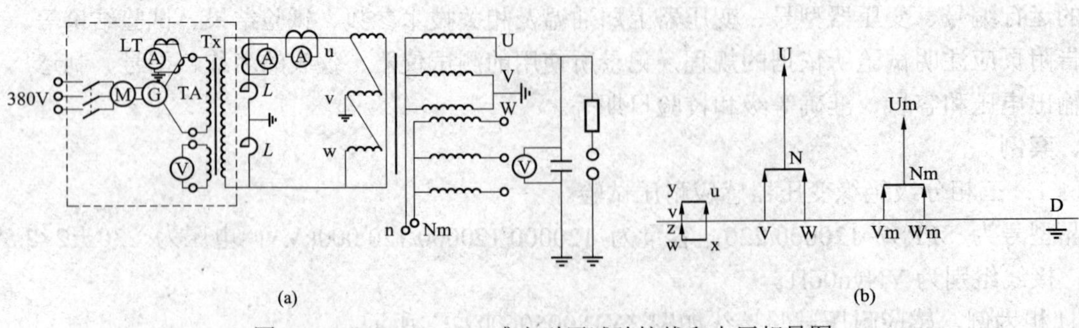

图 ZY1800506002-12　感应耐压试验接线和电压相量图

试验时，使用电容分压器监测被试相高压端对地试验电压。按照图 ZY1800506002-12 接线方式，高压中性点对地电压与被试相高压端对地电压严格地遵循 1:3 的关系，限于现场试验条件，采用监测高压中性点对地电压的方式。

（4） 电压分布计算。

1）变比计算。

感应耐压时，将被试变压器高、中压侧分接开关调至 1 档，使全部线匝绝缘都受到考验。此时高、低压绕组的电压分别为 121kV 和 10.5kV。因此，计算变比为

高低压间变比

$$K=\frac{121/\sqrt{3}}{10.5}=6.653$$

2）电压分布计算。

按图 ZY1800506002-12（a）接线试验时，其电压相量图如图 ZY1800506002-12（b）所示。根据试验电压标准，计算各级电压分布（以 U 相试验为例）如下：

被试相高压端对地及相间电压

$$U_{\mathrm{UD}}=U_{\mathrm{UV}}=U_{\mathrm{UW}}=160(\mathrm{kV})$$

被试相高压端绕组电压

$$U_{\mathrm{UN}}=\frac{2}{3}U_{\mathrm{UD}}=\frac{2}{3}\times 160=106.7(\mathrm{kV})$$

高压绕组中性点对地电压

$$U_{\mathrm{ND}}=\frac{1}{3}U_{\mathrm{UD}}=\frac{1}{3}\times 160=53.3(\mathrm{kV})$$

低压绕组外施电压

$$U_{\mathrm{uw}}=\frac{U_{\mathrm{UN}}}{K}=\frac{106.7}{6.653}=16.0(\mathrm{kV})$$

升压变压器变比为 175，升压变压器测量绕组电压

$$U_{\mathrm{mn}}=\frac{U_{\mathrm{ac}}}{175}=\frac{16.0}{175}=0.091(\mathrm{kV})=91(\mathrm{V})$$

高压绕组中性点对地电压小于标准的 80.75kV，可用中性点外施电压进行耐压。

【思考与练习】

1. 变压器为什么要进行感应耐压试验？简述其原理。
2. 感应耐压时，如何选择试验电源的容量？

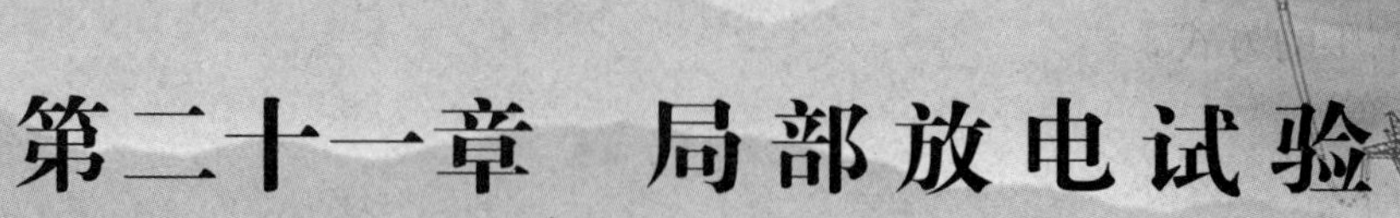

模块1 套管局部放电试验（ZY1800507001）

【模块描述】本模块介绍套管局部放电试验方法和技术要求。通过试验工作流程的介绍，掌握套管局部放电试验前的准备工作和相关安全、技术措施、试验方法、技术要求及测试数据分析判断。

【正文】

一、试验目的

套管是变电站电气设备的一个重要部分，主要与变压器、电抗器和断路器等设备配套使用。套管在制造和运输过程中，可能会出现某些缺陷，局部放电测量就是检测套管质量的一项重要的非破坏性试验，利用局部放电测量可判断套管是否存在绝缘缺陷。此项试验一般在实验室进行。

二、试验仪器、设备的选择

（一）升压试验电源

套管结构比较简单，可以当作集中参数的纯电容处理，其中电容一般约几百皮法。可采用工频无晕试验变压器或变频谐振进行加压。

1. 工频无晕试验变压器

根据被试套管与设备的电容量加上耦合电容 C_k 的容量，通过式（ZY1800507001-1）可算出通过试品的电流，按照电流和电压可选择工频无晕试验变压器的容量，即

$$I_s = \omega C_x U_s \qquad \text{(ZY1800507001-1)}$$

式中 I_s——试验电压下通过试品的电流，A；

ω——角频率，$\omega=2\pi f$，f=50Hz；

C_x——试验回路等值电容，pF；

U_s——试验电压，kV。

此套升压电源还包括控制柜、调压器、保护电阻等。调压器输入电压220V，输出电压0～250V，容量不小于工频无晕试验变压器容量；保护电阻在10～100kΩ数量级选取。

2. 变频谐振电源

（1）变频电源。

可选用串联谐振或并联谐振的方法进行，变频电源输出功率应满足试验要求。一般变频电源输出功率不小于励磁变压器的输出容量。

（2）励磁变压器。

励磁变压器输出容量应满足试验容量的要求，其计算式为

$$P_I = I_I U_N \qquad \text{(ZY1800507001-2)}$$

其中

$$I_I = I_L = I_C = \omega_0 C_x U_s \times 10^{-3} \qquad \text{(ZY1800507001-3)}$$

上两式中 P_I——励磁变压器输出容量，VA；

I_I——试验回路谐振时电流，A；

U_N——励磁变压器高压侧额定电压，V；

I_L、I_C——谐振时流过电感或电容的电流，A；

ω_0——谐振时角频率。

C_x、U_x意义同上。

（3）谐振电抗器。

根据套管的试验电压和试验回路等值电容选取谐振电抗器。

1）谐振频率应符合试验频率要求范围，套管局部放电耐压频率范围为 20～300Hz。谐振频率 f_0 可根据电抗器的电感值 L 和试验回路等值电容 C_x 计算，即

$$f_0 = \frac{1}{2\pi\sqrt{LC_x}} \times 10^3 \qquad \text{(ZY1800507001-4)}$$

电抗器的电感值 L 也可根据试验回路等值电容 C_x 和试验频率 f_0 选取，即

$$L = \frac{1}{(2\pi f_0)^2 C_x} \times 10^6 \qquad \text{(ZY1800507001-5)}$$

2）电抗器用于与试验回路等值电容进行谐振，以获得高电压，电抗器的额定电压应满足套管试验电压的要求。

3）谐振电抗器的额定容量应满足试验容量的要求，试验容量 P_0 可按下式计算

$$P_0 = U_L I_L = U_C I_C \qquad \text{(ZY1800507001-6)}$$

式中　U_L、U_C——分别为试验时电感和电容两端的电压，V。

I_L、I_C 意义同上。

（二）局部放电测试仪

现场进行局部放电试验时，可根据环境干扰水平选择相应的仪器。当干扰较强时，一般选用窄频带测量仪器，如 f_0=(30～200) kHz，带宽 Δf=(5～15) kHz；当干扰较弱时，一般选用宽频带测量仪器，如 f_1=(10～50) kHz，f_2=(80～400) kHz。对于 f_2=(1～10) kHz 的很宽频带的仪器，由于具有较高的灵敏度，一般适用于屏蔽效果好的试验室。

三、危险点分析及控制措施

1. 防止工作人员触电

拆、接试验接线前，应将被试设备对地充分放电，以防止剩余电荷、感应电压伤人及影响测量结果。试验前与检修负责人协调，不允许有交叉作业，试验接线应正确、牢固，试验人员应精力集中，试验设备外壳应可靠接地。

2. 防止设备损坏和人身事故

对试验变压器或电抗器等大件设备应选择平稳的场地安装稳固，做好仪器设备的防护措施。

3. 防止高处落物伤人

高处作业应使用工具袋，上下传递物件应用绳索拴牢传递，严禁抛掷。

四、试验前的准备工作

1. 了解被试设备现场情况及试验条件

查勘现场，查阅相关技术资料、套管历年试验数据及相关规程等，掌握该套管运行及缺陷情况，根据试验电压和被试变压器参数，估算所需试验电源、励磁变压器及电抗器补偿容量，编写作业指导书及试验方案。

2. 试验仪器、设备准备

选择合适的试验设备、供电电源容量、带剩余电流动作保护器的电源接线板、放电棒、接地线、安全带、安全帽、电工常用工具、试验临时安全遮栏、标示牌、万用表、温（湿）度计、电源线轴、清洁布、绝缘塑料带等，准备油套管试验油箱或气套管的气室等试验附属设备，并查阅试验仪器、设备及绝缘工器具的检定证书有效期。

3. 办理工作票并做好试验现场安全和技术措施

向其余试验人员交代工作内容、带电部位、现场安全措施、现场作业危险点，明确人员分工及试验程序。

五、现场试验步骤及要求

（一）试验方法

按照《电力设备局部放电现场测量导则》（DL/T 417—2006）进行，试验方法采用串联法、并联法或平衡法进行。套管分为气套管和油套管，在试验时要根据套管类型选择油箱或气罐作为配套使用设备。两种套管的试验原理和方法均相同，以油套管为例进行说明。

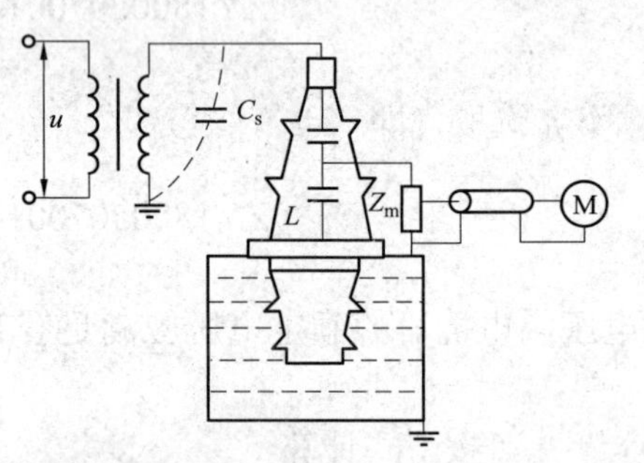

图 ZY1800507001-1 变压器套管试验接线图

L—电容末屏

变压器或电抗器套管局部放电试验时，其下部必须浸入一合适的油筒内，注入筒内的油应符合油质试验的有关标准，并静止 48h 后才能进行试验。试验时以杂散电容 C_s 取代耦合电容器 C_k，试验接线如图 ZY1800507001-1 所示。

套管局部放电的试验电压，由试验变压器外施产生，穿墙或其他形式的套管的试验不需放入油筒。

测量电路的背景噪声和测量灵敏度应能测出 5pC 的局部放电量及规定允许放电量的 20%，当测量套管规定局部放电量不大于 10pC 时，则背景噪声允许达到 100%，对已知由外部干扰引起的脉冲，可利用平衡试验线路，带阻滤波器调谐等办法来消除，或用时间窗的方法从干扰中分离出真正的局部放电信号。当使用 pC 直接表示的仪表进行读数时，应以其重复出现的最高值为准。

（二）试验接线

套管进行局部放电时，采用外施电压法。在试验时，电压应先升高至 $2U_N/\sqrt{3}$，维持 5s，然后降至表 ZY1800507001-1 中规定的电压值维持 5min，并测量视在放电量。

套管局部放电测量时，常用的试验接线如图 ZY1800507001-2 所示。如果套管末屏具有抽头，则可按图 ZY1800507001-3 的接线来进行测量。

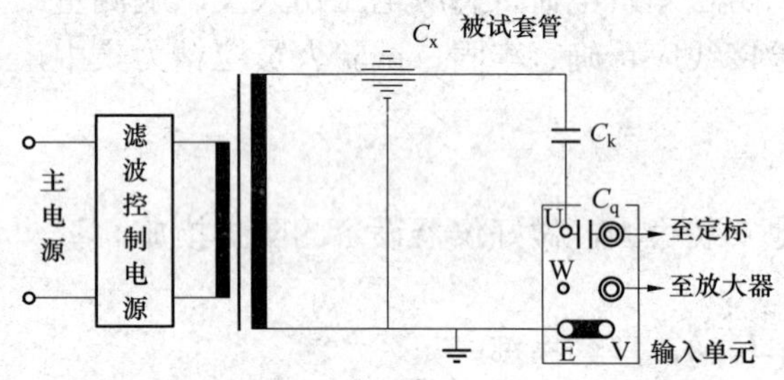

图 ZY1800507001-2 采用外接耦合电容的套管局部放电测量接线

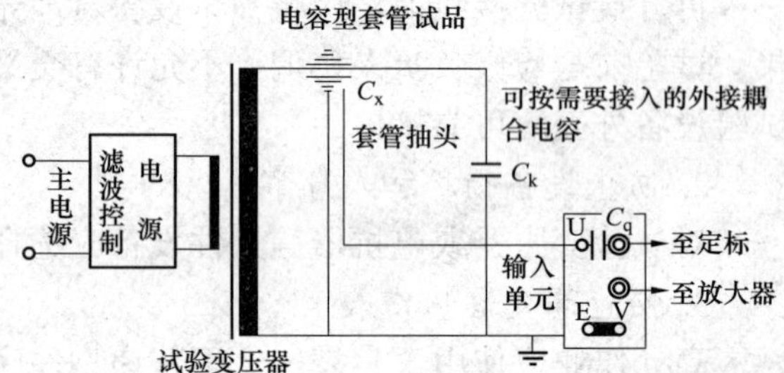

图 ZY1800507001-3 电容型套管的局部放电测量接线

因套管电容较小，试验变压器杂散电容的影响较大，测量时最好接阻塞阻抗。

（三）试验步骤

（1）试品处理。套管的瓷套表面应清洁干燥，绝缘油的油量或气体压力要符合有关规程要求。

（2）按相应试验接线图接好各试验设备及仪表，并保证各高压引线的电气距离，连接试验变压器和被试套管端头的导线应用绝缘带固定，防止摆动。

（3）仔细检查试验回路，对可能引起电场较大畸变的部位，进行适当处理。

（4）从套管顶端注入标准方波进行校准，按照相应标准输入校准信号。观测背景放电量水平、波形特点、相位等情况并进行记录。

（5）清除闲杂人员，试验人员、安全巡视人员各就各位。

（6）对套管进行加压，试验应在不大于 1/3 测量电压下接通电源，然后按标准规定进行测量，待数据稳定后，读取套管的放电量。最后降到 1/3 测量电压下，方可切除电源。

（7）在试验变压器高压端挂接地线，对试验回路充分放电后拆线。

六、试验注意事项

（1）局部放电试验前，套管应完成全部常规试验，并且结果合格。套管若受机械作用，应静止一段时间再进行试验。

（2）被试套管附近的围栏等可能有电位悬浮的导体均应可靠接地，防止因杂散电容耦合而产生悬浮电位放电。

（3）被试套管附近所有金属物体均应良好接地，否则由于尖端电晕或小间隙放电，对局放测量会产生严重干扰。试区内一般要求地面无任何金属异物、场地干净、试品瓷套无纤维尘积等，否则它们对局放测试有影响。

（4）按照电压等级选择试验回路的所有引线直径。引线宜采用金属圆管，试验导线接头、试品高压端放置均压环，从而保证试验回路在试验电压下不产生电晕。

（5）整个试验回路一点接地，接地回路采用铜箔，以抑制试验回路接地系统的干扰。

（6）局部放电试验过程中，被试套管周围的电气施工应尽可能停止，特别是电焊作业，以减少试验干扰。

七、试验结果分析及试验报告编写

（一）试验结果分析

1. 试验结果判定标准及要求

执行《高压套管技术条件》（GB/T 4109—1999）和《局部放电测量》（GB/T 7354—2003）。但《电气装置安装工程　电气设备交接试验标准》（GB 50150—2006）中没有套管局部放电项目；在《电力设备预防性试验规程》（DL/T 596—1996）中有“66kV及以上电容型套管的局部放电”试验项目，是在大修后和必要时进行，但是目前由于其试验的不可操作性，都未在现场进行过套管的局部放电测量，而是连同设备一起进行此项试验。在状态检修试验时参照《输变电设备状态检修试验规程》（Q/GDW 188—2008）。

标准中套管局部放电量的允许水平，如表ZY1800507001-1所示。

表ZY1800507001-1　　　　现场试验套管局部放电量的允许水平

设备名称	高压施加方式	预加电压		试验电压		允许放电量	标准来源	备注
		电压（kV）	时间（s）	电压（kV）	时间（min）	交接		
油浸纸绝缘	外施	—	—	$1.05U_N/\sqrt{3}$ $1.5U_N/\sqrt{3}$（仅适应于变压器和电抗器套管）	—	10	GB/T 4109—1999 JB/T 56204—1999	背景噪声允许水平为10PC（现场测量）
气体绝缘	外施	—	—	$1.05U_N/\sqrt{3}$	—	10		

2. 试验结果分析

试验期间试品不击穿，测得视在放电量不超过允许的限值，则认为试验合格。

（二）试验报告编写

试验报告填写应包括试验单位、委托单位、试验时间、试验人员、天气情况、环境温度、湿度、设备运行编号、设备型号及相关技术参数、试验结果、试验结论等。

报告附页应注明试验所依据的规程，记录所使用的测试仪器、仪表的名称、型号、制造厂、出厂序号、输出电压和容量、准确等级和校验日期等。

八、案例

套管局部放电试验实例，如表ZY1800507001-2所示。

表 ZY1800507001-2　　套管局部放电试验实例

委试号	局部放电量测量试验	年　月　日	
试区大气条件	P= 98.4kPa，$t_{(干)}$ = 12.5℃，$t_{(湿)}$ = 8.0℃		
试品型号名称	550kVGIS 用气体套管	试品编号	试样
委托单位			
试验依据标准	GB/T 4109		

（1）试验电压：如图 ZY1800507001-4 所示，预加电压为 $2U_N/\sqrt{3}$=635kV，在 $1.5U_N/\sqrt{3}$、$1.05U_N/\sqrt{3}$ 测量电压下分别进行局部放电量测量，要求的局部放电量最大值分别为 10pC、5pC。

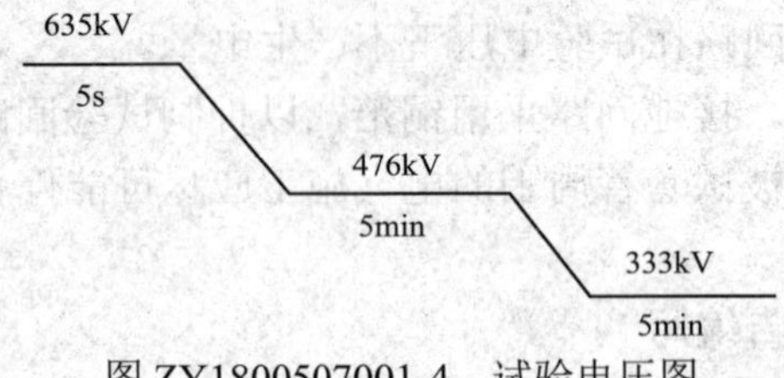

图 ZY1800507001-4　试验电压图

（2）所采用的试验回路如图 ZY1800507001-5 所示。

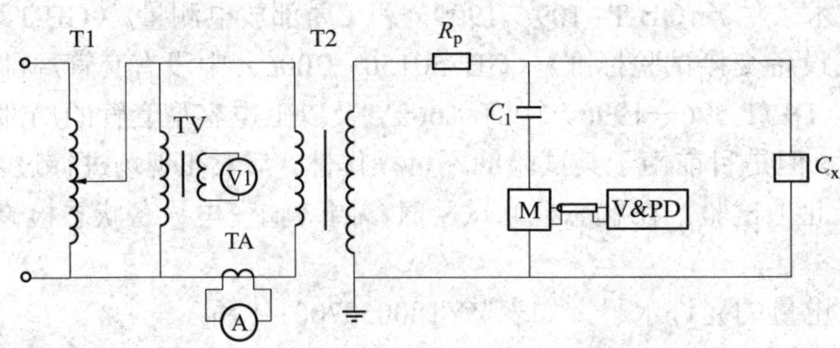

图 ZY1800507001-5　试验回路图

T1—2250kVA 调压器；TA—电流互感器；T2—2250kV 工频试验变压器；M—检测阻抗；C_x—试品；R_p—30kΩ保护电阻；V1—电压表；A—电流表；C_1—分压器高压臂电容；V&PD—LDS-6 局部放电仪

（3）测量数据如表 ZY1800507001-3 所示。

表 ZY1800507001-3　　测 量 数 据 表　　电压单位：kV（峰值/$\sqrt{2}$）

施加电压/加压时间			局放测量值（pC）
预加电压	预加电压/加压时间	635kV/5s	—
测量电压	测量电压/加压时间	476kV/5min	9.3～9.9
	测量电压/加压时间	333kV/5min	3.8～4.2

厂家负责人		现场监造		试验负责人	
试验参加人				记录人	
校核人			审核人		

【思考与练习】

1. 为什么要进行套管的局部放电测量？
2. 画图说明变压器或电抗器套管局部放电试验方法。
3. 对油套管或气套管进行局部放电试验时，各需要什么辅助设备？

模块 2　互感器局部放电试验（ZY1800507002）

【模块描述】本模块介绍互感器局部放电试验方法和技术要求。通过试验工作流程的介绍，掌握互感器局部放电试验前的准备工作和相关安全、技术措施、试验方法、技术要求及测试数据分析判断。

【正文】

一、试验目的

局部放电量过高，会危及电气设备的使用寿命，由局部放电而产生的电子、离子以及热效应会加速互感器绝缘的电老化，造成安全隐患，系统中不少互感器故障是由局部放电发展而形成的。互感器局部放电试验是判断其绝缘状况的一种有效方法。

二、试验仪器、设备的选择

（一）试验加压设备

1. 工频无局放试验电源

对 35kV 及以下的电流互感器进行局部放电试验时，可采用工频无局放试验变压器，其容量可根据试验电流和额定电压来选择，额定电压应高于试验电压，试验电流 $I_x=\omega CU$，其中 C 为被试互感器的电容与耦合电容之和，U 为额定电压。

此套电源还包括控制柜、调压器、保护电阻等。调压器输入三相电压 380V，输出电压 0～400V，容量应为工频无局放试验变压器容量的 75%～100%；保护电阻在 10～100kΩ数量级选取。

对电容式电压互感器，局部放电试验可分节进行，这样加在每节电容上的电压较低，但因其电容量值较大，若采用工频无局放试验变压器（目前多采用变频电源），需要采用并联补偿电抗加压方式，试验变压器仅提供试验回路的阻性电流及补偿后剩余的部分容性或感性电流，将大大降低对试验变压器的容量要求，补偿电抗的额定电压应高于试验电压，应按照下式计算

$$I_L=\frac{U\times10^3}{\omega L} \qquad \text{(ZY1800507002-1)}$$

$$I_C=(U\times10^3)\omega(C\times10^{-12}) \qquad \text{(ZY1800507002-2)}$$

$$I_Z=I_L-I_C \qquad \text{(ZY1800507002-3)}$$

$$S=UI_Z \qquad \text{(ZY1800507002-4)}$$

式中　U——试验电压，kV；

L、I_L——分别为补偿电抗器电感和电流，H、A；

C、I_C——分别为互感器电容和电流，pF、A；

I_Z——试验回路总电流，A；

S——试验变压器的容量，kVA。

2. 变频试验电源

对电磁式电压互感器进行局部放电试验时，施加在互感器绕组上的试验电压高于运行电压数倍，要满足试验要求，只能提高试验电源频率，使铁芯不过励磁。一般采用二次侧感应加压方法，可采用三倍频电源或变频电源。

（1）三倍频电源。

三倍频发生器输入电压高低很关键。输入电压太低，三倍频发生器输出 3 次谐波含量低，导致输出电压低；输入电压太高，三倍频发生器 3 次以上谐波高，输出波形变差，输出效率变低。输入电压不合适时，可使用三相调压器调节合适的励磁电压。一般输入电压高时，选择匝数多的抽头。

对于电磁式电压互感器，采用二次感应升压方法时，可采用三倍频电源。由于电压互感器感应耐压试验时呈容性负载状态，为减少试验设备容量、避免倍频谐振，根据不同电压等级在二次绕组或辅助绕组接入补偿电感。补偿电感的选择原则是在试验频率下，被试电压互感器仍呈容性。

为了有目的地选择补偿电感，在试验前对电压互感器辅助绕组加 150Hz 电压至额定电压 100V，读取电流 i_{udxd}，确定加压绕组的输入容抗值，然后按经验公式选择补偿量，使补偿达到预期的效果。输入容抗值应按下式计算

$$x_C=\frac{u_{udxd}}{i_{udxd}}\times\frac{1}{k^2}=\frac{u_{udxd}}{3i_{udxd}} \qquad \text{(ZY1800507002-5)}$$

式中　x_C——输入容抗值，Ω；

u_{udxd} ——辅助绕组额定电压，V；

i_{udxd} ——辅助绕组电流，A；

k ——辅助绕组与二次绕组额定电压比值，$100/57.7=\sqrt{3}$。

补偿电感的感抗值应按下式选取

$$x_L = x_C + (0.5\sim2) \quad (ZY1800507002\text{-}6)$$

式中 x_L ——补偿电感的感抗值，Ω；

x_C 意义同上。

按式（ZY18005025-6）将感抗值 x_L 换算为补偿电感量 L，即

$$L = \frac{x_L}{2\pi f_s}\times10^3 \quad (ZY1800507002\text{-}7)$$

式中 L——补偿电感的电感量，mH。

f_s——试验频率，Hz。

根据计算出的电感量选择补偿电抗器，然后接入被测互感器的 ux 绕组。将倍（变）频电压升至100V，测量被测互感器加压的辅助二次绕组处的 $\cos\varphi$ 值。如果 $\cos\varphi$ 在 0.7～0.9 的范围内，则补偿量合适。如 $\cos\varphi$ 过大，应增加 0.5～1Ω的补偿电抗。如 $\cos\varphi$ 过小，则减少补偿电抗 0.5～1Ω。

根据局放试验所加电压 U_x，考虑“容升”问题，此时低压侧施加的试验电压应按下式计算

$$U_s = \frac{U_x}{k(1+k')} \quad (ZY1800507002\text{-}8)$$

式中 U_s ——低压侧试验电压，V；

U_x ——高压侧试验电压，V；

k ——电压互感器变比；

k' ——容升修正系数。

此时试验回路的电流 $I=U_s/(X_C—X_L)$，所需试验装置的输出容量 $S_0=IU_s$。由于三倍频变压器的效率只有 15%～20%，取 15%，因此选择输入容量 $S_I=S_0/15\%$。

（2）变频电源。

变频电源采用一级连续、频率幅值可调、标准正弦信号经过三级放大方式输出单相正弦信号，实现大功率输出，是目前现场局放试验常用的试验电源。

对 110kV 及以上电流互感器、电容式电压互感器进行局部放电试验时，采用串联谐振方式一次侧加压，变频试验电源频率（20～300Hz）可满足要求。

变频电源输出功率一般大于或等于励磁变压器的输出容量，励磁变压器的输出容量可根据试验容量按式（ZY1800507002-9）估算出励磁变压器容量 S 为

$$S = \frac{S_0}{Q} = \frac{U\omega C}{Q} \quad (ZY1800507002\text{-}9)$$

式中 S_0 ——试验容量，VA；

C ——被试品电容；

ω ——谐振频率；

U ——试验电压；

Q ——品质因数，$Q=\omega L/R$，一般在 30～150，可取 50 进行估算。

（二）局部放电测试仪

现场进行局部放电试验时，可根据环境干扰水平选择仪器上的不同频带。干扰较强时一般选用窄频带，如可取 $f_0=30\sim200\text{kHz}$，$\Delta f=5\sim15\text{kHz}$；干扰较弱时一般选用宽频带。在满足信噪比的条件下，频带选择的宽一些可提高测量的灵敏度，也可以使测得的放电波形失真小一些。为了消除励磁谐波和低频干扰，测试仪频带的下限通常选择 40kHz，而上限选择为 300kHz。

目前有标准依据的是测量视在放电量的测量仪器，通常是示波屏、数字式放电量（pC）表或数字

和示波屏显示两者并用的指示方式。示波屏上显示的放电波形有助于区分内部放电和来自外部的干扰。放电脉冲通常显示在测量仪器的示波屏上的椭圆基线上。

三、危险点分析及控制措施

1. 防止高处坠落

在互感器上作业应系好安全带。对 220kV 及以上互感器，需解开引线时，宜使用高处作业车，严禁徒手攀爬互感器套管。

2. 防止高处落物伤人

高处作业应使用工具袋，上下传递物件应用绳索拴牢传递，严禁抛掷。

3. 防止工作人员触电

拆、接试验接线前，应将被试设备对地充分放电，以防止剩余电荷、感应电压伤人及影响测量结果。测试前与检修负责人协调，不允许有交叉作业，试验接线应正确、牢固，试验人员应精力集中。试验现场装设安全围栏或标识带，并挂“止步，高压危险”标示牌，试验时应有专人看守。试验设备外壳应可靠接地，且电压互感器一次线圈末端接地需良好。

四、试验前的准备工作

1. 了解被试设备现场情况及试验条件

查勘现场，查阅相关技术资料、互感器历年试验数据及相关规程等，掌握该互感器运行及缺陷情况，根据试验电压和被试互感器参数，估算所需试验电源、励磁变压器及电抗器补偿容量，编写作业指导书及试验方案。

2. 测试仪器、设备准备

根据互感器试品的型式和参数，选择合适的电源类型和相应配套试验设备，准备带漏电保护器的电源接线板、放电棒、接地线、安全带、安全帽、电工常用工具、试验临时安全遮栏、标示牌、万用表、温（湿）度计、电源线轴、清洁布、绝缘塑料带等，并查阅测试仪器、设备及绝缘工器具的检定证书有效期。

3. 办理工作票并做好试验现场安全和技术措施

向其余试验人员交代工作内容、带电部位、现场安全措施、现场作业危险点，明确人员分工及试验程序。

五、试验过程及步骤

（一）试验方法

1. 试验加压方法

（1）电流互感器。

电流互感器是典型的电容型高压电气设备，其局部放电试验电压从高压侧施加。对 35kV 及以上的电流互感器，电源可由工频无局放试验变压器提供，也可由变频电源提供。

（2）电磁式电压互感器。

电磁式电压互感器有单级和串级两种结构，35kV 及以下的为单级结构，110kV 两种结构均有，220kV 一般为串级结构。进行局部放电试验时，由于试验电压远高于试品运行电压，会由于过励磁产生大电流而损坏设备，现场试验电源可采用 3 倍频电源或变频电源。

电磁式电压互感器的试验方法比较特殊，从原理上同变压器有相似之处，它也是具有分布参数的电路，但其电容量要小得多，可用试验电源在一次侧外施变频电压，但现场往往采用二次侧加压、一次侧感应出相应的试验电压的方法。采用后者时，要注意试验电压值会高于低压施加电压乘变比，因为有电容电流引起的容升，一般 35kV 互感器“容升”约为 3%，110kV 互感器“容升”约为 5%，220kV 互感器“容升”约为 8%。

对于全绝缘电磁式电压互感器，应采用二次侧高压端加压、中性点接地和中性点加压、高压端接地两种加压测量方式。

（3）电容式电压互感器。

对 220kV 及以上电压等级一般采用电容式电压互感器，因其电容量值较大，电源电流或电源容量不容易满足要求，可采用工频补偿电抗器或变频试验方法，但常采用串联谐振升压。

电容式电压互感器高压电容根据电压等级由 n 节耦合电容器组成，中压电容（分压电容器）抽头由瓷套从底座引至电磁装置的油箱内，电磁装置由中间变压器，补偿电抗器和阻尼器组成，作为分压器底座。测量不带底座的上面单元件时，与常规做法无区别，将下法兰盘接检测阻抗输入端，上法兰盘接高压，检测阻抗接地端与不测量的单元牢固接地，并将间隙 s 可靠短接。测量带底座的下节时，因现场试验环境差，要求停电时间短，一般不将下节与底座拆开，以免绝缘油受潮及脏污，同时也避免拆接引线带来的接触不良，密封不好等不安全后果。考虑下节的分压比，中压端电压只允许为额定电压的 1.5 倍以下，以免将互感器损坏。

2. 局部放电测量方法

脉冲电流法是目前唯一有标准的互感器局部放电检测方法。它是通过检测阻抗、耦合电容、外壳接地线、铁芯接地线以及绕组中由于局部放电引起的脉冲电流，获得视在放电量。

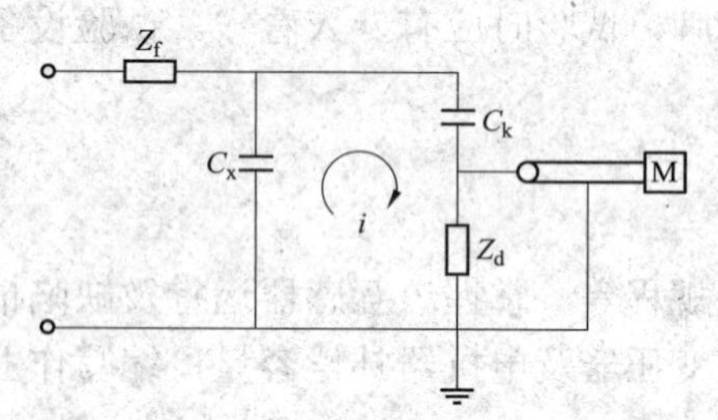

图 ZY1800507002-1　脉冲电流法测试回路图

脉冲电流法的测试回路，如图 ZY1800507002-1 所示。

当试品 C_x 产生一次局部放电时，在其两端就会产生一个瞬时的电压变化 Δu，此时在被试品 C_x、耦合电容 C_k 和检测阻抗 Z_d 组成的回路中产生一个脉冲电流 i。该脉冲电流流经检测阻抗 Z_d，在其两端产生一脉冲电压，将此脉冲电压进行采集、放大等处理，就可以测定局部放电的一些基本参量，尤其是视在放电量。

在进行互感器的局部放电试验时，电源干扰主要来自两个方面，一是来自电源供电网络，也就是现场的检修电源，采用低压低通滤波器和屏蔽式隔离变压器滤除干扰；二是来自试验供电网络，即试验变压器及调压装置，可采用高压低通滤波器滤除干扰信号。抗电源干扰信号方法的试验回路可按照图 ZY1800507002-2 试验接线方式。

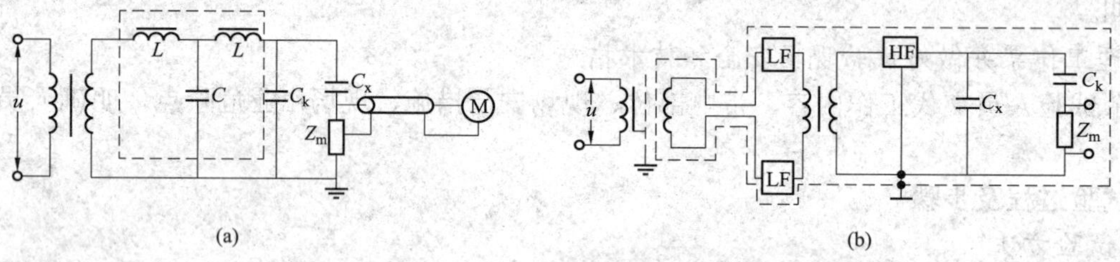

图 ZY1800507002-2　抗电源干扰信号方法的试验接线图

（a）高压低通滤波器滤除干扰信号示意图（虚线框内部分即图 ZY1800507002-1 中的 Z_f）；

（b）低压、高压低通滤波器滤除干扰信号示意图

在现场进行试验，干扰不仅来自电源，还有空间干扰，即各类电磁场辐射在试验回路感应所产生的干扰，而此时滤波器等对于空间电磁场在试品、耦合电容器等部分的回路产生的干扰是无法抑制的，当这类干扰影响测量时，可采用平衡接线法和利用局放仪的功能抑制干扰，提高检测的灵敏度。当干扰源是来自电源方面时，平衡电路应该包括高压回路在内，即两台设备都应该用同一电源加高压，接地侧接到平衡输入单元，取得最佳的平衡效果。当干扰源是来自电磁波的耦合作用时，接地平衡电路的两台试品其中一台可以不加高压，其余电路不变，不加压的一台试品相当于一个天线作用，与试品耦合的同样的高频信号相平衡，减少了干扰信号，但这种方法对电源没有抑制作用。

（二）试验接线

1. 加压回路接线

现场试验采用三倍频电源，加在电压互感器二次绕组励磁产生试验电压的接线如图 ZY1800507002-3 所示。在试验时，外壳、铁芯、二次绕组、辅助绕组及一次绕组尾端接地。

试验的加压程序如图 ZY1800507002-4 所示。

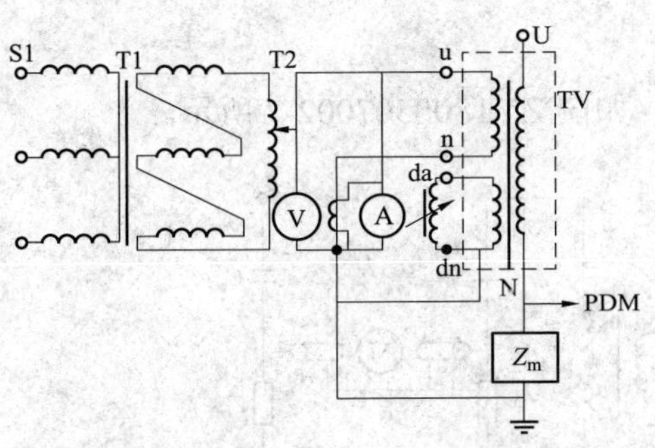

图 ZY1800507002-3 互感器局部放电试验三倍频电源加压回路接线图

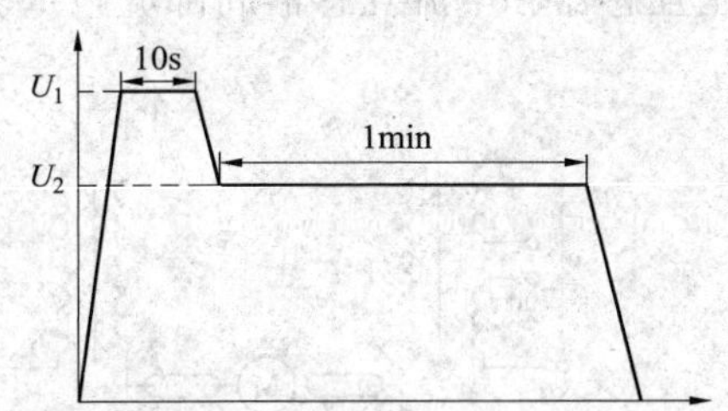

图 ZY1800507002-4 互感器局部放电试验加压程序图

注：$U_1=0.8\times$工频耐受电压；$U_2=1.2U_m/\sqrt{3}$。

图 ZY1800507002-4 中，施加试验电压时，接通电源并增加至 U_1，持续 10s。然后，立即将电压从 U_1 降低至 U_2，保持 1min，进行局部放电观测，记录放电量值，降电压，当电压降低到零时切断电源，加压完毕。

电容式电压互感器上面几节采用外施电压法进行，与电流互感器试验时一样。测量带底座的下节时，也采用外施电压法，但考虑下节的分压比，中压端电压只允许为额定电压的 1.5 倍以下，以免将互感器损坏。

2. 测量回路接线

（1）串联法。

互感器局部放电试验串联法测量接线，如图 ZY1800507002-5 所示。

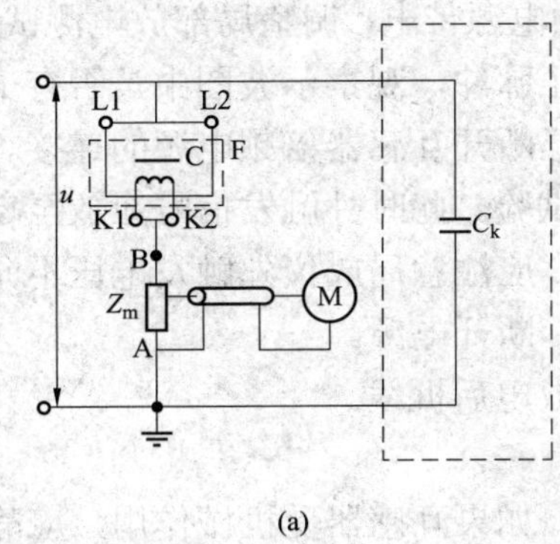

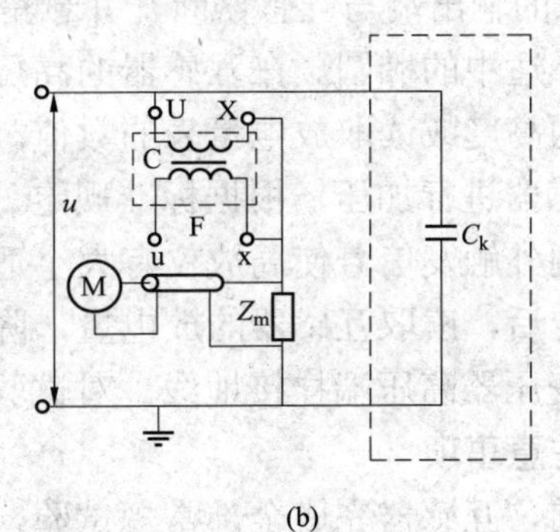

图 ZY1800507002-5 互感器局部放电试验串联法测量接线图

（a）电流互感器；（b）电压互感器

C_k—互感器高压侧对地杂散电容；C—铁芯；Z_m—测量阻抗；F—外壳；L1、L2—电流互感器一次绕组端子；K1、K2—电流互感器二次绕组端子；U、X—电压互感器一次绕组端子；u、x—电压互感器二次绕组端子

（2）并联法。

互感器局部放电试验并联法测量接线，如图 ZY1800507002-6 所示。

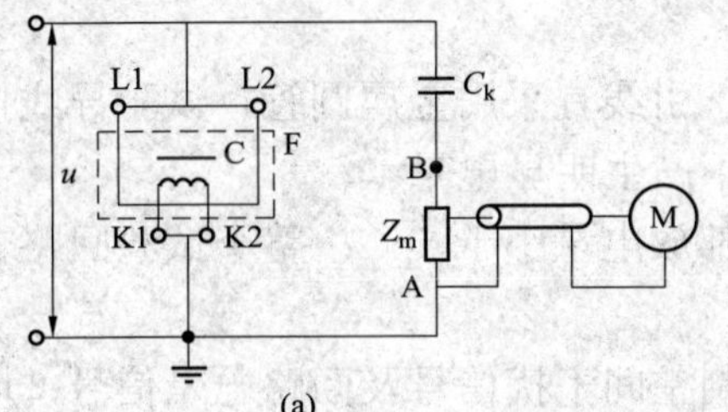

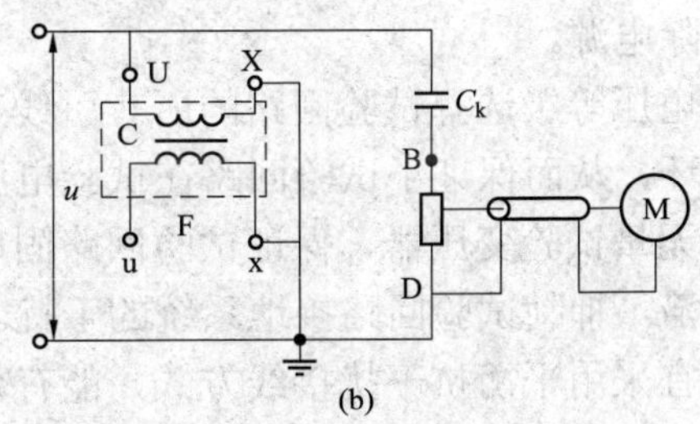

图 ZY1800507002-6 互感器局部放电试验并联法测量接线图

（a）电流互感器；（b）电压互感器

C_k—外加耦合电容器；其他字母符号意义同上

（3）平衡法。

电压互感器和电流互感器局部放电试验平衡法测量接线，如图 ZY1800507002-7 所示。

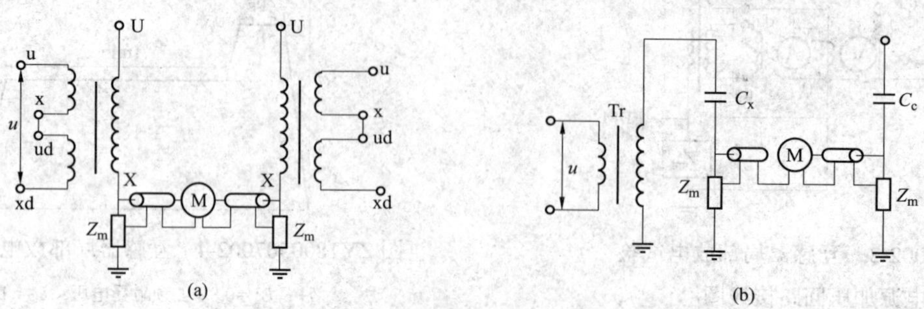

图 ZY1800507002-7 互感器局部放电试验平衡法测量接线图

（a）电压互感器；（b）电流互感器

Tr—试验变压器；C_x—被试电流互感器；C_c—邻近相电流互感器

（三）试验步骤

（1）清洁干燥互感器的瓷套表面。

（2）按相应试验接线图接好各试验设备以及仪表，并保证各高电压引线的电气距离，连接中间变压器和被试互感器端头的导线应用绝缘带固定，防止摆动。

（3）清除闲杂人等，试验人员、安全巡视人员各就各位。

（4）将局部放电测试仪的触发同步信号拔至外触发的位置。此时将局放仪接通电源应无椭圆显示。把倍频电源的输出端与互感器断开并悬空，再使倍频电源带电，调整局部放电测试仪的外触信号，使局放仪有大小适中的椭圆。在互感器的高压端注入校正脉冲，观察示波图中是否有干扰信号，然后量取校正脉冲的高度或读取放电量表的数值。检查是否已断开互感器倍频电源的连接。

（5）对互感器进行加压，根据标准规定，进行局放试验。此时外触发信号应放至零位。然后降压到试验电压，调外触发信号使局放仪有大小适中的椭圆，应注意局放仪外触发电压不允许超过的电压值。待数据稳定后，读取互感器的放电量，降电压至零，断开电源。

（6）升压变压器高压端挂接地线，对试验回路充分放电后拆线。

六、试验注意事项

（1）试验前，互感器完成全部常规试验，结果合格。如果互感器受机械作用，应静止一段时间再进行试验。

（2）被试互感器附近的围栏等可能有电位悬浮的导体均应可靠接地，防止因杂散电容耦合而产生悬浮电位放电。

（3）被试互感器附近所有金属物体均良好接地，否则由于尖端电晕或小间隙放电，对局放测量会产生严重干扰。试区内一般要求地面无任何金属异物、场地干净、试品瓷套无纤维尘积等，否则它们对局放测试存在或多或少的影响。

（4）试验应在不大于 1/3 测量电压下接通电源，然后按标准规定进行测量，最后降到 1/3 测量电压下，方可切除电源。

（5）按照电压等级选择试验回路的所有引线直径，引线宜采用金属圆管，试验导线接头、试品高压端放置均压环，从而保证了试验回路在试验电压下不产生明显电晕。

（6）采用无晕试验变压器，保证试验回路固有局部放电量小于 5pC；整个试验回路一点接地，接地回路采用铜箔，抑制试验回路接地系统的干扰。

（7）试验宜采用平衡抗干扰接线方式，能有效抑制空间干扰信号及回路电晕信号，增益放大试品局部放电信号，提高了试验的抗干扰能力。

（8）仔细检查试验回路，对可能引起电场较大畸变的部位，进行适当处理。

（9）局部放电试验过程中，被试互感器周围的电气施工应尽可能停止，特别是电焊作业，以减少试验干扰。

七、试验结果分析及试验报告编写

（一）试验结果分析

1. 试验标准及要求

按照《电磁式电压互感器》（GB 1207—2006）、《电流互感器》（GB 1208—2006）、《电容式电压互感器》（GB/T 4703　2007）、《局部放电测量》（GB/T 7354—2003）、《电气装置安装工程　电气设备交接试验标准》（GB 50150—2006）、《电力设备局部放电现场测量导则》（DL 417—2006）及《输变电设备状态检修试验规程》（Q/GDW 188—2008）相关条款执行。

互感器现场试验局部放电测量的测量电压及视在放电量的标准，见表 ZY1800507002-1。

表 ZY1800507002-1　互感器现场试验局部放电测量的测量电压及视在放电量的标准值

<table>
<tr><th colspan="3" rowspan="2">种　类</th><th rowspan="2">测量电压（kV）</th><th colspan="2">允许的视在放电量（pC）</th></tr>
<tr><th>环氧树脂及其他干式</th><th>油浸式和气体式</th></tr>
<tr><td colspan="3" rowspan="2">电流互感器</td><td>$1.2U_m/\sqrt{3}$</td><td>50</td><td>20</td></tr>
<tr><td>$1.2U_m$（必要时）</td><td>100</td><td>50</td></tr>
<tr><td rowspan="6">电压互感器</td><td colspan="2" rowspan="2">≥66kV</td><td>$1.2U_m/\sqrt{3}$</td><td>50</td><td>20</td></tr>
<tr><td>$1.2U_m$（必要时）</td><td>100</td><td>50</td></tr>
<tr><td rowspan="4">35kV</td><td rowspan="2">全绝缘结构</td><td>$1.2U_m/\sqrt{3}$</td><td>50</td><td>20</td></tr>
<tr><td>$1.2U_m$</td><td>100</td><td>50</td></tr>
<tr><td rowspan="2">半绝缘结构（一次绕组一端直接接地）</td><td>$1.2U_m/\sqrt{3}$</td><td>50</td><td>20</td></tr>
<tr><td>$1.2U_m$（必要时）</td><td>100</td><td>50</td></tr>
</table>

注　1. 局部放电宜与耐压试验同时进行；互感器局部放电试验的预加电压可以为交流耐压试验的 80%；
2. 电压等级为 35～110kV 互感器的局放测量可按 10%进行抽测，若局放量达不到规定要求应增大抽测比例；
3. 电压等级为 220kV 及以上互感器在绝缘性能有怀疑时宜进行局部放电测量；
4. 局部放电测量时，应在高压侧（包括互感器感应电压）监测施加的一次电压。

考虑到现场条件限制，220kV 及以上电压等级局部放电试验较困难，故将此试验范围限制在 110kV 及以下电压等级，以抽样的形式减少工作量。有条件的宜逐台检测互感器的局部放电量。35kV 以下电压等级互感器更多应用于柜体，应作为购买的元件由柜体制造厂逐台检验。

依据《国家电网公司十八项反事故措施》及《电气装置安装工程　电气设备交接试验标准》和《电力设备预防性试验规程》，对 35kV 及以上电压等级的新安装和大修后的互感器（液体浸渍和固体绝缘）要进行局部放电测量，对 35kV 及以下的互感器要定期测量局部放电量，以检查其绝缘状况，但目前基本不具备现场试验条件。因为互感器的局部放电量较小，一般在几到几十皮库，而现场环境条件复杂，普遍存在多种干扰源，严重时的背景干扰水平达到 200～300pC，往往湮没真实的局放信号，无法判断设备的真实局放量，因此降低现场试验时的背景干扰水平成为普及现场测试的关键问题。

2. 试验结果分析

（1）试验期间试品不击穿，测得视在放电量不超过允许的限值，则认为试验合格。

（2）试验过程中对试验波形进行认真分析，通过局放信号与干扰信号在波形相位，起始、熄灭电压等方面的不同表现来认真区分干扰信号及局部放电信号。一般来说，局部放电信号发生在一、三象限，且起始电压约高于熄灭电压。无线电干扰则四个象限都有，电晕起始电压与熄灭电压基本一样。

（3）目前的试验规程仅对电容式电压互感器单元件分压电容器的局放量作出了明确的规定（不大于 10pC），而现场对电容式电压互感器下节进行局放试验时一般都不打开油箱也不拆除中间变压器。带有中间变压器的电容式电压互感器下节的局部放电量是否应遵循不大于 10pC 的标准值得商榷。对于电容式电压互感器下节的局部放电量允许水平按液体浸渍互感器允许局部放电水平考核为宜，即不大于 20pC。在规程未作出明确规定的情况下，用户在订货时需在技术协议中明确电容式电压互感器下节局部放电量允许水平。

（二）试验报告编写

试验报告填写应包括试验单位、试验性质（交接试验、预防性试验、检查、施行状态检修的应填明例行试验或诊断试验)、委托单位、试验时间、试验人员、天气情况、环境温度、湿度、设备运行编号、设备型号及相关技术参数、试验结果、试验结论、测试仪器、仪表的名称、型号、制造厂、出厂序号、输出电压和容量、准确等级和校验日期等。

八、案例

某变电站500kV电容式电压互感器现场局部放电测量。试品型号为WVL500–5H；每节电容量为15 000pF；电容式电压互感器由2节耦合电容器及一个下节（包括C_{13}、C_2及电磁单元）组成。

依照相关标准GB/T 4703—2007及GB 50150—2006对500kV电容式电压互感器局部放电试验可分节进行。局放加压程序如图ZY1800507002-4所示，其中：

预加电压 $U_1=(0.8\times1.3U_m/\sqrt{3})/3=(0.8\times1.3\times550/\sqrt{3})/3=190.67$（kV）

测量电压 $U_2=(1.2U_m/\sqrt{3})/3=(1.1\times550/\sqrt{3})/3=127$（kV）

当试验电压为190kV时试验变压器所需容量为

$$S=U_2\omega C=(190\times10^3)\times2\times314\times15\ 000\times10^{-12}=170\text{（kVA）}$$

为消除外界干扰，局部放电测量采用平衡回路测量法，则变压器所需容量高达340kVA，为解决试验容量难题，只能采用并联补偿加压方式。即当电容器与电抗器并联结线时，流过电抗器的电流I_L的相位与流电电容量的电流I_C相位相反，选择适当的电容及电感使$X_L\approx X_C$，则试验变压器仅提供试验回路的阻性电流及补偿后剩余的部分容性或感性电流，这将大大降低对试验变压器的容量要求。

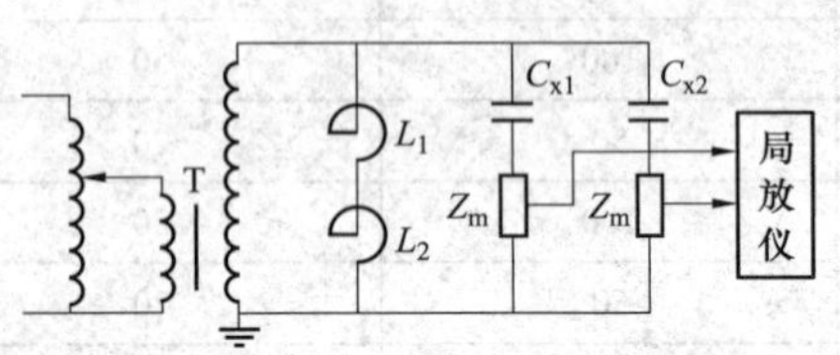

图ZY1800507002-8 局部放电试验接线图

T—750kV无局放试验变压器；L_1、L_2—并联补偿电抗器（$L_1=L_2=186$H）；C_{x1}、C_{x2}—试品电容器（$C_{X1}\approx C_{X2}\approx15\ 000$pF）

在试验中采用如图ZY1800507002-8所示的接线方式。当试验电压为190kV时，有

流过电抗器的电流 $I_L=U/\omega L=(190\times10^3)/(314\times186\times2)=1.626\ 6$（A）

流过电容器的电流 $I_C=U\omega C=190\times10^3\times314\times(2\times15\ 000\times10^{-12})=1.789\ 8$（A）

试验变压器高压侧电流 $I_{总}=I_C-I_L=163.2$（mA）

所需试验变压器容量 $S=UI=190\times10^3\times163.2\times10^{-3}=31$（kVA）

因此大大降低了对试验变压器的容量要求，加上杂散电容等因素，高压侧电流不超过250mA，即所需试验变压器容量不超过50kVA，试验变压器能够满足试验要求。

试验采用平衡抗干扰接线方式，如图ZY1800507002-8所示。分别从C_{x1}、C_{x2}取两路信号进入局放仪，通过对比两路信号，能有效地抑制空间干扰信号及回路电晕信号，仅增益放大试品局部放电信号，提高了试验的抗干扰能力。

【思考与练习】

1. 互感器进行局部放电的加压试验方法以及测量方法是什么？
2. 请以图示说明互感器局部放电的加压过程。
3. 在进行互感器的局部放电试验时，有哪几种电源干扰？消除的方法是什么？

模块3 变压器局部放电试验（ZY1800507003）

【模块描述】本模块介绍变压器局部放电试验方法和技术要求。通过试验工作流程的介绍，掌握变压器局部放电试验前的准备工作和相关安全、技术措施、试验方法、技术要求及测试数据分析判断。

【正文】

一、试验目的

变压器故障以绝缘故障为主，一些非绝缘性原发故障可以转化为绝缘故障，而且变压器绝缘的劣化往往不是单一因素造成的，而是多种因素共同作用的结果。局部放电既是绝缘劣化的原因，又是绝缘劣化的先兆和表现形式。与其他绝缘试验相比，局部放电的检测能够提前反映变压器的绝缘状况，及时发现变压器内部的绝缘缺陷，预防潜伏性和突发性事故的发生。

二、试验仪器、设备的选择

（一）加压试验仪器、设备

1. 试验电源

局部放电试验可采用中频发电机组或者变频电源方式来获取试验电源。中频发电机组由于性能稳定、容量大，比较适用于超高压和特高压变压器试验。变频电源由于质量和体积小，便于长距离运输和现场试验的摆放，且要求现场提供的电源容量小，故目前在现场较多采用。

2. 励磁变压器

在选择励磁变压器时，应充分考虑能灵活变换输入、输出侧的变比，获得不同的输出试验电压。励磁变压器具备以下结构和特点，一般可满足现场试验的要求。

低压绕组：共 2 个绕组、4 套管输入，一般额定电压为 2×350V 左右，可串联和并联工作。

高压绕组：共 6 个绕组、12 套管输出，一般额定电压为 2×40kV，2×10kV，2×5kV，可串联和并联工作。

3. 补偿电抗器

采用中频发电机组时，需要采用过补偿，一般过补偿＞10%，但对于 500kV 及以上变压器，考虑到其容性电流较大（多达 50A），若过补偿太多，则需要的电抗器数量多，发电机容量及现场电源容量都难以满足要求，所以过补偿以约 5%为宜。

采用变频电源时，一般使回路成谐振状态，谐振频率要求达到 100Hz 以上，或者 100Hz 以上某个频率处于欠补偿，电源容量可以满足试验要求。

补偿电抗一般采用对称补偿，可降低电抗器工作电压。

4. 试验连接导线

根据变压器局部放电试验的不同试验电压，应选择合适的加压导线，并留有一定的裕度，保证在测量电压下不会产生电晕。

5. 高压屏蔽罩

在变压器局部放电试验过程中，应充分考虑试验均压屏蔽罩的结构及电场分布，尽量改善主变套管出线端电场分布，降低均压罩及金具表面电场强度。一般情况下，防电晕屏蔽装置有半球形、双环形、三环形、四环形等。应根据电压高低，选择合适的尺寸。

（二）测量试验仪器、设备

现场进行局部放电试验时，可根据环境干扰水平选择仪器上的不同频带。干扰较强时一般选用窄频带，如可取 $f_0=30\sim200\text{kHz}$，$\Delta f=5\sim15\text{kHz}$；干扰较弱时一般选用宽频带。在满足信噪比的条件下，频带选择的宽一些可提高测量的灵敏度，也可以使测得的放电波形失真小一些。为了消除励磁谐波和低频干扰，测试仪频带的下限通常选择 40kHz，而上限选择为 300kHz。

目前有标准依据的是测量视在放电量的测量仪器，通常是示波屏、数字式放电量（pC）表或数字和示波屏显示两者并用的指示方式。示波屏上显示的放电波形有助于区分内部放电和来自外部的干扰。放电脉冲通常显示在测量仪器的示波屏上的椭圆基线上。

三、危险点分析及控制措施

1. 防止高处坠落

试验人员进入现场必须戴安全帽，高处作业必须挂安全带，严禁徒手攀爬变压器套管。

2. 防止高处落物伤人

高处作业应使用工具袋，上下传递物件应用绳索拴牢传递，严禁抛掷。

3. 防止工作人员触电

拆、接试验接线前，应将被试设备对地充分放电，以防止剩余电荷、感应电压伤人及影响测量结果。测试前与检修负责人协调，不允许有交叉作业，试验接线应正确、牢固，试验人员应精力集中。试验现场装设安全围栏或标识带，并挂“止步，高压危险”标示牌，试验时应有专人看守。试验设备外壳应可靠接地。

四、试验前的准备工作

1. 了解被试设备现场情况及试验条件

查勘现场，查阅相关技术资料、变压器历年试验数据及相关规程等，掌握该变压器运行及缺陷情况，根据试验电压和被试变压器参数，估算所需试验电源、励磁变压器及电抗器补偿容量，编写作业指导书及试验方案。

2. 测试仪器、设备准备

选择合适试验设备、供电电源容量、带剩余电流动作保护器的电源接线板、放电棒、接地线、安全带、安全帽、电工常用工具、试验临时安全遮栏、标示牌、万用表、温（湿）度计、电源线轴、清洁布、绝缘塑料带等，并查阅测试仪器、设备及绝缘工器具的检定证书有效期。

3. 办理工作票并做好试验现场安全和技术措施

向其余试验人员交代工作内容、带电部位、现场安全措施、现场作业危险点，明确人员分工及试验程序。

五、现场试验步骤及要求

（一）试验方法

1. 试验加压方法

局部放电试验是对电压很敏感的试验，只有当内部缺陷的场强达到起始放电场强时，脉冲放电量才能观察到。在现场试验中采用工频电源是无法使绕组中感应出这么高的试验电压的。因为铁芯磁通密度饱和，激磁电流和铁磁损耗都会急剧增加，提高电源频率是目前唯一可行的方法。

试验是通过励磁变压器升压，向被试变压器低压侧施加电压，在高压侧感应出高压的方法来进行的。对于回路中容性分量的补偿，常用的方式是在低压端加装并联电抗器，用以补偿回路中的容性无功分量。

2. 加压试验容量的计算

变压器局部放电试验时，正确估计其试验容量对试验的顺利进行关系很大。由于在变频（100Hz以上）试验时，空负荷时变压器励磁无功功率较小，可不用考虑，只考虑有功功率和容性无功功率。

（1）变压器有功功率的估算。由于变压器局部放电试验常常采用单相法，试验相和非被试相的有功损耗分别为

$$P_{0f}=\left(\frac{f}{f_n}\right)^m\left(\frac{B'_m}{B_m}\right)^n\left(\frac{P'_0}{3}\right) \quad \text{(ZY1800507003-1)}$$

$$P'_{0f}=\left(\frac{f}{f_e}\right)^m\left(\frac{B''_m}{B_m}\right)^n\left(\frac{P'_0}{3}\right) \quad \text{(ZY1800507003-2)}$$

其中 $B'_m=k\,f_n\,/\,f$

式中 P_{0f}、P'_{0f}——试验相和非试相的有功损耗，kW；

f——试验频率，Hz；

f_n——额定频率，50Hz；

B_m——额定电压和额定频率下的磁通密度，T；

B'_m、B''_m——试验相和非试相的磁通密度，T；

P'_0——额定电压和额定频率下的有功损耗，kW；

m——系数，对冷轧硅钢片取1.6，对热轧硅钢片取1.3；

n——系数，对冷轧硅钢片取1.9，对热轧硅钢片取1.8；

k——试验电压与额定电压的比值，非试相约为0.75。

试验时的总有功损耗$P_{\Sigma y}$和总有功电流$I_{\Sigma y}$分别为

$$P_{\Sigma y}=P_{0f}+2P'_{0f} \quad \text{(ZY1800507003-3)}$$

$$I_{\Sigma y}=P_{\Sigma y}/U_L \quad \text{(ZY1800507003-4)}$$

式中　U_L——变压器低压绕组试验电压。

（2）被试变压器容性无功功率估算。按集中电容估算。首先，用介损测量中的数据算出变压器各侧绕组总的对地电容 C_x。从而得出每相的对地电容，此电容上的电压以绕组首尾电位之和的一半计算，从而得出绕组被试相和非被试相的电容电流分别为

$$I_{GE}=\omega\frac{C_x}{3}\frac{U}{2}=\frac{1}{3}\pi fC_xU \tag{ZY1800507003-5}$$

$$I'_{GE}=\omega\frac{C_x}{3}\frac{U}{4}=\frac{1}{6}\pi fC_xU \tag{ZY1800507003-6}$$

根据上式，算出高、中、低三侧绕组的被试相和非被试相的电容电流，然后将高、中压侧的电容电流分别乘各自的变比换算至低压侧。从而得出低压侧总的电容电流，再乘变压器低压侧上所施加的试验电压，即得到试验频率下的容性无功估算值。

估算的有功电流和容功无功电流的矢量和即为被试变压器试验电压下的入口电流。电抗器的电压和容量可根据实际接线和试验容量的估算进行补偿。

3. 局放测量方法

脉冲电流法是目前唯一有标准的变压器局部放电检测方法。它是通过检测阻抗、检测变压器套管末屏接地线、外壳接地线、铁芯接地线以及绕组中由于局部放电引起的脉冲电流，获得视在放电量，其测试回路如图 ZY1800507003-1 所示。

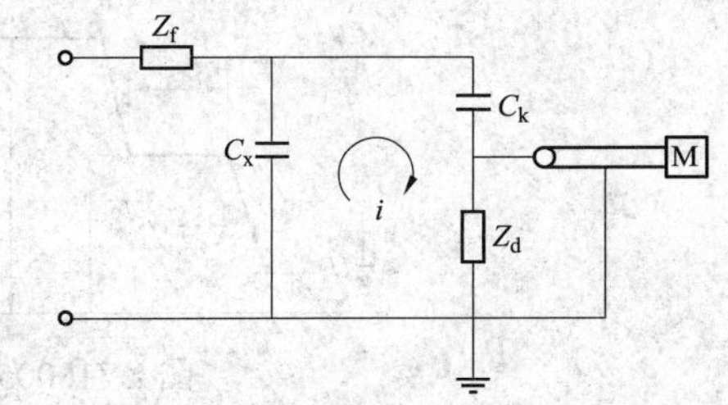

图 ZY1800507003-1　脉冲电流法基本测试回路图

当试品 C_x 产生一次局部放电时，在其两端就会产生一个瞬时的电压变化 Δu，此时在被试品 C_x、耦合电容 C_k（套管末屏）和检测阻抗 Z_d 组成的回路中产生一个脉冲电流 i，该脉冲电流流经检测阻抗 Z_d，在其两端产生一脉冲电压，将此脉冲电压进行采集、放大等处理，就可以测定局部放电的一些基本参量，尤其是视在放电量。当校准脉冲与实际放电脉冲波形完全相同时，测试仪器测得的视在放电量才是真实的，而且与测量频率无关。两者波形不同时，其频谱分布不同，而测试仪的频带是有限的，只能拾取其中某一部分频带的分量，这样校准值与实际值就出现偏差。如果校准脉冲的高频分量比实际放电脉冲多，而低频分量少，采用较宽频带比窄频带测得的放电量偏小；反之，如果校准脉冲比实际放电脉冲的高频分量少，则宽频带比窄频带测量值偏大。

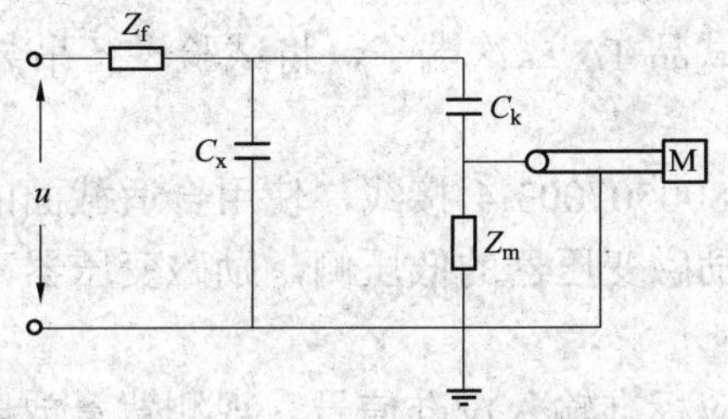

图 ZY1800507003-2　局部放电测量接线图

Z_f —高频滤波器（阻塞阻抗）；C_x —试品等效电容（变压器的等效入口电容）；C_k —耦合电容（被试变压器套管电容）；Z_m—检测阻抗；M—局放测量仪

（二）试验接线

1. 测量回路接线

用脉冲电流法测量局部放电的基本回路采用直接测量法的接线方式，如图 ZY1800507003-2 所示。

根据试验时干扰情况，试验回路接有一阻塞阻抗 Z_f，以降低来自电源的干扰，也能适当提高测量回路的最小可测量水平。对于同一个放电源，测试仪在不同的频带范围测量结果是不同的。

2. 加压回路接线

以高压侧 U 相的测量为例，试验采用低压励磁、对称加压接线方式，局部放电加压试验接线如图 ZY1800507003-3 所示。

试验加压程序，如图 ZY1800507003-4 所示。

图 ZY1800507003-4 中，当施加试验电压时，接通电源并增加至 U_3，持续 5min，读取放电量值；无异常则增加电压至 U_2，持续 5min，读取放电量值；无异常再增加电压至 U_1，进行耐压试验，耐压时间为（120×50/f）s；然后，立即将电压从 U_1 降低至 U_2，保持 30min（330kV 以上变压器为 60min），

进行局部放电观测，在此过程中，每 5min 记录一次放电量值；30min 满，则降电压至 U_3，持续 5min，记录放电量值；降电压，当电压降低到零时切断电源，加压完毕。

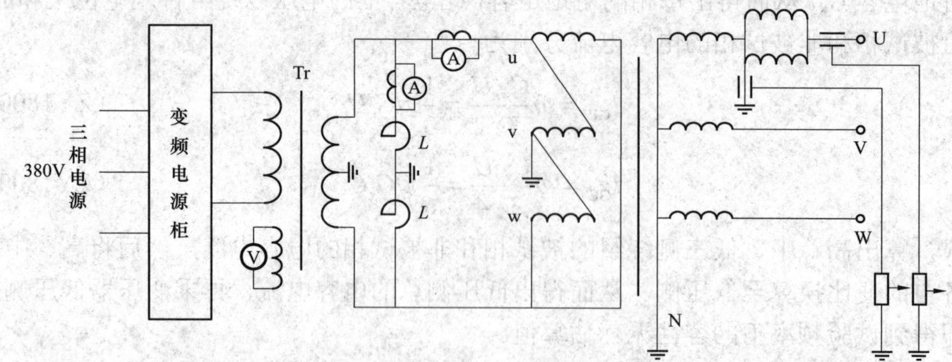

图 ZY1800507003-3 变压器局部放电试验接线（U 相）

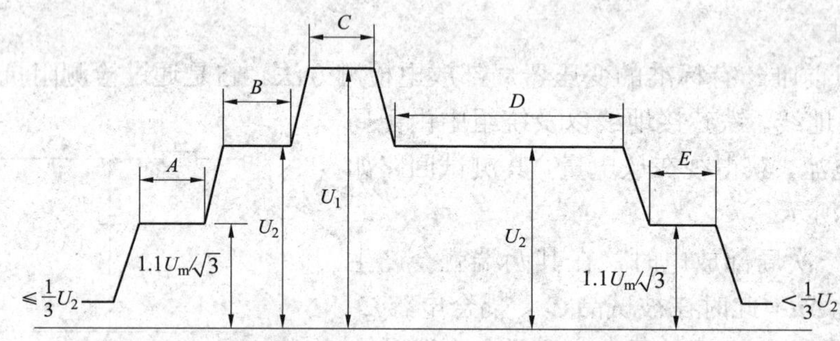

图 ZY1800507003-4 局部放电试验加压程序图

A=5min；B=5min；C=试验时间；$D\geqslant$60min；E=5min；$U_2=1.3U_m/\sqrt{3}$（相对地电压）；$U_1=U_m$（U_m为系统最高运行线电压）

试验回路的均压、防电晕措施是否完善，将直接导致测试回路背景偏大，影响测量结果的准确性。

（三）试验步骤

以变频电源为例。

（1）在被试变压器高、中压端安装均压罩，短接被试品 TA 二次端子，将试验设备吊装到位。

（2）在试验场地周围装设安全围栏，并派专人看守。

（3）确认变频柜中自动开关在分断位置，按图 ZY1800507003-4 接线，使用合适截面的导线，接好变频柜三相 380V 端子，将变频柜输出两端分别接到励磁变压器的低压侧，励磁变压器高压侧接到被试变压器加压相。

（4）从变压器顶端注入标准方波进行校准，按照相应标准输入校准信号。观测背景放电量水平、波形特点、相位等情况并进行记录。

（5）加压前由试验负责人复核试验接线，确保接线无误方可加压。

（6）变频柜按照《使用说明书》要求操作。

（7）清除闲杂人员，试验人员、安全巡视人员各就各位，试验正式开始。

（8）升电压，开始测试。升电压至 1/3～1/2 额定电压，观测局部放电量有无异常，有则必须查明原因。观察钳形电流表数值，分析试验回路各部分是否正常。

（9）按加压程序给被试变压器加压，测试并记录局部放电起始放电电压、局部放电熄灭电压、各阶段局部放电量等数值。在试验过程中，一直监视局部放电量、放电波形、各表计读数。

（10）全部试验结束后，迅速降低试验电压，当电压降到 30%试验电压以下时，可以切断电源。励磁变压器高压端挂接地线，对试验回路充分放电后拆线。

六、试验注意事项

（1）局部放电试验前变压器完成全部常规试验，包括绝缘油色谱试验，结果合格。变压器真空注油后按规定静置相应时间，并放掉各侧套管法兰及散热器顶端等处沉积的气体。

（2）被试变压器高、中压侧分接开关应调至1档，使全部线匝绝缘都受到考验。

（3）为消除地网中杂散电流对测试的影响，应检查地线连接，坚持局部放电试验测试回路一点接地的原则。试验电源、励磁变压器和补偿电抗器外壳接地线应分别引至被试变压器油箱的接地引下线上，防止地线环流产生干扰。

（4）被试变压器附近的围栏、油箱等可能电位悬浮的导体均应可靠接地，防止因杂散电容耦合而产生悬浮电位放电。

（5）仔细检查试验回路，对可能引起电场较大畸变的部位，进行适当处理。

（6）局部放电试验过程中，被试变压器周围的电气施工应尽可能停止，特别是电焊作业，以减少试验干扰。

（7）正式试验开始之前，预升较低试验电压，校核被试变压器高压端电压。

（8）在电压升至 U_2 及由 U_2 再降低的过程中，应记录可能出现的起始放电电压和熄灭电压值；在电压 U_3、U_2 的第一阶段中应分别读取并记下一个读数；在施加 U_1 的短时间内不要求读取放电量但应观察；在电压 U_2 的第二阶段的整个期间内，应连续地观察并按每5min时间间隔记录一个局部放电水平；在电压 U_3 的第二阶段内，应连续地观察，读取并记下一个局部放电水平。

七、试验结果分析及报告编写

（一）试验结果分析

1. 试验标准及要求

按照《电力变压器　第3部分　绝缘水平、绝缘试验和外绝缘空气间隙》（GB 1094.3—2003）、《电气装置安装工程　电气设备交接试验标准》（GB 50150—2006）、《电力设备局部放电现场测量导则》（DL 417—2006）及《输变电设备状态检修试验规程》（Q/GDW 188—2008）相关条款执行。

2. 试验结果分析

（1）如果在局部放电的观测过程中，试验电压不产生突然下降，并在施加电压时间内，所有测量端子上的视在放电量的连续水平，低于规定的限值，并不表现出明显地、不断地向接近这个极限方向增长的趋势时，则试验为合格；

（2）如果在一段时间内，视在放电量的读数超过规定的限值，但之后又低于这个限值，则试验不必中断仍可连续进行，直到在此后持续期间内取得可以接受的读数为止。偶然出现的较高的脉冲可忽略不计。

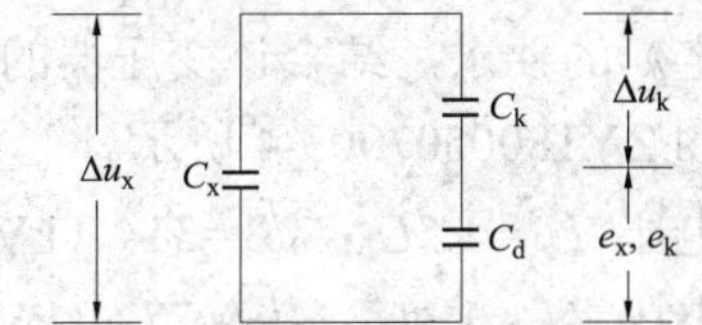

图 ZY1800507003-5　变压器高压套管局部放电等效回路图

C_x—变压器的入口电容；C_k—高压套管电容；C_d—检测阻抗和同轴电缆电容

（3）高压套管内部放电判断。变压器高压套管末屏测量局部放电等效回路，如图 ZY1800507003-5 所示。

变压器内部放电时，在 C_x 两端产生脉冲电压 Δu_x，其视在放电量

$$q_x = \left(C_x + \frac{C_k \cdot C_d}{C_k + C_d}\right)\Delta u_x$$

反应到 C_d 两端的脉冲电压为

$$e_x = \frac{C_k}{C_k + C_d} \cdot \Delta u_x$$

将 Δu_x 代入并简化得

$$e_x = \frac{C_k}{(C_k + C_d)C_x + C_k C_d} q_x$$

高压套管内部放电时，在 C_k 两端产生脉冲电压 Δu_k，其视在放电量

$$q_k=\left(C_k+\frac{C_x \cdot C_d}{C_x+C_d}\right)\Delta u_k$$

反应到 C_d 两端的脉冲电压为

$$e_k=\frac{C_x}{(C_x+C_d)C_k+C_xC_d}q_k$$

假设这两种情况的放电在 C_d 两端产生的脉冲电压相等，即 $e_x=e_k$，则由上述 e_x 和 e_k 的表达式可得

$$q_x=\frac{C_x}{C_k}q_k$$

一般变压器入口电容 C_x 总是大于高压套管电容 C_k。

由上式可以看出，若 $C_x=3000\text{pF}$，$C_k=300\text{pF}$，高压套管内部产生 50pC 的视在放电量，反应到局部放电检测仪上，相当于变压器本身产生了 $q_k=500\text{pC}$ 的视在放电量。因此，高压套管内部放电的问题不容忽视，必要时应采用电气定位法或单独对高压套管进行局部放电测量，以排除套管放电的影响。

（二）试验报告编写

试验报告填写应包括试验单位、委托单位、试验时间、试验人员、天气情况、环境温度、湿度、变压器的运行编号、变压器型号、变压器上层油温及相关技术参数、试验结果、试验结论等。

报告附页应注明试验所依据的规程，并注明测量用局部放电测量仪器型号、出厂编号、准确等级和校验日期等。记录所使用的加压设备名称、型号、制造厂、出厂序号、输出电压和容量、参数估算等。

八、案例

某变电站 330kV 变压器进行现场局部放电测量，试品型号为 OSSPS9–400000/330，额定容量为 400 000kVA，额定电压为 $363/\sqrt{3}\pm2\times2.5\%/24$kV，接线组别为 YN0d11。

根据《电力变压器》（GB 1094—2003），《电力设备预防性试验规程》和《电力设备预防性试验规程补充规定》的要求，结合该变压器的实际状况，此次局放试验电压确定为 1.3 倍额定电压。局放加压程序见图 ZY1800507003-4 所示。

预加电压 $U_1=1.5U_M/\sqrt{3}=314$（kV）

测量电压 $U_2=1.3U_M/\sqrt{3}=272$（kV），$U_3=1.1U_M/\sqrt{3}=230$kV

U_M 为 330kV 系统最高电压 363kV。

主变压器局部放电试验时，高压有载分接开关在 4 档，则此时高低压绕组的运行电压分别为 353.93kV 和 24kV。因此，高低压绕组间的变比为：$K_{12}=353.93/\sqrt{3}/24=8.5$。升压变压器高压端与测量端变比为 200。

据此亦可计算出试验回路中与试验电压对应的各级电压数值，见表 ZY1800507003-1。

表 ZY1800507003-1　　试验过程中各级电压数值

试验电压	$1.5U_M/\sqrt{3}$	$1.3U_M/\sqrt{3}$	$1.1U_M/\sqrt{3}$
高压端对地电压	314kV	272kV	230kV
低压绕组输入电压	36.9kV	32kV	27kV
升压变测量线圈电压	184V	160V	135V

现场局部放电试验数据记录，见表 ZY1800507003-2。

表 ZY1800507003-2　　某变电站主变压器现场局部放电试验数据记录

试验电压	测量时间（min）	U	V	W
$1.1U_M/\sqrt{3}$	5	50	10	40
$1.3U_M/\sqrt{3}$	5	130	20	80

模块3 ZY1800507003

续表

试 验 电 压	测量时间（min）		U	V	W
$1.5U_M/\sqrt{3}$	50s		180	30	100
$1.3U_M/\sqrt{3}$	测量电压	5	160	30	80
		10	170	20	80
		15	170	20	80
		20	160	20	80
		25	130	20	80
		30	130	20	80
		35	130	20	80
		40	130	20	80
		45	140	20	80
		50	150	20	80
		55	140	20	80
		60	130	20	80
$1.1U_M/\sqrt{3}$	5		30	20	70

按照《电力变压器 第 3 部分 绝缘水平、绝缘试验和外绝缘空气间隙》（GB 1094.3—2003）和《电力设备局部放电现场测量导则》（DL 417—2006），本次试验局部放电标准要求为：

在 $1.3U_m/\sqrt{3}$ 试验电压下，高压绕组放电量小于 500pC。

该变电站主变压器局放试验结果显示，三相高压绕组 $1.3U_M/\sqrt{3}$ 电压下局部放电量均未超过标准要求的数值，说明该变压器经过检修后绝缘状况良好，可以投入电网运行。

【思考与练习】

1. 变压器局部放电试验时，采用变频电源的主要原因是什么？
2. 用图说明变压器局部放电的加压过程。
3. 变压器局部放电试验时，应采取哪些抗干扰措施？

模块 4 GIS 局部放电试验（ZY1800507004）

【模块描述】本模块介绍 GIS 局部放电试验方法和技术要求。通过试验工作流程的介绍，掌握 GIS 局部放电试验前的准备工作和相关安全、技术措施、试验方法、技术要求及测试数据分析判断。

【正文】

一、试验目的

GIS 内的绝缘主要是气体绝缘和固体绝缘两种形态，几乎在 GIS 的各类缺陷发生过程中都会产生局部放电现象，长期局部放电的存在会使 SF_6 微弱分解、环氧材料的腐蚀、绝缘材料的电蚀老化。利用测试仪器对 GIS 中的局部放电进行检测是一种非常有效的手段，能及早发现和定位绝缘缺陷，保证 GIS 的安全运行，有效指导检修和维护。

二、试验仪器、设备的选择

根据不同的测量原理和方法，可采用不同的检测仪器。

（1）若采用脉冲电流法可选用脉冲法局部放电测试仪。

现场进行局部放电试验时，可根据环境干扰水平选择相应的仪器。当干扰较强时，一般选用窄频带测量仪器，如 f_0 = (30～200)kHz，带宽 Δf = (5～15)kHz；当干扰较弱时，一般选用宽频带测量仪器，如 f_1 = (10～50)kHz，f_2 = (80～400)kHz。对于 f_2 = (1～10)kHz 的很宽频带的仪器，具有较高的灵敏度，适用于屏蔽效果好的试验室。目前此种方法基本是在实验室中进行。

（2）若采用超声波法可选用超声波局部放电测试仪。

超声波法常用的传感器为加速度传感器和 AE 传感器。为了消除其他的声源干扰，监测频率一般选择1～20kHz。由于测量频率比较低，采用加速度传感器可能比测超声的声发射传感器有更高的灵敏度，如常用的自振频率为30kHz左右的压电式加速度传感器，可以探测到5～10g的加速度值。

（3）若采用超高频法可选用超高频局部放电测试仪。

由于SF_6气体的高绝缘能力，因此在GIS中发生的局部放电的电磁波特性与在空气中发生的不同，具有更高的频率，其波头的时间非常短，而且分布的比较散，从几千赫兹到几千兆赫兹都有分布。可以利用内、外置天线测量从300MHz～1.5GHz的局放信号，在1GHz内能保证信号线性，灵敏度都能达到十几皮库的水平，在某些优化的情况下甚至可以达到1pC或更低。

三、危险点分析和控制措施

1. 防止高处坠落

高处作业时应系好安全带，使用专用爬梯上下。

2. 防止人员损伤

高处作业应使用工具袋，上下传递物件应用绳索拴牢传递，严禁抛掷，防止人员滑跌。

3. 防止GIS外壳损害

防止踩踏损坏GIS外壳上的附属设备。

4. 防止工作人员触电

试验后要进行充分接地放电，试验人员应与带电体保持足够的安全距离，试验设备外壳应可靠接地。

四、试验前的准备工作

1. 了解被试设备现场情况及试验条件

查勘现场，查阅相关技术资料、GIS历年试验数据及相关规程等，掌握该GIS运行及缺陷情况，编写作业指导书及试验方案。

2. 测试仪器、设备准备

选择合适的GIS局部放电测试仪、带漏电保护器的电源接线板、放电棒、接地线、安全带、安全帽、电工常用工具、试验临时安全遮栏、标示牌、万用表、温（湿）度计、电源线轴等，并查阅测试仪器、设备及绝缘工器具的检定证书有效期。

3. 办理工作票并做好试验现场安全和技术措施

向其余试验人员交代工作内容、带电部位、现场安全措施、现场作业危险点，明确人员分工及试验程序。

五、试验过程及步骤

（一）试验方法

1. 脉冲电流法

脉冲电流法是利用试品中局部放电发生的时刻，在试品施加电压的两端会有脉冲电荷产生，利用这一原理，在试验室可采用耦合电容和检测阻抗与试品组成一个回路，回路中的耦合电容承受了工频高压，而高频的局放信号则主要由检测阻抗获得，而且耦合电容在试验电压下不应出现局部放电。脉冲电流方法得到局放信号信息丰富，可利用电流脉冲的统计特征（如$\phi-q-n$谱图）和实测波形来判定放电的严重程度。利用校准脉冲，还可以对局部放电的大小进行标定，即用pC值来衡量局放的大小。其主要工作在几千赫兹到几兆赫兹，因此在现场应用容易受到干扰，主要在屏蔽良好，背景信号很小（＜2pC）的试验室中应用。脉冲电流法也是IEC60270中标准的局放检测方法。

2. 超声波法

GIS发生局放时分子间剧烈碰撞并在瞬间形成一种压力，产生超声波脉冲，类型包括纵波，横波和表面波。不同的电气设备，环境条件和绝缘状况产生的声波频谱都不相同。GIS中沿SF_6气体传播的只有纵波，这种超声纵波以某种速度以球面波的形式向四面传播。由于超声波的波长较短，因此它的方向性较强，从而它的能量较为集中，可以通过设置在外壁的压敏传感器收集超声信号。

声波在GIS中的传播速度很慢，约为油中传播速度的1/10，仅140m/s。它的衰减也大，当温度为20～28℃，测量频率为40kHz时，衰减为26dB/m（类似条件下空气中的衰减仅为0.98dB/m；钢在频率为 10MHz 时，衰减为 21.5dB/m；变压器油则为钢板的 1/13），且与频率的 1～2 次方成正比。信号通过不同物质时传播速率不同，不同的边界材料处还会产生反射，因此信号模式复杂，且高频部分衰减很快。

纵波在钢中的传播速度较快，为 6000m/s；横波的传播速度较慢，约为纵波的一半；而且衰减也小。纵波和横波的衰减随着频率增高而增大，但比在 SF_6 中的衰减要小，与变压器油相比，由于声阻抗不匹配而造成的界面衰减，从 SF_6 传到钢板要比油中传到钢板造成的衰减大得多。因此，从 GIS 外壳上测得的声波往往是沿着金属材料最近的方向传到金属体后，以横波形式传播到传感器，如图 ZY1800507004-1 所示。

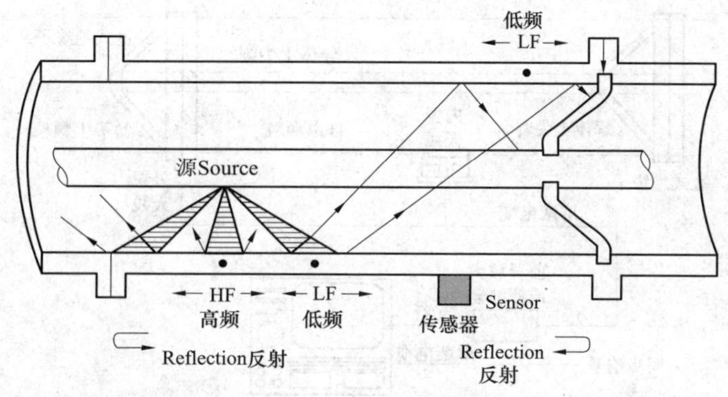

图 ZY1800507004-1　声波和振动在 GIS 中的传播

局部放电产生的声波频谱分布很广，约为 10～10^7Hz。随着电气设备、放电情况、传播介质及环境的不同，能检测到的声波频谱有不同，在 GIS 中，由于高频分量在传播过程中都衰减掉了，能监测到的声波包含的低频分量比较丰富，在 GIS 中除了局部放电产生的声波外，还有导电颗粒碰撞金属外壳、电磁振动及机械振动等发出的声波，这些声波的频率一般较低，在 10kHz 以下。国际大电网会议（CIGRE）认为超声波局放检测方法的声波范围是 20～100kHz。

综上所述，因局部放电产生的声波传到金属外壳和金属颗粒撞击外壳引起的振动频率大约在数千到数十千赫兹之间。

声学方法是非入侵式的，可对在不停电的情况下进行检测。另外由于声波的衰减，使得超声波检测的有效距离很短，这样超声波仪器可以直接对局放源进行定位（＜10cm）且不容易受 GIS 外部噪声源影响。

超声波法的优点是灵敏度高，抗电磁能力强，可以直接定位，适应于现场测试，缺点是结构复杂，需要有经验的人员进行操作。对于在线监测系统，如果需要对故障精确定位时，所需要的传感器过多。

3. 超高频法（UHF）

在局部放电发生的过程中，由于放电的存在，都会向外界发散出电磁波，利用专用的天线和仪器检测，就可以了解到 GIS 内局部放电的情况，这种方法被称为电磁波法。由于 SF_6 气体的高绝缘能力，因此在 GIS 中发生的局部放电的电磁波特性与在空气中发生的不同，具有更高的频率，其波头的时间非常短，而且分布的比较散，从几千赫兹到几千兆赫兹都有分布。

GIS 从截面上来看是一种具有同轴结构的波导，由于 GIS 气室的分段，应看作一种低损耗的具有不同传输阻抗的同轴传输线的串联结构。因此电磁波在其中的传导过程也比较复杂。一般来讲，GIS 中电磁波的传递存在下限截止频率，相对高频的信号在 GIS 中衰减的要比低频的快，经过 GIS 气室间隔或转角、T 型接头的时候信号衰减的更明显，在 GIS 中的电磁波传递过程中还会发生了波的谐振和延迟等。高频电磁波在 GIS 内部的传递过程是比较复杂的。目前一般可近似地用传输线模型来研究 GIS 中的局部放电信号传输特性。电磁波在 GIS 中的传播形式不是单一的，既有横向电磁场波（Transverse ElectroMagnetic，TEM），又有横向电场波（Transverse Electric，TE）及横向磁场波（Transverse Magnetic，TM）。有的研究还指出在低频 500MHz 以下，绝缘子孔上的连接栓有电磁屏蔽的效果；对于 500MHZ～1.2GHz 的高频，由于连接栓的电感和绝缘子孔的电容发生并联谐振，故电磁波很容易辐射出来；增加绝缘子的厚度会减弱屏蔽效果，增加电磁波的辐射；对于 1.2GHz 以上的高频，由于连接栓的阻抗较大，故有无连接栓时的频谱很相似；1.5GHz 以上的电磁波主要通过外壳辐射，而不是由绝缘子上的孔辐射到外面。

超高频局部放电测量方法是利用检测 GIS 中局部放电发射的大量高频放电信号来确定局放是否发生的。它可以利用内、外置天线进行测量。

超高频测试方法利用不同的天线测量 GIS 局放发射出的高频电磁波信号，并将采集的信号利用屏蔽电缆向后传送。有些仪器会配置前置放大或滤波元件，将微弱信号放大或过滤掉一些干扰，经过模数转换后，利用光电转换单元进行隔离后再后送，这样可以提高抗干扰的能力，如图 ZY1800507004-2 所示。

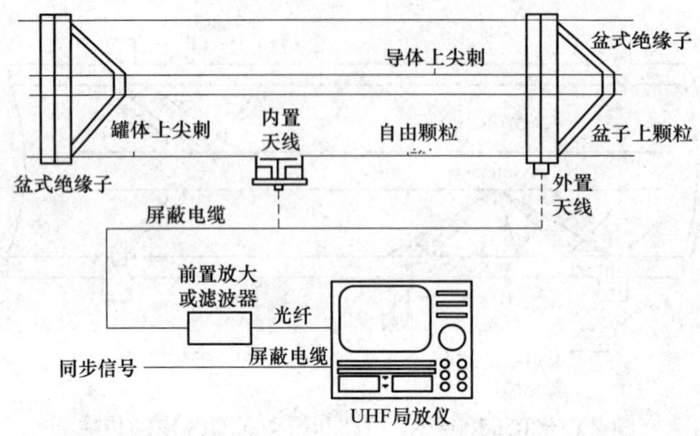

图 ZY1800507004-2 超高频法测量局部放电系统示意图

超高频法采集信号和信号分析一般有宽带法和窄带法，前者采集宽频带的数据，观察局部放电发生的频带和幅值判断局放以及产生的原因；后者在局放频带范围内选定某个频率后用频谱分析仪观察该频率下的时域信号，从而判断局放产生原因。

超高频法进行局放定位大致分为方向定位法和距离定位法。距离定位法对示波器的要求很高（为达到 10cm 以内的定位准确度，需要高达 0.1ns 的时间分辨率）。方向定位法简单，但是无法得到具体的位置，只能判断电源在传感器的左边还是右边。

由于除了少数的 GIS 外，绝大多数在出厂时候没有配置内置的传感器，甚至没有预留安装传感器的位置，只能使用各种外置的传感器进行测量，因此使用外置传感器的仪器的抗干扰能力、灵敏度、滤波方法、信号处理策略和算法和有无指纹库或诊断系统就成为衡量不同仪器需要考虑的问题。

（二）试验接线

1. 脉冲电流法

脉冲电流法可以采用检测阻抗与试品串联或并联的接法，这与试品的接地方式有关。这两种接线方法都可以称为直接法测量回路，其试验接线如图 ZY1800507004-3 所示。

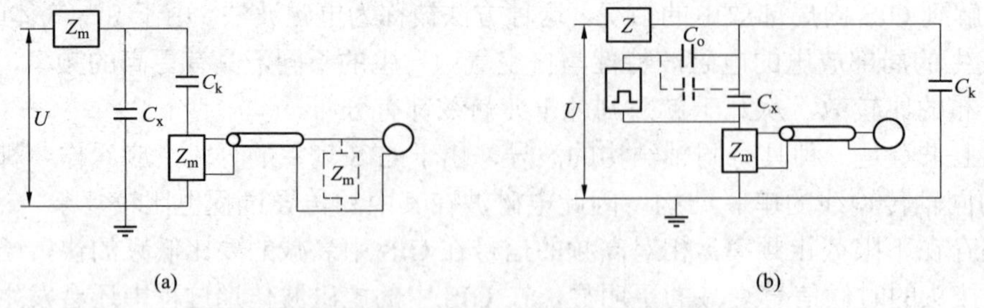

图 ZY1800507004-3 直接法试验接线图

（a）并联法；（b）串联法

为了抑制外部干扰，还可以利用平衡法测量回路，即利用两个相同试品来消除共模干扰，对于从高压侧进入的干扰有一定作用。但是，平衡法的检测灵敏度要比直接法低，其试验接线如图 ZY1800507004-4 所示。

2. 超声波法

超声波法是一种可在低压侧测量的方法，可在运行的 GIS 中或 GIS 现场交接耐压试验时进行。因此，需要人员手持传感器或在GIS上装设传感器进行测量。

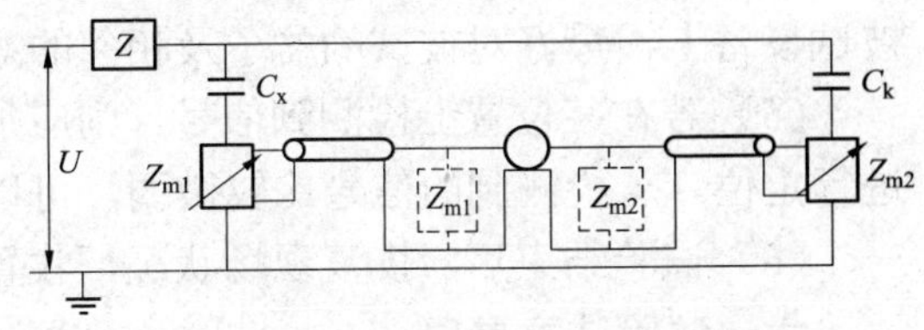

图ZY1800507004-4　平衡法试验接线图

用超声波法测试局部放电的接线，如图ZY1800507004-5所示。

3. 超高频法

用超高频法测试局部放电的接线如图 ZY1800507004-6所示。

超高频传感器尺寸比较大，可利用绑带直接固定在盆式绝缘子的位置进行测量，直接利用内置传感器效果更好。

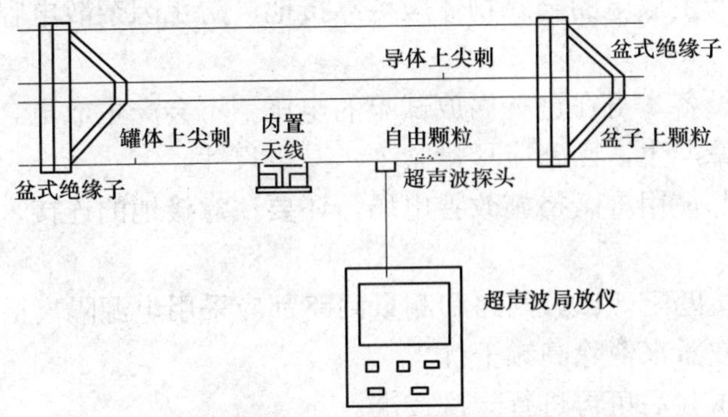

图ZY1800507004-5　用超声波法测试局部放电的接线图

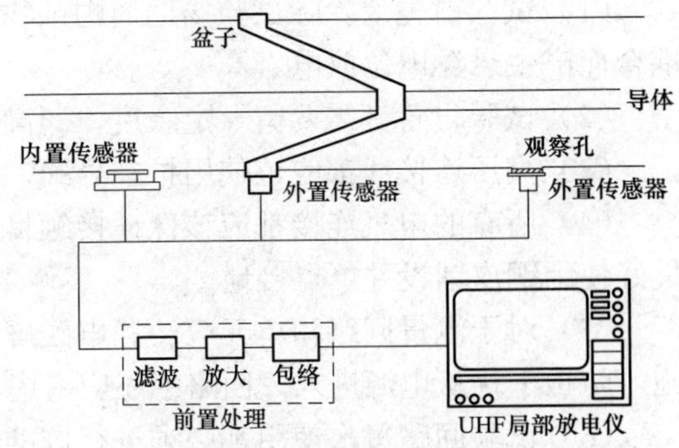

图ZY1800507004-6　现场交接试验时超高频法测试局部放电的接线图

（三）试验步骤

1. 脉冲电流法

（1）清除试验场地周围的杂物，对于难以移动的、有尖角的金属物体应予以接地，防止悬浮放电干扰。

（2）参考试品的接地条件，选择不同试验接线方式搭接试验回路。

（3）按照试品的容量，选择不同的检测阻抗，以保证测量灵敏度。

（4）按试验回路接线。

（5）试验前进行校准标定，校准结束后应将其从试验回路中拆除，防止损坏。

（6）按照加压程序给被试GIS加压，到达局放试验电压后进行局放测量，电压太高时可切断信号。另外，应注意局放的起始电压和熄灭电压。

（7）全部试验结束后，迅速降低试验电压，当电压降到30%试验电压以下时，可以切断电源。

2. 超声波法

以运行中GIS测量为例，若在GIS交接时测量，可结合现场交接耐压试验进行。

（1）参考现场环境决定是否使用前置放大器。

（2）作好传感器连接，做好仪器的接地，防止干扰。

（3）测量时应在传感器与被试设备间使用耦合剂，如凡士林等，以达到排除空气，紧密接触的目的。GIS的每个气室都应检查，每个检查点间距不要太大，一般取2m左右。

（4）按照使用说明书操作仪器，进行测量并记录。

（5）若发现信号异常，则应用多种模式观察，并在附近其他点位测试，尽量找到信号最强的位置。

（6）试验结束后，收置好设备，清除残留在被试设备表面的耦合剂。

3. 超高频法

以运行中GIS测量为例，若在GIS交接时测量，可结合现场交接耐压试验进行。

（1）将仪器放置在平稳的位置。

（2）依照被试品条件，使用内置或外置的传感器，并按图ZY1800507004-9做好连接。

（3）按照使用说明书操作仪器，进行测量并记录。

（4）利用盆式绝缘子或观察窗等位置进行测量，传感器与被试设备尽量靠近，或利用绑带固定到被试设备上，最好对被试的盆子及相邻的盆子进行屏蔽，以防止干扰。

（5）若在某位置上检测到信号，则应加长观测时间，在左右相邻盆子处检查，还可利用双传感器进行定位。若检测到的信号比较微弱，可以利用放大器进行放大后再测量。

（6）试验结束后，恢复现场状况，收置好仪器。

六、试验注意事项

1. 脉冲电流法

由于脉冲电流法容易受到外界干扰的影响，因此对试验环境、连线、试验回路等有比较严格的要求。

（1）试验前先清除除试验场地周围杂物，可能产生放电的金属物体应可靠接地，防止因杂散电容耦合而产生悬浮电位放电。

（2）试验设备都需要留一定余度，即高压试验设备本身在进行局放试验的电压下不会产生放电。

（3）高压连接线都应该使用扩径导线，防止电晕产生，回路应尽量紧凑，减少尺寸。

（4）所有的电气连接都应该保证接触良好，最好使用屏蔽措施改善电场，还要注意接地的连接，最好使用铜皮铺设并单点接地。

（5）对于测量回路和单元应注意电磁屏蔽和阻抗匹配。试验回路和测量回路都应采用电源隔离措施，防止干扰从电源进入，回路中还应考虑使用滤波器来消除高频干扰。

（6）试验回路每次使用都必须进行校准，局放试验后可再进行一次校准。

（7）检测中若存在明显干扰可通过开时间窗进行消除，若干扰过于明显则应通过其他方法解决，比如更改滤波器配置、改进试验回路或者另择时间，选择环境干扰较小的时刻进行试验。

2. 超声波法

（1）在传感器上施加一定的垂直于 GIS 表面的压力，这样可以减少因为传感器接触不紧或来回滑动造成的测量偏差。

（2）检测过程中，若发现比背景信号偏高或与其它测点的信号有明显的不同，则应该在该点周围间隔约 0.2m 距离多次测量，争取找到在该位置处信号幅值最大的点位。

3. 超高频法

（1）应使传感器的金属屏蔽外壳与 GIS 的金属外壳或盆式绝缘子的金属法兰边沿接触，以减少空间的干扰电磁波进入天线干扰测量。

（2）需要同步信号的仪器可从现场 220/380V 的工作电源中获得，对于有相位要求的同步信号则可以在 TV 二次侧获得，注意防止 TV 二次短路。

七、试验结果分析及试验报告编写

（一）试验结果分析

1. 试验标准及要求

脉冲电流法是 GIS 产品出厂试验时进行的局部放电检查项目，按照 IEC 标准和国家标准及电力行业标准的规定，一般要求单件元件的局部放电值在额定试验电压（$1.2/\sqrt{3}U_0$，其中 U_0 是最高运行电压）下不超过 3pC，组合部件不超过 10pC，一些特殊的产品可以单独商定对局部放电的试验要求，比如 800kV 产品出厂时对组合产品的局部放电要求是不超过 5pC，盆式绝缘子、绝缘支柱等单件的局部放电不超过 3pC。

超声波局部放电试验没有可以参照的标准，因此主要依靠测试的数据与测量现场的背景数据、相同位置的以往测试数据、其他位置的测量数据之间相互对照比较来确定。

超高频方法也没有相应的标准可以直接参照，只能通过检测过程中的信号波形情况及对应背景信号的对照来确定。

在状态检修试验时，参照《输变电设备状态检修试验规程》（Q/GDW 188—2008）。

2. 试验结果分析

试验过程中，若发现存在持续性的超过局部放电要求的局部放电存在，则认为局部放电试验没有通过，试品应退出试验室进行处理或拆解检查，完成后方可再次进行局部放电试验，直到试验通过为止。脉冲电流法局部放电的典型波形图谱，如图 ZY1800507004-7 所示。

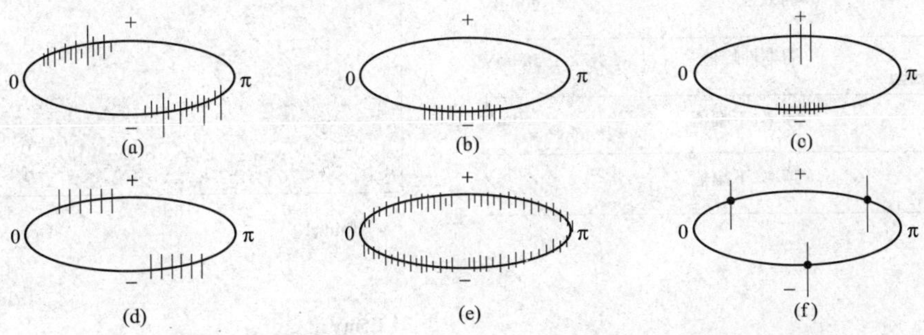

图 ZY1800507004-7　脉冲电流法局部放电典型波形图谱

（a）绝缘介质内部气泡放电；（b）尖对板电晕放电；（c）尖对板间有绝缘屏障的放电；（d）悬浮电位引起的放电；（e）接触不良引起的干扰；（f）晶闸管引起的干扰

在超声波法中，若存在测量数据超过背景、以往数据和其他测点数据的情况存在，则应仔细查找，确定该位置信号最大点。若该数据只是其他数据的 5 倍左右，则需要加强监测，在短期内再安排一次或多次检测，监视测量数据的变化。若发生明显增大的情况，则考虑停电检修。若一段时间保持不变或减小，则可再间隔一段时间后（2～3 个月）再次检查。若检测数据超过其他数据达到 10 倍以上的情况，可考虑直接要求 GIS 停电检查，可利用检修后耐压试验的机会再进行检测，一般数据超出的情况会消失。对于在 TV 上测量到的信号可能会比较大，有的可能达到背景信号的 20 倍左右，则可能是由于 TV 的铁芯在交变电场中磁性变化导致其尺寸轻微改变，从而产生噪声，被声学传感器发觉到，这种现象是正常的。这一现象称为磁致伸缩。常见的超声波测量波形，如图 ZY1800507004-8 所示。

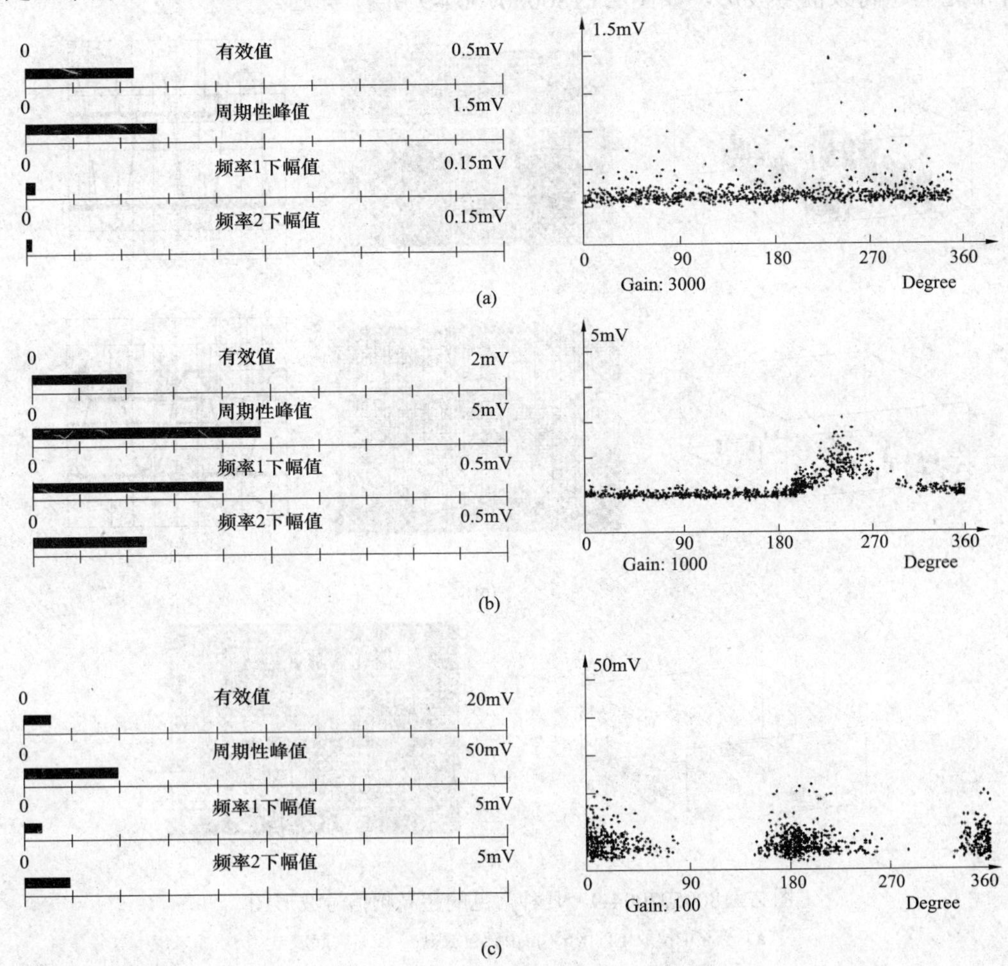

图 ZY1800507004-8　常见的超声波测量波形图（一）

（a）无局放的超声波波形；（b）突起的超声波波形；（c）屏蔽松动的超声波波形

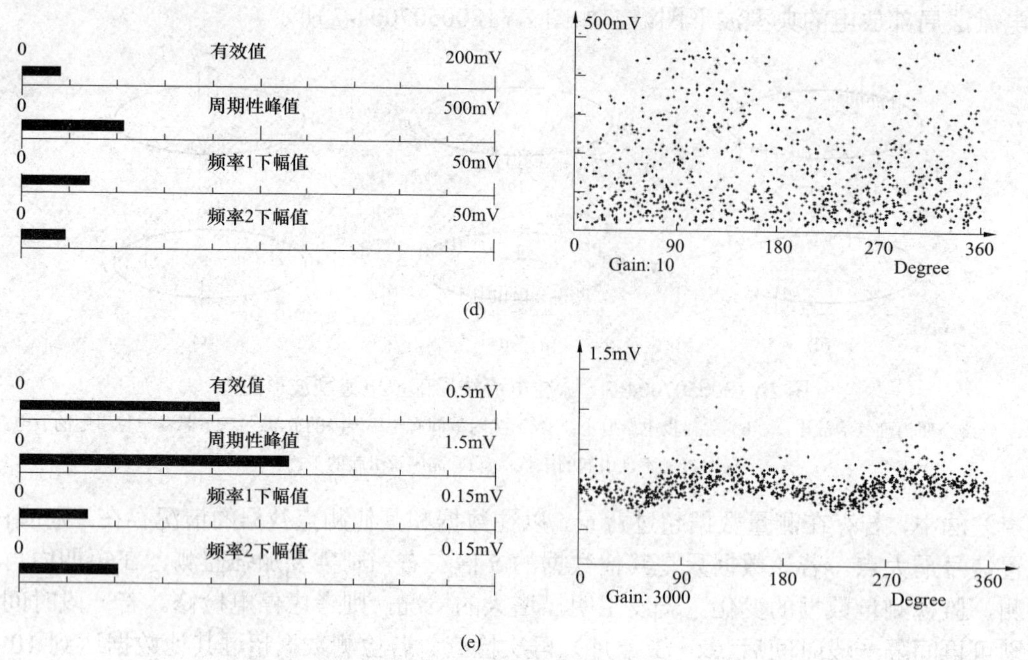

图 ZY1800507004-8 常见的超声波测量波形图（二）

（d）自由颗粒的超声波波形；（e）磁致伸缩的超声波波形

超高频法中，若来自 GIS 方向则可能是局部放电信号，若偏离 GIS 则有可能是干扰或其他设备的局放。几种常见的超高频信号波形，如图 ZY1800507004-9 所示。

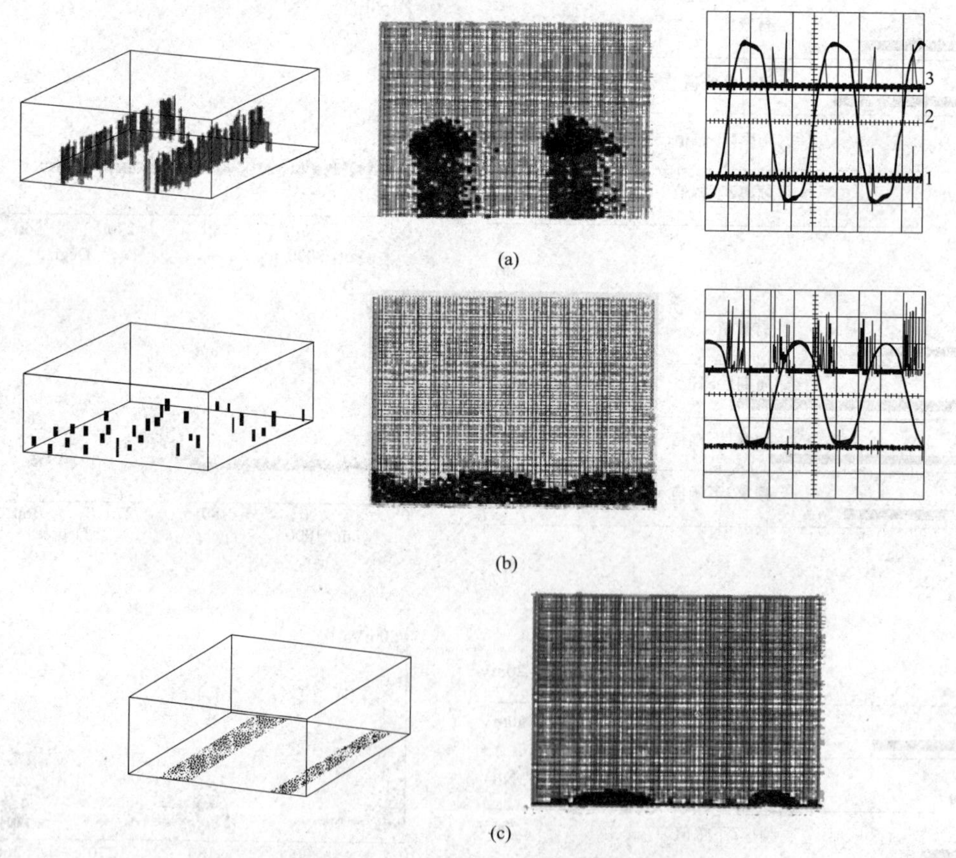

图 ZY1800507004-9 几种常见的超高频信号波形图

（a）悬浮电位放电；（b）自由颗粒放电；（c）突起放电

在超高频局部放电测量方法中，不同的缺陷也可以通过各自的特征进行辅助分析，其特点见表 ZY1800507004-1。

表 ZY1800507004-1　　不同缺陷的超高频信号特点

放电类型	波形特征	相位特征	频谱特征
悬浮电位部件	脉冲清晰；脉冲幅值、间隔、放电次数稳定规律。脉冲幅值较大	电压上升沿	较强的高频分量
绝缘表面金属颗粒对	脉冲清晰；脉冲幅值、间隔、放电次数稳定规律。脉冲幅值较小	电压上升沿	较强的高频分量
绝缘表面单个金属颗粒	脉冲不清晰；脉冲幅值、间隔、放电次数不规律	电压上升沿；正负半波不对称	中等的高频分量
绝缘内部裂缝	脉冲清晰；幅值较小；幅值分散	电压峰值左右，相位分布较大	较弱的高频分量
SF_6 中电晕放电	脉冲不清晰，脉冲多且相互叠加	电压峰值，正负半波不对称	中等的高频分量

（二）试验报告编写

试验报告填写应包括试验单位、试验性质（交接试验、预防性试验、检查、施行状态检修的应填明例行试验或诊断试验）、委托单位、试验时间、试验人员、天气情况、环境温度、湿度、设备运行编号、设备型号及相关技术参数、试验结果、试验结论、测试仪器、仪表的名称、型号、制造厂、出厂序号、输出电压和容量、准确等级和校验日期等。

八、案例

用超声波方法检测某 110kV 变电站 1102 的 2 号主变压器线路避雷器隔离开关气室，其测量信号波形如图 ZY1800507004-10 所示。

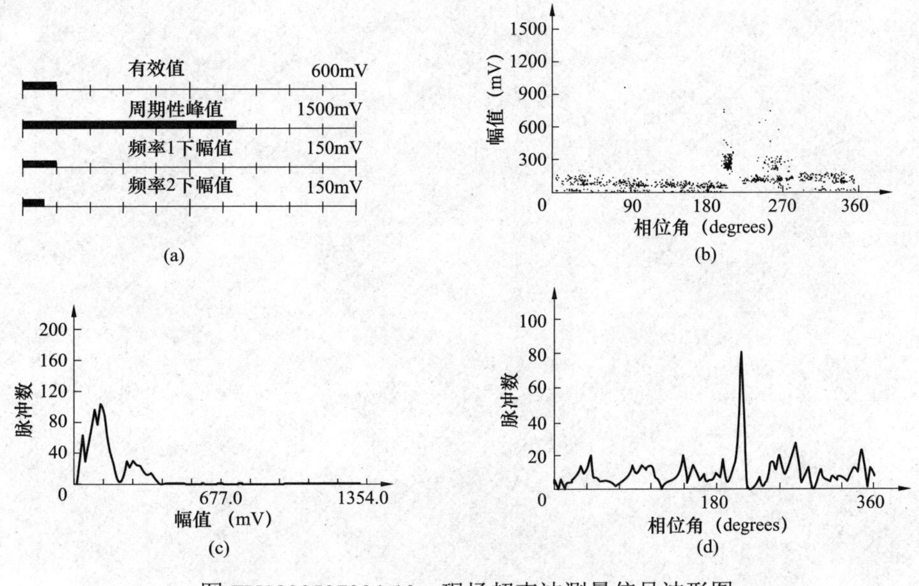

图 ZY1800507004-10　现场超声波测量信号波形图

（a）连续模式；（b）相位图；（c）幅值分布；（d）相位分布

经分析判断为该气室有严重局部放电，很快安排了停电处理，解体后打开气室发现刀闸桩头严重烧损。经过更换处理后，通过耐压试验，再次用超声波检测后数据已经正常，如图 ZY1800507004-11 所示。

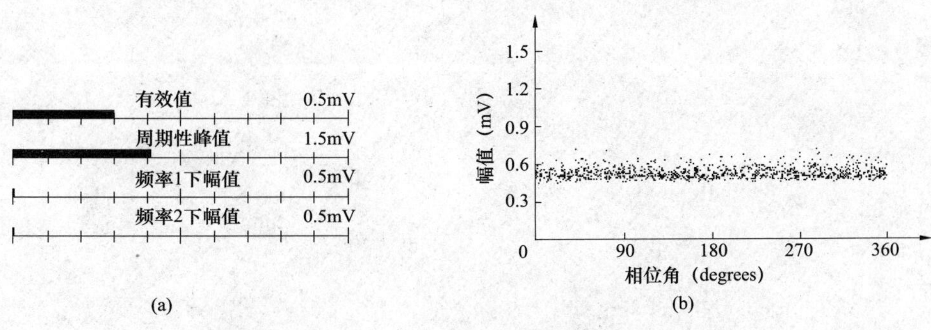

图 ZY1800507004-11　处理后超声波信号波形图

（a）连续模式；（b）相位图

【思考与练习】

1. GIS 局部放电试验常用的方法有哪几种？简述各自的优缺点。
2. 使用超声波法和超高频法测量 GIS 局部放电的部位有什么不同？
3. 绝缘内部裂缝和绝缘表面金属颗粒表现出的超高频波形特征是什么？

第二十二章　绕组类设备变比、极性和接线组别试验

模块 1　变压器的变比、极性及接线组别试验（ZY1800508001）

【模块描述】本模块介绍变压器变比、极性及接线组别试验的原理、方法和技术要求。通过试验工作流程的介绍，掌握变压器的变比、极性及接线组别试验前的准备工作和相关安全、技术措施、试验方法、技术要求及测试数据分析判断。

【正文】

一、试验目的

变压器的绕组间存在着极性、变比关系，当需要几个绕组互相连接时，必须知道极性才能正确地进行连接。而变压器变比、接线组别是并列运行的重要条件之一，若参加并列运行的变压器变比、接线组别不一致，将出现不能允许的环流。因此，变压器在出厂试验时，检查变压器变比、极性、接线组别的目的在于检验绕组匝数、引线及分接引线的连接、分接开关位置及各出线端子标志的正确性。对于安装后的变压器，主要是检查分接开关位置及各出线端子标志与变压器铭牌相比是否正确，而当变压器发生故障后，检查变压器是否存在匝间短路等。

二、试验仪器、设备的选择

根据对变压器变比、极性、接线组别试验的要求，测试仪器、仪表应能满足测量接线方式、测试电压、测试准确度等，因此需对测试仪器的主要参数进行选择。

（1）仪表的准确度不应低于 0.5 级。

（2）电压表的引线截面≮$1.5mm^2$。

（3）对自动测试仪要求有高精度和高输入阻抗。这样仪器在错误工作状态下能显示错误信息，数据的稳定性和抗干扰性能良好，一次、二次信号同步采样。

三、危险点分析及控制措施

1. 防止高处坠落

使用变压器专用爬梯上下，在变压器上作业应系好安全带。对 220kV 及以上变压器，需解开高压套管引线时，宜使用高处作业车，严禁徒手攀爬变压器高压套管。

2. 防止高处落物伤人

高处作业应使用工具袋，上下传递物件应用绳索拴牢传递，严禁抛掷。

3. 防止工作人员触电

在测试过程中，拉、合开关的瞬间，注意不要用手触及绕组的端头，以防触电。严格执行操作顺序，在测量时要先接通测量回路，然后接通电源回路。读完数后，要先断开电源回路，然后断开测量回路，以避免反向感应电动势伤及试验人员，损坏测试仪器。

四、试验前的准备工作

1. 了解被试设备现场情况及试验条件

查勘现场，查阅相关技术资料，包括该设备出厂试验数据、历年试验数据及相关规程等，掌握该设备运行及缺陷情况。

2. 试验仪器、设备准备

选择合适的被试变压器测试仪、测试线（夹）、温（湿）度计、接地线、放电棒、万用表、电源线（带剩余电流动作保护器）、电压表、极性表、电池、隔离开关、二次连接线、安全带、安全帽、电工常用工具、试验临时安全遮栏、标示牌等，并查阅试验仪器、设备及绝缘工器具的检定证书有效期、相关技术资料、相关规程等。

3. 办理工作票并做好试验现场安全和技术措施

向其余试验人员交代工作内容、带电部位、现场安全措施、现场作业危险点，明确人员分工及试验程序。

五、现场试验步骤及要求

断开变压器有载分接开关、风冷电源，退出变压器本体保护等，将变压器各绕组接地放电，对大容量变压器应充分放电（5min 以上），放电时应用绝缘工具进行，不得用手碰触放电导线。拆除或断开变压器对外的一切连线。

（一）使用 QJ–35 电桥测量变压器变比及误差

1. 试验接线

用 QJ–35 电桥测量变压器变比及误差的接线，如图 ZY1800508001-1 所示。

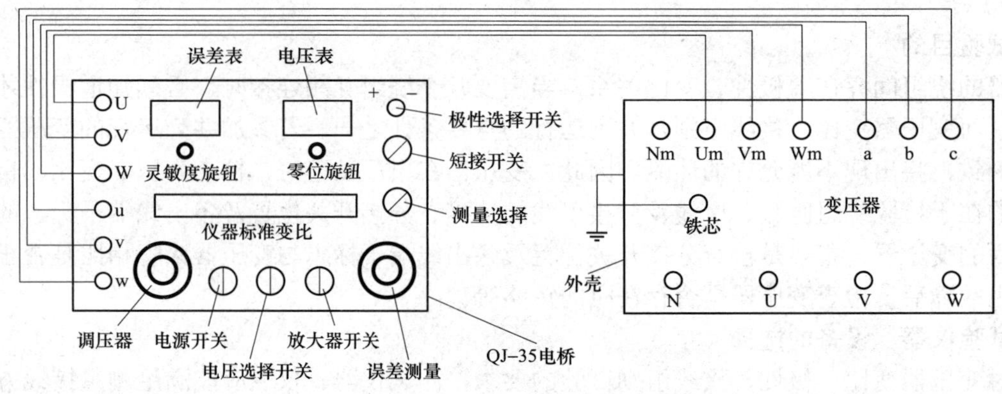

图 ZY1800508001-1 使用 QJ–35 电桥测量变压器变比及误差的接线图

2. 试验步骤

（1）将变压器铭牌变比值按 QJ–35 电桥《使用说明书》换算为电桥标准变比 K（取有效值 4 位），正确输入电桥。

（2）检查测试线与被试变压器接触良好且正确，变压器中性点与地断开。

（3）QJ–35 电桥测量操作参照其《使用说明书》进行。

（二）使用自动变比测量仪测量变压器变比及误差

1. 试验接线

将被试变压器按图 ZY1800508001-1 进行接线。所不同的是 QJ–35 电桥只有 6 个接线柱（U、V、W、u、v、w），而自动变比测量仪有 8 个接线柱（U、V、W、N、u、v、w、n），根据被试变压器是否有中性点引出进行测量。

2. 试验步骤

（1）将变压器接线组别及各绕组、各挡位铭牌电压值，按自动变比测量仪《使用说明书》正确输入。

（2）自动变比测量仪测量操作参照其《使用说明书》进行。

（三）用双电压表法测量三相变压器变比及误差

1. 三相法

（1）试验接线。

三相法是指将 380V 的交流电压加在变压器的高压侧，用电压表直接测量高、低压侧所对应的线电压（或相电压），进而求出三相变压器变比的方法，其接线如图 ZY1800508001-2 所示。

（2）试验步骤。

将三相调压器调至输出为零，检查接线无误后合上电源开关 S，将三相调压器 T 调到一定电压，依次分别测出 UV–uv、VW–vw、WU–wu 线间电压值，并做好记录，降压并断开电源开关 S，对变压器进行放电。

2. 单相法

（1）试验接线。

单相法是指将 220V 的交流电压加在变压器的高压侧，用电压表直接测量高、低压侧所对应的线电压（或相电压），进而求出三相变压器变比的方法，其接线如图 ZY1800508001-3 所示。

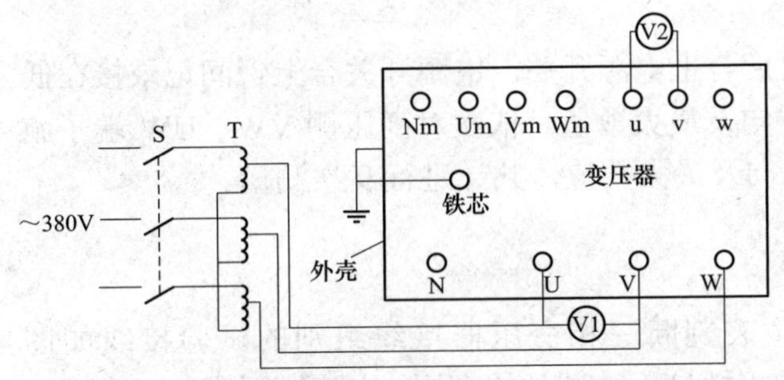

图 ZY1800508001-2　三相法测量三相变压器变比及误差的接线图

S—电源开关；T—三相调压器；V1、V2—电压表

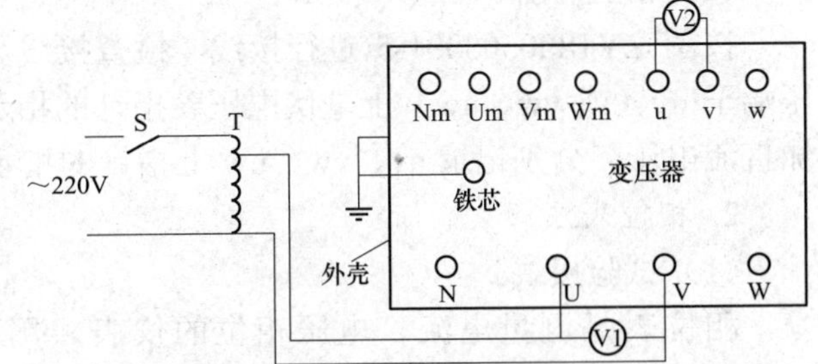

图 ZY1800508001-3　单相法测量三相变压器变比及误差的接线图

S—电源开关；T—单相调压器；V1、V2—电压表

（2）试验步骤。

将单相调压器调至输出为零，检查接线无误后合上电源开关 D，将单相调压器 T 调到一定电压，依次分别测出 UV–uv、VW–vw、WU–wu 线间电压值，并做好记录，降压并断开电源开关 S，对变压器进行放电。

（四）用直流法判断变压器极性

（1）试验接线。

用直流法判断变压器极性的试验接线如图 ZY1800508001-4 所示，将 1.5～3V 的干电池经开关接在变压器的高压端子 U、X 上，在变压器低压端子 u、x 上连接一个极性表（直流毫伏表或微安表）。

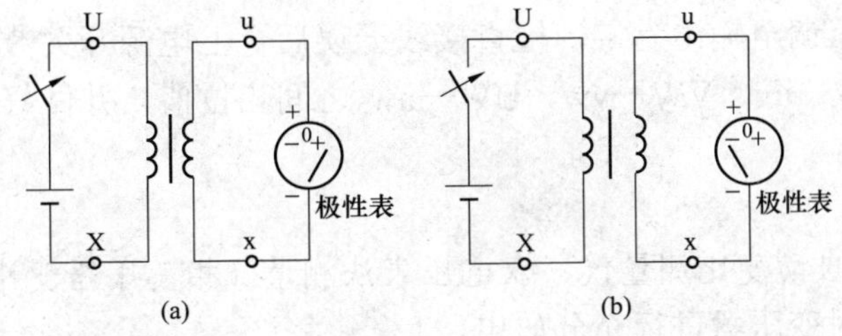

图 ZY1800508001-4　用直流法判断变压器极性的试验接线图

（2）试验步骤。

检查接线无误后合上电源开关，合上开关瞬间若指针向“+”偏，而拉开开关瞬间指针向“–”偏时，则变压器是减极性［见图 ZY1800508001-4（a）］。若偏转方向与上述方向相反，则变压器是加极性［见图 ZY1800508001-4（b）］。

（五）变压器接线组别的判断

单相变压器常见的接线组别有 Ii12，Ii6。其中，Ii12 表示高压绕组和低压绕组是减极性；Ii6 表示高压绕组和低压绕组是加极性。

三相双绕组变压器常见的接线组别有 Yyn12；Yd11；YNd11。其中，第一个字母表示高压绕组的接线，第二个字母表示低压绕组的接线，其后的数字乘以 30，则为低压绕组的电动势落后于高压绕组电动势的相位差。

三相三绕组变压器常见的接线组别有 YNyn0d11。接线组别中，第一个字母为高压绕组接线，第二个字母为中压绕组接线，第三个为低压绕组接线，第一个数字表示高、中压绕组间的相位差（数字乘以 30，则为中压绕组电动势落后于高压绕组电动势的相位差），第二个数字表示高、低压绕组间的相位差（数字乘以 30，则为低压绕组电动势落后于高压绕组电动势的相位差）。

1. 直流法

（1）试验接线。

用直流法判断变压器接线组别的试验接线如图 ZY1800508001-5 所示，将 1.5～3V 的干电池经开关接在变压器的高压侧 UV（或 VW、UW 端子上，在变压器低压端子 uv（或 vw、uw）上接入直流毫伏电压表或微安电流表。

（2）试验步骤。

按图 ZY1800508001-5 进行接线，检查接线无误后合上电源开关，电源开关合上瞬间记录接在低压端子 uv（或 vw、uw）上毫伏电压表指针的指示方向及最大数值。依次对高压侧 VW、UW 端子施加直流电压，分别记录 uv、vw、uw 上指针的指示方向及最大数值，共计进行 9 次测量。

2. 相位表法

（1）试验接线。

相位表是测量电流、电压相位的仪表。用相位表判断三相变压器接线组别的试验接线如图 ZY1800508001-6 所示。相位表的电压线圈按所标示的极性接于被试品的高压，电流线圈通过一个可变电阻接入被试品低压的对应端子上。

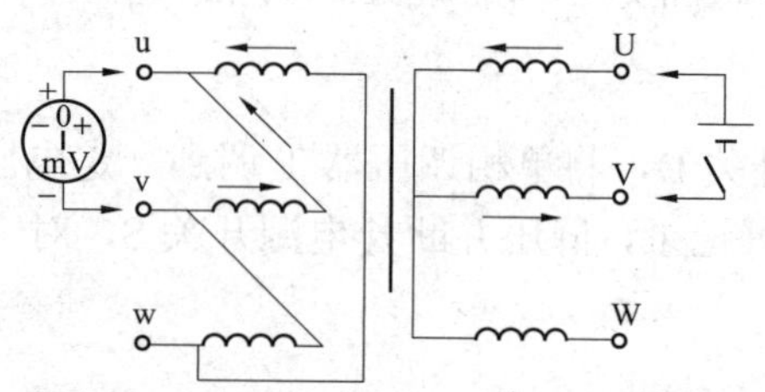

图 ZY1800508001-5 用直流法判断变压器接线组别的试验接线图

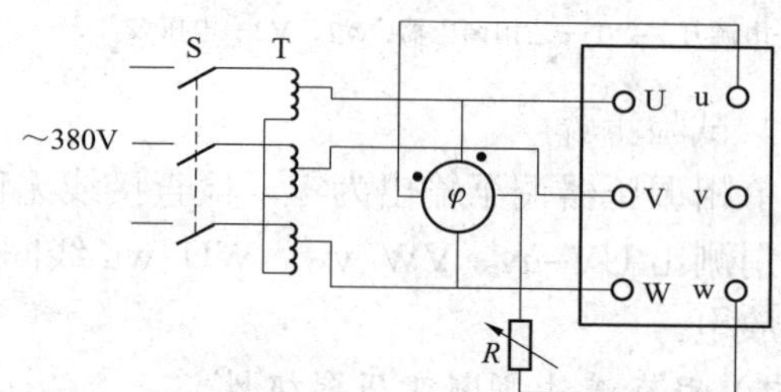

图 ZY1800508001-6 用相位表法判断变压器接线组别的试验接线图

（2）试验步骤。

试验时，将三相调压器调至输出为零，检查接线无误后合上电源开关 S，将三相调压器 T 调到一定电压，依次分别测出 UV—uv、VW—vw、UW—uw 之间相位值，并做好记录，降压并断开电源开关 S，对变压器进行放电。

六、试验注意事项

1. 使用 QJ–35 电桥、自动变比测量仪、双电压表法测量三相变压器变比及误差的注意事项

（1）接测试线前必须对变压器进行充分放电。

（2）使用 QJ–35 电桥、自动变比测量仪时，试验电源应与使用仪器的工作电源相同。

（3）使用 QJ–35 电桥、自动变比测量仪时，接测试线时必须知晓变压器的极性或接线组别。

（4）使用 QJ–35 电桥、自动变比测量仪时，测量操作顺序必须按仪器的《说明书》进行。

（5）调压器必须由零开始升压，可以减小由于励磁电流所引起的误差。

（6）双电压表法测量时，尽可能使电源电压保持稳定，读数时高、低压侧应同时进行。

（7）使用电压表的准确度不应低于 0.5 级，并应使仪表的指示量程不小于 2/3。

（8）采用三相电源测量时，要求三相电源平衡、稳定（不平衡度不应超过 2%），二次侧电压表的连接，要注意引线不能太长，接触应良好，否则将产生测量误差。

（9）调压器应采用接触式调压器，以免波形畸变产生测量误差。

（10）试验电源一般应施加在变压器高压侧，在低压侧进行测量。当变压器变比较大或容量较小时，可将试验电源加在变压器的低压侧，高压侧电压经互感器测量。互感器准确度不应低于 0.5 级。

（11）变压器需换挡测量时，必须停止测量，再进行切换。

2. 直流法判断变压器极性、接线组别的注意事项

（1）接线时应注意电池、表记、绕组的极性。例如，电池正极接绕组高压端子“U”，则表计正端要相应地接到低压端子“u”上（见图 ZY1800508001-4）。测量时，要细心观察表计指针偏转方向。

（2）使用的表计最好是零位在中间的。若选用普通直流电表，如果向负的方向（即无刻度的一方）摆动的位移很小不易观察时，可将表计正、负两端倒换一下，然后重做一次测量，此时表计指针便向正方向摆动，但应记录为负值。

（3）操作时要先接通测量回路，然后再接通电源回路。读完数后，要先断开电源回路，然后再断开测量回路表计。

（4）测量变比较大的变压器时，应加较高的电压（6～9V），并用小量程表计，以便仪表有明显的指示。

（5）拉、合开关时都应有一个时间间隔，以便观察清楚开关拉、合时表针摆动的真实方向。

（6）在测量接线组别时，仪表读数有的为零。这是由于二次绕组感应电动势平衡所造成的。但在实际测量时，由于磁路、电路不能完全相等，因而该值不会为零，常有较小的数值。因此工作时应仔细地分析对比，避免差错。

（7）拉、合开关的瞬间，不要用手触及绕组的端头，以防触电。

（8）试验时应反复操作几次，以免误判试验结果。

3. 用相位表法判断变压器接线组别的注意事项

（1）对单相变压器要供给单相电源，对三相变压器要供给三相电源。

（2）在被试变压器的高压侧供给相位表规定的电压。一般相确定接线组别位表有几档电压量程，电压比大的变压器用高电压量程，电压比小的用低电压量程。可变电阻的数值要调节适当，即使电流线圈中的电流值小于额定值，也不得低于额定值的 20%。

（3）接线时要注意相位表两线圈的极性，正确接法如图 ZY1800508001-6 所示。

（4）必要时，可在试验前，用已知接线组的变压器核对相位表的正确性。

（5）对于三相变压器，最好在两对应线端子进行测量，即测 UV、uv，VW、vw，UW、uw 间的相位差。

七、试验结果分析及试验报告编写

（一）试验结果分析

1. 试验标准及要求

根据《电力设备预防性试验规程》（DL/T 596—1996）、《电气装置安装工程　电气设备交接试验标准》（GB 50150—2006）及《输变电设备状态检修试验规程》（Q/GDW 188—2008）的规定：

（1）各相应分接头的变比与铭牌值相比，不应有显著差别，且应符合规律。

（2）电压 35kV 以下，变比小于 3 的变压器，其变比允许偏差为±1%；其他所有变压器额定分接头变比允许偏差为±0.5%，其他分接头的变比应在变压器阻抗电压百分值的 1/10 以内，但不得超过±1%。

（3）检查变压器的三相接线组别和单相变压器引出线的极性，必须与设计要求及铭牌上的标记和外壳上的符号相符。

2. 试验结果分析

（1）用双电压表法测量三相变压器变比及误差的分析。

1）用双电压表三相法测量三相变压器变比及误差的分析计算按下式进行

$$\left.\begin{aligned} K_{UV} &= \frac{U_{UV}}{U_{uv}} \\ K_{VW} &= \frac{U_{VW}}{U_{vw}} \\ K_{UW} &= \frac{U_{UW}}{U_{uw}} \end{aligned}\right\} \qquad (ZY1800508001\text{-}1)$$

$$\left.\begin{aligned}\Delta K_{UV}&=\frac{K_{UV}-K_n}{K_n}\times100\%\\ \Delta K_{VW}&=\frac{K_{VW}-K_n}{K_n}\times100\%\\ \Delta K_{UW}&=\frac{K_{UW}-K_n}{K_n}\times100\%\end{aligned}\right\}\qquad(\text{ZY1800508001-2})$$

式中 U_{UV}、U_{VW}、U_{UW}——实测变压器高压侧线电压；

U_{uv}、U_{vw}、U_{uw}——实测变压器低压侧线电压；

K_{UV}、K_{VW}、K_{UW}——实测变压器变比；

ΔK_{UV}、ΔK_{VW}、ΔK_{UW}——实测变压器变比误差；

K_n——变压器额定变比。

将计算结果与变压器各相应分接头的变比与铭牌值相比，不应有显著差别。若现场无平衡、稳定的三相电源时，也可用单相电源测量三相变压器的变比。另外，当采用三相法测量出的变比超出规程规定时，也需采用单相法进一步检查出故障的相别。

2）用双电压表单相法测量三相变压器的变比及分析计算，见表 ZY1800508001-1。

根据三相变压器的不同连接组别，依次将单相电源通过单相调压器接到变压器的高压侧，用电压表直接测量高、低压侧所对应的相（或线）电压，其接线如图 ZY1800508001-3 所示。

表 ZY1800508001-1 单相法测量三相变压器的变比及分析计算

变压器接线组别	加压端	短路端	电压测量		变比计算
			高压	低压	
Yy Dd	UV	—	U_{UV}	U_{uv}	$K_{UV}=U_{UV}/U_{uv}$
	VW	—	U_{VW}	U_{vw}	$K_{VW}=U_{VW}/U_{vw}$
	UW	—	U_{UW}	U_{uw}	$K_{UW}=U_{UW}/U_{uw}$
Yd	UV	vw	U_{UV}	U_{uv}	$K_{UV}=(\sqrt{3}\ U_{UV})/(2U_{uv})$
	VW	wu	U_{VW}	U_{vw}	$K_{VW}=(\sqrt{3}\ U_{VW})/(2U_{vw})$
	UW	uv	U_{UW}	U_{uw}	$K_{UW}=(\sqrt{3}\ U_{UW})/(2U_{uw})$
YNd	UN	—	U_{UN}	U_{uv}	$K_{UN}=(\sqrt{3}\ U_{UN})/U_{uv}$
	VN	—	U_{VN}	U_{vw}	$K_{VN}=(\sqrt{3}\ U_{VN})/U_{vw}$
	WN	—	U_{WN}	U_{uw}	$K_{WN}=(\sqrt{3}\ U_{WN})/U_{uw}$
Dyn	UV	—	U_{UV}	U_{un}	$K_{UV}=U_{UV}/(\sqrt{3}\ U_{un})$
	VW	—	U_{VW}	U_{vn}	$K_{VW}=U_{VW}/(\sqrt{3}\ U_{vn})$
	WU	—	U_{UW}	U_{wn}	$K_{UW}=U_{UW}/(\sqrt{3}\ U_{wn})$
Dy	UV	WU	U_{UV}	U_{uv}	$K_{UV}=(2U_{UV})/(\sqrt{3}\ U_{uv})$
	VW	UV	U_{VW}	U_{vw}	$K_{VW}=(2U_{VW})/(\sqrt{3}\ U_{vw})$
	UW	VW	U_{UW}	U_{uw}	$K_{UW}=(2U_{UW})/(\sqrt{3}\ U_{uw})$

其误差用式（ZY1800508001-2）计算。将计算结果与变压器各相应分接头的变比与铭牌值相比，不应有显著差别。

当现场三相试验电源对称性较差，可以改用单相法测定变比。另外，当采用三相法测量出的变比超出规程规定时，也须采用单相法进一步检查出故障的相别。应用双电压表法测量变比虽然原理简单，测量容易。但存在诸如需要精度较高的仪器（0.2 级、0.1 级的电压表，电压互感器）、误差较大、试验电压较高、测量不安全等因素，所以目前较广泛采用变比电桥法（QJ–35）或自动变比测试仪进行变比试验。

（2）判断三相变压器接线组别分析判断。

1）用直流法判断三相变压器接线组别的标准，参见表 ZY1800508001-2。

表 ZY1800508001-2　　　直流法判断三相变压器的接线组别标准

组别	通电相 + −	低压侧表针指示			组别	通电相 + −	低压侧表针指示		
		u+v−	v+w−	u+w−			u+v−	v+w−	u+w−
1	U V	+	−	0	7	U V	+	+	0
	V W	0	+	+		V W	0	−	−
	U W	+	0	+		U W	−	0	−
2	U V	+	−	−	8	U V	−	+	+
	V W	+	+	+		V W	−	−	−
	U W	+	−	+		U W	−	+	−
3	U V	0	−	−	9	U V	0	+	+
	V W	+	0	+		V W	−	0	−
	U W	+	−	0		U W	+	+	0
4	U V	−	−	−	10	U V	+	+	+
	V W	+	−	+		V W	−	+	−
	U W	+	−	−		U W	−	+	+
5	U V	−	0	−	11	U V	+	0	+
	V W	+	−	0		V W	−	+	0
	U W	0	−	−		U W	0	+	+
6	U V	−	+	−	12	U V	+	−	+
	V W	+	−	−		V W	−	+	+
	U W	−	−	−		U W	+	+	+

2）用相位表法判断变压器接线组别时分析判断。

如图 ZY1800508001-6 所示，相位表所测得的相位差除以 30 即可知高、低压间的时钟序号，即接线组别标号。

直流法适用于单相变压器和时钟时序为 12 和 6 的三相变压器，对其他时序的变压器测量结果不够准确。而相位表法测量在现场对试验电源稳定性要求较高。因此在现场进行校对变压器接线组别时，一般采用变比电桥（QJ–35）或自动变比测试仪进行试验。

测量变压器变比、极性、接线组别。在现场使用 QJ–35 电桥、自动变比测量仪都能满足电力系统目前常用的变压器变比、极性、接线组别的测量要求。对接线特殊的变压器变比及误差的测量，使用“双电压表三相法”进行测量并通过计算得到误差，或通过特殊的测量仪进行测量，得到变比、极性、接线组别（相位）、误差等参数。

（二）试验报告编写

试验报告填写应包括试验时间、试验人员、天气情况、环境温度、湿度、使用地点、变压器的运行编号、变压器型号及参数、变压器上层油温、试验结果、试验结论、试验性质（交接试验、预防性试验、检查、施行状态检修的应填明例行试验或诊断试验）、试验仪器的型号、出厂编号，备注栏写明其他需要注意的内容，如是否拆除引线等。

八、案例

某变电站对一台额定电压为 110/10.5kV，接线组别为 YNd11 的无载调压变压器进行大修后试验，发现在测量变比分接位置“2”、“3”时，误差超过标准，高压直流电阻在分接位置“2”、“3”时误差超过标准，其测试数据如表 ZY1800508001-3 所示。

表 ZY1800508001-3　　某变压器的测试数据

分接位置	变比误差（%）			高压绕组直流电阻（Ω）			
	UV/uv	VW/vw	UW/uw	UN	VN	WN	ΔR%
1	−0.05	−0.04	−0.04	0.380 4	0.382 0	0.382 4	0.52
2	+0.07	+2.54	+2.69	0.371 1	0.372 5	0.363 9	2.33
3	−0.03	−2.88	−2.90	0.362 0	0.363 1	0.373 3	3.09
4	−0.04	+0.03	−0.05	0.353 5	0.354 3	0.354 9	0.39
5	−0.03	−0.06	−0.05	0.344 3	0.345 2	0.345 8	0.45

经对变比、直流电阻数据进行分析，可能将分接开关 W 相绕组的分接“2”、分接“3”接反，造成误差超标。重新吊检，发现其缺陷，消除后重新测量，其变比误差、直流电阻误差均合格。

【思考与练习】

1. 如何用双电压表三相法测量三相变压器的变比及误差？

2. 在用直流法测量三相变压器的接线组别时，为什么仪表读数有的为零？

模块 2　互感器的变比、极性试验（ZY1800508002）

【模块描述】本模块介绍电流互感器、串级式电压互感器、电容式电压互感器的变比、极性试验的方法和技术要求。通过对试验工作流程的介绍，掌握电流互感器、串级式电压互感器、电容式电压互感器的变比、极性试验前的准备工作和相关安全、技术措施、试验方法、技术要求及测试数据分析判断。

【正文】

一、试验目的

测试互感器的极性很重要，因为极性判断错误会导致接线错误，进而使计量仪表指示错误，更为严重的是使带有方向性的继电保护误动作。测量变比可以检查互感器一次、二次关系的正确性，给继电保护正确动作、保护定值计算提供依据。

二、试验仪器、设备的选择

（1）仪表的准确度不应低于 0.5 级。

（2）标准互感器的准确度应高于被试互感器一个等级。

（3）对自动变比测试仪要求有高精度和高输入阻抗，其准确度应不低于 0.5 级。仪器在错误工作状态下能显示错误信息，数据的稳定性和抗干扰性能很好，一次、二次信号是同步采样。

三、危险点分析及控制措施

1. 防止高处坠落

人员在拆、接互感器一次引线时，必须系好安全带。使用梯子时，必须有人扶持或绑牢。在解开 220kV 及以上互感器一次引线时，宜使用高处作业车，严禁徒手攀爬互感器。

2. 防止高处落物伤人

高处作业应使用工具袋，上下传递物件应用绳索拴牢传递，严禁抛掷。

3. 防止工作人员触电

拆、接试验接线前，应将被试互感器对地充分放电，以防止剩余电荷、感应电压伤人及影响测量结果。在运行变电站测量电压互感器变比、极性时，必须将电压互感器二次熔丝（或自动开关）断开，以免反送电伤及试验人员。严格执行操作顺序，在测量时先接通测量回路，然后接通电源回路。读完数后，先断开电源回路，然后断开测量回路，以避免反向感应电动势伤及试验人员，损坏测试仪器。拉、合开关的瞬间，不要用手触及绕组的端头，以防触电。

四、试验前的准备工作

1. 了解被试设备现场情况及试验条件

查勘现场，查阅相关技术资料，包括该设备出厂试验数据、历年试验数据及相关规程等，掌握该

设备运行及缺陷情况。

2. 试验仪器、设备准备

选择合适的自动变比测试仪、测试线（夹）、温（湿）度计、接地线、放电棒、万用表、电源线（带剩余电流动作保护器）、升流器、标准电流互感器、标准电压互感器、调压器、电流表、电压表、极性表、电池、隔离开关、二次连接线、安全带、安全帽、电工常用工具、试验临时安全遮栏、标示牌等，并查阅测试仪器、设备及绝缘工器具的检定证书有效期。

3. 办理工作票并做好试验现场安全和技术措施

向其余试验人员交代工作内容、带电部位、现场安全措施、现场作业危险点，明确人员分工及试验程序。

五、现场试验步骤及要求

（一）测量电流互感器的极性、变比

1. 用直流法测量电流互感器极性

（1）试验接线。

直流法测量电流互感器极性的接线如图 ZY1800508002-1 所示，将 1.5～3V 的干电池经隔离开关接在电流互感器的一次绕组端子 P1、P2 上，在电流互感器二次绕组端子 S1、S3 上连接一个极性表。

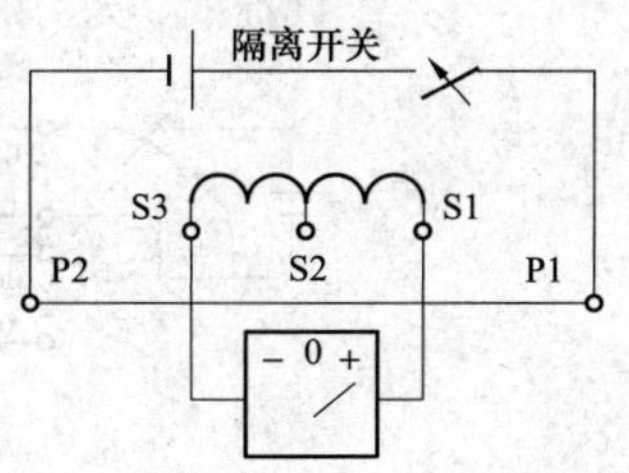

图 ZY1800508002-1　直流法测量电流互感器极性的接线图

（2）试验步骤。

将被试电流互感器对地放电，使电流互感器一次绕组端子 P1、P2 空开。按图 ZY1800508002-1 进行接线，检查接线无误后合上隔离开关，合闸瞬间若指针向“+”偏，而拉开开关瞬间指针向“−”偏时，则电流互感器是减极性。若偏转方向与上述方向相反，则电流互感器是加极性。依次，对其他二次绕组进行测量。

2. 用比较法测量电流互感器变比

（1）试验接线。

比较法测量电流互感器变比的接线如图 ZY1800508002-2 所示。将被试电流互感器与标准电流互感器一次侧串联，二次侧各接一只 0.5 级的电流表，并且将被试电流互感器其他二次绕组短路。

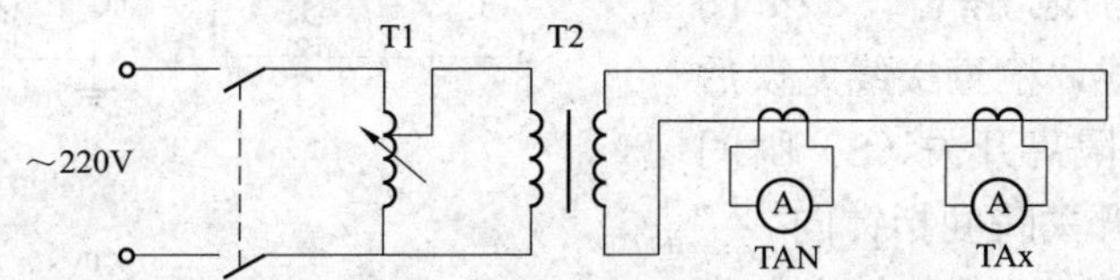

图 ZY1800508002-2　比较法测量电流互感器变比的接线图

T1—单相调压器；T2—升流器；TAN—标准电流互感器；TAx—被试电流互感器

（2）试验步骤。

将被试电流互感器对地放电，使电流互感器一次绕组端子 P1、P2 空开。按图 ZY1800508002-2 进行接线，检查接线无误、调压器在零位后合上隔离开关，将调压器 T1 调到输出一定电压，当电流升至互感器额定电流的 30%～70%范围时，同时记录两电流表的读数，做好记录，降压为零并断开隔离开关，对电流互感器进行放电。若二次绕组有中间抽头（S2），同样要进行测量。依次，对其他二次绕组进行测量。

3. 用自动变比测试仪测量电流互感器变比、极性

（1）试验接线。

用自动变比测试仪测量电流互感器变比、极性的接线如图 ZY1800508002-3 所示，将测试仪的高压端子（U、V）与电流互感器二次端子（S1、S3）连接，测试仪低压端子（u、v）与电流互感器一次端子（P1、P2）连接，将测试仪 V、v 端子短接（某些测试仪不需要），并且将被试电流互感器其他二次绕组短路。

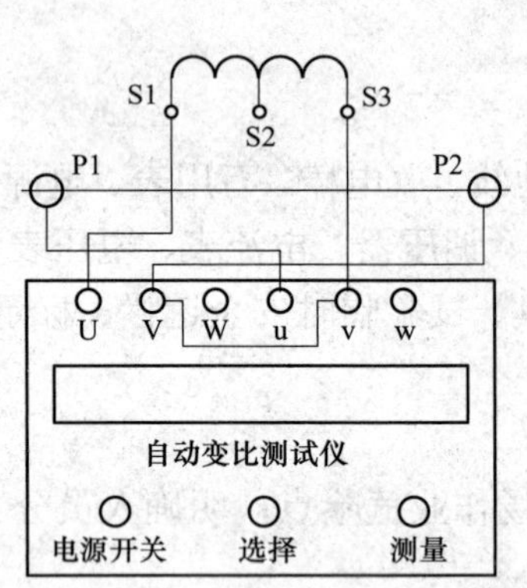

图 ZY1800508002-3 用自动变比测试仪测量电流互感器变比、极性的接线图

（2）试验步骤。

将被试电流互感器对地放电，使电流互感器一次绕组端子 P1、P2 空开。按图 ZY1800508002-3 进行接线，检查接线无误后，按测试仪《使用说明书》进行操作，并做好记录。若二次绕组有中间抽头（S2）同样要进行测量，依次对其他二次绕组进行测量。

（二）测量电压互感器极性、变比

1. 用直流法测量串级式、电容式电压互感器极性

（1）试验接线。

直流法测量电压互感器极性的接线如图 ZY1800508002-4 所示，将 1.5～3V 的干电池经隔离开关接在电压互感器二次绕组端子 u、x 上，其余二次绕组端子开路，在电压互感器一次绕组端子 U、X（δ）上连接一个极性表。

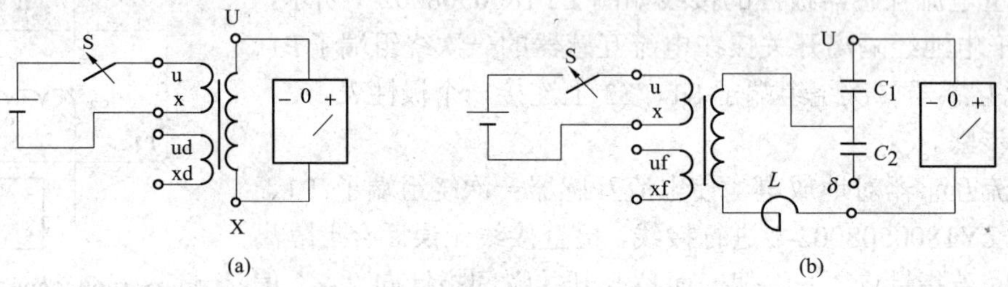

图 ZY1800508002-4 直流法测量电压互感器极性的接线图

（a）串级式电压互感器；（b）电容式电压互感器

（2）试验步骤。

将被试电压互感器对地放电，使电压互感器一次绕组端子 U 空开，将电压互感器一次绕组末端 X（δ）与地解开。按图 ZY1800508002-4 进行接线，检查接线无误后合上隔离开关（S）。合上隔离开关（S）瞬间若指针向“+”偏，而拉开开关瞬间指针向“−”偏时，则电压互感器是减极性。若偏转方向与上述方向相反，则电压互感器是加极性。依次对其他二次绕组进行测量。

2. 用比较法测量串级式、电容式电压互感器变比

（1）试验接线。

比较法测量电压互感器变比的接线，如图 ZY1800508002-5 所示。

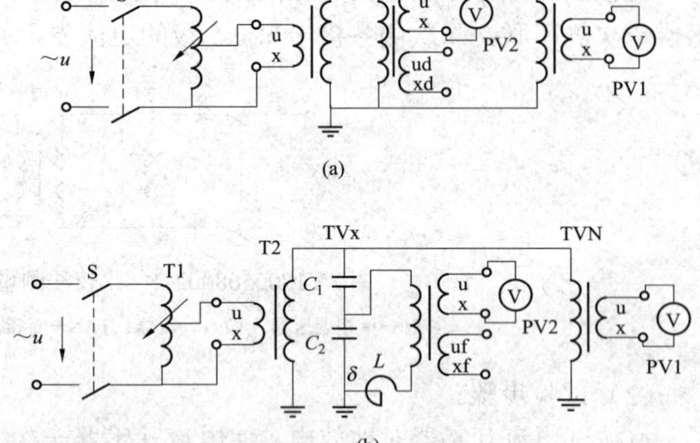

图 ZY1800508002-5 比较法测量电压互感器变比的接线图

（a）串级式电压互感器；（b）电容式电压互感器

S—电源隔离开关；T1—单相调压器；T2—试验变压器；TVN—标准电压互感器；TVx—被试电压互感器；PV1、PV2—电压表

（2）试验步骤。

将被试电压互感器对地放电，按图 ZY1800508002-5 进行接线，检查接线无误，并调压器在零位后合上隔离开关，将调压器调到输出一定电压，当电压升至互感器额定电压的 20%～70%范围时，同时记录 PV1、PV2 电压表的读数，做好记录，降压为零并断开隔离开关，对电压互感器进行放电。依次，对其他二次绕组进行测量。

3. 用自动变比测试仪测量电压互感器变比、极性

（1）试验接线。

以电容式电压互感器为例，用自动变比测试仪测量电压互感器变比、极性的接线，如图 ZY1800508002-6 所示。

（2）试验步骤。

将被试电压互感器对地放电，将电压互感器一次绕组末端 X（或δ）与地解开，测试仪的高压端子（U、V）与电压互感器一次绕组端子［U、X（或δ）］连接，测试仪低压端子（u、v）与电压互感器二次绕组端子（u、x）连接，测试仪 V、v 端子短接（某些测试仪不需要），被试电压互感器其他二次绕组开路。

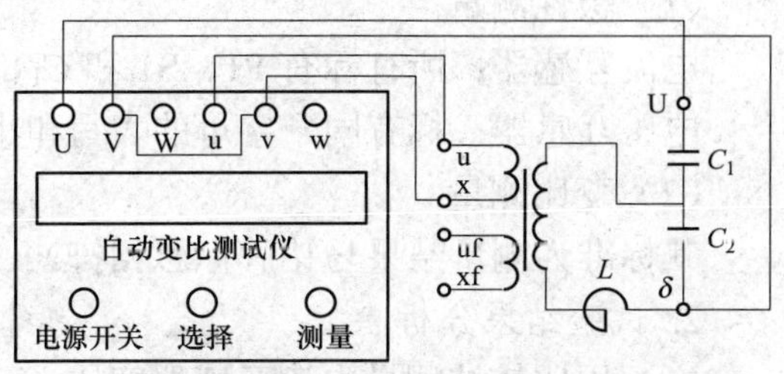

图 ZY1800508002-6　用自动变比测试仪测量电压互感器变比、极性的接线图

检查接线无误后，按测试仪《使用说明书》进行操作，并做好记录。依次对其他二次绕组进行测量。

六、试验注意事项

1. 用直流法判断互感器极性的注意事项

（1）应将干电池和表计的同极性端接绕组的同名端。例如，干电池正极接互感器绕组端子“P1”或“u”，则表计正端要相应地接到互感器端子“S1”或“U”上。测量时要细心观察表计指针偏转方向。

（2）使用的表计最好是零位在中央的。若选用普通直流电表，如果向负的方向（即无刻度的一方）摆动的位移很小，不易观察时，可将表计正、负两端倒换一下，然后重做一次测量，此时表计指针便向正方向摆动，但应记录为负的。

（3）测量变压比较大的电压互感器时，应加较高的电压（6～9V），并用小量程表计，以便仪表有明显的指示。

（4）拉、合开关时都应有一个时间间隔，以便观察清楚开关拉、合时表针摆动的真实方向。

（5）试验时应反复操作几次，以免误判试验结果。

2. 用比较法测量互感器变比的注意事项

（1）调压器必须从零开始升压，以减小由于励磁电流所引起的误差。并且调压器应采用接触式调压器，以免波形畸变产生测量误差。

（2）测量电压互感器时施加的电压不应低于被试电压互感器额定电压的 20%，测量电流互感器时施加的电流不应低于被试电流互感器额定电流的 30%，并尽可能使电源电压保持稳定，读数时高、低压侧应同时进行。

（3）使用电压表、电流表时，应使仪表的指示刻度不小于量程的 2/3。

（4）二次侧电压表、电流表的连接，要注意引线不能太长，接触应良好，否则将产生测量误差。

（5）为避免测量误差，应在互感器额定电压、电流范围内多选几点进行测量。

（6）在运行变电站测量电流互感器变比、极性时，必须退出该电流互感器的保护装置，以免引起保护误动。

3. 用自动变比测试仪的注意事项

（1）试验电源应与使用仪器的工作电源相同。

（2）为防止剩余电荷影响测量结果，测试前必须对互感器进行充分放电。

（3）测量操作顺序必须按仪器的《使用说明书》进行。

（4）测量时最好在“端子箱”连同二次引线一起进行测量，以检查二次引线连接是否正确。

七、试验结果分析及试验报告编写

（一）试验结果分析

1. 试验标准及要求

根据《电力设备预防性试验规程》（DL/T 596—1996）、《电气装置安装工程　电气设备交接试验标准》（GB 50150—2006）、《电流互感器》（GB 1208—1997）、《电压互感器》（GB 1207—1997）及《输变电设备状态检修试验规程》（Q/GDW 188—2008）的规定：

（1）极性测量。

电流互感器：所有标有 P1、S1 和 C_1 的接线端子，在同一瞬间具有同一极性。

电压互感器：标有同一字母的大写和小写的端子，在同一瞬间具有同一极性。

（2）变比测量。

其标准为测量结果与铭牌标志相符。

2. 试验结果分析

（1）用比较法测量电流互感器变比。

被试电流互感器的实际变比为

$$K_x = \frac{K_n I_n}{I_x} \qquad (ZY1800508002\text{-}1)$$

变比误差为

$$\Delta K = \left(\frac{K_x - K'_x}{K'_x}\right) \times 100\% \qquad (ZY1800508002\text{-}2)$$

式中 K_n、I_n ——标准电流互感器的变比和二次电流值；

K_x、I_x ——被试电流互感器的变比和二次电流值；

K'_x——被试电流互感器的额定变比。

（2）用比较法测量电压互感器变比。

被试电压互感器的实际变比为

$$K_x = \frac{K_n U_n}{U_x} \qquad (ZY1800508002\text{-}3)$$

变比差值为

$$\Delta K = \left(\frac{K_x - K'_x}{K'_x}\right) \times 100\% \qquad (ZY1800508002\text{-}4)$$

式中 K_n、U_n ——标准电压互感器的变比和二次电压值；

K_x、U_x ——被试电压互感器的变比和二次电压值；

K'_x——被试电压互感器的额定变比。

（二）试验报告编写

互感器极性、变比试验报告一般与互感器介损及其他试验共用一份试验报告，填写试验报告时应包括试验时间、试验人员、天气情况、环境温度、湿度、使用地点、互感器型号及参数、试验数据、试验结论、试验性质（交接试验、预防性试验、检查）、测试仪名称、型号、出厂编号，备注栏写明其他需要注意的内容等。

八、案例

一台型号为 LCWB–110 的电流互感器，其铭牌数据如下：

一次额定电流为 2×300/5A，额定电压为 110kV。

二次标记：S1—S2，300/5；S1—S3，600/5。

在交接试验中，连同二次引线在“端子箱”处测量变比、极性，当测试到 4S1—4S2，变比 120；4S1—4S3，变比 60。其极性为“加”与铭牌值比较，不相符，而其余二次绕组都与铭牌值相符。经检查发现，电流互感器的二次端子与“端子箱”所连接的二次引线，连接错误，将二次引线重新连接在“端子箱”处，再次进行测量 4S1—4S2、4S1—4S3 变比、极性均与铭牌值相符。

【思考与练习】

1. 画出用直流法测量电流互感器极性的接线。

2. 用比较法测量串级式电压互感器的变比时，其误差如何计算？

第二十三章 变压器试验

模块 1 变压器直流电阻测试（ZY1800509001）

【模块描述】本模块介绍变压器直流电阻测试的方法和技术要求。通过对测试工作流程的介绍，掌握变压器直流电阻测试前的准备工作和相关安全、技术措施、测试方法、技术要求及测试数据分析判断。

【正文】

一、测试目的

变压器绕组直流电阻的测试是变压器试验中既简便又重要的一个试验项目。测试变压器绕组连同套管的直流电阻，可以检查出绕组内部导线接头的焊接质量、引线与绕组接头的焊接质量、电压分接开关各个分接位置及引线与套管的接触是否良好、并联支路连接是否正确、变压器载流部分有无断路、接触不良以及绕组有无短路现象。

二、测试仪器、设备的选择

根据变压器容量及测量的要求，对仪表、测试仪器主要参数进行如下选择：

（1）用电流电压表法测量时，电流表、电压表准确度应不低于 0.5 级，其量程满足测量要求。电流表内阻应选择低内阻，电压表内阻应选择高内阻。滑线电阻阻值应选择 10～100Ω，功率不小于 200W。

（2）用电桥法测量时，根据被测绕组电阻（R_x）的大小进行选择，当 $R_x \geqslant 1\Omega$，用单臂电桥；当 $R_x < 1\Omega$，用双臂电桥。双臂电桥测量时测试接线方式采用“四端接线方法”接线，即输出的电流、电压分为 C1、C2、P1、P2。

（3）用直流电阻测试仪测量时，其准确度应不低于 0.5 级。直流纹波系数在电阻负荷下小于 0.1%。在稳态时读取测量数据应在 5min 内，其值变化不大于 5‰。对 1600kVA 及以上变压器，测试电流不小于 3A，且可以选择测试电流。仪器内部应装设断开测量电流的保护电路，以限制反向感应电动势的幅值。并且在测试仪器面板设置放电完毕后的显示。

三、危险点分析及控制措施

1. 防止高处坠落

应使用变压器专用爬梯上下，在变压器上作业系好安全带。对 220kV 及以上变压器，需解开高压套管引线时，宜使用高处作业车，严禁徒手攀爬变压器高压套管。

2. 防止高处落物伤人

高处作业应使用工具袋，上下传递物件应用绳索拴牢传递，严禁抛掷。

3. 防止工作人员触电

拆、接试验接线前，应将被试设备对地充分放电；在充、放电过程中，严禁人员触及变压器套管金属部分；测量引线要连接牢固，试验仪器的金属外壳应可靠接地。

4. 防止试验仪器损坏

防止反向感应电动势损坏测试仪。对无载调压变压器测量时，若需要切换分接档位，必须停止测试，待测试仪提示“放电” 完毕后，方可切换分接开关。在测量过程中，不能随意切断电源及拉掉接在试品两端的测量连接线。

四、测试前的准备工作

1. 了解被试设备现场情况及试验条件

查勘现场，查阅相关技术资料，包括该设备出厂试验数据、历年试验数据及相关规程等，掌握该

设备运行及缺陷情况。

2. 测试仪器、设备的准备

选择合适的被试变压器直流电阻测试仪、电流表、电压表、测试线（夹）、温（湿）度计、接地线、放电棒、万用表、电源线（带剩余电流动作保护器）、安全带、安全帽、电工常用工具、试验临时安全遮栏、标示牌等，并查阅测试仪器、设备及绝缘工器具的检定证书有效期。

3. 办理工作票并做好试验现场安全和技术措施

向其余试验人员交代工作内容、带电部位、现场安全措施、现场作业危险点，明确人员分工及试验程序。

五、现场测试步骤及要求

断开变压器有载分接开关、风冷电源，退出变压器本体保护等，将变压器各绕组接地放电，对大容量变压器应充分放电（5min 以上）。放电时应用绝缘棒等工具进行，不得用手碰触放电导线。拆除或断开变压器对外的一切连线。

（一）电流电压表法

1. 测试接线

电流电压表法又称电压降法。电压降法的测量原理，是在被测绕组中通以直流电流，因而在绕组的电阻上产生电压降，测量出通过绕组的电流及电阻上的电压降，根据欧姆定律，即可算出绕组的直流电阻，其测试接线如图 ZY1800509001-1 所示。

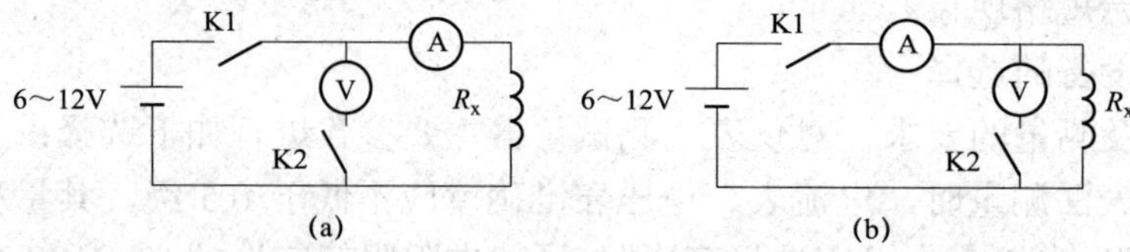

图 ZY1800509001-1 电流电压表法测量直流电阻的测试接线图

（a）测量大电阻；（b）测量小电阻

K1、K2—隔离开关；R_x—被测电阻

2. 测试步骤

根据被测电阻 R_x 的大小选择试验接线［$R_x \geqslant 1\Omega$，选择图 ZY1800509001-1（a）。$R_x < 1\Omega$，选择图 ZY1800509001-1（b）］。检查接线正确无误后，应先合上隔离开关 K1 接通电流回路，待测量回路的电流稳定后，再合隔离开关 K2 接入电压表，记录数据。测量结束后，先断开 K2，后断开 K1，以免感应电动势损坏电压表。然后进行放电，变更试验接线，分别测量其他绕组直流电阻。

3. 测试数据整理及计算

在一定的测量电压下，由于电流表内阻产生的电压降以及电压表分流的影响，对于不同的试验接线，其 R_x 计算如下：

对图 ZY1800509001-1（a）有

$$R_x = \frac{U - IR_A}{I} \qquad \text{（ZY1800509001-1）}$$

对图 ZY1800509001-1（b）有

$$R_x = \frac{U}{I - U / R_V} \qquad \text{（ZY1800509001-2）}$$

式中 R_x ——被测绕组的电阻，Ω；

U ——电压表测量的电压，V；

I ——电流表测量的电流，A；

R_A、R_V ——电流表和电压表的内阻，Ω。

（二）电桥法

应用电桥平衡的原理测量绕组直流电阻的方法，称为电桥法。常用的有单臂电桥及双臂电桥两种。

1. 单臂电桥法

（1）测试接线。

单臂电桥测量变压器绕组直流电阻的接线，如图 ZY1800509001-2 所示。

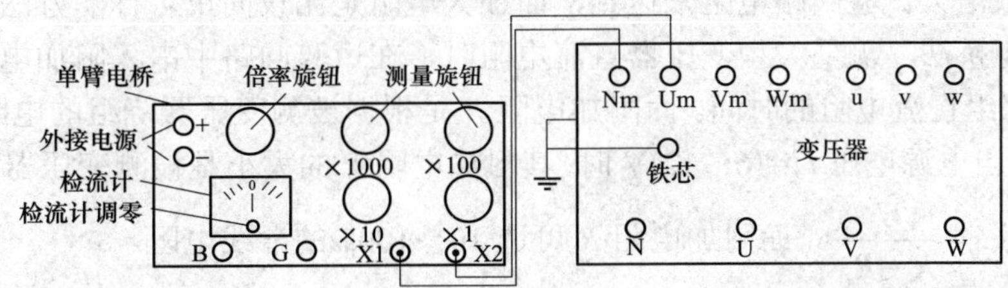

图 ZY1800509001-2　单臂电桥测量变压器绕组直流电阻的接线图

（2）测试步骤。

用测量线将电桥 X1、X2 端子与变压器被测绕组相连，非被测绕组开路。按电桥《操作说明书》进行测量，记录数据。测量完毕进行放电。变更试验接线，分别测量其他绕组的直流电阻。

2. 双臂电桥法

（1）测试接线。

双臂电桥测量变压器绕组直流电阻的接线，如图 ZY1800509001-3 所示。

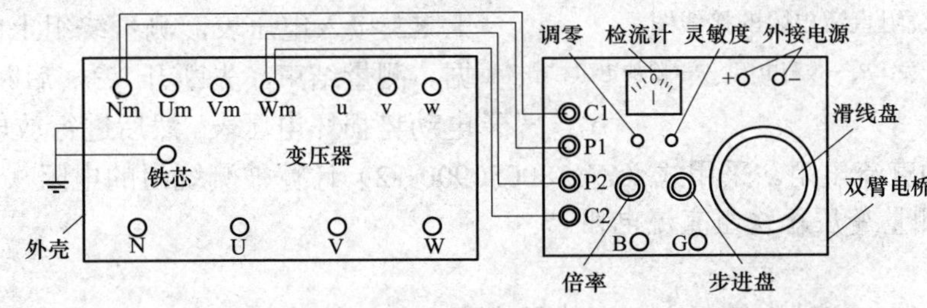

图 ZY1800509001-3　双臂电桥测量变压器绕组直流电阻的接线

（2）测试步骤。

用测量线将电桥 P1、C1、P2、C2 端子与变压器被测绕组相连，非被测绕组开路。按电桥《操作说明书》进行测量，记录数据。测量完毕进行放电。变更试验接线，分别测量其他绕组的直流电阻。

（三）直流电阻测试仪法

1. 测试接线

用直流电阻测试仪法测量变压器绕组直流电阻的接线如图 ZY1800509001-4 所示。

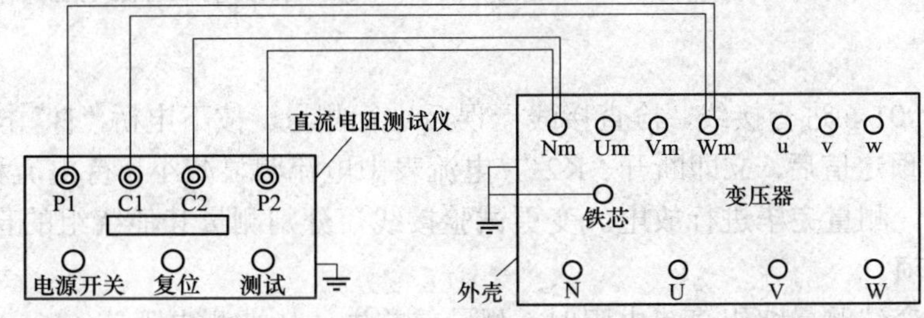

图 ZY1800509001-4　用直流电阻测试仪测量变压器绕组直流电阻的接线

2. 测试步骤

按图 ZY1800509001-4 进行接线。检查接线无误后，进行测试（测试仪操作严格按《使用说明书》进行）。待稳定后记录数据，断开测试电源进行放电。变更试验接线，分别测量其他绕组的直流电阻。

（四）电阻突变法

测量大型变压器直流电阻时，由于绕组的直流电阻很小，电感很大，有的绕组电感可达数千亨而电阻仅有 0.1～0.01Ω，因此在测量直流电阻时，绕组在直流电压作用下，从充电至稳定所需的时间很长，尤其是容量大、电压高的变压器，测量一次电阻数值往往需要十几分钟到几十分钟。因此，.为缩短每次测量的充电时间，提高试验效率，必须采取措施加快试验速度。加快测量速度的关键，就是缩短充电到稳定的时间，即减小电路的充电时间常数 τ。因为 $\tau=L/R$，所以要减小时间常数 τ 可以通过减小试验回路的电感或增大试验回路电阻来达到，而加大电阻是比较简单可行的办法。因此用“电流电压表法”及“双臂电桥法”测量大型变压器直流电阻时，在试验回路中串入附加电阻 R，采用“电阻突变法”缩短测量绕组直流电阻的时间。而附加电阻 R 是根据被测变压器绕组的电阻 R_x 和电源电压的大小来进行选择的。当电源电压 U=(6～12)V 时，其附加电阻 R 的大小是被测变压器绕组电阻 R_x 的 4～6 倍。其预定电流为 $I=\dfrac{U}{R+R_x}$。而附加电阻 R 可选 10～100Ω的滑线电阻。

1. 用电流电压表测量变压器绕组直流电阻

（1）测试接线。

电流电压表用“电阻突变法”测量变压器绕组直流电阻的接线，如图 ZY1800509001-5 所示。

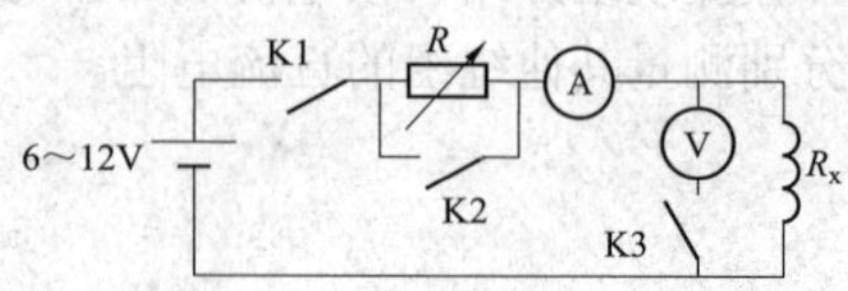

图 ZY1800509001-5 电流电压表用“电阻突变法”测量变压器绕组直流电阻的接线图

K1、K2、K3—隔离开关；R_x—被测电阻；R—附加电阻

（2）测试步骤。

按图 ZY1800509001-5 进行接线，检查接线无误后进行测量。先合上 K2，将 R 短接，再合上 K1，待电流增加到预定值后，立即断开 K2，附加电阻（R）串入测量回路，电流很快就稳定下来，然后合上 K3 接入电压表，测量绕组上的电压降，记录数据。测量结束，先断开 K3，后断开 K1，以免感应电动势损坏电压表。然后进行放电，变更试验接线，分别测量其他绕组的直流电阻。采用式（ZY1800509001-2）计算被测绕组的电阻（R_x）。

2. 用双臂电桥测量变压器绕组直流电阻

（1）测试接线。

双臂电桥用“电阻突变法”测量变压器绕组直流电阻的接线，如图 ZY1800509001-6 所示。

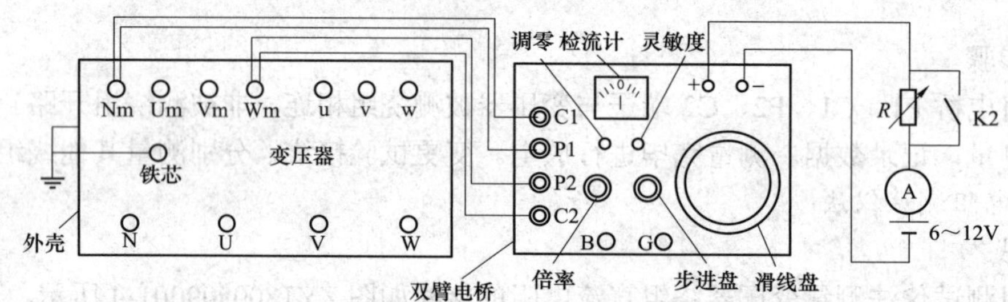

图 ZY1800509001-6 双臂电桥用“电阻突变法”测量变压器绕组直流电阻的接线图

（2）测试步骤。

按图 ZY1800509001-6 进行接线，检查接线无误后进行测量。按下电桥“B”按钮及合上隔离开关“K2”，待电流增加到预定值后，立即断开“K2”，电流表中电流明显减小，待电流稳定后，按电桥《操作说明书》进行测量，测量完毕进行放电。变更试验接线，分别测量其他绕组的直流电阻。

六、测试注意事项

（1）采用电阻突变法测量绕组直流电阻时，测量前首先估计被测电阻值（R_x），并按估计值选择附加电阻（R）值，然后根据电源电压（U）计算出预定电流 I 的值。

（2）采用电流电压法测量时，由于变压器绕组电感较大，必须在电流稳定后，再接入电压表进行读数。

（3）采用双臂电桥测量绕组直流电阻时，其连接导线一般应为同长度、同型号、同截面的导线。其电流线 C1、C2 截面不小于 2.5mm^2，电压线 P1、P2 截面不小于 1.5mm^2，且被测电阻与电桥连接导线电阻不大于 0.01Ω。在测量中不能长时间将“G”按钮按住进行测量。

（4）采用电桥法测量绕组直流电阻需外接电源时，电桥内附电池必须取出。

（5）三相变压器有中点引出线时，应测量各相绕组的电阻；无中点引出线时，可以测量线间电阻。

（6）采用双臂电桥测量绕组直流电阻，测量时双臂电桥的四根线（P1、C1、P2、C2）应分别连接，测试线 P1、P2 接在被测绕组内侧，C1、C2 接在被测绕组外侧，以避免将 C1、C2 与绕组连接处的接触电阻测量在内，如图 ZY1800509001-7 所示。

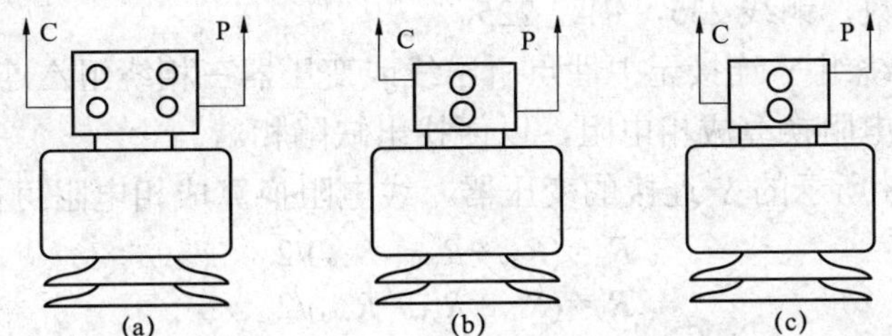

图 ZY1800509001-7　测试线 P1、P2、C1、C2 与变压器套管的接线图

（a）、（b）正确接线；（c）错误接线

（7）变压器在注油时不宜测量绕组直流电阻，待油稳定后再进行测量，一般需静置 3～5h。

（8）残余电荷的影响。若变压器在上一次试验后，放电时间不充分，变压器内积聚的电荷没有放净，仍积滞有一定的残余电荷，特别对大型变压器的充电时间会有直接影响。

（9）温度对直流电阻影响很大，应准确记录被试绕组的温度。测量必须在绕组温度稳定的情况下进行。要求绕组与环境温度相差不超过 3℃。在温度稳定的情况下，一般可用变压器的上层油温作为绕组温度，测量时应做好记录。

（10）在对有载调压变压器进行测量时，在测量前应将有载开关从 1→n、n→1 来回转动数次，以消除分接开关触头不清洁等因素的影响。

七、测试结果分析及测试报告编写

（一）测试结果分析

1. 测试标准及要求

根据《电力设备预防性试验规程》（DL/T 596—1996）、《电气装置安装工程　电气设备交接试验标准》（GB 50150—2006）及《输变电设备状态检修试验规程》（Q/GDW 188—2008）的规定：

（1）1600kVA 以上变压器各相绕组的直流电阻，相间差别不应大于三相平均值的 2%；无中性点引出时的线间差别不应大于三相平均值的 1%。1600kVA 及以下变压器各相绕组的直流电阻，相间差别一般不大于三相平均值的 4%；线间差别一般不大于三相平均值的 2%。

（2）测得值与以前（出厂或交接时）相同部位测得值比较，其变化不应大于 2%。

（3）变压器在交接或大修后应测量所有分接下的绕组直流电阻；在预防性试验时，对无载调压变压器测量运行挡位下绕组直流电阻，对有载调压变压器测量应根据有载开关类型进行测量：若无“极性开关”测量所有分接下的绕组直流电阻。若有“极性开关”测量到“极性开关”换位后，所有分接下的绕组直流电阻。

2. 测试结果分析

在现场进行直流电阻测试时，影响测试结果的因素很多，如分接开关接触不良、测试时的温度、充电时间、测量接线、感应电压、套管中引线和导电杆接触不良等，都会造成三相直流电阻不平衡。

（1）直流电阻线间差或相间差百分数的计算，可按下式进行

$$\Delta R_x = (R_{max} - R_{min})/R_p \qquad (ZY1800509001\text{-}3)$$

式中 ΔR_x——直流电阻线间差或相间差的百分数，%；

R_{max}——三线或三相直流电阻实测值的最大值；

R_{min}——三线或三相直流电阻实测值的最小值；

R_p——三线或三相直流电阻实测值的平均值，对线电阻 $R_p=1/3(R_{UV}+R_{VW}+R_{WU})$；对相电阻 $R_p=1/3(R_{UN}+R_{VN}+R_{WN})$。

（2）每次所测电阻值都必须换算到同一温度下，与以前（出厂或交接时）相同部位测得值进行比

模块 1

ZY1800509001

较。绕组直流电阻温度换算可按下式进行计算

$$R_{t2}=(T+t_2)/(T+t_1)\times R_{t1} \qquad (ZY1800509001\text{-}4)$$

式中　R_{t2}——换算至温度为 t_2 时的绕组直流电阻，Ω；

R_{t1}——温度为 t_1 时的绕组直流电阻，Ω；

T——温度换算系数，铜线 235，铝线 225。

（3）对于变压器三相绕组 Y 连接无中性点引出线或变压器三相绕组△连接，当三相线电阻不平衡值超过标准时，则需将线电阻换算成相电阻，以便找出缺陷相。

对图 ZY1800509001-8 所示的 Y 连接的变压器，线电阻换算成相电阻可按下式计算

$$\begin{aligned} R_u&=(R_{uv}+R_{wu}-R_{vw})/2\\ R_v&=(R_{uv}+R_{vw}-R_{wu})/2\\ R_w&=(R_{vw}+R_{wu}-R_{uv})/2 \end{aligned} \qquad (ZY1800509001\text{-}5)$$

对图 ZY1800509001-9 所示的△连接的变压器，线电阻换算成相电阻可按下式计算

$$\begin{aligned} R_u&=(R_{wu}-R_g)-R_{uv}\times R_{vw}/(R_{wu}-R_g)\\ R_v&=(R_{uv}-R_g)-R_{wu}\times R_{vw}/(R_{uv}-R_g)\\ R_w&=(R_{vw}-R_g)-R_{wu}\times R_{uv}/(R_{vw}-R_g)\\ R_g&=(R_{uv}+R_{vw}+R_{wu})/2 \end{aligned} \qquad (ZY1800509001\text{-}6)$$

式中　R_{uv}、R_{vw}、R_{wu}——三相绕组的线间电阻；

R_u、R_v、R_w——三相绕组的相电阻；

R_g——线间电阻值之和的一半。

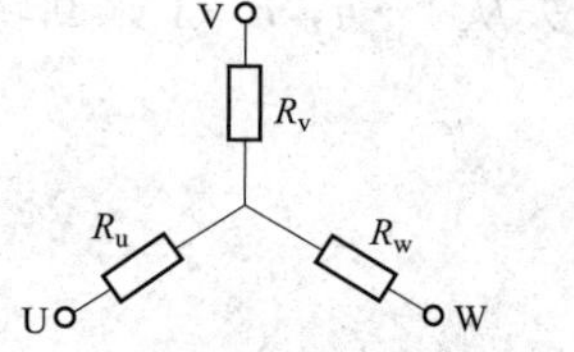

图 ZY1800509001-8　Y 连接的变压器

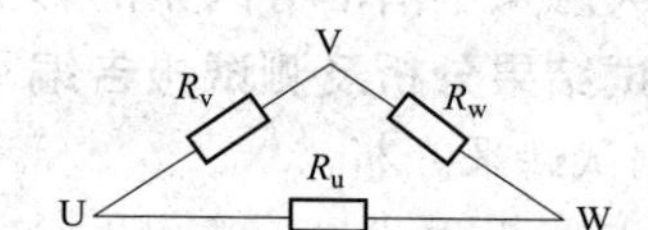

图 ZY1800509001-9　△连接的变压器

（4）在现场若遇感应电压影响，造成读数不准，可以将测试仪 P1 或 P2 端一点接地，以消除感应电压影响。

（5）用单臂电桥测量绕组直流电阻时，应减去测量线电阻值。

（6）在对有载调压变压器进行测量时，若遇测量结果不正确，要分别测量 1→n、n→1 所有分接位置的直流电阻，找出规律，判断是否由有载开关内部的切换开关、选择开关、极性开关接触不良引起的，或是某一档的引线松动造成的。

（7）变压器套管中导电杆和内部引线如果接触不良，造成接头发热现象，可以结合红外成像来分析其发热的部位。

（8）三角形连接的变压器绕组，若其中一相断线，没有断线的两相线端电阻值为正常的 1.5 倍，而断线相线端电阻值为正常值的 3 倍。

在对变压器绕组直流电阻进行分析时，要进行“纵横”比较。就是与该设备的历史数据比较，与同型号、同容量变压器的相同测量部位比较，并结合油中色谱分析等来进行综合分析比较，找出故障原因。

（二）测试报告编写

测试报告填写应包括测试时间、测试人员、天气情况、环境温度、湿度、使用地点、变压器的运行编号、变压器型号及参数、变压器上层油温、测试结果、测试结论、试验性质（交接试验、预防性试验、检查、施行状态检修的应填明例行试验或诊断试验）、测量仪器型号、出厂编号、备注栏写明其他需要注意的内容，如是否拆除引线等。

八、案例

某变电站对一台额定电压为 110kV、额定容量为 31 500kVA 的无载调压变压器进行预防性试验（运

行II档），其测试数据如表 ZY1800509001-1 所示。

表 ZY1800509001-1　　预防性试验测试数据表

试验日期	高压绕组（Ω）								
	2006 年 5 月预防性试验　变温（30℃）					2004 年 4 月　预防性试验　变温（28℃）			
分接位置	UN	VN	WN	Δ*R*%	绝缘油色谱（μL/L）	UN	VN	WN	Δ*R*%
1	0.398 9	0.394 3	0.392 5	1.61	CH_4:180　C_2H_4:380　CO:450　CO_2:1100　H_2:200　C_2H_6:270　C_2H_2:0	0.387 8	0.392 9	0.391 7	1.31
2	0.386 0	0.381 3	0.380 5	1.44		0.375 4	0.380 0	0.378 5	1.22
3	0.373 3	0.368 8	0.367 3	1.60		0.362 7	0.367 4	0.365 9	1.29
4	0.361 1	0.356 7	0.355 2	1.65		0.350 5	0.354 9	0.352 8	1.24
5	0.348 7	0.344 6	0.343 1	1.62		0.337 8	0.342 2	0.340 1	1.29

由表 ZY1800509001-1 可见，误差未超过 2%，但其 U 相数值偏大，与历史数据比较超过 2%，且油中色谱超过规定值（判断为发热），加测（I～V档）其现象同上。经分析比较判断，U 相可能存在电流回路接触不良，吊罩检查，发现 U 相与套管连接的三根并绕导线有一根虚焊。由表中数据可见在各分接位置Δ*R*%均小于 2%，合格。但由色谱试验得知有异常。可见如果仅看Δ*R*%不能发现问题，但从 U 相的直流电阻值看，在每一个分接开关位置（I～V档）上都比 V、W 相大，并且 V、W 相与历史数据比较差别很小，如果不是仔细研究是发现不了的，那么两次试验应结合起来综合分析。

【思考与练习】

1. 写出变压器直流电阻的温度换算公式。

2. 表 ZY1800509001-2 是一台额定电压为 110kV、额定容量为 40 000kVA 的有载调压（CMIII−500Y）变压器高压绕组直流电阻的测试数据。请分析测试数据，并写出该变压器缺陷情况和处理意见。

表 ZY1800509001-2　　有载调压变压器高压绕组直流电阻的测试数据表

高压绕组				
分接位置	UN	VN	WN	相间不平衡度（%）
1	0.422 5	0.423 4	0.420 7	0.64
2	0.416 7	0.416 0	0.423 1	1.70
3	0.408 3	0.409 0	0.407 6	0.34
4	0.401 9	0.402 6	0.410 7	2.17
5	0.394 8	0.395 7	0.394 1	0.41
6	0.389 3	0.389 9	0.397 8	2.17
7	0.381 5	0.382 5	0.381 0	0.39
8	0.377 8	0.378 6	0.386 5	2.28
9a	0.366 0	0.367 8	0.365 3	0.68
9b	0.366 7	0.367 4	0.374 4	2.08
9c	0.367 4	0.377 4	0.366 2	3.04
10	0.378 1	0.388 5	0.387 6	2.70
11	0.383 7	0.393 0	0.381 7	2.93
12	0.390 8	0.402 8	0.401 2	3.01
13	0.396 0	0.405 9	0.394 7	2.81
14	0.403 0	0.413 3	0.411 4	2.52
15	0.410 3	0.419 7	0.408 2	2.18
16	0.417 7	0.430 7	0.429 7	3.05
17	0.423 9	0.435 0	0.421 6	3.14

模块2 变压器空负荷试验（ZY1800509002）

【模块描述】本模块介绍变压器空负荷试验的方法和技术要求。通过对试验工作流程的介绍，掌握变压器空负荷试验前的准备工作和相关安全、技术措施、试验方法及技术要求。

【正文】

一、试验目的

变压器空负荷损耗主要是铁芯损耗，即由于铁芯的磁化所引起的磁滞损耗和涡流损耗。其中还包括空负荷电流通过绕组时产生的电阻损耗和变压器引线损耗、测量线路及表计损耗等。由于变压器引线损耗、测量线路及表计损耗所占比重较小，可以忽略。空负荷损耗和空负荷电流的大小取决于变压器的容量、铁芯构造、硅钢片的质量和铁芯制造工艺等。引起空负荷电流过大的主要原因有铁芯的磁阻过大、铁芯叠片不整齐、硅钢片间短路等。

因此，变压器空负荷试验的主要目的是通过测量空负荷电流和空负荷损耗，分析它们的变化规律，发现磁路中的铁芯硅钢片的局部绝缘不良和绕组匝间短路等缺陷。

二、试验仪器、设备的选择

根据变压器铭牌值及出厂数据对空负荷试验的要求，测量仪器、仪表应能满足测量接线方式、测试电压、测试准确度等的要求。因此，对试验设备的主要参数选择如下：

（1）使用的电压、电流互感器应不低于 0.2 级，电压、电流表应不低于 0.5 级。

（2）使用的功率表应选用 $\cos\varphi$ 不大于 0.2、准确度不低于 0.5 级的低功率因数功率表。

（3）调压器应选用波形畸变小和阻抗电压低的自藕接触式调压器。

三、危险点分析及控制措施

1. 防止高处坠落

使用变压器专用爬梯上下，在变压器上作业系好安全带。对 220kV 及以上变压器，需解开高压套管引线时，应使用高处作业车，严禁徒手攀爬变压器高压套管。

2. 防止高处落物伤人

高处作业应使用工具袋，上下传递物件应用绳索拴牢传递，严禁抛掷。

3. 防止工作人员触电

在拆、接试验接线前，应将被试设备对地充分放电；在充、放电过程中，严禁人员触及变压器套管金属部分；测量引线要连接牢固，试验仪器的金属外壳应可靠接地。试验现场应设专用围栏，不允许有交叉作业，开始进行空载试验时，变压器上无其他工作人员。

四、试验前的准备工作

1. 了解被试设备现场情况及试验条件

查勘现场，查阅相关技术资料，包括该设备出厂试验数据、历年试验数据及相关规程等，掌握该设备运行及缺陷情况。

2. 试验仪器、设备准备

选择合适的被试变压器的测试线（夹）、温（湿）度计、接地线、短路线、放电棒、万用表、电源线（带剩余电流动作保护器）、直流电阻测试仪、电压表、电流表、功率表、频率表、电压、电流互感器、隔离开关、二次连接线、安全带、安全帽、电工常用工具、试验临时安全遮栏、标示牌等，并查阅测试仪器、设备及绝缘工器具的检定证书有效期、相关技术资料、相关规程等。

3. 办理工作票并做好试验现场安全和技术措施

向其余试验人员交代工作内容、带电部位、现场安全措施、现场作业危险点，明确人员分工及试验程序。

五、现场试验步骤及要求

断开变压器有载分接开关、风冷电源，退出变压器本体保护等，将变压器各绕组接地放电，对大容量变压器应充分放电（5min 以上），放电时应用绝缘棒等工具进行。拆除或断开对外的一切连线。

搭接试验电源，需先用万用表测量，确定其试验电源电压为220V或380V，并用频率表测量试验电源是否为50Hz。根据变压器铭牌上的空负荷电流百分比估算出试验电流，选用适当的测量表计。用专用围栏将试验场地隔离，并向外悬挂“止步、高压危险”标示牌。

（一）单相变压器空负荷试验

1. 试验接线

（1）当试验电压和电流不超出仪表的额定值时，可直接将测量仪表接入测量回路，试验接线如图ZY1800509002-1所示，非被试绕组均开路，不能短接。

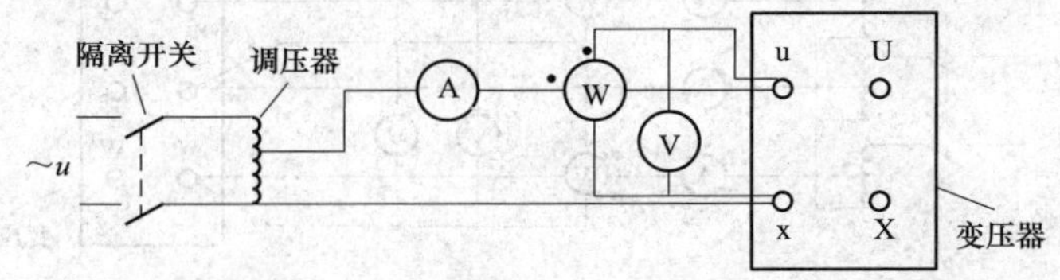

图 ZY1800509002-1　单相变压器空负荷直接测量试验接线图

（2）当电压、电流超过仪表额定值时，可通过电压互感器及电流互感器接入测量回路，试验接线如图ZY1800509002-2所示，非被试绕组均开路，不能短接。

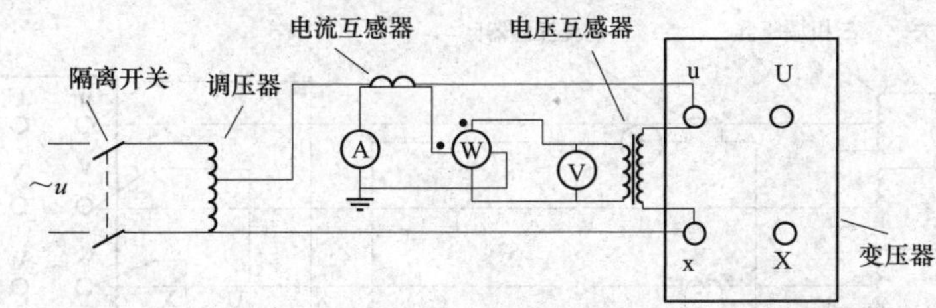

图 ZY1800509002-2　单相变压器空载间接测量试验接线图

2. 试验步骤

按选用的试验接线图接好线后，将单相电源加到被试变压器的低压侧（u–x端），将隔离开关合上，调整调压器。慢慢升起电压，观察仪表指示是否正常，若无异常，将电压升至额定电压值，同时读取并记录仪表指示值。记录数据后，将调压器调回零，断开隔离开关，对被试变压器进行放电。

3. 试验数据整理及计算

（1）变压器空负荷电流常用额定电流的百分数表示，即

$$I_0\%=\frac{I_0}{I_n}\times 100\% \qquad \text{(ZY1800509002-1)}$$

式中　$I_0\%$——变压器额定空负荷电流百分数；

I_0——变压器额定空负荷电流，A；

I_n——变压器加压侧的额定电流，A。

（2）变压器空负荷损耗用 P_0 表示，如果采用直接测量（按图ZY1800509002-1接线），可直接读出空负荷电流 I_0 和空负荷损耗 P_0；如果采用间接测量（按图ZY1800509002-2接线），空负荷电流 I_0、空负荷损耗 P_0 可按式（ZY1800509002-2）和式（ZY1800509002-3）计算，即

$$I_0=I_0'\times K_A \qquad \text{(ZY1800509002-2)}$$

$$P_0=P_0'\times K_A K_V \qquad \text{(ZY1800509002-3)}$$

式中　I_0'——电流表读数，A；

P_0'——功率表读数，W；

K_A——电流互感器变比；

K_V——电压互感器变比。

（二）三相变压器空负荷试验

在电力系统10kV～330kV的范围内，绝大多数使用三相共体变压器，因此在500kV等级中有部

分的分体式变压器，三相变压器空负荷试验在人们的工作中占有很大的比例。

1. 双瓦特表法

（1）试验接线。

1）当试验电压和电流不超出仪表的额定值时，可直接将测量仪表接入测量回路，试验接线如图ZY1800509002-3所示，非被试绕组均开路，不能短接。

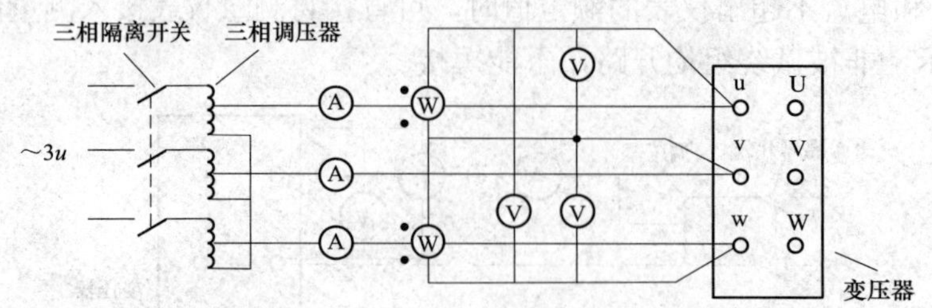

图 ZY1800509002-3 三相变压器空负荷直接测量试验接线图

2）当电压、电流超过仪表额定值时，可通过电压互感器及电流互感器接入测量回路，试验接线如图ZY1800509002-4所示，非被试绕组均开路，不能短接。

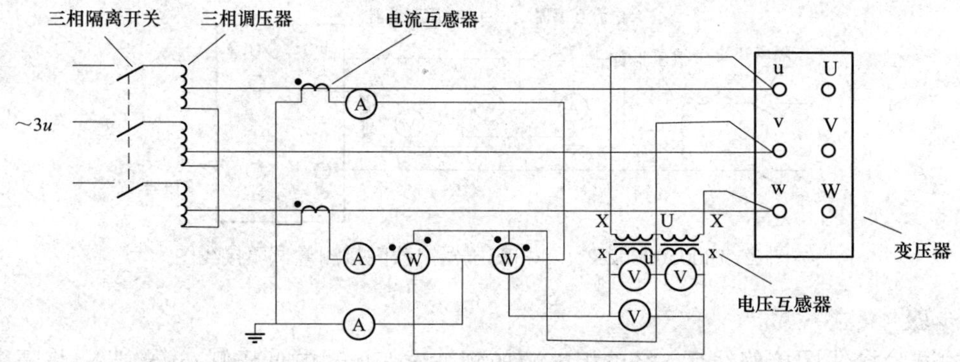

图 ZY1800509002-4 三相变压器空负荷间接测量试验接线图

（2）试验步骤。

根据现场具体情况，选用上述试验接线图接好线后，这里特别要注意，电流互感器、功率表的“极性”，由于变压器的损耗等于两功率表的代数和，因此对两台单相电压互感器接成V形时，也要考虑“极性”。将三相电源加到被试变压器的低压侧（u、v、w端），将隔离开关合上，调整调压器。慢慢升起电压，观察仪表指示是否正常，若无异常，将电压升至额定电压值，同时读取并记录仪表指示值。记录数据后，将调压器调回零，断开隔离开关，对被试变压器进行放电。

（3）试验数据整理及计算。

空负荷电流取三相电流的平均值，并换算为额定电流的百分数，即

$$I_0\% = \frac{I_{0u} + I_{0v} + I_{0w}}{3I_n} \times 100\% \qquad (ZY1800509002\text{-}4)$$

式中 I_{0u}、I_{0v}、I_{0w}——变压器三相实测电流，A；

I_n——变压器加压侧的额定电流，A。

空负荷损耗为

$$P_0 = P_{0uv} + P_{0wv} \qquad (ZY1800509002\text{-}5)$$

式中 P_{0uv}、P_{0wv}——两瓦特表实测的功率，W。

若采用间接测量时，空负荷电流的计算，先将三相实测电流用式（ZY1800509002-2）分别换算后，再用式（ZY1800509002-4）进行计算。空负荷损耗的计算，先将两瓦特表实测的功率用式（ZY1800509002-3）分别换算后，再用式（ZY1800509002-5）进行计算。

2. 三瓦特表法

三相变压器的损耗可以用三瓦特表法进行测量，其变压器的损耗等于 3 个三瓦特表之和。

（1）试验接线。

1）当试验电压和电流不超出仪表的额定值时，可直接将测量仪表接入测量回路，试验接线如图 ZY1800509002-5 所示，非被试绕组均开路，不能短接。

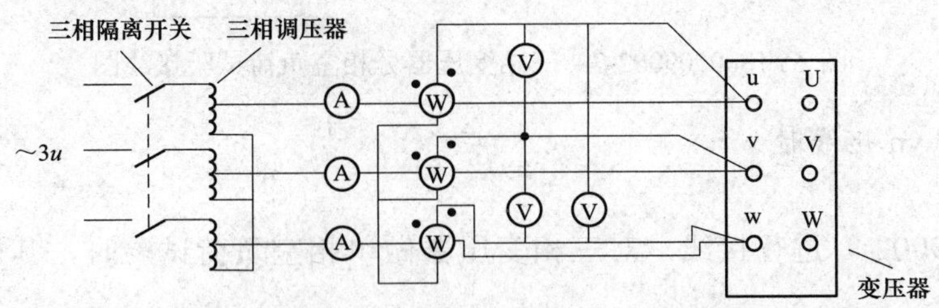

图 ZY1800509002-5 三相变压器空负荷直接测量试验接线图

2）当电压、电流超过仪表额定值时，可通过电压互感器及电流互感器接入测量回路，试验接线如图 ZY1800509002-6 所示，非被试绕组均开路，不能短接。

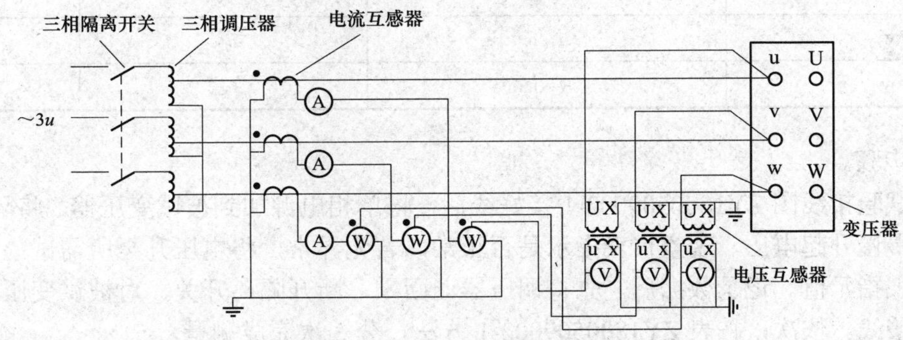

图 ZY1800509002-6 三相变压器空负荷间接测量试验

（2）试验步骤。

根据现场具体情况，选用上述试验接线图接好线后，这里特别要注意，电流互感器、功率表的“极性”，由于变压器的损耗等于三功率表的和，而 3 台单相电压互感器独立供 3 只功率表时，也要考虑“极性”，否则会出现“负”功率。将三相电源加到被试变压器的低压侧（u、v、w 端），将隔离开关合上，调整调压器。慢慢升起电压，观察仪表指示是否正常，若无异常，将电压升至额定电压值，同时读取并记录仪表指示值。记录数据后，将调压器调回零，断开隔离开关，对被试变压器进行放电。

（3）试验数据整理及计算。

空负荷电流取三相电流的平均值，并换算为额定电流的百分数，即

$$I_0\% = \frac{I_{0u} + I_{0v} + I_{0w}}{I_n} \times 100\% \qquad \text{(ZY1800509002-6)}$$

式中 I_{0u}、I_{0v}、I_{0w}——变压器三相实测电流，A；

I_n——变压器加压侧的额定电流，A。

空负荷损耗为

$$P_0 = P_{0u} + P_{0v} + P_{0w} \qquad \text{(ZY1800509002-7)}$$

式中 P_{u0}、P_{v0}、P_{w0}——3 只功率表实测的功率，W。

若采用间接测量时，空负荷电流的计算，先将三相实测电流用式（ZY1800509002-2）分别换算后，再用式（ZY1800509002-6）进行计算。空负荷损耗的计算，先将 3 只功率表实测的功率用式（ZY1800509002-3）分别换算后，然后用式（ZY1800509002-7）进行计算。

（三）三相变压器分相空负荷试验

就是将三相变压器当作 3 个单相变压器，轮流加压，依次将变压器加压侧的一相绕组短路，其他

两相绕组施加电压，测量空负荷损耗及空负荷电流，其试验接线如图 ZY1800509002-7 所示。

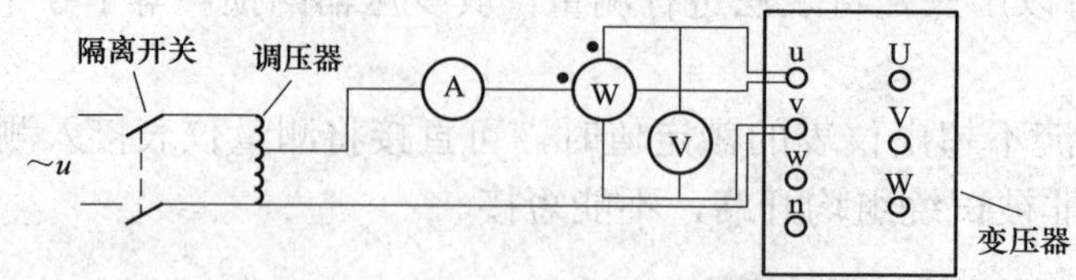

图 ZY1800509002-7　三相变压器分相空负荷试验接线图

1. 当加压绕组为 yn 接线时

（1）试验接线。

按图 ZY1800509002-7 进行接线，对三相变压器做单相空负荷试验时，其加压、短路方式见表 ZY1800509002-1。

表 ZY1800509002-1　　yn 绕组单相空负荷试验

加压相	短路相	测量值	
u、v	w、n	I_{0uv}	P_{0uv}
v、w	u、n	I_{0vw}	P_{0vw}
u、w	v、n	I_{0uw}	P_{0uw}

（2）试验步骤。

按选用的试验接线图 ZY1800509002-1 接好线后，将单相电源加到被试变压器，将隔离开关合上，调整调压器。慢慢升起电压，观察仪表指示是否正常，若无异常，将电压升至所需试验电压值，同时读取并记录仪表指示值。记录数据后，先将调压器调回零，断开隔离开关，对被试变压器进行放电，然后变更试验接线。依次，按表 ZY1800509002-1 方法，分 3 次完成测量。

（3）试验数据整理及计算。

三相空负荷损耗 P_0 和空负荷电流百分数 $I_0\%$ 计算式为

$$P_0 = \frac{P_{0uv} + P_{0vw} + P_{0uw}}{2} \times K_{TV} K_{TA} \qquad (ZY1800509002\text{-}8)$$

$$I_0 = \frac{I_{0uv} + I_{0vw} + I_{0uw}}{3I_N} \times K_{TV} \times 100\% \qquad (ZY1800509002\text{-}9)$$

式中　P_{0uv}、P_{0vw}、P_{0uw}、I_{0uv}、I_{0vw}、I_{0uw}——表计的实测值；

K_{TV}、K_{TA}——测量电压互感器和电流互感器的变比，当仪表直接接入时 $K_{TV}=K_{TA}=1$。

2. 当加压绕组为△接线时

（1）试验接线。

按图 ZY1800509002-7 进行接线，对三相变压器做单相空负荷试验时，加压、短路方式见表 ZY1800509002-2。

表 ZY1800509002-2　　△绕组单相空负荷试验

<table>
<tr><th rowspan="3">加压相</th><th colspan="6">△绕组连接方式</th></tr>
<tr><th>uy、vz、wx</th><th colspan="2" rowspan="2">测量值</th><th>uz、vx、wy</th><th colspan="2" rowspan="2">测量值</th></tr>
<tr><th>短路相</th><th>短路相</th></tr>
<tr><td>u、v</td><td>v、w</td><td>I_{0uv}</td><td>P_{0uv}</td><td>v、w</td><td>I_{0uw}</td><td>P_{0uw}</td></tr>
<tr><td>v、w</td><td>u、w</td><td>I_{0vw}</td><td>P_{0vw}</td><td>u、w</td><td>I_{0vw}</td><td>P_{0vw}</td></tr>
<tr><td>u、w</td><td>w、v</td><td>I_{0uw}</td><td>P_{0uw}</td><td>w、v</td><td>I_{0uv}</td><td>P_{0uv}</td></tr>
</table>

模块2　ZY1800509002

（2）试验步骤。

按选用的试验接线图 ZY1800509002-1 接好线后，将单相电源加到被试变压器，将隔离开关合上，调整调压器。慢慢升起电压，观察仪表指示是否正常，若无异常，将电压升至所需试验电压值，同时读取并记录仪表指示值。记录数据后，先将调压器调回零，断开隔离开关，对被试变压器进行放电，然后变更试验接线。依次，按表 ZY1800509002-2 方法，分 3 次完成测量。

（3）试验数据整理及计算。

三相空负荷损耗 P_0 和空负荷电流百分数 $I_0\%$ 计算式为

$$P_0 = \frac{P_{0uv} + P_{0vw} + P_{0uw}}{2} \times K_{TV} K_{TA} \qquad (ZY1800509002\text{-}10)$$

$$I_0 = 0.289\frac{I_{0uv} + I_{0vw} + I_{0uw}}{I_N} \times K_{TV} \times 100\% \qquad (ZY1800509002\text{-}11)$$

式中　P_{0uv}、P_{0vw}、P_{0uw}、I_{0uv}、I_{0vw}、I_{0uw}——表计的实测值；

K_{TV}、K_{TA}——测量电压互感器和电流互感器的变比，仪表直接接入时 $K_{TV}=K_{TA}=1$。

3. 当加压绕组为Y接线，另一侧为△接线时

（1）试验接线。

按图 ZY1800509002-7 进行接线，对三相变压器做单相空负荷试验时，加压、短路方式见表 ZY1800509002-3。

表 ZY1800509002-3　　Y绕组单相空负荷试验

加压相	短路相	测量值	
u、v	V、W	I_{0uv}	P_{0uv}
v、w	W、U	I_{0vw}	P_{0vw}
u、w	U、V	I_{0uw}	P_{0uw}

（2）试验步骤。

按选用的试验接线图 ZY1800509002-1 接好线后，将单相电源加到被试变压器，将隔离开关合上，调整调压器。慢慢升起电压，观察仪表指示是否正常，若无异常，将电压升至所需试验电压值，同时读取并记录仪表指示值。记录数据后，先将调压器调回零，断开隔离开关，对被试变压器进行放电，然后变更试验接线。依次，按表 ZY1800509002-3 方法，分 3 次完成测量。

（3）试验数据整理及计算。

三相空负荷损耗 P_0 和空负荷电流百分数 $I_0\%$ 计算式为

$$P_0 = \frac{P_{0uv} + P_{0vw} + P_{0uw}}{2} \times K_{TV} K_{TA} \qquad (ZY1800509002\text{-}12)$$

$$I_0 = \frac{I_{0uv} + I_{0vw} + I_{0uw}}{3I_N} \times K_{TV} \times 100\% \qquad (ZY1800509002\text{-}13)$$

式中　P_{0uv}、P_{0vw}、P_{0uw}、I_{0uv}、I_{0vw}、I_{0uw}——表计的实测值；

K_{TV}、K_{TA}——测量电压互感器和电流互感器的变比，仪表直接接入时 $K_{TV}=K_{TA}=1$。

目前随着技术的发展，变压器空负荷试验除了上述基本方法以外，也可采用专用的变压器参数测试仪进行测量。

六、试验中注意事项

（1）试验应在额定分接头下进行，要求施加的电压为正弦波形和额定频率的额定电压。

（2）在做三相变压器额定空负荷试验时，试验电源应有足够的容量，应满足下列要求，即

$$S > S_n \frac{I_0\%}{100} \quad I \leqslant \frac{S}{\sqrt{3}U} \qquad (ZY1800509002\text{-}14)$$

式中 S——所需试验电源容量，kVA，实际取值 $S=(5\sim6)S_n\dfrac{I_0\%}{100}$；

S_n——被试变压器的额定容量，kVA；

$I_0\%$——被试变压器空载电流的百分数；

U——试验时所施加的电压，kV；

I——试验时所允许的电流，A。

（3）试验电压应保持稳定，采用三相电源法试验时，要求三相电压对称，即负序分量不超过正序分量的5%，三相线电压相差不超过2%，若三相电源不符合要求，可采用单相电源法试验。

（4）接线时必须注意功率表电流线圈和电压线圈的极性，功率表的指示可能是正值也可能是负值。

（5）空负荷试验时互感器的极性必须连接正确，一、二次连接相对应、二次端子与表计极性的连接相对应。还须注意，互感器的二次端子中有一个应安全接地，对三相互感器或三只单相互感器，应是同名端、同一接地点接地。

（6）为了使测量结果准确，连接导线应有足够的截面，电流线不小于 $2.5mm^2$、电压线不小于 $1.5mm^2$，且接触良好。当被试变压器本身损耗较小时，应将测量的损耗值减去试验仪表本身的损耗。

（7）三相变压器分相空负荷试验时，使用的短路线不小于 $2.5mm^2$，在短路时不要与变压器外壳连接。

（8）在试验过程中，若发现表计指示异常，被试变压器有放电声、异响、冒烟、喷油等异常情况时，应立即断开电源停止试验，查明原因，加以处理，否则不能继续试验。

（9）在进行低电压空负荷试验时，应放在绝缘电阻、泄漏电流测量之前进行测量。由于变压器的绝缘电阻、泄漏电流测量施加的是直流电压，无论如何放电，它都会在变压器铁芯中产生剩磁，在进行低电压空负荷试验时会影响测量结果，使试验人员发生误判断，发生这种情况时应将试验电压升高，以抵消剩磁的影响。

【思考与练习】

1. 为什么变压器在进行低电压空负荷试验时，要放在绝缘电阻、泄漏电流测量之前进行？

2. 对绕组为△连接的变压器用单相电源测量空负荷电流时，加压、短路方式如何？

模块3 变压器空负荷试验的分析判断（ZY1800509003）

【模块描述】本模块介绍变压器空负荷试验结果分析及报告编写。通过案例介绍，掌握变压器空负荷试验结果分析、判断及报告编写。

【正文】

一、试验结果分析及试验报告编写

（一）试验结果分析

1. 试验标准及要求

根据《电力设备预防性试验规程》（DL/T 596—1996）、《电气装置安装工程 电气设备交接试验标准》（GB 50150—2006）、《电力变压器》（GB 1094—2003）及《输变电设备状态检修试验规程》（Q/GDW 188—2008）的规定：

（1）试验电源可用三相或单相，试验电压可用额定电压或较低电压值（如制造厂提供的较低电压值，可在相同电压下进行比较），与前次试验值相比，无明显变化。

（2）变压器在额定条件下的空负荷试验结果，与铭牌值或出厂试验记录比较，空负荷电流的允许偏差为+30%，空负荷损耗的允许偏差为+15%。

（3）在非额定条件下进行的空负荷试验，必须进行校正和换算到额定条件下。

2. 试验结果分析

（1）当施加的试验电压小于变压器额定电压时，可以用式（ZY1800509003-1）换算到额定条件下，

但误差较大。试验施加的电压，一般选择在5%～10%额定电压以内，则有

$$P_0 = P_0'\left(\frac{U_n}{U'}\right)^n \quad \text{(ZY1800509003-1)}$$

式中　P_0——换算到额定电压下的空负荷损耗；

P_0'——电压为U'时测得空负荷损耗；

U_n——变压器额定电压；

U'——施加的试验电压；

n——指数，取决于变压器铁芯硅钢片种类，热轧取1.8，冷轧取1.9～2.0。

（2）试验电压频率的影响。

变压器空负荷试验可以在与额定频率相差±5%的情况下进行，此时施加于变压器上的试验电压可用下式计算

$$U' = U_n \frac{f'}{50} \quad \text{(ZY1800509003-2)}$$

式中　U'——频率为f'时应施加的试验电压；

U_n——频率为50Hz时的试验电压；

f'——试验电源频率。

由于在f'下测得的空负荷电流I_0'接近额定频率（50Hz）下的I_0，即$I_0 \approx I_0'$，因此空负荷电流无需校正，此时空负荷损耗P_0可按下式计算

$$P_0 = P_0'\left(\frac{60}{f'} - 0.2\right) \quad \text{(ZY1800509003-3)}$$

式中　P_0'——在频率f'、电压U'下测得的空负荷损耗；

P_0、f'意义同上。

（3）测量回路、仪表等损耗对测量结果的影响。

对小容量变压器进行空负荷试验和对大容量变压器在低电压下进行空载试验时，应考虑排除测量回路、仪表等损耗的影响。测量回路、仪表等损耗的测量方法如下。

1）根据现场具体情况，选定试验方法及接线。

2）将接至被试变压器的试验引线“悬空”，即不接试品。

3）合上刀闸，调整调压器，慢慢升起电压至所需的试验电压。

4）读取并记录仪表指示值。

5）将调压器调回零，断开隔离开关，对被试变压器进行放电。

按选定的试验方法，将试验引线接至被试变压器加压侧，准备进行试验。

实际测量的损耗中包含功率表电压线圈、电压表本身和试验引线的损耗，因此必须进行校正，其校正公式为

$$P_0 = P_0' - P' \quad \text{(ZY1800509003-4)}$$

式中　P_0'——包括仪表及测量回路的损耗在内的空负荷损耗实测值；

P'——仪表及测量回路的损耗。

而P'可以在被试变压器断开的情况下，施加试验电压直接从瓦特表上读出来，也可按下式估算，即

$$P' = U^2\left(\frac{1}{R_W} + \frac{1}{R_H} + \frac{1}{R_V}\right) \quad \text{(ZY1800509003-5)}$$

式中　U——施加试验电压，V；

R_W、R_H、R_V——功率表电压线圈电阻、测量回路电阻和电压表线圈电阻，Ω。

（4）对变压器空负荷电流、空负荷损耗结果判断。

1）三相变压器空负荷电流：由于变压器的三个铁芯柱长度不等，中间的短，两边的长且对称，

因此造成中间相的电流比两边相的电流小 20%～35%。

当绕组为 Y 接法时，由于线电流等于相电流，所以线电流的关系为 $I_u=I_w>I_v$。

当绕组为△接法时，如果三相绕组端子为 uy、vz、wx 相连，在变压器正常情况下，有 $I_u=I_v<I_w$；如果三相绕组端子为 uz、vx、wy 相连，在变压器正常情况下，有 $I_w=I_v<I_u$。

如果变压器的空负荷试验结果与上述规律不符或与原始值相差超过了标准规定，则可视为变压器存在缺陷。

2）当中、小型电力变压器高压绕组有轻微的匝间短路时，三相空负荷电流一般无显著变化，空负荷损耗却可增大 15%～25%，这时应进行分相空负荷试验，以便确定缺陷相别。

3）对大型的三相变压器做空负荷试验时，由于试验条件的限制，可用单相电源进行空负荷试验。正常情况下，由于磁路不对称，铁芯柱两边相对中间相的功率、电流应相等，即 $P_{0uv}=P_{0vw}$、$I_{0uv}=I_{0vw}$ 或相差不超过 3%，而两边相的功率 P_{0uw}、电流 I_{0uw} 较大，一般后者比前者约大 20%～40%。如果空负荷试验结果与此规律不符，则该变压器存在局部缺陷。

（5）变压器空负荷数据增大的原因。

1）硅钢片间绝缘不良，存在局部短路。

2）穿心螺杆或压板的绝缘损坏，造成铁芯局部短路。

3）硅钢片有松动，出现空气隙，磁阻增大，使空负荷电流增加。

4）绕组匝间或层间短路。

5）绕组并联支路短路或并联支路匝数不相等。

6）变压器在制造时铁芯接缝不严密。

（二）试验报告编写

试验报告填写应包括试验时间、试验人员、天气情况、环境温度、湿度、使用地点、变压器的运行编号、变压器型号、变压器上层油温、试验结果、试验结论、试验性质（交接试验、预防性试验、检查、施行状态检修的应填明例行试验或诊断试验）、仪器、仪表、互感器型号、出厂编号，备注栏写明其他需要注意的内容，如是否拆除引线等。

二、案例

有一台额定电压 10/0.4kV、额定容量 400kVA、接线组别 Yyn0 的变压器，在运行时低压侧发生故障，使高压侧熔丝熔断，对其进行绝缘电阻、直流电阻、交流耐压试验均合格，采用单相法进行空负荷电流测量，其试验数据如表 ZY1800509003-1 所示。

表 ZY1800509003-1 变压器空负荷试验数据表

加压相	短路相	试验电压（V）	空负荷电流（mA）
uv	wn	200	825
vw	un	200	820
uw	vn	200	736

从表 ZY1800509003-1 可以看出，I_{0uv}、I_{0vw} 基本相等且大于 I_{0uw}，而正常的是 I_{0uw} 大于 I_{0uv}、I_{0vw} 约 1.3 倍，仔细观察试验数据发现，电压加在有 v 相时，试验数据异常，判断该变压器 v 相铁芯或绕组上有缺陷，经吊芯检查高压侧 V 相线圈有匝间短路。

【思考与练习】

1. 变压器空负荷数据增大的原因有哪些？
2. 用单相电源进行变压器空负荷试验时，空负荷电流如何判断？

模块 4 变压器短路试验（ZY1800509004）

【模块描述】本模块介绍变压器短路试验的方法和技术要求。通过对试验工作流程的介绍，掌握变压器短路试验前的准备工作和相关安全、技术措施、试验方法及技术要求。

【正文】

一、试验目的

测量短路损耗和阻抗电压，以便确定变压器的并列运行条件、计算变压器的效率、热稳定和动稳定、计算变压器二次侧的电压变动率以及确定变压器的温升。通过变压器短路试验，可以发现的缺陷有：变压器的各结构件（屏蔽、压环和电容环、轭铁梁板等）或油箱壁中由于漏磁通所引起的附加损耗过大和局部过热、油箱箱盖或套管法兰等附件损耗过大和局部过热、带负荷调压的电抗绕组匝间短路、大型电力变压器低压绕组中并联导线间短路或换位错误。这些缺陷均可能使附加损耗显著增大。通过测量阻抗电压可以发现在运行中变压器出口侧发生短路，变压器内部几何尺寸的改变。

二、试验仪器、设备的选择

根据变压器铭牌值及出厂数据对短路试验的要求，测量仪器、仪表应能满足测量接线方式、测试电压、测试准确度等，因此对试验设备的主要参数进行选择。

（1）使用的电压、电流互感器应不低于 0.2 级，电压、电流表应不低于 0.5 级。

（2）使用的功率表应选用 $\cos\varphi$ 不大于 0.2、准确度不低于 0.5 级的低功率因数功率表。

（3）调压器应选用波形畸变小和阻抗电压低的自耦接触调压器，其容量在被试变压器额定电流下，按式（ZY1800509004-13）进行选取；在被试变压器非额定电流下，按变压器额定电流的 1%～10% 进行选取。

三、危险点分析及控制措施

1. 防止高处坠落

使用变压器专用爬梯上下，在变压器上作业系好安全带。对 220kV 及以上变压器，需解开高压套管引线时，应使用高处作业车，严禁徒手攀爬变压器高压套管。

2. 防止高处落物伤人

高处作业应使用工具袋，上下传递物件应用绳索拴牢传递，严禁抛掷。

3. 防止工作人员触电

在拆、接试验接线前，应将被试设备对地充分放电；在充、放电过程中，严禁人员触及变压器套管金属部分；测量引线要连接牢固，试验仪器的金属外壳应可靠接地。试验现场应设专用围栏，不允许有交叉作业，开始进行空负荷试验时，变压器上无其他工作人员。

四、试验前的准备工作

1. 了解被试设备现场情况及试验条件

查勘现场，查阅相关技术资料，包括该设备历年试验数据及相关规程等，掌握该设备运行及缺陷情况。

2. 试验仪器、设备准备

选择合适的被试变压器的测试线（夹）、温（湿）度计、接地线、短路线、放电棒、万用表、电源线（带剩余电流动作保护器）、直流电阻测试仪、电压表、电流表、功率表、频率表、电压互感器、电流互感器、隔离开关、二次连接线、安全带、安全帽、电工常用工具、试验临时安全遮栏、标示牌等，并查阅测试仪器、设备及绝缘工器具的检定证书有效期、相关技术资料、相关规程等。

3. 办理工作票并做好试验现场安全和技术措施

向其余试验人员交代工作内容、带电部位、现场安全措施、现场作业危险点，明确人员分工及试验程序。

五、现场试验步骤及要求

断开变压器有载分接开关、风冷电源，退出变压器本体保护等，将变压器各绕组接地放电，拆除或断开变压器对外的一切连线。对大容量变压器应充分放电（5min 以上）。放电时应用绝缘工具进行，不得用手碰触放电导线。

用专用围栏将试验场地隔离，并向外悬挂“止步，高压危险”标示牌。搭接试验电源，需先用万用表测量，确定其试验电源电压为 220V 或 380V。根据变压器铭牌上的阻抗电压百分数估算出试验电流，选用适当的测量表计。

（一）单相变压器短路试验

1. 试验接线

（1）当试验电压和电流不超出仪表的额定值时，可直接将测量仪表接入测量回路，测量接线如图 ZY1800509004-1 所示，被试绕组短路，不能开路。

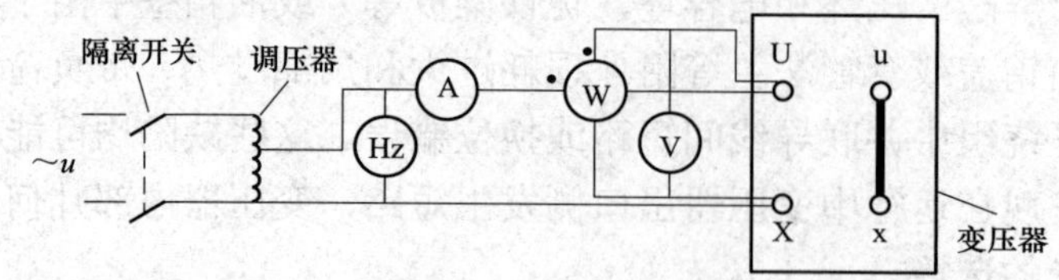

图 ZY1800509004-1 单相变压器短路试验直接测量接线图

（2）当电压、电流超过仪表额定值时，可通过电压互感器及电流互感器接入测量回路，测量接线如图 ZY1800509004-2 所示，非被试绕组短路，不能开路。

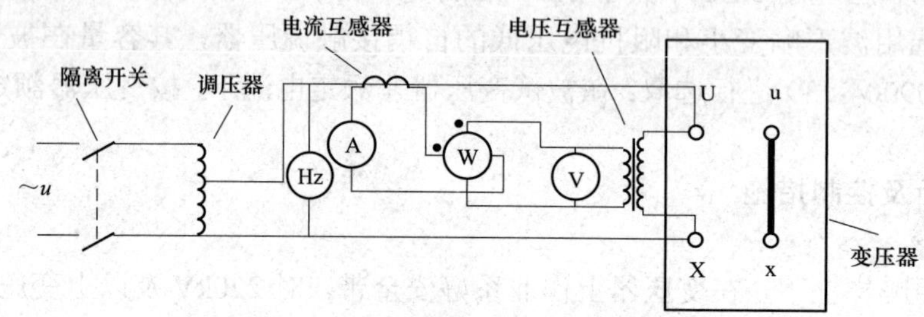

图 ZY1800509004-2 单相变压器短路试验间接测量接线图

2. 试验步骤

按选用的试验接线图接好线后，将单相电源加到被试变压器的高压侧（U–X 端），将隔离开关合上，调整调压器。慢慢升起电压，观察仪表指示是否正常，若无异常，将电流升所需的试验电流值，同时读取并记录仪表指示值。记录数据后，将调压器调回零，断开隔离开关，对被试变压器进行放电。

3. 试验数据整理及计算

短路损耗计算

$$P_k' = P_W K_V K_A \tag{ZY1800509004-1}$$

短路电压的百分数 $U_k\%$计算

$$U_k\% = \frac{U_k'}{U_n} \times \frac{I_n}{I_k'} \times 100\% \tag{ZY1800509004-2}$$

式中 P_k'——测得的短路损耗，W；

P_W——功率表读数，W；

K_V——电压互感器变比；

K_A——电流互感器变比；

U_n——被试变压器的额定电压，kV；

U_k'——电压表测量值，V，经电压互感器测量时，U_k'等于电压表读数乘以 K_V；

I_n——被试变压器的额定电流，A；

I_k'——电流表测量值，A，经电流互感器测量时，I_k'等于电流表读数乘以 K_A。

当施加的试验电流 $I_k' \neq I_n$时，换算到额定电流 I_n下的短路损耗为

$$P_k = P_k'\left(\frac{I_n}{I_k'}\right)^2 \tag{ZY1800509004-3}$$

式中 P_k——换算到额定电流下的短路损耗，W。

（二）三相变压器短路试验

在电力系统 10～330kV 的范围内，绝大多数使用三相共体变压器，在 500kV 等级中有部分的分体式变压器，因此三相变压器短路试验在我们的工作中占有很大的比例。表 ZY1800509004-1 对双绕组、三绕组变压器采用双功率表法进行短路试验的加压侧、短路侧、开路侧进行了说明。

表 ZY1800509004-1　　电力变压器短路试验接线表

<table>
<tr><th rowspan="2">试验方法</th><th colspan="2">双　绕　组</th><th colspan="3">三　绕　组</th></tr>
<tr><th>加压部位</th><th>短路部位</th><th>加压部位</th><th>短路部位</th><th>开路部位</th></tr>
<tr><td rowspan="2">双功率表法</td><td rowspan="2">U、V、W</td><td rowspan="2">u、v、w</td><td>U、V、W</td><td rowspan="2">u、v、w</td><td>Um、Vm、Wm</td></tr>
<tr><td>Um、Vm、Wm</td><td>U、V、W</td></tr>
</table>

1. 试验接线

（1）当试验电压和电流不超出仪表的额定值时，可直接将测量仪表接入测量回路，测量接线如图 ZY1800509004-3 所示。

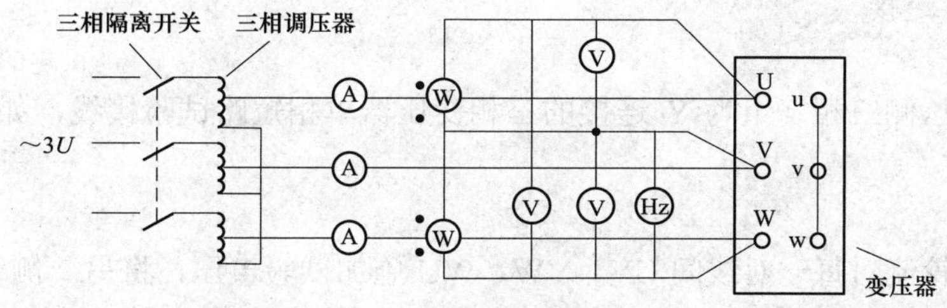

图 ZY1800509004-3　三相变压器短路试验直接测量接线图

（2）当电压、电流超过仪表额定值时，可通过电压互感器及电流互感器接入测量回路，测量接线如图 ZY1800509004-4 所示。

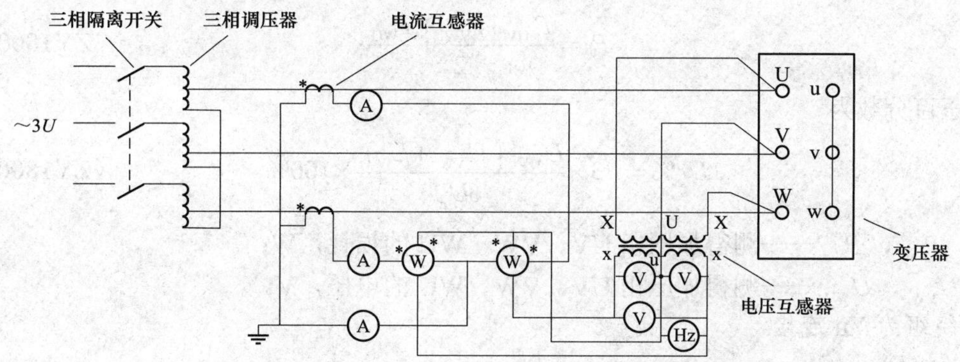

图 ZY1800509004-4　三相变压器短路试验间接测量接线图

2. 试验步骤

根据现场具体情况，选用上述试验接线图接好线后，这里特别要注意电流互感器、功率表的“极性”，由于变压器的损耗等于两功率表的代数和，因此对 2 台单相电压互感器接成 V 时，也要考虑“极性”。将三相电源加到被试变压器的高压侧（U、V、W 端），低压侧三相短路，然后调整调压器，慢慢升起电压，观察仪表指示是否正常，若无异常，将电流升至所需的试验电流值，同时读取并记录仪表指示值。记录数据后，将调压器调回零，断开隔离开关，对被试变压器进行放电。

3. 试验数据整理及计算

试验时的三相短路损耗，应为两功率表测量值的代数和，即

$$P_k=P_1+P_2 \qquad \text{(ZY1800509004-4)}$$

短路电压是三个线电压的平均值，即

$$U_k=\frac{1}{3}(U_{UV}+U_{VW}+U_{WU}) \qquad \text{(ZY1800509004-5)}$$

短路电压的百分数 U_k%计算式为

$$U_k\% = \frac{U_k}{U_n} \times 100\% \quad \text{(ZY1800509004-6)}$$

上三式中 P_1、P_2——两功率表测量值，W；

U_{UV}、U_{VW}、U_{WU}——电压表测量值，V；

U_n——被试变压器的额定电压，kV。

读数时应注意仪表的倍率，若使用互感器，将上述测量值用式（ZY1800509004-1）～式（ZY1800509004-3）分别计算，再代入式（ZY1800509004-4）～式（ZY1800509004-6）进行计算。

（三）三相变压器的分相短路试验

由于受到现场电源容量的限制或现场没有三相电源，以及在运行中变压器发生突发性故障时，可以用单相电源进行短路试验，以确定其故障相。试验时，将低压侧的三相绕组的三个引出端短接，分别在高压侧 UV、VW、WU 或 UN、VN、WN 间加单相电源进行测量，最后由 3 次测量的结果计算出三相数据。根据变压器高压侧三相绕组连接方式的不同，采用不同的试验接线方式。

1. 加压绕组为 Y 连接

（1）试验接线。

试验电压加在高压侧三相绕组为 Y 连接的三相变压器单相短路试验接线，如图 ZY1800509004-5 所示。

（2）试验步骤。

按图进行接线，轮流对每一对线间 UV、VW、WU 施加试验电压，将另一侧绕组全部短路，升压至试验电流时，记录仪表指示值，共进行 3 次，然后用 3 次测得的损耗 P_{UV}、P_{VW}、P_{WU} 和电压 U_{UV}、U_{VW}、U_{WU} 计算出结果。

（3）试验数据整理及计算。

短路损耗为

$$P_k = \frac{P_{UV} + P_{VW} + P_{WU}}{2} \quad \text{(ZY1800509004-7)}$$

短路电压百分数为

$$U_k\% = \sqrt{3} \times \frac{U_{UV} + U_{VW} + U_{WU}}{6U_n} \times 100\% \quad \text{(ZY1800509004-8)}$$

式中 P_{UV}、P_{VW}、P_{WU}——测得加压相 UV、VW、WU 的损耗，W；

U_{UV}、U_{VW}、U_{WU}——测得加压相 UV、VW、WU 的电压，V。

2. 加压绕组为 Yn 连接

（1）试验接线。

试验电压加在高压侧三相绕组为 Yn 连接的三相变压器单相短路试验接线，如图 ZY1800509004-6 所示。

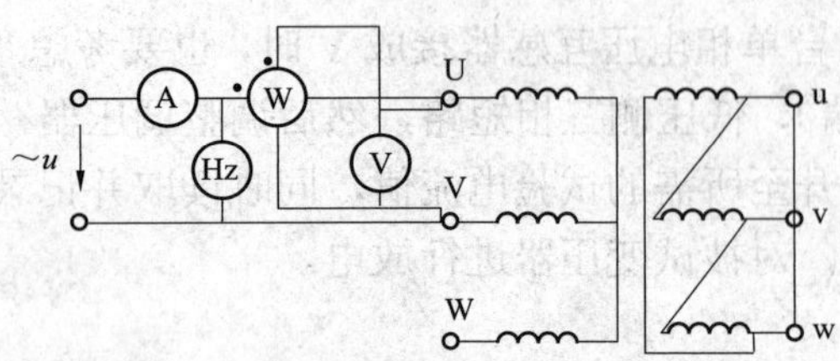

图 ZY1800509004-5 加压绕组为 Y 连接的三相变压器单相短路试验接线图

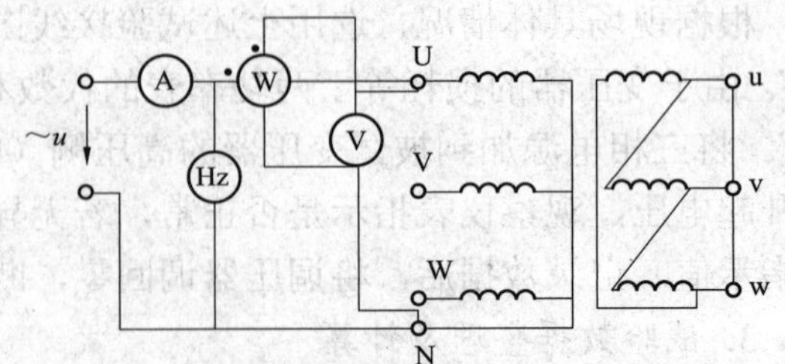

图 ZY1800509004-6 加压绕组为 Yn 连接的三相变压器单相短路试验接线图

（2）试验步骤。

按图 ZY1800509004-6 进行接线，轮流对每一对相间 UN、VN、WN 施加试验电压，升压至试验电流时，记录仪表指示值，共进行 3 次，然后用 3 次测得的损耗 P_{UN}、P_{VN}、P_{WN} 和电压 U_{UN}、U_{VN}、U_{WN} 计算出结果。

（3）试验数据整理及计算。

短路损耗为

$$P_k = P_{UN} + P_{VN} + P_{WN} \quad \text{(ZY1800509004-9)}$$

短路电压百分数为

$$U_k\% = \sqrt{3} \times \frac{U_{UN} + U_{VN} + U_{WN}}{3U_n} \times 100\% \quad \text{(ZY1800509004-10)}$$

式中　P_{UN}、P_{VN}、P_{WN}——测得加压相 UN、VN、WN 的损耗，W；

U_{UN}、U_{VN}、U_{WN}——测得加压相 UN、VN、WN 的电压，V。

3. 加压绕组为△ 连接

（1）试验接线。

试验电压加在高压侧三相绕组为△ 连接的三相变压器单相短路试验接线，如图 ZY1800509004-7 所示。

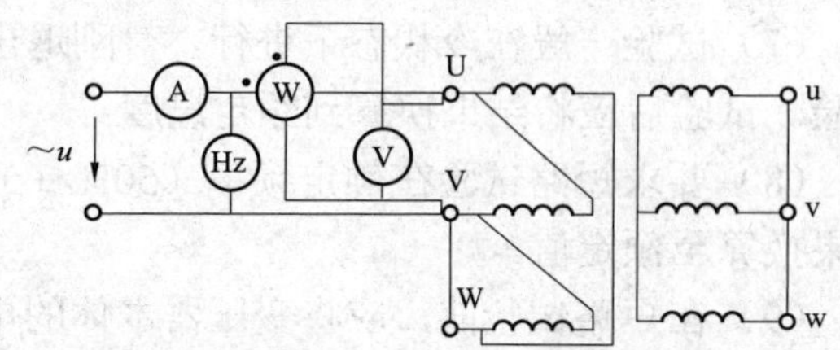

图 ZY1800509004-7　加压绕组为△ 连接的三相变压器单相短路试验接线图

（2）试验步骤。

按图 ZY1800509004-7 进行接线，轮流将一相短接，对另外两相施加电压，见表 ZY1800509004-2。

表 ZY1800509004-2　　△ 连接变压器短路试验接线表

序　号	高　压　侧		低压侧短路
	加　压	短　路	
1	UV	VW	uvw
2	VW	WU	uvw
3	WU	UV	uvw

按表 ZY1800509004-2 中项目依次对变压器进行试验，将电流升至额定电流的 $2/\sqrt{3}$ 倍，即 $1.15I_n$ 时，记录仪表指示值，共进行 3 次，然后用 3 次测得的损耗 P_{UV}、P_{VW}、P_{WU} 和电压 U_{UV}、U_{VW}、U_{WU} 计算出结果。

（3）试验数据整理及计算。

三相短路损耗为

$$P_k = \frac{P_{UV} + P_{VW} + P_{WU}}{2} \quad \text{(ZY1800509004-11)}$$

短路电压百分数为

$$U_k\% = \frac{1}{3U_n}(U_{UV} + U_{VW} + U_{WU}) \times 100\% \quad \text{(ZY1800509004-12)}$$

式中　P_{UV}、P_{VW}、P_{WU}——测得加压相 UV、VW、WU 的损耗，W；

U_{UV}、U_{VW}、U_{WU}——测得加压相 UV、VW、WU 的电压，V。

目前随着技术的发展，变压器短路试验除了上述基本方法以外，也可采用专用的变压器参数测试仪进行测量。

六、试验注意事项

（1）试验时，被试绕组应在额定分接头上。

（2）试验用电源应具有足够的容量，一般应满足下列要求

电源容量

$$S \geqslant S_n \frac{U_k}{100}\left(\frac{I_k}{I_n}\right)^2 \quad \text{(ZY1800509004-13)}$$

电源电压
$$U \geqslant U_n \frac{U_k\%}{100} \times \frac{I_k}{I_n} \quad \text{(ZY1800509004-14)}$$

式中 S、U——短路试验所需电源的容量和电压值，kVA、kV；

S_n、U_n——被试变压器额定容量和额定电压，kVA、kV；

I_n、I_k——被试变压器额定电流和短路试验时的电流，A；

U_k%——被试变压器铭牌的短路电压百分数。

（3）在低压侧用的短路线，与变压器连接处必须接触良好，且短路线截面积所取电流密度（一般取 2.5A/mm²）不得小于试验时施加的电流。

（4）在试验时为避免电流线电压降的影响，功率表、电压表的电压最好从变压器端子处取。

（5）试验用的导线必须有足够的截面，而且应尽可能短，连接处必须接触良好。

（6）在大于 25%额定电流下试验时，读表要迅速，以免绕组发热影响测量准确度。

（7）试验一般在冷状态下进行。对刚退出运行的变压器，必须待绕组温度降至油温时，才能进行试验。试验后应将结果换算到额定温度。

（8）要求短路试验在额定频率（50Hz±5%）、额定电流下进行，若不能满足要求，则试验后应将结果换算至额定值。

（9）在短路试验前，应将变压器本体的电流互感器二次短路。

【思考与练习】

1. 变压器短路试验的目的是什么？

2. 画出用双功率表法进行三相变压器短路试验的间接测量接线图。

模块 5 变压器短路试验的分析判断（ZY1800509005）

【模块描述】本模块介绍变压器短路试验结果分析及报告编写。通过案例介绍，掌握变压器短路试验结果分析、测试数据判断、报告编写。

【正文】

一、试验结果分析及试验报告编写

（一）试验结果分析

1. 试验标准及要求

根据《电力设备预防性试验规程》（DL/T 596—1996）、《电气装置安装工程 电气设备交接试验标准》（GB 50150—2006）及《输变电设备状态检修试验规程》（Q/GDW 188—2008）的规定：

（1）对于 35kV 及以下变压器，宜采用电压短路阻抗法，与前次试验值相比，无明显变化。

（2）允许短路损耗偏差为+10%，短路电压偏差为±10%。

2. 试验结果分析

（1）电流和电压的影响。

对于三相变压器，各相的电流和电压一般是相同的，当电流和电压的不平衡度超过 2%时，短路电流应采用 3 个（指每相的读数）测量值的算术平均值。如果电流不平衡度未超过 2%，允许用任一相的电流表测量电流；如电压的不平衡度未超过 2%，阻抗电压可采用 3 个测量值中最接近于算术平均值的电压。

（2）温度的影响。

变压器的参考温度应按有关标准或技术条件规定。若无相应规定时，采用 A、B、E 级绝缘取 75℃，采用 C、F、H 级绝缘取 115℃。对容量为 6300kVA 及以下的中、小型变压器，附加损耗占短路损耗的比重较小（一般不超过电阻损耗的 10%），短路损耗可按下式换算

$$P_{k\theta} = P_{kt} \times k_\theta = P_{kt} \times \frac{T+\theta}{T+t} \quad \text{(ZY1800509005-1)}$$

式中 $P_{k\theta}$——换算到 θ℃的短路损耗；

P_{kt} ——试验温度 t℃下的短路损耗；

k_θ ——θ℃时温度系数；

T ——电阻温度换算系数，铜为 235，铝为 225。

短路电压可按下式换算

$$U_{k\theta}=\sqrt{U_{kt}^2+\left(\frac{P_{kt}}{10S_n}\right)^2(k_\theta^2-1)} \quad (ZY1800509005\text{-}2)$$

式中 $U_{k\theta}$ ——换算到 θ℃时的短路电压，%；

U_{kt} ——试验温度为 t℃时测得的短路电压，%；

S_n ——被试变压器的额定容量，kVA。

（3）变压器附加损耗的影响。

1）容量为 6300kVA 及以下的变压器，其附加损耗占整个短路损耗比重较小，通常不超过电阻损耗的 10%，一般不予考虑，其计算按式（ZY1800509005-1）、式（ZY1800509005-2）进行。

2）容量为 8000kVA 及以上的变压器，其附加损耗占整个短路损耗比重较大，当温度升高时绕组导线的电阻损耗 I^2R 与电阻温度系数 k_θ 成正比，附加损耗 P_a 与电阻温度系数 k_θ 成反比，而短路损耗为绕组导线电阻损耗与附加损耗之和，因此就必须考虑附加损耗的影响。其计算如下：

测量变压器高、低压侧的直流电阻 R_1、R_2，并将其换算到 θ℃下，对单、三相变压器绕组损耗可按式（ZY1800509005-3）、式（ZY1800509005-4）计算。

单相变压器绕组损耗为

$$\sum I^2R_\theta=I_1^2R_{1\theta}+I_2^2R_{2\theta} \quad (ZY1800509005\text{-}3)$$

三相变压器绕组损耗为

$$\sum I^2R_\theta=(I_1^2R_{1\theta}+I_2^2R_{2\theta})\times1.5 \quad (ZY1800509005\text{-}4)$$

式中 I_1、I_2 ——高、低压绕组的额定电流，A；

$R_{1\theta}$、$R_{2\theta}$ ——高、低压绕组的线间直流电阻，取三相平均值，并换算到 θ℃下，Ω。

根据短路损耗（P_{kt}）等于绕组导线电阻损耗（$\sum I^2R_\theta$）+附加损耗（P_a）得出

$$P_a=P_{kt}-\sum I^2R_\theta \quad (ZY1800509005\text{-}5)$$

在温度为 θ℃时短路损耗为

$$P_{k\theta}=K_\theta\sum I^2R_\theta+\frac{P_a}{k_\theta} \quad (ZY1800509005\text{-}6)$$

考虑附加损耗影响，在温度为 θ℃时短路损耗为

$$P_{k\theta}=\frac{P_{kt}+\sum I^2R_\theta(k_\theta-1)}{k_\theta} \quad (ZY1800509005\text{-}7)$$

短路电压按式（ZY1800509005-2）进行计算。

（二）试验报告编写

试验报告填写应包括试验时间、试验人员、天气情况、环境温度、湿度、使用地点、变压器的运行编号、变压器型号、变压器上层油温、试验结果、试验结论、试验性质（交接试验、预防性试验、检查、施行状态检修的应填明例行试验或诊断试验）、仪器、仪表、互感器型号、出厂编号，备注栏写明其他需要注意的内容，如是否拆除引线等。

二、案例

有一台额定电压为 110/10.5kV、额定容量为 40 000kVA、高压侧电流 210A、阻抗电压 19.76%、接线组别为 YNd11 的变压器，在运行时低压出口侧发生短路故障，短路电流达 12 000A 左右，该变压器后备保护动作，对其进行绝缘电阻、直流电阻、泄漏试验均合格，采用单相法进行短路电压测量，变温 45℃，其试验数据如表 ZY1800509005-1 所示。

表 ZY1800509005-1 变压器短路试验数据表

加压相	短路相	试验电压(V)	电流(A)
UN	uvw	420	6.9
VN	uvw	415	7.2
WN	uvw	423	7.3

根据表 ZY1800509005-1 中的试验数据进行计算:

(1) 先将每相的试验电压换算到额定条件下的阻抗电压

$$U_{kUN}=U_{UN}\times\frac{I_n}{I_{UN}}=420\times\frac{210}{6.9}=12.783\times10^3\text{(V)}$$

$$U_{kVN}=U_{VN}\times\frac{I_n}{I_{VN}}=415\times\frac{210}{7.2}=12.104\times10^3\text{(V)}$$

$$U_{kWN}=U_{WN}\times\frac{I_n}{I_{WN}}=423\times\frac{210}{7.3}=12.169\times10^3\text{(V)}$$

(2) 将 U_{kUN}、U_{kVN}、U_{kWN} 分别代入式 $U_k\%=\sqrt{3}\times\frac{U_{UN}+U_{VN}+U_{WN}}{3U_n}\times100\%$,得短路阻抗电压

$$U_k\%=\sqrt{3}\times(12.783+12.104+12.169)\times10^3/(3\times110\times10^3)=19.45\%$$

通过计算测得的阻抗电压 19.45%,与铭牌阻抗电压相比小于±3%。因此,该变压器虽然通过短路电流将达 12 000A 左右,但变压器内部各结构件、几何尺寸等将未发生改变。

【思考与练习】

1. 短路损耗包含哪些损耗?它们与温度的关系如何?

2. 一台 40000/110 变压器,接线组别 YNd11,阻抗电压 7.0%,额定电流 210/2199A,额定电压 110/10.5kV,进行短路试验,在高压侧加压,若把试验电流 I_s 限制在 10A,试计算试验电压 U_s 是多少?

模块 6 变压器零序阻抗测试(ZY1800509006)

【模块描述】本模块介绍变压器零序阻抗测试的基本原理、测试方法和技术要求。通过测试工作流程的介绍,掌握变压器零序阻抗测试前的准备工作和相关安全、技术措施、测试方法、技术要求及测试数据分析判断。

【正文】

一、测试目的及原理

电力系统不对称运行时将产生零序电压和零序电流,此时变压器产生的序阻抗称为零序阻抗。变压器零序阻抗决定于磁路形式、绕组的连接法、绕组相对位置、漏磁的通道。正序阻抗相同的、不同的变压器可有不同的零序阻抗,有些情况甚至可有非线性的零序阻抗。变压器的零序阻抗是电力系统进行短路电流计算和继电保护整定的重要参数,如果零序阻抗是按照经验数据选取或是根据变压器的额定数据进行计算,这样有时会产生很大的误差,有可能造成继电保护的误动而酿成重大事故。零序阻抗测试的目的就是为了得到变压器实际的零序阻抗值。

(一)变压器等值电路及参数

因零序磁通仍是工频交变分量,所以它在变压器一次、二次绕组中的电磁感应关系与正序、负序磁通是基本相同的,因而正序"T"型等值电路可适用于零序。变压器的等值电路表示一次、二次绕组间的电磁关系,不随流经电流的相序而变。因此,在不计绕组电阻和铁芯损耗时,变压器的正序、负序等值电路如图 ZY1800509006-1 所示。

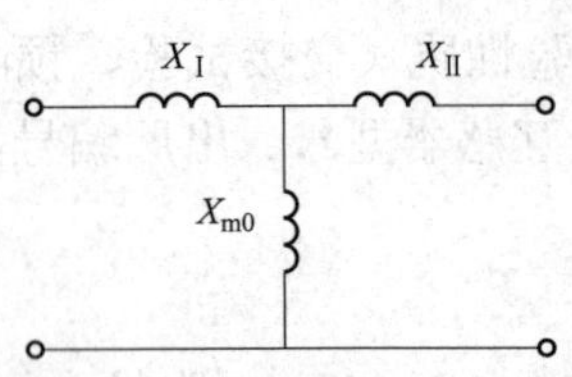

图 ZY1800509006-1 变压器正序、负序等值电路图

X_I—变压器一次侧漏抗;X_{II}—变压器二次侧漏抗;X_{m0}—变压器励磁电抗

变压器的漏抗反映一次、二次绕组间磁耦合的紧密情况，漏磁通路径与所通电流序别无关，变压器零序漏抗与正序漏抗相同。变压器的励磁电抗与变压器的铁芯结构密切相关，励磁电抗 X_{m0} 与主磁通路径有关，主磁通在铁芯中形成回路的磁阻很小，励磁电抗很大，一般视 X_{m0} 约等于∞。由于零序磁通是三相同相位的，所以零序时的励磁电抗 X_{m0} 与磁路系统有着密切关系。

（二）不同铁芯结构的零序励磁阻抗

1. 三相三柱式

对于采用三相三柱式铁芯的变压器，零序磁通不能在铁芯内形成闭合磁路，只能穿过充油空间（非导磁体），经过油箱壁，再经充油空间返回铁芯以形成闭合回路。由于铁芯与油箱壁之间空间距离较大，所以这个回路磁阻很大，此时的零序励磁阻抗较正序励磁阻抗小很多。由于箱壁都是铁磁材料制作，当零序磁通穿过油箱壁时，会在箱壁内感应涡流并引起损耗，这种损耗属于变压器附加损耗，涡流在箱壁内循环等效于一个三角形绕组内有零序电流循环的情况，这一现象称为箱壁的"△"作用，这种作用的存在影响到变压器零序励磁阻抗、零序短路阻抗以及整个零序阻抗的值。当变压器铁芯为三相三柱式结构时，会使得各绕组零序阻抗的值均较正序阻抗要小，且变压器容量愈大，这种差别也愈大，一般约为60%。

2. 三相五柱式、三相壳式、单相铁芯组成的三相组铁芯

零序磁通可在铁芯中形成回路，所以磁阻小，并联零序励磁阻抗很大，如零序磁通饱和，还会引起电流畸变。零序磁通感应的零序电压分量会使变压器正常运行时的中性点电压发生偏移。因此，对 Yyn 接法而言，不宜采用三相五柱式铁芯、三相壳式铁芯。单相铁芯组成的三相组铁芯也不能采用 Yyn 的接线组别。

对 YNd 接线组别而言，如在不对称运行时，高压与低压绕组内都可含有零序电流分量，两者可达到安匝平衡，所以零序磁通很小，零序阻抗为串联阻抗，其值等于 90%～100%的阻抗电压。铁芯结构不影响此零序阻抗值。

（三）不同接线组别零序阻抗值

变压器绕组的接线组别对零序电流的流通情况有很大的影响，从而将影响到零序阻抗值的大小。在中性点接地运行方式下的"YN"或"yn"接线的绕组中，零序电流经中性点而构成回路。在"Y"或"y"接线的绕组中，方向相同的零序电流无法流通，在等值电路中相当于开路。在"D"或"d"接线的绕组中，零序电流在绕组中是可以流通的，因为三相绕组形成一个短接的闭合回路，则没有零序电流输出。用等值电路表示时，变压器内部三角形绕组相当于短路，而从外部看进去则是开路的（即零序阻抗为无限大）。

二、测试仪器、设备的选择

（1）三相调压器应选择额定容量不小于 20kVA，输入电压为 380V，输出电压为 0～450V。

（2）电压表、电流表应选择 0.5 级、多量程。

（3）功率表应选择 0.5 级、低功率因数。

（4）测量用电流互感器应选择 0.2 级、多量程。

三、危险点分析及控制措施

1. 防止高处坠落

应使用变压器专用爬梯上下，在变压器上作业应系好安全带。对 220kV 及以上变压器，需解开高压套管引线时，宜使用高处作业车，严禁徒手攀爬变压器高压套管。

2. 防止高处落物伤人

高处作业应使用工具袋，上下传递物件应用绳索拴牢传递，严禁抛掷。

3. 防止工作人员触电

在拆、接试验接线前，应将被试设备对地充分放电，以防止剩余电荷、感应电压伤人及影响测量结果。测试前与检修负责人协调，不允许有交叉作业，试验接线应正确、牢固，试验人员应精力集中。

四、测试前的准备工作

1. 了解被试设备现场情况及试验条件

查勘现场，查阅相关技术资料，包括该设备历年试验数据及相关规程等，掌握该设备运行及缺陷

情况。

2. 测试仪器、设备准备

选择合适的三相调压器、电压表、电流表、功率表、频率表、测量用电流互感器、带剩余电流动作保护器的电源接线板、测试线、放电棒、接地线、万用表、温（湿）度计、三相电源线轴、安全带、安全帽、电工常用工具、试验临时安全遮栏、标示牌等，并查阅测试仪器、设备及绝缘工器具的检定证书有效期。

3. 办理工作票并做好试验现场安全和技术措施

向其余试验人员交代工作内容、带电部位、现场安全措施、现场作业危险点，明确人员分工及试验程序。

五、现场测试步骤及要求

（一）测试接线

零序阻抗的测试应在额定频率、额定分接下，在短接的 3 个线路端子（星形或曲折形接线绕组的线路端子）与中性点端子间进行测量。以每相欧姆数表示，零序阻抗计算式为

$$\left.\begin{aligned} Z_0 &= \frac{3U_0}{I_0} \\ R_0 &= \frac{P_0}{3\left(\frac{I_0}{3}\right)^2} = \frac{3P_0}{I_0^2} \\ X_0 &= \sqrt{Z_0^2 - R_0^2} \end{aligned}\right\} \qquad \text{(ZY1800509006-1)}$$

式中　Z_0、R_0、X_0——变压器每相零序阻抗、零序电阻和零序电抗，Ω；

U_0——测试电压，V；

I_0——测试电流，A；

P_0——零序损耗，W。

变压器中带中性点端子的星形连接绕组不止一个时，零序阻抗与连接方法有关，应按制造厂与用户协商的要求进行测试。

1. YNd 和 Dyn 接法的三相变压器

YNd 接法变压器零序阻抗测试接线如图 ZY1800509006-2 所示，测试时变压器三相短接后，与中性点施加单相电源，使三相铁芯获得零序磁通，从而得到零序阻抗。

YNd 和 Dyn 接法的变压器，在 YN 或 yn 侧有零序电流流过，因原副边有磁耦合，在“d”或“D”侧各相中感应出零序电势，而在“d”或“D”绕组中形成闭合的零序电流，二次绕组中的零序电势被零序电流在其漏阻抗上的压降所平衡。这种接法变压器测出的零序阻抗属于短路零序阻抗，是线性值，与试验电流大小无关。

2. Yyn 和 YNy 接法的三相变压器

YNy 接法变压器零序阻抗测试接线如图 ZY1800509006-3 所示，测试时变压器一侧开路，另一侧三相短接后，与中性点施加单相电源，从而得到零序阻抗。

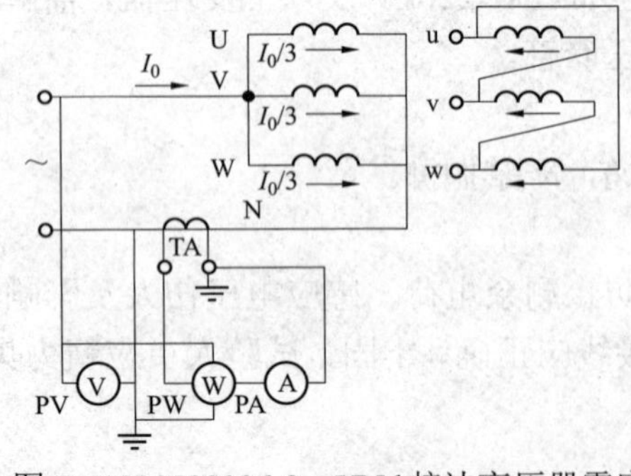

图 ZY1800509006-2　YNd 接法变压器零序阻抗测试接线图

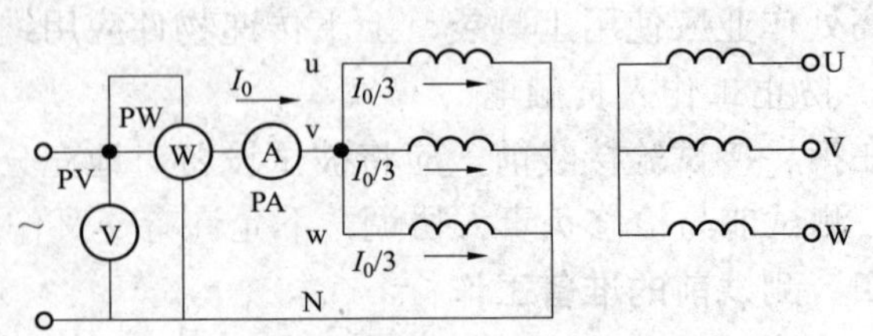

图 ZY1800509006-3　YNy 接法变压器零序阻抗测试接线图

对 Yyn 接法变压器，只有低压绕组中有零序电流，其零序等值电路中，一次侧开路，二次侧通过中性点构成回路。它的零序阻抗是空载零序阻抗，零序阻抗呈非线性，随施加电流的增大而减小。因此，需要测量一组的阻抗值，一般不少于 5 点，如 20%、40%、60%、80%、100%额定电流的零序阻抗值。

对 YNyn 接法变压器，从高压侧加压。加压侧流过零序电流，另一侧绕组中将感应出零序电势，此时所接负载也有接地中性点，则将有零序电流的通路，否则将没有零序电流的通路，相当于 YNy 连接。此类变压器有两种零序阻抗，即短路零序阻抗和空负荷零序阻抗。其中短路零序阻抗是线性的，与试验电流大小无关；空负荷零序阻抗是非线性的，与试验电流大小有关，至少需测量 5 点。试验应进行 2 次，一次低压开路，一次低压短路。空负荷零序阻抗测试接线如图 ZY1800509006-4（a）所示，短路零序阻抗测试接线如图 ZY1800509006-4（b）所示。

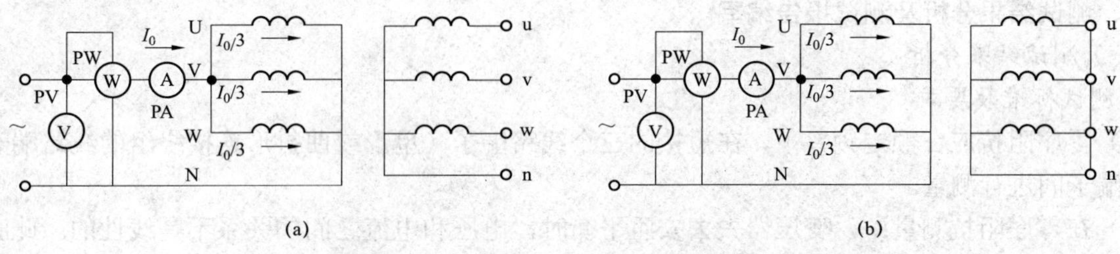

图 ZY1800509006-4 YNyn 接法变压器零序阻抗测试接线图

（a）空负荷零序阻抗测试接线；（b）短路零序阻抗测试接线

3. YNynd 接法的三绕组三相变压器和自耦型接法的变压器

对 YNynd 型或 YNa0dl1 自耦型接法的变压器，则需按表 ZY1800509006-1 的顺序做 4 次零序阻抗测量，先从高压侧加压测试 2 次，再从中压侧加压测试 2 次。

表 ZY1800509006-1 YNynd 型和自耦型接法变压器零序阻抗测试顺序

顺序	接线方式	测试端	开路端	短路端
1	YNa0d11（自耦型）	UVW–N	UmVmWmNm	—
2		UVW–N	—	UmVmWm–Nm
3		UmVmWm–Nm	UVWN	—
4		UmVmWm–Nm	—	UVW—N
1	YNynd 接法	UVW–N	UmVmWmNm	—
2		UVW–N	—	UmVmWmNm
3		UmVmWmNm	UVWN	—
4		UmVmWmNm	—	UVW–N

（二）测试步骤

（1）对变压器进行放电并接地，拆除变压器各侧套管引线，拉开中性点隔离开关，变压器各侧分接开关应放在额定分接位置，抄录变压器铭牌技术参数。

（2）根据变压器相应接线组别进行正确接线。

（3）检查接线、调压器零位和外壳接地情况，同时检查表计档位和测量用电流互感器倍率，拆除接地线。

（4）合上电源开关，调节调压器，读取电压、电流和功率损耗值，测试电流一般不超过额定电流。零序阻抗太大时，控制测试电流，使测试电压不超过相电压。对 Yyn 接线的变压器应测试 20%、40%、60%、80%、100%额定电流下的电压和功率损耗。读取测试数据后，降压，切断电源，对被试品使用放电棒放电并接地。

六、测试注意事项

（1）被试变压器外壳、铁芯均应接地。测试线及短接线截面要足够大并连接牢靠。

（2）当变压器带有辅助的三角形连接绕组时，试验电流应不使三角形连接绕组内的电流过大，并注意施加电流的时间。

（3）在零序阻抗测试中，在无三角形连接绕组的星形—星形连接的变压器中，施加的电压应不超过正常运行时的相电压，施加电流的时间及流经中性点的电流应予以限制，以避免金属结构件的温度过高。

（4）带有一个直接接地的中性点端子的自耦变压器，应看成是具有两个星形连接绕组的常规变压器。因而串联绕组与公共绕组一起构成一个测量电路，并且公共绕组又单独地构成另一个测量电路，试验电流应不超过低压侧与高压侧额定电流之差。

（5）测试时，变压器本体电流互感器二次侧不应开路，且应有接地点。

（6）零序阻抗应在变压器额定分接位置测试。

七、测试结果分析及测试报告编写

（一）测试结果分析

1. 测试标准及要求

（1）零序阻抗应在额定频率下，在短接的三个线路端子（星形或曲折形连接绕组的线路端子）与中性点端子间进行测量。

（2）在零序阻抗测量中，变压器失去安匝平衡时，电压和电流之间的关系不是线性的。此时，应用几个不同的电流值进行测量，以得到有用的数据。

（3）零序阻抗也可用与（正序）短路阻抗同样的方法表示为相对值。

2. 测试结果分析

（1）零序阻抗值取决于各绕组和导磁结构件的相对位置，不同绕组上的测量值可能有差异。零序阻抗还取决于变压器的接线组别和负荷，因而零序阻抗可有几个值，即使接线组别相同，铁芯结构不同，零序阻抗相差也比较大。

（2）在测试中应注意零序阻抗可随电流和温度变化，特别是在没有任何三角形连接绕组的变压器中。

（3）变压器的磁路，无论其结构如何，只要一侧为三角形连接，其他具有零序电路的端口所等效的零序阻抗，在允许的试验电流下，其值均为常数，与试验电流的大小无关。进一步分析，零序阻抗 Z_0 的大小与变压器磁路的关系是：3 个单相变压器组成的三相变压器组和三相五柱式铁芯变压器，由于漏磁很小，零序阻抗约等于变压器短路阻抗 $Z_0 \approx Z_k$；对普通芯式铁芯变压器，$Z_0 < Z_k$。此时测得的零序阻抗称之为“短路零序阻抗”。

（4）无三角形接线的变压器的零序阻抗由于非加压侧为开路，此时测得的零序阻抗称之为“开路零序阻抗”。测得的零序阻抗为加压侧一相的漏抗与零序励磁电抗之和，零序阻抗一般呈非线性。对不同磁路结构的变压器，试验所施加的电压有所不同，对组式和带旁轭的变压器，因零序电抗数值较大，测试电流较小，需逐渐加压。开始电压低，铁芯不饱和，所测零序阻抗较大。当铁芯开始饱和，并随测试电压的增加，饱和度加大时，零序阻抗逐渐减小。对芯式变压器，由于零序电抗较小，故在一定电压下测试电流较大，测试时可视电流值逐渐增加电压，直到额定电流为止，如此时电压距额定值较远，磁路也不饱和，则零序阻抗为一常数。

（二）测试报告编写

测试报告填写应包括测试时间、测试人员、天气情况、环境温度、湿度、使用地点、被试变压器参数、测试结果、测试结论、试验性质（交接试验、预防性试验、检查、施行状态检修的应填明例行试验或诊断试验）、兆欧表的型号、出厂编号，备注栏写明其他需要注意的内容，如是否拆除引线等。

八、案例

一台型号为 SFSZ₉–31500/110/10.5kV、接线组别为 YNd11 的变压器测试零序阻抗。测试数据：U_0=240V；I_0=17.45A；P_0=195W。画出测试接线，并求零序阻抗、零序电阻、零序电抗的值？

解：1. 测试接线

测试接线如图 ZY1800509006-5 所示。

2. 计算结果

零序阻抗：$Z_0=3U_0/I_0=3\times240/17.45=41.26$（Ω）

零序电阻：$R_0=3P_0/I_0^2=3\times195/17.45^2=1.92$（Ω）

零序电抗：$X_0=\sqrt{Z_0^2-R_0^2}=\sqrt{41.26^2-1.92^2}=41.22$（Ω）

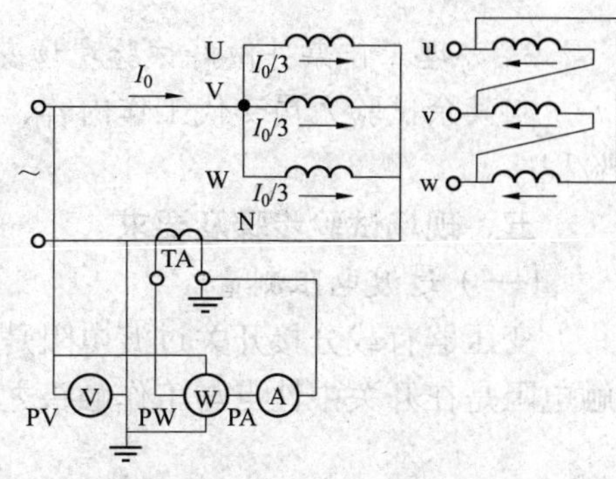

图 ZY1800509006-5　测试接线图

【思考与练习】

1. 为什么变压器要进行零序阻抗测试？影响零序阻抗的因素有哪些？

2. 零序电抗是如何计算的？零序阻抗约等于短路阻抗的变压器是什么结构？

3. 测试变压器零序阻抗时，测试电压应如何施加？应测量哪些量？

模块 7　变压器分接开关试验（ZY1800509007）

【模块描述】本模块介绍变压器分接开关试验的方法和技术要求。通过试验工作流程的介绍，掌握变压器分接开关试验前的准备工作和相关安全、技术措施、试验方法、技术要求及测试数据分析判断。

【正文】

一、试验目的

检查变压器有载分接开关的切换开关，切换程序、过渡时间、过渡波形、过渡电阻等是否正常，并和原始数据进行比较，可以发现变压器经过运输、安装后，开关内部有无变形、卡、螺栓松动现象，同时也可确定开关各部件所处位置是否正确等。而变压器在运行中检查有载分接开关，可以发现触点的烧损情况、触点动作是否灵活、切换时间有无变化、主弹簧是否疲劳变形、过渡电阻值是否发生变化等缺陷。

二、试验仪器、设备的选择

（1）测量有载分接开关接触电阻、过渡电阻应选用单、双臂电桥。

（2）测量有载分接开关过渡时间、过渡波形一般应选用“有载分接开关测试仪”。

三、危险点分析及控制措施

1. 防止高处坠落

应使用变压器专用爬梯上下，在变压器上作业应系好安全带。对 220kV 及以上变压器，需解开高压套管引线时，宜使用高处作业车，严禁徒手攀爬变压器高压套管。

2. 防止高处落物伤人

高处作业应使用工具袋，上下传递物件应用绳索拴牢传递，严禁抛掷。

3. 防止工作人员触电

拆、接试验接线前，应将变压器各绕组对地充分放电，以防止剩余电荷、感应电压伤人及影响测量结果。

4. 防止工作人员受到机械损伤

有载分接开关在连同变压器线圈一起测量，在传动有载分接开关前，通知相关人员离开有载分接开关传动部位。在对 M 型有载分接开关切换部分进行测量接触电阻以及单独对切换机构进行过渡时间、过渡波形测量时，用手动切换单、双数档，要采取防滑措施，以避免枪机机构损伤试验人员。

四、试验前的准备工作

1. 了解被试设备现场情况及试验条件

查勘现场，查阅相关技术资料，包括该设备出厂试验数据、历年试验数据及相关规程等，掌握该设备运行及缺陷情况。

2. 试验仪器、设备的准备

选择合适的测量变压器有载分接开关的测试仪、单、双臂电桥、温（湿）度计、接地线、放电棒、万用表、电源线（带剩余电流动作保护器）、电池、二次连接线、电工常用工具、试验临时安全遮栏、标示牌等，并查阅测试仪器、设备及绝缘工器具的检定证书有效期、相关技术资料、相关规程等。

3. 办理工作票并做好试验现场安全和技术措施

向其余试验人员交代工作内容、带电部位、现场安全措施、现场作业危险点，明确人员分工及试验程序。

五、现场试验步骤及要求

（一）过渡电阻测量

变压器有载分接开关过渡电阻是安装在有载分接开关切换部分的辅助触头与工作触头之间，而接触电阻是在开关中性点与工作触头之间，有载分接开关切换部分如图 ZY1800509007-1 所示。

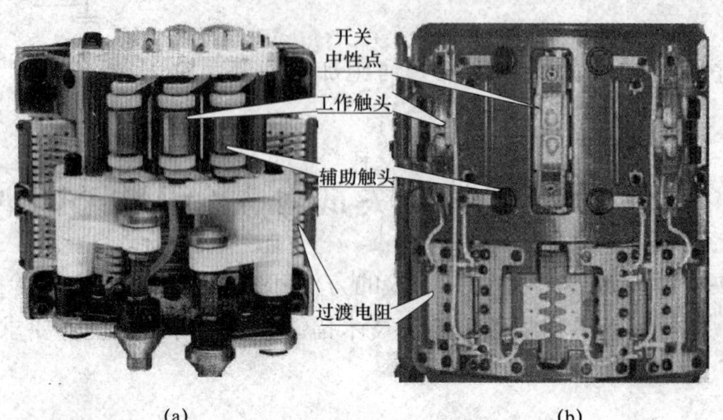

图 ZY1800509007-1　变压器有载分接开关切换部分示意图

（a）V 型开关切换部分；（b）M 型开关切换部分

1. 试验接线

用单臂电桥测量过渡电阻的试验接线，如图 ZY1800509007-2 所示。

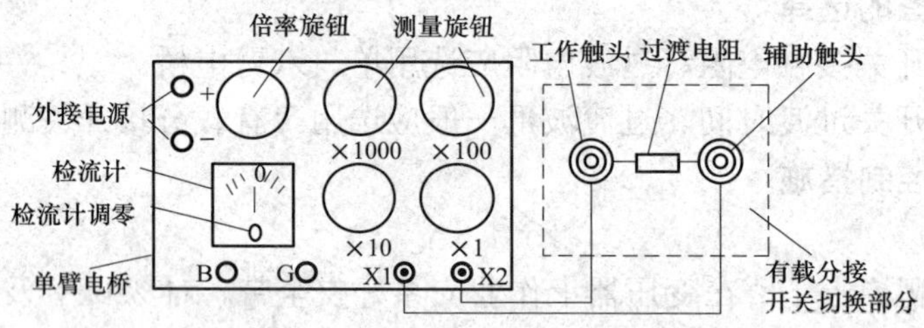

图 ZY1800509007-2　单臂电桥测量过渡电阻的试验接线图

2. 试验步骤

用测试线将电桥 X1、X2 端子与有载分接开关的辅助触头、工作触头相连。测量时按电桥《操作说明书》进行测量。而分接开关切换部分有 U、V、W 三相，且每相有单、双之分，因此测量过渡电阻应测量 6 次（$U_{单}$、$U_{双}$、$V_{单}$、$V_{双}$、$W_{单}$、$W_{双}$）才算完成。

（二）接触电阻测量

1. 试验接线

有载分接开关接触电阻只对 M 型开关切换部分进行测量（V 型不测）。测量部位是在开关中性点与工作触头之间，用双臂电桥测量接触电阻的试验接线如图 ZY1800509007-3 所示。

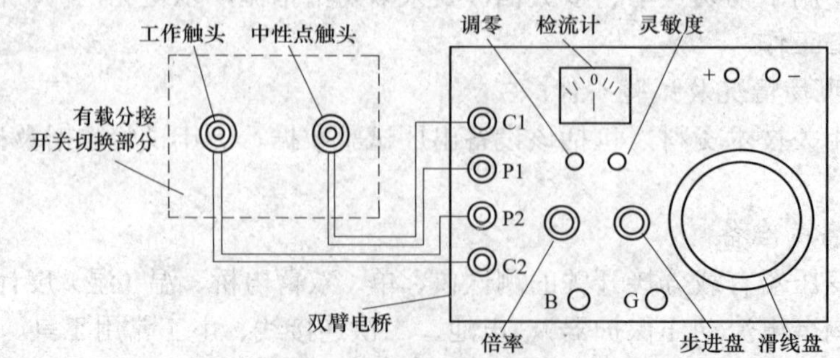

图 ZY1800509007-3　双臂电桥测量有载分接开关接触电阻的试验接线图

2. 试验步骤

用测试线将电桥 P1、C1、P2、C2 端子分别接于开关切换部分的开关中性点、工作触头上。按电桥《操作说明书》进行测量（U单、V单、W单或U双、V双、W双），测量完毕后，用专用工具（厂家配置）将分接开关切换到双数档或单数档，再次测量（U双、V双、W双或U单、V单、W单），共进行 6 次测量。

（三）过渡时间、过渡波形测量

对于 M 型分接开关测量过渡时间、过渡波形，可以在开关切换部分进行，也可以连同变压器绕组一起测量。而 V 型分接开关只能连同变压器绕组一起测量。

1. 在分接开关切换部分进行测量

（1）试验接线。

使用有载开关测试仪，将测试仪配置的测试线（夹）按颜色不同，分别接在 U、V、W 三相的单、双数档触头，共用线接在中性点触头，按图 ZY1800509007-4 进行接线，且接触良好、牢固。在分接开关切换动作时，线夹不应松动、脱落。

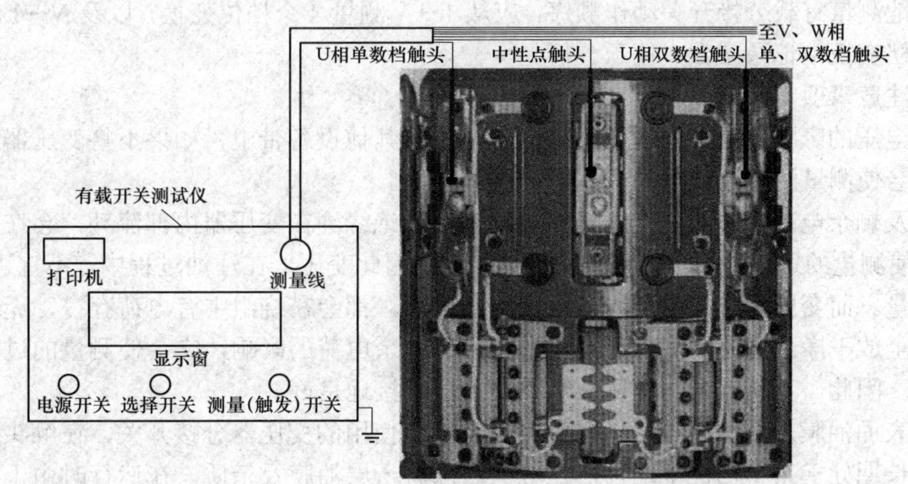

图 ZY1800509007-4　测量切换部分过渡时间、过渡波形的接线图

（2）试验步骤。

先打开测试仪电源开关，严格按测试仪《使用说明书》进行操作，待测试仪进入测量（待触发）状态下，用厂家配置的专用工具将分接开关切换到双数档或单数档，并记录下过渡波形。然后将测试仪进入测量（待触发）状态下，用专用工具将分接开关切换到单数档或双数档，并记录下过渡波形。通过 2 次切换动作分别测量出分接开关单→双、双→单的过渡波形及过渡时间。

2. 连同变压器绕组一起进行测量

（1）试验接线。

使用有载开关测试仪，将测试仪配置的测试线（夹）按不同颜色两两一起，分别接于变压器高压侧 U、V、W 三相的套管上，共用线接在变压器中性点套管上，变压器中压侧、低压侧短路接地，按图 ZY1800509007-5 进行接线，且接触良好、牢固。在有载开关动作时，线夹不应松动、脱落。

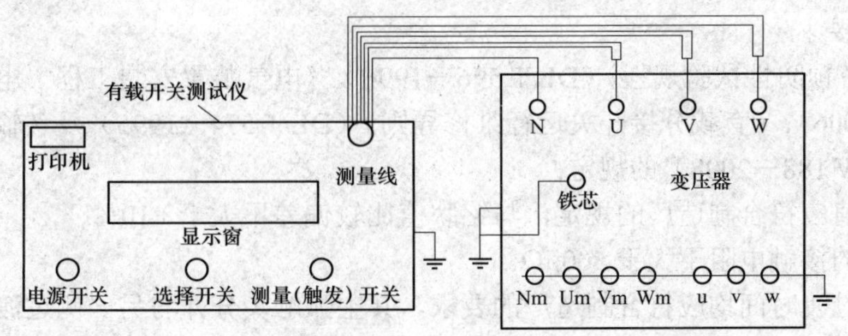

图 ZY1800509007-5　连同变压器绕组一起测量过渡时间、过渡波形的接线图

（2）试验步骤。

先打开测试仪电源开关，严格按测试仪《使用说明书》进行操作，待测试仪进入测量（待触发）状态下，电动或手动操作有载分接开关机构箱进行档位变换，并记录下过渡波形。然后将测试仪进入测量（待触发）状态下，操作有载分接开关机构箱进行档位变换，并记录下过渡波形。通过 2 次操作分别测量出有载分接开关的单→双、双→单的过渡波形及过渡时间。

（四）有载分接开关动作顺序测量

将有载分接开关机构箱的操作电源退出，将“摇手柄”插入机构箱中的手动插孔。慢慢地转动“摇手柄”，进行档位变换，在此过程中试验人员应集中精力，静听有载分接开关选择器动作时发出的声音（选择器分开），同时记录此时“摇手柄”转动的圈数。继续转动“摇手柄”，静听有载分接开关选择器动作时发出的声音（选择器合上），同时记录此时“摇手柄”转动的圈数。继续转动“摇手柄”，会听到一声清脆的声音（切换开关动作），同时记录此时“摇手柄”转动的圈数。继续转动“摇手柄”，观察机构箱中计数盘上窗口显示，直到“绿色”（最好是“红线”）出现，则完成档位变换（到位），并记录“摇手柄”转动的圈数。

为了准确地测量有载分接开关动作顺序，应从 1→N 测量 4 个档位变换，以及 N→1 测量 4 个档位变换，并在每档变换中记录圈数，便于分析。

六、试验注意事项

（1）感应电压的影响。运行中的变电站由于母线及其他设备带电，如果不将变压器高压侧引线解开，感应电压会使测量的过渡波形失真，影响测量结果。

（2）静电及剩余电荷的影响。变压器在注油时由于绝缘油在变压器内部流动，会在绕组上产生静电感应，它会使测量的过渡波形失真，影响测量结果，因此变压器在注油过程中，不宜进行过渡时间、过渡波形的测量。而变压器在停电后或其他试验结束后，都会在绕组中有电荷存在，无论怎样放电，其电荷不能完全放干净，而此时测量过渡波形，由于剩余电荷的影响，它会使测量的过渡波形失真，影响测量结果。因此，变压器非测量侧应短路接地，且接地良好。

（3）触头表面油膜及杂质对接触电阻的影响。未经使用的变压器分接开关，在触头表面有一层油膜，或变压器长期处于某一档位下运行，在触头表面有一层油膜及杂质，在运行时由于电压、电流的作用会击穿，因而在正常时不影响分接开关的使用。但是，在试验时所施加的电压、电流很低，不足以将其击穿，因此在测量前，应将分接开关进行切换，不低于一个循环，以保证每对触头的接触电阻不大于 500μΩ及在变压器直流电阻测量中，不发生单数档侧或双数档侧直流电阻增大。

（4）过渡电阻测量应包含整个回路，这样可以检查电阻与连线及触头之间有无螺栓松动、脱落等现象。

（5）采用双臂电桥测量有载分接开关接触电阻时，其连接导线一般应为同长度、同型号、同截面的导线。其电流线 C1、C2 截面不小于 2.5mm^2，电压线 P1、P2 截面不小于 1.5mm^2，且被测电阻与电桥连接导线电阻不大于 0.01Ω。在测量中，不能长时间将“G”按钮按住进行测量。

（6）在测量有载分接开关动作顺序时，必须将电操机构的控制电源退出。在记录圈数时不考虑电机“空转”的圈数。

七、试验结果分析及试验报告编写

（一）试验结果分析

1. 试验标准及要求

根据《电力设备预防性试验规程》（DL/T 596—1996）、《电气装置安装工程　电气设备交接试验标准》（GB 50150—2006）、《有载分接开关运行维修导则》（DL/T 574—1995）及《输变电设备状态检修试验规程》（Q/GDW 188—2008）的规定：

（1）过渡电阻值应符合制造厂的规定，与铭牌值比较偏差不大于 ±10%。

（2）每对触头的接触电阻不大于 500μΩ。

（3）分接开关过渡时间均应符合制造厂的要求，其主弧触头分开与另一侧过渡弧触头闭合的时间不得小于 10ms，三相同步的偏差、切换时间的值及正反向切换时间的偏差均与制造厂的技术要求相符。

在过渡波形上，其曲线应平滑、无开路现象。

（4）测量有载开关动作顺序、转换选择器（极性开关）、切换开关或选择器（开关）触头的全部动作顺序，应符合产品技术要求。

2. 试验结果分析

（1）对过渡波形、过渡时间可用图 ZY1800509007-6 进行分析。

从图 ZY1800509007-6 中不难看出，切换开关在切换的一瞬间，共有①～⑤个步骤、三段时间，分别为 t_1、t_2、t_3，其判断标准 t_1 不小于 10ms，t_2、t_3 与制造厂的技术标准要求相符，而切换时间（t）是 t_1、t_2、t_3 之和，其三相同步的偏差，与制造厂的技术标准要求相符。过渡波形要求曲线平滑，无开路现象。如有开路，表明切换开关在切换的过程中，触头之间接触不良，有“弹跳”现象，过渡电阻断裂，过渡电阻与触头之间连接有断裂或开关内部有变形，卡涩、螺栓松动等现象。

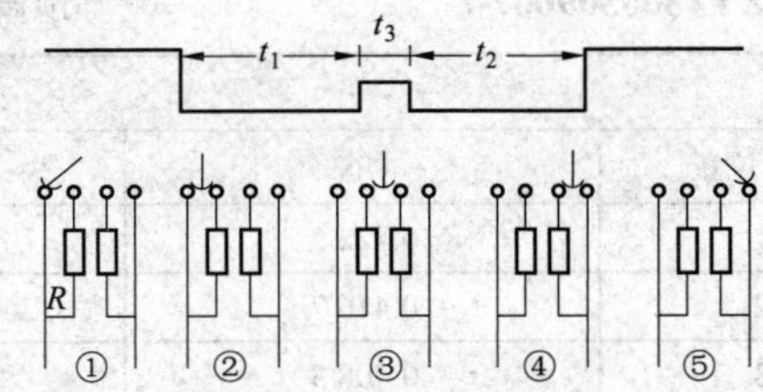

图 ZY1800509007-6　切换过程中过渡波形、过渡时间示意图

R—过渡电阻；t_1—切换开关从主触头移动到过渡触头所需的时间。此时过渡电阻投入 R；t_3—切换开关从过渡触头移动到下一个过渡触头所需的时间。此时过渡电阻投入 $\frac{1}{2}R$；t_2—切换开关从下一个过渡触头移动到下一个主触头所需的时间。此时过渡电阻投入 R

（2）以 M 型开关为例，按测量动作顺序记录的圈数，对分接开关动作顺序进行分析，如表 ZY1800509007-1 所示。

表 ZY1800509007-1　动作顺序记录的圈数

方向＼圈数	档　位	选择器分开	选择器合上	切换开关动作	完成档位变换
1→N	2→3	11.5	23	28	33
	3→4	11	23.5	27.5	33
	4→5	11.5	23	28	33
	5→6	11	23.5	27.5	33
N→1	6→5	11.5	23	28	33
	5→4	11	23.5	27.5	33
	4→3	11.5	23	28	33
	3→2	11	23.5	27.5	33

从表 ZY1800509007-1 中可以看出，当 1→N 时，双数挡→单数挡、单数挡→双数挡分接开关动作的圈数基本相同。N→1 同样，且符合产品技术要求。而在同一档位正、反方向下进行动作，圈数应基本相等（见表 ZY1800509007-1 中的 3→4、4→3）。若不相等，则要进行调整。

举例说明：3→4 档变换时，切换开关动作圈数为 31 圈，4→3 挡变换时，切换开关动作圈数为 25.5 圈，其校正圈数＝（31−25.5）/2=2.75≈3 圈。校正操作如下：

1）松开机构箱与有载开关之间的传动轴。

2）将“摇手柄”向 1→N 方向转动 3 圈。

3）连接机构箱与有载开关之间的传动轴。

4）转动“摇手柄”测量 3→4 挡变换时，切换开关动作圈数应为 28 圈，4→3 挡变换时，切换开关动作圈数为 27.5 圈。

（二）试验报告编写

试验报告填写应包括试验时间、天气情况、环境温度、变压器的运行编号、有载开关型号参数及试验状态（带线圈、不带线圈）、试验人员、试验数据、试验结论，并注明试验用仪器的型号等。

在试验报告中要写明接触电阻（注明单、双数）、过渡电阻（注明单、双数）、过渡时间（注明 t_1、

t_2、t_3及t)、计算出三相同步的偏差，并将过渡波形附在报告中。

八、案例

有一台额定电压为110kV、额定容量为40 000kVA的有载调压变压器（CMIII–500Y），在预防性试验中测得高压直流电阻值见表ZY1800509007-2。

表ZY1800509007-2　　预试中测得高压直流电阻值

高压绕组（Ω）				
分接位置	UN	VN	WN	相间不平衡度（%）
1	0.422 5	0.423 4	0.420 7	0.64
2	0.416 7	0.416 0	0.423 1	1.70
3	0.408 3	0.409 0	0.407 6	0.34
4	0.401 9	0.402 6	0.410 7	2.17
5	0.394 8	0.395 7	0.394 1	0.41
6	0.389 3	0.389 9	0.397 8	2.17
7	0.381 5	0.382 5	0.381 0	0.39
8	0.377 8	0.378 6	0.386 5	2.28
9a	0.366 0	0.367 8	0.365 3	
9b	0.366 7	0.367 4	0.374 4	2.08
9c	0.367 4	0.368 1	0.366 2	
10	0.378 1	0.379 1	0.387 6	2.49
11	0.383 7	0.383 8	0.381 7	0.55
12	0.390 8	0.393 6	0.401 2	2.63
13	0.396 0	0.396 4	0.394 7	0.43
14	0.403 0	0.404 0	0.411 4	2.07
15	0.410 3	0.410 3	0.408 2	0.51
16	0.417 7	0.421 0	0.429 7	1.36
17	0.423 9	0.424 4	0.421 6	0.66

从表ZY1800509007-2可以看出，高压侧W相直流电阻有异常，其直流电阻2挡大于1挡，4挡大于3挡，6挡大于5挡，而W相不正常档位的直流电阻与U、V相比较，都相差0.01Ω左右，其值为一个固定值，并且W相不正常档位都出现在双数挡，有载调压开关是M型，因此根据分析得出，缺陷在有载分接开关的切换部分，且在双数挡主触头接触电阻增大。

把切换部分进行吊检，测量其W相双数挡，主触头接触电阻为9880μΩ，远远大于500μΩ的标准，将主触头打磨、清洗、重新测量，其主触头接触电阻为217μΩ，合格。再连同变压器绕组一起测量直流电阻合格。

【思考与练习】

1. 如何分析测出的有载分接开关过渡波形图？
2. M型有载分接开关的测试项目有哪些？其标准是什么？

模块8　变压器绕组变形测试（ZY1800509008）

【模块描述】本模块介绍变压器绕组变形测试方法及技术要求。通过测试工作流程的介绍，熟悉变压器绕组变形测试原理，掌握变压器绕组变形测试前的准备工作和相关安全、技术措施、测试方法、技术要求。

【正文】

一、测试目的

电力变压器绕组变形是指在电动力和机械力的作用下，绕组的尺寸或形状发生不可逆的变化。它包括轴向和径向尺寸的变化、器身位移、绕组扭曲、鼓包和匝间短路等。绕组变形是电力系统安全运行的一大隐患。近几年来，随着电力系统容量的增长，短路容量也在增大，出口短路后造成绕组损坏事故的数量也有上升趋势。

频响法由绕组一端对地注入扫描信号源，测量绕组两端口特性参数的频域函数。通过分析端口参数的频域图谱特性，判断绕组的结构特征，从而实现诊断绕组变形情况的目的。

二、测试仪器、设备的选择

绕组变形测试仪：其设计参数（匹配阻抗，频率范围）必须完全符合《电力变压器绕组变形的频率响应分析法》（DL/T 911—2004）规定要求，采样点数应在600点以上，有一定抗感应电压能力，配套软件应有曲线相关系数计算分析功能。

三、危险点分析及控制措施

1. 防止高处坠落

使用变压器专用爬梯上下，在变压器上作业应系好安全带。对220kV及以上变压器，解开高压套管引线时，应使用高处作业车，严禁徒手攀爬变压器高压套管。

2. 防止高处落物伤人

高处作业应使用工具袋，上下传递物件应用绳索拴牢传递，严禁抛掷。

3. 防止工作人员触电

在拆、接试验接线前，应将被试设备对地充分放电；在充、放电过程中，严禁人员触及变压器套管金属部分；测量引线要连接牢固，试验仪器的金属外壳应可靠接地。

四、测试前的准备工作

1. 了解被试设备现场情况及试验条件

查勘现场，查阅相关技术资料，包括该设备出厂试验数据、历年试验数据及相关规程等，掌握该设备运行及缺陷情况。

2. 测试仪器、设备准备

选择绕组变形测试仪及配套试验接线、笔记本电脑（安装有绕组变形测试仪配套软件、曲线相关系数计算软件并拷贝有被试变压器绕组变形历史数据存档）、温湿度计、接地线、电源线（带剩余电流动作保护器）、安全带、安全帽、电工常用工具、试验临时安全遮拦、标示牌等，并查阅测试仪器、设备及绝缘工器具的检定证书有效期、相关技术资料、相关规程等。

3. 办理工作票并做好试验现场安全和技术措施

向其余试验人员交代工作内容、带电部位、现场安全措施、现场作业危险点，明确人员分工及试验程序。

五、现场测试步骤及要求

1. 测试接线

测量变压器绕组变形试验接线如图ZY1800509008-1所示。在不同的频率下，输入一定的电压时，可以取得其响应电流值。在图ZY1800509008-1中频响分析仪输出电压为30mV～3V，其频率可在选定范围内变化（10Hz～1MHz），此电压加到绕组中性点或线端上，在其他线端连接测量线，把信号（即

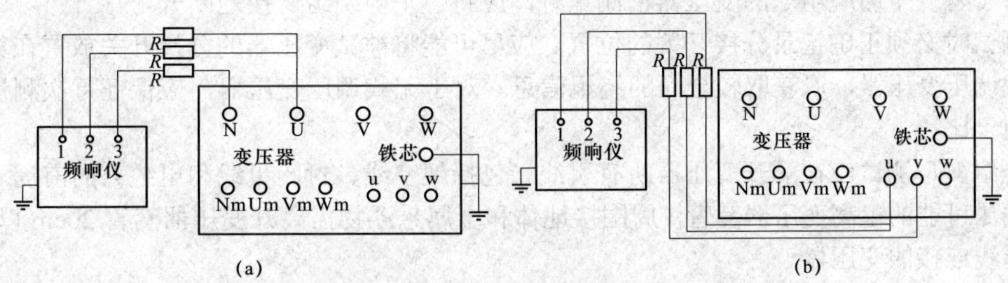

图ZY1800509008-1　测量变压器绕组变形试验接线图

（a）绕组为Yn试验接线；（b）绕组为Y或D试验接线

1—扫频输出；2、3—响应输入；R—匹配电阻

模块8 ZY1800509008

响应）送回频响分析仪，并在记录仪上以频率为横坐标，以响应为纵坐标绘出频响曲线。当变压器制造完成后，其绕组内部结构便已确定，其分布参数 L、C 也已确定，频响曲线也已确定。当变压器绕组发生变形或位移时，则 L、C 将发生变化，其频响特性也变化。比较正常的和变形后的曲线的重合程度，就可知道其变形情况。

2. 测试步骤

（1）断开变压器有载分接开关、风冷电源，退出变压器本体保护等，将变压器各绕组接地充分放电，拆除或断开对外的一切连线。

（2）在笔记本电脑中建立本次测试数据存档路径并录入各种测量信息。

建立测量数据的存放路径应能够清晰反映被试变压器的安装位置、运行编号、测试日期等信息，以便于查找，防止数据丢失。建立测试数据库，录入试验性质，变压器档位，铭牌信息，环境温、湿度，试验日期，试验人员等基本信息。

（3）对变压器的不同绕组，按表 ZY1800509008-1 进行测量，按测试仪器要求搭接试验接线，对变压器每一相绕组进行测量。

表 ZY1800509008-1　　变压器绕组变形测试接线方式

变压器线圈接线方式	频响分析仪		变压器其他绕组
	输　入　端	输　出　端	
Y 或 D	U V W	V W U	开路
Yn	U V W	N N N	开路
单相变压器	U V W	X Y Z	开路

（4）测试完毕后将所测得的数据全部进行保存，以便对该变压器进行分析。

六、测试注意事项

（1）应保证测量阻抗的接线钳与套管线夹紧密接触。如果套管线夹上有导电膏或锈迹，必须使用砂布或干燥的棉布擦拭干净。各相的搭接位置应相同。在测试时，必须具有一套相对固定的测试方法。

（2）测试时应确认周边无大型用电设备干扰试验电源，测试地点周边若有电视、手机、广播发射基站也可能会严重影响测量结果。

（3）变压器铁芯必须与外壳可靠接地。测试仪外壳、测量阻抗外壳必须与变压器外壳可靠接地。

（4）测试时要注意信号源位置的影响，“U”端输入，“N”端输出和“N”端输入，“U”端输出的曲线是不同的。

（5）对于有“平衡绕组”的变压器在测量时，应将“平衡绕组”接地断开。

（6）测试时必须正确记录分接开关的位置。应尽可能将被试变压器的分接开关放置在第 1 分接，特别对有载调压变压器，以获取较全面的绕组信息。对于无载调压变压器，应保证每次测量在同一分接位置，便于比较。

（7）绕组变形测试应在解开变压器所有引线（包括架空线、封闭母线和电缆）的前提下进行，并使这些引线尽可能的远离变压器套管（周围接地体和金属悬浮物需离开变压器套管 20cm 以上），尤其是与封闭母线连接的变压器。

（8）测试仪的“接地”没有连接正确前，请不要开始绕组变形测试。

（9）绕组变形测试应放在“直流类”试验之前或“交流类”试验之后进行。

（10）试验中如变压器三相频响特性不一致，应检查设备后重测，直至同一相 2 次试验结果一致。

【思考与练习】

1. 对无中性点三相变压器采用频响法测量时，如何接线？

2. 采用频响法测量时的注意事项有哪些？

模块 9　变压器绕组变形测试的分析判断（ZY1800509009）

【模块描述】本模块介绍变压器绕组变形测试结果分析、判断及报告编写。通过案例介绍，掌握变压器绕组变形测试结果分析、判断及报告编写。

【正文】

一、测试结果分析及测试报告编写

（一）测试结果分析

根据《电力变压器绕组变形的频率响应分析法》（DL/T 911—2004）及《输变电设备状态检修试验规程》（Q/GDW 188—2008）的规定，可以用以下方式进行分析判断变压器绕组变形。

典型正常的变压器绕组幅频响应特性曲线如图 ZY1800509009-1 所示，通常包含多个明显的波峰和波谷，幅频响应特性曲线中的波峰或波谷分布位置及分布数量的变化，是分析变压器绕组变形的重要依据。

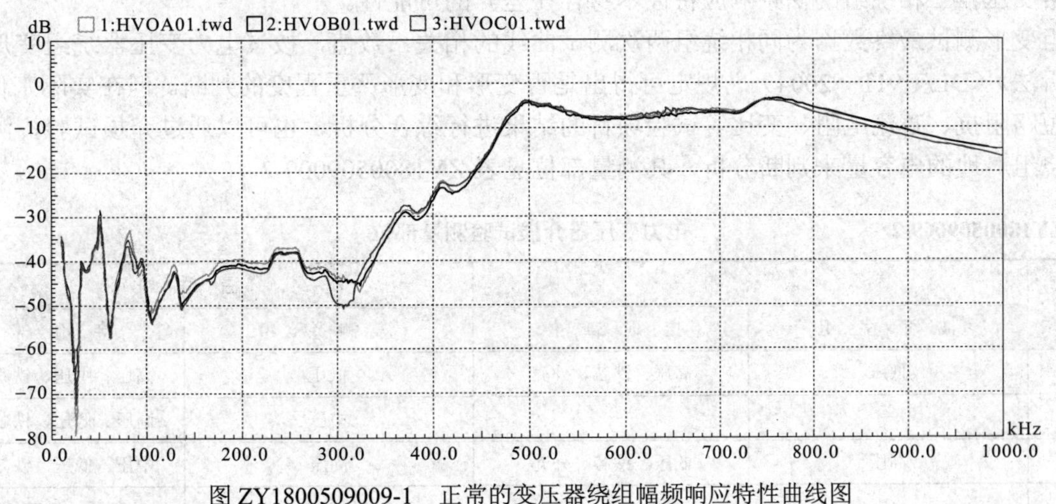

图 ZY1800509009-1　正常的变压器绕组幅频响应特性曲线图

根据图 ZY1800509009-1 中的幅频响应特性曲线可分为低频段（1～100kHz）、中频段（100～600kHz）、高频段（600～1000kHz）三段幅频响应特性曲线。其中：

（1）幅频响应特性曲线低频段（1～100kHz）的波峰或波谷位置发生明显变化，通常预示着绕组的电感改变，可能存在匝间或饼间短路的情况。频率较低时，绕组的对地电容及饼间电容所形成的容抗较大，而感抗较小，如果绕组的电感发生变化，会导致其频响特性曲线低频部分的波峰或波谷位置发生明显移动。对于绝大多数变压器，其三相绕组低频段的响应特性曲线应非常相似，如果存在差异则应及时查明原因。

（2）幅频响应特性曲线中频段（100～600kHz）的波峰或波谷位置发生明显变化，通常预示着绕组发生扭曲和鼓包等局部变形现象。在该频率范围内的幅频响应特性曲线具有较多的波峰和波谷，能够灵敏地反映出绕组分布电感、电容的变化。

（3）幅频响应特性曲线高频段（>600kHz）的波峰或波谷位置发生明显变化，通常预示着绕组的对地电容改变，可能存在线圈整体移位或引线位移等情况。频率较高时，绕组的感抗较大，容抗较小，由于绕组的饼间电容远大于对地电容，波峰和波谷分布位置主要以对地电容的影响为主。

根据测得的幅频响应特性曲线，可以采用以下方式进行分析判断。

（1）用频率响应分析法：主要是对绕组的幅频响应特性进行纵向或横向比较，并综合考虑变压器遭受短路冲击的情况、变压器结构、电气试验及油中溶解气体分析等因素。根据相关系数的大小，较直观地反映出变压器绕组幅频响应特性的变化，通常可作为判断变压器绕组变形的辅助手段。用相关系数 R 辅助判断变压器绕组变形的方法见表 ZY1800509009-1。

表 ZY1800509009-1 相关系数 R 与变压器绕组变形程度的关系

绕组变形程度	相关系数 R	绕组变形程度	相关系数 R
严重变形	$R_{LF}<0.6$	轻度变形	$2.0>R_{LF}\geq1.0$ 或 $0.6\leq R_{MF}<1.0$
明显变形	$1.0>R_{LF}\geq0.6$ 或 $R_{MF}<0.6$	正常绕组	$R_{LF}\geq2.0$ 和 $R_{MF}\geq1.0$ 和 $R_{HF}\geq0.6$

注 R_{LF} 为曲线在低频段（1kHz～100kHz）内的相关系数；R_{MF} 为曲线在中频段（100kHz～600kHz）内的相关系数；R_{HF} 为曲线在高频段（600kHz～1000kHz）内的相关系数。

（2）纵向比较法：是指对同一台变压器、同一绕组、同一分接开关位置、不同时期的幅频响应特性进行比较，根据幅频响应特性的变化判断变压器的绕组变形。该方法具有较高的检测灵敏度和判断准确性，但需要预先获得变压器原始的幅频响应特性，并应排除因检测条件及检测方式变化所造成的影响。

（3）横向比较法：是指对变压器同一电压等级的三相绕组幅频响应特性进行比较，必要时借鉴同一制造厂在同一时期制造的同型号变压器的幅频响应特性，来判断变压器绕组是否变形。该方法不需要变压器原始的幅频响应特性，现场应用较为方便，但应排除变压器的三相绕组发生相似程度的变形或者正常变压器三相绕组的幅频响应特性本身存在差异的可能性。

绕组变形测试最终数据为同相绕组两次测试曲线的相关系数值，按《电力变压器绕组变形的频率响应分析法》（DL/T 911—2004）之规定可得出是否变形和变形严重程度的判断。但在实际工作中，还应结合短路阻抗、直流电阻、变比等试验项目的结果进行综合分析，也可以通过介损试验，测量变压器各侧绕组对地的电容量来判断分析，其测量部位见表 ZY1800509009-2。

表 ZY1800509009-2 电力变压器介损试验测量部位

序号	双绕组		三绕组	
	被测绕组	接地部位	被测绕组	接地部位
1	低压	高压、铁芯、外壳	低压	高压、中压、铁芯、外壳
2	—	—	中压	高压、低压、铁芯、外壳
3	高压	低压、铁芯、外壳	高压	中压、低压、铁芯、外壳
4	—	—	高压、中压	低压、铁芯、外壳
5	高压、低压	铁芯、外壳	高压、低压	中压、铁芯、外壳
6	—	—	中压、低压	高压、铁芯、外壳
7	—	—	高压、中压、低压	铁芯、外壳

通过以上测量变压器各部位的电容量，建立方程求出变压器各侧绕组对地的电容量，与初始值比较，有无明显变化，并根据绕组变形测试结果，结合其他试验来判断变压器内部有无变形。

绕组变形测试结果不能作为判断变压器是否受损唯一依据。变压器绕组变形测试结果判断的关键是拥有绕组结构正常时的频响曲线或相同结构变压器的频响曲线，三相频响曲线间相互比较是一种权宜之计，它具有一定的局限性。因此，在变压器新投前必须测量绕组变形，为以后该变压器故障分析时提高可靠的依据。

（二）测试报告编写

绕组变形测试报告应分为以下两类：

（1）初次测量，测试曲线用于存档：试验报告应有变压器各相测试曲线图、变压器铭牌、测试时变压器档位、温度、湿度、试验人员、试验日期等，还应注明“本次测试数据用于存档”字样，若测试过程中有某些无法改变的特殊情况也应在备注栏中写明。

（2）非初次测量：试验报告应有变压器各相本次及上一次的测试曲线图、两次测量曲线的相关系数值、试验结论、变压器铭牌、测试时变压器档位、温度、湿度、试验人员、试验日期和特殊情况的说明。

二、案例

某110kV变电站一台变压器型号为SFSZ9–4000/110，额定电压为110±8×1.25%/35±2×2.5%/10.5kV，阻抗电压为U_{k12}=10.03%、U_{k23}=6.51%、U_{k13}=17.72%。变压器在运行时（高压在5档，中压在4档），由于该地区普降雷暴雨，使变压器35kV侧保护动作，变压器轻、重瓦斯保护动作。对该变压器35kV侧3档、4档进行绕组变形测试。测试结果如下：

35kV侧3档幅频响应特性曲线如图ZY1800509009-2所示。35kV侧4档幅频响应特性曲线如图ZY1800509009-3所示。

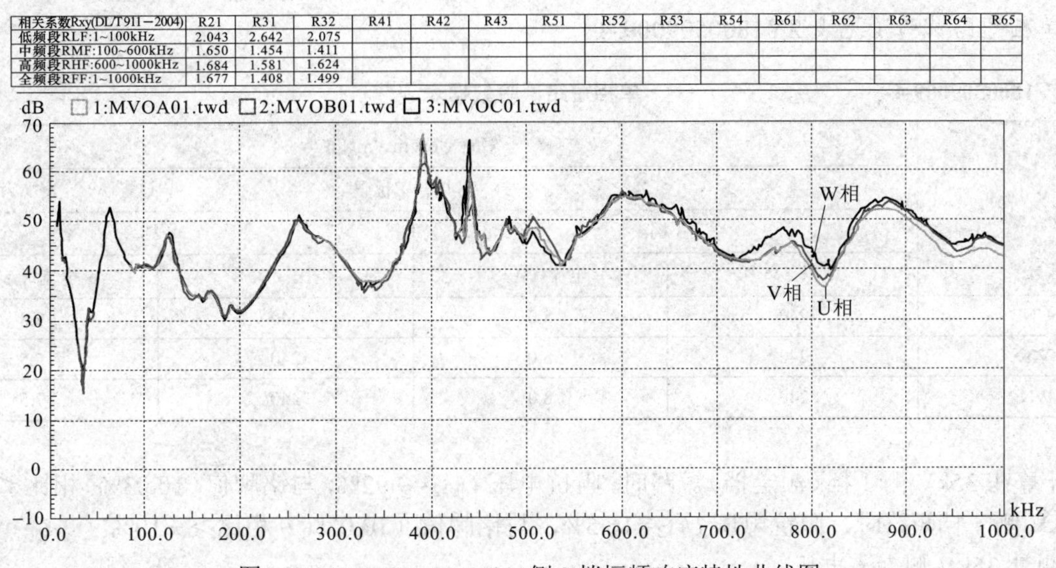

相关系数Rxy(DL/T911－2004)	R21	R31	R32	R41	R42	R43	R51	R52	R53	R54	R61	R62	R63	R64	R65
低频段RLF:1~100kHz	2.043	2.642	2.075												
中频段RMF:100~600kHz	1.650	1.454	1.411												
高频段RHF:600~1000kHz	1.684	1.581	1.624												
全频段RFF:1~1000kHz	1.677	1.408	1.499												

图ZY1800509009-2　35kV侧3档幅频响应特性曲线图

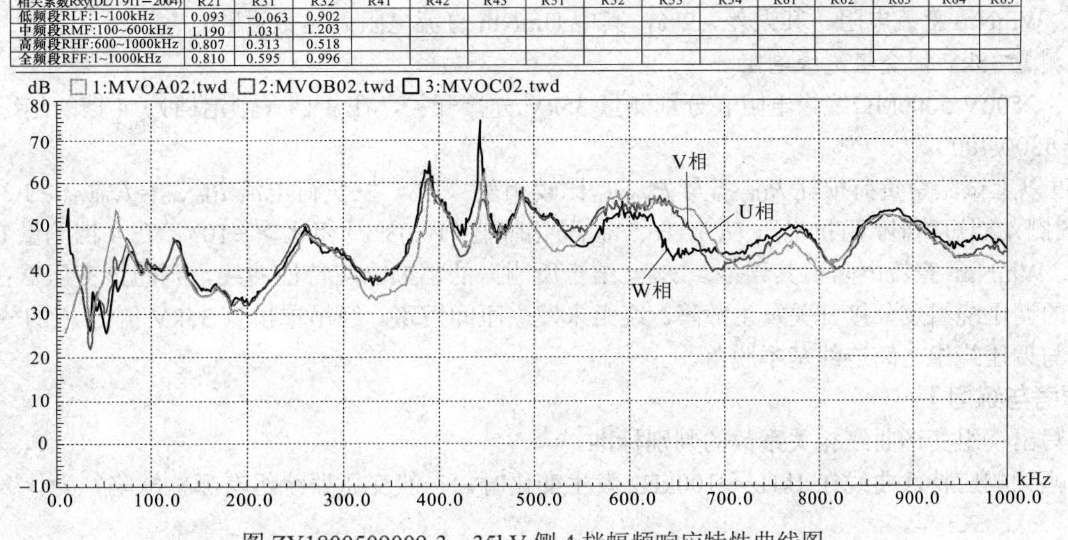

相关系数Rxy(DL/T911－2004)	R21	R31	R32	R41	R42	R43	R51	R52	R53	R54	R61	R62	R63	R64	R65
低频段RLF:1~100kHz	0.093	−0.063	0.902												
中频段RMF:100~600kHz	1.190	1.031	1.203												
高频段RHF:600~1000kHz	0.807	0.313	0.518												
全频段RFF:1~1000kHz	0.810	0.595	0.996												

图ZY1800509009-3　35kV侧4档幅频响应特性曲线图

由于新安装测得幅频响应特性曲线使用的仪器与本次测量使用仪器的匹配阻抗不同，因此两次的图谱不能比较判断，以本次的图谱用频率响应分析法，通过对图ZY1800509009-2和图ZY1800509009-3进行分析。

在图ZY1800509009-2中，其相关系数R均符合表ZY1800509009-1中所列规定。

在图ZY1800509009-3中，其低频段（1kHz～100kHz）的U相与V、W相波峰或波谷位置发生明显变化，相关系数R_{LF}<0.6。中频段（100kHz～600kHz）的波峰或波谷位置发生较为明显变化，相关系数2.0>R_{LF}≈1.0。

因此该变压器在35kV侧U相发生严重变形，为了进一步诊断确定故障，对其进行下列试验。

1. 单相空负荷试验（见表ZY1800509009-3）

表 ZY1800509009-3 单相空负荷试验数据表

加压	短路	电压（kV）	电流（mA）	损耗（W）
UmVm	UmNm	10	160	1380
VmWm	WmNm	10	165	1390
WmUm	VmNm	10	235	2000

空负荷损耗 P_{UmVm} 与 P_{VmWm} 比较相差＜3%；空负荷电流 $I_{UmVm}≈I_{VmWm}>1.3I_{WmUm}$。

2. 单相短路试验（见表ZY1800509009-4）

表 ZY1800509009-4 单相短路试验数据表

加压	短路 UmVmWmNm			
	分接开关位置			
	3档		4档	
	电压（V）	电流（A）	电压（V）	电流（A）
UN	240	8.0	240	2.8
VN	240	8.0	240	7.5
WN	240	8.0	240	7.5

经计算在35kV侧3挡（额定挡）短路时，阻抗电压 U_{k12}=9.92%，与铭牌值（10.03%）相比＜±10%。而在35kV侧4挡短路时，阻抗电压 U_{k12}=16.5%，与铭牌值（10.03%）相比＞±10%。

3. 测量35kV侧直流电阻

在三挡（额定挡）测量UmNm、VmNm、WmNm直流电阻，其误差＜2%。在四档测量UmNm、VmNm、WmNm直流电阻，其误差＞2%，其中UmNm直流电阻高达数百欧。

4. 测量35kV侧绕组绝缘电阻

使用2500V/5000MΩ绝缘电阻表分别测量35kV分接开关，在3档（额定档）、4档的绝缘电阻，R_{60}/R_{15}=5300/4000。

通过以上试验空负荷损耗 P_{UmVm} 与 P_{VmWm} 比较相差＜3%，空负荷电流 $I_{UmVm}≈I_{VmWm}>1.3I_{WmUm}$。在35kV侧4档短路时，阻抗电压 U_{k12}=16.5%，与铭牌值（10.03%）相比＞±10%。在4档测量UmNm、VmNm、WmNm直流电阻，其误差＞2%。结合所测得的幅频响应特性曲线，判断该变压器在35kV侧U相的调压绕组及分接开关发生故障。绕组未发生匝间短路。经吊罩检查35kV侧U相的分接开关（4档）与调压绕组之间连线基本脱落。

【思考与练习】

1. 写出绕组变形曲线相关系数的判别标准。
2. 幅频响应特性曲线在1kHz～100kHz发生变化时，一般变压器绕组有哪些缺陷？为什么？

第二十四章　互感器试验

模块 1　互感器的励磁特性试验（ZY1800510001）

【模块描述】本模块介绍电压互感器和电流互感器励磁曲线试验方法和技术要求。通过试验工作流程的介绍，掌握电压互感器和电流互感器励磁曲线试验前的准备工作和相关安全、技术措施、试验方法、技术要求及测试数据分析判断。

【正文】

一、试验目的

互感器励磁特性试验的目的主要是检查互感器铁芯质量，通过磁化曲线的饱和程度判断互感器有无匝间短路，通过电压互感器励磁特性曲线试验，根据铁芯励磁特性合理选择配置互感器，避免电压互感器产生铁磁谐振过电压。电流互感器励磁特性试验同时还是误差试验的补充和辅助试验，通过试验，可以检验电流互感器的仪表保安系数、准确限值系数及复合误差。

二、试验仪器、设备的选择

（1）单相调压器应选择容量不小于 2kVA。

（2）试验变压器应选择容量不小于 2kVA、输出电压不大于 2kV。

（3）电压表应选择 0.5 级、多量程的 0～300V 的方均根值表。

（4）电流表应选择 0.5 级、多量程的 0～10A 的方均根值表。

三、危险点分析及控制措施

1. 防止高处坠落

在互感器上作业应系好安全带，对 220kV 及以上互感器，需解开引线时，宜使用高处作业车，严禁徒手攀爬互感器套管。

2. 防止高处落物伤人

高处作业应使用工具袋，上下传递物件应用绳索拴牢传递，严禁抛掷。

3. 防止工作人员触电

拆、接试验接线前，应将被试设备对地充分放电，以防止剩余电荷、感应电压伤人及影响测量结果。测试前与检修负责人协调，不允许有交叉作业，试验接线应正确、牢固，试验人员应精力集中。试验设备外壳应可靠接地。

4. 防止试验过程中互感器损伤

电压互感器非试验绕组末端应接地，电流互感器二次非试验绕组应短路接地。

5. 防止电流互感器二次开路、电压互感器二次短路

拆除二次引线时做好标记，试验后应恢复二次接线并认真检查。

四、试验前的准备工作

1. 了解被试设备现场情况及试验条件

查勘现场，查阅相关技术资料，包括该设备历年试验数据及相关规程等，掌握该设备运行及缺陷情况。

2. 试验仪器、设备准备

选择合适的单相调压器、电压表、电流表、试验变压器、带剩余电流动作保护器的电源接线板、温（湿）度计、测试线、放电棒、接地线、安全带、安全帽、电工常用工具、试验临时安全遮栏、标示牌等，并查阅试验仪器、设备及绝缘工器具的检定证书有效期。

3. 办理工作票并做好试验现场安全和技术措施

向其余试验人员交代工作内容、带电部位、现场安全措施、现场作业危险点，明确人员分工及试验程序。

五、现场试验步骤及要求

（一）电流互感器励磁曲线试验

1. 试验接线

电流互感器励磁特性试验原理接线如图 ZY1800510001-1 所示。在试验时，一次绕组应开路，铁芯及外壳接地，从保护绕组施加试验电压，非试验绕组应在开路状态。

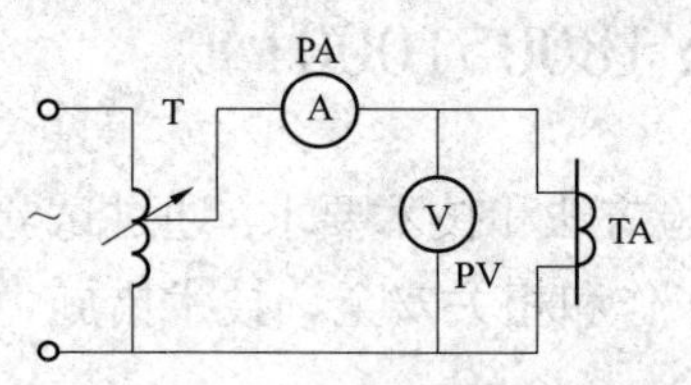

图 ZY1800510001-1　电流互感器励磁特性试验原理接线图

T—调压器；PV—电压表；PA—电流表；TA—电流互感器

2. 试验步骤

对电流互感器进行放电，拆除电流互感器二次引线，一次绕组处于开路状态，铁芯及外壳接地，按图 ZY1800510001-1 进行接线。选择合适的电压表、电流表档位，检查接线无误后提醒监护人注意监护。合上电源开关，调节调压器缓慢升压，当电流升至互感器二次额定电流的 50%时，将调压器均匀地降为零。

参考出厂试验数据或选取几个电流点，将调压器缓慢升压，以电流的倍数为准，读取相应的各点电压值，观察电压与电流的变化趋势，当电流按规律增长而电压变化不大时，可认为铁芯饱和，在拐点附近读取并记录至少 5～6 组数据。读取数据后，缓慢降下电压，切不可突然拉闸造成铁芯剩磁过大，影响互感器保护性能。电压降至零位后，再切断电源。

当有多个保护绕组时，每个绕组均应进行励磁曲线试验，试验步骤同上。

（二）电压互感器励磁特性和励磁曲线试验

1. 试验接线

电压互感器进行励磁特性和励磁曲线试验时，一次绕组、二次绕组及辅助绕组均开路，非加压绕组尾端接地，特别是分级绝缘电压互感器一次绕组尾端更应注意接地，铁芯及外壳接地，二次绕组加压。其试验原理接线如图 ZY1800510001-2 所示。

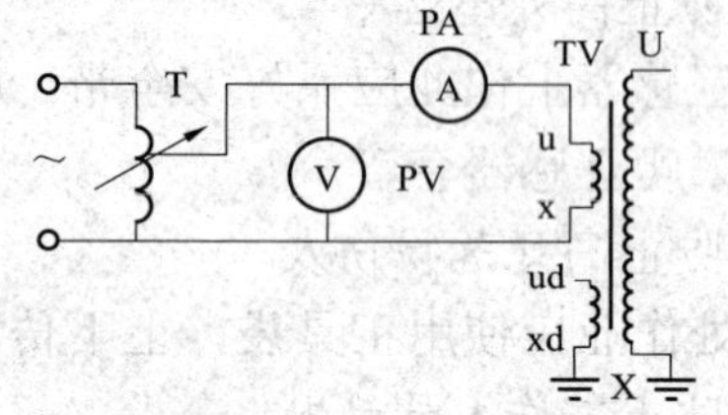

图 ZY1800510001-2　电压互感器励磁特性试验原理接线图

T—调压器；PV—电压表；PA—电流表；TV—电压互感器

2. 试验步骤

对电压互感器进行放电，并将高压侧尾端接地，拆除电压互感器一次、二次所有接线。加压的二次绕组开路，非加压绕组尾端、铁芯及外壳接地，按图 ZY1800510001-2 接线。试验前应根据电压互感器最大容量计算出最大允许电流。

电压互感器进行励磁特性试验时，检查加压的二次绕组尾端不应接地，检查接线无误后提醒监护人注意监护。

合上电源开关，调节调压器缓慢升压，可按相关标准的要求施加试验电压，并读取各点试验电压的电流。读取电流后立即降压，电压降至零位后切断电源，将被试品放电接地。注意在任何试验电压下电流均不能超过最大允许电流。

六、试验注意事项

（1）如表计的选择档位不合适需要换档位时，应缓慢降下电压，切断电源再换档，以免剩磁影响试验结果。

（2）电流互感器励磁曲线试验电压不能超过 2kV，电流一般不大于 10A，或以制造厂技术条件为准。

（3）互感器励磁特性试验测试仪表应采用方均根值表。

（4）电压互感器感应耐压试验前后的励磁特性如有较大变化，应查明原因。

（5）铁芯带间隙的零序电流互感器应在安装完毕后进行励磁曲线试验。

七、试验结果分析及试验报告编写

（一）试验结果分析

1. 试验标准及要求

（1）电气设备交接试验标准规定：当继电保护对电流互感器的励磁特性有要求时应进行励磁特性曲线试验，一般对测量绕组的励磁特性不作要求。因此在新设备交接试验中一般不对测量绕组的励磁特性进行试验，当检查测量绕组保安系数时，有时也进行励磁特性曲线试验。当电流互感器为多抽头时，可在使用抽头或最大抽头测量。测量后核对是否符合产品要求。

（2）现场检测具有暂态特性要求的 T 级电流互感器，因对检测人员和设备要求较高的缘故暂不宜推广。PR 级和 PX 级的用量相对较少，有要求时应按规定进行试验。

（3）电磁式电压互感器的励磁曲线测量，应符合下列要求：

1）用于励磁曲线测量的仪表为方均根值表，若发生测量结果与出厂试验报告和型式试验报告有较大出入（＞30%）时，应核对使用的仪表种类是否正确。

2）一般情况下，励磁曲线测量点为额定电压的 20%、50%、80%、100%和 120%。对于中性点直接接地的电压互感器（X 端接地），电压等级 35kV 及以下电压等级的电压互感器最高测量点为 190%，电压等级 66kV 及以上的电压互感器最高测量点为 150%。

3）对于额定电压测量点（100%），励磁电流不宜大于其出厂试验报告和型式试验报告的测量值的 30%，同批次、同型号、同规格电压互感器此点的励磁电流不宜相差 30%。

（4）在状态检修试验时，参照《输变电设备状态检修试验规程》（Q/GDW 188—2008）。

2. 试验结果分析

（1）电流互感器励磁曲线试验结果分析。

电流互感器励磁曲线试验结果不应与出厂试验值有明显变化。互感器励磁特性曲线试验的目的主要是检查互感器铁芯质量，通过磁化曲线的饱和程度判断互感器有无匝间短路，励磁特性曲线能灵敏地反映互感器铁芯、绕组等状况，如图 ZY1800510001-3 所示。

如试验数据与原始数据相比变化较明显，首先检查测试仪表是否为方均根值表、准确等级是否满足要求，另外应考虑铁芯剩磁的影响。在大电流下切断电源、运行中二次开路、通过短路故障电流以及使用直流电源的各种试验，均可导致铁芯产生剩磁，因此在有必要的情况下应对互感器铁芯进行退磁，以减少试验和运行中的误差。

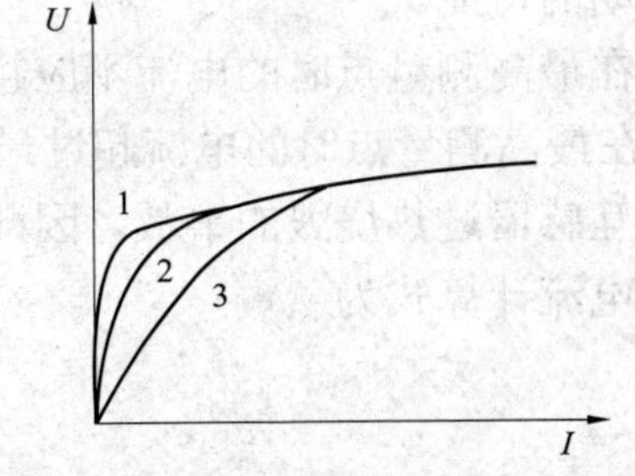

图 ZY1800510001-3　电流互感器励磁曲线图

1—正常曲线；2—短路 1 匝；3—短路 2 匝

电流互感器励磁曲线试验的另外一个重要作用可以检验 10%误差曲线，通过励磁曲线及二次电阻可以初步判断电流互感器本身的特征参数是否符合铭牌标志给出值。规程规定电流互感器励磁曲线测量后应核对是否符合产品要求，励磁曲线法如下：

P 级绕组的 U–I（励磁）曲线应根据电流互感器铭牌参数确定施加电压，二次电阻可用二次直流电阻 r_2 替代，漏抗 x_2 可估算，电压与电流的测量用方均根值仪表。

x_2 估算值见表 ZY1800510001-1。

表 ZY1800510001-1　x_2 估算值

电流互感器额定电压	独立结构			GIS 及套管结构
	≤35kV	66～110kV	220～500kV	
x_2 估算值	0.1	0.15	0.2	

首先计算二次负荷阻抗，即

$$Z_L = \frac{S_{2n}}{I_{2n}} \div I_{2n} \times \cos\varphi \qquad (ZY1800510001\text{-}1)$$

式中　Z_L——二次负荷阻抗，Ω；

S_{2n}——二次额定负荷，VA；

I_{2n}——二次额定电流，A；

$\cos\varphi$——功率因数。

根据二次直流电阻测试值 r_2 和估算的二次漏抗值 x_2 计算二次阻抗 Z_2，即

$$Z_2 = r_2 + jx_2 \qquad (ZY1800510001\text{-}2)$$

根据互感器铭牌标称准确限值系数 ALF、二次额定电流、二次负荷阻抗及二次阻抗，计算二次绕组感应电动势，即

$$E|_{ALFI} = ALF \times I_{2n}|Z_2 + Z_L| \qquad (ZY1800510001\text{-}3)$$

式中　$E|_{ALFI}$——电流互感器二次绕组感应电动势，V；

ALF——标称准确限值系数；

I_{2n}、Z_2、Z_L 含义同上。

对准确级为 10P 级的电流互感器，以计算的二次感应电动势为励磁电压测量的励磁电流 I_0 应满足式（ZY1800510001-4）的要求，即

$$I_0 \leqslant 0.1 \times ALF \times I_{2e} \qquad (ZY1800510001\text{-}4)$$

如励磁电流 I_0 满足式（ZY1800510001-4）的要求，则可以判断该绕组准确限值系数合格，说明在额定一次准确限值电流下的复合误差满足该互感器标称准确级。

（2）电压互感器励磁特性和励磁曲线试验结果分析。

电压互感器与电流互感器不同，同一电压等级、同型号、同规格的电压互感器没有那么多的变比、级次组合及负荷的配置，其励磁曲线（包括绕组直流电阻）与出厂检测结果不应有较大分散性，否则就说明所使用的材料、工艺甚至设计和制造发生了较大变动以及互感器在运输、安装、运行中发生故障。如果励磁电流偏差太大，特别是成倍偏大，就要考虑有无匝间绝缘损坏、铁芯片间短路或者是铁芯松动的可能。

在最高测量点时的电流不应超过最大允许电流。实际生产中发现一些产品，特别是早期的一些产品，在最高测量点时的电流超过最大允许电流，在故障时互感器铁芯过饱和，易产生铁磁谐振过电压，发生互感器过热烧毁的事故。因此，应保证互感器在最高测量点时的电流不超过最大允许电流，最大允许电流计算式为

$$I_{max} = \frac{S_{max}}{U_{2n}} \qquad (ZY1800510001\text{-}5)$$

式中　I_{max}——最大允许电流，A；

S_{max}——互感器最大容量，VA；

U_{2n}——互感器二次额定电压，V。

如互感器铭牌或技术资料无最大容量，一般可按额定容量的 5 倍计算。

（二）试验报告编写

试验报告填写应包括被试设备运行编号、试验时间、试验人员、天气情况、环境温度、湿度、使用地点、被试设备的参数、运行编号、试验结果、试验结论、试验性质（交接试验、预防性试验、检查、施行状态检修的应填明例行试验或诊断试验）、试验设备的型号、出厂编号，备注栏写明其他需要注意的内容，如是否拆除引线等。

八、案例

一台电流互感器额定电压 220kV，被检绕组变比 1000/5A，二次额定负荷 50VA，$\cos\varphi=0.8$，保护绕组准确级为 10P，准确限值系数 ALF 为 20，即 10P20，保护绕组直流电阻 0.1Ω，估算漏抗 0.2Ω，如何用励磁曲线法检查该电流互感器是否满足准确限值系数要求？

额定二次负荷阻抗为

$$Z_L = \frac{S_{2n}}{I_{2n}} \div I_{2n} \times \cos\varphi = \frac{50}{5} \div 5 \times (0.8 + j0.6) = 1.6 + j1.2\ (\Omega)$$

二次阻抗为

$$Z_2 = r_2 + \mathrm{j}x_2 = 0.1 + \mathrm{j}0.2\ (\Omega)$$

20 倍额定电流情况下绕组感应电动势为

$$E|_{\mathrm{ALFI}} = ALF \times I_{2\mathrm{n}}|Z_2 + Z_\mathrm{L}|$$
$$= 20 \times 5|Z_2 + Z_\mathrm{L}| = 100|1.7 + \mathrm{j}1.4| = 100\sqrt{1.7^2 + 1.4^2} = 220\ (\mathrm{V})$$

此互感器的标称准确级 10P，在额定准确限值一次电流下的复合误差为 10%，标称准确限值系数为 20，二次额定电流 5A，励磁电流 I_0 应小于

$$I_0 < 0.1 \times ALF \times I_{2\mathrm{n}} = 0.1 \times 20 \times 5 = 10\ (\mathrm{A})$$

该互感器 20 倍额定电流情况下绕组感应电动势为 220V，在此感应电动势下，励磁电流 I_0 小于 10A 时能满足准确限值系数要求。

【思考与练习】

1. 为什么互感器要进行励磁特性试验？电流互感器励磁特性试验时应在互感器哪个绕组进行测试？

2. 电流互感器励磁曲线测量后核对是否符合产品要求的目的是什么？

3. 电压互感器最大允许电流是如何计算的？

模块 2　互感器直流电阻的测试（ZY1800510002）

【模块描述】本模块介绍互感器直流电阻的测试方法和技术要求。通过测试工作流程的介绍，掌握互感器直流电阻测试前的准备工作和相关安全、技术措施、测试方法、技术要求及测试数据分析判断。

【正文】

一、测试目的

测量互感器一次、二次绕组的直流电阻是为了检查电气设备回路的完整性，以便及时发现因制造、运输、安装或运行中由于振动和机械应力等原因所造成的导线断裂、接头开焊、接触不良、匝间短路等缺陷。

二、测试仪器、设备的选择

（1）测量电流互感器一次绕组直流电阻在大修或交接及预试时，采用回路电阻测试仪其测试电流不小于 100A。

（2）测量串级式电压互感器一次绕组直流电阻，在大修或交接及预试时，宜采用单臂电桥。

（3）测量电流、电压互感器二次绕组直流电阻在大修或交接及预试时，采用双臂电桥。

三、危险点分析及控制措施

1. 防止高处坠落

试验人员在拆、接互感器一次引线时，必须系好安全带。使用梯子时，必须有人扶持或绑牢。在解开 220kV 及以上互感器一次引线时，宜使用高处作业车，严禁徒手攀爬互感器。

2. 防止高处落物伤人

高处作业应使用工具袋，上下传递物件应用绳索拴牢传递，严禁抛掷。

3. 防止人员触电

拆、接试验接线前，应将被试互感器对地充分放电，以防止剩余电荷、感应电压伤人及影响测量结果。

四、测试前的准备工作

1. 了解被试设备现场情况及试验条件

查勘现场，查阅相关技术资料，包括该设备出厂试验数据、历年试验数据及相关规程等，掌握该设备运行及缺陷情况。

2. 测试仪器、设备准备

选择合适的单、双臂电桥及回路电阻测试仪、温（湿）度计、电流表、电压表、测试线、放电棒、接地线、安全带、安全帽、电工常用工具、试验临时安全遮栏、标示牌等，并查阅测试仪器、设备及绝缘工器具的检定证书有效期。

3. 办理工作票并做好试验现场安全和技术措施

向其余试验人员交代工作内容、带电部位、现场安全措施、现场作业危险点，明确人员分工及试验程序。

五、现场测试步骤及要求

将被试品各绕组接地放电，放电时应用绝缘工具进行，不得用手碰触放电导线，并检查测试仪器是否正常，然后根据被试品的测试项目分别进行接线和测试。

（一）测量电流互感器一次绕组直流电阻

1. 电流电压表法

电流电压表法是在被测电流互感器一次绕组上通以直流电流，测量两端电压和通过的电流，然后利用欧姆定律计算出被测直流电阻值的一种间接测量方法。

图 ZY1800510002-1 电流电压表法测量电流互感器一次绕组直流电阻的接线图

（1）测试接线。

电流电压表法测量电流互感器一次绕组直流电阻的接线，如图 ZY1800510002-1 所示。

（2）测试步骤。

测量时，应先合电源开关 S1、电压表开关 S2，调整电阻 R 使被测电阻 R_x 上的电压 U_x 最大，待测量电流 I_x 稳定后，同时读取电压、电流值。测量完毕后，先断开电压表开关 S2，再断开电源开关 S1，并记录被试品的温度。

（3）测试数据整理及计算。

用式（ZY1800510002-1）计算出被测电阻 R_x 的值，即

$$R_x = \frac{U_x}{I_x} \qquad (ZY1800510002\text{-}1)$$

式中 R_x——被测绕组电阻，Ω；

I_x——电流表测量的电流，A；

U_x——电压表测量的电压，V。

2. 回路电阻测试仪法

（1）测试接线。

以 110kV 电流互感器为例，用回路电阻测试仪测量电流互感器一次绕组直流电阻的接线如图 ZY1800510002-2 所示。

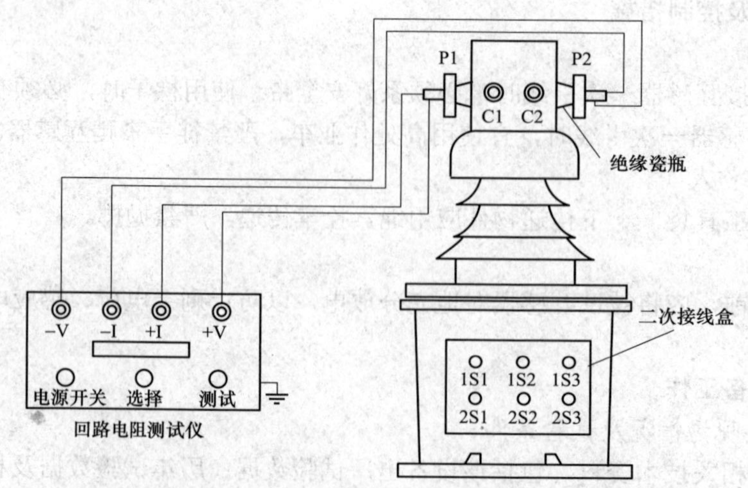

图 ZY1800510002-2 用回路电阻测试仪测量电流互感器一次绕组直流电阻的接线图

（2）测试步骤。

将电流互感器一次绕组 P2、P1 分别接至“回路电阻测试仪”的 –V、–I、+I、+V，二次绕组短路。选择“测试电流”不得小于 100A，按仪器《使用说明书》进行测量，记录数据，并记录被试品的温度。

（二）测量串级式电压互感器一次绕组直流电阻

（1）测试接线。

用单臂电桥测量串级式电压互感器一次绕组直流电阻的接线，如图 ZY1800510002-3 所示。

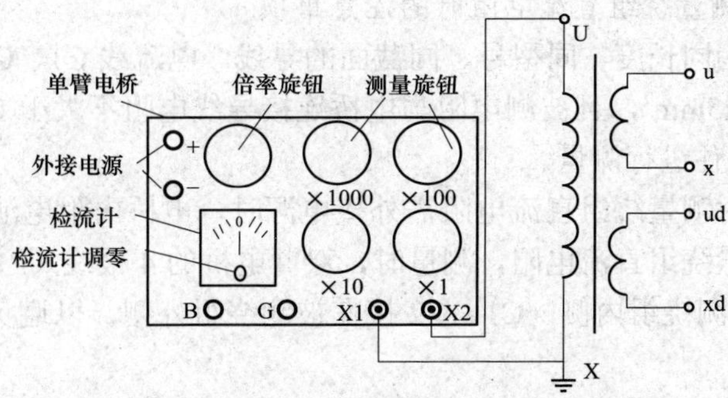

图 ZY1800510002-3　单臂电桥测量串级式电压互感器一次绕组直流电阻的接线图

（2）测试步骤。

按图 ZY1800510002-3 进行接线，用测量线将电桥 X1、X2 端子分别与电压互感器一次绕组 U、X 端子相连，二次绕组开路。按电桥《操作说明书》进行测量，记录数据，并记录被试品的温度。

（三）测量电流、电压互感器二次绕组直流电阻

1. 测试接线

用双臂电桥测量电流、电压互感器二次绕组直流电阻的接线，如图 ZY1800510002-4 所示。

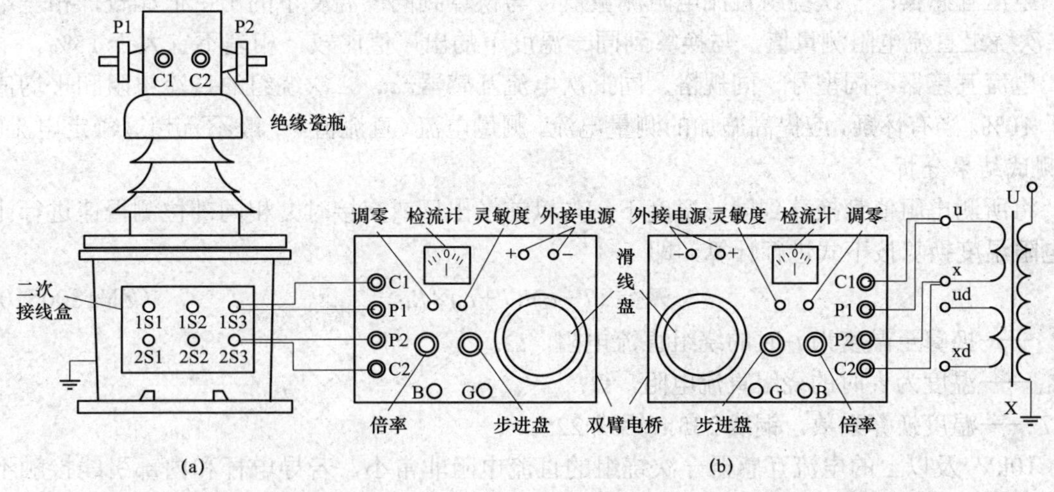

图 ZY1800510002-4　双臂电桥测量电流、电压互感器二次绕组直流电阻的接线图

（a）电流互感器；（b）电压互感器

2. 测试步骤

用测量线将双臂电桥 P1、C1、P2、C2 端子与被测互感器的二次绕组相连，非被测绕组开路。按双臂电桥《操作说明书》进行测量，记录数据。变更试验接线，分别测量其他二次绕组的直流电阻。并记录被试品的温度。

六、测试注意事项

1. 采用电流电压表法测量时的注意事项

（1）一般选用 0.5 级以上的仪表，且量程选择应尽量满足指针指示在满刻度的 2/3 以上位置。在

接线时，应注意仪表的接线柱正、负极。

（2）使用的直流电源应电压稳定、容量充足，以防止由于电流波动产生自感电动势而影响测量的准确性。

（3）如被测绕组电感很大，则在改变测量电流时，须将电压表的测量回路断开，以免电压表因受自感电动势的冲击而被损坏。

（4）试验电流不得大于被测电阻额定电流的20%，且通电时间不宜过长，以减小被测电阻因发热而产生较大误差。

2. 采用单、双臂电桥测量绕组直流电阻时的注意事项

（1）连接导线一般应为同长度、同型号、同截面的导线。电流线C1、C2截面不小于2.5mm²，电压线P1、P2截面不小于1.5mm²，且被测电阻与电桥连接导线电阻不大于0.01Ω。在测量中，不能长时间将电桥的"G"按钮按住进行测量。

（2）采用单、双臂电桥测量绕组直流电阻需外接电源时，电桥内附电池必须取出。

（3）采用双臂电桥测量绕组直流电阻，测量时，双臂电桥的4根线（P1、C1、P2、C2）应分别连接，测试线P1、P2接在被测绕组内侧，C1、C2接在被测绕组外侧，以避免将C1、C2与绕组连接处的接触电阻测量在内。

（4）在测量过程中，不能随意切断电源及断开接在试品两端的测量连接线。

（5）温度对直流电阻影响很大，应准确记录被试绕组的温度。测量必须在绕组温度稳定的情况下进行，测量时应做好记录。

七、测试结果分析及测试报告编写

（一）测试结果分析

1. 测试标准及要求

根据《电力设备预防性试验规程》（DL/T 596—1996）、《电气装置安装工程 电气设备交接试验标准》（GB 50150—2006）及《输变电设备状态检修试验规程》（Q/GDW 188—2008）的规定：

（1）电压互感器：一次绕组直流电阻测量值，与换算到同一温度下的出厂值比较，相差不宜大于10%。二次绕组直流电阻测量值，与换算到同一温度下的出厂值比较，相差不宜大于15%。

（2）电流互感器：同型号、同规格、同批次电流互感器一、二次绕组的直流电阻和平均值的差异不宜大于10%。当有怀疑，应提高施加的测量电流，测量电流（直流值）一般不宜超过额定电流的50%。

2. 测试结果分析

（1）将所测电阻值都换算到同一温度下，与以前（出厂或交接时）相同部位测得值进行比较。绕组直流电阻温度换算按下式进行计算，即

$$R_{t2}=(T+t_2)/(T+t_1)\times R_{t1} \quad \text{(ZY1800510002-2)}$$

式中 R_{t2}——换算至温度为t_2时的绕组直流电阻，Ω；

R_{t1}——温度为t_1时的绕组直流电阻，Ω；

T——温度换算系数。铜线235，铝线225。

（2）10kV及以上的电流互感器一次绕组的直流电阻非常小，若导电杆和内部引线接触不良，其一次直流电阻增长很快，且在运行时，造成接头发热，可以结合红外成像来分析其发热的部位。

（3）使用双臂电桥测量时，在现场若遇感应电压影响，造成读数不准，可以将测试仪P1或P2端一点接地，以消除感应电压影响。

（4）对110kV及以上的电流互感器一次绕组直流电阻一般不大于500μΩ。

（5）在对互感器绕组直流电阻进行分析时，要进行"纵横"比较。就是与该设备的历史数据比较，与同型号、相同测量部位比较，并结合油中色谱分析等来进行综合分析比较，找出故障原因。

（二）测试报告编写

互感器直流电阻测试报告一般与互感器介质损耗及其他试验共用一份试验报告，填写试验报告时应包括测试时间、测试人员、天气情况、环境温度、湿度、使用地点、互感器型号及参数、出厂编号，测试数据、测试结论、试验性质（交接试验、预防性试验、检查、施行状态检修的填明例行试验或诊

断试验），测试仪器名称和型号，备注栏写明其他需要注意的内容，如是否拆除引线等。

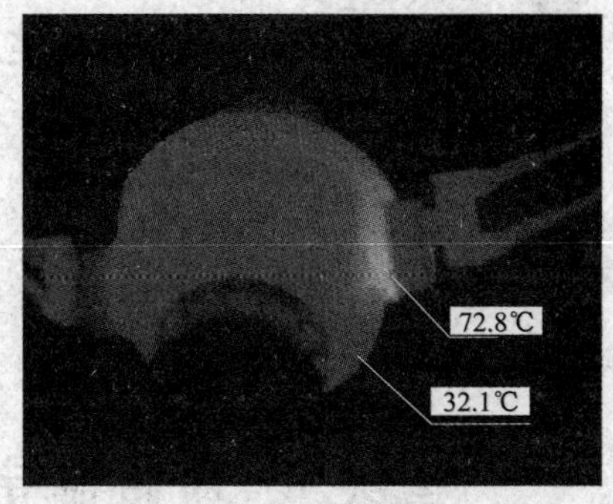

图 ZY1800510002-5　某电流互感器 W 相红外成像图

八、案例

某变电站在进行红外巡视时，发现一间隔 220kV 电流互感器 W 相发热，其红外成像图如图 ZY1800510002-5 所示。其中，最高温度 72.8℃，最低温度 32.1℃，其发热点是在电流互感器内部。将电流互感器停电，进行一次直流电阻测量，电阻值为 5560μΩ，经检查发现内部导电杆接触不良而引起发热，处理后再次进行一次直流电阻测量，电阻值为 256μΩ。投入运行后进行红外测量，其最高温度 27.3℃。

【思考与练习】

1. 简述互感器直流电阻测试的目的及判断标准。

2. 用电流电压表法测量 110kV 以上的电流互感器一次绕组直流电阻时，参照图 ZY1800510002-6，请选用下列哪组试验接线？为什么？

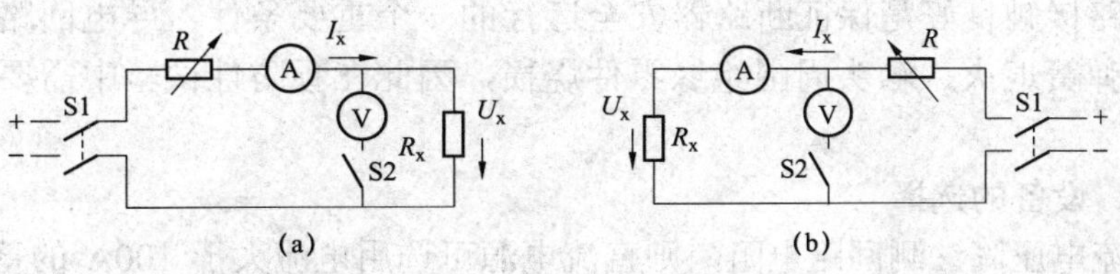

图 ZY1800510002-6　电流互感器一次绕组直流电阻测量接线图

第二十五章 断路器试验

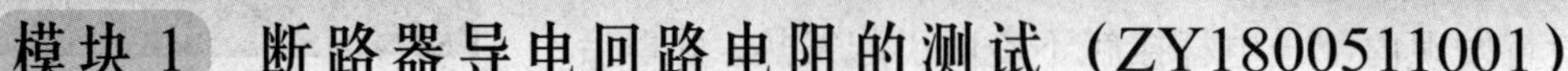

模块1 断路器导电回路电阻的测试（ZY1800511001）

【模块描述】本模块介绍断路器导电回路电阻测试的方法和技术要求。通过测试工作流程的介绍，掌握断路器导电回路电阻测试前的准备工作和相关安全、技术措施、测试方法、技术要求及测试数据分析判断。

【正文】

一、测试目的

断路器导电回路接触良好是保证断路器安全运行的一个重要条件，导电回路电阻增大，将使触头发热严重、造成弹簧退火、触头周围绝缘零件烧损，因此在预防性试验中需要测量导电回路直流电阻。

二、测试仪器、设备的选择

（1）若采用直流电压降法测回路电阻，则直流电源可选用电流大于100A的蓄电池组；分流器应选用100A的；直流毫伏电压表应选用0.5级、多量程的2只；测试导线应选用截面为16mm^{2}的铜线。

（2）若采用回路电阻测试仪法，则回路电阻测试仪（微欧电阻仪）应选择测试电流大于100A的。

三、危险点分析及控制措施

1. 防止高处坠落

使用梯子应有人扶持或绑牢，在断路器上作业应系好安全带。

2. 防止高处落物伤人

高处作业应使用工具袋，上下传递物件应用绳索拴牢传递，严禁抛掷。

3. 防止工作人员触电

拆、接试验接线前，应将被试设备对地放电。测试前应与检修负责人协调，不允许有交叉作业。工作人员应与带电部位保持足够的安全距离。试验仪器的金属外壳应可靠接地。

四、测试前的准备工作

1. 了解被试设备现场情况及试验条件

查勘现场，查阅相关技术资料，包括该设备历年试验数据及相关规程等，掌握该设备运行及缺陷情况。

2. 测试仪器、设备准备

选择合适的回路电阻测试仪（或直流电源）、分流器、直流毫伏表、测试导线、测试线、温（湿）度计、放电棒、接地线、梯子、安全带、安全帽、电工常用工具、试验临时安全遮栏、标示牌等，并查阅测试仪器、设备及绝缘工器具的检定证书有效期。

3. 办理工作票并做好试验现场安全和技术措施

向其余试验人员交代工作内容、带电部位、现场安全措施、现场作业危险点，明确人员分工及试验程序。

五、现场测试步骤及要求

（一）测试接线

（1）直流电压降法。

直流电压降法的原理是：当在被测回路中通以直流电流时，则在回路接触电阻上将产生电压降，测量出通过回路的电流及被测回路上的电压降，即可根据欧姆定律计算出导电回路的直流电阻值。

用直流电压降法测试断路器导电回路电阻的接线如图 ZY1800511001-1 所示。在测量时，回路通以 100A 或以上的直流电流，电流用分流器及毫伏电压表 1 进行测量，导电回路电阻的电压降用毫伏电压表 2 进行测量，毫伏电压表 2 应接在电流接线端内侧，以防止电流端头的电压降引起测量误差。

（2）回路电阻测试仪（微欧电阻仪）法。

采用回路电阻测试仪测量断路器回路电阻比较方便、准确，其测试接线如图 ZY1800511001-2 所示。测量仪器采用开关电路，由交流电源整流后作为直流电源通过开关转换为高频电流，再经变压器降压和隔离最后整流为低压直流作为测试电源。在测量回路中串接一个标准分流器，使其自动调整高频电源的脉冲宽度，达到自动恒定测试电流的目的。试验接线时，电压线同样应接在电流接线端内侧。

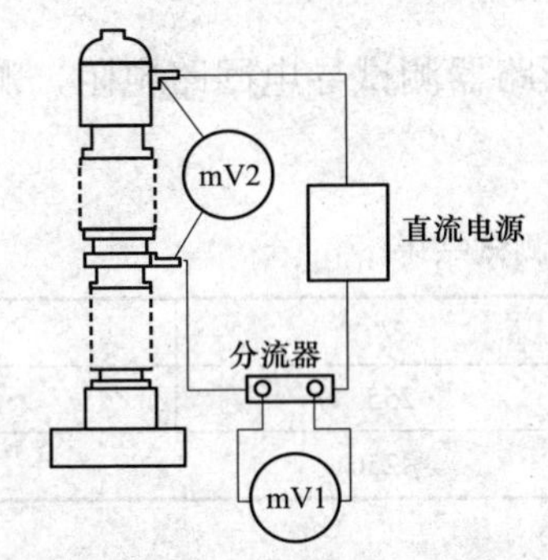

图 ZY1800511001-1　用直流电压降法测试断路器导电回路电阻的接线图

mV1、mV2—直流毫伏电压表

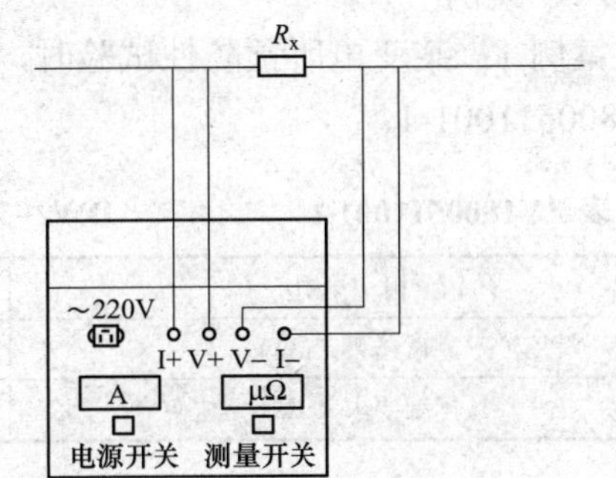

图 ZY1800511001-2　回路电阻测试仪测试断路器导电回路电阻的测试接线图

（二）测试步骤

（1）断开断路器任意一端的接地开关或接地线。

（2）将断路器进行电动合闸。

（3）清除被试断路器接线端子接触表面的油漆及金属氧化层，按图 ZY1800511001-1 或图 ZY1800511001-2 进行接线，检查测试接线是否正确。测试接线应接触紧密良好。

（4）接通仪器电源，调整测试电流应不小于 100A，待电流稳定后读出被测回路电阻值（或根据欧姆定律计算出导电回路的直流电阻值），并做好记录。

（5）拆除试验测试线，将断路器分闸（断路器恢复测试前状态）。

六、测试注意事项

（1）测量时应注意避免引线和接触方式的影响。应注意电压线要接在断口的触头端，电流线应接在电压线的外侧。测试电流应不小于 100A。

（2）如发现断路器回路电阻增大或超过标准值，可将断路器进行数次电动合闸后再进行测试。如电阻值变化不大，可分段查找以确定接触不良的部位（如断路器有几个断口或多个接触面时），并进行处理。如有主副触头或多个并联支路，应对并联的每一对触头分别进行测量。测量时，非被测量触头间应垫以薄绝缘物。

（3）在测量回路中若有 TA 串入，应将 TA 二次进行短路，防止保护误动。

（4）测试时，为防止被测断路器突然分闸，应断开被测断路器操作回路的熔丝。

七、测试结果分析及测试报告编写

（一）测试结果分析

1. 测试标准及要求

根据《电力设备预防性试验规程》（DL/T 596—1996）、《电气装置安装工程　电气设备交接试验标准》（GB 50150—2006）及《输变电设备状态检修试验规程》（Q/GDW 188—2008）的规定：用电流不小于 100A 的直流压降法测量，电阻值应符合产品技术条件的规定。

规程中对断路器导电回路电阻数值未作规定，因此大修或交接试验时，导电回路电阻测试数值参照制造厂规定。运行中一般为不大于制造厂规定值 120%。

2. 测试结果分析

测试结果除应与制造厂规定值比较外，还应与历次值相比较，观察其发展趋势。根据设备的具体情况，测试前应将断路器进行几次电动分、合闸，以清除触头表面金属氧化膜的影响。发现回路电阻增大时，可采取分段测试，以确定回路电阻增大的部位，进行处理。

（二）测试报告编写

测试报告填写应包括测试时间、测试人员、天气情况、环境温度、湿度、试品运行编号、试品参数、测试结果、测试结论、试验性质（交接试验、预防性试验、检查、施行状态检修的应填明例行试验或诊断试验）、测试仪器名称型号及出厂编号，备注栏写明其他需要注意的内容，如是否拆除引线等。

八、案例

案例 1：某变电所预防性试验时，对一台 DW2–35 多油断路器测试导电回路电阻，测试结果见表 ZY1800511001-1。

表 ZY1800511001-1　　DW2–35 多油断路器导电回路电阻测试结果

相　　别	U	V	W
测试结果（μΩ）	280	255	200
标准要求（μΩ）	≤250		

由表 ZY1800511001-1 可见，U、V 两相导电回路电阻超过标准要求值。对该断路器进行几次电动合闸后又测试回路电阻，测试结果见表 ZY1800511001-2。由表 ZY1800511001-2 可见，断路器经过几次电动合闸后回路电阻明显变小，其原因是由于设备长期运行后，在断路器触头接触表面形成一层金属氧化膜影响接触电阻，使接触电阻增大，经过几次电动合闸后，破坏了金属氧化膜，使接触电阻明显减小，符合标准要求。

表 ZY1800511001-2　　DW2–35 多油断路器导电回路电阻第二次测试结果

相　　别	U	V	W
测试结果（μΩ）	220	215	190
标准要求（μΩ）	≤250		

案例 2：对一台 ZN28 型真空断路器测试导电回路电阻，发现 U 相回路电阻大，超过标准要求，分段检查后，发现断路器的软连接与导电夹之间的螺栓松动，经紧固螺栓后。重新检测回路电阻合格。

【思考与练习】

1. 测试断路器导电回路电阻的目的是什么？

2. 为什么通常在测试断路器导电回路电阻时，要将断路器进行几次电动分、合闸？

3. 回路电阻测试不合格时，怎样查找不合格部位？

模块 2　GIS 主回路电阻测试（ZY1800511002）

【模块描述】本模块介绍 GIS 主回路电阻测试的方法和技术要求。通过测试工作流程的介绍，掌握 GIS 主回路电阻测试前的准备工作和相关安全、技术措施、测试方法、技术要求及测试数据分析判断。

【正文】

一、测试目的

GIS 主回路电阻测试的目的是为了检查 GIS 主回路中的导电回路连接和触头接触情况，以保证设备安全运行。

二、测试仪器、设备的选择

（1）若采用直流电压降法测回路电阻，则直流电源可选用电流大于 100A 的蓄电池组；分流器应选用 100A；直流毫伏表应选用 0.5 级、多量程的 2 只；测试导线应选用截面为 16mm^2 的铜线。

（2）若采用回路电阻测试仪法，则回路电阻测试仪（微欧仪）应选择测试电流大于 100A 的。

三、危险点分析及控制措施

1. 防止高处坠落

使用梯子应有人扶持或绑牢，在断路器上作业应系好安全带。

2. 防止高处落物伤人

高处作业应使用工具袋，上下传递物件应用绳索拴牢传递，严禁抛掷。

3. 防止工作人员触电

在拆、接试验接线前，应将被试设备对地放电。加压前应与检修负责人协调，不允许有交叉作业。工作人员应与带电部位保持足够的安全距离。试验仪器的金属外壳应可靠接地。

四、测试前的准备工作

1. 了解被试设备现场情况及试验条件

查勘现场，查阅相关技术资料，包括该设备历年试验数据及相关规程等，掌握该设备运行及缺陷情况。

2. 测试仪器、设备准备

选择合适的回路电阻测试仪（或直流电源、分流器、直流毫伏电压表及测试导线）、温（湿）度计、放电棒、接地线、梯子、安全带、安全帽、电工常用工具、试验临时安全遮栏、标示牌等，并查阅测试仪器、设备及绝缘工器具的检定证书有效期。

3. 办理工作票并做好试验现场安全和技术措施

向其余试验人员交代工作内容、带电部位、现场安全措施、现场作业危险点，明确人员分工及试验程序。

五、现场测试步骤及要求

（一）测试接线

1. 直流电压降法

直流电压降法的原理是：当在被测回路中通以直流电流时，则在回路接触电阻上将产生电压降，测量出通过回路的电流及被测回路上的电压降，即可根据欧姆定律计算出导电回路的直流电阻值。

用直流电压降法测试 GIS 导电回路电阻的接线如图 ZY1800511002-1 所示。在测量时，回路通以不小于 100A 的直流电流，电流用分流器及毫伏电压表 1 进行测量，导电回路电阻的电压降用毫伏电压表 2 进行测量，毫伏电压表 2 应接在电流接线端内侧，以防止电流端头的电压降引起测量误差。

2. 回路电阻测试仪（微欧电阻仪）法

采用回路电阻测试仪测量 GIS 主回路电阻比较方便、准确，其测试接线如图 ZY1800511002-2 所示。测量仪器采用开关电路，由交流电源整流后作为直流电源通过开关转换为高频电流，再经变压器降压和隔离最后整流为低压直流作为测试电源。电流不小于 100A，在测量回路中串接一个标准分流器，使其自动调整高频电源的脉冲宽度，达到自动恒定测试电流的目的。在试验接线时，电压线同样应接在电流接线端内侧。

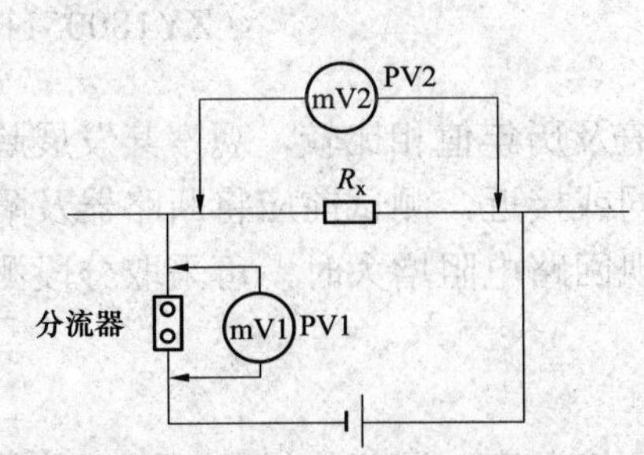

图 ZY1800511002-1 用直流电压降法测试 GIS 导电回路电阻的接线图

PV1、PV2—直流毫伏电压表

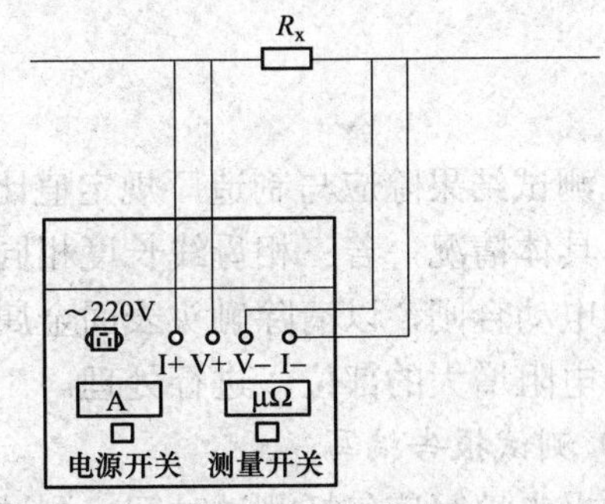

图 ZY1800511002-2 回路电阻测试仪（微欧电阻仪）测量 GIS 主回路电阻的接线图

（二）测试步骤

（1）用GIS内部隔离开关将被测部位进行隔离，用接地开关将GIS被测部位接地放电。

（2）将所要进行测试的GIS断路器及隔离开关电动合闸。可利用进出线套管注入电流进行测量，根据被测GIS的结构，在母线较长并且有多路出线的情况下，应尽可能分段测量，这样能有效地找到缺陷的部位。

目前生产的GIS在结构上可以按用户的需要实现上述测试要求，如接地开关的接地侧与外壳一般是绝缘的，通过活动接地片或软连接将GIS金属外壳接地。测试时可将活动接地片或软连接打开，利用回路上的两组接地开关合到待测量回路上进行测量，若少数GIS接地开关的接地侧与外壳不能绝缘分隔时，可先测量导体与外壳的并联电阻 R_0 和外壳的直流电阻 R_1，并做好记录。

（3）按图ZY1800511002-1或图ZY1800511002-2进行接线，并检查测试接线是否正确。测试接线接触应紧密良好。

（4）接通仪器电源，调整测试电流应不小于100A（回路电阻测试仪有的可自动稳定在100A不需要调节），电流稳定后读出回路电阻值（或根据欧姆定律计算出导电回路的直流电阻值）。如发现GIS主回路电阻增大或超过标准值，可进行分段查找，进行处理。

（5）测试结束后，将GIS断路器、隔离开关、接地开关、接地连接片或软连接恢复。

六、测试注意事项

（1）测量时应注意避免引线和接触方式的影响，应注意电压线要接在被测回路电阻两端，电流线应接在电压线的外侧，接触应紧密良好。测试电流应不小于100A。

（2）如测试结果GIS主回路电阻增大或超过标准值，可将GIS中的断路器及隔离开关进行数次电动分、合闸后再进行测试。若测试值仍很大，则应分段测试（根据情况可利用GIS的活动接地片、隔离开关、断路器等的分合状态进行分段测试），以确定接触不良的部位，并通知安装或检修人员进行处理。

（3）在测量回路中若有TA串入，应将TA二次进行短路，防止保护误动。

（4）测试时，电流测量回路绝对不能开路，开关不能分闸。

七、测试结果分析及测试报告编写

（一）测试结果分析

1. 测试标准及要求

根据《电力设备预防性试验规程》（DL/T 596—1996）、《电气装置安装工程　电气设备交接试验标准》（GB 50150—2006）及《输变电设备状态检修试验规程》（Q/GDW 188—2008）的规定：用电流不小于100A的直流压降法测量，电阻值应符合产品技术条件的规定。

规程对GIS主回路电阻未作规定，大修或交接试验时导电回路电阻测试数值参照制造厂规定。GIS中断路器回路电阻测试值一般为不大于制造厂规定值120%。

2. 测试结果分析

（1）对少数GIS接地开关的接地侧与外壳不能绝缘分隔时，测量导体与外壳的并联电阻 R_0 和外壳的直流电阻 R_1，按下式换算回路电阻。

$$R=\frac{R_0R_1}{R_1-R_0} \tag{ZY1800511002-1}$$

（2）测试结果除应与制造厂规定值比较外，还应与出厂值及历年值相比较，观察其发展趋势。根据设备的具体情况，若三相母线长度相同则测试结果应该相同或接近，测试前应将断路器及隔离开关进行几次电动合闸，以清除触头表面金属氧化膜的影响。发现回路电阻增大时，可采取分段测试，以确定回路电阻增大的部位，进行处理。

（二）测试报告编写

测试报告填写应包括测试时间、测试人员、天气情况、环境温度、湿度、设备的运行编号、设备参数、测试结果、测试结论、试验性质（交接试验、预防性试验、检查、施行状态检修的应填明例行试验或诊断试验）、测试仪器名称型号及出厂编号，备注栏写明其他需要注意的内容，如是否拆除引线等。

八、案例

案例 1：某变电站 GIS 主接线如图 ZY1800511002-3 所示。在预防性试验时，测试 GIS 主回路电阻情况为：如测试 A、F 之间的电阻，其数值包括了两个断路器、四个隔离开关的接触电阻及整个母线的电阻值，很难判断断路器接触上的问题。故测试时打开接地开关 C、B 两点的连接片，从 C、B 两点通电可以很方便地判断 1 号断路器的接触情况。同样，由 E、D 两点通电也可以很方便地判断 2 号断路器的接触情况。

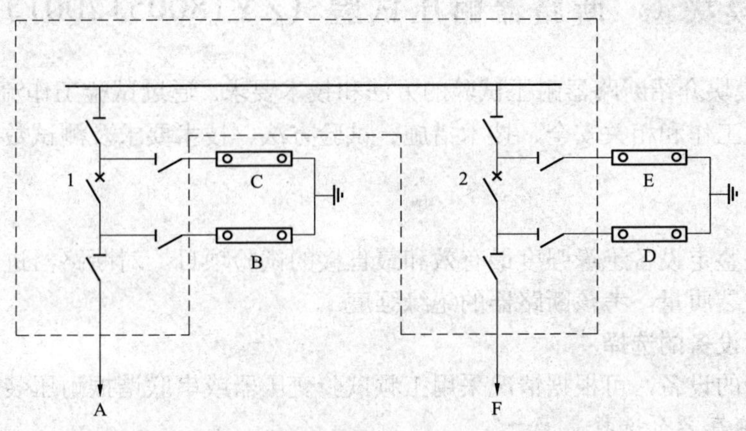

图 ZY1800511002-3 某变电站 GIS 主接线图

案例 2：对 GIS 某一段回路，作导电回路电阻测试（使用电压降法），测试接线如图 ZY1800511002-1 所示。

对某一极通 100A 直流后，测得直流电压降为 9mV，则回路电阻为

$$R = U/I = 9\times10^{-3}\,\text{V}/100\text{A} = 0.000\,09\Omega = 90\,(\mu\Omega)$$

【思考与练习】

1. 测试 GIS 主回路电阻的目的是什么？
2. 测试 GIS 主回路电阻时，测试接线应注意什么？

第二十六章　断路器与GIS耐压试验

模块1　断路器耐压试验（ZY1800512001）

【模块描述】本模块介绍断路器耐压试验的方法和技术要求。通过试验工作流程的介绍，掌握断路器耐压试验前的准备工作和相关安全、技术措施、试验方法、技术要求及测试数据分析判断。

【正文】

一、试验目的

交流耐压试验是鉴定设备绝缘强度最有效和最直接的试验项目。对断路器进行耐压试验的目的是为了检查断路器的安装质量，考核断路器的绝缘强度。

二、试验仪器、设备的选择

断路器耐压试验的设备，可根据情况采用工频试验变压器或串联谐振耐压装置。

（一）工频试验变压器的选择

1. 工频试验变压器

（1）电压选择。根据被试品的试验电压，选用具有合适电压的工频试验变压器。试验电压较高时，也可采用多级串接式试验变压器，并检查试验变压器所需低压侧电压是否与现场电源电压、调压器相配。

（2）电流选择。电流可按下式计算

$$I=\omega C_x U \qquad \text{(ZY1800512001-1)}$$

式中　I——试验变压器高压侧应输出的电流，mA；

ω——角频率，$\omega=2\pi f$；

C_x——被试品电容量，μF，C_x可从测 $\tan\delta$ 中得到或根据制造厂资料；

U——试验电压，kV。

（3）容量选择。相应求出试验所需电源容量，计算式为

$$P=\omega C_x U^2\times10^{-3} \quad \text{(kVA)} \qquad \text{(ZY1800512001-2)}$$

在试验时，按 P 值选择试验变压器容量，一般不得超负荷运行。

2. 调压器

选用接触式单相调压器，要求：① 波形畸变小和阻抗电压低；② 从零起升压，能实现连续、平稳调压；③ 容量按下式计算

$$P_0=(0.75\sim1)P$$

式中　P_0——调压器容量，kVA；

P——试验变压器容量，kVA。

3. 保护电阻

保护电阻 R_1 一般取 0.1～0.5Ω/V，并应有足够的热容量和长度。与保护球隙串联的保护电阻 R_2，其电阻值通常取 1Ω/V。

4. 电压表

试验电压必须在高压侧测量，并以峰值表为准（峰值表读数除以 $\sqrt{2}$）。因此，选用数字式、多量程峰值电压表。

5. 分压器

选用相应电压等级的电容分压器。

（二）串联谐振耐压装置

1. 调感式串联谐振耐压试验装置

调感式串联谐振耐压试验装置原理接线，如图ZY1800512001-1所示。

图ZY1800512001-1　调感式串联谐振耐压试验装置原理接线图

T1—调压器；T2—励磁变压器；L—可调电抗；C_1、C_2—电容分压器高、低压臂电容；C_x'—被试品

图ZY1800512001-1中，被试品GIS的等值电容C_x'与分压器的等值电容C之和为C_x，L是电抗器的电感量。当调节电抗器使$\omega L=\dfrac{1}{\omega C_x}$时，电抗上的压降在数值上等于电容上的压降，即

$$U_L=U_{Cx}=U \qquad (ZY1800512001\text{-}3)$$

试验回路电流为

$$I_x=U\omega C_x=\frac{U}{\omega L} \qquad (ZY1800512001\text{-}4)$$

输出变压器T2供给的电压大小U_T由回路品质因数Q（$Q=\dfrac{\omega L}{R}$）值确定，其值为

$$U_T=\frac{U_{Cx}}{Q}=\frac{U}{Q} \qquad (ZY1800512001\text{-}5)$$

串联谐振耐压试验电源容量应大于下式，即

$$S=\frac{U^2\omega C_x}{Q} \qquad (ZY1800512001\text{-}6)$$

式中：字母含义同式（ZY1800512001-1）。

2. 调频式串联谐振耐压试验装置

调频式串联谐振耐压试验装置原理接线如图ZY1800512001-2所示，当调节变频柜输出电压频率达到谐振条件，即$f=\dfrac{1}{2\pi\sqrt{LC}}$时，其余各参数同样应满足式（ZY1800512001-3）～式（ZY1800512001-6）及试验要求。

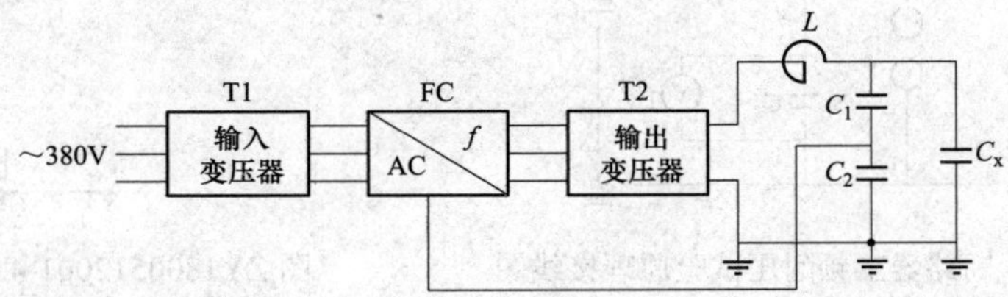

图ZY1800512001-2　调频式串联谐振耐压试验装置原理接线图

T1—输入变压器（隔离变压器）；FC—变频电源柜；T2—输出变压器（励磁变压器）；L—固定高压电抗器；C_1、C_2—电容分压器高、低压臂电容；C_x—被试品

根据被试断路器试验电压值及电容量选择串联谐振耐压试验装置、电抗器及试验电源（如有些制造厂家要求使用工频电压进行断路器试验，如西门子SF_6定开距断路器）。

三、危险点分析及控制措施

1. 防止高处坠落

使用梯子应有人扶持或绑牢，在断路器上作业应系好安全带。

2. 防止高处落物伤人

高处作业应使用工具袋，上下传递物件应用绳索拴牢传递，严禁抛掷。

3. 防止工作人员触电

拆、接试验接线前，应将被试设备对地放电。加压前应与检修负责人协调，不允许有交叉作业。工作人员应与带电部位保持足够的安全距离。试验人员之间应口号联系清楚，加压过程中应有人监护并呼唱。试验仪器的金属外壳应可靠接地，仪器操作人员必须站在绝缘垫上。

四、测试前的准备工作

1. 了解被试设备现场情况及试验条件

查勘现场，查阅相关技术资料，包括该设备历年试验数据及相关规程等，掌握该设备运行及缺陷情况。

2. 测试仪器、设备准备

选择合适的试验变压器及控制台、串联谐振耐压装置、保护电阻、球隙、电容分压器、数字多量程峰值电压表、绝缘电阻表、放电棒、绝缘操作杆、接地线、高压导线、万用表、温（湿）度计、电工常用工具、白布、安全带、安全帽、试验临时安全遮栏、标示牌等，并查阅测试仪器、设备及绝缘工器具检定证书的有效期。

3. 办理工作票并做好试验现场安全和技术措施

向其余试验人员交代工作内容、带电部位、现场安全措施、现场作业危险点，明确人员分工及试验程序。

五、现场测试步骤及要求

（一）试验接线

（1）断路器工频耐压试验原理接线，如图 ZY1800512001-3 所示。

（2）断路器耐压试验接线如图 ZY1800512001-4 所示。油断路器耐压试验应在合闸状态导电部分对地之间和在分闸状态的断口间分别进行。对于三相共箱式的油断路器应作相间耐压，试验时一相加压其余两相接地；对瓷柱式 SF_6 定开距型断路器只做断口间耐压。SF_6 罐式断路器耐压试验方式应为合闸对地，分闸状态两端轮流加压，另一端接地。

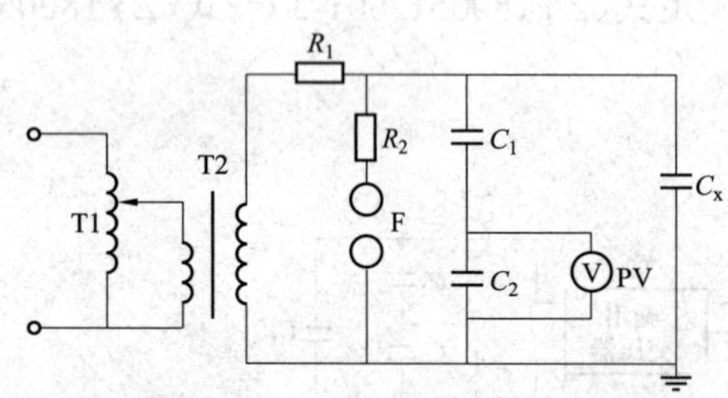

图 ZY1800512001-3 断路器工频耐压试验原理接线图

T1—调压器；T2—试验变压器；R_1—保护电阻；R_2—球隙保护电阻；F—球间隙；C_1、C_2—电容分压器高、低压臂电容；PV—电压表；C_x—被试品

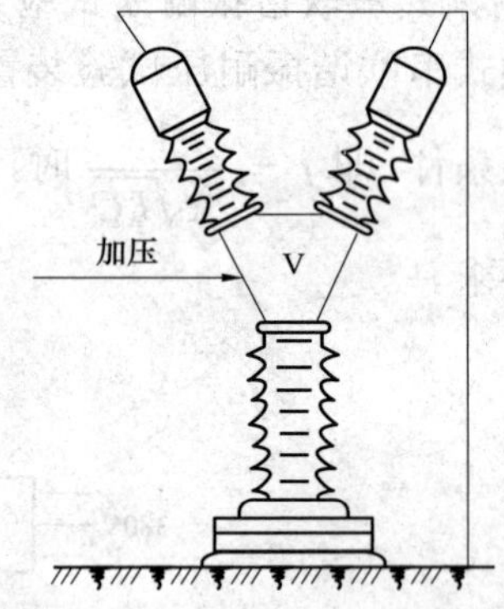

图 ZY1800512001-4 断路器耐压试验接线图

（二）试验步骤

（1）将被试断路器接地放电，拆除或断开断路器对外的一切连线。

（2）测试绝缘电阻应正常。

（3）按图 ZY1800512001-3 和图 ZY1800512001-4 进行接线，检查试验接线正确、调压器在零位后，不接试品升压，将球隙的放电电压整定在 1.2 倍额定试验电压所对应的放电距离。

（4）断开试验电源，降低电压为零，将高压引线接上试品，接通电源，开始升压进行试验（当采用串联谐振试验装置时，在较低的激磁电压下调谐电感或频率找谐振点；当被试品上电压达到最高时，即达到试验回路的谐振点，可以开始升压进行试验）。

模块1 ZY1800512001

（5）升压必须从零（或接近于零）开始，切不可冲击合闸。升压速度在 75%试验电压以前，可以是任意的，自 75%电压开始应均匀升压，约为每秒 2%试验电压的速率升压。升压过程中应密切监视高压回路和仪表指示，监听被试品有何异响。升至试验电压，开始计时并读取试验电压。时间到后，迅速均匀降压到零（或 1/3 试验电压以下），然后切断电源，放电、挂接地线。试验中如无破坏性放电发生，则认为通过耐压试验。

（6）测试绝缘电阻，其值应无明显变化（一般绝缘电阻下降不大于 30%）。

六、试验注意事项

（1）进行绝缘试验时，被试品温度应不低于 +5℃。户外试验应在良好的天气进行，且空气相对湿度一般不高于 80%。

（2）有时工频耐压试验进行了数十秒钟，中途因故失去电源，使试验中断，在查明原因，恢复电源后，应重新进行全时间的持续耐压试验，不可仅进行"补足时间"的试验。

（3）对于过滤和新加油的断路器必须等油中气泡全部逸出后才能进行耐压试验，以免油中气泡引起放电。一般需要静止 3～5h 后才能进行油断路器的交流耐压试验。对于 SF_6 断路器必须在充气至额定气压 24h 后才能进行交流耐压试验。

（4）油断路器耐压试验时如出现击穿声或冒烟，则为不合格，务必重新处理查明原因。原因未查明不得轻易重试以免造成损失。

（5）谐振试验回路品质因数 Q 值的高低与试验设备、试品绝缘表面干燥清洁及高压引线直径大小、长短有关，因此试验宜在天气晴好的情况下进行。试验设备、试品绝缘表面应干燥、清洁，尽量缩短高压引线的长度，采用大直径的高压引线，以减小电晕损耗，提高试验回路品质因数 Q 值。

七、试验结果分析及试验报告编写

（一）试验结果分析

1. 试验标准及要求

根据《电力设备预防性试验规程》（DL/T 596—1996）、《电气装置安装工程　电气设备交接试验标准》（GB 50150—2006）、《现场绝缘试验实施导则》（DL/T 474—2006）及《输变电设备状态检修试验规程》（Q/GDW 188—2008）的规定：

（1）断路器应在分、合闸状态下分别进行试验（合闸状态下进行断路器带电部分对地的耐压试验，分闸状态下进行断路器断口间的耐压试验），耐压试验电压值按 DL/T 593—2006 的规定，如表 ZY1800512001-1 和表 ZY1800512001-2 所示。交接试验电压值按表 ZY1800512001-3 的规定。

（2）72.5kV 及以上断路器按 DL/T 593 规定值的（或出厂试验电压值的）80%。

（3）三相共箱式的油断路器应作相间耐压试验，其试验电压值与对地耐压值相同。

（4）126kV 及以上油断路器提升杆的交流耐压试验电压按 DL/T 593 规定值的 80%。

（5）对瓷柱式 SF_6 定开距型断路器只作断口间耐压。

（6）辅助回路和控制回路交流耐压试验电压为 2kV。

表 ZY1800512001-1　断路器额定电压范围 I 的绝缘水平

额定电压（有效值，kV）	额定工频短时耐受电压（有效值，kV）	
	通 用 值	隔 离 断 口
3.6	25/18	27/20
7.2	30/23	34/27
12	42/30	48/36
24	65/50	79/64
40.5	95/80	118/103
72.5	140	180
	160	200

续表

额定电压（有效值，kV）	额定工频短时耐受电压（有效值，kV）	
	通用值	隔离断口
126	185	$185\left(+\begin{matrix}50\\70\end{matrix}\right)$
	230	$230\left(+\begin{matrix}50\\70\end{matrix}\right)$
252	395	$395\left(+\begin{matrix}100\\145\end{matrix}\right)$
	460	$460\left(+\begin{matrix}100\\145\end{matrix}\right)$

表 ZY1800512001-2　断路器额定电压范围Ⅱ的绝缘水平

额定电压（有效值，kV）	额定短时工频耐受电压（有效值，kV）	
	相对地及相间	开关断口及隔离断口
363	460	$460\left(+\begin{matrix}150\\210\end{matrix}\right)$
	510	$510\left(+\begin{matrix}150\\210\end{matrix}\right)$
550	680	$680\left(+\begin{matrix}220\\315\end{matrix}\right)$
	740	$740\left(+\begin{matrix}220\\315\end{matrix}\right)$
800	900	$900\left(+\begin{matrix}320\\460\end{matrix}\right)$
	960	$960\left(+\begin{matrix}320\\460\end{matrix}\right)$
1100	1100	$1100\left(+\begin{matrix}445\\635\end{matrix}\right)$

注　表中括号内的数值分别为 $0.7/\sqrt{3}$ 和 $1.0/\sqrt{3}$，是加在对侧端子上的工频电压有效值。

表 ZY1800512001-3　断路器（交接试验）交流耐压试验标准

额定电压（kV）	最高工作电压（kV）	1min 工频耐受电压（峰值，kV）			
		相对地	相间	断路器断口	隔离断口
3	3.6	25	25	25	27
6	7.2	32	32	32	36
10	12	42	42	42	49
35	40.5	95	95	95	118
66	72.5	155	155	155	197
110	126	200	200	200	225
		230	230	230	265
220	252	360	360	360	415
		395	395	395	460
330	363	460	460	520	520
		510	510	580	580
500	550	630	630	790	790
		680	680	790	790
		740	740	790	790

注　设备无特殊规定时，采用最高一级试验电压。

模块 1　ZY1800512001

2. 试验结果分析

（1）在升压和耐压过程中，如发现电压表指针摆动很大，电流表指示急剧增加，调压器往上升方向调节，电流上升、电压基本不变甚至有下降趋势，被试品冒烟、出气、焦臭、闪络、燃烧或发出击穿响声（或断续放电声），应立即停止升压，降压停电后查明原因。这些现象如查明是绝缘部分出现的，则认为被试品交流耐压试验不合格。如确定被试品的表面闪络是由于空气湿度或绝缘表面脏污等所致，应将被试品绝缘表面清洁干燥处理后，再进行试验。

（2）试验结果应根据试验中有无发生破坏性放电、有无出现绝缘普遍或局部发热及耐压试验前后绝缘电阻有无明显变化，进行全面分析后做出判断。

（二）试验报告编写

试验报告填写应包括试品运行编号、试品参数、试验时间、试验性质（交接试验、预防性试验、检查、施行状态检修的应填明例行试验或诊断试验）、天气情况、环境温度及湿度、试验人员、试验数据、试验结论、使用仪器、设备名称型号及出厂编号、备注栏写明其他需要注意的内容，如是否拆除引线等。

八、案例

案例 1：一台 10kV 真空断路器（ZN–10 型），在大修时检查真空灭弧室真空度，按规定对断口进行 42kV 工频交流耐压试验，耐压试验中断口产生闪络，后又降低电压到 28kV，还是有闪络现象，直至降到 15kV 才耐压通过。观察灭弧室内有雾气颜色，触头有氧化现象。决定更换新灭弧室，分析原因是使用时间较长，开断次数过多所致。因此对真空断路器在投运后 2 年内应每半年进行 1 次工频耐压，2 年后根据运行情况决定 1 年 1 次，还是 2 年 1 次，同时加强巡视检查。

案例 2：某电厂新更换一台 10kV 手车式真空断路器，按规程规定对新更换的断路器进行相间、对地 42kV/1min 工频交流耐压试验，在升压至 40kV 时，断路器 U 相绝缘隔板与金属架间发生闪络放电，切断试验电源后检查，发现绝缘隔板有脏污，擦拭干净后，耐压试验通过。

【思考与练习】

1. 断路器耐压试验的目的是什么？
2. 对于过滤和新加油的断路器为什么要静止 3～5h 才能进行耐压试验？
3. 串联谐振耐压试验的原理是什么？
4. 断路器耐压试验中应注意哪些事项？

模块 2　GIS 现场交流耐压试验（ZY1800512002）

【模块描述】本模块介绍 GIS 交流耐压试验方法和技术要求。通过试验工作流程的介绍，掌握 GIS 现场交流耐压试验前的准备工作和相关安全、技术措施、试验方法、技术要求及测试数据分析判断。

【正文】

一、试验目的

气体绝缘金属封闭开关设备（GIS）因体积较大，需现场组装，受现场条件的限制，比如环境温度、湿度和空气的洁净度、安装工器具的精度、安装工艺水平等都很难有效控制，为 GIS 安装造成了一定影响。另外，GIS 的内部空间极为有限，工作场强很高，且绝缘裕度相对较小。GIS 投运初期，绝缘击穿大多是由金属颗粒、悬浮导体、表面毛刺或颗粒等缺陷造成的，如图 ZY1800512002-1 所示。

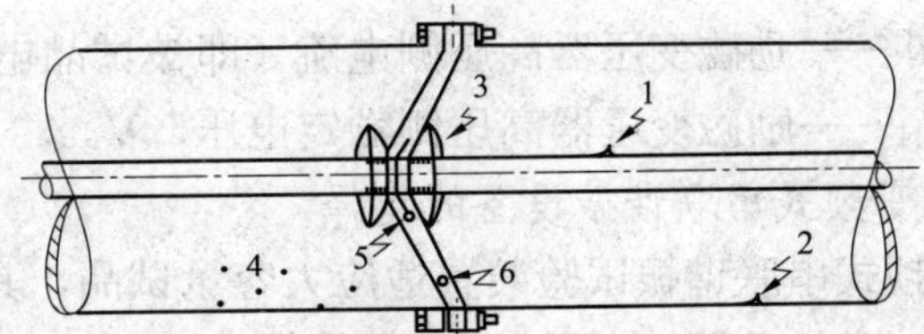

图 ZY1800512002-1　GIS 内部缺陷示意图

1—导体上的毛刺或颗粒；2—壳体上的毛刺或颗粒；3—悬浮屏蔽（接触不良）；4—自由移动的金属颗粒；5—盆式绝缘子上的颗粒；6—盆式绝缘子内部缺陷

交流耐压试验对检查是否存在杂质（如自由导电微粒）比较敏感。GIS 现场交流耐压试验的主要目的是通过耐压试验检验被试设备的运输和安装是否正确，检查被试设备内部是否有异物，检验被试设备内部洁净度和绝缘是否达到规定要求。通过现场交流耐压试验和完善的交接验收可起到预防故障的作用。

二、试验仪器、设备的选择

（一）工频耐压试验设备的选择

由于 GIS 中带电导体对筒壳的间距小，对地电容较大，若用常规工频试验变压器做耐压试验，试验设备笨重，不便搬运，给现场试验带来困难，一般现场较少采用。如采用常规工频试验变压器，试验变压器的容量应大于下式的要求，即

$$P = \omega C_x U_s^2 \times 10^{-3} \quad \text{(ZY1800512002-1)}$$

式中 P——试验变压器容量，kVA；

ω——角频率，$\omega=2\pi f$；

C_x——被试品电容量，μF；

U_s——试验电压，kV。

GIS 每间隔电容量参考值见表 ZY1800512002-1 所示。

表 ZY1800512002-1　　GIS 每间隔电容量参考值

额定电压	110kV	220kV
电容量（每相对地及其他两相）	600～700pF/间隔	500～600pF/间隔

（二）串联谐振试验设备的选择

串联谐振装置利用额定电压较低的试验变压器可以得到较高的输出电压，用小容量的试验变压器可以对大容量的试品进行交流耐压试验。串联谐振耐压试验升压平稳，输出电压波形为正弦波，试验过程安全可靠，被试品击穿时，谐振条件被破坏，高压自动下降，特别适合 GIS 交流耐压。

1. 调感式串联谐振设备的选择

调感式谐振装置采用铁芯气隙可调节的高压电抗器调节串联电抗值。其缺点是噪声大，机械结构复杂，设备笨重，但试验电压频率为工频，一般在 GIS 间隔较少的情况下使用。串联电抗器电感应满足下式要求，即

$$L = \frac{1}{(100\pi)^2 C_x} \quad \text{(ZY1800512002-2)}$$

式中 L——串联电抗器电感，H；

C_x——被试品电容量，F。

励磁变压器高压侧和串联电抗器的电流应大于下式要求，即

$$I_C = \omega C_x U_s \times 10^{-3} \quad \text{(ZY1800512002-3)}$$

式中 I_C——被试品电流，A；

C_x、U_s意义同式（ZY1800512002-1）。

励磁变压器额定容量按下式计算

$$P = I_C U_N \quad \text{(ZY1800512002-4)}$$

式中 P——励磁变压器容量，VA；

I_C——励磁变压器高压侧电流（即被试品电流），A；

U_N——励磁变压器高压侧额定电压，V。

2. 变频式串联谐振设备的选择

变频式串联谐振试验装置适应大容量试品，具有试验电源电压低、功率小（仅需提供试验回路中的有功功率）、试验电压波形良好的特点。

（1）谐振频率。试验频率范围在 10～300Hz 之间，应根据 GIS 的电容量和电抗器的电感量计算谐振频率，可按下式计算

$$f_0=\frac{1}{2\pi\sqrt{LC}}\times 10^3 \qquad \text{(ZY1800512002-5)}$$

式中　f_0 ——谐振频率，Hz；

L ——电抗器电感量，H；

C ——被试品和分压器电容量，μF。

（2）电抗器电流。流过电抗器的电流等于流过被试品的电流，电抗器的电流可按下式计算

$$I_L=I_C=\omega C_x U_s\times 10^{-3} \qquad \text{(ZY1800512002-6)}$$

式中　I_L、I_C——流过电抗器或被试品的电流，A；

C_x、U_s 意义同式（ZY1800512002-1）。

（3）励磁变压器容量。励磁变压器容量 P 应大于下式要求，即

$$P=I_C U_N \qquad \text{(ZY1800512002-7)}$$

式中　P——励磁变压器容量，VA；

I_C、U_N 意义同上。

（4）变频电源的容量。变频电源的容量等于励磁变压器的容量。变频器的输入电流应按下式计算

$$\left.\begin{aligned}&\text{单相}\quad I_I=\frac{P}{U_I}\\&\text{三相}\quad I_I=\frac{P}{U_I\sqrt{3}}\end{aligned}\right\} \qquad \text{(ZY1800512002-8)}$$

式中　I_I ——变频器输入电流，A；

P ——变频器输入容量，VA；

U_I——变频器输入电压，V。

三、危险点分析及控制措施

1. 防止高处坠落

在 GIS 上作业应系好安全带。

2. 防止高处落物伤人

高处作业应使用工具袋，上下传递物件应用绳索拴牢传递，严禁抛掷。

3. 防止工作人员触电

拆、接试验接线前，应将被试设备对地充分放电，以防止剩余电荷、感应电压伤人及影响测量结果。测试前与检修负责人协调，不允许有交叉作业，试验接线应正确、牢固，试验人员应精力集中，注意被试品应与其他设备有足够的安全距离，必要时应加绝缘板等安全措施。试验设备外壳应可靠接地。

4. 防止 GIS 非带电间隔与带电间隔的电压感应

不参与试验的间隔应可靠隔离并合上接地开关，并有足够的安全距离。

四、试验前的准备工作

1. 了解被试设备现场情况及试验条件

查勘现场，查阅相关技术资料，包括该设备历年试验数据及相关规程等，掌握该设备运行及缺陷情况。

2. 试验仪器、设备准备

选择合适的变频电源、高压串联电抗器、控制箱、励磁变压器、交流分压器、大截面高压引线、带剩余电流动作保护器的单相和三相电源接线板、放电棒、接地线、安全带、绝缘梯、安全帽、电工常用工具、试验临时安全遮拦、标示牌等，并查阅测试仪器、设备及绝缘工器具的检定证书有效期。

3. 办理工作票并做好试验现场安全和技术措施

向其余试验人员交代工作内容、带电部位、现场安全措施、现场作业危险点，明确人员分试验过程及步骤。

五、现场试验步骤及要求

（一）试验接线

变频式串联谐振 GIS 交流耐压试验原理接线如图 ZY1800512002-2 所示。试验电压可接到被试相的合适点上，可以利用隔离开关或三通接上检测套管。

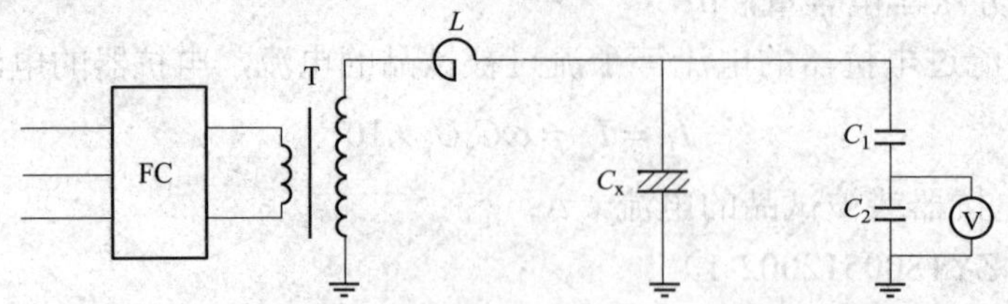

图 ZY1800512002-2　变频式串联谐振 GIS 交流耐压试验原理接线图

FC—变频电源；T—励磁变压器；L—串联电抗器；C_x—被试 GIS 对地、相间及分压器等效电容；C_1、C_2—电容分压器高、低压臂

《电气装置安装工程　电气设备交接试验标准》（GB 50150—2006）规定也可以直接利用 SF_6 封闭式组合电器自身的电磁式电压互感器或电力变压器，由低压侧施加试验电源，在高压侧感应出所需的试验电压。该办法不需高压试验设备，也不用高压引线的连接和拆除。采用这种方法要考虑试验过程中磁路饱和、被试品击穿等引起的过电流问题。

（二）试验步骤

1. 检查试品

被试设备应调试合格，其他绝缘、特性试验合格后，检验 SF_6 气体在额定压力，试验回路中的 TA 二次应短路接地，试验回路中的避雷器和保护火花间隙应与被试 GIS 间隔断开。试验前检查高压电缆和架空线、电压互感器、电力变压器高压引出线是否与 GIS 断开，方可进行耐压试验。对于部分电磁式电压互感器，如采用变频电源，电磁式电压互感器经频率计算不会引起磁饱和，也可以和主回路一起耐压。

2. 接线并检查

试验时，如利用隔离开关或三通接上检测套管，此时要回收隔离开关或三通气室的 SF_6 气体，卸掉开关或三通的端盖，然后安装试验用套管及连接金具、均压部件等，最后该气室抽真空后充入 SF_6 气体。如 GIS 为共筒式，应认真检查检测套管连通相别。

若 GIS 整体电容量较大，耐压试验也可以分段进行。根据试验方案，检查 GIS 隔离开关、断路器和接地开关的位置是否符合试验方案中的方式，非试验隔室断路器、隔离开关应在断开位置，接地开关应在合闸位置，GIS 的扩建部分进行耐压时，相邻设备原有部分应断电并接地，否则应对突然击穿给原有部分设备带来的不良影响应采取特殊措施。

每一相都应进行试验，非试验相和外壳一起接地，三相共筒式组合电器，可三相同时对地进行试验，也可分相进行检测，但非试验相应接地。

如怀疑断路器和隔离开关的断口在运输、安装过程中受到损坏或经过解体，应做断口间耐压试验。

试验时，根据现场实际情况，合理布置试验设备，尽量使试验设备接线紧凑并安放稳固，接地线应使用专用接地线。按图 ZY1800512002-2 进行试验接线，并检查试验接线，试验变压器的一端接地并与 GIS 的外壳相连。检查试验设备的接地、分压器的分压比和挡位是否正确。

3. GIS 交流耐压试验前的老练试验

GIS 交流耐压试验前应进行老练试验，老练试验通过逐次增加电压达到以下两个目的：

（1）将设备中可能存在的活动微粒迁移到低电场区域。

（2）通过放电烧掉细小的微粒或电极上的毛刺、附着的尘埃等。

老练试验的基本原则是既要达到设备净化的目的，又要尽量减少净化过程中微粒触发的击穿，还要减少对被试设备的损害，即减少设备承受较高电压作用的时间。所以逐级升压时，在低压下可保持较长时间，在高电压下不允许长时间耐压。老练试验过程中发生击穿放电也按耐压试验的判据来判别。

老练试验施加的电压和时间可与制造厂、用户协商，根据具体情况绘出“试验电压—试验时间”

关系图，以下举例说明：

1）1.1 倍设备额定相对地电压 10min，然后下降至零，最后上升到现场交流耐压额定值 1min。

2）1.0 倍设备额定相对地电压 5min，然后升到 1.73 倍设备额定相对地电压 3min，最后上升到现场交流耐压额定值 1min。

加压前通知试验现场及 GIS 室监护人试验开始，确认正常后，取下高压接地线，合上电源刀闸，然后合上变频电源控制开关和工作电源开关，电路稳定后合上变频器主回路开关，设定保护电压为试验电压大小的 1.10～1.15 倍。

升压时，必须按规定的升压速度从零开始均匀地升压，先旋转电压调节旋钮，把输出功率比调节到 2%或一个较小的电压，通过旋转频率调节旋钮改变试验回路频率的大小，观察励磁电压和试验电压的数值。当励磁电压为最小、同时试验电压为最大时，这个时候的频率就是试验回路的谐振频率。当试验回路达到谐振频率时开始升压，电压达到老练试验电压后，开始计时并读取试验电压，试验时间到后，继续升压至下一个老练点。老练过程结束后，确认设备状态正常即可进行耐压试验。

按规定的升压速度将电压从零开始均匀地升压至耐压试验电压值（$U_s=0.8U_{出厂}$），读取试验电压，并开始计时 1min。试验结束后，将电压降压到零位，切断变频电源主回路开关，断开变频器电源和试验电源。试验中如无破坏性放电发生，则认为通过耐压试验。

试验中 GIS 室监护人应密切注意 GIS 装置的带电状态和仪表指示变化过程，当试验过程中试品发生击穿、闪络或加压过程中出现异常现象时，及时通知操作人员立即降下电压，并切断试验电源，用接地棒对试品充分放电后，进行检查、处理后再进行试验。

试验完毕，必须对高压部位充分放电并接地，然后拆改接线，进行其他相或其他间隔试验，其试验步骤同上。

试验结束后，用绝缘电阻表测量绝缘电阻。测试完毕，将被试相短路接地，充分放电，恢复接线。

六、试验注意事项

（1）试验电源的容量必须满足试验要求。

（2）为减小电晕损失，提高串联谐振系统 Q 值，高压引线应采用扩径金属软管。

（3）GIS 如有观察窗，绝缘试验时需用接地金属箔将观察窗易接近的一侧盖起来。

（4）进行耐压试验时，应在较低电压下调谐谐振频率，然后才可以升压进行耐压试验。

（5）如电压互感器与 GIS 一起进行耐压试验，检查电压互感器一次绕组、二次绕组尾端应接地，其二次绕组不应短接。

（6）试验天气的状况对品质因数 Q 值影响很大，因此试验应在较干燥的天气情况下进行。

（7）试验回路中的 TA 二次侧应短路接地。

七、试验结果分析及试验报告编写

（一）试验结果分析

1. 试验标准及要求

主回路绝缘试验应在其他试验项目完成后进行，GIS 的每一新安装部分都应进行耐压试验。由于受到设备电流的限制和允许试验电压的限制，有些部件应该解开或单独进行检测，如高压电缆、变压器、避雷器和部分电压互感器等。

试验电压的波形和频率：电压波形应接近正弦波，两个半波应完全一样，且峰值与有效值之比应等于 $\sqrt{2}\pm0.07$。试验电压的频率一般在 10～300Hz 的范围内。

试验电压值：现场交流耐压试验电压值为出厂试验施加电压值的 80%。

试验电压的施加：规定的试验电压应施加到每相导体和外壳之间，每次一相，其他相的导体应与接地的外壳相连。试验电源可接到被试相导体任一部位。

选定的试验程序应使每个部件都至少施加一次试验电压。在制定试验方案时，必须同时注意要尽可能减少固体绝缘的重复试验次数，如尽量在 GIS 不同部位引入试验电压。

如怀疑断路器和隔离开关的断口在运输、安装过程中受到损坏，或经过解体，应做该断口间耐压试验。

若金属氧化物避雷器、电磁式电压互感器与母线之间连接有隔离开关，在工频耐压试验前做老练试验时，可将隔离开关合上，加额定电压检查电磁式电压互感器的变比以及金属氧化物避雷器阻性电流和全电流。工频耐压试验时，要打开隔离开关。

若金属氧化物避雷器、电磁式电压互感器与母线之间的连接无隔离开关，工频耐压试验前其不能安装上去，待工频耐压试验后再安装，金属氧化物避雷器、电磁式电压互感器安装后加额定电压检查电压互感器变比、金属氧化物避雷器阻性电流和全电流。

若交流耐压试验采用变频电源时，电磁式电压互感器经计算其频率不会引起磁饱和，可与主回路一起进行耐压试验。

扩建工程的所有间隔和经过解体检修的气室试验电压水平和实施方法应和制造厂协商解决。

在状态检修试验时，应参照《输变电设备状态检修试验规程》（Q/GDW 188—2008）。

2. 试验结果分析

试验判据：如 GIS 的每一部件均已按选定的试验程序耐受规定的试验电压而无击穿放电，则认为整个 GIS 通过试验。

现场耐压试验发生击穿，则应确定放电类型。如进行耐压试验的 GIS 进出线和间隔较多，仅靠人耳的监听来判断确切部位比较困难，最好采用放电定位仪器，将探头安装在被试部分的外壳上，根据监听放电的情况，降压断电后移动放电定位仪器探头，重新升压，直到确定放电部位，判断放电类型。

（1）非自恢复放电。固体绝缘沿面击穿放电，则应打开封闭间隔，仔细检查绝缘表面的损伤情况，作必要的处理后，再进行规定电压的耐压试验。

（2）自恢复放电。由于脏污和表面缺陷，引起气体击穿放电，放电后脏污和缺陷可能烧掉，耐压试验可以通过。

现场耐压试验发生击穿，确定放电类型后，在分析的基础上进行重新试验，试验加压方法和厂方研究商定。

（二）试验报告编写

试验报告填写应包括被试设备运行编号、试验时间、试验人员、天气情况、环境温度、湿度、使用地点、GIS 参数、试验结果、试验结论、试验性质（交接试验、预防性试验、检查、施行状态检修的应填明例行试验或诊断试验）、绝缘电阻表的型号、出厂编号，备注栏写明其他需要注意的内容，如是否拆除引线等。

八、案例

一台 220kV 型号为 8DN9 的 GIS 进行交流耐压试验，设备额定电压 245kV，出厂额定工频耐受电压 460kV，每相对地电容量 0.003μF，现有三节 125kV/4A 电抗器，电感量 80H，分别计算试验电压、试验频率和高压回路电流。

解：（1）试验电压值：规程规定现场交流耐压试验电压值为出厂试验施加电压值的 80%，所以应施加的试验电压 U_s=460×0.8=368（kV）。

（2）试验频率：试验频率根据被试品对地电容量（忽略电容分压器电容量）和电抗器电感量计算

$$f_0=\frac{1}{2\pi\sqrt{LC}}\times10^3=\frac{1}{6.28\sqrt{80\times3\times0.003}}\times10^3=188\text{（Hz）}$$

（3）高压回路电流为

$$I_L=I_C=\omega C_x U_s\times10^{-3}=6.28\times188\times0.003\times368\times10^{-3}=1.3\text{（A）}$$

【思考与练习】

1. 在进行 GIS 耐压试验时，对 GIS 内部 SF_6 气体密度或压力有什么要求？
2. 对 GIS 进行现场耐压试验时，对其中的电磁式电压互感器、避雷器、保护间隙应如何处理？
3. 耐压试验时 GIS 的电流互感器二次绕组如何处理？
4. GIS 老练试验的目的是什么？

第二十七章 线路参数测试

模块1 架空线路工频参数测试（ZY1800513001）

【模块描述】本模块介绍架空线路工频参数测试方法及技术要求。通过测试工作流程的介绍，掌握架空线路工频参数测试前的准备工作和相关安全、技术措施、测试方法、技术要求及测试数据分析判断。

【正文】

一、测试目的

架空线路工频参数主要测试正序阻抗、零序阻抗、正序电容、零序电容及平行线路间的互感。测试的目的是为计算系统短路电流、继电保护整定、推算潮流分布和选择合理运行方式等工作提供实际依据。

二、测试仪器、设备的选择

根据架空线路设计的要求，在参数的测试中测量仪器、仪表应能满足测量的接线方式、测试电压、测试准确度等。

1. 用电流、电压、功率表进行测量

（1）使用的静电电压表准确度不低于0.5级，测量范围为0～30kV。

（2）使用的电压、电流互感器应不低于0.2级，电压、电流表应不低于0.5级。测量范围满足测量要求。

（3）使用的功率表应选用 $\cos\varphi \ngtr 0.2$、准确度不低于1级的低功率因数功率表。

（4）三相调压器应选用波形畸变小和阻抗电压低的自耦调压器，容量 $\nless$20kVA，输出电压 0～450V。

（5）双（单）臂电桥，根据架空线长度进行选择。

（6）试验变压器的额定电压10/0.4kV，高压额定电流 $\nless$2A。

（7）隔离变压器（单/三相）额定电压380V，容量 $\nless$20kVA。

（8）试验用的电流线截面 $\nless 12mm^2$，电压线截面 $\nless 2.5mm^2$。

（9）隔离开关、温（湿）度计、接地线、短路线、放电棒、裸铜丝、万用表、三相电源引线、单相电源线（带剩余电流动作保护器）、二次连接线、绝缘杆等及试验方案、测试仪器设备及绝缘工器具检定证书的有效期、相关技术资料、相关规程等。

2. 用综合参数测试仪进行测量

准确度不低于0.5级。

三、危险点分析及控制措施

1. 防止测量时伤及工作人员

在开工前必须确认线路无人作业，方能进行试验工作。

2. 防止线路感应电压伤人

在测量感应电压后，将测得数据报线路对侧（短路侧）配合人员，以做好相应防护措施。在变更试验接线前应将架空线路接地充分放电，以防止剩余电荷、感应电压伤人及影响测量结果。

3. 防止测量时伤及试验人员

在测量过程中，应由工作负责人统一指挥，试验点和线路对侧（短路侧）配合人员应保持通信畅通，对侧（短路侧）配合人员的工作，应得到工作负责人许可后方可进行。严禁在雷雨天气进行线路参数测量，若在测量过程中沿线路有雷阵雨发生，则应立即停止测量。

4. 防止高处坠落

试验人员登高接线时系好安全带。

5. 防止高处落物伤人

高处作业应使用工具袋，上下传递物件应用绳索拴牢传递，严禁抛掷。

四、测试前的准备工作

1. 了解被试设备现场情况及试验条件

在测量前进行现场查勘，根据查勘内容编写试验方案，按表ZY1800513001-1和表ZY1800513001-2架空线路参数，估算被测线路的参数，即被测线路的直流电阻及阻抗值，并查阅相关技术资料及相关规程。

表ZY1800513001-1　　钢芯铝线架空线路直流电阻技术数据

型　号	标称截面（mm^2）	20℃时直流电阻（Ω/km）	型　号	标称截面（mm^2）	20℃时直流电阻（Ω/km）
LGJ–35	35	0.85	LGJ–150	150	0.21
LGJ–50	50	0.65	LGJ–185	185	0.17
LGJ–70	70	0.46	LGJ–240	240	0.132
LGJ–95	95	0.33	LGJ–300	300	0.107
LGJ–120	120	0.27	LGJ–400	400	0.080

表ZY1800513001-2　　钢芯铝线架空线路感抗技术数据　　Ω/km

型号 几何均距（mm）	LGJ–35	LGJ–50	LGJ–70	LGJ–95	LGJ–120	LGJ–150	LGJ–185	LGJ–240	LGJ–300	LGJ–400
2000	0.403	0.392	0.382	0.371	0.365	0.358				
2500	0.417	0.406	0.396	0.385	0.379	0.372				
3000	0.429	0.418	0.408	0.397	0.391	0.384	0.377	0.369		
3500	0.438	0.472	0.417	0.406	0.400	0.398	0.386	0.378		
4000	0.446	0.435	0.425	0.414	0.408	0.401	0.394	0.386		
4500			0.433	0.422	0.416	0.409	0.402	0.394		
5000			0.440	0.429	0.423	0.416	0.409	0.401		
5500					0.429	0.422	0.415	0.407		
6000					0.435	0.425	0.420	0.413	0.404	0.396
6500						0.432	0.425	0.420	0.409	0.400
7000						0.438	0.430	0.424	0.414	0.406
7500							0.435	0.428	0.418	0.409
8000								0.432	0.422	0.414
8500									0.425	0.418

2. 测试仪器、设备准备

选择合适的仪器、仪表、隔离开关、温（湿）度计、接地线、短路线、放电棒、裸铜丝、万用表、三相电源引线、单相电源线（带剩余电流动作保护器）、二次连接线、梯子、安全带、安全帽、电工常用工具、试验临时安全遮栏、标示牌、绝缘杆等，并查阅测试仪器、设备及绝缘工器具的检定证书有效期、试验方案、相关技术资料、相关规程等。

3. 办理工作票并做好试验现场安全和技术措施

进入试验现场后，办理工作票并做好试验现场安全措施。同时，向其余试验人员交代工作内容、带电部位、现场安全措施、现场作业危险点，以及明确人员分工及试验程序。

4. 会同施工再次确认

测量前在现场会同施工方，再次对线路进行确认。

五、现场测试步骤及要求

（一）测量线路感应电压

1. 测试接线

线路感应电压测试接线，如图 ZY1800513001-1 所示。

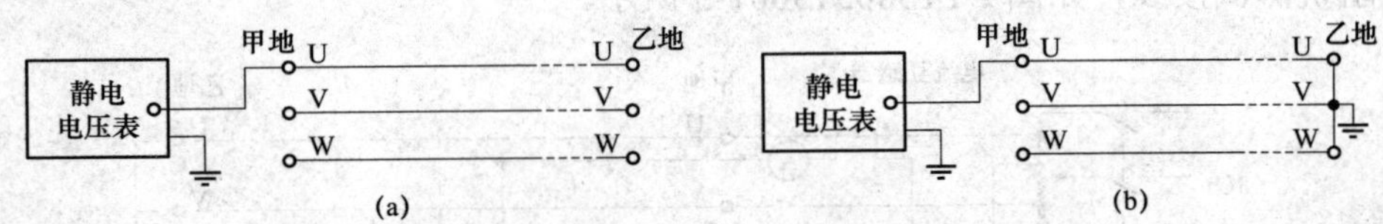

图 ZY1800513001-1　线路感应电压测试接线图

（a）线路末端开路；（b）线路末端接地

2. 测试步骤

工作负责人通知甲、乙两地试验人员按图 ZY1800513001-1（a）接线。对线路 U 相测量感应电压，并记录。依次对 V、W 相进行测量。

工作负责人通知甲、乙两地试验人员按图 ZY1800513001-1（b）接线。通知乙地试验人员将被测线路接地，再依次对 U、V、W 相进行感应电压测量，并记录。

完毕后，通知甲、乙两地试验人员将被测线路接地。

（二）测量线路直流电阻

1. 测试接线

线路直流电阻测试接线，如图 ZY1800513001-2 所示。

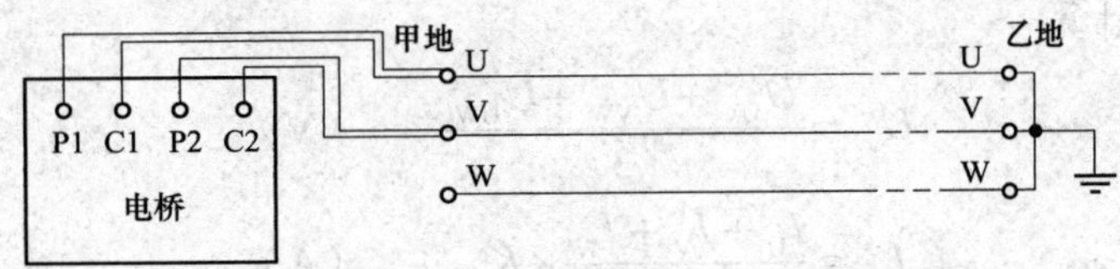

图 ZY1800513001-2　线路直流电阻测试接线图

2. 测试步骤

工作负责人通知乙地试验人员将被测线路三相短路接地。甲地试验人员按图 ZY1800513001-2 进行接线。对线路 UV 相测量直流电阻，并记录。依次对 VW、UW 相进行测量，完毕后，将甲地被测线路接地开关合上。

3. 测试数据整理及计算

将测得的 UV、VW、UW 相直流电阻值，用下式换算为每相直流电阻为

$$\left.\begin{aligned} R_U &= \frac{R_{UV} + R_{UW} - R_{VW}}{2} \\ R_V &= \frac{R_{UV} + R_{VW} - R_{UW}}{2} \\ R_W &= \frac{R_{UW} + R_{VW} - R_{UV}}{2} \end{aligned}\right\} \qquad (ZY1800513001\text{-}1)$$

式中　R_{UV}、R_{VW}、R_{UW}——测得的线电阻，Ω；

R_U、R_V、R_W——换算为每相直流电阻，Ω。

将每相直流电阻 R_U、R_V、R_W 用式（ZY1800513001-2）换算为每相 20℃时的直流电阻，再与试验方案中被测线路的直流电阻估算值进行比较，即

$$R_{20}=\frac{T+20}{T+t}\times R_{t} \quad \text{(ZY1800513001-2)}$$

式中 R_{20}——换算至温度 20℃时的电阻，Ω；

R_{t}——在温度 t 时测量的电阻，Ω；

T——温度换算系数，铜线 235，铝线 225。

（三）测量线路正序阻抗

1. 测试接线

线路正序阻抗测试接线，如图 ZY1800513001-3 所示。

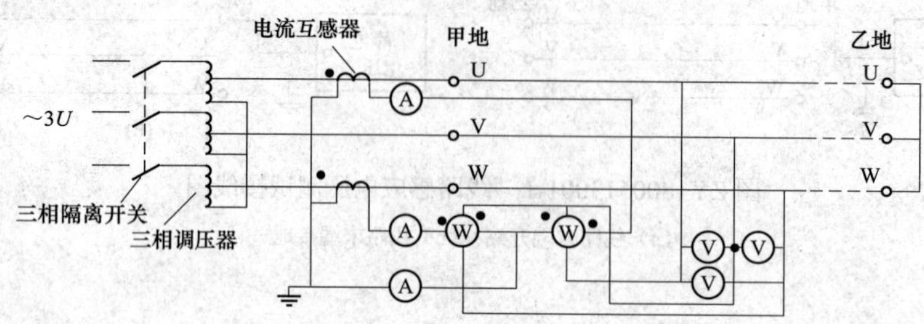

图 ZY1800513001-3 线路正序阻抗测试接线图

2. 测试步骤

工作负责人通知乙地试验人员将被测线路三相短路，甲地试验人员按图 ZY1800513001-3 进行接线。检查试验接线正确后，将三相电源加到被试线路甲地侧（U、V、W 端），然后调整调压器，慢慢升起电压，观察仪表指示是否正常。若无异常，将电流升至所需的试验电流值，同时读取并记录仪表指示值（电压：U_{UV}、U_{VW}、U_{UW}；电流：I_{U}、I_{V}、I_{W}；功率：P_{1}、P_{2}）。记录数据后，将调压器调回零，断开隔离开关。完毕后，通知甲、乙两地试验人员将被测线路接地开关合上。这里特别要注意电流互感器和功率表的“极性”。

3. 测试数据整理及计算

电压平均值
$$U_{av}=\frac{U_{UV}+U_{VW}+U_{UW}}{3} \quad \text{(V)} \quad \text{(ZY1800513001-3)}$$

电流平均值
$$I_{av}=\frac{I_{U}+I_{V}+I_{W}}{3}\times K_{TA} \quad \text{(A)} \quad \text{(ZY1800513001-4)}$$

功率平均值
$$P_{av}=P_{1}+P_{2} \quad \text{(W)} \quad \text{(ZY1800513001-5)}$$

正序电阻
$$R_{1}=\frac{P_{av}}{I_{av}^{2}l} \quad [\Omega/(\text{km}\cdot\text{相})] \quad \text{(ZY1800513001-6)}$$

正序阻抗
$$Z_{1}=\frac{U_{av}}{\sqrt{3}I_{av}l} \quad [\Omega/(\text{km}\cdot\text{相})] \quad \text{(ZY1800513001-7)}$$

正序电抗
$$X_{1}=\sqrt{(Z_{1}^{2}-R_{1}^{2})} \quad [\Omega/(\text{km}\cdot\text{相})] \quad \text{(ZY1800513001-8)}$$

正序电感
$$L_{1}=\frac{X_{1}}{\omega} \quad [\text{H}/(\text{km}\cdot\text{相})] \quad \text{(ZY1800513001-9)}$$

正序阻抗的阻抗角
$$\varphi=\arctan\frac{X_{1}}{R_{1}} \quad \text{(ZY1800513001-10)}$$

式中 U_{UV}、U_{VW}、U_{UW}——测得线路试验电压，V；

I_{U}、I_{V}、I_{W}——测得线路试验电流，A；

P_{1}、P_{2}——测得线路功率，W；

K_{TA}——电流互感器变比；

l——被测线路长度，km；

ω——角频率，在工频下为 314。

（四）测量线路零序阻抗

1. 测试接线

线路零序阻抗测试接线如图 ZY1800513001-4 所示。

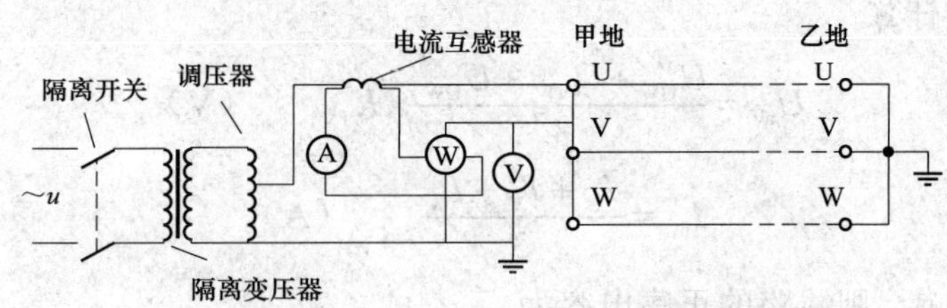

图 ZY1800513001-4　线路零序阻抗测试接线图

2. 测试步骤

工作负责人通知乙地试验人员将被测线路三相短路接地，甲地三相短路，试验人员按图 ZY1800513001-4 进行接线。检查试验接线正确后，将单相电源加到被试线路甲地侧三相短路，乙地侧三相短路接地，然后调整调压器，慢慢升起电压，观察仪表指示是否正常。若无异常，将电流升至所需的试验电流值，同时读取并记录仪表指示值（电压：U；电流：I；功率：P）。记录数据后，将调压器调回零，断开隔离开关。完毕后，通知甲、乙两地试验人员将被测线路接地开关合上。

3. 测试数据整理及计算

零序电阻　$$R_0=\frac{3P}{(IK_{TA})^2 l}$$　［Ω/（km・相）］　（ZY1800513001-11）

零序阻抗　$$Z_0=\frac{3U}{IK_{TA}l}$$　［Ω/（km・相）］　（ZY1800513001-12）

零序电抗　$$X_0=\sqrt{Z_0^2-R_0^2}$$　［Ω/（km・相）］　（ZY1800513001-13）

零序电感　$$L_0=\frac{X_0}{\omega}$$　［H/（km・相）］　（ZY1800513001-14）

零序阻抗的阻抗角　$$\varphi=\arctan\frac{X_0}{R_0}$$　（ZY1800513001-15）

式中　U——测得线路试验电压，V；

I——测得线路试验电流，A；

P——测得线路功率，W；

K_{TA}、l、ω意义同上。

（五）测量线路正序电容

1. 测试接线

线路正序电容测试接线如图 ZY1800513001-5 所示。

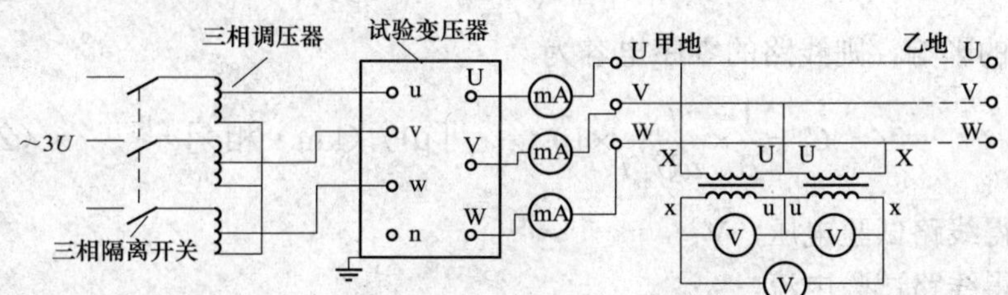

图 ZY1800513001-5　线路正序电容测试接线图

2. 测试步骤

工作负责人通知甲、乙两地试验人员将被测线路三相开路，试验人员按图 ZY1800513001-5 进行接线。检查试验接线正确后，将三相电源加到被试线路甲地侧，调整调压器缓慢升压，观察仪表指示是否正常，若无异常，将电压升至所需的试验电压值（一般为10kV左右），同时读取并记录仪表指示值（电压：U_{UV}、U_{VW}、U_{UW}；电流：I_U、I_V、I_W）。记录数据后，将调压器调回零，断开隔离开关。完毕后，通知甲、乙两地试验人员将被测线路接地开关合上。

3. 测试数据整理及计算

电压平均值 $$U_{av}=\frac{U_{UV}+U_{VW}+U_{UW}}{3}\times K_{TV}\quad (V) \qquad (ZY1800513001\text{-}16)$$

电流平均值 $$I_{av}=\frac{I_U+I_V+I_W}{3}\quad (A) \qquad (ZY1800513001\text{-}17)$$

不计线路电导的影响，则线路的正序电容为

$$C_1=\sqrt{3}\times\frac{I_{av}}{\omega U_{av}l}\times 10^{-3}\quad [\mu F/(km\cdot 相)] \qquad (ZY1800513001\text{-}18)$$

式中 U_{UV}、U_{VW}、U_{UW}——测得线路试验电压，V；

I_U、I_V、I_W——测得线路试验电流，A；

K_{TV}——电压互感器变比；

l、ω意义同上。

（六）测量线路零序电容

1. 测试接线

线路零序电容测试接线，如图ZY1800513001-6所示。

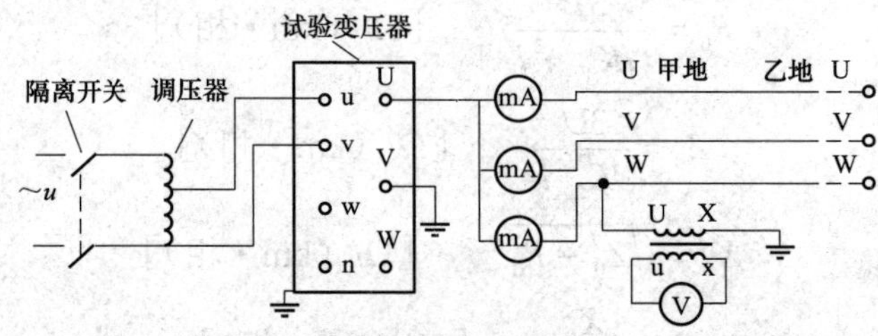

图ZY1800513001-6 线路零序电容测试接线图

2. 测试步骤

工作负责人通知甲、乙两地试验人员将被测线路三相开路，试验人员按图ZY1800513001-6进行接线。检查试验接线正确后，将单相电源加到被试线路甲地侧，调整调压器缓慢升压，观察仪表指示是否正常。若无异常，将电压升至所需的试验电压值（一般为数千伏左右），同时读取并记录仪表指示值（电压：U；电流：I_U、I_V、I_W）。记录数据后，将调压器调回零，断开隔离开关。完毕后，通知甲、乙两地试验人员将被测线路接地开关合上。

3. 测试数据整理及计算

试验电压 $$U_{av}=U\times K_{TV}\quad (V) \qquad (ZY1800513001\text{-}19)$$

试验电流 $$I_{av}=I_U+I_V+I_W\quad (A) \qquad (ZY1800513001\text{-}20)$$

不计线路电导的影响，则线路的零序电容为

$$C_0=\frac{1}{3}\times\frac{I_{av}}{\omega U_{av}l}\times 10^{-3}\quad [\mu F/(km\cdot 相)] \qquad (ZY1800513001\text{-}21)$$

式中 U——测得线路试验电压，V；

I_U、I_V、I_W——测得线路试验电流，A；

K_{TV}、l、ω意义同上。

（七）测量线路耦合电容

由于目前同杆且平行的架空线路很普遍，当一条线路发生故障时，通过电容传递的过电压可能危及另一条线路的安全，在分析电容传递的过电压时，需测量2条架空线路之间的耦合电容。

1. 测试接线

线路耦合电容测试接线，如图 ZY1800513001-7 所示。

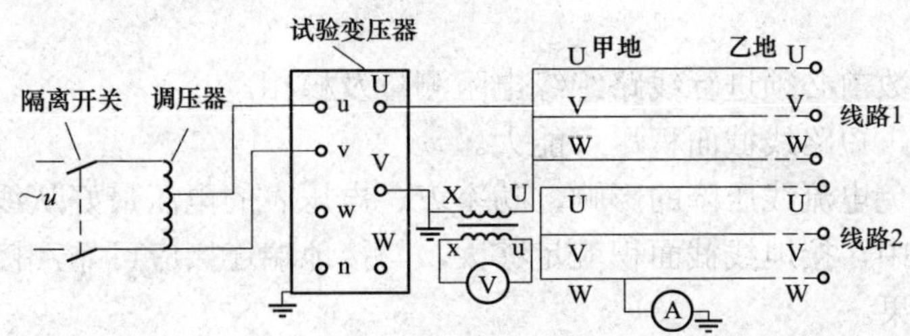

图 ZY1800513001-7　线路耦合电容测试接线图

2. 测试步骤

工作负责人通知甲地试验人员将两条被测线路短路，乙地试验人员将两条被测线路开路，试验人员按图 ZY1800513001-7 进行接线。检查试验接线正确后，在甲地侧将单相电源加到被试线路 1，在被测线路 2 首端经电流表接地，调整调压器缓慢升压，观察仪表指示是否正常。若无异常，将电压升至所需的试验电压值（试验电压一般为数千伏左右），同时读取并记录仪表指示值（电压：U；电流：I）。记录数据后，将调压器调回零，断开隔离开关。完毕后，通知甲、乙两地试验人员将被测线路接地。

3. 测试数据整理及计算

耦合电容　$$C_m = \frac{I}{\omega U K_{TV}} \times 10^6 \quad (\mu F) \qquad (ZY1800513001\text{-}22)$$

式中　U——测量电压，V；

I——测量电流，A；

K_{TV}、ω 意义同上。

（八）测量线路互感

由于目前同杆且平行的架空线路很普遍，当一条线路中通过不对称短路电流，通过互感的作用，在另一条线路将会产生感应电压或电流，可能会使继电保护误动。在分析互感时，需测量 2 条架空线路之间的互感。

1. 测试接线

线路互感测试接线，如图 ZY1800513001-8 所示。

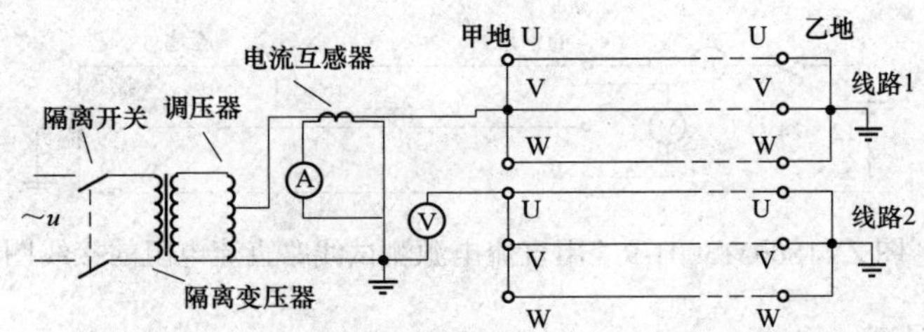

图 ZY1800513001-8　线路互感测试接线图

2. 测试步骤

工作负责人通知，甲地试验人员将两条被测线路短路，乙地试验人员将两条被测线路短路接地，试验人员按图 ZY1800513001-8 进行接线。检查试验接线正确后，在甲地侧将单相电源加到被试线路 1，在被测线路 2 首端经电压表（高内阻）接地，乙地侧两条线路三相短路接地。然后调整调压器，慢慢升起电压，观察仪表指示是否正常。若无异常，将电压升至所需的试验电流值，同时读取并记录仪表指示值（电压：U；电流：I）。记录数据后，将调压器调回零，断开隔离开关。完毕后，通知甲、乙两地试验人员将被测线路接地开关合上。

3. 测试数据整理及计算

互感　$$M = \frac{\sqrt{U^2 - U_0^2}}{\omega I} \quad (H) \qquad (ZY1800513001\text{-}23)$$

式中 U_0——线路 2 在末端短路接地时，首端短路的感应电压；

U、I、ω意义同上。

六、测试注意事项

（1）在测量工频参数前必须进行线路绝缘电阻测量及核相。

（2）在测量阻抗时，短路线截面积尽可能大。

（3）在试验时为避免电流线压降的影响，功率表、电压表的电压最好从线路端子处取。

（4）零序阻抗测试中，接地线截面积应足够大，与接地端连接应可靠，接地电阻尽可能小，以防止接地不良影响测量结果。

（5）电容测量时，试验电压高低直接影响测量结果，当线路有感应电压时，试验电压应大于感应电压值。

（6）在测量零序电容时，若线路过长，应在线路首、末端同时测量电压，计算电容时试验电压为首、末两端电压的平均值。

（7）感应电压过高（＞3000V）时应向上级部门回报，取消线路参数测量工作或将相邻、相交线路配合停电以降低感应电压。

七、测试结果分析及测试报告编写

（一）测试结果分析

1. 测试标准及要求

根据架空线路型号、长度并依据厂家提供的参数，可得到被试架空线路 20℃时的工频参数理论值，测量值应与理论值无明显差异。

2. 测试结果分析

（1）测量直流电阻值与试验方案计算值比较，若有明显差异，表明设计长度与施工长度不一致或架空线路连接处接触电阻过大。

（2）测量的正序电阻与直流电阻在相同温度下比较，一般正序电阻与直流电阻值的比值一般在 1.05～1.20。

（3）在线路的感应电压过高时，采用电桥测量直流电阻，电桥的“检流计”指针晃动较大，难以平衡，可以在电桥上的 P1 或 P2 端接地，进行测量。也可以将线路末端三相短路接地进行测量。或采用直流电源加电压表、电流表进行测量，其接线如图 ZY1800513001-9 所示。

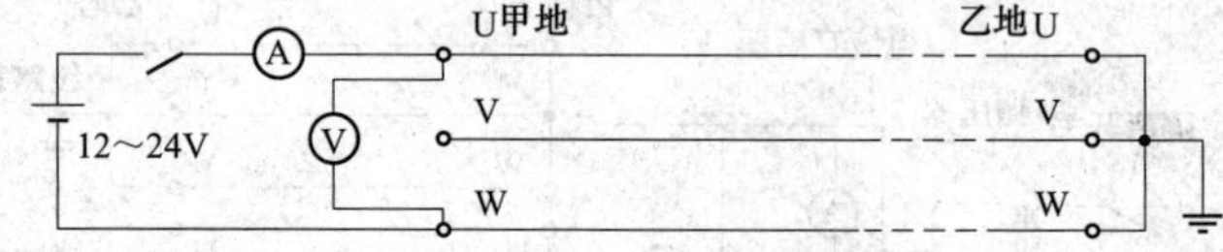

图 ZY1800513001-9 用直流电源测试线路直流电阻的接线图

直流电阻可按下式计算

$$R_{UW}=\frac{U}{I} \qquad (ZY1800513001\text{-}24)$$

式中 U、I——测量时的电压、电流，V、A。

（4）当线路的感应电压过高（＞1000V）时，采用“双功率表”测量正序阻抗（接线见图 ZY1800513001-3），可能使功率表读数偏低或偏高，导致正序电阻值不准确，影响线路的阻抗角。可以采用“三功率表将线路末端短路接地”、“双功率表换相”、“单功率表分相”等方法进行测量，以降低感应电压的影响。

（5）测量零序阻抗时，在电源侧可以采用线电压输入隔离变压器，以避免电源零序分量影响。若现场无三相电源，可用单相电源进行测量，试验人员按图 ZY1800513001-4 进行接线。先测量一次（U_{01}、I_{01}、P_{01}），再将隔离变压器输出“倒相”测量一次（U_{02}、I_{02}、P_{02}），其电压平均值为$\sqrt{\dfrac{U_{01}^2+U_{02}^2}{2}}$、电流平均值、功率平均值计算用公式，其零序电阻、零序阻抗、零序电抗、零序电感计算用式（ZY1800513001-11）～式（ZY1800513001-14）。

（6）相间电容（C_2）的计算。线路在三相对称电压作用下，正序电容（C_1）为各相对地等值电容，零序电容（C_0）为导线的对地电容，其等值电路如图 ZY1800513001-10 所示。

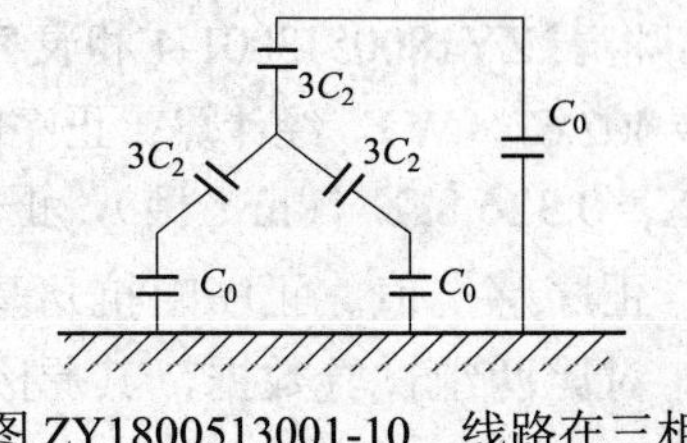

图 ZY1800513001-10　线路在三相对称电压作用下的等值电路图

因正序电容 $C_1 = 3C_2 + C_0$，故相间电容

$$C_2 = \frac{1}{3}(C_1 - C_0) \quad \text{（ZY1800513001-25）}$$

（7）由于感应电压的影响，在测量两条线路互感时，必须排除干扰因素，才能获得准确的实验数据。在现场按图 ZY1800513001-8 进行接线测量。在线路 1 不加压时测量线路 2 上的干扰电压（U_0），然后对线路 1 加压，读取电流（I_1）、电压（U_1）。切断电源，再将隔离变压器输出“倒相”测量，读取电流（I_1）、电压（U_2），则互感为

$$M = \frac{1}{\omega I_1} \times \sqrt{\frac{U_1^2 + U_2^2}{2} - U_0^2} \quad \text{（ZY1800513001-26）}$$

（8）若遇同塔双回线路，在测量线路零序阻抗、零序电容时，非被测线路首、末两端开路，以免互感、耦合电容影响测量值。

（二）测试报告编写

测试报告填写应包括测试时间、测试人员、天气情况、环境温度、湿度、使用地点、导线、地线的规格型号及基本参数、线路名称、测试结果、测试结论、试验性质（交接试验、预防性试验、检查、施行状态检修的应填明例行试验或诊断试验）、仪器、仪表、互感器型号、出厂编号，备注栏写明其他需要注意的内容，如是否拆除引线等。

八、案例

某 110kV 架空线路，导线型号为 LGJ-240/30，长度 53.7km，其线路参数测试数据如表 ZY1800513001-3、表 ZY1800513001-4 所示。

表 ZY1800513001-3　　线路参数测试数据

项目 \ 相别	U	V	W
感应电压（V）	3200	3700	2000

表 ZY1800513001-4　　测量正序阻抗数据（双功率表）

电压（V）			电流（A）			功率（W）	
U_{UV}	U_{VW}	U_{UW}	I_U	I_V	I_W	P_{UV}	P_{WV}
198	192	188	11.8	5	10	1104	−576

经计算正序电阻 R_1=0.123 3Ω/（km・相），正序阻抗 Z_1=0.232 0Ω/（km・相），正序感抗值 X_1=0.196 5Ω/（km・相），正序阻抗角 φ=57.89°。分析以上测量数据发现，正序电阻值基本正常，但正序阻抗、正序感抗值、正序阻抗角偏小。

在现场将电源进行换相，对线路加压，分别测得数据，如表 ZY1800513001-5 所示。

表 ZY1800513001-5　　电源进行换相测量正序阻抗数据（双功率表）

电压（V）			电流（A）			功率（W）	
U_{UV}	U_{VW}	U_{UW}	I_U	I_V	I_W	P_{UV}	P_{WV}
280	280	278	6.5	7.6	11.8	−464	1016
294	283	290	7.2	8.4	2	200	−72

将表 ZY1800513001-4 和表 ZY1800513001-5 中的试验数据进行综合计算：U_{av}=253.67（V），I_{av}=7.81（A），P_{av}=402.67（W）。经计算：正序电阻 R_1=0.123 0Ω/（km·相），正序阻抗 Z_1= 0.349 2Ω/（km·相），正序感抗 X_1=0.326 8Ω/（km·相），正序阻抗角 φ=69.37°。分析以上测量数据发现，正序电阻值、正序阻抗值、正序感抗值、正序阻抗角基本正常。

对比两组试验数据，其原因是受感应电压的影响，感应电压过高对测量及计算结果会造成很大的干扰。

【思考与练习】

1. 画出用“双功率表”测量正序阻抗接线图。

2. 说明测量耦合电容、互感的意义。

3. 画出测量零序电容接线图，写出计算公式并说明注意事项。

4. 对一条 110kV 的架空线路进行参数测试，在试验前进行查勘得到的数据为：线路型号 LGJ-240，线路长度 17.890km，线路几何均距 4.5m。试在试验方案中估算出被测线路总的直流电阻、正序阻抗、零序阻抗？

模块 2 电力电缆工频参数测试（ZY1800513002）

【模块描述】本模块介绍电力电缆工频参数测试方法及技术要求。通过测试工作流程的介绍，掌握电力电缆工频参数测试前的准备工作和相关安全、技术措施、测试方法、技术要求及测试数据分析判断。

【正文】

一、测试目的

随着城市规模的扩大，架空输电线路逐渐减少，因此测试电缆工频参数为计算系统短路电流、继电保护整定值、推算潮流分布和选择合理运行方式等提供实际依据，并可以检查电缆在安装、敷设时的质量是否满足设计的要求。

二、测试仪器、设备的选择

根据电缆线路设计的要求，在参数的测试中对测量仪器、仪表应能满足测量的接线方式、测试电压、测试准确度等，因此，对测试设备的主要参数进行选择。

1. 用电流、电压、功率表进行测量

（1）使用的高内阻电压表准确度不低于 0.5 级，测量范围 0～2kV，钳形电流表准确度不低于 1 级。

（2）使用的电流互感器应不低于 0.2 级，电压、电流表应不低于 0.5 级，测量范围满足测量要求。

（3）使用的功率表应选用 cosφ ≯0.2、准确度不低于 0.5 级的低功率因数功率表。

（4）三相调压器应选用波形畸变小和阻抗电压低的自藕调压器，容量≮20kVA，输出电压 0～450V。

（5）双（单）臂电桥，根据电缆长度进行选择。

（6）隔离变压器（单/三相）额定电压 380V，容量≮20kVA。

（7）试验用的电流线其截面≮12mm²，电压线其截面≮2.5mm²。

（8）隔离开关、温（湿）度计、接地线、短路线、放电棒、裸铜丝、万用表、三相电源引线、单相电源线（带剩余电流动作保护器）、二次连接线、绝缘杆等及试验方案、测试仪器设备及绝缘工器具检定证书的有效期、相关技术资料、相关规程等。

2. 用综合参数测试仪进行测量

其准确度不低于 0.5 级。

三、危险点分析及控制措施

1. 防止试验时伤及工作人员

在开工前必须取得电缆线路施工方确认线路工作已完成，电缆线路及两侧均无工作人员后方能进行试验工作。

2. 防止电缆线路感应电压、电流伤人

多条电缆线路同沟敷设时，其运行的电缆会在被测电缆产生感应电压、电流，在测量感应电压、电流后，并将测得数据报配合短路侧人员，以做好相应防护措施。且在变更试验接线前应将电缆对地充分放电，以防止剩余电荷、感应电压、电流伤人及影响测量结果。

3. 防止测量时误加压伤及试验人员

在测量过程中，对线路接地刀闸的拉合应有工作负责人统一指挥，以保证拉合操作与测量步骤同步一致。而且，试验点和配合短路点应保证通信畅通，加压、拉合接地开关均应告知对侧并得到许可后方可进行。

4. 防止高处坠落

试验人员登高接线时应系好安全带。

5. 防止高处落物伤人

高处作业应使用工具袋，上下传递物件应用绳索拴牢传递，严禁抛掷。

6. 防止试验引起保护误动

若电缆两端与 GIS 相连，而试验电流要通过 GIS 内部的电流互感器，必须将继电保护退出，否则要引起保护动作，造成停电事故。

四、测试前的准备工作

1. 了解被试设备现场情况及试验条件

在测量前进行现场查勘，根据查勘内容编写试验方案，并根据电缆生产厂家提供的20℃芯线直流电阻、护层直流电阻及正序阻抗，估算出被测电缆线路的直流电阻及正序阻抗，再根据电缆的“金属护层”接地方式，估算出被测电缆线路的零序阻抗。

2. 测试仪器、设备准备

选择合适的仪器、仪表、隔离开关、温（湿）度计、接地线、短路线、放电棒、裸铜丝、万用表、三相电源引线、单相电源线（带剩余电流动作保护器）、二次连接线、梯子、安全带、安全帽、电工常用工具、试验临时安全遮栏、标示牌、绝缘杆等，并查阅测试仪器、设备及绝缘工器具的检定证书有效期、试验方案、相关技术资料、相关规程等。

3. 办理工作票并做好试验现场安全和技术措施

进入试验现场后，办理工作票并做好试验现场安全措施，并向其余试验人员交代工作内容、带电部位、现场安全措施、现场作业危险点，以及明确人员分工及试验程序。

4. 会同施工确认

测量前在现场会同施工方，再次对线路进行确认

五、现场测试步骤及要求

（一）测量电缆线路感应电压

应分别在每一相上进行。对一相进行试验或测量时，其金属屏蔽或金属套和铠装层一起接地。

1. 测试接线

电缆线路感应电压测试接线，如图 ZY1800513002-1 所示。

2. 测试步骤

工作负责人通知甲、乙两地试验人员将被测线路接地开关拉开，电缆线路两侧悬空。先对电缆线路 U 相测量感应电压，并记录；再依次对 V、W 相进行测量。最后通知甲、乙两地试验人员将被测线路接地。

（二）测量电缆感应电流

应分别在每一相上进行，对一相进行试验或测量时，其金属屏蔽或金属套和铠装层一起接地。

1. 测试接线

电缆线路感应电流测试接线，如图 ZY1800513002-2 所示。

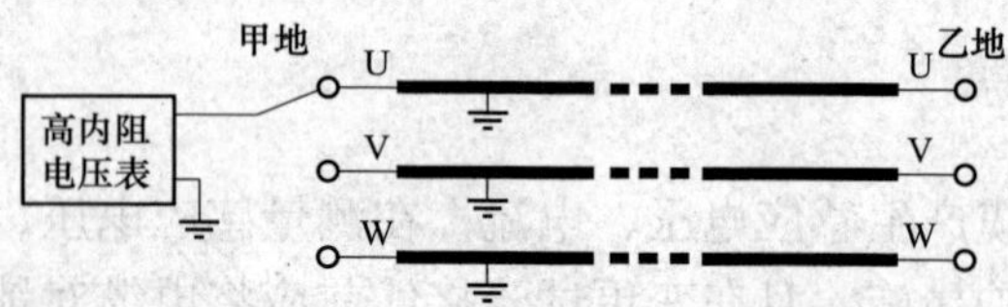

图 ZY1800513002-1 电缆线路感应电压测试接线图

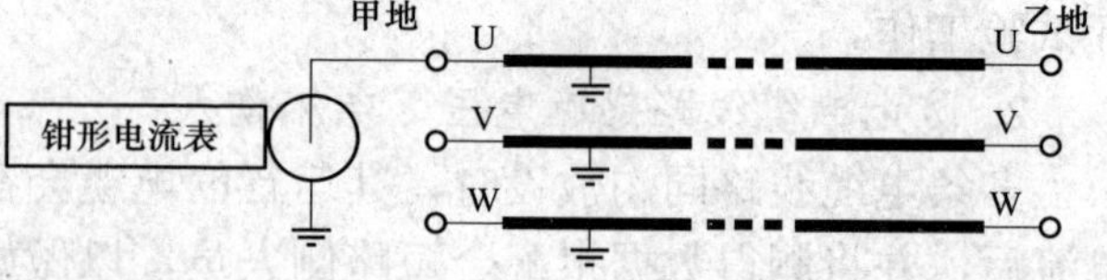

图 ZY1800513002-2 电缆线路感应电流测试接线图

2. 测试步骤

工作负责人通知甲、乙两地试验人员将被测线路接地开关拉开，电缆线路两侧悬空。对电缆线路U相测量感应电流，并记录。再依次对V、W相进行测量，完毕后，通知甲、乙两地试验人员将被测线路接地。

（三）测量电缆线路直流电阻

1. 测试接线

电缆线路直流电阻测试接线，如图 ZY1800513002-3 所示。

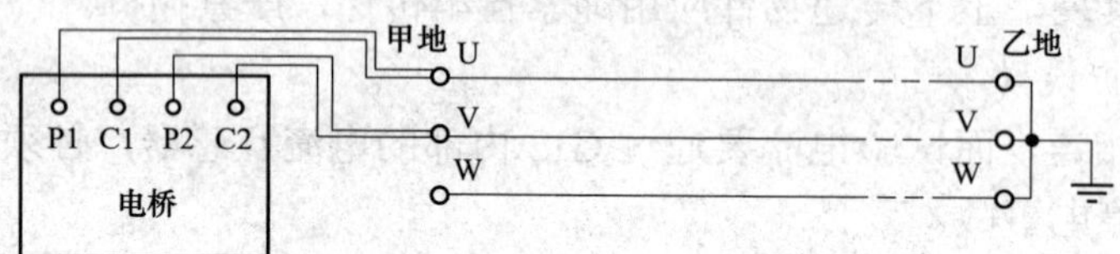

图 ZY1800513002-3 电缆线路直流电阻测试接线图

2. 测试步骤

工作负责人通知乙地试验人员将被测电缆线路三相短路接地，甲地试验人员按图 ZY1800513002-3 进行接线，对电缆线路 UV 相测量直流电阻，并记录。再依次对 VW、UW 相进行测量，完毕后，将甲地被测线路接地。

3. 测试数据整理及计算

将测得的 UV、VW、UW 相直流电阻值，用下式换算为每相直流电阻，即

$$\left.\begin{aligned} R_{\mathrm{U}} &= \frac{R_{\mathrm{UV}}+R_{\mathrm{UW}}-R_{\mathrm{VW}}}{2} \\ R_{\mathrm{V}} &= \frac{R_{\mathrm{UV}}+R_{\mathrm{VW}}-R_{\mathrm{UW}}}{2} \\ R_{\mathrm{W}} &= \frac{R_{\mathrm{UW}}+R_{\mathrm{VW}}-R_{\mathrm{UV}}}{2} \end{aligned}\right\} \qquad (\text{ZY1800513002-1})$$

式中 R_{UV}、R_{VW}、R_{UW}——测得的线电阻，Ω；

R_{U}、R_{V}、R_{W}——换算为每相直流电阻，Ω。

将每相直流电阻 R_{U}、R_{V}、R_{W} 用式（ZY1800513002-2）换算为每相 20℃直流电阻值，再与试验方案中被测电缆线路的直流电阻估算值进行比较，即

$$R_{20} = \frac{T+20}{T+t} \times R_{\mathrm{t}} \qquad (\text{ZY1800513002-2})$$

式中 R_{20}——换算至温度 20℃时的电阻，Ω；

R_{t}——在温度 t 时测量的电阻，Ω；

T——温度换算系数，铜线 235，铝线 225。

（四）测量线路正序阻抗

1. 测试接线

电缆线路正序阻抗测试接线，如图 ZY1800513002-4 所示。

2. 测试步骤

工作负责人通知乙地试验人员将被测电缆线路三相短路，甲地试验人员按图 ZY1800513002-4 进行接线。检查试验接线正确后，将三相电源加到被试电缆线路甲地侧（U、V、W 端），乙地侧三相短

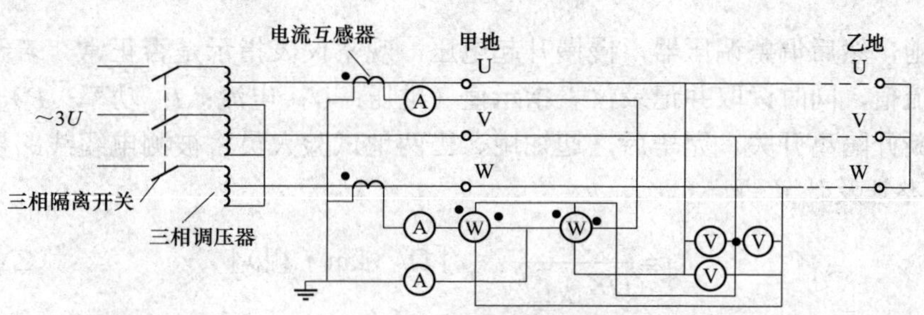

图 ZY1800513002-4　电缆线路正序阻抗测试接线图

路，然后调整调压器，慢慢升起电压，观察仪表指示是否正常，若无异常，将电流升至所需的试验电流值，同时读取并记录仪表指示值（电压：U_{UV}、U_{VW}、U_{UW}；电流：I_U、I_V、I_W；功率：P_1、P_2）。记录数据后，将调压器调回零，断开隔离开关。完毕后，通知甲、乙两地试验人员将被测线路接地开关合上。这里特别要注意，电流互感器、功率表的“极性”。

3. 测试数据整理及计算

电压平均值　$$U_{av}=\frac{U_{UV}+U_{VW}+U_{UW}}{3}\quad (V)\qquad (ZY1800513002\text{-}3)$$

电流平均值　$$I_{av}=\frac{I_U+I_V+I_W}{3}\times K_{TA}\quad (A)\qquad (ZY1800513002\text{-}4)$$

功率平均值　$$P_{av}=P_1+P_2\quad (W)\qquad (ZY1800513002\text{-}5)$$

正序电阻　$$R_1=\frac{P_{av}}{{I_{av}}^2 l}\quad [\Omega/(km\cdot 相)]\qquad (ZY1800513002\text{-}6)$$

正序阻抗　$$Z_1=\frac{U_{av}}{\sqrt{3}I_{av}l}\quad [\Omega/(km\cdot 相)]\qquad (ZY1800513002\text{-}7)$$

正序电抗　$$X_1=\sqrt{Z_1^2-R_1^2}\quad [\Omega/(km\cdot 相)]\qquad (ZY1800513002\text{-}8)$$

正序电感　$$L_1=\frac{X_1}{\omega}\quad [H/(km\cdot 相)]\qquad (ZY1800513002\text{-}9)$$

式中　U_{UV}、U_{VW}、U_{UW}——测得线路试验电压，V；
I_U、I_V、I_W——测得线路试验电流，A；
P_1、P_2——测得线路功率，W；
K_{TA}——电流互感器变比；
l——被测线路长度，km；
ω——角频率，在工频下为 314。

（五）测量线路零序阻抗

1. 测试接线

电缆线路零序阻抗测试接线，如图 ZY1800513002-5 所示。

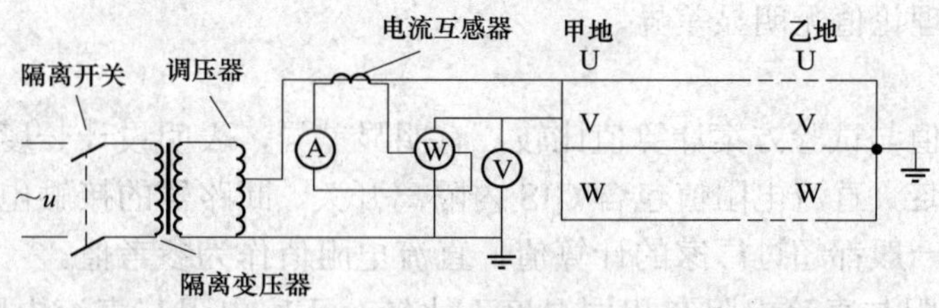

图 ZY1800513002-5　电缆线路零序阻抗测试接线图

2. 测试步骤

工作负责人通知乙地试验人员将被测电缆线路三相短路接地，甲地三相短路，试验人员按图 ZY1800513002-5 进行接线。检查试验接线正确后，将单相电源加到被试电缆线路甲地侧三相短路，乙

模块 2
ZY1800513002

地侧三相短路接地，然后调整调压器，慢慢升起电压，观察仪表指示是否正常，若无异常，将电流升至所需的试验电流值，同时读取并记录仪表指示值（电压：*U*；电流：*I*；功率：*P*）。记录数据后，将调压器调回零，断开隔离开关。完毕后，通知甲、乙两地试验人员将被测电缆线路接地。

3. 测试数据整理及计算

零序电阻 $$R_0=\frac{3P}{(IK_{TA})^2 l}$$ ［Ω/（km·相）］ （ZY1800513002-10）

零序阻抗 $$Z_0=\frac{3U}{IK_{TA}l}$$ ［Ω/（km·相）］ （ZY1800513002-11）

零序电抗 $$X_0=\sqrt{Z_0^2-R_0^2}$$ ［Ω/（km·相）］ （ZY1800513002-12）

零序电感 $$L_0=\frac{X_0}{\omega}$$ ［H/（km·相）］ （ZY1800513002-13）

式中 *U*——测得线路试验电压，V；

I——测得线路试验电流，A；

P——测得线路功率，W；

K_{TA}、l、ω意义同上。

六、测试注意事项

（1）在测量阻抗时，短路线截面积应尽可能大。

（2）在试验时为避免电流线压降的影响，功率表、电压表的电压最好从线路端子处取。

（3）零序阻抗测试中，接地线截面积应足够大，与接地端连接应可靠，以防止接地不良干扰零序电阻测量。

（4）测量感应电流时，电缆线路末端应不接地，以避免分流造成测量不准确。

（5）零序阻抗测试中，电缆“金属护层”的接地方式与运行时的实际方式保持一致。

（6）施工方提供的电缆线路长度要准确，若提供的理论线路长度和实际长度相差过大会严重干扰对测量值的判断。

（7）严禁在雷雨天气进行线路参数测量，若在测量过程中沿线路有雷阵雨发生，则应立即停止测量。

（8）当被测电缆线路感应电压过高（＞1000V）、感应电流过大（＞30A）时，应向上级部门回报，取消线路参数测量工作或将同沟敷设运行的电缆线路配合停电以降低感应电压、电流。

（9）在测量正序阻抗时，采用双瓦特表法，要注意“极性”。

（10） 在测量零序阻抗时，应采用隔离变，以避免系统零序分量的干扰。

七、测试结果分析及测试报告编写

（一）测试结果分析

1. 测试标准及要求

根据电缆线路型号、长度并依据厂家提供的参数，可得到被试电缆线路20℃的直流电阻及正序阻抗理论值，测量值应与理论值无明显差异。

2. 测试结果分析

（1）测量直流电阻值与试验方案计算值比较，有明显差异，表明设计长度与施工长度不一致。若考虑电缆两端与GIS相连，直流电阻值包含GIS内隔离开关、断路器的接触电阻，以及到GIS内接地开关接触电阻的影响。一般都超过厂家的计算值，直流电阻值作为参考值。

（2）测量的正序电阻与直流电阻在相同温度下比较，正序电阻与直流电阻的比值一般在1.05～1.15。

（3）在正常情况下，电缆线路的正序阻抗的阻抗角一般在75°左右，其计算为

$$\varphi=\arctan\frac{X_1}{R_1}$$ （ZY1800513002-14）

（4）在电缆线路的感应电压过高、感应电流过大时，采用电桥测直流电阻，电桥的“检流计”指针晃动较大，难以平衡，可以在电桥的 P1 或 P2 端接地，进行测量。也可以将线路末端三相短路接地进行测量。或采用直流电源加电压表、电流表进行测量，其接线如图 ZY1800513002-6 所示。

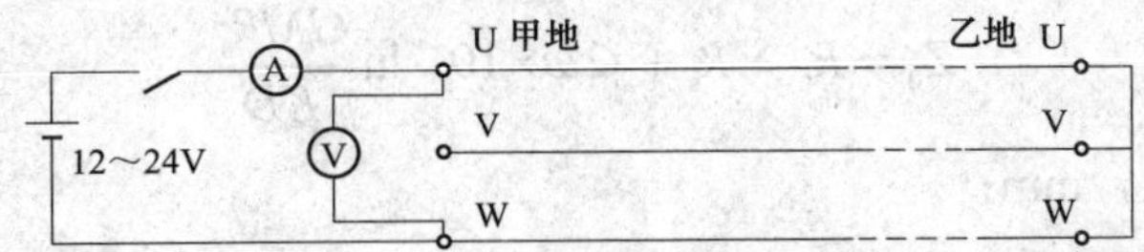

图 ZY1800513002-6　用直流电源测量电缆线路直流电阻的接线图

直流电阻计算为

$$R_{UW} = \frac{U}{I} \qquad \text{(ZY1800513002-15)}$$

式中　U、I——测量时的电压、电流。

（5）在电缆线路的感应电压过高、感应电流过大时，采用“双功率表”测量正序阻抗，如图 ZY1800513002-4 所示，可能使功率表读数偏低或偏高，导致正序电阻值不准确，影响线路的阻抗角。可以采用“三功率表将线路末端短路接地”、“双功率表换相”、“单功率表分相”等方法进行测量，以降低感应电压、感应电流的影响。

（6）电缆线路“金属护层”接地方式对阻抗的影响。

1）对正序阻抗的影响。

一是，“金属护层”一端直接接地时，其正序阻抗一般用下式来计算

$$Z_1 = R_C + j2\omega\times10^{-4}\ln\frac{2^{1/3}s}{D_A} \qquad \text{(ZY1800513002-16)}$$

式中　R_C——电缆芯线的交流电阻，Ω；

s——电缆敷设时每相之间的距离，mm；

D_A——电缆芯线的几何平均半径，mm。

二是，“金属护层”两端直接接地时，其正序阻抗一般用下式来计算

$$Z_1=R_C+\frac{X_m^2\cdot R_s}{X_s^2+R_s^2}\cdot j2\omega\times10^{-4}\ln\frac{2^{1/3}s}{D_A}-j\frac{X_m^3}{X_m^2+R_s^2} \qquad \text{(ZY1800513002-17)}$$

式中　X_m——金属护套与芯线之间的互阻抗，H；

X_s——金属护套的自感抗，H；

R_s——金属护套的直流电阻，Ω；

R_C、s、D_A 意义同上。

而

$$X_m \approx X_s \approx j2\omega\times10^{-4}\ln\frac{2^{1/3}s}{GMR_s}$$

式中　GMR_s——金属护层的几何平均半径，mm。

从式（ZY1800513002-16）和式（ZY1800513002-17）可以看出，电缆金属护层的接地方式不同，其正序阻抗的计算就不同。电缆的正序感抗与电缆的敷设排列方式、金属护套与芯线之间的阻抗及金属护套的自感抗等有关，而正序电阻基本相同。

2）对零序阻抗的影响。

一是，“金属护层”一端直接接地时，其零序阻抗一般用下式来计算

$$Z_0 = R_C + 3R_g + j\omega\times10^{-4}\ln\frac{D_e^3}{2^{2/3}GMR_A s^2} \qquad \text{(ZY1800513002-18)}$$

式中　R_g——大地漏电电阻，Ω；

D_e——大地故障电流回流时的等值深度，mm；

GMR_A——电缆芯线几何平均半径，mm；

R_C、s 意义同上。

二是，“金属护层”两端直接接地时，其零序阻抗一般用下式来计算

$$Z_0 = R_C + R_s + j2\omega\times10^{-4}\ln\frac{GMR_s}{KD} \qquad (ZY1800513002\text{-}19)$$

式中 D——电缆芯线直径，mm；

K——填充系数；

R_s、R_C、GMR_s 意义同上。

从式（ZY1800513002-18）和式（ZY1800513002-19）可以看出，电缆的金属护层接地方式不同，其零序阻抗计算方式就不同。金属护层一端接地，其零序电流是经大地流回，零序阻抗值与土壤漏电电阻有关；金属护层两端接地，其零序电流是经金属护层流回，其值与金属护层的材料和几何尺寸有关。比较式（ZY1800513002-18）和式（ZY1800513002-19）可见，金属护层一端直接接地时，由于 $3R_g$ 较大，故电缆的零序电阻远大于正序电阻。

（二）测试报告编写

测试报告填写应包括测试时间、测试人员、天气情况、环境温度、湿度、使用地点、线路型号、长度、线路名称编号及护层的接地方式、试验结果［正、零序阻抗测量数据应换算值 75℃（或 90℃）］、试验结论、试验性质（交接试验、预防性试验、检查、施行状态检修的应填明例行试验或诊断试验）、仪器、仪表、互感器型号、出厂编号，备注栏写明其他需要注意的内容，如是否拆除引线等。

八、案例

某 220kV 线路电缆线型号为 YJQ02−127/220×800mm²，长度 1.01km，电缆厂家提供的电缆理论参数是按护层两点接地，平行敷设，计算值 Z_1＝0.041 2＋j0.182（Ω/km）；Z_0＝0.136＋j0.135（Ω/km），直流电阻 R＝0.036 6（Ω/km，20℃时）；现场测试结果如表 ZY1800513002−1 和表 ZY1800513002-2 所示。

表 ZY1800513002-1 线路参数测试结果 1

项目 \ 相别	U	V	W
感应电压（V）	1	4	2
感应电流（A）	3	7	4
20℃直流电阻（Ω）	0.040 1	0.040 4	0.039 7

表 ZY1800513002-2 线路参数测试结果 2

项目	R	X	Z
正序（Ω）	0.042 2	0.185 7	0.190 4
零序（Ω）	0.331 5	0.581 2	0.669 1

在确认测量接线、测量仪器、接地状况都正常，两侧变电站主地网接地电阻均合格后，由于电缆两端与 GIS 相连，而线路接地开关的接地端在 GIS 内部，试验回路是通过 GIS 内部的隔离开关、断路器，因此所测直流电阻值＞厂家提供的理论值（0.036 6Ω/km）是正常的。而电缆实际敷设是“金属护层”一端接地，测得的正序阻抗值与厂家提供的理论值基本相等。测得的零序阻抗值按 R_0/R_1、X_0/X_1 比值基本符合电缆“金属护层”一端接地的规律，故所测量的参数是正确的。

【思考与练习】

1. 温度为 32℃时测得的电缆线路正序阻抗 Z_1 为 0.044 6＋j0.192 7Ω，换算到温度为 90℃时的正序阻抗值是多少？

2. 画出电缆线路零序阻抗测量接线图，并写出零序电阻、零序电感、阻抗角的计算式。

模块2 ZY1800513002

模块 3　系统电容电流的测试（ZY1800513003）

【模块描述】本模块介绍系统电容电流测试方法和技术要求。通过测试工作流程的介绍，掌握系统电容电流测试前的准备工作和相关安全、技术措施、测试方法、技术要求及测试数据分析判断。

【正文】

一、测试目的

系统电容电流是指正在运行中的中性点不接地系统在没有补偿的情况下，发生单相接地时，流过接地点的无功电流。由于电容电流的存在，在单相接地瞬间可能形成接地电弧，而接地电弧不易熄灭，在风力、电动力、热气流等的作用下会拉长，导致相间短路引起线路跳闸事故发生；接地电弧还可能产生间歇性弧光过电压，使电磁式电压互感器铁芯饱和引起谐振过电压等，造成熔丝熔断、避雷器、电压互感器损坏。由于系统电容电流对电网安全运行有着重要影响，因此有必要测量系统电容电流的大小，以便采取相应措施，如加装消弧线圈补偿电容电流。消弧线圈另一作用是减缓电弧熄灭瞬间故障点恢复电压的上升速度，阻止电弧重燃。

系统电容电流是选择消弧线圈参数的主要依据，故测量系统电容电流对于消弧线圈的合理配置、合理调谐、提高动作成功率、防止过电压事故等有着重要意义。通过系统电容电流的测量，可以了解配电网运行的重要参数，如电容电流、不对称电压、阻尼率以及谐振接地系统的位移电压、脱谐度、残流等。

二、测试方法

系统电容电流的测量方法，可分为直接法与间接法两大类，其中直接法指单相金属性接地法；间接法指中性点外加电容法、外加电压法、调谐法、变频注入法、相对地外加电容法、电容增量法等。因为人工接地有可能引起绝缘弱点击穿，故多用间接法。以下着重介绍几种常用的系统电容电流测试的方法。

（一）单相金属性接地法

1. 测试原理

单相金属性接地法是最有效、最直接测量系统对地电容电流的一种方法，所测得数值最接近真实值，同时还可以计算出系统阻尼率，但是这种方法也是试验过程最具故障隐患的一种方法。单相金属接地法有投入消弧线圈和不投入消弧线圈两种情况。

（1）不投入消弧线圈时。

在系统中性点不接地情况下运行时，进行人工单相金属性接地，可直接测得系统电容电流 I_C、有功泄漏电流 I_r 和全电流 I_{C0}。不投入消弧线圈时，单相金属性接地法测试系统电容电流的原理接线如图 ZY1800513003-1 所示。

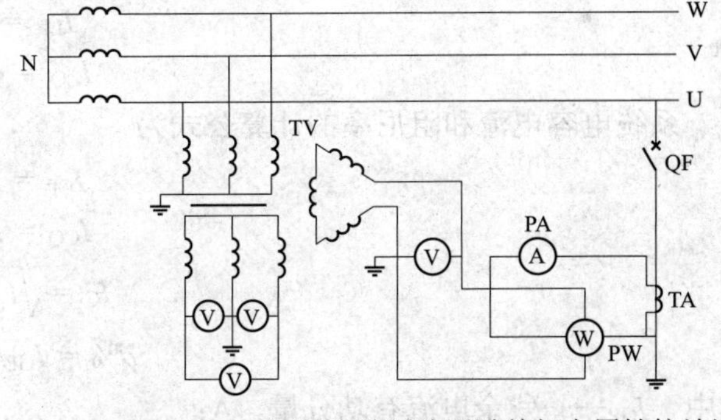

图 ZY1800513003-1　不投入消弧线圈时单相金属性接地法测试系统电容电流的原理接线图

QF—接地断路器；TV—电压互感器；TA—测量用电流互感器；PW—功率因数表；PA—电流表

系统阻尼率的计算公式为

$$I_{CP} = P/U_0 \qquad (ZY1800513003\text{-}1)$$

$$I_{CQ} = \sqrt{I_C^2 - I_{CP}^2} \qquad (ZY1800513003\text{-}2)$$

$$d\% = I_{CP}/I_{CQ} \times 100\% \qquad (ZY1800513003\text{-}3)$$

式中　I_{CP}——接地电容电流有功分量，A；

I_{CQ}——接地电容电流无功分量，A；

I_C——接地电容电流有效值，A；

P——接地回路的有功损耗，W；

U_0——中性点不对称电压，V；

$d\%$——阻尼率。

（2）投入消弧线圈时。

当系统中性点投入消弧线圈接地补偿时，利用单相金属性接地以测量系统的电容电流，这种测量方法与不投消弧线圈时相比，较为安全、准确，但仍存在非接地两相电压升高危及设备绝缘，产生较大谐波分量的缺点。图 ZY1800513003-2 为投入消弧线圈时单相金属性接地法测试系统电容电流的原理接线。

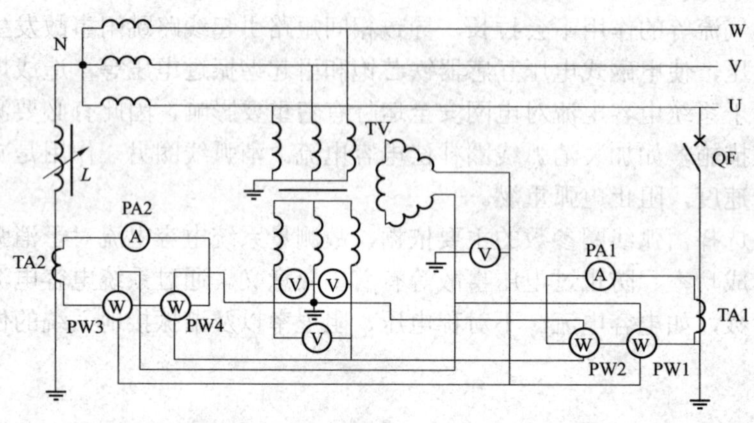

图 ZY1800513003-2 投入消弧线圈时单相金属性接地法测试系统电容电流的原理接线

L—消弧线圈；TV—电压互感器；QF—接地断路器；TA1、TA2—测量用电流互感器；

PW1、PW3—低功率因数表；PW2、PW4—普通功率表

补偿电流、残余电流的有功分量和无功分量的计算公式为

$$I_{GP}=P_1/U_0 \tag{ZY1800513003-4}$$

$$I_{GQ}=Q_2/U_{WV} \tag{ZY1800513003-5}$$

$$I_{LP}=P_3/U_0 \tag{ZY1800513003-6}$$

$$I_{LQ}=Q_4/U_{WV} \tag{ZY1800513003-7}$$

系统电容电流和阻尼率的计算公式为

$$I_{CP}=I_{GP}-I_{LP} \tag{ZY1800513003-8}$$

$$I_{CQ}=I_{LQ}-I_{GQ} \tag{ZY1800513003-9}$$

$$I_C=\sqrt{{I_{CP}}^2+{I_{CQ}}^2} \tag{ZY1800513003-10}$$

$$d\%=I_{GP}/I_{CQ}\times100\% \tag{ZY1800513003-11}$$

式中 I_{GP}——残余电流有功分量，A；

I_{GQ}——残余电流无功分量，A；

I_{LP}——电感电流有功分量，A；

I_{LQ}——电感电流无功分量，A；

P_1、P_3——功率表 PW1、PW3 所测残余电流和电感电流回路的有功功率，W；

Q_2、Q_4——功率表 PW2、PW4 所测残余电流和电感电流回路的无功功率，var；

U_0——中性点位移电压，V；

U_{WV}——V、W 相间电压，V。

2. 测试仪器、设备的选择

（1）断路器选用带速断保护装置的断路器，可直接选用接于母线上的旁路或停电的馈线断路器。

（2）电流互感器的一次侧额定电压不低于系统额定电压，一次侧额定电流不低于系统电容电流的估算值并有裕度，准确度等级为 0.5 级。

（3）功率表、电流表的准确度等级为 0.5 级。

3. 危险点分析及控制措施

做好防止工作人员触电措施：试验时应严守安全规程，设专人监护，与带电设备保持足够的安全距离，指派专人随时监测系统电压变化情况，发现异常应立即停止试验。试验相关人员必须熟悉试验方案，并提前做好准备。操作人员应穿绝缘靴、戴绝缘手套，试验人员及测试仪表、设备均应在绝缘垫上。测试时试验人员不得触碰测试仪表、设备及试验引线。

4. 测试前的准备工作

（1）了解被试设备现场情况及试验条件。

查勘现场，查阅相关技术资料，包括系统电容电流测试历年试验数据及相关规程等，估算被测系统的电容电流值。

（2）测试仪器、设备准备。

选择合适的断路器、电流互感器、电流表、测试线、绝缘杆、验电器、绝缘垫、绝缘鞋、绝缘手套、接地线、安全帽、电工常用工具、试验临时安全遮栏、标示牌等，并查阅测试仪器、设备及绝缘工器具检定证书的有效期。

（3）办理工作票并做好试验现场安全和技术措施。

向其余试验人员交代工作内容、带电部位、现场安全措施、现场作业危险点，明确人员分工及试验程序。

5. 现场测试步骤及要求

（1）测试接线。

单相金属性接地法测试系统电容电流的接线，如图 ZY1800513003-1 或图 ZY1800513003-2 所示。

（2）测试步骤。

1）将接地试验的断路器停电，拉开其两侧隔离开关。

2）验明确无电压后，在接地试验断路器负荷侧挂接地线。

3）进行接线，接地试验断路器重合闸停用，改过流速断保护定值，将电流互感器一次侧接入接地试验断路器 U 相负荷侧，复查无误。

4）拆除接地试验断路器负荷侧接地线，检查接地试验断路器在“分”位，合上其两侧隔离开关，再合接地试验用断路器，待表计指示稳定后迅速读数并记录。

5）拉开接地试验断路器及其两侧隔离开关。

6）进行 V 相、W 相接地试验，步骤同 2）～5）。

7）试验结束后，验电、挂接地线，整理现场，办理工作票结束，通知调度恢复系统。

6. 测试注意事项

（1）试验应在天气良好、系统无接地的情况下进行，试验时被测系统应无操作。

（2）被测系统应无绝缘缺陷。

（3）确定被试系统范围。

（4）在系统单相接地时应读数迅速、口号联系清楚，尽量缩短接地测量时间。

（5）短路连接导线应有足够的截面，并且应连接牢固、接触良好。

（6）接地试验断路器保护定值按系统电容电流估算值的 5 倍 0s 整定，要求重合闸停用，保证系统发生故障短路时，能迅速断开接地试验断路器，要避免带接地线合隔离开关。若接地试验断路器跳闸，在未查明原因之前不准合闸。

（7）如果测量时系统的电压不是额定值，则电容电流值应折算到额定电压。

（8）试验中如需改变电流互感器变比，应断开接地试验断路器及其两侧隔离开关，验电挂接地线后再改变变比。

（二）中性点外加电容法

1. 测试原理

中性点外加电容法测量系统的电容电流，是在系统无补偿的情况下，在系统中性点对地接入一个

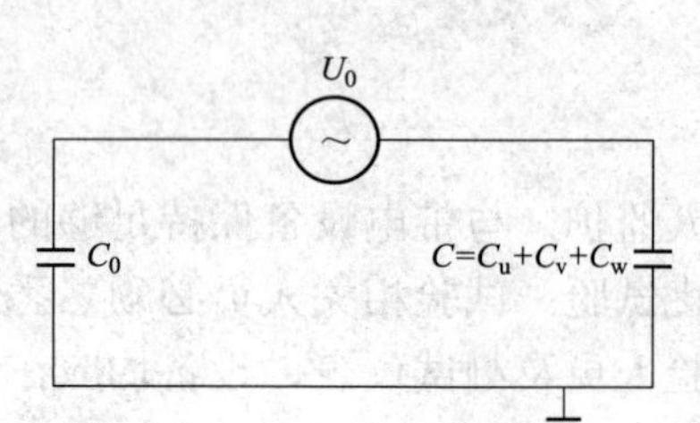

图 ZY1800513003-3 中性点外加电容法测试系统电容电流的原理电路图

适当容量的电容器，测量电容器接入前后中性点的不对称电压和位移电压，通过计算公式间接得到系统单相接地的电容电流值。系统一般应为星形接法，中性点取自变压器中性点，对于无中性点的系统，可在电容器组的中性点进行试验。

图 ZY1800513003-3 为中性点外加电容法测试系统电容电流的原理电路图。根据系统电容电流的形成原因，采用在系统中性点处外加电容 C_0，视中性点电压 U_0 为一个恒压源，则所加电容 C_0 和系统总电容 C 串联，测量 C_0 两端电压 U_{01} 及中性点不加电容时的电压 U_0，不难得出以下计算公式

$$U_{01}/(U_0-U_{01}) = C/C_0 \quad \text{（ZY1800513003-12）}$$

$$C = C_0U_{01}/(U_0-U_{01}) \quad \text{（ZY1800513003-13）}$$

$$I_C = U_{ph}\omega C \quad \text{（ZY1800513003-14）}$$

式中 U_{01}——中性点外加电容时的电压，V；

U_0——中性点不加电容时的电压，V；

C——系统总电容量，μF；

C_0——中性点外加电容，μF；

U_{ph}——系统运行相电压，V；

I_C——系统电容电流，V。

有时还会遇到系统三相很对称，这时中性点不对称电压和位移电压很低，无法准确测量和计算，需考虑在某一相上添加偏置电容，人为地加大中性点电压，便于测试。在计算时，电容值再减去偏置电容量 C_f，即

$$C = \frac{C_0 \times U_{01}}{U_0 - U_{01}} - C_f \quad \text{（ZY1800513003-15）}$$

由上述可知，系统总电容量 C 与系统频率无关，中性点高次谐波电压不会影响测量过程及结果，故中性点外加电容法是现场常用的、较简捷的一种方法。

中性点外加电容法的主要缺点是不够安全。现场测量中一般采用低压电容器，一旦此时电网发生一点接地使外加电容器击穿，便会造成停电事故，而且还可能危及人员的安全。为此必须采取防范措施，如用高压电容器、选择晴好天气、尽量缩短测量时间、读表人员注意保持安全距离等。

2. 测试仪器、设备的选择

（1）外接电容器容量取系统估算电容的 0.5 倍、1 倍、2 倍，10kV 系统可用 1kV 电压等级的电容器；35kV 系统可用 10kV 电压等级的电容器。偏置电容器容量取估算值的 1/4 倍，绝缘水平同外接电容器。保护电容器容量在 1μF 以下，绝缘水平同外接电容器。

（2）电压表应为 0.5 级；并联放电间隙或真空放电管，定值为 1kV，用于保护电压表不受损坏。

3. 危险点分析及控制措施

参考单相金属性接地法的“危险点分析及控制措施”。

4. 测试前的准备工作

（1）参考上述二、（一）4.（1）。

（2）测试仪器、设备准备。

选择合适的电容器、放电管、电压表、测试线、绝缘杆、验电器、绝缘垫、绝缘鞋、绝缘手套、接地线、安全帽、电工常用工具、试验临时安全遮栏、标示牌等，并查阅测试仪器、设备及绝缘工器具检定证书的有效期。

（3）参考上述二、（一）4.（3）。

5. 现场测试步骤及要求

（1）测试接线。

中性点外加电容法测试系统电容电流的原理接线，如图 ZY1800513003-4 所示。

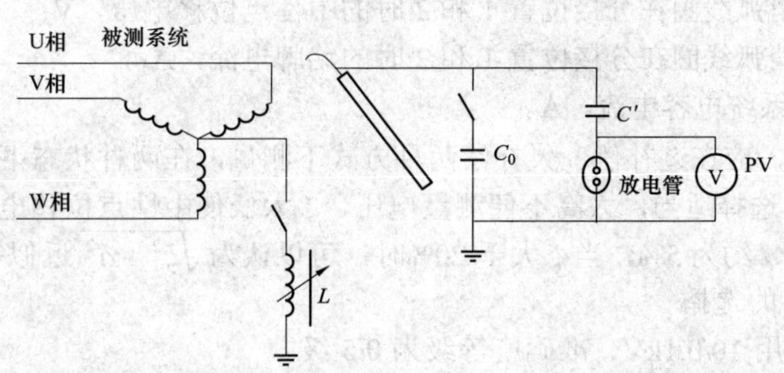

图 ZY1800513003-4　中性点外加电容法测试系统电容电流的原理接线

L—系统中消弧线圈；C_0—外加电容器；C'—保护电容器；PV—电压表

（2）测试步骤。

1）按图 ZY1800513003-4 进行接线，并检查接线正确无误，如被测系统变压器中性点有消弧线圈，应将其退出运行。

2）C_0 暂不接入，将已绑扎测量导线的绝缘杆触及变压器中性点，读取中性点不对称电压值 U_0。

3）重复测量 U_0 3 次，取平均值。

4）分析判断 U_0 的大小，若 U_0 与系统相电压的比值在正常值范围（0.5%～1.5%），则不需加偏置电容器，否则需加偏置电容器。

5）移开绝缘杆，接入外加电容 C_0。

6）将已绑扎测量导线的绝缘杆触及变压器中性点，读取中性点位移电压值 U_{01}，根据式（ZY1800513003-13）计算出系统的相对地电容值。

7）移开绝缘杆，更换预先准备好的另外两只外加电容器 C_0，重复上述步骤 5）～6）。

8）测试完成后，移开绝缘杆，根据三次计算出的系统对地电容，求出平均值。用电容平均值计算系统的电容电流 I_C。

6. 测试注意事项

（1）试验应在天气良好、系统无接地的情况下进行，试验时被测系统应无操作。

（2）中性点电压不应太低，一般电网中性点不对称度约为 0.5%～1.5%，即相电压的 0.5%～1.5%。

（3）高压导线、连接线应有足够截面。测量导线长度要适宜，应牢固绑扎在绝缘杆上，与设备及操作人员保持足够的安全距离。

（4）对试验用电容器应做绝缘耐压试验，保护气隙做放电试验。电容器额定电压比被测系统低时，应做好防爆隔离。

（5）现场放置 2 块绝缘垫，一块站人，一块放仪器。

（6）当试验中突发单相接地故障时，中性点电位会升至相电压，故应视为高压带电操作，应遵守高压带电操作规则。

（三）调谐法（中性点位移电压法）

1. 测试原理

当消弧线圈投入电网后，中性点会出现位移，此时它与大地之间的电位差称为中性点位移电压。中性点位移电压一般不应超过系统额定相电压的 15%。为了选定消弧线圈的合理运行分接位置，应当进行不同补偿状态下的位移电压测量，即消弧线圈调谐试验。

通过改变消弧线圈的分接头来改变中性点位移电压，并测得各档位的位移电压 U_{0L1}、U_{0L2} 等，根据已知各挡位对应的消弧线圈电流 I_{L1}、I_{L2}，由下式可计算出系统电容电流值

$$I_C = \frac{I_{L2} - \dfrac{U_{0L1}}{U_{0L2}} I_{L1}}{1 - \dfrac{U_{0L1}}{U_{0L2}}} \qquad (ZY1800513003\text{-}16)$$

模块3　ZY1800513003

式中　U_{0L1}、U_{0L2}——消弧线圈在分接位置 1 和 2 时的中性点位移电压，V；

I_{L1}、I_{L2}——消弧线圈在分接位置 1 和 2 时的铭牌电流，A；

I_C——系统电容电流，A。

为了减少测量误差，应在过补偿、欠补偿两种方式下测量，在两种状态下分别估算系统的电容电流。测量时脱谐度 ξ 应选择适当，太高不便测量电压，ξ 太低使中性点位移电压升高较多，危及系统绝缘。一般系统阻尼率 d 约为 5%，当 ξ 大于 20%时，可以认为 $\sqrt{\xi^2+d^2}$ 近似等于 ξ。

2. 测试仪器、设备的选择

（1）电压互感器选用 10/0.1kV、准确度等级为 0.5 级。

（2）电压表应选用高内阻的电压表。

3. 危险点分析及控制措施

参考上述二、（一）3.。

4. 测试前的准备工作

（1）参考上述二、（一）4.（1）。

（2）测试仪器、设备准备。

选择合适的电压互感器、电压表、测试线、绝缘杆、绝缘垫、绝缘靴、绝缘手套、接地线、安全帽、电工常用工具、试验临时安全遮栏、标示牌等，并查阅测试仪器、设备及绝缘工器具检定证书的有效期。

（3）参考上述二、（一）4.（3）。

5. 现场测试步骤及要求

（1）测试接线。

调谐法测试系统电容电流的原理接线，如图 ZY1800513003-5 所示。

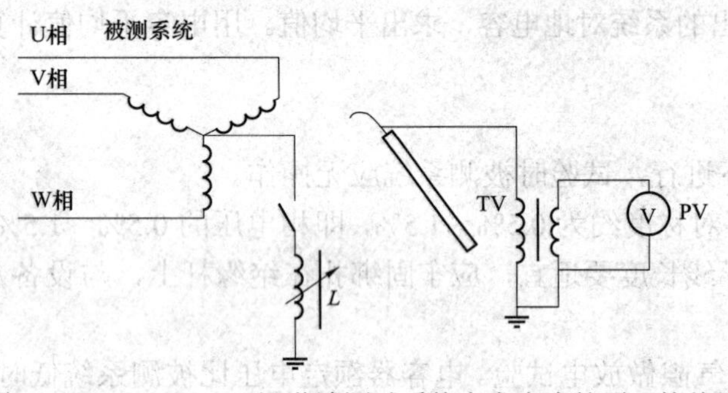

图 ZY1800513003-5　调谐法测试系统电容电流的原理接线图

（2）测试步骤。

1）按图 ZY1800513003-5 进行接线，电压互感器的一次侧末端及二次侧应进行良好的接地，一次侧的高压测试线牢固地绑在绝缘杆上。

2）退出消弧线圈，用绝缘杆将测试线触及主变压器中性点，测量中性点不对称电压，记录不对称电压及系统电压值，移开绝缘杆，使测试线脱离变压器中性点。

3）投入消弧线圈，用绝缘杆将测试线触及主变压器中性点，测量中性点位移电压，记录中性点位移电压及系统电压值，移开绝缘杆，使测试线脱离变压器中性点。

4）改变消弧线圈分接位置，重复测试，尽量应在欠补偿及过补偿状态各测试两点（每次改变消弧线圈分接位置需通报调度，在调度允许下进行各项操作及试验）。

5）根据测试值进行计算，分析系统中性点不对称电压、位移电压是否在正常范围内，根据式（ZY1800513003-16）计算系统电容电流 I_C 值。取系统电容电流平均值作为系统电容电流值。

6）测试完成后，整理现场，通知调度恢复系统。

6. 测试注意事项

1）试验应在天气良好、系统无接地的情况下进行，试验时被测系统应无操作。

2）试验系统有且只留有一台消弧线圈。

3）高压测量引线应长度适当，测试时间应尽可能短。

4）为减少测量误差，应在过补偿、欠补偿两种方式下测量，并在这两种方式下分别计算系统的电容电流。在测量过程中，应注意避免发生谐振。

5）无励磁分接开关的消弧线圈改变分接头时，必须先把消弧线圈从系统中切除。

（四）变频注入法

1. 测量原理

变频注入法是利用专用仪器通过消弧线圈的电压测量绕组或其他方法注入到被测的补偿系统中，可以测得系统的三相对地电容，由此可计算出电容电流，确定消弧线圈不同的调谐状态、脱谐度等，并打印出有关参数。从电压互感器的开口三角绕组注入信号比较简单，但测量误差比较大，一般约为10%，这是因为电压互感器的漏抗较大所致。

2. 测试仪器、设备的选择

根据所测系统的电压等级、有无消弧线圈、电压互感器接线方式等情况，选用合适的电容电流测试仪。

3. 危险点分析及控制措施

做好防止人员触电措施：试验人员必须熟悉试验方案，由熟悉电压互感器二次接线端子排情况的继电保护人员接线，接线应牢固，防止误接线、误触碰。操作人员须带好安全防护用具，并与带电体的距离不小于500mm，应有专人监护。

4. 测试前的准备工作

（1）参考上述二、（一）4.（1）。

（2）测试仪器、设备准备。

选择合适的电容电流测试仪、测试线、专用接头、接地线、电工常用工具、试验临时安全遮拦、标示牌等，并查阅测试仪器、设备及绝缘工器具检定证书的有效期。

（3）参考上述二、（一）4.（3）。

5. 现场测试步骤及要求

（1）测试接线。

以从电压互感器开口三角绕组注入信号为例，变频注入法测试系统电容电流的原理接线如图ZY1800513003-6所示。将仪器面板上输出端连接到电压互感器开口三角绕组2个接线端子上。

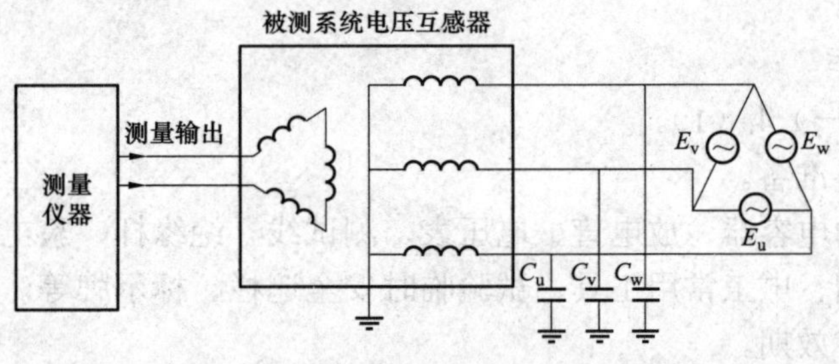

图 ZY1800513003-6　变频注入法测试系统电容电流的原理接线图

（2）测试步骤。

1）打开电容电流测试仪电源，检查测试仪工作是否正常，确认仪器正常后，关闭测试仪电源。

2）根据电容电流测试仪《使用说明书》接线要求进行接线，检查接线无误后，打开测试仪电源，按电容电流测试仪《使用说明书》进行参数设定并完成测试，记录测试值。共测3次，取平均值。

3）与估算值进行比较，认为测试无误后，关闭测试仪电源，拆除接线。

6. 测试注意事项

1）试验应在天气良好、系统无接地的情况下进行，试验时被测系统应无操作。

2）如果被测系统在电压互感器开口三角绕组接有线性电阻式消谐器（晶闸管式、压敏电阻式消谐器除外），测量过程中应将其断开。

3）被测系统在电压互感器一次中性点接有消谐电阻器，则测量结果与实际值偏差很大，测试时应将消谐电阻器短路，即电压互感器一次中性点直接接地。

4）现场放置2块绝缘垫，一块站人，一块放仪器。

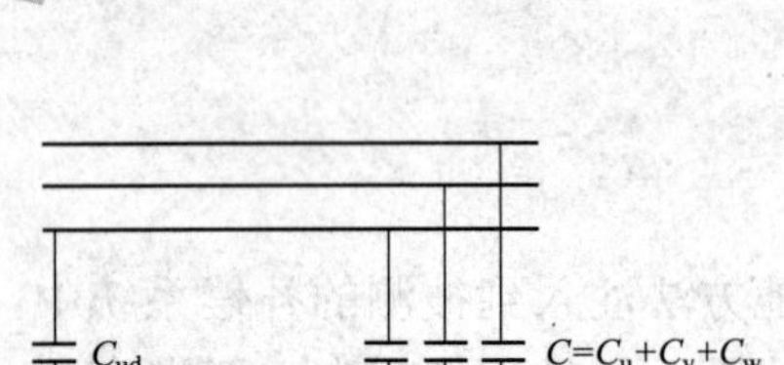

图 ZY1800513003-7 相对地外加电容法测试系统电容电流的原理电路图

（五）相对地外加电容法

1. 测量原理

相对地外加电容法是在系统无补偿的情况下，在系统的某一相线上对地接入一个适当容量的电容器，使三相对地导纳不对称，每相对地电压将不相等，根据相电压的变化值，通过公式计算间接得到系统电容电流值，其原理电路图如图 ZY1800513003-7 所示。

系统电容电流 I_C 的计算为

$$C = C_{ud}U_u/(U-U_u) \quad \text{(ZY1800513003-17)}$$

$$I_C = \omega C U_{ph} \quad \text{(ZY1800513003-18)}$$

式中 C——系统总电容，μF；

C_{ud}——某相外加电容，μF；

U_u——某相接入电容后的该相相电压，V；

U——某相接入电容前的该相相电压，V；

U_{ph}——系统运行相电压，V。

2. 测试仪器、设备的选择

（1）某相外接电容器可选电力电容器，其容量 C_{ud} 按照系统估算电容值 C 选取。对 10kV 系统，当母线电压互感器开口三角电压≤1V 时，C_{ud} 取（2.6～5%）C 值；当母线电压互感器开口三角电压＞1V 时，C_{ud} 取（5%～8%）C 值。

（2）电压表可选用 0.5 级、量程为 500V；电流表可选用 0.5 级、量程为 10A。

（3）选用的高压测试线应能耐压 20kV。

（4）断路器选用接于母线上的旁路或停电的馈线断路器。

3. 危险点分析及控制措施

参考上述二、（一）3.。

4. 测试前的准备工作

（1）参考上述二、（一）4.（1）。

（2）测试仪器、设备准备。

选择合适的试验用的电容器、放电管、电压表、测试线、绝缘杆、验电器、绝缘垫、绝缘鞋、绝缘手套、接地线、安全帽、电工常用工具、试验临时安全遮栏、标示牌等，并查阅测试仪器、设备及绝缘工器具检定证书的有效期。

（3）参考上述二、（一）4.（3）。

5. 现场测试步骤及要求

（1）测试接线。

相对地外加电容法测试系统电容电流的原理接线，如图 ZY1800513003-8 所示。

（2）测试步骤。

1）将试验用断路器断开。

2）进行接线，复查接线正确无误。

3）在某相外加电容未接入前，测量母线电压互感器处三相相电压、线电压及开口三角电压。

4）合上试验用断路器，将某相外加电容 C_{ud} 接入。

5）测量某相接入外加电容 C_{ud} 后母线电压互感器处三相相电压及开口三角电压，测量完毕及时断开试验用断路器，将某相外加电容 C_{ud} 退出电网。

6）改变某相外加电容 C_{ud} 容量，重复步骤上述 4）～5），测 3 次。

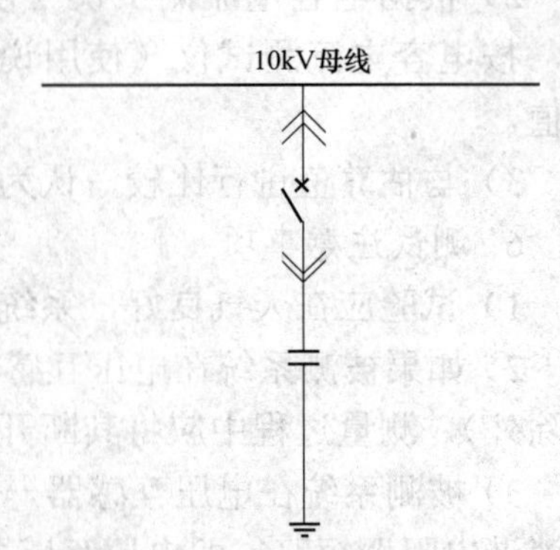

图 ZY1800513003-8 相对地外加电容法测试系统电容电流的原理接线图

7）根据式（ZY1800513003-17）和式（ZY1800513003-18）计算系统电容电流。

8）试验完成后整理现场，通知调度恢复系统。

6. 测试注意事项

（1）试验应在天气良好、系统无接地的情况下进行，试验时被测系统应无操作。

（2）对电容器应做耐压绝缘试验。

（3）电容器外壳应可靠接地，接线时应先接入电容器接地点，并保证接地良好。

（4）高压测试线长度应适宜，与地安全距离应不小于0.5m。

（5）本次试验为带电试验，应遵守带电试验操作规程。

三、测试结果分析及测试报告编写

（一）测试结果分析

系统电容电流的测试数据需要进行准确性分析及计算，将测试数据与理论估算数据进行比较，对于某些比较怀疑的数据，应进行具体分析，排除测试方法、接线错误带来的误差。

（二）测试报告编写

测试报告填写应包括测试时间、测试人员、天气情况、环境温度、湿度、测试方法、测试数据、测试结果，并注明测试仪器型号及出厂编号等。

四、案例

某35kV系统采用中性点外加电容法进行测试，试验时原中性点所接消弧线圈退出运行，保持中性点不接地。现场试验记录如表ZY1800513003-1所示。

表 ZY1800513003-1　　现场试验记录表

次数	C_0（μF）	U_0（V）	U_{01}（V）	$C = C_0U_{01}/(U_0-U_{01})$（μF）	$I_C = U_{ph}\omega C$（A）
1	0.173	295	270	1.868	11.85
2	0.293	295	250	1.628	10.33
3	0.821	295	200	1.728	10.96
平均				1.741	11.05

根据系统电容电流估计值范围（10～13A）分析，本次试验结果是较准确的。

【思考与练习】

1. 系统电容电流的测试目的是什么？

2. 调谐法（中性点位移电压法）测量系统电容电流的原理是什么？

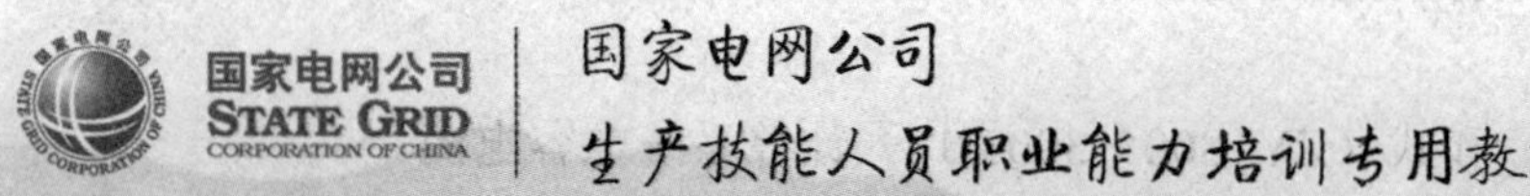

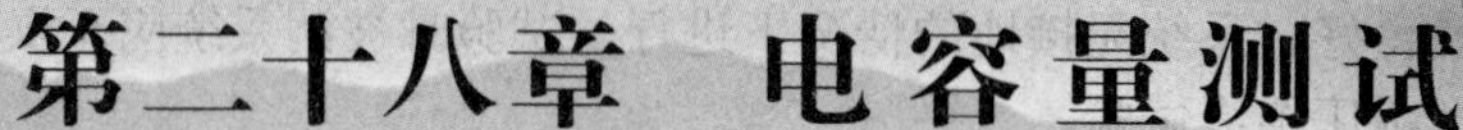

模块 1 电容器极间电容量测试（ZY1800514001）

【模块描述】本模块介绍电容器极间电容量的测试方法和技术要求及电容量的计算方法。通过测试工作流程的介绍，掌握电容器极间电容量测试前的准备工作和相关安全、技术措施、测试方法、技术要求及测试数据分析判断。

【正文】

一、测试目的

耦合电容器电容量的改变直接影响耦合电容器的通讯质量，断路器电容器电容量的改变影响断口电容器的均压效果，而高压并联电容器电容量的改变影响补偿效果。电容量的变化不仅影响电容器的功能，更重要地是改变了电容器内部电容芯子的电压分布和工作场强，加速了电容器的老化，造成绝缘事故。因此，电容器的电容量是电容器的一个重要指标。

通过电容器极间电容量的测试可灵敏地反映电容器内部浸渍剂的绝缘状况以及内部元件的连接状况。若电容值升高，说明内部元件击穿或受潮；若电容值减小，说明内部元件开路或缺油等。通过计算、分析电容值，可指导电容器的更换或检修工作。

二、测试仪器、设备的选择

现场测量大多采用电压电流表法和电桥法。

（一）电压表、电流表的选取

测量表计为 0.5 级以上。

1. 根据测试电压选择电压表

应根据电容器电压等级的不同选取测试电压，测试电压可按下式选取

$$U_s=(0.15-1.1)U_N \qquad (ZY1800514001\text{-}1)$$

式中 U_s——测试电压（试验电压），V；

U_N——电容器额定电压，V。

测试电流为

$$I=\omega CU_s\times10^{-6} \qquad (ZY1800514001\text{-}2)$$

式中 I——测试电流，A；

ω——角频率；

C——被试品的电容量，μF；

U_s——测试电压（试验电压），V。

取$\omega U_s=1\times10^k$为一常数，则式（ZY1800514001-2）可按式（ZY1800514001-3）表示。

$$I=C\times1\times10^k\times10^{-6} \qquad (ZY1800514001\text{-}3)$$

从式（ZY1800514001-3）可看出，测试电流可直接反映被试品的电容量，这在工程应用中十分方便。因为$\omega U_s=1\times10^k$，所以$U_s=(1/\omega)\times10^k$。令$k=5$，则$U_s=(1/\omega)\times10^5=318.4$（V）。此时测试电流与被试品的电容量的关系为

$$I=314\times318.4\times C\times10^{-6}=10^5\times10^{-6}C=0.1C \qquad (ZY1800514001\text{-}4)$$

实际测试中常施加 318.4V 或其一半电压 159.2V，所测电流乘以一个系数即为所测被试品的电容量。在工程中，可选择 300V 或 600V 电压表。

2. 电流表的选择

根据式（ZY1800514001-4）选择电流表，如施加 318.4V 测试电压，则测试电流是铭牌电容量的 0.1 倍。

例如，电容器铭牌电容值为 0.73μF，施加 318.4V 电压，则 $I = 0.1\times0.73 = 0.073$（A），电流表可以选择 100mA 电流表。若施加 159.2V 电压，则 I=0.05C（A）。

3. 调压器的选择

调压器的输出电压和输出电流应满足试验要求。

（二）电桥的选择

耦合电容器、断口电容器等若采用交流电桥测量电容量，一般可采用 QS1 电桥或数字式自动介损测试仪。

三、危险点分析及控制措施

1. 防止高处坠落

在电容器上作业应系好安全带。对 220kV 及以上的电容器，需解开引线时，宜使用高处作业车，严禁徒手攀爬电容器套管。

2. 防止高处落物伤人

高处作业应使用工具袋，上下传递物件应用绳索拴牢传递，严禁抛掷。

3. 防止工作人员触电

在拆、接试验接线前，应将被试设备对地充分放电，以防止剩余电荷、感应电压伤人及影响测量结果。试验设备外壳应可靠接地，测试前与检修负责人协调，不允许有交叉作业，试验接线应正确、牢固，试验人员应精力集中，注意被试品应与其他设备有足够的安全距离，必要时应加绝缘板等安全措施。

四、测试前的准备工作

1. 了解被试设备现场情况及试验条件

查勘现场，查阅相关技术资料，包括该设备历年试验数据及相关规程等，掌握该设备运行及缺陷情况。

2. 测试仪器、设备准备

选择合适的 QS1 型高压西林电桥、标准电容、操作箱、10kV 升压器或数字式自动介损测试仪、调压器、电压表、电流表、测试线、温（湿）度计、放电棒、接地线、梯子、安全带、安全帽、电工常用工具、试验临时安全遮栏、标示牌等，并查阅测试仪器、设备及绝缘工器具的检定证书有效期。

3. 办理工作票并做好试验现场安全和技术措施

向其余试验人员交代工作内容、带电部位、现场安全措施、现场作业危险点，明确人员分工及试验程序。

五、现场测试步骤及要求

（一）耦合电容器及断路器电容器极间电容量测试

1. 测试接线

耦合电容器及断路器电容器极间电容量测试采用正接线，正接线桥体处于低压，屏蔽接地，对地寄生电容影响小，测量准确，操作安全方便。测量时耦合电容器或断路器电容器高压电极接高压，低压电极或小套管接电桥 C_x 端，带小套管的耦合电容器法兰接地，其测试接线如图 ZY1800514001-1 所示。

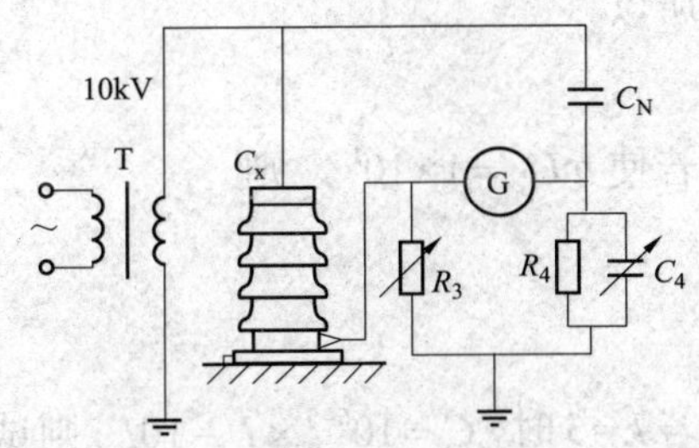

图 ZY1800514001-1 耦合电容器及断路器电容器极间电容量测试接线图

T—试验变压器；G—检流计；C_x—被试品；R_3、R_4—标准电阻；C_N、C_4—标准电容

2. 测试步骤

测试前应对被试电容器充分放电并接地，拆除所有接线，做好安全措施。使用 QS1 型高压西林电桥测量时，应根据电容器的电容量，按式（ZY1800514001-2）计算测试

电流，选择电桥合适的分流器档位。

合理布置试验设备，按图 ZY1800514001-1 进行接线，并检查测试接线和调压器零位，检查 C_x 芯线和屏蔽是否相碰，注意高压引线对地距离，桥体是否可靠接地。取下接地线，通知其他人员远离被试电容器，从零均匀升压至测试电压进行测试，测试电压为 10kV。测试结束后应先将高压降到零后再读取测试数据，然后切断电源，对被试电容器放电接地。恢复电容器接线，特别注意耦合电容器小套管接地引线的恢复。

注意严格按照所使用测试仪器的操作说明书进行设置和操作。

3. 使用 QS1 型高压西林电桥测量时电容量的计算

根据电桥标准电阻 R_3 和微调电阻ρ计算被试电容器的电容量 C_x，计算式为

$$C_x = C_N \frac{R_4(100+R_3)}{N(R_3+\rho)} \quad \text{(ZY1800514001-5)}$$

式中 C_x——被试电容器的电容量，pF；

C_N——标准电容，pF；

R_4——电桥 Z_4 臂标准电阻，Ω；

R_3——电桥 Z_3 臂标准电阻，Ω；

N——分流器电阻，Ω；

ρ——标准电阻 R_3 的微调电阻，Ω。

（二）并联电容器极间电容量测试

并联电容器电容量较大，现场测量常采用电压电流表法，其原理接线如图 ZY1800514001-2 所示。

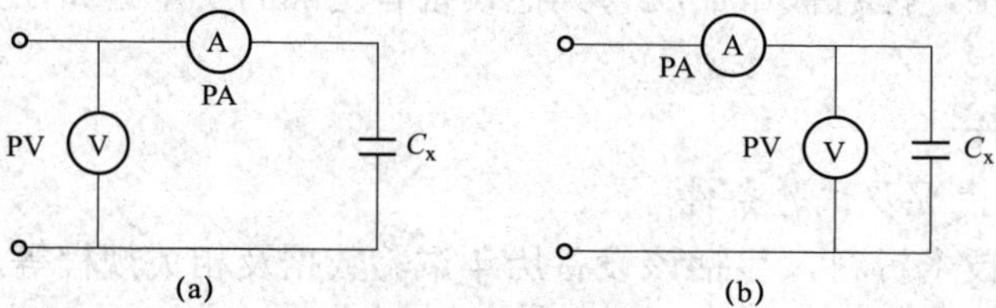

图 ZY1800514001-2 并联电容器采用电压电流表法测试极间电容量的原理接线图

（a）C<10μF 时；（b）C>10μF 时

PV—电压表；PA—电流表；C_x—被试电容

在测试时，应该考虑电压表和电流表内阻的影响，因为电压表的内阻抗不可能很大，电流表的内阻抗又不可能很小。图 ZY1800514001-2（a）接线主要是克服电压表的影响；图 ZY1800514001-2（b）接线主要是克服电流表的影响。

在测试时，从电容器两电极之间施加测试电压，读取测试电流，根据式（ZY1800514001-2）计算出电容量为

因为
$$I = \omega C U_s \times 10^{-6}$$

所以
$$C = \frac{I}{\omega U_s} \times 10^6 \quad \text{(ZY1800514001-6)}$$

若使 $\omega U_s = 1\times 10^k$，则

$$C = \frac{10^6}{10^k} I = 10^{6-k} \times I$$

若 k=5 时，$C = 10^{6-5} \times I = 10I$，则试品的电容量等于 10 倍的测试电流，此时 U_s=10 000/ω =318.4V，测试电压为 318.4V。如施加 159.2V 电压时，试品电容量等于 20 倍的测试电流。

1. 高压并联电容器电容量测试

（1）测试接线。

高压并联电容器一般为单相，由于电容量较小，可采用图 ZY1800514001-2（a）接线方式测试，

测试时外壳接地。

（2）测试步骤。

测试前，应对被试电容器充分放电并接地，拆除其所有接线和外部保险丝，根据被试电容器的电容量和测试电压计算测试电流，选择电流表和电压表的档位。按图 ZY1800514001-2（a）进行接线，并检查接线和调压器零位，拆除接地线。合上电源隔离开关，升压至试验电压，读取电流后立即将调压器降到零位，切断电源，对被试电容器放电并接地，试验结束后恢复电容器接线。

（3）电容量计算。

被试电容器的电容量，可按式（ZY1800514001-6）计算。

2. 星形接线并联电容器极间电容量测试

（1）测试接线。

星形接线并联电容器极间电容量较大，应采用图 ZY1800514001-2（b）接线方法进行测量，其测试原理接线如图 ZY1800514001-3 所示，电容器外壳接地。

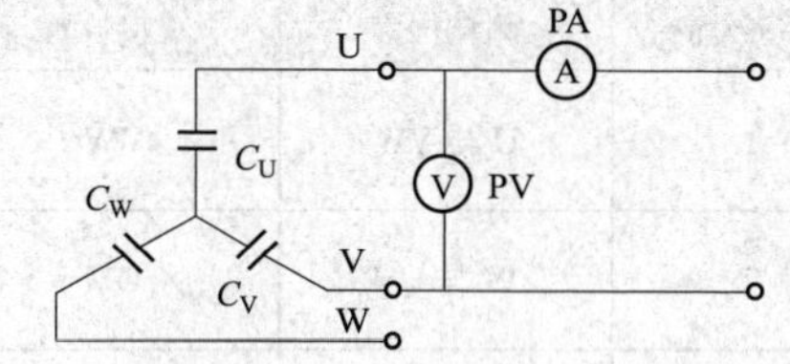

图 ZY1800514001-3　星形接线并联电容器极间电容量测试原理接线图

PV—电压表；PA—电流表；C_U、C_V、C_W—被试相电容

（2）测试步骤。

测试步骤同高压并联电容器测试步骤，按图 ZY1800514001-3 接线，分别测量 UV、WU、VW 之间电流，然后根据相关公式计算出每相电容量和总电容量。

（3）电容量计算。

根据测试电压和电流，由式（ZY1800514001-6）计算出各相间电容量，再计算出每相电容量。星形接线并联电容器极间电容量计算见表 ZY1800514001-1。

表 ZY1800514001-1　星形接线并联电容器极间电容量计算

测量次序	测量位置	测量电容量	计算电容量
1	C_{UV}	$C_{UV}=\dfrac{C_UC_V}{C_U+C_V}$	$C_U=\dfrac{2C_{UV}C_{WU}C_{VW}}{C_{WU}C_{VW}+C_{UV}C_{VW}-C_{UV}C_{WU}}$
2	C_{WU}	$C_{WU}=\dfrac{C_WC_U}{C_W+C_U}$	$C_V=\dfrac{2C_{UV}C_{WU}C_{VW}}{C_{WU}C_{VW}+C_{UV}C_{WU}-C_{UV}C_{VW}}$
3	C_{VW}	$C_{VW}=\dfrac{C_VC_W}{C_V+C_W}$	$C_W=\dfrac{2C_{UV}C_{WU}C_{VW}}{C_{UV}C_{VW}+C_{UV}C_{WU}-C_{WU}C_{VW}}$

3. 三角形接线并联电容器极间电容量测试

（1）测试接线。

三角形接线并联电容器极间电容量测试接线如图 ZY1800514001-4 所示，电容器外壳接地。测试 UV 端子时 VW 短接；测试 WU 端子时 UV 短接；测试 VW 端子时 WU 短接。

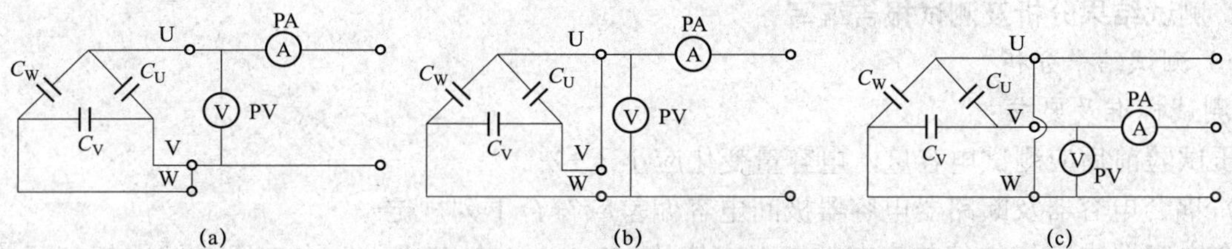

图 ZY1800514001-4　三角形接线并联电容器极间电容量测试接线图

（a）测试 UV 端子间电流；（b）测试 WU 端子间电流；（c）测试 UW 端子间电流

IEC 标准推荐，三角形接线电容器在测电容值时可用不短接方式。具体方法为：分别测量 UV、VW 及 WU 两端电容量，3 次测量之和乘以 2/3 即为总电容量。若计算每相电容量时，每次测量值除以 1.5 即为相电容值。

（2）测试步骤。

测试步骤同高压并联电容器测试步骤，按图 ZY1800514001-4 接线，分别测试 UV、VW 及 WU 两端电流，如测试电流较大，可选用大截面的导线连接。

如使用三相调压器，测试电压可升至 318.4V；如使用单相调压器，测试电压可升至 159.2V。

（3）电容量计算。

根据测试电压和电流，由式（ZY1800514001-6）先计算出各相间电容量，再计算出每相电容量。三角形接线并联电容器电容量计算见表 ZY1800514001-2。

表 ZY1800514001-2　　三角形接线并联电容器电容量计算

测量次序	测量位置	短接位置	测量电容量	计算电容量
1	U 与 VW	VW	$C_{U+W}=C_U+C_W$	$C_U=\frac{1}{2}(C_{U+W}+C_{U+V}-C_{V+W})$
2	W 与 UV	UV	$C_{V+W}=C_V+C_W$	$C_V=\frac{1}{2}(C_{V+W}+C_{U+V}-C_{U+W})$
3	V 与 WU	WU	$C_{U+V}=C_U+C_V$	$C_W=\frac{1}{2}(C_{U+W}+C_{V+W}-C_{U+V})$

4. 集合式高压并联电容器极间电容量测试

（1）测试接线。

在测试时，电容器外壳接地。由于集合式高压并联电容器电容量较大，应采用图 ZY1800514001-2（b）接线方式测量，其测试原理接线如图 ZY1800514001-5 所示。

图 ZY1800514001-5　集合式高压并联电容器极间电容量测试原理接线图

（2）测试步骤。

测试时，按图 ZY1800514001-5 接线，测试步骤同高压并联电容器测试步骤。集合式高压并联电容器每相有 3 只引出套管时，每相应分别测试两套管之间的电容量，如测试 U 相极间电容时，先测试 C_{U1}，再测试 C_{U2}。测试前后对电容器充分放电并接地。集合式高压并联电容器极间电容量很大，注意电流的计算，测试设备的容量应满足要求。

（3）电容量计算。

电容量计算同高压并联电容器电容量计算。

六、测试注意事项

（1）运行中的设备停电后应先放电，再将高压引线拆除后测量，否则将引起测量误差。

（2）应根据被试电容器电容量的大小选择接线方式，注意克服电压表或电流表的影响。

（3）进行电容器电容量测试时，尽量避免通过熔丝测量。如有内置熔丝，应注意测试电流的大小。

（4）采用正接线测试耦合电容器及断路器电容器极间电容量时，注意低压电极对地应有绝缘。

七、测试结果分析及测试报告编写

（一）测试结果分析

1. 测试标准及要求

耐压试验前后应测试电容量，电容量变化应小于±2%。

（1）耦合电容器及断路器电容器极间电容偏差应符合下列规定：

耦合电容器电容值的偏差应在额定电容值的−5%～+10%范围内，电容器叠柱中任何两单元的实测电容之比值与这两单元的额定电压之比值的倒数之差不应大于 5%。

断路器电容器电容值的偏差应在额定电容值的±5%范围内。

（2）高压并联电容器极间电容偏差：

电容值偏差不超出额定值的−5%～+10%范围，电容值不应小于出厂值的 95%。

对电容器组，还应测量各相、各臂及总的电容值。

电容器组容许的电容偏差为装置额定电容的 0～+5%。

三相电容器组的任何两线路端子之间，其电容的最大值与最小值之比应不超过 1.02。

电容器组各串联段的最大与最小电容之比应不超过 1.02。

（3）集合式高压并联电容器极间电容偏差：

每相电容值偏差应在额定值的–5%～+10%的范围内，且电容值不小于出厂值的 96%。

三相中每两线路端子间测得的电容值的最大值与最小值之比不大于 1.06。

每相用 3 个套管引出的电容器组，应测量每 2 个套管之间的电容量，其值与出厂值相差在±5%范围内。

（4）在状态检修试验时参照《输变电设备状态检修试验规程》。

2. 测试结果分析

绝缘良好的电容器，电容值的变化是很小的。电容值的突然增高，一般认为是部分电容元件击穿短路，因为电容器是由多段元件串联组成的，串联段数减少，电容才会增高。如果部分元件发生断线，电容值将会减少。电容量的测试也可灵敏地反映电容器浸渍剂的绝缘状况，如箱体密封不良浸渍剂泄漏会使电容值减少，进水后又会使电容量增大。

电容值偏差计算式为

$$\Delta C=\frac{C_Z-C_N}{C_N}\times 100\% \qquad \text{(ZY1800514001-7)}$$

式中　ΔC——电容偏差率，%；

C_Z——实测电容量，μF；

C_N——标称电容量，μF。

（二）测试报告编写

测试报告填写应包括测试设备编号、测试时间、测试人员、天气情况、环境温度、湿度、使用地点、电容器参数、测试结果、测试结论、试验性质（交接试验、预防性试验、检查、施行状态检修的应填明例行试验或诊断试验）、测试仪器及设备的名称、型号、出厂编号，备注栏写明其他需要注意的内容，如是否拆除引线等。

八、案例

一台型号为 BW10.5–10–1 的高压并联电容器，内部接线方式为 2 并 14 串，设每个电容元件 C=1，根据公式

$$C_N=\frac{C_0}{m}$$

则有

$$C_N=\frac{C_0}{m}=\frac{2}{14}=0.143$$

式中　C_N——电容器的总容量；

C_0——每组并联后的电容值；

m——串联组数。

如电容器内部发生一个元件短路，则有

$$C_D=\frac{C_0}{m}=\frac{2}{13}=0.154$$

式中　C_D——一个元件短路后电容器总容量。

一个元件短路时电容变化率为

$$\Delta C=\frac{C_D-C_N}{C_N}\times 100\%=\frac{0.154-0.143}{0.143}\times 100\%=7.7\%$$

如电容器内部发生一个元件开路，设开路组的电容为 C_1，此时 C_1=1；完好组总电容为 C_2，C_2=C_D=0.154，则开路电容为

$$C_K=\frac{C_1\times C_2}{C_1+C_2}=0.133$$

一个元件开路时电容变化率为

$$\Delta C = \frac{C_K - C_N}{C_N} \times 100\% = \frac{0.133 - 0.143}{0.143} \times 100\% = -6.7\%$$

从以上案例可以看到，当电容器内部一个元件短路或开路时，电容值变化是比较显著的。

【思考与练习】

1. 耦合电容器和断路器电容器一般用什么方法测量电容量？
2. 并联电容器三相端子之间电容值有什么要求？
3. 为什么测量电容器电容量时，应根据电容量的大小选择不同的接线？
4. 集合式高压并联电容器每相中任意两段实测电容值有什么要求？

第二十九章　避雷器试验

模块 1　阀型避雷器电导电流测试（ZY1800515001）

【模块描述】本模块介绍阀型避雷器电导电流的测试方法和技术要求。通过测试工作流程的介绍，掌握阀型避雷器电导电流测试前的准备工作和相关安全、技术措施、测试方法、技术要求及测试数据分析判断。

【正文】

一、测试目的

1. 电导电流的测试目的

将直流电压加于带并联电阻避雷器（一般指普通阀型避雷器和磁吹阀型避雷器）两端所测得的电流称为电导电流。测量电导电流是带并联电阻避雷器的一个十分重要的项目，测量的目的是检查避雷器的并联电阻是否受潮、老化、断裂、接触不良以及非线性系数 α 是否相配。测得的电导电流若显著降低，则表示并联电阻断裂或接触不良，反之表示并联电阻受潮或瓷腔内进潮；若逐年降低，则表示并联电阻劣化。

2. 非线性系数的测试目的

当避雷器由多个带有分路电阻的元件组装而成时，必须校核它们的非线性系数 α 是否相近。因为当电导电流较大，若各间隙组并联的非线性电阻值相近时，均压效果就比较好，反之就比较差。如果均压效果较差，各元件的工频电压分布不均匀就较严重，从而影响避雷器的灭弧性能。

FZ 型避雷器非线性系数 α 的值可按下式计算

$$\alpha=\frac{\lg(U_2/U_1)}{\lg(I_2/I_1)} \qquad \text{（ZY1800515001-1）}$$

式中　U_1、U_2——表 ZY1800515001-1 中规定的试验电压；

I_1、I_2——对应于 U_1、U_2 电压下的电导电流。

非线性系数差值是指串联元件中两个元件的非线性系数之差，即

$$\Delta\alpha=\alpha_1-\alpha_2$$

电导电流相差值（%）系指最大电导电流和最小电导电流之差与最大电导电流比值的百分数。

表 ZY1800515001-1　　测量电导电流时施加的直流电压　　kV

元件额定电压		3	6	10	15	20	30
试验电压	U_1	—	—	—	8	10	12
	U_2	4	6	10	16	20	24

二、测试仪器、设备的选择

测量避雷器电导电流的仪器一般可选择成套的直流高压发生器。

（1）根据不同试品的要求，选择不同电压等级的直流高压发生器。试验电压应能满足试验的极性和电压值，还必须具有足够的电源容量。直流高压发生器的直流输出脉动系数小于±1.5%。

（2）试验电压应在高压侧测量，一般用电阻分压器进行测量。

（3）测量电导电流的微安电流表，其准确度宜不大于 1.0 级。

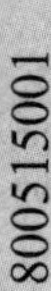

三、危险点分析及控制措施

1. 防止高处坠落

工作人员在拆、接避雷器一次引线时，必须系好安全带。在使用梯子时，必须有人扶持或绑牢。

2. 防止高处落物伤人

高处作业应使用工具袋，上下传递物件应用绳索拴牢传递，严禁抛掷。

3. 防止人员触电

测试人员不得触碰导体，并保持与带电部位足够的安全距离。试验前后或变更接线前均应将被试设备充分放电。变更接线或试验结束时，应首先将调压器回零，然后断开电源。试验引线应先接地，再进行接线操作。试验仪器的金属外壳应可靠接地，仪器操作人员必须站在绝缘垫上。

四、测试前的准备工作

1. 了解被试设备现场情况及试验条件

查勘现场，查阅相关技术资料，包括该设备历年试验数据及相关规程等，掌握该设备运行及缺陷情况。

2. 测试仪器、设备准备

选择合适的直流高压发生器、万用表、温（湿）度计、测试线、屏蔽线、放电棒、接地线、安全带、安全帽、电工常用工具、试验临时安全遮栏、标示牌等，并查阅测试仪器、设备及绝缘工器具的检定证书有效期。

3. 办理工作票并做好试验现场安全和技术措施

向其余试验人员交代工作内容、带电部位、现场安全措施、现场作业危险点，明确人员分工及试验程序。

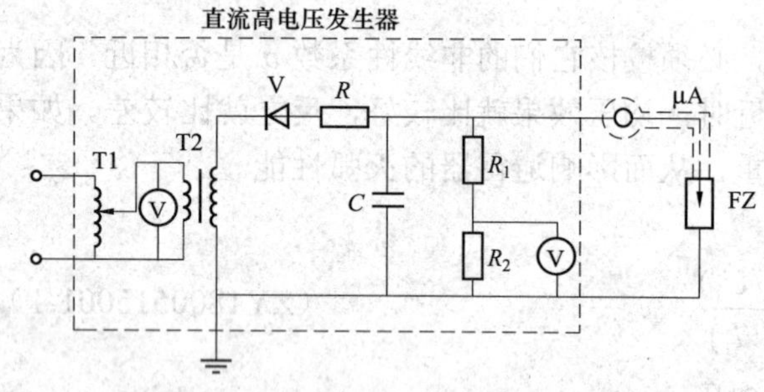

图 ZY1800515001-1 测量避雷器电导电流的原理接线图

T1—调压器；T2—试验变压器；V—高压硅堆；R—限流电阻；C—滤波电容；R_1、R_2—电阻分压器高低压臂；FZ—被试避雷器

五、现场测试步骤及要求

（一）测试接线

测试避雷器电导电流的原理接线如图 ZY1800515001-1 所示，被试避雷器元件末端接地，试验电压施加在高压端。

（二）测试步骤

（1）将避雷器接地放电，拆除或断开避雷器对外的一切连线。

（2）将避雷器表面擦拭干净，进行接线。检查测试接线正确后，合上电源开关，合上高压开关，开始升压。对试品施加电压时，应从足够低的数值开始，然后缓慢地升高电压到规定的试验电压值 U_1，待电流稳定后，读出微安电流表读数 I_1。继续升压至 U_2，待电流稳定后，读出 U_2 电压下微安电流表读数 I_2。

（3）将电压输出降低到零，关闭高压开关，关闭电源开关，断开电源。

（4）将被试品经放电棒充分放电。

（5）对于串联组合元件的避雷器，需计算非线性系数。对上一节避雷器测试完电导电流，做好试验记录后，再进行下一节避雷器电导电流的测试。

六、测试注意事项

（1）直流泄漏电流测试前，应先测试绝缘电阻，其值应正常。

（2）为了防止外绝缘的闪络和易于发现绝缘受潮等缺陷，避雷器电导电流测试通常采用负极性直流电压。

（3）测量电导电流时，应尽量避免电晕电流、杂散电容和潮湿污秽的影响。从微安电流表到避雷器的引线需加屏蔽。

（4）对于可疑数据应复试，并排除仪器故障、避雷器表面脏污或潮湿时泄漏电流增大引起的影响。

（5）试验电压应在高压侧测量，测量系统应经过校验。测量误差不应大于 2%。

（6）由 2 个及以上元件组成的避雷器应对每个元件进行试验。在某一节的顶部施加直流电压时，该节避雷器元件的末端必须接地。

七、测试结果分析及测试报告编写

（一）测试结果分析

1. 测试标准及要求

根据《电力设备预防性试验规程》（DL/T 596—1996）及《电气装置安装工程　电气设备交接试验标准》（GB 50150—2006）的规定：

（1）FZ、FS、FCZ、FCD 型避雷器的电导电流参考值见表 ZY1800515001-2 或制造厂规定值，还应与历年数据比较，不应有显著变化。FS、FCZ、FCD 的试验标准参照《电力设备预防性试验规程》（DL/T 596—1996）。

表 ZY1800515001-2　FZ 型避雷器的电导电流参考值

型号	FZ–10（FZ2–10）	FZ–35	FZ–40	FZ–60	FZ–110J	FZ–110	FZ–220J
额定电压（kV）	10	35	40	60	110	110	220
试验电压（kV）	10	16（15kV 元件）	20（20kV 元件）	20（20kV 元件）	24（30kV 元件）	24（30kV 元件）	24（30kV 元件）
电导电流（μA）	400～600（<10）	400～600	400～600	400～600	400～600	400～600	400～600

注　括号内的电导电流值对应于括号内的型号。

（2）同一相内串联组合元件的非线性系数差值，在交接时不应大于 0.04，在运行中不应大于 0.05；电导电流相差值不应大于 30%。

2. 测试结果分析

（1）将测试数据与标准要求值相比，与被试品前一次或同类型设备的测量数据相比，结合温、湿度情况，进行综合分析判断。如 FZ 型避雷器的非线性系数差值大于 0.05，但电导电流合格，则允许做换节处理，换节后的非线性系数差值不应大于 0.05。

（2）对不同温度下测量的普通阀型或磁吹阀型避雷器电导电流进行比较时，需要将它们换算到同一温度。经验指出，温度每升高 10ºC，电导电流增大 3%～5%，可参照换算。

（二）测试报告编写

测试报告填写应包括测试时间、测试人员、天气情况、环境温度、湿度、被试避雷器型号及参数、使用地点、测试结果、测试结论、试验性质（交接试验、预防性试验、检查、施行状态检修的应填明例行试验或诊断试验）、测试仪器设备的型号、出厂编号、备注栏写明其他需要注意的内容，如是否拆除引线等。

八、案例

某只 FZ–60 型避雷器，上节 FZ–20 避雷器元件试验中发现其绝缘电阻为 1500MΩ，泄漏电流为 300μA，而上年泄漏电流为 430μA，根据泄漏电流低于标准要求且有逐年降低的趋势，分析认为该节避雷器的非线性电阻在运行电压下的电导电流作用下发生劣化，当即更换。

【思考与练习】

1. FZ 型避雷器进行预防性试验时，为什么要测量并联电阻的非线性系数？组合元件的非线性系数差值的允许值是多少？

2. FZ 型避雷器的电导电流在一定的直流电压下规定为 400～600μA，为什么说低于 400μA 或高于 600μA 都有问题？

3. 有 4 节 FZ–30J 阀型避雷器，如果要串联组合使用，则必须满足的条件是什么？

模块2 不带并联电阻的阀型避雷器放电电压测试 (ZY1800515002)

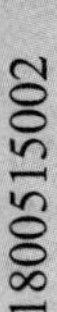

【模块描述】本模块介绍不带并联电阻的阀型避雷器放电电压的测试方法和技术要求。通过测试工作流程的介绍，掌握不带并联电阻的阀型避雷器放电电压测试前的准备工作和相关安全、技术措施、测试方法、技术要求及测试数据分析判断。

【正文】

一、测试目的

FS 型避雷器须进行工频放电电压测试，以检查 FS 型避雷器的放电性能，检查火花间隙的结构及特性是否正常，检验它在内部过电压下有无动作的可能性。带有非线性并联电阻的阀型避雷器只在解体大修后及必要时进行。

二、测试仪器、设备的选择

测量 FS 型避雷器工频放电电压的仪器一般可选择由试验变压器、调压器、保护电阻、电压表、电流表等组成的试验回路进行试验。

（1）根据被试避雷器工频放电电压的正常范围内的上限值选用具有合适电压的试验变压器，并检查试验变压器所需低压侧电压是否与现场电源电压、调压器相配。

（2）试验前可用分压器进行变压器高低压侧电压的校正，可以近似地根据变压器的变比和低压侧电压表的指示值求出避雷器的放电电压，使用的电压表的准确度不得低于 0.5 级。对有并联电阻的阀型避雷器，应使用交流峰值电压表测量工频放电电压，其准确度不得低于 1.0 级。

（3）对不带并联电阻的 FS 型避雷器，保护电阻 R 一般取 0.1～0.5Ω/V。对有并联电阻的普通阀式避雷器，可以选用阻值较低的电阻器或不用保护电阻，应使通过被试品的工频电流限制在 0.2～0.7A 范围内。

三、危险点分析及控制措施

1. 防止高处坠落

人员在拆、接避雷器一次引线时，必须系好安全带。使用梯子时，必须有人扶持或绑牢。

2. 防止高处落物伤人

高处作业应使用工具袋，上下传递物件应用绳索拴牢传递，严禁抛掷。

3. 防止人员触电

测试人员不得触碰导体，并保持与带电部位足够的安全距离。试验前后或变更接线时均应将被试设备充分放电。变更接线或试验结束时，应首先将调压器回零，然后断开电源。试验引线应先接地，再进行接线操作。试验仪器的金属外壳应可靠接地，仪器操作人员必须站在绝缘垫上。

四、测试前的准备工作

1. 了解被试设备现场情况及试验条件

查勘现场，查阅相关技术资料，包括该设备历年试验数据及相关规程等，掌握该设备运行及缺陷情况。

2. 测试仪器、设备准备

选择合适的试验变压器、调压器、保护电阻、电压表、电流表、分压器、温（湿）度计、测试线、绝缘杆、剩余电流动作保护器、接地线、放电棒、安全带、安全帽、电工常用工具、试验临时安全遮栏、标示牌等，并查阅测试仪器、设备及绝缘工器具的检定证书有效期。

3. 办理工作票并做好试验现场安全和技术措施

向其余试验人员交代工作内容、带电部位、现场安全措施、现场作业危险点，明确人员分工及试验程序。

五、现场测试步骤及要求

（一）测试接线

FS 型避雷器工频放电电压测试的原理接线如图 ZY1800515002-1 所示，将试验变压器的高压输出端临时接地，将高压测试线连接到被试避雷器的高压端，被试避雷器末端可靠接地，保持测试线对地有足够的安全距离。

（二）测试步骤

（1）将避雷器接地放电，拆除或断开避雷器对外的一切连线。

（2）将避雷器表面擦拭干净，进行接线。检查接线正确无误后，拆除试验变压器的高压端临时接地线，并保持与测试线有足够的安全距离后，开始试验。

（3）检查调压器在零位，接通电源，缓慢升压，记录避雷器间隙击穿时的电压读数。测试 3 次，取平均值作为测试数据。

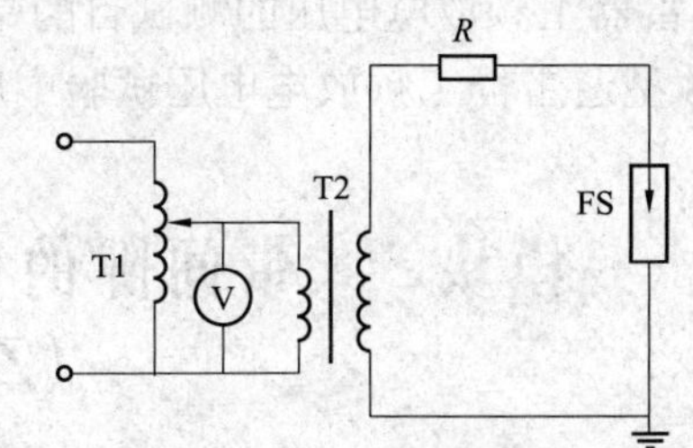

图 ZY1800515002-1　FS 型避雷器工频放电电压测试的原理接线图

T1—调压器；T2—试验变压器；*R*—限流电阻；FS—被试避雷器

（4）将调压器降到零，断开电源，并对避雷器进行充分放电。

（5）拆除试验所接的引线，整理现场。

六、测试注意事项

（1）升压必须从零开始，不可冲击合闸。对无并联电阻的 FS 型避雷器，升压速度不宜太快，以免由于表计机械惯性引起读数误差，以每秒 3～5kV 为宜。对有并联电阻的避雷器做工频放电电压试验时，必须严格控制升压速度，因为并联电阻的热容量小，在接近放电时，如果升压时间较长，会使并联电阻发热烧坏。因此规定：超过灭弧电压以后到避雷器放电的升压时间，不得超过 0.2s。

（2）选择好试验回路保护电阻 *R* 的值，要求把放电电流限制在 0.7A 以下，在间隙放电后 0.5s 内切断电源。

（3）2 次放电要保持一定的时间间隔，以免由于 2 次放电的时间间隔太短，间隙内部没有充分去游离，而造成放电电压偏低或分散性较大。一般时间间隔不少于 1min。

七、测试结果分析及测试报告编写

（一）测试结果分析

1. 测试标准及要求

根据《电力设备预防性试验规程》（DL/T 596—1996）及《电气装置安装工程　电气设备交接试验标准》（GB 50150—2006）的规定，FS 型避雷器的工频放电电压应在表 ZY1800515002-1 所列范围内。

表 ZY1800515002-1　　FS 型避雷器的工频放电电压

额定电压（kV）		3	6	10
放电电压（kV）	交接、大修后	9～11	16～19	26～31
	运行中	8～12	15～21	23～33

2. 测试结果分析

将测试数据与标准要求值相比，与被试品前一次或同类型设备的测量数据相比，结合温（湿）度情况，进行综合分析后作出测试结论合格与否的判断。对于可疑数据应予以复测。

（二）测试报告编写

测试报告填写应包括测试时间、测试人员、天气情况、环境温度、湿度、避雷器型号及参数、使用地点、测试结果、测试结论、试验性质（交接试验、预防性试验、检查、施行状态检修的应填明例行试验或诊断试验），主要仪器设备的型号及参数、出厂编号、备注栏写明其他需要注意的内容，如是否拆除引线等。

八、案例

一只 FS–10 型阀型避雷器，停电试验时进行工频放电电压测试，3 次工频放电电压平均值为 21kV，低于标准值 23～33kV 的下限，判断为不合格，进行了更换。

【思考与练习】

1. 避雷器工频放电电压的测试目的是什么？

2. FS 型避雷器工频放电电压试验中应注意哪些问题？

模块 3 带间隙的氧化锌避雷器工频放电电压测试（ZY1800515003）

【模块描述】本模块介绍带间隙氧化锌避雷器工频放电电压的测试方法和技术要求。通过测试工作流程的介绍，掌握带间隙氧化锌避雷器工频放电电压测试前的准备工作和相关安全、技术措施、测试方法、技术要求及测试数据分析判断。

【正文】

一、测试目的

带间隙的氧化锌避雷器工频放电电压测试主要是检查避雷器的放电性能，检验它在内部过电压下有无动作的可能性。该项目只对有间隙避雷器要求，其工频放电电压应不低于普通阀式或磁吹避雷器的工频放电电压。

二、测试仪器、设备的选择

测量氧化锌避雷器工频放电电压的仪器一般可选择由试验变压器、调压器、保护电阻、电压表、电流表等组成的回路进行试验。

（1）根据被试避雷器工频放电电压的正常范围内的上限值选用具有合适电压的试验变压器，并检查试验变压器所需低压侧电压是否与现场电源电压、调压器相配。

（2）35kV 及以下避雷器的工频放电电压，可近似地根据变压器的变比和低压侧电压表的指示值求出避雷器的放电电压。66kV 及以上避雷器应考虑容升的影响，工频放电电压测量通常采用电容式分压器进行。电压表、电流表的准确度不应低于 0.5 级。

（3）有串联间隙的金属氧化物避雷器，由于阀片的电阻值较大，放电电流较小，过流跳闸继电器应调整得灵敏些。调整保护电阻器，放电电流控制在 0.05～0.2A 之间，放电后在 0.2s 内切断电源。

三、危险点分析及控制措施

1. 防止高处坠落

工作人员在拆、接避雷器一次引线时，必须系好安全带。使用梯子时，必须有人扶持或绑牢。

2. 防止高处落物伤人

高处作业应使用工具袋，上下传递物件应用绳索拴牢传递，严禁抛掷。

3. 防止人员触电

测试人员不得触碰导体，并保持与带电部位足够的安全距离。在变更接线或试验结束时，应首先将调压器回零，然后断开电源。试验引线应先接地，再进行接线操作。试验仪器的金属外壳应可靠接地。

四、测试前的准备工作

1. 了解被试设备现场情况及试验条件

查勘现场，查阅相关技术资料，包括该设备历年试验数据及相关规程等，掌握该设备运行及缺陷情况。

2. 测试仪器、设备准备

选择合适的试验变压器、调压器、保护电阻、电压表、电流表、温（湿）度计、测试线、绝缘杆、剩余电流动作保护器、接地线、放电棒、安全带、安全帽、电工常用工具、试验临时安全遮栏、标示牌，并查阅测试仪器、设备及绝缘工器具的检定证书有效期。

3. 办理工作票并做好试验现场安全和技术措施

向其余试验人员交代工作内容、带电部位、现场安全措施、现场作业危险点，明确人员分工及试验程序。

五、现场测试步骤及要求

（一）测试接线

氧化锌避雷器工频放电电压测试的原理接线如图 ZY1800515003-1 所示。将试验变压器的高压输出端临时接地，将高压测试线连接到被试避雷器的高压端，被试避雷器末端可靠接地，保持测试线对地有足够的安全距离。

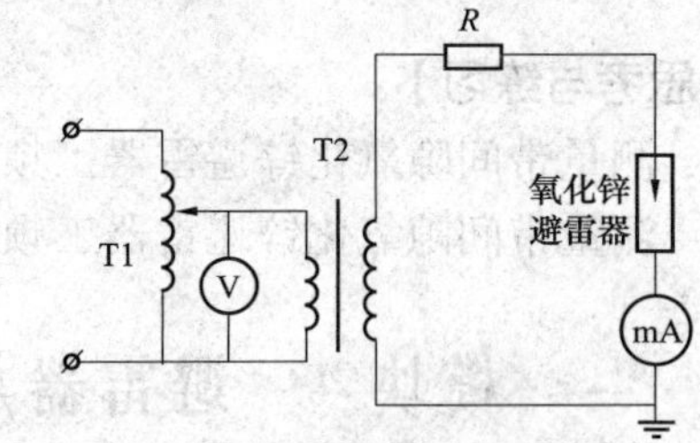

图 ZY1800515003-1　氧化锌避雷器工频放电电压测试的原理接线图

T1—调压器；T2—试验变压器；R—限流电阻

（二）测试步骤

（1）将避雷器接地放电，拆除或断开避雷器对外的一切连线。

（2）将避雷器表面擦拭干净，进行接线。检查接线正确无误后，拆除试验变压器的高压端临时接地线，开始试验。

（3）检查调压器在零位，接通电源，缓慢升压，记录避雷器间隙击穿时的电压读数。测试 3 次，取平均值作为测试数据。

（4）将调压器降到零，断开电源。

（5）对避雷器进行充分放电。

（6）拆除试验所接的引线，整理现场。

六、测试注意事项

（1）试验应在完整避雷器上进行，升压必须从零开始，不可冲击合闸。试验前应用电容分压器进行变压器输出电压的校正。

（2）试验电压的波形应为正弦波，为消除高次谐波的影响，必要时调压器的电源取线电压或在试验变压器低压侧加滤波回路。

（3）应在被试避雷器下端串接电流表，用来判别间隙是否放电动作。

（4）两次放电要保持一定的时间间隔，以免由于两次放电的时间间隔太短，间隙内部没有充分去游离，而造成放电电压偏低或分散性较大。一般时间间隔不少于 1min。

七、测试结果分析及测试报告编写

（一）测试结果分析

1. 测试标准及要求

根据《电气装置安装工程　电气设备交接试验标准》（GB 50150—2006）、《交流电力系统金属氧化物避雷器使用导则》（DL/T 804—2002）及《输变电设备状态检修试验规程》（Q/GDW 188—2008）的规定：

带间隙的氧化锌避雷器工频放电电压应工频放电电压应符合制造厂的规定，且不低于普通阀式或磁吹避雷器的工频放电电压，其典型推荐值见表 ZY1800515003-1。

表 ZY1800515003-1　　有串联间隙避雷器典型推荐值

系统标称电压（有效值，kV）	避雷器额定电压（有效值，kV）	电站用	配电用
		工频放电电压（有效值，kV）	工频放电电压（有效值，kV）
3	3.8	9	9
6	7.6	16	16
10	12.7	26	26
35	42	80	—

2. 测试结果分析

将测试数据与标准要求值相比，与前一次或同类型的测量数据相比，结合温湿度情况，进行综合分析后作出测试结论合格与否的判断。对于可疑数据应予以复测。

（二）测试报告编写

测试报告填写应包括测试时间、测试人员、天气情况、环境温度、湿度、避雷器型号及参数、使用地点、测试结果、测试结论、试验性质（交接试验、预防性试验、检查、施行状态检修的应填明例行试验或诊断试验）、主要仪器设备的型号、参数，备注栏写明其他需要注意的内容，如是否拆除引线等。

【思考与练习】

1. 测量带间隙氧化锌避雷器工频放电电压的目的是什么？

2. 测量带间隙氧化锌避雷器工频放电电压的注意事项是什么？

模块 4 避雷器放电计数器试验（ZY1800515004）

【模块描述】本模块介绍避雷器放电计数器结构原理、计数器动作的试验方法及技术要求。通过试验工作流程的介绍，掌握避雷器放电计数器试验前的准备工作和相关安全、技术措施、试验方法、技术要求及测试数据分析判断。

【正文】

一、避雷器放电计数器的结构原理及试验目的

（一）结构原理

国内目前主要使用 JS 型电磁式放电计数器，其原理接线如图 ZY1800515004-1 所示。电气回路包括非线性电阻片 R_1、R_2，电容器 C 和计数器 L。当避雷器动作时，放电电流流过阀片电阻 R_1，在 R_1 上的压降经阀片 R_2 给电容器 C 充电，微秒级的冲击电流过去后，电容器 C 上的电荷将对计数器的电磁线圈 L 放电，使得刻度盘上的指针转动一个刻数，记下了避雷器的一次动作。

图 ZY1800515004-2 所示为目前应用较多的 JS–8 型动作计数器的原理接线，系整流式结构。避雷器动作时，阀片 R_1 上的压降经全波整流给电容器 C 充电，然后 C 再对电磁式计数器 L 放电，使其记数。

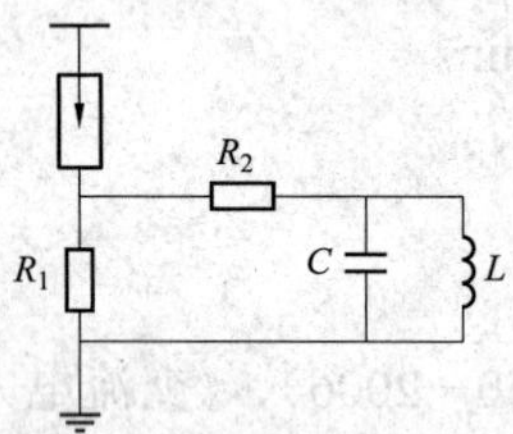

图 ZY1800515004-1 JS 型动作记数器的原理接线图

R_1、R_2—非线性电阻；C—电容器；L—计数器线圈

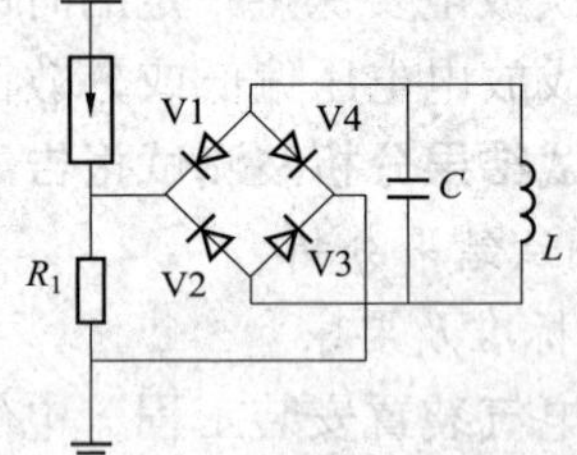

图 ZY1800515004-2 JS–8 型动作记数器的原理接线图

R_1—非线性电阻；V1～V4—二极管；C—电容器；L—计数器线圈

（二）试验目的

由于密封不良，放电计数器在运行中可能进入潮气或水分，使内部元件锈蚀，导致计数器不能正确动作，因此需定期试验以判断计数器是否状态良好、能否正常动作，以便总结运行经验并有助于事故分析。带有泄漏电流表的计数器，其电流表用来测量避雷器在运行状况下的泄漏电流，是判断运行状况的重要依据，但现场运行经常会出现电流指示不正常的情况，所以泄漏电流表宜进行检验或比对试验，保证电流指示的准确性。

二、试验仪器、设备的选择

放电计数器试验的仪器目前多采用专用的能产生模拟标准雷电流、电压的避雷器放电计数器检验仪。有些专用的避雷器放电计数器动作测试仪，能够产生 8/20μs、100A 的标准冲击电流，可对计数器

进行试验。也可用 2500V 绝缘电阻表对 4～6μF 的电容器充电后对放电计数器进行放电检查。

检验放电计数器的泄漏电流表的仪器可选专用的成套装置，装置的电流测量误差应小于 1%；也可采用调压器（0～250V）、毫安电流表（0.5 级）等组成测试回路进行试验。

三、危险点分析及控制措施

1. 防止高处坠落

人员在拆、接放电计数器一次引线时，如需登高，必须系好安全带。使用梯子时，必须有人扶持或绑牢。

2. 防止高处落物伤人

高处作业应使用工具袋，上下传递物件应用绳索拴牢传递，严禁抛掷。

3. 防止人员触电

防止剩余电荷、感应电压伤人及影响测量结果，与带电体保持足够的安全距离。试验仪器的金属外壳应可靠接地。

四、试验前的准备工作

1. 了解被试设备现场情况及试验条件

查勘现场，查阅相关技术资料，包括该设备历年试验数据及相关规程等，掌握该设备运行及缺陷情况。

2. 试验仪器、设备准备

选择合适的试验仪器、试验线、温（湿）度计、绝缘杆、放电棒、接地线、安全带、安全帽、电工常用工具、试验临时安全遮栏、标示牌等，并查阅测试仪器、设备及绝缘工器具的检定证书有效期。

3. 办理工作票并做好试验现场安全和技术措施

向其余试验人员交代工作内容、带电部位、现场安全措施、现场作业危险点，明确人员分工及试验程序。

五、现场试验步骤及要求

（一）放电计数器的试验

1. 直流法

（1）试验接线。

用直流法进行放电计数器试验的接线，如图 ZY1800515004-3 所示。

（2）试验步骤。

按图 ZY1800515004-3 进行接线。用 2500V 绝缘电阻表对一只 4～6μF 的电容器充电，即由一人绝缘电阻表，另一人通过绝缘杆将 L 端引线接到电容器上对其充电，待充电结束后，将绝缘电阻表与电容器的引线拆开，通过绝缘杆将电容器的放电引线对计数器触及放电，观察计数器是否动作，重复 3～5 次。在运行条件下也可用此方法进行试验。

2. 标准冲击电流法

（1）试验接线。

标准冲击电流法进行放电计数器试验的接线，如图 ZY1800515004-4 所示。

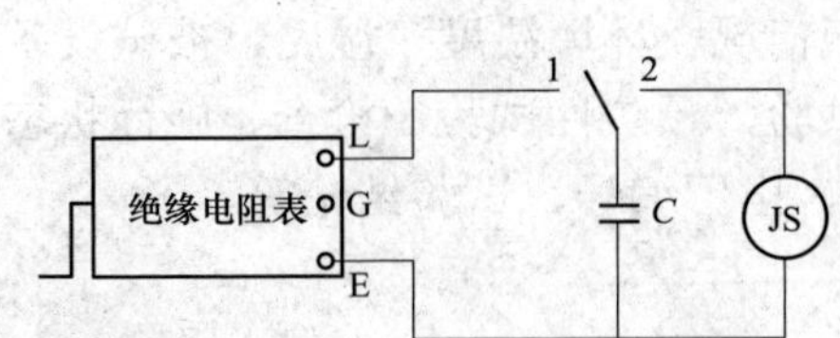

图 ZY1800515004-3　用直流法进行放电计数器试验的接线图

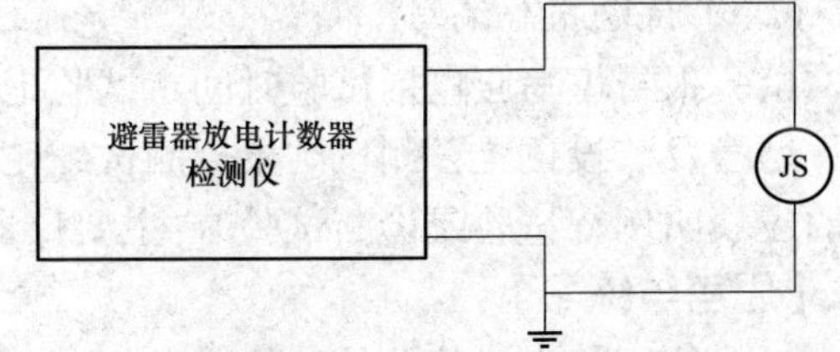

图 ZY1800515004-4　标准冲击电流法进行放电计数器试验的接线图

（2）试验步骤。

1）按照放电计数器测试仪《使用说明书》的接线要求进行接线。

模块 4　ZY1800515004

2）接线完成后打开仪器电源开关，达到检测仪要求的状态后，按检测仪面板上的动作计数按钮，使冲击电流发生器发出的冲击电流作用于放电计数器，记录动作情况。

3）测试3～5次，每次时间间隔不少于30s。

4）原则上放电计数器指示位数应通过多次动作试验将计数器指示调到零。

（二）带泄漏电流表的放电计数器电流测量回路的检验

1. 检验方法一

（1）按选用的放电计数器测试仪的电流测量回路的试验要求进行接线。

（2）接线完成后，调节仪器的电流输出旋钮到最小位置，打开电源开关，增大电流输出到相应值，将仪器上的电流表显示与计数器的电流值进行比对。记录数据，并闭电源开关。

2. 检验方法二

（1）试验接线。

带泄漏电流表的放电计数器电流测量回路检测试验接线，如图ZY1800515004-5所示。

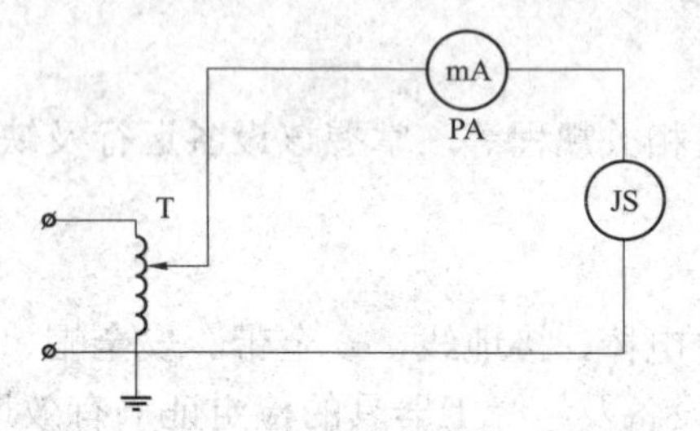

图ZY1800515004-5 带泄漏电流表的放电计数器电流回路检测试验接线图
T—调压器；PA—毫安电流表

（2）试验步骤。

按图ZY1800515004-5进行接线。接线完成后合上电源开关，调节调压器缓慢升压，对泄漏电流表施加一适当的工频电压，使回路电流达到适当的值。将串接入试验回路的0.5级交流毫安表与计数器的电流表指示进行比对并记录。如果计数器的电流表指示为峰值，则应折算为有效值后，再进行比对。将调压器输出调节到零位，拉开电源开关。

六、试验注意事项

（1）应记录放电计数器试验前后的放电指示数值。

（2）检查放电计数器不存在破损或内部积水现象。

（3）放电计数器放电时，应防止电容器对绝缘电阻表反充电损坏绝缘电阻表。

（4）带有泄漏电流表的计数器，在试验时应检验泄漏电流表的准确性。

七、试验结果分析及试验报告编写

（一）试验结果分析

1. 试验标准及要求

根据《电力设备预防性试验规程》(DL/T 596—1996)、《电气装置安装工程 电气设备交接试验标准》(GB 50150—2006）及《输变电设备状态检修试验规程》(Q/GDW 188—2008）的规定：

（1）测试3～5次，均应正常动作。

（2）计数器的泄漏电流表应符合所标识的准确等级的要求，三相间不应有明显差别。

2. 试验结果分析

如果计数器动作异常，应查明试验方法是否存在问题，与同类型装置的试验情况相比，并结合规程标准及其他试验结果进行综合判断。

如果泄漏电流表试验数据异常，应仔细检查装置外观是否良好，并检查底座绝缘是否良好。

（二）试验报告编写

试验报告填写应包括试验时间、试验地点、试验人员、天气情况、环境温度、湿度、被试设备名称、型号及装设位置、测试结果、测试结论、试验性质（交接试验、预防性试验、检查、施行状态检修的应填明例行试验或诊断试验)，主要仪器设备的型号及参数、出厂编号、试验结论等。

【思考与练习】

如何测试放电计数器的动作情况？

模块 5　避雷器直流 1mA 电压（U_{1mA}）及 $0.75U_{1mA}$ 下的泄漏电流测试（ZY1800515005）

【模块描述】本模块介绍氧化锌避雷器直流 1mA 电压（U_{1mA}）及 $0.75U_{1mA}$ 下的泄漏电流的测试方法和技术要求。通过测试工作流程的介绍，掌握氧化锌避雷器直流 1mA 电压（U_{1mA}）及 $0.75U_{1mA}$ 下的泄漏电流测试前的准备工作和相关安全、技术措施、测试方法、技术要求及测试数据分析判断。

【正文】

一、测试目的

1. 直流 1mA 电压（U_{1mA}）的测试目的

U_{1mA} 为无间隙金属氧化物避雷器通过 1mA 直流电流时，被试品两端的电压值。测量氧化锌避雷器的 U_{1mA}，主要是检查其阀片是否受潮、老化，确定其动作性能是否符合要求。直流 1mA 参考电压值一般等于或大于避雷器额定电压的峰值。

2. $0.75U_{1mA}$ 下的泄漏电流测试目的

$0.75U_{1mA}$ 下的泄漏电流为试品两端施加电压 $0.75U_{1mA}$ 时，测量流过避雷器的泄漏电流。$0.75U_{1mA}$ 直流电压一般比最大工作相电压（峰值）要高一些，在此电压下主要检测长期允许工作电流是否符合规定。因为这一电流与氧化锌避雷器的寿命有直接关系，一般在同一温度下泄漏电流与寿命成反比。

二、测试仪器、设备的选择

测试仪器一般可选择成套的直流高压发生器。

（1）根据不同试品电压的要求，选择不同电压等级的直流高压发生器。试验电压应能满足试验的极性和电压值，还必须具有足够的电源容量。直流高压发生器的直流输出脉动系数小于±1.5%。

（2）试验电压应在高压侧测量，一般用电阻分压器进行测量。

（3）测量用的微安电流表，其准确度不低于 1.0 级。

三、危险点分析及控制措施

1. 防止高处坠落

工作人员在拆、接避雷器一次引线时，必须系好安全带。使用梯子时，必须有人扶持或绑牢。

2. 防止高处落物伤人

高处作业应使用工具袋，上下传递物件应用绳索拴牢传递，严禁抛掷。

3. 防止人员触电

测试人员不得触碰导体，并保持与带电部位足够的安全距离。试验前后或变更接线前均应将被试设备充分放电。变更接线或试验结束时，应首先将调压器回零，然后断开电源。试验引线应先接地，再进行接线操作。试验仪器的金属外壳应可靠接地，仪器操作人员必须站在绝缘垫上。

四、测试前的准备工作

1. 了解被试设备现场情况及试验条件

查勘现场，查阅相关技术资料，包括该设备历年试验数据及相关规程等，掌握该设备运行及缺陷情况。

2. 测试仪器、设备准备

选择合适的直流高压发生器、万用表、温（湿）度计、测试线、屏蔽线、放电棒、接地线、安全带、安全帽、电工常用工具、试验临时安全遮栏、标示牌等，并查阅测试仪器、设备及绝缘工器具的检定证书有效期。

3. 办理工作票并做好试验现场安全和技术措施

向其余试验人员交代工作内容、带电部位、现场安全措施、现场作业危险点，明确人员分工及试

验程序。

五、现场测试步骤及要求

（一）测试接线

氧化锌避雷器直流 1mA 电压（U_{1mA}）测试的原理接线如图 ZY1800515005-1 所示。被试避雷器元件末端接地，试验电压施加在高压端。保持测试线对地足够的安全距离。

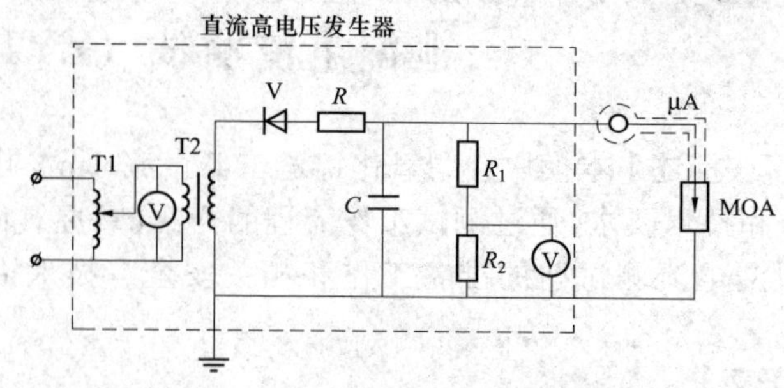

图 ZY1800515005-1 氧化锌避雷器直流 1mA 电压（U_{1mA}）测试的原理接线图

T1—调压器；T2—试验变压器；V—高压硅堆；R—限流电阻；C—滤波电容；R_1、R_2—电阻分压器高、低压臂电阻；MOA—被试避雷器

（二）测试步骤

（1）拆除或断开避雷器对外的一切连线，将避雷器接地放电。

（2）将避雷器表面擦拭干净，进行接线。检查测试接线正确后，拆除接地线，开始试验。

（3）确认电压输出在零位，接通电源，然后缓慢地升高电压到规定的试验电压值。当电流达到 1mA 时，读取并记录电压值 U_{1mA} 后，降压至零。

（4）计算 $0.75U_{1mA}$ 的值。

（5）测量 $0.75U_{1mA}$ 下的泄漏电流值。重新接通电源，将直流电压升至 $0.75U_{1mA}$，读取并记录泄漏电流值后，降压至零。

（6）待电压表指示基本为零时，断开试验电源，用带限流电阻的放电棒对避雷器充分放电，挂接地线。

（7）拆除试验所接的引线，整理现场。

六、测试注意事项

（1）直流 U_{1mA} 测试前，应先测试绝缘电阻，其值应正常。

（2）为了防止外绝缘的闪络和易于发现绝缘受潮等缺陷，避雷器直流 U_{1mA} 测试通常采用负极性直流电压。

（3）因泄漏电流大于 200μA 以后，随电压的升高，电流将急剧增大，故应放慢升压速度，当电流达到 1mA 时，准确地读取相应的电压 U_{1mA}。

（4）由于无间隙金属氧化物避雷器表面的泄漏原因，在试验时应尽可能地将避雷器瓷套表面擦拭干净。如果由于受潮或脏污等原因使 U_{1mA} 电压数据异常，应在靠近避雷器加压端的瓷套表面装一个屏蔽环。测量泄漏电流的导线应使用屏蔽线，测试线与避雷器的夹角应尽量大。

（5）直流高压的测量应在高压侧进行，测量系统应经过校验，测量误差不应大于 2%。

（6）试验回路的接地应在被试品处接地。

七、测试结果分析及测试报告编写

（一）测试结果分析

1. 测试标准及要求

根据《电力设备预防性试验规程》（DL/T 596—1996）、《电气装置安装工程 电气设备交接试验标准》（GB 50150—2006）及《输变电设备状态检修试验规程》（Q/GDW 188—2008）的规定：

氧化锌避雷器直流电压的数值不应低于 GB 11032 中规定数值，且 U_{1mA} 实测值与初始值或制造厂规定值比较，变化不应超过±5%；$0.75U_{1mA}$ 下的泄漏电流一般应不大于 50μA，且与初始值相比较不应有明显变化。

2. 测试结果分析

将所测得的试验数据结合温湿度情况，与被试品历史数据或同类型设备的测量数据相比，并结合规程标准及其他试验结果进行综合判断。

测量时应记录环境温度，阀片的温度系数一般为 0.05%～0.17%，即温度每升高 10ºC，直流 1mA

电压 U_{1mA} 约降低 1%，所以必要的时候应进行温度换算，以免出现误判断。

（二）测试报告编写

测试报告填写应包括测试时间、测试人员、天气情况、环境温度、湿度、被试避雷器型号及参数、使用地点、测试结果、测试结论、试验性质（交接试验、预防性试验、检查、施行状态检修的应填明例行试验或诊断试验）、测试仪器设备的型号、出厂编号、备注栏写明其他需要注意的内容，如是否拆除引线等。

八、案例

一台 220kV 型号为 HY10Z–200/520 的氧化锌避雷器，停电试验中数据出现异常，U_{1mA} 的值为 210kV，$0.75U_{1mA}$ 下的泄漏电流为 60μA。由于该避雷器临近正在运行的带电设备，电场干扰较大，试验人员首先核查试验方法是否正确并设法排除电场干扰的影响。检查发现，高压试验线采用的不是屏蔽线。将测试线改为屏蔽线，将屏蔽线的屏蔽层接入高压微安电压表的输入端。再次试验，U_{1mA} 电压为 292kV，$0.75U_{1mA}$ 下的电流为 32μA，与交接试验数据基本相同。可见，本次试验出现异常是由于电场干扰引起试验回路出现干扰电流造成的。

【思考与练习】

1. 为什么要测量金属氧化物避雷器的直流 1mA 电压（U_{1mA}）及 $0.75U_{1mA}$ 下的泄漏电流？
2. 避雷器直流 1mA 电压（U_{1mA}）及 $0.75U_{1mA}$ 下的泄漏电流测试值的判断标准是什么？

模块 6　避雷器运行电压下的交流泄漏电流测试（ZY1800515006）

【模块描述】本模块介绍无间隙金属氧化物避雷器（MOA）运行电压下的交流泄漏电流的测试方法和技术要求。通过测试工作流程的介绍，掌握避雷器运行电压下的交流泄漏电流测试前的准备工作和相关安全、技术措施、测试方法、技术要求及测试数据分析判断。

【正文】

一、测试目的

无间隙金属氧化物避雷器（MOA）的等值电路可以近似地用由非线性电阻 R 和电容 C 构成的并联电路来表示，如图 ZY1800515006-1（a）所示，避雷器的交流泄漏电流 I_X 由阻性电流分量 I_R 和容性电流分量 I_C 组成。其电压、电流相量图如图 ZY1800515006-1（b）所示。

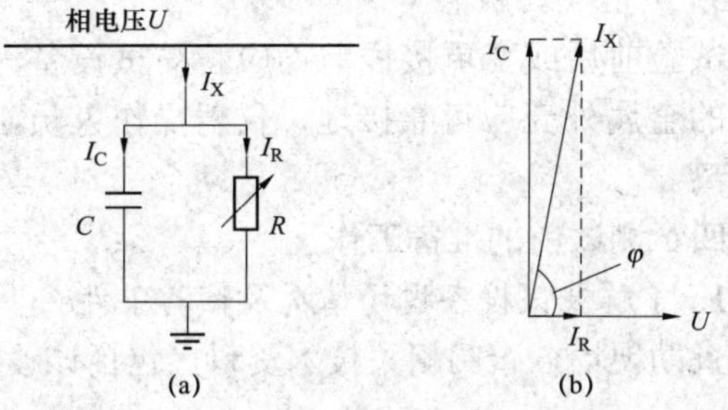

图 ZY1800515006-1　氧化锌避雷器的等值电路及相量图

在运行电压下测量 MOA 交流泄漏电流可以在一定程度上反映 MOA 运行的状态。在正常运行情况下，流过避雷器的电流主要为容性电流，阻性电流只占很小一部分，约为 10%～20%。当阀片老化、避雷器受潮、内部绝缘部件受损以及表面严重污秽时，容性电流变化不多，而阻性电流大大增加，所以测量避雷器运行电压下的交流泄漏电流及其阻性电流和容性电流是现场监测避雷器运行状态的主要方法，特别是阻性电流对发现氧化锌避雷器受潮有重要意义。测试分为停电测试及带电测试。

二、测试仪器、设备的选择

1. 停电测试的仪器、设备

测试金属氧化物避雷器（MOA）运行电压下的交流泄漏电流的仪器一般可选择试验变压器、调压器、阻性电流测试仪、电容分压器或试验变压器、调压器、双踪示波器、可调电阻箱、标准电阻箱、电容器等仪器设备。

使用双踪电子示波器的测量原理为通过适当的分压器和分流器，将避雷器的电压和电流信号接入示波器，可以测得电压 U、全电流 I_X、容性电流分量 I_C 和阻性电流分量 I_R 各波形。

（1）试验变压器应选择额定电压与被试避雷器工频参考电压相适宜的，并检查试验变压器所需低压侧电压是否与现场电源电压、调压器相配。

（2）电容分压器的额定电压应与试验电压相匹配，其电容量宜选择 1000pF。

2. 带电测试避雷器泄漏电流的原理及仪器、设备

目前国内外带电测量 MOA 交流泄漏电流及阻性电流的方法较多，由于阻性电流占总泄漏电流比例很小，带电测量时易受现场的干扰及系统电压的谐波影响，准确地测量阻性电流是比较困难的。本模块主要介绍目前应用较广泛的一种测试方法——投影法。

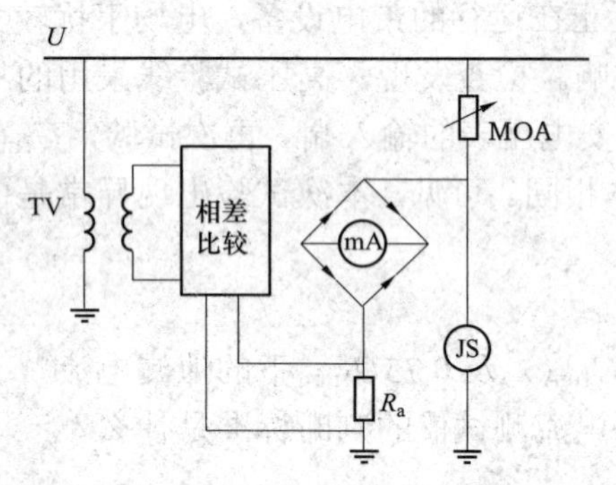

图 ZY1800515006-2 投影法带电测量避雷器泄漏电流及阻性电流原理接线图

正常运行时，作用于避雷器上的相电压 U 和流过其中的电流 I_X 之间将产生相位差 φ，如图 ZY1800515006-1（b）所示，只要测出 φ 角和 I_X 就可以简便地计算出有功分量 I_R 和无功分量 I_C。图 ZY1800515006-2 是用投影法测量避雷器泄漏电流及阻性电流原理接线。I_X 可以用串接在避雷器下端的电流表测得。而 φ 角可以用相位差的原理进行测量，U 和 R_a 上的压降 U_R 之间的相位差即为 φ 角。典型的仪器为 RCD 型。

现场也有使用不需运行相电压，采用三次谐波电流原理制成的仪器。其工作原理是在避雷器总电流中检出三次谐波分量 i_3 的峰值，根据 i_3 与阻性电流 i_r 的经验关系得到阻性电流峰值，它的基础是电压不含谐波分量或很小。由于使用三次谐波法测试仪受系统电压中谐波分量的影响很大，故当谐波分量较大时，测量误差较大。

三、危险点分析及控制措施

1. 防止高处坠落

试验人员在拆、接避雷器一次引线时，必须系好安全带。使用梯子时，必须有人扶持或绑牢。

2. 防止高处落物伤人

高处作业应使用工具袋，上下传递物件应用绳索拴牢传递，严禁抛掷。

3. 防止人员触电

试验前后或变更接线前均应将被试设备充分放电。试验引线应先接地，再进行接线操作。试验仪器的金属外壳应可靠接地，仪器操作人员必须站在绝缘垫上。工作人员应与带电体保持足够的安全距离。

四、测试前的准备工作

1. 了解被试设备现场情况及试验条件

查勘现场，查阅相关技术资料，包括该设备历年试验数据及相关规程等，掌握该设备运行及缺陷情况。

2. 测试仪器、设备准备

根据不同的试验情况选择合适的试验仪器、试验线、绝缘杆、剩余电流动作保护器、温（湿）度计、接地线、放电棒、安全带、安全帽、电工常用工具、试验临时安全遮栏、标示牌等，并查阅测试仪器、设备及绝缘工器具的检定证书有效期。

3. 办理工作票并做好试验现场安全和技术措施

向其余试验人员交代工作内容、现场安全措施、现场作业危险点，明确人员分工及试验程序。

五、现场测试步骤及要求

（一）停电测试

1. 电容补偿法

（1）测试接线。

电容补偿法避雷器运行电压下的交流泄漏电流测试原理接线如图 ZY1800515006-3 所示，被试避雷器元件末端接地，试验电压施加在高压端。

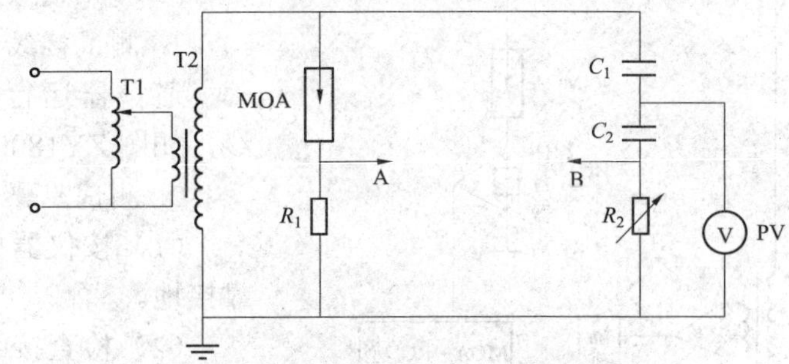

图 ZY1800515006-3　电容补偿法避雷器运行电压下的交流泄漏电流测试原理接线图

T1—调压器；T2—试验变压器；MOA—氧化锌避雷器；C_1、C_2—电容分压器高、低压臂；R_1—采样电阻（1000Ω）；R_2—标准电阻箱；A、B—至双踪示波器输入端

（2）测试步骤。

1）拆除或断开避雷器对外的一切连线，将避雷器接地放电。

2）按图 ZY1800515006-3 进行接线，并检查测试接线正确无误。

3）调节示波器输入端 A、B 通道的灵敏度，使 A、B 通道的电压档位相同。

4）将双踪示波器的 A 通道（接避雷器测量信号）进行校准，使电压选择微调旋钮处于校准位置，以使荧光屏上读到的数据准确。

5）合上试验电源对避雷器施加工频电压，分别调节 A、B 通道电压选择旋钮，使之处于适当的档位。

6）缓慢升高外加电压，分别加至该避雷器的持续运行电压及系统运行电压。

7）由两个通道分别测出电阻 R_1 上的电压 U_{R1}、电阻 R_2 上的电压 U_{R2} 的波形，A 通道显示的波形即为避雷器总泄漏电流。

8）读取并记录总泄漏电流后，通过调节 R_2 的电阻值（通常 R_2 为粗调，细调可用示波器 B 通道电压选择旋钮上的微调），尽量使 U_{R1} 和 U_{R2} 的幅值大小相等，相位相同。

9）运用示波器的加减功能，调节 B 通道的旋钮，使示波器上的波形完全对称，此时就认为避雷器中的容性电流已完全得到补偿。

10）示波器上显示的对称的尖顶波即为阻性电流在电阻 R_1 上的压降，将读出的电压数值除以电阻 R_1 的数值即为该电压下的阻性电流峰值。分别记录持续运行电压及系统运行电压下的阻性电流峰值。

11）降压为零，断开电源，对避雷器进行充分放电，挂接地线，拆除或变更试验接线。

2. 阻性电流测试仪法

（1）测试接线。

用阻性电流测试仪测试避雷器运行电压下的交流泄漏电流原理接线如图 ZY1800515006-4 所示。电流信号取自避雷器的放电计数器，电压信号取自分压器，经电压隔离器送入阻性电流测试仪主机。

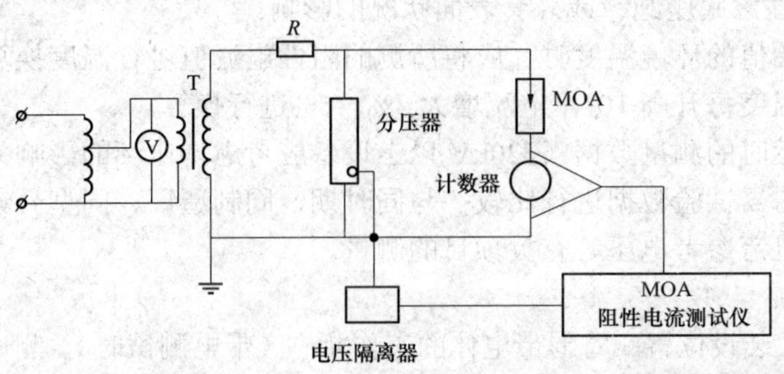

图 ZY1800515006-4　用阻性电流测试仪测试避雷器运行电压下的交流泄漏电流原理接线图

（2）测试步骤。

1）将避雷器接地放电，拆除或断开避雷器对外的一切连线。

2）按图 ZY1800515006-4 进行接线，检查准确无误后，按《阻性电流测试仪使用说明书》进行操作。

3）合上电源，将电压分别升至该避雷器的持续运行电压及系统运行电压，分别读取总泄漏电流峰值、有效值及阻性电流峰值，有功损耗值，记录并降压为零。

4）断开电源，对避雷器进行充分放电，挂接地线，拆除或变更试验接线。

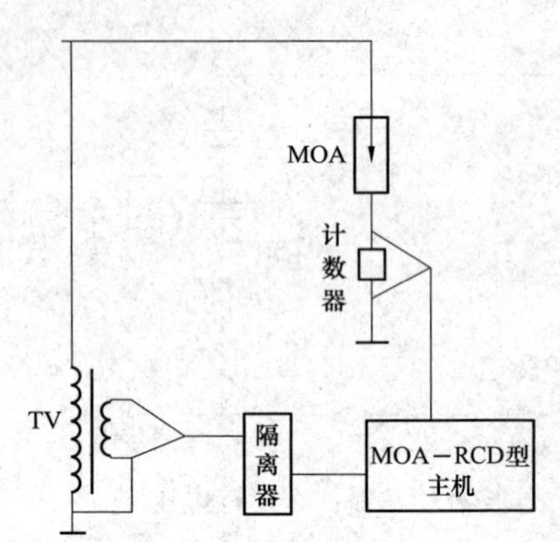

图 ZY1800515006-5 避雷器运行电压下的交流泄漏电流带电测试原理接线图

（二）带电测试

1. 测试接线

避雷器运行电压下的交流泄漏电流带电测试原理接线，如图 ZY1800515006-5 所示。

2. 测试步骤

（1）按仪器接线要求将测试线接到相应部位，仪器可靠接地。

（2）检查接线无误后，打开测试仪电源，按测试仪《使用说明书》要求的步骤进行测试。出现测试结果后，将数据打印出来。

（3）测试完成后，关闭测试仪电源，进行现场数据分析，拆除测试接线，恢复现场。

六、测试注意事项

（1）带电测试应在良好天气下进行。

（2）接取电压互感器二次电压应由专人接线，应防止造成电压互感器二次短路或接地短路。

（3）带电测试时严禁将电流测试线举过避雷器底座法兰，不得将手、工具材料举过避雷器底座法兰。应尽量使用绝缘杆进行搭接。

（4）测试完毕后应先将电流测试线及电压互感器二次电压接线脱开。

七、测试结果分析及测试报告编写

（一）测试结果分析

1. 测试标准及要求

根据《电力设备预防性试验规程》（DL/T 596—1996）及《电气装置安装工程　电气设备交接试验标准》（GB 50150—2006）的规定：

测量避雷器在持续运行电压下的持续电流，其阻性电流或总电流值应符合产品技术条件的规定。

测量运行电压下的全电流、阻性电流或功率损耗，测量值与初始值比较，有明显变化时应加强监测。当阻性电流增加 1 倍时，应停电检查。

2. 测试结果分析

影响现场测试结果的因素较多，如计数器内阻、测试仪器性能等。对系统标称电压 110kV 及以上避雷器还应考虑邻相电场的影响。对一字形排列的三相 110～500kV 金属氧化物避雷器，由于相间杂散电容耦合的影响，会对这种测量方法产生误差，为此应将避雷器各自的前后测试数据单独进行比较。当避雷器的泄漏电流 I_X 有明显变化时，还应注意底座绝缘或外套表面状况的影响。

当测试时的环境温度高于或低于测试初始值的环境温度时，应将所测的阻性电流值进行温度换算后，才能与初始值比较。温度换算系数，按温度每升高 10°，电流增大 3%～5%进行换算。

带电测试时与初始值比较主要指：与投运时的测量数据（220kV 以上设备应考虑均压环的影响）比较；与前一次测量数据比较；同组相邻避雷器试验数据进行比较；与同时期、同制造厂、同型号设备的测量数据进行比较。必要时可停电进行直流参考电压等有关项目的测量。

（二）测试报告编写

测试报告填写应包括避雷器型号及参数、装设位置、周围带电体的工作状态（带电测试时）、测试时间、测试人员、天气情况、环境温度、湿度、测试地点、测试项目、试验性质（交接试验、预防性试验、检查、施行状态检修的应填明例行试验或诊断试验）、主要仪器设备的型号、参数、测试数据、测试结论等。

八、案例

某组 Y10W–102/250（2 节）型避雷器交接试验时发现异常，其数据如表 ZY1800515006-1 所示。

表 ZY1800515006-1　　避雷器交接试验数据表

编　号	工频参考电压	最高持续运行电压			
	U (kV)	U (kV)	I_X (mA)	I_{R1p} (mA)	φ
U 相上节	53.7	41.2	0.931	0.130	84.3
U 相下节	54.7	40.5	0.524	0.064	84.9
V 相上节	53.2	40.0	0.917	0.120	84.7
V 相下节	51.4	41.2	0.957	0.159	83.2

注　U——施加避雷器两端的工频电压；
I_X——流过避雷器的总电流；
I_{R1p}——流过避雷器总电流中的阻性电流基波峰值；
φ——避雷器两端的电压与流过避雷器的总电流之间的夹角。

表 ZY1800515006-1 中，U 相下节最高持续运行电压下的总电流 I_X 较小（与其他避雷器单元比较）为 0.524mA，阻性电流基波值 I_{R1p} 很小为 0.064mA。由此分析 U 相下节氧化锌避雷器内的电阻片与 U 相上节和 V 相上、下节的电阻片的电容不同、电阻片的直径不同，即 U 相下节电阻片的电容小、电阻片的直径小。如果 U 相下节与上节组成一相投入运行的话，就会出现电压分布不均匀，上节承受电压低，下节承受电压很高；从所测量的数据看，下节电阻片的电容比上节的要小约 2 倍，这样上节只承受相电压的 1/3，而下节要承受相电压的 2/3，若长期运行，下节的电阻片会迅速老化，易发生爆炸事故，因此建议 U 相下节要用与上节同样的电阻片组成的氧化锌避雷器，确保以后安全运行。

【思考与练习】

1. 为什么要测量金属氧化物避雷器的阻性电流？
2. 金属氧化物避雷器运行电压下的交流泄漏电流的判断标准是什么？

模块 7　避雷器工频参考电流下的工频参考电压测试（ZY1800515007）

【模块描述】本模块介绍避雷器工频参考电流下的工频参考电压测试方法和技术要求。通过测试工作流程的介绍，掌握避雷器工频参考电流下的工频参考电压测试前的准备工作和相关安全、技术措施、测试方法、技术要求及测试数据分析判断。

【正文】

一、测试目的

工频参考电压是无间隙金属氧化物避雷器的一个重要参数，它表明阀片的伏安特性曲线饱和点的位置。对避雷器（或避雷器元件）施加工频电压，当通过试品的阻性电流等于工频参考电流（由制造厂确定，以阻性电流分量的峰值表示，通常约为 1～20mA）时，测出试品上的工频电压峰值，工频参考电压等于该工频电压最大峰值除以 $\sqrt{2}$，这一数值应不低于避雷器的额定电压值。

金属氧化物避雷器对应于工频参考电流下的工频参考电压的测试目的是检验它的动作特性和保护特性。避雷器运行一定时期后，工频参考电压的变化能直接反映避雷器的老化、变质程度。该项目只对无间隙避雷器要求。

由于在带电运行条件下受相邻相间电容耦合的影响，金属氧化物避雷器的阻性电流分量不易测准，当发现阻性电流有可疑迹象时，需应测量工频参考电压，它能进一步判断该避雷器是否适于继续使用。

二、测试仪器、设备的选择

测试避雷器工频参考电压的仪器一般可选择试验变压器、调压器、阻性电流测试仪、电容分压器或试验变压器、调压器、双踪示波器、可调电阻箱、电容分压器等仪器设备。

（1）试验变压器应选择额定电压与被试避雷器工频参考电压相适宜的，并检查试验变压器所需低压侧电压是否与现场电源电压、调压器相配。

（2）电容分压器的额定电压应与试验电压相匹配，电容量宜选择 1000pF。

三、危险点分析及控制措施

1. 防止高处坠落

人员在拆、接避雷器一次引线时，必须系好安全带。使用梯子时，必须有人扶持或绑牢。

2. 防止高处落物伤人

高处作业应使用工具袋，上下传递物件应用绳索拴牢传递，严禁抛掷。

3. 防止人员触电

测试人员不得触碰导体，并保持与带电部位足够的安全距离。试验前后或变更接线时均应将被试设备充分放电。变更接线或试验结束时，应首先将调压器回零，然后断开电源。试验引线应先接地，再进行接线操作。试验仪器的金属外壳应可靠接地，仪器操作人员必须站在绝缘垫上。

四、测试前的准备工作

1. 了解被试设备现场情况及试验条件

查勘现场，查阅相关技术资料，包括该设备历年试验数据及相关规程等，掌握该设备运行及缺陷情况。

2. 测试仪器、设备准备

选择合适的试验变压器、调压器、保护电阻、电压表、电流表、分压器、温（湿）度计、测试线、绝缘杆、剩余电流动作保护器、接地线、放电棒、安全带、安全帽、电工常用工具、试验临时安全遮栏、标示牌等，并查阅测试仪器、设备及绝缘工器具的检定证书有效期。

3. 办理工作票并做好试验现场安全和技术措施

向其余试验人员交代工作内容、带电部位、现场安全措施、现场作业危险点，明确人员分工及试验程序。

五、现场测试步骤及要求

（一）示波器法

1. 测试接线

示波器法进行氧化锌避雷器工频参考电压测试的原理接线如图 ZY1800515007-1 所示。被试避雷器元件末端接地，试验电压施加在高压端。

2. 测试步骤

（1）将避雷器接地放电，并拆除或断开避雷器对外的一切连线。

（2）按图 ZY1800515007-1 进行接线，并检查测试接线正确无误。

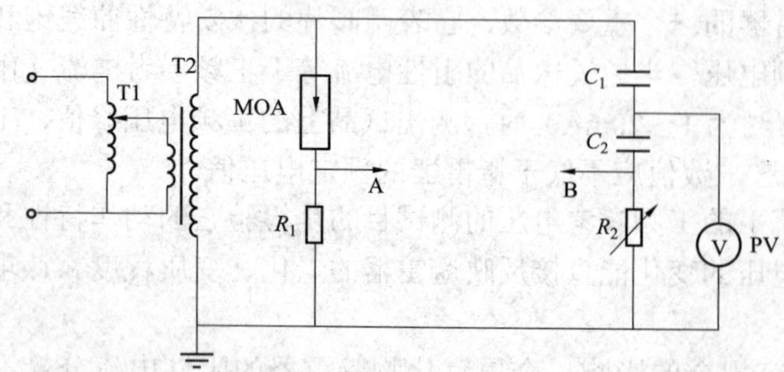

图 ZY1800515007-1 示波器法避雷器工频参考电压测试原理接线图

T1—调压器；T2—试验变压器；MOA—氧化锌避雷器；C_1、C_2—电容分压器高、低压臂；R_1—采样电阻（1000Ω）；R_2—标准电阻箱；A、B—至双踪示波器输入端

（3）调节示波器输入端 A、B 通道的灵敏度，使 A、B 通道的电压档位相同。

（4）将双踪示波器的 A 通道（接避雷器测量信号）进行校准，使电压选择微调旋钮处于校准位置，以使荧光屏上读到的数据准确。

（5）合上试验电源对避雷器施加工频电压，分别调节 A、B 通道电压选择旋钮，使之处于适当的档位。

（6）由 2 个通道分别测出电阻 R_1 上的电压 U_{R1}、电阻 R_2 上的电压 U_{R2} 的波形，A 通道显示的波形即为避雷器总泄漏电流（将示波器 A 通道上读出的电压数值除以 R_1 的阻值即为避雷器总泄漏电流峰值）。

（7）总泄漏电流读出后，通过调节 R_2 的电阻值（通常 R_2 为粗调，细调可用示波器 B 通道电压选择旋钮上的微调），尽量使 U_{R1} 和 U_{R2} 的幅值大小相等，相位相同。

（8）运用示波器的加减功能，调节 B 通道的旋钮，使示波器上的波形完全对称，此时就认为避雷器中的容性电流已完全得到补偿，如图 ZY1800515007-2 所示。

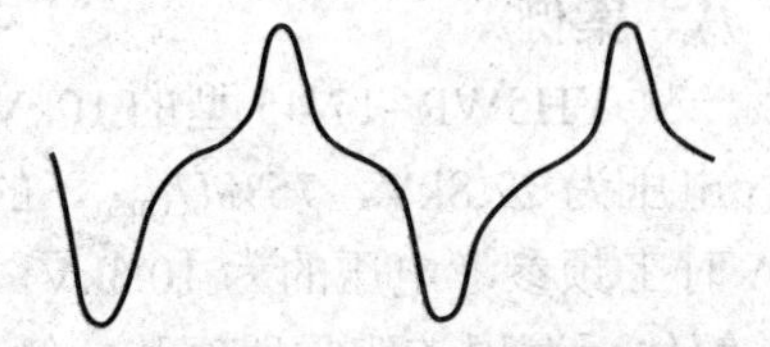

图 ZY1800515007-2 阻性电流波形图

（9）示波器上显示的对称的尖顶波即为阻性电流在电阻 R_1 上的压降，将读出的电压数值除以电阻 R_1 的数值即为阻性电流峰值。

（10）缓慢升高外加电压，使阻性电流的峰值等于工频参考电流，测得的电压值再根据分压比的大小进行换算，即可测得避雷器的工频参考电压峰值。

（11）降压为零，断开电源，对避雷器进行充分放电，挂接地线，拆除或变更试验接线。

（二）阻性电流测试仪法

1. 测试接线

用阻性电流测试仪进行氧化锌避雷器工频参考电压测试的原理接线如图 ZY1800515007-3 所示。电流信号取自避雷器的放电计数器，电压信号取自分压器，经电压隔离器送入阻性电流测试仪主机。

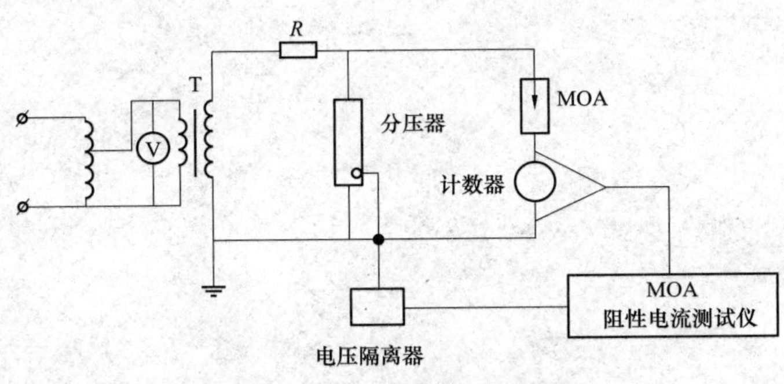

图 ZY1800515007-3 阻性电流测试仪法避雷器工频参考电压测试原理接线图

2. 测试步骤

按图 ZY1800515007-3 进行接线，检查准确无误后，升压至工频参考电流，迅速读取电压值，记录并降压为零，断开电源，对避雷器进行充分放电，挂接地线，拆除或变更试验接线。

六、测试注意事项

（1）由于试验电压对避雷器而言相对较高（超过额定电压），故在达到工频参考电流时应缩短加压时间，施加工频电压的时间应严格控制在 10s 以内。

（2）测量工频参考电压时，应以工频参考电流为基础，即当避雷器电流达到生产厂家规定的参考电流时，读取试验电压值作为避雷器的参考电压，而不应将试验电压升到参考电压后看避雷器是否超过规定的参考电流值。

七、测试结果分析及测试报告编写

（一）测试结果分析

1. 测试标准及要求

金属氧化物避雷器工频参考电流下的工频参考电压，整支或分节进行的测试值，应符合《交流无间隙金属氧化物避雷器》（GB 11032）或产品技术条件的规定。工频参考电流下的工频参考电压必须大于避雷器的额定电压。在状态检修试验时参照《输变电设备状态检修试验规程》（Q/GDW 188—2008）。

2. 测试结果分析

将测试数据与初始值、标准要求值相比，和历次测量值或同类型设备的测量数据比较，结合温（湿）度情况，进行综合分析后作出测试结论合格与否的判断，当有明显降低时就应对避雷器加强监视。一般情况下，工频参考电压峰值与避雷器 1mA 下的直流参考电压相等。110kV 及以上的避雷器，参考电压降低超过 10%时，应查明原因，若确系老化造成的，宜退出运行。

（二）测试报告编写

测试报告填写应包括测试时间、测试人员、天气情况、环境温度、湿度、避雷器型号及参数、使用地点、测试结果、测试结论、试验性质（交接试验、预防性试验、检查、施行状态检修的应填明例行试验或诊断试验），主要仪器设备的型号及参数、出厂编号、备注栏写明其他需要注意的内容，如是否拆除引线等。

八、案例

一只 YH5WR–17/45 型的 10kV 电容器组用的氧化锌避雷器，铭牌值 U_{1mA}≥24kV。试验时发现其 U_{1mA} 电压为 22.8kV，75%U_{1mA} 下的泄漏电流为 10μA。对其进行工频参考电压测试，阻性电流峰值为 1mA 时工频参考电压的为 10.5kV，其峰值为 14.847kV，远低于避雷器的额定电压 17kV，判断为不合格。解体后发现该避雷器阀片的侧了少了一层绝缘涂层，这种情况易导致避雷器动作时发生闪络。

【思考与练习】

1. 什么是氧化锌避雷器的工频参考电压？其测试目的是什么？

2. 如何判断测得的工频参考电压是否合格？

第三十章　接地电阻测试

模块 1　架空线路杆塔的接地电阻测试（ZY1800516001）

【模块描述】本模块介绍架空线路杆塔接地电阻测试的方法和技术要求。通过测试工作流程的介绍，掌握架空线路杆塔接地电阻测试前的准备工作和相关安全、技术措施、测试方法、技术要求及测试数据分析判断。

【正文】

一、测试目的

架空线路杆塔接地是保护线路绝缘，降低雷击杆塔的电压幅值，确保雷电流泄入大地的有效措施。测量架空线路杆塔的接地电阻可以评价杆塔接地的状态，决定是否采取措施，以保证线路的安全运行。

二、测试仪器、设备的选择

根据测试方法的不同，架空线路杆塔接地电阻的测试仪器可选择接地电阻测试仪或钳形接地电阻测试仪。

三、危险点分析及控制措施

1. 防止人员和设备遭受雷击

测试应遵守现场安全规定，雷云在杆塔沿线上方活动时应停止测试，并撤离测试现场。

2. 防止人员触电

拆除接地引下线时，应戴绝缘手套，防止感应电。测试仪器工作时，禁止直接接触杆塔接地装置或杆塔的金属裸露部分。

四、试验前的准备工作

1. 了解被试设备现场情况及试验条件

查勘现场，查阅相关技术资料、待测杆塔接地极型式、放射形接地极长度、土壤状况、历年试验数据及相关规程等，掌握杆塔接地运行情况，编写作业指导书及试验方案。

2. 测试仪器、设备准备

选择合适的测量方法，并根据测试方法选择仪器和设备，查阅测试仪器、设备及绝缘工器具的检定证书有效期。

3. 办理工作票并做好试验现场安全和技术措施

向其余试验人员交代工作内容、带电部位、现场安全措施、现场作业危险点，明确人员分工及试验程序。

五、测试过程及步骤

（一）测试方法

1. 三极法

三极法指由接地装置、电流极和电压极组成的 3 个电极测量接地装置接地电阻的方法。测试宜采用三极法，对新建的杆塔接地装置的交接验收应采用三极法测试。

三极法测量杆塔接地电阻时，电压线、电流线的布置方式主要有直线法和 30°夹角法两种。

（1）直线法。

电流线、电压线同方向（同路径）布置称为三极法的直线法。直线法测量杆塔接地装置工频接地电阻的电极布置如图 ZY1800516001-1 所示，其中 d_{GC} 取 $4L$，d_{GP} 取 $2.5L$。d_{GC} 取 $4L$ 有困难时，若接

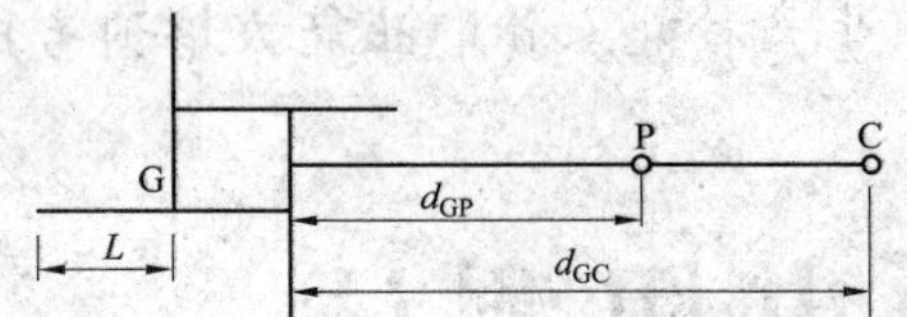

图 ZY1800516001-1 直线法测量杆塔接地装置工频接地电阻的电极布置图

G—接地装置；P—电压极；C—电流极；L—杆塔接地装置放射形接地极的最大长度；d_{GP}—电压极 P 距杆塔接地装置基础边缘的直线距离；d_{GC}—电流极 C 距杆塔接地装置基础边缘的直线距离

地装置周围土壤较为均匀，d_{GC} 可以取 3L，d_{GP} 取 1.8L（或 1.85L）。如被测试杆塔接地装置无放射形接地极，则 L 可以按照不小于独立避雷针接地装置最大几何等效半径选取。

（2）30°夹角法。

电流线、电压线夹角布置称为三极法的夹角法。如果接地装置周围的土壤电阻率较均匀，电流线、电压线可采用等腰三角形布线方式，两者夹角约为 30°，此时 d_{GC}、d_{GP} 均取 2L。

2. 钳表法

使用钳表法测量杆塔接地电阻有一定的条件，具体如下：

（1）测试极必须有多基杆塔并联回路，即杆塔所在的输电线路具有与杆塔连接良好的避雷线，且多基杆塔的避雷线直接接地。测试杆塔所在线路区段中直接接地的避雷线上并联的杆塔数量见表 ZY1800516001-1，其中 R_j 为被测杆塔的接地阻抗。

表 ZY1800516001-1 测试杆塔所在线路区段中直接接地的避雷线上并联的杆塔数量

杆塔接地电阻（Ω）	0＜R_j≤1	1＜R_j≤2	2＜R_j≤4	4＜R_j≤5	5＜R_j≤7	7＜R_j≤10	10＜R_j≤15	15＜R_j≤17	17＜R_j≤24	24＜R_j≤30	30＜R_j≤40	40＜R_j≤50
并联杆塔数量（基）	≥4	≥5	≥6	≥7	≥8	≥9	≥10	≥11	≥12	≥13	≥15	≥16

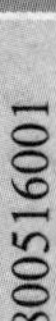

（2）测试时被测杆塔的接地装置应只保留一根接地引下线与杆塔塔身相连，其余接地引下线均应与杆塔塔身断开，并用导线将断开的其他接地线与被保留的接地线并联，将杆塔接地装置作为整体进行测试。

（3）测试回路中不应再有自然接地极等其他支路。

以上条件必须严格遵循，否则测试数据将是无效的。

（二）测试接线

1. 三极法

三极法测量杆塔接地电阻采用接地电阻测试仪，电极布置方式采用直线法或 30°夹角法，其接线如图 ZY1800516001-2 所示。

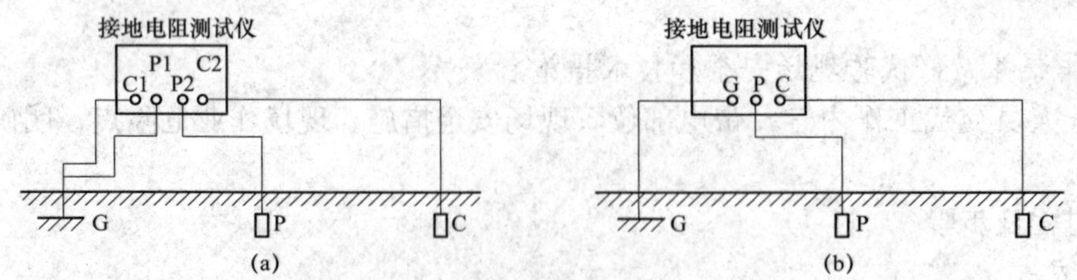

图 ZY1800516001-2 三极法测量杆塔接地电阻的接线图

（a）四端子接地电阻测试仪接线图；（b）三端子接地电阻测试仪接线图

C1、C2—接地电阻测试仪的电流极接线端子；P1、P2—接地电阻测试仪的电压极接线端子；

G、P、C—接地电阻测试仪的接地极接线端子、电压极接线端子、电流极接线端子

2. 钳表法

采用钳形接地电阻测试仪钳表法测量杆塔接地电阻，其接线如图 ZY1800516001-3 所示。钳表法实际上是测试杆塔接地电阻、杆塔架空地线、临近杆塔的接地阻抗形成的回路的电抗，在一定条件下

可近似为所测杆塔接地装置的接地电阻。

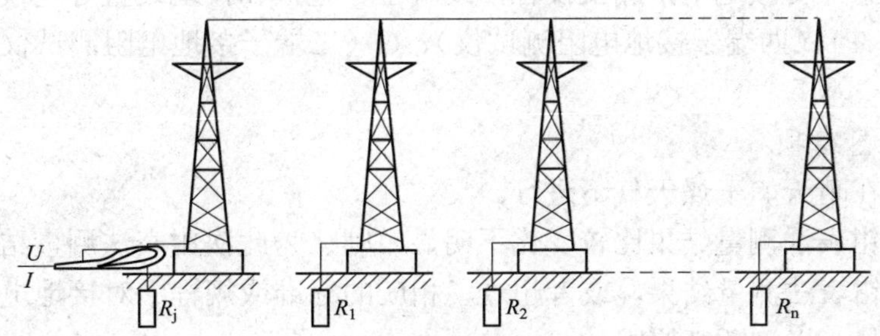

图 ZY1800516001-3　钳表法测量杆塔接地电阻的示意图

R_j—被测杆塔的接地电阻；R_1、R_2…R_n—通过避雷线连接的各基杆塔有的接地电阻；
U—钳形接地电阻测试仪输出的激励电压；I—钳形接地电阻测试仪感应的回路电流

相对于三极法测试结果，对于有避雷线且多杆塔避雷线直接接地的架空输电线路杆塔的接地装置，钳表法增量来自于杆塔塔身和本档避雷线电阻、后续（或两侧）各档链形回路等效阻抗中的电阻分量等。

（三）测试步骤

1. 三极法

（1）记录杆塔编号、接地极编号、接地极型式、土壤状况和当地气温。

（2）选择测试方法（直线法或 30°夹角法），根据接地极型式、电压线、电流线布置方式计算出电压线、电流线长度。

（3）按照图 ZY1800516001-3 所示接线布置电流线、电压线。

（4）将接地电阻测试仪放于水平位置，按照仪器说明书进行操作，测试接地电阻值。

（5）测试完成后拆除所有的测试引线，恢复原有状态。

2. 钳表法

（1）首先检查被测线路杆塔是否符合使用钳表法的规定，记录杆塔编号、接地极型式、土壤状况和当地气温。

（2）按照图 ZY1800516001-3 所示打开接地引下线与杆塔塔身的连接，保留一根接地引下线与杆塔塔身相连。

（3）测量时打开测试仪钳口，使用钳形接地电阻测试仪钳住被保留的那根接地线，使接地线居中，尽可能垂直于测试仪钳口所在平面，并保持钳口接触良好。

（4）打开仪器电源，开始测试，读取并记录稳定的读数。

（5）测试完成后恢复杆塔原有接地连接线，恢复到杆塔初始状态。

六、测试注意事项

1. 三极法测试注意事项

（1）测量应选择在晴天、干燥天气下进行。

（2）拆除被测杆塔所有接地引下线，把杆塔塔身与接地装置的电气连接全部断开。

（3）应避免把电压极和电流极布置在接地装置的射线上面，且不宜与接地装置的放射延长线平行或同方向布线。电位极应紧密而不松动地插入土壤 20cm 以上。

（4）电流极和电压极的辅助接地电阻不应超过测量仪表规定范围，否则会使测量误差增大。可以通过将测量电极更深地插入土壤并与土壤接触良好、增加电流极导体的根数、给电流极泼水等方式降低电流极的辅助接地电阻。

（5）在工业区或居民区，地下可能具有部分或完整埋地的金属物体，如铁轨、水管或其他工业金属管道，如果测量电极布置不当，地下金属物体可能会影响测量结果。电极应布置在与金属物体垂直的方向上，并且要求最近的测量电极与地线管道之间的距离不小于电极之间的距离。

（6）当发现接地电阻的实测值与以往的测试结果相比有明显的增大或减小时，应改变电极的布置方向，或增大电极的距离，重新进行测试。

（7）测量时应注意保持接地电阻测试仪各接线端子、电极和接地装置等电气连接接触良好。尽量缩短接地极端子 C1、P1（四端子接地电阻测试仪）、G（三端子接地电阻测试仪）与接地装置之间的引线。

2. 钳表法测试注意事项

（1）测试应选择在晴天、干燥天气下进行。

（2）如果与历次钳表法测量结果比较变化不明显，则认为此次钳表法测量结果有效。如果钳表法测量结果远大于历次钳表法测量结果，或者超过了相应的标准或规程中对接地电阻值的规定，则应采用三极法进行对比测量，以判断其原因。

（3）当线路状况改变（如更换避雷线型号及接地方式、线路走向改变等）并影响到被测杆塔邻近的避雷线与杆塔接地回路时，应重新使用钳表法和三极法对受影响杆塔的接地电阻进行对比测量。

（4）测量前，测量人员应使用精密环路电阻对钳形接地电阻测试仪进行自检。测量时应注意保持钳口清洁，防止夹入野草、泥土等影响测量精度，测试仪工作时不允许人直接接触接地装置或杆塔的金属裸露部分。

七、测试结果分析及测试报告编写

（一）测试结果分析

1. 测试标准及要求

根据《交流电气装置接地》（DL/T 621—1997）、《接地装置特性参数测量导则》（DL/T 475—2006）、《杆塔工频接地电阻测量》（DL/T 887—2004）及《输变电设备状态检修试验规程》（Q/GDW 188—2008）的规定：

（1）对有架空地线的线路杆塔的接地电阻，当杆塔高度在 40m 以下时，按表 ZY1800516001-2 所示的要求；如杆塔高度达到或超过 40m 时，取表 ZY1800516001-2 中数值的 50%，但当土壤电阻率大于 2000Ω · m、接地电阻难以达到 15Ω时，可增加至 20Ω。

表 ZY1800516001-2　　杆塔接地电阻限值

土壤电阻率（Ω · m）	100 及以下	100～500	500～1000	1000～2000	2000 以上
接地电阻（Ω）	10	15	20	25	30

（2）无架空地线的线路杆塔接地电阻。非有效接地系统的钢筋混凝土杆、金属杆，接地电阻不宜超过 30Ω；中性点不接地的低压电力网的线路钢筋混凝土杆、金属杆，接地电阻不宜超过 50Ω；低压进户线绝缘子铁脚，接地电阻不宜超过 30Ω。

（3）发电厂或变电所进出线 1～2km 内的杆塔接地电阻试验周期 1～2 年，其他线路杆塔不超过 5 年。

2. 测试结果分析

（1）测试结果应与历史测试数据进行对比，如果变化较大，应重新多次测量，确保测量准确。

（2）若测试结果超出标准要求，则应判定杆塔接地电阻不合格，采取措施进行改善。

（3）钳表法可用于对杆塔的日常维护和接地电阻的预防性检查，对杆塔第一次采用钳表法测量时，应同时使用三极法进行对比测量，确定两者之间的测量增量，用于以后比较。

（二）测试报告编写

测试报告填写应包括试验单位、试验性质（交接试验、预防性试验、检查、施行状态检修的应填明例行试验或诊断试验）、委托单位、试验时间、试验人员、天气情况、环境温度、湿度、线路名称、杆塔编号、接地极编号、接地极型式、土壤状况，测试仪器、仪表的名称、型号、制造厂、出厂序号、输出电压和容量、准确等级和校验日期等。

八、案例

对某 110kV 变电站出线的第一基杆塔进行接地电阻的测试，分别使用钳表法和三极法对杆塔的接地电阻进行测量，测试结果见表 ZY1800516001-3。

表 ZY1800516001-3　　使用钳表法和三极法测试杆塔接地电阻的结果

测试地点	钳形表（Ω）	ZC–8 型接地电阻测试仪（Ω）	误差（%）
地下变进线第一基杆塔	3.6	3.5	2.8

根据测试结果，并与以前测试数据相比相差不大于 30%，均小于规程规定值，测试结果合格。

【思考与练习】

1. 测量架空线路杆塔接地电阻有哪几种方法？各使用什么类型的仪器？

2. 用钳表法测试杆塔接地电阻时，应满足什么条件？

模块 2　独立避雷针接地电阻测试（ZY1800516002）

【模块描述】本模块介绍独立避雷针接地电阻测试的测试方法和技术要求。通过测试工作流程的介绍，掌握独立避雷针接地电阻测试前的准备工作和相关安全、技术措施、测试方法、技术要求及测试数据分析判断。

【正文】

一、测试目的

独立避雷针必须可靠接地，以确保雷电流泄入大地，防止直击雷作用于变电站设备，对变电站的防雷保护具有重要意义。测量独立避雷针的接地电阻可以评价其接地状态，决定是否采取措施，以保证变电站的安全运行。

二、测试仪器、设备的选择

测量独立避雷针接地电阻时采用的仪器是接地电阻测试仪。

（1）采用比率计法的接地电阻测试仪可选用原苏联产的 MC–07、MC–08 型，日本产 L–8 型接地电阻测试仪。

（2）采用电桥原理的接地电阻测试仪可选用国产 ZC–8 型、ZC29 型接地绝缘电阻表、数字式接地电阻测试仪。

三、危险点分析及控制措施

1. 防止人员和设备遭受雷击

测试应遵守现场安全规定，雷云在独立避雷针上方活动时应停止测试，并撤离测试现场。

2. 防止人员触电

测试仪器工作时，禁止直接接触独立避雷针接地装置或其金属裸露部分。

四、测试前的准备工作

1. 了解被试设备现场情况及试验条件

查勘现场，查阅相关技术资料、独立避雷针接地极型式、放射形接地极长度、土壤状况、历年试验数据及相关规程等，掌握独立避雷针接地运行情况，编写作业指导书及试验方案。

2. 测试仪器、设备准备

选择合适的测量方法，并根据测试方法选择仪器和设备。同时，查阅测试仪器、设备及绝缘工器具的检定证书有效期。

3. 办理工作票并做好试验现场安全和技术措施

向其余试验人员交代工作内容、带电部位、现场安全措施、现场作业危险点，明确人员分工及试验程序。

五、测试过程及步骤

（一）测试方法

应用接地电阻测试仪测试独立避雷针接地电阻的方法一般是三极法。三极法指由接地装置、电流极和电压极组成的3个电极测量接地装置接地电阻的方法。三极法测量独立避雷针接地电阻时，电压线、电流线的布置方式主要有直线法和30°夹角法两种。

1. 直线法

电流线、电压线同方向（同路径）布置称为三极法的直线法。采用直线法时，d_{GC} 取 $4L$，d_{GP} 取 $2.5L$。d_{GC} 取 $4L$ 有困难时，若接地装置周围土壤较为均匀，d_{GC} 可以取 $3L$，d_{GP} 取 $1.8L$（或 $1.85L$），如图ZY1800516002-1所示。其中，d_{GP} 为电压极P距独立避雷针基础边缘的直线距离；d_{GC} 为电流极C基础边缘的直线距离；L 为独立避雷针接地装置放射形接地极的最大长度，如被测试独立避雷针无放射形接地极，则 L 可以按照不小于独立避雷针接地装置最大几何等效半径选取。

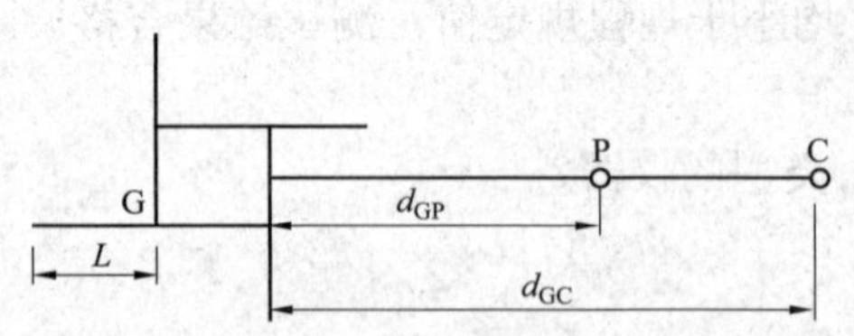

图ZY1800516002-1　直线法测量独立避雷针工频接地电阻的电极布置图

G—接地装置；P—电压极；C—电流极

2. 30°夹角法

电流线、电压线夹角布置称为三极法的夹角法。如果接地装置周围的土壤电阻率较均匀，电流线、电压线可采用等腰三角形布线方式，两者夹角约为30°，此时 d_{GC}、d_{GP} 均取 $2L$。

（二）测试接线

三极法测试独立避雷针接地电阻的接线，如图ZY1800516002-2所示。

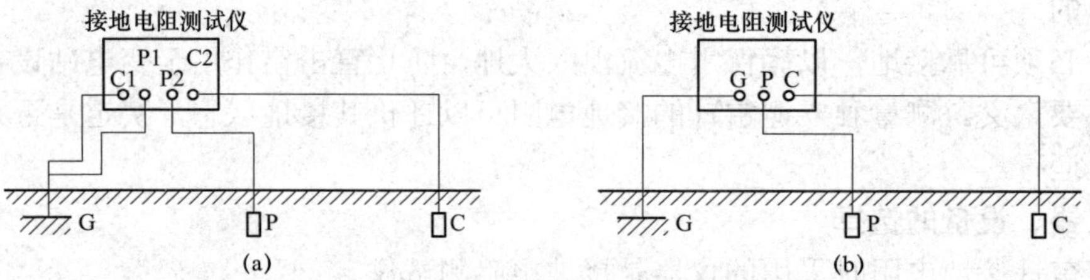

图ZY1800516002-2　三极法测量独立避雷针接地电阻的接线图

（a）四端子接地电阻测试仪接线图；（b）三端子接地电阻测试仪接线图

C1、C2—接地电阻测试仪的电流极接线端子；P1、P2—接地电阻测试仪的电压极接线端子；G、P、C—接地电阻测试仪的接地极接线端子、电压极接线端子、电流极接线端子

（三）测试步骤

采用三极法进行接地电阻测试时的步骤如下：

（1）记录独立避雷针编号、接地极型式、土壤状况和当地气温。

（2）选择测试方法（直线法或30°夹角法），根据接地极型式、电压线、电流线布置方式计算出电压线、电流线长度。

（3）按照图ZY1800516001-3所示接线布置电流线、电压线。

（4）将接地电阻测试仪放于水平位置，按照仪器说明书进行操作，测试接地电阻值。

（5）测试完成后拆除所有的测量引线，恢复原有状态。

六、测试注意事项

（1）测试独立避雷针的接地电阻前，应拆除被测独立避雷针所有接地引下线，把独立避雷针塔身与接地装置的电气连接全部断开。

（2）测量应选择在晴天、干燥天气下进行。

（3）避免把电压极和电流极布置在接地装置的射线上面，且不宜与接地装置的放射延长线平行或同方向布线。电位极应紧密而不松动地插入土壤20cm以上。

（4）电流极和电压极的辅助接地电阻不应超过测量仪表规定范围，否则会使测量误差增大。可以通过将测量电极更深地插入土壤并与土壤接触良好、增加电流极导体的根数、给电流极泼水等方式降低电流极的辅助接地电阻。

（5）在工业区或居民区，地下可能具有部分或完整埋地的金属物体，如铁轨、水管或其他工业金属管道，如果测量电极布置不当，地下金属物体可能会影响测量结果。电极应布置在与金属物体垂直的方向上，并且要求最近的测量电极与地线管道之间的距离不小于电极之间的距离。

（6）当发现接地电阻的实测值与以往的测试结果相比有明显的增大或减小时，应改变电极的布置方向，或增大电极的距离，重新进行测试。

（7）测量时应注意保持接地电阻测试仪各接线端子、电极和接地装置等电气连接位置地接触良好。应尽量缩短接地测试仪极端子 C1 和 P1（四端子接地电阻测试仪）、G（三端子接地电阻测试仪）与接地装置之间的引线长度。

七、测试结果分析及测试报告编写

（一）测试结果分析

1. 测试标准及要求

根据《交流电气装置接地》（DL/T 621—1997）、《电力设备预防性试验规程》（DL/T 596—1996）及《输变电设备状态检修试验规程》（Q/GDW 188—2008）的规定：

独立避雷针接地电阻试验周期不超过 6 年，接地电阻不宜大于 10Ω。在高土壤电阻率地区难以将接地电阻降到 10Ω时，允许有较大的数值，但应符合防止避雷针（线）对罐体及管、阀等反击的要求。

2. 测试结果分析

（1）测试结果应与历史测试数据进行对比，如果变化较大，应重新多次测量，确保测量准确。

（2）若测试结果超出标准要求，则应判定独立避雷针接地电阻不合格，采取措施进行改善。

（二）测试报告编写

测试报告填写应包括测试单位、试验性质（交接试验、预防性试验、检查、施行状态检修的应填明例行试验或诊断试验）、委托单位、测试时间、测试人员、天气情况、环境温度、湿度、独立避雷针编号、接地极型式、土壤状况，测试仪器、仪表的名称、型号、制造厂、出厂序号、输出电压和容量、准确等级和校验日期等。

八、案例

测量某电厂的独立避雷针接地电阻采用三极法，用接地电阻测试仪进行测量，其测量接线如图 ZY1800516002-3 所示。

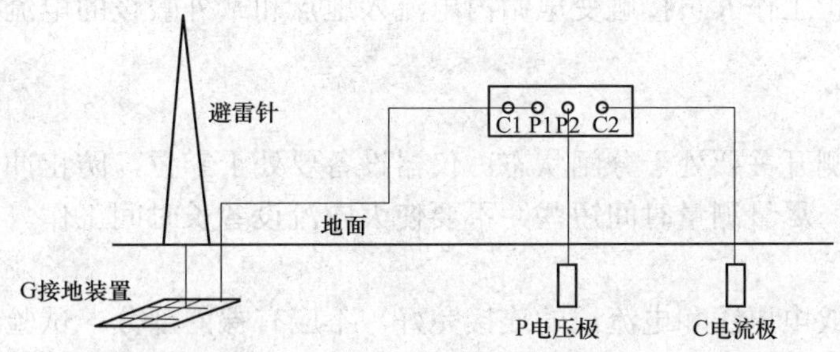

图 ZY1800516002-3　三极法独立避雷针测量接线图

根据《交流电气装置接地》（DL/T 621—1997）规定，独立避雷针接地电阻不得大于 10Ω。全厂独立避雷针的测试结果见表 ZY1800516002-1。

表 ZY1800516002-1　独立避雷针测试结果

独立避雷针地点	接地电阻值（Ω）	独立避雷针地点	接地电阻值（Ω）
油库Ⅰ号油罐	1.6	23 号避雷针（升压变电站东北角）	1.9
油库Ⅱ号油罐	2.1	制氢站	2.3
卸油平台	0.6	水源变	0.5
24 号避雷针（升压站西南角）	2.2		

根据测试结果，并与以前测试数据相比相差不大于30%，均小于规程规定值，测试结果合格。

【思考与练习】

1. 测量独立避雷针接地电阻时，电流线、电压线应该如何布置？

2. 采用四端子接地电阻测试仪进行测试时，如何接线？

模块3 接地网接地电阻测试（ZY1800516003）

【模块描述】本模块介绍接地网接地电阻测试的测试方法和技术要求。通过测试工作流程的介绍，掌握接地网接地电阻测试前的准备工作和相关安全、技术措施、测试方法、技术要求及测试数据分析判断。

【正文】

一、测试目的

发电厂、变电站的主接地网在保证电力设备的安全工作和人身安全方面起着决定性的作用。接地电阻值是接地网的重要技术指标。由于接地电阻的设计值与实际值有时相差甚远，为了对接地网的接地电阻有一个真实、准确的把握，必须对接地网的接地电阻进行测量。这对于正确估计变电站的安全性，确保电力系统的安全运行具有十分重要的意义。

二、测试仪器、设备的选择

目前测试接地电阻的仪器根据测试方法和现场测试情况的不同大致分为接地电阻表法、工频大电流法、异频法三种。根据测试对象和方法的不同，应采用不同的仪器、设备。

（1）小型变电站接地网接地电阻的测试可选用ZC–8型接地绝缘电阻表。

（2）对于大中型变电站和电厂采用工频大电流法或异频法。采用工频大电流法需要的仪器、设备包括三相380V、10A隔离变压器、电源侧和出线侧400V、200A真空断路器2个、穿心电流互感器、0.2级、5A电流表和输入阻抗≥10MΩ的电压表。采用异频法需要的仪器、设备包括由直流电源、放大器、耦合变压器组成的变频升压系统和变频表，频率在40～60Hz之间，当测量回路电阻在5Ω以下时，能产生20A以上的电流；当测量回路电阻在10Ω以下时，能产生10A以上的电流。

三、危险点分析和控制措施

1. 防止工作人员触电

在测量过程中，防止工作人员接触变电站内电流入地点和站外敷设的电流极入地点以及各处带电部位。

2. 防止设备损坏

在供电之前，电源侧开关要处于分闸状态，仪器设备要处于零位，防止冲击带电损坏设备。在利用工频大电流法测试时，尽量测量时间短些，不要使大电流设备长时间工作。

3. 防止外界人员触电

测试前，要确保所放电压线和电流线的连接完好，不应有裸露部分，试验过程中确保线路对地其他处无短接，搭接牢固合适，末端与电压极及电流极要可靠连接，并派专人守护。

四、试验前的准备工作

1. 了解被试设备现场情况及试验条件

查勘现场，查阅相关技术资料、历年地网试验数据及相关规程、被试接地网设计图、改造图及其他资料，记录变电站或电厂的系统参数用于计算最大短路入地电流。掌握地网接地运行情况，编写作业指导书及试验方案。

2. 测试仪器、设备准备

选择合适的测量方法，并根据测试方法选择仪器和设备，并查阅测试仪器、设备及绝缘工器具的检定证书有效期。

3. 办理工作票并做好试验现场安全和技术措施

向其余试验人员交代工作内容、带电部位、现场安全措施、现场作业危险点，明确人员分工及试

验程序。

五、测试过程及步骤

（一）测试方法

1. 测试方法获取的原理

由于地电位的零点是在无穷远处，工程上常将接地网等效为一个半球形。取半球接地网半径为 a，电流 I 自 G 流入，C 流出，如图 ZY1800516003-1 所示。

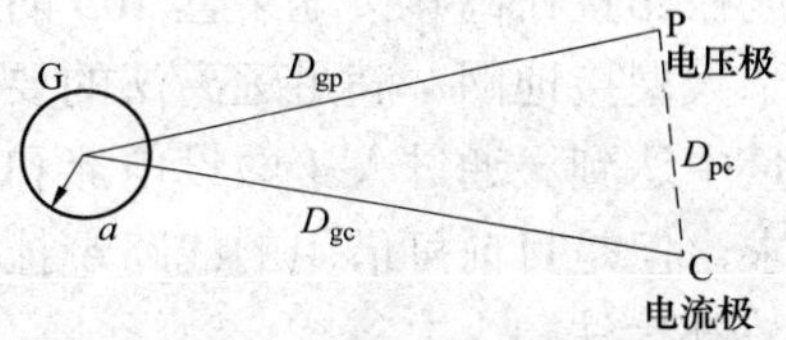

图 ZY1800516003-1　夹角补偿法测试原理接线图

G—电流注入点；P—电压极；C—电流极

此时接地极 G 的电流使 GP 两点间出现的电位差为

$$v' = \frac{I\rho}{2\pi a} - \frac{I\rho}{2\pi D_{gp}} \tag{ZY1800516003-1}$$

式中　v'——G 点注入地中的电流引起的 GP 两点间电位差，V；

I——注入地中的电流，A；

a——接地网等效半径，m；

D_{gp}——电流注入点与电压极距离，m；

ρ——土壤电阻率，Ω·m。

而电流极 C 的电流与 G 点电流方向相反，使 GP 两点间出现的电位差为

$$v'' = \frac{-I\rho}{2\pi D_{gc}} - \frac{-I\rho}{2\pi D_{pc}} \tag{ZY1800516003-2}$$

式中　v''——C 点回流电流引起的 GP 两点间电位差，V；

D_{pc}——电流极与电压极距离，m；

D_{gc}——电流极与接地网距离，m；

I、ρ 意义同式（ZY1800516003-1）。

因此，用电压表量出的 GP 间的电压为

$$V = V' + V'' = \frac{I\rho}{2\pi}\left(\frac{1}{a} - \frac{1}{D_{gp}} - \frac{1}{D_{gc}} + \frac{1}{D_{pc}}\right) \tag{ZY1800516003-3}$$

测量电阻为

$$R = \frac{\rho}{2\pi}\left(\frac{1}{a} - \frac{1}{D_{gp}} - \frac{1}{D_{gc}} + \frac{1}{D_{pc}}\right) \tag{ZY1800516003-4}$$

其中

$$D_{pc} = \sqrt{D_{gp}^2 + D_{gc}^2 - 2D_{gp}D_{gc}\cos\theta}$$

而实际接地电阻为

$$R_0 = \frac{\rho}{2\pi a} \tag{ZY1800516003-5}$$

欲使 $R=R_0$，则需

$$\frac{1}{D_{gp}} + \frac{1}{D_{gc}} - \frac{1}{D_{pc}} = 0 \tag{ZY1800516003-6}$$

为了保证测量结果的准确性，必须使式（ZY1800516003-6）为零。因此，产生了实际的测试方法。

2. 测试方法

在实际测量中有远离法和补偿法两种常用的方法可以满足测量要求。

（1）远离法。

通过增大接地网与电流极、电压极的距离来达到满足上式的目的。当 $D_{gc}=10a$、$D_{gp}=5a$ 时，测量结果比实际值小 10%；当 $D_{gc}=20a$、$D_{gp}=10a$ 时，测量结果比实际值小 5%。这在工程上是可以接受的，

即将电流极布置在离开接地装置 $20a$ 的位置，电压极布置在地网和电流极之间的零位面上。

对于大型接地网，满足远离法的要求的电流极到变电站之间的距离将很大，所要求的间距很难在实际测量中达到。通过人工敷设电流和电压线的方法不可能实现，只有借助于已有的架空线路才可以满足要求，但是目前可借用的线路牵扯到停电，因而实施较为困难。

（2）补偿法。

如果将电流极和电压极放置在合适的位置，满足式（ZY1800516003-6），这时测量得到的接地电阻即为接地网的真实接地电阻。通过分析知道，确定电流极后，存在一个可得出待测接地极真实接地阻抗的电压极位置，这里将对应真实接地电阻的电压极位置称为补偿点。为了能将地网等效为半球形，通过大量试验验证，电流线的长度选取为被测试地网最长对角线的 3 倍以上，可以满足工程测量的要求。

现场通常采用的测量方法为 0.618 法和夹角 30° 法，现将这两种方法简要介绍如下：

1）夹角补偿法。夹角补偿法测试原理接线如图 ZY1800516003-1 所示。

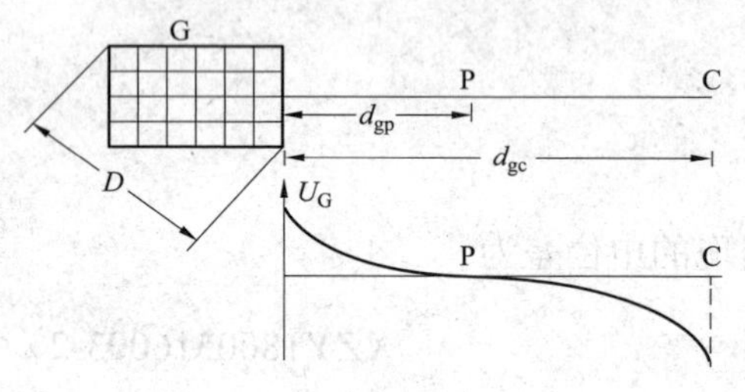

如果取 $D_{gp}=D_{gc}$，即电压线和电流线距离相等，两线夹角 $\theta=30°$ 时，可满足式（ZY1800516003-6）的要求，电压极达到零位面。

此种方法要避开地中管道、输电线路和河流，采用 GPS 定位距离和角度。

2）0.618 法（直线法）。0.618 法测试原理接线如图 ZY1800516003-2 所示。

令 $D_{gp}=\alpha D_{gc}$，$D_{pc}=(1-\alpha)D_{gc}$，代入式（ZY1800516003-6）得

$$1+\frac{1}{\alpha}-\frac{1}{1-\alpha}=0 \qquad \text{(ZY1800516003-7)}$$

解得

$$\alpha=0.618$$

由上式表明，若电流极不置于无穷远处，则电压极必须放在电流极与接地体两者中间，距接地网 $0.618D_{gc}$ 处，即可测得接地网的真实接地电阻值，此方法即为 0.618 法。但是电压线和电流线是沿一个方向放线，电流线与电压线之间存在互感，会影响电压的测量值，因此在条件许可的情况下尽量采用夹角补偿法，如果要使用 0.618 法，应使电流线与电压线之间的最小距离在 3m 以上。

（二）测试接线

接地网接地电阻的测试可在不停电的情况下进行，如果对于不带电的变电站或电厂，来自外界的干扰就较小。而对于带电的变电站或电厂，干扰就很大，在测量时通过增大工频电流和变频的方法可以减小干扰的影响。

1. 接地电阻表法

接地电阻表具有携带方便，使用简单等特点。但由于其电源容量小，不能提供较大的测量电流，当干扰电压较高而被测接地电阻又较小时，如小于 1Ω，则测量结果可能存在较大的误差，因此主要用于测量面积较小的地网或接地极。测量一般采用直线的敷设放线方式，根据地网大小确定电流线的长度，一般在 20m 以上，通过三极法进行测量，其测量接线如图 ZY1800516003-3 所示。

图 ZY1800516003-3 是 ZC–8 型接地电阻表的测量接线，该表的使用方法和原理类似于双臂电桥，使用时接地电阻表 C 端子接电流极 C 引线，P 端子接电压极 P 引线，E 端子接被测接地体 G。当接地电阻表离被测接地体较远时，为排除引线电阻的影响，同双臂电桥测量一样，将 E 端子短接片打开，用两根线 C2、P2 分别接被测接地体。

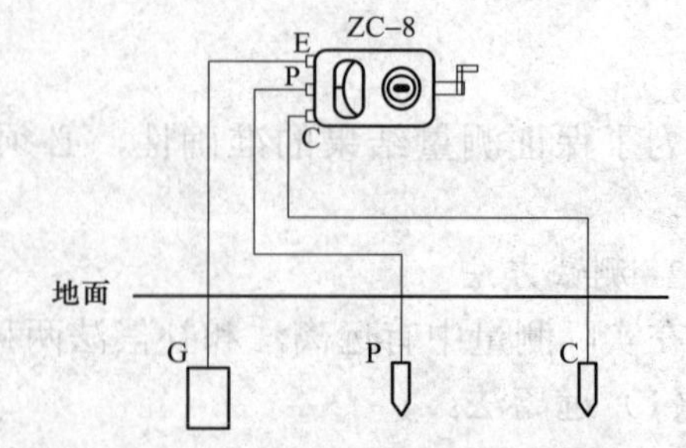

图 ZY1800516003-3 接地电阻表的测量接线图

模块 3 ZY1800516003

2. 工频大电流法

工频大电流法就是通过提高试验时注入地中的电流来减小现场的电磁干扰，增大信噪比，注入地中的电流一般在 50A 以上。根据现场实际测量经验，采用 380V 的隔离变输出电流一般可在 50A 左右，如图 ZY1800516003-4 所示。如果要提高注入地中的电流，可从两方面解决，一是降低电流线回路的电阻，即降低所敷设的电流极接地电阻和截面较大的电流回路导线，利用架空线路和已有的可利用接地极是较好的办法；二是提高电流回路两端的电压，可通过特制的输出不同电压等级的隔离变来实现，如隔离变输入 220V 或 380V，输出电压抽头为 380V、700V 和 1000V，也可按照需求增加其他电压抽头；也可通过使用两台同型号的 6kV 或 10kV 配电变压器来实现，即将高压侧并联供电，低压侧串联来提高输出电压，如图 ZY1800516003-5 所示，输出电压可达到 600V。

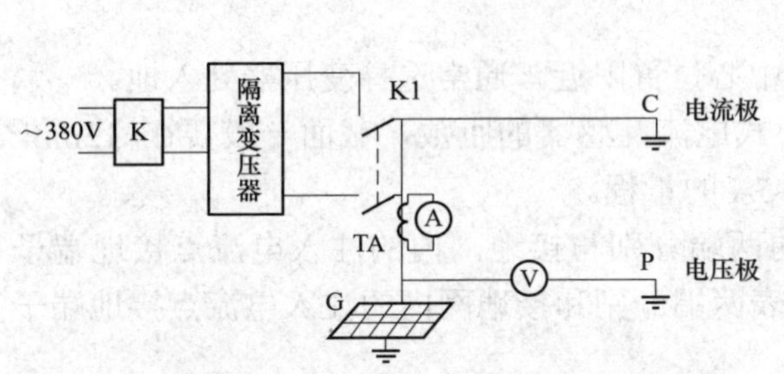

图 ZY1800516003-4 工频大电流法测接地电阻的原理接线

K—自动开关；K1—隔离开关；TA—电流互感器；A—电流表；V—电压表

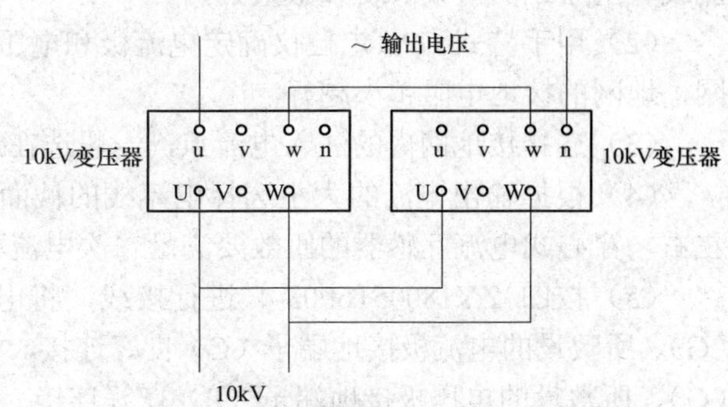

图 ZY1800516003-5 两台同型号 10kV 配电变压器实现高压输出

工频大电流法测接地网接地电阻时，电压极和电流极的布置即可以采用夹角补偿法，也可以采用 0.618 法。为了消除工频干扰，先使用 UV 相进行测量，然后使用 VU 相进行测量，这种方法称为倒相法。

先在不接通电源的情况下读出电压表的读数 V_0，在 UV 相序时，合上开关，读出电压表的读数 V_1，再在 VU 相序时，合上开关，读出电压表的读数 V_2，实际地网电压为 V，可写出

$$V_1=V+V_0-2VV_0\cos(180°-\theta) \quad \text{(ZY1800516003-8)}$$

$$V_2=V+V_0-2VV_0\cos\theta \quad \text{(ZY1800516003-9)}$$

通过上两式可得

$$V=\sqrt{\frac{V_1^2+V_2^2-2V_0^2}{2}} \quad \text{(ZY1800516003-10)}$$

3. 异频法

异频法和“工频大电流法”测量原理和测试接线基本相同，均基于“电流—电压法”，不同之处在于提供异于工频的电流（40～60Hz），这样可以很好的避免工频干扰。

测试接线是将图 ZY1800516003-4 中的隔离变压器变为变频电源。

但是异频电源的容量较小，提供的异频电流一般只能达到 10～20A，这样地表载流深度较浅，如果在垂直方向土壤较为均匀时，测得的接地电阻与大电流法接近；如果在垂直方向土壤不均匀时，测得的接地电阻与大电流法存在较大差异，因为大电流法电流在地中流过地表载流深度较深，更接近于实际的系统短路电流流入大地的情况，应该以大电流法测试数据为准。

（三）测试步骤

1. 接地电阻表法

（1）根据接地网的形式和大小确定电流线的敷设长度，并在接地网四周确定一个放线方向。

（2）用皮尺测量定位电流极和电压极的位置，插入接地钎子，深度不小于 30cm。

（3）按图 ZY1800516003-3 进行接线，用专用导线（电压线、电流线、接地极引线）的两端与接地电阻表的相应端子和作为电流极、电压极的接地钎子分别良好连接，将接地电阻表放于水平位置。

（4）测量开始应先将倍率开关置于最大倍数位置，慢慢转动发电机手柄，同时调节倍率及“指示刻度盘”，当检流计的指针位于中心线附近时，然后逐渐加快手柄的转速，使其达到 120r/min 以上，调节“指示刻度盘”使检流计指针指于中心线。用“指示刻度盘”的读数乘以倍率开关的倍数，即为所测的接地电阻值。

2. 工频大电流法

（1）根据接地网的形式、大小，输电线路的走向，地下埋设管道、河流的位置等综合因素确定电流线、电压线的敷设长度和敷设方向。

（2）用手持式 GPS 定位仪确定电流极和电压极的位置，根据实际情况在电流极处敷设一个小型地网，地网的接地电阻越小越好。

（3）选择接地网内的注入电流点，一般选在地网的中心位置附近，通常选择变压器处入地。

（4）根据输出电流的大小选择电流线的截面和穿心式电流互感器的匝数，截面一般要在 $12mm^2$ 左右，穿心式电流互感器的匝数要满足二次电流不超过 5A 的量程。

（5）按图 ZY1800516003-4 进行接线，将电流线的两端分别与接地网内的注入电流点接地端子（G）、所敷设的电流极接地端子（C）良好连接，将电压表两端分别和接地网内的注入电流点接地端子（G）、所敷设的电压极接地端子（P）良好连接。

（6）未合电源时，用电压表测量干扰电压；合上电源，使用 UV 相序，给线路加上大电流，读电压表、电流表读数；断开电源，使 U、V 相颠倒位置；合上电源，使用 VU 相序，给线路加上大电流，读电压表读数；断开电源。

（7）将电压极前、后移动电压线长度的 5%，重复上述步骤（6），当电压表读数变化不大时，即为电压的零位点，按照此时的数据计算接地电阻值。

3. 异频法

（1）前 5 个步骤与工频大电流法测试步骤相同。

（2）调节变频设备的测试频率，使其与电流表、电压表频率一致。

（3）操作变频设备（按照变频设备操作说明书进行），进行测量。

（4）测量完成后，切断电源，将电压极前、后移动电压线长度的 5%，重复上述步骤（3）。当电压表读数变化不大时，即为电压的零位点。

（5）将变频设备的测试频率分别调为 40Hz、45Hz、55Hz、60Hz，在以上频率的情况下，测量电压为零电位的接地电阻。

（6）取其平均值作为接地电阻的测量结果。

六、测试注意事项

（1）测量应选择在晴天、干燥天气下进行。

（2）采用电极直线布置测量时，电流线与电压线应尽可能分开，不应缠绕交错。

（3）在变电站进行现场测试时，由于引线较长，应多人进行，转移地点时，不得摔扔引线。

（4）测量时如发现检流计灵敏度过高，可将测量电极（电压极、电流极）插入地中的深度浅一些；当检流计灵敏度过低时，可用水湿润测量电极周围的土壤或选择湿润土壤处安装测量电极。

（5）测量时接地电阻表若无指示，可能是电流线断；若指示很大，可能是电压线断或接地体与接地线未连接；若接地电阻表指示摆动严重，可能是电流线、电压线与电极或接地电阻表端子接触不良，也可能是电极与土壤接触不良造成的。

七、测试结果分析及测试报告编写

（一）测试结果分析

1. 测试标准及要求

根据《交流电气装置接地》（DL/T 621—1997）、《电力设备预防性试验规程》（DL/T 596—1996）

及《输变电设备状态检修试验规程》（Q/GDW 188—2008）的规定：接地电阻与土壤的潮湿程度密切相关，因此应尽量在干燥季节测量，不应在雷、雨、雪中进行。测试周期在正常情况下每5～6年测试一次为宜，如果有地网改造或其他必要时应进行针对性测试。

根据 DL/T 621—1997 的规定，地网接地电阻应符合 $R \leqslant (2000/I)$，其中 I 为流经接地网、并在接地网的接地电阻上产生压降的最大入地短路电流。根据 DL/T 596—1996 中接地装置的内容，当接地电阻无法满足 $R \leqslant (2000/I)$ 的要求时，$R \leqslant 0.5\Omega$（$I \geqslant 4000\text{A}$）可以判定测得的接地电阻的数值合格。

2. 影响测试结果的因素

在进行接地网接地电阻的测量过程中，有可能对测试设备或测试结果造成影响的因素如下：

（1）工频干扰的影响。

工频干扰主要是由于电力系统的不平衡电流 I_0（零序电流分量）在被测接地网上的工频压降造成的，有时干扰电压可高达5～10V，可见干扰电压 U_0 的影响是不容忽视的。可采用上面介绍过的倒相法和变频法来消除工频干扰电压引起的测量误差。

（2）互感的影响。

采用直线法布置电流线和电压线会导致互感的影响，电压线和电流线如果在很长范围内平行，其互感电势造成的误差较大，因此要尽可能增大两平行线间的距离。

（3）电压极、电流极定位不准。

由于电压极、电流极定位不准，会造成零电位面定位困难，给接地网的准确测量和计算带来较大误差。现在普遍采用 GPS 全球定位系统及现场地下施工管线和输电线路走向来确定电压极、电流极的位置，提高了测量的准确度。

3. 测试结果分析

通过不同的测试方法（变频法、工频大电流法）和不同的布极方式（0.618 法、夹角 30° 法）对同一个接地网进行测试，如果所得的测试结果较接近时，说明所测的接地电阻较为准确。

接地电阻是接地网的一个重要参数，它概要性地反映了接地网的状况，而且与接地网的面积和所在地质情况有密切关系。因此，判断接地电阻是否合格首先要参照《交流电气装置接地》（DL/T 621—1997）中的有关规定，同时也要根据实际情况，包括地形、地质等进行综合判断。

（二）测试报告编写

测试报告填写应包括试验单位、试验性质（交接试验、预防性试验、检查、施行状态检修的应填明例行试验或诊断试验）、委托单位、试验时间、试验人员、天气情况、环境温度、湿度、接地网形状、土壤状况，测试仪器、仪表的名称、型号、制造厂、出厂序号、输出电压和容量、准确等级和校验日期等。

八、案例

某电厂对全厂的接地网做接地电阻测试，该电厂地网的对角线距离约为 550m，结合该厂周围的环境，采用夹角补偿法进行放线，放线距离取地网对角线的3倍即1650m。其电压线和电流线布置如图 ZY1800516003-6 所示。

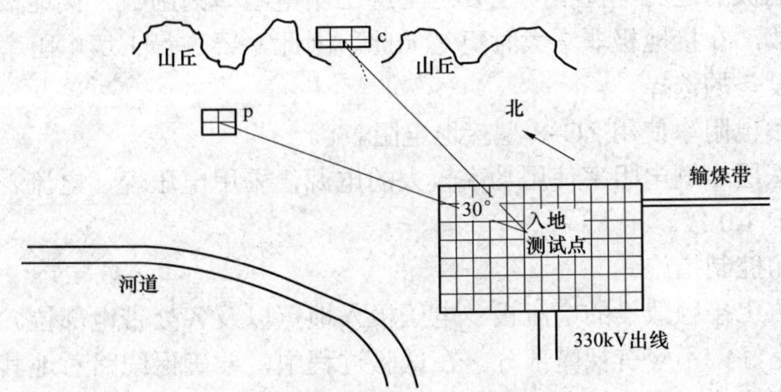

图 ZY1800516003-6 某电厂接地电阻测量的电压线、电流线布置图

采用工频大电流法和变频法两套设备进行测量，测试结果分别见表 ZY1800516003-1 和表 ZY1800516003-2。

表 ZY1800516003-1　　　采用工频电流法的测试结果

次序	第 1 次加压	第 2 次加压	V_0（干扰电压）	平均值	注入地网电流	接地电阻
UV 相序	4.30V	4.32V	0.01V	4.31V	28.8A	0.148 9Ω
VU 相序	4.31V	4.28V	0.01V	4.30V	29.0A	

表 ZY1800516003-2　　　采用变频法的测试结果

入地电流的频率（Hz）	入地电流（A）	电压值（V）	接地电阻（Ω）
45	8.6	1.154	0.134 2
49	8.54	1.225	0.143 4
51	8.50	1.249	0.146 9
55	8.06	1.242	0.154 1
接地电阻平均值		0.144 6Ω	

这两个结果很接近，说明该发电厂接地网接地电阻测试方法和结果比较准确。

【思考与练习】

1. 测量接地网接地电阻的方法按仪器分为哪几种？各使用在什么情况下？
2. 说明接地电阻的测量原理。远离法和补偿法的区别是什么？
3. 现场通常采用的测量方法是什么？简要介绍其原理。
4. 在工频大电流法中，如何提高注入地中的电流值？
5. 工频大电流法和异频法的区别是什么？各有什么优缺点？

模块 4　土壤电阻率测试（ZY1800516004）

【模块描述】本模块介绍土壤电阻率测试方法和技术要求。通过测试工作流程的介绍，掌握土壤电阻率测试前的准备工作和相关安全、技术措施、测试方法、技术要求及测试数据分析判断。

【正文】

一、测试目的

土壤电阻率是决定接地装置接地电阻的重要因素。不同性质的土壤，有不同的土壤电阻率。同一种土壤，由于温度、湿度、含盐量和土壤的紧密程度等不同，土壤电阻率也会随之发生显著的变化。因此，为使设计的接地装置更符合实际要求，必须进行土壤电阻率的测量。

接地极或邻近接地极的地面电位梯度主要是上层土壤电阻率的函数；接地极的接地电阻却主要是深层土壤电阻率的函数，在接地极非常大时更是如此。因此，要进行土壤电阻率分层的测量。

二、测试仪器、设备的选择

（1）测量浅层土壤电阻率使用 ZC–8 型接地电阻表。

（2）测量多层、深层土壤电阻率使用功率较大的电源，采用电压表、电流表组成的测试回路，表计准确度等级不应低于 1.0 级。

三、危险点分析和控制措施

在测量过程中，防止接触敷设的电流极、电压极入地点以及各处带电部位。测试前，要确保所放电压线和电流线连接完好，不应有裸露部分。在试验过程中，要确保线路对地其他处无短接，搭接牢固合适，电压极及电流极应可靠连接，并派专人守护。

四、试验前的准备工作

1. 了解被试设备现场情况及试验条件

查勘现场，查阅待测土壤状况的相关资料、历史测试数据及相关规程等，掌握土壤土质情况，编写作业指导书及试验方案。

2. 测试仪器、设备准备

选择合适的测试方法，根据测试方法选择测试仪器和设备，并查阅测试仪器、设备及绝缘工器具的检定证书有效期。

3. 办理工作票并做好试验现场安全和技术措施

向其余试验人员交代工作内容、带电部位、现场安全措施、现场作业危险点，明确人员分工及试验程序。

五、测试过程及步骤

（一）测试方法

1. 三极法测量土壤电阻率

三极法测量土壤电阻率的原理接线如图 ZY1800516004-1 所示。三极法的原理是测量埋入地中的标准接地极 a 的接地电阻，然后利用接地电阻的计算公式反推出土壤电阻率。三极法得到的土壤电阻率与接地极形状、尺寸、埋设情况有关。通常标准接地极为直径 50mm 的钢管或直径 25mm 的圆钢，埋入深度为 0.7～1.0m。测量得到的接地电阻 R 为电压测量值 U 与电流测量值 I 的比值，因此根据垂直接地极接地电阻的计算公式可以得到被测区域的土壤电阻率为

$$\rho=\frac{2\pi lR}{\ln\frac{8l}{d}-1} \qquad \text{(ZY1800516004-1)}$$

式中　l——垂直接地极打入地中的深度，m；

d——垂直接地极的直径，m；

R——接地体的实测电阻（$R=U/I$），Ω；

ρ——土壤电阻率，Ω·m。

三极法能测量到相当于测试用的垂直接地极埋入地中长度的 5～10 倍的临近地区的土壤特性。若要测量大体积的土壤，则应用四极法测量，因为将更长的被试电极打入土壤中是不现实的。

2. 四极法测量土壤电阻率

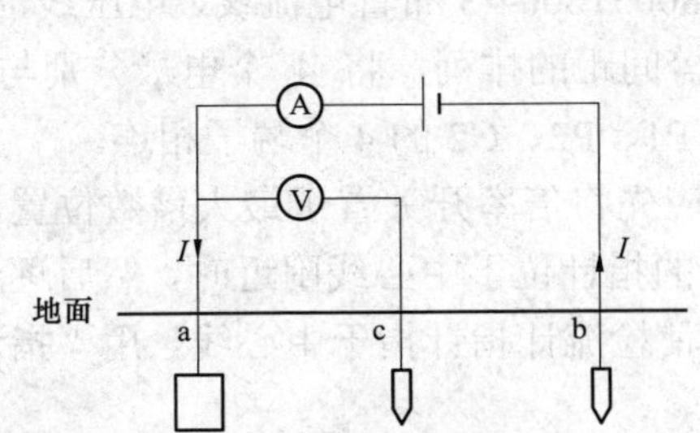

图 ZY1800516004-1　三极法测量土壤电阻率的原理接线图

图 ZY1800516004-2　四电极法测量土壤电阻率的原理接线图

四极法测量土壤电阻率的原理接线如图 ZY1800516004-2 所示。测量时在地面上插入四个电极 a、b、c、d，埋入深度均为 h。向外侧电极 a 和 b 施加电流 I，电流由电极 a 流入，由电极 b 返回。这时外电极产生的电流场将在内电极上产生电势，可以用电位差计或高阻电压表测量内电极 c 和 d 间的电位差，U/I 即为电阻 R。根据数学推导四极法测土壤电阻率的公式为

$$\rho=\frac{2\pi R}{\frac{1}{a_1}-\frac{1}{a_2}-\frac{1}{a_3}+\frac{1}{a_4}} \qquad \text{(ZY1800516004-2)}$$

式中 a_1、a_2、a_3、a_4——分别为各电极之间的距离，m；

R、ρ 意义同式（ZY1800516004-1）。

采用四极法测量土壤电阻率时有多种形式的电极布置方案，无论哪种布置方案都必须遵守保持四个电极在一条直线上排列这条原则。电极间距有很多种选择方式，通常实际应用最多的电极布置方式是沿直线保持四个电极间的距离相同，则公式简化后为

$$\rho = 2\pi aR \quad \text{（ZY1800516004-3）}$$

式中 a——电极的间距，m；

R——实测到的电阻值，Ω。

3. 电极间距的选择

两电极之间的距离 a 应等于或大于电极埋设深度 h 的 20 倍，即 $a \geqslant 20h$。测量电极建议用直径不小于 1.5cm 的圆钢或＜25×25×4 的角钢，其长度均不小于 40cm。

被测场地土壤中的电流场的深度，即被测土壤的深度，与极间距离 a 有密切关系。当被测场地的面积较大时，极间距离 a 应相应地增大。

为了得到较合理的土壤电阻率的数据，最好改变极间距离 a，求得视在土壤电阻率 ρ 与极间距离 a 之间的关系曲线 $\rho=f(a)$，极间距离的取值可为 5、10、15、20、30、40m…最大的极间距离 a_{max} 可取拟建接地装置最大对角线的 2/3。

4. 土壤分层的土壤电阻率测量

实际中不会有均匀的土壤，通常土壤有若干层，层与层之间的土壤电阻率是不同的。为了更加准确地了解不同土层、土质的土壤电阻率的变化情况，人们需要对土壤分层测量土壤电阻率。土壤电阻率的横向变化也存在，但通常是渐变的，在测量地段附近可不考虑土壤电阻率的横向变化。

可利用四电极等间距法测量土壤电阻率的原理对土壤进行分层测量。选定电极间距后，先进行测量，然后逐渐增大或缩小电极间距再进行测量，根据不同的间距对应的不同土壤电阻率绘出它们的变化关系图。这样就可以知道土壤分层对土壤电阻率变化大小的影响。

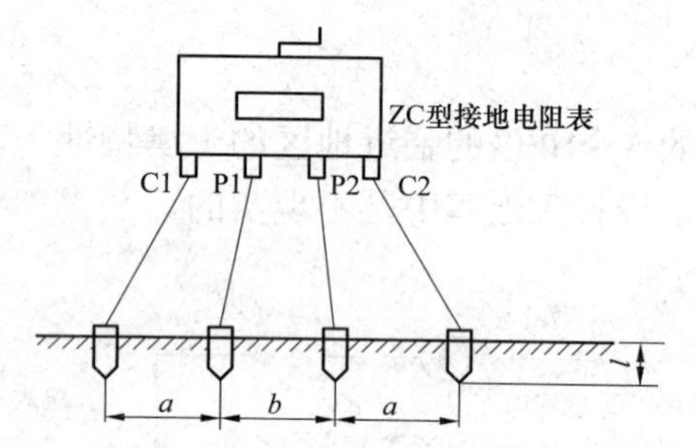

图 ZY1800516004-3 ZC 型接地电阻表测量土壤电阻率的原理接线图

（二）测试接线

用 ZC 型接地电阻表测量土壤电阻率的原理接线，如图 ZY1800516004-3 所示。

（三）测试步骤

（1）按图 ZY1800516004-3 布置电流线、电压线，将 4 个电极沿一条直线等间距的排列，将 4 个电极分别与 ZC 型接地电阻表 C1、P1、P2、C2 的 4 个端子相连。

（2）测量开始应先将倍率开关置于最大倍数位置，慢慢转动发电机手柄，同时调节倍率及“指示刻度盘”，当检流计的指针位于中心线附近时，然后逐渐加快手柄的转速，使其达到 120r/min 以上，调节“指示刻度盘”使检流计指针指于中心线。用“指示刻度盘”的读数乘以倍率开关的倍数，即为所测的接地电阻值。

（3）测试完毕后依据公式算出土壤电阻率的值。

（4）若测量土壤电阻率的分层，需要改变极间距离，重复上述步骤（1）～（3），测量 7 种不同间距。

（5）用专用软件计算得到各层土壤电阻率及深度的值。

六、测试注意事项

（1）测量应选择在晴天、干燥天气下进行。遇有雷雨情况时应停止测量，撤离测量现场。

（2）在冻土区，测试电极须打入冰冻线以下。

（3）在地下有管道的地方，应把电极布置在与管道垂直的方向上，并且要求最近的测量电极与地下管道之间的距离不小于极间距离。

（4）由于不同地域不同土质的土壤电阻率不同，对变电站或电厂周围测量土壤电阻率时，要根据不同特点多选几个测试点，最好选一个有代表性的点进行土壤分层测量。

七、测试结果分析及测试报告编写

（一）测试结果分析

1. 测试标准及要求

根据《交流电气装置接地》（DL/T 621—1997）、《接地装置特性参数测量导则》（DL/T 475—2006）及《接地系统的土壤电阻率、接地阻抗和地面电位测试导则》（GB/T 17949.1—2000）的规定。

2. 测试结果分析

对应于各种电极间距时得出的一组数据即为各种视在土壤电阻率，以土壤电阻率与电极间距的关系绘成曲线，即可判断该地区是否存在多种土壤层或是否有岩石层，还可判断其各自的电阻率和深度。为了得到较合理的土壤电阻率的数据，宜改变极间距离 a，求得视在土壤电阻率 ρ 与极间距离的函数关系 $\rho = f(a)$。

（二）测试报告编写

测试报告填写应包括试验单位、试验性质（交接试验、预防性试验、检查、施行状态检修的应填明例行试验或诊断试验）、委托单位、试验时间、试验人员、天气情况、环境温度、湿度，测试仪器、仪表的名称、型号、制造厂、出厂序号、输出电压和容量、准确等级和校验日期等。

八、案例

对某输变电工程变电站址周围的土壤电阻率进行测量。测量包括在变电站站址上测量土壤电阻率水平和垂直方向上的均匀性，采用四极法测量变电站周围的土壤电阻率，测量原理和计算公式见前面所述。为获得土壤垂直分层电阻率，在变电站站址上测量了不同电极间距离 a 时的电阻率参数，采用专用程序对测试数据进行处理，得出变电站土壤电阻率的分层情况。变电站站址土壤电阻率测量结果见表 ZY1800516004-1 和表 ZY1800516004-2。

表 ZY1800516004-1　　实测所得的土壤垂直方向视在电阻率

极间距离 a（m）	5	10	15	20	25	30	35	40	50
土壤电阻率（Ω·m）	449.0	370.5	286.4	290.1	392.5	378.5	365.3	354.1	329.7

通过软件计算得到土壤电阻率的垂直分层情况，如图 ZY1800516004-4 所示。

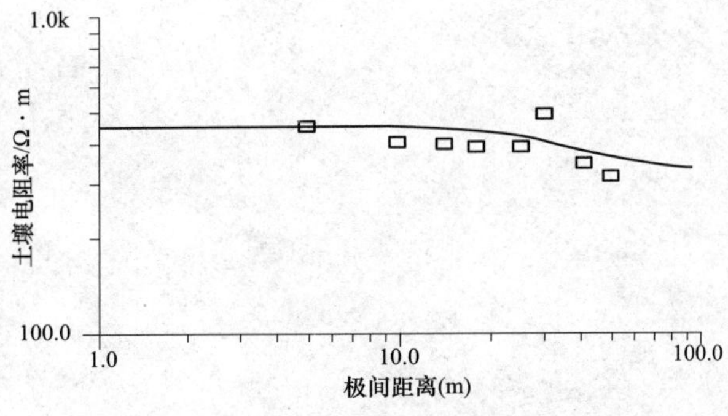

图 ZY1800516004-4　土壤电阻率垂直分层情况

计算得到的土壤分层如下：

第一层　460.61Ω·m，深度为 22.641m；

第二层　314.15Ω·m。

表 ZY1800516004-2　　实测所得的土壤水平方向视在电阻率

位置（a=15m）	东北	东南	西中
土壤电阻率（Ω·m）	329.7	348.7	286.4

由表 ZY1800516004-2 可见，水平土壤电阻率较为均匀，无分层。

模块 4　ZY1800516004

因此，变电站站址土壤电阻率在水平方向基本一致，在垂直方向第一层为 460.61Ω·m，深度为 22.641m；第二层为 314.15Ω·m。

【思考与练习】

1. 画出三极法测量土壤电阻率的测试接线，并简述其测试原理。
2. 画出四极法测量土壤电阻率的测试接线，并简述其测试原理。
3. 测量土壤电阻率时要注意哪些事项？

第三十一章 接地引下线导通和跨步电压的试验

模块 1 接地导通试验（ZY1800517001）

【模块描述】本模块介绍接地引下线与接地网的导通试验方法和技术要求。通过试验工作流程的介绍，掌握接地导通试验前的准备工作和相关安全、技术措施、测试方法、技术要求及测试数据分析判断。

【正文】

一、试验目的

接地装置的电气完整性是接地装置特性参数的一个重要方面。接地导通试验的目的是检查接地装置的电气完整性，即检查接地装置中应该接地的各种电气设备之间、接地装置的各部分及各设备之间的电气连接性，一般用直流电阻值表示。保持接地装置的电气完整性可以防止设备失地运行，提供事故电流泄流通道，保证设备安全运行。

二、试验仪器、设备的选择

（1）选用专门仪器接地导通电阻测试仪，仪器的分辨率为1mΩ，准确度不低于1.0级，仪器输出电流范围为10～50A。

（2）选用伏安法，在被试电气设备的接地部分及参考点之间加恒定直流电流，再用高内阻电压表测试由该电流在参考点通过接地装置到被试设备的接地部分这段金属导体上产生的电压降，并换算到电阻值。高阻抗电压表和低阻抗电流表准确度等级不应低于1.0级，电压表分辨率不低于1mV，电流表量程根据电流大小选择。

三、危险点分析及控制措施

1. 防止工作人员触电

保持与带电体足够的安全距离，防止测试人员及其他人员触摸测试接地引下线，工作人员移动测试仪器时，确保仪器处于断电状态。

2. 防止设备损坏

仪器必须处于断电状态时方可移动，仪器必须无电流输出时方可移动测试点线夹。试验设备应可靠接地。

四、试验前的准备

1. 了解被试设备现场情况及试验条件

查勘现场，查阅相关技术资料、历年试验数据及相关规程等，查看变电站现场设备，根据变电站大小、设备布置情况对测试设备分区以减少测试时工作量。宜按照变电站设备的电压等级将变电站划分为不同的区域。

2. 测试仪器、设备准备

准备试验所需的接地导通电阻测试仪、电源接线板、带线夹的电流引线、万用表、锉刀等工具，记录参考点位置和数据记录纸，熟悉接地导通电阻测试仪的使用说明及操作要求，并查阅测试仪器、设备及绝缘工器具的检定证书有效期。

3. 办理工作票并做好试验现场安全和技术措施

向其余试验人员交代工作内容、带电部位、现场安全措施、现场作业危险点，明确人员分工及试

验程序。

五、试验过程及步骤

（一）试验接线

接地导通试验接线，如图 ZY1800517001-1 所示。

（二）试验步骤

（1）选取参考点和测试点，并做标示。

先找出与接地网连接良好的接地引下线作为参考点，考虑到变电所场地可能比较大，测试线不能太长，宜选择多点接地设备引下线作为基准，在各电气设备的接地引下线上选择一点作为该设备导通测试点，如图 ZY1800517001-2 所示。

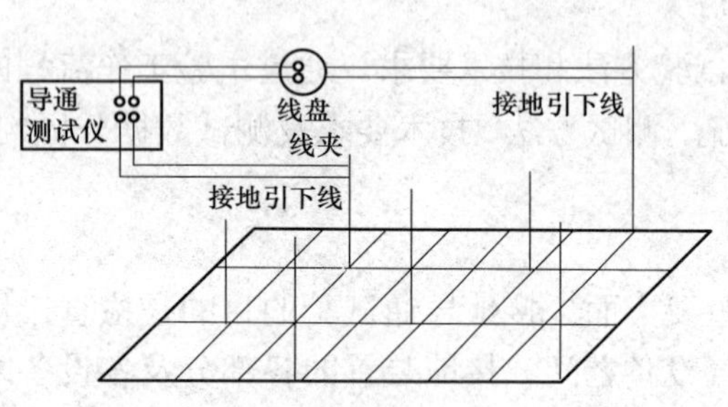

图 ZY1800517001-1 接地导通试验接线图

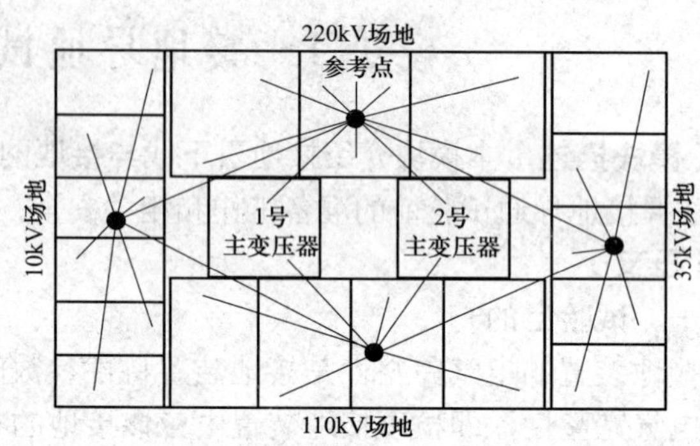

图 ZY1800517001-2 参考点的选择方法

（2）准备好仪器设备，将接地导通电阻测试仪输出连接分别连接到参考点、测试点。

（3）打开仪器电源，调节仪器使输出某一电流值，记录相应的直流电阻值。

（4）调节仪器使输出为零，断开电源，将测试点移到下一位置，依次测试并记录。

六、试验注意事项

（1）试验应在天气良好情况下进行，遇有雷雨情况时应停止测量，撤离测量现场。

（2）试验中应对测试点擦拭、除锈、除漆，保持仪器线夹与参考点、测试点的接触良好，减小接触电阻的影响。

（3）为确保历年测试点的一致，便于对比，可对测试中各参考点、设备的测试引下线等做好记录，可能时并做标记以便识别。

（4）试验中应测量不同场区之间地网的导通性。

（5）当发现测试值在 50mΩ以上时，应反复测试验证。

（6）试验时一人操作仪器、记录数据，两人负责移动线夹以对不同点进行测试。

（7）电压线夹应放置在电流线夹下方，以除去接触电阻的影响。

七、试验结果分析及试验报告编写

（一）试验结果分析

根据《交流电气装置接地》（DL/T 621—1997）、《接地装置特性参数测量导则》（DL/T 475—2006）及《输变电设备状态检修试验规程》（Q/GDW 188—2008）的规定。

1. 试验范围

（1）变电站的接地装置：各个电压等级的场区之间；各高压和低压设备，包括构架、分线箱、汇控箱、电源箱；主控及内部各接地干线，场区内和附近的通信及内部各接地干线；独立避雷针及微波塔与主地网之间；其他必要的部分与主地网之间。

（2）电厂的接地装置：除变电站部分按上述（1）进行外，还应测试其他局部地网与主地网之间；厂房与主地网之间；各发电机单元与主地网之间；每个单元内部各重要设备及部分；避雷针，油库，水电厂大坝；其他必要的部分与主地网之间。

2. 试验标准及要求

（1）状况良好的设备测试值应在 50mΩ以下；

（2）50～200mΩ的设备（连接）状况尚可，宜在以后理性测试中重点关注其变化，重要的设备宜在适当时候检查处理；

（3）200mΩ～1Ω的设备（连接）状况不佳，对重要的设备应尽快检查处理，其他设备宜在适当时候检查处理；

（4）1Ω以上的设备与主网未连接，应尽快检查处理；

（5）独立避雷针的测试值应在 500mΩ以上；

（6）测试中相对值明显高于其他设备，而绝对值又不大的，按状况尚可对待。

3. 试验结果分析

试验测得的两根接地引下线之间的电阻值应按照试验标准及要求中的相应阻值范围得出接地引下线状况。

（二）试验报告编写

试验报告填写应包括变电站名称、测试仪器型号、被测试的设备名称、参考点位置、测试点位置、仪器输出电流、直流电阻值、测试时间、地点、天气、测试人员等。

八、案例

某地区对不同运行年限的接地网进行测试的结果统计，如表 ZY1800517001-1 所示。

表 ZY1800517001-1　　接地引下线导通测试结果

变电站	接地网年限	测试点总数	导通值（mΩ）				
			0～10	10～20	20～30	30～40	>40
A	30	170	15	93	46	14	2
B	30	398	66	215	68	31	18
C	10	314	156	155	3	0	0
D	6	404	276	123	5	0	0
E	2	149	141	8	0	0	0
F	2	205	201	4	0	0	0

对表 ZY1800517001-1 中不同接地网数据进行对比可以看出，随着接地网运行年限的增加，接地导通电阻变大。

测试结果 A 变电站和 B 变电站相对其他变电站接地导通电阻较大，但基本都在 50mΩ以下，仅需对 A 变电站的两处和 B 变电站的 18 处进行开挖检查和改造。

【思考与练习】

1. 接地导通试验的范围包括哪些内容？
2. 接地导通试验时，应如何选取参考点？
3. 接地导通试验的结果如何判定？

模块 2　接触电压、跨步电压及电位分布的测试（ZY1800517002）

【模块描述】本模块介绍接触电压、跨步电压及电位分布的测试方法和技术要求。通过测试工作流程的介绍，掌握接触电压、跨步电压及电位分布测试前的准备工作和相关安全、技术措施、测试方法、技术要求及测试数据分析判断。

【正文】

一、测试目的

发电厂和变电站的接触电压、跨步电压及电位分布的数值是评价地网安全性能的重要指标。当发生接地短路故障时，若出现过高的接触电压、跨步电压和较大的电位差，可能会发生危及人身和设备安全的事故。因此，必须经过实测得到这几项指标的数值，对地网的安全性进行综合评价。

二、测试仪器、设备的选择

接触电压、跨步电压和电位分布的测量与接地电阻测试同时进行，测量仪器主要是高阻抗电压表和低阻抗电流表，准确度等级不应低于 1.0 级，电压表分辨率不低于 1mV。

如果采用异频法进行接地电阻测试时，测量仪器应选用异频电压表和电流表，频率与注入大地的电流频率保持一致。应采用多量程电压表与电流表，最大电流表幅值要根据注入大地的最大电流相对应。

三、危险点分析和控制措施

在测量过程中，防止工作人员接触变电站内电流入地点和站外敷设的电流极入地点以及各处带电部位。所放电压线和电流线的连接完好，不应有裸露部分，试验过程中线路对地及其他处无短接，搭接牢固，并派专人守护。

四、测试前的准备

1. 了解被试设备现场情况及试验条件

查勘现场，查阅相关技术资料、被试接地网设计图、改造图、历年试验数据及相关规程等，记录变电站或电厂的系统参数用于计算最大短路入地电流。编写作业指导书及试验方案。

2. 测试仪器、设备准备

选择合适的测试方法，并根据测试方法选择仪器和设备。并查阅测试仪器、设备及绝缘工器具的检定证书有效期。

3. 办理工作票并做好试验现场安全和技术措施

向其余试验人员交代工作内容、带电部位、现场安全措施、现场作业危险点，明确人员分工及试验程序。

五、测试过程及步骤

（一）测试方法

接触电压是指故障时人体接触与接地装置相连的设备外壳或金属构件时人体所承受的手和脚之间的电位差。具体定义为接地短路电流或故障电流流过接地装置时，大地表面形成电位分布，在地面上离设备水平距离为 0.8m 处与设备外壳、构架或墙壁离地面的垂直距离为 1.8m 处两点间的电压。

跨步电压是指故障时人体两脚之间所承受的电位差，具体定义为接地短路电流或故障电流流过接地装置时，地面上水平距离为 0.8m 的两点间的电压。

电位分布是指地表各点的电位，通过测量点地表电位可以作出电位分布图，测量点的密度可根据具体要求确定。大型接地装置的状况评估应测试所在场区的电位分布曲线，中小型接地装置应视具体情况尽量测试。

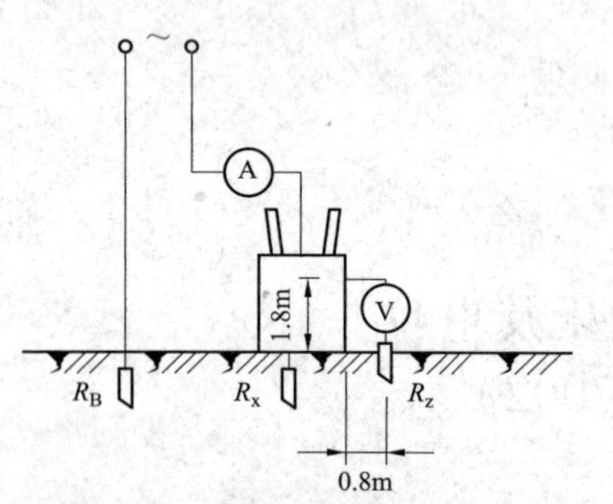

图 ZY1800517002-1　接触电压测试原理接线图

测量用的接地极，可用直径 8～10mm、长约 300mm 的圆钢，埋入地深 50～80mm。若在混凝土或砖块地面测量，也可用 26cm×26cm 的金属板作接地极。

1. 接触电压的测量

按图 ZY1800517002-1 所示连接测试线路，加上电压后读取电流和电压表的指示值，电压表表示当接地体流过电流 I 时的接触电压，然后按式（ZY1800517002-1）推算出当流过最大短路电流 I_{max} 时的实际接触电压为

$$U_C=UI_{max}/I=KU \qquad (ZY1800517002\text{-}1)$$

式中　U_C——接地体流过最大短路电流 I_{max} 时的接触电压，V；

U——测量入地电流时的接触电压，V；

I——接地体流过的电流（即测量时的入地电流），A；

K——系数（其值为 I_{max}/I）。

2. 电位分布和跨步电压测量

电位分布测试接线如图 ZY1800517002-2（a）所示，R_Z 为测量接地电阻时的电压极（零电位处），测出电压极与站内电位测量接地体 R_x 间的电位 U 后，沿着需要测量的地带，将接地棒移到点 1、2、3…n，依次测出各点与接地体间的电压，如 U_1'、U_2'、U_3'…U_N'。由此，不难求出各点的电位 $U_N=(U-U_N')K$，其中 K 的意义同式（ZY1800517002-1）。若以纵坐标表示电位，横坐标表示各点距接地体的距离，则可绘出地面的电位分布曲线，如图 ZY1800517002-2（b）所示。从电位分布曲线，可求出任何相距 0.8m 的两点间的跨步电压 $U_b=(U_N'-U_{N-1}')K$，其中 $U_N'-U_{N-1}'$ 为当测量电流为 I 时，任何相距 0.8m 两点间的电位差。

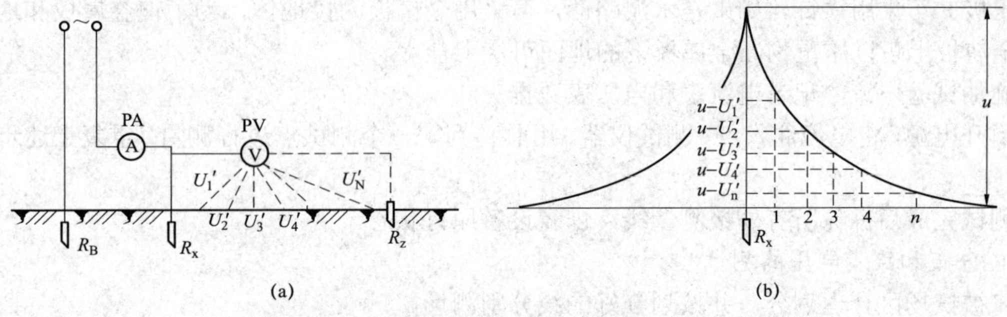

图 ZY1800517002-2　电位分布测试接线和电位分布曲线

（a）测试接线图；（b）电位分布曲线

3. 接触电压和跨步电压测量地点选择的原则

（1）接触电压测点的选择原则。

1）地网边角网孔内用手操作或接触的电气设备、构架攀梯。

2）地网中大网孔内的电气设备、构架攀梯。

3）试验时电流的注入点处。

（2）跨步电压和电位分布测点的选择原则。

1）尽量覆盖全站，在接地网扁铁连接边角处。

2）距接地体最近处，测量间距为 0.8m，测量点可选 5～7 点，以后的间距可增大到 5～10m。

（二）测试接线

1. 接触电压和跨步电压测试接线

接触电压和跨步电压测试接线，如图 ZY1800517002-3 所示。

取下并接在电压表两端子的电阻 R_m，高输入阻抗的电压表 V1 和 V2 将分别测出与通过接地装置对应的接触电压和跨步电压。

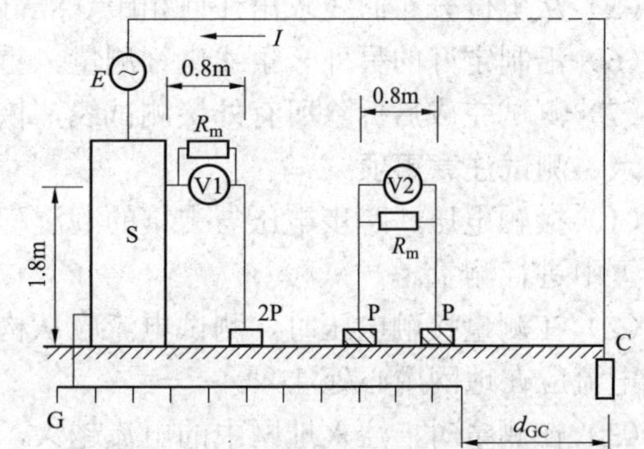

图 ZY1800517002-3　接触电压和跨步电压测试接线图

S—电力设备构架；V1 和 V2—高输入阻抗电压表；

P—模拟人脚的金属板；R_m—模拟人体电阻；

C—接地装置；G—测量用电流极

2. 电位分布测试接线

电位分布测试接线，如图 ZY1800517002-4 所示。

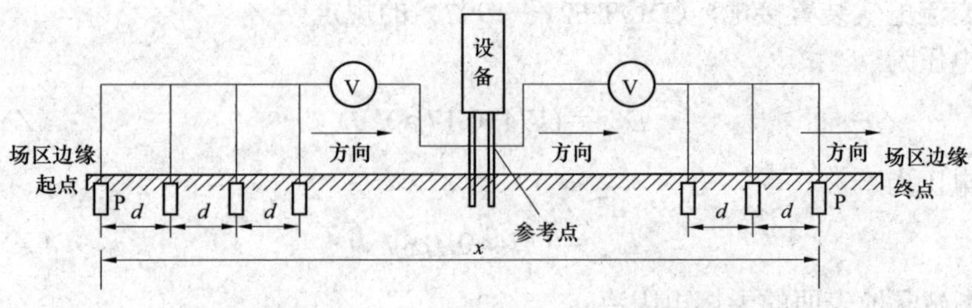

图 ZY1800517002-4　电位分布测试接线图

P—电位极；d—测试间距

场区电位分布用若干条曲线表示，一般情况下曲线的间距不大于30m，在曲线路径上的中部选择一条与主网连接良好的设备接地引下线为参考点，从曲线的起点等间距测试地表和参考点之间的电位梯度，直至终点，绘制各条 U—X 曲线。

（三）测试步骤

接触电压、跨步电压和电位分布的测试是在测量接地电阻时同时测量，在具备接地电阻测量条件的基础上进行。

1. 接触电压的测试

（1）根据接触电压测量地点的选择原则选取站内电流注入位置。

（2）将电压表接在地面上离设备水平距离为0.8m处与设备外壳、构架的垂直距离为1.8m处两点之间。电压极P可采用铁钎，如果是水泥路面，可采用金属板为接地体，为了使金属板和地面有良好的接触，金属板上可以压重物，金属板下的地面可浇上盐水。

（3）施加试验电流，记录电流表和电压表数据。

（4）断开电源，将电流注入点、测试仪器、用具移到下一个测试点进行测量，重复上述步骤（2）～（3）。

（5）测试完成后拆除所有外接测量线，恢复设备原有状态。

2. 电位分布和跨步电压的测试

（1）将被试场区合理划分，并按划分好的线分别测量。

（2）施加试验电流，记录电流表和电压表数据。

（3）按图ZY1800517002-2（a）所示，测量电压极（零电位处）与接地体间的电位 U 后，沿着需要测量的地带，将接地体移到点1、2、3…n，直到接地网边缘，依次测出各点与电压极（零电位处）的电压，如 U_1'、U_2'、U_3'…U_N'。

（4）求出各点的电位，绘出地面的电位分布曲线。

（5）从电位分布曲线求出任何相距0.8m的两点间的跨步电压。

（6）沿制定好的另外一条线进行测量，重复上述步骤（2）～（3），直到测完所有制定的曲线。

（7）测试完成后拆除所有外接测试线，恢复设备原有状态。

六、测试注意事项

（1）接触电压、跨步电压与土壤的潮湿程度密切相关，因此应尽量在干燥季节测量，不应在雷、雨、雪中进行测量。

（2）在测量接触电压时，测试电流应从构架或电气设备外壳注入接地装置；在测量跨步电压时，测试电流应在地网中心处注入。

（3）在测量时，注入地网中的电流越大，测量值就越大，准确性越高，一般采用工频电流、电压法电流宜在50A以上。

（4）在试验前，电源侧开关要处于分闸状态，仪器、设备要处于零位，防止冲击带电损坏设备。尽量缩短测量时间，防止意外情况发生。

七、测试结果分析及测试报告编写

（一）测试结果分析

1. 测试标准及要求

（1）根据《交流电气装置接地》（DL/T 621—1997）的规定。

允许的接触电压为

$$E_{j允}=(174+0.17\rho_0)/\sqrt{t} \qquad \text{(ZY1800517002-2)}$$

允许的跨步电压为

$$E_{k允}=(174+0.7\rho_0)/\sqrt{t} \qquad \text{(ZY1800517002-3)}$$

式中 ρ_0——人脚站立地表面的土壤电阻率；

t——短路电流持续时间，s。

（2）在状态检修试验时，参照《输变电设备状态检修试验规程》（Q/GDW 188—2008）。

2. 测试结果分析

对电压表上所指示的读数 U 和流经电流 I，利用公式（ZY1800517002-1），可以算出当接地装置发生接地短路时的接触电压，并结合规程允许的接触电压 $E_{j允}$ 来判断当发生接地短路时，接触电压是否合乎规程要求。同样电压表测得的跨步电压 U 和流经电流 I，利用公式（ZY1800517002-1）可以算出当接地装置发生接地短路时的跨步电压，并结合规程允许的跨步电压 $E_{k允}$ 来判断当发生接地短路时，跨步电压是否合乎规程要求。

状况良好的接地装置的电位梯度分布曲线表现比较平坦，通常曲线两端有些抬高；有剧烈起伏或突变通常说明接地装置状况不良。当接地装置所在的变电站有效接地系统最大单相接地短路电流不超过 35kA 时，折算后得到的单位场区地表电位梯度通常在 20V 以下，一般不宜超过 60V，如果接近或超过 80V 则应尽快查明原因。当接地装置所在的变电站有效接地系统最大单相接地短路电流超过 35kA 时，参照以上原则判断测试结果。

（二）测试报告编写

测试报告填写应包括试验单位、试验性质（交接试验、预防性试验、检查、施行状态检修的应填明例行试验或诊断试验）、委托单位、试验时间、试验人员、天气情况、环境温度、湿度、线路名称、杆塔编号、接地极编号、接地极型式、土壤状况，测试仪器、仪表的名称、型号、制造厂、出厂序号、输出电压和容量、准确等级和校验日期等。

八、案例

案例 1：接触电压、跨步电压的测量。

在某电厂的接地网上进行测量，测量采用异频电流法，异频电流为 9A，根据地网敷设情况选择了跨步电压及接触电压较大的点进行测量（数据见表 ZY1800517002-1）。理论上，地网接地各导体的散流电流在地网的边角处急剧增加，而中部较平缓。测量跨步电压应在地网边角处，否则意义不大。

表 ZY1800517002-1　　接触电压、跨步电压测试结果

入地电流值为 9A	接触电压（V）			跨步电压（V）		
	U_{j1} 1 号主变压器侧	U_{j2} 110kV 侧避雷器支架	U_{j3} 110kV 变电区开关操作处	U_{k1} 220kV 升压变电站西南角	U_{k2} 化学水处理东门	U_{k3} 220kV 升压变电站东南角
	0.12	0.038	0.08	0.042	0.019	0.032
折合到最大短路电流 10 750A	143.3	45.4	95.5	50.2	22.7	38.2

根据有关参数计算所得的最大入地短路电流为 10 750A，测得数据折算，最大接触电压 143.3V，最大跨步电压 50.2V。

选择混凝土地面的 ρ_0（混）为 500Ω·m（参考值），用四极法测量电厂周围土壤电阻率 ρ_0(土)=180Ω·m，t 取 1s，按照规程允许的接触电压和跨步电压计算公式（ZY1800517002-2）和式（ZY1800517002-3）可得

$$E_{j（混允）}=259（V）;\ E_{j（土允）}=204.6（V）$$
$$E_{k（混允）}=524（V）;\ E_{k（土允）}=300（V）$$

结论：测得的最大接触电压和最大跨步电压均小于规程要求值，测试结果合格。

案例 2：地表电位分布测量。

在某 220kV 变电站上进行测量，接地网和电位分布测试划分如图 ZY1800517002-5 所示，其电位分布曲线如图 ZY1800517002-6 所示。

曲线 1 电位分布较均匀，表明地下接地装置状况较好；曲线 2 的尾部明显快速抬高，曲线 3 起伏很大，均表明接地装置状况可能不良；曲线 4 有两处异常剧烈凸起，尾部急速抬高，地下接地装置很有可能有较严重缺陷。

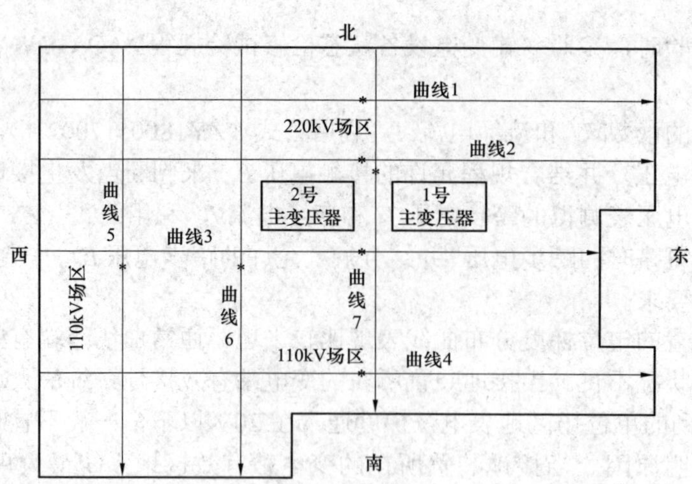

图 ZY1800517002-5　地表电位梯度分布测试划分示意图

* 曲线参考点。

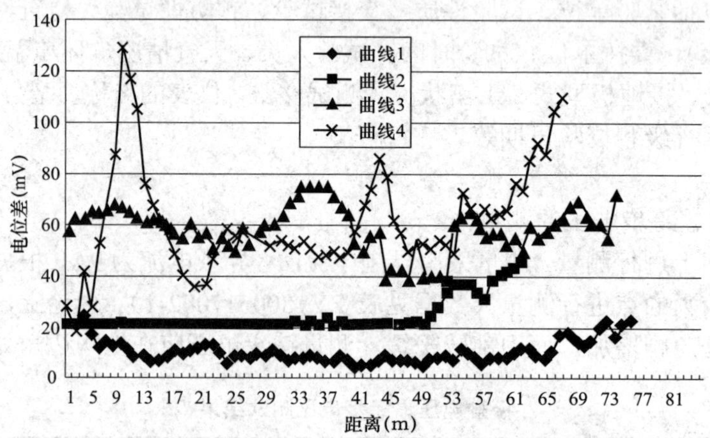

图 ZY1800517002-6　地表电位梯度分布曲线图

【思考与练习】

1. 接触电压测量的原理和测量接线是什么？
2. 电位分布和跨步电压测量的原理和接线是什么？
3. 接触电压的测试步骤是什么？
4. 跨步电压和电位分布的测试步骤是什么？

第三十二章　绝缘工具试验

模块 1　绝缘滑车试验（ZY1800518001）

【模块描述】本模块介绍绝缘滑车试验的方法和技术要求。通过试验工作流程的介绍，掌握试验前的准备工作和相关安全、技术措施、试验方法、技术要求及试验结果分析判断。

【正文】

一、试验目的

对绝缘滑车进行检查和试验的目的是为了发现绝缘滑车的缺陷和绝缘隐患，预防人身事故的发生。

二、试验仪器、设备的选择

（1）由于被试品电容量较小，一般只要有相应电压等级的工频试验变压器即可，同时选用相应电压等级的工频分压器。

（2）选用单相自耦调压器，其容量与试验变压器的相同。

（3）保护电阻一般取 0.1～0.5Ω/V，并应有足够的热容量和长度。

（4）选用量程为 500V、0.5 级的交流电压表。

（5）选用电压等级为 2500V 的绝缘电阻表。

三、危险点分析及控制措施

加压时试验人员应与带电部位保持足够的安全距离。试验仪器的金属外壳应可靠接地，仪器操作人员必须站在绝缘垫上操作。

四、试验前的准备工作

1. 了解被试设备现场情况及试验条件

查阅相关技术资料，包括该设备历年试验数据及相关规程等，掌握试品运行情况。

2. 试验仪器、设备准备

选择合适的隔离开关、试验电极、试验变压器、调压器、保护电阻、交流电压表、绝缘电阻表、测试线、温（湿）度计、放电棒、接地线、电工常用工具、试验临时安全遮栏、标示牌等，并查阅测试仪器、设备及绝缘工器具的检定证书有效期。

3. 做好试验现场安全和技术措施

向其余试验人员交代工作内容、带电部位、现场安全措施、现场作业危险点，明确人员分工及试验程序。

五、现场试验步骤及要求

（一）试验接线

（1）绝缘滑车工频耐压试验原理接线，如图 ZY1800518001-1 所示。

（2）绝缘滑车试验接线，如图 ZY1800518001-2 所示。

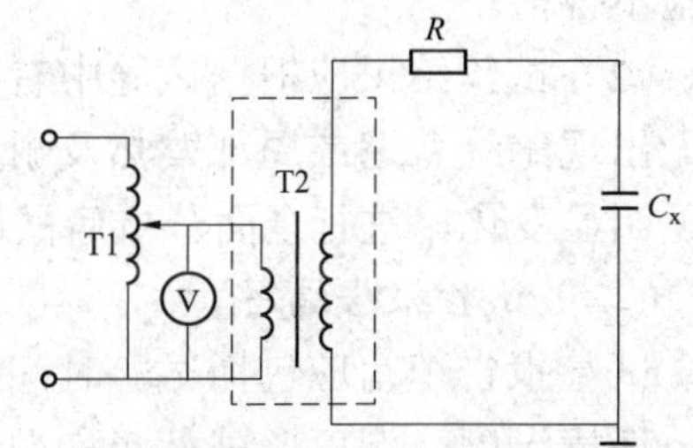

图 ZY1800518001-1　绝缘滑车工频耐压试验原理接线图

T1—调压器；T2—试验变压器；R—限流电阻；C_x—被试品；V—电压表

（二）试验步骤

（1）对试品进行外观检查。试品的绝缘部分应清洁、光滑，无气泡、皱纹、开裂等现象，滑轮在中轴上应转动灵活，无卡阻和碰擦轮缘现象；吊钩、吊环在吊梁上应转动灵活；侧板开口在 90° 范围内无卡阻现象。

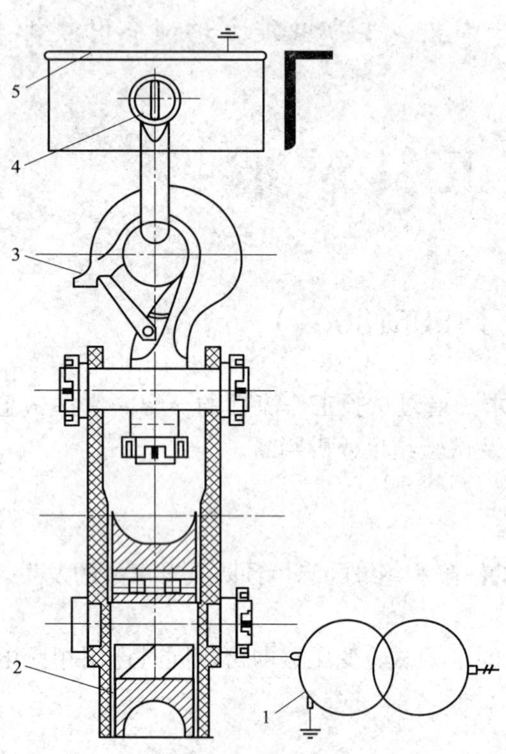

图 ZY1800518001-2 绝缘滑车试验接线图

1—工频试验装置；2—滑轮；3—吊钩；4—U 形环；5—金属横担

（2）测试绝缘电阻应正常。

（3）按图 ZY1800518001-2 进行接线。检查试验接线正确、调压器在零位后，将高压引线接上试品，接通电源，开始升压进行试验。升压速度在 75%试验电压以前，可以是任意的，自 75%电压开始应均匀升压，约为每秒 2%试验电压的速率升压。升至试验电压，开始计时并读取试验电压。时间到后，迅速降压至零，然后断开电源，放电、挂接地线。

（4）立即触摸绝缘表面。如出现普遍或局部发热，则认为绝缘不良，应处理后再做耐压试验。

（5）测试绝缘电阻应正常。

六、试验注意事项

（1）进行绝缘试验时，被试品温度应不低于+5℃。户外试验应在良好的天气进行，且空气相对湿度一般不高于80%。

（2）升压必须从零（或接近于零）开始，切不可冲击合闸。

（3）升压过程中应密切监视高压回路、试验设备仪表指示状态，监听被试品有无异响。

（4）有时耐压试验进行了数十秒钟，中途因故失去电源，使试验中断，在查明原因，恢复电源后，应重新进行全时间的持续耐压试验，不可仅进行“补足时间”的试验。

七、试验结果分析及试验报告编写

（一）试验结果分析

1. 试验标准及要求

根据《带电作业工具、装置和设备预防性试验规程》（DL/T 976—2005）及《带电作业用绝缘工具试验导则》（DL/T 878—2004）的规定：

各种型号的绝缘滑车均应能通过交流工频 25kV、1min 耐压试验。其中，绝缘钩型滑车应能通过交流工频 37kV、1min 耐压试验。试验以不发热、不击穿为合格。

2. 试验结果分析

（1）在升压和耐压过程中，如确定被试品的表面闪络是由于空气湿度或表面脏污等所致，应将被试品清洁干燥处理后，再进行试验。否则，认为被试品交流耐压试验不合格。

（2）试验结果应根据试验中有无发生破坏性放电、有无出现绝缘普遍或局部发热及耐压试验前后绝缘电阻有无明显变化，进行全面分析后做出判断。

（二）试验报告编写

试验报告填写应包括试验时间、试验人员、天气情况、环境温度、湿度、试品名称型号、试验结果、试验结论、试验性质、试验仪器名称型号、出厂编号等。

全部试验完成后填写试验合格标志，合格标志贴在不妨碍绝缘性能的明显位置。试验合格标志式样及要求，如图 ZY1800518001-3 所示。

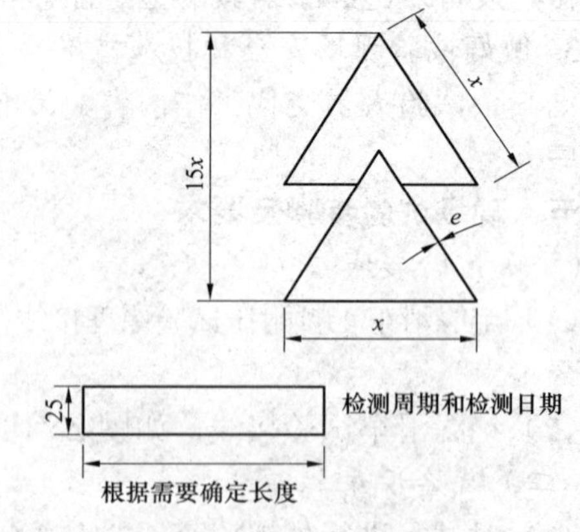

图 ZY1800518001-3 试验合格标志式样及要求

x—可以是 16、25 或 40；e—线条的宽度，2mm

注：长度单位为 mm。

八、案例

在一次绝缘滑车进行预防性试验时，试验前未进行绝缘电阻测试，直接进行耐压试验，当加至规定的试验电压数秒后，被试品出现冒烟、出气异常现象。断开试验电源，经检查发现因绝缘滑车受潮导致绝缘降低。后经干燥后进行试验通过。

【思考与练习】

1. 各种型号的绝缘滑车交流工频耐压试验值为多少？其中绝缘钩型滑车交流工频耐压试验值为多少？

2. 简述绝缘滑车试验的试验步骤。

模块 2　绝缘操作杆试验（ZY1800518002）

【模块描述】本模块介绍绝缘操作杆试验的方法和技术要求。通过试验工作流程的介绍，掌握试验前的准备工作和相关安全、技术措施、试验方法、技术要求及试验结果分析判断。

【正文】

一、试验目的

对绝缘操作杆进行检查和试验的目的是，为了发现绝缘操作杆的缺陷和绝缘隐患，预防设备及人身事故的发生。

二、试验仪器、设备的选择

（1）由于被试品电容量较小，一般只要有相应电压等级的工频试验变压器即可，同时选用相应电压等级的工频分压器。

（2）保护电阻一般取 0.1～0.5Ω/V，并应有足够的热容量和长度。

（3）选用单相接触式调压器，其容量与试验变压器相同。

（4）选用多量程峰值电压表。

（5）选用相应电压等级冲击电压发生器一套。

（6）选用电压等级为 2500V 的绝缘电阻表。

三、危险点分析及控制措施

加压时试验人员应与带电部位保持足够的安全距离，试验仪器的金属外壳应可靠接地，仪器操作人员必须站在绝缘垫上操作。

四、试验前的准备工作

1. 了解被试设备现场情况及试验条件

查阅相关技术资料，包括试品历年试验数据及相关规程等，掌握试品运行情况。

2. 试验仪器、设备准备

选择合适的试验电极（宽 50mm 的金属箔）、成套工频耐压试验装置（或工频试验变压器、调压器、保护电阻、球隙、峰值电压表）、冲击电压发生器、绝缘电阻表、测试线、温（湿）度计、放电棒、接地线、梯子、安全带、电工常用工具、试验临时安全遮栏、标示牌等，并查阅测试仪器、设备及绝缘工器具的检定证书有效期。

3. 做好试验现场安全和技术措施

向其余试验人员交代工作内容、带电部位、现场安全措施、现场作业危险点，明确人员分工及试验程序。

五、现场试验步骤及要求

（一）试验接线

（1）绝缘操作杆工频耐压试验原理接线，如图 ZY1800518002-1 所示。

（2）工频耐压及操作冲击耐压试验接线如图 ZY1800518002-2 所示。高压试验电极布置于绝缘杆的工作部分，试品垂直悬挂在模拟导线上，高压试验电极和接地极间的长度即为试验长度，根据表 ZY1800518002-2 和表 ZY1800518002-3 中规定确定两电极间距离，绝缘杆间应保持一定距离，以便于观察试验情况。接地极和高压试验电极以宽 50mm 的金属箔包绕，电极缠绕点处于同一水平位置。

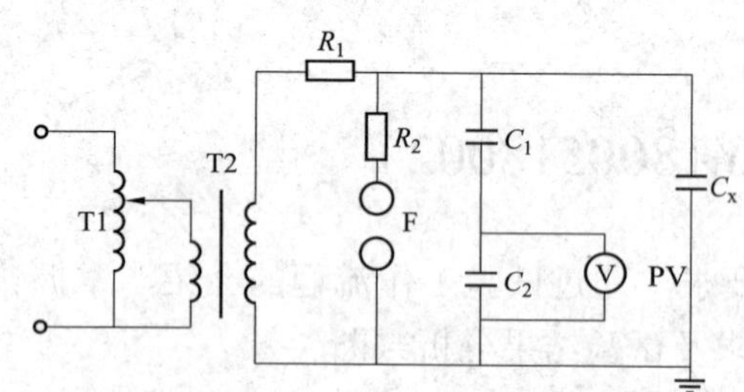

图 ZY1800518002-1 绝缘操作杆工频耐压试验原理接线图

T1—调压器；T2—试验变压器；R_1—限流电阻；R_2—球隙保护电阻；F—球间隙；C_x—被试品电容；C_1、C_2—电容分压器高低压臂；PV—峰值电压表

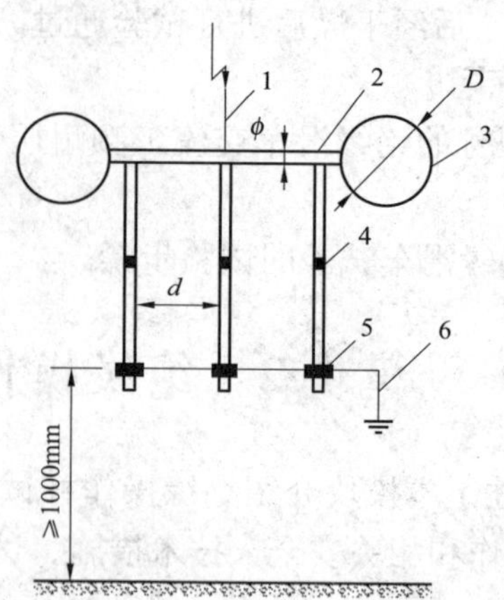

图 ZY1800518002-2 工频耐压及操作冲击耐压试验接线图

1—高压引线；2—模拟导线（$\phi \geqslant 30$mm）；3—均压球（D=200～300mm）；4—试品（试品间距 $d \geqslant 500$mm）；5—下部试验电极；6—接地引线

注：1. 用直径不小于 30mm 的单导线作模拟导线，模拟导线两端设置均压球（或均压环），其直径不小于 200mm；

2. 均压球距试品不小于 1.5m，多个试品同时进行试验时，试品间距 d 不小于 500mm。

（二）试验步骤

（1）对被试品进行外观及尺寸检查。试品应光滑，无气泡、皱纹、开裂，玻璃纤维布与树脂间黏接完好不得开胶，杆段间连接牢固。各部分尺寸应符合表 ZY1800518002-1 的规定。

表 ZY1800518002-1　　操作杆各部分长度要求

额定电压（kV）	最短有效绝缘长度（m）	有金属接头长度（m）	手持部分长度（m）
10	0.70	≤0.10	≥0.60
35	0.90	≤0.10	≥0.60
66	1.00	≤0.10	≥0.60
110	1.30	≤0.10	≥0.70
220	2.10	≤0.10	≥1.00
330	3.10	≤0.10	≥1.00
500	4.00	≤0.10	≥1.00
750	5.00	≤0.10	≥1.00
±500	3.50	≤0.10	≥1.00

（2）测试绝缘电阻应正常。

（3）工频耐压试验。按图 ZY1800518002-1 和图 ZY1800518002-2 进行接线，检查试验接线正确、调压器在零位后，将高压引线接上试品，接通电源，开始升压进行试验。升压速度在 75%试验电压以前，可以是任意的，自 75%电压开始应均匀升压，约为每秒 2%试验电压的速率升压。升至试验电压值，开始计时并读取试验电压。时间到后，迅速均匀降压到零（或 1/3 试验电压以下），然后切断电源，放电、挂接地线。

试验中如无破坏性放电发生，则认为通过耐压试验。试验后应立即触摸绝缘表面，如出现普遍或局部发热，则说明在试验电压下绝缘操作杆泄漏电流较大，认为绝缘操作杆的绝缘不良，应立即处理后，再做耐压试验。耐压试验后测试绝缘电阻应正常。

（4）操作冲击耐压试验。操作冲击试验布置与工频耐压试验相同。试验前在较低的电压（50%额定试验电压）下调整冲击电压发生器的输出波形，使发生器的操作波的波形符合试验要求（在较低电压下可以多次调整试验波形，对被试品绝缘不会造成损坏。避免在过高电压下调整波形，由于试验波形不符合试验要求，可能造成被试品击穿的情况发生）。然后升至规定电压进行试验。试验时对每一试品在试验电极间，施加 15 次波形为 250/2500μs 正极性标准操作波的额定冲击耐受电压，试品均应无闪络、击穿及过热发生，则试验通过。

六、试验注意事项

（1）进行绝缘试验时，被试品温度应不低于+5℃。户外试验应在良好的天气进行，且空气相对湿度一般不高于 80%。

（2）试验过程中试验人员之间应分工明确，加压过程中应有人监护并呼唱。

（3）升压必须从零（或接近于零）开始，切不可冲击合闸。

（4）升压过程中应密切监视高压回路、试验设备仪表指示状态，监听被试品有无异响。

（5）有时工频耐压试验进行了数十秒钟，中途因故失去电源，使试验中断，在查明原因，恢复电源后，应重新进行全时间的持续耐压试验，不可仅进行“补足时间”的试验。

七、试验结果分析及试验报告编写

（一）试验结果分析

1. 试验标准及要求

根据《带电作业工具、装置和设备预防性试验规程》（DL/T 976—2005）及《带电作业用绝缘工具试验导则》（DL/T 878—2004）的规定：

工频耐压试验和操作冲击耐压试验：220kV 及以下电压等级的试品应能通过短时（1min）工频耐受电压试验（以无击穿、无闪络及发热为合格），330kV 及以上电压等级的试品应能通过长时间（3min）工频耐受电压试验（以无击穿、无闪络及发热为合格），以及操作冲击耐受电压试验（15 次加压，以无一次击穿、闪络及过热为合格），其电气性能应符合表 ZY1800518002-2 和表 ZY1800518002-3 的规定。

表 ZY1800518002-2　　10～220kV 电压等级操作杆的电气性能

额定电压（kV）	试验电极间距离（m）	1min 工频耐受电压（kV）
10	0.40	45
35	0.60	95
66	0.70	175
110	1.00	220
220	1.80	440

表 ZY1800518002-3　　330～750 kV 电压等级操作杆的电气性能

额定电压（kV）	试验电极间距离（m）	3min 工频耐受电压（kV）	操作冲击耐受电压（kV）
330	2.80	380	800
500	3.70	580	1050
750	4.70	780	1300
±500	3.20	680*	950

* ±500kV 直流耐压试验的加压值。

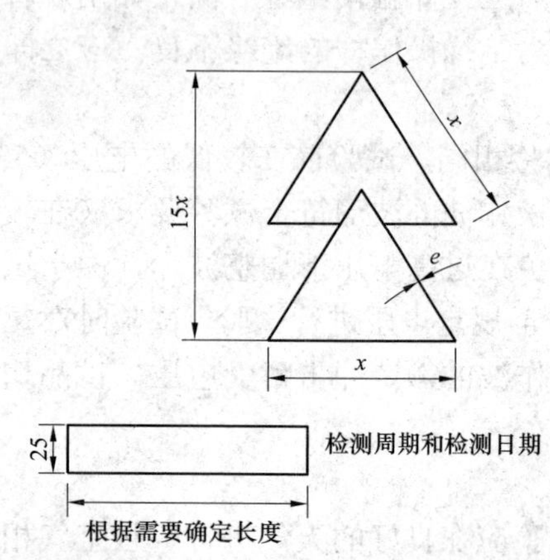

图 ZY1800518002-3 试验合格标志式样及要求图

x—可以是 16、25 或 40；e—线条的宽度，2mm

注：长度单位为 mm。

2. 试验结果分析

（1）在升压和耐压过程中，如确定被试品的表面闪络是由于空气湿度或表面脏污等所致，应将被试品清洁干燥处理后，再进行试验。否则，认为被试品交流耐压试验不合格。

（2）试验结果应根据试验中有无发生破坏性放电、有无出现绝缘普遍或局部发热及耐压试验前后绝缘电阻有无有明显变化，进行全面分析后作出判断。

（二）试验报告编写

试验报告填写应包括试验时间、试验人员、天气情况、环境温度、湿度、试品名称型号、试验结果、试验结论、试验性质、试验仪器名称型号、出厂编号等。

全部试验完成后填写试验合格标志，合格标志贴在不妨碍绝缘性能的明显位置，其试验合格标志式样及要求如图 ZY1800518002-3 所示。

八、案例

在一次绝缘操作杆预防性试验时，加压过程中发现电压表指针摆动较大，电流表指示逐渐增加，当加至规定的试验电压数秒后，被试品出现冒烟、出气异常现象。断开试验电源，手摸绝缘操作杆加压部分发现较热，测试绝缘电阻发现绝缘电阻降低。经检查发现是绝缘操作杆受潮。

【思考与练习】

1. 如何选择试验变压器保护电阻？
2. 为什么有机绝缘材料制成的试品，在工频耐压后要用手触摸绝缘操作杆加压部分？

模块 3 绝缘硬梯试验（ZY1800518003）

【模块描述】本模块介绍绝缘硬梯试验的方法和技术要求。通过试验工作流程的介绍，掌握试验前的准备工作和相关安全、技术措施、试验方法、技术要求及试验结果分析判断。

【正文】

一、试验目的

绝缘硬梯有平梯、挂梯、直立独杆梯、升降梯和人字梯等类别，对绝缘硬梯进行检查和试验的目的是为了发现绝缘硬梯的缺陷和绝缘隐患，预防人身事故的发生。

二、试验仪器、设备的选择

（1）由于被试品电容量较小，一般只要有相应电压等级的工频试验变压器即可。同时选用相应电压等级的工频分压器。

（2）保护电阻一般取 0.1～0.5Ω/V，并应有足够的热容量和长度。

（3）选用单相接触式调压器，其容量与试验变压器相同。

（4）选用多量程峰值电压表。

（5）选用相应电压等级冲击电压发生器一套。

（6）选用电压等级为 2500V 的绝缘电阻表。

三、危险点分析及控制措施

加压时试验人员应与带电部位保持足够的安全距离，试验仪器的金属外壳应可靠接地，仪器操作人员必须站在绝缘垫上操作。

四、试验前的准备工作

1. 了解被试设备现场情况及试验条件

查阅相关技术资料，包括试品历年试验数据及相关规程等，掌握试品运行情况。

2. 试验仪器、设备准备

选择合适的试验电极（宽 50mm 的金属箔）、成套工频耐压试验装置（或工频试验变压器、调压器、保护电阻、球隙、峰值电压表）、冲击电压发生器、绝缘电阻表、测试线、温（湿）度计、放电棒、接地线、梯子、安全带、电工常用工具、试验临时安全遮栏、标示牌等，并查阅测试仪器、设备及绝缘工器具的检定证书有效期。

3. 做好试验现场安全和技术措施

向其余试验人员交代工作内容、带电部位、现场安全措施、现场作业危险点，明确人员分工及试验程序。

五、现场试验步骤及要求

（一）试验接线

（1）绝缘硬梯工频耐压试验原理接线，如图 ZY1800518003-1 所示。

（2）工频耐压及操作冲击耐压试验接线如图 ZY1800518003-2 所示。高压试验电极布置于绝缘硬梯的工作部分，试品垂直悬挂在模拟导线上，高压试验电极和接地极间的长度即为试验长度，根据表 ZY1800518003-1 和表 ZY1800730003-2 中规定确定两电极间距离，绝缘硬梯间应保持一定距离，以便于观察试验情况。接地极和高压试验电极以宽 50mm 的金属箔包绕，电极缠绕点处于同一水平位置。

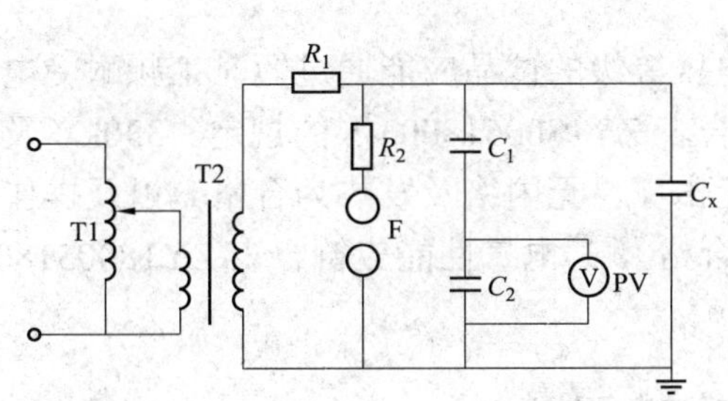

图 ZY1800518003-1　绝缘硬梯工频耐压试验原理接线图

T1—调压器；T2—试验变压器；R_1—限流电阻；R_2—球隙保护电阻；F—球间隙；C_x—被试品；C_1、C_2—电容分压器高低压臂；PV—电压表

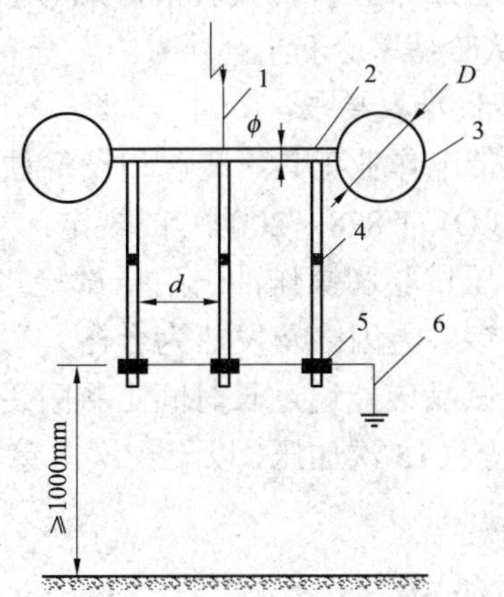

图 ZY1800518003-2　工频耐压及操作冲击耐压试验接线图

1—高压引线；2—模拟导线（$\phi \geqslant 30$mm）；3—均压球（D=200～300mm）；4—试品（试品间距 $d \geqslant 500$mm）；5—下部试验电极；6—接地引线

注：1. 用直径不小于 30mm 的单导线作模拟导线，模拟导线两端设置均压球（或均压环），其直径不小于 200mm；

2. 均压球距试品不小于 1.5m，多个试品同时进行试验时，试品间距 d 不小于 500mm。

（二）试验步骤

（1）对被试品进行外观及尺寸检查，试品应清洁、光滑，无气泡、皱纹、开裂，玻璃纤维布与树脂间黏接完好不得开胶，杆段间连接牢固。

（2）测试试品绝缘电阻应正常。

（3）工频耐压试验。按图 ZY1800518003-1 和图 ZY1800518003-2 进行接线，检查接线正确、调压器在零位后。将高压引线接上试品，接通电源，开始升压进行试验。升压速度在 75%试验电压以前，可以是任意的，自 75%电压开始应均匀升压，约为每秒 2%试验电压的速率升压。升至试验电压，开始计时并读取试验电压。时间到后，迅速均匀降压到零（或 1/3 试验电压以下），然后断开电源。放电、挂接地线。

试验中如无破坏性放电发生，则认为通过耐压试验。试验后应立即触摸绝缘表面，如出现普遍或局部发热，则认为绝缘不良，应立即处理后，再做耐压试验。耐压试验后测试绝缘电阻应正常。

（4）操作冲击耐压试验。操作冲击试验布置与工频耐压试验相同。试验前应在较低的电压（50%额定试验电压）下调整冲击电压发生器的输出波形，使发生器操作波的波形符合试验要求（在较低电压下可以多次调整试验波形，而对被试品绝缘不会造成损坏。避免在过高电压下调整波形，由于试验波形不符合试验要求，造成被试品击穿的情况发生）。然后升至规定电压进行试验。试验时对每一试品在试验电极间，施加 15 次波形为 250/2500μs 正极性标准操作波的额定冲击耐受电压，试品无闪络、击穿及过热发生，则试验通过。

六、试验注意事项

（1）进行绝缘试验时，被试品温度应不低于+5℃。户外试验应在良好的天气进行，且空气相对湿度一般不高于 80%。

（2）试验过程中试验人员之间应分工明确，加压过程中应有人监护并呼唱。

（3）升压必须从零（或接近于零）开始，切不可冲击合闸。

（4）升压过程中应密切监视高压回路、试验设备仪表指示状态，监听被试品有无异响。

（5）有时工频耐压试验进行了数十秒钟，中途因故失去电源，使试验中断，在查明原因，恢复电源后，应重新进行全时间的持续耐压试验，不可仅进行“补足时间”的试验。

七、试验结果分析及试验报告编写

（一）试验结果分析

1. 试验标准及要求

根据《带电作业工具、装置和设备预防性试验规程》（DL/T 976—2005）及《带电作业用绝缘工具试验导则》（DL/T 878—2004）的规定：

工频耐压试验和操作冲击耐压试验：220kV 及以下电压等级的试品应能通过短时工频耐受电压试验（以无击穿、无闪络及发热为合格），其电气性能应符合表 ZY1800518003-1 的规定。330kV 及以上电压等级的试品应能通过长时间工频耐受电压试验（以无击穿、无闪络及发热为合格）以及操作冲击耐受电压试验（15 次加压，以无一次击穿、闪络及过热为合格），其电气性能应符合表 ZY1800518003-2 的规定。

表 ZY1800518003-1　　10～220kV 电压等级绝缘硬梯的电气性能

额定电压（kV）	试验电极间距离（m）	1min 工频耐受电压（kV）
10	0.40	45
35	0.60	95
66	0.70	175
110	1.00	220
220	1.80	440

表 ZY1800518003-2　　330～750kV 电压等级绝缘硬梯的电气性能

额定电压（kV）	试验电极间距离（m）	3min 工频耐受电压（kV）	操作冲击耐受电压（kV）
330	2.80	380	800
500	3.70	580	1050
750	4.70	780	1300
±500	3.20	680*	950

* ±500kV 直流耐压试验的加压值。

2. 试验结果分析

（1）在升压和耐压过程中，如确定被试品的表面闪络是由于空气湿度或表面脏污等所致，应将被试品清洁干燥处理后，再进行试验。否则，认为被试品交流耐压试验不合格。

（2）试验结果应根据试验中有无发生破坏性放电、有无出现绝缘普遍或局部发热及耐压试验前后绝缘电阻有无明显变化，进行全面分析后做出判断。

（二）试验报告编写

试验报告填写应包括试验时间、试验人员、天气情况、环境温度、湿度、试品名称型号、试品参数、试验结果、试验结论、试验性质、试验仪器名称型号、出厂编号等。

全部试验完成后填写试验合格标志，合格标志贴在不妨碍绝缘性能的明显位置，其试验合格标志式样及要求如图 ZY1800518003-3 所示。

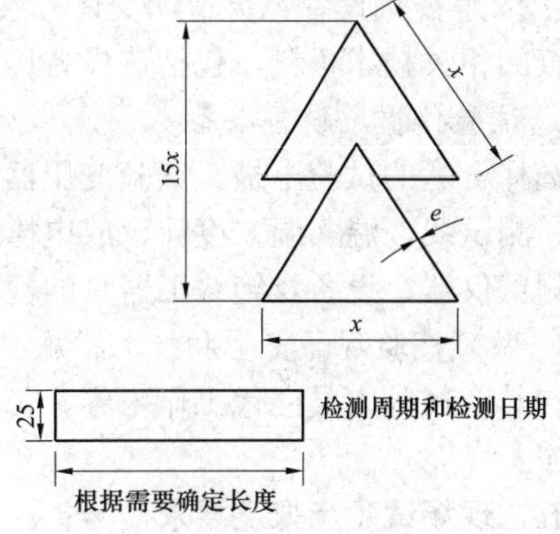

图 ZY1800518003-3　试验合格标志式样及要求

x—可以是 16、25 或 40；e—线条的宽度，2mm

注：长度单位为 mm。

八、案例

在一次绝缘硬梯操作冲击耐压试验过程中，施加第 2 次波形为 250/2500μs 正极性标准操作波的额定冲击耐受电压时，绝缘硬梯表面发生闪络现象，断开电源，检查发现绝缘硬梯表面有脏污，经擦拭后重新进行操作冲击耐压试验，试验通过。

【思考与练习】

1. 为什么进行操作冲击耐压试验前，应在较低的电压下调整冲击电压发生器的输出波形，使发生器的操作波的波形符合试验要求，然后才能正式进行试验？

2. 进行操作冲击耐压试验时对操作冲击耐压的波形有什么要求？

模块 4　绝缘绳索类工具试验（ZY1800518004）

【模块描述】本模块介绍绝缘绳索类工具试验的方法和技术要求。通过试验工作流程的介绍，掌握试验前的准备工作和相关安全、技术措施、试验方法、技术要求及试验结果分析判断。

【正文】

一、试验目的

对绝缘绳索类工具进行检查和试验的目的是为了发现绝缘绳索类工具的缺陷和绝缘隐患，预防人身事故的发生。

二、试验仪器、设备的选择

（1）由于被试品电容量较小，一般只要有相应电压等级的工频试验变压器即可，同时选用相应电压等级的工频分压器。

（2）保护电阻一般取 0.1～0.5Ω/V，并应有足够的热容量和长度。

（3）选用单相接触式调压器，其容量与试验变压器相同。

（4）选用多量程峰值电压表。

（5）选用相应电压等级的冲击电压发生器。

（6）选用电压等级为 2500V 的绝缘电阻表。

三、危险点分析及控制措施

加压时试验人员应与带电部位保持足够的安全距离。试验仪器的金属外壳应可靠接地，仪器操作人员必须站在绝缘垫上操作。

四、试验前的准备工作

1. 了解被试设备现场情况及试验条件

查阅相关技术资料，包括该设备历年试验数据及相关规程等，掌握试品运行情况。

2. 试验仪器、设备准备

选择合适的试验电极、试验变压器、调压器、冲击电压发生器、保护电阻、峰值电压表、绝缘电阻表、测试线、温（湿）度计、放电棒、接地线、电工常用工具、试验临时安全遮栏、标示牌等，并查阅测试仪器、设备及绝缘工器具的检定证书有效期。

3. 做好试验现场安全和技术措施

向其余试验人员交代工作内容、带电部位、现场安全措施、现场作业危险点，明确人员分工及试验程序。

五、现场试验步骤及要求

（一）试验接线

（1）绝缘绳索类工具工频耐压试验原理接线，如图 ZY1800518004-1 所示。

（2）工频耐压及操作冲击耐压试验接线如图 ZY1800518004-2 所示。高压试验电极布置于绝缘绳索类工具的工作部分，试品垂直悬挂在模拟导线上，高压试验电极和接地极间的长度即为试验长度，根据表 ZY1800518004-1 和表 ZY1800518004-2 中规定确定两电极间距离，绝缘绳索类工具间应保持一定距离，以便于观察试验情况。接地极和高压试验电极以宽 50mm 的金属箔包绕，电极缠绕点处于同一水平位置。

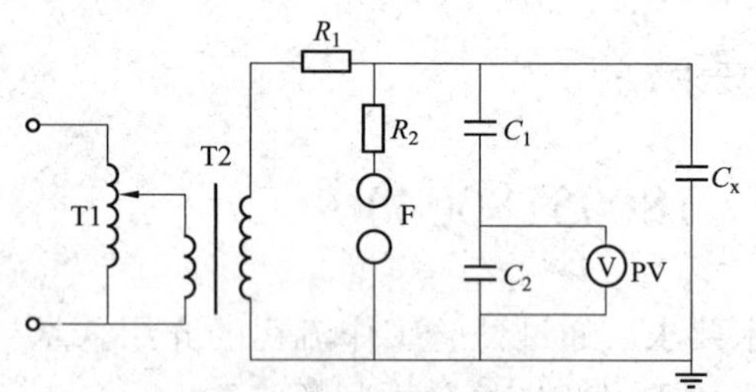

图 ZY1800518004-1 绝缘绳索类工具工频耐压试验原理接线图

T1—调压器；T2—试验变压器；R_1—限流电阻；R_2—球隙保护电阻；F—球间隙；C_x—被试品；C_1、C_2—电容分压器高低压臂；PV—峰值电压表

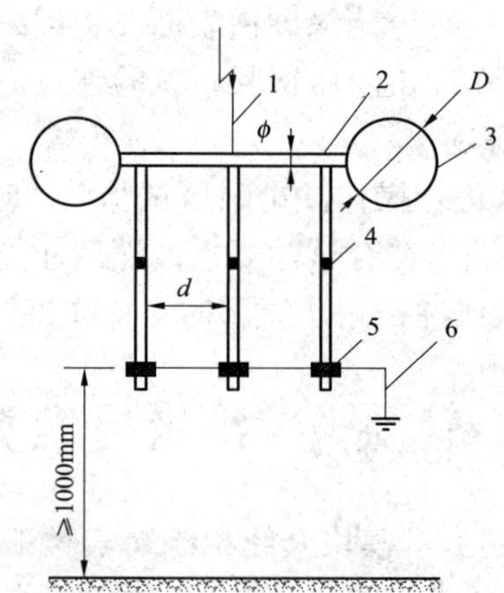

图 ZY1800518004-2 工频耐压及操作冲击耐压试验接线图

1—高压引线；2—模拟导线（$\phi \geq 30$mm）；3—均压球（D=200～300mm）；4—试品（试品间距 $d \geq 500$mm）；5—下部试验电极；6—接地引线

注：1. 用直径不小于 30mm 的单导线作模拟导线，模拟导线两端设置均压球（或均压环），其直径不小于 200mm；

2. 均压球距试品不小于 1.5m，多个试品同时进行试验时，试品间距 d 不小于 500mm。

（二）试验步骤

（1）对被试品进行外观及尺寸检查。

1）所有绝缘绳索类工具的捻合成的绳索合绳股应紧密绞合，不得有松散、分股的现象；绳索各股及各股中丝线不应有叠痕、凸起、压伤、背股、抽筋等缺陷，不得有错乱、交叉的丝、线、股。

2）人身绝缘保险绳、导线绝缘保险绳、消弧绳、绝缘测距绳以及绳套均应满足各自的功能规定和工艺要求。

（2）测试绝缘电阻应正常。

（3）工频耐压试验。按图 ZY1800730004-2 进行接线，检查试验接线正确、调压器在零位后，将高压引线接上试品，接通电源，开始升压进行试验。升压速度在 75%试验电压以前，可以是任意的，自75%电压开始应均匀升压，约为每秒2%试验电压的速率升压。升至试验电压后开始计时并读取试验电压。时间到后，迅速均匀降压到零（或1/3试验电压以下），然后断开电源。放电、挂接地线。

试验中如无破坏性放电发生，则认为通过耐压试验。试验后应立即触摸试品表面，如出现普遍或局部发热，则认为绝缘不良，应立即处理后，再做耐压试验。耐压试验后测试绝缘电阻应正常。

（4）操作冲击耐压试验。操作冲击试验布置与工频耐压试验相同。试验前应在较低的电压（50%额定试验电压）下调整冲击电压发生器的输出波形，使发生器操作波的波形符合试验要求（在较低电压下可以多次调整试验波形，而对被试品绝缘不会造成损坏。避免在过高电压下调整波形，由于试验波形不符合试验要求，造成被试品击穿的情况发生）。然后升至规定电压进行试验。试验时对每一试品在试验电极间，施加15次波形为250/2500us正极性标准操作波的额定冲击耐受电压，试品应无闪络、击穿及过热发生，则试验通过。

六、试验注意事项

（1）进行绝缘试验时，被试品温度应不低于+5℃。户外试验应在良好的天气进行，且空气相对湿度一般不高于80%。

（2）试验过程中试验人员之间应分工明确，加压过程中应有人监护并呼唱。

（3）升压必须从零（或接近于零）开始，切不可冲击合闸。

（4）升压过程中应密切监视高压回路、试验设备仪表指示状态，监听被试品有无异响。

（5）有时耐压试验进行了数十秒钟，中途因故失去电源，使试验中断，在查明原因，恢复电源后，应重新进行全时间的持续耐压试验，不可仅进行“补足时间”的试验。

七、试验结果分析及试验报告编写

（一）试验结果分析

1. 试验标准及要求

根据《带电作业工具、装置和设备预防性试验规程》（DL/T 976—2005）及《带电作业用绝缘工具试验导则》（DL/T 878—2004）的规定：

工频耐压试验和操作冲击耐压试验：220kV及以下电压等级的试品应能通过短时工频耐受电压试验（以无击穿、无闪络及发热为合格），330kV及以上电压等级的试品应能通过长时间工频耐受电压试验（以无击穿、无闪络及发热为合格），以及操作冲击耐受电压试验（15次加压，以无一次击穿、闪络及过热为合格），其电气性能应符合表ZY1800518004-1和表ZY1800518004-2的规定。

表ZY1800518004-1　　10～220kV电压等级绝缘绳索类工具的电气性能

额定电压（kV）	试验电极间距离（m）	1min工频耐受电压（kV）
10	0.40	45
35	0.60	95
66	0.70	175
110	1.00	220
220	1.80	440

表ZY1800518004-2　　330～750kV电压等级绝缘绳索类工具的电气性能

额定电压（kV）	试验电极间距离（m）	3min工频耐受电压（kV）	操作冲击耐受电压（kV）
330	2.80	380	800
500	3.70	580	1050
750	4.70	780	1300
±500	3.20	680*	950

* ±500kV直流耐压试验的加压值。

模块4　ZY1800518004

2. 试验结果分析

（1）在升压和耐压过程中，如确定被试品的表面闪络是由于空气湿度或表面脏污等所致，应将被试品清洁干燥处理后，再进行试验。否则，认为被试品交流耐压试验不合格。

（2）试验结果应根据试验中有无发生破坏性放电、有无出现绝缘普遍或局部发热及耐压试验前后绝缘电阻有无明显变化，进行全面分析后做出判断。

（二）试验报告编写

试验报告填写应包括试验时间、试验人员、天气情况、环境温度、湿度、试品名称型号、试验结果、试验结论、试验性质、试验仪器名称型号、出厂编号等。

全部试验完成后填写试验合格标志，合格标志贴在不妨碍绝缘性能的明显位置，其试验合格标志式样及要求如图ZY1800518004-3所示。

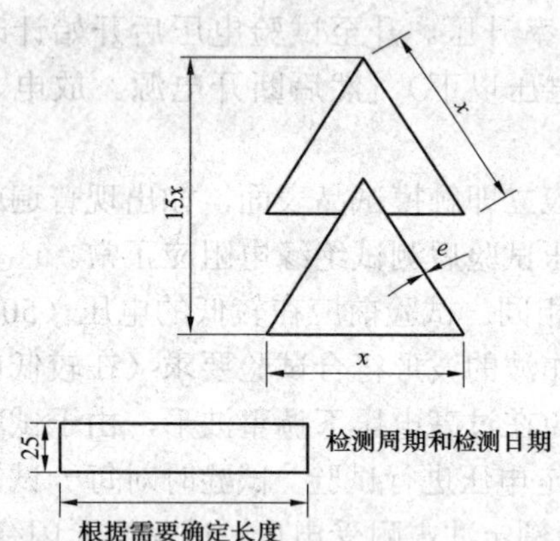

图 ZY1800518004-3 试验合格标志式样及要求图

x—可以是 16、25 或 40；e—线条的宽度，2mm

注：长度单位为 mm。

八、案例

在进行 500kV 绝缘绳索工频耐压试验过程中，当施加额定试验电压 70s 后，被试绝缘绳索表面发生闪络、冒烟，经检查绝缘绳索受潮导致耐压试验中闪络、冒烟。被试绝缘绳索没有通过工频耐压试验。

【思考与练习】

1. 对 220kV 的绝缘绳索类工具进行工频耐压试验时，试验电极间的距离为多少？1min 工频耐受电压值是多少？

2. 对 500kV 的绝缘绳索类工具进行工频耐压和操作冲击耐压时，试验电极间的距离为多少？3min 工频耐受电压值和操作冲击耐受电压值分别为多少？

第三十三章 防护用具试验

模块 1 屏蔽服装试验（ZY1800519001）

【模块描述】本模块介绍屏蔽服装试验的方法和技术要求。通过试验工作流程的介绍，掌握试验前的准备工作和相关安全、技术措施、试验方法、技术要求及试验结果分析判断。

【正文】

一、试验目的

屏蔽服装应具有较好的屏蔽性能、较低的电阻、适当的通流容量、一定的阻燃性及较好的透气性，达到穿戴者舒适目的。一般采用金属纤维和阻燃纤维混纺织成的衣料制作。对屏蔽服装进行检查和试验的目的是为了发现屏蔽服装存在的缺陷及绝缘隐患，预防人身事故的发生。

二、试验仪器、设备的选择

（1）选用量程为 10^{-4}～$10^{6}\Omega$的 QJ31 型单、双臂电桥。

（2）选用额定频率为 50Hz、额定电压为 600V 的正弦波电压发生器（波形符合 GB/T16927.2 的要求）。

（3）选用 0.5 级、量程为 600V 的交流电压表。

（4）选用输入阻抗大于 10MΩ的多量程数字电压表或示波器（如 CA9020 示波器）。

（5）选用直径 400mm、厚 5±0.5mm 的橡胶板（其表面硬度为肖氏级 60～65 度）。

（6）选用直径为 400mm 的圆形绝缘板。

（7）选用直径为 4mm 的钢珠数千克。

（8）选用直径为 300mm 带接线柱的黄铜板一块、屏蔽服装成品电阻试验电极一只［见图 ZY1800519001-1（a）］、屏蔽服装屏蔽效率试验黄铜电极一只（内装 2MΩ负荷电阻，质量 3kg，见图 ZY1800519001-2）。

三、危险点分析及控制措施

加压时试验人员应与带电部位保持足够的安全距离。试验仪器的金属外壳应可靠接地，仪器操作人员必须站在绝缘垫上操作。

四、试验前的准备工作

1. 了解试验设备现场情况及试验条件

查阅相关技术资料，包括该被试品历年试验数据及相关规程等，掌握该试品使用情况。

2. 试验仪器、设备准备

选择合适的单、双臂电桥、试验电极、正弦波电压发生器、电压表、示波器、橡胶板、黄铜板、钢珠数千克、圆形绝缘板、试验台、毛毡等，电工常用工具、试验临时安全遮栏、标示牌等，并查阅测试仪器、设备及绝缘工器具的检定证书有效期。

3. 做好试验现场安全和技术措施

向其余试验人员交代工作内容、带电部位、现场安全措施、现场作业危险点，明确人员分工及试验程序。

五、现场试验步骤及要求

（一）试验接线

（1）屏蔽服装（如上衣、裤子、手套、袜子、鞋）电阻试验图，如图 ZY1800519001-1 所示。

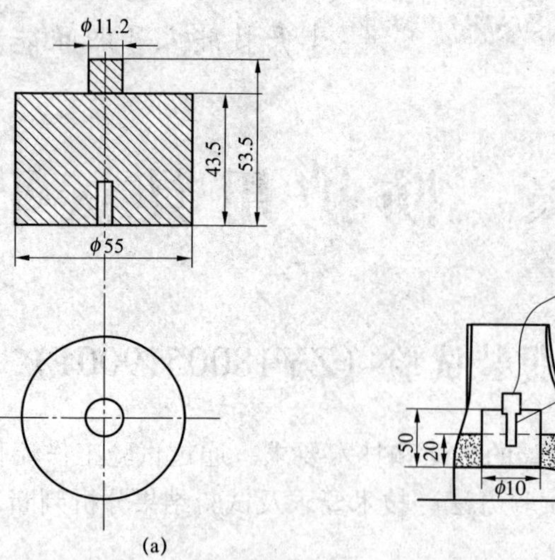

图 ZY1800519001-1 屏蔽服装（如上衣、裤子、手套、袜子、鞋）电阻试验图

（a）屏蔽服装成品电阻试验电极；（b）鞋子电阻测量示意图

1—测试电极接线柱；2—钢珠；3—测试电极

（2）屏蔽服装屏蔽效率试验电极图，如图 ZY1800519001-2 所示。

（3）屏蔽服装屏蔽效率测试接线，如图 ZY1800519001-3 所示。

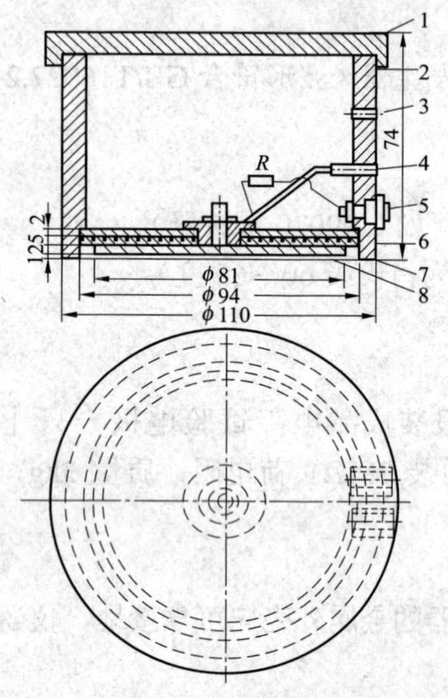

图 ZY1800519001-2 屏蔽服装屏蔽效率试验电极图

1—上盖；2—屏蔽外壳；3—固定电缆螺孔；4—电缆连接测量仪表；5—接地螺母；6—屏蔽电极；7—绝缘板；8—接收电极；R—负荷电阻

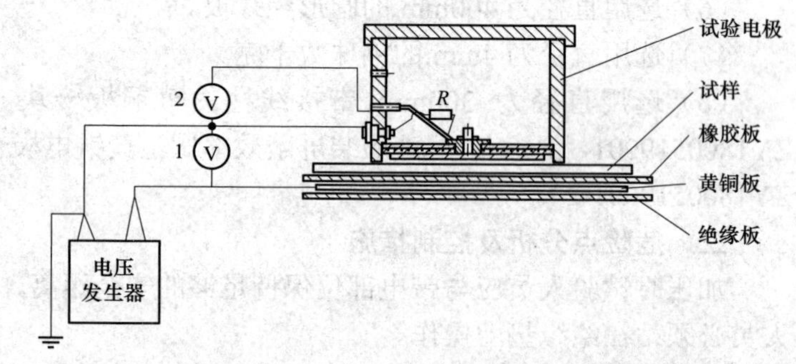

图 ZY1800519001-3 屏蔽服装屏蔽效率测试接线图

1—600V 电压表；2—输入阻抗大于 10MΩ的多量程数字电压表或 CA9020 示波器

（二）试验步骤

1. 外观及尺寸检查

整套屏蔽服装，包括上衣、裤子、鞋子、袜子和帽子均应完好无损，无明显孔洞，分流连接线完好，连接头连接可靠（工作中不会自动脱开）。

2. 连接头组装检查

上衣、裤子、帽子之间应有两个连接头，上衣与手套、裤子与袜子每端分别各有一个连接头。将连接头组装好后，轻扯连接部位，确认其具有一定的机械强度。

3. 屏蔽服装（包括上衣、裤子、手套、袜子、鞋）电阻测试

在试验台上铺一块 5mm 毛毡，将手套、短袜平铺在毛毡上，在手套、短袜内衬一层塑料薄膜，使各布层间相互隔开，避免层间短路；将一个试验电极压在手套的中指指尖或短袜袜尖处；另一个试

验电极压在手套或短袜的开口处分流连接线上；用 QJ31 型单、双臂电桥测量两电极间的电阻。

将鞋子平放在平板电极上，然后将圆柱形电极放在鞋里的底面上，并在圆柱形电极周围装上钢珠，将整个鞋底盖住并达到 20mm 深，如图 ZY1800519001-1（b）所示。用 QJ31 型单、双臂电桥测量两电极间的电阻。

整套衣服电阻测试时，先将衣服给模拟人穿上，平放在桌上，将两个电极分别垂直平放在各被测点（整套屏蔽服各最远端点之间，即手套与短袜及帽子与短袜）上，用 QJ31 型单、双臂电桥检测手套与短袜及帽子与短袜间的电阻。

4. 屏蔽服装屏蔽效率测试

按图 ZY1800519001-3 将电压发生器低压端、电极接地部分、电压表低压端连接接地。将电压发生器高压端、黄铜板接线柱、电压表高压端连接好。将绝缘板、黄铜板、橡胶板、电极装置按顺序放在水平支架上。

检查测试接线正确、调压器在零位后，在没有被试品的情况下，将 50Hz、600V 电压施加到测量设备上，读出电压值，此值即为基准电压，用符号 U_{ret} 表示，并做好记录。

将绝缘板、黄铜板、橡胶板、被试品、电极装置（放置位置不能超出被试品边缘）按顺序放在水平支架上。将被试品紧贴在电极下面压平，施加电压，读出电极端的电压，用符号 U 表示，并做好记录。

六、试验注意事项

（1）试验需在温度为 23℃±2℃、相对湿度为 45%～55%的环境中进行 24h 以上，以适应试验环境。

（2）升压必须从零开始，切不可冲击合闸。试验后，应迅速均匀降压到零，然后切断电源。

（3）在测屏蔽服装电阻时，应先分别测量上衣、裤子、手套、袜子任意两个最远端之间的电阻，以及鞋的电阻。然后测量整套屏蔽服装（将上衣、裤子、手套、袜子、帽子和鞋全部组装好）的电阻，且测点位置应距接缝边缘及分流连接线 3cm 以上。

七、试验结果分析及试验报告编写

（一）试验结果分析

1. 试验标准及要求

根据《带电作业工具、装置和设备预防性试验规程》（DL/T 976—2005）及《带电作业用绝缘工具试验导则》（DL/T 878—2004）的规定：

（1）成衣（包括鞋、袜、屏蔽服装）电阻试验，其电阻值应符合表 ZY1800519001-1 的要求。

表 ZY1800519001-1　　屏蔽服装的电阻要求

屏蔽服装部位名称	电阻值（Ω）	屏蔽服装部位名称	电阻值（Ω）
上衣	≤15	手套	≤15
裤子	≤15	鞋	≤500
袜子	≤15	整套屏蔽服装	≤20

（2）整套服装的屏蔽效率试验。上衣在左右前胸正中、后背正中各测一点；裤子在膝盖处各测一点。将测得 5 点数据的算术平均值作为整套屏蔽服装的屏蔽效率值。整套屏蔽服装的屏蔽效率不得小于 30dB。

2. 试验结果分析

（1）屏蔽服装屏蔽效率按下式计算

$$SE = 20\lg\left(\frac{U_{ret}}{U}\right) \qquad \text{(ZY1800519001-1)}$$

式中　SE——屏蔽效率，dB；

U_{ret}——基准电压（没有屏蔽时），V；

U——屏蔽后的电压值，V。

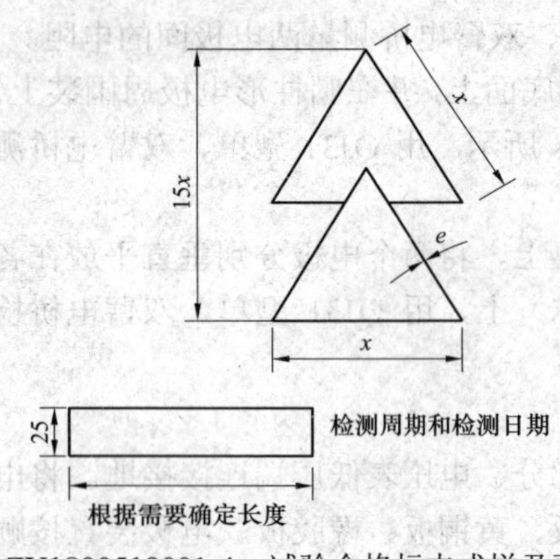

图 ZY1800519001-4 试验合格标志式样及要求

x—可以是 16、25 或 40；e—线条的宽度，2mm

注：长度单位为 mm。

（2）试验结果应与该屏蔽服装历次试验结果相比较，与同类屏蔽服装试验结果相比较，参照相关的试验结果，根据变化规律和趋势，进行全面分析后做出判断。

（二）试验报告编写

试验报告填写应包括试验日期、试验人员、天气情况、环境温度、湿度、试品名称型号、试品参数、试验结果、试验结论、试验性质（交接试验、预防性试验、检查）、试验仪器名称型号、出厂编号等。

全部试验完成后填写试验合格标志，合格标志贴在不妨碍绝缘性能的明显位置，其试验合格标志式样及要求如图 ZY1800519001-4 所示。

八、案例

案例 1：一只屏蔽服装手套，经多次测试其直流电阻均为 20Ω左右，经检查手套中金属纤维有多处磨损，断裂。该手套不符合使用要求，不合格，应报废。

案例 2：一套服装的屏蔽效率试验结果为 27dB（小于 30dB）。经检查服装中金属纤维有多处磨损严重。该服装不符合使用要求，不合格，应报废。

【思考与练习】

1. 试验标准对屏蔽服装各部分的电阻测试有何要求？
2. 如何进行屏蔽服装屏蔽效率测试？

模块 2 绝缘服试验（ZY1800519002）

【模块描述】本模块介绍绝缘服试验的方法和技术要求。通过试验工作流程的介绍，掌握试验前的准备工作和相关安全、技术措施、试验方法、技术要求及试验结果分析判断。

【正文】

一、试验目的

绝缘服应具有较高的击穿电压、一定的机械强度，且耐磨、耐撕裂。对绝缘服进行检查和试验的目的是为了发现绝缘服存在的缺陷和绝缘隐患，预防人身事故的发生。

二、试验仪器、设备的选择

（1）工频试验变压器。由于被试品电容量较小，一般只要有相应电压等级的工频试验变压器即可。

（2）选用单相自耦调压器，其容量与工频试验变压器的相同。

（3）保护电阻一般取 0.1～0.5Ω/V，并应有足够的热容量和长度。

（4）选用量程为 500V、0.5 级的交流电压表。

（5）选用额定电压 1000V 绝缘电阻表。

三、危险点分析及控制措施

加压时试验人员应与带电部位保持足够的安全距离。试验仪器的金属外壳应可靠接地，仪器操作人员必须站在绝缘垫上操作。

四、试验前的准备工作

1. 了解被试设备现场情况及试验条件

查阅相关技术资料，包括该设备历年试验数据及相关规程等，掌握试品运行情况。

2. 试验仪器、设备准备

选择合适的试验电极［见图 ZY1800519002-2（d）］、试验变压器、试验台、绝缘电阻表、测试线、温（湿）度计、放电棒、接地线、电工常用工具、试验临时安全遮栏、标示牌等，并查阅测试仪器、设备及绝缘工器具的检定证书有效期。

3. 做好试验现场安全和技术措施

向其余试验人员交代工作内容、带电部位、现场安全措施、现场作业危险点，明确人员分工及试验程序。

图 ZY1800519002-1　绝缘服工频耐压试验原理接线图

T1—调压器；T2—试验变压器；R—保护电阻；C_x—被试品；V—电压表

五、现场试验步骤及要求

（一）试验接线

（1）绝缘服工频耐压试验原理接线，如图 ZY1800519002-1 所示。

（2）绝缘服层向工频耐压试验电极布置，如图 ZY1800519002-2 所示。

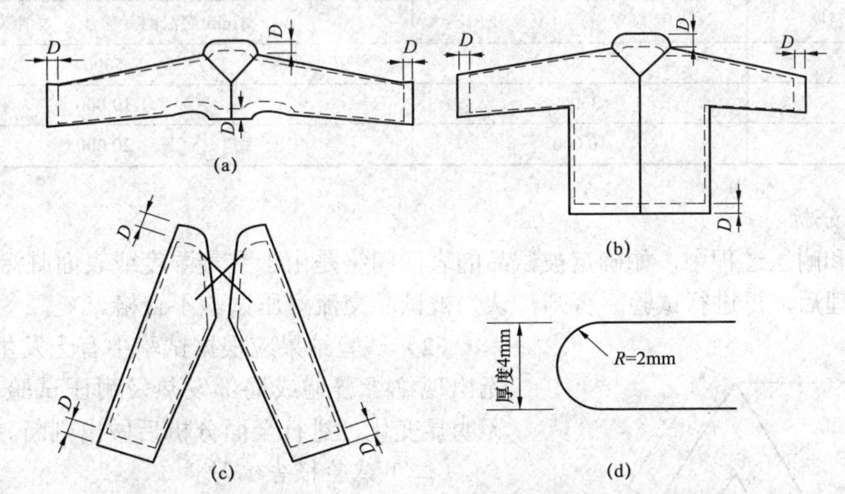

图 ZY1800519002-2　绝缘服层向工频耐压试验电极布置图

（a）绝缘披肩内电极布置图；（b）绝缘上衣内电极布置图；（c）绝缘裤内电极布置图；（d）内电极边缘导角图

注：1. D 为电极间距（65mm±5mm）。

2. 为防止沿绝缘服边缘发生沿面闪络，应注意高压引线距绝缘服边缘的距离或采用套管引入高压的方式。

3. 进行绝缘服（披肩）的层向工频耐压试验时，电极由海绵或其他吸水材料（如棉布）制成的湿电极组成，电极厚度为 4mm±1mm，电极边角应倒角［见图 ZY1800519002-2（d）］。内外电极形状与绝缘服内外形状相符。电极设计及加工应使电极之间的电场均匀且无电晕发生。将绝缘服平整布置于内外电极之间，不应强行曳拉，并用干燥的棉布擦干电极周围绝缘服上的水迹。

4. 水的电阻率为 1000Ω · cm。

（二）试验步骤

（1）外观检查。整套绝缘服，包括上衣（披肩）、裤子均应完好无损，无深度划痕和裂痕，无明显孔洞。

（2）测试试品绝缘电阻，绝缘电阻应正常。

（3）检查试验接线正确、调压器在零位后，将高压引线接上试品，接通电源开始升压，试验电压应从较低值开始上升，并以大约 1000V/s 的速度逐渐升压，直至 20kV 或绝缘服发生击穿。试验时间从达到规定的试验电压值开始计时，并读取试验电压。时间到后，迅速均匀降压至零，断开试验电源，并放电、挂接地线。

（4）立即触摸绝缘表面，如出现普遍或局部发热，则认为绝缘不良，应处理后再做耐压试验。

（5）耐压试验后，测试绝缘电阻，应正常。

六、试验注意事项

（1）试验应在环境温度 23±2℃的环境温度下进行。

（2）试验人员之间应分工明确，配合默契。

（3）升压必须从零（或接近于零）开始，切不可冲击合闸。

（4）升压过程中应密切监视高压回路、试验设备仪表指示状态，监听被试品有无异响。

七、试验结果分析及试验报告编写

（一）试验结果分析

1. 试验标准及要求

根据《带电作业工具、装置和设备预防性试验规程》（DL/T 976—2005）及《带电作业用绝缘工具试验导则》（DL/T 878—2004）的规定：

对绝缘服进行整衣层向工频耐压时，绝缘上衣的前胸，后背、左袖、右袖， 披肩的双肩和左右袖，绝缘裤的左右腿的各部位均应进行试验，其电气性能应符合表 ZY1800519002-1 的规定。以无电晕发生、无闪络、无击穿、无明显发热为合格。

表 ZY1800519002-1　　　　绝缘服（披肩）的电气性能

服装（披肩）级别	额定电压（V）	1min 交流耐受电压有效值（V）
0	380	5000
1	3000	10 000
2	10 000	20 000

2. 试验结果分析

（1）在升压和耐压过程中，如确定被试品的表面闪络是由于空气湿度或表面脏污等所致，应将被试品清洁干燥处理后，再进行试验。否则，认为被试品交流耐压试验不合格。

（2）试验结果应根据试验中有无发生破坏性放电、有无出现绝缘普遍或局部发热及耐压试验前后绝缘电阻有无明显变化，进行全面分析后做出判断。

（二）试验报告编写

试验报告填写应包括试验时间、试验人员、天气情况、环境温度、湿度、试品名称型号、试验结果、试验结论、试验性质、试验仪器名称型号、出厂编号等。

全部试验完成后填写试验合格标志，合格标志贴在不妨碍绝缘性能的明显位置，其试验合格标志式样及要求如图 ZY1800519002-3 所示。

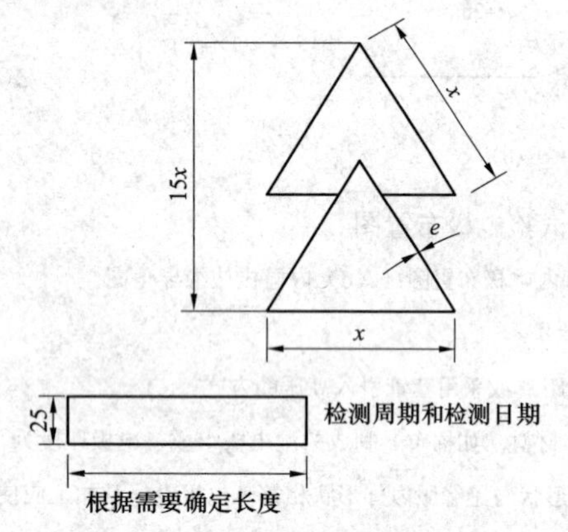

图 ZY1800519002-3　试验合格标志式样及要求

x—可以是 16、25 或 40；e—线条的宽度，2mm

注：长度单位为 mm。

八、案例

某次进行整衣层向工频耐压试验时，对 1 级绝缘服试验，施加工频电压 8500V 时发生放电现象，断开试验电源，检查发现绝缘服右肩部绝缘有破损。

【思考与练习】

1. 绝缘服层向工频耐压试验时，对试验电极有什么要求？对水的电阻率有什么要求？
2. 在绝缘服层向工频耐压试验中，升压时应注意哪些事项？

模块 3　绝缘手套试验（ZY1800519003）

【模块描述】本模块介绍绝缘手套试验的方法和技术要求。通过试验工作流程的介绍，掌握试验前的准备工作和相关安全、技术措施、试验方法、技术要求及试验结果分析判断。

【正文】

一、试验目的

绝缘手套的外形形状为分指式（异形），采用合成橡胶或天然橡胶制成。对绝缘手套进行检查和试验的目的是为了发现绝缘手套存在的缺陷和绝缘隐患，预防人身事故的发生。

二、试验仪器、设备的选择

（1）由于被试品电容量较小，一般只要有相应电压等级的工频试验变压器即可。

（2）选用单相自耦调压器，输入电压为220V，其容量与试验变压器相同。

（3）保护电阻一般取0.1～0.5Ω/V，并应有足够的热容量和长度。

（4）选用量程为500V、0.5级的交流电压表。

（5）选用额定输出电压大于60kV、额定输出电流为2mA的成套直流高压发生器或相应电压及电流的高压硅堆。

（6）选用电压等级为2500V的绝缘电阻表。

（7）选用30mA、0.5级交流毫安电流表。

三、危险点分析及控制措施

加压时试验人员应与带电部位保持足够的安全距离。试验仪器的金属外壳应可靠接地，仪器操作人员必须站在绝缘垫上操作。

四、试验前的准备工作

1. 了解被试设备现场情况及试验条件

查阅相关技术资料，包括试品历年试验数据及相关规程等，掌握试品运行情况。

2. 试验仪器、设备准备

选择合适的盛水金属器皿、试验电极、试验变压器、调压器、直流高压发生器（或高压硅堆）、保护电阻、交流毫安电流表、交流电压表、短路开关、绝缘电阻表、测试线、温（湿）度计、放电棒、接地线、电工常用工具、试验临时安全遮栏、标示牌等，并查阅测试仪器、设备及绝缘工器具的检定证书有效期。

3. 做好试验现场安全和技术措施

向其余试验人员交代工作内容、带电部位、现场安全措施、现场作业危险点，明确人员分工及试验程序。

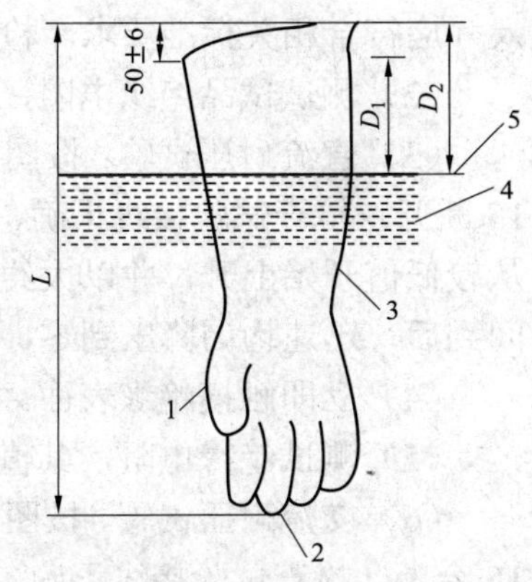

图ZY1800519003-1　绝缘手套耐压试验时吃水深度要求

1—大拇指；2—中指；3—手套；4—水；5—水面线

五、现场试验步骤及要求

（一）试验接线

（1）绝缘手套耐压试验时吃水深度要求见图ZY1800519003-1。

（2）绝缘手套交、直流耐压试验接线见图ZY1800519003-2。

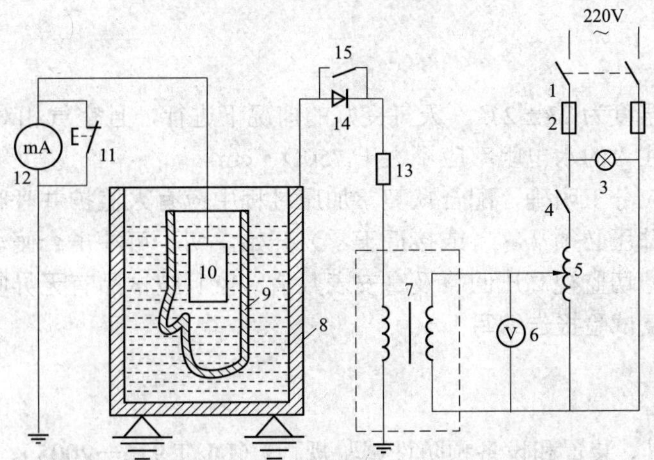

图ZY1800519003-2　绝缘手套交、直流耐压试验接线图

1—隔离开关；2—熔丝；3—电源指示灯；4—过流开关；5—调压器；6—电压表；7—试验变压器；8—盛水金属器皿；9—被试绝缘手套；10—电极；11—毫安电流表短路开关；12—毫安电流表；13—保护电阻；14—高压硅堆；15—高压硅堆短路开关

试验前在被试手套内注水，并将手套悬吊在盛满同样水的金属器皿内，手套内外的水面应相同，其吃水深度见表 ZY1800519003-1 规定，要求手套露出水面的部分保持干燥清洁。金属器皿应用绝缘物将容器对地绝缘。试验电压的一端接金属器皿外壳，另一端经电极串接交流毫安表和短路开关后接地。

如盛水容器为绝缘材料制品，试验电压的一端用金属块吊于手套外的水中，另一端用金属块吊于手套内的水中，串接交流毫安表和短路开关后接地。也可将交流毫安表和短路开关串接在试验变压器的地线回路内。

表 ZY1800519003-1　　绝缘手套吃水深度

型　号	手套露出水面部分长度 D_1 或 D_2（mm）			
	交流验证电压试验	交流耐受电压试验	直流验证电压试验	直流耐受电压试验
1	40	65	50	100
2	65	75	75	130
3	90	100	100	150

注　吃水深度允许误差±13mm；D_1 适用于圆弧形袖口手套；D_2 适用于平袖口手套。

（二）试验步骤

（1）对绝缘手套进行外观检查。绝缘手套内外表面均应完好无损，无划痕、裂缝、折缝和孔洞。尺寸应符合相关标准要求。检查时可从手套口开始挤压空气来发现有无缺陷。

（2）测试试品绝缘电阻，绝缘电阻应正常。

（3）直流耐压试验。按图 ZY1800519003-2 进行接线。将图 ZY1800519003-2 中高压硅堆短接开关 15 断开，检查试验接线正确、调压器在零位后，将高压引线接上试品，接通电源，开始升压。电压应从较低值开始上升，并以大约 1000V/s 的速度逐渐升压至试验电压值，开始计时并读取试验电压。时间到后，迅速均匀降压到零，断开试验电源，并放电、挂接地线。

（4）立即触摸绝缘表面。如出现普遍或局部发热，则认为绝缘不良，应处理后再做耐压试验。

（5）测试绝缘电阻，其值应正常。

（6）交流耐压试验。按图 ZY1800519003-2 进行接线。将图 ZY1800519003-2 中高压硅堆短接开关 15 合上，检查试验接线正确、调压器在零位后，将高压引线接上试品，接通电源，开始升压。电压应从较低值开始上升，并以大约 1000V/s 的速度逐渐升压至试验电压值，开始计时并读取试验电压。时间到后，迅速均匀降压到零，断开试验电源，并放电、挂接地线。

（7）立即触摸绝缘表面。如出现普遍或局部发热，则认为绝缘不良，应处理后再做耐压试验。

（8）测试绝缘电阻，其值应正常。

（9）耐压试验合格后的绝缘手套，从容器中取出后，应在清水中冲洗数次，烘干后才可以继续使用。

六、试验注意事项

（1）试验应在环境温度为 23±2℃、天气良好的情况下进行，且空气相对湿度一般不高于 80%。

（2）被试手套内部注入的水电阻率应不大于 750Ω·cm。

（3）试验人员之间应分工明确，配合默契，加压过程中应有人监护并呼唱。

（4）耐压试验时，升压必须从零（或接近于零）开始，切不可冲击合闸。

（5）升压过程中应密切监视高压回路及毫安表数值，监听被试品有无异响。

七、试验结果分析及试验报告编写

（一）试验结果分析

1. 试验标准及要求

根据《带电作业工具、装置和设备预防性试验规程》（DL/T 976—2005）、《带电作业用绝缘工具试验导则》（DL/T 878—2004）及《电力安全工器具预防性试验规程（试行）》的规定：

对各型绝缘手套进行交、直流耐压试验时，加压时间各保持 1min，其耐压值应分别符合表 ZY1800519003-2～表 ZY1800519003-4 的规定，以无电晕发生、闪络、击穿、明显发热为合格。

表 ZY1800519003-2　带电作业绝缘手套的交流耐压值

型号	额定电压（V）	交流耐受电压（有效值，V）
1	3000	10 000
2	10 000	20 000
3	20 000	30 000

表 ZY1800519003-3　带电作业绝缘手套的直流耐压值

型号	额定电压（V）	直流耐受电压（平均值，V）
1	3000	20 000
2	10 000	30 000
3	20 000	40 000

表 ZY1800519003-4　普通型绝缘手套电气性能要求

要　求			
电压等级	工频耐压（kV）	持续时间（min）	泄漏电流　（mA）
高压	8	1	≤9
低压	2.5	1	≤2.5

2. 试验结果分析

（1）在升压和耐压过程中，如发现电压表指针摆动很大，电流表指示急剧增加，调压器往上升方向调节，电流上升、电压基本不变甚至有下降趋势，被试品冒烟、出气、焦臭、闪络、燃烧或发出击穿响声（或断续放电声），应立即停止升压，降压为零、停电后查明原因。这些现象如查明是绝缘部分出现的，则认为被试品交流耐压试验不合格。如确定被试品的表面闪络是由于空气湿度或表面脏污等所致，应将被试品清洁干燥处理后，再进行试验。

（2）试验结果应根据试验中有无发生破坏性放电、有无出现绝缘普遍或局部发热及耐压试验前后绝缘电阻有无明显变化，进行全面分析后作出判断。

（二）试验报告编写

试验报告填写应包括试验时间、试验人员、天气情况、环境温度、湿度、试品名称型号、试验结果、试验结论、试验性质、试验仪器名称型号、出厂编号等。

全部试验完成后填写试验合格标志，合格标志贴在不妨碍绝缘性能的明显位置，其试验合格标志式样及要求如图 ZY1800519003-3 所示。

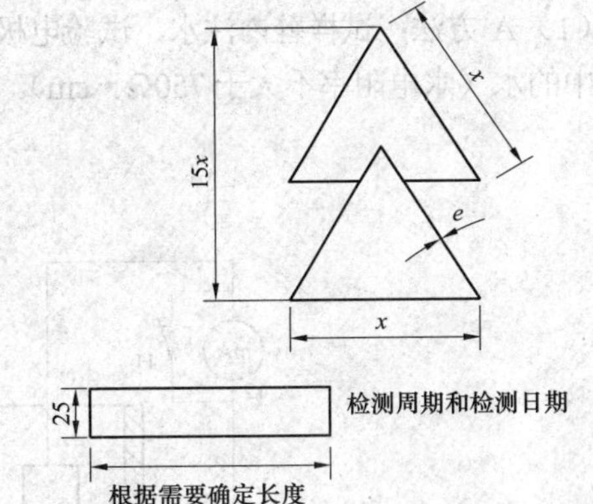

图 ZY1800519003-3　试验合格标志式样及要求

x—可以是 16、25 或 40；e—线条的宽度，2mm

注：长度单位为 mm。

八、案例

在一次绝缘手套预防性试验中，对 2 型带电作业绝缘手套施加交流电压至 15 000V 时，发生击穿放电。断开试验电源后，检查发现绝缘手套手指处因橡胶老化开裂而击穿。

【思考与练习】

1. 如何进行绝缘手套工频耐压试验？

2. 绝缘手套进行工频耐压试验时，对试验电压有什么规定？

模块 4　绝缘鞋（靴）试验（ZY1800519004）

【模块描述】本模块介绍绝缘鞋（靴）试验的方法和技术要求。通过试验工作流程的介绍，掌握试验前的准备工作和相关安全、技术措施、试验方法、技术要求及试验结果分析判断。

【正文】

一、试验目的

绝缘鞋（靴）有布面、皮面和胶面三个类别。鞋底采用橡胶类绝缘材料制作。对绝缘鞋（靴）进行检查和试验的目的是为了发现绝缘鞋（靴）的缺陷和绝缘隐患，预防人身事故的发生。

二、试验仪器、设备的选择

（1）由于被试品电容量较小，一般只要有相应电压等级的工频试验变压器即可。

（2）选用单相自耦调压器，其容量与试验变压器相同。

（3）保护电阻一般取 0.1～0.5Ω/V，并应有足够的热容量和长度。

（4）选用量程为 500V、0.5 级的交流电压表。

（5）选用电压等级为 2500V 的绝缘电阻表。

（6）选用多量程交流毫安电流表。

三、危险点分析及控制措施

加压时试验人员应与带电部位保持足够的安全距离。试验仪器的金属外壳应可靠接地，仪器操作人员必须站在绝缘垫上操作。

四、试验前的准备工作

1. 了解被试设备现场情况及试验条件

查阅相关技术资料，包括试品历年试验数据及相关规程等，掌握试品运行情况。

2. 试验仪器、设备准备

选择合适的隔离开关、盛水金属器皿、电极、毫安电流表、短路开关、试验变压器、调压器、电压表、保护电阻、绝缘电阻表、测试线、温（湿）度计、放电棒、接地线、电工常用工具、试验临时安全遮栏、标示牌等，并查阅测试仪器、设备及绝缘工器具的检定证书有效期。

3. 做好试验现场安全和技术措施

向其余试验人员交代工作内容、带电部位、现场安全措施、现场作业危险点，明确人员分工及试验程序。

五、现场试验步骤及要求

（一）试验接线

绝缘鞋的电气绝缘性能试验布置有以下两种方法。

（1）A 方法：试样鞋内注水，试验电极置鞋内水中（水电阻率不大于 750Ω · cm），外电极为置于金属器皿中的水（水电阻率不大于 750Ω · cm）。绝缘鞋（靴）交流耐压试验接线，如图 ZY1800519004-1 所示。

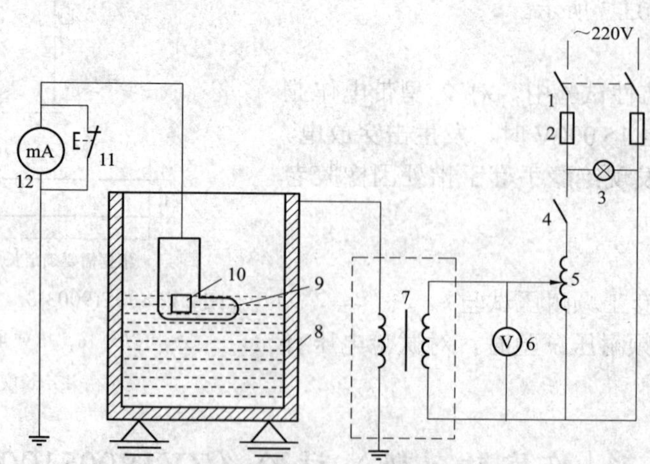

图 ZY1800519004-1　绝缘鞋（靴）交流耐压试验接线图

1—隔离开关；2—熔丝；3—电源指示灯；4—过流开关；5—调压器；6—电压表；7—试验变压器；8—盛水金属器皿；9—绝缘鞋（靴）；10—电极；11—毫安电流表短路开关；12—毫安电流表

试验时，绝缘鞋内外水平面呈相同高度，注水量及水位应符合表 ZY1800519004-1 的规定。

表 ZY1800519004-1　　　　注水量及水位规定

绝缘鞋规格	鞋内注水量（mL）	鞋外水位
22～23$\frac{1}{2}$	80	以外底全部浸水为准
24～25	100	
25$\frac{1}{2}$～27$\frac{1}{2}$	150	
28～30	180	

注　试验电压为 20kV 以下时，绝缘鞋试样内、外水位应距靴口 65mm。

（2）B 方法。试样内电极为金属鞋楦（其规格应与试样鞋号一致）或铺满鞋底布的、直径不大于 4mm 的金属粒；外电极为置于金属器皿的浸水泡沫塑料或电阻率不大于 750Ω·cm 的水。

试验前在被试绝缘鞋（靴）内装入水，并悬吊在盛满同样水的金属器皿内，内外的水面不能高于绝缘鞋（靴）的绝缘部分以下 5cm 的位置，并要求露出水面的部分保持干燥清洁，金属器皿应用绝缘物将容器对地绝缘，试验电压的一端接金属器皿外壳，另一端经电极串接交流毫安表和短路开关后接地。

如盛水容器为绝缘材料制品，试验电压的一端用金属块吊于绝缘鞋外的水中，另一端用金属块吊于绝缘鞋内的水中，串接交流毫安电流表和短路开关后接地。也可将交流毫安电流表和短路开关串接在试验变压器的地线回路内。

（二）试验步骤

（1）对绝缘鞋（靴）进行外观检查。绝缘鞋（靴）一般为平跟而且有防滑花纹，因此，凡绝缘鞋（靴）有破损、鞋底防滑齿磨平、外底磨透露出绝缘层，均不得再作绝缘鞋（靴）使用。

（2）测试绝缘电阻应正常。

（3）按图 ZY1800519004-1 进行接线。检查试验接线正确、调压器在零位后，将高压引线接上试品，接通电源，开始升压进行试验。试验时电压应从较低值开始上升，并以约 1000V/s 的速度逐渐升压至试验电压值，开始计时并读取试验电压。测量并记录泄漏电流值，时间到后迅速降压至零，然后断开电源，放电、挂接地线。

（4）立即触摸绝缘表面。如出现普遍或局部发热，则认为绝缘不良，应处理后再做耐压试验。

（5）测试绝缘电阻应正常。

六、试验注意事项

（1）进行绝缘试验时，被试品温度应不低于+5℃。户外试验应在良好的天气进行，且空气相对湿度一般不高于 80%。

（2）工频耐压时，升压必须从零（或接近于零）开始，切不可冲击合闸。

（3）升压过程中应密切监视高压回路、试验设备仪表指示状态，监听被试品有无异响。

（4）有时耐压试验进行了数十秒钟，中途因故失去电源，使试验中断，在查明原因，恢复电源后，应重新进行全时间的持续耐压试验，不可仅进行"补足时间"的试验。

七、试验结果分析及试验报告编写

（一）试验结果分析

1. 试验标准及要求

根据《带电作业工具、装置和设备预防性试验规程》（DL/T 976—2005）及《带电作业用绝缘工具试验导则》（DL/T 878—2004）的规定：

对绝缘鞋（靴）进行交流耐压试验时，加压时间保持 1min，其电气性能应符合表 ZY1800519004-2 的规定，以无电晕发生、闪络、击穿、明显发热为合格。

表 ZY1800519004-2　　　　绝缘鞋（靴）的电气特性

额定电压（V）	交流耐受电压（有效值，V）	额定电压（V）	交流耐受电压（有效值，V）
400	3500	3000～10 000	15 000

2. 试验结果分析

（1）在升压和耐压过程中，如发现电压表指针摆动很大，电流表指示急剧增加，调压器往上升方向调节，电流上升、电压基本不变甚至有下降趋势，被试品冒烟、出气、焦臭、闪络、燃烧或发出击穿响声（或断续放电声），应立即停止升压，降压为零、停电后查明原因。这些现象如查明是绝缘部分出现的，则认为被试品交流耐压试验不合格。如确定被试品的表面闪络是由于空气湿度或表面脏污等所致，应将被试品清洁干燥处理后，再进行试验。

（2）试验结果应根据试验中有无发生破坏性放电、有无出现绝缘普遍或局部发热及耐压试验前后绝缘电阻有无明显变化，进行全面分析后做出判断。

（二）试验报告编写

测试报告填写应包括测试时间、测试人员、天气情况、环境温度、湿度、试品的名称型号、试品参数、测试结果、测试结论、试验性质（交接试验、预防性试验、检查）、试验仪器名称型号及出厂编号等。

全部试验完成后填写试验合格标志，合格标志贴在不妨碍绝缘性能的明显位置，其试验合格标志式样及要求如图 ZY1800519004-2 所示。

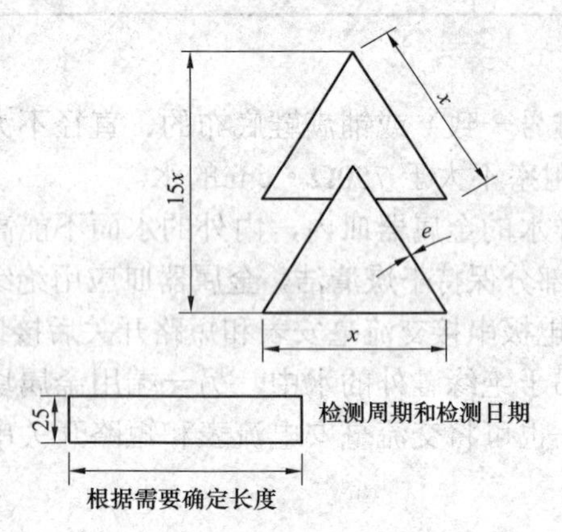

图 ZY1800519004-2　试验合格标志式样及要求

x—可以是 16、25 或 40；e—线条的宽度，2mm

注：长度单位为 mm。

【思考与练习】

1. 如何进行绝缘鞋（靴）的工频耐压试验？对试验电极有什么要求？

2. 绝缘鞋（靴）工频耐压试验时，对试验电压有什么规定？

模块 5　绝缘垫试验（ZY1800519005）

【模块描述】本模块介绍绝缘垫试验的方法和技术要求。通过试验工作流程的介绍，掌握试验前的准备工作和相关安全、技术措施、试验方法、技术要求及试验结果分析判断。

【正文】

一、试验目的

绝缘垫采用橡胶类绝缘材料制成。对绝缘垫进行检查和试验的目的是为了发现绝缘垫的缺陷和绝缘隐患，预防人身事故的发生。

二、试验仪器、设备的选择

（1）由于被试品电容量较小，一般只要有相应电压等级的工频试验变压器即可。

（2）选用单相自耦调压器，其容量与试验变压器的相同。

（3）保护电阻一般取 0.1～0.5Ω/V，并应有足够的热容量和长度。

（4）选用量程为 500V、0.5 级的交流电压表。

（5）选用电压等级为 2500V 的绝缘电阻表。

三、危险点分析及控制措施

加压时试验人员应与带电部位保持足够的安全距离。试验仪器的金属外壳应可靠接地，仪器操作人员必须站在绝缘垫上操作。

四、试验前的准备工作

1. 了解试验设备现场情况及试验条件

查阅相关技术资料，包括该被试品历年试验数据及相关规程等，掌握该试品使用情况。

2. 试验仪器、设备准备

选择合适的试验电极、湿海绵、有机玻璃、试验变压器、控制台、电压表、保护电阻、绝缘电阻表、万用表、放电棒、接地线、电工常用工具、试验临时安全遮栏、标示牌等，并查阅测试仪器、设备及绝缘工器具的检定证书有效期。

3. 做好试验现场安全和技术措施

向其余试验人员交代工作内容、带电部位、现场安全措施、现场作业危险点，明确人员分工及试验程序。

五、现场试验步骤及要求

（一）试验接线

（1）绝缘垫工频耐压试验原理接线，如图 ZY1800519005-1 所示。

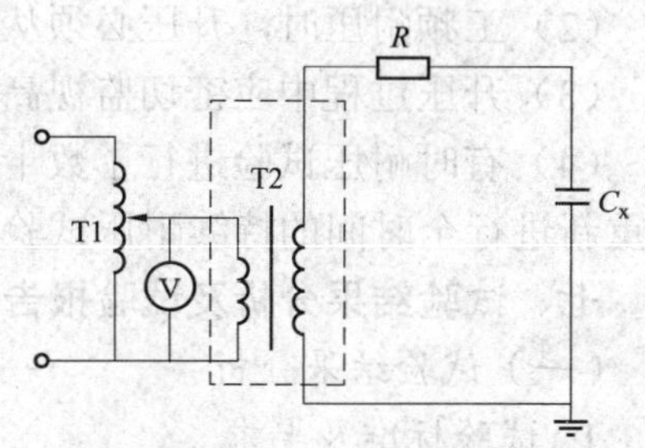

图 ZY1800519005-1　绝缘垫工频耐压试验原理接线图

T1—调压器；T2—试验变压器；R—限流电阻；C_x—被试品；V—电压表

（2）绝缘垫进行预防性试验时的交流耐压电极布置，如图 ZY1800519005-2 所示。

（3）绝缘垫进行型式试验和抽样试验时试验电极布置，如图 ZY1800519005-3 所示。

有时因试验需要进行绝缘垫型式试验和抽样试验时，需从绝缘垫上切取 5 个 150mm×150mm 试样。把试样固定在图 ZY1800519005-3 所示的金属电极之间并把整个装置浸泡在变压器油中。试样不应触及油箱壁。

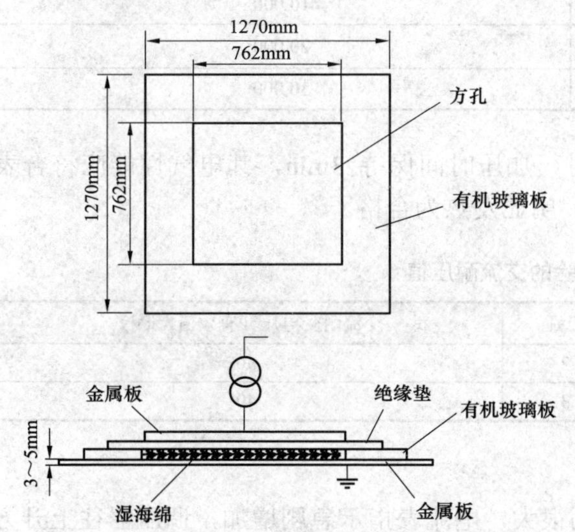

图 ZY1800519005-2　绝缘垫预防性试验时的交流耐压电极布置图

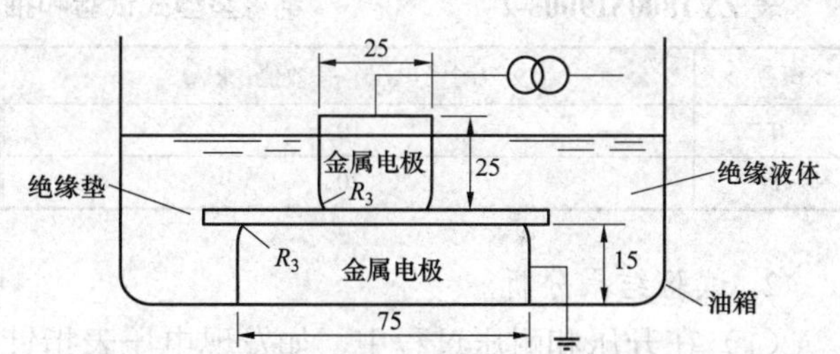

图 ZY1800519005-3　绝缘垫型式试验和抽样试验时试验电极布置图

（二）试验步骤

（1）对绝缘垫进行外观检查。绝缘垫上、下表面均不应存在有害的缺陷，如小孔、裂缝、局部隆起、切口、夹杂导电异物、折缝、空隙等。应按相关标准进行厚度检查，在整个垫面上随机选择 5 个以上不同的点进行测量和检查。测量时，使用千分尺或同样精度的仪器进行测量。千分尺的精度应在 0.02mm 以内，测钻的直径为 6mm，平面压脚的直径为 3.17±0.25mm，压脚应能施加 0.83±0.03N 的压力。绝缘垫应平展放置，以使千分尺测量面之间是平滑的。

（2）测试绝缘电阻应正常。

（3）检查试验接线正确、调压器在零位后，将高压引线接上试品，接通电源，开始升压。试验电压从较低值开始上升，以 1000V/s 的速率逐渐升压至试验电压值，开始计时并读取试验电压。时间到后，迅速降压至零，然后断开电源，并放电、挂接地线。

（4）立即触摸绝缘表面。如出现普遍或局部发热，则认为绝缘不良，应处理后再做耐压试验。

（5）测试绝缘电阻应正常。

六、试验注意事项

（1）进行绝缘试验时，被试品温度应不低于+5℃。户外试验应在良好的天气进行，且空气相对湿度一般不高于 80%。

（2）工频耐压时，升压必须从零（或接近于零）开始，切不可冲击合闸。

（3）升压过程中应密切监视高压回路、试验设备指示仪表状态，监听被试品有何异响。

（4）有时耐压试验进行了数十秒钟，中途因故失去电源，使试验中断，在查明原因，恢复电源后，应重新进行全时间的持续耐压试验，不可仅进行“补足时间”的试验。

七、试验结果分析及试验报告编写

（一）试验结果分析

1. 试验标准及要求

根据《带电作业工具、装置和设备预防性试验规程》（DL/T 976—2005）及《带电作业用绝缘工具试验导则》（DL/T 878—2004）的规定：

（1）对绝缘垫进行预防性交流耐压试验时，加压时间保持 1min，其电气性能应符合表 ZY1800519005-1 的规定，以无电晕发生、闪络、击穿、明显发热为合格。

表 ZY1800519005-1　　绝缘垫预防性试验的交流耐压值

级　别	额定电压（V）	交流耐受电压（有效值，V）
0	380	5000
1	3000	10 000
2	6000、10 000	20 000
3	20 000	30 000

（2）对绝缘垫进行型式试验和抽样试验交流耐压时，加压时间保持 3min，其电气性能应符合表 ZY1800519005-2 的规定，以无电晕发生、闪络、击穿、明显发热为合格。

表 ZY1800519005-2　　绝缘垫型式试验和抽样试验的交流耐压值

级别	交流耐受电压（有效值，kV）	级别	交流耐受电压（有效值，kV）
0	10	2	30
1	20	3	40

2. 试验结果分析

（1）在升压和耐压过程中，如发现电压表指针摆动很大，电流表指示急剧增加，调压器往上升方向调节，电流上升、电压基本不变甚至有下降趋势，被试品冒烟、出气、焦臭、闪络、燃烧或发出击穿响声（或断续放电声），应立即停止升压，降压停电后查明原因。这些现象如查明是绝缘部分出现的，则认为被试品交流耐压试验不合格。如确定被试品的表面闪络是由于空气湿度或表面脏污等所致，应将被试品清洁干燥处理后，再进行试验。

（2）试验结果应根据试验中有无发生破坏性放电、有无出现绝缘普遍或局部发热及耐压试验前后绝缘电阻有无明显变化，进行全面分析后作出判断。

（二）试验报告编写

试验报告填写应包括试验日期、试验人员、天气情况、环境温度、湿度、试品名称型号、试品参数、制造厂、制造日期、试验结果、试验结论、试验性质（交接试验、预防性试验、检查）、试验仪器名称型号及出厂编号等。

全部试验完成后填写试验合格标志，合格标志贴在不妨碍绝缘性能的明显位置，其试验合格标志式样及要求如图 ZY1800519005-4 所示。

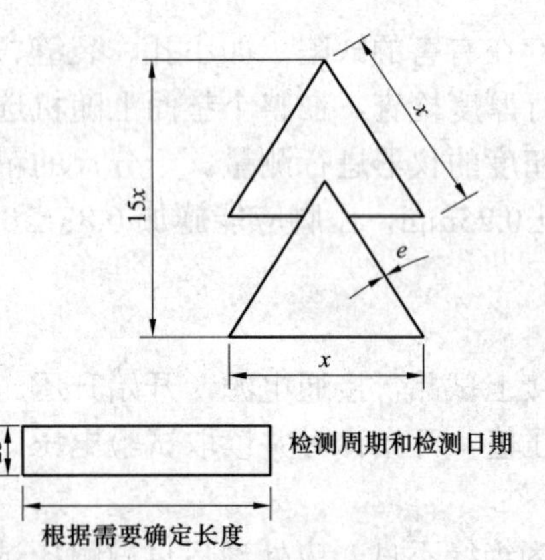

图 ZY1800519005-4　试验合格标志式样及要求

x—可以是 16、25 或 40；e—线条的宽度，2mm

注：长度单位为 mm。

八、案例

在一次绝缘垫预防性试验时，对一块级别为“2”的绝缘垫，进行 20 000V、1min 工频交流耐压试验，当升压到 18 000V 时被试绝缘垫发生击穿、放电。断开试验电源检查，发现绝缘垫中部有一被锐物刺伤的小孔。

【思考与练习】

1. 绝缘垫预防性耐压试验时，试验电极如何布置？

2. 绝缘垫的型式试验和抽样耐压试验时，试验电极如何布置？

3. 对绝缘垫分别进行预防性试验、型式试验和抽样耐压试验时，试验电压各有什么规定？

模块 6　遮蔽罩试验（ZY1800519006）

【模块描述】本模块介绍遮蔽罩试验的方法和技术要求。通过试验工作流程的介绍，掌握试验前的准备工作和相关安全、技术措施、试验方法、技术要求及试验结果分析判断。

【正文】

一、试验目的

遮蔽罩采用环氧树脂、塑料、橡胶及聚合物等绝缘材料制成。对遮蔽罩进行检查、试验的目的是为了发现遮蔽罩的缺陷和绝缘隐患，预防人身事故发生。

二、试验仪器、设备的选择

（1）由于被试品电容量较小，一般只要有相应电压等级的工频试验变压器即可，同时选用相应电压等级的工频分压器。

（2）选用单相自耦调压器，其容量与试验变压器相同。

（3）保护电阻一般取 0.1～0.5Ω/V，并应有足够的热容量和长度。

（4）选用 0.5 级、量程为 500V 的交流电压表。

（5）选用电压等级为 2500V 的绝缘电阻表。

三、危险点分析及控制措施

加压时试验人员应与带电部位保持足够的安全距离。试验仪器的金属外壳应可靠接地，仪器操作人员必须站在绝缘垫上操作。

四、试验前的准备工作

1. 了解被试设备现场情况及试验条件

查阅相关技术资料，包括试品历年试验数据及相关规程等，掌握试品运行情况。

2. 试验仪器、设备准备

选择合适的隔离开关、试验电极、试验变压器、电压表、保护电阻、绝缘电阻表、测试线、温（湿）度计、放电棒、接地线、电工常用工具、试验临时安全遮栏、标示牌等，并查阅测试仪器、设备及绝缘工器具的检定证书有效期。

3. 做好试验现场安全和技术措施

向其余试验人员交代工作内容、带电部位、现场安全措施、现场作业危险点，明确人员分工及试验程序。

五、现场试验步骤及要求

（一）试验接线

（1）绝缘罩工频耐压试验原理接线，如图 ZY1800519006-1 所示。

（2）遮蔽罩试验电极，如图 ZY1800519006-2 所示。

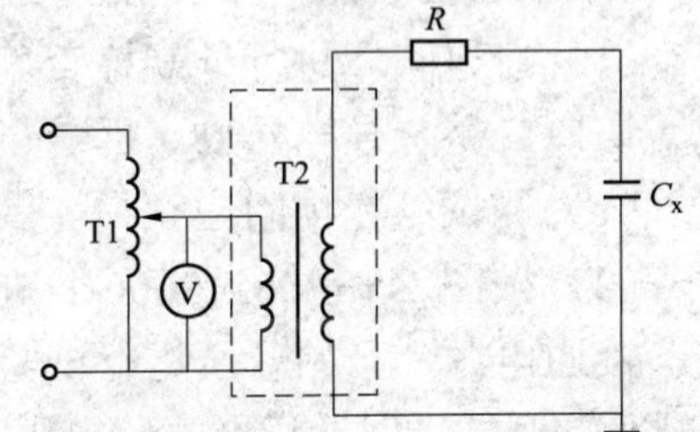

图 ZY1800519006-1　绝缘罩工频耐压试验原理接线图

T1—调压器；T2—试验变压器；R—限流电阻；C_x—被试品；V—电压表

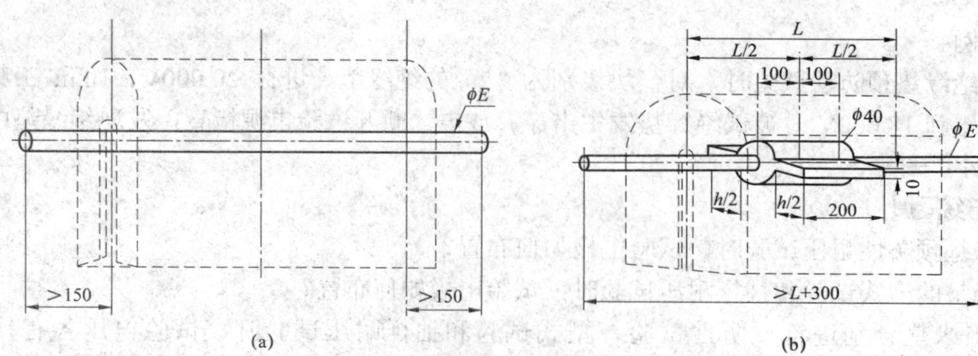

图 ZY1800519006-2　遮蔽罩试验电极

图 ZY1800519006-2 中，尺寸 h 值由下式确定

$$h = 40\times(C+1) \tag{ZY1800519006-1}$$

式中　C——遮蔽罩级别数。

试验电极应由不锈钢制成，表面及边缘应加工光滑，其边缘曲率半径为 1±0.5mm。内电极是高压电极，由不锈的金属棒（或金属管）和一翼状金属块组成，对于不同电压等级的遮蔽罩，对应的内电极金属棒（或金属管）的直径如表 ZY1800519006-1 所示。

外电极是接地电极，应用电阻率较小的金属材料制成，其表面电阻应小于 100Ω（如导电纤维、金属箔或网眼宽度小于 2mm 的金属网）。电极边缘应圆滑并能与遮蔽罩很好地套合，不会使外电极刺入或划伤遮蔽罩。将外电极套在遮蔽罩的外表面，其边缘距内电极的距离应满足表 ZY1800519006-2 的要求。

模块 6　ZY1800519006

表 ZY1800519006-1　遮蔽带电部件的遮蔽罩的内电极直径 ϕ_E

级别	小电极直径（mm）	大电极直径（mm）
0	4.0	大电极的直径与遮蔽罩的级别无关，可以选用下列数值 4.0，6.5，10.0，15.0，22.0，32.0，45.0
1	4.0	
2	4.0	
3	6.5	

表 ZY1800519006-2　内外电极间的距离

级别	内外电极间的距离（mm）	级别	内外电极间的距离（mm）
0	40	2	135
1	90	3	180

（二）试验步骤

（1）对遮蔽罩进行外观检查。遮蔽罩上、下表面均不应存在有害的缺陷，如小孔、裂缝、局部隆起、切口、夹杂导电异物、拆缝、空隙、凹凸波纹等。尺寸应符合相关标准要求。

（2）测试绝缘电阻应正常。

（3）按图 ZY1800519006-1 进行接线，检查试验接线正确、调压器在零位后，将高压引线接上试品，接通电源，开始升压进行试验，试验电压从较低值开始上升，以 1000V/s 的速率逐渐升压至试验电压值，开始计时并读取试验电压。时间到后，迅速均匀降压至零，然后断开电源，并放电、挂接地线。

（4）立即触摸绝缘表面。如出现普遍或局部发热，则认为绝缘不良，应处理后再做耐压试验。

（5）测试绝缘电阻应正常。

六、试验注意事项

（1）进行绝缘试验时，被试品温度应不低于+5℃。户外试验应在良好的天气进行，且空气相对湿度一般不高于 80%。

（2）试验过程中试验人员之间应分工明确、口号联系清楚、配合默契，加压过程中应有人监护并呼唱。

（3）耐压试验时，升压必须从零（或接近于零）开始，切不可冲击合闸。

（4）升压过程中应密切监视高压回路、试验设备指示仪表状态，监听被试品有何异响。

（5）有时耐压试验进行了数十秒钟，中途因故失去电源，使试验中断，在查明原因，恢复电源后，应重新进行全时间的持续耐压试验，不可仅进行“补足时间”的试验。

七、试验结果分析及试验报告编写

（一）试验结果分析

1. 试验标准及要求

根据《带电作业工具、装置和设备预防性试验规程》（DL/T 976—2005）及《带电作业用绝缘工具试验导则》（DL/T 878—2004）的规定：

对遮蔽罩进行交流耐压试验时，加压时间保持 1min，其电气性能应符合表 ZY1800519006-3 的规定。以无电晕发生、无闪络、无击穿、无明显发热为合格。

表 ZY1800519006-3　遮蔽罩的交流耐压值

级　　别	额定电压（V）	交流耐受电压（有效值，V）
0	380	50 000
1	3000	10 000
2	6000～10 000	20 000
3	20 000	30 000
4	30 000	50 000

2. 试验结果分析

（1）在升压和耐压过程中，如发现电压表指针摆动很大，电流表指示急剧增加，调压器往上升方向调节，电流上升、电压基本不变甚至有下降趋势，被试品冒烟、出气、焦臭、闪络、燃烧或发出击穿响声（或断续放电声），应立即停止升压，降压停电后查明原因。这些现象如查明是绝缘部分出现的，则认为被试品交流耐压试验不合格。如确定被试品的表面闪络是由于空气湿度或表面脏污等所致，应将被试品清洁干燥处理后，再进行试验。

（2）试验结果应根据试验中有无发生破坏性放电、有无出现绝缘普遍或局部发热及耐压试验前后绝缘电阻有无明显变化，进行全面分析后作出判断。

（二）试验报告编写

试验报告填写应包括试验时间、试验人员、天气情况、环境温度、湿度、试品名称型号、试验结果、试验结论、试验性质、试验仪器名称型号、出厂编号等。

全部试验完成后填写试验合格标志，合格标志贴在不妨碍绝缘性能的明显位置，并试验合格标志式样及要求，如图 ZY1800519006-3 所示。

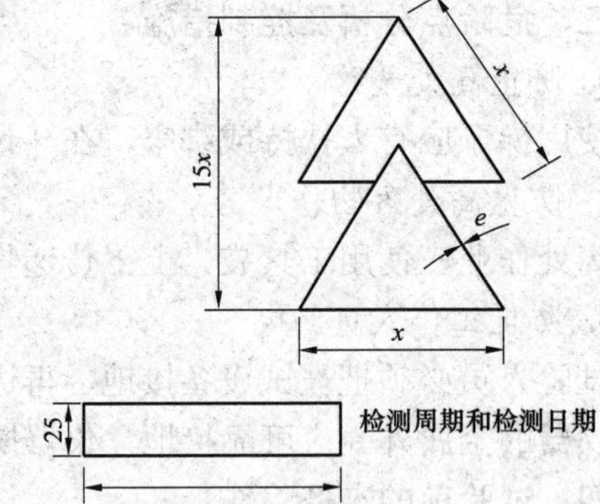

图 ZY1800519006-3　试验合格标志式样及要求

x—可以是 16、25 或 40；e—线条的宽度，2mm

注：长度单位为 mm。

八、案例

一次进行 10kV 遮蔽罩交流耐压试验时，当试验电压升至 18 000V 时，试品表面发生闪络，断开试验电源检查，发现试品表面有脏污，擦拭清洁后试验通过。

【思考与练习】

遮蔽罩进行交流耐压试验时，对试验电极有什么要求及规定？

第三十四章 装置及设备试验

模块1 绝缘斗臂车试验（ZY1800520001）

【模块描述】本模块介绍绝缘斗臂车试验的方法和技术要求。通过试验工作流程的介绍，掌握试验前的准备工作和相关安全、技术措施、试验项目、技术要求及试验结果分析判断。

【正文】

一、试验目的

绝缘斗臂车分为直接伸缩绝缘臂式、折叠式和折叠带伸缩绝缘臂式三种类型，其作业工作斗有单双斗和单双层（内、外）斗之分。绝缘臂和绝缘外斗一般采用环氧玻璃钢等材料制作，绝缘内衬（绝缘内斗）一般采用聚四氟乙烯等高分子材料制作。对绝缘斗臂车进行检查和试验的目的是为了发现绝缘斗臂车的缺陷及绝缘隐患，预防人身事故发生。

二、试验仪器、设备的选择

（1）由于被试品电容量较小，一般只要有相应电压等级的工频试验变压器即可，同时选用相应电压等级的工频分压器。

（2）保护电阻一般取 0.1～0.5Ω/V，并应有足够的热容量和长度。

（3）调压器应选择单相接触式调压器，其容量与试验变压器的相同。

（4）选用多量程峰值电压表。

（5）交流微安表应选择额定电流为 1mA、0.5 级。

（6）选用额定电压为 2500V 的绝缘电阻表。

三、危险点分析及控制措施

1. 防止高处坠落

使用梯子应有人扶持或绑牢，在斗臂车上作业应系好安全带。

2. 防止高处落物伤人

高处作业应使用工具袋，上下传递物件应用绳索拴牢传递，严禁抛掷。

3. 防止工作人员触电

试验人员必须把被试设备接地，再进行接线操作。工作人员应与带电部位保持足够的安全距离。试验仪器的金属外壳应可靠接地，仪器操作人员必须站在绝缘垫上。

四、试验前的准备工作

1. 了解被试设备现场情况及试验条件

查阅相关技术资料，包括该设备历年试验数据及相关规程等，掌握该设备使用情况。

2. 试验仪器、设备准备

选择合适的试验电极（宽 50mm 金属箔）、试验变压器、控制台、工频分压器、保护电阻、微安电流表、绝缘电阻表、测试线、温（湿）度计、放电棒、接地线、梯子、安全带、安全帽、电工常用工具、试验临时安全遮栏、标示牌等，并查阅测试仪器、设备及绝缘工器具的检定证书有效期。

3. 做好试验现场安全和技术措施

向其余试验人员交代工作内容、带电部位、现场安全措施、现场作业危险点，明确人员分工及试验程序。

五、现场试验步骤及要求

（一）试验接线

1. 试验接线

（1）绝缘斗臂车工频耐压试验原理接线，如图 ZY1800520001-1 所示。

（2）直接伸缩绝缘斗臂车试验布置，如图 ZY1800520001-2 所示。

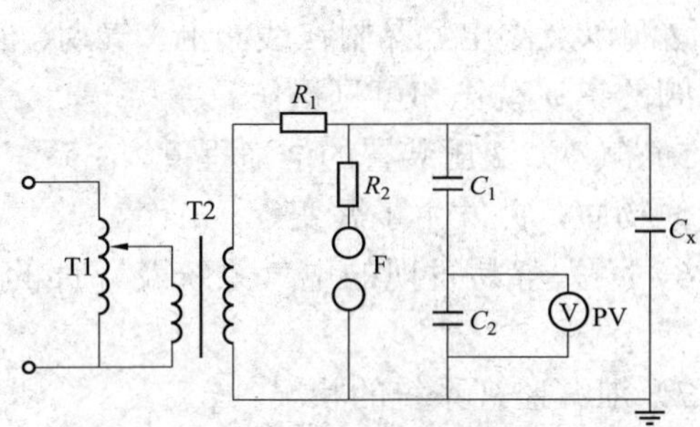

图 ZY1800520001-1　绝缘斗臂车工频耐压试验原理接线图

T1—调压器；T2—试验变压器；R_1—限流电阻；R_2—球隙保护电阻；F—球间隙；C_x—被试品；C_1、C_2—电容分压器高、低压臂；PV—电压表

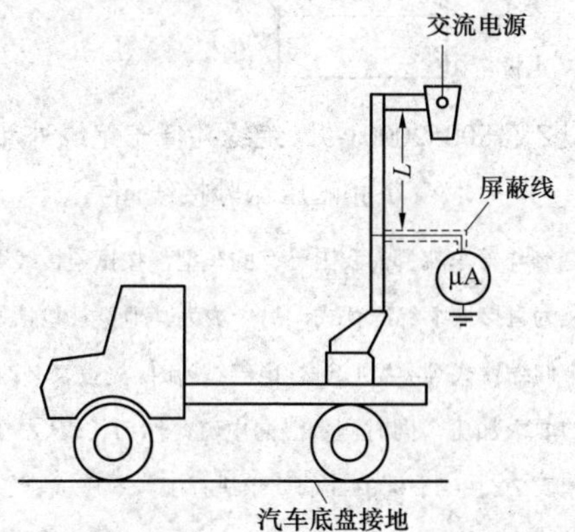

图 ZY1800520001-2　直接伸缩绝缘斗臂车试验布置图

注：测量泄漏电流时，高压电极加在斗与臂的连接处，请勿将绝缘胶管和绝缘操作杆连接进去；耐压试验时，高压端应将绝缘胶管和绝缘操作杆一并连接进去。

（3）折叠式或折叠带伸缩臂式斗臂车试验布置，如图 ZY1800520001-3 所示。

（4）绝缘斗臂车绝缘内斗层向耐压试验布置，如图 ZY1800520001-4 所示。

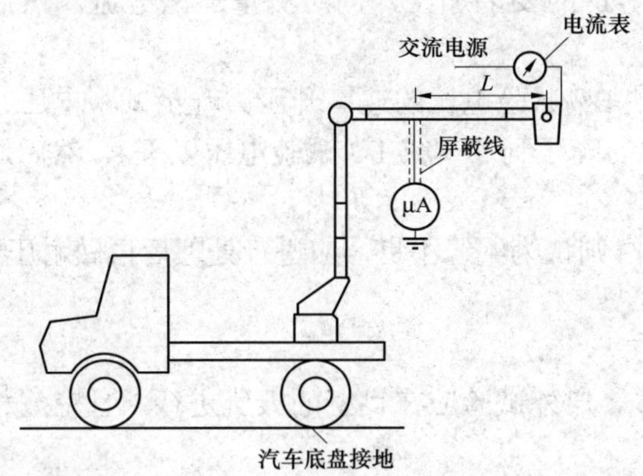

图 ZY1800520001-3　折叠式或折叠带伸缩臂式斗臂车试验布置图

注：无论在测量泄漏电流和耐压试验时，在高压端均应将绝缘胶管和绝缘操作杆连接进去，在接地端也应确认绝缘胶管和绝缘操作杆连接进去。

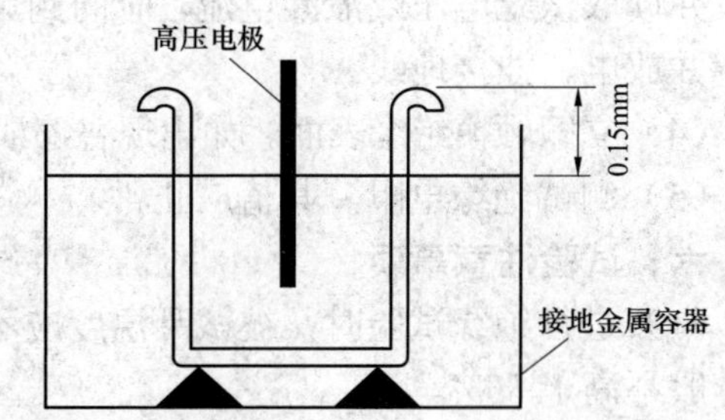

图 ZY1800520001-4　绝缘斗臂车绝缘内斗层向耐压试验布置图

（5）绝缘斗臂车绝缘外斗表面工频耐压试验接线，如图 ZY1800520001-5 所示。

（二）试验步骤

进行预防性试验时一般先进行外观检查，然后进行机械试验（额定载荷全工况试验），最后进行电气试验。

（1）对被试品进行外观及尺寸检查。定期检查必须由受过专业训练的人来完成。

用肉眼检查绝缘斗、臂表面的损伤情况，如裂缝、绝缘剥落、深度划痕等，对内衬外斗的壁厚进行测量，是否符合制造厂的壁厚限值。同时，还要进行下列检查：

1）结构件的变形、裂缝或锈蚀、轴销、轴承、转轴、齿轮、滚轮、锁紧装置、链条、链轮、钢

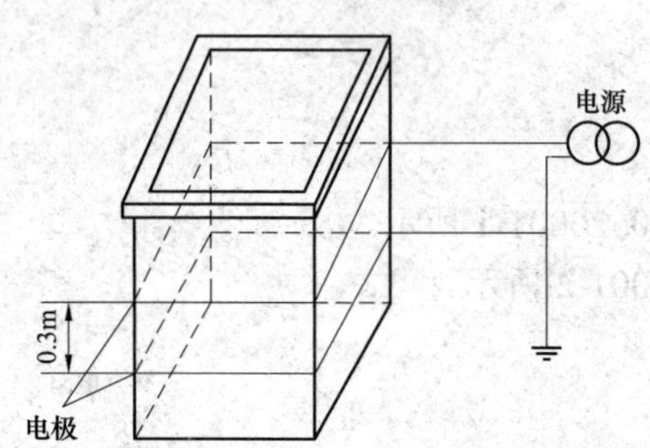

图 ZY1800520001-5 绝缘斗臂车绝缘外斗表面工频耐压试验接线图

注：1. 绝缘斗臂车就目前我国已有的车型，按试验接线分为两类，一类为直接伸缩绝缘臂式，另一类为其他类（包括折叠式、折叠带伸缩臂式等类型）。进行电气试验时，先按表 ZY1800520001-1 的要求加压，同时测量泄漏电流，然后按表 ZY1800520001-2 和表 ZY1800520001-3 的要求进行工频耐压试验。

2. 直接伸缩绝缘臂式斗臂车，由于绝缘臂为封闭式，其内绝缘胶管和操作杆无法与绝缘臂并接，因而允许只测绝缘臂的泄漏电流，试验接线见图 ZY1800520001-2。而其他类型的斗臂车在进行耐压试验及泄漏电流试验时，均应将绝缘臂及其内部绝缘胶管和操作杆并接起来，试验接线见图 ZY1800520001-3。

3. 绝缘内衬（斗）只进行层向工频耐压试验，试验接线见图 ZY1800520001-4；绝缘外斗则只进行表面工频耐压试验，试验接线见图 ZY1800520001-5。

缆、皮带轮等零件的磨损或变形。

2）气动、液压保险阀装置及气动、液压装置中软管和管路的泄漏痕迹、非正常变形或过量磨损。

3）压缩机、油泵、电动机、发动机的松动、泄漏、非正常噪声或振动、运转速度变缓或过热现象。

4）气动、液压阀的错误动作、阀体外部的裂缝、漏洞以及渗出物黏附在线圈上，气动、液压、闭锁阀的错误动作和可见损伤。

5）气动、液压装置的洁净程度，在系统中出现其他物质，并发生了恶变。

6）不太容易发现的电气系统及部件的损坏或磨损。

7）泄漏监视系统的状况。

8）真空保护系统的操作应充分尊重制造厂商的建议。

9）上下两臂的运行测试及螺栓和其他紧固件的松紧状况。

10）生产厂商特别指出的焊缝。

（2）测试绝缘电阻应正常。

（3）按试验项目进行接线，检查试验接线正确、调压器在零位后，将高压引线接上试品，接通电源，开始升压进行试验。先按表 ZY1800732001-1 的要求加压，同时测量泄漏电流，然后按表 ZY1800732001-2 的要求进行工频耐压试验。

升压时，自 75%电压开始应均匀升压，约为每秒 2%试验电压的速率升压。升至试验电压，开始计时并读取试验电压或泄漏电流。时间到后，迅速均匀降压到零（或 1/3 试验电压以下），然后切断电源，并放电、挂接地线。

（4）立即触摸绝缘表面。如出现普遍或局部发热，则认为绝缘不良，应进行处理后再做耐压试验。

（5）测试绝缘电阻，其值应正常。

六、试验注意事项

（1）进行绝缘试验时，被试品温度应不低于+5℃。户外试验应在良好的天气进行，且空气相对湿度一般不高于 80%。

（2）工频耐压时，升压必须从零（或接近于零）开始，切不可冲击合闸。

（3）升压过程中应密切监视高压回路、试验设备仪表指示状态，监听被试品有无异响。

（4）有时耐压试验进行了数十秒钟，中途因故失去电源，使试验中断，在查明原因，恢复电源后，应重新进行全时间的持续耐压试验，不可仅进行“补足时间”的试验。

七、试验结果分析及试验报告编写

（一）试验结果分析

1. 试验标准及要求

根据《带电作业工具、装置和设备预防性试验规程》（DL/T 976—2005）及《带电作业用绝缘工具试验导则》（DL/T 878—2004）的规定：

对绝缘斗臂车进行交流耐压及泄漏电流试验时，应分别对绝缘上臂、绝缘下臂、绝缘外斗、绝缘内衬、绝缘吊臂进行试验，其电气性能应分别符合表 ZY1800520001-1～表 ZY1800520001-3 的规定，以无闪络、击穿、明显发热为合格。

表 ZY1800520001-1　　绝缘斗臂车的泄漏电流允许值

测试部位	斗臂车的额定电压（有效值，kV）	试验距离（m）	试验电压（有效值，kV）	允许最大泄漏电流（μA）
上臂	10	1.0	20	400
	35	1.5	60	400
	66	1.5	120	400
	110	2.0	200	400
	220	3.0	320	400

表 ZY1800520001-2　　斗臂车绝缘部件的定期电气试验

测试部位	试验电压（有效值，kV）	试验时间（min）	要　求
下臂绝缘部分	35	3.0	无火花放电、闪络或击穿现象、无发热现象（温差 10℃）
绝缘外斗	35	1.0	无闪络或击穿现象
绝缘内衬（斗）	35	1.0	无闪络或击穿现象
绝缘吊臂	100/m	1.0	无火花放电、闪络或击穿现象、无发热现象（温差 10℃）

表 ZY1800520001-3　　绝缘斗臂车的定期工频耐压试验

测试部位	工频耐压试验			
	斗臂车的额定电压（有效值，kV）	试验距离（m）	试验电压（有效值，kV）	试验时间（min）
上臂	10	1.0	45	1.0
	35	1.5	95	1.0
	66	1.5	175	1.0
	110	2.0	220	1.0
	220	3.0	440	1.0

2. 试验结果分析

（1）在升压和耐压过程中，如发现电压表指针摆动很大，电流表指示急剧增加，调压器往上升方向调节，电流上升、电压基本不变甚至有下降趋势，被试品冒烟、出气、焦臭、闪络、燃烧或发出击穿响声（或断续放电声），应立即停止升压，降压停电后查明原因。这些现象如查明是绝缘部分出现的，则认为被试品交流耐压试验不合格。如确定被试品的表面闪络是由于空气湿度或表面脏污等所致，应将被试品清洁干燥处理后，再进行试验。

（2）试验结果应根据试验中有无发生破坏性放电、有无出现绝缘普遍或局部发热及耐压试验前后绝缘电阻有无明显变化，进行全面分析后做出判断。

（二）试验报告编写

试验报告填写应包括试验日期、试验人员、天气情况、环境温度、湿度、试品名称型号、试品参数、试验结果、试验结论、试验性质（交接试验、预防性试验、检查）、试验仪器名称型号、出厂编号等。

全部试验完成后填写试验合格标志，合格标志贴在不妨碍绝缘性能的明显位置，其试验合格标志式样及要求如图 ZY1800520001-6 所示。

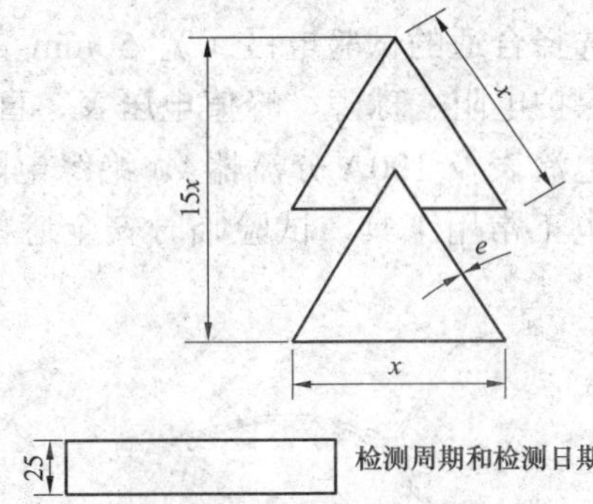

图 ZY1800520001-6　试验合格标志式样及要求

x—可以是 16、25 或 40；e—线条的宽度，2mm

注：长度单位为 mm。

八、案例

在一次对绝缘斗臂车内斗层向耐压试验时，升压过程中发现电压表指针摆动很大，电流表指示急剧增加，调压器往上升方向调节，电流上升、电压基本不变甚至有下降趋势，被试品有冒烟现象，断开试验电源后，经检查内斗侧面绝缘有损伤。

【思考与练习】

1. 绝缘斗臂车的定期检查项目有哪些？

2. 如何进行绝缘斗臂车耐压和泄漏电流试验？

模块 2 接地及接地短路装置试验（ZY1800520002）

【模块描述】本模块介绍接地及接地短路装置试验的方法和技术要求。通过试验工作流程的介绍，掌握试验前的准备工作和相关安全、技术措施、试验方法、技术要求及试验结果分析判断。

【正文】

一、试验目的

对接地及接地短路装置进行检查和试验的目的是为了发现接地及接地短路装置的缺陷和绝缘隐患，预防人身事故的发生。

二、试验仪器、设备的选择

（1）由于被试品电容量较小，一般只要有相应电压等级的工频试验变压器即可，同时选用与工频试验变压器相应电压等级的工频分压器。

（2）保护电阻一般取 0.1～0.5Ω/V，并应有足够的热容量和长度。

（3）选用单相接触式调压器，其容量与工频试验变压器的相同。

（4）选用多量程峰值电压表。

（5）选用相应电压等级的冲击电压发生器一套。

（6）选用电压等级为 2500V 的绝缘电阻表。

（7）试验电极选用宽 50mm 的金属箔。

三、危险点分析及控制措施

加压前试验人员应与带电部位保持足够的安全距离。试验仪器的金属外壳应可靠接地，仪器操作人员必须站在绝缘垫上操作。

四、试验前的准备工作

1. 了解被试设备现场情况及试验条件

查勘现场，查阅相关技术资料，包括试品历年试验数据及相关规程等，掌握该试品运行情况。

2. 试验仪器、设备准备

选择合适的试验电极（宽 50mm 的金属箔）、试验变压器、调压器、工频分压器、冲击电压发生器、保护电阻、球隙、峰值电压表、直流电阻测试仪（或 100A 直流电源、多量程直流毫伏电压表、直流电流表及 100A 分流器）、绝缘电阻表、温（湿）度计、放电棒、接地线、梯子、安全带、安全帽、电工常用工具、试验临时安全遮栏、标示牌等，并查阅测试仪器、设备及绝缘工器具的检定证书有效期。

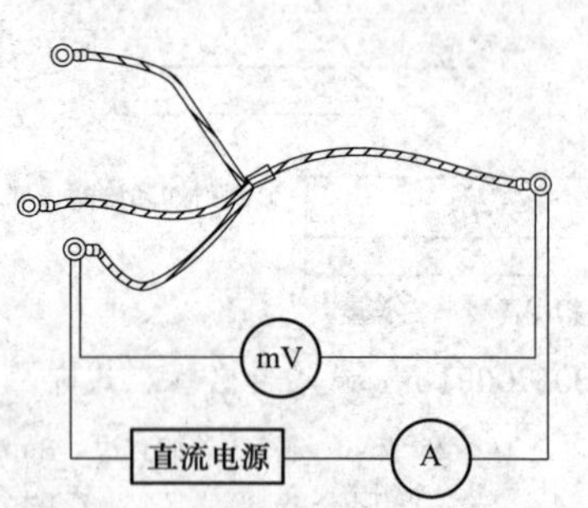

图 ZY1800520002-1 接地及接地短路装置直流电阻测试接线图

3. 做好试验现场安全和技术措施

向其余试验人员交代工作内容、带电部位、现场安全措施、现场作业危险点，明确人员分工及试验程序。

五、现场试验步骤及要求

（一）试验接线

（1）测试接地及接地短路装置直流电阻的接线，如图 ZY1800520002-1 所示。

（2）接地及接地短路装置工频耐压试验原理接线，如图 ZY1800520002-2 所示。

（3）工频耐压及操作冲击耐压试验接线，如图 ZY1800520002-3 所示。

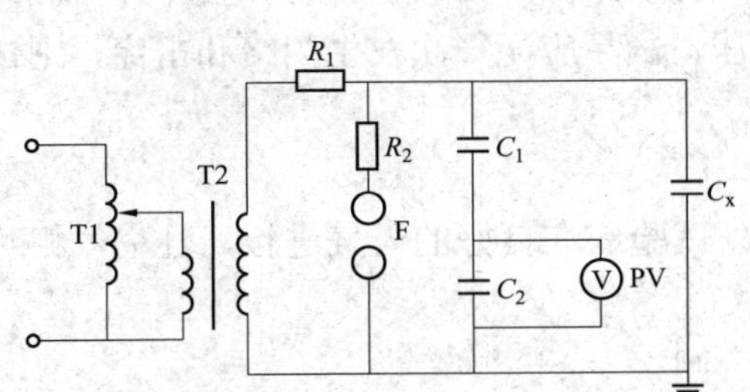

图 ZY1800520002-2　接地及接地短路装置工频耐压试验原理接线图

T1—调压器；T2—试验变压器；R_1—保护电阻；R_2—球隙保护电阻；F—球间隙；C_x—被试品；C_1、C_2—电容分压器高低压臂；PV—电压表

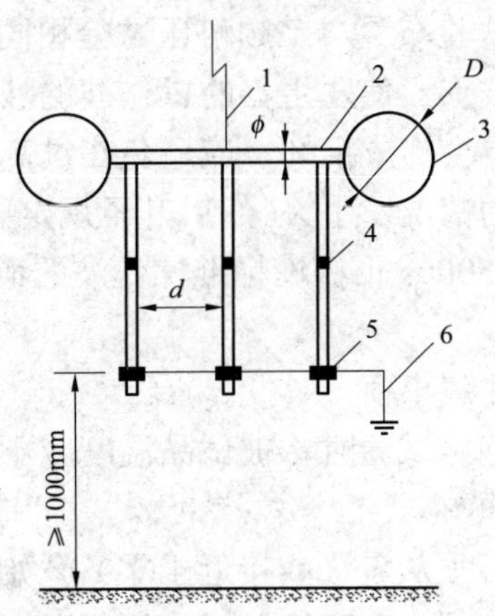

图 ZY1800520002-3　工频耐压及操作冲击耐压试验接线图

1—高压引线；2—模拟导线（$\phi \geqslant 30$mm）；3—均压球（D=200～300mm）；4—试品（试品间距 $d \geqslant 500$mm）；5—下部试验电极；6—接地引线

注：用直径不小于 30mm 的单导线作模拟导线，模拟导线两端设置均压球（或均压环），其直径不小于 200mm；均压球距试品不小于 1.5m。多个试品同时进行试验时，试品间距 d 不小于 500mm。

高压试验电极布置于接地及接地短路装置绝缘的工作部分，被试品应垂直悬挂在模拟导线上，高压试验电极和接地极间的长度即为试验长度，根据表 ZY1800520002-2 和表 ZY1800520002-3 中规定确定两电极间距离，被试品间应保持一定距离，以便于观察试验情况。接地极和高压试验电极以宽 50mm 的金属箔包绕，电极缠绕点处于同一水平位置。

（二）试验步骤

（1）对被试品进行外观及尺寸检查。

检查的项目有以下几类：

1）携带型接地及接地短路装置的电缆与金属端头（线鼻子）的连接部位抗疲劳性能要良好，连接部位要有防止松动、滑动和转动的措施，连接线夹应与导线表面形状相配。

2）电缆的绝缘护层应完好、无损，接地操作杆的绝缘部件应光滑，无气泡、皱纹、开裂，玻璃纤维布与树脂间黏接完好，杆段间连接牢固，绝缘件与金属件的连接应牢固可靠。

3）短路电缆、短路条、接地电缆的横截面应符合有关标准的要求。

（2）接地线的成组直流电阻试验。

先测量各接线鼻间两端的长度，根据测得的直流电阻值，算出每米的电阻值。再将测试导线与被试品按图 ZY1800520002-1 连接好，注意将接有电流表的 2 根测试线接在被试品的两端，接有毫伏电压表的 2 根电压测试线接在电流测试线的内侧。测试应大于 30A，测试如符合表 ZY1800520002-1 的规定，则为合格。

（3）测试绝缘电阻应正常。

（4）工频耐压试验。

按图 ZY1800520002-2 和图 ZY1800520002-3 进行接线，检查试验接线正确、调压器在零位后，将高压引线接上试品，接通电源，开始升压进行试验。升压速度在 75%试验电压以前，可以是任意的，自 75%电压开始应均匀升压，约为每秒 2%试验电压的速率升压。升至试验电压后开始计时并读取试验电压。时间到后，迅速均匀降压到零（或 1/3 试验电压以下），然后断开电源，放电、挂接地线。

试验中若无破坏性放电发生，则认为通过耐压试验。试验后应立即触摸绝缘表面，若出现普遍或局部发热，则认为绝缘不良，应立即处理后，再做耐压试验。耐压试验后测试绝缘电阻，应正常。

（5）操作冲击耐压试验。

操作冲击试验布置与工频耐压试验相同。试验前在较低电压（约50%试验电压）下调整冲击电压发生器的输出波形，使发生器的操作波的波形符合试验要求（在较低电压下可以多次调整试验波形，对被试品绝缘不会造成损坏，应避免在过高电压下调整波形。由于试验波形不符合试验要求，可能造成被试品击穿的情况发生）。然后升至规定电压进行试验。试验时对每一试品在试验电极间，施加15次波形为250/2500us正极性标准操作波的额定冲击耐受电压，试品应无一次发生闪络和击穿，则试验通过。

六、试验注意事项

（1）进行绝缘试验时，被试品温度应不低于+5℃。户外试验应在良好的天气进行，且空气相对湿度一般不高于80%。

（2）升压必须从零（或接近于零）开始，切不可冲击合闸。

（3）升压过程中应密切监视高压回路、试验设备仪表指示状态，监听被试品有无异响。

（4）有时工频耐压试验进行了数十秒钟，中途因故失去电源，使试验中断，在查明原因，恢复电源后，应重新进行全时间的持续耐压试验，不可仅进行“补足时间”的试验。

七、试验结果分析及试验报告编写

（一）试验结果分析

1. 试验标准及要求

根据《带电作业工具、装置和设备预防性试验规程》（DL/T 976—2005）及《带电作业用绝缘工具试验导则》（DL/T 878—2004）的规定：

（1）接地及接地短路装置直流电阻试验平均每米电阻值不大于表ZY1800520002-1规定。

表ZY1800520002-1　　接地及接地短路装置直流电阻值

接地线规格（mm^2）	10	16	25	35	50	70	95	120
平均每米电阻值（mΩ）	1.98	1.24	0.79	0.56	0.40	0.28	0.21	0.16

（2）工频耐压试验及操作冲击耐压试验。10～220kV电压等级的试品应能通过1min短时工频耐受电压试验（以无击穿、无闪络及发热为合格），其电气性能应符合表ZY1800520002-2的规定。对330kV及以上电压等级的试品应能通过3min长时间工频耐受电压试验（以无击穿、无闪络及无明显发热为合格），以及操作冲击耐受电压试验（15次加压，以无一次击穿、闪络及明显过热为合格），其电气性能应符合表ZY1800520002-3的规定。

表ZY1800520002-2　　10～220kV接地操作杆电气性能

额定电压（kV）	试验电极间距离（m）	1min工频耐压值（kV）
10	0.40	45
35	0.60	95
66	0.70	175
110	1.00	220
220	1.80	440
220～500绝缘架空地线	0.40	45
试验设备	0.40	45

表ZY1800520002-3　　330～750kV接地操作杆电气性能

额定电压（kV）	试验电极间距离（m）	3min工频耐受电压（kV）	操作冲击耐受电压（kV）
330	2.80	380	800
500	3.70	580	1050
750	4.70	780	1300

2. 试验结果分析

（1）进行接地线的成组直流电阻试验时，测试如符合表 ZY1800520002-1 的规定，则直流电阻结果为合格。

（2）耐压试验时，在升压和耐压过程中，如发现电压表指针摆动很大，电流表指示急剧增加，调压器往上升方向调节，电流上升、电压基本不变甚至有下降趋势，被试品冒烟、出气、焦臭、闪络、燃烧或发出击穿响声（或断续放电声），应立即停止升压，降压停电后查明原因。这些现象如查明是绝缘部分出现的，则认为被试品交流耐压试验不合格。如确定被试品的表面闪络是由于空气湿度或表面脏污等所致，应将被试品清洁干燥处理后，再进行试验。

（3）试验结果应根据试验中有无发生破坏性放电、有无出现绝缘普遍或局部发热及耐压试验前后绝缘电阻有无有明显变化，进行全面分析后作出判断。

（二）试验报告编写

试验报告填写应包括试验日期、试验人员、天气情况、环境温度、湿度、试品名称型号、试品参数、制造厂、制造日期、试验结果、试验结论、试验性质（交接试验、预防性试验、检查）、试验仪器名称型号、出厂编号等。

全部试验完成后填写试验合格标志，合格标志贴在不妨碍绝缘性能的明显位置，其试验合格标志式样及要求如图 ZY1800520002-4 所示。

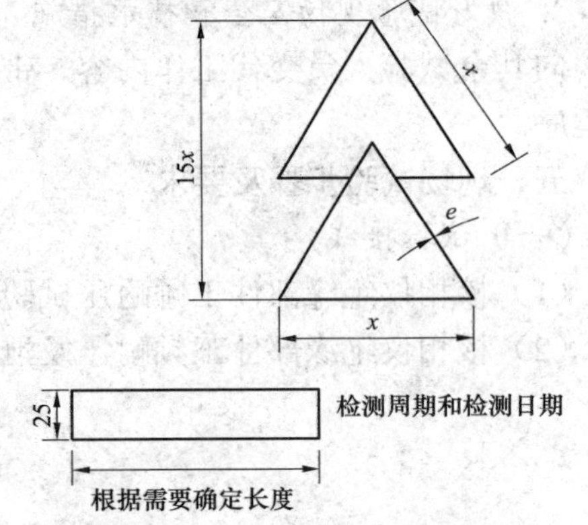

图 ZY1800520002-4　试验合格标志式样及要求

x—可以是 16、25 或 40；e—线条的宽度，2mm

注：长度单位为 mm。

八、案例

对某厂生产的一组接地短路线（标称接地导线规格为 $25mm^2$）进行直流电阻测试，结果发现其导线直流电阻平均每米电阻值为 0.9mΩ，大于规定的平均每米电阻值 0.79mΩ，检查发现其接地导线截面小于标称的 $25mm^2$。

【思考与练习】

1. 各种电压等级接地及接地短路装置的工频耐压试验值是多少？

2. 330kV 及以上电压等级接地操作杆操作冲击耐受电压值为多少？

模块 3　核相仪试验（ZY1800520003）

【模块描述】本模块介绍核相仪试验的方法和技术要求。通过试验工作流程的介绍，掌握试验前的准备工作和相关安全、技术措施、试验方法、技术要求及试验结果分析判断。

【正文】

一、试验目的

对核相仪进行检查和试验的目的是为了检查核相仪存在的绝缘隐患，预防设备及人身事故发生。

二、试验仪器、设备的选择

（1）由于被试品电容量较小，一般只要有相应电压等级的工频试验变压器即可。

（2）选用单相接触式调压器，其容量与试验变压器相同。

（3）选用量程为 500V；0.5 级的交流电压表。

（4）选用多量程、最大量程为 1000μA 的交流微安电流表。

（5）选用电压等级为 2500V 的绝缘电阻表。

三、危险点分析及控制措施

加压时试验人员应与带电部位保持足够的安全距离。试验仪器的金属外壳应可靠接地，仪器操作人员必须站在绝缘垫上操作。

四、试验前的准备工作

1. 了解被试设备现场情况及试验条件

查阅相关技术资料，包括该设备历年试验数据及相关规程等，掌握试品运行情况。

2. 试验仪器、设备准备

选择合适的试验电极（宽 50mm 金属箔）、试验变压器及控制台、交流微安电流表、交流电压表、保护电阻、绝缘电阻表、测试线、温（湿）度计、放电棒、接地线、电工常用工具、试验临时安全遮栏、标示牌等，并查阅测试仪器、设备及绝缘工器具的检定证书有效期。

3. 做好试验现场安全和技术措施

向其余试验人员交代工作内容、带电部位、现场安全措施、现场作业危险点，明确人员分工及试验程序。

五、现场试验步骤及要求

（一）试验接线

（1）核相仪绝缘部件工频耐压试验原理接线，如图 ZY1800520003-1 所示。

（2）核相仪绝缘部件工频耐压及泄漏电流试验接线，如图 ZY1800520003-2 所示。

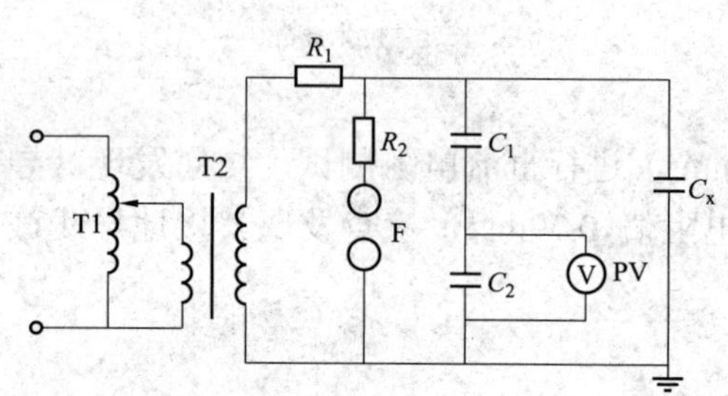

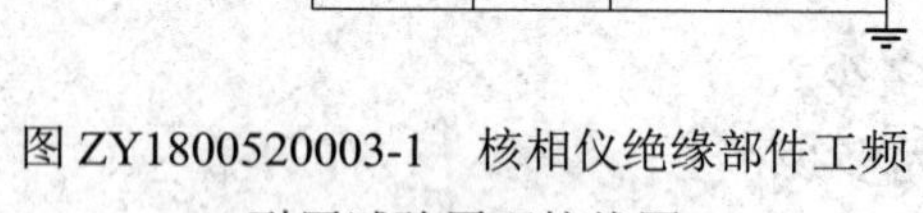
图 ZY1800520003-1 核相仪绝缘部件工频耐压试验原理接线图

T1—调压器；T2—试验变压器；R_1—保护电阻；R_2—球隙保护电阻；F—球间隙；C_x—被试品；C_1、C_2—电容分压器高低压臂；PV—电压表

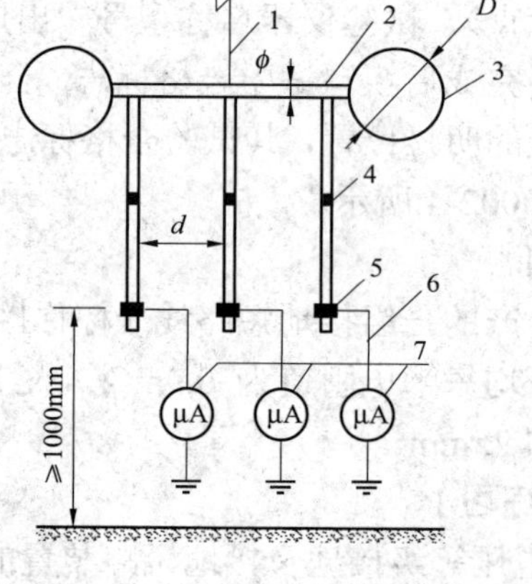

图 ZY1800520003-2 核相仪绝缘部件工频耐压及泄漏电流试验接线图

1—高压引线；2—模拟导线（$\phi \geqslant 30$mm）；3—均压球（D=200～300mm）；4—试品（试品间距 $d \geqslant 500$mm）；5—下部试验电极；6—接地引线；7—微安电流表

注：用直径不小于 30mm 的单导线作模拟导线，模拟导线两端设置均压球（或均压环），其直径不小于 200mm；均压球距试品不小于 1.5m。多个试品同时进行试验时，试品间距 d 不小于 500mm。

高压试验电极布置于核相器绝缘部件的工作部分，被试品垂直悬挂在模拟导线上，接地回路串入微安表，高压试验电极和接地极间的长度即为试验长度，根据表 ZY1800520003-1 中规定确定两电极间距离，核相器绝缘杆间应保持一定距离，以便于观察试验情况。接地极和高压试验电极以宽 50mm 的金属箔包绕，电极缠绕点处于同一水平位置。

（二）试验步骤

（1）对被试品进行外观及尺寸检查。检查的项目有以下几类：

1）对核相仪的各部件进行检查，包括手柄、手护环、绝缘元件、电阻元件、限位标记和接触电极、连接引线、接地引线、指示器、转接器和绝缘杆等均应无明显损伤。

2）各部件连接应牢固可靠，指示器应密封完好，表面应光滑、平整，指示器上的标志应完整。

3）绝缘杆内外表面应清洁、光滑，无划痕及硬伤。

（2）测试绝缘电阻应正常。

（3）工频耐压及泄漏电流试验。按图 ZY1800520003-2 进行接线，检查试验接线正确、调压器在零位后，将高压引线接上试品，接通电源，开始升压进行试验。升压速度在 75%试验电压以前，可以是任意的，自 75%电压开始应均匀升压，约为每秒 2%试验电压的速率升压。升至试验电压，开始计时并读取试验电压，同时测量泄漏电流。时间到后，迅速均匀降压至零，然后断开电源，并放电、挂接地线。

试验中如无破坏性放电发生，则认为通过耐压试验。试验后应立即触摸绝缘表面，如出现普遍或局部发热，则认为绝缘不良，应立即处理后，再做耐压试验。

（4）耐压试验后测试绝缘电阻，绝缘电阻应正常。

六、试验注意事项

（1）进行绝缘试验时，被试品温度应不低于+5℃。户外试验应在良好的天气进行，且空气相对湿度一般不高于 80%。

（2）试验过程中试验人员之间应分工明确，加压过程中应有人监护并呼唱。

（3）升压必须从零（或接近于零）开始，切不可冲击合闸。

（4）升压过程中应密切监视高压回路、试验设备仪表指示状态，监听被试品有无异响。

（5）有时工频耐压试验进行了数十秒钟，中途因故失去电源，使试验中断，在查明原因，恢复电源后，应重新进行全时间的持续耐压试验，不可仅进行“补足时间”的试验。

七、试验结果分析及试验报告编写

（一）试验结果分析

1. 试验标准及要求

根据《带电作业工具、装置和设备预防性试验规程》（DL/T 976—2005）及《带电作业用绝缘工具试验导则》（DL/T 878—2004）的规定：

对核相仪绝缘部件进行工频耐压及泄漏电流试验时，加压时间保持 1min，其电气性能应符合表 ZY1800520003-1 的规定，以无闪络、击穿、明显发热为合格。

表 ZY1800520003-1　　核相仪绝缘部件的电气性能

额定电压（kV）	试验电极间距离（m）	1min 工频耐压值（kV）	允许最大泄漏电流（μA）
10 及以下	300	12	500
20	450	24	500
35	600	42	500

2. 试验结果分析

（1）在升压和耐压过程中，如确定被试品的表面闪络是由于空气湿度或表面脏污等所致，应将被试品清洁干燥处理后，再进行试验。否则，认为被试品交流耐压试验不合格。

（2）试验结果应根据试验中有无发生破坏性放电、有无出现绝缘普遍或局部发热及耐压试验前后绝缘电阻有无明显变化、试验中最大泄漏电流有无超过表 ZY1800520003-2 的规定，进行全面分析后作出判断。

（二）试验报告编写

试验报告填写应包括测试时间、测试人员、天气情况、环境温度、湿度、试品名称型号、试品参数、测试结果、测试结论、试验性质试验仪器名称型号、出厂编号等。

全部试验完成后填写试验合格标志，合格标志贴在不妨碍绝缘性能的明显位置，其试验合格标志式样及要求如图 ZY1800520003-3 所示。

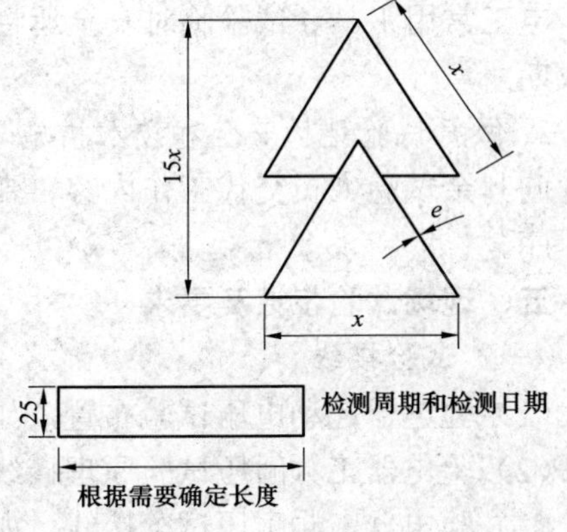

图 ZY1800520003-3　试验合格标志式样及要求

x—可以是 16、25 或 40；e—线条的宽度，2mm

注：长度单位为 mm。

八、案例

一次对 10kV 核相仪进行交流耐压及泄漏电流试验时，加压试验中随着电压上升发现泄漏电流增长较快，升至额定试验电压时，泄漏电流已达 2mA，超过允许值。降下电压断开电源后，经检查发现绝缘部分受潮，用红外线灯干燥后。通过试验。

【思考与练习】

1. 各电压等级核相仪绝缘部件的耐压试验标准及泄漏电流允许值分别为多少？

2. 核相仪绝缘部件耐压及泄漏电流试验中，对模拟导线和均压球各有什么要求？

模块 4 验电器试验（ZY1800520004）

【模块描述】本模块介绍验电器试验的方法和技术要求。通过试验工作流程的介绍，掌握试验前的准备工作和相关安全、技术措施、试验方法、技术要求及试验结果分析判断。

【正文】

一、试验目的

对验电器进行检查和试验的目的是为了发现验电器存在的缺陷及绝缘隐患，预防人身事故发生。

二、试验仪器、设备的选择

（1）由于被试品电容量较小，一般只要有相应电压等级的工频试验变压器即可。同时，选用相应电压等级的工频分压器。

（2）保护电阻一般取 0.1～0.5Ω/V，并应有足够的热容量和长度。

（3）选用单相接触式调压器，其容量与试验变压器相同。

（4）选用多量程峰值电压表。

（5）选用电压等级为 2500V 的绝缘电阻表。

（6）选用多量程交流微安电流表。

三、危险点分析及控制措施

加压时试验人员应与带电部位保持足够的安全距离。试验仪器的金属外壳应可靠接地，仪器操作人员必须站在绝缘垫上操作。

四、试验前的准备工作

1. 了解被试设备现场情况及试验条件

查阅相关技术资料，包括该设备历年试验数据及相关规程等，掌握试品运行情况。

2. 试验仪器、设备准备

选择合适的试验电极（宽 50mm 金属箔）、试验变压器、调压器、工频分压器、保护电阻、多量程峰值电压表、球隙、绝缘电阻表、测试线、温（湿）度计、放电棒、接地线、梯子、安全带、安全帽、电工常用工具、试验临时安全遮栏、标示牌等，并查阅测试仪器、设备及绝缘工器具的检定证书有效期。

3. 做好试验现场安全和技术措施

向其余试验人员交代工作内容、带电部位、现场安全措施、现场作业危险点，明确人员分工及试验程序。

五、现场试验步骤及要求

（一）试验接线

（1）验电器起动电压试验布置，如图 ZY1800520004-1 所示。

（2）验电器工频耐压试验原理接线，如图 ZY1800520004-2 所示。

（3）验电器工频耐压试验接线，如图 ZY1800520004-3 所示。

高压试验电极布置于验电器绝缘杆的工作部分，试品垂直悬挂在模拟导线上，高压试验电极和接地极间的长度即为试验长度，根据表 ZY1800520004-1 中规定确定两电极间距离，验电器绝缘杆间应保持一定距离，以便于观察试验情况。接地极和高压试验电极以宽 50mm 的金属箔包绕，电极缠绕点处于同一水平位置。

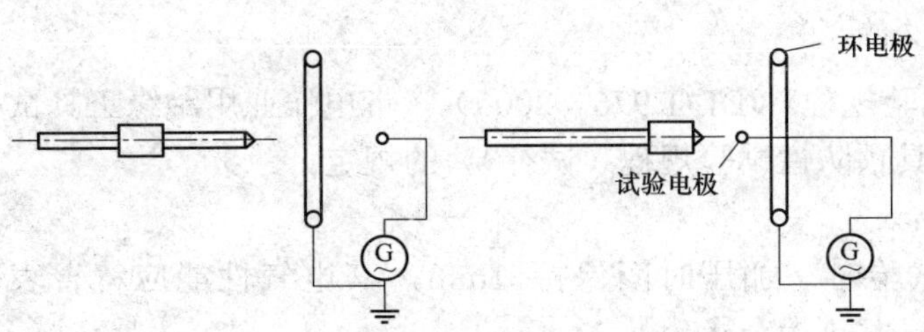

图 ZY1800520004-1　验电器起动电压试验布置图

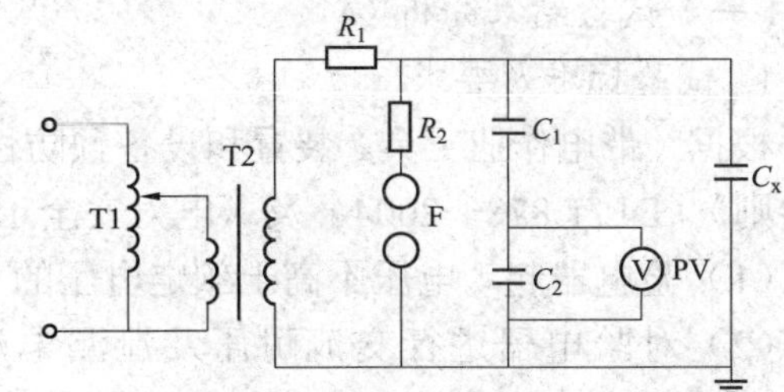

图 ZY1800520004-2　验电器工频耐压试验原理接线图

T1—调压器；T2—试验变压器；R_1—保护电阻；R_2—球隙保护电阻；F—球间隙；C_x—被试品；C_1、C_2—电容分压器高低压臂；PV—电压表

（二）试验步骤

（1）对被试品进行外观及尺寸检查。验电器的各部件，包括手柄、手护环、绝缘元件、限位标记和接触电极、指示器和绝缘杆等均应无明显损伤。各部件联接应牢固可靠，指示器应密封完好，表面应光滑、平整，指示器上的标志应完整。绝缘杆内外表面应清洁、光滑，无划痕及硬伤。

（2）验电器起动电压试验。高压电极由金属球体构成，在 1m 的空间范围内不应放置其他物体，将验电器的接触电极与一极接地的高压电极相接触，逐渐升高高压电极的电压，当验电器发出“电压存在”信号，如“声光”指示时，记录此时的起动电压。若该电压在 0.15～0.4 倍额定电压之间，则认为试验通过。

（3）测试试品绝缘电阻，绝缘电阻应正常。

（4）工频耐压试验。按图 ZY1800520004-2 和图 ZY1800520004-3 进行接线，检查试验接线正确、调压器在零位后。将高压引线接上试品，接通电源，开始升压进行试验。升压速度在 75%试验电压以前，可以是任意的，自 75%电压开始应均匀升压，约为每秒 2%试验电压的速率升压。升至试验电压，开始计时并读取试验电压（或泄漏电流）。时间到后，迅速均匀降压到零（或 1/3 试验电压以下），然后断开电源，放电、挂接地线。

试验中如无破坏性放电发生，则认为通过耐压试验。试验后应立即触摸表面，如出现普遍或局部发热，则认为绝缘不良，应立即处理后，再做耐压试验。

（5）耐压试验后，测试绝缘电阻应正常。

六、试验注意事项

（1）进行绝缘试验时，被试品温度应不低于+5℃。户外试验应在良好的天气进行，且空气相对湿度一般不高于 80%。

（2）试验过程中试验人员之间应分工明确，加压过程中应有人监护并呼唱。

（3）升压必须从零（或接近于零）开始，切不可冲击合闸。

（4）升压过程中应密切监视高压回路、试验设备仪表指示状态，监听被试品有无异响。

（5）有时工频耐压试验进行了数十秒钟，中途因故失去电源，使试验中断，在查明原因，恢复电源后，应重新进行全时间的持续耐压试

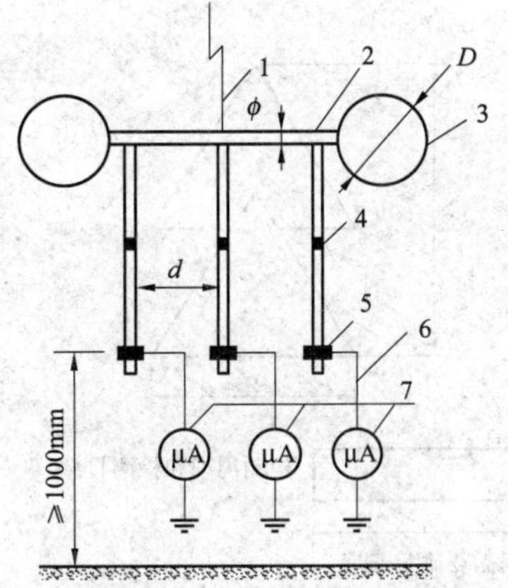

图 ZY1800520004-3　验电器工频耐压试验接线图

1—高压引线；2—模拟导线（ϕ≥30mm）；3—均压球（D=200～300mm）；4—试品（试品间距 d≥500mm）；5—下部试验电极；6—接地引线；7—微安表

注：用直径不小于 30mm 的单导线作模拟导线，模拟导线两端设置均压球（或均压环），其直径不小于 200mm；均压球距试品不小于 1.5m。多个试品同时进行试验时，试品间距 d 不小于 500mm。

模块 4　ZY1800520004

验，不可仅进行“补足时间”的试验。

七、试验结果分析及试验报告编写

(一) 试验结果分析

1. 试验标准及要求

根据《带电作业工具、装置和设备预防性试验规程》(DL/T 976—2005)、《带电作业用绝缘工具试验导则》(DL/T 878—2004) 及《电力安全工器具预防性试验规程（试行)》的规定：

(1) 验电器起动电压不高于额定电压的 40%。

(2) 对验电器进行交流耐压及泄漏电流试验时，加压时间保持 1min，其电气性能应符合表 ZY1800520004-1 的规定。以无闪络、击穿、明显发热为合格。

表 ZY1800520004-1　　10～20kV 电压等级验电器操作杆的电气性能

额定电压（kV）	试验电极间距离（m）	1min 工频耐压值（kV）	允许最大泄漏电流（μA）
10	0.40	45	500
35	0.60	95	500
66	0.70	175	500
110	1.00	220	500
220	1.80	440	500

2. 试验结果分析

(1) 在升压和耐压过程中，如确定被试品的表面闪络是由于空气湿度或表面脏污等所致，应将被试品清洁干燥处理后，再进行试验。否则，认为被试品交流耐压试验不合格。

(2) 试验结果应根据试验中有无发生破坏性放电、有无出现绝缘普遍或局部发热、最大泄漏电流是否超过表 ZY1800520004-1 规定及耐压试验前后绝缘电阻有无明显变化，进行全面分析后作出判断。

(二) 试验报告编写

试验报告填写应包括试验时间、试验人员、天气情况、环境温度、湿度、试品名称型号、试验结果、试验结论、试验性质、试验仪器名称型号、出厂编号等。

全部试验完成后填写试验合格标志，合格标志贴在不妨碍绝缘性能的明显位置，其试验合格标志式样及要求如图 ZY1800520004-4 所示。

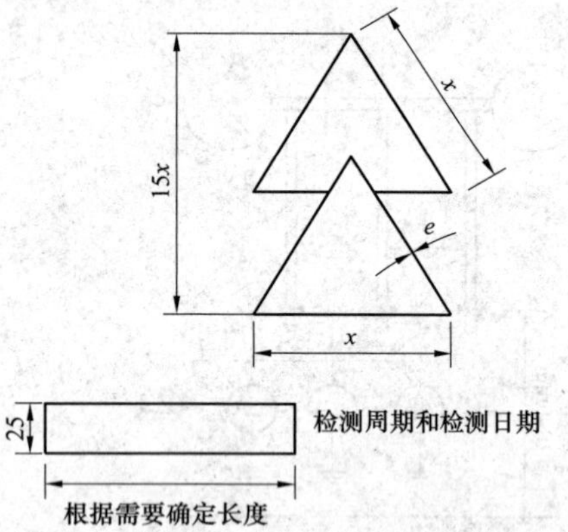

图 ZY1800520004-4　试验合格标志式样及要求

x—可以是 16、25 或 40；e—线条的宽度，2mm

注：长度单位为 mm。

八、案例

案例 1：某一额定电压为 10kV 的验电器进行起动电压试验，当逐渐升高高压电极的电压，验电器发出“电压存在”信号，此时的起动电压为 6kV。该验电器起动电压试验不合格。

案例 2：某一额定电压为 10kV 的验电器操作杆，进行交流耐压及泄漏电流试验时，测试的泄漏电流为 550μA，经检查发现操作杆受潮，干燥处理后，测试的泄漏电流为 310μA，试验合格。

【思考与练习】

1. 各种电压等级验电器启动电压值是多少？

2. 各种电压等级验电器进行耐压试验时的试验电压值是多少？允许最大泄漏电流值又为多少？

模块 5　绝缘子电位分布测试仪试验（ZY1800520005）

【模块描述】本模块介绍绝缘子电位分布测试仪试验的方法和技术要求。通过试验工作流程的介绍，掌握试验前的准备工作和相关安全、技术措施、试验方法、技术要求及试验结果分析判断。

【正文】

一、试验目的

对绝缘子电位分布测试仪进行检查和试验的目的是为了发现绝缘子电位分布测试仪存在的绝缘缺陷和性能隐患，预防人身事故发生。

二、试验仪器、设备的选择

（1）由于被试品电容量较小，一般只要有相应电压等级的工频试验变压器即可。同时选用与工频试验变压器相应电压等级的工频分压器。

（2）保护电阻一般取 0.1～0.5Ω/V，并应有足够的热容量和长度。

（3）选用单相接触式调压器，其容量与试验变压器相同。

（4）选用数字式、多量程峰值电压表。

（5）选用电压等级为 2500V 的绝缘电阻表。

（6）选用相应电压等级的冲击电压发生器。

（7）选用 0～50kV、0.5 级数字式交流电压表一块。

三、危险点分析及控制措施

加压时试验人员应与带电部位保持足够的安全距离。试验仪器的金属外壳应可靠接地，仪器操作人员必须站在绝缘垫上操作。

四、试验前的准备工作

1. 了解被试设备现场情况及试验条件

查阅相关技术资料，包括该设备历年试验数据及相关规程等，掌握试品运行情况。

2. 试验仪器、设备准备

选择合适的试验电极（宽 50mm 金属箔）、试验变压器、工频分压器、调压器、保护电阻、峰值电压表、高压数字式电压表、冲击电压发生器、绝缘电阻表、测试线、温（湿）度计、放电棒、接地线、电工常用工具、试验临时安全遮栏、标示牌等，并查阅测试仪器、设备及绝缘工器具的检定证书有效期。

3. 做好试验现场安全和技术措施

向其余试验人员交代工作内容、带电部位、现场安全措施、现场作业危险点，明确人员分工及试验程序。

五、现场试验步骤及要求

（一）试验接线

（1）绝缘子电位分布测试仪测量精度校验试验布置，如图 ZY1800520005-1 所示。

（2）绝缘子电位分布测试仪操作杆工频耐压试验原理接线，如图 ZY1800520005-2 所示。

（3）绝缘子电位分布测试仪操作杆工频耐压及操作冲击耐压试验接线，如图 ZY1800520005-3 所示。

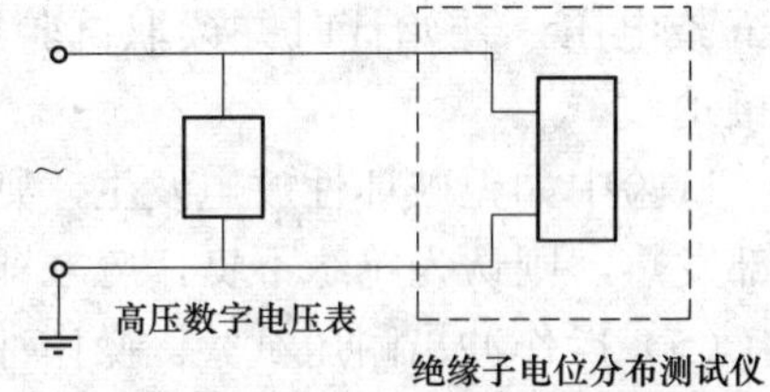

图 ZY1800520005-1　绝缘子电位分布测试仪测量精度校验试验布置图

高压试验电极布置于绝缘子电位分布测试仪的操作杆工作部分，试品垂直悬挂在模拟导线上，高压试验电极和接地极间的长度即为试验长度，根据表 ZY1800520005-1 和表 ZY1800520005-2 中规定确定两电极间距离，绝缘子电位分布测试仪的操作杆间应保持一定距离，以便于观察试验情况。接地极和高压试验电极以宽 50mm 的金属箔包绕，电极缠绕点处于同一水平位置。

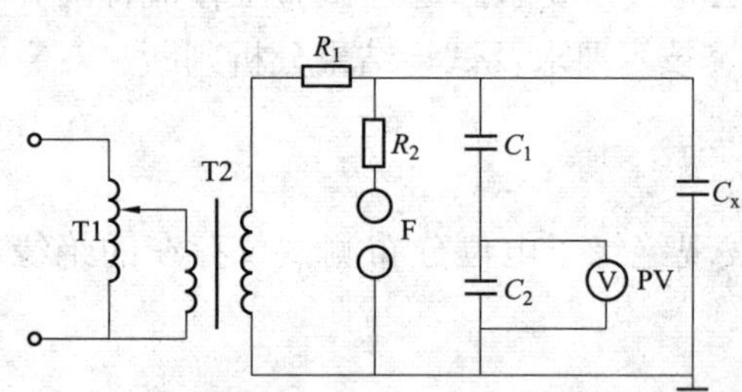

图 ZY1800520005-2 绝缘子电位分布测试仪操作杆工频耐压试验原理接线图

T1—调压器；T2—试验变压器；R_1—限流电阻；R_2—球隙保护电阻；F—球间隙；C_x—被试品；C_1、C_2—电容分压器高低压臂；PV—峰值电压表

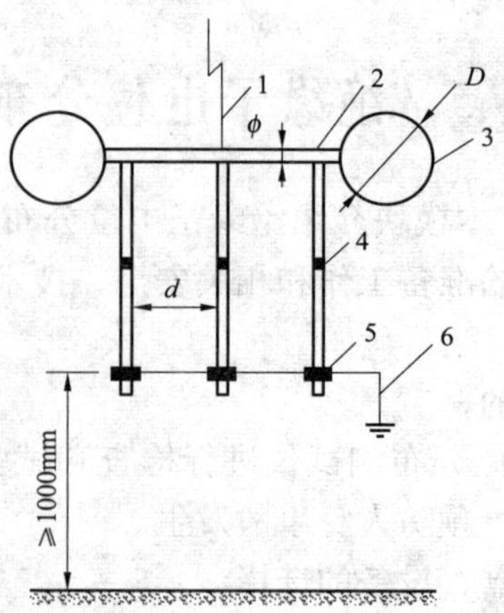

图 ZY1800520005-3 绝缘子电位分布测试仪操作杆工频耐压及操作冲击耐压试验接线图

1—高压引线；2—模拟导线（$\phi \geqslant 30$mm）；3—均压球（D=200～300mm）；4—试品（试品间距 $d \geqslant 500$mm）；5—下部试验电极；6—接地引线

注：用直径不小于 30mm 的单导线作模拟导线，模拟导线两端设置均压球（或均压环），其直径不小于 200mm；均压球距试品不小于 1.5m。多个试品同时进行试验时，试品间距 d 不小于 500mm。

（二）试验步骤

（1）对被试品进行外观及尺寸检查。检查绝缘子电位分布测试仪的各部分连接是否完好，整体外形有无损伤、变形，标志是否清晰。

（2）测量精度校验试验。在绝缘子电位分布测试仪的两探针间施加工频电压约 18kV，用高压数字电压表读出电压数值，调整绝缘子电位分布测试仪的调整电位器，使绝缘子电位分布测试仪的电压读数与电压表的误差小于 1%，撤除电压。

1min 后继续在绝缘子电位分布测试仪的两探针间施加工频电压（小于绝缘子电位分布测试仪的最大电压），记录电压值和绝缘子电位分布测试仪的电压读数。撤除电压。此过程重复 3 次。如 3 次试验结果的两电压之间误差均小于 1%，则通过试验。

（3）测试绝缘电阻应正常。

（4）工频耐压试验。按图 ZY1800520005-2 和图 ZY1800520005-3 进行接线，检查试验接线正确、调压器在零位后，将高压引线接上试品，接通电源，开始升压进行试验。升压速度在 75%试验电压以前，可以是任意的，自 75%电压开始应均匀升压，约为每秒 2%试验电压的速率升压。升至试验电压，开始计时并读取试验电压。时间到后，迅速均匀降压至零，然后断开电源，并放电、挂接地线。

试验中如无破坏性放电发生，则认为通过耐压试验。试验后应立即触摸绝缘表面，如出现普遍或局部发热，则认为绝缘不良，应立即处理后，再做耐压试验。耐压试验后测试绝缘电阻应正常。

（5）操作冲击耐压试验。操作冲击试验布置与工频耐压试验相同。试验前在较低的电压（约 50%试验电压）下调整冲击电压发生器的输出波形，使发生器的操作波的波形符合试验要求（在较低电压下可以多次调整试验波形，而对被试品绝缘不会造成损坏。避免在过高电压下调整波形，由于试验波形不符合试验要求，造成被试品击穿的情况发生）。然后升至规定电压进行试验。试验时对每一试品在试验电极间，施加 15 次波形为 250/2500μs 正极性标准操作波的额定冲击耐受电压，试品均应无闪络、击穿及过热发生，则试验通过。

六、试验注意事项

（1）进行绝缘试验时，被试品温度应不低于+5℃。户外试验应在良好的天气进行，且空气相对湿度一般不高于 80%。

（2）试验过程中试验人员之间应分工明确，加压过程中应有人监护并呼唱。

（3）升压必须从零（或接近于零）开始，切不可冲击合闸。

（4）升压过程中应密切监视高压回路、试验设备仪表指示状态，监听被试品有无异响。

（5）有时工频耐压试验进行了数十秒钟，中途因故失去电源，使试验中断，在查明原因，恢复电源后，应重新进行全时间的持续耐压试验，不可仅进行“补足时间”的试验。

七、试验结果分析及试验报告编写

（一）试验结果分析

1. 试验标准及要求

根据《带电作业工具、装置和设备预防性试验规程》（DL/T 976—2005）及《带电作业用绝缘工具试验导则》（DL/T 878—2004）的规定：

（1）测量精度校验试验。以一个标准的工频电压与绝缘子电位分布测试仪测得的电压进行比较，3 次比较试验两电压值之间的误差小于 1%，则试验通过。

（2）工频耐压与操作冲击耐压试验。对 66～220kV 的电位分布测试仪操作杆进行工频耐压试验时，加压时间保持 1min，其电气性能应符合表 ZY1800520005-1 的规定，以无闪络、击穿、明显发热为合格。对 330kV 及以上电压等级的试品应能通过长时间工频耐受电压试验（以无击穿、闪络及明显发热为合格），以及操作冲击耐受电压试验（15 次加压，以无一次击穿、闪络及明显过热为合格），其电气性能应符合表 ZY1800520005-2 的规定。

表 ZY1800520005-1　66～220kV 绝缘子电位分布测试仪操作杆电气性能

额定电压（kV）	试验电极间距离（m）	1min 工频耐压值（kV）
66	0.70	175
110	1.00	220
220	1.80	440

表 ZY1800520005-2　330～750kV 绝缘子电位分布测试仪操作杆电气性能

额定电压（kV）	试验电极间距离（m）	3min 工频耐压值（kV）	操作冲击耐受电压（kV）
330	2.80	380	800
500	3.70	580	1050
750	4.70	780	1300

2. 试验结果分析

（1）绝缘子电位分布测试仪的两探针间施加工频电压 3 次，若 3 次试验结果的两电压之间误差均小于 1%，则通过试验。

（2）在升压和耐压过程中，如确定被试品的表面闪络是由于空气湿度或表面脏污等所致，应将被试品清洁干燥处理后，再进行试验。否则，认为被试品交流耐压试验不合格。

（3）试验结果应根据试验中有无发生破坏性放电、有无出现绝缘普遍或局部发热及耐压试验前后绝缘电阻有无明显变化，进行全面分析后作出判断。

（二）试验报告编写

试验报告填写应包括试验时间、试验人员、天气情况、环境温度、湿度、试品名称型号、试验结果、试验结论、试验性质、试验仪器名称型号及出厂编号等。

全部试验完成后填写试验合格标志，合格标志贴在不妨碍绝缘性能的明显位置，其试验合格标志式样及要求如图 ZY1800520005-4 所示。

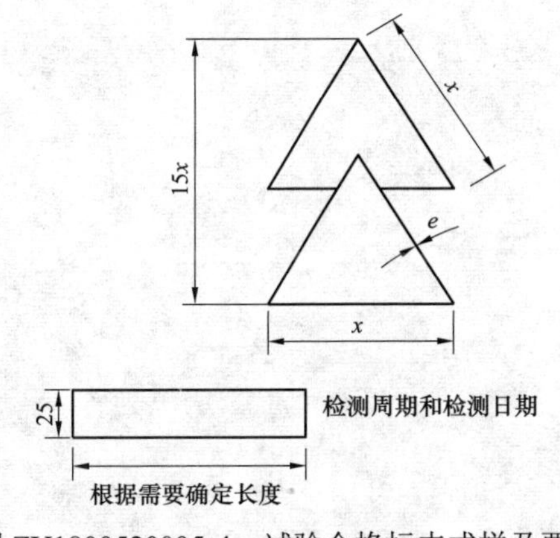

图 ZY1800520005-4　试验合格标志式样及要求

x—可以是 16、25 或 40；e—线条的宽度，2mm

注：长度单位为 mm。

八、案例

在一次进行绝缘子电位分布测试仪的测量精度校验试验中，在两探针间施加工频电压约 18kV，用高压数字电压表读出电压数值，发现电位分布测试仪的电压读数与电压表的误差大于 3%。后经调整绝缘子电位分布测试仪的调整电位器，使绝缘子电位分布测试仪的电压读数与电压表的误差小于 1%，合格。

【思考与练习】

1. 各种电压等级绝缘子电位分布测试仪操作杆的交流耐压试验值是多少？

2. 标准规定对 330kV 及以上电压等级绝缘子电位分布测试仪应能通过多长时间工频耐受电压试验？试品怎么样才算合格？

附录A 《电气试验》培训模块教材各等级引用关系表

部分名称	章	模块名称（模块编码）	模块描述	等级 I	等级 II	等级 III
电力油务应用技术	电力用油（气）的特性及质量控制	绝缘油（ZY1500201001）	本模块介绍绝缘油。通过要点归纳，掌握绝缘油的分类、性能及其作用	√		
		SF_6气体（ZY1500201002）	本模块介绍SF_6气体。通过要点归纳，熟悉SF_6气体的分子结构、物理性能、化学性能和电气性能，了解SF_6气体的合成工艺过程	√		
		绝缘油质量标准（ZY1500201003）	本模块介绍绝缘油的质量标准。通过要点归纳，掌握绝缘油新油选用标准和运行中绝缘油的质量标准	√		
		SF_6气体质量标准（ZY1500201004）	本模块介绍SF_6气体的质量标准。通过要点归纳，掌握新SF_6气体和设备内SF_6气体的质量标准	√		
		变压器油中溶解气体的来源（ZY1500201005）	本模块介绍变压器油中溶解气体的几种可能来源。通过要点归纳，了解气体溶于变压器油中的成因、掌握变压器不同运行状态下油中产生气体的主要的原因和特征	√		
		故障下热解产气的理化过程（ZY1500201006）	本模块介绍故障下热解产气的理化过程。通过图文结合和要点归纳，掌握绝缘油的分解、固体绝缘材料的分解、气体的溶解和扩散的理化过程	√		
		变压器等设备产生故障类型及其油中气体的特征（ZY1500201007）	本模块介绍变压器等设备常见故障类型以及变压器内的产气故障。通过要点归纳，熟悉变压器等设备的常见故障，掌握设备过热、放电故障产生的原因、部位、危害及其产气特征	√		
电工常用材料	绝缘材料	绝缘材料的概述（ZY1400201001）	本模块介绍绝缘材料的概念、作用、分类、电气性能、耐热性能与老化、理化性能和绝缘材料的机械性能。通过定义讲解、要点归纳，掌握绝缘材料的基本特性	√		
		气体和液体绝缘材料（ZY1400201002）	本模块介绍常用气体绝缘材料和液体绝缘材料。通过定义讲解、要点归纳，掌握气体绝缘材料和液体绝缘材料的特性	√		
	导体材料	导体材料（ZY1400202002）	本模块介绍铜、铝、复合金属导体、电热材料、触头材料和熔体材料的基本性能及主要用途。通过概念描述、要点讲解、图表归纳，掌握铜、铝和复合金属导体特性，熟悉电热材料、触头材料和熔体材料的特性	√		
	磁性材料	磁性材料（ZY1400202003）	本模块介绍磁性材料的基本特性、分类、影响磁性能的外在因素、软磁材料、硬磁材料。通过概念描述、要点讲解，掌握软磁材料和硬磁材料的特性	√		
规程规范及标准	电力安全生产规程规范	国家电网公司电力安全工作规程（ZY1800101001）	本模块介绍保证电力安全生产的各种规定、要求、方法和措施。通过对国家电网公司电力安全工作规程的学习。掌握电力安全生产的各种规定、要求、方法和措施	√		
		国家电网公司重特大生产安全事故预防与应急处理暂行规定（ZY1800101002）	本模块介绍国家电网公司重特大生产安全事故预防与应急处理的暂行规定。通过对重点内容及提纲的概述，掌握预防重特大生产安全事故与应急处理措施	√		
	电气试验相关规程规范	电气装置安装工程电气设备交接试验标准（ZY1800102001）	本模块介绍电气装置安装工程电气设备交接试验标准。通过对重点内容及提纲的概述，掌握电气设备交接试验的项目、标准和要求	√		
		电力设备预防性试验规程（ZY1800102002）	本模块介绍电力设备预防性试验规程。通过对重点内容及提纲的概述，掌握电力设备预防性试验的项目、标准和要求	√		

续表

部分名称	章	模块名称（模块编码）	模块描述	等级 I	等级 II	等级 III
规程规范及标准	电气试验相关规程规范	现场绝缘试验实施导则（ZY1800102003）	本模块介绍现场绝缘试验实施导则。通过对重点内容及提纲的概述，掌握现场绝缘试验的方法、试验过程、试验分析及注意事项	√		
		高压电气设备绝缘配合规定（电气试验部分）（ZY1800102004）	本模块介绍高压电气设备绝缘配合规定的电气试验部分。通过对重点内容及提纲的概述，掌握高压电气设备绝缘配合的有关规定		√	
		高电压试验技术（电气试验部分）（ZY1800102005）	本模块介绍高电压试验技术的电气试验部分。通过对重点内容及提纲的概述，掌握高电压试验技术的一般试验要求及测量系统要求		√	
		国家电网公司十八项重大反事故措施（ZY1800102006）	本模块介绍国家电网公司十八项重大反事故措施。通过对重点内容及提纲的概述，掌握十八项重大反事故措施中电气试验专业相关的反事故措施要求		√	
		防止电力生产重大事故的二十五项重点要求（ZY1800102007）	本模块介绍防止电力生产重大事故的二十五项重点要求。通过对重点内容及提纲的概述，掌握防止电力生产重大事故的二十五项重点要求		√	
		输变电设备状态检修试验规程（ZY1800102008）	本模块介绍输变电设备状态检修试验规程。通过对重点内容及提纲的概述，掌握输变电设备状态检修试验的项目、标准和要求		√	
电气试验理论基础	高电压试验设备	调压器的结构及原理（ZY1800201001）	本模块介绍电气试验用的调压器。通过原理介绍，熟悉自耦调压器、移圈调压器、感应调压器的结构及原理	√		
		工频试验变压器的结构及原理（ZY1800201002）	本模块介绍工频试验变压器。通过要点讲述、原理介绍、结构图形展示，了解试验变压器与一般电力变压器的不同，熟悉几种常见试验变压器结构原理，掌握串级高压试验变压器结构原理及优缺点	√		
		串联谐振装置结构及原理（ZY1800201003）	本模块介绍串联谐振装置。通过要点讲述、原理介绍、图例分析，熟悉串联谐振装置的基本结构原理、主要技术参数，掌握串联谐振装置主要部件结构及其原理、作用	√		
		直流高压发生器的结构及原理（ZY1800201004）	本模块介绍直流高压发生器。通过原理介绍、图例分析，熟悉直流高压发生器的结构及原理	√		
		倍频试验装置的结构及原理（ZY1800201005）	本模块介绍三倍频试验装置。通过原理介绍、图例分析，熟悉三倍频试验装置的结构和原理	√		
	高电压试验理论	绝缘电阻和吸收比试验（ZY1800202001）	本模块介绍绝缘电阻和吸收比试验的基本知识。通过原理介绍、要点归纳，掌握绝缘电阻和吸收比试验的目的和基本原理、试验接线及试验步骤、试验结果的分析判断，以及影响试验结果的因素；熟悉绝缘电阻表的负荷特性	√		
		直流泄漏及直流耐压试验（ZY1800202002）	本模块介绍直流泄漏及直流耐压试验的基本知识。通过原理讲解、要点归纳，掌握直流泄漏及直流耐压试验的目的和基本原理，试验接线及试验步骤，试验结果的分析判断，以及影响试验结果的因素	√		
		介质损耗角正切值 $\tan\delta$ 试验（ZY1800202003）	本模块介绍介质损耗角正切值 $\tan\delta$ 试验的基本知识。通过原理讲解、要点归纳，掌握介质损耗角正切值 $\tan\delta$ 试验的目的和基本原理，试验接线及试验步骤，试验结果的分析判断，以及影响试验结果的因素；熟悉西林电桥的基本工作原理	√		

续表

部分名称	章	模块名称 （模块编码）	模块描述	等级		
				I	II	III
电气试验理论基础	高电压试验理论	工频交流耐压试验 （ZY1800202004）	本模块介绍工频交流耐压试验的基本知识。通过原理讲解、要点归纳，了解交流耐压试验的意义和特点、交流高压的测量；熟悉交流耐压时的“容升”现象及消除方法、串联补偿法、并联补偿法及串并联补偿法；掌握工频交流耐压试验的试验接线和试验步骤、试验结果的分析判断	√		
		串联谐振试验 （ZY1800202005）	本模块介绍串联谐振试验的基本知识。通过原理讲解、要点归纳，熟悉串联谐振试验的主要设备及其作用；掌握串联谐振试验的目的及基本原理，试验接线和方法，试验注意事项以及对试验结果的分析判断		√	
		局部放电试验 （ZY1800202006）	本模块介绍局部放电试验的基本知识。通过原理讲解、要点归纳、图表示例，熟悉局部放电试验的基本概念，试验的目的及意义；掌握局部放电试验的各类测试方法、试验接线、步骤和注意事项、对试验结果的分析判断以及局部放电的干扰识别方法			√
仪器仪表及常用工具	数字式仪表	数字式自动介损测试仪 （ZY1800301001）	本模块介绍数字式自动介损测试仪。通过结构讲解、图例分析，熟悉数字式自动介损测试仪的结构原理；掌握数字式自动介损测试仪的使用方法和使用注意事项	√		
	静电电压表	静电电压表的使用 （ZY1800302001）	本模块介绍静电电压表。通过原理讲解、要点归纳，熟悉静电电压表的结构原理；掌握静电电压表的使用方法及使用注意事项	√		
	红外检测	红外热成像的测试与分析 （ZY1800303001）	本模块介绍红外热成像的测试与分析。通过测试工作流程的介绍，掌握红外热成像的原理、测试前的准备工作和相关安全、技术措施、测试方法、技术要求及测试数据分析判断			√
试验方案及作业指导书编写	试验方案编写	试验方案编写 （ZY1800401001）	本模块介绍电气试验方案编写。通过要点讲述、案例介绍，了解电气试验方案编写的目的和一般原则，掌握电气试验方案编写步骤及应注意问题		√	
	作业指导书编写	作业指导书编写 （ZY1800402001）	本模块介绍作业指导书编写。通过要点讲述，了解作业指导书编写的目的和一般原则，掌握作业指导书编写步骤及应注意问题		√	
电缆的运行维护	电缆故障测寻及处理	常用电缆故障测寻方法 （GYDL00303003）	本模块包含电缆线路常见故障测距和精确定点。通过方法介绍，掌握利用电桥法和脉冲法进行电缆线路常见故障测距的原理、方法和步骤，掌握电缆故障点精确定点方法		√	
电气试验	测量绝缘电阻、吸收比	变压器绝缘电阻、吸收比（极化指数）的测试 （ZY1800501001）	本模块介绍变压器绝缘电阻、吸收比（极化指数）的测试方法和技术要求。通过测试工作流程的介绍，掌握变压器绝缘电阻、吸收比（极化指数）测试前的准备工作和相关安全、技术措施、测试方法、技术要求及测试数据分析判断	√		
		互感器绝缘电阻的测试 （ZY1800501002）	本模块介绍电流互感器、串级式电压互感器、电容式电压互感器的绝缘电阻测试方法及技术要求。通过测试工作流程的介绍，掌握上述互感器绝缘电阻测试前的准备工作和相关安全、技术措施、测试方法、技术要求及测试数据分析判断	√		
		高压断路器绝缘电阻测试 （ZY1800501003）	本模块介绍高压断路器绝缘电阻测试的方法和技术要求。通过测试工作流程的介绍，掌握高压断路器绝缘电阻测试前的准备工作和相关安全、技术措施、测试方法、技术要求及测试数据分析判断	√		

续表

部分名称	章	模块名称（模块编码）	模块描述	等级 I	等级 II	等级 III
电气试验	测量绝缘电阻、吸收比	套管绝缘电阻测试（ZY1800501004）	本模块介绍套管绝缘电阻的测试方法和技术要求。通过测试工作流程的介绍，掌握套管绝缘电阻测试前的准备工作和相关安全、技术措施、测试方法、技术要求及测试数据及分析判断	√		
		绝缘子绝缘电阻测试（ZY1800501005）	本模块介绍绝缘子绝缘电阻的测试方法和技术要求。通过测试工作流程的介绍，掌握绝缘子绝缘电阻测试前的准备工作和相关安全、技术措施、测试方法、技术要求及测试数据分析判断	√		
		架空线路绝缘电阻测试和核对相位（ZY1800501006）	本模块介绍架空线路绝缘电阻测试和核对相位的测试方法和技术要求。通过测试工作流程的介绍。掌握架空线路绝缘电阻测试和核对相位测试前的准备工作和相关安全、技术措施、测试方法、技术要求及测试数据分析判断	√		
		电缆线路绝缘电阻测试和核对相位（ZY1800501007）	本模块介绍电缆线路绝缘电阻测试和核对相位的试验方法和注意事项。通过测试工作流程的介绍，掌握电缆线路绝缘电阻测试和核对相位的试验的准备工作和相关安全、技术措施及测试数据分析判断	√		
		电容器绝缘电阻测试（ZY1800501008）	本模块介绍电容器绝缘电阻的测试方法和技术要求。通过测试工作流程的介绍，掌握电容器绝缘电阻测试前的准备工作和相关安全、技术措施、测试方法、技术要求及测试数据分析判断	√		
		避雷器绝缘电阻测试（ZY1800501009）	本模块介绍氧化锌避雷器及阀型避雷器绝缘电阻的测试方法和技术要求。通过测试工作流程的介绍，掌握避雷器绝缘电阻测试前的准备工作和相关安全、技术措施、测试方法、技术要求及测试数据分析判断	√		
	直流泄漏及直流耐压试验	变压器泄漏电流测试（ZY1800502001）	本模块介绍变压器泄漏电流测试的方法和技术要求。通过对测试工作流程的介绍，掌握变压器泄漏电流测试前的准备工作和相关安全、技术措施、测试方法、技术要求及测试数据分析判断	√		
		40.5kV 及以上少油断路器的泄漏电流测试（ZY1800502002）	本模块介绍 40.5kV 及以上少油断路器的泄漏电流测试的方法和技术要求。通过测试工作流程的介绍，掌握少油断路器泄漏电流测试前的准备工作和相关安全、技术措施、测试方法、技术要求及测试数据分析判断	√		
		电力电缆直流耐压和泄漏电流测试（ZY1800502003）	本模块介绍油纸绝缘电力电缆直流泄漏和直流耐压试验的测试方法和技术要求。通过测试工作流程的介绍，掌握油纸绝缘电力电缆直流泄漏和直流耐压试验前的准备工作和相关安全、技术措施、测试方法、技术要求及测试数据分析判断	√		
	介质损耗角正切值 $\tan\delta$ 的测试	变压器介质损耗角正切值 $\tan\delta$ 的测试（ZY1800503001）	本模块介绍变压器介质损耗角正切值 $\tan\delta$ 的测试方法和技术要求。通过对测试工作流程的介绍，掌握变压器介质损耗角正切值 $\tan\delta$ 测试前的准备工作和相关安全、技术措施、测试方法、技术要求及测试数据分析判断	√		
		电流互感器介质损耗角正切值 $\tan\delta$ 的测试（ZY1800503002）	本模块介绍电流互感器介质损耗角正切值 $\tan\delta$ 的测试方法和技术要求。通过测试工作流程的介绍，掌握电流互感器介质损耗角正切值 $\tan\delta$ 测试前的准备工作和相关安全、技术措施、测试方法、技术要求及测试数据分析判断	√		
		电压互感器的介质损耗角正切值 $\tan\delta$ 测试（ZY1800503003）	本模块介绍电压互感器介质损耗角正切值 $\tan\delta$ 测试的方法和技术要求。通过测试工作流程的介绍，掌握电压互感器介质损耗角正切值 $\tan\delta$ 测试前的准备工作和相关安全、技术措施、测试方法、技术要求及测试数据分析判断		√	

续表

部分名称	章	模块名称 （模块编码）	模块描述	等级		
				I	II	III
电气试验	介质损耗角正切值 tanδ 的测试	40.5kV 及以上非纯瓷套管 tanδ 和多油断路器的介质损耗角正切值 tanδ 测试（ZY1800503004）	本模块介绍 40.5kV 及以上非纯瓷套管 tanδ 和多油断路器的介质损耗角正切值 tanδ 测试的方法和技术要求。通过测试工作流程的介绍，掌握 40.5kV 及以上非纯瓷套管 tanδ 和多油断路器的介质损耗角正切值 tanδ 测试前的准备工作和相关安全、技术措施、测试方法、技术要求及测试数据分析判断	√		
		套管介质损耗角正切值 tanδ 和电容量测试（ZY1800503005）	本模块介绍电容型套管介质损耗角正切值 tanδ 和电容量的测试方法和技术要求。通过测试工作流程的介绍，掌握电容型套管介质损耗角正切值 tanδ 和电容量测试前的准备工作和相关安全、技术措施、测试方法、技术要求及测试数据分析判断	√		
		电容器介质损耗角正切值 tanδ 的测试（ZY1800503006）	本模块介绍耦合电容器和断口电容器极间介质损耗角正切值 tanδ 的测试方法和技术要求。通过测试工作流程的介绍，掌握电容器介质损耗角正切值 tanδ 测试前的准备工作和相关安全、技术措施、测试方法、技术要求及测试数据分析判断	√		
	工频交流耐压试验	互感器外施工频耐压试验（ZY1800504001）	本模块介绍互感器的外施工频耐压试验方法及技术要求。通过对试验工作流程的介绍，掌握互感器的外施工频耐压试验前的准备工作和相关安全、技术措施、试验方法、技术要求及测试数据分析判断	√		
		绝缘子、套管交流耐压试验（ZY1800504002）	本模块介绍绝缘子、套管交流耐压试验的方法和技术要求。通过试验工作流程的介绍，掌握绝缘子、套管交流耐压试验前的准备工作和相关安全、技术措施、试验方法、技术要求及测试数据分析判断	√		
		变压器的外施工频耐压试验（ZY1800504003）	本模块介绍变压器外施工频耐压试验方法及技术要求。通过对试验工作流程的介绍，掌握变压器外施工频耐压试验前的准备工作和相关安全、技术措施、试验方法、技术要求及测试数据分析判断		√	
		电容器交流耐压试验（ZY1800504004）	本模块介绍耦合电容器、断口电容器、高压并联电容器及集合式电容器交流耐压试验方法和技术要求。通过试验工作流程的介绍，掌握电容器交流耐压试验前的准备工作和相关安全、技术措施、试验方法、技术要求及测试数据分析判断		√	
	电缆串联谐振试验	橡塑绝缘电力电缆变频谐振耐压试验（ZY1800505001）	本模块介绍橡塑绝缘电力电缆变频谐振试验方法和技术要求。通过试验工作流程的介绍，掌握橡塑绝缘电力电缆串联谐振试验前的准备工作和相关安全、技术措施、试验方法、技术要求及测试数据分析判断			√
		0.1Hz 超低频耐压试验（ZY1800505002）	本模块介绍橡塑绝缘电力电缆 0.1Hz 超低频耐压试验方法和技术要求。通过试验工作流程的介绍，掌握橡塑绝缘电力电缆 0.1Hz 超低频耐压试验前的准备工作和相关安全、技术措施、试验方法、技术要求及测试数据分析判断		√	
	感应耐压试验	电压互感器感应耐压试验（ZY1800506001）	本模块介绍电压互感器感应耐压试验方法和技术要求。通过试验工作流程的介绍，掌握电压互感器感应耐压试验前的准备工作和相关安全、技术措施、试验方法、技术要求及测试数据分析判断		√	
		变压器感应耐压试验（ZY1800506002）	本模块介绍变压器感应耐压试验方法和技术要求。通过试验工作流程的介绍，掌握变压器感应耐压试验前的准备工作和相关安全、技术措施、试验方法、技术要求及测试数据分析判断			√
	局部放电试验	套管局部放电试验（ZY1800507001）	本模块介绍套管局部放电试验方法和技术要求。通过试验工作流程的介绍，掌握套管局部放电试验前的准备工作和相关安全、技术措施、试验方法、技术要求及测试数据分析判断			√

续表

部分名称	章	模块名称 （模块编码）	模块描述	等级		
				Ⅰ	Ⅱ	Ⅲ
电气试验	局部放电试验	互感器局部放电试验 （ZY1800507002）	本模块介绍互感器局部放电试验方法和技术要求。通过试验工作流程的介绍，掌握互感器局部放电试验前的准备工作和相关安全、技术措施、试验方法、技术要求及测试数据分析判断			√
		变压器局部放电试验 （ZY1800507003）	本模块介绍变压器局部放电试验方法和技术要求。通过试验工作流程的介绍，掌握变压器局部放电试验前的准备工作和相关安全、技术措施、试验方法、技术要求及测试数据分析判断			√
		GIS局部放电试验 （ZY1800507004）	本模块介绍 GIS 局部放电试验方法和技术要求。通过试验工作流程的介绍，掌握 GIS 局部放电试验前的准备工作和相关安全、技术措施、试验方法、技术要求及测试数据分析判断			√
	绕组类设备变比、极性和接线组别试验	变压器的变比、极性及接线组别试验 （ZY1800508001）	本模块介绍变压器变比、极性及接线组别试验的原理、方法和技术要求。通过试验工作流程的介绍，掌握变压器的变比、极性及接线组别试验前的准备工作和相关安全、技术措施、试验方法、技术要求及测试数据分析判断	√		
		互感器的变比、极性试验 （ZY1800508002）	本模块介绍电流互感器、串级式电压互感器、电容式电压互感器的变比、极性试验的方法和技术要求。通过对试验工作流程的介绍，掌握电流互感器、串级式电压互感器、电容式电压互感器的变比、极性试验前的准备工作和相关安全、技术措施、试验方法、技术要求及测试数据分析判断	√		
	变压器试验	变压器直流电阻测试 （ZY1800509001）	本模块介绍变压器直流电阻测试的方法和技术要求。通过对测试工作流程的介绍，掌握变压器直流电阻测试前的准备工作和相关安全、技术措施、测试方法、技术要求及测试数据分析判断	√		
		变压器空负荷试验 （ZY1800509002）	本模块介绍变压器空负荷试验的方法和技术要求。通过对试验工作流程的介绍，掌握变压器空负荷试验前的准备工作和相关安全、技术措施、试验方法及技术要求		√	
		变压器空负荷试验的分析判断 （ZY1800509003）	本模块介绍变压器空负荷试验结果分析及报告编写。通过案例介绍，掌握变压器空负荷试验结果分析、判断及报告编写			√
		变压器短路试验 （ZY1800509004）	本模块介绍变压器短路试验的方法和技术要求。通过对试验工作流程的介绍，掌握变压器短路试验前的准备工作和相关安全、技术措施、试验方法及技术要求		√	
		变压器短路试验的分析判断 （ZY1800509005）	本模块介绍变压器短路试验结果分析及报告编写。通过案例介绍，掌握变压器短路试验结果分析、测试数据判断、报告编写			√
		变压器零序阻抗测试 （ZY1800509006）	本模块介绍变压器零序阻抗测试的基本原理、测试方法和技术要求。通过测试工作流程的介绍，掌握变压器零序阻抗测试前的准备工作和相关安全、技术措施、测试方法、技术要求及测试数据分析判断		√	
		变压器分接开关试验 （ZY1800509007）	本模块介绍变压器分接开关试验的方法和技术要求。通过试验工作流程的介绍，掌握变压器分接开关试验前的准备工作和相关安全、技术措施、试验方法、技术要求及测试数据分析判断			√
		变压器绕组变形测试 （ZY1800509008）	本模块介绍变压器绕组变形测试方法及技术要求。通过测试工作流程的介绍，熟悉变压器绕组变形测试原理，掌握变压器绕组变形测试前的准备工作和相关安全、技术措施、测试方法、技术要求		√	

续表

部分名称	章	模块名称（模块编码）	模块描述	等级		
				I	II	III
电气试验	变压器试验	变压器绕组变形测试的分析判断（ZY1800509009）	本模块介绍变压器绕组变形测试结果分析、判断及报告编写。通过案例介绍，掌握变压器绕组变形测试结果分析、判断及报告编写			√
	互感器试验	互感器的励磁特性试验（ZY1800510001）	本模块介绍电压互感器和电流互感器励磁曲线试验方法和技术要求。通过试验工作流程的介绍，掌握电压互感器和电流互感器励磁曲线试验前的准备工作和相关安全、技术措施、试验方法、技术要求及测试数据分析判断	√		
		互感器直流电阻的测试（ZY1800510002）	本模块介绍互感器直流电阻的测试方法和技术要求。通过测试工作流程的介绍，掌握互感器直流电阻测试前的准备工作和相关安全、技术措施、测试方法、技术要求及测试数据分析判断	√		
	断路器试验	断路器导电回路电阻的测试（ZY1800511001）	本模块介绍断路器导电回路电阻测试的方法和技术要求。通过测试工作流程的介绍，掌握断路器导电回路电阻测试前的准备工作和相关安全、技术措施、测试方法、技术要求及测试数据分析判断	√		
		GIS主回路电阻测试（ZY1800511002）	本模块介绍GIS主回路电阻测试的方法和技术要求。通过测试工作流程的介绍，掌握GIS主回路电阻测试前的准备工作和相关安全、技术措施、测试方法、技术要求及测试数据分析判断	√		
	断路器与GIS耐压试验	断路器耐压试验（ZY1800512001）	本模块介绍断路器耐压试验的方法和技术要求。通过试验工作流程的介绍，掌握断路器耐压试验前的准备工作和相关安全、技术措施、试验方法、技术要求及测试数据分析判断		√	
		GIS现场交流耐压试验（ZY1800512002）	本模块介绍GIS交流耐压试验方法和技术要求。通过试验工作流程的介绍，掌握GIS现场交流耐压试验前的准备工作和相关安全、技术措施、试验方法、技术要求及测试数据分析判断			√
	线路参数测试	架空线路工频参数测试（ZY1800513001）	本模块介绍架空线路工频参数测试方法及技术要求。通过测试工作流程的介绍，掌握架空线路工频参数测试前的准备工作和相关安全、技术措施、测试方法、技术要求及测试数据分析判断		√	
		电力电缆工频参数测试（ZY1800513002）	本模块介绍电力电缆工频参数测试方法及技术要求。通过测试工作流程的介绍，掌握电力电缆工频参数测试前的准备工作和相关安全、技术措施、测试方法、技术要求及测试数据分析判断			√
		系统电容电流的测试（ZY1800513003）	本模块介绍系统电容电流测试方法和技术要求。通过测试工作流程的介绍，掌握系统电容电流测试前的准备工作和相关安全、技术措施、测试方法、技术要求及测试数据分析判断			√
	电容量测试	电容器极间电容量测试（ZY1800514001）	本模块介绍电容器极间电容量的测试方法和技术要求及电容量的计算方法。通过测试工作流程的介绍，掌握电容器极间电容量测试前的准备工作和相关安全、技术措施、测试方法、技术要求及测试数据分析判断	√		
	避雷器试验	阀型避雷器电导电流测试（ZY1800515001）	本模块介绍阀型避雷器电导电流的测试方法和技术要求。通过测试工作流程的介绍，掌握阀型避雷器电导电流测试前的准备工作和相关安全、技术措施、测试方法、技术要求及测试数据分析判断	√		
		不带并联电阻的阀型避雷器放电电压测试（ZY1800515002）	本模块介绍不带并联电阻的阀型避雷器放电电压的测试方法和技术要求。通过测试工作流程的介绍，掌握不带并联电阻的阀型避雷器放电电压测试前的准备工作和相关安全、技术措施、测试方法、技术要求及测试数据分析判断		√	

续表

部分名称	章	模块名称（模块编码）	模块描述	等级		
				I	II	III
电气试验	避雷器试验	带间隙的氧化锌避雷器工频放电电压测试（ZY1800515003）	本模块介绍带间隙氧化锌避雷器工频放电电压的测试方法和技术要求。通过测试工作流程的介绍，掌握带间隙氧化锌避雷器工频放电电压测试前的准备工作和相关安全、技术措施、测试方法、技术要求及测试数据分析判断		√	
		避雷器放电计数器试验（ZY1800515004）	本模块介绍避雷器放电计数器结构原理、计数器动作的试验方法及技术要求。通过试验工作流程的介绍，掌握避雷器放电计数器试验前的准备工作和相关安全、技术措施、试验方法、技术要求及测试数据分析判断	√		
		避雷器直流 1mA 电压（U_{1mA}）及 0.75U_{1mA} 下的泄漏电流测试（ZY1800515005）	本模块介绍氧化锌避雷器直流 1mA 电压（U_{1mA}）及 0.75U_{1mA} 下的泄漏电流的测试方法和技术要求。通过测试工作流程的介绍，掌握氧化锌避雷器直流 1mA 电压（U_{1mA}）及 0.75U_{1mA} 下的泄漏电流测试前的准备工作和相关安全、技术措施、测试方法、技术要求及测试数据分析判断	√		
		避雷器运行电压下的交流泄漏电流测试（ZY1800515006）	本模块介绍无间隙金属氧化物避雷器（MOA）运行电压下的交流泄漏电流的测试方法和技术要求。通过测试工作流程的介绍，掌握避雷器运行电压下的交流泄漏电流测试前的准备工作和相关安全、技术措施、测试方法、技术要求及测试数据分析判断		√	
		避雷器工频参考电流下的工频参考电压测试（ZY1800515007）	本模块介绍避雷器工频参考电流下的工频参考电压测试方法和技术要求；通过测试工作流程的介绍，掌握避雷器工频参考电流下的工频参考电压测试前的准备工作和相关安全、技术措施、测试方法、技术要求及测试数据分析判断		√	
	接地电阻测试	架空线路杆塔的接地电阻测试（ZY1800516001）	本模块介绍架空线路杆塔接地电阻测试的方法和技术要求。通过测试工作流程的介绍，掌握架空线路杆塔接地电阻测试前的准备工作和相关安全、技术措施、测试方法、技术要求及测试数据分析判断	√		
		独立避雷针接地电阻测试（ZY1800516002）	本模块介绍独立避雷针接地电阻测试的测试方法和技术要求。通过测试工作流程的介绍，掌握独立避雷针接地电阻测试前的准备工作和相关安全、技术措施、测试方法、技术要求及测试数据分析判断	√		
		接地网接地电阻测试（ZY1800516003）	本模块介绍接地网接地电阻测试的测试方法和技术要求。通过测试工作流程的介绍，掌握接地网接地电阻测试前的准备工作和相关安全、技术措施、测试方法、技术要求及测试数据分析判断		√	
		土壤电阻率测试（ZY1800516004）	本模块介绍土壤电阻率测试方法和技术要求。通过测试工作流程的介绍，掌握土壤电阻率测试前的准备工作和相关安全、技术措施、测试方法、技术要求及测试数据分析判断		√	
	接地引下线导通和跨步电压的试验	接地导通试验（ZY1800517001）	本模块介绍接地引下线与接地网的导通试验方法和技术要求。通过试验工作流程的介绍，掌握接地导通试验前的准备工作和相关安全、技术措施、测试方法、技术要求及测试数据分析判断	√		
		接触电压、跨步电压及电位分布的测试（ZY1800517002）	本模块介绍接触电压、跨步电压及电位分布的测试方法和技术要求。通过测试工作流程的介绍，掌握接触电压、跨步电压及电位分布测试前的准备工作和相关安全、技术措施、测试方法、技术要求及测试数据分析判断			√

续表

部分名称	章	模块名称（模块编码）	模块描述	等级		
				I	II	III
电气试验	绝缘工具试验	绝缘滑车试验（ZY1800518001）	本模块介绍绝缘滑车试验的方法和技术要求。通过试验工作流程的介绍，掌握试验前的准备工作和相关安全、技术措施、试验方法、技术要求及试验结果分析判断	√		
		绝缘操作杆试验（ZY1800518002）	本模块介绍绝缘操作杆试验的方法和技术要求。通过试验工作流程的介绍，掌握试验前的准备工作和相关安全、技术措施、试验方法、技术要求及试验结果分析判断	√		
		绝缘硬梯试验（ZY1800518003）	本模块介绍绝缘硬梯试验的方法和技术要求。通过试验工作流程的介绍，掌握试验前的准备工作和相关安全、技术措施、试验方法、技术要求及试验结果分析判断	√		
		绝缘绳索类工具试验（ZY1800518004）	本模块介绍绝缘绳索类工具试验的方法和技术要求。通过试验工作流程的介绍，掌握试验前的准备工作和相关安全、技术措施、试验方法、技术要求及试验结果分析判断	√		
	防护用具试验	屏蔽服装试验（ZY1800519001）	本模块介绍屏蔽服装试验的方法和技术要求。通过试验工作流程的介绍，掌握试验前的准备工作和相关安全、技术措施、试验方法、技术要求及试验结果分析判断	√		
		绝缘服试验（ZY1800519002）	本模块介绍绝缘服试验的方法和技术要求。通过试验工作流程的介绍，掌握试验前的准备工作和相关安全、技术措施、试验方法、技术要求及试验结果分析判断	√		
		绝缘手套试验（ZY1800519003）	本模块介绍绝缘手套试验的方法和技术要求。通过试验工作流程的介绍，掌握试验前的准备工作和相关安全、技术措施、试验方法、技术要求及试验结果分析判断	√		
		绝缘鞋（靴）试验（ZY1800519004）	本模块介绍绝缘鞋（靴）试验的方法和技术要求。通过试验工作流程的介绍，掌握试验前的准备工作和相关安全、技术措施、试验方法、技术要求及试验结果分析判断	√		
		绝缘垫试验（ZY1800519005）	本模块介绍绝缘垫试验的方法和技术要求。通过试验工作流程的介绍，掌握试验前的准备工作和相关安全、技术措施、试验方法、技术要求及试验结果分析判断	√		
		遮蔽罩试验（ZY1800519006）	本模块介绍遮蔽罩试验的方法和技术要求。通过试验工作流程的介绍，掌握试验前的准备工作和相关安全、技术措施、试验方法、技术要求及试验结果分析判断	√		
	装置及设备试验	绝缘斗臂车试验（ZY1800520001）	本模块介绍绝缘斗臂车试验的方法和技术要求。通过试验工作流程的介绍，掌握试验前的准备工作和相关安全、技术措施、试验项目、技术要求及试验结果分析判断		√	
		接地及接地短路装置试验（ZY1800520002）	本模块介绍接地及接地短路装置试验的方法和技术要求。通过试验工作流程的介绍，掌握试验前的准备工作和相关安全、技术措施、试验方法、技术要求及试验结果分析判断		√	
		核相仪试验（ZY1800520003）	本模块介绍核相仪试验的方法和技术要求。通过试验工作流程的介绍，掌握试验前的准备工作和相关安全、技术措施、试验方法、技术要求及试验结果分析判断		√	

续表

部分名称	章	模块名称（模块编码）	模 块 描 述	等 级		
				I	II	III
电气试验	装置及设备试验	验电器试验（ZY1800520004）	本模块介绍验电器试验的方法和技术要求。通过试验工作流程的介绍，掌握试验前的准备工作和相关安全、技术措施、试验方法、技术要求及试验结果分析判断		√	
		绝缘子电位分布测试仪试验（ZY1800520005）	本模块介绍绝缘子电位分布测试仪试验的方法和技术要求。通过试验工作流程的介绍，掌握试验前的准备工作和相关安全、技术措施、试验方法、技术要求及试验结果分析判断		√	

参 考 文 献

[1] 王川波. 高电压技术. 北京：中国电力出版社，2002 年.
[2] 张仁豫等编. 高电压试验技术. 北京：清华大学出版社，2006 年.
[3] 周志敏，周继海，纪爱华编著. 变频电源实用技术——设计与应用，北京：中国电力出版社，2005 年.
[4] 梁曦东等编. 高电压工程. 北京：清华大学出版社，2003 年.
[5] 周仲武等编. 电力设备交接和预试性试验 200 例. 北京：中国电力出版社，2005 年.
[6] 陈天翔，王寅仲，海世杰编. 电气试验. 北京：中国电力出版社，2008 年.
[7] 李建明，朱康主编. 高压电气设备试验方法. 北京：中国电力出版社，2007 年.
[8] 李一星编. 电气试验基础. 北京：中国电力出版社，2001 年.
[9] 王浩，李高合，武文平编. 电气设备试验技术问答. 北京：中国电力出版社，2000 年.
[10] 陕西省电力公司编. 高压电气试验. 北京：中国电力出版社，2003 年.
[11] 华北电网有限公司编. 高压试验作业指导书. 北京：中国电力出版社，2004 年.
[12] 吴克勤编. 变压器极性与接线组别. 北京：中国电力出版社，2006 年.
[13] 时钟琪，杨德华编. 变压器检修技术问答. 北京：中国电力出版社，1999 年.
[14] 袁亮荣，刘之尧，张弛. 输电线路工频参数测试新方法的研究. 广东电力，2006 年 10 月
[15] 武存林. 高压线路零序阻抗测试方法的研究和改进. 山西电力技术，1997，17（3）：14–17
[16] 杨帆，刘玮，干建伟. 高压电力电缆工频参数测量数据比较分析. 四川电力技术，2008 第 031 号
[17] 卢明，孙新良，陈守聚，吕中宾. 架空输电线路及电力电缆工频参数的测量分析. 高电压技术，2007.5（5）
[18] 周学君. 输电线参数测量方法. 广东电力，1999，12.（6）：30–33
[19] 韩伯锋编著. 电力电缆试验及检测技术. 北京：中国电力出版社，2007 年.
[20] 尹克宁编著. 变压器设计原理. 北京：中国电力出版社，2003 年.
[21] 白忠敏编著. 电力用互感器和电能计量装置选型与应用. 北京：中国电力出版社，2003 年.
[22] 陈化钢. 对直流高压试验电压极性的分析. 华北电力技术，1999.2
[23] 凌子恕主编. 高压互感器技术手册. 北京：中国电力出版社，2005 年.
[24] 陈家斌等编. 接地技术与接地装置. 北京：中国电力出版社，2002 年.
[25] 何金良，曾嵘编. 电力系统接地技术. 北京：科学出版社，2007 年.
[26] 丘昌容，曹晓珑编. 电气绝缘测试技术. 北京：机械工业出版社，2002 年.
[27] 严璋，朱德恒主编. 高电压绝缘技术. 北京：中国电力出版社，2007 年.
[28] 保定天威保变电气股份有限公司编. 变压器试验技术. 北京：机械工业出版社，2000 年.
[29] 陈宇民. 大朝山电厂 500kV 电容式电压互感器局部放电试验. 水电站机电技术，Vo1.28 No.Aug，2005
[30] 余虹云，俞成彪，李瑞编. 电力安全工器具及小型施工机具使用与检测. 北京：中国电力出版社，2006 年.
[31] 胡毅编著. 带电作业工具及安全工具试验方法. 北京：中国电力出版社，2003 年.
[32] 陈化钢编. 电力设备预防性试验方法及诊断技术. 北京：中国科学技术出版社，2001 年 3 月
[33] 要焕年编. 电力系统谐振接地. 北京：中国电力出版社，2000 年.